# 牛病

## 临床诊疗技术与典型医案

刘永明　赵四喜　主编

化学工业出版社

·北京·

## 内 容 提 要

本书收录了《中兽医医药杂志》1982年至2011年登载的有关牛病诊断、治疗的理法方药和典型医案。编者经过精心整理、编撰，贯中参西，以科学实用为目的，力求体现先进性、系统性、完整性，为中兽医防治牛病提供实用的诊疗技术和方法。

全书分为内科病、外科病、产科病、传染病、寄生虫病、代谢病与过敏应激性疾病、中毒病、眼科病、犊牛病、其他病和附录，详细介绍了每种疾病的病因、主证、治则、方药、用法及典型医案等。本书内容翔实、重点明确、结构合理、通俗易懂，适用于广大基层兽医专业人员阅读，也可供农业院校兽医专业师生和养牛场（户）技术人员阅读与参考。

**图书在版编目（CIP）数据**

牛病临床诊疗技术与典型医案/刘永明，赵四喜主编.
北京：化学工业出版社，2014.12（2024.4重印）
　ISBN 978-7-122-21960-2

　Ⅰ.①牛…　Ⅱ.①刘…②赵…　Ⅲ.①牛病-诊疗　②牛病-
医案-汇编　Ⅳ.①S858.23

中国版本图书馆CIP数据核字（2014）第231638号

---

责任编辑：漆艳萍　　　　　　　　　　　装帧设计：关　飞
责任校对：吴　静

---

出版发行：化学工业出版社（北京市东城区青年湖南街13号　邮政编码100011）
印　　装：北京虎彩文化传播有限公司
710mm×1000mm　1/16　印张27½　字数984千字　2024年4月北京第1版第15次印刷

---

购书咨询：010-64518888　　　　　　　售后服务：010-64518899
网　　址：http://www.cip.com.cn
凡购买本书，如有缺损质量问题，本社销售中心负责调换。

---

定　　价：98.00元

# 编写人员名单

主　　编　刘永明　赵四喜

副 主 编　王华东　肖玉萍　王胜义

参编人员　荔　霞　赵朝忠　潘　虎　刘治岐

　　　　　杨馥如　赵　博　齐志明　严作廷

　　　　　张百炼　刘姗姗　王贵兰　王　慧

　　　　　崔东安　万玉林

主　　审　杨志强

# 前　言

　　近年来，随着我国人民膳食水平的不断改善和提高，牛肉、牛奶等在人们日常生活中所占的比重日益增大，使得牛业养殖得到了迅猛发展，随之牛的各种疾病也呈现多发和上升趋势，出现许多新的疾病和疑难杂症，这些疾病有的涉及奶牛、黄牛，有的涉及水牛、牦牛、犏牛和犊牛。由于牛的品种、年龄和生产性能上的差异，牛病的性质、类型和症候既有区别也有类同，临床诊治时既需要辨病更需要辨证，才能取得确实的治疗效果。广大畜牧兽医科技工作者和基层从业人员在总结前人诊疗经验的基础上，对不同种类、不同症候牛病的诊断与治疗积累了丰富的经验，比较系统地反映当代中兽医医学发展水平和诊疗技术，丰富了牛病诊疗理论知识和内容。《中兽医医药杂志》自创刊以来发表了大量防治牛病（含耕牛、奶牛、黄牛、水牛、牦牛、犏牛和犊牛）的临床研究、诊疗经验和诊疗技术，有必要进行全面系统的总结。

　　《中兽医医药杂志》自 1982 年 10 月创刊至 2011 年 12 月止，历时 30 年，共编辑、出版、发行 171 期。期间，多次出版《中兽医医药杂志》的专辑和论文集，刊登了大量有关牛病的临床研究、诊疗经验和技术。为便于临床兽医技术人员查阅、借鉴和运用，本书集科学性、知识性和实用性于一体，在总结前人研究成果的基础上，对《中兽医医药杂志》（含正刊与专辑）刊载的各种牛病，包括临床集锦、诊疗经验和部分实验研究等进行系统归纳、分类整理和编辑，重点突出了临床兽医工作者对牛病的诊疗技术和典型医案，详细介绍了每种疾病（证型）的理法方药，是广大兽医临床工作者的长期实践经验的总结，行之有效。

　　本书参考中西兽医对疾病的分类方法，按系统分为十章，共介绍了 399 种牛病诊疗技术。为方便查阅，在编写中尽可能按文章所列病名、病性、治疗情况进行归纳、分类，并对同一篇文章中不同疾病用同一种诊疗方法（药），按不同疾病分解后进行归类，把相同或相关医案归纳在一起。用一个方药治疗两种或两种以上的疾病，则尽可能分别叙述。对不同方药治疗同一疾病，尽可能收录，但对同一方药治疗多个医案，在整理过程中仅选择其中比较有代表性的医案。对同一疾病的发病病因，由于病性各异，引起发病的原因大相径庭，不再一一赘述，采取前面已表述的部分，后面如若相同，用简述的方式说明表述的位置，然后列出不同的部分，读者在阅读时可前后参阅一并了解。

　　本书原则上按"病因"、"辨证施治或主证"、"治则"、"方药"、"典型医案"分别叙述，重点收集"治法方药"和"医案"等内容，省略"方解"和"体会"等内容，一般诊断内容仅作概括性阐述；传染病和寄生虫病部分增加"流行病学"、"病原检查"、"血液学检验"等现代科技成果和诊断技术；凡是仅有医案、没有病因、或没有症状、或没有方药、或没有治疗和治愈情况的病案，本书在编辑中不予收录；"方药"中的药味及用量如与"医案"中的药味、剂量一致，原则上在"医案"中不再一一列出。对于临床上新出现的医案或临床验证案例较少者，大都是原作者临床诊疗智慧的结晶，在以往的中兽医书籍中无记载，为力求全面而真实地反映中兽医医药防治牛病的研究成果，在此一并列出，供大家临床验证。

　　《中兽医医药杂志》中的牛病病名，或用中兽医医学名称，或用现代兽医医学名称，或根据临床诊疗按实际中西兽医结合命名。编者在归纳、整理时，原则上保留原有病名，并尽可能说明现代兽医学病名，对应鉴别；同时，在各病的叙述中，凡用中兽医学命名者，尽可能附注西兽医病名；用西兽医学命名者，附注中兽医病名，以便读者对照、查阅。

　　为了便于读者查阅并对照原文，按照《中兽医医药杂志》出版的总期数和页码在本书中进行标注，分别用 T、P 表示，并列出原作者姓名，若有两个或两个以上作者，仅列出第一作者，在第一作者后用"等"字表示，如总第56期第28页，标注为：作者姓名，T56，P28；引用文章出自专辑，标注为专辑出版的年份和页码，分别用ZJ＋年号、P表示，如2005年专辑第56页，标注为：作者姓名，ZJ2005，P56。

本书在编写过程中得到了《中兽医医药杂志》编辑部和中国农业科学院兰州畜牧与兽药研究所中兽医研究室科研人员的大力支持；中国农业科学院科技创新工程"奶牛疾病"团队、"十二五"国家科技支撑计划"奶牛健康养殖重要疾病防控关键技术研究"资助出版，在此一并致谢。

由于时间仓促，加之编撰者水平有限，书中难免有疏漏之处，敬请读者提出宝贵意见。

编　者
二〇一四年八月

# 目 录

## 第一章 内科病

## 第二章　外科病

# 第三章　产科病

# 第四章　传染病

# 第五章　寄生虫病

# 第六章　代谢病和过敏与应激性疾病

# 第七章　中毒病

## 第八章　眼科病

## 第九章　犊牛病

## 第十章　其他疾病

## 附录

# 第一章

# 内科病

## 第一节　消化系统疾病

### 流涎与吐沫

流涎与吐沫是指从牛口中流出水样或黏液样液体、口吐泡沫样物的一种病症。

【病因】　多因气候突变，外感风寒或内伤阴冷，寒邪凝聚津液，使牛口水过多；或热邪煎熬津液而生黏涎。寒邪所致者多属于胃寒，热邪所致者多属心热。

【主证】　患牛食欲不振，毛焦肷吊，瘤胃轻度臌气、蠕动音弱、次数少，粪量少，呈饼状，有的口中不时流出白色泡沫、落地不化、沫中有少量水滴流下；有的欲吐时精神紧张，背腰拱起，呕吐出黏液状涎沫、均无胃内容物；有的使役时出现呕吐，休息时自行消失；体温、心率、呼吸、食欲等无明显变化；眼结膜潮红，口色淡白，舌绵软、苔白腻，脉沉细。

【治则】　降逆止呕，温化寒痰，健脾和胃。

【方药】　1. 升麻、半夏、天南星、茯苓、陈皮各30g，防风40g，白芍、五味子各50g，共研细末，开水冲调，候温灌服。一般1剂见效，2剂痊愈。（张保龙，T33，P60）❶

2. 温胆汤。半夏、茯苓、枳实、生姜各60g，陈皮、竹茹各90g，乌梅、炙甘草、大枣各30g。水煎取汁，候温，分数次缓慢灌服。

3. 理中汤合五苓散加减。党参、干姜、草豆蔻、白茯苓各35g，白术、厚朴、川椒、肉豆蔻、肉桂、陈皮、清半夏、泽泻、藿香、猪苓、瞿麦、滑石、甘草各30g。共研细末，开水冲调，候温灌服，1剂/d，吐后即灌。

4. 党参、黄芪各40g，干姜、草豆蔻各35g，肉桂、川花椒、猪苓、泽泻、厚朴各30g，白术25g。水煎取汁，候温灌服，1剂/d。

5. 二陈汤加减。制半夏、陈皮各45g，茯苓、防风、草豆蔻各35g，砂仁、炙甘草、乌梅各25g。加水适量，以文火煎煮，取汁，加蜂蜜50g，待温灌服，2次/d，700～800mL/次，1剂/2d，连服2～4剂。共治疗19例，均治愈。

【典型医案】　1. 1996年9月20日，鲁山县张店乡后营村张某一头母牛来诊。主诉：19日下午，由于天气较热，放牧时该牛突然狂奔约500m后出现肚胀，呕吐，饮、食欲废绝，灌服中药1剂，随即全部吐出。检查：患牛体温、呼吸、心率无异常，眼结膜潮红，口舌淡红，口腔滑利，瘤胃轻度臌气，蠕动音弱、次数少；粪量少、呈饼状；欲吐时精神紧张，背腰拱起，呕吐出黏液状涎沫，250～350mL/次，呕吐物均无胃内容物，呕吐后患牛安静，无痛苦，一般呕

❶ 为了便于读者查阅并对照原文，按照《中兽医医药杂志》出版的总期数和页码在本书中进行标注，分别用T、P表示，并列出原作者姓名，若有两个或两个以上作者，仅列出第一作者，在第一作者后用"等"表示，如总第56期第28页，标注为：作者姓名，T56，P28；引用文章出自专辑，标注为专辑出版的年份和页码，分别用ZJ＋年号、P表示，如2005年专辑第56页，标注为：作者姓名，ZJ2005，P56。

吐1次/2h左右；触诊食道上部无阻塞物，胃管可顺利投入胃内。诊为口吐涎沫。治疗：取青霉素、链霉素、安乃近、爱茂尔、阿托品、胃复安，对症治疗。连用3d后，患牛呕吐次数减少，食欲恢复，但吃草后随即吐出。取温胆汤，用法见方药2。服药后，患牛呕吐减轻。效不更方，继服药1剂，痊愈。（田鸿义，T118，P34）

2. 枣强县付雨林召村王某一头6岁黄牛来诊。主诉：该牛于10多天前劳役过重，饥饮冷水20kg余，第2天大量吐水，治疗10余天无效。检查：患牛精神萎靡，四肢无力，头低耳耷，喜卧，颈项伸直吐水、1～3kg/次、水液清稀、带有未消化的草渣；尿短少，舌淡苔白，脉沉细，口渴喜饮，食欲减退，不反刍；瘤胃轻度臌胀、触诊呈水样波动、有击水声。诊为流涎。治疗：理中汤合五苓散加减，用法见方药3。服药3剂，患牛症状减轻，6剂基本痊愈。又灌服二陈汤加砂仁、藿香、焦三仙、赤白芍、当归、香附等2剂，以调理脾胃，活血祛瘀，巩固疗效。（阴金桥等，T24，P32）

3. 1991年5月，吉安县大冲乡罗某一头4岁公黄牛来诊。主诉：半个月前，该牛耕地时大量出汗，继而又暴饮冷水，随后发现口流清涎不止，食欲降低，他医用清热解毒中草药治疗十余天疗效不佳且病情加重。检查：患牛体温38.5℃，精神沉郁，消瘦，口流清涎，口温低，口腔无创伤，食欲极差，仅吃少许青草。诊为脾胃虚寒引起的顽固性流涎。治疗：取75%乙醇10mL，于左右两侧牙关穴（最后1对白齿后缘处）各注射5mL；取方药4，用法同上，1剂/d，连服5剂，痊愈。（郭岚等，T67，P39）

4. 1980年10月25日，沙洋县毛李镇和议村1组王某一头5岁母水牛来诊。主诉：20日上午发现该牛精神不振，慢草，口中有白色泡沫，治疗3d效果差，病情加重。检查：患牛精神沉郁，食欲减退，咳嗽，口中流出洗衣粉样的白色泡沫、落地成堆，口色淡白，舌绵软，苔白，脉沉细。诊为肺寒吐沫。治疗：取方药5，用法同上。第4天，患牛病情开始好转，7d后痊愈。（鲁志鹏，T122，P23）

## 不 食

不食是指牛脾胃机能失调所引起的一类病症，是多种疾病的一个症状。

【病因】 多因久渴失饮，空肠误饮冷水太多或采食冰冻露霜草料、寒凉之物，使寒冷积于胃腑，胃火微弱，无力容纳腐热水谷而不食。或母牛因失犊（隔离或死亡）不食。

【辨证施治】 本症分为胃寒不食、胆部术后不食和母牛失犊不食。

（1）胃寒不食 患牛精神倦怠，毛焦肷吊，食欲明显减少或废绝，有的吃少量干草，鼻寒耳冷，口色淡白或青白。

（2）胆部术后不食 术后，患牛食欲大减，呼吸浅短，右胁部疼痛拒按，尿短赤，粪干燥，口津短少，舌尖及舌边发红，舌苔薄黄。

（3）母牛失犊不食 患牛烦躁，呼吸、反刍、食草减少。

【治则】 胃寒不食宜温中散寒，健脾理气；胆部术后不食宜清热利胆，泻肝火；母牛失犊不食宜疏肝健脾。

【方药】 （1适用于胃寒不食；2适用于胆部术后不食；3适用于母牛失犊不食）

1. 附子理中汤加减。干姜、肉桂、附子、茴香各30g，当归、茯苓、白术各60g，砂仁、草果、厚朴各40g，草蔻、陈皮各50g，丁香20g。水煎取汁，候温灌服。共治疗15例，治愈12例。（贾保生等，T117，P23）

2. 龙胆泻肝汤加味。龙胆草、黄芩、栀子各40g，泽泻、木通、车前子、当归、柴胡、生地、大黄、郁金、香附各30g，甘草20g。共研细末，开水冲调，候温灌服，1剂/d，连服3剂。

3. 醋柴胡50g，青皮、枳壳、川厚朴、半夏各60g，陈皮、白术各70g，山楂90g，麦芽100g，甘草15g。水煎2次，合并药液，候温灌服。共治疗9例，效果满意。

【典型医案】 1. 1991年5月17日，天水市秦州区店镇乡张某一头8岁黄牛来诊。主诉：该牛因行人工植黄手术一切正常，于22日食欲减退。检查：患牛体温39.4℃，呼吸浅短，右胁部疼痛拒按，口津短少，舌尖及舌边发红，舌苔薄黄，粪干燥，尿短赤。诊为胆部术后不食症。治疗：龙胆泻肝汤加味，用法见方药2，1剂/d，连服3剂。3d后随访，患牛痊愈。（孙向东等，T139，P57）

2. 襄城县山头店乡孙庄村孙某一头3岁母黄牛来诊。主诉：该牛产第1胎犊牛后，食欲、反刍如常，至第3天因犊牛病死不食。检查：患牛急躁、打转、哞叫，反刍、食草减少，乳房胀满且硬，呼吸、体温、心率、粪、尿均正常，舌色略青白，口腔津液少而稀。诊为失犊不食。治疗：柴胡、青皮、陈皮、半夏、枳壳、川厚朴、白术、山楂、麦芽、甘草，用法见方药3。服药后第3天，患牛痊愈。（贺延三，T40，P48）

## 慢 草

慢草是指牛脾胃虚弱、气机升降失调而导致运化功能失常的一种病症，颇与现代兽医学胃肠弛缓、消化机能紊乱相似。一般多呈慢性经过。

### 一、黄牛、水牛脾虚慢草

【病因】 多因饲养管理不善，草料品质低劣，饥饱、劳役不均，年老体弱等，以致耗伤气血，损伤脾胃，使之腐熟、运化失常而发病。外感风寒，阴雨苦淋，夜露风霜，久卧湿地，寒气传于脾经；或过饮冷水，采食冰冻草料，寒邪直中胃腑所致。使役过度、怒伤肝而肝脾不和；外感失治误治，迁延日久，造成肝气郁滞所致；母牛因幼犊突然死亡，肝气不疏而失去条达之性等均可引发本病。瘤胃膨气、瘤胃积食、瓣胃阻塞、真胃炎等疾病后期继发。

【辨证施治】　根据病因和症候，分为肝郁脾虚型、脾虚郁阻型、胃热型和虚弱型。

（1）肝郁脾虚型　患牛精神不振，头低耳耷，四肢运步无力，倦怠喜卧，饮、食欲减退，粪渣粗糙、色暗或稀软色正，尿色淡清亮，结膜正常或红而微黄，舌质比较绵软，舌色正常或偏红，卧蚕及上下唇黏膜微带黄色或青黄色，舌苔薄黄或黏腻，脉弦细。

（2）脾虚郁阻型　患牛久病，脾胃虚弱，不思饮食，身体倦怠等。多为继原发病而来的顽固性慢草以及反刍紊乱。

（3）胃热型　患牛精神倦怠，饮、食欲减退，粪干，尿短赤，口干舌燥，舌色红，体温正常。

（4）虚弱型　患牛精神倦怠，四肢无力，日渐羸瘦，喜卧，水草迟细，反刍减退，粪稀软、粗糙，毛焦欣吊，皮肤干燥，口色淡白，口津滑利，舌质绵软，脉沉细。寄生虫引起的消化机能紊乱、肌瘦者不在此列。

【治则】　肝郁脾虚型宜疏肝解郁，健脾养血；脾虚郁阻型宜补脾消痞；胃热型宜滋阴生津，健脾和胃；虚弱型宜温脾除湿，消积化滞。

【方药】　（1适用于肝郁脾虚型；2适用于脾虚郁阻型；3适用于胃热型；4、5适用于虚弱型）

1. 逍遥散加减。当归、白芍、白术、柴胡、茯苓、甘草、煨生姜、薄荷。舌质正常、苔黏腻、肝郁重而血虚不显者重用柴胡，加半夏、藿香、枳壳、香附、厚朴；舌光无苔、舌质淡红或嫩红、肝气郁滞、脾虚血虚者重用白芍、当归，酌加山药、黄芩、藿香。共研细末，开水冲调，候温灌服，1剂/d，一般3～5剂即可获效。

2. 枳实消痞汤。党参、焦白术、茯苓、甘草、枳实、炒麦芽、半夏、厚朴、干姜、黄连。依据病情灵活加减。共研细末，开水冲调，候温灌服。共治疗50余例（含其他家畜），均收到满意疗效。

3. 苦参150g，大黄100g。共研细末，开水冲调，候温灌服。共治疗89例，全部治愈。

4. 花椒（捣碎）18g，百草霜40g，食盐20g，混合；鲜白茅（长50cm左右）适量。将白茅均分为2份，叶稍相交，叠合铺平，再将上药卷裹叶中，拧成绳样，横衔于牛口中，两端沿鼻绳上系耳后，任其自由舐磨30min，或以药绳断散为度。将牛舌拉出口外，向上翻转，手持小宽针刺入0.3cm许，使之出血，然后冷水浇洗即可。共治疗174例，治愈127例，好转36例。

5. 初期，药用扶脾散。党参45g，黄芪、神曲、麦芽各60g，白术、茯苓、陈皮、青皮、苍术、厚朴、泽泻各30g，木香24g，甘草10g。共研细末，开水冲调，候温灌服。

中期，药用益脾黄芪散加减。黄芪60g，党参、白术各45g，生地、泽泻、茯苓、陈皮、青皮各30g，升麻24g，干姜、甘草各15g。共研细末，开水冲调，候温灌服。

后期，药用补中益气汤加减。黄芪60g，党参50g，山药45g，扁豆40g，白术、当归、白芍、青皮、砂仁、枳壳、茯苓、泽泻、升麻各30g，柴胡20g，甘草10g，生姜、大枣为引。共研细末，开水冲调，候温灌服。共治疗150例，痊愈143例。

【典型医案】　1. 1982年6月24日下午，武威县永丰公社四坝桥7队一头10岁黑母牛来诊。主诉：该牛食欲、反刍很差，精神沉郁，他医诊治3d无效。检查：患牛体温38.6℃，心跳72次/min，呼吸16次/min，精神沉郁，被毛粗乱，鼻镜较干，有时磨牙，不反刍，食欲废绝；结膜红而微黄，口红，陷池部微黄，口津黏腻，瘤胃蠕动很弱，瓣胃音细小，心跳稍快。按前胃弛缓灌服西药健胃剂，静脉注射葡萄糖氯化钠注射液，连用5d，患牛精神有所好转，但仍不吃、不反刍。再次检查，发现患牛瘤胃空虚，触诊比较柔软，蠕动3次/2min、力量较弱；舌质绵软，口色偏红，口津黏腻，陷池部微黄，脉弦细。诊为肝郁偏重、肝郁脾虚型慢草不食。治疗：逍遥散加减，重用柴胡，加半夏、厚朴、枳壳、藿香。用法见方药1，连服3d。患牛出现反刍，食欲增加。再服药1剂，反刍、食欲趋于正常，痊愈。（魏天恭等，T4，P40）

2. 1980年春耕之际，神驰县义井乡太平庄大磨沟一头12岁黄犍牛来诊。主诉：该牛平素消化不良，劳即泄泻。今因使役过劳而患瘤胃膨气，经他医诊治，瘤胃膨气消失，但慢草，反刍不规则。检查：患牛精神沉郁，眼半闭，鼻镜少津，磨牙，触诊胃区柔软、呈半充盈状、触压无压痕，胃蠕动减弱，1次/min，反刍不规则，粪稀软、呈堆状、混有消化不全的草料残渣。诊为脾虚郁阻型慢草。治疗：枳实消痞汤。党参、炒山药各50g，焦白术、茯苓各30g，枳实、厚朴各25g，炒麦芽、炒莱菔子各60g，半夏、黄连各20g，甘草、干姜各15g。共研细末，温沸水灌调，候温灌服，3剂痊愈。（陈兴国，T71，P28）

3. 1992年10月3日，大通县城关镇李家磨村张某一头母牛因慢草来诊。检查：患牛精神倦怠，饮、食欲减退，粪干，尿短赤，口干舌燥，舌色红，体温正常。诊为胃热型慢草。治疗：取方药3，用法同上。服药1剂，患牛症状大减，继服原方药2剂，痊愈。（石晓青，T114，P36）

4. 1983年4月23日，余庆县龙溪区花台村王某一头5岁水牛来诊。主诉：该牛近半个月来食欲减退，粪不成形，日渐消瘦。检查：患牛倦怠，毛焦欣吊，粪稀薄、量少，尿清长，体温 37.5℃，瘤胃蠕动音弱，耳、鼻凉，四肢不温，口色青白，舌苔淡白，口津滑利，脉象沉迟无力。治疗：取方药 4，用法同上。7 月 11 日痊愈。（毛廷江，T87，P32）

5. 1996 年 8 月 20 日，西吉县夏寨乡何洼村马某一头 4 岁黄色母牛来诊。主诉：该牛 4d 前因使役过重，饮水较多而致食欲减退。检查：患牛精神不振，被毛竖立，喜卧地，心音增强，心跳 64 次/min，瘤胃稍臌胀、蠕动音弱，呼吸稍困难。诊为虚弱型慢草。治疗：扶脾散，用法见方药 5，1 剂/d，连服 3 剂，痊愈。

6. 1997 年 9 月 14 日，西吉县城郊乡大滩村王某一头 5 岁黄色母牛来诊。主诉：该牛近日来饮、食欲减退，昨天曾在他处治疗 2 次无效。检查：患牛瘤胃和肠蠕动均很弱，有时出现金属音，鼻镜干燥，尿黄，粪稀，心音低弱。诊为虚弱型慢草。治疗：益脾黄芪散加减，用法见方药 5，1 剂/d，连服 4 剂，痊愈。

7. 1997 年 5 月 4 日，西吉县马健乡台子村董某一头 8 岁黄色母牛来诊。主诉：该牛近半个月来食欲差，粪干，有时排黑色稀粪，他医曾用西药治疗数次无效，近日病情加重。检查：患牛精神不振，瘤胃稍胀、蠕动无力，鼻镜干燥、微有裂纹，尿黄，粪干、色黑。治疗：补中益气汤加减，用法见方药 5，1 剂/d，连用 3 剂。患牛精神好转，但吃草、饮水量仍较少，继服药 3 剂，痊愈。（马良诚等，T95，P30）

**二、奶牛脾虚慢草**

【主证】　患牛精神不振，食欲、反刍减退，完谷不化，有的粪干或慢性胀气。重者，毛焦欣吊，食欲废绝，难起难卧，气喘，耳、鼻凉，鼻汗时有时无，口色淡白，尾脉弱。

【治则】　补中益气，健脾燥湿。

【方药】　参苓白术散。党参 60g，白术 50g，茯苓、山药、薏苡仁、白扁豆各 40g，莲子肉 30g，砂仁、桔梗各 20g，炙甘草 10g（中等奶牛药量）。慢性胀气者加枳壳、厚朴、陈皮；湿重者加佩兰、藿香；食滞者加槟榔、二丑、鸡内金；粪干者加火麻仁、郁李仁、当归；动则气喘者重用桔梗，加紫菀、款冬花。共研细末，开水冲调（轻症）或水煎取汁，候温灌服（重症），1 剂/d。共治疗 13 例，均获满意疗效。

【典型医案】　1988 年 4 月 20 日，长春市郊区张某一头 1 岁奶牛来诊。主诉：该牛 2d 前食欲减少，后躯活动不灵活，行走摇晃，今天卧地不起。检查：患牛精神沉郁，毛焦体瘦，微喘；针刺后躯肌肉反应良好，粪溏稀、渣粗，舌质淡红，体温 39.2℃，心跳 90 次/min，心律不齐，呼吸 24 次/min，瘤胃蠕动迟缓乏力。诊为脾虚慢草。治疗：参苓白术散加苍术 35g，陈皮 25g，枳壳 30g，用法同上。21 日，患牛

病情好转。继服上方药 2 剂，痊愈。（廖柏松等，T37，P42）

## 料　伤

料伤是指牛过食精料，导致胃腑胀满，出现以不食和拒绝精料为特征的一种病症。一年四季均可发生，以秋季多发，多见于产奶母牛。

【病因】　牛脾胃虚弱，运化失常，加之长期饲养管理不善，饲喂精料过多，饮水不足，导致草料难以腐熟化导，凝滞胃腑；或因患一些胃肠疾病治疗不当引发本病。

【主证】　患牛精神委顿，耳耷头低，被毛粗乱，不喜食精料，肚腹胀满，口气酸臭、泛津，产奶量明显减少，粪干、粗糙、含有未消化的饲料，尿黄。

【治则】　消导行滞，健脾和胃。

【方药】　山楂、神曲、麦芽、玉片各 50g，陈皮 40g，苍术 45g，木通 25g。混合，共研细末，开水冲调，候温灌服，1 剂/d。共治疗 127 例，其中 2 剂治愈 53 例，3 剂治愈 72 例，有其他合并者 2 例，其中采用中西医结合治愈 1 例，另 1 例因合并症而死亡。

【典型医案】　2001 年 9 月 5 日，双城市新兴乡新华村张某一头黑白花奶牛来诊。主诉：该牛已产犊牛 2 个多月，由于瘤胃积食，治愈后突然拒食精料，产奶量大幅度下降，用西药诊治多次无效。检查：患牛形体消瘦，体温 38.7℃，行动迟缓，粪干，尿黄，结膜稍苍白，口腔较干，舌苔黄、鼻汗珠散，脉细。治疗：取上方药，用法同上，连用 3 剂。服药后，患牛采食精料，产奶量也逐步回升。（卢旭峰等，T114，P26）

## 消化不良

消化不良是指因牛使役过度或草料不洁、品质不良，导致脾胃功能失调，运化失司引起的一种病症。

【病因】　多因牛使役过度，气候突变，草料不洁或品质不良，致使脾胃功能失调，运化失司所致。

【主证】　患牛体瘦毛焦，经常腹泻，有时腹虚胀，粪中混有未消化的的草渣、无特殊气味，尿短少，口色微淡白。

【治则】　健脾消食。

【方药】　1. 和胃消食散。刘寄奴、神曲、山楂各 50g，厚朴、青皮、木通、枳壳、茯苓、香附、槟榔各 30g，甘草 20g。共研细末，开水冲调或水煎取汁，候温灌服。共治疗 270 例，治愈 260 例。

2. 青皮散。青皮、陈皮、五味子、枳壳、川楝子、苍术、牛膝各 30g，白芷、党参、茯苓各 35g，何首乌、桂枝各 40g，牡蛎 25g，甘草 20g，细辛 15g。水煎取汁，候温灌服。

【典型医案】 1. 寿光市上口镇王北楼村于某一头 2 岁黑色公牛来诊。主诉：该牛经常腹泻，消瘦。检查：患牛体瘦毛焦，腹泻，有时腹虚胀，粪中混有未消化的的草渣、无特殊气味，尿短少，口色微淡白。诊为消化不良。治疗：取方药 1，用法同上，连服 2 剂，痊愈。（田立孔，T87，P44）

2. 1984 年 4 月，杭州市跃进水库附近一头 7 岁、约 200kg 黄牛来诊。主诉：近 1 个月来，该牛精神、食欲差，消瘦，喜卧，劳役易疲劳，排粪、排尿次数多，尿液清长。检查：患牛体温 38.4℃，呼吸正常，被毛无光泽，欣吊，口色青，苔淡白，脉沉迟，粪稀软、不成形、无臭味。治疗：先用大蒜酊、姜酊、人工盐、大黄酊加水灌服 3 剂（1 剂/d）无效，后改用青皮散，用法见方药 2，2 剂痊愈。（汤正义，T34，P28）

## 呕 吐

呕吐是指牛胃气失降、气逆于上，导致食物从胃中吐出的一种病症。

【病因】 由于饲养管理不当，过食精料或饲喂霉败、易发酵饲草和难于消化的草料，积滞胃中，脾胃腐熟和运化不及，传导失常，胃气不得下行，上逆而成呕吐；久卧湿地，阴雨苦淋，夜露风霜，过饮冷水，饲喂冰冻草料等，导致脾胃虚寒；或久病之后脾阳受损，胃不纳谷，难于运化，清气不升，浊气不降，阴寒浊气奔冲于上导致呕吐。

【辨证施治】 临床上分为虚寒呕吐、湿热呕吐、食滞呕吐及顽固性呕吐。

（1）虚寒呕吐 患牛倦怠无力，毛焦体瘦，食欲减退，呕吐物气味不明显，粪稍稀、粗糙，鼻汗成片，四肢、耳、鼻俱凉，尿清长，口色淡白，苔白滑，口津滑利，脉缓无力。

（2）湿热呕吐 患牛精神不振，不食或呕吐，呕吐物气味酸臭，反复发作，喜饮冷水，耳角俱热，结膜赤红兼黄，尿短少、色黄赤，口温高，口色红黄，舌津黏稠，舌苔黄腻，脉象濡数。

（3）食滞呕吐 患牛精神委顿，食欲废绝，肚腹微胀、拒按，频频作呕，吐出未消化的饲料、气味酸臭，嗳气，厌食，口色稍红，舌苔垢浊，脉象沉实。

（4）顽固性呕吐 患牛初吐黄沫、量少，吐后食草，反刍如常，随之呕吐逐渐加重，先吐黄沫，继而吐白沫，混有大量黏液，最后吐草团，肠音弱，粪稍干，舌体虚胖、色暗。

【治则】 虚寒呕吐宜健脾和胃，温中降逆；湿热呕吐宜清热化湿，降逆止呕；食滞呕吐宜消食化滞，和胃降逆；顽固性呕吐宜健脾和胃。

【方药】（1 适用于虚寒呕吐；2 适用于湿热呕吐；3 适用于食滞呕吐；4 适用于顽固性呕吐）

1. 益智仁、白豆蔻、吴茱萸、半夏、陈皮、甘草、旋覆花（布包）各 30g，党参、白术、干姜、小茴香各 40g，代赭石 60g，大枣 50g，砂仁 20g，木香 15g。水煎取汁，候温灌服，1 剂/d。

2. 藿香、厚朴各 40g，黄连（姜汁炒）、茵陈、桔梗、半夏、陈皮、茯苓各 30g，芦根 60g，香薷、白豆蔻各 20g。水煎取汁，候温灌服，1 剂/d。

3. 神曲、麦芽、生姜各 50g，山楂、厚朴、大黄各 40g，枳壳、陈皮、半夏、茯苓各 30g。水煎取汁，候温灌服，1 剂/d。

用方药 1～3，共治疗 37 例，痊愈 35 例，有效 2 例。

4. ① 10% 安钠咖注射液 20mL，维生素 B$_1$ 30mL，健胃穴注射；②稀盐酸 20mL，胃蛋白酶 30g，加水灌服；③黄柏、苍术、砂仁（后下）、党参、姜半夏各 60g，川厚朴、陈皮各 90g，生赭石 180g（捣烂后煎），茯苓、五味子各 45g。水煎取汁，候温灌服。

注：对食滞阻胃而欲吐的患牛，可先饮用淡盐水，刺激胃肠黏膜，增加胃肠蠕动，帮助吐出宿食，然后再用药物治疗。治疗期间应停食 1～2 顿。治疗时，药汁宜浓煎，少量多次灌服，并保持药汁温热（不宜冷服）；治疗期间应饮以温水。

【典型医案】 1. 1987 年 11 月 13 日，余庆县龙溪区苏羊乡岩底村刘某一头 8 岁母水牛来诊。主诉：该牛患病已 2 个多月，呕吐时作时止，吐出物清稀、气味不明显，吃草、反刍减少，口渴但不欲饮，膘情下降，经他医治疗多次无效。检查：患牛倦怠无力，毛焦体瘦，鼻汗成片，四肢、耳鼻俱凉，粪稍稀、粗糙，尿清长，体温 37.2℃，舌淡，苔白滑，脉缓弱无力。诊为呕吐。治疗：取方药 1，用法同上，1 剂/d，连服 2 剂。嘱畜主给牛饮温水，注意圈舍保暖。15 日复诊，患牛呕吐停止，精神明显好转。效不更方，继服药 2 剂。27 日追访，该牛食欲旺盛，诸症悉退。

2. 1987 年 7 月 9 日，余庆县龙溪区苏羊乡中坝村田某一头 9 岁黄牛来诊。主诉：该牛上午放牧时吃草即呕，呕出物气味酸臭，烦躁，口渴。检查：患牛精神不振，耳角俱热，结膜赤红兼黄，尿短少、色黄赤，口温高，口色红黄，舌津黏稠，舌苔黄腻，脉象濡数，体温 39.1℃。诊为呕吐。治疗：取方药 2，用法同上，1 剂/d，连服 2 剂。11 日复诊，患牛食草安静，未见呕吐，但尿仍偏黄，方药 2 加栀子 30g，用法同前，1 剂。19 日追访，痊愈。

3. 1983 年 4 月 21 日上午，余庆县龙溪区岩门乡红渡村李某一头 5 岁母黄牛来诊。主诉：该牛使役后喂给水拌玉米面、麸皮约 4kg。下午 5 时，不安，频频呕吐，吐出未消化的饲料、气味酸臭，食欲废绝，遂请他医诊治。次日中午，该牛仍不思饮食，且频频嗳气。检查：患牛精神委顿，嗳腐吞酸，厌食，下痢，气味腐臭，肚腹微胀、拒按，口色稍红，舌苔垢浊，脉象沉实，体温 38.6℃。诊为呕吐。治疗：取方药 3，用法同上，1 剂/d，连服 2 剂。28 日，畜主

告知患牛痊愈，且已投入使役。（毛廷江，T70，P32）

4. 郸城县胡集乡范桥村侯庄一头 4 岁母黄牛，因患顽固性呕吐，病程长达 2 个多月来诊。接诊时，患牛体质较差，毛焦欣吊，带一犊牛（已断奶）。主诉：该牛于犊牛断奶后 25d 突然发生呕吐，初吐黄沫、量少，吐后即食草、反刍如常，随后呕吐逐渐加重，先吐黄沫后吐白沫，最后吐草团，曾按翻胃吐草治疗（药物不明），用药后不食、不反刍，也不呕吐，又服健胃剂，服药约 3h 后又发生呕吐。多次重复后，畜主用单方陈石灰、碱面各 250g，加水 1 次投服，服后又不食、不反刍，再服健胃药物又呕吐，吐后稍有食欲、反刍。检查：患牛体温 38.6℃，心跳 45 次/min，呼吸 24 次/min，毛焦体瘦、舌体虚胖、色暗，粪稍干，瘤胃蠕动 1 次/3min，肠音弱，精神较好；呕吐物先为黄色、带大量黏液，继而为带白沫的清水，成股吐出，随后吐草末，每次呕吐物约一脸盆，呕吐物 pH 值 9，吐后稍停，稍有食欲、反刍，但量逐渐减少；触诊食道，检查口腔，未发现异常。初步诊为慢性缺酸性胃炎（疑伴发胃神经官能症）。治疗：取方药 4①、②、③，用法同上。次日复诊，患牛没有呕吐，食欲、反刍同前，胃液 pH 值 8.5。继用方药 4②、③。第 3 天，患牛未出现呕吐，食欲、反刍仍差，胃液 pH 值 8.0。遂取方药 4②，用法同前；取健康牛胃液 500mL，灌服；山楂 150g，麦芽、神曲、麻仁各 90g，青皮 30g，陈皮、藿香、莱菔子各 60g，半夏、茯苓、枳壳、二丑各 45g，水煎取汁，候温灌服。第 4 天痊愈。（常树奎，T34，P64）

## 吐 草

吐草是指牛食草咀嚼无力、草料不得下咽而吐出或咀嚼下咽后反刍吐出的一种病症。

### 一、黄牛吐草

【病因】 因外感风寒，内伤阴冷，如阴雨苦淋、夜露风霜，或久渴失饮后突然饮冷水过多等，以致寒凝胃腑，脾气不舒，胃气上逆，升降失司而吐草；暑热炎天，久热暴晒，缺少饮水，致使热气入胃，胃火上炎，耗伤胃津，胃失和降，气逆于上而吐草；饮喂失时，劳役过度，气血双亏，脾虚失运，胃弱不纳上逆而吐草；窦腔发炎化脓，食草时上腭疼痛而吐草；由于饲料、饲草单纯，营养不良，缺乏维生素、矿物质、微量元素等，导致新陈代谢失调而吐草；因生贼牙、出新牙、脱牙、蛀牙、牙齿磨损不整、齿槽骨质松软或口腔牙齿病变等，导致食草咀嚼疼痛而吐草。

【辨证施治】 临床上分为胃寒吐草、胃热吐草、劳伤吐草、上颌窦炎吐草、营养不全吐草和牙齿病吐草。

（1）胃寒吐草 患牛精神倦怠，头低耳耷，四肢无力，行走缓慢，口色淡白，舌体胖嫩，流涎、涎水青稀，口、鼻、耳发凉；吐的草有粗有细，有采食吐，有反刍吐，遇寒更甚，遇热则轻。

（2）胃热吐草 患牛精神倦怠，行走缓慢，身热，喜欢阴凉处，吐草伴有口臭，口色红，舌津黏稠，舌苔黄腻，烦渴贪水，但饮后又吐。

（3）劳伤吐草 患牛精神倦怠，食欲欠佳，使役过重随即发生吐草，反刍细草、伴有黄水草渣，有时鼻流黄水，有时眼睑水肿，嗳气多、气味酸臭，口色淡、黄白。

（4）上颌窦炎吐草 患牛鼻窦部骨质疏松、肿胀，穿刺有脓汁、气味臭，口色基本正常，咀嚼困难，喜食柔软饲草或嫩青草，病程长。

（5）营养不全吐草 患牛吐出的草粗、时多时少，啃墙舔土，间有异食癖，精神尚好，口色基本正常。多见于 3 岁以下的小牛，病程虽达数月，一般只要补充青绿多汁饲料，饲喂营养丰富的精料，不治疗也会痊愈。

（6）牙齿病吐草 患牛口舌基本正常，咀嚼无力，吐出的草粗糙而新鲜，吞咽容易，多为生贼牙、出新牙、脱牙、蛀牙、牙齿磨损不整或草渣填塞蚁洞等，打开口腔，认真检查即可确诊。

【治则】 胃寒吐草宜温中散寒，和胃降逆；胃热吐草宜清热养阴，和胃降逆；劳伤吐草宜补中益气，和胃降逆；上颌窦炎吐草宜清热解毒，消肿止痛；营养不全吐草宜补气血，益肝肾，壮筋骨；牙齿病吐草宜修整牙齿。

【方药】 （1 适用于胃寒吐草；2 适用于胃热吐草；3 适用于劳伤吐草；4 适用于上颌窦炎吐草；5 适用于营养不全吐草；6 适用于牙齿病吐草）

1. 理中二陈汤加味。党参、白术各 50g，干姜、陈皮、茯苓各 60g，制半夏 45g，砂仁 35g，肉豆蔻、炙甘草各 25g，灶心土 250g。涎多者加旋覆花 15g，苍术、益智仁各 30g；体虚者重用党参、白术；消化机能障碍者加神曲、麦芽各 60g；夏季加藿香、佩兰各 30g。水煎取汁，候温灌服。电针百会、脾俞穴。

2. 白虎汤加味。石膏（先碎先煎）250g，知母、茯苓各 60g，半夏、甘草各 45g，粳米 100g，陈皮 50g。粪干者加大黄（后下）60g，芒硝（冲）100g；伤津者加沙参、麦冬各 50g。水煎至米熟汤成，取汁，候温灌服。针脾俞、后三里、耳尖、尾尖、八字穴。

3. 四味汤加味。党参、白术各 50g，茯苓、陈皮、代赭石各 60g，制半夏、苍术各 45g，红豆蔻、益智仁、炙甘草各 30g，苏子、苏梗各 25g，丁香、砂仁、草豆蔻各 20g，灶心土 250g，炒盐 120g。体虚者加当归 30g，熟地 60g；粪溏者重用茯苓、益智仁。先水煎它药，取汁候温，再加炒盐，调匀灌服。火针或电针脾俞、百会穴。本方药也适用于食伤吐草。

4. 普济消毒饮加减。黄芩、牛蒡子、金银花、知母、黄柏、穿山甲、紫花地丁各30g，天花粉、连翘各60g，桔梗、薄荷、甘草各25g。水煎取汁，候温灌服。肿胀蓄脓者应穿刺放出脓汁，按外科常规清理创面处理。同时，注射磺胺类和抗生素药物。

偏方：忍冬藤、鱼腥草各250g，芦根500g，蒲公英120g，苍耳子、皂角刺、冬瓜仁各60g，水煎取汁，候温灌服。

5. 八珍汤加味。党参、白术、茯苓、当归、熟地、白芍各30g，杜仲、骨碎补、益智仁各25g，炙龟板（研末）、炒盐各60g，川芎、炙甘草各20g。先水煎他药，取汁，冲入炙龟板末，加炒盐，调匀灌服。病情严重者，静脉注射葡萄糖注射液、氯化钙注射液、维生素注射液等，补充营养丰富的精料，减少饲喂麦麸料。

6. 对症疗法。若为贼牙者用齿钳去除；牙齿磨损不整者用齿锉锉平；蚁洞有异物填塞应剔除；若是出牙，则内服钙素母片。

【典型医案】 1. 1998年7月下旬，沭阳县耿圩镇淮西村王某一头2岁公黄牛来诊。主诉：该牛患病期间曾用西药治疗数次不见效，病程长达2个多月。检查：患牛口色淡白，口涎多而青稀，吐草粗糙，舌体胖嫩，体瘦毛焦，精神欠佳，粪稀薄，尿清长。诊为胃寒吐草。治疗：电针百会、脾俞穴1次；取理中二陈汤加藿香、佩兰各30g，用法同方药1，服药6剂，痊愈。

2. 2000年8月中旬，沭阳县塘沟镇塘北村王某一头2岁母黄牛来诊。检查：患牛精神倦怠，身热，喜欢阴凉处，口色红，舌苔黄腻，舌津黏稠，烦渴贪饮，饮后又吐，吐草伴有口臭。诊为胃热吐草。治疗：针刺脾俞、后三里、耳尖、尾尖、八字穴1次；取白虎汤加味加沙参、麦冬50g，用法同方药2。服药4剂，痊愈。

3. 2001年9月中旬，沭阳县塘沟镇塘北村耿某一头2岁公黄牛来诊。检查：患牛口色黄白，精神欠佳，体瘦毛焦，嗳气、有酸臭味，反刍吐细草、伴有黄水。诊为劳伤吐草。治疗：四味汤加味加当归30g，熟地60g，用法同方药3，服药3剂，痊愈。

4. 2002年10月7日，沭阳县李恒镇江圩村江某一头2岁公黄牛来诊。主诉：该牛吃草由左嘴角进，咀嚼也在左侧咀嚼2～3次即吐出，喜吃新鲜嫩草。内服温脾暖胃中药十余剂未见好转，体重逐渐下降，到9月底病情严重，他医为其静脉注射葡萄糖，饲喂营养丰富的饲料，症状有所改善，但仍有吐草现象。检查：患牛咀嚼困难，鼻部发生肿胀、按之很硬、有痛热感、穿刺有少量脓汁和气体。诊为上颌窦炎继发吐草。治疗：脓肿腔按外科常规处理；普济消毒饮加味3剂，用法同方药4；同时注射抗生素。用药4d后，患牛吃草不吐，肿胀也渐渐消失。

5. 2001年12月，沭阳县李恒镇野场村李某一头2岁母黄牛来诊。检查：患牛吐草粗糙，不吐细草，时多时少，有啃墙舔土现象，精神尚好，体瘦，被毛无光，病程2个多月。诊为营养不良、缺钙导致吐草。治疗：八珍汤加味2剂，用法同方药5；同时增喂富含钙质的精料，加喂青绿多汁饲料，患牛很快恢复健康。

6. 2001年10月，沭阳县塘沟镇小耿圩村张某一头约6岁母黄牛来诊。检查：患牛咀嚼无力，吐出的草粗糙而新鲜，口舌正常，打开口腔检查，发现牙齿磨损不整。治疗：用齿锉锉平。术后，患牛采食咀嚼正常。（施仁波等，T123，P28）

## 二、水牛吐草

水牛吐草一般病程较长，多见于年轻的水牛。

【病因】 多因饲养管理失调、外感风寒、内伤阴冷，如阴雨苦淋、夜露风霜，致使脾胃受寒，升降失司，胃气上逆而吐草（一般在冬春季节气温低时多发）；饮喂失时，劳役过度，气血双亏，脾虚失运，胃弱不纳而反刍吐草；齿生贼牙、脱牙、牙齿磨灭不整等，致使牛咀嚼疼痛而吐草。湿毒上攻引起上颌窦发炎化脓，使牛咀嚼疼痛而吐草；长期饲喂干枯稻草和大麦、棉籽饼等，饲草、饲料单纯，营养不全，使牛营卫失调而吐草（一般多见于3岁以下的小水牛）。

【辨证施治】 临床常见的有胃寒吐草、劳伤吐草、牙齿病吐草、上颌窦脓肿吐草和营养不全吐草。

(1) 胃寒吐草 患牛口、鼻、耳俱凉，食草咀嚼几下即吐出，亦有少数病牛在反刍时吐出少量细草团，遇寒更甚，遇暖则轻，口色淡白，舌体胖嫩，多流清涎。

(2) 劳伤吐草 患牛精神倦怠，食欲欠佳，嗳气、气味酸臭，反刍时吐出较细的草团、伴有黄水，使役过重随即发生吐草；有些患牛眼、鼻梁处发生水肿，口色淡黄。

(3) 牙齿病吐草 患牛口色正常，食草咀嚼无力而吐出，吐出的草粗糙而新鲜，改变饲料则吞咽容易，反刍咀嚼不规则，药物治疗无效。多见于贼牙、脱牙、牙齿磨灭不整等。打开口腔，认真检查即可确诊。

(4) 上颌窦脓肿吐草 患牛口色偏红，体瘦毛焦，食草咀嚼困难，吐草，喜食软草或青嫩草。一般病程长，用温性药物治疗无效。鼻窦部发生脓肿，在脓肿形成后食草不吐，穿刺脓肿有脓血和臭气排出。

(5) 营养不全吐草 患牛口色基本正常，吃草咀嚼时吐出，时多时少，反刍不吐，牙齿多松动，精神尚好，时有啃墙舔食现象。多见于3岁以下的小水牛，病程达1～2个月之久，一般只要补充青绿多汁饲料，加喂营养丰富的精料，有些患牛不用治疗也能痊愈。

【治则】 胃寒吐草宜温中散寒，和胃降逆；劳伤吐草宜补中益气，和胃降逆；齿病吐草宜修整牙齿；上颌窦脓肿吐草宜清热解毒，消肿排脓，化腐生肌；营养不全吐草宜补气血，益肝肾，壮筋骨。

【方药】（1适用于胃寒吐草；2适用于劳伤吐草；3适用于齿病吐草；4适用于上颌窦脓肿吐草；5适用于营养不全吐草）

1. 理中二陈汤加味。党参、白术、茯苓各40g，干姜、半夏（制）各50g，丁香、砂仁、肉豆蔻、炙甘草各20g，灶心土（布包）250g。口涎多者加苍术、益智仁、旋覆花；体虚者重用党参、白术；消化不良者加六曲、麦芽；夏季加藿香、佩兰。水煎取汁，候温灌服。火针或电针脾俞穴、百会穴。

偏方：灶心土（布包）250g，煨生姜、陈木板烧灰各60g，水煎取汁，候温，加白酒100mL灌服。

共治疗48例，全部治愈。

2. 四君子汤加味。党参、白术、茯苓各40g；制半夏、广陈皮、炒苍术、代赭石各50g，红豆蔻、益智仁、苏梗各30g，丁香、砂仁、炙甘草各20g，灶心土（布包）250g。体虚者加当归、熟地；粪溏者重用茯苓、益智仁。水煎取汁，候温灌服。火针或电针脾俞穴、百会穴。

偏方：煨生姜120g，灶心土（布包）250g，陈木板烧灰、炒盐各60g，水煎取汁，候温灌服。

共治疗9例，治愈8例。

3. 贼牙用齿钳拔除。牙齿磨灭不整而出现过长齿、波状齿、阶状齿者，用齿剪、齿锉等切断过长齿，并修正齿面；出牙可内服钙剂。共治疗16例，治愈13例。

4. 普济消毒饮加减。黄芩、知母、黄柏、牛蒡子、金银花、连翘、紫花地丁、穿山甲各30g，天花粉60g，薄荷、桔梗、甘草各20g。水煎取汁，候温灌服。

验方：忍冬藤、鱼腥草各250g，芦根500g，皂角刺（布包）、冬瓜仁各60g，水煎取汁，候温灌服。

结合内服或注射磺胺类药，注射抗生素，能使病情快速痊愈。共治疗11例，治愈10例。

5. 八珍汤加味。党参、白术、茯苓、熟地、杜仲、骨碎补、炙龟板（研末）各30g，甘草、当归、白芍、川芎、益智仁各20g，炒盐30g。水煎取汁，候温灌服。隔天服中药1剂，二煎连药渣一并灌服，一般服3～5剂即愈。对病情严重者可静脉注射葡萄糖注射液、氯化钙注射液、维生素注射液。共治疗29例，全部治愈。

注：煎药时，对一些芳香药物要后下或研末合服，防止挥发。验方可每天灌服。患腮骨肿（放线菌病）、草噎（食道梗塞）、嗓黄（咽喉炎）等病症的有些患牛也见吐草，应加以区别。（孙福星，T12，P46）

【护理】 内服畜用生长素、钙素母等，加喂精料，补充青绿饲料，减喂麦麸。

## 三、白牦牛寒湿吐草

本病是牦牛采食霜冻牧草或久卧湿地引起以吐草为主证的一种病症。多见于冬春季节；大多数为体质虚弱和老龄白牦牛。

【病因】 由于长期采食霜冻冰冷牧草或过饮冷水，使寒邪凝聚于胃肠，阴冷传之于脾，脾阳不足，从而使胃的排空和输送机能受阻；或因年老体弱，久卧寒湿之地，使寒湿之邪侵袭脏腑，伤及脾胃，致使脾气不升，胃气不降，脾运化功能失常而发病。

【主证】 患牛精神萎靡、不振，头低耳耷，被毛粗乱、无光泽，体质瘦弱，四肢无力，行走缓慢，卧多立少，口色淡白，舌体胖嫩，口流涎水，口、鼻、耳俱凉，有时发生寒战，腹痛，体温36.5～37.2℃，呼吸、心跳正常。病重或病程较长者则流涎多，伴有吐草现象，吐出的草团粗细不均、无臭味，遇冷则加重，遇热则减轻，反复无常，津液滑利。食欲、反刍随病情加重或病程的延长而减少或废绝。

【治则】 祛寒利湿，补气健脾。

【方药】 温脾散加减。桂心、益智仁各35g，当归30g，砂仁、青皮、厚朴、陈皮、五味子、白术、干姜、肉豆蔻各25g，草果、川芎各20g，甘草15g。共研细末，加白酒150mL，葱根3段，1次灌服（以上为3岁牦牛药量，可按体格、体质情况增减）。10%葡萄糖注射液1000mL，硫酸庆大霉素80万单位，安乃近注射液60mL，静脉注射；5%葡萄糖注射液500mL，氢化可的松120mL，静脉注射；10%葡萄糖注射液500mL，能量合剂30mL，静脉注射；氨胆注射液40mL，肌内注射。共治疗36例，治愈34例。

【护理】 将患牛置于温暖干燥的棚圈内，饲喂优质青干草；防止空腹饮冷水。

【典型医案】 2007年2月18日，天祝县赛什斯镇野弧川村张某2头3岁白牦牛，因吐草来诊。主诉：发病时该牛只流少量涎，这几天开始吐草，精神不振，食欲减少，喜卧。检查：患牛体质瘦弱，口、鼻、耳俱凉，体温37.2℃，口角周围被吐出草团所污染。诊为胃寒吐草。治疗：温脾散加减，用法同上。次日，患牛吐草次数减少，精神好转，开始舔毛。继用上方药治疗。第3天，患牛精神良好，食欲增加，反刍正常，痊愈。（高永琳，T171，P62）

## 翻胃吐草

翻胃吐草是指牛脾胃虚弱、中气不足、胃气上逆而将胃中内容物吐出的一种病症。与吐草不同的是所吐之物是胃中内容物、较细、混有胃液。

## 一、黄牛翻胃吐草

【病因】 因饲养管理不善，外感风寒（棚舍潮湿,久卧湿地,阴雨苦淋,夜露风霜)或内伤阴冷(过饮冷水,饲喂冰冻草料),致使寒邪侵袭脾胃,寒湿中阻,脾冷土衰,脾胃运化,受纳失司,加上劳役过度,饲养失调,久渴失饮,气血双亏,引起脾衰胃弱,清阳不升,浊阴不降上逆而吐草。

【辨证施治】 临床上以胃寒或寒湿型和脾胃虚弱型较多见,湿(胃)热型较为少见。

(1)胃寒或寒湿型 患牛吃草、反刍减少,反刍时从口腔逆流出瘤胃内容物,吐出物稀薄、呈水样、气味不臭,口色青白,口温较低,津液稀薄,耳根较冷。

(2)脾胃虚弱型 一般病程较长。病初,患牛精神不振,被毛逆立、无光泽,耳、鼻俱凉,食欲、反刍减少,鼻镜汗不成珠,口流清涎,吐草、草团粗糙,口色淡白,渐进性消瘦。后期,患牛精神倦怠,头低耳耷,毛焦欣吊,常伸颈拱背,食后不久即出现吐草,粪稀、粗糙,体温如常,口色淡,脉象沉细。

(3)湿(胃)热型 患牛猝然呕吐,吐出物气味酸臭、难闻,口赤黄,口津黏滑。

【治则】 胃寒或寒湿型宜温中祛湿,健脾和胃;脾胃虚弱型宜补脾益气,和胃降逆;湿(胃)热型宜清热利湿,降逆止呕。

【方药】 [1适用于胃寒或寒湿型;2、3适用于脾胃虚弱型;4、5适用于湿(胃)热型]

1. 温胃健脾散加减。益智仁、党参、陈皮、厚朴、肉豆蔻各20g,白术25g,半夏、苍术各15g,砂仁、小茴香各10g,茯苓30g,灶心土60g,生姜、大枣为引。水煎取汁,候温灌服,1剂/d,连用3d。取5%葡萄糖生理盐水1000mL,维生素C注射液50mL,5%葡萄糖酸钙注射液100mL,氯化钾注射液20mL,安钠咖注射液5mL,小苏打注射液120mL,静脉注射。

2. 益智散加减。益智仁、炒白术、炒枳壳、神曲各30g,厚朴、陈皮、茯苓、草果、官桂各25g,当归、木香、青皮各20g,砂仁、甘草各15g,鲜姜25g,红枣30g,白酒50mL为引。共研细末,将红枣去核与鲜姜切碎、煎汤、冲药末,搅匀加入白酒,候温灌服。共治疗9例,其中母牛6例、犊牛3例,均获痊愈。

3. 六君子汤加减。党参、炒白术、陈皮各60g,茯苓、半夏、苍术、生姜、益智仁各50g,炙甘草30g,灶心土200g。水煎取汁,候温灌服,1剂/d。

4. 白术、茯苓、厚朴、牡丹皮、青皮、黄芩、代赭石、石膏各60g,知母50g,甘草40g。水煎取汁,候温灌服。

5. 0.1%高锰酸钾溶液反复洗胃;药用清痢止吐汤:藿香、茵陈、乌贼骨、黄芩各50g,滑石100g,代赭石150g,木通、白豆蔻各45g,旋覆花40g,竹茹、甘草各30g。水煎取汁,候温灌服。

注:洗胃或导胃对治疗本病有辅助作用,无论胃寒型、湿热型,触诊瘤胃有振水音均可用本法。胃寒吐草或脾胃虚弱型吐草,方药中加灶心土效果好。脾胃虚弱型吐草因治疗不当,日久加重,发展成骨软吐草,治疗时要配合补钙、补微量元素,必要时可静脉注射葡萄糖酸钙注射液、氯化钙注射液等。

【典型医案】 1. 2003年2月15日,沂南县蒲汪镇曲家庄张某一头3月龄奶犊牛来诊。主诉:该牛1月龄时改喂豆汁和乳猪料,不久便出现呕吐,请他医治疗6d痊愈,10d后又出现呕吐,用健胃、消炎药物治疗,症状减轻。近半个月来,随天气变冷,呕吐加重,粪稀、呈灰白色,用多种抗菌药物治疗无效。检查:患牛精神倦怠,体瘦毛焦,体温39℃,呼吸120次/min,心音弱,耳、鼻发凉,鼻汗不成珠,结膜发炎,呕吐呈喷射状,呕吐物稀薄、细腻、稍有臭味,粪稀薄、呈灰白色,口津滑利,脉迟细无力。诊为寒湿型翻胃吐草。治疗:取方药1,用法同上。19日,患牛呕吐停止,粪色好转。改用四君子汤加益智仁、干姜调理。23日痊愈。(蔡守溪,T130,P45)

2. 1985年9月20日,夏县禹王乡师冯村张某一头10岁母黄牛来诊。主诉:该牛因患翻胃吐草,食欲减退,曾用爱茂尔及健胃剂等药治疗多次无效。检查:患牛精神倦怠,头低耳耷,被毛逆立,体瘦,四肢无力,体温38.1℃,吐草,口色淡白,脉象沉细。诊为脾胃虚弱型翻胃吐草。治疗:取方药2,用法同上,1剂/d,连服3剂,痊愈。(董满忠,T64,P31)

3. 1983年2月24日,费县竹园乡姜庄村戴某一头9岁犍牛来诊。主诉:去年冬天以来,一直给牛饲喂玉米秸秆和麦秸秆。近1个月来,该牛吃草差,粪稀,近10d食欲、反刍更少,经他医治疗略有好转,6d前出现吐草,时轻时重,治之无效。检查:患牛精神倦怠,体瘦毛焦,体温、呼吸基本正常,肷部凹陷,胃内容物少,瘤胃蠕动音弱,肠音及瓣胃音不整,反刍时吐草团,吐出物气味酸臭,粪稀薄,口津清稀,结膜、口色淡白,尾脉细弱无力。诊为脾胃虚弱型翻胃吐草。治疗:取方药3,水煎取汁,候温灌服,1剂/d,连服2d。26日,患牛吐草减轻,反刍次数明显增多。上方药去灶心土、半夏,继服药3d,痊愈。(蔡守溪,T130,P45)

4. 1999年6月4日,舞钢市铁山乡水坑赵村赵某一头公牛来诊。主诉:该牛发病已1周,病初食欲、反刍减少,反刍时吐出酸臭内容物,他医用食母生、大黄苏打片等药物治疗不见好转。检查:患牛精神沉郁,打开口腔有泡沫状液体流出、气味酸臭,口色红,口津黏稠,舌面乳头呈焦黄色,触诊瘤胃内容物不硬,推压有振水音,体温38.6℃,心跳68次/min,粪干而黏腻,尿少而黄。诊为胃热型翻胃吐草。治疗:先用胃导管导出含草料的粥状胃内容物约5L,再灌入6L温水进行洗胃,然后取方药4,用法同上。服药3剂,痊愈。(刘春宇,T127,P28)

5. 1985年7月28日,沂南县青驼镇胡家庄子村吕某一头1.5岁公牛来诊。主诉：该牛使役后饮了一盆太阳晒过的污水，随后采食半干的青草、吃草很少，呕吐胃液及草团。检查：患牛体温38.9℃，呼吸正常，口色赤黄，口津滑腻，舌下紫筋明显，耳、鼻俱温，瘤胃胀满、呈中度臌气，蠕动波不整、有气泡音，反刍减少，伴随反刍呕吐草团及胃液、气味酸臭难闻，粪稍稀，尿微黄，尾脉滑数。诊为湿热型翻胃吐草。治疗：取方药5，用法同上。29日，患牛诸症减轻，反刍时吐草减少。继服药3剂，痊愈。（蔡守溪，T130，P45）

## 二、奶牛翻胃吐草

【病因】　多为饲养管理不善，饲草料单纯，产后受寒及胎衣滞留所致；或食后暴饮冷水，使脾胃受凉、胃阳受制而生湿，寒湿不化，胃气上逆而吐草。

【主证】　患牛精神不振，被毛松乱，耳、鼻俱凉，鼻汗不成珠，口色青白，口流清涎，食欲、反刍减少，采食后不久即吐出酸臭草料。病程较长者逐渐消瘦；病情严重者经常伸颈、拱背，呕吐频繁，口色、眼结膜苍白，眼水肿，脉象沉细。

【治则】　清热利湿，和中止呕。

【方药】　鲜佩兰（以初开花者为佳，采收、晒干备用；干品250g）500g，红糖200～250g，食醋150～250mL。先将佩兰加水约3000mL，煎煮20～25min，2～3次/剂，取滤液约1500mL，再加入红糖200～250g，候温，饮服或灌服，上午、下午各1次/d。服药4h后再灌服食醋，1次/d，200mL/次。共治疗10例，均治愈。

【典型医案】　1992年10月1日，会泽钻锌矿奶牛场18号奶牛来诊。主诉：该牛因产后胎衣滞留，剥离后食草料减少，第5天出现翻胃吐草、气味酸臭，粪时干时稀，产奶量急剧下降，日渐消瘦。诊为翻胃吐草。治疗：用消炎健胃片、藿香正气水等治疗无效；取上方药（未用醋）3剂，用法同上。服药后患牛痊愈。（尚朝相，T68，P18）

## 三、水牛翻胃吐草

本病多见于瘦弱和老龄水牛；一般发病缓慢，先轻后逐渐加重。

【病因】　多在农忙期间，使役牛无节，饮喂失常，加上外感风寒或过饮冷水，气血两亏，脾胃虚弱，寒邪侵犯脾胃，胃不纳草上逆而吐草。

【主证】　患牛吃草、反刍减少，口流清涎，多在放牧吃完草后吐出绿褐色草渣及草浆，或夜间休息时吐在地上，个别牛采食时吐出；病初吐草较少，以后次数逐渐增加，少者1～2次/d，多者可达10次以上，严重者频频吐出气味酸臭草渣，甚至将草浆喷射吐出，或鼻孔流出草浆，急剧吐草时低头伸颈，背腰拱起。

【治则】　补虚健脾，温中散寒，行气降逆。

【方药】　温脾暖胃止呕汤。当归、党参、茯苓、白术、制半夏、柿蒂、白豆蔻、旋覆花各30～60g，砂仁、益智仁、公丁香、广木香各22～28g，伏龙肝（布袋包）150g。水煎取汁，候温灌服，1剂/d。取小苏打和食盐各50～100g，水溶灌服，早、晚各1次/d；含醇樟脑水或樟脑磺酸钠10～20mL，肌内注射，1剂/d。共治疗5例，治愈4例。（陈惠普，T30，P40）

注：本病应与口腔创伤、齿痛、中毒病、前胃弛缓等疾病进行鉴别。

## 食道炎

食道炎是指牛食管黏膜浅层或深层组织受到刺激或损伤，黏膜发生水肿和充血而引发炎症的一种病症。

【病因】　因灌服具有刺激性、腐蚀性的药物，或因胃酸过多反流食管，致使胃液中酸和胃蛋白酶的作用破坏食道黏膜而发病。

【主证】　患牛形体消瘦，被毛粗乱，头低耳聋，口流白沫，瘤胃臌气、蠕动次数减少、持续时间短暂、兴奋性降低，前胃弛缓，吞咽困难，头颈伸直，有时摇头，前肢刨地，有时因食道的逆蠕动吐出咽下的草料，颈部左侧沿食道沟可显轻度肿胀、形如蛇状、触之敏感，作食道探诊，胃管送入食道则下行困难，患牛表现紧张，挣扎不安，有时口吐白沫，沫多涎少。

【治则】　行气降逆，止痛散瘀。

【方药】　1. 郁金、枳壳各55g，栀子、半夏、香附子、青皮、黄连、柴胡各50g，木香、龙胆草各40g。肿胀严重、草料难进者加乳香、没药、生地、玄参、麦冬各40g；热盛者加黄芩、连翘各45g；慢草者加焦四仙各45g。共研细末，开水冲调，或水煎取汁，候温灌服。共治疗7例，治愈6例。

2. 加味雄黄散。炒苍术、大黄、白蔹、白芨、白矾、硼砂各30g，冰片、雄黄各10g。共研极细末，先用胃管导出食道积液，取药末30g/次，加甘油100mL，灌至食道狭窄部上端，2次/d；葡萄糖氯化钠注射液1000mL，0.25%奴夫卡因注射液200mL，青霉素G钠盐320万单位，静脉注射。

【典型医案】　1. 化隆县二塘乡上滩村2社冶某一4岁黑白花奶牛来诊。主诉：该牛采食困难已数日，近几天发现口吐白沫。检查：患牛精神不振，头低耳聋，被毛逆立，鼻流胃液样涕，流涎吐沫，沫多涎少，水草难进，触诊食道疼痛、敏感、轻度肿胀，送入胃管时疼痛剧烈，挣扎不安，阻力较大，脉沉细。诊为食道炎。治疗：取方药1，用法同上。次日，患牛症状减轻。上方药加乳香、没药、生地、麦冬、玄参、黄芩、连翘，连服2剂，痊愈。

2. 2003年5月13日，化隆县加合乡加合村马某一头黄色奶牛来诊。主诉：该牛已发病数日，吞咽困难，想吃不敢吃，有时吐出草团，口吐白沫，污染草料及饲槽周围。检查：患牛精神沉郁，吞咽困难、疼痛，头颈伸直，前肢刨地，触之颈部食道沟处可显轻度水肿、敏感，送入胃管时表现紧张，挣扎不安，阻力较大，口水较多，舌色稍红，口腔检查无异常。诊为食道炎。治疗：取方剂1加黄芩、连翘，用法同上，连服3剂，痊愈。（李建强，T142，P57）

3. 1987年6月10日，灵宝县城关镇解放村王某一头4岁红母牛来诊。主诉：该牛于1个月前产犊牛后发病，曾在当地治疗无效。检查：患牛形体消瘦，被毛粗乱，头低耳耷，口流白沫，鼻唇不洁，瘤胃膨气，颈部左侧沿食道沟肿胀约4指宽、形如蛇状、触之敏感。作食道探诊时，胃管送入食道后，从口中流出1000mL的清涎、混有少许泡沫，胃管送至胸部食道则下行困难，强行通下后，瘤胃中的气体经胃管排出而膨气消失。初诊为胸段食道炎性肿胀，导致瘤胃膨气。治疗：取方剂2中药、西药，用法同上。第2天，患牛病情稍有好转，瘤胃膨气减轻；第3天，患部肿胀消失；第4天，患牛能食青草；第5天，一切恢复正常。（亢直青，T30，P32）

## 食道阻（梗）塞

食道阻（梗）塞是指因饲料团块或异物阻塞牛食道，使其不能下咽的一种急性病症。中兽医称为草噎。多发生在深秋、初冬季节和春季。

【病因】 由于饲喂或抢食块根饲料（萝卜、洋芋、糖萝卜、白菜根等）时受惊吓，咀嚼不细，急于咽下所致；或饲料中混入铁丝等异物或软物质（布片、毛发、塑料、尼龙等）梗塞引发。

【主证】 患牛伸头缩颈，口鼻流涎沫，有时喷射而出，呼吸喘粗，咳嗽，瘤胃膨胀，不时空嚼，触诊能摸到食道内有阻塞物，胃管探诊不能顺利送入瘤胃。

【治则】 消除病因，畅通食道。

【方药】 1. 颈部食道阻塞。先肌内注射2%静松灵2～3mL，10min后保定患牛；用开口器打开口腔，2人固定好开口器（左右各1人）；另一助手站在患牛左侧，用双手沿食道两侧向上挤推，将阻塞物推至咽部；术者从开口器中入手至咽部取出阻塞物。

若遇铁丝横穿于颈部食道上1/3时，也可用上述方法取出。但要注意，手触摸到铁丝后，应以食指从铁丝中间钩住向外拉，同时拇指和中指固定铁丝两端并向后推送，使铁丝呈"U"字形，以减轻和避免对食道壁及咽部组织的损伤。若铁丝横穿于颈部食道中、下1/3处，应及时采用手术治疗。

胸部食道阻塞。取1根恒磁吸引器配用的硬塑料管或工业用的同质塑料管（直径2cm，长150cm），将管端外缘磨钝，以减少对食道壁的损伤，内缘保持

原状或做成锯齿状，使塑料管内缘与阻塞物吻合固定。然后用开口器打开口腔，将其头部和颈部抬直，术者用右手将塑料管从开口器中送至咽部，将管头送入食道，退出右手，继续将管头送至阻塞部位；从管内灌注石蜡油50～100mL，适当用力，慢慢将阻塞物推入胃中。

若瘤胃膨胀严重时，先用套管针放气。术者应在牛吸气快结束时，将手伸至咽部，防止牛因呼吸不畅而骚动不安。手至咽部不可时间过长，如一次不成功，停1～2min后再施术；若阻塞物盖住喉头时，应1次立即取出，以免引起窒息。当阻塞物在食道中、下段时，食管内存有大量涎沫，注射静松灵前应先用胃管排出涎沫，以防异物进入气管。注射静松灵可使咽部、食道肌肉松弛，阻塞物上下容易移动，也利于患牛的保定和施术。

共治疗20余例，均治愈。

2. 将患牛站立保定，固定好开口器（或用木棍代替）；从开口器孔插入胃导管，抵达梗塞物；将8号铁丝（较胃管长15～20cm，拉直，远端折成0.1～0.3cm的90°弯曲，弯钩不锐；近端折成6～10cm的90°弯曲；或用裹有胶皮的电线代替）由胃管内穿入，估计铁丝穿出胃管远端1.5cm时旋转铁丝；若出现沉重感，异物即被缠在铁丝钩上，徐徐外拉，拉时若有渐轻感（无空虚感）应再旋转铁丝，防止异物脱落，直至拉出异物。

少数病例在钩取异物过程中有时会引起食道轻度损伤，出现暂时性减食或不食，一般不必治疗，数日后自愈。通常异物越软越容易取出，硬则较难。

3. 取1.5m长的8号钢筋1根，将钢筋的一头（里面用药棉、外面用绷带）包裹成一个鸡蛋大小的椭圆形球状头，剩余绷带绕在钢筋的另一头，以防止纱布脱落，用缝合线扎紧球状头。取备好的钢筋探推器（自制），球形一头涂上石蜡油；将患牛保定，稍抬高头部，皮下注射静松灵2.5mL；打开口腔，从口腔将探推器钢筋慢慢投入食道，将阻塞物缓缓推入瘤胃。施术后，患牛在10min左右消除瘤胃膨气等症状，恢复正常。

4. 使患牛低头，行瘤胃放气；然后取2%静松灵0.7～1.0mL/100kg，肌内注射；15min后，用开口器打开口腔，将胃导管（直径为2.5cm，小牛例外）从口中慢慢送入食道内，均匀用力，将梗塞物送入胃内。再投水观察，若水不反流外溢，则施术成功。

对患牛先行瘤胃放气，可防止在推送过程中窒息；肌内注射静松灵之前，须用胃导管将食道内液体导出；注射后，立即使患牛低头，以防液体误入气管而引起异物性肺炎。当阻塞物推送到食道后段时，为克服阻力，须用足够的力量推送，但动作要均匀、缓慢、慎重。

共治疗69例（其中牛64例），其中颈部梗塞42例、胸部梗塞27例、辣疙瘩梗塞50例、地瓜梗塞5

例、萝卜梗塞13例、其他1例；梗塞物鲜而脆者20例，半干而软者49例；全部治愈。

5. 铅丝通条法。

铅丝通条的制作：取光滑无锈斑的8号铅丝3.5m左右，视牛体大小，在中点对折处做一宽3～5cm、长7～10cm的椭圆形圈（形如汤匙）为通条头，其后的两条铅丝绞成绳状为通条体，末端折成边长8～10cm的三角形圈或圆圈为通条柄。

操作方法：在四柱栏内保定患牛。选树一棵，在相当于肩关节高度的水平线上把2根长4m以上、粗约16cm直圆木的前端交叉紧系于大树干上，圆木的另一端分别靠牛体两侧由2～3人抬住，并经牛鬐甲部将绳系于横木上。牛下颌切迹处用指头粗的麻绳拴紧，充分固定，使患牛头抬高，头颈伸直。用开口器打开口腔，灌服1%普鲁卡因10～20mL，以防食道痉挛，再灌服食用油200mL。然后术者站在高凳上，一手握通条柄，一手握通条体，将通条头平着从口腔直伸至咽喉，当助手在病牛咽喉外部触摸到通条头已进入食道时，则继续将通条前伸，遇阻塞物时，术者手上感到有阻力，稍使劲前推7～8cm，将通条柄旋转半圈，向外迅速拉出，有些和通条头大小相等的阻塞物能随着带出；也可用通条头将阻塞物推入瘤胃。不论将阻塞物拉出或推入瘤胃，均可从口中闻到从瘤胃中冲出的一股酸臭气味，腹胀也随之消失。此时可投给适量清水，吞咽后若不从口鼻流出，手术即告结束。

患牛要保定确实，避免因较大的骚动而影响操作；铅丝通条插入食道后要认真检查，切勿误入气管；术者操作时应胆大心细，全凭手中感觉，动作要轻快；患牛瘤胃臌气严重时，应先行瘤胃穿刺放气；术后应给予流汁或半流汁或新鲜多汁的青绿饲料，同时可注射抗生素，口腔吹布冰硼散等药物，以防食道发炎；对食道阻塞时间较长，阻塞物体积膨大，食道肿胀，用通条推拉不动者，应按外科方法处理。

共治疗41例，治愈40例。（孙福星，T31，P49）

**【典型医案】** 1. 1984年9月14日，金塔县西沟4队一头黑犊牛，因病在当地治疗无效来诊。检查：患牛瘤胃中等臌胀，口鼻流涎，咽下15cm处有一阻塞物，疼痛明显，胃管有时能通过，有时不能通过。诊为食道梗塞。治疗：静松灵3mL，肌内注射。10min后用开口器打开口腔，手伸至咽下食管取出长草团；第二次入手摸到有一细硬物横阻于食道，取出8cm长的12号铁丝1根，瘤胃臌气消失，患牛痛感未消，停止喂草2d；肌内注射青霉素和链霉素，3次/d，连续治疗4d，患牛痛感消失，痊愈。（张其祥，T29，P58）

2. 叶县汝河南一头3月龄犊牛，因食入一双女长筒袜，被驱赶过急，咽下过猛而梗塞于食道来诊。检查：患牛摇头缩颈，急躁不安，肚胀。诊为食道梗塞。治疗：按方药2的方法施术，1次成功，效果良好。（贺延三等，T55，P44）

3. 1989年12月14日，潍坊市坊子区省庄张某一头4岁、约300kg母黄牛来诊。主诉：该牛因喂半干辣疙瘩，1h后吐沫，流涎，腹胀。检查：患牛心跳120次/min、呼吸40次/min、体温38.5℃，精神沉郁，呼吸困难，流涎吐沫，瘤胃臌气，胃肠音废绝，颈部食道未触到梗塞物，用胃导管探诊，有大量的黏稠液体从胃导管外口流出；当胃导管插入食道1m左右时，则受阻不能前进，且患牛骚动不安。投水观察，见水回流。诊为胸部食道梗塞。治疗：先行瘤胃放气，然后取2%静松灵3mL，肌内注射。15min后，用胃导管在食道内慢慢推送阻塞物；2min后，胃导管阻力突然减小，投水3000mL全部进入胃中；3h后，患牛出现反刍，未见其他异常。（李富言等，T58，P31）

4. 2005年9月8日，湟源县日月乡若药堂村包某一头4岁、膘情良好黄牛，因偷吃马铃薯造成食道阻塞，导致呼吸困难、流涎、腹胀来诊。诊为食道阻塞。治疗：按方药4的方法施治后，患牛临床症状迅速缓解，恢复正常。（史可明等，ZJ2006，P212）

## 肝 黄

肝黄是指热毒炽盛、郁结肝经引起牛神情恍惚、烦躁易惊等为特征的一种急重病症。一般夏热季节多见，水牛多发。

**【病因】** 多因气候骤变，牛体外感风寒，寒邪由表入里，久郁不解，化热而积于肝。暑湿季节，使役过重，奔走过急，外受暑湿熏蒸，内伤劳役过度，内外邪合于肝，肝经积热，肝气不舒；或因采食霉烂或喷洒农药的牧草所致。

**【辨证施治】** 根据临床症状，分为急性型和慢性型肝黄。

（1）急性型　患牛食欲、反刍骤减或废绝，体表、角根微热，体温38.5～39.8℃，易惊，烦躁不安，双目怒视，动则精神恍惚，呼吸微喘，继之神昏似醉如痴，或不时昂头摆尾，左右回顾；眼睑肿胀、流泪、有黄白色眼屎；结膜赤黄，睛生云翳；无目的地乱走哞叫，口吐白沫，偏头斜视或东张西望，喜卧打滚，便秘。

（2）慢性型　多由急性转化而成。患牛精神不振，两目昏昏，水草迟细，毛焦肷吊。后期，四肢拘挛无力，步态蹒跚，气粗喘促，渐进性消瘦，便秘与腹泻交替出现。

**【治则】** 清热泻火，舒肝理气，解毒保肝。

**【方药】** 龙胆泻肝汤加减。龙胆草、黄柏各30g，栀子、黄芩、柴胡、当归、木通各24g，白芍21g，泽泻18g，甘草10g。便秘者加大黄45g，厚朴、枳实各24g；尿短少者加滑石30g，木香15g；

黄疸者加茵陈30g；由霉烂草料中毒引起慢性肝黄者去栀子、黄芩、柴胡、黄柏，加滑石30g，重用甘草30～50g。水煎取汁，候温灌服。共治疗10例，疗效满意。

【典型医案】　1982年10月18日，公安县甘家厂乡清河村吴某一头6岁水犍牛来诊。检查：患牛体温38.7℃，食欲减退，便秘，时时东张西望，遇人或闻声则烦躁不安，怒视，运步时如痴如醉，不时昂头摆尾，卧地时喜欢打滚，结膜稍赤黄，右大眼角血脉直贯瞳仁，睛生云翳。诊为肝黄。治疗：龙胆草、黄芩、木通、青皮、栀子、陈皮各30g，大黄45g，柴胡、草决明、厚朴各24g，粉甘草15g。水煎取汁，候温灌服。次日复诊，患牛诸症减轻，唯云翳依旧。药用龙胆草、车前子、杭菊花各30g，栀子、当归、白芍、木贼、柴胡各24g，黄芩20g，草决明18g，粉甘草10g。用法同上，1剂/d，连服3剂，痊愈。（吴源承，T62，P27）

## 肝腹水

肝腹水是指由于牛肝脏疏泄功能失常，导致腹腔内积聚了较多或大量的病理性液体，它不是一种独立疾病，而是许多疾病的一种症状，俗称臌胀。

【病因】　多因饮喂失调、肝胃不和、外邪侵入等导致牛肝气郁结、疏泄失常，脾气受损，水湿不能运化，肝脾气血瘀滞，气血生化受阻而导致本病发生。

【主证】　患牛食欲废绝，卧多立少，站立时拱背，频频出现排尿姿势，尿液呈淡黄色或深黄色、呈线状或点滴状流出，眼结膜干燥、黄染，触诊肝区有痛感，肚腹膨大，冲击有拍水音，用中空针穿刺腹底流出相当数量的淡黄色液体；烦渴喜饮，粪干燥、呈黑褐色、附有白色或黄色黏液。后期，患牛躯体后部皮肤松软处出现严重水肿，进而腹部出现顽固性胀气，粪、尿不通。

【治则】　疏肝理气，渗湿利水。

【方药】　大黄、苦参、蒲公英、玉竹各80g，当归、牛膝、桑白皮各60g，柴胡、车前草各50g，甘草20g。水煎取汁，候温灌服。

【典型医案】　1987年5月2日，德江县平原区河石村牟某一头2.5岁、体况中等黄色母牛来诊。主诉：4月25日，该牛食欲不振，毛逆无光泽，按感冒治疗2d无效；4月30日起，按青杠叶中毒治疗3d未见好转，病情反而加重，不食，卧地不起，头贴右侧。检查：患牛食欲废绝，卧多立少，站立时拱背，频频出现排尿姿势，尿液呈淡黄色或深黄色、呈线状或点滴状流出，眼结膜干燥、黄染，触诊肝区有痛感，肚腹膨大，冲击有拍水音，用中空针穿刺腹底流出相当数量的淡黄色液体；烦渴喜饮，粪干燥、呈黑褐色、附有白色或黄色黏液。后期，躯体后部皮肤松软处出现严重水肿，进而腹部出现顽固性胀气，粪、

尿不通。治疗：取上方药，用法同上。药服第1剂后24h，患牛能站立，觅食；第2剂后症状基本消失，肝区压痛减轻，尿量增多，粪变软无黏滞性；第3剂后所有症状消失。随后连续追访7个月，该牛除采食略少外，别无异常。（杨承，T31，P63）

## 胆 胀

胆胀是指牛胆经受热毒侵袭，致使胆管口肿胀而闭塞，胆汁下泄不畅而形成胆囊扩大的一种急性病症，又名胆肿，类似现代兽医学的胆囊炎。多见于夏秋季节。

【病因】　由于天气炎热，剧烈劳役，或使役出汗，突遭风雨侵袭，汗孔闭塞，内热不得外泄，湿热侵入肝经，传之于胆，湿热滞留肝胆，使胆汁不能宣泄而郁滞于胆道而发病；或饲喂腐败、霉烂变质的草料；或采食有毒植物引起中毒，损伤肝组织而发生代谢障碍，影响胆汁的生成和排泄而发病。

【主证】　初期，患牛食欲减退，烦躁不安，粪干燥（有的溏泻）、气味恶臭，肚腹胀满，继而精神兴奋，不时嘶叫，肌肉颤抖，急奔狂走，睁眼怒视，眼珠突出，急转乱撞，有的攻击人畜，牴物；有的站立不动，人一旦接近，即现狂躁不安，甚或攻击，体温39～39.6℃，眼结膜黄染，下腭黏膜潮红，拒绝触压胸部腹侧肋软骨处，强行检查则疼痛不安，回头顾腹，呼吸加快，尿短、赤黄，脉象滑数。

【治则】　清热利湿，泻肝利胆，调和气血。

【方药】　1. 茵陈龙胆三黄汤。茵陈105g，龙胆草45g，板蓝根40g，石决明、柴胡、黄柏、黄芩、泽泻、猪苓各30g，归尾35g，郁金、狗脊、川芎各25g，黄连、远志各20g，朱砂18g，菊花、龙脑、甘草各15g，猪胆1个为引。粪干燥者加大黄80g，芒硝200g；食滞腹痛者加枳实40g，神曲30g。水煎取汁，候温灌服，或共研细末，开水冲调，候温灌服。一般连用2～3剂。5%葡萄糖生理盐水2000mL，50%葡萄糖注射液500mL，氯霉素7mg/kg，5%维生素C注射液20mL，5%维生素$B_1$注射液10mL，混合，静脉注射，1次/d，连用2次。镇静安神，取水合氯醛6～10g，静脉注射（单独静脉注射）。共治疗11例，治愈9例。

2. 加味茵陈蒿汤。茵陈、栀子、大黄、生地、黄连、龙胆草、郁金各40g，柴胡、青葙子、草决明各30g，甘草10g。开水冲调，候温灌服。共治疗13例，全部治愈。

3. 龙胆草、黄芩各40g，栀子、生地各35g，泽泻、大黄各30g，木通、车前子、郁金、青皮、柴胡、白芍各25g，槟榔、牵牛子、三棱、莪术、白术各20g，甘草15g。共研细末，开水冲调，候温，加人工盐200g，1次灌服，1次/d。葡萄糖生理盐水2500mL，注射用阿莫西林粉针7.5g，0.5%氢化可

的松注射液 80mL，30％安乃近注射液 30mL，病毒灵注射液 50mL，混合，静脉注射，1 次/d。盐酸山莨菪碱（654-2）注射液 75mg，肌内注射。

4. 滴明穴刺血疗法。以中等体型的牦牛为准，滴明穴位于脐前 16cm，距腹中线约 13cm 凹陷的腹壁皮下静脉上，倒数第 4 肋骨向下即乳井静脉上，拇指盖大的凹陷处，左右各 1 穴，牧民称为"左扎色脾右扎胆"（不知穴位名称）。施针前将患牛站立保定，局部剪毛消毒，后将皮肤稍向侧方移动，以右手拇指、食指、中指持大宽针，根据进针深度留出针尖长度，针柄顶于掌心，向前上方刺入 1～1.5cm，视牛体大小放血 300～1000mL。进针时，动作要迅速、准确，使针尖一次穿透皮肤和血管。流血不止时，可移动皮肤止血。禁止饮水 12h。共治疗 42 例，治愈 32 例，好转 8 例，无效 2 例。本方药适用于治疗牦牛胆胀。

【典型医案】　1. 1992 年 4 月 25 日，东安县井圩镇神仙桥村蒋某一头 2.5 岁母水牛，在耕作后突然发病，于 26 日来诊。检查：患牛兴奋不安，不时嘶叫，肌肉轻微颤抖，狂奔乱走，步态不稳，用角顶物，怒视，人一旦接近即作攻击态势，体温 39.5℃，眼结膜轻度黄染，粪干燥、有腥臭气味，尿短赤，呼吸稍加快，触压胸部腹侧肋软骨处则疼痛不安；苔黄腻而厚，脉滑数。诊为胆胀。治疗：7％水合氯醛注射液 100mL，静脉注射；茵陈龙胆三黄汤加大黄 80g，芒硝 200g。用法同方药 1。27 日，患牛吃料增加，精神基本正常，粪变软，眼结膜黄染减轻。上方中药去大黄、芒硝，继服药 2 剂；取上方西药，静脉注射。用药后，患牛食欲增加。去水合氯醛。29 日随访，痊愈。（胡新桂，T75，P24）

2. 1986 年 12 月 26 日，澧县梦溪镇团堰村第 9 组唐某一头 8 岁母水牛来诊。主诉：该牛转来喂养已 3d，烦躁不安，牴桩撞墙，食欲减退。检查：患牛烦躁不安，牴桩或头触地，或绕桩转圈，眼睛发青，结膜赤黄，两目怒睁，口色赤红，舌苔黄，脉洪数。诊为胆胀。治疗：取方药 2，用法同上，2 剂/d，连服 2d。第 3 天复诊，痊愈。（彭世金，T40，P35）

3. 2002 年 7 月 4 日，蛟河市新站镇河南村前中心屯某一头 3 岁西门塔尔杂种公牛来诊。主诉：2 日早晨喂草时，发现该牛烦躁不安，后肢踢腹，频频排稀粪和尿，但量少。下午，该牛烦躁不安、喜卧，体温 39.7℃。他医诊为肠痉挛，用庆大霉素、安溴等药物静脉注射，投服温脾散，之后有所好转。4 日中午，该牛食草后再次发病。检查：患牛体况良好，精神倦怠，眼结膜潮红、黄染，口干、热，口色红而带黄，苔白腻；心跳加快、第一心音弱，肺呼吸音粗重，喘息，瘤胃蠕动音弱而低沉，趴卧不宁、时起时卧，步态蹒跚，拧腰摆胯，向右侧窃道而行，卧地则左右翻身、回头顾右腹，肌肉震颤，流汗不止，频频排粪但稀少，尿淋漓、色黄，右腹部敏感，肌肉紧

张，在第 10～12 肋中下部触诊则躲避、不安，体温 40.5℃，呼吸 102 次/min，心跳 36 次/min。诊为胆胀。治疗：取方药 3 中药、西药，用法同上。用药后 30min，患牛即反刍，安静，当晚除稍显不安外未见异常。再服中药 2 剂，患牛痛止，体温恢复正常，黄疸已除，饮食量增加，痊愈。（马常熙，T119，P17）

4. 2003 年 4 月 8 日，门源县苏吉滩乡察汗达吾村尕某一头 6 岁牦乳牛邀诊。检查：患牛精神委顿，食欲废绝，反刍停止，体温 40℃，心跳、呼吸略快，可视黏膜微黄，腹部轻度臌胀，肠音不整，粪呈黄糊状、气味腐臭，磨牙发吭，肝区压痛感明显、触摸躲闪。诊为胆胀。治疗：大宽针刺滴明右穴，方法同方药 4，泻血量 800mL。禁止饮水 12h。次日，患牛饮食如常。（李德明，T144，P66）

## 黄　疸

黄疸是指因湿热郁结或寒湿不化，致使胆红素化代谢障碍，引起牛可视黏膜发黄为特征的一类病症。多发生于 6～7 月份。

### 一、黄牛黄疸

【病因】　多因暑热炎天，气候潮湿，湿热、湿邪、毒疫外袭牛体所致；或因使役过度，脾胃素虚，加之误饮浊水或饲喂冰冻草料所伤；或因牛血液寄生虫病继发。

【辨证施治】　临床上常见的有湿热黄疸、寒湿黄疸和继发性黄疸。

（1）湿热型　患牛精神倦怠，食少，口、舌、结膜及母牛阴道黏膜黄染、呈橘色，体温正常或偏高，发热，口渴，尿黄、量少，粪干，常排粪迟滞，舌苔黄腻，脉数。

（2）寒湿型　患牛困倦无力，食欲不振，耳、鼻、四肢偏凉，有的四肢和腹下水肿，口色淡黄、色暗，舌系带微黄，唇、眼结膜均呈黄色。个别患牛口温偏低。

（3）继发型　有一定的季节性，多因感染血液寄生虫病而继发。患牛前期发热，镜检有血原性寄生虫，经治疗后虫体消失，表现为溶血性黄疸，可视黏膜贫血、黄染，机体消瘦。

【治则】　湿热型宜清利湿热，疏肝利胆；寒湿型宜温中化湿，健脾益气；继发型宜补气血，消黄。

【方药】　（1、2 适用于湿热型；3 适用于寒湿型；4 适用于继发型）

1. 茵陈蒿汤加减。茵陈、大黄、栀子、茯苓各 60g，猪苓、泽泻、白术各 50g，甘草 40g。水煎 2 次，合并药液，候温灌服。

2. 加味茵陈蒿汤。茵陈 120g，地骨皮 100g，大黄、栀子、大青叶、柴胡、黄芩、黄柏、龙胆草各

90g，白芍、滑石、陈皮、川厚朴各60g，甘草20g。水煎取汁，候温灌服，1剂/d。

3. 茵陈四逆汤加减。茵陈60g，附子50g，干姜、茯苓、泽泻、车前子各60g，炙甘草30g。水煎2次，合并药液，候温灌服。

4. 党参、黄芪、茯苓、白芍、当归各60g，茵陈、栀子、车前子、甘草各50g。水煎2次，合并药液，候温灌服。

用方药1、3、4，共治疗45例（含其他家畜，其中湿热型24例、寒湿型12例、继发型9例），治愈43例（其中湿热型23例、寒湿型11例、继发型9例）。

【典型医案】 1. 1984年10月1日，镇平县二里庄杨某一头14岁、已产犊牛7胎的红母牛来诊。主诉：9月23日，该牛曾单独犁地；24日出气粗，发吭，夜间被雨淋湿后系于室内；25日晨开始发抖，初起肩胛部，尤其右侧肩胛部及右前肢发抖严重，随后呈全身持续性发抖，他医曾灌服治风寒感冒药2剂，药后发抖由持续性变为阵发性，粪干，不吃草，不反刍。检查：患牛精神倦怠，耳耷头低，食欲和反刍均废绝，被毛粗逆，眼结膜及巩膜黄红，鼻镜干，口温高，口津黏少，卧蚕、口腔底部及整个舌体均呈鲜黄色，粪干，尿稍黄，偶有爬跨其犊之举。诊为黄疸。治疗：加味茵陈蒿汤，用法见方药2。服药2剂，患牛除食欲、反刍尚未恢复正常外，其他基本正常。原方药加黄药子、白药子各90g，六曲100g，1剂，用法同前。次日，患牛痊愈。（张金创，T12，P37）

2. 1998年1月20日，舞钢市枣林乡张十庄村张某一头母牛来诊。主诉：该牛产后1个多月，近日食草量少，反刍减少，精神不振，腹泻。检查：患牛困倦无力，体瘦毛焦，舌色淡黄，唇与口腔黏膜、眼结膜均为淡黄色，色暗；耳、鼻、四肢偏凉，体温38.1℃，心跳64次/min；腹胀，粪稀、黏，尿黄。诊为寒湿黄疸。治疗：茵陈四逆汤加减，用法见方药3，1剂/d。服药3剂后，患牛食欲、反刍正常，排粪正常，可视黏膜黄染减轻。继服药2剂，痊愈。

3. 2002年7月6日，舞钢市铁山乡十冲村李某一头母牛，因患泰勒虫病来诊。检查：患牛体温41℃，心跳97次/min，不食。经用贝尼尔、黄色素治疗后，体温转为正常，镜检虫体消失，但牛仍然不食，机体消瘦，可视黏膜黄染，体温38℃，心跳65次/min，尿黄、量少，粪干，蜷卧。诊为继发性黄疸。治疗：党参80g，黄芪、白术、当归、熟地、茯苓、茵陈各60g，车前子50g，甘草40g。水煎2次，合并药液，候温灌服，连服3剂，痊愈。（刘春宇等，T125，P33）

## 二、奶牛黄疸

本病是奶牛眼结膜、皮肤、阴户、乳房、尿液发黄，尤其是以乳房皮肤黄染明显为特征的一类病症。

【病因】 多因暑热炎天，气候潮湿，湿热、湿邪、毒疫外袭牛体所致；或脾胃素虚，加之误饮浊水或饲喂冰冻冻料所伤；湿热或寒湿之邪外袭牛体，内阻中焦，脾胃运化失常，肝胆失于疏泄，胆汁外溢，浸于肌肤或泛于黏膜而发黄；或因感染血液寄生虫病继发。

【辨证施治】 临床上分为急性（阳黄）和慢性（阴黄）黄疸。

（1）急性（阳黄） 患牛眼、口、鼻黏膜发黄，阴户、乳房（乳头最为明显）黄染、鲜明黄亮、呈橘皮色；精神不振，食欲、反刍减少或废绝，口渴欲饮，粪干燥，牛体发热，心跳加快，舌苔黄腻，脉弦数。

（2）慢性（阴黄） 患牛精神沉郁，四肢无力，食欲、反刍减少，可见黏膜、皮肤皆黄染、呈晦暗色或焦黄色，重症则呈陶土色；腹泻和便秘交替出现，耳、鼻凉，尿色黄或清长，口色晦黄无光，口津滑利，不渴，苔薄黄，脉多迟而无力。

【治则】 急性（阳黄）宜清热利湿，疏肝理气；慢性（阴黄）宜燥湿健脾，疏肝利胆，补益气血。

【方药】 ［1、2适用于急性（阳黄）；3、4适用于慢性（阴黄）］

1. 茵陈蒿汤加味。茵陈200g，大黄、板蓝根、金钱草各100g，栀子、柴胡、白芍、青皮各60g，陈皮、金银花、连翘、香附、枳壳、黄芩、龙胆草、甘草各40g。偏湿者加苍术、厚朴、泽泻各60g；热邪偏重者加大青叶、蒲公英、鱼腥草各60g；肝区叩诊疼痛敏感者加川楝子、元胡索、郁金或三棱、莪术各40g；尿赤黄或尿血者加白茅根、牡丹皮、生地各60g；粪干者加芒硝300～500g，大黄量增至150～200g；胎动者加白术、黄芪各60g。水煎取汁，候凉灌服，1剂/d。10%葡萄糖注射液2000mL，维生素$B_6$注射液、维生素C注射液各40mL，5%氯化钙注射液500mL，缓慢静脉注射，1次/d。体温升高者，青霉素480万单位，链霉素200万单位，肌内注射；湿重者，30%安乃近注射液80mL，肌内注射；胎动不安者，黄体酮200mg，肌内注射；有血尿者，10%维生素$K_3$注射液40mL（以上均为每天用量），肌内注射；自体中毒者，5%碳酸氢钠注射液300mL，静脉注射，必要时加适量氢化可的松、维素$B_{12}$，以促进蛋白质转化，增加血红蛋白含量。危重者加适量辅酶A、三磷酸腺苷。

2. 龙胆草60g，黄芩、栀子、木通、柴胡、大黄、泽泻、生地各30g，车前子20g，当归25g，板蓝根50g，茵陈100g，炙甘草15g。共研细末，开水冲调，候温灌服，1剂/d，连服5剂；25%葡萄糖注射液、10%葡萄糖注射液、促反刍液、5%氨基酸液各500mL，10%维生素C注射液50mL，2.5%维生素$B_1$注射液20mL，肝泰乐100mL，肌苷20mL，混合，1次静脉注射。

3. 黄芪建中汤加味。炙黄芪、党参、苍术、茵陈、熟地各80g，炙甘草、干姜、厚朴各60g，当归、川芎、桂枝各30g，大枣20枚。寒重者加肉桂、附子各40g；湿重者加茯苓、泽泻、白术各60g；食欲不振者加焦三仙各60g；有外感表证者加防风、荆芥、紫草各40g；黄染色带赤紫暗者重用当归、川芎，酌加桃仁、红花。水煎取汁，候温灌服，1剂/d。

用方药1、3，共治疗45例（其中妊娠母牛23例），治愈41例，死亡4例，流产1例。

4. 附子理中汤加减。干姜、附子、肉桂各30g，茵陈、苍术、茯苓、山楂、神曲各60g，砂仁、吴茱萸各45g，青皮、乌药、牛膝各40g，甘草20g（为中等牛药量）。水煎取汁，候温灌服。共治疗24例（含其他家畜），治愈21例。（贾保生等，T117，P23）

【典型医案】　1. 1991年6月26日，合水县西华池镇华市村樊某一头4岁奶牛，因患外感曾在他处治疗3d无效，病情渐重来诊。检查：患牛心跳96次/min，体温41.2℃，日产奶量由21kg降至6kg，精神不振，食欲、反刍减少；黏膜、皮肤皆黄染、鲜明、呈橘皮色；口温高，口干臭，舌苔黄腻，脉弦数，粪干燥，尿短赤。血液检查，黄疸指数42U，红细胞总数440万个/mm³，白细胞总数8600个/mm³；范登白氏硫酸钴比色法含量9.6mg；谷-丙转氨酶88U。诊为阳黄。治疗：茵陈蒿汤加味加芒硝300g，丹皮、白茅根各40g，用法同方药1。西药同方药1。连续治疗3d后，患牛黄染及全身症状显著减轻，精神好转，食欲增加，体温38.7℃，产奶量10kg/d，粪变软，尿黄而不短。继用中药方减芒硝，3剂。7月3日，患牛黄疸完全消退，食欲正常，产奶量19kg/d，痊愈。（张富林等，T58，P36）

2. 2003年7月26日，鄂尔多斯市伊旗阿镇红海子村徐某一头5岁黑白花奶牛来诊。主诉：该牛半个月前产一犊牛，近日食欲下降，腹泻，步态不稳。检查：患牛眼、口、鼻及阴户、乳房等处均黄染，精神沉郁，体温38.9℃，共济失调，血液稀薄。诊为急性黄疸。治疗：取方药2中药、西药，用法同上。连用5d后，患牛食欲恢复，精神好转，痊愈。（李杰等，T140，P57）

3. 1990年8月初，合水县西华池镇三里店麻某一头7岁奶牛来诊。主诉：该牛曾患阳黄，治愈，于8月7日流产，病情复发。检查：患牛体温36.5℃，瘦弱，精神倦怠，鼻寒耳凉，黏膜、阴户、乳房皆黄染，色晦无光，粪稀薄，尿黄而清长，口津滑利，脉沉无力。血液检查，黄疸指数37U，红细胞总数620万个/mm³，白细胞总数7900个/mm³，范登白氏硫酸钴比色法含量8mg，谷-丙转氨酶44U。诊为阴黄。治疗：黄芪建中汤加肉桂、附子各40g，桃仁、红花各30g。用法见方药3。取方药1中的西药

施治，另取10%安钠咖注射液40mL，肌内注射，1次/d。用药3d后，患牛精神好转，食欲增加，黄染减退，体温37.8℃。原中药方去桃仁、红花，加茯苓、泽泻各40g，用法同前，继服2剂。隔日复诊，患牛全身症状基本消退，惟虹膜、乳头微带黄色。取原方中药，1剂/2d，继服药4剂。25日，患牛食欲、反刍正常，诸症悉退，痊愈。（张富林等，T58，P36）

4. 2003年7月26日，伊旗阿镇红海子村徐某一头5岁黑白花奶牛来诊。主诉：该牛于半个月前产一犊牛，近日食欲下降，腹泻，步态不稳。检查：患牛眼、口、鼻及阴户、乳房等处均黄染，精神沉郁，体温38.9℃，共济失调，血液稀薄。诊为急性黄疸。治疗：龙胆草60g，黄芩、栀子、木通、大黄、生地各30g，泽泻、柴胡、当归25g，板蓝根50g，茵陈100g，车前子20g，炙甘草15g。共研细末，开水冲调，候温灌服，1剂/d，连服5剂；取25%葡萄糖注射液、10%葡萄糖注射液各500mL，10%维生素C 50mL，2.5%维生素B₁、肌苷注射液各20mL，肝泰乐100mL，促反刍液、5%氨基酸各500mL，混合，静脉注射，连用5d。患牛食欲恢复，精神好转，痊愈。（李杰等，T140，P57）

## 脾　湿

脾湿是指牛脾肾阳虚，运化失调，水液代谢紊乱引起的一种症症。多见于年老、体弱、经产奶牛。

【病因】　由于奶牛采食量、饮水量大，活动量小，对饲养条件要求高，加之配种、产奶周期长，容易引起机体虚弱，导致脾阳不振（妊娠牛更易发生）、胃失和降而发生水湿滞留。若脾失健运，水液内聚，水湿溢于肌肤则成水肿；停于肠道则生泄泻；滞于胸膈而为湿痞，注于下焦而成淋浊、带下。脾胃功能失常，水积为湿，谷聚为滞，故脾病多湿，胃病多滞。

【辨证施治】　本病分为脾湿泄泻型、痰湿阻滞型、肝脾阻滞型和水饮湿痞型。

（1）脾湿泄泻型　患牛食欲、反刍减少，体温37℃左右，肚腹胀满，腹痛泄泻，粪清稀、色白如浆水、反复发作，口色青白，津液滑利。

（2）痰湿阻滞型　患牛形体消瘦，营养不良，前躯被毛粗乱，咳嗽连声，食欲减退，流涎，腹胀，粪溏，口色黄白，脉象迟缓。

（3）肝脾阻滞型　患牛躁动不安，素体虚弱，偶遇骚扰、惊吓、捕捉、角斗或失子等造成精神失常，惊恐不安，连声哞叫，食欲、反刍减少或废绝，腹胀腹痛，肠鸣泄泻，口色红黄，舌根红，舌尖黄白，口津黏腻，脉象弦细。

（4）水饮湿痞型　患牛精神沉郁，食欲、反刍废绝，胸腹胀满，按压腹部或行走时可听到振水音，嗳气酸腐，肠鸣腹泻，粪稀溏、呈黑色、气味腥臭、次

数多、量少，伏卧时头托于地，回头望腹，口唇湿润，眼窝塌陷，呼吸浅表，脉象沉细。

【治则】　脾湿泄泻型宜温中散寒，健脾利湿；痰湿阻滞型宜健脾利湿，理气化痰；肝脾阻滞型宜疏肝健脾，行气解郁；水饮湿痞型宜健脾利湿，和胃降逆。

【方药】　（1 适用于脾湿泄泻型；2 适用于痰湿阻滞型；3 适用于肝脾阻滞型；4 适用于水饮湿痞型）

1. 胃苓汤加减。炒苍术、炒白术、茯苓、肉桂各 60g，姜厚朴、猪苓、泽泻、陈皮各 45g，炙甘草 30g，生姜 120g，大枣 30 枚为引。水煎取汁，候温灌服，1 剂/d。

2. 平陈汤加味。陈皮、姜半夏、茯苓、炒苍术、姜厚朴各 60g，枳壳、木香各 45g，砂仁、炙甘草各 30g，生姜 120g 为引。水煎取汁，候温灌服，1 剂/d，1 个疗程/3 剂。

3. 柴平汤（柴胡疏肝散合平胃散）。醋柴胡、醋青皮、陈皮、枳壳、川楝子、当归各 45g，姜厚朴、制香附、姜半夏、苍术、茯苓各 60g，炙甘草、姜黄连各 30g，生姜 120g，大枣 30 枚为引。水煎 2 次，取汁，候温灌服，1 剂/d，1 个疗程/3 剂。

4. 生姜泻心汤。制半夏、黄芩、炙甘草各 60g，黄连 40g，干姜 30g，党参 120g，厚朴、槟榔各 45g，炒莱菔子 100g，大枣 30 枚，生姜 120g 为引。水煎 2 次，取汁，候温灌服，1 剂/d，1 个疗程/（3~5）剂。

用方药 1~4，共治疗 428 例，治愈 396 例。

【典型医案】　1. 2002 年 11 月 7 日，唐河县桐寨铺乡张某一头奶牛，因饮水过多而发病来诊。检查：患牛精神不振，体质瘦弱，被毛逆立，耳、鼻发凉，食欲、反刍废绝，腹痛，寒战，粪稀薄、色白如浆水，排尿次数减少，口色青白，津液滑利。诊为脾湿泄泻。治疗：胃苓汤加减。炒苍术、姜厚朴、陈皮、泽泻、炒白术各 60g，茯苓 100g，猪苓、肉桂、干姜各 45g，生姜 120g，炙甘草 30g，大枣 30 枚为引。水煎取汁，候温灌服。服药 2h 后，患牛排尿量增加，排尿后腹痛、泄泻减轻，食欲增加。连服药 3 剂后，患牛食欲、反刍恢复正常，腹痛、泄泻止，痊愈。

2. 2001 年 4 月 15 日，南阳市宛城区白河镇董某一头奶牛来诊。主诉：该牛已妊娠 7 个月（第 4 胎），近来吃草、反刍减少，有时咳嗽发呛，喜卧懒动。检查：患牛精神沉郁，头低耳耷，口、鼻、耳俱凉，肚腹胀满，粪稀溏，咳嗽痰多、色白，痰涎清稀，口色青白，口津滑利，脉象滑细。此乃脾湿肺寒，痰湿阻滞。治疗：平陈汤（平胃散加二陈汤）：炒苍术、姜半夏、枳壳、瓜蒌引各 60g，姜厚朴 70g，陈皮、苏梗、桔梗各 45g，茯苓 100g，焦白术 80g，神曲 90g，生姜 120g，炙甘草 30g。水煎取汁，候温灌服，1 剂/d，连服 3 剂，痊愈。

3. 2001 年 9 月，南阳市靳岗乡刘洼村刘某从山西购回奶犊牛 13 头，其中 1 头犊牛因性情急躁，在

捕捉时受到惊吓来诊。主诉：该牛从购买到运输过程都未得到很好的饲喂，因此体质较差。检查：患牛精神不安，眼急惊恐，哞叫呆立，饲养人员不敢接近，食欲、反刍废绝，腹胀腹痛，肠鸣泄泻，舌根红黄，舌尖黄白，口津黏腻，脉象弦细。诊为脾虚肝气郁滞所引起的肝脾不和证。治疗：柴平汤。醋柴胡、醋青皮、陈皮、枳壳、姜半夏、川楝子、当归、白芍各 45g，姜厚朴、制香附、炒苍术、茯苓各 60g，姜黄连、炙甘草各 30g，生姜 100g，大枣 20 枚为引。水煎取汁，候温灌服，连用 3 剂，痊愈。

4. 2001 年 10 月 25 日，南阳市卧龙岗乡王营村陈某一头奶牛，因患感冒后继发前胃弛缓，经多方治疗无效后来诊。检查：患牛精神沉郁，食欲、反刍废绝，胸腹胀满，按压腹部可听到振水音，嗳气酸臭，肠鸣腹泻，粪稀溏、呈黑色、气味腥臭，次数多、量少，伏卧时头托于地，不时回头望腹，口唇湿润，眼窝塌陷，呼吸浅表，脉象沉细。诊为水饮湿痞证。治疗：生姜泻心汤。制半夏、黄芩、姜厚朴、炒枳壳、炙甘草各 60g，黄连 40g，大白 45g，茯苓 100g，党参、炒莱菔子、炒椿白皮、生姜各 120g，干姜 30g，大枣 30 枚为引。水煎取汁，候温灌服。连服 5 剂，痊愈。（李进德等，T125，P30）

## 脾　虚

### 一、脾阴虚

脾阴虚是指牛脾生化、升清传输功能减弱引起的一种病症，常见于多种病症中。

【病因】　多因饮食失调，劳逸过度，或久病体虚所引起。

【辨证施治】　本病分为津液耗伤型和阴血不足型。

（1）津液耗伤型　患牛精神倦怠，毛焦肷吊，四肢无力，食欲、反刍减少，消化不良，口渴欲饮，尿短色黄，耳、鼻、口温增高，舌红，苔薄、少津，卧蚕翘起，脉细数。若迁延或失治，可导致积食、便秘，易诱发百叶干等病。

（2）阴血不足型　患牛身瘦毛焦或全身瘙痒、脱毛，蹄匣干枯，精神委顿，四肢无力，纳食减少，异食癖，消化不良，粪时干时稀，尿短色黄，口色淡红，唇肿、痒、赤红，逐渐干裂，脉虚细而数。

【治则】　津液耗伤型宜养阴清热，生津润燥；阴血不足型宜扶脾益阴，补血活血。

【方药】　（1 适用于津液耗伤型；2 适用于阴血不足型）

1. 增液汤加味。玄参、麦冬、生地、生山楂、生鸡内金、生麦芽各 30g，石斛、神曲、乌梅、党参各 25g，木香、陈皮各 15g。粪燥结不通者加大黄、滑石、郁李仁；尿短色黄者加木通、竹叶、白芍；形

体消瘦或体虚排粪无力者加生黄芪、生何首乌、当归；烦渴者加天花粉、玉竹、石膏、知母；多尿者酌加附子、肉桂；口、唇糜烂者重用生石膏、知母、黄芩、山栀子、丹皮等；食后腹胀者加枳壳、厚朴。共研细末，开水冲调，候凉加童便 250～300mL，灌服。

2. 生血营养汤。当归、生地、熟地、炙黄芪、麦冬、天冬、黄芩各 30g，瓜蒌仁 40g，桃仁 20g，五味子、红花各 15g，升麻 10g。神倦、心率缓慢者加党参、玄参；口干少津者加石斛、黄精、玉竹；皮肤红亮、瘙痒不安者加白蒺藜、牡丹皮、白藓皮、地肤子；唇肿干裂者酌加防风、白芷；嗜食异物者饲料中添加适量骨粉或微量元素。共研细末，开水冲调，候温灌服。

共治疗 63 例，治愈率为 93.3%。

【典型医案】 1989 年 9 月 16 日，合水县西华池镇小川村陈某一头母黄牛，因慢草 1 个多月，多方求医无效来诊。检查：患牛精神倦怠，毛焦肷吊，多卧少立，食欲、反刍减少；体温 38.9℃，鼻镜干燥，口色、结膜淡红，口干少津，粪干燥，尿短黄，瘤胃蠕动音减弱（1 次/5min），按压不很坚实，口渴而不欲饮，脉数无力。此乃津伤液耗，脾阴虚之故。治疗：加味增液汤加大黄、郁李仁各 40g，滑石 100g。用法同方药 1。翌日，患牛口渴减轻，食欲增加。继服原方药 2 剂，粪、尿正常，食欲增加。嘱畜主加强饲养管理，适当添加精料。1 个月后追访，该牛皮毛光顺，水草如常，体质健壮。（张富林等，T63，P27）

## 二、脾气下陷（脾阳虚）

脾气下陷（脾阳虚）是指牛久病、久泻、大汗不止、误治攻伐等引起脾虚气机不升或升举无力的一种病症。

【病因】 多因牛劳役过度，淋雨涉水，汗出受风，感受寒邪，暴饮冷水，内伤阴冷，大肠受寒冲击传导失职，脾阳不振，阴虚生寒，水湿不运，故久病大泻不止，大汗易出，津液耗损，气随津脱而致脾气下陷。

【主证】 患牛精神沉郁，全身无力，卧地不起，肛门失禁，粪呈鸭溏样，大汗易出，食欲废绝，反刍停止，眼球下陷，体温 36.8℃，心跳 40～60 次/min，脉细小而弱。

【治则】 补中益气，固表止汗，涩肠止泻，升阳举陷。

【方药】 炙黄芪 80g，党参、焦白术、炒山药、大枣各 60g，煨诃子、肉豆蔻、乌梅、浮小麦、芡实各 50g，麻黄根、吴茱萸各 45g，升麻、柴胡、陈皮各 40g，干姜 25g，甘草 20g。共研细末，开水冲调，候温灌服；5% 葡萄糖注射液 1500mL，0.9% 氯化钠注射液 1000mL，50% 葡萄糖注射液 200mL，维生素

C 注射液、维生素 B₁ 注射液各 50mL，20% 安钠咖注射液 20mL，静脉注射。共治疗 3 例，全部治愈。

【典型医案】 2006 年 10 月 8 日，康县王坝镇李庄张某一头黄牛来诊。主诉：该牛发病前遭受雨淋，加之使役过度后暴饮冷水和涉水而突然发病，他医治疗数天无效。检查：患牛精神沉郁，全身无力，卧地不起，被毛竖立，肛门失禁，腹泻不止，大汗易出，淋漓不断，眼球下陷，食欲、反刍停止，体温降至 36.8℃，心跳 60 次/min，脉微而无力，呼吸 25 次/min。诊为脾气下陷证。治疗：取上方药，用法同上，1 剂/d。连服 2 剂，患牛症状减轻，汗止泻停，体温 37.2℃，心跳 65 次/min，呼吸 30 次/min。效不更方，继服药 3 剂。患牛开始少量采食、饮水。继用上方药去乌梅、煨诃子、麻黄根、浮小麦，加苍术、枳壳、草果各 40g，用法同上，连服 2 剂。取 5% 葡萄糖注射液 1500mL，0.9% 氯化钠注射液 1000mL，50% 葡萄糖注射液 200mL，维生素 C、维生素 B₁ 注射液各 50mL，20% 安钠咖注射液 20mL，静脉注射，连用 3d。患牛恢复正常。（崔银山等，T170，P58）

## 三、脾虚水肿

脾虚水肿是指因牛脾气虚或脾阳虚，使水湿运化失常、水湿停蓄、溢于肌肤而引发的一种病症。

【病因】 多因脾虚水停，泛溢肌肤所致。

【主证】 患牛精神不振，食欲、反刍减退，完谷不化。严重者，毛焦肷吊，食欲废绝，难起难卧，四肢或胸前水肿、指压留痕、无痛感，气喘，耳、鼻凉，鼻汗时有时无；口色淡白、微黄。

【治则】 益气健脾，利水消肿。

【方药】 参苓白术散。党参 60g，白术 50g，茯苓、山药、薏苡仁、白扁豆各 40g，莲子肉 30g，砂仁、桔梗各 20g，炙甘草 10g（中等奶牛药量）。共研细末，开水冲调，候温灌服（轻症），或水煎取汁，候温灌服（重症），1 剂/d。共治疗 3 例，均获满意疗效。

【典型医案】 1988 年 4 月 22 日，长春市市郊高某一头 4 岁奶牛来诊。主诉：该牛产犊牛已 2 个多月。产前食欲减退，四肢水肿；产后病情加重，粪渣粗，粪水齐下。同圈饲喂的几头奶牛也出现类似症状。去冬以来，主要饲喂玉米秆、大麦秸，精料少。检查：患牛毛焦肷吊，厌食，反刍较少，鼻镜干，口色淡白、带黄色，瘤胃蠕动弱，触之柔软，心跳 90 次/min，呼吸 36 次/min，体温 38.6℃，四肢腕、跗关节以下严重肿胀、指压较硬、留痕、无痛感，行走缓慢，运步不灵活。治疗：参苓白术散加木瓜、杜仲各 40g，苍术 50g，陈皮、大腹皮各 30g，用法同上，连服 3 剂。25 日，患牛饮食欲大增，四肢水肿减轻。继服上方药 2 剂，痊愈。（廖柏松等，T37，P42）

## 脾胃虚寒

脾胃虚寒是指牛脾阳虚衰，阴寒内盛所引起的一种病症，又称脾阳虚寒。

【病因】　多因牛空肠过饮冷水，或饲料拌水过多，或因瘦弱而采食冰冻饲料，脾胃受寒，阴盛阳衰，胃寒不能受纳而发生慢草或不食；夜露风霜，遭受雨淋，空肠过饮冷水，阴冷伤于脾胃，胃火弱而脾阳衰，脾胃不和，气滞而作痛；饮喂失调，使役不当，草料品质低劣，导致脾胃虚弱，运化失常，致使采纳受阻而慢草；长期喂饮失调，草料品质低劣，日久损伤脾气，胃火衰弱，清气不升，浊阴不降，清浊不分而致泄泻；久劳导致脾胃虚弱，久饥暴饮暴食，损伤脾胃，以致运化无力，食滞不化，停滞于胃而发病。

【辨证施治】　根据临床症候，分为胃寒型、脾气痛型、脾虚慢草型、脾虚泄泻型和脾胃虚寒食滞型。

(1) 胃寒型　患牛精神不振，食欲减少，形寒肢冷，鼻寒耳凉，粪稀软，口色青白，口津滑利，脉沉。

(2) 脾气痛型　患牛食欲减退或废绝，反刍停止，耳鼻俱冷，起卧不安，回头顾腹，肠鸣，口津滑利，口色青白，脉沉。

(3) 脾虚慢草型　患牛精神不振，饮食减少，头低耳聋，瘤胃虚胀，反刍停止，肠音时弱时强，粪中混有未消化的饲料残渣，有时泄泻，多卧少立，口色淡白，脉迟细。

(4) 脾虚泄泻型　患牛渐进性消瘦，鼻寒耳冷，不时作泻，粪渣粗糙，口色淡白，脉弱。

(5) 脾胃虚寒食滞型　患牛食欲不振，毛焦体瘦，四肢无力，食欲废绝，反刍停止，耳、鼻不温，左欣胀满，舌苔白腻，口色淡白，脉沉迟。

【治则】　胃寒型宜温脾暖胃，温中散寒；脾气痛型宜温中散寒，健脾行气；脾虚慢草型宜健脾消食，和胃益气；脾虚泄泻型宜健脾燥湿，利水止泻；脾胃虚寒食滞型宜温中散寒，健脾消食。

【方药】　(1适用于胃寒型；2适用于脾气痛型；3适用于脾虚慢草型；4适用于脾虚泄泻型；5、6适用于脾胃虚寒食滞型)

1. 桂枝、炒白术、煨豆蔻各20g，干姜、青皮、陈皮各25g，益智仁、厚朴、神曲、山楂各30g，炙甘草15g。共研细末，开水冲调，候温灌服。

2. 香附、茯苓、吴茱萸各24g，木香、陈皮、黄芩各25g，茴香、白术各30g，槟榔、桂枝、木通、干姜各20g，滑石45g，炒艾叶、甘草各15g。共研细末，开水冲调，加白酒50mL，候温灌服。

3. 干姜、白术、党参、茴香、山楂、神曲各30g，青皮、陈皮、草豆蔻、茵陈、大黄各25g，炙甘草20g。共研细末，开水冲调，候温灌服。

4. 党参、白术、茯苓、茴香、厚朴、砂仁、薏苡仁各30g，木香、炙甘草各15g。水煎取汁，候温灌服。

5. 党参、白术各30g，炒神曲、炒山楂、炒麦芽各40g，陈皮、枳实、制附子、肉桂各25g。共研细末，开水冲调，候温灌服。

6. 白术、青皮、陈皮、厚朴、益智仁、干姜、菖蒲、茯苓、当归各30g，桂心、砂仁、甘草、五味子各25g，肉豆蔻（煨）、桂枝、牛膝各20g，炒盐50g，黄酒250mL，葱须根5根，生姜10g为引。共研细末，开水冲调，候温灌服，1剂/d，连服2～3剂。共治疗63例，治愈62例。

【护理】　避免长期繁重的劳役，防止过度疲劳而耗伤元气；保证饲料品质，避免空肠过饮冷水；发病时应及时合理地治疗，避免其他疾病的发生。

【典型医案】　1. 1990年4月9日，都兰县英得尔种养场陈某一头6岁黄牛来诊。主诉：该牛已妊娠6个月，8日耕地后过饮大量冷水，晚上不食草料，卧地，发吭，不反刍。检查：患牛瘤胃蠕动音消失，反刍停止，舌色青白，耳根、角根及鼻端发凉，口津滑利，脉沉。诊为脾气痛。治疗：取方药2，用法同上。用药后，患牛出现反刍，但仍不食，发吭，其他症状同前。继服方药2。患牛病情好转，调养2d，康复。

2. 1990年4月3日，都兰县英得尔种养场陈某一头4岁黄牛来诊。主诉：近几天来该牛一直使役，2日食欲、反刍废绝。检查：患牛精神不振，体瘦欣吊，被毛粗乱、无光泽，头低耳聋，瘤胃蠕动音消失，腹稍胀，口色淡白，舌有薄黄苔，脉迟细，粪中混有消化不全的草料。诊为脾虚慢草。治疗：取方药3，用法同上。服药当日，患牛即开始反刍，进食少量水、草，下午饮、食欲恢复正常。

3. 1990年4月25日，都兰县英得尔种养场陈某一头4岁黄牛来诊。主诉：该牛自4月初以来一直食欲欠佳，喜饮，粪稀，日渐消瘦，23日出现泄泻不止。检查：患牛体瘦毛焦，精神委顿，耳鼻发凉，口色淡白，粪稀、粗糙，脉弱。诊为脾虚泄泻。治疗：取方药4，用法同上，1剂/d，连服2剂，痊愈。

4. 1990年5月13日，都兰县英得尔种养场李某一头3岁黄牛来诊。主诉：近几日来该牛一直使役，常有不食现象，12日役后饲喂少量精料，上午食欲废绝，腹胀，流涎。检查：患牛精神沉郁，嗜卧，瘤胃蠕动音消失，流涎，口色淡白，舌苔薄白，左欣部稍胀、按压较实，脉沉迟。诊为脾胃虚寒食滞。治疗：取方药5，用法同上，服药1剂，痊愈。（冉双存，T95，P27）

5. 2007年10月23日，大通县极乐乡前一村马某一头西杂奶牛来诊。主诉：该牛吃草料明显减少，经他医静脉注射西药、口服中药不愈。检查：患牛反刍、食欲废绝，精神差，毛焦欣吊，鼻镜少汗，角冷、耳凉、鼻寒，体温 37.4℃，心跳 69 次/min，呼吸 26 次/min，口内多涎、湿滑，口色青白，四肢发凉，脉迟细，粪稀软、带水。诊为脾胃俱寒。治疗：取方药 6，加茴香、焦山楂、神曲各 30g，用法同上，1 剂/d，连服 2 剂，痊愈。（祝存录，T157，P75）

## 胃寒

胃寒是指牛胃阳不足或寒邪凝滞胃中所引起的一种病症。在深秋、冬季和早春季节发病率极高。

【病因】 多因寒邪侵袭所致。严寒时节，误饮过量冷水；饲养不当，摄入过多冰冻草料；或圈舍潮湿，夜露风寒；或久病失治，误服过量苦寒药物等。

【主证】 病初，患牛精神困倦，时食或少食，乃至不食；中期，耳鼻俱寒，口流清涎如挂线状；后期，粪疏松、带水，尿清长。

【治则】 温中暖胃，健脾和胃。

【方药】 糯米 50g，灶心土、生姜（去皮切成米粒大小）、全葱（寸断）、仙人掌（鲜品刮去皮刺，捣烂如泥）各 250g，石菖蒲根（切细）100g，米醋、白酒各 500mL。除米醋、白酒外，其他药水煮成糯米饭，将米醋分 2 次加入煮好的药中（加醋时用慢火煮）即成。然后用竹片均匀摊放在事先准备好的约 40cm² 大小的布（多层）上，再加一半白酒乘热贴于患牛脐部，固定好，4d 后取下，将药烘热，再加一半白酒按同法复敷。经 40 余年数千例验证，有效率达 95％以上。（蒋承权等，T133，P63）

## 前胃炎

前胃炎是指在治疗牛前胃疾病时，反复、大剂量使用刺激性药物或盐类泻药，或继发于其他前胃病而引起的一种病症。

【病因】 多继发于瘤胃积食、瘤胃臌气、前胃弛缓、百叶干、真胃阻塞等病，以瘤胃积食引起者居多。盐类泻剂与蓖麻油大剂量反复投服等可诱发；犊牛多因乳质不良、吮乳方法不当等因素引起。

【主证】 患牛食欲、反刍基本停止，少量反复饮水，鼻镜干燥，耳鼻发凉，结膜暗红或发白、有树枝状充血，角膜干燥无光，皮肤缺乏弹性，毛焦体瘦，眼球下陷，血液浓稠、暗红色、呈严重脱水状态，脉细弱、快，心律不齐，体温正常或稍高，呼吸如常。有的患牛呕吐，食道反复出现蠕动波；有的流泪、磨牙、流涎；粪很少、表面覆有黏液，个别牛腹泻，触诊瘤胃绵软、冲击有振水音、空虚或有多量液体，常反复出现慢性臌气，听诊瘤胃蠕动音消失或只能感到胃壁的起伏，真胃及肠蠕动减弱或消失。奶牛停止泌乳。后期，患牛常有中枢神经抑制症状，精神沉郁及嗜睡，肌肉震颤，后躯摇晃或轻微运动失调；严重者卧地不起，头歪向一侧，衰竭而死亡。病程一般在 20d 左右。

【治则】 健脾益胃，温中祛寒，调理胃肠。

【方药】 洗胃。迅速排出前胃内容物，消除致病因素，改善胃内环境，防止自体中毒。先导出瘤胃积液，再灌入约 33℃温水 10～15L，稍加按摩后，将液体导出。如此反复冲洗 2～4 次，最后灌入温水 5～10L，加氧化镁 50～100g；犊牛用次硝酸钠、黄连素各 3～5g，庆大霉素 40～80mL。必要时于次日进行第 2 次或第 3 次洗胃。以后坚持用胃管连续投药 5～7d，并坚持每天晚上接种健康牛胃液或草团，防止胃内微生物环境被破坏。反复臌气者，用 0.1％高锰酸钾溶液洗胃，可有效抑制臌气。在前胃功能有所恢复、胃内液体不多时，药用理中汤加减：党参 100g，白术 120g，干姜、肉豆蔻、茯苓、厚朴各 50g，炙甘草、广木香各 40g，白芍 30g。若口渴、饮欲增加者加沙参 30g，石斛 50g；口色青淡、耳鼻发凉者加炮附子 15g，高良姜 18g。水煎取汁，候温灌服。犊牛剂量酌减。

解除自体中毒和脱水，增强中枢神经的保护性反应。取 5％葡萄糖生理盐水 3000～4000mL，10％安钠咖注射液 10～20mL，40％乌洛托品注射液 20～40mL，混合，静脉注射；安溴注射液 100mL，5％碳酸氢钠注射液 300～500mL，静脉注射。为保护前胃运动功能，取比赛可灵 2～5mL（少量、多次使用），皮下注射，1 次/（3～5）h，连用 3～4 次/d。当有体温反应时，可酌情使用抗生素。

共治疗 28 例，其中黄牛 15 例、奶牛 10 例、犊牛 3 例；治愈 19 例，死亡 9 例。

注：本病应与真胃炎、真胃溃疡、真胃积食、十二指肠阻塞、瓣胃秘结或扩张进行区别。

【典型医案】 1998 年 9 月 8 日，天水市北道区甘泉镇架岭山村王某一头黄牛来诊。主诉：该牛因过量采食黄豆渣而发病，他医按瘤胃积食治疗 7d，灌服大剂量大承气汤和硫酸镁不见好转，病情反而加重。检查：患牛精神沉郁，磨牙，流泪，耳鼻发凉，鼻镜干燥，食欲、反刍废绝，前肢肩部肌肉颤抖，口色青淡，结膜黄白、充血，角膜干燥、无光，排少量稀粪，触诊瘤胃绵软、蠕动波消失，冲击瘤胃有振水音、呈慢性臌气。沿右侧肋骨下缘向前冲击或触诊不坚硬、无疼痛反应；体温 39.5℃，心跳 58 次/min，呼吸 18 次/min，心音弱、节律不齐。诊为继发性前胃炎。治疗：先用 0.1％高锰酸钾溶液反复洗胃 3 次，排出胃内积液后，灌服温水 5L，水中加氧化镁 100g、黄连素 10g；取 5％葡萄糖氯化钠注射液 4000mL，10％安钠咖注射液 20mL，40％乌洛托品注射液 40mL，安溴注射液 80mL，5％碳酸氢钠注射液 300mL，静脉注射，连用 3d，1 次/d；比赛可灵 5mL，肌内注射，3 次/d，1 次/（3～4）h。第 3 天，患牛精神好转，前胃蠕动波出现，瘤胃臌气消失，但仍不反刍、不采食。在继续补液的基础上，用理中汤加沙参，用法同上，连服 5 剂。第 8 天，患牛开始反

刍、采食。第9天痊愈。（杨仲儒，T120，P29）

## 前胃弛缓

前胃弛缓是指牛前胃神经兴奋性降低或收缩力减弱，使食物在前胃不能正常消化和后送，积聚在前胃腐败产生有害物质，导致消化机能障碍和全身机能紊乱的一种病症。中兽医学称脾虚不磨、脾虚慢草或脾胃虚弱。

### 一、耕牛、黄牛、奶牛前胃弛缓

【病因】 因饲料搭配不当，青粗饲料比例不合适，长期饲喂单一、难易消化且品质低劣、发霉变质或饲喂冰冻饲料，矿物质和维生素缺乏，或突然改变饲草料，过饥过饱，过饮冷水，使脾胃之气不运，升降失常，受纳和运化机能降低而发病。过度使役后未经充分休息，或因其他疾病久治不愈，施治不当，病后失于调养，或因年老体弱，产后体虚，气血耗损，使脾胃之气渐伤，脾胃虚弱，运化无力而发病。奶牛产乳过多或产后气血亏虚、过耗精血，致使脾胃虚弱而发病。因患瘤胃积食、臌气或瓣胃阻塞等疾病，在治疗中反复使用大剂量苦寒攻下药，食滞虽去，脾气受伤而致病。冬季舍饲，休闲时间长，运动不足可诱发；继发于多种传染病、热性病、寄生虫病、产后等疾病的经过中。

【辨证施治】 本病分为脾胃气虚型、寒湿困脾型、虚寒型、虚弱型、湿热型和伤食型；又分急性和慢性经过。

（1）脾胃气虚型 一般发病缓慢，病程长。患牛食欲减退，反刍减少，体瘦毛焦，乏力，粪干稀交替出现，瘤胃蠕动次数减少，音低弱、无力，触压瘤胃呈面团状、上虚下实，伴有持久轻微臌胀，口色淡白，舌质绵软、口津干，脉沉细无力。

（2）寒湿困脾型 患牛食欲、反刍减退或废绝，鼻镜湿润、汗水成珠，瘤胃蠕动减弱、次数减少，触压瘤胃有振水音，口色结膜淡白，脉沉缓。时有回头顾腹或后肢踢腹现象。

（3）虚寒型 患牛精神沉郁，鼻镜汗不成珠，四肢、耳、鼻发凉，口色青白，口流清涎、滑利，苔薄，食欲、反刍减少或废绝，瘤胃蠕动音弱或无，触诊瘤胃松软、如面团，冲击有液体震荡音；后期瘤胃时有臌气，粪溏稀、混有未消化的草料，腹胀，嗳气臭，脉沉迟。

（4）虚弱型 一般病程较长。患牛精神沉郁，消瘦，毛焦，卷腹，四肢水肿，行走无力，口色淡白，舌质绵软，舌津滑利，脉沉细无力；食欲、反刍减退，触压瘤胃呈面团状、上虚下实、蠕动音弱，粪渣粗糙、含未消化的草料，有时腹泻，有时被覆少量黏液。

（5）湿热型 多见于暑湿季节。患牛精神沉郁，食欲、反刍减退，口色稍红或带黄色，口流稠涎、气味酸臭，耳鼻温热，尿短少、黄浊，粪稀软、黏黑、气味恶臭，或夹血丝黏液，或干而呈球状，肚腹虚胀；个别有腹痛现象，体温不高，被毛干燥、无光。

（6）伤食型 一般发病急，病程短。患牛食欲、反刍废绝，瘤胃蠕动减弱甚至废绝，粪干燥，鼻镜干裂，毛焦皮吊，口干、色红，苔黄燥，脉沉。

急性，多以原发病的病理过程为特征，病程2～3d。患牛食欲减退，喜食粗料和多汁饲料，拒食精料和酸性饲料，反刍减弱甚至废绝，嗳气增多，瘤胃蠕动减弱甚至废绝，常现间歇性臌气；体温、脉搏、呼吸一般因原发病的病性而有明显变化。

慢性，患牛食欲减退或废绝，逐渐消瘦，全身衰弱无力，被毛粗乱，鼻镜干燥或龟裂，慢性腹部臌胀，便秘，粪黑干或腹泻，贫血，瘤胃蠕动减弱或废绝。

【治则】 脾胃气虚型宜健脾益气；寒湿困脾型宜燥湿健脾，渗湿利水；虚寒型宜燥湿健脾，渗湿利水；湿热型宜清热除湿，补气健脾；虚弱型宜健脾益气；伤食型宜消食导滞，宽肠理气。

【方药】 （1、2、42适用于脾胃气虚型；4～7、40适用于寒湿困脾型；8～10适用于虚寒型；4、6、11适用于虚弱型；4、6、9、12适用于湿热型；13、14适用于伤食型）

1. 益气黄芪散加减。党参、黄芪、当归各40g，炒白术、神曲各60g，升麻、柴胡、青皮、茯苓、泽泻、枳壳、生姜各30g，木香、甘草各20g。共研细末，开水冲调，候凉，加酵母粉200～300g，红糖250g，酒精100mL，1次灌服；5％葡萄糖注射液1000mL，10％氯化钙注射液80mL，20％苯甲酸钠咖啡因注射液10mL，混合，1次静脉注射。

2. 健脾理肺散。瓜蒌、神曲各120g，炒白术60g，沙参、黄芩各40g，麦冬、百合、杏仁、桔梗、厚朴、茯苓、陈皮各30g，柴胡25g。胃肠实滞者加大黄、郁李仁、番泻叶、火麻仁；气血瘀滞者加当归、赤芍；气虚者加党参、黄芪。共研细末，开水冲调，候温，1次灌服。胃肠实滞时间较长、体温升高者，配合使用抗生素；食欲、反刍停止者，静脉注射促反刍液300～500mL；瘤胃内环境偏酸或机体发生酸中毒者，灌服或静脉注射碳酸氢钠；患腹膜炎者，静脉注射四环素、磺胺或腹腔注射普鲁卡因青霉素；病程长、瘤胃内容物多且酸败者，应进行洗胃、导胃，以改变胃内环境。方法是先洗患牛胃，再从其他健康牛胃中导出胃液，迅速投于患牛胃中，以恢复瘤胃内微生物区系的动态平衡。对瘤胃内环境偏碱或机体发生碱中毒，用盐酸20mL，蒸馏水加至1200mL，5％葡萄糖溶液适量（其量根据血中Cl⁻的测定浓度来计算）；严重脱水者，静脉注射生理盐水或复方氯化钠注射液或葡萄糖注射液；食欲、反刍恢复过程中禁食。本方药适用于脾肺气虚型前胃弛缓。共治疗脾

胃实热型 12 例，治愈 11 例；治疗脾肺气虚型 8 例，治愈 6 例。（鲁希英等，T84，P11）

3. 除湿汤加减。藿香 30～45g，苍术 20～40g，陈皮、半夏各 20～30g，厚朴 30～50g，白术 50～80g，茯苓 60～90g，甘草 15～30g。脾胃虚弱者去苍术、厚朴，加党参、黄芪、丹参、炒山药、生姜、大枣；寒湿困脾以湿为主者加焦三仙、薏苡仁、炒二丑，以寒为主者加砂仁、肉桂、高良姜、干姜；湿热中阻、湿重于热者重用藿香、茯苓、白术，加草果、黄芩；热重于湿者去苍术、陈皮、厚朴，加知母、黄连、栀子、龙胆草、麦冬、玄参。依据患牛体质、病情、年龄酌情增减药量。水煎取汁，候温灌服，1 剂/d，1 个疗程/5d。共治疗原发性前胃弛缓 1127 例，痊愈 1109 例，无效 18 例；其中，虚弱型 587 例，痊愈 583 例，无效 4 例；寒湿型 374 例，痊愈 366 例，无效 8 例；湿热型 166 例，痊愈 160 例，无效 6 例。（朱留柱等，T47，P11）

4. 先用胃管导胃，或用 3％碳酸氢钠溶液洗胃，再用陈皮、青皮、枳壳、木香、厚朴、泽泻、猪苓、玉片、山楂各 50g，莱菔子、神曲各 60g，香附、二丑、苍术各 40g，附子、肉桂各 10g，甘草 20g。共研末，开水冲调，候温灌服；10％氯化钙注射液 80mL，20％苯甲酸钠咖啡因注射液 10mL，混合，1 次静脉注射。

5. 曲蘖散。神曲 60g，山楂、麦芽各 45g，苍术、陈皮、厚朴、青皮、枳壳各 30g，甘草 15g。寒伤脾胃者加肉桂、干姜各 30g；湿困脾土者加茯苓、白术各 45g；寒湿困脾者加干姜、茴香、茯苓、白术各 30g；湿热蕴脾者加茵陈、黄柏、木通各 30g；脾胃虚弱者去青皮，加党参、黄芪、白术各 30g。水煎取汁，候温灌服，1 剂/d。共治疗 148 例（水牛 97 例、黄牛 51 例），治愈 139 例，有效 6 例。（彭代国等，T85，P27）

6. 先用胃管导胃，或用 3％碳酸氢钠溶液洗胃；再取莱菔子、山楂各 50g，神曲 60g，玉片、二丑、香附子、苍术、当归各 40g，木香、厚朴、泽泻、猪苓、小茴香、陈皮、枳壳、砂仁各 30g，肉桂、甘草各 20g。共研末，开水冲调，候温灌服。用强心补液疗法辅助治疗。

7. 党参藜芦散。藜芦、柴胡、干姜各 30g，党参 60g，白术、陈皮各 45g；或党参马钱子散：制马钱子（单独进行砂烫后与其余各药一并粉碎掺匀）7g，党参 60g，柴胡、干姜各 30g，白术、陈皮各 45g。开水冲调，候温灌服，1 剂/d，连服 2～4 剂。本方药适用于虚寒型前胃弛缓。虚热型加丹皮 45g、黄芩 30g；气滞型加莱菔子 60g、香附 45g；血瘀型加大黄 40g、丹皮、红花各 30g。虚寒型，两方用量均为 60g/100kg，其他三型则为 80g/100kg。共治疗 89 例，治愈 84 例。

注：孕牛忌服。马钱子、藜芦均是有毒之品，本方药剂量均在安全范围，马钱子又经砂烫炮制（无须去毛），故未发现任何毒性反应，但未做毒性试验。

8. 木槟硝黄散加减。木香 30g，槟榔、山楂各 100g，芒硝 200g，苍术、枳实各 40g，大黄、生姜、麦芽、莱菔子各 80g（均为 500kg 牛药量）。虚寒者，生姜改用干姜，加豆蔻、黄芪；湿热者去生姜，加藿香、佩兰、龙胆草。水煎取汁，冲芒硝灌服。配合使用 10％氯化钠注射液、10％氯化钙注射液、10％安钠咖注射液，按常规量静脉注射 1～2 次，效果更好。共治疗 26 例，疗效显著。

9. 党参、白术、茯苓、槟榔、神曲、干姜各 60g，肉豆蔻、小茴香、麦芽各 50g。水煎取汁，候温灌服。

10. 当归苁蓉汤。全当归（油炸）125～250g，肉苁蓉（油炸）60～120g，番泻叶、枳壳、醋香附、神曲各 30～60g，木香、厚朴、瞿麦、通草各 30g，麻仁、生二丑各 60g。口色稍红有热者减川厚朴、木通，加黄芩；口色淡白者加白芍；津液过多者加苍术、草豆蔻；津液过少或无津者加石斛、麦冬；反刍无力者加槟榔；食欲减少、粪涩滞者加白术、茯苓、青皮、党参、黄芪。水煎取汁，加入麻油 500mL 调和，灌服。病程过长者应适时结合输液，配合强心剂和使用碳酸氢钠注射液等。共治疗虚弱型前胃弛缓（包括慢性瘤胃积食）215 例，治愈 198 例。

11. ①旱烟精（吸旱烟的烟杆内之烟油）少许，涂入眼角，轻揉使之下泪。②曲麦散加减：六神曲 80g，麦芽 45g，山楂 120g，厚朴、枳实、陈皮、青皮、苍术各 30g，甘草 15g。食积者酌情加槟榔、大黄、芒硝；气胀者加莱菔子（炒）、草果、丁香、木香；体弱久病者加当归、黄芪、党参、白术；孕牛慎用枳实、槟榔、大黄、芒硝。共研末，开水冲调，候温，加生菜油 500mL，调匀灌服。③根据病情，选用 30％安乃近、青霉素、链霉素注射液，肌内注射；10％安钠咖注射液、5％碳酸氢钠注射液、10％葡萄糖注射液、5％葡萄糖氯化钠注射液、5％氯化钠注射液，静脉注射。④酌情针刺山根穴、百会穴、后海穴、脾俞穴、顺气穴、关元俞穴；热证、急症针刺舌底、大脉穴，使之出血。共治疗 53 例，治愈 49 例。

12. 先用 3％碳酸氢钠溶液洗胃，再取青皮、陈皮、枳壳、厚朴、三棱、莪术各 30g，二丑、莱菔子各 40g，玉片、神曲、大枣各 60g，大黄、油当归各 80g，木香、大戟各 20g，甘草 10g。共研细末，开水冲调，加石蜡油 1000mL，1 次灌服；10％氯化钠注射液 500mL，10％氯化钙注射液 80mL，20％苯甲酸钠咖啡因注射液 10mL，混合，1 次静脉注射。

13. 大黄 70g，神曲 60g，莱菔子、玉片各 40g，三棱、莪术、陈皮、青皮、枳壳、厚朴各 30g，木香、甘草各 20g。共研末，开水冲调，候温，加大黄苏打片 200 片（研末），1 次灌服。

注：治疗急、慢性前胃弛缓，应注意以下要点：

①导胃并用3％碳酸氢钠溶液洗胃。②接种健康牛瘤胃液。③黄芪、党参、白术、当归、陈皮、山楂、神曲各60g，升麻、柴胡、三棱、莪术、砂仁、茯苓、甘草各30g，小茴香40g。共研末，开水冲调，候温，加酵母粉200～250g、红糖200～300g、白酒100～150mL，1次灌服。④西药以强心补液并促进胃肠蠕动机能为主。(刘根新，ZJ2006，P186)

14. 开胃进食散。党参、白术各50g，藿香、莲子、神曲、麦芽、甘草各30g，陈皮、茯苓、木香、厚朴、草豆蔻、丁香各24g，半夏20g(是中等牛药量)。共研细末，开水冲调，候温灌服。共治疗60余例，均取得了比较满意的疗效。

15. 党参90g，白术、茯苓各60g，当归50g，藿香、草豆蔻各30g，炙甘草、丁香、陈皮、升麻、麦芽、神曲各25g。共研细末，开水冲调，候温灌服。共治疗126例(其中原发性98例、继发性28例)，治愈109例。

16. 补中益气汤加减。党参50g，白术、茯苓、木香、甘草各20g，焦三仙、枳壳、槟榔各30g，莱菔子、黄芪、当归各40g。臌气者加食醋500mL，大蒜末150g；积食者加生熟油各500mL，滑石150g或苏打200g(加清水2000mL)。水煎取汁，候温灌服。取10％生理盐水300～500mL，5％氯化钙注射液150～200mL，10％安钠咖注射液30mL，静脉注射；0.25％比赛可灵注射液10mL，皮下注射；盐酸异丙嗪250～500mg，肌内注射；维生素B₁注射液20mL，脾俞穴注射。

17. 黄芪50g，党参、半夏、陈皮、甘草各25g，白术、茯苓、泽泻、柴胡各20g，羌活、独活、防风、白芍各15g，黄连10g。共研细末，加生姜5片，大枣7枚，开水冲调，候温灌服。共治疗20余例，效果较好。(吴秋芬，T126，P45)

18. 鲜生姜500g，鲜韭菜2500g，洗净、切碎、碾烂，1次喂服，1次/d，连服3d。病较轻者，服药1剂即可采食饮水，3剂即可治愈；病期长而严重者，4～5剂可痊愈。共治疗11例，1例未追访，10例均痊愈。(王晓东，T9，P32)

19. 榆白皮煎剂。榆白皮1000～1250g，切碎，水煎成浓汁，候温灌服。

20. 人参归脾丸(中成药)10～15粒/次，灌服，1次/d；一般服药1～3次，少数需服4～5次。共治疗23例，均治愈。

21. 四仙平胃小承气汤加味。山楂、神曲、麦芽、槟榔、椿皮、苦参各50g，苍术、厚朴、陈皮、枳实、大黄、白薢皮、生姜、莱菔子、香附子、甘草各30g，滑石粉400～600g。除滑石粉外，其他药加水煎4次，取汁混合，灌服，2次/d，1剂分2d服完(滑石粉临灌时分2次加入，也可研末，分2次开水冲滑石粉候温后加入)；新促反刍液(10％生理盐水250～500mL，30％安乃近注射液30mL，5％氯化钙注射液150～250mL，5％或10％葡萄糖注射液500mL)，静脉注射；盐酸异丙嗪250mg，0.25％比赛可灵10mL，肌内注射。

22. 韭菜2500g，食盐150～250g，麻籽1000～1500g。将韭菜掺入食盐彻底揉细，搓成团，并挤压取汁；麻籽炒黄炒香，火候不可过轻过重，捣破，粗研为宜，用开水冲调，与韭汁混合，1次灌服，并喂食韭菜团。药后给予饮水，禁食24h。24h后须限制精料与食量(不能过食)，对胃食滞者尤应注意。共治疗14例，治愈13例。

23. 四君子汤加减。党参80g，白术60g，茯苓50g，炙甘草30g。食欲不振者加建曲、麦芽；腹胀者加厚朴、枳实；嗳气酸臭者加半夏、生姜；粪稀薄者加猪苓、泽泻；气虚者加黄芪。水煎取汁，候温灌服。共治疗水牛28例、黄牛8例，均治愈。其中28例全服中药，8例配合使用吐酒石8～12g，治愈。(谭佐才，T3，P46)

24. 扶脾散加减。白术、党参、黄芪、泽泻各45g，茯苓、青皮、厚朴、苍术各30g，甘草25g。共研细末，开水冲调，候温灌服。氨甲酰胆碱1～2mg，新斯的明10～20mg，毛果芸香碱30～50mg，皮下注射(对病情危急、心脏衰弱的妊娠牛，禁用上述西药)；或稀盐酸15～30mL，酒精100mL，来苏儿100mL，常水500mL，1次灌服。病初，宜用硫酸钠或鱼石脂10～20g，温水600～1000mL，1次灌服；或用鱼石脂15～20g，酒精50mL，常水1000mL，1次灌服；或用10％氯化钠注射液300～500mL，5％氯化钙注射液300mL，安钠咖1g，1次静脉注射。共治疗92例，治愈91例。

25. 大戟、甘遂各10～30g，甘草30～60g，党参、炒白术、山楂、神曲、麦芽、茯苓、陈皮各20～50g。水煎取汁，候温灌服，1剂/d，连服2～3剂。共治疗50例，治愈47例。(马良诚，T94，P44)

26. 党参、黄芪、川厚朴、小茴香、干姜、黎芦、茯神、山药、六曲、砂仁各60g，桂枝、肉桂各30g，槟榔45g，常山、山楂、炒莱菔子各120g，炒二丑、益智仁各90g，甘草30g。水煎取汁，候温灌服。

27. 大戟、甘遂、黄芪、牵牛子各12g，巴豆、滑石、大黄各10g，榆白皮(鲜品，水煎取汁)500g，木香、槟榔各20g。共捣为细末，开水冲调，候温，加菜油250mL，灌服。

28. 大戟散。大戟、甘遂各30g，牵牛子40g，巴豆(为缓和巴豆峻下之力，应取霜用，亦可去之不用)10g，朴硝150g，猪脂250g，大黄、滑石各60g，黄芪45g，甘草15g。将朴硝与猪脂用少量水微加热烊化，他药水煎取汁(大黄后下)，混合，灌服，1剂/2d，一般服用1～2剂。本方药为峻下逐水剂，用于治疗水草引起的腹胀及前胃弛缓。

29. 半夏、天南星、香附各 25g，桂皮、雄黄各 15g，朱砂 20g，苍术 45g，滑石、茯苓各 30g。湿重者重用苍术、茯苓，加焦三仙、炒二丑；寒重者去滑石、朱砂，加砂仁、附子、草豆蔻；热盛兼粪干燥者去桂皮、香附，加龙胆草、黄连、黄芩、苦参、大黄、芒硝；脾虚者去雄黄、滑石，加党参、炙黄芪、山药、当归、白芍；外感者去桂皮、香附，加荆芥、柴胡、防风；有热者加金银花、连翘、青黛；有寒者加白芷、细辛。共研细末，开水冲调，候温灌服。共治疗 87 例，全部治愈。

30. 理中汤加减。干姜 50g，白术 60g，党参 80g，炙甘草 30g。寒重者加肉桂、附子；湿重者加苍术、猪苓；腹痛者加白芍、元胡；食草料少者加砂仁、木香、陈皮、神曲等。水煎取汁，候温灌服。共治疗水牛 26 例、黄牛 4 例，均治愈。（谭佐才，T3，P46）

31. 胃苓散合理中汤加减。苍术、党参各 60g，陈皮、厚朴、桂枝、白术、猪苓、茯苓、干姜各 50g，泽泻 40g，炙甘草 30g。寒甚者加肉桂、附子；湿重者加薏苡仁、木瓜。水煎取汁，候温灌服。共治疗水牛 8 例、黄牛 2 例；治愈 9 例，死亡 1 例。（谭佐才，T3，P46）

32. 黄芪、黄芩、茯苓、茵陈、龙胆草各 60g，大黄、佩兰、白术、枳实各 50g，砂仁、甘草各 40g。水煎取汁，候温灌服。

33. 四君子汤合黄芩滑石汤加减。党参、茯苓、白术、黄芩、滑石各 50g，白豆蔻、大腹皮、猪苓各 40g，通草 30g，炙甘草 20g。气虚甚者加黄芪；湿重于热者加茵陈、苍术、木瓜；热重于湿者加黄连、栀子。水煎取汁，候温灌服。共治疗黄牛 4 例、水牛 2 例；治愈 4 例，好转 1 例，死亡 1 例。（谭佐才，T3，P46）

34. 当归通幽汤。油泼当归（当归研末，沸清油倒入拌匀）150～250g，赤芍 60～80g，神曲 60～100g，陈皮、麦芽各 60g，枳壳、厚朴、二丑各 30g，山楂 30～60g，玉片 20～30g，炒马钱子 5～8g，清油 500～1500mL。热邪入血者加生地、麦冬、玄参；气血瘀滞严重者用桃仁、红花；肺气不畅者加瓜蒌、沙参；正气虚者加党参、黄芪、白术；排尿不畅者加滑石、茯苓。共研细末，开水冲调，候温，1 次灌服。（鲁希英等，T84，P11）

35. 增液大承气汤加减。大黄、芒硝、枳实、麦冬、生地、麦芽各 20g，玄参 30g，木香、茴香各 15g，白术、甘草各 25g。共研细末，加温水灌服。共治疗 18 例，均治愈。

36. 全当归（切片）150～200g，食用植物油 400～500mL。先将食油加热烧开，将当归片倒入油中暴炸 1～2min，离火再炸，当归呈焦黄色（切勿炸焦炭化）时捞出研碎，放入 1000～2000mL 水中，煮沸 10min，候温，与炸当归的油混合，1 次或分 2 次

灌服，1 剂/d，连用 3d。根据病情适当输液和补充维生素 C 则效果更为满意。共治疗 18 例（水牛 13 头、黄牛 5 头）。单用油当归治疗 11 例，痊愈 10 例，好转 1 例；以油当归为主，中西药结合治疗 7 例，均治愈。

37. 食盐 250g，大黄 120g，莱菔子 80g，槟榔 20g。共研细末，开水 2000mL 冲调，候温灌服。服药后给患牛多饮水。共治疗 28 例，治愈 27 例。

38. 归脾汤加减。黄芪、党参各 80g，白术、酸枣仁各 60g，当归、茯神、龙眼肉各 40g，远志、生姜各 30g，木香、炙甘草各 15g，红枣 45g。易惊恐者加柏子仁；腹胀者加枳实、厚朴；减食草料甚者加神曲、山楂、麦芽。水煎取汁，候温灌服。有条件者可强心补液。本方药适用于心脾两虚型前胃弛缓。共治疗水牛 2 例，好转 1 例，死亡 1 例。（谭佐才，T3，P46）

39. 吴茱萸 10～20g。研末，加水 500～1000mL，煎煮至药物浸出呈黄色，候温灌服。

40. 党参 50g，苍术、陈皮、枳壳各 40g，茯苓 45g，三仙各 60g，当归 35g，厚朴 30g，干姜 20g。共研细末，开水冲调，候温灌服，1 剂/d，连用 3d；10% 葡萄糖注射液、复方氯化钠注射液各 1000mL，12.5% 肌醇 30mL，葡萄糖酸钙注射液 200mL，安钠咖注射液 20mL，混合，1 次静脉注射，1 次/d，连用 3d；或用 10% 葡萄糖注射液 500mL，容大胆素 80mL，静脉注射（以上药量根据奶牛的体质、病情酌情加减）。共治疗 63 例，治愈 55 例。

41. 开胃进食散。党参 45g，白术、苍术、莲子各 40g，茯苓、厚朴、陈皮、半夏、藿香各 30g，砂仁 35g，麦芽、神曲各 50g，木香、丁香、甘草各 25g。共研细末，开水冲调，候温灌服。共治疗 68 例，全部治愈。

42. 取健胃穴（在颈部两侧上 1/3 与中 1/3 交界处，颈静脉上方约 0.5cm，避开颈静脉），沿颈静脉沟由上向下斜刺，进针 0.6～0.8cm。反刍穴（倒数第一肋间与背最长肌和髂肋肌沟的交点处，左右各 1 穴），针与水平面呈 30°～35° 方向刺入，至针尖抵于椎体后，针略上提，避开锥体，进针 0.8～1.3cm。食胀穴（左侧倒数第二肋间，距背中线约 2cm 处），向内下方刺入 0.6～1cm。以上 3 穴留针约 0.5h，期间行针 2～3 次。随病症配伍其他穴位，必要时配合药物治疗。共治疗 67 例（包括瘤胃积食、瘤胃非泡沫性膨气），治愈 55 例，好转 4 例，无效 7 例。

43. 生南山楂、炒莱菔子各 90g，炒神曲（后下）、炒麦芽各 60g，大枣 200g，共研末，将枣煮熟去核，用枣汤带枣肉冲药，候温加神曲，1 次灌服。

44. 前胃舒散。槟榔、枳实、大黄各 50～100g，醋香附 30～50g，川厚朴、青皮、陈皮、炒神曲、肉豆蔻、草果各 50g。饮水少者加生姜（榨汁）、胡盐各 100g（均为成年牛药量，中、小牛酌减）。消化功

能不良者加焦山楂 45g，炒麦芽 100g，酵母片 40 片，多酶 20g；有炎症者加土霉素 30 片（12～15g）；体质弱、病程长，脾胃气虚者加当归 50g，党参 30～50g，黄芪 50～100g，白术、茯苓各 45g，炙甘草 30g（刚分娩的患牛不用参、芪）；瘤胃积食者加牵牛子 50g（孕牛忌用），芒硝 200～300g；瘤胃臌气者加莱菔子 50～100g，木香、牵牛子各 50g，人工盐 300g；食滞者加木香 30g，芒硝 300g，大黄倍量；虚寒者加当归 50g，肉桂、茴香各 30g，生姜 100g；脾胃虚弱者加官桂、茴香、苍术各 30g；胃寒者加干姜 25g。早期病例好转后减大黄。共研细末，开水冲调，候温灌服。灌药后禁食，2h 后可饮水。

兴奋瘤胃蠕动，促进反刍，先导出瘤胃内容物，冲洗液用 1% 温盐水、2% 碳酸氢钠溶液或温水，同时配合瘤胃按摩，直到腹围缩小、冲洗液清亮为止（适用于胃有积滞、积食、臌气者）。增强瘤胃蠕动，用 10% 氯化钠注射液 300～500mL，10% 氯化钙注射液 150～300mL，10% 安钠咖注射液 20～30mL，10% 葡萄糖注射液 500～1000mL，5% 葡萄糖生理盐水、复方氯化钠注射液各 1000～1500mL，1 次静脉注射；或促反刍液 500mL，静脉注射。纠正酸中毒，用 5% 碳酸氢钠注射液 500～1000mL，静脉注射；20% 葡萄糖注射液 200～500mL，维生素 C 注射液 40～60mL，静脉注射。

共治疗 310 例，显效 285 例，好转 15 例。

45. 前胃舒散加减。①槟榔、厚朴、青皮、陈皮、醋香附、神曲、当归、党参、胡盐各 50g，肉豆蔻、白术各 30g，黄芪 65g，鲜姜 100g。共研细末，开水冲调，候温灌服。②槟榔、厚朴、青皮、陈皮、醋香附、草果、当归各 50g，肉豆蔻、肉桂、小茴香各 30g，鲜姜 100g。共研细末，开水冲调，候温灌服。③当归、香附、青皮、陈皮各 50g，官桂、肉豆蔻、草果、小茴香、苍术各 30g，鲜姜 100g。共研细末，开水冲调，候温灌服。

【护理】 喂给青贮饲料或氨化饲料，冬春季节补饲精料；注意圈舍保暖。

【典型医案】 1. 1992 年 3 月 15 日，武威市黄羊镇新店村张某一头 7 岁母牛来诊。主诉：该牛食欲、反刍减少已 10d。检查：患牛消瘦，精神沉郁，粪稀软、量少，口色淡白，体温 38.5℃，呼吸 20 次/min，触诊瘤胃软而空虚。诊为脾胃气虚型瘤胃弛缓。治疗：取方药 1，用法同上，服药 3d，痊愈。

2. 1994 年 1 月 2 日，武威市黄羊镇土塔村王某一头 6 岁枣红色公牛来诊。主诉：因过食冰冻草料，该牛已病 4d。检查：患牛体温 38℃，食欲、反刍减退，饮欲废绝，粪稀软，触压瘤胃空虚，瘤胃蠕动减弱、次数减少，轻微膨气，耳、嘴、四肢凉，口色青白。诊为寒湿困脾型前胃弛缓。治疗：取方药 4，用法同上。服药 2d，痊愈。（俞好贤，T85，P31）

3. 1981 年 12 月 25 日，聊城县城关镇墩台王大队一头 6 岁、约 350kg 黄色母牛来诊。主诉：该牛于 4d 前吃草减少，近 2d 食欲废绝，反刍停止，有时喝一两口水，粪软，尿少。检查：患牛体温 38.3℃，心跳 60 次/min，呼吸 30 次/min，被毛粗乱，口色淡白，耳、鼻凉，瘤胃蠕动音少而弱、仅 1 次/min，触诊腹壁有紧张感，瘤胃内容物较多而软。诊为虚寒型前胃弛缓。治疗：党参马钱子散 220g，用法见方药 7。26 日，患牛仍无食欲，仅夜间反刍 10 余口，出现鼻汗，精神较好，口中清涎减少，瘤胃蠕动音增强、3 次/2min。灌服党参马钱子散 230g。27 日，患牛出现食欲，服药后的下半夜吃草半筛，饮水半盆，粪变稠，尿量增多，精神好转，口色稍红润，瘤胃蠕动基本正常。又灌服党参马钱子散 230g。29 日，患牛饮食、反刍及粪、尿均已正常。

4. 1982 年 3 月 27 日，海阳县辛安公社谢家大队一头 6 岁、约 300kg 公牛来诊。主诉：该牛反刍减少，饮、食欲欠佳，他医曾用马前子酊 20mL、鱼石脂 20g，龙胆末 50g 治疗未见好转，饮、食欲更差。检查：患牛体温 38.5℃，心跳 60 次/min，呼吸 23 次/min，口色淡白，鼻镜湿凉，瘤胃蠕动次数减少、有轻度胀气、内容物较软，粪稀。诊为气滞型前胃弛缓。治疗：党参黎芦散 200g，莱菔子 60g，香附 45g。用法同方药 7。当日下午，患牛瘤胃气胀消失，曾反刍 2 次，持续约 5min/次。28 日，患牛病情好转，吃草增多，粪仍稍稀，鼻镜湿润，瘤胃蠕动音长而有力，反刍持续 15min。服药同前。30 日追访，该牛恢复正常。

5. 1980 年 9 月 8 日，阳谷县四棚公社阎集大队试验田一头 5 岁、约 200kg 公牛来诊。主诉：该牛已发病 2d，食欲废绝，反刍停止，粪稍干，时有胀气。检查：患牛体温 38.1℃，心跳 57 次/min，呼吸 18 次/min，口色稍红偏干，肌表温热，瘤胃蠕动乏力。诊为虚热型前胃弛缓。治疗：党参马钱子散 120g，丹皮 45g，黄芩 30g。用法同方药 7。9 日，该牛已恢复正常。（辛忠令等，T1，P45）

6. 1998 年 8 月 26 日，淮阴县张集乡立新村东庄组田某一头 4 岁公黄牛来诊。主诉：前几天因劳役过度，饲喂失调，该牛开始少食，反刍无力，经他医诊治投服酵母片 200 片未显效；又疑似寄生虫所致，投服别丁片 15g 仍未显效。检查：患牛精神状态较好，粪量少、稀软，尿无异常，口色、鼻温基本正常，听诊心肺音基本正常，瘤胃蠕动波短、音低，触诊瘤胃松软。诊为前胃弛缓。治疗：木槟硝黄散加减，2 剂，用法同方药 8。服药后，患牛痊愈。（戴立成，T104，P41）

7. 2002 年 5 月 8 日，周口市北郊乡李营村李某一头母黄牛来诊。主诉：该牛半个月前曾因高热来院治疗过 2 次，之后一直吃草较少，白天反刍少，夜间反刍多，粪干少、表面附有黏液。检查：患牛口色淡而少津，舌质软而无力，舌刺明显，舌尖发黄，瘤胃触诊空虚，听诊蠕动音弱而无力，心音稍快且弱。诊为虚弱型前胃弛缓。治疗：油当归（油炸，防止炭化）120g，肉苁蓉（油炸）、麻仁各60g，二丑90g，香附、枳壳、神曲、青皮、通草、槟榔、白术、瞿麦各30g，番泻叶、黄芩、茯苓、石斛各45g。水煎取汁，候温灌服。9日，患牛病情好转，白天、夜间反刍均好，食欲增加，粪变软。继服药1剂，痊愈。（杨曾国，T135，P43）

8. 1996年12月2日，余庆县敖溪镇鹅水村杨某一头约450kg、中等膘情公水牛，因慢草来诊。检查：患牛喜卧，反刍停止，肌肉颤抖，鼻汗不成珠，触诊瘤胃松软、呈间歇性臌气，瘤胃蠕动音微弱，食欲废绝，体温38.5℃，心跳60次/min，呼吸18次/min，舌苔薄白，耳、鼻凉，口流清涎。诊为前胃弛缓。治疗：取10%安钠咖注射液25mL，5%葡萄糖氯化钠注射液500mL，10%葡萄糖注射液1000mL，混合，1次静脉注射，连用2d；曲麦散（见方药11）加半夏、干姜各30g，砂仁、草豆蔻各45g，共研末，开水冲调，候温，加菜油500mL，调匀灌服，连服3剂；旱烟精少许，涂牛眼角，轻揉使之下泪；针刺脾俞穴、百会、山根、关元俞穴。共治疗5d，痊愈。（张元鑫等，T99，P27）

9. 1986年6月，武威市黄羊镇七里村李某一头10岁牛来诊。主诉：该牛自采食甜菜叶后已发病5d。检查：患牛心跳80次/min，触压瘤胃上虚下实，瘤胃蠕动波短而无力、1次/min，粪少，口气臭，口色红，脉细弱。诊为瘤胃弛缓。治疗：取方药12，用法同上。服药3d，痊愈。（俞好贤，T85，P31）

10. 1982年3月16日，佳县城关镇屈某一头3岁母牛来诊。主诉：该牛因饮食欲及反刍废绝，他医诊为食滞，用硫酸钠300g，加油类、八角醋、吐酒石和当归、莱菔子、槟榔、二丑、苍术、厚朴、陈皮、枳壳、神曲、麦芽等药治疗，服药后病情加重。检查：患牛瘤胃空虚、蠕动停止、轻度臌气，口色青白，心跳102次/min。诊为中气大伤引起的前胃弛缓。治疗：党参、白术各60g，茯苓、藿香、厚朴、草豆蔻、紫苏叶各30g，莲子、麦芽、神曲各25g，丁香、木香、陈皮、半夏、荆芥、甘草各20g。共研细末，开水冲调，候温灌服。服药3h后，患牛开始进食，瘤胃蠕动短而弱、1次/min，夜间已增至3次/2min，蠕动音亦增强，出现反刍，反刍时间可达5min；吃草约1.5kg，饮水约6kg。翌日，患牛反刍时间长达17min，反刍食团每口可咀嚼25次，腹胀消失，心跳58次/min，鼻镜出现均匀汗珠，头耳灵活，精神好转。继用前方药，去荆芥，草豆蔻加至40g。下午，患牛食欲增加，瘤胃蠕动波正常，痊愈。（张槐北等，T54，P33）

11. 1994年5月18日，西吉县白城乡三滴水高某一头3岁母牛，因饮食、反刍废绝来诊。主诉：由于前医误为食滞，用大量消积导滞攻下之药治疗后病

情反而加重。检查：患牛瘤胃蠕动音消失、轻度臌气，眼窝下陷；体温37.1℃，心跳102次/min，呼吸40次/min，脉象细数。诊为脾胃气虚引起前胃弛缓，加之前医用药不当，使其中气大伤。治疗：取方药15，用法同上。服药1剂，患牛瘤胃出现短而弱的蠕动、1次/min，5h后蠕动增至3次/2min，呼吸90次/min，开始反刍、采食。考虑患牛脾胃虚弱，嘱畜主停止饲喂。翌日，患牛反刍长达18min，心跳54次/min，鼻镜出现均匀汗珠。原方药再服1剂，患牛瘤胃蠕动正常，痊愈。（梁步升等，T117，P22）

12. 2001年5月15日，互助县南门峡乡尕寺加村魏某一头4岁母黄牛，于患病4d来诊。检查：患牛体温39.2℃，鼻镜干，精神沉郁，食欲、反刍废绝，瘤胃充盈、蠕动音极弱、1次/（3～4）min、持续时间短、间歇性臌气，尤以夜间更甚。诊为前胃弛缓。治疗：取方药16中药、西药（补中益气汤加减加食醋500mL，大蒜末150g，鸡内金25g），用法同上，连服2剂，痊愈。（樊雪琴，T110，P37）

13. 1986年7月4日，方城县李庄村李某一头4岁母黄牛来诊。主诉：该牛患病已逾半个月，初期食欲、反刍减退，他医用苏打片、酵母、健胃酊剂等药物治疗无效，食欲、反刍废绝。又去他处求治，输入大量糖水、盐水、促反刍液，口服中、西健胃药，但仍不反刍，粪时干时稀。检查：触诊患牛瘤胃有两张皮之感，上部虚饱，下部积食坚硬，听诊瘤胃蠕动音减弱；体温、呼吸正常，心率偏低，结膜苍白，口色淡黄，口津稀薄，鼻镜汗多而成片；精神沉郁，毛焦欣吊，营养不良。诊为顽固性前胃弛缓。治疗：樟脑液、维生素B$_1$注射液，肌内注射；加味八珍汤，1剂，灌服。患牛病情好转，瘤胃蠕动音、心音均有所增强，但不反刍。取榆白皮煎剂，用法见方药19。服药后30min，患牛即空口咀嚼不停，约1h反刍则有食团。观察1d，患牛一切恢复正常。共治疗68例，疗效甚佳。（兰文旭，T41，P19）

14. 1985年4月28日，蓟县东赵村郭某一头8岁母黄牛来诊。主诉：由于近日早起贪黑春耕，致使牛食欲、反刍废绝。检查：患牛体温38.7℃，心跳91次/min，呼吸20次/min，鼻镜干燥，精神不振，腹围缩小，粪少而稀；听诊瘤胃蠕动音极弱。诊为伤力性前胃弛缓。治疗：人参归脾丸15粒，加适量温水，灌服。次日，患牛症状减轻，出现食欲；又服药1剂。患牛开始反刍。第3天再服1剂，痊愈。（穆春华，T21，P41）

15. 2004年3月18日，湟中县总寨乡李某一头约400kg黑白花奶牛，因不食、不反刍来诊。主诉：昨天给牛喂了一盆煮熟的马铃薯。检查：患牛营养中下，粪较稀，体温37.8℃，心跳66次/min，呼吸23次/min，瘤胃蠕动1次/2min、波长5s、力量很弱，瘤胃内容物中度充满。诊为前胃弛缓。治疗：四仙平胃小承气汤加味（见方药21），共研细末，开水

冲调，候温加滑石粉 400g，灌服；同时，取盐酸异丙嗪 250mg，肌内注射。当天下午，患牛反刍，恢复食欲，痊愈。(张生钧，T133，P45)

16. 1985 年 4 月 17 日，土右旗种畜场一头 8 岁、产奶量 40kg/d 黑白花母牛来诊。检查：患牛体温 38.6℃，心跳 60 次/min，呼吸 30 次/min，瘤胃蠕动 2 次/5min；结膜淡白，口流涎，舌绵。诊为前胃弛缓。治疗：韭菜 2500g，麻籽 1000g，食盐 150g，用法见方药 22。20 日，患牛瘤胃蠕动增强，采食、饮水均增加，粪中检出少量砂粒和碳粒。28 日患牛精神、食欲恢复正常，痊愈。(邬成，T22，P55)

17. 1983 年 10 月 23 日，郯城县畜牧局奶牛场一头 3.5 岁的奶牛，因长期饲喂未经加工的玉米秸秆发病来诊。检查：患牛食欲废绝，反刍停止，流涎，舌苔黄腻，触诊左肋部感觉瘤胃壁紧张性降低，听诊瘤胃蠕动音极弱，粪干、少。诊为急性前胃弛缓。治疗：扶脾散加减。白术、党参、黄芪、泽泻各 45g，茯苓、陈皮、青皮、厚朴、薏苡仁、苍术各 30g，砂仁、木香各 20g，甘草 25g。水煎取汁，候温灌服；新斯的明 20mg，皮下注射，2 次/d。次日，患牛开始反刍和采食。再服药 1 剂，痊愈。(王自然，T129，P32)

18. 1985 年 2 月，上蔡县刘楼村刘某一头牛，因不食、不反刍，在他处医治无效来诊。检查：患牛精神一般，拱腰吊肷，耳鼻稍凉，粪稀、有黏液，心跳快而弱，瘤胃空虚，瘤胃蠕动音全无，偶尔听到流水音，见草想吃而不吃。诊为虚弱型前胃弛缓。治疗：取方药 27，用法同上。灌药前让畜主饲喂青草 0.5kg。服药后，患牛夜间开始反刍；翌晨又喂青草 0.5kg，30min 后又反刍，瘤胃有蠕动音、听不到流水音。再服药 1 剂，痊愈。(焦金山，T23，P30)

19. 1991 年 4 月 10 日，务川县城关区桐木乡雷某一头约 4 岁、营养中等公牛来诊。检查：患牛体温 36.8℃，精神不振，食欲减退，反刍无力、次数少，鼻镜无汗珠，眼结膜潮红，口流少量清涎，口色淡白，瘤胃虚胀，有轻微的腹痛感。诊为前胃弛缓。治疗：取方药 27，用法同上。第 2 天中午，患牛病情明显好转，再服药 1 剂，第 4 天痊愈。(杨秀华，T78，P47)

20. 1991 年 12 月 2 日，黔东南民族农校实习农场的一头 10 岁黄牯牛，因废食来诊。主诉：1 周前，该牛食欲减退，今日废绝。检查：患牛头低耳耷，精神不振，鼻镜干燥，体温 38.5℃，呼吸 25 次/min，心跳 72 次/min，饮食欲、反刍均废绝，听诊瘤胃无蠕动音，触诊瘤胃内容物量少、有空虚感，未见粪尿排出。诊为前胃弛缓。治疗：番木鳖酊 30mL，灌服，3 次/d；3% 毛果芸香碱注射液 3mL，皮下注射，2 次/d；10% 苯甲酸钠咖啡因注射液 20mL，皮下注射，2 次/d。连续治疗 3d，患牛仅排出少许干黑粪和黄色尿液。鉴于该牛年老体衰，加之 3d 来未饮水进

食，抵抗力差，遂在原方药基础上，加 10% 葡萄糖注射液 2000mL，静脉注射，1 次/2d。经 2 次治疗，患牛精神稍有转好，尿量略增多，但饮食欲仍废绝。8 日，取大戟散 1 剂，用法同方药 28。服药后，患牛排出稀粪。9 日上午，患牛吃少量嫩青草。遂将药渣再水煎取汁灌服 1 次，患牛食欲增加。10 日，灌服补中益气汤 1 剂；15 日复查，患牛完全恢复正常。(杨传燊，T73，P28)

21. 1987 年 5 月 24 日，兴县城关镇苏家塔村梁某一头 4 岁公黄牛来诊。主诉：半个月前，给牛一次性饲喂出窖胡萝卜 4kg，当晚出现不食、腹胀，灌服麻油 250g，腹胀消。随后牛饮食时好时坏，在当地灌药 2 剂不见好转。检查：患牛精神委顿，盘头卧地，瘤胃虚胀、蠕动音弱，体温、呼吸、心律正常，口色青黄，舌底有清涎，鼻镜微汗，耳尖、四肢末端不温，粪稀软、粗糙，脉象弛缓。诊为寒湿型前胃弛缓。治疗：半夏、天南星、香附各 20g，雄黄 12g，桂皮、附子各 15g，茯苓、草豆蔻、厚朴各 25g，苍术、白术、焦三仙各 30g。共研末，开水冲调，候温灌服，1 剂即愈。(李再平等，T58，P28)

22. 1996 年 3 月 22 日，舞钢市武功乡的一头母牛来诊。主诉：该牛精神不振，不反刍已 4d，他医曾肌内注射庆大霉素、维生素 B₁，灌服健胃药等，病情不见好转。检查：患牛精神沉郁，喜卧懒站，口色青白，流涎，耳、鼻发凉，鼻镜汗不成珠，心跳弱，心跳 68 次/min，体温 38.1℃，瘤胃蠕动音弱，粪稀，尿清。诊为虚寒型前胃弛缓。治疗：党参、白术、茯苓、槟榔、干姜各 60g，肉豆蔻、神曲、麦芽各 50g。水煎取汁，候温灌服。连服当晚，患牛反刍次数增加。效不更方，继服药 3 剂，痊愈。

23. 2002 年 8 月，舞钢市杨庄乡晁庄村刘某一头母牛来诊。检查：患牛食草少，反刍少，每次反刍 10 余口，精神沉郁，口色稍红，口流稠涎、气味酸臭，耳鼻温热，尿短而黄浊，粪干而被覆黏液、气味腥臭，肚腹虚胀，瘤胃蠕动音弱，心跳 66 次/min，体温 38.7℃。诊为湿热型前胃弛缓。治疗：黄芪、黄芩、茯苓、茵陈、龙胆草各 60g，白术、大黄、枳实、砂仁、佩兰各 50g，甘草 40g。水煎取汁，候温灌服。连服 3 剂，痊愈。(刘春宇，T127，P28)

24. 兰坪县大麦地某村民的一头母黄牛来诊。主诉：该牛食欲异常已数日，粪、尿较少，有时腹胀。检查：患牛体温 38℃，心跳 69 次/min，呼吸 25 次/min，反刍、食欲减少，精神差，毛焦肷吊，鼻镜汗少，舌色红、苔黄，嗳气、味臭，粪干，尿少、色黄，偶有腹痛表现。诊为胃热引起的前胃弛缓。治疗：增液大承气汤加减（见方药 35），1 剂，共研末，加温水 500mL，大蒜 4 枚，捣泥，加食醋约 500mL，1 次灌服，连服 4d，痊愈。(张仕洋等，T141，P45)

25. 1988 年 4 月 27 日，南昌县岗上村张某一头 4 岁公水牛来诊。主诉：该牛于 10d 前突然精神不

振，腹部膨气，吃草料减少。因近期农忙常喂给糠麸，前2d又喂给带皮的霉败甘薯。检查：患牛食欲废绝，反刍减弱，精神呆滞，粪较稀带黏液，瘤胃臌气明显、能触及到比较硬的饲料团块，其他三胃触诊无异样。诊为食滞性前胃弛缓。治疗：全当归200g，植物油500g。炮制及用法同方药36，灌服，连服2剂。第2天，患牛排出多量黑色带油样的粪，左肷变软，臌气消失，痊愈。（郁二生等，T32，P33）

26. 1997年5月10日，天门市黄潭镇杨泗潭村杨某一头黄牯牛来诊。主诉：春耕农忙，使役较重，近日发现牛不食、不反刍，他医曾治疗7d无效，病情日渐加重。检查：患牛精神沉郁，被毛粗乱，体温38℃，心跳88次/min，瘤胃蠕动音废绝，触诊瘤胃有轻微的振水音，结膜淡白，舌质软。诊为前胃弛缓。治疗：取方药37，用法同上。次日，患牛精神好转，诸症均已改善，但仍不反刍。继服药1剂，痊愈。（杨国亮，T95，P29）

27. 2006年5月18日，广西百色农业学校教学奶牛场BS-A047号5岁奶牛就诊。主诉：因长期过量饲喂啤酒糟，加上运动不足，该牛出现厌食，精神沉郁。检查：患牛反刍缓慢，不食料，仅采食少量青嫩草，粪少、呈棕褐色黏稠状、气味恶臭，体温38.7℃，呼吸21次/min，心跳54次/min，左肷部胀实，瘤胃蠕动缓慢、无力，网胃音消失。诊为前胃弛缓。治疗：吴茱萸末15g，加水800mL，煎煮10min，候温灌服。服药30min后，取碳酸氢钠粉100g，加常水1000mL，充分溶解，灌服，痊愈。（赵国山，T165，P68）

28. 2001年11月8日，天祝县柏林乡野雉沟村贾某一头5岁黑白花奶牛来诊。主诉：该牛近日精神不振，食欲、反刍减少，被毛粗乱，泌乳量减少，他医按感冒治疗多日无效。检查：患牛毛焦无光泽，眼结膜充血、发紫，体温39.6℃，心跳93次/min，呼吸43次/min，粪糊状、少量、呈棕褐色、气味恶臭，胃蠕动音弱、内容物半充满。诊为前胃弛缓。治疗：取方药40，用法同上，1次/d，连服3d。服药后，患牛精神渐好，咀嚼、反刍有力，胃肠功能恢复，泌乳量逐渐增加，痊愈。（耿吉文等，T127，P33）

29. 1992年2月20日，青铜峡市小坝乡小坝村闫某一头8岁黑白花奶牛来诊。主诉：该牛食欲、反刍减退已1周，近日反刍废绝，产奶量下降。检查：患牛消瘦，精神沉郁，耳、鼻俱凉，听诊瘤胃蠕动音微弱，按压瘤胃软而空虚，口色淡白。诊为脾胃虚弱型前胃弛缓。治疗：开胃进食散，用法同方药41，1剂/d，连服2d。第3天痊愈。

30. 1997年9月30日，青铜峡市中滩乡中庄村李某一头5岁黑白花奶牛来诊。主诉：该牛产后已1周，昨日突然饮食欲废绝，反刍停止，产奶量下降。检查：患牛精神不佳，耳、嘴、四肢发凉，按压瘤胃空虚，口流清涎，口色青白，口津滑利，脉沉迟。诊

为寒湿伤脾型前胃弛缓。治疗：开胃进食散，用法同方药41，1剂/d，连服3d。第4天，患牛食欲、反刍恢复正常，产奶量上升。

31. 1997年12月6日，青铜峡市大坝乡蒋南村韩某一头7岁黑白花奶牛来诊。主诉：该牛已病6d，产奶量下降，饮食欲、反刍废绝，他医用抗生素和解热镇痛类药，补液疗法治疗3d，病情不见好转。检查：患牛鼻镜干燥，听诊瘤胃蠕动音微弱、次数减少，粪稀软，触压瘤胃软，耳、鼻、四肢凉，口色微黄。诊为寒湿困脾型前胃弛缓。治疗：开胃进食散，用法同方药41，1剂/d，连用2d。服药后，患牛食欲、反刍恢复正常，产奶量上升。继服药2剂，第5天痊愈。（李光忠，T94，P23）

32. 1994年9月13日，湟中县升平乡下细沟村徐某一头5岁黑白花奶牛来诊。主诉：该牛食欲、反刍减退已2d，粪干、色暗，鼻镜稍干。检查：患牛体温38.4℃，心跳39次/min，呼吸正常，口色淡白，口津黏稠、气味臭，瘤胃蠕动音弱、波短、触之内容物松软，耳、鼻、角、四肢偏凉。诊为前胃弛缓。治疗：用方药42针刺2次，痊愈。（贺万成等，T76，P31）

33. 2000年4月，阜康市东湾奶牛场5头荷斯坦乳牛，因食欲不振、精神欠佳来诊。检查：患牛反刍减少，触诊瘤胃蠕动减弱，粪稀薄，产奶量下降，只吃料不吃草，常见食后轻度臌气。诊为脾胃气虚前胃弛缓。治疗：取方药43，用法同上，1剂/d，连服2剂，痊愈。（郭敏等，T130，P41）

34. 2003年6月9日，一头4岁黑白花奶牛来诊。检查：患牛体温38.7℃，心跳67次/min，呼吸20次/min，饮食、反刍废绝，左腹部稍大，触诊内容物坚实，听诊瘤胃蠕动音弱、波短，4次/5min，耳、角温稍高，口角流涎。诊为脾胃食滞型前胃弛缓。治疗：用1‰温盐水洗胃、导胃；按摩瘤胃1次/（1～2）h，20～30min/次；取前胃舒散：槟榔、枳实各65g，青皮、醋香附、神曲各50g，草果35g，木香30g，大黄100g，芒硝300g（配成7％溶液）。余药共研末，开水冲调，候温灌服。治疗后当晚，患牛饮水1桶，出现反刍；第2天，患牛开始吃草料，体温38.2℃，心跳60次/min，呼吸14次/min，精神好转，瘤胃蠕动音增强，排大量稀粪。上方药去大黄、芒硝，连服2剂。12日，患牛痊愈。

35. 2002年4月7日，一头6岁黑白花奶牛来诊。主诉：该牛饮食欲废绝，反刍停止，粪稀，尿少，经用硫酸钠、吐酒石治疗无效。检查：患牛精神不振，体温38.4℃，心跳60次/min，呼吸16次/min，两侧膁窝下陷，触诊瘤胃柔软、蠕动音弱、3次/5min，耳、角有冷感，口流清涎，粪稀、混有少量黏液。诊为脾胃虚弱型前胃弛缓。治疗：前胃舒散加减①，用法见方药45。取10％葡萄糖注射液500mL，10％生理盐水200mL，10％氯化钙注射液300mL，10％安

钠咖注射液 20mL，静脉注射。服药后 5h，患牛开始进食草料，出现反刍，饮水。继服药 2 剂。患牛精神好转，瘤胃蠕动音增强，痊愈。

36. 2004 年 3 月 7 日，一头 8 岁黑白花奶牛来诊。检查：患牛食欲不振，反刍减少，粪少尿频，体温 38.8℃，心跳 81 次/min，呼吸 24 次/min，两侧腹部稍膨胀，瘤胃触诊柔软、有振水音，听诊瘤胃蠕动音弱、2 次/5min，耳、角发凉，鼻镜湿润，粪稀，尿清，脉细无力。诊为脾胃虚寒型前胃弛缓。治疗：前胃舒散加减②，用法见方药 45。取 10％葡萄糖注射液 500mL，10％生理盐水 300mL，10％氯化钙注射液 200mL，10％安钠咖注射液 20mL，静脉注射。用药后当晚，患牛表现安静，开始饮水，出现反刍；第 2 天清晨开始进食草料。效不更方，连续治疗 4d，痊愈。

37. 2004 年 6 月 18 日，一头 10 岁黑白花奶牛来诊。主诉：该牛因食欲减少，反刍减退，日渐消瘦，之后出现呕吐、呈喷射状，他医数次治疗无效。检查：患牛体温 37℃，心跳 80 次/min，呼吸 16 次/min，被毛粗乱，极度消瘦，腹围不大，反刍时间短，耳、鼻发凉，瘤胃蠕动音弱，脉细弱无力。诊为脾胃衰败型前胃弛缓。治疗：前胃舒散加减③，用法见方药 45。熨烙脾俞穴：毛巾浸陈醋置于穴位上，烙铁烧红置醋毛巾上，毛巾干时洒醋，熨 5～6 次/穴。取促反刍液 500mL，静脉注射。19 日，患牛精神好转，瘤胃蠕动增强，食欲增加，呕吐次数减少。效不更方，继服药 5 剂，痊愈。（张庆山，T145，P52）

## 二、牦牛原发性前胃弛缓

本病是因牦牛前胃神经兴奋性降低，收缩力减弱，食物在前胃内不能正常消化和后送，腐败分解，产生有毒物质，引起消化机能障碍和全身机能紊乱的一种病症。在育肥牦牛群中为多发病。

【病因】 高原地区牦牛大多以自然草场放牧为主，耐寒、耐粗饲，突然转入育肥圈舍，其饲养方式及其所处的饲养环境发生改变，育肥增重的速度快，多喂优质牧草且精料饲喂量大，导致前胃机能紊乱，兴奋性减低；同时，前胃共生微生物区系由于胃内容物酸度过高而被破坏，胃内容物异常发酵和腐败，大量分解物吸收入血，对机体呈现毒害作用，并反射性地引起反刍、嗳气、饮食欲紊乱。

【主证】 患牛精神沉郁，全身衰弱、无力，被毛粗乱、无光，鼻镜、皮肤干燥，饮食欲减退，个别出现异嗜现象，反刍减弱甚至停止，粪干、色深并覆有黏液，拱背，磨牙，有的腹痛明显、呻吟，或将下腹紧贴地面，回头顾腹，慢性腹胀，瘤胃触诊松软，蠕动力减弱、表现为浅而慢的蠕动、蠕动波在 15s 内、甚至蠕动停止，口臭，苔白，口温低，唾液黏稠、气味难闻。若治疗不及时，多因衰竭而死亡。

【治则】 补中益气，消食健脾。

【方药】 党参 40g，白术、厚朴、白芍、大黄、苍术、陈皮各 30g，三仙各 80g，玉片、茯苓、枳壳、甘草各 20g，人工盐 200g，苏打 50 片。脾胃虚寒者加砂仁 25g，肉桂、附子各 15g；腹胀者加莱菔子 40g，木香 30g，香附子 20g；外感者加柴胡、荆芥各 40g，羌活 30g（均为中等体格成年牛药量，其他牛可酌情增减）。共研细末，开水冲调，候温灌服，1 剂/d，连用 2～3 剂。取 10％氯化钠注射液 500mL，10％氯化钙注射液 200mL；5％氢化可的松 120mL，30％安乃近注射液 50mL，庆大霉素 40mL，5％葡萄糖生理盐水 1000mL；维生素 C 注射液 40mL，能量合剂 40mL，25％葡萄糖注射液 500mL（有酸中毒者加 5％碳酸氢钠注射液 300mL），静脉注射，1 次/d；开胃泰（亚硒酸钠维生素 E、羌活精提油等）20mL，肌内注射，2 次/d。共治疗 89 例，治愈 87 例。

注：牦牛舍饲育肥前期，在饲草料中加喂健胃散、人工盐、大黄苏打片 1 周左右，可有效预防该病的发生。

【典型医案】 天祝县赛什斯镇上古城村马某一头育肥牦牛，于进圈舍第 3 天发病来诊。检查：患牛精神沉郁，消瘦，被毛粗乱、无光，鼻镜、皮肤干燥，饮食欲减退，反刍停止，粪稀软、覆有黏液，拱背，磨牙，腹痛明显、呻吟，慢性肚胀，瘤胃触诊松软、蠕动力减弱、呈浅而慢的蠕动、蠕动波短，肠音响亮，苔白厚，唾液黏稠，体温、呼吸、脉搏正常。诊为原发性前胃弛缓。治疗：取 10％氯化钠注射液 500mL，10％氯化钙注射液 200mL；5％氢化可的松 100mL，30％安乃近、庆大霉素注射液各 40mL，5％葡萄糖生理盐水 1000mL；维生素 C、能量合剂各 40mL，25％葡萄糖注射液 500mL，静脉注射，1 次/d；开胃泰 20mL，肌内注射，2 次/d，连用 2d。中药取党参 40g，白术、苍术、陈皮、白芍、大黄各 30g，茯苓、枳壳、甘草、丁香各 20g，厚朴、玉片、砂仁各 25g，三仙各 80g，人工盐 200g，苏打 50 片。共研细末，开水冲调，候温灌服，1 剂/d，连用 2d。饲草拌喂健胃散 500g/d，人工盐 400g/d，分早、晚喂服，连喂 7d。痊愈。（王福财，T166，P60）

## 三、产后前胃弛缓

本病一年四季均可发生，以冬春季节发病率较高，尤以产后 3～5d 内的牛发病较多。

【病因】 牛产后多因饲料搭配不当，青粗饲料比例不适，饲料过于单纯，含粗纤维过多，草料质量低劣，矿物质和维生素缺乏，产后胎衣不下、子宫内膜炎、气血虚亏等均可引发。

【主证】 初期，患牛精神沉郁，食欲减少，反刍缓慢无力、次数减少，瘤胃蠕动次数减少、收缩力减弱、蠕动音低沉，胃内充满粥样或半液体状内容物，流涎，磨牙，体温、呼吸、脉搏一般无明显变化。随着病程的发展，患牛食欲废绝，反刍停止，鼻镜干燥，眼球下陷，结膜发绀，粪呈棕褐色糊状、气味恶臭，奶牛产奶量降低，日趋消瘦衰弱，毛焦欣吊，最后卧地不起、昏迷、死亡。

**【治则】** 补气活血，散瘀，补脾健胃。

**【方药】** 党参、黄芪各 50g，当归、白芍、山药、白术、山楂、甘草各 45g，陈皮、建曲各 40g，麦芽、益智仁、莱菔子、川芎各 30g，红花、延胡索各 25g，大枣 10 枚。水煎取汁，候温，加番木鳖酊 20mL，1 次灌服，1 剂/d，连服 3d；10%氯化钠注射液 300～500mL，10%葡萄糖注射液 500～1000mL，10%安钠咖注射液 20～30mL，静脉注射；硫酸新斯的明 10～20mg，肌内注射，1 次/d，连用 3d。共治疗 118 例，其中奶牛 46 例，耕牛 72 例，治愈率达 95.8%。

**【护理】** 对产后母牛应加强饲养管理，不要立即饲喂含粗纤维较多的饲料，禁喂劣质不洁、粗硬饲料，以防此病发生。

**【典型医案】** 1. 2004 年 12 月 23 日，威海市环翠区前双岛村李某一头 5 岁耕牛就诊。主诉：该牛产犊牛已 5d，从第 3 天开始食欲、反刍减少，他医按感冒治疗 2d 无效。检查：患牛体温 39.6℃，心跳 93 次/min，呼吸 43 次/min，被毛焦枯、无光泽、鼻镜干燥，眼球下陷，流涎黏稠，粪少量、呈棕褐色糊状、气味恶臭，瘤胃蠕动波短、音低、触诊瘤胃松软。诊为产后前胃弛缓。治疗：取上方药，用法同上；10%氯化钠注射液 400mL，10%葡萄糖注射液 1000mL，10%安钠咖注射液 30mL，静脉注射；硫酸新斯的明 15mg，肌内注射，1 次/d。用药 2d，患牛精神好转、咀嚼、反刍有力、瘤胃蠕动音增强，继用药 1d，痊愈。

2. 2004 年 2 月 9 日，威海市环翠区柳沟村王某一头 5 岁黑白花奶牛，于产后第 4 天发病来诊。检查：患牛精神沉郁，食欲废绝，反刍停止，鼻镜干燥，体温 39℃，心跳 87 次/min，呼吸 40 次/min，流涎，瘤胃蠕动音极弱、1 次/（2～3）min，持续时间较短，胃内容物半充满。诊为产后前胃弛缓。治疗：取上方药，水煎取汁，候温，加番木鳖酊 20mL，1 次灌服，1 剂/d，连用 3d；取 10%氯化钠注射液 500mL，10%葡萄糖注射液 1000mL，10%安钠咖注射液 30mL，静脉注射；硫酸新斯的明 20mg，肌内注射，1 次/d，连用 3d，痊愈。（李光金等，T139，P48）

## 瘤胃臌气

瘤胃臌气是指牛采食了易发酵的饲料在瘤胃内异常发酵，产生大量气体，引起瘤胃急剧臌胀，致使反刍和嗳气障碍的一种病症。中兽医学称为气胀、肚胀。以夏、秋青草旺盛季节多发，故又名"青草胀"。

**【病因】** 多因采食或饲喂过多的鲜苜蓿、豆类、发霉变质的饲草料，或过食含糖量过高的精料，或使役后立刻饲喂，饱食后即刻使役，久饥、久渴后暴食暴饮，或饲喂不定时、无定量、饥饱不均，致使胃受纳、腐熟和脾运化失常，饲草料积聚瘤胃，产生大量气体而不能及时排出而发病。劳役后或久渴过饮冰冷水，饲喂霜冻饲草，或气候突变，霜天露宿，寒邪入侵，寒气凝结脾胃，致使脾胃阳虚，无力腐熟水谷草料，浊气积于胃肠遂发气胀；食道阻塞、前胃疾病等或农药中毒、异物伤胃、真胃阻塞等亦可继发本病。

**【辨证施治】** 按其病因，分为原发性和继发性；按其经过，分为急性与慢性；按其性质，又分为泡沫性和非泡沫性等。

（1）原发性 多为急性发作。患牛腹围迅速增大，反刍、嗳气、饮食欲废绝，左肷部膨胀明显，甚则超过脊背；呻吟，频频回头顾腹，后肢踢腹，或急起急卧，触压后左肷部紧张而有弹性、叩之如鼓，呼吸急促，四肢开张，舌伸口外，流涎，肛门突出，口色青紫，结膜发绀，心跳 120 次/min 以上，静脉怒张，全身出汗，频频排尿，粪少，脉象沉涩；后期不断呻吟，行走摆动，站立不稳或卧地不起，卧地时头颈弯向腹部或贴地，如抢救不及时则引起死亡。

（2）继发性 发病比较缓慢，病程较长。患牛食欲减退，反刍减少，体倦乏力，体瘦毛焦，左肷部臌胀、触压则不很紧张，时胀时消，喜按揉，按之上虚下实，通常臌气呈周期性发作，有时呈不规则的间歇；严重时呼吸迫促，臌气减轻后转平和，瘤胃蠕动音很弱、持续时间短，反刍、食欲失常，嗳气严重障碍，呼吸困难，心跳加快。病程较长者，粪或干或稀、量少，口色淡白，舌质绵软，脉象迟细。牛体呈渐进性消瘦、衰弱。

**【治则】** 理气止痛，健脾理气，放气消胀。

**【方药】** 1. 对急性气胀者先行穿刺放气（放气宜缓，胃扩张可用胃管导气）。在患牛左侧肷俞穴（也称饿眼穴）穿刺放气，放气后可经套管针注入 3‰福尔马林 10～15mL 或来苏儿 15～25mL（用时用水稀释成 1‰的溶液）；也可注入适量乙醇（或白酒）、食盐等；亦可用柳树或椿树木棒 1 截（长度因患牛大小而定），去皮，两端削钝，涂以鱼石脂或食盐，插入患牛口内至舌根部，让其咀嚼，迫使嗳气以排出气体。取 75%酒精 100mL，松节油 40mL（用植物油作 5 倍以上稀释），鱼石脂 30g，混合，1 次灌服。食欲减退者加人工盐 100g，陈皮酊 30mL 或健胃散 250g；便秘者灌服硫酸钠 150g；腹痛明显或剧烈时肌内注射 30%安乃近注射液 20mL。中药用香苏散加减：香附、紫苏、陈皮各 60g，莱菔子、厚朴各 24g，枳壳、牵牛子各 30g，甘草 15g。有热者加黄芩 30g；有寒者加木香 15g，草果 30g。水煎取汁，候温灌服。一般 1 剂即可见效，等症状缓解后随症调理。慢性气胀者，针刺苏气、顺气（巧治）、山根、脾俞等穴。共治疗 21 例（含马属家畜），全部治愈。

2. 固定好开口器，取大号胃管（最好用比胃管稍粗、管壁较厚的民用黑橡皮管）送入口腔排出气体（也可行瘤胃穿刺放气），再灌服四仙平胃小承气汤：山楂、神曲、麦芽、槟榔、椿皮、苦参各 50g，苍术、厚朴、陈皮、枳实、大黄、白藓皮、生姜、莱菔子、香附子、甘草各 30g，滑石粉 400～600g。除滑石粉外，其他药加水煎 4 次，取汁，混合灌服，2 次/d，每剂分 2d 服完（滑石粉临灌时分 2 次加入），加清油 1000mL。也可先灌清油 1000mL，醋 500mL，大蒜（捣碎）350g，待消胀后再投服中药。

3. 辣椒直肠给药法。按 200kg 取干辣椒 50g，捣碎。术者用塑料布或徒手将辣椒末送入直肠。共治疗 28 例，治愈 25 例。

4. 油灰合剂。先将豆秸烧灰备用（切勿受潮）；再将棉籽油（或菜籽油）入锅内，武火加热，待起沫后改用文火继续加热，并用竹棒不断地搅动，待锅内冒出青烟，油沫面积逐渐缩小直至消失，再继续加热 3～5min。将豆秸灰少许入油内，不断搅动，此时冒出的烟雾由原来的青色逐渐变为青黑色，油亦由红褐色变为黑褐色时，用竹棒沾出一滴油滴入 35～38℃ 清水中，若立即散开并呈星星状浮于水面，说明火候不到，需继续加热；若不散则为适中，即可加入豆秸灰（加灰时，最好将火熄灭，以免灰因过热而油溢出，棉籽油与豆秸灰之比为 10：1），并不断搅动，这时油灰合剂在锅内继续起沫，若搅拌其沫不消，可将火减小或熄灭，待沫消后继续加热。这样反复十余次后，待合剂滴入水中，遇水成片状而不散即可。将油灰合剂涂于患牛舌根部即可。适用于各种原因引起的瘤胃臌气，尤以急性臌气更显特效。共治疗 54 例（其中牛 40 例），用油灰合剂 1 次治愈急性型 38 例；对 16 例慢性型，配合瘤胃按摩、强心补液、促选胃肠蠕动等方法亦全部治愈。

5. 食盐、大蒜各 50g，食醋 500mL（或米醋 250mL，或腌菜水 500～1000mL）。混合，待食盐溶解后灌服。共治疗 42 例，治愈 41 例，好转 1 例。

6. 木香顺气散加减。木香 30g，莱菔子 90g，芒硝 120g，厚朴、陈皮各 10g，枳壳、藿香各 20g，乌药、小茴香、草果（去皮）、丁香各 15g，共研细末，加香油 150mL 和水冲服。臌气严重时，应立即行瘤胃穿刺放气，内服止酵剂和小剂量泻药。病情危重者，取毒毛旋花子苷 K 1.5～2.5mg，静脉注射；安钠咖 2～4g，肌内注射；尼可刹米 2.5～5g，肌内注射。共治疗 83 例，治愈 80 例。

7. 草果 250g，生姜 100～150g，香油（芝麻油）250mL，香烟 2 支（或烟叶末适量）。将药研为细末，拌入香油内，混匀，1 次灌服。服药后，患牛即开始分泌涎液，出现嗳气，瘤胃蠕动增强，臌胀逐渐消失，一般 1 剂即可治愈，少数病例需重复用药 1 次。对臌气有窒息危险者，可先行瘤胃放气再用药。本方药对尚无窒息危险者，无论急性、慢性、泡沫性，还是非泡沫性臌气，一律适用。共治疗 22 例，全部治愈。（简由强，T19，P41）

8. 棉籽油 500mL，人发 45g，同放入锅内炸，待头发炸焦后停火，候温，1 次灌服。服药后，一般在 10～20min 痊愈。共治疗 200 余例，疗效达 98%。（齐风堂，T11，P5）

9. 豆油脚（豆油经长期放置后的沉淀物，黏稠如稀粥）200～300g，红辣椒末 50～100g，混合，加温水 1000mL 调和，1 次灌服。对臌气特别严重者，必须先行瘤胃穿刺放气，然后灌药。共治疗 52 例，治愈 51 例，1 例因治疗过晚死亡。

10. 生南山楂、炒莱菔子各 100g，炒神曲、炒麦芽、大黄各 60g，枳实 30g，炸过食物的清油 500mL 为引。对慢性肚胀、病势缓慢、反复发作、逐渐消瘦者，用生南山楂 100g，炒莱菔子 60g，麻仁、炒神曲、炒麦芽、鸡内金、枳壳各 30g。共研末，开水冲调，候温加清油 100mL，1 次灌服。

11. 苏子四味汤。苏子、莱菔子各 120g，滑石 90g，芒硝 250g。先将苏子、莱菔子研细，再与滑石、芒硝混合，开水冲调，候温灌服。臌气严重者应先行放气，并取盐酸胃复安 10mL，维生素 $B_1$ 注射液、樟脑注射液各 20mL，分别肌内注射。患牛恢复正常后，应在 6h 内禁止饮水，防止复发。共治疗 276 例，疗效满意。（秦连玉等，T43，P32）

12. 卷烟，犊牛 4～5 支，成年牛 20～30 支，加水灌服。服后 30～50min，患牛即出现反刍。共治疗 40 余例，疗效满意。（李博，T41，P19）

13. ①将患牛站立保定，用开口器打开口腔，插入胃管，徐徐排气。气体排尽后，灌入约 30℃ 温水 500～1000mL，并在左肷部按摩 5min，导出瘤胃中液体及食糜。如此洗胃 3～4 次。②取炒莱菔子 90g，大黄、山楂、麦芽、神曲各 60g，陈皮、木香各 30g，槟榔 20g。共研细末，加温水 3000mL，1 次灌服。最后取出胃管和开口器，适当牵遛。放气时，用手按住胃管外口，控制放气速度，切勿过急；对瘤胃臌气特别严重、有窒息危险者，暂不宜胃管放气，应先作瘤胃穿刺排气，然后洗胃、投药。共治疗 284 例，全部治愈。

14. 五香散。丁香 25g，广木香 30g，藿香、香附各 35g，小茴香 45g。共研细末，加植物油 500mL，开水冲调，1 次灌服。本方药不仅对急性瘤胃臌气有独特的疗效，对治疗慢性和泡沫性臌胀亦有特效，一般服用 2～5 剂均可痊愈。共治疗 40 例（其中牛 32 例），治愈 29 例。

15. 小胸陷汤加味。黄连 60g，法半夏 90g，全瓜蒌 120g。水煎取汁，候温灌服。

16. ①选择粗细、软硬、长短适度的新鲜柳枝、桃树枝、白杨树枝或其他无异味的光滑树枝条，不需要消毒和涂润滑剂。将选择好的枝条插入牛的顺气孔内（顺气孔即鼻腭上管，位于上颌前端齿板处，中兽医称顺气穴)。插枝时，助手保定牛头部，稍抬高头，也可将患牛舌拉向口角一侧，使口张开，进行插枝。术者一手掀起上唇，露出顺气孔（顺气孔一般是封闭的，形如三角形皱褶），一手握枝条，小心插入孔内，慢慢推进，直至插不进时为止（枝条不用取出，日久会自行脱出）。当枝条插入顺气孔时，可见患牛咀嚼次数增多，频频舐腭，间有嗳气、打喷嚏或发出"吼"声，刺激患牛引起一系列反射性动作，致使胃内的气体徐徐排出。②取滑丁蔻散：滑石粉300～800g，丁香20～30g，肉豆蔻或草豆蔻30～40g，共研末，温水调匀灌服。共治疗76例，治愈71例，有效5例。

17. 取①健胃穴（在颈部两侧上1/3与中1/3交界处，距颈静脉上方约0.5cm，避开颈静脉），沿颈静脉沟由上向下斜刺，进针0.6～0.8cm；②反刍穴（倒数第一肋间与背最长肌和髂肋肌沟的交点处，左右各1穴），针与水平面呈30°～35°方向刺入，至针尖抵于椎体后，针略上提，避开锥体，进针0.8～1.3cm；③食胀穴（左侧倒数第二肋间，距背中线约2cm处），向内下方刺入0.6～1cm。以上3穴留针约0.5h，期间行针2～3次；④饿眼穴（左膁部三角形凹窝正中1穴）。根据病情配伍其他穴位，必要时配合药物治疗。共治疗67例（包括瘤胃积食、瘤胃非泡沫性膨气），治愈55例，好转4例，无效7例。（贺万成等，T76，P31）

18. 30%安乃近注射液、10%安钠咖注射液各30mL，肌内注射；瘤胃放气后注入煤油100～200mL，并取前高后低体位以利嗳气。当病势缓解后，用蜡油（放置数月后的动物生油）与烟灰（农家厨房）混合炼为丸，灌服，100～400g/次；也可用莱菔子200g，芒硝250g，滑石120g，植物油500mL，灌服，亦有良效。

19. 复方海芋汤。鲜海芋50～100g，研细，用生菜油200～500mL浸泡15min；魔芋（蒟蒻）100～150g（干、鲜均可，用油煎黄）；碾末；大蒜30～50g，白酒100～200mL，食醋200mL（或用松节油15mL）。上药混合，加适量凉开水，1次灌服，1剂/d，连服2～5剂即愈。共治疗因投服大量硫酸钠引起的瘤胃膨气21例，治愈20例。

注：海芋、魔芋属天南星科植物，药用其根块，有毒，用时先将海芋用生菜油浸泡15min以上，魔芋的根茎用油煎，以减其毒性和刺激性。用后如发现患牛大量流涎、摇头伸舌等中毒症状，灌服菜油100～200mL即可解除。

20. ①胃导管排气。用胃导管慢慢插入瘤胃内，不断来回抽动；缓慢排出瘤胃内气体，以免造成脑贫血死亡。②刺激瘤胃蠕动排气。将牛牵至陡坡处，牛头朝高处，将牛舌拉出，在舌面搓揉上粗盐，后将1根光滑涂有鱼石脂和盐的小木棍横衔在牛口中，刺激牛咀嚼和舔食，使瘤胃产生嗳气和排气。③直肠刺激排气。术者用手伸入牛直肠将粪掏出，后插入一节光滑的竹筒（竹筒外围涂上鱼石脂，以防损伤牛直肠），吹入少量食盐，刺激牛直肠努责排粪、排气。④瘤胃穿刺放气及药物制酵。术部常规处理，用套管针直接穿刺瘤胃，从套管内向瘤胃注入松节油60mL，5%来苏儿溶液500mL，95%酒精100mL，青霉素360万单位。⑤取大黄、芒硝、枳壳、枳实各70g，木香、青皮、陈皮、木通、槟榔各50g，黄芩、莪术各40g，甘草20g。水煎取汁，候温1次灌服。西药用硫酸镁1000g，鱼石脂40g，常水5000mL，混合调匀，1次灌服。⑥取健壮大活泥鳅10条，1次灌服。

21. 液体石蜡500～1000mL，稀盐酸30mL，平胃散300g，灌服。用药无效时，应立即行瘤胃切开术，取出瘤胃内过多的内容物，接种健康牛的瘤胃液3000～6000mL。治疗时先停食1～2d，调整饲料配方，喂给全价混合饲料。共治疗29头，治愈26头。

22. 臭椿树子（药用名凤眼子，为苦木科植物臭椿树之果实，8～9月份成熟，色白而泛黄，味苦性寒）200g，水煎取汁，候温，加石蜡油500mL，1次灌服。对老弱患牛适当配合红糖疗效更好；或配合口衔椿树棍时，对患牛作适量的慢步牵遛运动，促进其嗳气。共治疗48例，均获满意疗效。

23. 滴明穴放血法。牛滴明穴位于腹下壁，在肚脐前16.7cm腹中线两侧13.3cm处凹陷中的血管上，即腹皮下静脉进入"乳井"之处，左、右侧各1穴。针刺时，在穴位处剪毛消毒，以中宽针针刃顺血管迅速刺入10～16.7cm，出血即可。选穴位要准确，必须1次刺中；针刺时针刃方向须与血管平行，以免切断血管；出血后流出20～30mL时可牵遛患牛，血即止。

24. 附子理中丸（山西华康药业股份有限公司生产）20丸，灌服。共治疗46例，全部治愈。

25. 植物油500～600mL，生酸浆水过滤600～800mL，碳酸氢钠75～100g（研细末），用温开水500～600mL溶解，1次灌服。牵遛5～10min胃内即开始排气，2～3h胃内气体即可排空。为防止胃内容物继续发酵产气，上方药去植物油，继续灌服生酸浆水600～800mL，碳酸氢钠50～75g。共治疗84例，治愈81例。

26. 烟灰汤。香烟30支，灶心土（伏龙肝）、香油各500g，松尖100g，食用小苏打200g，大蒜150g。香烟用热水300mL浸泡5min，取汁；灶心土加热水1000mL，搅拌，待澄清后去土取水；松尖去毛粉碎；大蒜捣烂，加香油、食用小苏打，混匀，灌服。共治疗138例，治愈138例。

27. 滴明穴刺血疗法。以中等体型的牦牛为准，滴明穴位于脐前16cm，距腹中线约13cm凹陷的腹壁皮下静脉上，倒数第4肋骨向下即乳井静脉上，拇指盖大的凹陷处，左右各1穴，牧民称为"左扎色脾右扎胆"（不知穴位名称）。施针前将患牛站立保定，局部剪毛消毒，后将皮肤稍向侧方移动，以右手拇指、食指、中指持大宽针，根据进针深度留出针尖长度，针柄顶于掌心，向前上方刺入1~1.5cm，视牛体大小放血300~1000mL。进针时，动作要迅速、准确，使针尖一次穿透皮肤和血管。流血不止时，可移动皮肤止血。共治疗8例，治愈5例，好转2例，无效1例。本方药适用于牦牛肚胀。

28. ①烟叶100g，棉籽油1000mL（冬季用）。先把烟叶炒黄研碎，棉籽油加温，调匀灌服；②白酒150~250mL，温水1000mL，调匀灌服；③桂心散加味：桂心、枳壳、丁香、乳香、没药各30g，陈皮、香附（捣）、木香、莱菔子、苏子、乌药、川厚朴、小茴香各60g，水煎取汁。候温灌服。④夏、秋季节臌胀，用醋500mL，白酒150mL，常水1000mL，调匀灌服。⑤对臌胀严重者，针灸通关、百会、肷俞穴，并作瘤胃放气。⑥气沫可宁20mL，大黄苏打片50g，陈皮酊80mL，鱼石脂20mL，加水灌服。本方药适用于寒胀。

29. ①枳术丸加味。党参、茯苓、木香、苏子、莱菔子、香附、建曲各60g，白术、甘草、枳壳、砂仁、山楂、丁香、枳实各30g。水煎取汁，候温灌服。②建曲250g，辣萝卜1000g（打碎），水煎取汁，候温灌服。③脾胃气虚、慢性虚胀者，药用党参茯苓健脾胃散：党参、茯苓、陈皮、山药、川厚朴、瞿麦、车前子、泽泻、木通各60g，白术、肉豆蔻、砂仁、官桂各30g。水煎取汁，候温灌服。④苏子、莱菔子各120g，丁香30g，黄芪60g。水煎取汁，候温灌服。本方药适用于虚胀。

30. 导滞散加味。青皮、枳实、石菖蒲各30g，陈皮、厚朴、木香、大黄、建曲、山楂、麦芽各60g，芒硝250g，槟榔25g。排粪不畅者去三仙，加二丑（打碎）、番泻叶、蜂蜜、猪脂为引；热盛伤津、尿短黄、粪球外附肠黏膜者去川厚朴、枳实，加生地、玄参、麦冬、知母。水煎取汁，候温灌服。本方药适用于实胀。（李光辉等，T9，P33）

31. 0.25%比赛可林10mL，肌内注射；香油500mL，土碱（天然制取的碳酸钠，主含$Na_2CO_3$）50g，鱼石脂40g，混合，灌服。在患牛口中横衔含一长30cm左右的木根，以绳固定于患牛头部，不断摇动木棍迫使其咀嚼。共治疗62例，均治愈。（张扬杰，T94，P38）

32. 取鲜蚯蚓100~150g放入50~100g糖中，用木筷充分搅拌，待蚯蚓完全碎解后，再加温开水500mL，摇至糖完全溶解后，1次灌服；同时，用力触压、按摩瘤胃30~40min至患牛出现嗳气。共治疗56例，均治愈。（樊雪琴，T117，P36）

33. 取旱烟精少许放入患牛大眼角揉之下泪；或在大脉穴上方1.5~2.5cm处刺入针头约3cm，抽吸无血时注入30%安乃近注射液10~30mL；或取4~5cm长的细柳枝两根，插入顺气穴；用拇指粗的

椿树枝1条衔于牛口中并固定之；或用椿树根皮、大蒜、烟末和水菖蒲各60~120g，混合，捣细，加米醋或酸水1000~1500mL，灌服。对病情严重、体质虚弱者先强心输液。共治疗98例，均治愈。（张文松，T33，P58）

【护理】腹痛时，应防止患牛滚转，可适当缓行牵遛，以防摔伤、肠移位、胃破裂等。胃肠道未疏通时禁止饲喂草料，应供给充足的饮水。胃肠道疏通后仍应禁食1d，以后逐渐恢复正常饲喂，切勿多加精料，以防肠便秘或继发胃肠炎等。

【典型医案】1. 1990年3月24日，舟曲县曲瓦乡城马村朱某一头6岁黑色母牛来诊。主诉：今晨给牛喂了约2.5kg未洗的洋芋和部分大豆渣，食后约1h出现腹胀。检查：患牛膘情一般，体温38℃，呼吸粗厉，呼吸20次/min，左肷部明显臌胀、叩之如鼓、很难触到胃内容物，回头顾腹，磨牙呻吟，心音亢进，心跳82次/min，未见排粪，反刍、嗳气停止，胃肠音微弱，食欲废绝。诊为瘤胃臌气。治疗：先用套管针在左肷俞穴穿刺放气；腹胀缓解后，取白酒200mL，鱼石脂30g，混合，1次灌服；30%安乃近注射液20mL，肌内注射。用药2h后，再取香附、神曲、紫苏各60g，陈皮、山楂各45g，莱菔子、牵牛子、厚朴各24g，枳壳30g，甘草15g。水煎2次，合并药液，候温灌服，痊愈。（杨润章，T90，P31）

2. 湟中县总寨乡谢家寨村王某一头牦牛，因偷食青苗引起肚胀来诊。检查：患牛左腹部高过背部，流涎，腹泻，腹痛，呻吟，体温38.8℃，心跳102次/min，呼吸83次/min，出汗，结膜发绀。诊为瘤胃臌气。治疗：先将橡皮管从口内插入（先将舌拉出夹于口角处以防咬断橡皮管）放出气体后，取四仙平胃小承气汤（原方药量减半），共研末，开水冲调，候温，加清油500mL，滑石粉300g，灌服。服药2h，患牛出现反刍，痊愈。（张生钧，T133，P45）

3. 2003年5月28日，石阡县中坝镇河东村杨某一头400kg水牛来诊。主诉：该牛因进入绿肥地食入大量绿肥，下午左腹部膨大，反刍停止，嗳气减少，呼吸困难。诊为瘤胃臌气。治疗：取干辣椒100g，捣碎，送入直肠。1h后，患牛不断矢气，排出大量的粪，臌气减轻，呼吸趋于正常。（张廷胜，T135，P38）

4. 1988年11月25日，郓城县王井乡马楼村童某一头3岁红色公牛来诊。主诉：该牛偷吃地瓜粉渣20~25kg，食后出现肚胀。检查：患牛腹围增大，左肷部突起与脊背等高，触诊有弹性，叩诊呈鼓音；呼吸困难，不断发出吭声，两目怒视，眼球突出，结膜发绀，心音亢进，脉数而弱。诊为瘤胃臌气。治疗：从豆腐房取刹沫油0.5kg，涂于患牛舌根部。30min左右，患牛症状逐渐缓解，1h后痊愈。（刘征，T60，P42）

5. 1998年3月5日，天门市黄潭镇黄咀村黄某

一头 210kg 黄牯牛来诊。主诉：该牛于今晨放牧约半小时即出现瘤胃臌气。检查：患牛腹部极度膨大，左肷部隆起高出脊背，触诊腹部高度紧张，按压不留压痕，叩诊呈鼓音，听诊瘤胃蠕动音消失，心跳加快，心跳 100 次/min，呼吸困难，反刍、嗳气废绝，眼结膜发绀；骚动不安，时起时卧，低头弓背，回头观腹，频频排尿与稀粪，有时发出吭声。诊为瘤胃臌气。治疗：取方药 5，用法同上。服药后约 0.5h，患牛腹部变小，出现矢气、嗳气及反刍约 1h，基本恢复正常，又牵遛约 0.5h，完全康复。（杨国亮，T95，P29）

6. 1989 年 6 月 13 日，临沂市美华奶牛场的一头 4 岁奶牛来诊。主诉：该牛因采食大量鲜嫩的紫苜蓿引起瘤胃臌气。检查：患牛左肷部突起，瘤胃蠕动停止，嗳气消失，腹围不断增大，食欲、反刍废绝，呼吸困难，张口呼吸，心率增数，可视黏膜发绀，按压腹壁紧张、压后不留痕。诊为瘤胃臌气。治疗：立即用套管针穿刺瘤胃放气，同时从套管中注入消泡剂：豆油 250mL，鱼石脂 15g，松节油 30mL，酒精 40mL。药用木香顺气散加减：木香、陈皮各 30g，莱菔子 90g，芒硝 120g，厚朴、枳壳、香附子各 20g，乌药、小茴香各 15g。水煎取汁，候温，加香油 200mL，灌服。服药 6h 后，患牛恢复正常。（王自然，T129，P33）

7. 1985 年 9 月 2 日，磐石县驿马乡一头成年黄色母牛，因偷食豆苗发病来诊。检查：患牛心率加快，呼吸困难，反刍和嗳气完全停止，左腹部显著胀大，瘤胃蠕动音消失，排少量稀粪 2 次。诊为瘤胃臌气。治疗：豆油脚 250g，辣椒末 100g，温水 800mL，1 次灌服。服药 1h 后，患牛左腹胀逐渐缩小，其他症状也有好转；2h 后患牛痊愈。（李岳申等，T19，P50）

8. 2002 年 9 月，阜康市城关镇鱼尔沟 2 队马某一头 3 岁奶牛来诊。主诉：该牛采食后不久发病。检查：患牛呼吸喘促、有吭声，左腹肷部凸起，拍打有鼓音，流涎，口色青赤暗，用套管针放出气体酸臭。诊为急性瘤胃臌气。治疗：先放气，采用探咽法刺激咽部使其嗳气；取生南山楂、炒莱菔子各 100g，炒神曲、炒麦芽、大黄各 60g，枳实 30g，熟清油 500mL。共研末，开水冲服，候温加清油，1 次灌服，痊愈。（郭敏等，T130，P41）

9. 1986 年 7 月 3 日，高密县田庄王某一头公黄牛，因过量贪食鲜豆秧发病来诊。检查：患牛左肷凸起、叩诊呈鼓音，呼吸粗厉，呼吸 38 次/min，心跳 62 次/min。诊为瘤胃臌气。治疗：取方药 13，用法同上。服药后至晚间痊愈。（刘际强，T33，P5）

10. 1990 年 4 月 26 日，石阡县中坝镇高塘村陈某一头 3 岁水牯牛来诊。主诉：今早将牛放牧于坡上，2h 许突然发现肚腹臌胀。检查：患牛腹部急剧膨胀，左肷部明显高出脊背、叩诊呈鼓音，呼吸急

促，起卧不安，不断回头顾腹，食欲、反刍停止，心跳 86 次/min，呼吸 52 次/min，体温 38.3℃，频频排尿，口津滑腻，口臭，口色青紫。诊为急性瘤胃臌气。治疗：五香散，1 剂，用法同方药 14。服药 30min 后，患牛腹胀消失。第 2 天回访，一切正常，已开始劳役。（曹树和，T117，P27）

11. 1978 年 1 月，西充县太平乡 11 村邓某一头 9 岁黄沙牛来诊。主诉：该牛曾过食红苕藤发生食积，经他医治疗宿食已除，但 1 个多月来一直肚胀，吃草很少。检查：患牛体温 38℃，精神、食欲不振，粪少、呈球形、外附一层薄黏液，左肷膨胀、叩诊呈鼓音，即使一昼夜不吃不喝，左肷还是不凹陷，瘤胃蠕动缓慢，苔微黄，口津黏稠、滑腻，扯成细长丝。诊为慢性瘤胃臌气。治疗：小胸陷汤，1 剂，用法同方药 15。服药后，患牛气胀消除，精神、食欲恢复正常，未见复发。（李元福，T16，P35）

12. 1997 年 3 月，门源县浩门镇南关村保某一头 6 岁黑白花母牛来诊。主诉：该牛突然肚胀。检查：患牛反刍停止，肷部凸出，尤其以左侧便为明显，回头顾腹，全身出汗，出现吭声，有腹痛感，触诊瘤胃紧张有弹性、叩诊呈鼓音。治疗：按方药 16 的插枝疗法配合内服滑丁蔻散，治愈。（李莎燕，T110，P34）

13. 1993 年 7 月，湟中县升平乡张某一头杂种奶牛来诊。主诉：放牧时，该牛突然起卧不安，频频回头顾腹，左腹急剧臌胀。检查：患牛张口伸舌，头颈伸直，呼吸加快、喘促，静脉怒张，左腹臌胀、叩诊呈鼓音，按压腹壁紧张、无压痕，反刍、嗳气停止。诊为急性瘤胃臌气。治疗：用套管针于饿眼穴放气，然后针刺方药 17 中其他诸穴即愈，再未复发。（贺万成等，T76，P31）

14. 1985 年 9 月 3 日，项城县老城乡东陈楼徐某一头黄牛，因采食大量鲜红薯秧发病来诊。检查：患牛极度不安，腹围显著膨大，左肷部高出脊背，呼吸、心率加快，不断发出吭声。诊为急性瘤胃臌胀。治疗：取 30% 安乃近注射液、10% 安钠咖注射液各 30mL，分别肌内注射。瘤胃穿刺放气（放气的速度宜先快后慢，不可放的过度，否则有发生虚脱的危险），放气后瘤胃注入煤油 120mL，痊愈。（董志诚，T72，P29）

15. 1987 年 4 月 11 日，弥勒县菜花村匡某一头母水牛来诊。主诉：该牛已患病半个月，病初饮食欲废绝，他医连续治疗 2d，日服硫酸钠 1000g，病情未见好转，瘤胃逐渐臌胀，起卧困难；又在某兽医站求医，灌服硫酸镁 300g，无效。检查：患牛瘤胃极度臌气，蠕动音废绝，起卧困难，张口呼吸，体温 40.5℃；粪干硬、表面带血，眼窝下陷，结膜呈树枝状充血。诊为瘤胃臌气。治疗：复方海芋汤，用法见方药 19，1 剂/d，连服 5 剂，痊愈。（刘汉铭，T51，P28）

16. 清流县一养牛专业户，由于过量饲喂单一幼嫩紫花苜蓿，造成5头牛发病来诊。检查：患牛精神沉郁，反刍及嗳气停止，腹围增大，左肷窝膨胀，有的膨胀高度超过背部、叩诊呈鼓音，腹痛不安，行走摇摆，站立不稳，回头观腹，后肢踢腹，瘤胃蠕动音消失，心跳135次/min，呼吸急促，呼吸78次/min，有的张口、伸舌呼吸，结膜发绀。诊为瘤胃臌气。治疗：①胃导管排气。用胃导管慢慢插入瘤胃内，不断来回抽动，缓慢排出瘤胃内气体。②刺激瘤胃蠕动排气。将牛牵至陡坡处，头朝高处，将舌拉出，在舌面搓上粗盐，后将1根光滑涂有鱼石脂和盐的小木棍横衔在口中，刺激牛咀嚼和舔食，使其嗳气和排气。③直肠刺激排气。术者用手伸入牛直肠将粪淘出，之后插入一节光滑的竹筒（竹筒外围涂上鱼石脂，以防损伤直肠），吹入少量食盐，刺激牛直肠努责排粪、排气。④瘤胃穿刺放气及药物制酵。术部常规处理，用套管针直接穿刺瘤胃，从套管内向瘤胃注入松节油60mL，5%来苏儿溶液500mL，95%酒精100mL，青霉素360万单位。中药用大黄、芒硝、枳壳、枳实各70g，木香、青皮、陈皮、木通、槟榔各50g，黄芩、莪术各40g，甘草20g。水煎取汁，候温灌服。西药用硫酸镁1000g，鱼石脂40g，常水5000mL，混合调匀，1次灌服。取健壮的大活泥鳅10条，1次灌服。傍晚，患牛症状有所好转，呼吸困难减轻，腹痛、回头观腹症状消失，有的患牛亦见排粪、排尿，但仍有胀气。取硫酸镁1000g，鱼石脂40g，95%酒精150mL，常水4000mL，混合调匀，1次灌服；10%氯化钠注射液500mL；20%安钠咖注射液20mL，维生素C注射液40mL，5%葡萄糖生理盐水1000mL，静脉注射；取木香、陈皮各40g，槟榔、枳壳各50g，香附子、二丑各45g，青皮、甘草各30g，大黄70g，芒硝100g。共研细末，水煎取汁，候温，连渣1次灌服。第2天上午，患牛呼吸平稳，瘤胃出现蠕动，但蠕动音较弱。取10%氯化钠注射液500mL，维生素C注射液20mL，静脉注射；大黄、芒硝各50g，枳壳35g，槟榔45g，厚朴、枳实各40g，甘草20g。水煎取汁，候温，连渣1次灌服；人工盐400g，常水4000mL，调匀，1次灌服。下午，患牛有食欲，嗳气，瘤胃蠕动正常。继用大黄、芒硝、厚朴、枳实各40g，麦芽、山楂各100g，甘草20g。水煎取汁，候温，连渣1次灌服。治疗的同时，合理搭配青、豆、干牧草，不单一过量饲喂幼嫩豆科青牧草。消胀后，应及时给予健胃及促进胃肠蠕动的药物，以促进瘤胃机能恢复正常。第3天，除1头未及时抢救死亡外，另外4头全部治愈。（廖海洋，T134，P50）

17. 1994年10月18日，北安市通北镇飞跃村徐某一头4岁黑白花奶牛，因偷食大量冰冷的甜菜后发病来诊。检查：患牛腹围增大，瘤胃臌气，听诊瘤胃蠕动音弱而少、1次/2min，排少量稀粪，呼吸迫促，饮食欲废绝，反刍停止，体温正常，心音稍亢进。诊为食滞性瘤胃臌气。治疗：用温水反复洗胃，尽量导出瘤胃内气体和内容物；取液体石蜡1000mL，食醋500mL，平胃散300g，灌服；5%葡萄糖注射液2000mL，10%氯化钠注射液、5%氯化钙注射液各150mL，10%安钠咖注射液20mL，混合，静脉注射。19日，患牛腹围缩小，多次排出稀软粪，瘤胃蠕动增强、1次/min，心、肺音正常。西药同前；中药取自拟反刍散（香附、大黄、乌药，按比例混合均匀，研细；再按上药总量的2%取蟾酥，放入水中，水量是蟾酥的50倍，文火煎煮3次，0.5h/次，合并3次滤液，用4层纱布过滤后加热浓缩，将浓缩液均匀拌在以上药粉中，烘干或焙干，再研细末，装瓶密封备用）35g，灌服。20日，患牛反刍、采食和饮水均已好转。继用19日方药1次。21日追访，患牛已康复。（杜万福等，T77，P31）

18. 1994年9月，西吉县平峰乡刘某一头4岁母黄牛来诊。主诉：该牛早晨因采食二茬苜蓿发生臌胀，食欲废绝。检查：患牛频频起卧，回头顾腹，腹围增大、肷部高于脊背，叩击瘤胃呈鼓音，反刍、嗳气停止，呼吸困难，心跳95次/min，体温39℃，结膜发绀。诊为急性瘤胃臌气。治疗：取臭椿树子200g，水煎取汁，候温，加石蜡油500mL，1次灌服。服药后，患牛臌气再未发展。翌日单服臭椿树子1剂，第3日患牛痊愈。（李尚勤等，T96，P33）

19. 伊通县伊通镇专业队李某一头7岁公牛，因贪食大量豆料发生肚胀来诊。检查：患牛体温38℃，心跳71次/min，呼吸27次/min，可视黏膜稍潮红，腹部膨大、叩诊呈鼓音，有时回顾腹部，呼吸迫促，骚动不安，流涎，心搏动增强。治疗：针刺左侧滴明穴，深13.3cm，放血，20min后症状减轻，开始反刍，30min后恢复正常。（李宝森，T27，P47）

20. 2005年2月，隆德县沙塘镇许沟村一头4岁空怀母牛来诊。主诉：该牛反复腹胀已10多天，每天午后及半夜腹部胀满不适，动则自消，且与饮食无关。检查：患牛无异常现象，舌苔薄白，脉沉缓。治疗：附子理中丸20丸，灌服。服药后，患牛腹胀大减；第2天再服20丸，痊愈。（柳卫等，T138，P64）

21. 2003年10月25日，略阳县郭镇北河沟村巩某一头12岁黄牛来诊。主诉：该牛发病后肌内注射抗生素及采用衔棒排气法治疗3d无效。检查：患牛左腹部膨胀、叩之呈鼓音，呼吸困难，喘粗不安，回头顾腹，后蹄踢腹，前肢张开，反刍、嗳气弛缓，瘤胃蠕动停止，不愿卧地，张口伸舌，站立时左右摇晃，口色红，脉象迟细。诊为瘤胃臌气。治疗：取植物油500mL，生浆水（过滤后）600mL，碳酸氢钠片75g（研细），用500mL温开水溶解，1次灌服。2～3h后，患牛开始采食，反刍、嗳气次数恢复正常，且左腹部无膨胀感。为防止胃内容物继续发酵产

气，间隔 6～8h 继服生酸浆水 600mL，碳酸氢钠75g。次日，患牛痊愈。（崔银山等，T160，P66）

22. 2005 年 2 月 14 日，兰坪县通甸镇通甸村一头 4 岁公黄牛来诊。检查：患牛腹围膨大，左肷部明显膨胀、高出背部，触诊左肷部紧张、有弹性、叩诊呈鼓音，瘤胃蠕动音消失，反刍停止，站立不安，回头顾腹。诊为瘤胃膨气。治疗：烟灰汤，用法同方药26，1 剂痊愈。（张玉成等，T143，P61）

23. 2001 年 6 月 5 日，门源县苏吉滩乡燕麦图呼村苏某的 8 岁牦牛来诊。主诉：该牛吃了露水嫩青草后突然肚胀，左肷部凸起，平于脊梁，呼吸迫促。灌服人尿约 500mL 未见好转。检查：患牛腹围增大，摇尾踢腹，瘤胃叩诊呈鼓音，胸式呼吸，有时张口伸舌。诊为肚胀。治疗：滴明穴放血 500mL，方法见方药27，放血后驱赶运动。1h 后，患牛腹胀消失。（李德明，T144，P66）

## 瘤胃积液

瘤胃积液是指牛瘤胃积聚大量的液体，使瘤胃扩张、胃壁神经麻痹，以脱水、酸中毒为特征的一种病症。

**【病因】** 多因饲喂大量精饲料如豆饼、玉米面、麦麸、豆腐渣等；或暴饮暴食，导致瘤胃蠕动力降低而瘤胃积液；或发生前胃疾病时，畜主自行投药或灌服大剂量盐类及油类泻药，使瘤胃负担加重而引发本病。

**【辨证施治】** 本病临床表现与前胃弛缓相似，其特点是瘤胃内容物触之柔软或波动。一般有轻、重、危三种证型。

（1）轻型 患牛体温、呼吸、心率无明显变化，耳角温度一般，鼻镜湿润，口津滑利；胃肠蠕动减弱，或瘤胃蠕动减弱而肠音与第三胃音尚可；触诊瘤胃内容物柔软，有的背囊柔软而腹囊如按液体；排粪迟滞，尿短少。

（2）重型 患牛体温 39～39.5℃，心跳 70 次/min以上，四肢末端温度低，耳角发凉，瘤胃蠕动音消失，触诊瘤胃有波动感，冲击时有的甚至发出击水音。多为其他病继发。

（3）危型 患牛神志不清，呆立少动，眼球下陷，耳、角、鼻、唇发凉，腹围明显增大，腹底下垂，腹内有气体时表现虚胀，被毛逆立，体表静脉瘀血，听诊后皮肤上留压痕；粪少而软，或不排粪，尿甚少或无；靠近牛体时，往往能闻到刺鼻的氨臭味；触诊瘤胃波动感更明显，瘤胃内容物 pH 值下降、有酸臭味。濒死牛往往行走不稳，卧地难立，最后衰竭死亡，死后从口鼻流出大量灰绿色酸臭液体。

**【治则】** 温阳化湿。

**【方药】** 苓桂术甘汤。茯苓、桂枝、白术、甘草（药量随症加减）。口黏者加神曲；口干者加石斛；胸

满气喘者加葶苈子；产后恶露不尽者加五灵脂、生蒲黄；并发鼻炎者（鼻有分泌物，出气不畅）加辛夷、苍耳子、薄荷、白芷，胎动不安者加炒黄芩、炒菟丝子；粪稀者加车前子；术后体温偏高者加金银花、连翘。共研细末，开水冲调，候温灌服。一般轻型者服2～3 剂即获满意效果。危重者，在服用上方药的同时，应配合输液；血液循环严重障碍、结膜出现弥漫性充血、尿极少者，取低分子右旋糖酐500～1500mL，静脉注射；出现尿毒症者，取 5% 碳酸氢钠注射液500～800mL，静脉注射，2～3 次即可缓解。网胃炎患牛服基本方 2～3 剂，待积液消除后再用磺胺类药治疗。共治疗 27 例（黄牛 22 例、奶牛 5 例），治愈 20 例，好转 1 例。

**【典型医案】** 1. 1980 年 2 月 29 日，灵宝县阳店乡崤底村一头黑母牛，因剖腹取胎后数天不食来诊。检查：患牛体温 39.1℃，心跳 66 次/min，口津滑利，瘤胃蠕动弱、内容物柔软，第三胃及肠音均可闻及；腹下水肿，接近牛体可闻及氨臭气味。诊为瘤胃积液。治疗：茯苓、大枣各100g，桂枝、生姜、甘草各30g，白术、金银花、连翘各60g。共研细末，开水冲调，候温灌服，1 剂/d，连服 3 剂；5% 碳酸氢钠注射液 500mL，静脉注射。3 月 3 日，患牛除阴道流出恶臭脓性分泌物外其他恢复正常。又取五灵脂、生蒲黄、苍术、益母草各60g，用法同上，2 剂治愈。

2. 1985 年 7 月 31 日，灵宝县许某一头 6 岁红母牛，因食玉米面 10kg 后腹泻，经治疗无效来诊。检查：患牛体温39℃，心跳 100 次/min，呼吸 28 次/min，鼻镜干，口湿润，结膜发绀，耳角凉，呼吸音粗厉、有呓声，瘤胃充满、触之波动明显，心音模糊不清，眼球下陷，皮肤弹力减弱，站立不稳，行走摇摆。血常规检验，血红蛋白 15g，红细胞 650 万个/mm³，白细胞 8200 个/mm³。诊为瘤胃积液。治疗：先处理酸中毒和组织脱水，在 20h 内 5 次静脉注射低分子右旋糖酐 1500mL，复方氯化钠注射液 4000mL，葡萄糖氯化钠注射液 800mL，10% 葡萄糖注射液2000mL，5% 碳酸氢钠注射液 1000mL。8 月 1 日，患牛精神好转，脱水症状缓解，但瘤胃状态依旧，遂取茯苓 150g，白术 45g，神曲、大枣各 100g，桂枝、甘草各 30g。共研细末，开水冲调，候温灌服，1 剂/d。服药 2 剂后，患牛反刍、食欲逐渐好转。停药观察 2d，痊愈。（亢直青，T23，P34）

## 瘤胃积食

本病是牛贪食过多、损伤脾胃或脾胃虚弱、运化无力，使瘤胃内积滞过多的食物不能运转的一种病症，又称瘤胃宿食、瘤胃食滞、宿草不转。多见于冬、春及农忙季节。

## 一、黄牛、水牛瘤胃积食

【病因】　多因饲喂大量干粗硬饲料如干稻草、干薯藤、花生秧、红薯蔓、豆饼、大豆、豌豆等；或突然添加或改换可口草料而贪食过多，损伤脾胃，致使草料停滞胃腑，压迫胃壁及邻近脏腑而致积食；或因牛体羸瘦，脾胃虚弱，腐熟草料功能减退，久渴失饮，以致草料难以腐熟化导，停滞于胃，不能运转而致病；过度劳役使机体代谢紊乱，有毒的代谢产物导致前胃神经兴奋性降低和平滑肌紧张度降低，致使胃肠功能失调而发病。其他疾病继发或诱发。

【主证】　病初，患牛食欲、反刍减少或废绝，左腹部胀满、坚实、磨牙、嗳气酸臭，呆立不动，回头顾腹，后肢踢腹，耳尖和四肢发凉，两眼凹陷，听诊瘤胃蠕动音微弱，触诊瘤胃有胀满坚实感、重压留有压痕，鼻镜干燥，口色红；后期，粪干、色暗、外附黏液，有时排少量恶臭稀粪，口色赤红或赤紫，舌津少而黏，脉沉有力。严重者，呼吸困难，结膜发红，心率增数。

【治则】　排除积食，抑制发酵，兴奋瘤胃，恢复瘤胃机能。

【方药】　1. 增液大承气汤加减。大黄、芒硝、玄参、山楂各30g，生地、党参、当归各25g，枳实、甘草各20g，大枣10枚。共研细末，加温水灌服。共治疗27例，均治愈。

2. 常山合剂。常山片200g（最好用三叶山灯心，如采新鲜根，剂量可增至300～400g），甘草末100～150g，加水1500mL，煎煮，取汁1000mL，待温灌服。一般1剂可愈。共治疗初期瘤胃积食者1000余例，收效比较满意。（林云祥，T7，P38）

3. 生南山楂90g，炒神曲（后下）、炒麦芽、炒莱菔子各60g，大黄、二丑各45g，枳实30g。共研细末，清油500mL为引，开水冲调，候温加神曲、清油调匀后1次灌服。

4. 加味四仙平胃小承气汤。山楂、神曲、麦芽、槟榔、椿皮、苦参各50g，苍术、厚朴、陈皮、枳实、大黄、白藓皮、生姜、莱菔子、香附子、甘草各30g，滑石粉400～600g。除滑石粉外，其他药加水煎4次，取汁，合并药液，候温灌服，2次/d，1剂分2d服完（滑石粉临灌时分2次加入）；或研细末，分2次开水冲调，候温灌服（滑石粉候温后加入）。灌服时加入石蜡油或清油500～1500mL；或先洗胃后再服中药。取新促反刍液（10%生理盐水250～500mL，30%安乃近注射液30mL，5%氯化钙注射液150～250mL，5%或10%葡萄糖注射液500mL），静脉注射；盐酸异丙嗪250mg，0.25%比赛可灵10mL，肌内注射。

5. ①对病情严重、体质虚弱者先强心输液。②在大脉穴上方1.5～2.5cm处，刺入针头约3cm，抽吸无血时注入30%安乃近注射液10～30mL。③用旱烟精少许放入牛大眼角，揉之下泪。④取4～5cm长的细柳枝2根，插入顺气穴。⑤用拇指粗的椿树枝1条，衔于牛口中并固定之。⑥用椿树根皮、大蒜、烟末和水菖蒲各60～120g，共捣细，加米醋或酸水1000～1500mL，灌服。共治疗75例，治愈73例。

6. 石灰水瘤胃冲洗法。患牛于保定栏内站立保定。将开口器固定在牛口内，畜主及助手紧握牛两角压低头部，术者经开口器（木制，长30cm，宽8cm，厚3cm，中间凿一直径为4cm的圆孔）孔插入洗胃管（胶质，长2～2.5m，直径2～2.5cm，犊牛可用大号胃导管代替）缓慢送至瘤胃内，外端接上铁制漏斗（若有食糜流出，待其不流时再接），再抬高牛头，把准备好的3%～5%石灰水上清液（15～30℃）通过漏斗灌入瘤胃内（适量，初次洗胃不可灌入过多，以免压力过大加重瘤胃负担）。灌服后略停片刻，让一助手在牛的瘤胃部反复按摩，使水与胃内容物充分混合（以利于胃内容物随水一起排出）。然后放低患牛头部，把洗胃管快速抽出10～20cm，使食糜混合石灰水从洗胃管流出。待其不流后再缓慢推进10～20cm，再次猛按洗胃管10～20cm，如此反复插拔导引，当瘤胃内石灰水确实流完时再灌服石灰水。当食糜流出较为畅通时即可加大灌服剂量，以瘤胃膨满或患牛表现不安为度。这样反复冲洗，直到流出液比较清、瘤胃明显空虚时为止。洗胃后禁食1d，一般不需任何药物治疗即可痊愈。禁食1d后，开始喂少量易消化的优质饲草，在短时间内可出现反刍和瘤胃蠕动音。对体质特别瘦弱、病程长或顽固性瘤胃积食者可适当给予补液强心；内服焦三仙、枳壳、川厚朴、焦白术、陈皮、半夏、木香、玉片、莪术等健胃消食药进行调理，使其尽快康复。共治疗52例，1次治愈46例；对体质差、年老、顽固患牛给予补液、强心和内服健胃药等综合治疗，均获痊愈。

7. 活饲泥鳅法。视患牛大小，选取健壮硕大、游动灵活、手抓时挣扎有力、无损伤的泥鳅5～10条，放入竹筒中，加清水适量，灌入口中，深达软腭部即可。泥鳅进入胃内后，由于牛体温及胃内有害气体的刺激，迫使活泥鳅在胃内剧烈挣扎，加之泥鳅活动对胃壁的直接作用，刺激胃反射性地蠕动而达到治疗目的。

8. 泥鳅10～30条，食盐30g。将食盐加入1000mL常水中，溶解后与泥鳅一起灌服，2次/d，连服3～4d。共治疗12例，治愈10例。

9. ①旱烟精（吸旱烟的烟杆内之烟油）少许，涂入眼角，揉之下泪。②曲麦散加减：六神曲80g，麦芽45g，山楂120g，厚朴、枳实、陈皮、青皮、苍术各30g，甘草15g。食积者酌情加槟榔、大黄、芒硝；气胀者加莱菔子（炒）、草果、丁香、木香；体弱久病者加当归、黄芪、党参、白术；孕牛慎用枳实、槟榔、大黄、芒硝。共研细末，开水冲调，候温加生菜油500mL，调匀灌服。③根据病情，选用30%安乃近注射液、青霉素、链霉素，肌内注射；

10%安钠咖注射液、5%碳酸氢钠注射液、10%葡萄糖注射液、5%葡萄糖氯化钠注射液、5%氯化钠注射液，静脉注射。④酌情针刺山根、百会、后海、脾俞、顺气、关元俞穴；热证、急症针刺舌底、大脉穴，使之出血。共治疗79例，治愈78例。

10. 三仙硝黄散。山楂、神曲、麦芽各90g，芒硝（后入）120g，大黄、炒牵牛子、郁李仁各60g，枳壳30g，槟榔12g。水煎取汁，候温灌服，或共研末，开水冲调，候温灌服。液体石蜡500~1000mL，硫酸钠（镁）300~600g，加水配制成8%溶液，灌服；来苏儿15~20mL或鱼石脂10~15g，加酒精适量溶解后加水灌服。严重者采取强心、输液对症治疗；如药物治疗无效可行瘤胃手术，取出胃内容物。给患牛饮水，按摩左肋部，促进反刍和瘤胃蠕动。共治疗113例，治愈111例。

11. 取健胃穴（在颈部两侧上1/3与中1/3交界处，距颈静脉上方约0.5cm，避开颈静脉，沿颈静脉沟由上向下斜刺，进针0.6~0.8cm；反刍穴（倒数第一肋间与背最长肌和髂肋肌沟的交点处，左右各1穴），针与水平面呈30°~35°方向刺入，至针尖抵于椎体后略上提，避开椎体，进针0.8~1.3cm；食胀穴（左侧倒数第二肋间，距背中线约2cm处），向内下方刺入0.8~1cm。以上3穴留针约0.5h，期间行针2~3次。随病症配伍其他穴位，必要时配合药物治疗。共治疗67例（包括前胃弛缓、非泡沫性瘤胃臌气），治愈55例，好转5例，无效7例。（贺万成等，T76，P31）

12. 木香槟榔散。木香、槟榔、香附、青皮、陈皮各40g，牵牛子、三棱、莪术、大黄、黄连、黄柏各30g，生姜20g。无热象者去黄连、黄柏。共研细末，开水冲调，候温灌服。本方药适用于瘤胃积食之实证、急症；体质虚弱者不宜。共治疗27例，治愈26例。

13. 反刍散。香附、大黄、乌药。按比例（不同剂量）混合均匀，研细；再按上药总量的2%取蟾酥（蟾酥虽有毒，但掌握正确用量则不会出现毒副作用），放入水中（水量是蟾酥的50倍），文火煎煮3次，0.5h/次，合并3次滤液，用4层纱布过滤后加热浓缩，将浓缩液均匀拌在以上药粉中，烘干或焙干，再研细末，装瓶密封备用。取反刍散30~60g（按质量0.1g/kg计）置碗内或盆内，加50mL酒精浸10min，再加温水250mL，混匀，灌服，1次/d，必要时2次/d（间隔8h以上）。多数患牛服药30min后瘤胃蠕动增强，出现嗳气；臌气、腹胀等病状逐渐消失，出现反刍和食欲。对病期长、病情重者应采取综合性治疗，如补液、强心、泻下、制酵、维持酸碱平衡等。共治疗384例（其中瘤胃积食99例），治愈352例。

14. 曲麦散加味。神曲、麦芽、山楂、枳壳、槟榔、莱菔子各30g，甘草、厚朴各20g，青皮、陈皮

各15g。粪干者加大黄或芒硝；清热解毒加金银花、连翘；滋阴增液加麦冬、玄参和生地等。水煎取汁，候温灌服。共治疗34例，治愈33例。

15. 大戟散加减。大戟、滑石、黄芪各20~40g，二丑20~30g，山楂、麦芽各60g，神曲120g，青皮、枳实、厚朴各30g，芒硝100~200g，甘草10~20g，生猪脂250~300g。共研末，开水冲调，候温灌服，1剂/d，连服2~4剂。体温偏高者，用抗生素；食欲、反刍减退或废绝者，静脉注射促反刍液（10%氯化钠注射液300mL、10%氯化钙注射液80mL、20%安钠咖注射液20mL、5%葡萄糖生理盐水1000mL），以促进胃肠蠕动，改善机体代谢机能；瘤胃内环境偏酸、机体发生酸中毒时，取5%碳酸氢钠注射液300mL，静脉注射。共治疗32例，治愈29例。

16. 选用具有一定韧性的枝条（鲜桑条、枸树条、荆条、老葛条等），其长度视牛体大小而定，一般从牛口角量至髋结节即可，长1.5~1.8m，枝条粗端直径1.5~2.2cm，尖端直径0.8~1.2cm。削平结节，不要剥皮。尖端垫以棉花，外包两层纱布，用丝线扎紧、呈球状。在纱布球和枝条上涂抹植物油即成"青针"。将患牛站立保定，助手用牛鼻钳将牛头提起伸直。术者左手拉出牛舌并向后靠在嚼肌上以防咀嚼；右手将"青针"尖端插入口腔，随吞咽动作送至贲门，边转动青针边慢慢推入瘤胃。如有排尿姿势或排尿，即表示已达适宜部位可停止进"针"，并退出10cm许，随即转动"青针"刺入，再退出20~30cm，然后再刺。如此反复进退、转动和搅动。这样青针刺激瘤胃和搅动瘤胃内容物，使内容物松动移位、吐出，当即可减轻瘤胃负担；青针刺激咽头、食道、贲门及瘤胃内壁，反射性地兴奋神经，促进唾液、胃液的分泌和瘤胃蠕动，使瘤胃机能恢复。由于鲜枝条来源有时比较困难，"刺胃"前又需采取瘤胃液检验，用聚乙烯塑料管（管外径1.6cm，管壁厚0.2cm）代替枝条，但聚乙烯塑料管需要加热处理，进入牛体内又会受热变软，只能用1~2次，可用于采取瘤胃液，但不如天然枝条得心应手。记录手术中是否呕吐、吐出物的多少和性状，术后听诊瘤胃1次/30min，2h后听诊1次/h。不出现反刍者，在24h内第2次刺胃。在第1次或第2次刺胃后的20h内出现反刍、恢复食欲者为有效；不出现反刍为无效。本术治疗原发性、病程短、轻症宿草不转效果满意，病程长、重症者次之，继发和并发性宿草不转只能暂时减缓症状，但不能治愈。共治疗29例，其中25例刺胃1次痊愈，3例病情较重者在24h内进行第2次刺胃亦治愈。（郑富等，T2，P16）

17. 根据患牛的体型大小，取新鲜生白萝卜8~15kg，捣碎，取汁3500~7500mL，1次灌服，1次/d。一般灌服2~5次。共治疗18例，疗效甚佳。（徐玉成，T36，P25）

18. 行气散合大戟散加减。大戟20g，狼毒10g，

二丑、大黄、黄芩、滑石各 40g，黄芪 60g，芒硝 200g，生六曲 120g，麦芽 120g，猪脂 250g。水煎取汁，候温，分次灌服，服用 3d/剂。轻者 1 剂，重者 2～3 剂。

19. 四君子汤合曲麦散加减。党参、茯苓、枳实各 40g，神曲、麦芽、槟榔、莱菔子、大香各 60g，陈皮、厚朴、青皮各 30g，大黄 50g，芒硝 120g。水煎取汁，候温，分次灌服，服用 3d/剂，一般服用 1～2 剂。共治疗耕牛外感、内伤所致瘤胃积食 47 例，治愈 42 例。

20. ①瘤胃冲洗：将患牛牵至二柱栏或四柱栏内以前低后高姿势站立保定。助手将开口器横放并固定在牛口中；从开口器圆孔内将胃导管插入食道约 1m。灌水时将牛头抬起，排水时将牛头压低。灌入胃中的水排出有困难时，可将胃导管反复提插，3～5 次/min，即可排出。如此接连灌、排，反复冲洗并递增水量，直至左肷部凹陷，触按瘤胃柔软空虚，排出的水无胃内容物、不混浊为度。在冲洗过程中，如果出现肌肉颤抖、惊恐不安、口腔破溃时不需要对症治疗，停止冲洗后可自行消失和痊愈。

② 冲洗液的选择：不论冬季还是夏季，均选择新汲干净井水（冬暖夏凉）。刚开始灌水时灌水量不宜过多，用 pH 值 8～9 的井水 2000～4000mL 即可，以免腹压过分增大；灌入的水排完后可递增冲洗水量，至排水通畅无阻时，灌水量增加到 5000～10000mL；在冲洗过程中要反复按压左肷部，或用木杠反复上抬左侧下腹部，促使胃内容物与水充分混合，便于尽快排出；一般冲洗 8～12 次后灌入不同的保留液：对过食小麦、麦面者，灌入 5.0～7.5kg 黄瓜汁，加蒜泥 200g；或用 500g 黄花菜药液 500mL；对过食豆料者，用生石膏 500g，煎水 3000～5000mL，候温灌胃。

③ 辅助疗法：为防止瘤胃冲洗不尽，灌服石蜡油 500～1000mL；脱水严重者，静脉注射葡萄糖生理盐水 2000～8000mL；心跳急速者，加安钠咖注射液 10～20mL；有炎症者，肌内注射青霉素、链霉素；急性、有酸中毒者，静脉注射 5% 碳酸氢钠注射液 300～500mL。

共治疗 51 例，用瘤胃冲洗法治愈 38 例；用非瘤胃冲洗法治愈 9 例，死亡 4 例。

21. 当归苁蓉汤。全当归（油炸）125～250g，肉苁蓉（油炸）60～120g，番泻叶、枳壳、醋香附、神曲各 30～60g，木香、厚朴、瞿麦、通草各 30g，麻仁、生二丑各 60g。瘤胃内容物十分坚硬者加三棱、莪术；反刍无力者加槟榔；舌软绵、口色淡白者加白术、白芍、茯苓；唾液滑利者加苍术、草豆蔻、半夏；粪稀者减麻油、麻仁，加白术、茯苓、青皮、木通；粪有黏液者加黄芩、黄柏。水煎取汁，加麻油 500mL，调匀灌服。病程过长者，适时结合输液，内加强心剂和碳酸氢钠注射液。共治疗慢性瘤胃积食

（包括虚弱型前胃弛缓）215 例，治愈 198 例。（杨曾国，T135，P43）

22. 生硝散。大黄 150～250g，芒硝 100～200g，枳实、牙皂、二丑各 50～100g，大戟、桃仁、甘遂、木通各 30～50g，当归 40～60g。1 剂，水煎取汁约 2000mL，先灌服药液 2/3，1/3 药液经瓣胃注入。本方药清热攻坚、逐瘀行水作用较强，且药量较大，医者必须仔细审因辨证、详察病情和牛体状况使用并确定用药剂量。共治疗食滞性瘤胃积食 11 例，均治愈。重症者从瘤胃、瓣胃直接注射收效更捷。

23. 30% 安乃近注射液 30mL，肌内注射；银翘散、平胃散各 250g（均为成药），混合，开水冲调，候温灌服。

24. 消积导滞汤加减。砂仁、莪术、白术、二丑（生熟各半）、枳实、厚朴各 60g，芒硝、大黄各 90g，柴胡 45g，甘草 30g。风寒重、鼻凉、皮温不整者加麻黄、桂枝；里寒重、四肢冷者加干姜、附片；食积重、不进草料、不反刍、腹胀者加莱菔子、陈皮、神曲、山楂、麦芽；脾胃虚弱、精神沉郁、体况差者加黄芪、党参、当归、白芍、升麻；尿短少者重用牵牛子、车前子。水煎取汁，候温灌服。

对患瘤胃积食又继续在烈日下使役、中暑倒地者，急取活鸡或鸭，剁去头，将颈部放进牛口内灌服鲜血，或用活蚯蚓 50 条、莱油 250mL，灌服；再服用消积导滞汤。

共治愈 37 例，其中治愈突然更换草料或吃进大量不易消化物而发生食滞 16 例、瘤胃积食 4 例、脾虚慢草继发积食 17 例。

25. 榆白皮 500～1000g。切碎，水煎成浓汁，候温灌服，一般 1 剂即愈。共治疗 49 例，均治愈。

26. 加味枳实导滞丸。枳实、黄芩、白术、茯苓各 50g，大黄 150g，神曲 60g，泽泻、三棱、莪术各 30g，黄连 20g。共研细末，均分 4 份，1 份/次，温水调匀，灌服，2 次/d。

【典型医案】1. 兰坪县小村李某一头黄牛来诊。主诉：该牛不吃草，有异食癖，常肚腹胀满，便秘和腹泻交替，粪表面覆有黏液，有时出现轻度瘤胃臌气。检查：患牛体温 37.5℃，心跳 75 次/min，呼吸 26 次/min；反刍较少，嗳气酸臭，鼻镜无汗，耳尖和四肢发凉，两眼凹陷，听诊瘤胃蠕动音微弱，触诊瘤胃有胀满坚实感。诊为虚脱性瘤胃积食。治疗：增液大承气汤加减，用法见方药 1，1 剂/d；同时，配合按摩 10～20min/次，6～8 次/d；10% 氯化钠注射液 500mL，静脉注射；硝酸毛果芸香碱 3mL，皮下注射。连续治疗 4d，痊愈。（张仕洋等，T141，P45）

2. 2001 年 10 月，阜康市九运街镇破城子北村王某一头 4 岁奶牛来诊。检查：患牛呆立，左腹胀满、坚实，嗳气酸臭，反刍停止，排粪量少，舌津少而黏，鼻镜干燥。诊为瘤胃积食。治疗：取方药 3，用法同上，1 剂治愈。（郭敏等，T130，P41）

3. 湟中县总寨乡元卜子村张某一头约 300kg 黑白花杂种牛来诊。主诉：因喂料过多，该牛不吃、不反刍，呻吟摇尾，腹泻，后肢踢腹。检查：患牛体温 38.4℃，心跳 86 次/min，呼吸 45 次/min，触诊瘤胃内容物坚硬、触压不留痕。治疗：取方药 4，用法同上。当天下午，患牛开始反刍，又灌服第 2 剂。第 2 天再服药 2 次，痊愈。（张生钧，T133，P45）

4. 1981 年 5 月 5 日，三穗县桐林区张某一头 7.5 岁、约 450kg、中等膘情母水牛来诊。主诉：该牛已妊娠 4 个多月。经他医治疗 2d，并于左肷插入竹管放出多量稀食糜，现已卧地垂危。检查：患牛头弯向左腹不动，眼睑被大量脓性眼眵粘连不能睁开，触摸眼部反应甚微；左肷穿刺伤口附着稀粪；口、鼻周围有大量白色泡沫和粪水，脉涩，口微红，心率弱，体温 37.8℃，按压瘤胃坚实。诊为瘤胃积食。治疗：取 10% 安钠咖注射液 30mL，10% 葡萄糖注射液 2000mL，静脉注射。用药 30min 后，患牛头能抬起活动。随即用温肥皂水灌肠，当时随水排出大量稀粪。取芒硝 900g，水 3000mL，灌服；又取大蒜、水菖蒲各 250g，烟末、香椿根皮各 60g，共研细末，加米醋 2000mL，灌服。30% 安乃近注射液 30mL 于大脉穴上 2cm 处注射；青霉素 480 万单位，链霉素 300 万单位，肌内注射；用柳枝插入顺气穴。用药后，患牛出现反刍，并能站立。此后，除按上方药又治疗 1 次外，取青霉素、链霉素，肌内注射，2 次/d。治疗 3d 后痊愈，并于当年 10 月顺产一母犊牛。（张文松，T33，P58）

5. 1982 年 10 月 4 日，邓州市刘集乡孙某一头 6 岁母黄牛来诊。主诉：3 日晚，该牛偷吃过量红薯面，今晨食欲废绝。检查：患牛精神沉郁，眼结膜发绀，肚腹胀大，按压瘤胃坚实、轻微臌气，发吭，排粪次数增多、粪量少，立多卧少，后肢不时蹴腹，食欲、反刍全无，体温正常。诊为瘤胃积食。治疗：石灰水瘤胃洗胃法，方法同方药 6，1 次即愈。（孙荣华等，T39，P37）

6. 1996 年 5 月 22 日，独山县城关镇一桥村黎某一头 10 岁、膘情中等母水牛来诊。主诉：该牛平时以放牧为主，近日因农忙改为舍饲，连续 1 周饲喂半干半湿的米糠加玉米粉，于 3d 前食欲减退，昨天废绝，用硫酸钠治疗未见好转。检查：患牛精神沉郁，呆立不动，被毛逆立，听诊瘤胃无蠕动音，触诊瘤胃坚实、似发面状、用拳压有凹陷，轻微臌气，嗳气酸臭，弓背，不时回头顾腹，粪干、量少、色黑，鼻镜无汗，口色红燥，口津少而黏稠，脉沉实。诊为瘤胃积食。治疗：活泥鳅 8 条，1 次投服。30min 后，患牛瘤胃出现蠕动音，开始反刍，采食青草。次日回访，痊愈。（陆庆良，T83，P41）

7. 1997 年 10 月 3 日，天门市黄潭镇向张咀村 2 组向某一头 5 岁母黄牛来诊。主诉：该牛近日使役较重，饲喂大量半干的甘薯藤后不食、不反刍，他医用

健胃药、泻药治疗 5d 无效。检查：患牛体温 37℃，心跳 56 次/min，呼吸急促，瘤胃充满、触之坚硬、用力按压无压痕，瘤胃蠕动音弱，有时呕吐粪水，粪稀、量少，站立时两后肢交替负重，有轻度的腹痛表现，结膜紫暗。诊为瘤胃积食。治疗：取方药 8，用法同上，连服 3d，痊愈。（杨国亮，T95，P29）

8. 1998 年 3 月 12 日，遵义县新卜镇洪水村何某一头 8 岁公水牛来诊。主诉：近期该牛由放牧改为舍饲，每天饲喂煮熟的稻谷约 20kg，今日放牧时发现不吃草。检查：患牛反刍停止，拱背，后肢踢腹，鼻镜干燥，舌红，口臭，瘤胃蠕动停止、触诊坚实，粪干，无尿。诊为瘤胃积食。治疗：取 30% 安乃近注射液 20mL，青霉素 400 万单位，链霉素 300 万单位，混合，肌内注射；5% 葡萄糖氯化钠注射液、10% 葡萄糖注射液各 500mL，10% 安钠咖注射液 20mL，5% 葡萄糖氯化钠注射液 1000mL，5% 碳酸氢钠注射液 500mL，1 次静脉注射，连服 2 次；曲麦散加大黄、槟榔各 60g，黄芩 45g，用法见方药 9，1 剂/d，连服 2 剂；针刺大脉、脾俞、百会穴；旱烟精少许，点眼角内，揉之。嘱畜主多按摩瘤胃。翌日，患牛精神好转，瘤胃蠕动 1 次/min，排出消化不全的稀粪。取 5% 葡萄糖氯化钠注射液 500mL，10% 葡萄糖注射液 1000mL，5% 碳酸氢钠注射液、5% 氯化钠注射液各 250mL，静脉注射；30% 安乃近注射液 20mL，青霉素 400 万单位，肌内注射。上方中药去大黄、芒硝、槟榔、黄芩，加莱菔子（炒）60g，丁香 35g，藿香 25g，用法同上，继服药 2 剂，痊愈。（张元鑫等，T99，P27）

9. 1994 年 4 月 8 日，平邑县城关镇刘某一头 2 岁牛来诊。主诉：该牛偷食大量麸皮而引发瘤胃积食，他医用鱼石脂 20g，溶于 200mL 的酒精中加适量水灌服，连用 2d 未见好转。检查：患牛精神欠佳，食欲废绝，反刍停止，磨牙，呻吟，腹围增大，体温正常，已 24h 未见排粪；触诊瘤胃充满较坚实，用力按压瘤胃牛有疼痛表现；听诊瘤胃蠕动音消失，第三胃及肠蠕动亦减弱。治疗：三仙硝黄散加减。山楂、神曲、麦芽各 80g，芒硝（后下）120g，大黄、郁李仁各 60g，炒牵牛子 40g，枳壳、厚朴、槟榔各 30g。水煎取汁，候温灌服，1 剂/d；10% 氯化钠注射液 500mL，5% 氯化钙注射液 300mL，5% 葡萄糖氯化钠注射液 2000mL，10% 安钠咖注射液 30mL，1 次静脉注射，1 次/d；按摩瘤胃 4～5 次/d，15～20min/次；牵遛 2～3 次/d，20～30min/次，以促进瘤胃机能的恢复。次日，患牛开始反刍。继用上方药，连用 3d，痊愈。（王自然，T129，P32）

10. 1991 年 10 月，南充市高坪区小龙镇陈某一头 6 岁耕牛来诊。主诉：由于近期农忙，主要饲喂甘薯藤，牛食后腹泻，现不吃、不排粪。检查：患牛体温 39℃，心跳 63 次/min，呼吸 28 次/min，鼻镜微干，口干，腹胀，按压瘤胃坚硬、敏感，瘤胃蠕动

1次/2min，音弱、短，无反刍。诊为瘤胃积食。治疗：取方药12，用法同上，1剂治愈。（李彩虹等，T112，P32）

11. 1993年5月10日，北安市新兴乡民主村杜某一头6岁公黄牛来诊。主诉：由于使役较重，该牛偷食米糠而发生腹胀，不食、不反刍。检查：患牛体温38.9℃，呼吸促迫，心率稍快，腹围稍大，瘤胃蠕动音弱而短，1次/3min，触之硬而紧，留有压痕，频发呻声，精神不振，不食、不反刍。诊为瘤胃积食。治疗：取反刍散55g，酒精50mL，加水200mL，1次灌服。11日复查，患牛腹围、呼吸、心率均恢复正常；瘤胃蠕动1次/min，出现反刍和食欲。继服药1剂，痊愈。（杜万福等，T76，P23）

12. 蛟河市郊区北小屯李某一头5岁母牛，因反刍废绝来诊。主诉：该牛喂食玉米面已连续3d。检查：患牛精神沉郁，瘤胃蠕动音消失，触诊瘤胃呈面团状，舌苔厚腻，反应迟钝，被毛粗乱，营养欠佳。诊为瘤胃积食。治疗：曲麦散加味加党参、黄芪各30g，2剂，用法见方药14。同时，结合强心、补液疗法，治愈。（杨春等，T107，P26）

13. 1997年9月，武山县城关镇刘某一头6岁耕牛来诊。主诉：发病前夜，该牛偷食了大量精料后腹胀、不食、不反刍。检查：患牛体温39℃，心跳62次/min，呼吸28次/min，鼻镜微干，口色淡、津少，舌有薄白苔，腹部稍隆起，瘤胃中等充盈、坚实，肚腹微膨，胃肠蠕动音弱，心律不齐，瘤胃导出少量气味酸臭、色黄、较稀的胃内容物（pH值8.4）。诊为瘤胃积食。治疗：大戟、滑石、黄芪、青皮、枳实、厚朴各30g，山楂、麦芽各60g，神曲100g，芒硝200g，二丑20g，甘草15g，生猪脂250g。共研细末，开水冲调，候温灌服，1剂/d，连服2剂。10%氯化钠注射液300mL，10%氯化钙注射液80mL，20%安钠咖注射液20mL，5%葡萄糖氯化钠注射液1000mL，1次静脉注射。翌日复诊，患牛病情好转，排粪、尿较前增多，体温38.4℃，心跳48次/min，呼吸23次/min，精神稍沉郁，口色发青，舌白、厚苔，口温不高，津短，触诊瘤胃中等充盈、不硬、蠕动弱，1次/min，听诊瓣胃有蠕动音，肠音弱。治疗：中药同前；青霉素320万单位，链霉素2g，注射用水稀释，混合，肌内注射；5%葡萄糖氯化钠注射液1000mL，维生素C2g，1次静脉注射。第2天，患牛开始反刍，排软粪，尿正常，瘤胃蠕动增强、2次/min，肠音增强。继用上方中药和青霉素、链霉素。第4天，患牛体温38.1℃，心跳46次/min，呼吸21次/min，食欲、反刍恢复正常，痊愈。（杨录有，T99，P26）

14. 1987年，遵义市新蒲镇青山村一头8岁、体况良好水牯牛，因使役后偷食大量草料，数日后发病求诊。检查：患牛精神不振，食欲、反刍停止，空口咀嚼，按压瘤胃内容物有坚实感，叩诊瘤胃呈鼓音，

口色红，脉沉有力。诊为急性瘤胃积食兼臌气。治疗：行气散合大戟散加减，1剂，用法见方药18，3次/d，3d服完。患牛服药后第2天排稀粪，第3天痊愈。

15. 1989年，遵义市新蒲镇新中村一头10岁母黄牛来诊。主诉：该牛因营养差，体瘦虚弱，增喂草料，秋收后急促使役3d后发病。检查：患牛精神沉郁，饮、食欲废绝，不排粪，鼻镜无汗，触诊瘤胃下部内容物坚实、按压留痕如面团状、上部少量积气，口色淡，脉沉细弱。诊为慢性瘤胃积食。治疗：四君子汤合曲麦散加减，2剂，用法见方药19，3次/d，服用2d/剂。10d后随访，患牛痊愈。即嘱畜主加强饲养，再投服四君子汤合健脾散加减：党参、淮山药、扁豆、大枣各40g，茯苓、白术、薏苡仁、砂仁、陈皮、炙甘草各30g，以固本扶正。（卢华伟，T118，P31）

16. 1986年6月25日，新蔡县城关镇高湾村高某一头3岁公牛，因偷食发面约3.5kg发病来诊。检查：患牛精神沉郁，不食、不反刍，心率快，呼吸粗厉，结膜潮红，口干。诊为瘤胃积食。治疗：取pH值8～9的井水冲洗瘤胃，从2000mL递增至15000mL，共冲洗12次；黄瓜5kg，压汁，加蒜泥200g、石蜡油1000mL，作保留灌胃；青霉素钾800万单位，分3次肌内注射。第2天，患牛开始反刍，痊愈。（李树清，T29，P61）

17. 1973年4月8日，镇原县平泉乡石佛刘村一头8岁、体质尚好红母牛来诊。主诉：该牛因不食、粪干少，不反刍，他医按瘤胃积食治疗2d无效。检查：患牛卧地，四肢伸展，腹胀；呼吸迫促，心跳73次/min，鼻镜干裂，口流涎水，结膜发绀，触诊瘤胃坚实，听诊瘤胃蠕动音消失。诊为瘤胃积食。治疗：生硝散，1剂，用法见方药22。取5%葡萄糖注射液2000mL，10%安钠咖注射液20mL，静脉注射。用药24h后，患牛时时举尾努责，排出较多的气味酸臭、稀粥样粪，听诊腹部有肠音。次日，患牛有饮欲，听诊瘤胃有蠕动音。再灌服加味平胃散1剂，配合静脉注射，痊愈。（孙善才，T49，P33）

18. 1996年3月15日，临潭县城关镇西庄子一头9岁黑犏牛来诊。主诉：由于13～14日连续使役，至14日下午，该牛精神沉郁，食欲废绝，粪干尿短。检查：患牛头低耳耷，口色红，鼻镜干燥，喜饮水，体温39.5℃，触摸被毛有热感，听诊瘤胃蠕动音微弱，触之如面团、指压有痕。诊为风热感冒继发瘤胃积食。治疗：30%安乃近注射液30mL，肌内注射；银翘散、平胃散各250g（均为成药），混合，开水冲调，候温灌服。16日复诊，患牛精神好转，体温38℃，食欲仍不振。取0.9%氯化钠注射液1000mL，5%葡萄糖注射液100mL，维生素C 50mL，庆大霉素100万单位，柴胡注射液50mL，混合，1次静脉注射；银翘散、平胃散、健胃散各250g，混合，开

水冲调，候温加食母生（研细）100g，灌服。17 日痊愈。（邓凤玉等，T88，P31）

19. 1984 年 9 月 10 日，灌县大观乡双胜 4 队钟某一头 12 岁公水牛来诊。主诉：几日来给牛连续用冷水拌糠喂养，当天上午喂糠 10kg 后立即使役，下午牛不吃草，晚上起卧不安，腹围增大，口温高，不反刍，双耳直立。诊为瘤胃积食。治疗：取活蚯蚓 50 余条，菜油 250mL，灌服；消积导滞汤加减，用法见方药 24，2 次。11 日中午，患牛已能使役。再服原方药 1 剂，痊愈。

20. 1983 年 9 月 16 日，灌县大观乡双胜 6 队林某一头 11 岁公水牛来诊。主诉：该牛长期吃草不多，膘情差。由于近 8d 使役加喂谷糠，食欲更差，改喂玉米面和糠 1d 后食欲废绝，不见排粪。检查：患牛鼻、背冷，瘤胃蠕动音微弱，不反刍，腹胀，不排粪。诊为瘤胃积食。治疗：消积导滞汤加桂枝，用法见方药 24。服药 2 剂，患牛食欲好转，仍喂谷糠和干稻草，使役后又不吃草料。原方药第 1 剂加熟附片、党参、黄芪各 60g；第 2 剂加续断、巴戟天各60g，用法同上。服药后患牛痊愈。（杨建华等，T17，P45）

21. 1998 年 10 月 1 日，天门市黄潭镇黄咀村 4组李某一头约 250kg 水牛来诊。主诉：昨天上午该牛偷食大量稻谷，下午发现肚胀，在他医治疗 1 次不见好转。检查：患牛体温 38.3℃，心跳 88 次/min，呼吸 28 次/min，瘤胃膨大、蠕动音弱、叩诊有浊音、触诊坚硬如石，用力按压凹痕处难以复原，结膜暗紫，口津清稀，脉沉数。诊为瘤胃积食。治疗：取新鲜榆树根皮 1500g，刮去黑皮（表皮），洗净捣碎，水煎成浓汁，候温灌服，2 剂/d，连服 2d，痊愈。（杨国亮，T160，P67）

22. 2005 年 6 月 23 日，德江县稳坪镇坪顶村何某一头 3 岁母水牛来诊。主诉：22 日，给牛喂了大量红薯干，没有饮水，今日出现肚胀，后肢踢腹，尾抬举作排粪状。检查：患牛精神欠佳，食欲、反刍停止，左侧肷部坚实胀满、高出背脊，鼻干，腹痛不安，时而回首望腹，两后肢踢腹，摇尾抬举作排粪状，瘤胃蠕动弛缓、触诊坚实，背侧叩诊呈鼓音。诊为瘤胃积食。治疗：先用咬牙棒法排出瘤胃内气体；取方药 26，用法同上。服药后，患牛痊愈。（张月奎等，T136，P56）

## 二、奶牛急性（碳水化合物性）瘤胃积食

【病因】　多因奶牛过食大量精饲料如豆饼、玉米面、麦麸、豆腐渣等，导致瘤胃蠕动力降低引起积液积食；或当奶牛发生前胃疾病时，灌服大剂量盐类及油类泻药，使瘤胃负担加重而引发积食；或因偷食面粉、精料等而引起。

【主证】　患牛瘤胃饱满，食欲废绝，饮欲增加，瘤胃蠕动初期增强，后期减弱，反刍停止，偶有腹痛，瘤胃触诊感到内容物坚实如生面团样；腹泻，粪中含有大量未消化的饲料颗粒、色淡且发出较浓的甘酸味，机体呈渐进性脱水。后期，患牛行走摇摆、醉步，视力减退，盲目前行，眼睑反射迟钝或消失，呼吸浅表而快，心率加快，体温一般正常。

【治则】　消食导滞。

【方药】　1. 消食导积散加减。山楂、枳实、厚朴、当归各 60g，神曲、大黄各 80g，芒硝 120g，莱菔子、连翘各 40g，玉片、甘草各 30g。共研细末，开水冲调，候温灌服。取食用碱、石蜡油，灌服；20％碳酸氢钠注射液、生理盐水和安钠咖注射液等，静脉注射，用量视酸中毒情况确定。

2. 逐水消积汤。大戟、甘遂、芫花、枳实、厚朴各 90g，二丑（炒）、山楂、神曲、炮姜各 120g，三棱、莪术、青皮各 80g，槟榔 60g，木香 40g。水煎取汁，候温灌服。共治疗 17 例，治愈 14 例。

注：本病应与真胃移位及真胃阻塞、真胃炎等病进行鉴别。

【典型医案】　1. 1992 年 7 月，兰州市某养牛户，为使奶牛多产奶，在饲料中增加过量的玉米面，牛食后食欲废绝，卧地不起邀诊。检查：患牛体温正常，呼吸浅表，心率弱而快，食欲、反刍停止，瘤胃蠕动波次短少，粪稀、有轻微甘酸味，触诊瘤胃如生面团样、有轻微臌气。诊为（碳水化合物性）瘤胃积食继发酸中毒。治疗：食用碱 100g，溶于 1000mL 温水中，食用油 1500mL，1 次灌服；20％碳酸氢钠注射液 500mL，生理盐水 1500mL，1 次静脉注射。治疗 1 次后，患牛症状明显好转。取消食导积散，2 剂，用法见方药 1。痊愈。（李炜，T72，P38）

2. 2003 年 12 月 5 日，邓州市城郊乡腰巷村陈某一头 4 岁黑白花母牛来诊。主诉：因最近饲喂大量精料和豆腐渣，致使牛食欲、反刍废绝，灌服大黄苏打片、维生素 B₁（片）、人工盐、石蜡油等，肌内注射安钠咖及维生素 B₁ 针剂，病情不见好转，已持续 1 周有余。检查：患牛精神不振，背拱起，磨牙，鼻镜有少量汗珠，口津液稍黏，舌色稍红，体温 38.9℃，心跳 96 次/min，呼吸 38 次/min，瘤胃蠕动音消失、偶尔能听到水音及钢管音，瘤胃稍臌胀。诊为瘤胃积液积食。治疗：逐水消积汤，用法见方药 2。第 2天，患牛排粪量增加，精神好转，体温 38.5℃，心跳 80 次/min，呼吸 28 次/min，听诊瘤胃钢管音及水音消失、有微弱的蠕动音。继服逐水消积汤；取10％安钠咖注射液 30mL，维生素 B₁ 注射液 50mL，甲基硫酸新斯的明 3mg，1 次肌内注射，痊愈。（许道庆等，T135，P47）

## 三、牦牛瘤胃积食

【主证】　患牛在短时间内采食较多，瘤胃积食扩张，出现慢草，反刍减少，触诊瘤胃内容物充实，有腹痛感，发吭，粪干、量少。

【方药】 滴明穴刺血疗法。以中等体型的牦牛为准，滴明穴位于脐前16cm，距腹中线约13cm凹陷的腹壁皮下静脉上，倒数第4肋骨向下即乳井静脉上，拇指盖大的凹陷处，左右各1穴，牧民称为"左扎色脾右扎胆"（不知穴位名称）。施针前将患牛站立保定，局部剪毛消毒，后将皮肤稍向侧方移动，以右手拇指、食指、中指持大宽针，根据进针深度留出针尖长度，针柄顶于掌心，向前上方刺入1～1.5cm，视牛体大小放血300～1000mL。进针时，动作要迅速、准确，使针尖一次穿透皮肤和血管。流血不止时，可移动皮肤止血。共治疗7例，治愈3例，好转2例，无效2例。

【典型医案】 2004年12月1日，门源县苏吉滩乡察汗达吾村某牧民一头12岁牦乳牛来诊。主诉：该牛昨天因抢吃犬食，今晨不吃草、不反刍，呆立，不时出现排粪动作，但每次排出少量干粪、有臭味。检查：患牛精神沉郁，肚腹稍胀，瘤胃蠕动音微弱、1次/10min，触压左腹上部弹性较小，瘤胃内容物较坚实、压痕留痕、重压时牛不安。治疗：针刺滴明穴，方法同上，放血500mL，按摩腹部。2h后，患牛排出大量粪、臭味减小，下午开始吃草。（李德明，T144，P66）

## 瘤胃角化不全

瘤胃角化不全是指瘤胃黏膜残核鳞状角化上皮细胞过多的堆积，致使瘤胃黏膜乳头硬化、增厚等角化不全，出现以消化障碍、食欲反刍减退、瘤胃轻度臌气和下痢为特征的一种病症。

【病因】 由于过多饲喂高蛋白精饲料，碳水化合物不足，瘤胃内容物发生腐败性发酵，使氨等碱性物质增多，pH值上升至7.5～8.5，瘤胃内微生物活性降低，出现瘤胃腐败症；长期大量饲喂高糖和淀粉类饲料，在瘤胃内异常发酵，乳酸产生过多，胃液pH值急剧下降，瘤胃黏膜水肿，引起炎症，继而形成溃疡而发病。

【辨证施治】 临床上分为瘤胃腐败症和瘤胃过酸症。

（1）瘤胃腐败症 患牛食欲、反刍减退，精神倦怠，瘤胃蠕动减弱，下痢或便秘，轻度瘤胃臌气。

（2）瘤胃过酸症 患牛食欲、反刍减退，消化不良，腹泻，腹痛。由于对蛋白质分解产物组织胺的吸收，有的发生蹄叶炎，患肢疼痛，蹄壁发热，心跳、呼吸加快等。

【治则】 瘤胃腐败症宜清热燥湿，消食健脾；瘤胃过酸症宜活血行瘀，散结止痛。

【方药】 （1适用于瘤胃腐败症；2适用于瘤胃过酸症）

1. 椿皮散加减。椿皮90g，莱菔子100g，焦山楂70g，槟榔80g，焦神曲60g，焦麦芽、枳实各50g，柴胡40g，常山、甘草各20g。粪干时加芒硝120g。共研细末，开水冲调，候温灌服，1剂/d，连服3剂。取稀盐酸或醋酸，灌服；或食醋1500mL，灌服。停喂精料，增加优质干草等。

2. 失笑散加减。蒲黄、炒当归、白芍、五灵脂各60g，香附50g，椿皮80g，元胡30g，木香25g，甘草20g。水煎取汁，候温灌服，或研为细末，开水冲调，候温灌服，1剂/d，连服3～5剂。5%碳酸氢钠注射液500～1500mL，或2%乳酸钠注射液200～400mL，静脉注射。

有蹄叶炎者，中药用红花散。红花、当归、没药、厚朴、枳壳、陈皮、桔梗各25g，黄药子、白药子、三仙各30g，甘草15g。共研细末，开水冲调，候温，加童便灌服。5%碳酸氢钠注射液、5%葡萄糖注射液各500mL，静脉注射；或5%盐酸普鲁卡因注射液20mL，氢化可的松注射液50mL，葡萄糖生理盐水1000mL，静脉注射。

【典型医案】 1. 2008年4月22日，门源县珠固乡雪龙村2社王某一头6岁公牛来诊。主诉：该牛近日用玉米、鸡蛋等高精饲料喂养，食欲、反刍明显减退，常发生轻度腹胀、下痢。检查：患牛瘤胃蠕动减弱，轻度瘤胃臌气，嗳气恶臭，精神倦怠，腹泻，排黑色稀粪。诊为瘤胃腐败症。治疗：取方药1，用法同上，1剂。3h后灌服食醋1500mL。第2天，患牛精神、食欲好转，腹泻停止。继服药3剂，痊愈。

2. 2008年6月15日，门源县珠固乡元树村马某一头5岁荷斯坦奶牛来诊。主诉：该牛十余天来一直用甜菜根、马铃薯饲喂，饮食欲逐渐减退，现已停食1d。检查：患牛食欲废绝，反刍停止，腹泻，腹痛不安，呻吟，奶量减少，触诊瘤胃牛安静。诊为瘤胃过酸症。治疗：取方药2，用法同上；5%碳酸氢钠注射液1000mL，5%葡萄糖生理盐水1500mL，静脉注射；苯海拉明500mg，肌内注射。第2天，患牛腹痛减轻，腹泻停止，但食欲不振。效不更方，继用上方药。第3天，患牛食欲、饮欲逐渐恢复，腹痛消失。继服药2剂，痊愈。（张海成等，T158，P62）

## 网胃—腹膜炎

网胃—腹膜炎是指由于金属异物刺入牛网胃引起网胃和腹膜发炎、消化机能紊乱的一种病症。

### 一、奶牛创伤性网胃—腹膜炎

【病因】 牛采食吞入草料中混有的金属异物（铁丝、铁钉、缝针等），先刺伤或刺穿网胃壁，进而刺伤膈、心、肝脏等其他脏器，引起全身各系统功能紊乱。轻则使奶牛产奶量下降，重则导致死亡。

【主证】 初期具有典型的前胃弛缓症状。患牛精神沉郁，食欲减退或废绝，反刍缓慢或停止，鼻镜干燥，磨牙、呻吟，瘤胃蠕动音减少或消失，瘤胃内容物黏硬或松软，触诊网胃疼痛不安，眼神呆滞，体温40～41℃，脉搏增数，站立时肘头外展，肘肌震颤，不愿卧地，卧地时异常小心，且以后腿先着地，起立时则前肢先起来，有的在起卧时还发出呻吟声，步态僵硬，愿走松软路不愿走硬路，愿上坡不愿下坡。叩诊网胃区有特殊的实性鼓音。

**【治则】** 活血祛瘀，理气健胃。

**【方法】** 磁吸法。用牛鼻钳将牛保定。助手把塑料开口器一端伸入牛口腔深部，并用手固定，使之不被牛吐出。术者经开口器将GY-4型牛用恒磁吸引器连同塑料胃管一同送入食道，当胃管远端到达食道下部时，只推送钢丝，使吸引器通过贲门、经瘤胃前庭而沉入网胃底部，停10～20s即可慢慢抽拉钢丝，随后连同胃管一起拉出吸引器，这样，网胃内金属异物吸附在磁铁上而被取出。该操作过程需3～4min。取出吸引器后，如果磁铁上不见异物或铁渣，这是由于吸引器未进入网胃，可再次送入；如果磁铁上吸附的金属很多，应再吸1～2次，尽量吸净网胃内金属物。然后，经开口器把一根小磁棒滑送到舌根，取出开口器，抬高牛头，使牛自己咽下。

灌入的磁棒可长期存留在网胃内，也可每隔一定时间用吸引器吸出，取净吸附在磁棒上的金属后再次灌入胃内，可提高疗效。

新式小磁棒呈圆柱体，南北极在磁棒两端，和吸引器相吸时，两者纵轴常连成同一直线，容易通过贲门、食道顺利地从口腔取出。

单独使用恒磁吸引器即可达到治疗目的，若和小磁棒配合使用，效果则更好。即先给牛投入1根小磁棒，经3～7d小磁棒可进入网胃，并将网胃内金属物吸附其上，再用恒磁吸引器将金属物连同小磁棒一同吸出，便可取净网胃内金属异物。

本法治疗牛创伤性网胃炎，能除去致病金属物，缩短疗程，防止复发，对创伤性心包炎也有一定疗效。但当致病金属物刺入网胃壁过深和穿刺方向不利于吸时，应考虑改用手术疗法。

共治疗52例，其中奶牛51例，黄牛1例；创伤性网胃炎34例，治愈29例，好转1例，无效4例；创伤性心包炎12例（并发创伤性肝脓肿、胸壁脓肿各1例），创伤性化脓性心肌炎1例，创伤性肝脓肿2例，创伤性胸膜炎2例，创伤性腹膜炎1例。在继发症的18例中，除心包炎临床痊愈3例、好转1例外，其余皆无效。

**【典型医案】** 1982年2月2日和6日，某奶牛场672号育成牛发生瘤胃臌气各1次，于8日来诊。检查：患牛体温39.2℃，心跳80次/min，呼吸40次/min，食欲差，躁动不安，经探伤机摄影，平片上显示网胃前方有6.5cm长细金属丝。诊为创伤性网胃炎。治疗：按上法施治，从网胃内取出直径1mm、长10cm的钢丝1根。此后，该牛饮食欲、精神均恢复正常。（钟伟熊等，T2，P12）

## 二、黄牛创伤性网胃—腹膜炎

**【主证】** 一般呈急性经过。病初1～3d，患牛体温39～41℃，心率、呼吸加快，前胃顽固性弛缓，瘤胃蠕动音减弱、蠕动次数减少、持续时间短，饮食欲废绝，反刍停止，鼻镜干燥，粪干或泻痢，有不同的瘤胃臌气，下坡困难，赶其急走则呻吟、发吭，小心斜行，肘肌震颤；触诊网胃区有疼痛表现。用280g重的铁质叩诊锤和1mm厚的铁质叩诊板，叩诊左下腹部网胃区（腹中线左侧脐部到剑状软骨之间），一般经过4～7d即出现鼓音，7～20d后消失，个别病例可持续1月之久。血液常规检查，白细胞总数一般在12650～16450个/mm³，最高可达24900个/mm³；中性细胞增加，淋巴细胞减少。

**【治则】** 活血祛瘀，理气健胃。

**【方药】** 1. 磁吸法结合药物疗法。先用GY-4型牛用恒磁吸引器吸取胃内金属异物（方法同奶牛创伤性网胃—腹膜炎）。再取青霉素300万～500万单位，链霉素2～5g，0.25％盐酸普鲁卡因注射液100～200mL，生理盐水500～1000mL，混合，注入腹腔，1次/d，连用3～5d。中药取柴胡、大黄各60g，黄芩、枳壳、白芍、木香、元胡、甘草各30g，蒲公英60～120g。腹腔感染严重者加金银花、连翘、黄连；便秘者加芒硝，重用大黄；食欲差者加三仙。共研细末，开水冲调，候温灌服，1剂/d，连用2～3剂。有些严重病例，若本法取不出异物，可行手术疗法取出异物。

共治疗223例，治愈184例。其中用中药、西药治疗203例，治愈167例，死亡8例，好转或无效28例。手术治疗20例，治愈17例。（王全起等，T15，P40）

2. 用恒磁吸引器吸取胃内金属异物；取水乌钙加庆大霉素120万单位，30％安乃近注射液30mL，10％葡萄糖注射液100mL，静脉注射；盐酸异丙嗪250mg，肌内注射。中药取加味四仙平胃小承气汤：山楂、神曲、麦芽、槟榔、椿皮、苦参各50g，苍术、厚朴、陈皮、枳实、大黄、白藓皮、生姜、莱菔子、香附子、甘草各30g。共研细末，开水冲调，候温后加滑石粉500g，灌服，连服3d。

**【典型医案】** 湟中县总寨乡总南村赵某一头6岁西门塔尔杂种牛，因不食、不反刍来诊。检查：患牛呻吟，弓腰，肌肉震颤，体温39.6℃，心跳83次/min，呼吸45次/min，瘤胃充满、蠕动音消失，肠音减弱，粪少而干。诊为创伤性网胃—腹膜炎。治疗：用恒磁吸引器取出3.3cm长钉子3个及6.7cm长的钢丝1根。取方药2中药、西药，用法同上。1周后，患牛食欲恢复，痊愈。（张生钧，T133，P46）

### 瓣胃阻塞

瓣胃阻塞是指牛因前胃运动机能障碍，瓣胃收缩力降低，瓣胃内积聚大量干涸的内容物而引起瓣胃麻痹和食物停滞、阻塞瓣胃的一种病症。俗称百叶干、瓣胃秘结。一般呈慢性经过。

## 一、黄牛瓣胃阻塞

【病因】 临床上导致不同类型的瓣胃阻塞有两种情况。一种是牛体况良好，在瓣胃处于充满状态时过度劳役，使交感神经兴奋性增高，胃肠活动和饮水不足，引起食物停滞。若在一段时期内不能解除，水分继续丧失，则很快发酵产热和膨胀，出现一系列急性阻塞症状，这种急性阻塞也可因某种因素疏通瓣胃沟而转为慢性不全阻塞。另一种是由于牛长期过劳失水，阴液亏损，内热伤津，或草料粗劣，饮水不足，营养失调，胃内微生物生长不良，副交感神经兴奋性不足，胃肠运化无力，贴近瓣胃壁的食物不能排空，其水分被吸收变干硬。如果病因不能及时解除，干燥部分逐渐扩展，引起瓣叶发炎、坏死，失去活动能力，妨碍瓣胃沟的水分向其他部分渗透，病情逐渐加重，出现一系列慢性不全阻塞症状。

【辨证施治】 按病因和症状的不同，分为急性全阻塞（实证）和慢性不全阻塞（虚中夹实）。全阻塞是瓣胃沟和瓣叶间食物积滞不通；不全阻塞则仅仅是瓣叶间食物积滞，瓣胃沟仍畅通。

（1）急性全阻塞 一般病程 3～7d。患牛疝痛较重，有时起卧如醉状，部分患牛呕吐，粪先稀后干，末期无粪或排白色黏液，尿赤短，饮食废绝，有时食少许垫草，饮少许污水，有时反刍后将食团吐出，口腔蓄涎，鼻镜湿润而无汗，苔白或黄，口色淡。后期鼻流少许污水，瘤胃内容物较少，瘤胃弛缓、虚胀、蠕动不规则，后期瘤胃蠕动停止；脉初玄浮后沉细。瓣胃蠕动弱或消失，直检或外部触诊时，有的患牛在右肋弓处可触到硬固的瓣胃。

（2）慢性不全阻塞 一般病程 7～14d。患牛疝痛较轻，卧地时头贴地或头回顾右腹，初期粪干、呈烧饼状或算盘珠状，后期排少量黑色稀粪或粪干稀交替出现，尿初期赤短，饮食初期减弱，后期拒食和饮水，磨牙空嚼、口干、气味臭，苔黄厚，口黏膜黄染；鼻镜初期干燥，后期发白甚至龟裂，鼻孔不洁，瘤胃内容物少、较硬，瘤胃初期弛缓、虚胀、蠕动弱，后期蠕动停止；瓣胃蠕动音消失，直检及外部触诊均不易触到；脉沉细。

【治则】 实证宜泻下，辅以滋阴；虚中兼实证（简称虚证）宜滋阴，辅以泻下。

【方药】 1.①大承气汤。芒硝 100g，大黄 50g，厚朴、枳实各 30g。病程超过 4d 者加元参、当归、郁李仁、滑石各 50g。水煎取汁，候凉灌服，1 剂/d，连服 2～3d；或取石蜡油大黄合剂：石蜡油 1000mL，大黄酊 100mL，常水 2000mL，灌服，1 次/d，连服 2～3d。本方药适用于实证。②元参大黄汤。元参、小胡麻、太子参各 50g，当归、郁李仁、芒硝各 100g，大黄、枳实各 30g，水煎取汁，候凉，加蜂蜜 250g 灌服，2 次/d，连服 2～3d。本方药适用于虚证。③蜜糖饮。白糖、蜂蜜各 250g，常水 5kg，灌服。无论虚证、实证，在服相应的药物 2～3d 后，皆可改用本方药连服，直至排粪和出现反刍为止。也可在服相应药物的同时，夜间加服本方药，剂量减半。④10%浓生理盐水 300～500mL，静脉注射，1 次/d，连用 3～5d；或静脉注射补液强心剂等渗含糖盐水、林格氏液、5% 或 10% 葡萄糖注射液、5% 小苏打注射液、20% 安钠咖注射液等。⑤瓣胃注射。采用多点、分散、深浅配合的注入方法。以手术诊断的切口为中心点，在其周围半径 10～15cm 处选择 4～6 点作进针点，从每个进针点以 60°～120° 不等的角度向四周斜插进针，最大深度以 12cm 为宜，用盐水放气针，边进针边推药，使药液分布面愈广愈好；第 2、第 3 天再做 1 次，使大部分瓣胃都被药液浸润透。注射药液可选用：10% 硫酸镁溶液、10% 白糖水各 1000mL，混合注入；或石蜡油 500mL，大黄酊 100mL，蜂蜜 100g，凉开水 1500mL，混合注入；或含葡萄糖生理盐水 2500mL，大黄酊 100mL，混合注入。（张世奇，T9，P48）

注：全阻塞者病程短，不全阻塞者病程长；病程短者干度小，体积大；病程长者干度大，体积小。死于急性全阻塞、病程在 4～7d 者，瓣胃干燥度不大，干燥部位也不规则；死于慢性不全阻塞、病程在 7～14d者，瓣胃干燥度大。采用多点、分散、深浅配合的注入方法，将药物直接注入瓣胃十分重要。区别虚实，中西医结合，服药与瓣胃注射结合，也是提高治愈率的重要环节。大量灌水，切胃冲洗，猛烈攻泻，有损于机体的修复能力，是治愈率不高的原因。

2.仙人掌 1500g，去刺，捣烂如泥，加少许温水，灌服，再服猪脂 300g，1 剂/d，连服 3 剂。共治疗 12 例，治愈 7 例。（刘敏，T85，P37）

3.①体质较好者用大戟散加减。大戟、甘遂、黄芪、桃仁、红花各 30g，滑石、牵牛子各 60g，当归 40g，三棱、莪术各 50g。共研细末，开水冲调，候温灌服。②体质较弱者用加减当归散。油当归 120g，番泻叶 60g，莱菔子 50g，枳实、木香、神曲各 40g，桃仁、红花各 30g，麻仁、郁李仁各 100g，清油 500mL。共研细末，开水冲调，候温灌服。③体质极虚弱者用加减当归苁蓉汤。油当归 120g，肉苁蓉 100g，番泻叶、神曲各 60g，厚朴、炒枳壳、醋香附、桃仁、红花各 30g，广木香、瞿麦各 15g，通草 10g，清油 500mL。共研细末，开水冲调，候温灌服。④妊娠牛慎用活血化瘀药，禁用大戟散，可用加减当归苁蓉汤。共治疗 21 例，除 1 例继发出血性肠炎死亡外，其余均获痊愈。

4.①病情严重、体质虚弱者先强心输液。在输液强心的基础上，先灌服 30% 生理盐水或白糖水，再灌芒硝水并反复灌肠。②百叶干严重者先灌服 30%生理盐水或白糖水，再灌芒硝水，并反复灌肠。

③在大脉穴上方 1.5～2.5cm 处，针头刺入 3cm 左右，抽吸无血时，注入 30%安乃近注射液 10～30mL。④用旱烟精少许放入牛大眼角揉之下泪。⑤取 4～5cm 长的细柳枝两根，插入顺气穴。⑥用拇指粗的椿树枝 1 条，横衔于牛口中并固定。⑦用椿树根皮、大蒜、烟末和水菖蒲各 60～120g，共捣细末，加米醋或酸水 1000～1500mL，灌服。共治疗 48 例，治愈 45 例。

5. 四仙平胃小承气汤。山楂、神曲、麦芽、槟榔、椿皮、苦参各 50g，苍术、厚朴、陈皮、枳实、大黄、白藓皮、生姜、莱菔子、香附子、甘草各 30g，滑石粉 400～600g，水煎取汁，加石蜡油或清油 500～1500mL，灌服，1 剂/d，至粪软时停药。同时，用油炒当归 300g，番泻叶 100g，方能提高疗效；或用苏子 250g，研碎，水煎 2 次，取汁，候温，加神曲 300g，石蜡油 1000～2500mL，1 次/d，灌服，至排稀软粪停药，疗效更好。

6. 食盐 250g，面粉 2500g，酵母面（蒸馒头用老面）250g，水 5000mL。将面粉与酵母面混合均匀，置盆内加水适量，调成稠糊状，待面粉发酵（高起并有特殊酸味时），将食盐用水溶解，再与发面混合，调稀，灌服，1 次/d。共治疗 21 例，其中 1 次治愈 18 例，2 次治愈 3 例。

7. 大承气汤加减。大黄 100g，厚朴、枳壳各 60g，当归 80g，柴胡、甘草各 40g，青皮、陈皮、泽泻、茯苓各 50g，鲜乌桕根 200g，食盐 150g，豆油 150mL。除食盐、豆油外，其余药加水煎煮，取汁，加食盐、豆油，摇匀，1 剂/d，分早、晚 2 次灌服。共治疗 50 余例，治愈 54 例。

8. 榆白皮 500～1000g。切碎，水煎成浓汁，候温灌服，一般 1 剂即愈。共治疗 18 例，均治愈。

9. 大黄、枳实各 40g，木香、川芎各 35g，丹参 30g，制马钱子 4g，甘草 15g。加水 1000mL，煎煮取汁 300～400mL，用 3 层纱布滤取药液，置干净器皿中候温备用。将患牛行左侧卧保定，在右侧第 7～10 肋间处剪毛并常规消毒。取能吸入 20mL 生理盐水的注射器，接上长约 15cm 的 18 号针头，然后在右侧肩关节水平线与第 7～8 肋间交点的上、下 2cm 处进行瓣胃注射。注射时，针头垂直刺入皮肤后向左侧肘头方向刺深 8～10cm，有沙沙感时即注入或抽动注射器芯，如抽出混有草屑的胃内液体时即可换上吸入药液的注射器，向瓣胃内注射全部药液。注射完后迅速抽针，局部涂以碘酊。重症者，在瓣胃注射药液后应灌服生津润下、补脾益气的方药。共治疗 24 例，均给药 1 次治愈。

10. ①当归 120g，猪牙皂、枳实、番泻叶、麦芽、山楂各 60g，厚朴、大黄、千金子、牵牛子各 30g，神曲 90g，硫酸镁 500g，液体石蜡（或植物油）1000mL。先将当归、猪牙皂用 200mL 清油温炒，然后将中药加水适量煎煮 2 次，取汁约 3000mL，趁热加入硫酸镁、石蜡油，1 次灌服。本方药适用于发病初期。

②榆白皮、猪脂、侧柏叶、糜子各 500g，厚朴、百合、天仙子、枳实各 30g，知母、滑石各 21g。将糜子用 150mL 油微炒，然后把榆白皮、侧柏叶煎煮 30min，再与其他药合煎 2 次，40min/次，共取汁约 3000mL，趁温热加入猪脂、糜子，1 次灌服。

③当归、天花粉、桔梗、山豆根、茯神各 24g，生地、番泻叶、玄参各 60g，熟地 30g，枸杞子、红花、丹参、麦冬、远志、牡丹皮、川芎、五味子各 18g，水煎取汁，候温，加红糖 300g，食醋 500g，灌服，连服 2～3 剂。

在服用上方药的同时，根据病情可适宜补液。共治疗 128 例，治愈 116 例。

【护理】增加青绿、多汁饲料，按时饮水；适当运动，特别注意饲料中不可混有多量泥沙，不能长期饲喂单一饲料。

【典型医案】1. 1988 年 12 月 3 日，静宁县田堡乡谭某一头 8 岁黄犍牛来诊。主诉：该牛昨日食欲不振，今晨食欲、反刍废绝，磨牙，拱腰踢腹，粪干，形如算盘珠状。检查：患牛营养中等，瘤胃轻度臌气，鼻镜龟裂，眼结膜潮红，瘤胃、瓣胃蠕动音消失，冲压瓣胃有硬实感伴有痛感；体温 39.7℃，呼吸 31 次/min，心跳 89 次/min。诊为瓣胃阻塞。治疗：加减当归散加桃仁、红花。用法见方药 3，1 剂/d，连服 2 剂。5 日复诊，患牛出现反刍、食欲，听诊瘤胃蠕动 2 次/2min，持续 10s，能听到瓣胃音。继服药 1 剂，痊愈。（牛永新，T57，P23）

2. 1980 年 10 月 3 日，三穗县新场镇新民 1 组莫某一头 6 岁、中等膘情母黄牛来诊。主诉：该牛发病后在当地治疗 3d 无效。检查：患牛呆立，不食、不卧、不反刍，胃肠蠕动音消失，腹部紧缩，未见排粪，尿短赤，鼻镜干燥有裂纹，口干赤，脉沉涩，体温不高。诊为瓣胃阻塞。治疗：10%安钠咖注射液 20mL，5%葡萄糖生理盐水 1500mL，静脉注射；先灌服 30%生理盐水 1000mL，再灌服芒硝 800g，水 2500mL。用 5000mL 水灌肠，即见排出干黑带黏液粪球 10 余粒。取 30%安乃近注射液 20mL，于大脉穴上方 2cm 处注入；香椿根皮 100g，大蒜 120g，烟末 60g，米醋 1500mL，灌服。用药 30min 后，患牛瘤胃出现蠕动。遂让两人轮换揉按胃区，并用柳枝插入顺气穴，很快出现反刍。当日下午又按上法治疗 1 次，牵回调养，2d 后痊愈。（张文松，T33，P58）

3. 湟中县总寨乡总南村姜某一头土种黄牛来诊。主诉：该牛食草料、饮水、反刍减少已近 1 周，粪干、少，近两天粪如驼粪。检查：患牛鼻镜干燥，口黏有黄苔，体温 38.2℃，心跳 60 次/min，呼吸 22 次/min，瘤胃蠕动音消失，瘤胃内容物充满，触诊左侧瓣胃区敏感，右侧最后肋骨向前顶似有硬物。诊为重度瓣胃阻塞。治疗：加味四仙平胃小承气汤（见方药 5），水煎取汁，加油炒当归 250g，清油（炼过）750mL，滑石粉 300g，1 次灌服；水乌钙、新促反刍液（10% 生理盐水 250～500mL，30% 安乃近注射液 30mL，5% 氯化钙注射液 150～250mL，5% 或 10% 葡萄糖注射液 500mL）、维生素 C 注射液、葡萄糖生理盐水，静脉注射；0.2% 比赛可灵 10mL，肌内注射。第 2 天，患牛精神好转，饮水，排粪量增多，粪稍软。继用上方药，将清油改为石蜡油 1500mL。第 3 天，患牛出现食欲，粪稀软，精神好转，停用西药，继用中药。第 4 天，患牛出现反刍。停药观察 4d，患牛逐渐恢复正常。（张生钧，T133，P45）

4. 1996 年 3 月 8 日，天门市黄潭镇七岭村杨某一头 8 岁黄牯牛来诊。检查：患牛体温 38℃，心跳 98 次/min，神倦懒动，体瘦毛焦，结膜暗紫，口津黏滑、量少，鼻镜干燥欲裂，瘤胃不充实、蠕动音弱，瓣胃蠕动音废绝，触诊右肋骨弓后缘下腹部，能触及到硬实的瓣胃，直检直肠内有粟子样粪球、外附一层黏膜，肠无臌气。诊为重度瓣胃阻塞。治疗：取方药 6，用法同上，1 次治愈。（杨国亮，T95，P29）

5. 黎平县德凤镇民胜村 5 组吴某一头母黄牛来诊。检查：患牛体温、呼吸无明显变化，随着病程的延长，精神沉郁，食欲废绝，反刍紊乱，空嚼磨牙，鼻镜干燥、龟裂，尿少色黄，粪干硬、色黑、呈算盘球珠状。经用西药多次治疗无效。治疗：取方药 7，用法同上，1 剂/d，分早、晚灌服，连服 2 剂。服药后第 2 天，患牛症状减轻，开始排粪；第 3 天痊愈。

6. 黎平县高屯镇潭溪村 3 组石某一头公黄牛来诊。主诉：该牛精神不振，食草减少，近日来病情逐渐加重。检查：患牛体质较弱，卧地不起、呈左侧横卧，四肢伸直，努责，头向右侧观腹，触诊右侧腹部反应敏感、感觉坚实，疼痛不安、呻吟，听诊瓣胃蠕动音极弱，呼吸、体温正常。诊为瓣胃阻塞。治疗：取方药 7，加水煎至 1000mL，冷却后加入 95% 酒精 20mL，混合，行瓣胃注射。10h 后，患牛症状减轻；30h 开始排粪。继用上方药 1 剂，第 3 天痊愈。（石烈祖，T119，P30）

7. 1997 年 3 月 7 日，天门市黄潭镇杨泗村 9 组闵某一头 4 岁、约 250kg 黄牛来诊。主诉：该牛发病已 1 周，当地兽医治疗数次仍不吃草、不反刍，粪干如算盘珠。检查：患牛体温 38℃，心跳 97 次/min，呼吸 21 次/min，精神倦怠，毛焦欣吊，卧多少立，空嚼磨牙，胃内容物空虚，听诊瘤胃音弱、瓣胃音废绝，口渴喜饮，鼻镜干燥、无水珠，口色暗红，舌苔薄黄，脉细数。诊为瓣胃阻塞。治疗：榆白皮 500g，切碎，水煎成浓汁，加植物油 500mL，混匀，1 次灌服，2 剂/d，连服 3 天，痊愈。（杨国亮，T160，P67）

8. 1989 年 2 月 3 日，崇阳县大桥乡联合组吴某一头 7 岁黄犍牛来诊。主诉：由于长期饲喂带泥沙的早稻干草，近两天该牛食欲不振，反刍减弱，时有磨牙，有时拱腰缩腹，鼻镜干燥，粪干、少、似算盘珠状。检查：患牛食欲、反刍均无，被毛焦枯，不排粪，鼻镜焦裂，眼结膜潮红，瓣胃蠕动音消失，深部触诊瓣胃有硬实感，牛有痛感，体温 40℃，呼吸 29 次/min，心跳 92 次/min。诊为瓣胃阻塞。治疗：取方药 9 药液 380mL 行瓣胃注射。翌日上午，患牛排出少量粪球，听诊瓣胃有断续性细小的捻发音。取桃仁 30g，红花 25g，生地、火麻仁各 60g，郁李仁、党参、白术各 40g，甘草 15g。水煎取汁，候温灌服。第 3 天痊愈。（雷望良，T40，P31）

9. 1989 年 3 月，大荔县垣雷村雷某一头公牛来诊。检查：患牛精神沉郁，鼻镜干燥，粪量少、干硬，食欲、反刍停止，口色青紫。诊为瓣胃阻塞。治疗：取方药 10①，1 剂，用法同上。次日，患牛开始反刍，粪变软而稀。继服药 2 剂，同时投服健胃散 1 剂，痊愈。

10. 1996 年 1 月，大荔县翟家村翟某一头红母牛来诊。主诉：该牛已患病 4d，粪量少、干燥、色暗，他医治疗无效。检查：患牛精神倦怠，卧地时头贴于地面，鼻镜干燥，瘤胃和瓣胃蠕动音弱、触诊有坚硬感，粪干燥、色暗，食欲废绝，口色发黄，结膜发红。诊为瓣胃阻塞。治疗：取方药 10②，1 剂，用法同上；10% 葡萄糖氯化钠注射液 300mL，0.9% 氯化钠注射液 1500mL，静脉注射。次日，患牛粪稀、排粪次数多、量大、混有脱落的肠黏膜、气味臭。继续补液和服用补中益气汤加减，7d 治愈。

11. 2000 年 8 月，蒲城县西湾村王某一头红母牛，因患百叶干，经他医治疗无效来诊。检查：患牛口干、色暗，鼻镜干裂，精神极度沉郁，食欲、反刍停止，肚腹轻微臌胀，触诊瘤胃与瓣胃有实硬感和痛感，不排粪。诊为瓣胃阻塞。治疗：取方药 10③，用法同上，1 剂/d，连服 3 剂。服药后，患牛精神有所好转，口有津液。取方药 10②，1 剂，用法同上。隔日，患牛排出少量、附有肠黏膜的干粪，开始饮水，病情好转。取方药 10③，2 剂，用法同上。服药后，患牛开始反刍、吃草。取消炎、健胃药结合补液进行调理，治愈。（宋双成等，T115，P26）

## 二、奶牛瓣胃阻塞

多见于冬、春季节。一般病程缓慢，预后不良，严重时可导致死亡。

【病因】 由于饲喂含有大量粗硬纤维的饲草或半干的未经切碎的青草、地瓜蔓、花生蔓以及品质低劣且含有大量泥沙的饲草，特别是在优质饲草不足的情况下突然改换饲草，加之饮水不足而引发；长途运输、冬季和早春季节天气突然变化等亦极易诱发；瘤胃积食、各种热性病继发。

【主证】 初期，患牛精神委顿，食欲、反刍减退，眼窝下陷，日渐消瘦，行走无力，卧多立少，鼻镜干燥；后期，患牛反刍停止，卧地时头弯向腹部或贴于地，腹部吊缩，拱背，磨牙，粪干、量少、呈算盘珠状。深触瓣胃有痛感，听诊瓣胃蠕动音减弱或完全消失，触压则疼痛不安，尿短浊，口色淡红，脉象沉涩。

【治则】　攻积泻下，清热润燥。

【方药】　1. 猪膏散加减。大黄（后下）、当归各90g，白术60g，二丑、大戟、甘草各30g。水煎取汁，候温加芒硝、猪脂各250g，蜂蜜200g，灌服，1剂/d，连服1～3剂；硫酸镁400g，普鲁卡因2g，痢特灵3g，温水2000mL，混合溶解，加甘油200mL，1次瓣胃注射，如果效果不明显，可隔日再注射1次。根据病情，适当选用葡萄糖氯化钠注射液、抗生素、强心剂等药对症治疗。共治疗重症百叶干8例，治愈6例。（陈祥麟，T32，P21）

2. 大戟散加味（河北省中兽医学校药厂生产，中成药）。灌药前0.5h，先灌服液体石蜡1000mL；取红茶150g，水煎取汁约2000mL，冲调大戟散500g，候温，加鸡蛋清10个，灌服。同时，配合强心补液疗法。共治疗69例，治愈63例。

3. 加味大承气汤。生黄芪、当归各250g，生大黄（后下）60g，枳实、厚朴、黄连、番泻叶、桃仁各30g，三棱、莪术、火麻仁（碾碎）、郁李仁（碾碎）各120g，芒硝（冲）300g。水煎2次，每次加水2500mL，共得药液1500～2000mL，加入芒硝溶解，4～8℃静置2～3h，弃去底层沉淀物，用8层纱布过滤3次，再加入普鲁卡因1g，装瓶备用。另备温热生理盐水2500mL。于右侧倒数第8～9肋间肩端水平线剪毛、消毒，用15cm放气针略偏前下方依次刺入皮肤、肋间肌、胸膜和瓣胃，当感觉到有阻力和刺穿瓣胃内草团的"沙沙"音时进针6～8cm，为了确认针头是否进入瓣胃，快速注入生理盐水30～50mL，迅速回抽瓣胃内液体，如回抽的液体色黄并有很多细小的草渣，证明放气针确实进入瓣胃内，继续快速注入生理盐水500mL，以再次确认针头在瓣胃内后，接着快速滴注中药煎剂，最后再注射生理盐水2000mL。药液全部注射后，一般在12～32h可排出大量稀软、稠粥样粪，不会出现腹泻不止的水样稀粪。为了补充体液，控制炎症，促进康复，取5％葡萄糖生理盐水1000mL，可米卡星4g，维生素C10g、维生素B₆2g，混合，静脉注射；10％葡萄糖注射液1500mL、氧氟沙星0.8g，混合，静脉注射（氧氟沙星与10％葡萄糖注射液，混合滴注，速度要慢）；复方氯化钠注射液1000mL，安钠咖2g，混合，静脉注射；5％碳酸氢钠注射液500mL，静脉注射。以上方药视病情轻重，1～2次/d，连用3～5d。共治疗23例，治愈20例。

4. 增液大承气汤加减。大黄60g，芒硝、厚朴、玄参、麦冬各40g，大戟30g，生地、槟榔、地榆、元胡各20g。水煎取汁，待温加液体石蜡500mL，瓣胃注射。共治疗11例，均治愈。

5. 导滞散加猪脂。大黄75g，芒硝100g，枳壳、青皮、木通各35g，滑石、神曲、山楂、麦芽各50g，熟猪脂500～750g。水煎取汁，候温灌服，1剂/d，连服3剂。为了使瓣胃内容物充分排净，在患牛食欲、反刍恢复后，继续服小剂量猪脂3d，150g/d。共治疗中、后期的瓣胃秘结症牛89例，治愈84例。

6. 加味藜芦润肠汤瓣胃注射。芒硝300g（另加），油当归120g，藜芦、常山、二丑各60g，川芎50g，桃仁（打碎）30g。水煎2次，加水2500mL/次，共取药液1500～2000mL，加入芒硝，静置2～3h，弃去底层药渣，用8层纱布过滤3次，再加入普鲁卡因1g，装瓶备用。在患牛右侧倒数第8～9肋间肩端水平线剪毛，用碘酊、酒精消毒2次。用15cm瓣胃穿刺针略偏前下方依次刺入皮肤、肋间肌、腹膜和瓣胃，当感觉到有阻力和刺穿瓣胃内草团的"沙沙"音时，进针6～8cm。为了确认针头是否进入瓣胃，用透明的玻璃注射器快速注入生理盐水30～50mL，迅速回抽瓣胃内液体，如回抽的液体色黄，并有很多细小的草渣，证明穿刺针确是进入瓣胃内。然后注射加味藜芦润肠汤。注射后，一般在12～32h可排出大量稀软粪。为了补充体液，控制炎症，加快康复，取5％葡萄糖氯化钠注射液1000mL，阿米卡星4g，维生素C10g、维生素B₆2g混合，静脉注射；10％葡萄糖注射液1500mL、氧氟沙星0.8g，混合，静脉注射（氧氟沙星需与10％葡萄糖注射液混合，滴注速度要慢）；复方氯化钠注射液1000mL、安钠咖2g，混合，静脉注射；5％碳酸氢钠注射液500mL，静脉注射。视病情轻重，1～2次/d，连用3～5d。

7. 生南山楂、炒神曲、炒麦芽、炒莱菔子各60g，油当归、陈皮各30g，枳壳、厚朴各25g，老母鸡汤为引。共研细末，老母鸡汤冲调，候温，1次灌服。

8. 甘草承气汤。大黄120g，芒硝240g，甘草100g。加水1000mL，以武火煎至500mL，候凉，取药汁，瓣胃注射。共治疗15例，痊愈13例，好转2例。

【典型医案】　1. 1991年3月7日，查哈阳农场丰收3队李某一头4岁奶牛来诊。主诉：该牛食欲减退，反刍停止，他医治疗无效。检查：患牛精神不振，饮食欲减退，反刍停止；胃肠蠕动音减弱，瓣胃蠕动音尤弱，口色淡红，脉象沉涩。诊为百叶干。治疗：取方药2，用法同上，1剂/d，连服2剂，痊愈。（卢江，T70，P35）

2. 2003年11月22日，荣成市高产奶牛繁育中心一头5岁奶牛来诊。主诉：该牛近日食草料减少，不反刍，粪干，前胃弛缓，用健胃及促进胃肠蠕动的药物治疗3d无效。检查：患牛口干、舌质红，有时排少量、干硬粪球；站立时频换后肢，有时后肢踢腹，听诊前胃蠕动音极弱，于右侧最后肋弓下部冲击性触诊，能触到坚硬后移的瓣胃。诊为瓣胃阻塞。治疗：加味大承气汤，水煎取汁，瓣胃注射；取方药3西药补液、消炎、强心。用药18h后，患牛排出大量稀粪，随后排粪1次/(2～3)h，42h后开始反刍，饲喂少量优质干草和青绿饲草；取方药3的西药继续静脉注射，2次/d，1次/12h，连用4d，痊愈。（盛昭军等，T140，P53）

3. 兰坪县大麦地某村民一头12岁公牛来诊。主诉：该牛平常饲喂干麦秆、豆角皮、干包谷秆，3d前食欲不振，近两天食欲、反刍废绝，精神差，无尿，粪干、量少、如算盘珠状。检查：患牛体温38.2℃，呼吸35次/min，心率快而弱，食欲废绝，反刍停止，被毛粗乱、无光泽，起卧频繁，拱背缩腹，有时头颈伸直贴于地面，呻吟，鼻镜干燥、龟裂，口色红、口津黏稠，脉象沉实，触诊瓣胃区有疼痛感。诊为瓣胃秘结。治疗：增液大承气汤加减（见方药4），水煎取汁约1400mL，加液体石蜡100mL，1次瓣胃注射；同时，取葡萄糖氯化钠注射液1000mL，安溴100mL，静脉注射。用药3～4h后，患牛开始排粪，次日恢复正常。（张仕洋等，T141，P45）

4. 1982年4月2日，科左中旗朝伦敖包村刘某一头8岁黑白花母牛来诊。检查：患牛精神沉郁，鼻镜龟裂，食欲、反刍停止，眼窝下陷，腹部缩起，粪干硬、量少、呈黑色，体温、心率、呼吸无明显变化，瓣胃蠕动音消失，触压瓣胃区有明显痛感。诊为瓣胃秘结（后期）。治疗：导滞散加猪脂750g，用法见方药5；输液3000mL。至晚9时，患牛饮温开水约1000mL，吃极少量绿干草；翌日2时，患牛排粪稀软、量少。继服药1剂，输液2500mL。患牛症状明显好转。4日上午又服药1剂，猪脂减至300g。5日，停药观察，患牛反刍正常，粪稀，唯饮食欲欠佳。嘱畜主给牛饮淡盐水，每日上午灌服鸡蛋2个，猪脂150g，连服3d。10日，患牛诸症悉除，痊愈。（朱国卿，T40，P30）

5. 1996年5月22日，兰州市花庄奶牛场一头5岁奶牛来诊。检查：患牛采食草料减少，反刍停止，连续用健胃及促进胃肠蠕动的药物治疗无效。诊为百叶干。治疗：加味藜芦润肠汤煎剂瓣胃注射，用法同方药6。同时，取方药6西药，补液、消炎、强心。用药20h后，患牛排出大量稀软粪；42h后开始反刍，喂给少量优质青绿饲料。继用上方西药，2次/d，间隔12h，连用3d，痊愈。（王学明，T161，P61）

6. 2002年3月，阜康市九运街镇黄土梁村邓某一头8岁奶牛来诊。检查：患牛被毛粗乱，精神委顿，鼻镜干燥，食草减少，见水欲饮而不饮，反刍停止，磨牙，粪干硬、呈黑色。诊为津枯胃结型瓣胃阻塞。治疗：取方药7，用法同上，1剂/d，连服2剂，痊愈。（郭敏等，T130，P41）

7. 2007年10月，一头约500kg奶牛来诊。检查：患牛食欲废绝，粪干硬、如算盘球状，听诊瘤胃音弱、蠕动次数稀少，指压瓣胃区胁间有痛感，体温正常，舌苔白腻。诊为瓣胃阻塞。治疗：取方药8，用法同上。痊愈。（张武，T159，P74）

**真胃炎**

真胃炎是指牛真胃黏膜发炎引起严重消化障碍的一种病症，有原发性和继发性两种。原发性真胃炎多见于老牛和体质虚弱的成年牛。

## 一、黄牛真胃炎

【病因】　原发性真胃炎，多因牛自身的消化机能障碍，加上饲喂粗硬、霉败变质的饲料饲草，或投服刺激性化学药品等引起。继发性真胃炎多继发于中毒、寄生虫病、代谢性疾病。前胃疾病、肠道疾病、口腔疾病（包括牙齿磨灭不整、齿槽骨膜炎等）、某些急性或慢性传染病等均能诱发本病。

【主证】　患牛体温39.5～41.0℃，食欲减退，反刍时好时差，有时空嚼、嗳气、吐食，瘤胃蠕动减弱、间歇性臌气，触诊真胃区敏感、疼痛不安，粪呈煤焦油色、气味酸臭，结膜潮红、黄染，口腔有臭味，唾液黏稠，舌色青紫，血管瘀血。

【治则】　活血化瘀，清热解毒，润肠导滞。

【方药】　1. 活血化瘀汤加减。当归120～130g，大黄60g，海螵蛸、郁李仁各120g，川楝子、赤芍、白芍、丹皮、桃仁、金银花、蒲公英、元胡各80g。水煎取汁，候温灌服，1剂/d。根据病情辅以西药和输液，收效更佳。共治疗黄牛真胃病162例（其中真胃炎59例），治愈138例。

2. 法半夏、砂仁各20g，黄连、枳壳各40g，黄芩、川厚朴各50g，干姜、炙甘草、木香各30g，党参60g，大枣40枚（为中等牛药量）。肝气郁结者加柴胡、白芍；痰郁气结者加佛手、郁金；粪溏者去枳壳，加苍术、陈皮；便秘者加大黄。水煎取汁，候温，分2次灌服。共治疗50例，治愈48例，无效2例。

3. 鲜仙人掌3000g，去刺，捣烂如泥，加少许温水搅匀，灌服，1剂/d，连服2剂。共治疗7例，治愈6例。（刘敏，T85，P37）

4. 急性者，病初应禁食1～2d。取白萝卜2000g，蜂蜜、生猪脂各200g。将白萝卜切碎，煎煮约2h后，将生猪脂再切碎与蜂蜜同时乘热加入萝卜汁中，候温，一并灌服。5%葡萄糖氯化钠注射液2000mL，安溴注射液100mL，静脉注射；10%葡萄糖注射液500mL，四环素150万单位，先锋霉素4g，静脉注射。病的末期或病情严重、体质虚弱者，应及时用抗生素，同时用5%葡萄糖生理盐水3000mL，20%安钠咖注射液、维生素C注射液各20mL，4%乌洛托品注射液40mL，静脉注射，以促进新陈代谢，改善全身机能状态。

慢性者，药用白芍、黄芪、乳香、没药各 30g，乌贼骨、莱菔子各 40g，桂枝 18g，丁香、大枣、生姜各 20g。共研极细末，加蜂蜜 300g，开水冲调，候温，加磺胺脒 20 片（研细），灌服；盐酸胃复安注射液 20mL，肌内注射，1 次/d；5% 葡萄糖氯化钠注射液 3000mL，维生素 C 注射液 2500mg，安钠咖注射液 10mL，静脉注射；之后取 10% 葡萄糖注射液 500mL，盐酸四环素 150 万单位，或先锋五号 4g，静脉注射，连用 2～3d。

共治疗 113 例，治愈 111 例，好转 2 例。

5. 真胃消炎散。蒲公英、紫花地丁各 50g，金银花、连翘各 40g，苍术、郁金、陈皮各 30g，枳壳 25g，厚朴、甘草各 20g，香附 15g。共研末，开水冲调，候温灌服，1 剂/d，连服 3～5 剂。共治疗 98 例，治愈 91 例。

【护理】 喂以优质青干草，加喂麸皮和富有维生素的饲料；禁止饲喂过于精细饲料（如面条、馒头、饮面汤水等）。

【典型医案】 1. 1982 年 3 月 22 日，邓县城郊乡槐树大队韩营组的一头青色老龄牛来诊。主诉：该牛于 19 日发病，曾在乡兽医站治疗，服药 2 剂无效。检查：患牛体温 39.7℃，心跳 79 次/min，呼吸 13 次/min，精神萎靡，被毛蓬乱，鼻镜干燥，结膜潮红、稍黄，口津黏腻、有酸臭味，食欲废绝，反刍停止，呕吐，听诊瘤胃蠕动音弱，触诊真胃区疼痛明显，粪呈糊状、表面带有煤焦油色黏液。诊为真胃炎。治疗：活血化瘀汤加减，用法见方药 1。23 日，患牛症状减轻。又服药 1 剂。患牛当晚开始反刍，第 3 天继服药 1 剂，痊愈。（张应三等，T14，P38）

2. 1995 年 4 月 20 日，西峡县丹水镇张某一头 4 岁母黄牛来诊。检查：患牛食欲减退，反刍时好时差，有时嗳气，呕吐，瘤胃间歇性臌气，排粪迟滞，粪呈球状、表面被覆黏膜，口腔黏膜糜烂，津液黏稠，气味腐臭，鼻镜干燥，眼结膜潮红，瘤胃蠕动无力，触压真胃有明显的疼痛反应，脉沉细。诊为真胃炎。治疗：黄连、黄芩各 50g，半夏、干姜各 20g，炙甘草、砂仁、大枣、枳壳各 30g，木香、厚朴、大黄各 40g，党参 80g，蒲公英 60g。水煎取汁，候温，分 2 次灌服，1 剂/d，连服 2 剂。服药后，患牛食欲增加，诸症减轻，继服药 3 剂，痊愈。（杜文章等，T96，P27）

3. 2000 年 5 月 13 日，镇原县谭川乡王沟村一头 3 岁母牛，因突然狂奔乱跳，昏迷，表现为急性脑炎症状，畜主误认为是"疯牛病"邀诊。检查：患牛体温正常，瘤胃蠕动 2 次/5min、臌气，心跳 105 次/min，真胃区敏感无法触诊，鼻镜干裂，站立时不断向后转圈，舌苔黄厚，蕈状乳头凸显明显，粪干燥，尿正常。诊为急性真胃炎。治疗：按方药 4 中治疗急性真胃炎的方药治疗，用法同上。当晚 9 时，患牛病情好转。继续治疗 2d，痊愈。

4. 2003 年 11 月 8 日，镇原县平凉乡姚川村一头 8 岁母牛，患病约 2 个月来诊。主诉：该牛此前一直按前胃疾病治疗，但始终无效。检查：患牛体温正常，精神极度沉郁，不断磨牙、空嚼，鼻镜干燥，瘤胃轻度臌气，蠕动音低而弱、蠕动波短；触诊真胃特别敏感，卧地时头贴于后腹壁；粪干、呈球状，口腔黏膜黄染，舌苔薄白，舌蕈状乳头凸出明显。诊为慢性真胃炎。治疗：按方药 4 中治疗慢性真胃炎的方药治疗，用法同上，连续用药 5d，患牛痊愈。（王世银，T131，P48）

5. 1998 年 7 月 3 日，民和县巴州镇胡家村张某的 4 岁秦川牛来诊。主诉：该牛已发病 3d，吃草、反刍缓慢，不愿吃料，粪呈黑色。检查：患牛心跳 61 次/min，呼吸 42 次/min，体温 39℃，瘤胃蠕动音正常、蠕动波短，鼻镜湿润，瓣胃蠕动音低，触压真胃区牛躲闪，叩击右侧第十二、十三肋骨呈高调钢管音。诊为真胃炎。治疗：真胃消炎散，用法同方药 5，1 剂/d，连服 4 剂；复方生理盐水 3000mL，30% 安乃近注射液 40mL，5% 碳酸氢钠注射液 500mL，氨苄西林 15g，静脉注射，连用 3d，痊愈。

6. 2007 年 8 月 20 日，民和县巴州镇祁家村巴某一头 4 岁秦川牛来诊。主诉：该牛产后已 15d，不愿吃料，曾按子宫内膜炎治疗不见好转。检查：患牛有时呻吟，粪时干时稀，心跳 75 次/min，呼吸 42 次/min，体温 38℃，消瘦，被毛逆乱、无光泽，精神沉郁，鼻镜干燥，眼球下陷，瘤胃蠕动音弱，真胃蠕动减弱，触压真胃区有疼痛表现，粪少、干硬、表面有黏液、呈黑色。治疗：真胃消炎散，用法同方药 5，1 剂/d，连服 5 剂；复方生理盐水 3000mL，30% 安乃近注射液 40mL，氨苄西林 15g，5% 碳酸氢钠注射液 500mL，静脉注射，1 次/d，连用 5d。共治疗 5d，患牛痊愈。（杨生东等，T153，P50）

## 二、奶牛真胃炎

本病一年四季均有发生。以气候突变、产后乳量增加、过食精料时多见。

【病因】 长期饲喂品质差、维生素和蛋白质缺乏饲料或霉败饲料，或突然饲喂过量精料，或产后突然增加精料，或长期采用饮汤料的方法饲喂精料，或长期饲喂豆渣、粉渣而营养不足，导致维生素缺乏，或饲喂不定时、不定量，突然更换饲料，体质虚弱，长途运输饥饿，鞭打、惊恐引起消化机能紊乱而引发；中毒病、前胃病、胃溃疡、真胃寄生虫病等继发。

【辨证施治】 本病分为急性、慢性和特殊型真胃炎。

（1）急性型 患牛精神沉郁，垂头站立，不愿走动，眼半闭、无神无力，眼球下陷、脱水，被毛蓬乱，前半身被毛竖起，结膜潮红、黄染，口腔黏膜被覆黏稠唾液、气味难闻，食欲、反刍减退或废绝，触诊真胃区有痛感，有时踢腹，粪干硬、呈球状或有黏性、表面有黏液，体温不高或降低，乳量急剧减少，后期虚脱。

（2）慢性型　患牛长期消化不良，随用药及改善饲养管理时好时坏，反复发作，异嗜、口腔黏液黏稠、口臭、舌苔白，结膜黄白，食欲、反刍减退，排粪迟滞，粪干硬、呈球状，后期粪黑稀、带黏液，精神沉郁，体温正常，乳量减少，喜饮水。

（3）特殊型　常见的有渗出性真胃炎、出血性真胃炎、萎缩性真胃炎；多发生于急性转慢性或慢性真胃炎的后期，以食欲废绝、胃蠕动减弱、时有呕吐、粪黑色、严重贫血、脱水为特征。多数患牛预后不良。

严重真胃炎后期有逆呕现象；非出血性真胃溃疡能引起慢性真胃炎；真胃炎发生在局部并向肌肉层、浆层发展，形成溃疡或穿孔。

【治则】　健脾消食，清理胃肠，抑菌消炎，止血补液。

【方药】　食滞胃热（积食、粪干、舌苔黄厚）者，药用保和丸加减：山楂60g，神曲、半夏、陈皮、茯苓、大黄、枳实、香附各30g，连翘20g，莱菔子15g。水煎取汁，候温灌服，1剂/d，连用2～3剂。

肝气郁滞，寒热错杂（肝脾不和，胃气失调，寒热互结，四肢不温，不食，胃痛）者，药用四逆散合半夏泻心汤：柴胡、炒枳实、白芍各40g，半夏60g，黄芩、党参、炙甘草各30g，黄连、干姜、大枣各15g。共研末，温水冲调，灌服。

血瘀胃络（少食或停食，粪黑色，湿热毒积于胃肠，后期腹泻，泻粪黑色带黏液）者，药用郁金散合失笑散加减：郁金、黄芩、黄柏、白芍、香附、五灵脂、藕节、地榆、秦皮各30g，黄连、栀子、枳壳各24g，蒲黄40g，旱莲草、乌贼骨各60g，共研末，温水冲调，灌服。

脾胃虚寒（发病后期形成溃疡或水肿或萎缩，不食、脱水，眼半闭无力，贫血）者，药用黄芪建中汤加减：黄芪、山楂、神曲各45g，党参、白术、酒白芍、山药、海螵蛸、当归、熟地、香附、薏苡仁、厚朴各30g，桂枝、白豆蔻各25g，干姜20g，甘草10g，大枣为引。水煎取汁，候温灌服。

初期，西药用人工盐500g，磺胺脒、小苏打各60g，水500mL，灌服。粪黑者加西米替酊片3～4g（或盐酸雷尼替丁胶囊1.5～3.0g），甲氧氯普胺片75～100mg，维生素$B_1$300mg，氧化镁500g，连用3～5d。病情较重者用10%葡萄糖注射液500mL，25%维生素C注射液50mL，20%安钠咖注射液10～20mL，5%葡萄糖氯化钠注射液3000mL，氢化可的松100mL，先锋V号5～7.5g（或庆大霉素100万单位，氨苄青霉素15g），5%碳酸氢钠注射液、复方生理盐水各500mL，西米替丁片2～3g，酚磺乙胺2.5～5g，分别静脉注射。胃复安针、黄芪注射液各100mL，1次肌内注射，1次/d。共治疗40多例，多采用综合疗法治愈。（赵保生等，ZJ2005，P495）

【护理】　停食1～2d，减少精饲料的喂量，改善饲养管理。

## 三、牦牛真胃炎

本病多发生于春季。

【病因】　因夏季干旱少雨，草场返青晚、退化，冬、春季节草原被大雪覆盖或天然草场载畜量过大，牦牛以柳枝、灌木枝条和有毒毒草充饥，致使长期营养不良而发病；或饲养管理不当，由放牧转为补饲缺少适应过程，时饥时饱，突然变换饲料；或补饲阶段饲喂草料粗硬、霉败等均可诱发本病。

【主证】　患牛精神不佳，被毛粗乱、无光泽，离群，站立时两前肢轮换着地，有时空嚼、磨牙，并发前胃弛缓，触诊瘤胃空虚、蠕动力弱、持续时间短，触诊真胃区有疼痛感，肠道声音宏大，粪稀、呈黑色。严重者，患牛消瘦，反刍停止，呕吐，呻吟，流泪，回头顾腹，卧地不起，体温升高，心率加快。

【治则】　活血化瘀，滋阴生津。

【方药】　增液汤加味。玄参、麦冬、生地、大黄、元胡各30g，金银花、郁金、蒲公英各50g，枳壳、赤芍、青皮各20g，香附、甘草各15g（为成年牦牛药量）。虚弱重者加党参、白术、饴糖；下痢重者加乌梅、车前子。病情轻者，研末，温水冲调，灌服，一般2～5剂即可；卧地不起、下痢重、脱水者，水煎取汁，候温灌服，同时结合强心输液、消炎、补充电解质、第三胃注射抗生素等。共治疗857例，治愈792例，好转44例，无效21例。

【典型医案】　2002年2月，天祝县抓喜秀龙乡代乾村牧民李某饲养的86头牦牛，陆续患真胃炎，至5月共发病13例，其中4例严重。检查：患牛心跳85次/min，体温39.6℃，粪呈黑色，卧地不起。治疗：增液汤加味。玄参、麦冬、生地、大黄、党参、乌梅、元胡各30g，金银花、郁金、蒲公英各50g，枳壳、赤芍、青皮各20g，香附15g，甘草10g，水煎取汁，候温灌服，连服3剂；复方生理盐水、5%葡萄糖注射液各1000mL，碳酸氢钠注射液500mL，氢化可的松0.3g，庆大霉素80万单位，混合，1次静脉注射；氯霉素3g，第三胃注射。在治疗的86头牦牛中，1例病情严重死亡，其余均治愈。（徐兴忠等，T134，P56）

## 真胃溃疡

真胃溃疡是指牛真胃黏膜及黏膜下层组织发生炎性变化，进而形成溃疡，使真胃运动和分泌机能发生紊乱的一种病症。

## 一、黄牛真胃溃疡

【病因】　由于长期饲喂品质不佳、不易消化的饲料，使脾胃虚弱，运化失常，致使真胃黏膜及黏膜下层组织发炎，使真胃的运动和分泌机能紊乱，日久则导致真胃溃疡。

【主证】　病初，患牛食欲减退或废绝，反刍减退或停止，磨牙，呻吟，鼻镜干燥，伴发前胃弛缓症状。随着病情的加重，上述诸症亦随之加重，听诊瘤胃蠕动音减弱、蠕动波缩短、次数减少，拳压真胃患牛安静，放手即现疼痛，粪呈松馏油样，直检时沾于手臂的粪为褐色稀粪、含有大量黏液，眼结膜潮红，舌质紫暗，脉弦涩。

【治则】　活血化瘀，理气止痛。

【方药】　1. 失笑散加味。炒蒲黄、五灵脂、白芨、元胡、地榆炭、白芍、大黄各60g，栀子50g，木香45g，槐米、甘草各20g。食欲不振者加炒鸡内金45g，炒麦芽、神曲各60g；胃胀满者加砂仁45g，青皮50g，莱菔子60g；热盛者加黄芩、栀子各40g，金银花50g；眼球下陷者加天花粉40g，生地、麦冬各45g。共研细末，水煎取汁，候温灌服，1剂/d，连服2～3剂。共治疗40例以上，收效颇佳。

2. 当归50g，红花、桃仁20g，元胡、川楝子、木香、陈皮、白术、白芍30g，党参40g，海螵蛸60g。共研细末，开水冲调，候温灌服，1剂/d，连服2d；生理盐水1500mL，10%维生素C注射液50mL，10%安钠咖注射液20mL，5%碳酸氢钠注射液500mL，氨苄西林10g，1次静脉注射，1次/d，连用2d。共治疗7例，治愈5例。

3. 赤芍80g，香附、炒当归、五灵脂、蒲黄、白芨各60g，乌贼骨50g，甘草40g。水煎取汁，候温灌服。重症者，取青霉素、维生素C、碳酸氢钠及清开灵注射液，静脉注射。共治疗62例，除3例由于延误治疗发生真胃穿孔死亡，其余均治愈。

【典型医案】　1. 化隆县巴燕镇西上村马某一头8岁耕牛来诊。主诉：该牛昨天食欲、反刍废绝，呻吟，磨牙，排黑色稀粪。检查：患牛体温37.5℃，呼吸54次/min，心跳70次/min，瘤胃蠕动2次/2min，蠕动持续时间5s/次，精神抑郁、紧张，腹壁收缩，拳压真胃区则患牛安静，松手即现疼痛表现，粪内有松馏样物质。诊为真胃溃疡。治疗：失笑散加味，用法见方药1。翌日，患牛病情好转，食欲出现，但食欲较差，反刍仅1～2次，肚腹微胀，精神好转，鼻镜湿润，体温38℃，呼吸34次/min，心跳60次/min，瘤胃蠕动4次/2min。取失笑散加味加炒鸡内金、麦芽、神曲、砂仁、青皮、莱菔子，用法同方药1，连服3剂，痊愈。（胡海源，T93，P23）

2. 1998年10月27日，陕县张湾乡七里村荆某一头5岁、约300kg空怀红色母牛来诊。主诉：该牛平时吃草少，近日秋忙使役过重，吃草更少，每天主要靠补料使役，昨晚不食不反刍，饮少量水后即卧地，伴有吭声，今早发现粪如沥青状。检查：患牛骨瘦如柴，精神沉郁，喜卧少立，两耳不温，眼闭、乏

力无神，左肷窝虚胀、触之绵软，鼻镜汗少，口色淡红、乏津而黏，眼窝下陷，结膜发绀，体温38.8℃，心跳98次/min，呼吸24次/min，瘤胃无蠕动音，右侧第9～11肋间触诊有疼痛感，腹下重锤叩诊无创伤性网胃炎迹象。诊为真胃炎继发真胃溃疡。治疗：取方药2，用法同上。第3天复诊，患牛精神好转，行走有力，沥青状粪消失，见草嗅而不食，仍不反刍，体温38.2℃，心跳90次/min，呼吸24次/min，鼻镜布满细密汗珠，瘤胃能听到微弱蠕动音，药中病机。方药2中药去桃仁、川楝子，加三仙；西药取原方，连用3d。11月1日，患牛食欲、反刍均已恢复，粪基本正常。之后随访，一切正常。（姚亚军等，T140，P48）

3. 2006年5月18日，西吉县吉强镇夏大路村3组马某一头5岁母黄牛来诊。主诉：因给牛饲喂历年积压的干高粱秸秆（有部分发霉变质且粗硬），难于消化，约10d后发病。该牛出现饮食欲减退，瘤胃轻度臌气，排粪减少、呈黑色，他医按感冒引起的消化不良治疗未见好转。检查：患牛体温38.4℃，精神沉郁，瘤胃蠕动音微弱、轻度臌气，鼻镜干燥且污秽，粪量少、呈黑色酱油样，食欲废绝，饮少量水，不安，磨牙，体质消瘦，喜卧。诊为真胃溃疡。治疗：取方药3，用法同上，1剂/d；取0.9%氯化钠注射液、5%葡萄糖生理盐水各1000mL，5%碳酸氢钠注射液300mL，青霉素2400万单位，维生素C注射液25mL，清开灵注射液50mL，1次静脉注射。痊愈。（周良才，T171，P55）

## 二、奶牛真胃溃疡

【病因】　由于过多饲喂精料而粗饲料少，加之牛舍狭窄缺乏运动，或冬季饲料单一、缺乏优质青干草等，使牛脾胃虚弱，运化失常，升降失调或肝气郁结，疏泄失度，气机不畅，或气滞血瘀，胃络受阻，导致气虚阴亏或水湿不化，日久则引发真胃溃疡。

【主证】　病初，临床症状不明显，随着病程发展，患牛食欲减退或废绝，反刍减退或停止，精神抑郁、紧张，腹壁紧缩，用拳按压真胃区安静如常，放手有疼痛表现，磨牙，空嚼，呼气发坑，呻吟，鼻镜干燥，听诊瘤胃蠕动音低沉、蠕动波短而不规则，粪量少、表面呈棕褐色、内见暗褐色肉质索状物或絮状物，多含脱落的胃黏膜，体温38.8～39.6℃，呼吸30～50次/min，心跳60～90次/min，舌底紫暗，脉弦紧。

【治则】　活血化瘀，理气止痛，健脾燥湿。

【方药】　1. 白芨乌贝散加味。白芨200g，乌贼骨150g，浙贝母100g。实热重者加黄连、吴茱萸；虚寒重者加白术、干姜；痰湿重者加苍术、厚朴；气虚者加党参、黄芪；血虚者加当归、白芍；积滞者加三仙、莱菔子。共研细末，开水冲调，候温灌服，1剂/d，1个疗程/7d。视病情用药2～4个疗程。

2. 失笑散加减。炒蒲黄、五灵脂、白芍、太子参、薏苡仁、煅牡蛎、当归、元胡、石斛各60g，党参、白术、乌贼骨各90g，苍术、桂枝各50g，炒川楝子、佛手各45g，白芨、蒲公英各120g，陈皮、甘草各20g。水煎取汁，候温灌服，1剂/d，连服2～3剂。取5%葡萄糖注射液500mL，安溴注射液100mL，1次静脉注射；滑石粉200～300g，加温水1～2L，灌服；瘤胃轻度膨气者，取石蜡油1～2L，灌服；25%葡萄糖注射液500～1000mL，10%维生素C注射液20～30mL，10%葡萄糖酸钙注射液40～60mL，10%安钠咖注射液10～20mL，1次静脉注射，1次/d，连用1～2次；5%葡萄糖注射液500mL，10%磺胺嘧啶钠注射液0.07～0.1g/kg，1次静脉注射，1次/d，连用3～5d。共治疗6例，收效颇佳。

3. 炒蒲黄、五灵脂、白芨、元胡、地榆炭、炒白芍、生地各60g，栀子50g，木香、麦冬各45g，焦三仙、天花粉、升麻各40g，党参、黄芪、当归、苍术各80g，炒白术70g，甘草20g。水煎取汁，候温灌服，取庆大霉素400万单位，维生素C 5g，安钠咖注射液、止血敏注射液各20mL，碳酸氢钠注射液1000mL，复方氯化钠1500mL，葡萄糖注射液、5%葡萄糖注射液各1000mL（贫血加羟乙基淀粉），静脉注射。共治疗约50例，收效显著。

注：本病应与真胃炎进行鉴别。

【典型医案】　1. 2004年9月26日，重庆市渝北区龙兴镇某户一头奶牛来诊。主诉：该牛食欲时好时坏，1周前采食开始减少，厌食精料，奶产量下降。检查：患牛体瘦毛焦，精神萎靡，不时磨牙，瘤胃音减弱，真胃区按压有明显"反跳痛"，即拳头用力触压真胃区，患牛安静，当突然除去触压则表现疼痛，粪带黏液、黑色、呈松馏样，尿清长，口色、结膜淡白，苔薄白，无全身症状。诊为真胃溃疡（属血虚型）。治疗：白芨乌贝散加白芍、当归各100g。用法同药1，1剂/d。1个疗程后，患牛粪转正常，饮食欲基本恢复。效不更方，继用药1个疗程，患牛痊愈。（鲁必均等，T145，P56）

2. 2001年4月，西宁市城西区盐庄东李某一头4岁奶牛来诊。主诉：该牛近日饮食、反刍废绝，磨牙空嚼，发吭，粪量少，呈暗褐色、内有肉质索状物。检查：患牛体温39.6℃，呼吸48次/min，心跳86次/min，瘤胃蠕动2次/3min，持续4～6s/次，精神沉郁、紧张，腹壁紧缩，用拳按压平静，松手即现疼痛，粪呈棕褐色。诊为真胃溃疡。治疗：取方药2，第1天用西药治疗；第2天配合中药治疗；第3天，患牛病情好转，开始反刍，有饮食欲，瘤胃蠕动正常，粪逐渐变黄，鼻镜湿润，体温38.5℃，呼吸26次/min，心跳60次/min，瘤胃蠕动3次/2min。上方药配合磺胺消炎，治疗6d，康复。（王维恩，T131，P43）

3. 兴和县团结乡榆树洼四号树王某一头黑白花奶牛来诊。主诉：该牛昨天食欲、反刍停止，呻吟，磨牙，排黑色稀粪。检查：患牛体温37℃，呼吸55次/min，心跳85次/min，瘤胃蠕动2次/2min，蠕动持续5s/次，精神沉郁，腹壁紧缩，拳压真胃区无疼痛反应，松手后即有疼痛表现，粪内有黏膜及血液。诊为真胃溃疡。治疗：取方药3中药、西药，用法同上。第2天，患牛体温38.5℃，呼吸34次/min，心跳65次/min，瘤胃蠕动4次/min。治疗3d痊愈。（白生明，T170，P68）

## 真胃积食

真胃积食是指牛外感内伤或饮喂失常，伤及脾胃，胃和失降，食物积于真胃的一种病症。又称真胃阻塞。

### 一、奶牛真胃积食

【病因】　由于饲养管理不善，饲喂大量粗硬、富含纤维素的麦秸、玉米秆、花生蔓、稻谷草等，同时拌以玉米糁、豆粕、花生饼、棉籽饼等精饲料，加之饮水不足或饲料不洁，混有泥砂、水泥碎渣、木屑、化纤物品、塑料薄膜等，导致前胃不同程度的阻塞，真胃消化机能紊乱，代谢失常而发病；奶牛妊娠后期，胎儿迅速发育，压迫胃肠，直接影响迷走神经机能，致使胃肠消化功能受到抑制而发病；母牛刚产犊牛后腹中空虚，子宫开始收缩，阵痛不断发生，消化系统的功能活动尚未恢复，急于补养，过多增加精料而发病；因前胃弛缓、瘤胃积食、创伤性网胃炎、腹膜炎、小肠秘结、肝脾脓肿等病继发。

【主证】　患牛精神沉郁，被毛粗乱，鼻镜干燥，体温基本正常，食欲废绝，反刍停止，喜饮水；腹部增大，听诊瘤胃蠕动音减弱，瘤胃内容物充满并有积液，常出现排粪姿势，腹围增大，用手冲击式触诊呈现振水音，在左肷部听诊，同时用手叩击左侧倒数第1～5肋骨处或右侧倒数第1～2肋骨处，可听到明显的钢管音，严重时常伏卧于地，口流黏沫，回头望腹，后肢踢腹，右腹下方膨胀，肋骨弓后缘下部按压坚实，真胃穿刺内容物pH值1～4，粪干少，有时排出棕褐色糊状粪，尿少色黄、有臭气，口色黄白、舌根暗红，口腔津液黏腻、有酸臭味，脉象沉实。

【治则】　消积导滞，润燥通便。

【方药】　当归苁蓉汤加减。当归（油炸）200g，肉苁蓉、郁李仁各100g，焦山楂、建曲（后下）、生姜各120g，火麻仁、炒莱菔子各150g，三棱、莪术、番泻叶、厚朴、炒枳壳、香附各60g，木通、木香各45g，香油250mL。水煎取汁，候温灌服。复方氯化钠注射液、5%葡萄糖生理盐水各2000mL，10%安钠咖注射液30mL，庆大霉素80万～100万单位，1次静脉注射；维生素C注射液30mL，肌内注射。

电针疗法。取电针机或针疗电麻仪1台，12cm

兽用圆利针 2 支，分别刺入健胃穴、胃俞穴，连通导线，打开电针机开关，用微波低频 60～80 次/min，以不出现针感的温和刺激电疗 25～30min/次，1 个疗程/3～5d。共治疗 11 头，治愈 9 头，2 例因继发真胃炎、腹膜炎合并心包炎而死亡。

【护理】 用药后禁食 3d，只供清洁温水，自由饮用，禁喂精料，适当运动。3d 后如已排出大量宿粪、恢复反刍，可喂少量青干草、小米粥等。

【典型医案】 2003 年 2 月 16 日，南阳市卧龙区靳岗乡靳岗村倪某一头 6 岁黑白花奶牛来诊。主诉：该牛产后因体质虚弱，增加玉米糁、豆粕、花生饼、棉籽饼的饲喂量，4kg/d，食后开始肚胀、不食、不反刍，他医诊治无效。检查：患牛精神沉郁，肚腹微胀、有上虚下实感，呼吸增数，心率加快，心跳 86 次/min，听诊瘤胃、瓣胃、真胃蠕动音微弱，叩诊最后肋骨处可听到明显的钢管音；真胃穿刺内容物 pH 值 4，粪干少、色黑，尿黄、量少，口津黏腻，脉象沉实。诊为真胃积食。治疗：当归苁蓉汤加减，用法同上，1 剂/d，连服 2 剂。取方药中的西药，用法同上。电针健胃穴、胃俞穴 30min，1 次/d。19 日，患牛泻黑褐色粪、气味恶臭，饮大量温水，19 日夜开始反刍；20 日开始喂少量青干草；23 日痊愈。（金立中等，T129，P24）

## 二、黄牛真胃积食

【病因】 长期饲喂麦秸、红薯秧、棉饼等，饲料单一，营养不全，致使粗饲料消化不全；或长期休闲，营养不良，突然使役，致使消化机能紊乱；或食入塑料薄膜、破布、破麻袋等异物，堵塞幽门而发病；患真胃炎、幽门炎、十二指肠炎等病继发。

【主证】 病初，患牛流鼻涕、似感冒状，瘤胃蠕动音减弱、有钢管音，粪少、色黑、细腻。中期，患牛瘤胃蠕动音更弱，钢管音更明显，瘤胃积食、触诊有波动感，粪呈酱油色，在真胃区可触及到坚实的真胃、有疼痛反应。后期，患牛体质极度衰弱，上述症状更加明显，鼻孔流出污秽不洁的鼻涕，机体末梢发凉。患牛死前往往鼻流粪水，有的后期可能继发异物性肺炎。

【治则】 活血化瘀，行气导滞。

【方药】 1. 大黄、槟榔、蒲公英各 90g，丹皮、赤芍、枳实、川厚朴各 60g，元胡 45g，桃仁、金银花各 70g，当归 120g，郁李仁 150g，莱菔子 200g。水煎取汁，视牛体大小酌情加入石蜡油 1000～1500mL，混合灌服。服中药 24h 后，肌内注射 0.1% 硝酸士的宁 5～10mL，效果更好。共治疗 18 例，治愈 17 例。

注：注意纠正脱水及酸中毒。异物所致的真胃积食应早做手术，以免延误时机。继发异物性肺炎者预后不良。治疗中严禁使用盐类泻剂。真胃畅通后，应及时给以健胃药，以恢复脾胃功能。给食应少量多餐，逐渐增加。

2. 大承气汤加减。大黄 120g，当归 90g，枳实、厚朴、醋三棱、醋莪术各 60g。水煎取汁，另加陈猪脂 500g，灌服，1 剂/d。

【典型医案】 1. 1983 年 5 月 20 日，社旗县唐庄乡贾庄村张某一头 2 岁白色母牛来诊。主诉：该牛发病已 7d，不食、不反刍，曾按感冒施治。检查：患牛精神沉郁，瘤胃积液、听诊有钢管音，触诊真胃区坚硬、有疼痛反应；鼻流清涕，口红津黏，体温 39℃，心跳 110 次/min，呼吸 60 次/min，被毛逆立，腹痛明显。诊为真胃积食。治疗：大黄、槟榔、蒲公英、当归各 90g，丹皮、桃仁、枳实、川厚朴、赤芍各 60g，金银花 70g，郁李仁 150g，元胡 45g。水煎取汁，加入石蜡油 1000mL，混合灌服。21 日，患牛体温 38.7℃，心跳 90 次/min，呼吸 40 次/min，排粪增加，瘤胃蠕动音增强。又服药 1 剂，并配合强心补液疗法。22 日，患牛病情明显好转，反刍基本正常，停药观察。25 日投服一些健胃药，26 日痊愈。（沈学乾，T19，P54）

2. 1994 年 12 月 15 日，西吉县兴隆镇罗庄村赵某一头 5 岁母牛来诊。主诉：该牛近 10d 来食欲、反刍减退，喜饮水，鼻流清涕，他医按感冒治疗无效。检查：患牛食欲、反刍废绝，瘤胃轻度臌气，蠕动音极微弱，毛乍无光，鼻镜汗不成珠、且少，流黄灰白色鼻液，眼结膜充血发紫，体温 39.2℃，心跳 92 次/min，呼吸 45 次/min，排少量棕褐色、糊状、气味恶臭粪，口红津黏，叩诊肋骨弓，在肷部可听到叩击钢管的铿锵音，触诊真胃区牛疼痛不安，瘤胃波动感明显。诊为真胃阻塞。治疗：大承气汤加减，用法见方药 2，1 剂/d，连服 2 剂。患牛真胃通畅，但反刍无力，胃肠蠕动紊乱，遂改用甘温除热方，服药 1 剂，患牛精神转好，咀嚼反刍有力，胃肠功能恢复，痊愈。（梁步升等，T117，P22）

## 真胃阻塞

真胃阻塞是指由于迷走神经机能紊乱，导致牛真胃内容物滞留、胃壁扩张，表现为严重消化机能障碍的一种病症，也称真胃积食。

## 一、黄牛真胃阻塞

【病因】 多因采食粗猛，突然暴食，特别是饲喂大量含粗纤维多的饲料，如红薯秧、豆类植物秸秆、粗硬的麦秸等引起；或继发于前胃弛缓、创伤性网胃炎、瓣胃阻塞、瘤胃积液、自体中毒和脱水等。

【主证】 本病分为原发性和继发性两种。原发性多见于体质强壮的成年牛；继发性多见于前胃弛缓、创伤性网胃炎及其他前胃病所引起的消化机能紊乱的过程中。

病初，患牛体温正常，中期稍高，末期下降；真胃区扩大、呈局限性隆起，触诊真胃区坚实、敏感，叩诊有明显的钢管音；有时疼痛，鼻汗不成珠，舌根发红、有时青白，粪少、呈球状、带黏液。

【治则】 活血化瘀，清热解毒，润肠导滞。

【方药】 1. 活血化瘀汤加减。当归120～130g，大黄60g，川楝子、赤芍、白芍、丹皮、桃仁、金银花、蒲公英、川厚朴、元胡各80g，莱菔子、枳实、郁李仁各120g。水煎取汁，候温灌服，1剂/d。一般轻症2剂，重者5剂。根据病情辅以西药和输液，收效更佳。共治疗黄牛真胃病162例（其中真胃阻塞103例），治愈138例。

2. 加味榆白皮散。榆白皮150g，大黄120g，油当归100g，神曲、莱菔子各150g，枳实60g，三棱、莪术、麦冬各40g，桃仁、元参各30g，火麻仁50g，水煎取汁，候温灌服，1剂/d；口服补液盐，每袋（27.9g）加40℃温开水1000mL，让其自饮或胃管投服，10～15袋/d。阻塞畅通后，给予健胃药以恢复脾胃功能。共治疗19例，治愈15例。

3. ①导胃。先导出胃内容物。②输液、强心、纠正酸中毒，取10%葡萄糖注射液2000mL，复方生理盐水1500mL，庆大霉素20万单位，5%碳酸氢钠注射液500mL，10%安钠咖注射液20mL，混合，1次静脉注射。③当归导滞汤。油炒当归120g，赤芍90g，炒白术、郁李仁各45g，三仙各30g，茯苓、厚朴、枳实、木香、二丑、大黄、千金子、番泻叶、杏仁、桔梗各30g，清油250～500g（炒当归用）。水煎取汁，候温灌服。

4. 加味通幽汤。当归40～90g，升麻30～60g，生地、熟地各50～90g，桃仁30～50g，玉片30～40g，大黄60～90g，麻仁80～120g，红花、炙甘草各20～30g，硫酸钠300～500g。水煎取汁，加石蜡油500～1000mL，候温灌服。共治疗数十例，均取得了满意效果。

5. 自拟消食散。当归100g，滑石200～300g（另包），玉片、肉苁蓉、丹皮、枳壳、厚朴、香附、青皮、陈皮、桃仁各60g，蒲公英、金银花各70g，党参、黄芪各50g，生姜、甘草各30g。水煎2次，合并药液，候温，加入滑石，1次投服，1剂/d，一般1～2剂可治愈。共治疗28例，治愈25例。

6. 大戟散加减。大戟60～100g，甘遂40～80g，二丑、大黄各80～100g，千金子100～150g，滑石60～80g，油当归100～200g，甘草60～70g，蜂蜜300～500g，石蜡油500～1500mL。口色红燥、口液黏腻、体温偏高、粪黏呈黑色、真胃炎症状明显者加桃仁、赤芍、公英、郁金、元胡等，并加大当归用量；心率快、耳鼻不温、口色青白者加黄芪、肉桂、附子、良姜；老龄体弱或伤津太过者加生地、元参等。水煎取汁，候温灌服。本方药对各期黄牛真胃阻塞有良效，尤以初期治疗效果更佳。

注：①服药前应先导出胃液，以减轻瘤胃负担，增强药液的吸收。②大戟、甘遂、二丑为逐水之峻药，用后患牛脱水症状明显，应及时补液。③久滞生瘀继发真胃炎者，应配合使用消炎药。

7. 增液大承气汤加减。大黄、枳实、商陆各30g，芒硝、玄参、麦冬、秦艽、元胡各20g，生地25g，香附10g，香油100mL。开水煮沸3h后，取汁，加入香油，1次真胃注射，一般用药2～3剂。共治疗17例，均治愈。

注：本病应与肠梗阻、瓣胃阻塞、真胃炎鉴别诊断。在治疗过程中，严禁使用盐类泻剂。

【典型医案】 1. 1982年4月5日，邓县张楼乡门庙大队门某一头黄色成年公牛来诊。主诉：该牛因摄入大量麦秸和豆秆，于3月31日出现食欲废绝，反刍停止，经他医治疗数日无效，且病情日渐加重，仅排少量带白色黏液的干粪球。检查：患牛体温40.1℃，心跳86次/min，呼吸14次/min，听诊瘤胃蠕动音弱，触诊下部松软，叩诊上部呈鼓音，冲击瘤胃区可听到液体波动音，触诊真胃区坚硬、外观隆起，眼结膜呈树枝状充血，口色红，舌尖偏白；鼻镜有汗而不成珠，口津少而黏腻，被毛逆立、蓬乱颤抖。诊为真胃阻塞。治疗：取方药1加木香、甘草各30g，用法同上。次日，患牛胀气明显消除，排出少量糊状物。鉴于该牛病已到中期，体液大量消耗，故在继续服用上方药的同时结合补液。10%安钠咖注射液20mL，10%葡萄糖注射液1500mL，0.85%氯化钠注射液500mL，1次静脉注射。7日上午，患牛病情明显好转，体温38.5℃，口色已接近正常；下午体温39.1℃，心跳78次/min，瘤胃蠕动音增强，触诊真胃区稍软、隆起消失。继服上方药1剂，至当晚11时开始反刍。8日、9日又连服前述中药2剂，随后排出大量粪，痊愈。（张应三等，T14，P38）

2. 1997年4月17日，庆阳县蔡家庙乡东王原村田某一头秦川母牛来诊。主诉：该牛已患病6d，鼻流清涕，食欲差，他医曾按感冒治疗3次无效。检查：患牛精神沉郁，食欲、反刍废绝，毛乍无光，鼻镜汗不成珠、发凉，流灰白色鼻液，眼结膜充血、发紫，口红津黏，体温38.7℃，心跳92次/min，呼吸45次/min，粪量少、呈煤焦油样，卧地小心，不断磨牙，腹围较大，瘤胃充满水气，触压不到底，弹力和拍水音较大，触诊真胃区坚硬、疼痛不安，在肷窝处结合叩诊肋骨弓听诊有钢管音。诊为真胃阻塞。治疗：取方药2，用法同上，连服3剂治愈。（王存军，T110，P21）

3. 武威市北关西路张某一头2岁公牛来诊。主诉：该牛已患病5d，不反刍，腹胀，粪干、呈球状，喜饮水，他医曾用中药和石蜡油、硫酸钠等治疗未效，病情恶化。检查：患牛体温39.2℃，心跳84次/min，呼吸24次/min；精神沉郁，发吭，瘤胃臌起，右腹部膨大突出；冲击瘤胃及右肷部有振水音，右腹下有袋状阻塞物沿最后肋弓伸向后肷部；眼结膜充血，口色淡黄，苔薄，口津短少，鼻镜龟裂；听诊瘤胃蠕动音极弱，心音弱但节律整齐。诊为真胃阻塞。治疗：先行导胃，导出约 60000mL 水样内容物；取 10%葡萄糖注射液 2000mL，复方生理盐水 1500mL，庆大霉素 20 万单位，5%碳酸氢钠注射液 500mL，10%安钠咖注射液 20mL，混合，1 次静脉注射；取当归导滞汤，用法同方药 3，连服 3d。服药后，患牛精神好转，鼻镜湿润，瘤胃蠕动达 4 次/2min，持续 14s，真胃阻塞物变小且松软，出现反刍，排出大量沥青状稀粪。因患牛体质较弱，病程长，遂改用当归苁蓉汤缓泻，2 剂痊愈。（王学智等，T80，P35）

4. 1986 年 5 月 5 日，唐河县郭滩乡柴庄村王某一头 6 岁母牛来诊。主诉：该牛已患病 5d，不食、不反刍，慢性腹胀，粪干、如驴粪状，他医用西药治疗无效。检查：患牛体温 40.8℃，心跳 80 次/min，瘤胃蠕动音消失、胃内充满液状物，叩诊左侧倒数第 1～5 肋骨弓有钢管音；鼻镜干燥、无汗。诊为真胃阻塞。治疗：取方药 4，水煎 2 次，合并药液，1 次灌服。服药后 24h，该牛排出稀软粪，并开始反刍，1d 后痊愈。（阎从俭，T34，P58）

5. 1989 年 4 月 20 日，蒲城县陈庄乡白鲁村马某一头 7 岁、临产母牛来诊。主诉：该牛已患病 10d，病初 2d 排少量粪，以后数日未见排粪，有时仅排少量稠黏液，经他医治疗数次无效，且病情加重。检查：患牛呼吸稍快，体温 39.5℃，心跳 104 次/min，营养中等，精神委顿，耳鼻发凉，无食欲，胃肠蠕动音废绝，触诊瘤胃充满、有轻度臌气，真胃区坚实、稍下垂、叩诊有明显的钢管音。诊为真胃阻塞。治疗：10%葡萄糖注射液、5%葡萄糖盐水各 1000mL，5%碳酸氢钠注射液 400mL，10%磺胺嘧啶钠 150mL，混合，1 次静脉注射；硫酸链霉素 700 万单位，生理盐水 100mL，稀释后 1 次瓣胃注射；30%安乃近注射液 30mL，肌内注射；取方药 5 中药 1 剂，用法同上。翌日，患牛精神好转，心跳 90 次/min，体温 38.5℃，听诊已有微弱的胃肠音，饮水增加，未见排粪。再取 10%葡萄糖注射液 1500mL，5%葡萄糖生理盐水 1000mL，10%氯化钙注射液 100mL，安钠咖注射液 10mL，硫酸庆大霉素 100 万单位，静脉注射；取方药 5 中药 1 剂，用法同上。第 3 天，患牛精神好转，体温、心率、呼吸基本恢复正常，胃肠蠕动音增强，尿量增多，鼻镜湿润，中午开始排粪，腹围缩小，晚间出现反刍。又取 10%葡萄糖注射液 1000mL，10%维生素 C 注射液 30mL，氢化可的松注射液 125mg，静脉注射；干酵母片 100g，黄连素、痢特灵各 3g，灌服。第 5 天痊愈。（陈树新，T46，P30）

6. 1987 年 3 月 20 日，襄城县丁营集上一头母黄牛来诊。主诉：该牛患病已 20 余日，已服用油类等泻药 10kg 无效。检查：患牛肚胀，不排粪，不食不反刍，真胃部凸起，瘤胃积水、胀气，体温、心率、呼吸变化不大。诊为真胃阻塞。治疗：大戟散加

减，用法同方药 6，1 剂/2d；辅以输液，1 次/2d。服药 3 剂，患牛排出软粪，开始反刍，7d 痊愈。（贺延三等，T52，P25）

7. 兰坪县李某一头母黄牛来诊。主诉：该牛已患病数天，精神不振，喜饮水，吃草少，不食料，时常腹泻，粪气味臭、混有黏液和血丝。检查：患牛体温 38.1℃，心跳 81 次/min，呼吸 27 次/min，反刍停止，鼻镜干燥，精神沉郁，消瘦，脱水，右腹中部显著膨大，触诊真胃坚硬有痛感，叩诊真胃上方呈鼓音，听诊真胃蠕动音消失、肠蠕动音微弱。诊为真胃秘结。治疗：增液大承气汤加减，1 剂（约 1500mL），1 次真胃注射；硝酸毛果芸香碱注射液 5mL，皮下注射。用药 4h 后，患牛开始排粪，次日有食欲，第 3 天恢复健康。（张仕洋等，T141，P45）

## 二、奶牛真胃阻塞

【病因】 因长期饲喂粗硬难消化的粉碎饲料如谷草、麦秸、麦糠、豆秸以及饲草中含泥砂过多等引起；营养单一、饮水不足、精神紧张和气候变化等多可诱发。

【主证】 病初，患牛前胃弛缓，随后食欲废绝，反刍停止，瘤胃蠕动音极弱，粪量少、呈糊状或棕褐色、气味恶臭、混有少量黏液、血丝和血块，身体迅速消瘦，肚腹显著增大，尤其是右侧腹部增大明星，在右中腹部直至肋弓后下方触诊可感到真胃区坚硬、敏感、叩诊有明显的钢管音；直肠检查可在右腹腔的肋弓部下后方摸到真胃、呈捏粉样，轻压留痕，质地黏硬。

【治则】 消积导滞，润肠通便。

【方药】 1. 加味当归大芸汤。当归 250g，麻仁、郁李仁各 200g，肉苁蓉、滑石粉、莱菔子、柏仁各 100g，生地、元参、人参、白术、阿胶、枳实、厚朴、大黄各 50g，茯苓、桔梗各 40g，青皮、陈皮、木香、香附、元胡、炙甘草各 30g，砂仁 20g，菜油 2000g。先将菜油加微热，把当归放入油中，文火炸，待当归酥脆色焦黄时，捞出与其他药物同煎（阿胶及滑石粉不煎）。上药共水煎 4 次，药液总量不低于 12000mL，然后熔化阿胶及滑石粉，与冷却的菜油 1 次灌服。共治愈 10 余例，效果十分显著。

2. 平胃散加味。苍术、大枣各 200g，厚朴、陈皮各 150g，槟榔 250g，枳实、生姜各 100g，甘草 50g。水煎 2 次，取汁，混合均匀，1 次灌服。

【典型医案】 1. 2003 年 9 月 30 日，眉县任白庄 3 组安某一头 3 胎、妊娠干奶期牛来诊。主诉：该牛患病已半个多月，经多方医治无效。检查：患牛精神较差，体温 38.8℃，心跳 92 次/min，呼吸 28 次/min，食欲废绝，不断努责，未见排粪，瘤胃蠕动音较弱，三、四胃无音，肠音低，鼻镜干燥，叩诊真胃区有钢管音。诊为真胃阻塞。治疗：取方药 1，用法同上，1 剂。第 2 天，患牛口内含有少许干麦草，不断咀

嚼，听诊 30s 后，排出大量糊状稀粪、夹杂少量干硬粪球，瘤胃蠕动较好，心率正常，其他未见异常。取促反刍液、5% 碳酸氢钠注射液各 500mL，10% 葡萄糖注射液 2000mL，葡萄糖生理盐水 1000mL，维生素 C 注射液、维生素 B₁ 注射液各 50mL，1 次静脉注射，2 次/d。在输液的过程中，该牛开始反刍，并不断排出大量糊状粪。隔日，患牛腹围缩小，偶有磨牙现象，有食欲。根据以上症状分析，由于妊娠后期胎儿发育较大，饲喂精饲料过多，造成真胃弛缓，最终导致真胃阻塞，随着治疗时间延长，导致食物在真胃停留时间较久，酸度过大，刺激真胃发炎且日趋加重。取人参、白术、苍术、厚朴、麦冬、阿胶、黄连、山药、远志、白芍、元胡、生姜各 50g，茯苓 40g，陈皮、木香、香附、枣仁、大枣、炙甘草各 30g，莱菔子、炒山楂、乌贼骨各 100g。水煎取汁，候温灌服，1 剂/d，连服 3 剂，痊愈。（张兴龙等，T137，P44）

2. 2007 年 9 月，一头约 600kg 奶牛来诊。检查：患牛食欲废绝，未见排粪，右侧真胃区稍膨大，喜卧地，磨牙，听诊右肷部有钢管音，按压真胃区有躲闪反应。诊为真胃积食。治疗：平胃散加味，用法同方药 2。服药 1 剂，患牛开始反刍，零星排出粪；再服 1 剂，痊愈。（张武，T160，P25）

## 真胃移位

真胃移位是指牛真胃的自然生理位置发生改变的一种病症。分为左方移位和右方移位（真胃扭转）。左方移位是真胃通过瘤胃下方移行到左侧腹腔，嵌留在瘤胃与左腹壁之间；右方移位又叫真胃扩张或真胃扭转，以脱水、真胃内大量积气、积液、右腹膨胀为特征。临床上以左方移位多见。多见于头胎牛。多见于分娩后 1 周左右的慢性病例。

【病因】　多因日粮中精料过多，粗饲料特别是优质干草等容积性饲料缺乏，导致饲料在瘤胃停留时间缩短，消化不够充分就进入真胃，产酸产气，增加真胃负担，对真胃产生压迫，进一步使真胃弛缓并向左侧移动。母牛分娩后，瘤胃空虚不能很快恢复，使真胃移位到腹腔左侧，导致左方移位。右方移位多因体位的突然改变，如奶牛发情时相互爬跨或摔倒，育成牛跳跃，或运输时装卸不当所致。奶牛误食异物或不清洁饲料如混有泥沙的块根类饲料等，使真胃弛缓、扩张，造成真胃移位。某些胎产病如胎衣不下、产后瘫痪、子宫炎等，各种原因引起牛消化机能障碍、胃肠弛缓或停滞，都可能引起真胃变位；或产后血钙偏低诱发本病。

【主证】　病初，患牛精神沉郁，食欲下降，时好时坏，反刍减少或停止，粪量少、草渣细、常带混有黏液，病程超过 1 周则多排出褐色稀粪。少数患牛急性发作，食欲骤然废绝，反刍停止，精神极度沉郁，

肌肉震颤；体温一般正常，个别病例早期有体温升高现象。

左侧移位者多数为慢性，一般病程长。患牛精神沉郁，食欲、反刍减少，大多体温偏低，体温 37.0～37.5℃，呼吸 8～10 次/min；病程久者心率较慢，心跳 38～45 次/min，心音低沉，食欲废绝，反刍停止，消瘦明显。左侧移位，从牛体正后方观察腹部两侧不对称，左侧腹部、肋弓区稍突出，叩击有疼痛表现。在左侧第 9～13 肋弓区上 1/3 处可听诊到钢管音，叩诊有钢管音，真胃穿刺液 pH 值 1～4，无纤毛虫。多数患牛伴有酮血、酮尿和酮乳症状，尿中有大量泡沫，严重者呼出的气体或出汗中有烂苹果味。奶产量明显下降甚至无乳。

右侧移位者发病比较急剧。患牛突然起卧不安，回头顾腹，后肢踢腹，有的腹痛剧烈，呻吟，努责，背腰下沉或呈蹲伏姿势，心跳加快，食欲明显下降，反刍停止，精神沉郁，喜卧，头弯向右侧，从牛体后方观察，腹部两侧不对称，右侧腹部或肋弓区比较突出，叩击有疼痛表现。在右侧第 9～13 肋弓区上 1/3 处听诊有钢管音，听诊的同时叩击肋骨或冲击触诊右侧肷窝区可听到清脆的钢管音，在第 9～12 肋间上 1/3 或中 1/3 处穿刺，穿刺液多为红褐色，无纤毛虫，pH 值 1～4。病程稍长者，患牛精神沉郁，常卧地不起，伸颈、呻吟，眼球明显下陷，结膜发绀，呈现严重脱水甚至休克症状。有的因真胃扭转严重，导致胃内大量积气积液，腹部膨胀、疼痛明显。

【治则】　恢复真胃正常生理位置。

【手术疗法】　1. 术前应根据患牛的体质状况分别采取补充水分、能量、调节电解质及补钾等措施。若瘤胃积液、积气严重，用大号胃管将瘤胃内容物导出，术前需采用穿刺方法或用真空泵将真胃内容物尽量抽出，使手术时间缩短，术后真胃机能恢复。避免切开真胃。

将患牛置五柱栏或六柱栏内站立保定，腹下和胸下系一绳，防止患牛在手术过程中卧倒。采用腰旁神经干传导麻醉，并配合术部浸润麻醉。

右侧移位手术整复：选择右肷部前切口，长度 15～20cm，常规打开腹腔。术者手进入腹腔向前方触及向上翻起的真胃，大弯在上，以手掌按压真胃大弯沿胃壁向下挤压，使真胃恢复到正常位置。检查瓣皱口、真胃大弯、幽门部、十二指肠及大网膜，若位置正常即可将真胃大弯以盲针固定于第 9～10 肋弓处下方的腹壁上。固定时，仅穿透胃壁的浆肌层，最好采用皮下缝合法将结推至皮下，这样就不必切开皮肤，固定线以后也不需拆除。固定线松紧要适度，一般固定 1 针即可；若真胃较松弛，可固定两针。关闭腹腔之前仔细探查瓣胃及肠管，若瓣胃干硬，可向瓣胃内注入 10% 硫酸镁溶液 500mL，石蜡油 500mL，按摩瓣胃使其松软。常规关闭腹腔。

左侧移位的手术整复：选择左肷部前切口，长度

15～20cm，常规打开腹腔。术者手臂伸入腹腔沿腹壁向前寻找真胃，牵拉真胃及大网膜至切口处，用长约 1.5m 的双股 12 号缝线，穿上皮针，一端在真胃大弯的大网膜或真胃壁上做一水平纽扣预置缝合并打结，带有皮针的一端拉至皮肤切口外备用。然后术者手按压真胃大弯沿腹壁向下挤压并经瘤胃底部将真胃推至右侧腹底，反复探查，确定真胃位置正常时即将真胃固定于右侧腹壁。固定时，术者右手掌心向下握着带有缝线的皮针，通过瘤胃底即至右腹部，在右腹壁真胃正常体表投影位置将皮针穿透腹壁，助手将皮针由皮外引出，慢慢牵引缝线，术者确认真胃复位固定后，将皮外缝线剪断 1 根，不带皮针的缝线一直处于紧张状态，然后将皮针从出针孔进入，在皮下穿透部分腹壁组织进行皮下缝合，最后系结打至皮下。做一圆枕缝合亦可，但术后 10～12d 要拆除。

真胃左移至瘤胃底部的手术整复：先在右肷部打开腹腔，若能使真胃复位，固定真胃大弯于腹壁上即可。若不能使之复位，另一术者再在左肷部打开腹腔，手臂进入腹腔沿瘤胃与腹壁之间向前下方触摸，可摸到夹于瘤胃腹囊与左腹壁之间的少部分真胃，然后向下向右推送真胃至右侧。右侧术者确认真胃复位无误，幽门、十二指肠、瓣胃位置基本正常后，即可将真胃大弯固定于腹壁上。常规关闭腹腔。

术后，对后肢无力的患牛注意补钾、钙；粪干燥者适当灌服缓泻药物；妊娠牛肌内注射黄体酮 4～5d，400～600mg/d；术后禁食 48～72h，但不限制饮水；待患牛反刍并有明显的饥饿感时逐渐增加干草饲喂量。一般 1 周左右即康复出院。经手术治疗的 42 例，85.7%完全康复，走访后无 1 例复发，妊娠牛无 1 例流产，且对以后的分娩及再妊娠无明显影响。大部分患牛在术后 36h 之内即开始反刍。（李德印等，T128，P29）

2. 患牛左侧卧位保定。在右侧乳静脉与肋弓之间切开腹壁，整复、固定真胃。术前对切口部位进行常规除毛、清洗、消毒。术后采取抗菌消炎，强心补液，腹腔封闭及对症治疗等。取氨苄青霉素、磺胺嘧啶钠或阿莫西林钠等药物交替使用 5～7d。强心用 10%樟脑磺酸钠注射液和安钠咖注射液交替使用；补液用 0.9%氯化钠注射液、10%复方生理盐水或 25%葡萄糖注射液、10%葡萄糖酸钙注射液及代血浆等，静脉注射；腹腔封闭用 3%盐酸普鲁卡因注射液 4～6mL，青霉素 800 万单位，0.9%氯化钠注射液 500mL，连用 3d。对体质衰弱、病情严重者可输血 4000mL。为了止血和促进伤口愈合，取止血敏和维生素 A、维生素 B、维生素 C，肌内注射 5～7d。每天定时对创口进行消毒。为了促进胃肠机能恢复，内服促反刍散或四胃安定散 2～3 剂，也可用稀盐酸、胃蛋白酶等；纠正瘤胃酸中毒，可静脉注射 5%碳酸氢钠注射液。共治疗 345 例，有效率达 91.15%。

注：右侧真胃变位发病急，临床症状明显，比较容易确诊；左侧真胃变位因大多数病例症状轻微，不易确诊，应进行综合分析，早期诊断。一旦确诊为右侧变位，应立即进行手术治疗。左侧变位病程长，但术后恢复良好。

【护理】 采用全身麻醉的奶牛，因其喉头麻痹，手术当天不要饮水喂料，防止引起异物性肺炎。当奶牛出现食欲时，应饲喂优质青干草和富含蛋白质饲料，但精料喂量不宜过大，加料速度不宜过快，以免影响机能恢复，导致真胃变位复发。

【典型医案】 2003 年 6 月 29 日上午，泾阳县兴隆乡大庄村任某一头 2 胎奶牛来诊。主诉：该牛于产后第 6 天突然拒食，起卧不安，腹痛剧烈，不断呻吟，努责，出现反复臌气现象，经过 3 次穿刺瘤胃放气、灌服消气灵等药物，臌气现象无法彻底缓解。检查：患牛心跳 135 次/min，第 3 胃区及其后上方可听到明显的流水音，叩击右侧肋骨可听到明显的"钢管音"，第 3 胃区冲击性触诊有液体音，卧地不起，呻吟，结膜发绀，眼球明显下陷，严重脱水，在腹壁膨胀部位穿刺，抽出大量黑色液体（pH 值 3.5），直肠检查第 3 胃区后方可触到紧张而膨大的真胃，胃内充满液体。诊为真胃右方变位。治疗：在右腹壁肋弓下切开腹壁进行手术整复。术中用青霉素 800 万单位，链霉素 400 万单位，维生素 B₁ 注射液 20mL，维生素 C 注射液 30mL，0.9%生理盐水、5%葡萄糖生理盐水各 1000mL，复方盐水、25%葡萄糖注射液各 500mL，静脉注射。术后用阿莫西林钠 15 支，维生素 B₁ 注射液 20mL，维生素 C 注射液 30mL，0.9%氯化钠注射液、5%葡萄糖生理盐水各 1000mL，复方生理盐水、25%葡萄糖注射液各 500mL，静脉注射，1 次/d，连用 3d；10%安钠咖注射液 20mL，肌内注射；青霉素 800 万单位，3%盐酸普鲁卡因注射液 30mL，0.9%氯化钠注射液 500mL，腹腔封闭；用 3%碘酊对手术创部进行消毒 2～3 次/d。为促进胃肠机能恢复，取四胃安定散 250g，灌服，连用 3d。治疗 3d 后，患牛开始少量采食，出现反刍；7d 后采食量基本正常，第 12 天拆线，伤口第一期愈合。（尚文博等，T153，P59）

## 胃肠水结

胃肠水结是指因牛空腹过饮冷水，致使胃肠积水引起肚腹胀满、疼痛的一种病症。多发于春末夏初季节。

【病因】 在炎热天，牛空腹过饮冷水，脾阳受损，运化失司，脾不为胃行其津液，则水液不化，精微不布，内停中焦，致使瘤胃积水，水谷不化，肚腹胀满所致。

【辨证施治】 本证分为胃水结、肠水结和胃肠水结。

（1）胃水结 一般发病急。病初，患牛食欲、反刍废绝，翻胃呕逆，左腹胀满，瘤胃无蠕动音、内容物稀，盘头卧地，不断呻吟，有的肚腹微痛，偶见后肢踢腹、口温低、口色淡、流清涎、口津滑利、鼻汗成片或无，粪、尿均无，脉数弱。随着病情的发展，患牛有腹痛表现；胃内积水增多、有振水音，眼窝深陷，口渴欲饮，不断咬牙，翻胃呕吐，鼻流粪水，四肢、肌肤发凉、震颤，流泪，行走不稳，精神恍惚，鼻干无汗或鼻镜龟裂，脉数而微。

（2）肠水结　患牛瘤胃无蠕动音或音弱，有的左腹部轻度膨胀，偶见腹痛表现，肠音无，不排粪，尿量少、黄浊，右腹部有明显振水音，有的推振右腹部即引起腹痛，直肠检查无结粪，口淡、津滑，口鼻凉，食欲、反刍废绝，鼻干无汗或干裂，有的眼窝深陷，口渴欲饮。

（3）胃肠水结　患牛肚腹胀满，胃肠积水、有振水音，手感波动，口舌色淡，口含清水，舌津滑利，口温低，鼻、角凉，偶见踢腹，粪稀少、混有白色胶胨样黏液，口渴欲饮，盘头卧地，粪尿均无，肢体发凉，肌肤不温；鼻干无汗或鼻镜干裂，出气喘促，鼻流粪水，精神恍惚，肌肉震颤，流泪，脉数而微。

【治则】　温补脾肾，行水逐欲。

【方药】　肉桂、干姜、苍术各 30～50g，吴茱萸 20～40g，黑附子 20～50g，乌药、陈皮、青皮、槟榔各 30g，莱菔子、牵牛子各 40～60g，草豆蔻（或草果）、茴香各 30～40g。肠水结者加醋甘遂 10～15g，木通 30g；颔下水肿者加茯苓 30g；腹满胀甚者，先导胃后灌药。共研末，开水冲调，候温灌服，或水煎取汁，候温灌服，1 剂/d。病重者早、晚各服 1 剂。共治疗 99 例，治愈 92 例，死亡 7 例。

注：本病应与结症注意鉴别。

【典型医案】　1. 2001 年 7 月 20 日，商都县四台坊子赵某一头成年孕母牛来诊。主诉：该牛于 10 余天前曾患前胃弛缓治愈。今天突然饮多量冷水后不食、不反刍。检查：患牛体温 37.7℃，心跳 110 次/min，呼吸 78 次/min；肚腹胀满、内容物稀软，叩诊腹部有振水音，听诊瘤胃无蠕动音，心脏有磨擦音，偶见蹬踢后腿，卧地盘头，呻吟，前肢肌肉震颤，翻胃呕逆，出气喘息，身软无力，精神恍惚，口淡、流清水，口鼻发凉，四肢不温。诊为胃水结。治疗：取 10%樟脑磺酸钠 20mL，肌内注射；中药用肉桂、黑附子、干姜、茴香、乌药、草豆蔻、陈皮、青皮各 30g，吴茱萸 25g，苍术 40g，槟榔 35g，牵牛子 60g，莱菔子 50g。共研细末，开水冲调，候温灌服。服药后，患牛夜间排数次稀粪，排尿，体温 38.2℃，心跳 78 次/min，腹围缩小，喘息停止，开始反刍，诸症减轻。嘱畜主停喂草料，2d 后痊愈。

2. 2001 年 7 月 17 日晚，商都县大青沟坊子王某一头成年黑色母牛，于饮水后发病来诊。检查：患牛体温 37.7℃，心跳 94 次/min，听诊瘤胃无蠕动音，心音弱而快，肠音无，左腹胀满，瘤胃内容物稀，叩诊右腹部均有振水音，卧地盘头，行则欲倒，身软无力，精神恍惚，不断呻吟，不食、不反刍，粪、尿均无，口色淡白、温度低，口鼻滴水，两眼滴泪，前身肌肉震颤，眼窝稍下陷。诊为胃肠水结。治疗：取樟脑、氨胆、维生素 B₁，分别肌内注射。第 2 天，患牛病情加重，体温 36.5℃，心跳 98 次/min，两眼深陷，鼻流粪水，口温低、色淡，口鼻滴水，肌肤不温，其他症状同前。治疗：取樟脑磺酸钠 20mL，肌内注射；中药用肉桂、干姜、吴茱萸、茴香、草豆蔻、苍术各 40g，黑附子、乌药、陈皮、槟榔、青皮各 30g，牵牛子、莱菔子各 60g。共研末，开水冲调，候温灌服。19 日，患牛排稀粪，排尿，体温 38.9℃，心跳 76 次/min，听诊瘤胃蠕动音 2 次/min，肠音弱，右腹部振水音变小，肚胀减轻，鼻无粪水，有时伸腰踢腹，颔下水肿，有食欲，诸症减轻。继用肉桂、茴香、草豆蔻、乌药、槟榔、青皮、茯苓各 30g，苍术、陈皮各 40g，牵牛子 60g，干姜 25g，吴茱萸 15g，党参 35g。共研细末，开水冲调，候温灌服。服药后，患牛排出大量粪、尿。停食 1d 后，患牛开始反刍，痊愈。

3. 2001 年 6 月 6 日，商都县红帽营子孙某一头成年花母牛来诊。主诉：该牛于 4d 前因过饮冷水发病，有时踢腹，经他医治疗无效。检查：患牛体温 38℃，心跳 98 次/min，听诊瘤胃蠕动 1 次/3min，无肠音，叩诊腹部振水音明显，腹痛，偶尔踢腹，不食、不反刍、不排粪，尿少、黄浊，两眼深陷，口色淡，口、鼻、角均凉；直肠检查无结粪。诊为肠水结。治疗：取樟脑磺酸钠 20mL，肌内注射。中药用干姜、肉桂、槟榔、乌药、草蔻、苍术、厚朴、陈皮、木通各 30g，茴香、莱菔子各 40g，吴茱萸 20g，醋甘遂 15g。共研末，开水冲调，候温灌服。服药后，患牛夜间排稀粪 3 次，胃肠音较前增强，仍有轻微腹痛，偶见轻微振水音，有食欲。继用上方药，去甘遂，加白术、茯苓各 30g，用法同前，痊愈。（尉瑞福等，T113，P26）

## 冷　痛

冷痛是指牛因受寒冷刺激，引发气滞血凝、胃肠痉挛，临床上以肠音增强、间歇性腹痛为特征的一种病症，现代兽医学称肠痉挛。

【病因】　因气候突然变冷，空腹或使役后过饮冷水，采食带露水的饲草或冰冻饲料，放牧或使役中突遭雨淋、夜露风寒等因素引发。

【主证】　患牛突然剧烈腹痛，不时起卧，摇尾，拧腰，后肢踢腹，伸腰蹲尻，重则以角牴地，卧时四肢伸直、侧躺，频频弓腰举尾，胃肠音高朗且不整，瘤胃柔软，体温正常，粪稀溏、量少，尿频、淋滴不尽，角、耳根冰凉，口色青白，口津清滑，脉沉迟。腹痛间歇时，患牛表现如常，甚至可以采食。

【治则】　温中散寒，理气止痛。

【方药】　1. 橘皮散加味。青皮、陈皮、当归各30g，官桂、茴香、厚朴各25g，白芷20g，槟榔15g，细辛6g。腹痛剧烈者加木香、元胡、枳壳各25g，若配合5%酒精水合氯醛溶液100mL内服效果更佳；阴盛寒重者加附子、干姜各20g；尿不利者加滑石、乌药、木通各25g；体瘦毛焦、舌淡涩多者加白术、砂仁、益智仁各30g。共研细末，开水冲调，候温加姜酊150mL，灌服。共治疗11例，其中母牛9例，公牛2例，全部治愈。

2. 小茴香60g，研末，用2000mL温水调匀，灌服；阿托品50mg，肌内注射。共治疗3例，均治愈。

【典型医案】　1. 1995年6月7日，蛟河市龙凤乡双顶子屯赵某一头6岁母牛来诊。主诉：今晨饲喂后，该牛饮用新汲深井水一桶后出现阵发性起卧不安，频频排粪尿。检查：患牛精神不振，耳鼻俱凉，口色青白，口流清涎，脉沉迟，心音弱、心律不齐，瘤胃蠕动音连绵不断，肠音高朗，臀部、股部肌肉震颤，扭腰拧胯、如走舞步，体温37.8℃。诊为冷痛。治疗：橘皮散加附子、干姜各20g，木香、元胡、枳壳各25g，共研细末，开水冲调，加5%酒精水合氯醛溶液100mL，混合，灌服。翌日复诊时畜主告知，用药后该牛再未出现腹痛，食欲恢复，今晨又发病1次。继用上方药1剂，腹痛止。因其体瘦、舌淡，上方药去5%酒精水合氯醛，橘皮散加木香、元胡、枳壳、砂仁、益智仁、白术各20g，继服1剂以善后。（马常熙等，T105，P29）

2. 1990年8月15日晨，武威市九墩乡下窝村段某一头西土1代杂种牛来诊。主诉：昨夜，该牛拴于圈外棚下，夜间突降大雨，清晨即骚动不安，后肢频频踏地、踢腹，人不能接近，3m外可闻见肠鸣音。检查：患牛精神尚可，眼结膜、口腔黏膜色淡白略青，口津滑利，鼻镜湿润，瘤胃蠕动音增强，小肠音明显，大肠蠕动亢进、肠音响亮、伴有金属音；体温38.6℃，心跳64次/min，呼吸27次/min。诊为冷痛。治疗：青霉素320万单位，链霉素3g，安乃近9g，肌内注射。16日下午4时复诊，症状同前。上方药加硫酸阿托品100mg，肌内注射。傍晚，上述症状复现并加剧，取10%水合氯醛200mL，10%葡萄糖注射液1500mL，静脉注射。用药后，患牛安静。次日又复发且更加剧烈，患牛骚动不安，绕柱旋转，时起时卧，频频踢腹，并不时从肛门排出少量泡沫状粪，即用阿托品50mg，肌内注射；小茴香60g，研末，用2000mL温水调匀，灌服。嘱畜主饮以温水，多牵遛。17日上午，患牛诸症减轻，但仍显不安，继用上方药治疗。19日追访，痊愈。

3. 1991年3月26日晚，武威市九墩乡光明村某村民一头西土1代杂种、妊娠已8个月母牛邀诊。主诉：该牛使役轻微，下午役后尚无异常，拴于草垛旁休息，傍晚进圈时发现躁动不安，喜卧，赶起后则回头顾腹、踢腹，呻吟。检查：患牛采食的草垛上有少许积

雪，地上有排出的稀粪；心跳有力、65次/min，呼吸28次/min，瘤胃蠕动音增强，肠音响亮。诊为肠痉挛。治疗：阿托品50mg，肌内注射；小茴香75g，研末，用2000mL温水调匀，灌服。嘱畜主饮以温水。次日中午，痉愈。（漆君等，T60，P30）

## 肠麻痹

肠麻痹是指术后肠麻痹。手术后牛肠道神经系统机能紊乱，肠平滑肌功能低下，造成肠腔内气液积滞、肠管扩张的一种病症。见于腹部手术之后。

【病因】　多因手术麻醉方式、手术方式和手术时间等，引发胃肠气机郁滞、不通所致。一般全身麻醉后发生术后肠麻痹较硬膜外麻醉多且持续时间长；开腹手术较其他手术多见。

中兽医认为，本病属虚中夹实证。术中伤气耗血，形成体虚，又有实的一面，故虚中夹实，实中有虚，但又不同于实热糟粕内结而形成的阳明腑实证。

【主证】　患牛食欲废绝，胃肠蠕动音、肠音弱或废绝，腹胀、腹痛，久不矢气。

【治则】　温中理气，行气开郁，通降肠胃。

【方药】　紫苏梗、白豆蔻各30g，厚朴、枳壳、佛手、莱菔子、陈皮、青皮、藿香、木香、炒槟榔各25g，二丑40g，大黄60g（后下），干姜15g。体温升高者去干姜加蒲公英30g。水煎取汁，候温灌服。同时，取比赛可林10mL，皮下注射；5%葡萄糖生理盐水1500mL，维生素C注射液40mL，10%安钠咖注射液20mL，青霉素480万单位，混合，静脉注射。共治疗10例，均取得了满意疗效。（王金邦，T115，P37）

## 肠阻塞

肠阻塞是指因肠机能紊乱，粪秘结不通，使牛肠腔发生完全或部分阻塞的一种急性腹痛症。多见于黄牛。

【病因】　多因饲料粗硬不易消化，或采食较长的红薯秧咀嚼不完全，或异嗜吞食自身被毛，或使役过度，饮水不足等引发；肠管内有大量寄生虫、结石，或肠管狭窄，腹腔脏器粘连等继发。

【主证】　病初，患牛前胃弛缓，食欲、反刍废绝，体温、呼吸、心率变化不大，常做排粪姿势、努责而无粪排出，或仅排出少量胶胨样团块，持续性腹痛，两后肢交替踏地，不时踢腹或呈后蹲姿势，腹围增大，在右腹部冲击触诊时有明显振水音，直检时肛门紧缩，直肠空虚，有时可能摸到鸭蛋大的硬固粪块或充满气体的盲肠前端。

【治则】　润肠通便，行气止痛。

【方药】　1. 蚯红桃芸黄泻汤。蚯蚓80只，红花、桃仁、川厚朴各30g，肉苁蓉150g，大黄160g，

番泻叶 40g，枳壳、神曲各 60g，麻油 250g。用麻油炸蜣螂至酥，捞出捣末，余药除神曲外水煎 2 次，合并药液，再将药液、神曲（捣末）及麻油混合，待凉后灌服。共治疗 21 头，全部治愈。

2. 当归芍药汤。当归 200g，生大黄 120g，莱菔子 100g，白芍 60g，厚朴、枳壳、黄芩、山楂各 50g，木香 20g，槟榔 25g，甘草 15g。共碾细末，加水 5000mL，煮沸 10min，取汁，候温灌服，1 剂/d，连服 2～3 剂。共治疗 15 例，治愈 13 例。

**【典型医案】** 1. 1986 年 7 月 29 日，涡阳县标里乡肖庙村刘某一头 4 岁母黄牛来诊。主诉：该牛因食草量减少，精神不安，即请兽医诊治仍不食。检查：患牛体温、呼吸、心率均无异常，食欲、反刍废绝，排粪停止，瘤胃轻度臌气，腹围增大，右肷部增高，时作排粪姿势，排出胶冻样黄色黏液，腹痛，站立不安，后肢踢腹；按压右腹部有明显拍水音；直检可触摸到在左肾后下方有鹅蛋大的硬实阻塞块。诊为肠阻塞。治疗：①洗胃；②取 5% 葡萄糖生理盐水 5000mL，5% 维生素 C 注射液 20mL，20% 安钠咖注射液 10mL，5% 碳酸氢钠注射液 400mL，30% 安乃近注射液 30mL，1 次静脉注射；③蜣红桃芸黄泻汤，用法同方药 1。翌日，患牛排粪，出现食欲。继服药 1 剂，痊愈。（刘传琪等，T63，P29）

2. 1974 年 3 月 10 日，华县下庙公社三吴中队一头 10 岁红公牛来诊。主诉：该牛不食已 2d，拱腰举尾不见排粪，仅排出杏核大的白脓团。诊为结肠阻塞。治疗：当归芍药汤，1 剂，用法同方药 2。当晚，患牛不时矢气，腹胀减轻。次日，患牛有饮食欲。再服药 2 剂，患牛陆续排出干黑粪块，痊愈。（雷风，T28，P40）

## 肠道瘀结

肠道瘀结是指阴寒性肠道瘀结。因阴寒之邪侵袭肌肤或直中脏腑，使牛胃肠受寒瘀结的一种病症。属现代应激性疾病的范畴。

**【病因】** 因重役后牛暴饮大量冷水；或气温突然下降，寒夜露宿受风寒侵袭；或用井水浇淋；或夏季重役大汗后突然下水等致使阴寒侵袭肌肤，直中脏腑，胃肠受寒（肠道蠕动过度或逆蠕动）而发病。

**【主证】** 病初，患牛精神委顿，呆立似睡眠状，转圈或头牴草堆或于墙壁旁站立，后肢摇晃，似要摔倒，四肢上部肌肉震颤，口温低，黏膜苍白；病后期，患牛排少量粪，粪中夹带黏液与血液，很快排粪停止，呼吸促迫，起卧不安或卧地不起，回头顾腹，四肢呈有节律性的划水动作。直检时，手伸入直肠约 30cm，手指触摸有紧塞感，可触到多量黏液与血液。

**【治则】** 散瘀开结，通肠理气。

**【方药】** 木槟硝黄散加味。木香（后下）25g，槟榔 45g，芒硝 300g，大黄 80g，莱菔子 50g，白术 30g，枳实、桃仁、白芍、赤芍各 20g。除芒硝外，余药水煎取汁，候温，加芒硝灌服；安乃近注射液 20～40mL，肌内注射；5% 葡萄糖注射液 500～1000mL，庆大霉素 40 万～80 万单位，维生素 C 注射液 10～20mL，5% 碳酸氢钠注射液 150～250mL，混合，静脉注射。共治疗 38 例，均取得了比较满意的效果。

**【典型医案】** 1996 年 3 月 4 日，涟水县蒋庵乡骆庄村 2 组王某一头 2 岁牯水牛，因役后暴饮大量凉水发病来诊。根据上述病因和症状，诊为阴寒性肠道瘀结症。治疗：木槟硝黄散加味，1 剂，用法同上；5% 葡萄糖注射液 500mL，庆大霉素 80 万单位，维生素 C 注射液 20mL，5% 碳酸氢钠注射液 250mL，静脉注射。用药后，患牛症状有所好转。上方中药芒硝减至 20g，继服 1 剂，痊愈。（戴立成等，T107，P32）

## 盲肠扭转

盲肠扭转是指牛回盲部肠襻扭转的一种病症。

**【病因】** 牛突然受凉、肠道炎症、过食易发酵饲料、全身麻醉以及突然摔倒、跳跃、滚转等均可引发；胃肠炎、阻塞、泄泻、消化不良等疾病引起腹痛、起卧打滚而继发。

**【主证】** 患牛剧烈腹痛，起卧不安，反复滚转，摇尾踢腹，回头顾腹，右肷窝臌起，眼结膜呈树枝状充血，呼吸加快，出气喘促，心率加快，心律不齐，肩胛部和肷部肌肉震颤，胸部出汗，腹腔穿刺腹水呈粉红色；直检盲肠盲端伸入骨盆腔内，充满气体，以致手臂无法进入深处。

**【治则】** 镇静止痛，手术整复。

**【方药】** 10% 葡萄糖注射液 1000mL，10% 维生素 C 注射液、10% 安钠咖注射液各 20mL，庆大霉素 80 万单位，10% 氯化钠注射液 300mL，1 次静脉注射；30% 安乃近注射液 30mL，肌内注射。

直肠整复。先行盲肠放气；术者按直肠检查的操作要求消毒手臂。检查时，先通过直肠确定盲肠扭转的部位和方向，再将手指并拢，随着肠壁的波动，向扭转相反的方向轻轻摆动盲肠扭转端肠壁，使之恢复原位。

手术治疗。将患牛左侧横卧保定；麻醉，取静松灵 3mL，肌内注射。术部在髋结节与最后肋骨连接中点处，切口长约 15cm。术部消毒及剖腹均按常规施术。打开腹腔后，先确定盲肠扭转部位，一般扭转部肠壁因瘀血呈青紫色，盲肠内充满气体。为了便于整复，减轻肠内压，可用纱布填塞创口，切开盲肠壁，排出盲肠内容物及气体，用生理盐水冲洗切口，以连续缝合和内翻缝合法缝合肠壁，涂以青霉素及甘油，然后整复，最后将腹膜、肌肉分别连续缝合，皮肤作结节缝合。取青霉素 240 万单位、链霉素 200 万单位，肌内注射，2 次/d，连用 3～5d。对体质虚弱、

心律不齐者，须配合强心、补液等辅助疗法和对症治疗。注意治疗原发病。（胡义等，ZJ1995，P48）

## 胃肠炎与肠炎

### 一、胃肠炎

胃肠炎是指牛胃肠道黏膜及黏膜下层组织发炎，临床上表现以严重腹泻为特征的一种病症。中兽医学称为肠黄，包括中兽医学中的湿热泄泻、湿热痢疾以及水牛的油肠黄、盘肠黄、血灌肠及黄牛的肠风等病。

**【病因】** 多在暑月炎天使役后急饮急喂，或过食多汁青绿饲料，以致湿困脾阳，郁久化热，脾之升降失调，运化失司，清浊不分而引发；饲养管理不善，饲喂腐败变质、污秽不洁的草料或饮不洁之水，或误食有毒物质，舔食被污染的泥土，以致疫毒内侵，损伤气血与肠黏膜而发病；某些寄生虫病、传染病继发。

**【主证】** 患牛精神沉郁，食欲减退或废绝，皮肤弹性降低，被毛焦燥，消瘦，可视黏膜发绀，瘤胃蠕动减弱或停止，腹痛，便秘，泄泻，或便秘泄泻交替发生，努责，里急后重，粪气味恶臭、多挟有血液、黏液或呈烂鱼肉样稀粪，口色红，尿短，色深黄，脉数。

**【治则】** 清热除湿，理气调血。

**【方药】** 1. 白头翁汤加减。黄连、黄柏、郁金、秦皮、龙胆草各50g，白头翁60g，木香、苦参、白芍各40g。腹痛剧烈、努责频繁、里急后重者加姜黄、赤芍，重用木香、郁金；热毒盛者酌加金银花、连翘，重用黄连、黄柏；腹痛肚胀、粪恶臭者加生大黄、枳实、山楂；粪如水、津伤神疲者酌加诃子、乌梅。水煎取汁，候温灌服。为增强解热、镇痛功效，取30%安乃近注射液40mL，肌内注射。若病程较长、已发生脱水或酸中毒者，用5%碳酸氢钠注射液500～1000mL、10%葡萄糖注射液1000～1500mL、10%安钠咖注射液20mL，混合，静脉注射。共治疗54例，治愈44例，好转5例。

2. 血榆芄蒜散。草血竭、地榆各60g，秦芄、大蒜各20g；兽用痢特灵（呋喃唑酮）6g。将血榆芄蒜散、痢特灵混合，研成细末，加温水500mL，1次灌服。共治疗49例，治愈45例。

3. 飞龙掌血根皮（属芸香科植物，药用其根皮）50g/次（小牛酌减）。共研细末，开水冲调，候温灌服或拌入饲料喂服。共治疗28例，全部治愈。

4. 涤肠饮。十大功劳、生大蒜泥（无大蒜头可用生大蒜苗泥500～1000g）各150g，千里光100g，生姜30g，冬青叶、仙鹤草、侧柏叶、旱莲草各50g。粪无潜血者减仙鹤草、侧柏叶；食欲不振者加鸡矢藤150g；感冒者加大生姜用量。根据患牛膘情和病情可

适当增减剂量。病情危笃者，每天灌服2剂。本方药适于细菌性、寄生虫性、霉菌性胃肠炎，对急性热性病例疗效极佳，对饮食性腹泻和晚期病例疗效较差，对纤维蛋白膜性肠炎、疑为轮状病毒感染的无效。共治疗122例，治愈98例，好转13例，无效死亡11例。

5. 银白汤。金银花、白头翁各100g，黄连、黄芩、板蓝根各50g，丹皮、天花粉、茯苓、木香、枳壳、陈皮各35g，甘草25g。体虚消瘦者加黄芪100g，黄连、黄芩减量；水样稀粪者加五倍子、罂粟壳各100g；粪有潜血者加麻仁50g，重用金银花、白头翁。水煎2次，合并药液，候温，1次灌服，1剂/d。共治疗胃肠病71例（其中胃肠炎27例，粪无潜血者4例），除粪无潜血的4例中有2例未治愈外，其余服药2～3剂均治愈。

6. 白头翁汤加减。白头翁60g，郁金、黄连、黄柏、秦皮、苦参各30g，猪苓、白芍各20g，泽泻、木通、厚朴各15g。水煎取汁，候温灌服。病初，用硫酸镁520g，加水灌服；氯霉素口服15～20mg/kg，肌内注射10mL/kg，2次/d；磺胺药物0.1～0.15g/kg，分2～3次灌服，连用3～5d。共治疗98例，治愈97例。

7. 藿香正气散加减。藿香60g，厚朴、苍术、木香各50g，半夏、陈皮、焦地榆、茯苓各40g，肉桂30g，罂粟壳、甘草、生姜各20g，大枣15枚。体温升高者去肉桂。1剂/d，水煎取汁，候温，分2次灌服，1500mL/次。嘱畜主喂饮清洁草料及水。共治疗39例，治愈35例，其余4例配合西药治愈。

8. 连翘、金银花、仙鹤草各50g，炒地榆、乌梅、黄柏各45g，黄连、黄芩、白术、枳壳各40g，大黄（后下）、甘草各20g。老弱者加黄芪、熟地、党参各30g；腹泻严重者加车前子、茯苓各40g。水煎取汁，候温灌服，1剂/d，连服2～3剂。取6%氟哌酸注射液10mg/kg，或5%痢菌净注射液5mg/kg，或硫酸庆大霉素0.3万单位/kg，盐酸山莨菪碱注射液5～10mL，混合，肌内注射，1次/d，连用2～3d。粪带血者，同时肌内注射维生素$K_3$或止血敏10mL；重症者，取10%葡萄糖注射液500～1000mL、维生素C注射液30mL，5%碳酸氢钠注射液100～300mL，10%安钠咖注射液120mL，静脉注射。共治疗36例，治愈34例。

9. 加味郁金散。黄连、黄芩、黄柏、白头翁各45g，栀子、大黄、苦参、郁金各30g，白芍、诃子各15g。初期，对湿热或热毒壅盛所致的腹痛、腹泻、热宿粪臭者去诃子；热毒已解、粪稀不臭、但泻痢不止者大黄减半，诃子增至45g；中后期，出现里急后重者大黄加至45g；攻下泻热、推陈致新者郁金增至45g；暴泻者苦参增至45g，白芍增至30g；粪下带血者，各主药用量为60g；粪血较多者加地榆、槐花各30g。1剂/d，水煎取汁，候温，分1～2次灌

服；或为末，开水冲调，分 2～3 次灌服。共治疗 98 例（水牛 62 例、黄牛 24 例、奶牛 12 例），治愈 86 例，有效 10 例，治愈率 87.8%，有效率 98.0%。

10. 郁金散加味。郁金 45g，黄芩、黄柏、黄连、赤芍、白术各 30g，木香、枳壳、厚朴、元参各 25g，甘草 15g。气虚者加黄芪、党参各 25g；不食者加神曲、麦芽、山楂各 30g；有脓血者加地榆炭、炒蒲黄各 25g。共研细末，开水冲调，候温灌服，1 剂/d，连服 2 剂；10% 葡萄糖生理盐水 1000mL，5% 碳酸氢钠注射液 250mL，10% 安钠咖注射液 20mL，5% 氯霉素注射液 30mL，静脉注射，1 次/d；磺胺嘧啶、鞣酸蛋白各 25g，共研末，加水适量，1 次灌服；病情严重者，取 0.5% 乳酸环丙沙星注射液 20mL，肌内注射。共治疗 45 例，均治愈。

11. 五根皮汤。椿根白皮、柿树根皮各 60g，石榴根皮 40g，槐树根皮 45g，柳树根皮 100g（各药均用文火炒黄）。便血不止者加血余炭 30g，侧柏叶 50g，白茅根 100g；有热者加金银花、生白芍各 60g，大香根 100g；有脓者加紫皮独头大蒜 100g（去皮捣为泥），秦皮 50g，黑地榆 60g，红糖 500g；里急后重者加党参、黄芪各 60g，炒白术 30g。共研细末，水煎取汁，加白糖 500g，候温灌服，早、晚各 1 剂/d。脱水者可配合补液。在未用上药前，先灌服 0.1% 高锰酸钾溶液 1000～2000mL，效果更佳。共治疗 22 例，治愈 20 例。（秦连玉等，T69，P38）

12. 0.5% 痢菌净 1mg/kg，静脉注射（一般在输液时加入），或分点肌内注射（每点一般不超过 50mL），2 次/d；用 10%、5% 葡萄糖生理盐水或复方盐水、5% 碳酸氢钠注射液等补液；如需强心，可加安钠咖、强尔心等。根据病情灌服健胃及促反刍药物。共治疗 48 例，均取得了较好疗效。

13. 六一散加味。滑石、红曲各 30～60g，甘草 15～30g，茜草 15～60g。体温偏高者加金银花、蒲公英；口渴喜饮者加芦根、天花粉；肚腹疼痛者加木香、罂粟壳；腹泻严重者加山药、杭白芍；便血多者加三七粉、鸦胆子、仙鹤草；体弱者加党参、黄芪。水煎取汁，候温灌服，1 剂/d，连服 1～3 剂。脱水严重者可输入葡萄糖生理盐水、复方生理盐水，静脉注射 5% 碳酸氢钠注射液、乳酸钠注射液，肌内注射安钠咖注射液、樟脑磺酸钠注射液等。共治疗 24 例，均治愈。

14. 白头翁、侧柏炭各 60g，苦参、炒地榆各 50g，秦艽、黄柏各 45g，大黄 35g，白芍 34g，郁金 30g，甘草 40g，黄连 24g。共研细末，开水冲调，候温灌服。一般轻症 1 剂即可治愈，重症者，于次日取上方药加山楂 60g，乌梅 50g，金银花 40g，用法同上。同时，取 5% 葡萄糖生理盐水 2000mL，5% 碳酸氢钠注射液 500mL，维生素 C 注射液、20% 安钠咖注射液各 20mL，静脉注射，1 次/d。对泄泻不止、腹痛不安和粪中多血者，用 1% 温盐水加面粉（糊）

或米汤灌肠。共治疗 120 例，除 1 例犊牛死亡外，其余均治愈。（王壮成等，ZJ2006，P167）

15. 白头翁 80g，郁金、黄柏、秦皮、苦参、泽泻各 30g，木通 25g，猪苓、厚朴、白芍各 20g。共研细末，开水冲调，候温灌服。5% 葡萄糖注射液 3000mL，10% 樟脑磺酸钠注射液 40mL，维生素 C 注射液 100mg，混合，静脉注射，1～2 次/d。共治疗 20 例，除 1 例未治愈外，其余全部治愈。

16. 银白散加味。金银花 150g，白头翁 100g，黄芩、陈皮各 60g，黄连 50g，木香、枳壳各 40g，黄柏、郁金、甘草各 30g。消瘦重者加黄芪；粪稀水样无潜血者加罂粟壳 100g 或五倍子 100g；粪中有潜血者加五灵脂（炒），重用金银花。水煎取汁，候温灌服，1 剂/d。共治疗消化系统疾病 80 余例，且粪有潜血与鲜血者居多，治愈 75 例。

**【典型医案】** 1. 1997 年 5 月 10 日，宣汉县毛坝乡三村罗某一头 5 岁西门塔尔奶牛来诊。主诉：该牛于 6 日开始腹泻，食欲减退。检查：患牛被毛焦枯，粪呈水样、气味恶臭、内混黏液，腹泻时肛门、阴道外突且久不回收，直检肠温升高，膀胱空虚，脉沉数。诊为肠炎。治疗：白头翁 70g，黄芩 60g，黄柏、苦参、木香、郁金各 50g，龙胆草 100g，水煎取汁，候温灌服；5% 碳酸氢钠注射液 500mL，10% 葡萄糖注射液 100mL，10% 安钠咖注射液 20mL，混合，静脉注射，1 次/d。治疗 2d，痊愈。（罗怀平，T96，P26）

2. 1990 年 4 月 17 日，兰坪县河西乡办事处张某一头 5 岁母牛来诊。主诉：该牛腹泻已 2d，粪中混有血块和黏液，不食，喜饮。检查：患牛体温正常，可视黏膜青紫，口干，苔黄白，肠音弱，肛门松弛，骚动不安，频频回头顾腹。诊为胃肠炎。治疗：葡萄糖氯化钠注射液、10% 葡萄糖注射液各 500mL，10% 安钠咖注射液 10mL，静脉注射；血榆芜蒜散加痢特灵，用法见方药 2，连服 2 剂，痊愈。（张仕洋，T68，P21）

3. 1994 年 6 月 21 日，石阡县坪山乡坪贯村肖某一头 4 日龄犊牛来诊。检查：患牛精神沉郁，站立不稳，卧多立少，鼻镜少汗，耳尖凉，腹泻，粪呈木炭渣样并带黏液。诊为肠炎。治疗：20% 穿心莲注射液 10mL，硫酸链霉素 200 万单位，肾上腺素注射液 2mL，分别肌内注射，连用 3 次无效。遂用飞龙掌血根皮 25g，研细，温水冲调，候温灌服。服药 1 次，患牛粪转干、色转黄，继用药 2 次，痊愈。（张廷胜，T88，P32）

4. 1981 年 7 月 15 日，贞丰县岩鱼乡坡板村章某一头母水牛来诊。主诉：该牛患胃肠炎，经多方治疗无效，近半年反复发作。检查：患牛消瘦，被毛逆立，鼻汗减少，眼球下陷，中度脱水，行走不稳，不时跌跤，粪稀、混有少量黏液。诊为胃肠炎。治疗：涤肠饮（见方药 4）减侧柏叶、仙鹤草，水煎 3 次，

取浓汁，候温加生大蒜泥，1次灌服，治愈。（彭逢辛，T12，P45）

5. 1984年5月15日，新宾县新宾镇曹某一头6岁黄色公牛来诊。主诉：前几天，该牛不吃草，加喂玉米面更不食，14日出现腹泻。检查：患牛精神不振，鼻镜干燥，体温39.4℃，不反刍，瘤胃蠕动音弱，吊胘，粪呈棕色、稀粥样、气味腥臭、带血丝和血块。诊为胃肠炎。治疗：银白汤，1剂，用法同方药5。次日，患牛精神好转，粪潜血减少，又服药1剂。第3天，患牛粪、食欲、反刍均正常。（毛玉清，T16，P63）

6. 2001年9月27日，临沂市美华奶牛场的一头3岁奶牛来诊。检查：患牛精神委顿，食欲废绝，反刍停止，喜卧磨牙，体温39.8℃，心率、呼吸增数，可视黏膜赤红带黄，腹围紧缩，肠音亢进，粪呈稀糊状、灰黑色、带有小的血凝片、气味腥臭。诊为胃肠炎。治疗：5%葡萄糖生理盐水3000mL，10%安钠咖注射液30mL，维生素C注射液40mL，静脉注射，1次/d，连用2d。复诊时，患牛精神稍有好转，但粪变化不明显。取白头翁80g，郁金、黄柏、秦皮、泽泻各30g，木通25g，苦参、猪苓、厚朴、白芍各20g。水煎取汁，候温灌服，1剂/d。次日，患牛粪稍稀软，仍有血凝片，其他症状好转。停用西药，中药前方去白芍，加地榆炭50g，土炒白术60g，赤芍30g，水煎取汁，候温灌服，连用2剂，痊愈。（王自然，T129，P33）

7. 1995年，礼县崖低村苏某一头秦川牛邀诊。主诉：该牛因食不洁净的草料发病，现不反刍，不吃草，他医治疗无效。检查：患牛腹痛、摇尾，有排粪表现但粪量不多，粪稀黏、有潜血，体温38.5℃，鼻汗正常，瘤胃蠕动1次/2min，持续10s。诊为肠炎。治疗：藿香正气散加减，用法见方药7，1剂/3h，1500mL/次。服药1剂后，患牛病症减轻，继服1剂，痊愈。（赵王学等，T118，P28）

8. 1992年7月16日，上杭县珊瑚乡竹村兰某一头4岁黄牛，因患腹泻来诊。检查：患牛精神不振，腹泻，粪中混有黏液、气味腥臭，腹痛，拱背，食欲、反刍减退，喜饮，鼻镜干燥，口色红，脉数。诊为肠黄热痢。治疗：连翘、金银花、仙鹤草各50g，乌梅、炒地榆、黄柏、车前子各45g，茯苓、黄连、黄芩、枳壳、白术各40g，大黄（后下）、甘草各20g。水煎取汁，候温灌服，1剂/d，连服2剂；6%氟哌酸注射液30mL，盐酸山莨菪碱注射液15mL，维生素K₃注射液20mL，混合，肌内注射，2次/d，连用2d。痊愈。（陈万昌，T101，P26）

9. 2001年8月28日，荣昌县一头7岁水牛来诊。检查：患牛精神沉郁，体温40℃，呼吸气粗，收腹拱背，频频努责，排粪困难，欲便难出，粪黏稠、略红、量少牵丝，尿短赤，间歇性腹痛，痛时急起急卧，神色紧张，蹲腰卧地，回头顾腹。诊为急性肠炎（中后期）。治疗：加味郁金散：黄连、黄芩、黄柏、白头翁、大黄、郁金各45g，栀子、苦参各30g，白芍15g。1剂/d，水煎取汁，候温，分2次灌服，连服2剂。同时，每天熬喂小米粥0.5kg（分2次），不喂草料。30日，患牛精神好转，体温39.0℃，腹痛减轻，仍腹泻，粪稀不臭。取黄连、黄芩、黄柏、白头翁、栀子、诃子各30g，大黄、苦参、郁金、白芍各15g。1剂/d，水煎取汁，候温，分2次灌服，连服2剂。9月2日痊愈。（杨艺等，T124，P27）

10. 1997年8月25日，定西县城关乡景家店村杨某一头4岁黄色耕牛来诊。主诉：该牛不食、不反刍，腹泻数天，他医用酵母片、黄连素、土霉素等药治疗无效。检查：患牛精神沉郁，蜷腹拱背，体温39.8℃，呼吸58次/min，心跳72次/min，鼻镜干燥，眼结膜潮红，听诊瘤胃蠕动音明显减弱，肠音较强，粪黑、附有黏液、气味腥臭，频频努责，口色红，口津黏少，舌有黄苔。诊为湿热性肠炎。治疗：取方药10，加炒蒲黄、地榆炭、焦神曲，用法同上，连服2剂，痊愈。（刘彦江，T109，P25）

11. 1984年12月6日，潍坊市潍城区梨园乡大河北村李某一头1岁、约200kg黑白花母乳牛来诊。主诉：入冬以来给牛一直喂青干草、玉米秆、麸皮、豆饼和玉米面。11月30日至12月2日，连续多次给牛饲喂大白菜，出现腹泻，吃草较差；12月3～6日，出现拉稀、粪中带血、便血（色鲜红、带有黏液和假膜），先后肌内注射氯霉素、氯霉素和维生素K₃注射液、复方新诺明注射液和维生素K₃注射液治疗仍不见效。检查：患牛体温39.5℃，呼吸30次/min，心跳90次/min，精神倦怠，消瘦，被毛粗乱，皮肤弹性差，鼻镜不干，口腔湿润、微臭，眼窝下陷，结膜稍黄染，微喘，肺部听诊无异常，心率较快，第2心音、肠音及瘤胃蠕动音均弱；粪呈血水样、有黏液和假膜、气味腥臭、约2h排粪1次。诊为肠炎。治疗：1%维生素K₃注射液30mL，肌内注射；葡萄糖氯化钠注射液4000mL，5%碳酸氢钠注射液1000mL，10%氯化钾注射液、0.5%痢菌净注射液各100mL，1次静脉注射。次日，患牛病情明显好转，心跳88次/min，体温38.5℃，腹泻次数减少，粪色由鲜红色变为淡红色，已有饮食欲。再按原方药治疗1次。患牛病情继续好转。第3日停药1d，第4、5日只用0.5%痢菌净120mL，分3点肌内注射，2次/d，第6天痊愈。（房洪刚等，T21，P58）

12. 1985年6月10日，灵宝县牛庄五队卢某一头红母牛来诊。主诉：该牛于3d前吃草减少，粪稀、混有鲜红血丝，近两天不食、不反刍，排出的粪全是血水和凝血块。检查：患牛体温39.5℃，心跳84次/min，呼吸30次/min，频频努责，不断排出带血水和凝血块的粪，口赤而热，精神沉郁。治疗：滑石、茜草、红曲、罂粟壳各60g，木香、鸦胆子、甘草各 30g，蒲公英 100g。水煎取汁，候温灌服。服药当晚，患牛排稀粪 2 次，粪中血液减少。翌晨，患牛体温 38.5℃，心跳 60 次/min，呼吸 30 次/min，精神好转。再服上方药 1 剂。患牛夜间出现反刍，吃草少许，粪成形、不含血丝。第 3 天畜主带药 1 剂，出院。（刘翔宇，T31，P63）

13. 2009 年 8 月 27 日，长治市兴华奶牛场一头 5 岁奶牛来诊。检查：患牛精神沉郁，不食草料，严重腹泻。诊为急性胃肠炎。治疗：取方药 15 中药、西药，用法同上。第 3 天，患牛精神好转，开始缓慢进食，粪由水样转变为软糊状。7d 后复诊，患牛病症全部消失。（杜娟等，T164，P62）

14. 2004 年 6 月，蛟河市拉法村 3 社黄某一头 4 岁公牛来诊。主诉：该牛近日吃草少，不吃精料。检查：患牛体温 34.4℃，精神不振，鼻镜干燥，反刍停止，瘤胃蠕动次数增加，腹泻、气味腥臭，便血。诊为胃肠炎。治疗：银白散加味，1 剂，用法同方药 16。翌日，患牛粪中含血减少。第 3 天，患牛痊愈。（张东明等，T145，P67）

## 二、奶牛霉菌性胃肠炎

本病是指奶牛采食了被真菌或真菌毒素污染的饲料后，引起胃肠黏膜及深层组织发炎、出血及溃疡的一种病症。具有地方性和季节性，多见于冬春季节。

【病因】 牛采食被真菌及其代谢产物，如木贼镰刀菌的代谢产物 T-2 毒素、二醋酸藨草镰刀菌烯醇、丁烯酸内酯等环氧单端孢霉烯族化合物所污染的谷草、青干草、玉米、麦类、块根类等饲料而发病。

【主证】 患牛突然发病，全身症状明显。初期表现为急性消化不良，逐渐或迅速呈现胃肠炎症状，表现出精神沉郁，反应迟钝，可视黏膜潮红、黄染或发绀，口腔黏干且气味酸臭，舌面或舌体皱缩、面刺增多，皮温不整，耳及四肢发凉，体温基本正常，少数病例可高达 40℃，心跳 60～100 次/min，节律不齐，呼吸 30～60 次/min，鼻液呈浆液或黏液性，肺泡呼吸音粗厉。患牛兴奋不安，盲目运动，嘴唇松弛下垂、流涎，反应迟钝，嗜睡甚至昏迷。

若为出血性胃肠炎，患牛饮食欲减退或废绝，口腔干燥、有舌苔、口臭，有的有轻度腹痛，肠蠕动音减弱，个别肠蠕动音增强，拱背举尾，频频排少量稀软粪、气味恶臭或腥臭、混有清涕样黏液或脱落呈条状肠黏膜，有的混有血凝块或条状暗红或鲜红血丝，粪潜血、呈红色，粪经日晒或风干呈红色或深褐色；腹泻时肠音增强，病至后期肠音减弱或废绝，肛门松弛，排粪失禁或患牛不断努责，但无粪排出。

【治则】 清肠排毒，抑菌消炎。

【方药】 加减当归白芍散。当归、炒白芍各120～180g（当归及白芍用量为常量的 3 倍以上方可奏效），广木香 30～40g，槟榔 20～30g，滑石粉（冲）50g，炒枳壳 40g，焦山楂、炒神曲各 80～100g，

炒莱菔子 30～60g，甘草 20g，生姜 5g 为引。血便者加仙鹤草、焦地榆；气血虚者加炙黄芪、党参、炒白术（体温不高者）；发热者加黄连、白头翁；酸中毒者加小苏打（待中药温度降至 40℃ 以下时加入）；口干乏津者加麦冬、五味子。共研细末，开水冲调，候温灌服，1 剂/d。一般 1～3 剂即可收效。危重者，可根据病情适时进行强心补液，止泻止血，纠正酸中毒等。共治疗 35 例，治愈 33 例。

【典型医案】 1. 2003 年 10 月 15 日，隰县龙泉镇西留庄石某一头黑白花奶牛来诊。主诉：该牛精神不振，食欲减退，日产奶量急剧下降。检查：患牛体温 37.9℃，脉搏、呼吸基本正常，肠音增强，眼结膜轻度暗红，口腔、舌干津黏，呼出气酸臭，皮温不整，耳及四肢发凉，粪稀软、气味恶臭、混有清涕样黏液及条片状肠黏膜。检查饲草料，发现有发霉的玉米秸秆及发暗结块的麸皮，已饲喂多日。诊为霉菌性胃肠炎。治疗：当归、炒白芍各 120g，广木香、玉片各 30g，滑石粉 50g，炒枳壳、炒莱菔子、仙鹤草各 40g，焦山楂、炒神曲各 80g，甘草 20g，生姜 5g 为引。用法同上，1 剂/d，连服 3d，痊愈。

2. 2005 年 3 月 5 日，隰县城南乡下王家庄翟某一头 3.5 岁奶牛来诊。主诉：近几天，该牛食欲减少，时排稀粪，曾饲喂过几天发霉的精饲料，现产奶量明显下降。检查：患牛精神不振，反刍减少，瘤胃蠕动缓慢，皮温、耳温不整，结膜暗红、充血，口腔潮红，舌面或舌体皱缩，舌刺增多，呼出气恶臭，粪稀软、气味恶臭、混有脱落肠黏膜、呈鲜红血。诊为霉菌性肠炎。治疗：当归、白芍各 150g，广木香、仙鹤草、焦地榆各 40g，玉片 30g，滑石粉 60g，炒枳壳、炒莱菔子各 50g，焦山楂、炒神曲各 100g，甘草 20g，生姜 5g。共研细末，开水冲调，候温，加小苏打片（研末）30g，混匀，灌服，1 剂/d，连服 4d，痊愈。（陈西彦等，T150，P66）

## 三、黏液性肠炎

本病是牛肠黏膜表层的一种特殊性炎症，即在变态反应基础上，大量渗出性纤维蛋白黏液形成的膜状物被覆在肠黏膜上，以排粪带有灰白色或灰棕色、淡黄色的多层管型膜状物或索状物为特征，又称牛剥肠症。主要以 2 岁以上的成年牛多发。

【病因】 多因外界环境突变，或更换饲草饲料，或不正当使役等，导致牛胃肠道分泌、运动、消化机能紊乱，引起黏膜充血、白细胞浸润及浆液性或纤维素性渗出，而小肠的纤维素性渗出为浮膜性，渗出物在黏膜上凝结成灰白色或淡黄色、半透明的纤维素性薄膜，其色随食物、分泌物、血液等污染而变成黄白色或棕红色。小肠在炎症刺激下，蠕动加快、痉挛性收缩而剥离成长管状、网状、球形等随粪排出。

【主证】 初期，患牛食欲、反刍减退，瘤胃蠕动音微弱或消失，呼吸、心率疾速，具有轻度腹痛现

象，里急后重，粪稀薄、气味腥臭，不断努责，排出灰白色或黄白色球状或囊状黏膜、条索状黏膜或液条片，有的似绦虫节节片、羊小肠样、紫棕色，短者2～3cm，长者可达10cm。排出后腹痛减轻。严重者病程较长，持续下痢，有的往往反复排出黏膜状物和腥臭、稀薄粪。

【治则】　清热燥湿，导滞行气，活血化瘀。

【方药】　1. 郁金散合白头翁汤。郁金、大黄、秦皮各45g，诃子、黄芩、栀子、白芍、黄柏、连翘各30g，黄连60g，白头翁90g，金银花20g。共研细末，开水冲调，候温灌服。西药以抗过敏、消除变态反应为主，辅以消炎镇痛和油类泻剂，以清理胃肠，促进康复。共治疗59例，全部治愈。

2. ①当归、白芍、粉葛根各40g，熟地、沙参各35g，黄芩、粉甘草各30g，郁李仁、木通各25g，猪苓20g。水煎取汁，候温灌服。②熟地、当归、白芍、黄芪、党参、泽泻、白术、滑石、猪苓、白头翁各30g，川芎、茯苓、甘草、郁李仁各25g，地榆炭20g。水煎取汁，候温灌服。③黑木耳250g，水煎取汁，加红糖250g，候温，1次灌服。

3. 加味木香槟榔丸。槟榔40g，木香、青皮、陈皮、枳壳、黄连各30g（以上诸药用吴茱萸汤炒制），茯苓、黄柏（酒妙）、香附、山楂各30g，大黄35g（酒浸）、三棱、莪术、白扁豆各25g，神曲50g，芒硝100g（另包后放）。水煎取汁，趁热溶解芒硝，候温灌服。针刺知甘、人中、脾俞穴，并嘱畜主让牛休息，喂给青草和豆浆、米浆，清洁牛舍，避免雨淋。共治疗5例，均治愈。

4. 通肠芍药汤加减。黄连、赤芍各30g，黄芩、大黄、山楂各50g，芒硝150g，木香、槟榔、枳实、甘草各25g。发病初期，内有积滞者重用大黄、芒硝、枳实、山楂，加厚朴；热毒盛、脓血多者加白头翁、黄柏、苦参、金银花；腹痛剧烈者加郁金、当归、元胡；热毒已解仍泄泻不止者去芒硝、大黄，加乌梅、诃子、石榴皮、苍术，赤芍易白芍；恢复期食欲不振者去芒硝、大黄，加神曲、麦芽、白术、茯苓。共研细末，开水冲调，候温，1次灌服，1剂/d，连服1～3剂。取5%碳酸氢钠注射液500～1000mL，5%葡萄糖注射液、生理盐水各1000～2000mL，硫酸庆大霉素注射液200万～300万单位或氧氟沙星注射液800～1200mg，地塞米松磷酸钠注射液20～30mg（孕牛用0.5%氢化可的松注射液60～80mL），30%安乃近注射液10～30mL，分别静脉注射，1次/d，连用1～3d；盐酸异丙嗪注射液500～1000mg，5%痢菌净注射液20～40mL，分别肌内注射，1次/d，连用1～4d。共治疗8例，均治愈。

5. 加味藿香正气汤。藿香、大腹皮、白芷、半夏、车前子、厚朴、黄连、木香各30g，炒白术40g，陈皮25g，甘草、生姜各20g。水煎取汁，候温灌服，1剂/d，连服4剂。如有酸中毒、脱水等现象，须及时补液并配合激素类药物治疗。同时，取1%硫酸黄连素肌内注射，或针刺交巢、脾俞、山根、承浆等穴。共治疗5例，均取得了较好疗效。（李建新，T131，P59）

6. 新鲜铁苋500～1000g，洗净，切成0.5cm，加水3000～4000mL，煎沸10～15min，候温，加少许食盐，将药液和药渣1次灌服，1～2剂即愈。共治疗30余例，均获痊愈。

【典型医案】　1. 1994年10月20日，华亭县东华镇席某一头7岁耕牛来诊。主诉：该牛腹泻已2d，饮食欲废绝，腹痛，逐渐消瘦。检查：患牛眼球下陷，呼吸、心律急促，体温40℃，瘤胃蠕动音微弱，先排出气味腥臭的稀薄粪，后排出约3cm的膜状黏液膜。诊为黏液性肠炎。治疗：取地塞米松注射液10mL，肌内注射；青霉素480万单位，安痛定注射液30mL，肌内注射；痢菌净注射液30mL，肌内注射；石蜡油500mL，灌服；中药用郁金散合白头翁汤，用法同方药1。翌日，该牛痊愈。（尹贵军等，T80，P31）

2. 1980年3月9日，仙桃市杨林尾镇马口四队一头水牯牛来诊。主诉：该牛今晨不食，约2h排稀粪数次，尿少，中午排出一条3m长的肠管样物，内套有少许稀软粪。诊为黏液膜性肠炎。治疗：取方药2①，1剂，用法同上。服药当晚，患牛吃草5kg。翌日，患牛精神好转，能自行站立，排粪稍稀，未见灰白色膜状物。服方药2的②和③各1剂，第2天痊愈。（李永柏，T33，P50）

3. 1981年7月8日，公安县杨厂蔬菜场王某一头白口水牛邀诊。主诉：该牛因在露天拴养，雨淋湿蒸，又饲喂了发霉草而发生腹泻，治疗3d则疗效欠佳。检查：患牛病症同上。诊为剥肠症。治疗：加味木香槟榔丸，用法同方药3。9日，患牛病情好转，饮水增加，吃草约10kg，口色青白，腹痛努责明显减轻，粪中仍有长66.7cm左右的灰白色黏液瘀膜2条。再取加味木香槟榔丸，去芒硝、黄连，加炒白术40g，党参35g，肉桂20g，水煎取汁，候温灌服，连服2剂，痊愈。（徐先智，T7，P51）

4. 2002年5月18日，蛟河市新站镇吉良屯某户一头成年公牛来诊。主诉：该牛前几天腹泻，不愿吃草，今早拒食，不安，粪尿齐下，粪稀溏、呈红色，带有圆形成串的肉球样物。检查：患牛精神不振，站立不安，喜卧，体温39.1℃，眼结膜潮红，口色红，舌苔黄，鼻镜干，心率快，第一心音增强，呼吸增数，瘤胃蠕动音弱而不整，肠音高朗、连绵不断，肛门松弛，粪呈粥状、气味酸臭，粪内有棕红色网状大小不一的脱落黏膜，切开内面有溃疡灶与少量黏液。诊为黏液性肠炎。治疗：通肠芍药汤加白头翁、苦参各30g，郁金、当归各40g。用法同方药4，1剂/d，连服2剂。取5%碳酸氢钠注射液500mL，5%葡萄糖注射液1000mL，0.9%氯化钠注射液

1500mL，氧氟沙星注射液 1000mg，地塞米松注射液 25mL，30％安乃近注射液 20mL，混合，1 次静脉注射，1 次/d，连用 2d；盐酸异丙嗪注射液 1000mg，5％痢菌净注射液 40mL，分别肌内注射，1 次/d，连用 3d。痊愈。（马常熙，T135，P44）

5. 1985 年 10 月 27 日，桂平县蒙圩镇杨某一头 6 岁母水牛来诊。主诉：该牛食欲减退，精神欠佳，肚腹胀满，粪稀、呈水样、有大量腥臭带白色管状黏膜，曾用磺胺咪治疗无效。检查：患牛脱水，消瘦，眼窝凹陷，眼结膜淡黄，腹痛拱背，体温 38.1℃，肠音亢进。诊为黏液性肠炎。治疗：取方药 6，用法同上。服药 2 剂后，患牛痊愈。（黎羽兴，T50，P33）

### 四、奶牛黏液膜性肠炎

【病因】 多因饲喂精饲料特别是含蛋白较高的豆粕、鱼粉等过多，加之运动不足，肠道吸收困难所致。

【主证】 病初，患牛轻度腹泻，随着病程延长腹泻加剧，有的呈间歇性轻微腹痛，有的呈阵发性腹痛，起卧不安，频频努责，里急后重，排出恶臭稀软粪或排出膜状黏液型或条索状黏液或液条片，有的似绦虫节片、羊小肠样、呈棕色，长达 0.5～1m 或更长，横断面层次分明，有 7～8 层，呈灰白色、黄白色、微黄色；一般体温升高 0.3～0.5℃，有的流产，心力衰竭。

【治则】 清热燥湿，行气化滞，活血化瘀。

【方药】 1. 当归、赤芍、郁金、香附、陈皮、青皮各 30g，莪术、厚朴、黄柏、生大黄各 40g，苦参、金银花、败酱草各 50g。共研细末，过 100 目筛，开水冲调，候温灌服，连服 3～4 剂，多者服 5～6 剂，即可排出肠道积聚的管型或条索状黏液膜，患牛腹泻、腹痛症状很快消失。共治疗 42 例，除 2 例因腹泻时间太久、严重瘦弱淘汰外，40 例均治愈。

2. ①乌梅 20g，诃子肉、甘草各 25g，黄连、黄芩、郁金、猪苓、泽泻各 30g，神曲、焦山楂各 35g，干柿饼 2 个。水煎取汁，加红糖 100g，灌服，1 剂/2d。本方药多用于成年牛。②姜黄、诃子肉、黄连、甘草各 10g，乌梅 3 个，干柿饼 1 个，共研细末，用水冲调，加鸡蛋清 2 个，灌服。本方药多用于犊牛。

对重症患牛，静脉注射小苏打注射液与 5％葡萄糖或生理盐水等，以防止脱水，调节电解质，纠正酸中毒。对一般患牛饮口服补液盐（氯化钠 3.5g，碳酸氢钠 2.5g，氯化钾 1.5g，无水葡萄糖 20g）溶液。

共治疗 96 例，治愈 95 例，1 例因腹泻 7d 脱水死亡。

【典型医案】 1. 2001 年 11 月 19 日，怀来县存瑞乡黄山咀村杜某一头 3 岁荷斯坦黑白花奶牛来诊。主诉：该牛因患腹泻已 2 个多月，经常出现腹痛症

状，体温 39.5～39.8℃，心跳 80 次/min，曾用环丙沙星、黄连素、痢菌净注射液多次治疗无效。根据以上症状，诊为黏液膜性肠炎。治疗：取方药 1，用法同上，连服 3 剂。第 5 天晚，患牛排出棕色管状黏液膜，长 1.2m。2d 后，患牛腹泻停止，症状明显好转。（高纯一等，ZJ2005，P476）

2. 1990 年 5 月 23 日，大连市甘井子区营城村薛某一头 3 岁黑白花奶牛来诊。主诉：该牛先排稀粪，2d 后粪里混有血液，食欲减退，反刍停止。检查：患牛精神沉郁，体温 40.5℃，心跳 62 次/min，呼吸 46 次/min；咳嗽，气喘，产奶量下降 1/3，眼、鼻流浆液性分泌物；口腔有溃疡灶；粪呈稀粥样和水样、内有伪膜和血性黏液。诊为黏液性肠炎。治疗：取方药 2①，用法同上；小苏打注射液 250mL，5％葡萄糖注射液 1000mL，静脉注射；口服补液盐，灌服，连用 7d。翌日，患牛诸症皆减轻。26 日，继用上方药 1 次，痊愈。（邵玉珍等，T55，P29）

### 五、奶牛肠炎脓血症

本症是一常见病、多发病。

【主证】 患牛食欲减退，不反刍，产奶量下降，被毛焦枯，眼结膜黄染，鼻端末梢发凉，体温 40.5℃，心跳 90 次/min，口鼻干燥，喜卧，粪呈水样、暗红色、气味恶臭、内混黏液，腹泻时肛门、阴道外突，久不回缩，直肠温度升高，下痢脓血，尿少赤红。

【治则】 清肠止痢，止血健脾。

【方药】 白头翁、苦参、棕榈炭各 50g，车前子、五味子、地榆、白术、乌梅、白芍各 40g，大黄 25g，厚朴、茯苓、黄柏、元参各 30g。开水冲调，候温灌服，1 剂/d，一般 3～5 剂。共治疗 32 例，治愈 30 例。（何延超等，T139，P42）

## 泄 泻

泄泻是指牛排粪次数增多、粪稀薄，甚者泻粪如水的一种病症。一年四季均可发生，尤以冬末春初季节多发。

### 一、黄牛、水牛泄泻

【病因】 多因牛过食冰冻草料，或空肠过饮冷水，或长期拌料过湿，或过服寒凉药物，致使脏冷气虚，损伤脾胃引发泄泻；夜露风霜，久卧湿地，阴雨苦淋，风寒外袭，以致寒、湿之邪由表入里，传入脾胃，或寒邪直中脾胃，停滞不行，损伤中阳，水谷不化，阴阳相凝等，导致小肠清浊不分，大肠传导失司及大肠对水液的再吸收发生障碍而引发寒泻；暑月炎天，使役太过，外感热邪，热积肺经，肺热下移大肠，或疲劳过度，喘息未定，乘饥喂精料太多，谷气凝于肠内，热毒积于肠中，或长期饲喂霉败变质和不

洁的草料，或饮污浊之水，以致湿热郁积脾胃，料毒积于肠中，不能运化而导致热泻；劳役过度，体衰，久病失治，脾虚胃弱，或虫积胃肠，日久导致脾阳不振，脾胃运化功能失职，腐热无力，精微不能化导，水湿内生，阴阳失衡，清浊不分，津液不能导入小肠，水粪齐下而成脾虚泄泻；瘤胃积食、瓣胃阻塞等疾病，使粪停滞，又反复用苦寒攻下药，导致继发性泄泻；脾阳不足，日久不振，引起肾阳不足，命门火衰，火不生土，或公牛配种过度，或经产母牛命门火衰，不能温煦脾阳而导致泄泻。

【辨证施治】 本病分为脾胃虚弱型、湿滞型、湿热型、脾肾两虚型、劳伤型、寄生虫型、肝旺脾弱型和顽固性泄泻。

（1）脾胃虚弱型 患牛食欲不振，反刍减少，粪稀薄、草渣粗大，完谷不化，毛焦体瘦，倦怠无力，口色淡白，苔白。

（2）湿滞型 患牛形体消瘦，四肢无力，被毛粗乱、无光泽，泻粪如水样、无泡沫、无臭味，粪中常夹杂有未消化的草料，肠鸣如雷，喜饮，口色青白，舌色微黄而苔薄，脉象沉迟。

（3）湿热型 患牛泻粪如注，粪中混有黏液与血液，呈灰黄色或灰黑色、气味恶臭，耳角俱热，尿少、色黄，口温增高，口色偏红稍黄，口津少，苔微黄或黄腻。

（4）脾肾两虚型 患牛久泻不止，粪不成形、气味腥而不臭，尿清长，黎明前或气温变凉、重役之后泄泻加重，四肢末端发凉，有的腹下及后肢水肿，唇舌淡白，脉微而沉细。

（5）劳伤型 患牛役后泄泻，日渐消瘦，呼吸喘粗，被毛枯燥，肠鸣，矢气带粪，食欲、反刍减退。

（6）寄生虫型 患牛消化紊乱，营养障碍，日渐消瘦，吃草料不上膘，泄泻顽固，多数病牛颌下水肿，口色淡白，可视黏膜贫血、黄染，被毛无光，腹围缩小，肛门、尾部常被粪污染，尾毛脱落，尾部光秃。

（7）肝旺脾弱型 患牛食欲不振，逐渐消瘦，腹胀，腹痛，肠鸣，排粪次数增多，粪稀，泄泻，鼻镜少汗，站立不安，尿短少，口色淡白或微黄，苔薄腻。

（8）顽固性泄泻 患牛精神委顿，消瘦，被毛粗乱，四肢乏力，反刍次数减少，粪呈稠糊状、混有黏液、无异味，瘤胃蠕动音减弱，触诊瘤胃轻微胀满。

【治则】 脾胃虚弱型宜补脾健胃；湿滞型宜温中散寒，燥湿止泻；湿热型宜清热燥湿，涩肠止泻；脾肾两虚型宜升脾阳，固肾气；劳伤型宜补中益气，升清降浊；寄生虫型宜清热解毒，止泻收敛；肝旺脾弱型宜疏肝健脾，顺气止泻；顽固性泄泻宜健脾止泻。

【方药】 （1～5、29～31适用于脾胃虚弱型；6～8适用于湿滞型；9～17、27、28适用于湿热型；18～21适用于脾肾两虚型；22适用于劳伤型；23适用于寄生虫型；24适用于肝旺脾弱型；25、26适用于顽固性）

1. 参苓白术散。党参、扁豆各40g，白术、茯苓、莲肉各30g，山药60g，薏苡仁50g，陈皮25g，砂仁、桔梗、炙甘草各20g。共研细末，大枣250g，熬水去核，冲药末，候温灌服。（杨全孝，T23，P32）

2. 地稔汤。佛掌榕70g，地稔80g，三叶鬼针草、野牡丹各50g，鸡血藤、酸味藤各60g，鸡矢藤55g，桃金娘65g。加水8000mL，水煎取汁，候温灌服。

3. 鲜潞党参、鲜松茯苓、活泥鳅各250g，糯米500g，大枣100g，白术、炙甘草、食盐各50g。先将白术、大枣于2000mL净水中浸泡30min，再用武火煎开，继用文火煎30min，然后加入鲜潞党参、鲜松茯苓，活泥鳅（切碎）和糯米，文火煮成粥即可，待粥凉至40℃，加入食盐，混匀，让患牛自食，1剂/d，1个疗程/5d。共治疗因脾胃虚弱型久泄不止、体质极度虚弱患牛10余例，疗效极佳。

4. 小米3kg，大枣1.5kg。先将大枣水煮去核，再加小米同熬成粥糕样，分7d喂服，1次/d；喂时用温淡盐水冲调成稀粥状，再加鲜姜末30～50g，搅匀，让其饮用。轻症1剂，重者连用2剂。共治疗30余例，全部治愈。

5. 山药40g，人参、石斛、莲子肉、赤芍、白芍、鸡内金、炒乌梅、白头翁各20g，干姜、甘草各10g，炒白术50g，蜈蚣3条。中气下陷者加柴胡、升麻各10g，炙黄芪30g；肝气郁结者加吴茱萸20g；胃肠亏损明显者加沙参、天花粉各20g。共研细末，开水冲调，候温灌服，1剂/d，1个疗程/3d。腹泻停止后，继续灌服1～2剂，即可根治。共治疗23例（其中大多数为瘦弱病牛），治愈19例，无效4例。

6. 胃苓汤。苍术、白术各30g，桂枝35g，厚朴、陈皮、猪苓、茯苓、泽泻各25g，甘草15g，姜枣为引。共研末，开水冲调，候温灌服。（杨全孝，T23，P32）

7. 痢泻如神散。炒白术、乌梅、生姜各50g，白芍、白茯苓、厚朴各25g，姜黄连、干姜、苍术各20g，木香、木通各18g，大枣肉120g为引。若温中散寒加干姜、附子、吴茱萸、肉豆蔻；若健脾益气重用炒白术、山药、茯苓、白扁豆、莲肉、党参、黄芪、炙甘草；若渗湿利水（泄泻必须利尿）选用猪苓、茯苓、泽泻、木通、车前子、生二丑等。共研细末，开水冲调，候温灌服，1次/d，一般情况1～2次即愈。若配合硫酸庆大霉素64万单位，硫酸阿托品3mg或2%痢菌净注射液20mL，后海穴注射，疗效更佳。共治疗220余例（其中牛72例），治愈210余例。（安茂生等，T120，P31）

8. 阳蒿根散。阳蒿根75～105g，艾叶45～60g，柞树皮75～105g，陈皮45～75g，甘草30～45g。小

肠寒泻腹痛者加木香、厚朴；食欲不振者加三仙；寒湿困脾泻者加茯苓、白术，体弱者加党参、黄芪；大肠寒泻者加胡椒、茯苓。共治疗小肠寒泻25例，痊愈22例；治疗寒湿困脾泻13例，痊愈11例；治疗大肠寒泻18例，痊愈16例。

9. 秦皮苦参汤。苦参、川厚朴、车前子各40g，秦皮、枳壳、胡黄连各30g，杭白芍35g，木香25g，玉片20g，黄柏、滑石各50g。共研末，开水冲调，候温灌服。（杨全孝，T23，P32）

10. 自拟蒿参散。鲜黑蒿500g，苦参50g，地榆100g，糊米500g（大米炒至黑黄色），茶叶150g。腹痛者加木香30g。将苦参、地榆、糊米、茶叶共碾细末。鲜黑蒿加水1500～2000mL，微煎取汁，用药液冲调上药末，候温灌服。20%痢菌净注射液10mL或1%黄连素注射液20mL，后海穴注射；腹泻严重、有脱水现象者需强心补液。共治疗83例，其中后海穴注射西药1次、服蒿参散1剂治愈52例；仅服中药治愈19例，无效死亡3例；1剂泻止但并发其他病的9例，治愈8例，死亡1例。

11. 郁白止泻散。郁金、白头翁、黄芩、黄柏、秦皮、车前子、地榆。按剂量配方，粉碎，100～300g/次，开水冲调，候温灌服或拌料，混饲喂服。严重者可适当加大用量。共治疗5例，治愈率达80%。

12. 大黄茵陈散。大黄、茵陈各50g，乌梅、焦山楂各30g，罂粟壳25g，胡黄连15g，炒地榆、甘草、大枣各20g。共研细末，开水冲调，候温灌服，1剂/d，连服2～3剂；取6%氟哌酸注射液10mg/kg或硫酸庆大霉素0.3万单位，盐酸山莨菪碱注射液5～10mL，混合，肌内注射，1次/d，连用2～3d。粪带血者，取止血敏10mL，肌内注射；重症者，取10%葡萄糖注射液500～1000mL，5%碳酸氢钠注射液100～300mL，维生素C注射液30mL，10%安钠咖注射液20mL，静脉注射。共治疗25例，治愈率达92%以上。

13. 自拟二白三黄散。白头翁、苦参各60g，白芍、诃子、郁金、黄芩、黄连、黄柏、大黄、茯苓、栀子各30g，泽泻、木香、枳壳各20g，甘草15g。腹痛者加元胡、五灵脂；粪带血者加炒地榆、炒白芨、侧柏叶；便秘继发肠炎者加芒硝、大黄、郁李仁、枳实，减诃子易枳壳；泻痢初期者减诃子；泄泻重者减大黄，加大腹皮、乌梅；结后肠炎者减黄柏、黄芩、白头翁，加苍术、白扁豆、党参。共研细末，加水适量，灌服，1剂/d，连服2剂。本方药适宜于湿热泄泻和血痢，不适宜寒泻、虚泻、积滞泻具有腹痛泄泻症状者。共治疗41例，治愈率95.85%。

14. 复方四君子汤。党参、诃子、山药、白扁豆各50g，乌梅60g，白术、苍术各40g，杭芍、茯苓、郁金、天花粉、车前子、甘草各30g。兼外感风寒者加荆芥、防风、桂枝；挟有积滞、腹痛胀满、粪下不爽、粪恶臭者加大黄、枳实、山楂；中阳衰微、寒盛

肠鸣者加吴茱萸、陈皮、肉桂；热毒内闭者加黄芩、柴胡、金银花、连翘；频频努责、里急后重、兼有腹痛者加木香、赤芍、罂粟壳，重用郁金；命门火衰、末梢发凉、脉微欲绝者加补骨脂、附子、干姜、五味子；热重于湿、粪中带血者加炒槐花、炒地榆；湿重于热、尿不利者加茵陈、木通；继发于结症、有脱水症状者加黄芪、石斛。共研末，开水冲调，候温灌服，1剂/d。对重危病例即出现严重脱水和自体中毒者，配合补液则效果更理想。共治疗80例（其中牛48例），均治愈。

15. 生山药1000～1500g，生甘草或炙甘草100～200g。先将甘草放入锅内，加水1000mL，浸泡30min，再煮沸20min，取汁，候温，把事先碾成细粉末的山药放入锅内，加常水适量，置火炉上加热，并不停地搅动，二三沸即可成粥，候温；再把已煎好的甘草汁加入其内，混合均匀，灌服，2～3次/d，或让患牛自饮亦可。共治疗黄牛慢性（湿热）泄泻10例，疗效满意。

16. 虎杖苦参汤。虎杖60g，苦参50g。水煎取汁，候温灌服，一般1～2剂即愈。共治疗389头，治愈384头。

17. 三物香薷饮加减。香薷、扁豆、苍术、白术、茯苓、泽泻、乌梅、木香各50g，厚朴、诃子各40g，陈皮30g。湿热重者减扁豆、白术，加黄连、黄柏、银花、连翘等；脾肾两虚且体弱者加党参、山药、砂仁、肉豆蔻、菟丝子等。水煎取汁，候温灌服，1剂/d。共治疗水牛32头（其中公牛24头，母牛8头），全部治愈。（曾火赤，T15，P61）

18. 桂附理中丸合四神丸加味。党参、白术、破故纸、五味子、茯苓各30g，肉豆蔻、干姜、炙甘草各20g，熟附子、肉桂、吴茱萸各25g，山药60g。共研细末，加姜枣为引，开水冲调，候温灌服。（杨全孝，T23，P32）

19. 四神丸（《证治准绳》）。补骨脂、五味子、肉豆蔻、吴茱萸，加黄芪、炒白术、茯苓、小茴香、炮姜、大枣。虚寒甚、四肢冰凉者加附片（先煎）、党参；虚热者加生地、玄参、麦冬。水煎取汁，候温灌服。共治疗33例（黄牛14例，水牛19例），收效良好。

20. 四神丸加味。补骨脂、党参、白术各50g，煨豆蔻、吴茱萸、炙五味子各40g，炒山药、制茴香、茯苓、泽泻各30g，大枣、炙甘草各25g。水煎取汁，候温灌服。共治疗108例（其中牛36例），治愈103例，好转5例。

21. 赤石脂粥。赤石脂60～100g、大米及水，分别按1：10：100比例混合，煮成稀粥，候温喂服。共治疗寒湿、伤食脾虚、肾虚等非细菌性、寄生虫所引起的各种泄泻235例，治愈212例，无效23例。

22. 加味补中益气汤。炙党参、炙黄芪各40g，炙升麻、炙柴胡、陈皮、当归各25g，炒白术、炙百

合、阿胶、杭白芍各 30g，枳壳 35g，山药 50g，炙甘草、沉香各 20g，姜枣为引。共研末，开水冲调，候温灌服。（杨全孝，T23，P32）

23. 五味止泻散。白矾、青黛、石膏各 10g，五倍子、滑石粉各 5g。将上药分别研成细末，过 36 目筛后混合均匀，用塑料袋包装，20g/袋，置干燥处保存。临证时视病情适当增减，拌料喂服，0.2～0.6g/kg，1～2 次/d。用量要适宜，过多可引起便秘。脱水严重者给予适当补液。本方药多用于细菌性和消化不良等泄泻。共治疗 6 例，治愈 5 例。

24. 白术（土炒）60g，炒白芍、防风、山药、神曲各 45g，陈皮 30g，甘草 15g。肝旺脾弱者加当归 45g，制川厚朴、煨木香各 30g；脾肾阳虚者加补骨脂 60g，炮姜、五味子各 30g；脾胃虚弱证候明显者加党参 45g，升麻 20g，炮姜、车前子各 30g。水煎取汁，候温灌服。共治疗 89 例，治愈 83 例。

25. 陈茶叶 200g，鲜生姜 100g，炒食盐 20g。水煎取汁，候温灌服，1 剂/d，连服 1～2 剂。共治疗近 30 例，效果均好。

26. 术苓散。苍术、茯苓各 45g，肉桂、陈皮、沙参各 30g，木香、茴香、白芍、五味子各 24g，细辛、甘草各 18g，大枣 10 枚。体弱不食者加黄芪、党参、焦三仙；久泻不止者加肉豆蔻、罂粟壳、白术、砂仁。共研末，开水冲调后加磺胺脒 15g，候温灌服，1 剂/d。共治疗顽固性腹泻 16 例，均治愈。

27. 白辣散。鲜白花蛇舌草、鲜辣蓼草、鲜萹蓄、鲜铁苋菜、鲜鱼腥草、泥鳅串、大蒜。将草药全部洗净，切细，大蒜捣成泥，其余草药文火烘干，制成细末与蒜泥混合，用淘米水灌服，2 次/d。

28. 大黄、茵陈各 50g，乌梅、焦山楂各 30g，罂粟壳 25g，胡黄连 15g，炒地榆、甘草、大枣各 20g。共研细末，开水冲调，候温灌服。1 剂/d，连服 2～3 剂。6%氟哌酸注射液，10mg/kg，或硫酸庆大霉素 0.3 万单位，盐酸山莨菪碱注射液 5～10mL，混合，肌内注射，1 次/d，连用 2～3d。粪带血者肌内注射止血敏 10mL；重症者，取 10%葡萄糖注射液 500～1000mL，5%碳酸氢钠注射液 100～300mL，维生素 C 注射液 30mL，10%安钠咖注射液 20mL，静脉注射。共治疗 25 例，治愈率达 92%以上。

29. 党参、白术、黄芪各 50g，防风、羌活各 10g，炙甘草、炒柴胡各 15g，茯苓 30g，泽泻、半夏各 20g，炒白芍、陈皮各 25g，黄连 5g，炮姜 6g，大枣 10 枚。水煎取汁，候温，于早、晚灌服，1 剂/d。

30. 党参、陈皮 50g，白术 35g，白芍 30g，茯苓 25g，防风、半夏 20g，炒枳壳 15g，羌活、柴胡、青皮、生甘草各 10g，黄连 6g。水煎取汁，候温，于早、晚灌服，1 剂/d。

31. 白术（炒）50g，山药 40g，人参、石斛、莲子肉、赤芍、白芍、鸡内金、白头翁、炒乌梅各 20g，干姜、甘草 10g，蜈蚣 3 条。中气下陷者加柴胡、升麻各 10g，黄芪（炙）30g；肝气郁结者加吴茱萸 20g；胃肠津液亏损明显者加沙参、天花粉各 20g。共研细末，开水冲调，候温灌服，1 剂/d，1 个疗程/3 剂；腹泻停止后，继续灌服 1～2 剂。共治疗 23 例，治愈 19 例，无效 4 例。

32. 通灵散加减。①苍术、茵陈各 46g，细辛 16g，官桂 20g，青皮 35g，陈皮 34g，小茴香 24g，芍药 40g，黄芪、地榆各 50g，黄芩 49g。共研细末，温开水冲调，加磺胺脒 30g，灌服。②苍术、茵陈各 23g，细辛 7g，官桂 10g，青皮 17g，小茴香 12g，芍药、木香各 20g，陈皮、山楂、神曲各 15g。共研细末，温开水冲调，加磺胺脒 15g，灌服。

**【典型医案】** 1. 1993 年，饶平县黄冈镇仙春管区一头 2.5 岁母黄牛来诊。主诉：该牛持续腹泻已 2 个多月。检查：患牛食欲减退，反刍无力，消瘦，两肷凹陷，眼窝深陷，粪呈水样，结膜苍白，舌苔薄白，脉沉。诊为脾虚泄泻。治疗：取方药 2，用法同上，连服 4 剂，痊愈。（刘思阳，T84，P35）

2. 1981 年 4 月 15 日，黎平县城关镇坚强村宋某两头母子牛来诊。主诉：两牛是 10d 前从集市购入，据原畜主讲，两牛腹泻近两个月，经用磺胺、土霉素、氯霉素等药治疗未效。检查：母牛约 6 岁，犊牛不足 1 岁，均体瘦毛焦，神疲欹吊，步态不稳，粪稀、粗糙、夹杂有部分未消化的草谷，肛门四周及大腿后侧大面积黏附稀粪，口色淡白，舌绵软，脉沉无力，呼吸、体温正常。诊为脾虚泄泻。治疗：取方药 3，用法同上。嘱畜主加强牛舍保温和卫生管理。服药 3 剂，患牛泄泻停止，精神好转，继用药 3d，粪成型；10d 后追访，患牛完全康复。（黄寿高，T97，P30）

3. 1984 年 9 月 17 日，华阴县金惠乡李湾村李某一头 5 岁犍牛来诊。主诉：该牛粪不成形已 2 个多月，用药即效，停药即泻。检查：患牛体温 38.4℃，心跳 68 次/min，呼吸 20 次/min，口色淡，口津滑利，全身毛乍，膘情中等。诊为脾虚泄泻。治疗：取方药 4，用法同上，连服 2 剂，痊愈。（杨全孝，T100，P41）

4. 2002 年 10 月 15 日，西吉县黑城河马某一头 7 岁母牛来诊。主诉：该牛已腹泻 4～5d，灌服抗生素类药物症状虽有缓解，但随后又复发。检查：患牛体质瘦弱，粪腥臭且带血、有时伴水样血液。治疗：山药 40g，人参、石斛、莲子肉、赤芍、鸡内金、炒乌梅、白头翁、沙参、天花粉各 20g，干姜、甘草各 10g，土炒白术 50g，蜈蚣 3 条。共研细末，开水冲调，候温灌服，1 剂/d，连服 3d，痊愈。（陈玉等，T138，P48）

5. 1977 年 12 月 3 日，遵义县大岚公社集新队一头 3 岁母水牛来诊。主诉：该牛腹泻已逾 2 月，有时水泻，有时粪如糯糊、无臭味。检查：患牛体瘦毛焦，精神沉郁，喜卧；全身布满稀粪（牛圈长期较稀）；口黏不饮，口色黄白，苔白腻，脉迟濡。诊为寒湿困脾泄泻。治疗：阳蔼根散加党参、茯苓，用法同方药8，连服3剂痊愈。（谭治明，T2，P50）

6. 1995年10月2日，鹤庆县南庄村阮某一头4岁公水牛来诊。主诉：前10余天阴雨连绵，9月30日天晴，该牛犁地时，太阳暴晒，地气蒸腾。犁至下午出现喷射状泄泻。检查：患牛体温38.6℃，眼结膜潮红，有眼眵，瘤胃蠕动音弱，饮食欲废绝。诊为暑热泄泻。治疗：2%痢菌净注射液20mL，后海穴注射；自拟蒿参散，1剂，用法同方药10。3日复诊，患牛饮欲恢复，粪转为稀粥状。继服自拟蒿参散1剂，5日痊愈。（阮光治，T81，P29）

7. 1996年5月24日，周至县哑柏镇蒙某一头4岁黄牛，因食过期、变质麦乳精约24kg后引发泄泻来诊。检查：患牛口色暗红，口津黏腻，粪稀薄、量少，带有黏液和暗红色血块，频频努责，肠鸣如雷，浑身颤抖，体温40.5℃。诊为湿热泄泻。治疗：郁白止泻散（见方药11）500g，分2次灌服，阿托品注射液20mL，安痛定注射液50mL，分别肌内注射。次日，患牛出现食欲，但精神不振，粪较前稍有好转但仍带有黏液，体温38.9℃。再灌服郁白止泻散250g，痊愈。（宋晓平等，T86，P28）

8. 2003年7月16日，定西市凤翔镇李家咀村张某一头5岁耕牛来诊。主诉：该牛不食草料、腹泻、粪带血已3d。检查：患牛精神不振，尾根及后腿部被暗黑色的稀粪所污染，粪呈糊糊状、混有黏液和鲜血，气味腥臭，拱背，肷吊，腹痛起卧，鼻镜干燥，舌红燥，眼球凹陷，欲饮水，体温40.5℃，心跳90次/min。诊为湿热泄泻。治疗：6%氟哌酸注射液30mL，维生素C注射液20mL，盐酸山莨菪碱注射液15mL，混合，肌内注射；10%葡萄糖注射液1000mL，5%碳酸氢钠注射液200mL，10%安钠咖注射液20mL，静脉注射；中药取大黄茵陈散，用法同方药12。第2天，继用大黄茵陈散1剂，痊愈。（纪天成，T138，P47）

9. 2003年8月25日，隆德县联财镇赵楼村1组赵某一头3岁母牛来诊。主诉：该牛已腹泻2d，不食，反刍停止，时有腹痛。检查：患牛体温39.8℃，心跳50次/min，呼吸20次/min，结膜潮红，口干臭，鼻镜稍干，里急后重，频频排粪，粪量少、混有血丝和黏液。诊为湿热泄泻。治疗：自拟二白三黄散，用法同方药13，连服2剂痊愈。（李喜斌等，T140，P46）

10. 陕县张湾乡新桥村一头红色母牛来诊。主诉：该牛泄泻已4～5d，不吃草，不反刍，喜饮水。检查：患牛精神倦怠，行走无力，鼻镜无汗，口燥热，津黏，结膜、口色红黄，舌有薄黄苔，体表温高，脉搏稍快而弱，粪稀溏、夹带少量血块，气味微腥臭、排粪次数多而量少，轻度里急后重。诊为热泻。治疗：党参、乌梅、诃子、山药、柴胡各50g，

白术、黄芩、郁金、肉豆蔻各40g，茯苓、天花粉、车前子、罂粟壳、甘草各30g。开水冲调，候温灌服。翌日复诊，患牛诸症减轻，食欲、反刍增加，粪转稠。继用上方药1剂，痊愈。（高光顺等，T98，P28）

11. 1984年6月3日，贞丰县牛场乡小水井村一头5岁母黄牛来诊。主诉：该牛已泄泻半个月有余，曾用氯霉素等治疗2d病情反而加重，粪如粥样，日渐消瘦，食欲废绝。检查：患牛体温40.0℃，呼吸40次/min，心跳85次/min，营养不良，精神不振，口津黏而少，鼻镜干燥，肠音和瘤胃蠕动音弱，粪稀薄、气味腥臭，尿黄稠如油；口色橘黄，舌苔黄腻，脉洪数。诊为湿热泄泻。治疗：生甘草200g、生山药1500g。制备、用法同方药15，2剂/d。治疗3d后痊愈。（王朝龙，T48，P48）

12. 1991年3月18日，盘县保田镇饿毛寨村肖某一头5岁公黄牛来诊。检查：患牛步态不稳，鼻镜干燥，耳尖凉，呼吸21次/min，心跳74次/min，瘤胃胀满，触诊瘤胃呈面团状，粪如浆水、色黑而悔暗、带有黏液，口色潮红，苔黄腻，脉细数而沉。诊为传染性泄泻。治疗：虎杖苦参汤，用法同方药16。连服2剂痊愈。（庄忠明，T79，P34）

13. 1989年12月5日，江油市三合乡桂香村4组刘某一头3岁母水牛来诊。主诉：该牛腹泻已2个多月，晚上较重。检查：患牛形体消瘦、拱背，被毛粗乱，精神沉郁，耳、鼻、四肢不温，唇舌淡白。诊为肾虚泄泻。治疗：四神丸加紫苏60g，山楂肉50g，大枣40g，葱头适量。葱、枣水煎取汁，余药研末，药液冲调，分4次/剂灌服，3次/d。连服2剂，患牛耳、鼻、四肢转温，食欲增强，泄泻减轻。上方药去干姜、紫苏，加党参、藿香各50g，连服2剂。患牛泄泻止，粪正常，精神好转。上方药去吴茱萸、肉豆蔻、五味子，加麦芽、山药、陈皮各50g，服药2剂，痊愈。（胡高弟，T64，P33）

14. 1997年8月5日，武山县某村民一头8岁黄牛，因长期腹泻来诊。主诉：该牛于1996年3月流产后，因偷饮冷水太过而发生肠鸣、泄泻，多在半夜至凌晨发作，他医按慢性消化不良治疗无效，当年没有发情配种。检查：患牛精神欠佳，被毛粗乱，四肢冰冷、无力，疲倦喜卧，食欲减少，瘤胃蠕动缓慢，反刍时有时无，肠音亢进，粪稀溏，尿清长，鼻镜龟裂，唇舌淡白，尾脉迟细。诊为五更泻，证属脾肾两虚。治疗：补骨脂、党参、黄芪各60g，肉豆蔻、吴茱萸、五味子、白术、山药、茴香、泽泻、茯苓各30g，肉桂、附子、大枣、炙甘草各25g。1剂，分早、晚两次煎煮，取汁，候温灌服，1剂/d，连服3剂。8日，患牛精神好转，鼻镜湿润，瘤胃蠕动音增强，反刍恢复正常，饮食欲增加，泄泻次数减少，粪成形。效不更方，继服药3剂。11日，患牛诸症皆除。为巩固疗效，兼治体弱乏情，原方药加当归、

川芎、熟地、白芍、香附、杜仲、枸杞子、菟丝子各25g，黄酒200mL为引，1剂/2d，连服4剂，痊愈。（陈旭东，T106，P27）

15. 1993年2月17日，江都县昭关镇横港村周某一头耕牛，因患泄泻半个多月，他医治疗数次无效来诊。检查：患牛卧地不起，食欲废绝，只饮少量水，毛焦欣吊，头低耳聋，体质极虚弱，眼球凹陷，口色苍白，耳鼻俱凉，胃肠蠕动音弱，1次/min，呼吸微弱，呼吸16次/min，脉迟。诊为虚寒泄泻。治疗：赤石脂100g，大米1000g，加水煮粥约20kg，候温灌服，1次/d，连服3d；取5%葡萄糖氯化钠注射液1500mL，维生素C注射液2g，静脉注射。第3天，患牛诸症减轻，出现食欲。嘱畜主加强饲养管理，逐渐康复。（汤文忠等，T66，P25）

16. 1986年5月12日，贵港市市郊罗卜湾村某户一头约150kg母黄牛来诊。主诉：该牛已腹泻2d，5～6次/d，食欲减退，曾用氯霉素治疗无效。检查：患牛精神沉郁，被毛松乱，眼结膜充血，眼球稍凹陷，烦渴贪饮，体温38.5℃，心跳68次/min，呼吸32次/min；肠音增强，粪如粥状、气味臭，肛门松弛。诊为寄生虫性泄泻。治疗：取五味止泻散100g，拌粥灌服。翌日上午又灌服80g，痊愈。（何媛华，T46，P24）

17. 1995年3月19日，庆元县屏都镇余村一头5岁公耕牛来诊。主诉：该牛泄泻已半个多月，经他医治疗未见显效，近日食欲减少，偶见后肢踢腹。检查：患牛体温37.8℃，心跳65次/min，呼吸22次/min，形体瘦弱，四肢无力，肚腹微胀，肠鸣，鼻镜少汗，口色青黄，苔黄薄腻。诊为肝旺脾弱型泄泻。治疗：取方药24加当归45g，制川厚朴、炒木香各30g，用法同上，1剂/d，连服3剂。患牛诸症减轻，食欲增加，继服药6剂，痊愈。（吴其仁，T98，P20）

18. 温岭县卫东村金某一头牯牛来诊。主诉：春耕后，该牛泄泻已2月，经治疗未愈。检查：患牛消瘦，皮毛粗乱、无光泽，粪呈稠糊状、混有黏液。诊为顽固性泄泻。治疗：取方药25，1剂，用法同上，痊愈。（李方来等，T26，P37）

19. 2004年11月3日，定西市安定区凤翔镇北二十里铺村张某一头4岁红色耕牛来诊。主诉：该牛已腹泻半个月，饮食欲减少，曾用庆大霉素、痢菌净等药治疗略有好转，停药后又开始腹泻，反复发作。检查：患牛精神委顿，被毛粗乱，四肢乏力，反刍次数减少，粪稀溏、附有少量黏液、无异味，听诊瘤胃蠕动音减弱，触诊肚腹微胀，体温38.6℃，心跳54次/min，呼吸27次/min，口色淡，津液黏少，脉沉细。诊为顽固性泄泻。治疗：取术苓散，用法同方药26，1剂/d，连服3d，痊愈。（董书昌等，T137，P43）

20. 2007年7月26日，余庆县敖溪镇柏林村喻家桥组何某的16头3～8岁黄牛，因腹泻来诊。主诉：该牛发病后曾请当地兽医用西药治疗，并疑为寄生虫性泄泻，服驱虫药未治愈。检查：3岁以下患牛病情较轻，其余牛均精神不振，头低耳聋，毛乱无光，腹部紧缩，鼻汗散乱且时有时无，粪呈粥状、混有少量血液、腐败腥臭，肛门周围及尾部黏满稀粪，尿少、气味臭，喜饮水，食欲减退，有时无食欲，两耳不热，角根稍湿，口腔微温，口津黏腻。诊为湿热泄泻。治疗：鲜白花蛇舌草、鲜辣蓼、鲜蕳蓄、鲜鱼腥草、鲜泥鳅串各3000g，铁苋菜2000g，大蒜1500g。用法同方药27，犊牛500g/次，成年牛1500g/次，2次/d。3头犊牛服药1d后痊愈，其余牛服药2d后痊愈。（李军等，T157，P65）

21. 2003年7月16日，定西市安定区凤翔镇李家咀村张某一头5岁耕牛就诊。主诉：该牛不食草料，腹泻，粪带血已3d。检查：患牛精神不振，尾根及后腿部被暗黑色的稀粪所污染，粪稀、呈糊状、混有黏液和鲜血、气味腥臭，拱背，欣吊，腹痛起卧，鼻镜干燥，舌红燥，眼球凹陷，欲饮水，体温40.5℃，心跳90次/min，诊为湿热泄泻。治疗：取方药28，用法同上。6%氟哌酸注射液30mL，维生素C注射液20mL，盐酸山莨菪碱注射液15mL，混合，肌内注射；10%葡萄糖注射液1000mL，5%碳酸氢钠注射液200mL，10%安钠咖注射液20mL，静脉注射。第2天，继用上方中药1剂，痊愈。（纪天成，T138，P47）

22. 2004年12月26日，荆州市沙市区荆沙村6组一头6岁母黄牛来诊。主诉：该牛腹泻已4个月，排粪次数增加，粪内常混有未消化的草料，时溏时泻，伴有倦怠乏力，食少纳呆，腹痛喜按，近1个多月仍见早晨腹泻，泻前腹痛，肠鸣增加，泻后疼痛减轻。检查：患牛形体消瘦，毛焦无光，精神不振，畏寒，舌淡苔薄，脉濡弱缓。诊为脾阳虚泄泻。治疗：取方药29，用法同上，1剂/d，连服4剂。服药后，患牛粪量增多、次数减少，早晨肠鸣腹痛减轻。继服药8剂，患牛粪成形，排粪次数恢复正常，腹痛肠鸣症状均消失，惟肠气较多。上方药加广木香10g，连服3剂。患牛诸症消除，食草如常。

23. 2006年4月6日，荆州市荆州区荆北村2组一头5岁公牛来诊。主诉：该牛平素性情暴躁易怒，泄泻已半年，时发时止，发作时痛泻并作，每次因躁动而加重，经服中药治疗效果不显著。检查：患牛瘤胃胀满，嗳气增加，食欲减退，痛泻并作，粪稀薄、排粪次数增加，毛焦无华，舌淡，苔薄白，脉弦缓。诊为脾虚泄泻。治疗：取方药30，用法同上，连服4剂。服药后，患牛腹痛减轻，排粪次数减少。再服药4剂，痊愈。（赵年彪，T157，P72）

24. 2002年10月15日，西吉县黑城河马某一头7岁母牛来诊。主诉：该牛腹泻已数日，灌服抗生素类药物后症状当时缓解，但随后又复发。检查：患牛体质瘦弱，后躯被粪尿污染严重，粪气味腥臭、带血，有时排水样血粪。诊为脾虚便血性泄泻。治疗：山药 40g，人参、石斛、莲子肉、赤芍、白芍、鸡内金、炒乌梅各 20g，干姜、甘草 10g，土炒白术 50g，白头翁 20g，蜈蚣 3 条，沙参、天花粉各 20g。共研细末，开水冲调，候温灌服，1 剂/d，连服 3 剂。1 月后追访，痊愈。（陈玉等，T141，P55）

25. 2006 年 8 月 23 日，定西市安定区内官镇万崖村员某一头 9 岁黄牛来诊。主诉：该牛腹泻已 2d，曾用穿心莲、板蓝根各 60mL、盐酸林可霉素 40mL 治疗未见好转。检查：患牛精神沉郁，食欲废绝，反刍减少，被毛逆立，体温 39℃，心跳 84 次/min，呼吸 32 次/min，瘤胃空虚、蠕动音弱，回头顾腹，弓腰不安，耳鼻发凉，粪稀软、气味腥臭、混有黏液，口色红。诊为腹泻。治疗：取通灵散加减①，用法见方药 32，连服 5 剂，痊愈。

26. 2009 年 4 月 13 日，定西市安定区李家堡杨某一头 30 日龄黄牛来诊。主诉：该牛腹泻已 1d，曾用痢菌净、庆大霉素等药物治疗不见好转。检查：患牛精神较好，食欲不振，反刍减少，体温升高。诊为腹泻。治疗：通灵散加减②，用法见方药 32，连服 3 剂，痊愈。（李晓燕，T157，P58）

## 二、奶牛泄泻

【病因】 由于气候突变，外感寒邪，或饲喂、采食过量冰冻草料（豆腐渣、酱渣等），以致冷气入胃，寒邪伤脾，脏冷气虚，脾胃失职，水谷不能运化，清浊不分而泄泻，泻久则伤肾，遂成本病。

【辨证施治】 本病分为脾虚泄泻、虚寒久泻、寒泻、外感泄泻、肝郁脾虚泄泻和湿热泄泻。

（1）脾虚泄泻 患牛精神不振，食欲、反刍减退，完谷不化，慢性溏泻或水泻；初期口色淡白兼黄，后期青白或淡红。严重者毛焦欣吊，食欲废绝，难起难卧，气喘，耳鼻凉，眼窝下陷，鼻汗时有时无。

（2）虚寒久泻 患牛食欲减退，腹围缩小，毛焦欣吊，肠音不整；两角及四肢末梢冰冷，粪稀、气味臭、含多量泡沫，脉沉迟。

（3）寒泻 患牛精神不振，泄粪如水，肠音亢进，肛门松弛，口色青白。

（4）外感泄泻 患牛恶寒发热，咳嗽气喘，鼻流清涕，眼睛潮红，口干喜饮，食欲明显减少或停食；初期便秘，随之腹泻，久则粪呈黄褐色、气味恶臭、肢乏好卧，毛枯无光，日渐消瘦，舌淡，苔白腻或黄腻，尾脉濡缓或滑数。

（5）肝郁脾虚泄泻 患牛腹痛，泄泻，泻后疼痛减轻，脉弦而缓。

（6）湿热泄泻 患牛泻粪如注，粪中混有黏液与血液、呈灰黄色或灰黑色、气味恶臭，耳角俱热，尿少、色黄，口温增高，口色偏红稍黄，口津少，苔微黄或黄腻。

【治则】 脾虚泄泻宜健脾燥湿，利水止泻；虚寒久泻宜温肾暖脾，涩肠止泻；寒泻宜温中健脾；外感泄泻宜发散表邪，健脾理气；肝郁脾虚泄泻宜疏肝补脾；湿热泄泻宜清热燥湿，涩肠止泻。

【方药】 （1 适用于脾虚泄泻；2 适用于虚寒久泻；3 适用于寒泻；4 适用于肝郁脾虚泄泻；5 适用于湿热泄泻）

1. 参苓白术散加减。党参 60g，白术 50g，茯苓、猪苓、山药、薏苡仁、白扁豆各 40g，莲子肉 30g，砂仁、桔梗各 20g，炙甘草 10g（为中等奶牛药量）。症重者加石榴皮、诃子、姜黄。共研细末，开水冲调，候温灌服（轻症）或水煎取汁，候温灌服（重症），1 剂/d。共治疗 8 例，均获满意疗效。

2. 温肾益脾汤。附子 15g，肉豆蔻、五味子、破故纸、茯苓各 50g，肉桂 20g，干姜 25g，甘草 30g。水煎 3 沸，取药液约 1000mL，候温，1 次灌服，1 剂/d。一般轻症 1 剂即愈，重症不过 3 剂。共治疗 48 例，治愈 46 例。

3. 陈皮麸草散。陈皮 60g，草木灰 250g，麸皮（或面粉，炒）100g，食盐 10g，白糖 200g。共研细末，先将他药开水冲调，再加入陈皮，1 次灌服。共治疗 143 例，治愈 120 例。

4. 党参、白术、白芍各 60g，焦三仙各 60g（六曲另包冲服），陈皮、炙升麻、柴胡、醋香附各 30g，防风、炒山药、茯苓各 45g，广木香、炙甘草各 20g。水煎取汁，候温灌服。

5. 黄芩、木香各 45g，黄连、茯苓、猪苓、薏苡仁、木通、泽泻、车前子（另包，水煎后取汁）、乌梅、诃子、秦皮、生地、玄参、白芍、甘草、神曲（炒炭）、山楂（炒炭）、麦芽（炒炭）各 30g。共研末，开水冲调，候温灌服；复方氯化钠注射液 1000mL，生理盐水、10%葡萄糖注射液、5%葡萄糖注射液各 500mL，庆大霉素 100 万单位，维生素 C 注射液 50mL，复合维生素 B 注射液 30mL，静脉注射。

【典型医案】 1. 1988 年 6 月 25 日，长春市市郊王某一头 5 月龄奶牛来诊。主诉：该牛食欲减退，泄泻已 6d。检查：患牛神疲懒动，食欲废绝，反刍停止；粪稀、未见黏液及血液；心跳 66 次/min，呼吸 44 次/min，体温 38.0℃，鼻镜干，口色淡红。诊为脾虚泄泻。治疗：参苓白术散加猪苓、葛根各 40g。用法同方药 1，连服 2 剂痊愈。（廖柏松等，T37，P42）

2. 1986 年 8 月 13 日，甘南县查哈阳海洋分场刘某一头 5 岁黑白花奶牛来诊。主诉：该牛 2 个月前从哈尔滨牛场买来，当时生产后 7d，运输途中受雨淋约 2h，回场后即见食欲减退，排稀粪，经他医治疗无效且日渐加重。检查：患牛极度消瘦，腹围缩小，肛门凹陷、黏有脓样污水，皮肤弹性降低，可视黏膜淡白、角、四肢冰冷，粪稀薄如水、伴有多量气泡；

食欲减退，行走摇摆；听诊肠音不整、时高时低，肠音高时数步外能听见，低时用听诊器听不清楚；心率快而弱，脉沉迟。诊为虚寒久泻。治疗：取方药2，用法同上，连服3剂。服药后，患牛粪恢复正常，诸症悉退，1月后膘肥体壮，未见复发。（卢江，T69，P32）

3. 1986年12月7日，乌鲁木齐市仓房沟1队马某一头7岁黑白花奶牛来诊。主诉：该牛昨天脱缰采食冰冻菜叶、土豆皮等，今日腹泻如水，且食欲不佳。检查：患牛体温39℃，眼窝下陷，肠音亢进，肛门松弛。诊为寒泻。治疗：陈皮麸草散，制备、用法同方药3。翌日，患牛粪转稠、排粪次数减少。继服药1剂，痊愈。（丁庆伟等，T59，P40）

4. 2000年5月8日，商丘市梁园区西效乡杨庄沈某一头5岁黑白花奶牛来诊。主诉：该牛腹泻已2个多月，经用中西药多次治疗均未见效，食草减少，产奶量大减。检查：患牛精神沉郁，毛焦欣吊，机体消瘦，皮肤弹性降低、脱水，眼球下陷，食欲不振，轻微腹痛腹胀，舌淡，苔薄白，脉弦而缓。诊为肝郁脾虚久泻。治疗：取方药4，3剂，用法同上。服药后，患牛腹痛减轻，粪成形，食欲增加，继服药3剂，康复。（刘万平，T121，P33）

5. 2008年8月11日，呼图壁县二十里店镇良种场村1组一头成年奶牛来诊。检查：患牛体温40.4℃，呼吸35次/min，心跳86次/min，腹泻、呈喷射状，粪呈黑色、气味恶臭，小肠音和大肠音亢进，颈部皮肤弹性降低，有脱水现象。诊为湿热泄泻不止。治疗：取方药5中、西药，用法同上，连用4d，痊愈。

6. 2009年5月17日，呼图壁县二十里店镇良种场村2组一头成年奶牛来诊。检查：患牛体温41.5℃，呼吸36次/min，心跳80次/min，腹泻，粪呈褐色、气味恶臭，混有黏液和少量血液，小肠音和大肠音亢进。诊为湿热泄泻致发热。治疗：复方氯化钠注射液1000mL，生理盐水、10%葡萄糖注射液、5%葡萄糖注射液各500mL，庆大霉素100万单位，维生素C注射液50mL，复合维生素B注射液30mL，静脉注射；黄芩45g，大黄50g，元明粉200g，黄连、栀子、木通、金银花、连翘、白头翁、木香各30g，白芍、甘草各20g。共研末，开水冲调，候温灌服，连服4d，痊愈。

7. 2009年8月2日，呼图壁县二十里店镇小土古丽3组一头成年奶牛来诊。检查：患牛体温41.2℃，呼吸34次/min，心跳79次/min，排粪次数多、粪量较少、混杂黏液、气味恶臭，不断出现拧腰伸腰和后蹄踢腹现象，小肠音和大肠音亢进。诊为湿热泄泻所致里急后重、腹痛。治疗：复方氯化钠注射液1000mL，生理盐水、10%葡萄糖注射液、5%葡萄糖注射液各500mL，复方磺胺间甲氧嘧啶（含磺胺间甲氧嘧啶、甲氧苄啶、环丙沙星）100mL，维生

素C注射液50mL，复合维生素B注射液30mL，静脉注射；黄芩、木香各45g，大黄50g，元明粉200g，黄连、栀子、木通、当归、白头翁各30g，乳香、没药、甘草各20g，细辛15g。共研末，开水冲调，候温灌服，连服4d，痊愈。

8. 2009年6月2日，呼图壁县二十里店镇东滩村1组一头成年奶牛来诊。检查：患牛体温40.5℃，呼吸32次/min，心跳77次/min，腹泻严重，粪中带有黏液、混杂未消化的饲料颗粒、气味恶臭，触压瘤胃蠕动次数和每次蠕动时间不足、蠕动力弱。诊为湿热泄泻兼有食滞。治疗：10%氯化钠注射液、促反刍注射液、生理盐水、10%葡萄糖注射液、5%葡萄糖注射液各500mL，复方磺胺间甲氧嘧啶100mL，维生素C注射液50mL，复合维生素B注射液30mL，静脉注射；黄芩、神曲、山楂、麦芽、木香各45g，黄连、莱菔子、苍术、枳壳、厚朴各30g，甘草20g。共研末，开水冲调，候温灌服，连服3d，痊愈。

9. 2009年4月9日，呼图壁县二十里店镇东滩村军马场一头成年奶牛来诊。主诉：该牛患病已8d，用青霉素、庆大霉素、健胃散等药物治疗疗效不佳。检查：患牛体温37.7℃，呼吸28次/min，心跳66次/min，精神不振，采食量少，腹泻严重，粪呈粥样，口色淡白，耳尖、角根发凉，瘤胃蠕动、肠蠕动减弱。诊为湿热泄泻日久，正气虚衰。治疗：10%氯化钠注射液、促反刍注射液、10%葡萄糖注射液各500mL，25%葡萄糖注射液1000mL，维生素C注射液50mL，复合维生素B注射液30mL，静脉注射；党参、白术、茯苓、泽泻、薏苡仁、苍术、莱菔子、枳壳、厚朴各30g，肉桂、干姜、黄连各20g，神曲、山楂、麦芽、木香各45g，甘草20g。共研末，开水冲调，候温灌服，连服3d，痊愈。（杨仰实等，T163，P65）

## 三、水牛泄泻

【病因】　由于精、粗饲料调配不当，过量饲喂，使胃肠负担过重，难以消化运转，积而成腐，损伤脾胃，导致脾胃功能紊乱；或气候炎热，暑气熏蒸，暑邪湿毒暗伏脾胃，导致毒素滋生，侵害脾胃，脾失健运，胃失运转，食物异常发酵，精华变为毒水，混下大肠而泄泻；饲草干硬霉变、干湿不均，使脾胃受损，运化无力，清阳不升，水谷难化，水反成湿，谷反为滞，水谷滞留，下注大肠即成泄泻；劳役过度后未充分休息，过食大量饲料，导致中气虚弱，脾胃功能衰退，无力化食，清阳不升，湿浊混下而泄泻；误食有毒草料，或饮水不洁，或因某些传染病、寄生虫病引起。

【辨证施治】　本病分为寒湿泄泻和迁延性泄泻。

（1）寒湿泄泻　患牛精神沉郁，头低耳聋，毛焦欣吊，体弱消瘦，四肢无力，鼻寒耳冷，四肢不温，浑身发颤，水草迟细或废绝，粪稀薄、甚则如水、完

谷不化，体温正常或偏低，口色青白、淡白或稍黄，口津滑利，舌质绵软无力，口唇松弛，脉象沉迟或细弱。

（2）迁延性泄泻　患牛精神委顿，体瘦毛枯，粪清稀、无臭味，体温、呼吸正常，眼、口可视黏膜淡白。

【治则】　寒湿泄泻宜温中散寒，补脾健胃，利水止泻；迁延性泄泻宜涩肠止泻。

【方药】　（1、2适用于寒湿泄泻；3适用于迁延性泄泻）

1. 五苓散加味。茯苓、炒苍术各40～50g，猪苓30～40g，泽泻25～30g，肉桂、小茴香各30g，炒白术35～50g，炮干姜25～40g，附子10～15g。脾虚者加党参、山药、炙甘草；消化不良者加焦山楂、炒麦芽、神曲、陈皮；水泻重者加乌梅、诃子肉；腹痛者加元胡、五灵脂。共研细末，水煎取汁，候温灌服。共治疗34例，均收到较为满意的疗效。

2. 紫苏、常山、过路黄（满山香）、白牛胆（野柴胡）、泽兰、山僵（观音香、木僵）、荆芥、续断、青木香、薄荷、金银花、金樱子、龙胆草、淫羊藿、仙鹤草、陈皮、阔叶十大功劳（土黄连）、牡蛎、罗勒（九层塔、化食草）、杜衡。以上20味药，用鲜品各250g，用干品各30g，生姜30g，红糖60g为引。水牛去薄荷、荆芥、杜衡，加谷芽、白术、山楂炭。水煎取汁，分早、晚温热灌服，连服3～5d。共治疗21例，其中水牛7例、黄牛14例，全部治愈。（毛和松，T18，P11）

3. 血余炭、枯矾粉各50g，食醋500mL，混合，1次灌服。共治疗水牛迁延性泄泻16例，治愈15例。

【典型医案】　1. 1993年9月20日，高邮市东墩乡双龙4组钱某一头10岁公牛，因泄泻不止来诊。检查：患牛粪稀薄如水，鼻寒耳冷，肠鸣如雷，体温37.6℃，心跳40次/min，呼吸23次/min；口色青白，口津滑利，舌软无力，头低耳耷，精神委顿，四肢无力，消瘦，水草迟细。先按肠炎诊治，用氯霉素、庆大霉素、葡萄糖生理盐水等治疗9d无效，且日渐加重。诊为寒湿泄泻。治疗：五苓散加减：茯苓、炒白术、党参各50g，炮干姜45g，炒苍术40g，猪苓、泽泻、肉桂、茴香各30g，乌梅、元胡各20g，炙甘草15g。共研末，水煎取汁，候温灌服。1剂/d，连服5剂，痊愈。（赵永通，T79，P30）

2. 1984年3月下旬，宜宾县大坪村贺某一头3岁牯牛，因腹泻不止、消瘦来诊。检查：该牛膘情下等，精神委顿，体瘦毛枯，眼、口可视黏膜淡白，粪清稀、无臭味，体温、呼吸正常。先按脾虚泄泻兼虫积诊治，取5%驱虫净10mL，皮下注射；二苓平胃散合补中益气汤加减，1剂，灌服。第3天，患牛病情未减，遂诊为迁延性泄泻。治疗：取方药2，2剂，用法同上。服药后，患牛粪逐渐转稠，精神好转。再

服药1剂，患牛不再泄泻，口色转红润，被毛光泽，半个月后投入使役。（许正怀，T36，P60）

## 四、奶牛久泻不止

本病是因饮喂失调等，引起牛泄泻不止、次数增多的一种病症。

【病因】　多因口老体弱、饮喂失调或其他疾病，导致牛脾胃虚弱，中气不足，或因泄泻失治、误治，拖延日久，或因较长时间饲喂难以消化的草料，损伤脾胃，导致消化功能降低等而久泻不止。

【主证】　多见于体瘦牛。患牛粪稀薄、粗糙带水，反刍次数减少，咀嚼无力，精神沉郁，口色淡白，舌绵发胖，慢草，饮水少。严重者泻后肛门收缩缓慢，常矢气，出现眼窝下陷等脱水症状，体温、呼吸无明显变化，心率快而弱，瘤胃蠕动音弱。

【治则】　脾胃益气，升阳举陷。

【方药】　补中益气汤。黄芪100g，党参、白术、当归各50g，陈皮40g，升麻、柴胡各30g，生甘草、生姜各20g，大枣10枚。风寒感冒者加防风、荆芥、紫苏、白芷各30g，细辛20g；积滞者加苍术、山楂、神曲各50g；育成牛、停乳牛加麦芽50g；体瘦、精神差者加麦冬、五味子、砂仁各30g，何首乌、熟地各80g，山药50g；粪清稀者加诃子、赤石脂、罂粟壳各40g；内寒盛、夜间能听到腹鸣音者加附子、肉桂各30g；清晨5～6时泻甚明显者加四神丸，即破故纸、肉豆蔻各50g，吴茱萸40g，五味子30g。共研细末，开水冲调，候温灌服。西药对症治疗。共治疗46例，均收到满意的疗效。

【典型医案】　1. 2003年9月6日，陇县李家河乡赵家塬村赵某一头奶牛来诊。主诉：该牛已10岁，产后4个多月，空怀，腹泻已2周，产奶量由32kg/d降至13kg/d，曾服止泻散、磺胺脒、小苏打等药物数次、静脉注射多次不见好转。检查：患牛体瘦，精神沉郁，牵行时矢气，粪稀薄、清冷带水，泻后肛门收缩缓慢，呼吸平稳，体温37.8℃，心跳弱而快，口色淡白，舌绵无力。诊为泄泻。治疗：补中益气汤加减。防风、荆芥、紫苏、白芷、附子、肉桂各30g，细辛20g，诃子、赤石脂、罂粟壳各40g。用法同上，连服2剂。8日，原方药加附子、肉桂、麦冬、五味子、砂仁各30g，山药50g，何首乌、熟地各80g，2剂，用法同上。痊愈。

2. 2009年4月17日，陇县温水镇闫家湾村李某一头奶牛来诊。主诉：该牛已生产5头母犊牛和1头公犊牛，年产奶上万千克，现受孕已4个多月，近期腹泻已1个多月，先后灌服止泻散、补中益气散、黄连素、抗生素和多次输液后见效，但停药后仍泄泻不止，曾喂炒麸皮，灌服柏叶炭、灶心土等不见效，有一定食欲，最明显的是在清晨5～6时第1次饲喂和挤奶时腹泻较多。检查：患牛形体消瘦，体温37.6℃，粪稀薄、粗糙、有明显未消化充分的草节和

精料小粒，心音快而弱，呼吸平稳，口色淡白，舌绵发胖，反刍无力。诊为泄泻。治疗：5%糖盐水1500mL，复方氯化钠注射液1000mL，5%小苏打注射液500mL，10%安钠咖注射液、30%安乃近注射液各30mL，维生素C注射液50mL，复合维生素注射液20mL，磺胺嘧啶钠注射液100mL，静脉注射；补中益气汤加减：防风、荆芥、紫苏、白芷、五味子各40g，诃子、赤石脂、罂粟壳、吴茱萸各50g，破故纸、肉豆蔻各60g。用法同上，连服2剂。21日，原方药加麦冬40g，何首乌、熟地各80g，山药50g，砂仁30g。3剂，用法同前。痊愈。（安社，T167，P58）

## 痢 疾

痢疾是指以气、热、毒瘀滞胃肠，以腹痛、频频努责、泻而不畅、下痢赤白、脓血为特征的一种病症。多见于夏、秋季节和每年草原牧草返青季节；发病不分性别、年龄和品种，外来良种牛较当地牛易发，2岁以下牛或犊牛居多。

### 一、黄牛、水牛痢疾（血痢）

【病因】 暑热季节，牛采食不洁的热草、热料和霉变饲草料，或饮污水，致使湿热疫毒内侵，损伤脾胃与肠道，引起胃肠发炎、溃疡、化脓等，使运化传导失常，气血凝滞，伤及肠道血络，化为脓血而发病；泄泻日久，脾胃虚弱，致使湿热内蕴于肠、灼伤脉络、损害肠道而发病；若热胜于湿，伤及血分，则下痢赤红或赤多白少；湿胜于热，伤及气分，则下白痢或白多赤少；湿热俱盛，气血两伤，则下痢赤白相兼；外感暑湿、内伤草料，使脾胃肠消化传导失常，湿热下注，郁积肠内引发下痢；春季气候多变，骤寒乍暖，冷热交替，外因相促，导致急慢性肠黄或湿热下痢；若兼夹时行疫毒之气，则病情更为严重。

【辨证施治】 临床上有湿热痢（气滞血瘀型）、疫毒痢（热毒炽盛型）、虚寒痢和体虚久痢。

（1）湿热痢（气滞血瘀型） 患牛精神沉郁，食欲不振，反刍减退或停止，下痢脓血、赤白相杂、质黏、气味臭、次多量少，里急后重，拱背收腹，体热口渴，饮水少，尿少不畅，口色赤黄，口津黏腻，脉象滑数。

（2）疫毒痢（热毒炽盛型） 一般发病急骤。病初，患牛神志昏迷，反刍停止，食欲废绝，鼻镜无汗、龟裂，四肢跛行，卧地不起，不排粪，仅排赤白黏液、瘀膜，全身颤抖，四肢不温，痛苦呻吟，磨牙，呼吸困难。

（3）虚寒痢 患牛下痢色白、带有黏膜及血液，完谷不化，粪料混杂，口色青白，脉沉细。

（4）体虚久痢 患牛精神不振，食欲、反刍减退，口色鲜红，磨牙，头低腰拱，四肢无力，排红白相杂的

稀粪、次数多而量少、气味腥臭，尿短少，脉象沉细。后期，患牛口色淡白，里急后重，骨瘦如柴。

【治则】 湿热痢宜清湿热，导积滞；疫毒痢宜凉血解毒；虚寒痢宜燥湿健脾，收敛止痢；体虚久痢宜补虚涩肠、止痢。

【方药】 ［1～9适用于湿热痢；10～30适用于疫毒痢（血痢）；31适用于虚寒痢；32适用于体虚久痢］

1. 白芍、黄芩各40g，胡黄连60g，大黄80g，金银花30g，木香、槟榔各35g，甘草15g。热重于湿即黏液中混有血液者加地榆炭40g，鲜侧柏叶500g；湿重于热即黏液中未混有血液者加茯苓40g，车前子30g，木通35g。水煎取汁，加植物油500mL，灌服。

2. 五皮止痢散加减。秦皮、椿白皮各120g，石榴皮、白头翁各90g，丹皮炭45g，陈皮、木香各30g。里急后重者秦皮、白头翁倍量；热甚津亏者加沙参、麦冬。水煎2次，合并药液，候温，分早、晚灌服，1剂/d。一般服药1～2剂后，患牛腹痛、里急后重症状消失，脓样血粪减少，食欲好转；3～4剂后恢复正常。共治疗36例，治愈32例。（张荣堂等，T1，P44）

3. 白头木槿汤。白头翁150g，木槿花140g，糖120g。红痢者加当归120g；白痢者加白芍120g，木香45g；下血多者加槐花120g，地榆100g；有表证者加香薷80g，淡豆豉100g或葛根60g，荆芥45g，防风50g；夹积滞者加枳壳50g，玉片25g，炒莱菔子60g；久痢脾肾两虚者加党参40g，升麻25g。水煎取汁2500mL，加糖（红痢用白糖，白痢用红糖），候温灌服。共治疗43例，治愈41例。

4. 燮理汤。黄连、肉桂各20～30g，生山药60g，白芍30～45g，金银花30g，牛蒡子（炒）20～30g，甘草15g。赤痢为主者加生地榆45～60g，苦参20～30g；白痢为主者加生姜、白术、党参各30g。水煎取汁，候温灌服，每日或隔日1剂。共治疗9例，均取得了较好疗效。

5. 东风散加味。苍术、当归、赤芍、枳壳、槟榔、山楂、厚朴各40g，地榆、黄芩各50g，丹皮、红花、青皮各30g，甘草15g，艾叶少许为引。血止而腹剧痛者去当归、地榆，加乌药25g，香附20g；里急后重、剧痛者加青木香、桃仁各20g；下痢白多红少、气虚微痛者加吴茱萸40g，干姜15g；有热者加柴胡40g（以上药均为水牛药量，黄牛用量略减）。水煎取汁，候温灌服，一般连服2剂即愈。共治疗68例，均获痊愈。

6. 海蚌含珠（又名人宽）、山蚂蟥（又名小槐花）、算盘子（又名野南瓜）各150g，水杨梅、地胆草、飞扬草（别名大地锦）、四棱香草各120g，十大功劳、黄荆子各100g，香茹草、高良姜各130g，仙鹤草100g。采集备用或鲜用。夏日热重者加重高良

姜、香茹、黄荆子用量；冬春季节去香茹、良姜、黄荆子；红痢带血者用红色海蚌含珠；粪中有肠黏膜者用白色海蚌含珠。水煎取汁，候温灌服。轻者1～2剂，重者3～4剂。共治疗痢疾、便血415例（轻症120例，重症295例），均获痊愈。

7. 导气汤加减。当归、白芍、枳壳、黄芩、白头翁各60g，黄连、木香、陈皮、大黄各30g，槟榔、甘草各21g。病后期去大黄加煨诃子30g、焦山楂60g；赤痢者重用黄芩、白头翁，加焦地榆30g；白痢者去黄芩、大黄，加肉桂、干姜各15g；发热者加葛根45g。共研细末，开水冲调，候温灌服。本方药对虚寒泻下及下痢后期、中气下陷者不宜。共治疗89例，治愈87例。

8. 仙翁止痢散。白头翁、黄柏各500g，蒲公英1000g，甘草300g。各药混合、粉碎。第1次加水500mL，第2次加水300mL，两次煎煮药液各1h，混合两次药液，浓缩至约2000mL。取市售粉面（面粉也可）2000g加入药液，成散团状，晾至半干，制成均匀颗粒状，晾干备用。2岁以上牛50～100g，2岁以下牛30～50g，1次/d，用温水灌服。

9. 地榆、槐花、白头翁、车前子各60g，金银花、连翘、白芍、茯苓、苍术、泽泻各45g，甘草20g（视牛体大小、病情轻重酌情加减）。粪稀久痢者加乌梅、诃子各45g；口色红、热重者加黄芩、连须各60g；血痢重者加鲜仙鹤草200g；腹痛者加木香、青皮各45g；粪转为稍干者加大黄60g，厚朴、枳壳各45g，减猪苓、泽泻、车前子。冬春两季，牛体瘦弱，体温正常，减金银花、连翘、姜地榆、槐花（炒过），加炒黄芩、党参各60g，白术45g。水煎取汁，候温灌服。

10. 白头翁、黄柏各40g，胡黄连60g，金银花、生地、赤芍、枳实各30g，大黄80g，甘草15g。不排粪者重用大黄、枳实。水煎取汁，加植物油500mL，候温灌服。病情危重者应配合输液疗法。共治疗114例，治愈102例。

11. 大戟散加减。大戟、芫花、甘遂、滑石、龙胆草、柴胡、神曲各30g，黄芩、黄柏、黄连各20g，仙鹤草25g，大黄35g，厚朴、枳实各15g。水煎取汁，候温灌服。

12. 白头翁汤加减。白头翁、秦皮、黄连各50g，黄柏、大黄、连翘、金银花、鲜生地、木香、白芍各40g，槐花、槟榔、枳壳、地榆、甘草各30g。加适量水以文火煎煮，取汁，待凉灌服，1剂药服2d，2次/d，750～1000mL/次，连服4～6剂。同时，针刺脾俞、带脉等穴。共治疗16例，治愈15例，死亡1例。

13. 加味葛根芩连汤。葛根80g，黑槐花、郁金、黄芩、黄柏、黑地榆、诃子各60g，黄连50g，生地70g，黑山楂150g。水煎取汁，候温灌服。

14. 马鞭草500g，凤尾草、紫薇苋各250g，野南瓜苋、南蛇藤苋、大青叶苋各100g，大黄50g，陈皮15g（以上除陈皮外，均为鲜品）。水煎2次，取汁，候温灌服，1剂/d。氯霉素注射液12mL（3.0g），肌内注射，2次/d，连用3d。穿心莲片30g，灌服，1次/d，连用3d。共治疗20余例，均取得满意效果。

15. 苦瓜叶150g（小牛适当减量），搓碎于一碗水中浸泡，取汁灌服，1h即可见效。痢久体虚者服苦瓜叶后再服补中益气汤：党参、黄芪、白术各20g，甘草、陈皮、当归各15g，升麻、柴胡各25g。水煎取汁，候温灌服。共治疗25例，显效者23例，康复20例，其余用抗生素治愈。（张珍强，T8，P46）

16. 三味汤。黄芩50g，黑二花60g，车前草30g（鲜品用量加倍）。腹痛甚者加木香15g；后重甚者加大黄15g。水煎取汁，候温灌服，1剂/d，一般1～2剂即愈。对久病患牛，辅以扶正药物或补液，以提高疗效。共治疗24例，治愈22例。

17. 自拟地榆酒黄散。地榆（炭）60g，侧柏叶（炭）、大黄（炭）、槐花各45g，黄连（酒炒）、黄柏（酒炒）、黄芩（酒炒）、罂粟壳（醋炒）、香附（醋炒）、金银花各30g，车前子、木通各24g（以上诸药不论是炒成炭或酒炒、醋炒，都不要在铁器上直接炒，最好是在瓦片上炒）。共研细末，开水冲调后加少许生水，候温灌服，1剂/d。共治疗64例，轻者1剂，重症者3剂，全部治愈。

18. 加味槐花散。黑地榆、黑槐花各45g，黑枳壳、黑荆芥穗各40g，黑金银花25g，黑侧柏叶、当归、苦参各35g，甘草15g。妊娠牛去槐花，适量加大地榆、侧柏叶用量；腹泻严重者加茯苓、泽泻各45g；血粪严重者加车前子、蒲黄各45g。加水6000mL，文火煎至3000mL，药渣加水5000mL，文火煎至2500mL，1剂/d，连服3～4剂。西药取安络血10～20mL或止血敏10mL，庆大霉素30万～45万单位，瘟毒快克（0.1mL/mg）20mL，肌内注射；葡萄糖生理盐水500mL，复方氯化钠注射液1500～2000mL，10%苯甲酸钠咖啡因注射液30mL，5%碳酸氢钠注射液500mL，维生素C2g，混合，1次静脉缓慢注射（应于6h内注完）。共治疗98例，治愈96例。

19. 白头翁、棕榈炭、苦参各50g，地榆、白芍、车前子、五味子、白术、乌梅各40g，厚朴、茯苓、元参、黄柏各30g，大黄25g。开水冲调，候温灌服，1剂/d。共治疗32例，痊愈30例。（何延超，T139，P42）

20. 槐花散加减。槐花、苦参各50g，仙鹤草、旱莲草、白头翁、血余炭、诃子各30g，白芨、郁金、焦地榆、大黄各20g。共研末，开水冲调，候温灌服。病程短或病情不严重者1剂即愈；病情严重或病程长者服用2剂。共治疗50余例，均取得满意效果。

21. 炒槐花、炒地榆各45g，当归41g，炒枳壳、炒荆芥穗、白术各40g，炒侧柏叶、党参各35g，甘草15g。妊娠母牛去槐花，加大地榆、侧柏叶用量；腹泻严重者加茯苓、泽泻各45g；便血严重者加车前子、蒲黄各45g。加水6kg，煎汁3kg，候温灌服；药渣加水5kg，煎汁2.5kg，再灌服，连用2～3剂。氯霉素250mg，肌内注射；安钠咖注射液10～20mL，皮下注射；脱水严重时必须补液。共治疗26多例（其中公水牛1例），均获痊愈。（曾春琳，T24，P29）

22. 鲜木槿花300g，水煎取汁，待凉后加蜂蜜100g，1次灌服，连服2d。共治疗12例，治愈11例。（李明官，T75，P15）

23. 白杨树花100g，水煎取汁1000mL，加白糖250g，候温，供牛自饮或灌服。共治疗5例，均治愈。（冯潮洲等，T91，P28）

24. 苦参120g，白头翁60g，地榆炭、黄柏各45g，黄连、赤芍、仙鹤草、紫草各40g，蒲公英、罂粟壳、甘草各30g。粪血重者加白芨、血竭、云南白药，重用仙鹤草；腹痛者加元胡、苏木、槐米、红花、川芎，重用罂粟壳；腹泻重者加诃子、乌梅、石榴皮或明矾、茯苓等；里急后重者，在药液中加普鲁卡因粉3～5g。水煎取汁，浓缩至2000～3000mL，待温度至35～39℃，保定患牛，用高压灌肠器或胃导管从直肠缓缓灌入，灌后让患牛站在前低后高位置。亦可后海穴注入2%普鲁卡因注射液40～60mL，防止药物排出。共治疗15例，治愈12例，好转2例。

25. 葛根芩连汤加味。葛根、黄芩各60g，黄连、地榆、仙鹤草、柴胡各80g，木香、甘草各40g。水煎取汁，候温灌服。对脱水和自体中毒严重者可结合输液治疗。共治疗50例，痊愈48例。

26. 椿根皮（炙）150～200g，石榴皮90g，黄连、白头翁、苦参、白芍（炒）各60g，木香45g。便血严重者加地榆、槐花；体温升高者加金银花、连翘；食积者加三仙、莱菔子、三棱、莪术；腹痛重者加元胡、砂仁；体弱者加党参、黄芪、山药。水煎取汁，加明矾（明矾用量为煎出药液的0.5%～3%），待凉1次灌服，连服2～3剂。泻痢严重有脱水征兆时可配合输液、强心，防止酸中毒。共治疗13例，疗效均较佳。

27. 苦参150g，大黄60g，焦地榆80g。水煎取汁，候温灌服。共治疗98例，治愈94例。

28. 止痢散。委陵菜80g，朱砂莲、地榆各45g，仙鹤草、苦参各30g，共研末，开水冲调，候温灌服，1剂/d，连服2～3剂。共治疗60余例（包括湿热下痢、疫毒痢、虚寒下痢），全部治愈。

29. 鲜马齿苋、鲜茅根各500g，鲜椿根皮、鲜柏叶各450g，棕炭、老柿树皮各200g，水5000mL，煎煮1～1.5h，取汁，候温灌服。血痢者加白糖250g；白痢者加红糖250g。1周内禁喂饮冰冷水草。轻者1剂、重者2剂。共治疗20例，效果满意。（秦连玉等，T43，P32）

30. 白头翁汤加减。白头翁、黄连、黄柏、秦皮、地榆炭、金银花、大黄、滑石、当归、防风、白芍、茯苓。水煎取汁，候温灌服，1剂/d。共治疗23例，治愈21例。

31. 葛根芩连汤加味。葛根、黄连、赤芍、茯苓、甘草各30g，黄芩、金银花各45g，白头翁60g，木香18g，元胡24g。共研细末，开水冲调，加磺胺脒30g，灌服，连服1～3剂。共治疗103例，治愈98例，显效5例。

32. 加味芍药汤。白芍、黑荆芥、鲜茅根各50g，黄连、黄芩、当归、槟榔各30g，木香、桂枝各40g，甘草20g。共研细末，均分为4份，2份/d，温开水冲调，灌服。共治疗11例，全部治愈。

33. 三草一陈汤。瞿麦草、仙鹤草各500g，漏芦、陈皮各250g。1剂，水煎2次，合并药液，候温灌服。

【典型医案】 1. 1985年9月2日，隆回县杨某一头3.5岁母黄牛，因废食来诊。检查：患牛精神沉郁，鼻镜干燥，出气热，瘤胃蠕动音消失，粪干燥、表面附有白色瘀膜和血液、气味腥臭，口色红，口津黏稠，脉洪数。诊为湿热痢。治疗：白芍、黄芩、地榆炭各40g，胡黄连60g，木香、槟榔各35g，金银花30g，大黄80g，甘草15g。水煎取汁，加菜油500mL，灌服，1剂/d，连服2剂。患牛病情明显好转，但食欲欠佳，继服楂曲平胃散2剂，痊愈。（袁晓华，T51，P26）

2. 1983年8月13日，岐山县大营乡北场队张某一头13岁母牛来诊。主诉：该牛已患病2d，不食、不反刍，粪稀少、带血。检查：患牛体温39.9℃，呼吸26次/min，心跳96次/min，舒腰伸腿，回头看腹，里急后重，泻红白痢。诊为湿热痢。治疗：白头木槿汤，1剂，用法同方药3。次日下午，患牛只饮水，不采食，粪接近正常。又服药1剂，痊愈。（孙武，T11，P51）

3. 1974年9月6日，商水县李岗村一头母黄牛来诊。检查：患牛精神不振，食欲废绝，毛焦肷吊，鼻镜无汗，口色赤紫；粪稀、夹带脓血，里急后重，间或伴有腹痛症状，臀、尾及两后肢沾满稀粪。治疗：当日即取氯霉素注射液20mL，肌内注射；白头翁汤加减：白头翁、黄柏各45g，黄连、金银花、黄芩、厚朴、苍术、泽泻各30g，滑石60g。水煎取汁，候温灌服。8日，患牛病情不见好转。取燮理汤加味：生山药60g，生杭白芍、生地榆各45g，金银花、牛蒡子（炒）、肉桂、黄连、苦参各30g，甘草15g。水煎取汁，候温灌服。9日，患牛病情好转，粪中少量脓血，排粪次数减少，里急后重减轻，开始有食欲，吃草 0.5kg。取方药 4，去苦参，加苍术、陈皮、厚朴各 30g，滑石 60g，用法同上。11 日，患牛食欲增加，出现反刍，粪正常，基本痊愈。再服平胃散加健脾散 1 剂，痊愈。(杨龙骐，T12，P43)

4. 1988 年 7 月 11 日，东安县茶源乡新屋村蒋某一头 1.5 岁公黄牛来诊。主诉：该牛病初腹泻，第 7 日粪中夹带血丝，灌服中药 3 剂后症状反而加重。检查：患牛体温 39.5℃，心跳 81 次/min，呼吸 31 次/min，鼻镜无汗，精神沉郁，消瘦，被毛粗乱，粪溏泻、混有红色胶胨状物和白色黏液、气味腥臭，肠音增强，腹痛不安，时有排粪动作，有时回头望腹，尿短赤，口、鼻、角俱凉，口色白，口津滑利，脉象沉细无力。诊为赤痢。治疗：苍术、地榆、厚朴、北柴胡各 30g，当归尾、赤芍、枳壳、槟榔、山楂各 25g，黄芩 35g，丹皮、红花、青皮各 20g，木香、桃仁、甘草各 15g，艾叶少许为引。水煎取汁，候温灌服；5% 葡萄糖生理盐水 1500mL，四环素 200 万单位，5% 碳酸氢钠注射液 250mL，维生素 C 注射液 2000mg，静脉注射。翌日，患牛精神明显好转，排粪次数及粪中红色明显减少。上方药去当归、地榆，又服药 1 剂，痊愈。

5. 1989 年 7 月 8 日，东安县都塘办事处蒋某一头 7 岁母水牛来诊。主诉：该牛腹泻，他医治疗近 10d 效果不佳，病情反而加重。检查：患牛体温 38.1℃，精神沉郁，懒动，消瘦，被毛无光泽，排粪努责、不畅，粪稀溏、量少、有多量白色胶胨状物，肚腹胀满，口舌滑利，脉数。诊为白痢。治疗：东风散加青木香 20g，吴茱萸 40g，干姜 15g，用法见方药 5，连服 2 剂。(胡新桂等，T45，P41)

6. 1987 年 7 月 21 日，桃江县松木圹区桥头河乡刘某等 8 户共养的一头 5 岁、膘肥体壮公水牛来诊。主诉：因 8 户轮换使役，加之天气炎热，使牛劳役过度发病。检查：患牛食欲废绝，体表发热，体温 41℃，里急后重，粪中混有肠黏膜，腹痛，尿短赤，口色红。诊为痢疾。治疗：取方药 6，用法同上，1 剂/d，连服 3 剂。25 日，患牛恢复食欲，痊愈。(文胜祥，T46，P48)

7. 蒲城县龙阳乡西湾村王某一头犍牛来诊。检查：患牛下痢脓血，血多于脓，排粪努责，排粪后肛门流血，腹痛，食欲减少，眼结膜充血，舌苔黄厚。诊为湿热痢。治疗：取方药 7 加焦地榆 30g，用法同上，1 剂/d，连服 2 剂。服药后，患牛症状显著减轻，腹痛消失，脓血减少。上方药加焦山楂 60g，1 剂/d，连服 2 剂，痊愈。(宋双城，T108，P31)

8. 1996 年 5 月 2 日，天祝县炭山岭镇四台沟村马某一头 2 岁牛来诊。主诉：该牛已患病 2d。检查：患牛精神沉郁，头低耳聋，体温 40.5℃，食少量青干草，肠音较强，粪溏稀、夹杂有黏液，口津黏稠、气味腥臭，脉象洪数。诊为湿热型痢疾。治疗：仙翁止痢散，共研末，取 100g，用法见方药 8，1 次/d，

连服 3d，痊愈。(邸福川等，T115，P28)

9. 2002 年，息烽县永红村詹某一头 6 岁黄牛来诊。主诉：该牛腹泻，自买西药针剂注射未见好转。检查：患牛精神差，粪稀薄、夹带大量肠黏液，肛门松弛，里急后重，口色淡白，舌软无力，结膜发绀，体温 38.9℃。诊为湿热痢。治疗：取方药 9 减去金银花、连翘，加炒黄芩、党参各 60g，白术、乌梅、诃子各 45g（方中地榆、槐花二药炒），用法同上。连服 2 剂；同时，取 50% 葡萄糖注射液 300mL，20% 磺胺嘧啶注射液 150mL，10% 樟脑磺酸钠注射液 50mL，1 次静脉注射。随后追访，痊愈。(胡朝志等，T131，P63)

10. 1986 年 8 月 10 日，隆回县周某一头 7 岁黄牯牛，因卧地不食来诊。检查：患牛卧地不起，全身颤抖，四肢不温，回头顾腹；呼吸困难，痛苦呻吟，磨牙，口色红，口津黏稠，结膜呈紫红色，不见排粪；直肠检查手可触及的肠道均为黏液、气味极腥臭。诊为疫毒痢。治疗：因病情危重，在服中药前用 5% 葡萄糖生理盐水 1500mL，维生素 C 注射液 20mL，10% 安钠咖注射液 30mL，氯霉素注射液 50mL，混合，1 次静脉注射；取白头翁、黄柏、枳实各 40g，胡黄连 60g，赤芍、生地、金银花各 30g，大黄 100g，甘草 15g。水煎取汁，加菜油 500mL，灌服。翌日，患牛已能站立，食少量草，排粪，但排出物全是黏液。上方药去植物油，连服 2 剂。15 日追访，痊愈。(袁晓华，T51，P26)

11. 南康市潭口镇洋山村刘某一头母牛来诊。主诉：该牛因泄红痢，曾用庆大霉素、氨苄西林钠、氧氟沙星等药物治疗后泄泻好转，但出现臌气，鼻镜干，废食，病情反而加重。治疗：大戟散加减，1 剂，用法同方药 11。服药后，患牛臌气渐渐消除，排粪、尿，且排出原积血粪；服药 2 剂，患牛血痢减少，有食欲；服药 3 剂，基本痊愈。(曾海乾等，T139，P57)

12. 1992 年 5 月 30 日，沙洋县许场村 1 组宋某一头 4 岁阉水牛来诊。主诉：25 日晨，发现该牛吃草减少，精神不振，泄泻，经他医治疗 2d 病情加重。检查：患牛食欲废绝，反刍停止，排粪次数多，粪稀、量少、混有红白色的丝状物，里急后重，腹痛，尿短少，口色赤红，脉洪数。诊为湿热疫毒性痢疾。治疗：白头翁汤加减，用法同方药 12。第 4 天，患牛病情开始好转。上方药各药剂量各减 10g，用法同前。10d 后患牛痊愈。(鲁志鹏，T116，P33)

13. 1987 年秋，南阳市龙潭街何某一头 3 岁杂种母牛来诊。检查：患牛浑身发抖，口色燥红，粪稀、带血，努责，鼻流黏涕，体温 39.6℃。他医肌内注射痢菌净 3 次治疗无效。诊为外感下痢。治疗：加味葛根芩连汤，用法同方药 14，连服 2 剂，痊愈。(张朝军等，T49，P41)

14. 1998 年 8 月，吉水县葛山乡黄家村王某一头

5岁母黄牛，因不食、下痢来诊。检查：患牛精神沉郁，鼻镜无汗，口色赤红，津液黏稠，尿色黄、量少，体温39℃，粪带血并混有黏液。诊为血痢。治疗：取方药14，水煎2次，取汁，候温灌服，1剂/d，连服3剂；氯霉素注射液12mL，肌内注射，2次/d，连用3d；穿心莲片30g，灌服，1次/d，连用3d，痊愈。(曾建光，T111，P39)

15. 1990年7月，唐河县城郊乡大朱岗村朱某一头3.5岁红色母牛，因腹痛、便血来诊。检查：患牛精神沉郁，起卧不安，鼻镜无汗，体温39.5℃，口色赤红，津液黏稠，尿色黄、量少，频频努责，下痢脓血、气味腥臭。诊为血痢。治疗：三味汤加木香、大黄各15g，用法同方药16，1剂/d，连服2剂。服药后，患牛诸症骤减，食欲、反刍恢复。第3天用炒小米汤喂服，第4天追访，痊愈。(陈增印等，T68，P25)

16. 2000年3月，定西县李家堡镇王某一头4岁黄牛来诊。检查：患牛精神萎靡，毛焦欣吊，极度消瘦，体温37.2℃，耳、角冰凉，粪呈沥青状，脉象沉细。诊为血痢。治疗：自拟地榆酒黄散加黄芪、党参各60g，白术30g，用法见方药17，连服3剂；葡萄糖生理盐水1500mL，氢化可的松注射液200mL，10%安钠咖注射液20mL，1次静脉注射，痊愈。(张勇等，T116，P33)

17. 1990年6月12日，龙海市港尾镇格林村苏某一头2岁、约60kg公黄牛来诊。主诉：该牛已患病4d，经他医治疗无效。检查：患牛消瘦，食欲废绝，头低耳耷，不断排出水样血粪，体温39℃，反刍减少，行走无力，听诊胃肠蠕动音减弱，脉象细弱。诊为血痢。治疗：取安络血15mL，庆大霉素32万单位，分别肌内注射；葡萄糖生理盐水500mL，复方氯化钠注射液1000mL，10%苯甲酸钠咖啡因注射液20mL，5%碳酸氢钠注射液300mL，维生素C1g，混合，1次缓慢静脉注射。中药用加味槐花散：黑地榆、黑槐花各30g，黑枳壳、黑荆芥穗各25g，黑金银花15g，黑侧柏叶、当归、苦参各20g，甘草10g。加水5000mL，文火煎至2500mL，药渣加水4000mL，煎至2000mL，两次药液混合后，分2次灌服，1剂/d，连服3剂，痊愈。(曾春琳等，T133，P40)

18. 2005年5月25日，西吉县马莲乡张堡源村苏某一头2.5岁公牛来诊。主诉：该牛慢草已2d，反刍减少，鼻镜时汗时干，粪血水样、夹杂黏膜。检查：患牛精神沉郁，鼻镜干燥、无汗，磨牙，腹痛努责，踢腹，喜卧，站立不安，口色赤红，尿色黄、量少，听诊瘤胃蠕动音及肠音均微弱，体温41.5℃。诊为血痢。治疗：槐花散加减，1剂，用法同方药20。第2天，患牛粪稍稠，血量减少。又服药2剂。第3天，患牛粪尿、食欲、反刍均如常。(马禀珍，ZJ2006，P170)

19. 2004年6月23日，西吉县平峰镇金塘村张某一头5岁公牛来诊。主诉：该牛饮污水后发病，前天开始粪稀、带血，今天粪中混有黏液。检查：患牛不食，不反刍，耳热，体温40.9℃，呼吸增数，心跳87次/min，粪血样、混有黏液、气味恶臭。诊为血痢。治疗：取方药24，苦参增至150g，黄连50g，白头翁70g，链霉素3g，用法同上；取青霉素240万单位，30%安乃近注射液20mL，肌内注射。连续治疗4d，痊愈。(王贤等，ZJ2006，P162)

20. 1990年8月23日，沈丘县刘庄店镇孙营村孙某一头3岁母黄牛来诊。主诉：该牛不食，反刍停止，排血便已2d，经他医治疗无效。检查：患牛精神沉郁，头低耳耷，眼半闭，体温39.5℃，心跳95次/min，呼吸35次/min，口鼻干燥，喜卧，粪呈暗红色、稀软、气味恶臭。治疗：葛根芩连汤加味（见方药25），水煎2次，合并药液，1次灌服，1剂/d，连服2剂，痊愈。(卢天运，T115，P27)

21. 1984年9月4日，邓县彭桥乡绳岗村张某一头4岁公黄牛来诊。主诉：昨日该牛拉车重役，役后不食，反刍停止，粪稀，初期带少量血块、黏液，后期含有大量血块、气味腥臭。检查：患牛瘤胃蠕动音减弱，体温39.5℃，眼结膜暗红，舌红，口津黏稠，鼻镜汗少不成珠，腹痛，里急后重，粪夹带黏液和大量血液、气味恶臭。诊为湿热血痢。治疗：取方药26加炒地榆、炒槐花各45g，用法同上，1剂/d，连服2剂，痊愈。(张本志，T21，P65)

22. 1994年9月15日，大通县城关镇铁家庄村马某一头4岁母牛，因腹泻来诊。主诉：该牛近日精神、食欲不佳，腹泻。检查：患牛体温39.5℃，口色绛红，粪秽恶臭，肠音节律不齐，粪呈水样、混有血液、夹杂肠黏膜及脓样黏液、气味腥臭。治疗：取方药27，用法同上。次日，患牛症状减轻。继服方药27，2剂，痊愈。(石晓青，T114，P36)

23. 1996年10月2日，施秉县城关镇白塘村杨某一头8月龄水犊牛来诊。检查：患牛消瘦，精神倦怠，食欲减退，被毛焦乱，体温38.8℃，下痢稀薄，粪带有白色黏液，不时拱背，轻微腹痛，耳、鼻、四肢发凉，口色青白，口津滑利。诊为虚寒下痢。治疗：止痢散。委陵菜35g，朱砂莲、地榆各20g，仙鹤草10g，苦参15g。水煎取汁，候温灌服，1剂/d，连服3剂，痊愈。(李显华，T87，P22)

24. 2002年8月22日，湟中县鲁沙尔镇和平村李某一头3岁母牛来诊。主诉：该牛不食草料，粪时干时稀、有时带有血液。检查：患牛体温41℃，消瘦，肠音弱，肛门周围被稀粪污染，口干红。诊为热痢。治疗：白头翁、滑石、秦皮各80g，黄柏、地榆炭、金银花各60g，大黄50g，白芍45g，当归、防风、茯苓各40g，黄连30g，甘草20g。用法同方药30，连服3剂，痊愈。(董禄，ZJ2006，P211)

25. 2003年9月16日，定西市安定区凤翔镇友谊村杨某一头 3 岁黄色耕牛来诊。主诉：该牛已腹泻 2d，曾用庆大霉素、痢菌净等药治疗不见好转。检查：患牛精神较好，食欲、反刍减少，体温 39℃，心跳 85 次/min，呼吸 32 次/min，瘤胃空虚、蠕动音弱，回头顾腹，粪稀溏、气味恶臭、混有黏液和血液，口色红，脉洪数。诊为痢疾。治疗：葛根芩连汤加味，用法同方药 31，连服 2 剂，痊愈。（负桂珍，T145，P74）

26. 2008 年 6 月 3 日，德江县稳坪镇稳坪村天池组冯某一头妊娠母牛来诊。检查：患牛精神不振，食欲减少，反刍减慢，触诊皮肤灼手、发抖，粪稀、混有大量脓样黏膜、其间或有血液，里急后重，听诊肠音亢进，回头望腹。诊为湿热痢疾。治疗：加味芍药汤，用法同方药 32。6 日痊愈。（张月奎等，T167，P59）

27. 商南县富水镇清涧沟陈某一头约 350kg 水牛来诊。主诉：该牛因角斗败回后，第 2 天即溏泻、带血、呈暗红色，食欲减少，精神不振，他医用痢特灵治疗无效。检查：患牛体温 39.0℃，肠胃有鸣声、弱，鼻汗不成珠。诊为血痢。治疗：三草一陈汤，用法见方药 33。次日，患牛粪溏、无血。继服药 1 剂，患牛粪不成型。各药剂量减半，再服 1 剂，痊愈。（刘作铭，T144，P44）

## 二、奶牛血痢

本病多发生在 9～11 月份。

【病因】　由于饲料加工粗放、饲草不洁、霉烂变质、混杂泥沙或带霜雪、冰冻，或牛寒夜露宿，风寒内侵，导致寒湿伤脾，引起胃肠运动无力，脾胃升清降浊功能障碍，水湿困扰脾胃，引起气滞血瘀而发生血痢。

【主证】　患牛精神高度沉郁，食欲、反刍废绝，饮欲增加，心率加快，呼吸增多，体温升高，粪稀薄、呈暗红色、内有多量血液或血块，结膜潮红，口色青，口温高，舌红苔黄。

【治则】　清热利湿，活血化瘀。

【方药】　1. 槐花地榆汤加味。炒槐花、炒地榆、炒扁豆、大枣各 30g，金银花、连翘、乌梅、诃子、阿胶、车前、木通各 25g，泽泻、白芍各 20g，青皮、陈皮、甘草各 15g（为中等牛药量，依据牛体质、体重、年龄等酌情增减）。热盛者加黄连；体弱者加党参、白术、黄芪；血止、不食者加山药、神曲、厚朴。共碾细末，开水冲调，候温灌服，1 剂/d，连服 1～3 剂。便血严重者，取仙鹤草素 20mL，肌内注射，1 次/d，连用 2～3 次；脱水严重者，取 10% 葡萄糖注射液、复方氯化钠注射液各 1000mL，10% 安钠咖注射液 10mL，静脉注射，1 次/d，连用 2～3 次。一般治疗 1～2 次后便血即可减轻。共治疗 18 例，均治愈。

2. 槐柏散加味。炒槐花、荆芥炭各 50g，炒侧柏叶、炒枳壳、木香、焦地榆各 40g，葛根、甘草各 60g。水煎取汁，候温分 2 次灌服，1 剂/d。脱水严重和自体中毒者可配合补液和对症治疗。共治疗 32 例，治愈 30 例。

3. 小承增液汤（增液汤合小承气汤）加味。玄参、麦冬、厚朴、甘草各 25g，生地 20g，枳壳、地榆、焦栀子、黄柏各 30g，大黄 35g，槐花、当归各 50g。水煎取汁，候温加入仙人掌（去刺捣烂，一般视牛体格大小，剂量控制在 200～500g）500g，搅匀，灌服，1 剂/d；轻症 1 剂，重症 3 剂。脱水严重和出现自体中毒者可配合补液和对症疗法。共治疗 63 例，治愈 61 例。

【典型医案】　1. 1984 年 5 月 31 日，乌鲁木齐市红星公社五大队一头黑白花奶牛来诊。主诉：因喂食酱渣，30 日上午 7 时发现该牛腹泻，下午 6 时粪中带血，今日便血加重。检查：患牛精神高度沉郁，运步不稳，结膜蓝紫，口色青，口温高，舌红苔黄；心跳 72 次/min，呼吸 24 次/min，体温 40.4℃，食欲、反刍废绝，饮欲增加，粪稀薄、呈暗红色、内有多量黄豆粒大的凝血块、气味臭。治疗：槐花地榆汤加味，1 剂，用法同方药 1。第 2 日，患牛体温 39.4℃，心跳 60 次/min，呼吸 20 次/min，精神好转，粪含血减轻。又服药 2 剂，痊愈。（唐明德等，T14，P32）

2. 1996 年 4 月 27 日，胜利油田畜牧分公司牛场 23 号奶牛来诊。检查：患牛食欲不振，反刍减少，喜饮水，体温 39.7℃，腹泻，粪中混有脓血，卧地懒动。诊为血痢。治疗：槐柏散加味，1 剂，用法同方药 2。服药后，患牛粪转稠、脓血减少。又连服 3 剂，痊愈。（皮守祥等，T82，P26）

3. 2002 年 12 月 24 日，民和县西沟乡官地村朱家社马某一头 4.5 岁黑白花奶牛来诊。主诉：2d 前，给牛饲喂带冰雪、轻度霉烂的玉米秸秆，随后腹泻、带血，食欲减退，反刍停止。检查：患牛鼻镜干燥，欲饮不饮，体温 40.5℃，心跳 103 次/min，粪稀软、混有脓血、气味恶臭，举尾、躁动不安，频频努责，里急后重。诊为肠热便血。治疗：初期，用庆大霉素、维生素 C 和磺胺嘧啶钠，静脉注射，治疗 2d 疗效不佳，即取方药 3，1 剂，用法同上。服药后，患牛粪转稠、脓血减少，精神、食欲、反刍均有好转，继服药 2 剂，痊愈。（铁晨祯，T126，P44）

## 三、犏牛下痢

【病因】　在高寒阴湿地区，冬季和初春季节气候寒冷多变，加之棚舍简陋，保暖设施差，或饲养不善，饲料单纯，或使役过重等引发。

【主证】　患牛精神沉郁，食欲不振，反刍停止，腹泻，粪色黑、无特异臭味；四肢无力，行动迟缓，鼻镜干燥；触诊体表热感或凉感，体温 38.5～39.5℃，呼吸 16～24 次/min，心跳 48～66 次/min；听诊肺部无异常，瘤胃蠕动 2～4 次/3min，舌面苔刺不硬，口津减少，舌底部呈白色或青白色，尾脉细、紧。

【治则】　祛邪解表，清热利湿。

【方药】　1. 简化大柴胡汤。柴胡40g，黄芩、大黄各30g。共研细末，开水冲调，候凉，加碳酸氢钠40g，红糖150g，1次灌服。共治疗273例，治愈267例（本方药治愈198例）。

2. 仙人掌合槐花散加味。炒槐花、荆芥炭、焦地榆、当归各40g，炒枳壳、焦栀子、黄柏、生地各30g，甘草20g。水煎取汁，候温，加仙人掌400g（去刺捣烂），搅匀，灌服，1剂/d。脱水严重和出现自体中毒者可配合补液和对症治疗。共治疗45例，全部治愈。

3. 葛根黄芩黄连汤加味。葛根25g，黄芩35g，金银花45g，马齿苋50g，地榆炭、黄连、白芍、白头翁、苦参各30g，炙甘草20g。老弱气血双虚者酌加阿胶、黄芪、白术、生地、乌梅等；久痢不止者加诃子、乌梅、肉豆蔻；久泻腹痛者加肉桂、罂粟壳、元胡；食欲不振者加山楂、麦芽、神曲等；津液耗伤、口渴贪饮者加百合、石斛、麦冬、芦根；慢性腹胀者加青皮、木香、香附子等。水煎取汁，候温灌服。共治疗数十例，效果颇佳。

【典型医案】　1. 1994年4月1日，岷县蒲麻乡岔套村汝某一头4岁犏牛来诊。主诉：该牛外感下痢，自用西药治疗效果不明显。检查：患牛四肢无力，行动迟缓，精神沉郁，食欲不振，反刍停止，粪稀、呈黑色、无气味；体温39.4℃，呼吸23次/min，心跳64次/min，瘤胃蠕动3次/3min，口津少，舌底部呈白色，舌面苔刺不硬，尾脉浮细，触诊体表凉。诊为外感下痢。治疗：简化大柴胡汤，2剂，用法同方药1，痊愈。（谢永生等，T74，P31）

2. 1997年3月26日，民和县官亭镇河沿村张某一头12岁犏牛来诊。主诉：3d前，给牛喂了轻度霉烂的玉米秸秆，随后出现粪稀、带血、食欲、反刍废绝。检查：患牛鼻镜干燥，喜饮冷水，体温40.5℃，心跳100次/min，粪稀软、混有脓血、气味恶臭，里急后重，频频努责。诊为实热便血。治疗：用庆大霉素和磺胺嘧啶钠注射治疗2d无效，遂改用方药2，1剂，用法同上。服药后，患牛粪便由稀转稠、脓血减少，精神好转，继服药1剂，痊愈。（张发祥，T99，P28）

3. 1995年7月8日，化隆县二塘乡工哇滩村王某一头6岁犏牛来诊。主诉：近2d给牛饲喂发霉麻渣，喂后腹泻不止，粪带有黏液和脓血，食欲、反刍废绝。检查：患牛营养良好，体温41.1℃，呼吸、心率增快，精神沉郁，口干舌红，眼结膜潮红，粪稀、混有大量黏液和凝结块、气味恶臭，频频弓背努责，里急后重，尿短少、色黄。诊为痢疾。治疗：葛根黄芩黄连汤加诃子40g，乌梅30g，肉豆蔻20g。用法同方药3。翌日，患牛体温38.7℃，努责停止，其他症状均明显减轻。上方药去金银花，加麦芽、山楂、神曲各40g，继服药1剂，痊愈。（胡海元，T87，P27）

## 便　血

便血是指牛粪中带血或以完全下血为主证的一种疾病。以夏、秋季节较多。

### 一、黄牛、水牛便血

【病因】　由于长期饲养管理不善，营养不良，引起脾胃虚弱，中气亏损，脾阳不足，不能摄血而便血；炎热季节，劳役过度，过饮冷水或长期饮水不洁，饲喂霉烂变质的草料，以致热毒积于胃肠，迫血妄行，血不循经，溢于胃肠道随粪而下遂成便血；或继发于其他疾病。

【辨证施治】　临床上常见实热型、脾虚型和虚寒型便血。

（1）实热型　一般发病比较急。患牛精神不振，鼻镜干燥，耳鼻俱热，口渴贪饮，口干、色红，食欲、反刍减退甚者废绝，尿短赤，粪初期干燥或稀薄、带血，或先血后便，气味腥臭，排粪时有疼痛表现，后期重症则完全下血，舌红，脉象洪数。

（2）脾虚型　一般发病较慢，病程较长。患牛消瘦，精神倦怠，头低耳耷，四肢无力，不愿行走，被毛蓬乱、无光泽，食欲、反刍减少，粪溏稀，血随粪出或先便后血、血色暗红，口色淡白，舌津滑利，脉象细弱或迟细、无力。

（3）虚寒型　患牛精神极度沉郁，卧地，腹痛，磨牙，耳角根冷，肢冷，肌肉震颤，粪稀、呈暗黑色、带血丝；反刍、食欲废绝，瘤胃蠕动极弱、轻度臌气，肠蠕动旺盛，口色暗淡，口涎冰冷。

【治则】　实热型宜清热解毒，凉血止血；脾虚型宜补脾升阳，引血归经；虚寒型宜温阳健脾，坚阴止血。

【方药】　（1~8适用于实热型；9~14适用于脾虚型；15、16适用于虚寒型）

1. 黄连解毒汤加味。黄连、白芍、地榆（炒）各35g，黄柏、黄芩、栀子、白茯苓、白术、苍术、炒槐花、炒侧柏叶、当归各40g，苦参50g，熟地25g。血痢、脓血痢者加金银花60g，白头翁50g；粪干燥者加大黄75g，芒硝250g。共研细末，开水冲调，候温灌服。

2. ①白头翁汤加味。白头翁、黄柏、秦皮、金银花、大黄各30g，甘草、石榴皮、乌梅、黄连各30g，地榆50g，滑石粉250g。共研细末，开水冲调，候温灌服或水煎取汁，候温灌服，1剂/d，连服2剂。

②1%白矾水4000~6000mL/次，自饮（不饮者可灌服），2~3次/d，连用2d。

③自家血疗法。采自家血，颈部皮下注射，首次70mL，每次增加20mL，隔日1次，连用3次。

④ 对症疗法。取 5％碳酸氢钠注射液250～500mL，5％ 或 10％ 葡萄糖注射液 500mL，1％ 黄连素30～50mL，新促反刍液（5％氯化钙注射液 200mL，10％浓盐水 250～500mL，30％安乃近注射液 30mL，葡萄糖盐水或生理盐水 250mL），硫酸庆大霉素 100 万～150 万单位或丁胺卡那霉素 2g，静脉注射，1 次/d，连用 2～3d。如疑似病毒性腹泻，在用上药的同时，取病毒灵 1g，病毒唑 0.5g，肌内注射；疑似球虫病便血，取氯苯胍 8～10mg/kg，灌服；伴有便秘者，不用上述中药，取大黄80g，苦参100g，侧柏叶 80g（或黄连50g），共碾末，冲调灌服或水煎取汁，候温灌服。犊牛便血，取链霉素 1g 或硫酸庆大霉素 20 万～40 万单位，与牛奶混合，自饮，两药可交替应用，即上午用链霉素，下午用庆大霉素；取 1％硫酸黄连素 10mL，静脉注射或肌内注射。若治疗效果不佳，丁胺卡那霉素可易为庆大霉素。

共治疗不同原因的便血千余例，治愈率达 90％以上。（李建民，132，P63）

3. 仙人掌1000g，去刺，捣烂，加温水搅匀，灌服，1 剂/d。轻者 1 剂，重者 2 剂。共治疗 8 例，全部治愈。（刘敏，T85，P37）

4. 伏龙肝250g，苦参50g，柞树皮60g，黄连25g（为成年牛 1 次药量）。将苦参、黄连研细，开水冲调；伏龙肝和柞树皮水煎 2 次，取汁，与上药合并灌服，1 剂/d，连服 2～3 剂。病情严重者，各药用量增加 20％。共治疗 67 例，治愈 66 例。

5. 青蒿液。取鲜青蒿1kg，洗净、切短捣碎，加1000mL 清洁水，搅拌 5min，纱布过滤，并压榨取汁，灌服，500mL/次，2 次/d，连服 2d。随配随用，不宜过夜。共治疗 46 例，治愈 43 例。

6. 地榆槐花汤。炒槐花、炒枳壳、栀子（炭）各35g，炒地榆50g，黄柏、侧柏叶、赤芍各30g，当归45g，荆芥（炭）、炒蒲黄、茯苓、苦参各40g，甘草25g。粪多、呈水样、含血少者去炒蒲黄、炒地榆，加生地榆50g，白术40g，泽泻30g；便血量多、病情较重者酌情补充体液，纠正酸中毒。水煎取汁，候温灌服，1 剂/d，连服 2～4 剂。共治疗 198 例（母牛 115 例，公牛 83 例），治愈194 例，死亡 4 例。

7. 槐花散。槐花、侧柏叶、荆芥穗、枳壳（均炒用）各 30～45g。血量多者加地榆、仙鹤草；热盛者加黄连、黄芩；风盛者酌加木香、防风；湿重者加苍术、厚朴（均为黄色或炒焦黄色）。共研末，开水冲调，候温灌服。

8. 加味槐花散。炒槐花、侧柏叶各90g，炒地榆60g，当归70g，荆芥炭、赤芍各50g，炒枳壳、炒蒲黄、黄柏、苦参各40g，栀子、茯苓各30g，甘草25g。便血较久者去炒蒲黄、炒地榆，加生地榆、西洋参各60g，白术50g。水煎取汁，候温灌服，1 剂/d，连服 2～5 剂。便血量多、病情重者需要输液、纠正电解质紊乱和酸中毒。共治疗 65 例（母牛 34 头，公

牛 31 头），治愈 62 例，死亡 3 例。（孔凡淦等，T22，P48）

9. 四君子汤加味。黄芪50g，党参、炒白术、白茯苓、诃子、乌梅、炒槐花、阿胶、厚朴、陈皮、当归各40g，地榆（炒）、蒲黄（炒）各35g，甘草30g。气虚甚者重用党参、黄芪；寒湿重者加干姜50g，补骨脂40g。共研细末，开水冲调，候温灌服。共治疗36 例，其中实热型 11 例，脾虚型 25 例，全部治愈。

10. 鲜龙葵全草，1000g/次，2 次/d，水煎取汁，候温灌服或喂食。共治疗 32 例（含尿血），均获满意效果。

11. 无论实热便血还是脾虚便血，均可取苦参300g，水煎取汁 1500mL，候温灌服，2 次/d，连服2～3d。实热型辅用 12.5％止血敏注射液 10～20mL，硫酸黄连素注射液 100～300mg，分别肌内注射；体温升高者，取庆大霉素 100 万单位或氯霉素 3g，肌内注射。脾虚型辅用大黄苏打片、食母生各60g，混合，灌服，或加入中药药液一同灌服，2 次/d；复方氯化钠注射液 1000～3000mL，5％碳酸氢钠注射液300～1000mL，静脉注射（心脏功能不好者加入10％安钠咖注射液 10～20mL）。共治疗 15 例，其中实热型 5 例，治愈 4 例，好转 1 例；脾虚型 10 例，除 2 例中断治疗外，其余 8 例全部治愈。

12. 海蚌含珠（又名人宽）、山蚂蟥（又名小槐花）、算盘子（又名野南瓜）各150g，水杨梅、地胆草、飞扬草（别名大地锦）、四棱香草各120g，十大功劳、黄荆子各100g，香茹草、高良姜各130g，仙鹤草100g。采集备用或鲜用。夏日热重者加大高良姜、香茹草、黄荆子用量；冬春季节去香茹草、高良姜、黄荆子；红痢带血者用红色海蚌含珠，粪中有肠黏膜者用白色海蚌含珠。水煎取汁，候温灌服，轻者1～2 剂，重者 3～4 剂。共治疗痢疾、便血 415 例（轻症 120 例，重症 295 例），均获痊愈。（文胜祥，T46，P48）

13. 酸枣树根（去皮）500g，焙至黑色，加水3000mL，煎至2000mL，取汁，候温灌服，一般 1 次即愈。若便血不止，隔 7d 再服药 1 次。共治疗久治不愈便血牛 10 例，效果显著。（秦连玉等，T43，P32）

14. 黄土汤加减。伏龙肝（灶心土）250g，白术、炮附子、生地、阿胶、黄芩、甘草各45g。脾虚严重者加党参、黄芪；出血多者加焦地榆、焦艾叶等。先将伏龙肝水煎取汁，再煎余药取汁，候温灌服或将后六味药研末，用伏龙肝煎汁冲调，灌服。本方药适用于脾阳虚型便血（慢性胃肠道出血）。

15. 黄土汤。白术、附子、生地、甘草、阿胶、黄芩各30g，灶中黄土100g。水煎取汁，候温灌服。

16. 加减藿香正气散。藿香、炒地榆各20g，山药25g，紫苏、厚朴、白术、半夏、茯苓、白芷、炒生地、阿胶、当归各15g，陈皮10g，桔梗8g，甘草

6g，生姜4g。共研末，开水冲调，候温灌服。共治疗24例，其中公牛13例、母牛11例。

【典型医案】　1. 1995年10月，汪清县罗子沟农场邵某一头6岁母牛来诊。检查：患牛精神沉郁，体温39.2℃，心跳64次/min，呼吸36次/min，鼻镜干燥，口舌红，脉洪数，喜饮冷水，排粪时弓腰，粪稀薄、带脓血、气味腥臭。诊为实热便血。治疗：黄连解毒汤加金银花、白头翁，用法同方药1，连服2剂，痊愈。（于维金，T89，P22）

2. 1985年8月13日，磐石县驿马乡一头6岁公黄牛来诊。主诉：该牛便血已7d，且越来越重，食欲减退。检查：患牛精神倦怠，行动迟缓，喜卧，口渴；先排稀粪后下血，有时先便血后排粪，血色鲜红，心搏无力，体温和呼吸尚无变化。诊为实热便血。治疗：伏龙肝300g，苦参60g，柞树皮75g，黄连30g。用法同方药4，1剂/d，连服3剂，痊愈。（李岳申等，T37，P27）

3. 1982年5月21日，衡东县霞流乡大桥村6组邓某一头水牯牛来诊。检查：患牛精神沉郁，厌食，肠音亢进，体温38.5～39℃，心跳73～82次/min，呼吸36～42次/min，喜卧，频频回头顾腹，粪稀、气味恶臭、混有假膜和新鲜血块，频频举尾，肛门哆开，可视黏膜轻度水肿，肛门周围、后肢及尾部被血样稀粪污染。诊为实热便血。治疗：青蒿液，制备、用法同方药5，2次/d，500mL/次。次日，患牛粪血减少。又服药1d，痊愈。（唐彬，T34，P53）

4. 1973年7月3日，涡阳县双庙区王桥乡周长营村周某一头2岁黄母牛来诊。主诉：该牛已患病15d，他医治疗多次无效。检查：患牛精神不振，体温38℃，不食、不反刍，粪水样、呈暗红色、气味极腥臭，鼻镜干裂，眼球下陷，口色赤红，结膜潮红。诊为湿热便血。治疗：取方药6，用法同上。连服3剂，痊愈。（刘传琪等，T69，P33）

5. 1987年7月3日，普定县波王乡陈某一头5岁、约300kg黄公牛来诊。主诉：前天，该牛粪中带有多量鲜血，他医注射青霉素480万单位、安络血20mL，今日便血加重。检查：患牛体格健壮，口色红，脉洪略数，体温39.8℃，心跳98次/min，瘤胃蠕动2次/2min，力量稍弱，食欲减少，有反刍，粪稀溏、量少、含血呈鲜红色、夹有气泡，血、粪约各半，尿黄略短少。诊为肠风下血。治疗：槐花散加炒地榆45g，炒黄连24g，炒黄芩30g，用法同方药7。上午10时许服药，下午4时排粪略干、色黑、仅附少许暗红血块，排粪后挤出少许淡血水、有鲜血丝混于其中。槐花散（见方药7）加炒山楂45g，炒麦芽30g，炒神曲24g，1剂，用法同上。第3天痊愈。（黄再盛等，T35，P48）

6. 1996年3月，汪清县罗子沟镇古城村杨某一头9岁母牛来诊。检查：患牛消瘦，被毛枯燥，精神倦怠，头低耳聋，四肢无力，不愿走，体温38℃，心跳70次/min，呼吸42次/min，口色淡白，口多清涎，食欲、反刍减少，肛门失禁、不时流出带有多量血液的稀粪，脉迟细。诊为脾虚型便血。治疗：四君子汤加味，重用党参75g，黄芪200g，加干姜50g，补骨脂40g。用法同方药9，1剂/2d，连服3剂，痊愈。（于维金，T89，P22）

7. 1990年5月，黎平县德凤镇龙坪村石某一头营养良好、约300kg公黄牛来诊。主诉：由于该牛4d前连续使役，粪中出现暗红色血液，大部分呈不规则凝块状附于粪表面，亦有少量呈液状随粪排出，排粪初期似有痛感，精神较差，无其他异常反应。检查：症同主诉。诊为劳伤便血。治疗：新鲜龙葵全草，1000g/次，2次/d，用法同方药10，连服3d痊愈。（黄寿高，T87，P40）

8. 1998年3月29日，镇原县城关镇金龙村路某一头1.5岁公牛来诊。主诉：该牛患肠炎性腹泻已5d，他医连续用庆大霉素治疗无效，且出现便血，食欲、反刍废绝。检查：患牛消瘦，精神沉郁，鼻镜干、触感冰凉，舌体皱缩，拉出口外则无力缩回，体温36.8℃，心音弱，心率稍快、节律不齐，呼吸浅而快，瘤胃蠕动音废绝，粪呈脓胨样脓团状、混杂紫色血块，排粪时里急后重。诊为脾虚便血。治疗：复方氯化钠注射液1500mL，10%氯化钠注射液500mL，10%葡萄糖酸钙注射液200mL，10%维生素C注射液30mL，10%安钠咖注射液、10%维生素$B_1$注射液各20mL，混合，静脉注射；黄连素注射液40mL，分2次肌内注射；磺胺脒15g，食母生30g，痢特灵2g，灌服。次日，患牛排粪次数及粪中含血量均减少，但仍无食欲。遂用苦参300g，水煎取汁500mL，灌服，2次/d，每次加大黄苏打片30g，食母生60g。第3天，患牛开始吃少量干苜蓿，粪、尿趋于正常。继用第2天药物治疗。4月1日，患牛食草量相当于正常采食量的一半。用食母生、苏打片等助消化药物调理。随后追访，痊愈。（马忠选，T97，P32）

9. 2007年，一头牛来诊。检查：患牛体瘦毛焦，四肢发凉，鼻镜有汗不成珠，便血、血色发暗。诊为脾胃虚寒型便血。治疗：黄土汤加减。伏龙肝500g，白术50g，炮姜、炮附子、炙甘草、熟地、阿胶、党参、黄芪各30g。用法同方药14。服药2剂，患牛痊愈。（赵炳芳，T163，P59）

10. 1974年11月，榆林地区向阳湾大队在移牧于延安地区甘泉县的牛群中，有一头6岁母牛患病，在当地诊治4～5d无效后来诊。检查：患牛精神极度沉郁，卧地，头曲于左侧腹部，腹痛，磨牙，耳角根冷，肢冷，肌肉震颤，按压左腹部有痛感；体温36℃，脉迟细，心跳51次/min，粪稀、呈暗黑色、带血丝；反刍、食欲废绝，不饮水，瘤胃蠕动极弱，1次/2min，轻度臌气，肠蠕动旺盛，口色暗淡，口涎冰冷。诊为虚寒便血。治疗：取方药15，1剂，用法同上。翌日，患牛体温 37℃，四肢温度回升、心跳较前有力，心跳 60 次/min，精神好转，腹部压痛消失，吃草 1kg，饮米粥 1 盆；粪成形、色泽稍黑、仍带少量血液。原方药加党参 30g，茯苓、陈皮各 20g，连服 2 剂。第 3 天，患牛粪不带血，食欲恢复，精神活泼，痊愈。（张槐北，T13，P35）

11. 1989 年 6 月 2 日，同心县丁某一头紫色公牛来诊。主诉：该牛是 3d 前购于集市的外来牛，昨天数次腹泻、带血，食欲、反刍减退，尿清而少。检查：患牛体温 39.5℃，心跳 90 次/min，呼吸 30 次/min，形体瘦，精神差，腰拱毛多，肚腹满，瘤胃蠕动音弱，粪呈稀糊状、混有未消化的草料和暗红色血液、略有臭味，鼻镜湿而汗不成珠、口淡、苔白、津稍滑，脉细。诊为外感风寒、内伤湿滞型便血。治疗：加减藿香正气散，用法同方药 16。服药后，患牛痊愈。（杨如梅，T48，P47）

## 二、黄牛重症便血

【病因】　多因草料品质不良，重度使役，长途运输，环境改变等，使胃肠机能减弱，腐生于胃肠道大肠杆菌、坏死杆菌等细菌毒力增强而发病。

【主证】　患牛精神沉郁，食欲减退，体温正常，粪时干时稀、混有血液，有的量少，有的量多。若里急后重，排血次数 4 次/d 以上，排血量 250mL/次以上，或只排鲜血而无（或仅有少量）粪的便血称为重症便血。

【治则】　抗炎止血，解毒消肿，促进伤口愈合。

【方药】　轻症便血，用盐酸环丙沙星或硫酸庆大霉素、安络血，肌内注射，一般 2～3 次即可治愈。重症便血，在肌内注射抗菌消炎药和止血药的同时，根据患牛体重和病情轻重，取云南白药 12～24g/次，氨苄青霉素 5～10g/次。待血便排出后，将云南白药、氨苄青霉素混合，立即进行直肠（直肠检查肠黏膜肿胀明显）给药，2～3 次/d。共治疗重症便血患牛 47 例，治愈 47 例。

【典型医案】　2006 年 9 月 6 日，贵阳市白云区罗某一头约 250kg、西门塔尔 3 代杂交妊娠母牛来诊。检查：患牛精神沉郁，慢草，里急后重，便血多达 4～5 次/d，排血量 250～300mL/次。诊为重症便血。治疗：取 1％盐酸环丙沙星 80mL，肌内注射，2 次/d；5％安络血 25mL，肌内注射，2 次/d，连用 2d，未见好转。第 3 天，用 4％硫酸庆大霉素 35mL，肌内注射，2 次/d；5％安络血 25mL，肌内注射，2 次/d，仍然未见好转。第 4 天，在采用 1％盐酸环丙沙星注射液的同时，用云南白药 12g，氨苄青霉素 5g，用法同上，1 次性直肠用药后，患牛当天便血次数和便血量明显减少，病情好转。第 5 天，继用上方药，2 次/d，患牛粪中少量带血。继续用药 2d，痊愈。（刘栩等，T152，P53）

## 三、奶牛便血

本病有一定的季节性，春冬季节多发，夏秋季节少发；青壮年奶牛少发，老龄体虚者多发。

【病因】　多因饮喂失调，营养低下，遭遇寒冷刺激，导致寒湿损伤脾胃，引起脾胃受损，脾气衰弱，胃肠蠕动无力，升降失职，消化不良，热毒内蕴或湿毒困扰脾胃，迫血妄行，血不归径，溢于大肠而便血。

【辨证施治】　一般分为脾虚便血、肠风下血和产后便血。根据血便的颜色，粪色黑者或紫暗者为远血，鲜红者为近血；远血多为脾虚，近血多为湿热。

（1）脾虚便血　患牛精神不振，食欲、反刍减退，完谷不化。严重者毛焦欣吊，食欲废绝，难起难卧，气喘，耳鼻凉，鼻汗时有时无，粪稀薄、挟暗红色血液，或粪呈深褐色、潜血阳性，舌下瘀血明显，口色淡白、带青，尾脉细弱。

（2）肠风下血　患牛食欲、反刍减退，粪稀溏、含血呈鲜红色、量少、夹有气泡，尿黄略短少，口色红，脉洪略数、力稍弱。

（3）产后便血　患牛食欲不振，阴门排出带血的尿液或黏液，粪稀、色黄、带有大量血液，体温、呼吸正常。

【治则】　脾虚便血宜健脾益气，摄血；肠风下血宜凉血止血，疏风清热；产后便血宜清热止痢，益气止血。

【方药】　（1 适用于脾虚便血；2 适用于肠风下血；3 适用于产后便血）

1. 参苓白术散加减。党参、白芨、乌贼骨各 60g，白术 50g，侧柏炭 45g，茯苓、山药、薏苡仁、地榆炭、白扁豆各 40g，莲子肉 30g，砂仁、桔梗各 20g，炙甘草 10g（为中等奶牛药量）。共研末，开水冲调，候温灌服（轻症），或水煎取汁，候温灌服（重症），1 剂/d。共治疗 5 例，均获满意疗效。

2. 槐花散加减。槐花（炒）100g，侧柏叶 50g，荆芥穗（麸炒）、枳壳各 30g。大肠热盛者加黄连、黄柏；血便者加地榆；肠风下血不止而血虚者加当归、川芎、熟地。水煎取汁，候温灌服，1 剂/d。

3. 白头翁汤合桃红四物汤加味。白头翁 90g，黄柏、秦皮、当归、熟地、益母草各 60g，川芎、桃仁、黄连、蒲黄炭、血余炭、青皮、香附各 50g，红花、赤芍各 40g，甘草 20g。加水煎煮 3 次，取汁混合，分 3 次灌服，1 剂/d。

【典型医案】

1. 1988 年 4 月 28 日，长春市四季青乡于某一头 3 岁奶牛来诊。主诉：该牛生产已 14d，产前 5d 出现泄泻，产后第 2 天食欲减退。检查：患牛食欲废绝，有饮欲，反刍停止；粪呈黑褐色水样、潜血强阳性；体温 37.5℃，心跳 84 次/min，呼吸 48 次/min，舌下瘀血明显，口色淡白，尾脉细弱。诊为脾虚便血。

治疗：参苓白术散加侧柏炭 45g，猪苓、地榆炭各 40g，乌贼骨、白芨各 60g。用法同方药 1。29 日，患牛精神好转，吃少量草，出现反刍，粪转干、呈深黑色。上方药减猪苓，再服 1 剂。30 日，患牛食欲增加，粪恢复正常、潜血阴性。上方药去止血药，再服 1 剂，次日痊愈。（廖柏松等，T37，P42）

2. 2005 年，一头 5 日龄黑白花犊牛来诊。检查：患牛鼻镜干燥，腹痛不安，泄泻、便血、血色鲜红，体温 40.1℃，不吮乳。诊为肠风下血。治疗：槐花（炒）15g，荆芥（炒）、地榆（炒）、黄柏各 9g，鲜马齿苋适量。用法同方药 2。同时配合常规补液。次日，患牛粪色变淡，无出血，开始吮乳，能站立走动。继服药 1 剂，痊愈。（赵炳芳，T163，P59）

3. 2008 年 4 月，宜宾市马氏牛场一头母牛，因产后发病来诊。主诉：该牛前天分娩时由于助产不当，损伤子宫、阴道和其他器官，引起出血，现粪和尿均带血。用诺氟沙星注射液 50mL，安络血注射液 10mL，肌内注射，2 次/d。隔天后复诊，病情依旧，粪、尿仍带血。检查：患牛体温、呼吸正常，食欲不振，阴门不断排出带血的尿液或黏液，粪稀、色黄、带有大量血液。诊为产后便血。治疗：白头翁汤合桃红四物汤加味，用法同方药 3，1 剂/d。服药后，患牛粪中仅有少量血液，腹泻基本停止，其他基本正常。继服药 1 剂，痊愈。（李远明等，T170，P78）

## 便　秘

便秘是指因牛肠管运动及分泌机能下降，肠内容物停滞、阻塞于某一肠段引起腹痛的一种病症。

【病因】　多因长期饲喂纤维多且粗硬的饲料，或饲后即役，役后即饲，且不定时定量，过度饥饿，采食过猛，使役过度，或饮水和运动不足等，使肠失运化，糟粕停滞于肠道不能排出而发病；某些传染病和寄生虫病继发。

【主证】　患牛反刍减少或废绝，精神沉郁，排粪减少，仅排少量胶胨样黏液，体温、心率、心率初期无变化，后期瘤胃轻度臌气，心率加快，呼吸浅表，皮温不整，结肠秘结时振水音响亮，小肠秘结时振水音微弱，接近十二指肠或幽门部秘结时振水音极弱或消失。直肠便秘时，用手指在尾部按抚牛即尾直呈排粪状，肛门处胀大，直肠内蓄积大量干硬粪。

【治则】　润肠散结，通便泻下。

【方药】　1. 增液大承气汤加减。大黄、芒硝、枳实、玄参各 30g，麦冬、生地、知母、青木香各 20，木通 35g，滑石 40g。水煎取汁，待温加滑石粉，1 次灌服。配合直肠按摩压碎结粪。共治疗 15 例，均服 2～3 剂治愈。

2. 取市售白蜡或照明用白蜡烛 300～400g。将白蜡切碎。有食欲者拌在精料中喂服，食欲废绝者灌服，2 次/d，连服 2～3d。共治疗 16 例，治愈 15 例。

3. 大黄牡丹汤加味。大黄 90g，丹皮、赤芍各 60g，蒲公英 150g，芒硝 200g，冬瓜仁 100g。水煎取汁，候温加入芒硝，灌服，1 剂/d 或 1 剂/2d，第 2 剂芒硝用量减半。同时，辅以手涂菜油或石蜡油，细心掏出直肠积粪，并用大量温肥皂水或 0.1% 的高锰酸钾溶液灌肠。有脱水症状者可酌情补液。共治疗 46 例，均治愈。

【典型医案】　1. 兰坪县春龙社某村民一头黄牛来诊。主诉：该牛已患病数日，昨天开始不食，稍有饮欲，顾腹磨牙，呻吟，粪、尿不通。检查：患牛体温 37.8℃，心跳 87 次/min，呼吸 32 次/min，反刍停止，瘤胃轻度臌气，鼻镜干裂，口腔干臭、津少，口色赤红，苔黄腻，呼吸浅表，皮温不整，触诊结肠振水音响亮，直肠检查可摸到结肠粪块。诊为结肠便秘。治疗：增液大承气汤加减，1 剂，用法同方药 1。同时，取硝酸毛果芸香碱注射液 5mL，新斯的明注射液 10mL，分别肌内注射。约 6h 后，患牛开始排粪，夜间稍有食欲；第 2 天恢复正常。（张仕洋等，T141，P45）

2. 1987 年 12 月 7 日，衡东县新塘镇胜利村高某一头黄牯牛来诊。检查：患牛起卧不安，举尾拱腰，时时努责，排不出粪，有时排出少量黑色珠状粪球，鼻汗少，食欲废绝，有时踢腹，直肠检查可摸到成串硬粪。诊为肠便秘。治疗：白蜡 300g，用法同方药 2，2 次/d。经过 2d 治疗，患牛排出大量硬结粪，食欲恢复正常。（唐彬，T46，P37）

3. 1992 年 4 月 16 日，鲁山县张店乡李村许某一头公黄牛来诊。主诉：该牛已患病 6d，起初少食反刍少，现食欲废绝，粪干、量少、气味腥臭，今天不见排粪。他医治疗 3 次无效。检查：患牛口色赤红，口津黏，鼻镜干燥，瘤胃蠕动音弱、次数少，右腹有震水音；手指按压尾根，尾即直呈排粪状，但无粪排出，肛门处胀大，手入直肠掏出大量干硬、呈饼状的粪。诊为直肠便秘。治疗：取方药 3，2 剂，用法同上，痊愈。（田鸿义，T110，P27）

## 脱　肛

脱肛是指牛中气下陷，不能固脱，导致直肠或肛门脱出不能自动缩回的一种病症。多见于老、弱牛。

【病因】　多因饲养管理不当，饥饱不匀，草料单一，致使牛脾胃损伤，不能化生精微，气血不足，导致虚损而脱肛；久病、重病致使元气亏损，或病后（产后）失于调理，或劳役过度或配种过度，损耗肾阳，久病伤肾，肾气虚弱以致气血不足，中气下陷，不能固摄而脱肛；腹内压增高，如慢性腹泻、便秘、难产、肠道寄生虫疾病等原因引起强烈努责，导致直肠或肛门脱出。

【辨证施治】　依其病因、病机与症状，分为气血双亏型、气虚下陷型、肺虚肠寒型、肾虚滑肠型和湿热下注型。

（1）气血双亏型　患牛排粪或卧地时肛门脱垂，用手上推或站立时能回缩，舌质淡红，苔薄白，脉沉细。

（2）气虚下陷型　患牛精神倦怠，四肢无力，多汗、自汗，呼吸气短，动则气喘，食少，泄泻，舌淡苔少，脉象虚弱。

（3）肺虚肠寒型　患牛倦怠无力，气短喘促，咳嗽无力，自汗，畏寒，排粪或咳喘时直肠脱出，常不能自行回纳，舌质淡，脉虚弱。

（4）肾虚滑肠型　患牛腰脊软弱无力，腰部冷痛，四肢瘦弱，形寒肢冷，耳鼻发凉，尿频数而清，久泻不止，公牛阳痿，母牛久配不孕，排粪时直肠脱垂，舌淡苔少，脉细无力。

（5）湿热下注型　患牛发热，不食，时有腹痛，粪如粥状或下痢脓血、气味腐臭、带有气泡或黏液，直肠脱垂，同时伴有肛门肿痛，尿淋漓，舌红、苔黄腻，脉滑数。

【治则】气血亏损型宜调荣养血，益气固肠；气虚下陷型宜补中益气，升阳举陷；肺虚肠寒型宜温肺益气，定喘固脱；肾虚滑肠型宜温阳固脱；湿热下注型宜清热利湿。

【方药】（1适用于气血亏损型；2适用于气虚下陷型；3适用于肺虚肠寒型；4适用于肾虚滑肠型；5、6适用于湿热下注型）

1. 人参、肉豆蔻、乌梅、甘草各20g，鹿茸10g，炒白术、当归、补骨脂各30g，黄芪50g。共研细末，开水冲调，候温灌服。

2. 补中益气汤加减。黄芪、太子参各50g，当归、升麻、柴胡各30g，炒白术、陈皮、甘草、生姜各20g，大枣10枚。共研末，开水冲调，候温灌服。

3. 固脱汤。党参、黄芪各50g，当归、白芍各30g，炒白术、甘草、桑白皮、贝母、羌活、肉桂、五味子各20g。共研细末，开水冲调，候温灌服。

4. 温肾汤加减。龙骨、牡蛎各30g，诃子、菟丝子、罂粟壳各20g，赤石脂、熟地、五味子各25g。共研细末，开水冲调，候温灌服。（姚海儒，T111，P21）

5. 升阳除湿汤。升麻、柴胡、麦芽、泽泻、茯苓、木香、神曲各30g，防风、苍术各25g，甘草20g。共研细末，开水冲调，候温灌服。

用方药1～5，共治疗各种脱肛205例，治愈196例。其中气血亏损型48例，治愈46例；气虚下陷型63例，治愈63例；肺虚肠寒型28例，治愈24例；肾虚滑肠型31例，治愈30例；湿热下注型35例，治愈33例。

6. 手术整复。用温开水清洗脱出的肛门，后用3%明矾温开水或1%高锰酸钾溶液冲洗；对水肿部分用三棱针乱刺放水，然后用温药水边洗边剪掉腐烂坏死的部分，再将脱出的肛门慢慢复原。整复后又脱出者可行肛门烟包缝合。取补中益气汤加减：党参25g，黄芪50g，炒白术、当归、陈皮、焦三仙各30g，升麻、炙柴胡、白茯苓各20g，甘草10g。共研末，于手术整复前1次灌服，术后连服2～3剂，1剂/d。脱肛后粪干燥者，选用通关散：郁李仁、桃仁、当归、羌活、炒皂角子各9g，麻仁30g，防风、大黄各12g，共研末，加胡麻油200mL，1次灌服。视患牛粪的情况，一般服药1～2剂，1剂/2d。体温升高、有感染症状者，用青霉素800万～1000万单位，链霉素2～4g，肌内注射，2次/d，直至感染症状消失。共治疗17例（包括其他家畜），治愈15例。

7. 将患牛置六柱栏内站立保定，将尾上举并固定好，对脱出组织及肛门、阴门周围用0.1%高锰酸钾溶液冲洗干净，整复，用结节缝合法缝合数针（以粪尿通利为宜）。用TDP特定电磁波治疗器（重庆市硅酸盐研究所、重庆医疗器械厂制造，ZOSO-3型，电压220V，功率600W）照射50min左右，距离25～40cm（预热5min），早、晚各1次/d。对脱出时间较长、脱水严重、经治不愈者配合穴位照射：①百会穴：背中线上腰椎与荐椎间隙中。②后海（交巢）穴：肛门上方、尾根下方的凹陷处。③脱肛穴：肛门两侧旁开6分处，左右各1穴。④治肛穴：阴门中点旁开6分处，左右各1穴。共治疗11例，治愈率达92%。（王念民等，T49，P24）

【典型医案】1. 1992年7月10日，化隆县德加乡尕么甫村张某一头黑白花奶牛来诊。主诉：该牛距预产期尚有1个月，昨日卧地时见肛门脱出（似大西红柿样），站立时恢复正常。检查：患牛精神不振，被毛焦枯，四肢无力，气息短促，动则出汗，卧多立少，口色淡白，脉象细弱无力。诊为气血双亏型脱肛。治疗：取方药1，用法同上，1剂/d，连服3d，痊愈。

2. 1996年10月21日，化隆县昂思多乡沙吾昂村马某一头黄牛来诊。主诉：该牛病初不食，随后出现腹泻，今晨发现肛门脱出。检查：患牛精神痴呆，可视黏膜潮红，直肠脱出2cm、黏膜肿胀、呈暗红色，不时努责，口色红，苔黄腻，脉象滑数。诊为湿热下注型脱肛。治疗：行常规外科处理，将脱出的部分送回直肠。取方药5，1剂，用法同上。次日，患牛停止努责。继服药3剂，痊愈。（姚海儒，T111，P21）

3. 2002年4月2日，西吉县偏城乡马湾村马某一头土种黄色奶牛来诊。主诉：该牛产犊已3d，产后采食量减少，举尾拱腰，频频努责，起初认为是产后腹痛，未采取任何措施。第4天，该牛肛门脱出，用布鞋底热敷，复位后又脱，反复几次仍不能复位。检查：患牛毛焦体瘦，精神沉郁，体温升高，肛门外翻、水肿、腐烂、发黑。治疗：加减补中益气汤，1剂，用法见方药6；行手术复位术；继服加减补中益气汤，2剂，1剂/d。由于患牛粪干，又服通关散1剂；同时，取青霉素900万单位、链霉素3g，肌内注射，2次/d，连用2d。1周后追访，痊愈。（负谦吉等，ZJ2006，P163）

# 第二节　呼吸系统疾病

## 感冒

感冒是指因气候骤变，牛体受寒，导致以上呼吸道黏膜发炎为主、表现出全身反应的一种病症。

【病因】　由于气温突变，或汗后受风，贼风侵袭，或阴雨侵袭，寒夜露宿，或长期在水中劳役或久卧湿地等引发。

【辨证施治】　临床上主要有气虚型、血虚型、气血双虚型和风寒型感冒等。

（1）气虚型　患牛被毛粗乱，精神差，食欲减退，体温升高，耳、鼻、四肢俱冷，鼻镜干燥、无汗珠，自汗，尿清长，粪正常，舌淡苔白，脉沉无力。

（2）血虚型　患牛精神差，食欲、饮欲减退或废绝，体温升高，毛焦体瘦，行走无力，四肢运步不灵活，背拱，四肢、耳、鼻不温，舌苔淡白，舌体边缘色白、中心色青紫，眼结膜苍白，脉细沉无力。

（3）气血双虚型　患牛精神差，毛焦体瘦，行走乏力，食欲不振，体温升高，卧多立少，动则气喘，耳、鼻、四肢冰冷，粪、尿正常，眼结膜苍白，舌色淡白，舌体绵软，脉细无力。

（4）风寒型　患牛恶寒，皮温不均，脊背发凉，四肢偏冷，肢体运动不灵活，行走缓慢，喜卧，流泪，眼结膜潮红；鼻汗少或无，鼻流清涕、塞而有声，或咳嗽、声重浊有力，或喘息，尿不畅，粪少；直肠检查，粪多聚塞在直肠内；多数患牛瘤胃蠕动减弱，饮食减少，有时肚胀；口色青白，口津滑利，舌下静脉色紫而怒张，脉浮有力。

【治则】　气虚型宜益气祛邪，固表止汗；血虚型宜益气养血，祛邪解表；气血双虚型宜益气补血，温中除寒；风寒型宜发汗解表，宣窍散寒。

【方药】　（1适用于气虚型；2适用于血虚型；3适用于气血双虚型；4适用于风寒型）

1. 黄芪40g，党参、防风、柴胡、白术、生姜、陈皮各30g，升麻25g，炙甘草15g，大枣20个为引。水煎取汁，候温灌服，1剂/d。

2. 四物汤加减。熟地、白芍、当归、黄芪、川芎、党参、柴胡、生姜、桂枝各30g，红花15g，桃仁、蒲黄各20g，红糖150g。水煎取汁，候温灌服，1剂/d。

3. 黄芪40g，党参、白术、当归、柴胡、陈皮、茯神、枣仁各30g，干姜、香附子、砂仁各25g，生甘草15g，青盐50g。水煎取汁，候温灌服，1剂/d。

4. 麻黄桂枝汤。麻黄、桂枝、猪牙皂、青葱各30g，荆芥、羌活、防风、苍术、槟榔、枳壳各60g，桔梗、苏叶、薄荷各40g，甘草20g，细辛12g。加水淹过药面，先浸泡10～15min，然后煎沸15min，取汁，候温灌服。共治疗重证感冒21例，均获痊愈。

【典型医案】　1. 2004年3月13日，蒲城县孙镇乡唐坡村张某一头秦川公牛来诊。主诉：该牛于20d前慢草不食，他医诊为风寒感冒，用安乃近、安痛定、青霉素、链霉素等药物治疗20余日，病情时好时坏，近期日渐消瘦，病情加重。检查：患牛被毛粗乱，精神差，食欲减退，耳、鼻、四肢俱冷，舌淡苔白，鼻镜干燥、无汗珠，体温39.8℃，自汗，尿清长，粪正常，脉沉无力。诊为气虚感冒。治疗：取方药1，用法同上，1剂/d，连服4剂。第5天，患牛精神明显好转，出汗少，耳、鼻、四肢温热，食欲增加，脉象有力。效不更方，再服药3剂，患牛精神好转，被毛光，出汗止，惟食欲不佳，在原方药中加鸡内金、砂仁各30g，再服药2剂。之后随访，再无复发，一切正常。

2. 2004年11月17日，蒲城县上王乡分水岭大队麻家村麻某一头牛来诊。主诉：该牛产后15d，突然慢草不食，卧地不起，耳、鼻俱冷，体温41.1℃，曾诊为流行性感冒，静脉注射10%葡萄糖注射液、维生素C注射液；肌内注射安乃近、柴胡、方通王、青霉素、链霉素、地塞米松等药物，治疗10d病情好转，4d后复发。检查：患牛精神差，食欲、饮欲不振，四肢、耳、鼻不温，毛焦体瘦，行走无力，四肢运步不灵活，背拱，舌苔淡白，舌体边缘色白、中心色青紫，体温39.9℃，产前有黑红色恶露排出、气味腥臭难闻，脉细沉无力，眼结膜苍白。诊为气滞血虚型感冒。治疗：四物汤加减，用法见方药2，1剂/d，连服5剂。服药后，患牛精神明显好转，心跳有力，食欲、饮欲增加，四肢、耳、鼻温热，舌心青紫色已除，恶露少、不腥臭，运步灵活。效不更方，再服药5剂，以巩固疗效。之后随访，再无复发。

3. 2005年5月23日，蒲城县孙镇乡唐家坡村李某一头牛来诊。主诉：该牛产后已30d左右，因劳役过度，出汗过多，近期慢草不食，卧地不起，耳、鼻冷，他医诊为感冒，用安乃近、方通王、中华金针、柴胡、氨基比林、地塞米松、青霉素、链霉素等中西药治疗15d，疗效不佳，后又二易其医，静脉注射10%葡萄糖注射液、维生素C注射液；肌内注射复合维生素B注射液、胃肠力通等药物治疗10d，病情日渐加重。检查：患牛精神不佳，毛焦体瘦，行走乏力，食欲不振，体温 39.8℃，卧多立少，动则气喘；舌色淡白，舌体绵软，眼结膜苍白，耳、鼻、四肢冰冷，脉细无力，粪、尿正常。诊为气血双虚型感冒。治疗：取方药 3，用法同上，1 剂/d，连服 5 剂。31日复诊，患牛精神好转，体温 38.5℃，耳、鼻、四肢温热，舌色粉红，动不喘，眼结膜淡红，脉象有力，惟食欲欠佳，故在原方药中加玉片、焦三仙各 30g，再服 3 剂，痊愈。（刘成生，T136，P54）

4. 1981 年 3 月 17 日，荣昌县石河公社 11 大队 5 队一头母牛来诊。主诉：该牛咳嗽已 1 个多月，有时呼气粗、声如抽锯，食欲差。近 10 多天浑身发冷，出气呼噜声加剧，用青霉素、链霉素和止咳平喘药治疗 2 次，仅见咳嗽有所好转。检查：患牛精神欠佳，皮温不均，脊背、鼻发冷，左耳凉，右耳热，鼻汗少，鼻黏膜肿胀，鼻腔狭窄，随呼吸发生抽锯声，听诊肺门及喉头更明显；体温 38.8℃，食欲时好时差，粪、尿均少，口色青白，脉缓有力。治疗：麻黄桂枝汤加杏仁 40g，前胡、生姜各 60g，1 剂，用法同方药 4。服药后，患牛症状减轻。上方药减桂枝，用法同前。4d 后患牛痊愈。（林义明，T3，P39）

## 鼻哽（打喷嚏）

鼻哽（打喷嚏）是指寄生虫性鼻哽。牛因寄生虫刺激鼻黏膜而出现的一种反射性反应。

【病因】 夏、秋季节，蚊蝇在牛鼻腔周围产卵、生蛆，随着呼吸或采食进入鼻腔，或其幼虫自行进入而寄生于鼻腔，从而刺激鼻黏膜引起鼻哽。

【主证】 患牛瘙痒不安，局部充血、肿胀，流浆液性、黏液性或脓性鼻液，摇头，打喷嚏，喜在槽沿、屋柱或墙壁上摩擦鼻部。轻症，患牛鼻哽间隔时间较长，呼吸变化不明显，使役、采食、反刍均无明显变化，有少量浆液性或黏液性分泌物。重症，患牛频频喷鼻或打喷嚏，呼吸急促，昼夜不安，明显消瘦，不能使役，有大量黏脓性鼻液或块状鼻黏膜、坏死组织随打喷嚏排出。

【治则】 灭虫止痒。

【方药】 病初和轻症者，用 1‰敌百虫溶液冲洗鼻腔。抬高患牛头部，用洗球球或注射器吸取药液，冲洗鼻腔，一般 1～2 次即愈。重症者，用敌敌畏 0.5～1mL 于铁锹上或勺内，置文火上加热，将牛牵至铁锹或勺旁让蒸气进入鼻腔，熏蒸 3min 即可。为防止药液蒸气伤眼，可用塑料袋做成喇叭状护在眼部。若患牛瘦弱乏力，可辅以补液或投服滋补强壮药物。（董得荣，T87，P36）

## 吊 鼻

吊鼻是指湿热吊鼻，是脓涕从牛鼻孔流出的一种

病症。

【病因】 多因外感风热，壅滞于肺；或外感风寒，入里化热，均可耗伤肺津，化为痰涕。

【主证】 患牛鼻流脓性浊液，有时咳嗽、打喷嚏，食欲减退，粪微稀，尿黄少，鼻孔红赤，下眼睑微肿，口、舌淡红、津少，白睛红赤，脉滑数。

【治则】 清泻湿热，芳香化浊。

【方药】 黄芩滑石汤合辛夷散加减。黄芩 100g，黄柏 80g，茯苓、猪苓、明矾（冲）、郁金各 60g，大腹皮 70g，通草 25g，白豆蔻 20g，辛夷 30g，苍耳子 50g，藿香、佩兰各 150g。水煎取汁，候温灌服。

【典型医案】 1979 年 5 月，蓬溪县刘某一头 3 岁水牯牛来诊。主诉：2 个月前，该牛喷嚏，咣咳，流鼻涕，曾用安乃近和青霉素、链霉素等药治疗无效，随后按鼻炎（慢性额窦炎）治疗，注射鱼腥草针剂和青霉素、链霉素，鼻滴麻黄素液，灌服中药等，但仍反复发作。检查：患牛食欲减退，有时啃泥吃粪，腹时胀时消，鼻流脓性浊液，粪微稀，尿黄少；鼻孔红赤，口、舌淡红、津少，白睛红赤，下眼睑微肿，体温 39.5℃，脉滑数。诊为湿热吊鼻。治疗：黄芩滑石汤合辛夷散加减，用法同上。服药 2 剂，患牛吃草稍增多，喷嚏减少，鼻涕黄而清稀；又服药 2 剂，患牛鼻涕清少，粪转正常，吃草增多。取党参、薏苡仁各 100g，茯苓 80g，白术、苍耳子各 60g，辛夷 30g，藿香、佩兰各 150g。共研细末，开水冲调，候温灌服，连服 2 剂，痊愈。（李长新，T19，P30）

## 鼻 衄

### 一、黄牛、水牛鼻衄

本病是指牛鼻腔或副鼻窦因血管破裂而发生的一种出血现象。鼻衄即鼻出血。

【病因】 多因外感风热或燥热之邪犯肺，邪热循经上壅鼻窍，热伤脉络，血液妄行，溢于鼻中；久病不愈，饲养管理不善，损伤脾气，脾气虚弱，统血失司，气不摄血，血不循经脱离脉道，渗溢于鼻；跌打扑损，脉络受伤，血离经络所致。

【主证】 患牛一侧或两侧鼻孔突然出血，血色鲜红，舌色红，脉数。

【治则】 清热止血，活血化瘀；外伤引起者宜收敛止血。

【方药】 1. 深部外伤性鼻出血。取长白山多年生新鲜山葡萄枝叶，用清水洗净，捣碎，纱布过滤取汁并浸泡脱脂棉，用长柄镊子夹取浸泡过的棉球缓慢塞入出血鼻孔，进行压迫止血（如是双侧鼻孔出血，必须一侧一侧地处理）。经观察，止血时间为 1.5min。

浅部鼻孔内出血。将鲜山葡萄枝叶捣成蒜泥状，创部按常规消毒处理后直接涂药泥。止血时间 59s。

共治疗牛鼻出血和刀斧伤出血4例，效果确实。

2. 丹参80g，当归、生地、元参、麦冬各100g，红花、阿胶、荆芥炭、地榆炭、蒲黄炭各60g，三七、血余炭各30g，侧柏叶120g。先将阿胶、三七、荆芥炭、地榆炭、血余炭、蒲黄炭共研细末，他药水煎取汁，与药末混合，1次灌服。

3. 清瘟败毒饮加减。生地、黄芩各140g，连翘150g，生石膏250g，生大黄、黄连叶各50g，黄柏70g，丹皮45g。水煎取汁，候凉，1次灌服。用消毒脱脂棉条浸以0.1%盐酸肾上腺素填塞出血侧鼻孔，在棉条中部系上棉线，另一端系于牛鼻绳。取安络血等，肌内注射。

注：临床上应与肺出血、炭疽、蚂蟥钻鼻进行鉴别。肺出血，血液多从双鼻孔流出、含多量小气泡；炭疽性出血则血液凝固不良；蚂蟥钻鼻呈间隙性滴状出血，且饮水时蚂蟥会自行伸出。

【典型医案】 1. 1983年11月22日，长白县河底村芦某一头5岁花公牛来诊。主诉：该牛因牴斗引起两侧鼻孔出血。治疗：即时采取山葡萄秧，因缺水未消毒、清洗，砸碎挤汁，用棉花蘸取药汁行深部压迫止血，1.5min左侧鼻孔出血停止，又同法处理右侧鼻孔，53s右侧鼻孔出血停止。（路洪彬，T21，P41）

2. 1986年2月20日，中牟县小洪村洪某一头2岁、营养中等母牛来诊。主诉：该牛在1个月前曾流少量鼻血未引起注意。17日，右鼻孔突然大量出血，他医用维生素K、氯化钙治疗，出血暂时停止，至夜11时许又大量流鼻血。19日，用盐酸肾上腺素浸湿的纱布塞鼻，肌内注射安络血，内服止血中药1剂，鼻血仍不止。检查：患牛体温38.8℃，心跳120次/min，心脏有明显摩擦音，在肷部即可听到心音，可视黏膜黄白，舌下布满出血点，右眼巩膜、阴道黏膜均有出血斑，口黏、少津，鼻镜干燥，行走摇晃，毛焦肷吊，精神沉郁，右鼻孔流血呈线状、暗红色、稀薄如水、不凝固。治疗：取方药2，制备、用法同上，于晚20时灌服，至夜间3时出血基本停止。21日，又服方药2，1剂。22日上午，患牛体温38.7℃，心跳108次/min，精神好转，开始反刍，舌色由黄白色变为淡红色，瘀血、斑点开始消退，又服方药2，1剂。23日，患牛吃草少许，病情继续好转，改服健脾、补气、宁心中药：党参、黄芪、当归、熟地各80g，白术、茯苓、炒枣仁、柏仁、阿胶、生地、元参、炙甘草各60g，大枣、小麦各250g。水煎取汁，候温灌服。当夜，患牛食草2kg，饮面汤多次。24日、25日停药。26日，患牛精神恢复，舌色淡红，饮食欲基本正常；舌下出血点、巩膜及阴道黏膜出血斑消失。3月7日追访，该牛饮食欲正常，肚腹充盈，膘情回升，鼻孔再未流血。（郭留记等，T24，P33）

3. 1991年6月8日，仁寿县古建乡中咀村一头8岁、约400kg水沙牛来诊。主诉：由于天气炎热，气温高，牛在稻田饮水时左侧鼻孔突然大量出血，当即将牛头抬高，用冷水浇头，湿毛巾敷头，仍未见出血减轻。检查：患牛体温39.8℃，呼吸29次/min，心跳92次/min，左侧鼻孔呈线状出血、血液浓稠、色鲜红，口腔、咽喉未见异常。患牛精神异常紧张、敏感，不易接近；不时用舌舔鼻血，并频频摇头；角根、耳根和背部温度偏高，鼻镜热、无汗珠，气促喘粗，呼气热，口色红燥，舌筋乌紫，舌苔干黄，贪饮，尿短赤，脉象洪数。诊为鼻衄。治疗：清瘟败毒饮加减，用法见方药3。同时，取安络血、氨基比林和青霉素G钾，颈部肌内注射。用消毒脱脂棉条浸0.1%盐酸肾上腺素填塞左侧鼻孔，在棉条中部系上棉线，另一端系于牛鼻绳。服药后6h，患牛出血明显好转，开始吃草、饮水。检查左侧鼻腔，发现左上侧壁有一约0.5cm长的创口。随后，取5%葡萄糖注射液1500mL，颈静脉注射。嘱畜主将牛系在阴凉清洁处休息。（颜明伟等，T70，P41）

## 二、奶牛鼻衄

【主证】 患牛一侧或两侧鼻孔流血、呈滴状或线状流出、鲜红色。

【治则】 凉血止血。

【方药】 1. 大黄末60g，炒焦，研细末，加水灌服。共治疗12例，均收到良好效果。

2. 杜仲炭、血余炭各10g，冰片6g。共研细末，装入细管吹入鼻腔深部。共治疗顽固性鼻衄13例，全部治愈。

【典型医案】 1. 2001年10月7日，鄂尔多斯市伊旗乡刘某一头奶牛来诊。主诉：该牛昨日7时开始鼻孔少量、点状出血，随之以线状流出，他医肌内注射止血敏20mL，2h后仍流血不止，静脉注射5%氯化钙，鼻腔内喷洒盐酸肾上腺素、血余炭，断血穴注射等施治均收效甚微。治疗：取方药1，用法同上。服药1h后，患牛出血停止，再未复发。（孙贵彪，T127，P40）

2. 1998年12月28日，九台市营城镇王某一头3岁黑白花奶牛来诊。主诉：该牛已妊娠4个月，26日晚饮水时鼻腔开始呈滴状出血，27日上午注射止血敏20mL，下午仍不见好转，当晚又按原方药注射2支仍不见效。检查：患牛眼结膜苍白，反刍正常，瘤胃蠕动音稍弱，呼吸30次/min，心跳60次/min，体温39℃，鼻孔流血、呈鲜红色。诊为鼻衄。治疗：先取止血敏、氯化钙注射液、维生素K₃注射液，静脉注射；安络血，肌内注射，1次/6h，连用3次仍不见好转。后取方药2，共研细末，装入细管吹入鼻腔深部，30min后出血停止，观察6h，未再复发。（李春生等，T114，P16）

### 鼻 痔

鼻痔是指牛鼻腔内长出良性赘生物，以持续性鼻塞、嗅觉减退、鼻涕增多为特征的一种病症，又称鼻息肉。

【病因】 多因肺经湿热、壅结鼻窍所致。长期受风湿热邪侵袭，使鼻窍滞留邪浊，最后凝结成息肉；或湿热内生，上蒸肺胃，结滞鼻窍而成。

【主证】 患牛鼻腔内生赘肉，垂出鼻孔外，鼻塞气堵，呼吸受阻，张口呼吸，并发出打鸣声（鼻狭窄音）。赘肉呈紫红色、外表如菜花状、质脆易破。

【治则】 清肺泻火，利湿散结，活血凉血。

【方药】 手术摘除赘肉。鼻孔深部的赘肉用1号胃导管导送。将消毒过的纱布缠绕在胃导管上，浸透肾上腺素液送入鼻孔内，停留10min即可止血。取地龙10g（去土炒）、猪牙皂角10个（烧存性），共研细末，用蜂蜜调成糊状，涂擦于鼻腔内壁，1次/d，连用3d。共治愈2例。（黎启忠，T45，P32）

## 咽 炎

咽炎是指慢性咽炎，是以吞咽障碍、疼痛咳嗽、颌下淋巴结肿大为特征的一种病症。中兽医称嗓黄。临床上常反复发作，缠绵难愈。

【病因】 因饲养管理不当或气候突变、环境污染等因素，导致牛肺肾亏损、虚火上炎、上蒸咽喉，气血结于咽喉所致；肾水不足，虚火上炎诱发。

【主证】 患牛头颈伸长，采食时咀嚼缓慢，吞咽时摇头缩颈、呻吟、不安或前肢刨地，严重时吞咽障碍和流涎，部分食物或饮水自鼻腔逆出，触诊咽部疼痛敏感，咳嗽，颌下淋巴不同程度肿大，脉象细数。无明显全身症状。

【治则】 养阴清热，利咽解毒，化痰散结。

【方药】 1. 养阴利咽汤。生地黄、麦冬、玄参各45g，白芍、青果各35g，浙贝母、牡丹皮、射干各30g，木蝴蝶、甘草各15g。咽部疼痛重者加金银花45g，山豆根30g；下颌淋巴结肿大者加当归、香附子、郁金各30g；便秘结者加大黄50g；气虚者加黄芪、党参各45g；食少、粪溏者减生地黄、麦冬用量，加山药、炒白术各30g。共研细末，开水冲调，候温灌服，1剂/d，1个疗程/（2～3）剂。本方药不宜用于外感风热邪毒所致的急性咽炎。共治疗25例（其中牛6例），治愈16例、显效6例、有效3例。（文进明等，T123，P35）

2. 千年勿大树（通称平地木、紫金牛、老勿大等，为常绿矮小灌木）250g（鲜品500g）。水煎取汁，候温灌服，1剂/d，连服3～5剂。共治疗20余例，均有显著疗效。

【典型医案】 三门县六敖乡乾岙村陈某一头母牛，因秋收遭受雨淋发病来诊。检查：患牛体温41.0℃，食少量鲜薯藤；呼吸粗厉且发出咕噜声，低头时从口内大量流涎。初期诊为流感，取盐酸林可霉素、地塞米松、5%葡萄糖注射液，静脉注射。第2

天，患牛症状如故，续用上药，剂量加倍，仍不愈，且喉间咕噜声加重，食草时强烈咳嗽。治疗：取方药2，用法同上，1剂/d，连服3剂，痊愈。（李方来，T47，P35）

## 咽喉肿痛

咽喉肿痛是指由许多疾病引起，以咽喉部红肿疼痛、吞咽不适为特征的一种病症。

【病因】 多因外感风热之邪，熏灼于肺，或肺、胃二经郁热上壅引起咽喉肿痛（属实热证）；肾阴不能上润咽喉，虚火上炎引起咽喉肿痛（属阴虚证）。

【主证】 患牛咽喉肿痛，水草难咽，呼吸似抽锯声。

【治则】 清热利咽，消肿止痛。

【方药】 雪花散。荆芥、防风、蕤仁、白蒺藜、硼砂各6g，生地、黄连、黄芩、黄柏、薄荷各12g，菊花、栀子、木贼各10g，胆矾、樟脑各15g，冰片0.5g，银朱1g。先将荆芥、防风、生地、薄荷、黄连、黄芩、黄柏、栀子、木贼、菊花、蕤仁、白蒺藜碾碎，再把胆矾、硼砂研细拌入其中，放在瓷钵内，加水10mL，搅拌均匀，使药粉稍微湿润，然后把樟脑粉撒在上面，用细瓷碗盖住，碗口周围用面糊密封，防止漏气和药物升华散失。把装药的瓷钵架起，在钵下点燃香油灯（灯心草作芯子），约1h后可听到钵里有呼呼的响声，而且越来越明显，犹如北风呼啸；5～6h后响声消失，即可熄灯。冷却后揭开瓷碗，内有雪花样白色结晶，用毛刷收取，加入冰片、银朱，研细，装瓶备用。取雪花散1g，加青黛散3g，分2～3次吹入咽喉，1次/4h，连用1～2d即可痊愈，严重者可配合内服栀子凉膈散或清肺散。共治疗5例，效果较好。（金立中，T6，P12）

注：中草药装钵要加入适量清水，使其微微湿润，搅拌均匀，铺平表面，上放樟脑粉一层。不加水或加水过多皆可影响雪花散的数量和质量；瓷钵固定好后不能随便震动，以防药物结晶后坠落；瓷钵与覆盖瓷碗接口要始终保持严密，如有冒烟漏气，立即用面糊好，因为漏出的气体是未结晶的雪花散成分；加热时瓷碗里呼呼作响，是樟脑等药物在发生反应。瓷碗内无响声时不能过早揭盖，必须待冷却后再取。因为瓷碗内听不到响声，说明钵内有效成分遇热反应待尽，升华之气还需遇冷凝结，揭得过早，会影响药品的数量和质量；用灯心草蘸香油点燃加热，是来自过去的习惯和条件，不必拘泥。

## 咳、咳、喘证

一、咳（咳）嗽

咳（咳）嗽是指牛因受外邪侵袭，致使肺卫不固或五脏受损，引起肺气不宣而上逆的一类病症。一般出现于多种疾病中。

（一）黄牛咳嗽

【病因】　多由外感和内伤引发。新起的咳嗽多是外感病邪所致；咳嗽日久者多是内伤所致。在临床上，外感咳嗽明显多于内伤咳嗽。

【辨证施治】　根据临床症候，外感引起的有风寒咳嗽和风热咳嗽；内伤引起的有肺虚、脾虚、肾虚、肺脾双虚和肺肾双虚咳嗽。

（1）风寒咳嗽　多见于膘情中下等的成年牛和未成年牛，冬春季节多发。患牛营养不良，形体消瘦，食欲、精神不振，时冷时热，偶伴恶寒，鼻流清涕，无汗，咳嗽，唇鼻凉，口温偏低，舌苔薄白，脉象浮紧。病初一般不易被察觉，临床上往往失治或延治。

（2）风热咳嗽　多见于平素食欲欠佳、毛焦体瘦的牛，气候多变季节多发。患牛身微热，鼻液黏稠，咳嗽声小或微有"偷咳"，鼻镜干燥，反刍减少，口渴喜饮，口色赤红，口温偏高，舌苔薄黄，脉象浮数。

（3）肺虚咳嗽　患牛精神倦怠，食欲减退，时而低热，经常咳嗽，畏寒，鼻液黏稠，口干舌燥，口色赤红，舌面无苔或有薄白苔，脉象细数。

（4）脾虚咳嗽　多见于小牛及老年牛。患牛慢草或不食，精神倦怠，有时喜饮水，肚腹虚胀，粪多稀糖，口色淡白，舌苔薄白，脉象沉缓。

（5）肾虚咳嗽　多见于成年公牛，特别是未阉割的公牛，犊牛也有发病者。患牛咳则气喘，呼多吸少，静则无汗、无咳，动则有鼻汗，咳甚，口温偏低，口色淡白，舌无苔，脉象虚浮。未阉割成年公牛多不表现性行为。

（6）肺脾双虚咳嗽　患牛长期咳嗽，咳声频数、细弱无力，鼻液清稀涕，有时肚腹虚胀，粪稀薄，倦怠喜卧，口色淡白，舌无苔，脉象细弱。

（7）肺肾双虚咳嗽　多见于年龄稍大且体质瘦弱的牛。患牛咳而气短，食欲减退，毛焦体瘦，干咳无力，日轻夜重，咳则收腹、拱背；静则轻微咳嗽，鼻汗少或多而不成珠，动则咳嗽重，汗多黏性；口色淡白，舌面无苔，脉象细弱。

【治则】　风寒咳嗽宜散寒解表，化痰止咳；风热咳嗽宜祛风清热，止咳化痰；肺虚咳嗽宜补肺祛痰，降逆止咳；脾虚咳嗽宜补脾益肺，止咳化痰；肾虚咳嗽宜滋阴纳气，润肺止咳；肺脾双虚咳嗽宜补益脾肺，止咳；肺肾双虚咳嗽宜肺肾双补，止咳。

【方药】　（1适用于风寒咳嗽；2适用于风热咳嗽；3适用于肺虚咳嗽；4适用于脾虚咳嗽；5适用于肾虚咳嗽；6适用于肺脾双虚咳嗽；7适用于肺肾双虚咳嗽）

1. 杏苏散加味。苦杏仁、紫苏、桔梗、炒枳壳、前胡、荆芥穗、薄荷、黄芩、甘草。表证重者加桂枝（孕牛用细辛代替）；咳而微喘者加桑白皮、赤茯苓，

以枇杷叶（去毛）为引；食欲不佳者加炒三仙；冬季无汗者加炙麻黄。水煎取汁，候温灌服。

2. 苦杏仁、桔梗、荆芥穗、薄荷、黄芩、甘草、连翘、瓜蒌。脾胃虚寒无实热者去瓜蒌；身热或口无津而渴者加生石膏、知母；粪干燥、尿赤者加熟大黄、车前子。水煎取汁，候温灌服。

3. 止咳散加味。枇杷叶、紫苏子、杏仁、血余炭、前胡、贝母、桑白皮。肺气虚弱引起的咳嗽加党参、黄芪；咳而不爽者加桔梗；口渴者加天花粉、石斛；食欲差者加炒三仙、甘草。水煎取汁，候温灌服。

4. 百合汤加味。百合、炙紫菀、党参、白术、茯苓、半夏、陈皮、五味子、款冬花、炙甘草。孕牛咳嗽者去半夏，加蜂蜜；气短者加黄芪、浮小麦；肚腹虚胀者加大腹皮、枳壳。水煎取汁，候温灌服。

5. 六味地黄汤加味。熟地黄、山萸肉、山药、泽泻、茯苓、丹皮、白前、百部、炙紫菀。耳鼻俱凉者加附子、桂枝（孕牛不用）；气血虚弱者加当归、百合、麦冬。水煎取汁，候温灌服。

6. 枇杷叶、紫苏子、杏仁、血余炭、前胡、贝母、桑白皮、白术、陈皮、山楂、莱菔子。水煎取汁，候温灌服。

7. 枇杷叶、紫苏子、杏仁、血余炭、前胡、贝母、桑白皮、附子、肉桂（孕牛不用）、白前、枳壳。水煎取汁，候温灌服。

用方药1～7，共治疗65例，痊愈58例，显效2例，好转3例，无效2例。少则服药1剂，多则连服5剂，一般2～3剂即可痊愈。（杨秀华，T41，P25）

【典型医案】　1. 1989年4月6日，沿河县内家坟村一头6岁、妊娠约4个月母黄牛来诊。检查：患牛体温39.6℃，呼吸33次/min，心跳71次/min，精神沉郁，食欲减退，形体消瘦，身微热，咳嗽连声，鼻液黏稠涕，粪干燥，眼结膜潮红，口色赤红，口渴贪饮，舌苔薄黄，脉象浮数。诊为风热咳嗽。治疗：杏苏散加生石膏、熟大黄、车前草。用法同方药1，1剂/d，连服2剂。服药后4d，患牛咳嗽消失，但食欲较差。取炒三仙、陈皮、甘草，2剂，用法同上，痊愈。

2. 1989年5月9日，沿河县堡上村一头5岁公黄牛来诊。主诉：该牛从未表现出性行为，咳嗽已近1年，曾服氯化铵和枇杷叶（水煎、灌服）未见好转。检查：患牛咳嗽低微，时而气喘，微拱背，精神倦怠，形体消瘦，食欲差，口色淡白，舌无苔，脉象虚弱。诊为肾虚咳嗽。治疗：六味地黄汤加白前、制附子、炒三仙，用法同方药5，1剂/d，连服3剂；取盐酸左旋咪唑10mL，肌内注射。1周后，患牛病状消失。6月18日随访，患牛精神良好，被毛光泽，食欲大振。（杨秀华，T41，P25）

（二）水牛咳嗽

【病因】　多由外感病邪所致。

【辨证施治】　依据病因和临床证候，分为风寒咳嗽、风热咳嗽、暑湿咳嗽、燥火咳嗽、内伤咳嗽和脾胃咳嗽。

（1）风寒咳嗽　患牛精神倦怠，被毛逆乱，咳嗽声高不爽，时冷时热，恶寒喜热，鼻镜无汗，鼻流清涕，耳、鼻俱凉，尿清长，口色淡白，舌苔薄白，舌津多滑，脉象浮数。

（2）风热咳嗽　患牛咳频声哑，身热气粗，出气灼热，间有恶寒，鼻流稠涕，鼻镜干燥，毛焦欹吊，尿短赤，口红而干，舌苔黄，脉象浮。

（3）暑湿咳嗽　患牛身倦神乏，牵行懒动，咳嗽深沉，气机不畅，鼻流脓涕、量多而易出，尿不利，舌苔黄腻，脉滑利。

（4）燥火咳嗽　患牛身热气粗，胸痛划肢，咽鼻干燥，稠涕难下，干咳无涕，连声短咳，久咳音哑，口赤舌粗，舌苔黄厚，脉象洪大。

（5）内伤咳嗽　患牛行走无力，气短食少，日轻夜重，劳役频咳，咳声低弱，口色青白，鼻流脓涕，脉象沉细。

（6）脾胃咳嗽　患牛咳嗽喘促，腹部闪动，肚腹胀满，回头右顾，食欲不振，喜饮水，吐草，头低耳垂，高热不退，粪干硬，尿短黄，鼻流稠涕，口色黄红，口干臭，脉洪数。

【治则】　风寒咳嗽宜发散风寒，润肺祛痰；风热咳嗽宜疏风清热，宽胸化痰；暑湿咳嗽宜健脾燥湿，化痰止咳；燥火咳嗽宜清火润肺，滋阴化痰；内伤咳嗽宜补肺理气，止咳平喘；脾胃咳嗽宜清胃降火，渗湿宣肺，止咳平喘。

【方药】　（1 适用于风寒咳嗽；2 适用于风热咳嗽；3 适用于暑湿咳嗽；4 适用于燥火咳嗽；5 适用于内伤咳嗽；6 适用于脾胃咳嗽）

1. 麻黄桂枝汤加减。炙麻黄、细桂枝、姜半夏、五味子、白芍、知母、甜杏仁（去皮尖）各 20g，桔梗、干姜、前胡各 30g，荆芥、炙甘草各 15g，大枣为引。咳喘气粗者减白芍，加紫苏 40g，马兜铃 15g。共研末，开水冲调，候温灌服，1 剂/2d，连服 2 剂。共治疗 18 例，全部治愈。

2. 冬花散加减。炙款冬花、紫菀、荆芥、防风、紫苏叶、霜桑叶、金银花、甜桔梗、广陈皮、细木通、薄荷（后下）、川大黄各 20g，白菊花 30g，知母、贝母、山栀子各 15g，甘草 50g。大热者加石膏，粪畅者去大黄。共研末，开水冲调，候温灌服，隔日 1 剂，连服 2 剂。共治疗 7 例，全部治愈。

3. 二陈汤加味。甜杏仁、苏叶、苏梗、枳壳、葶苈子、制半夏各 20g，前胡、甜桔梗、白芥子、茯苓、陈皮各 30g，鱼腥草 40g，细辛、甘草各 15g，大枣去核 10 枚为引。畏寒者加肉桂 20g；暑湿重症者加香薷、藿香、佩兰各 20g；清暑发散加苍术。共研末，开水冲调，候温灌服，隔日 1 剂，连服 3 剂。共治疗 11 例，全部治愈。

4. 救肺散加减。大黄、天花粉各 30g，黄芩、石斛、麦冬、玄参、生地、知母、贝母、霜桑叶各 20g，生石膏 50g，地骨皮 60g。尿短赤者加栀子、木通；口干舌燥者重用蜂蜜；气虚者加黄芩、甘草；阴虚者加百合。共研末，开水冲调，加蜂蜜 300g，候温灌服，1 剂/d，连服 3 剂。共治疗燥火咳嗽 16 例，全部治愈。

5. 止咳散加减。党参、黄芩各 40g，甜桔梗、陈皮各 50g，紫苏、百部、天冬、麦冬、桑白皮、白前各 30g，杏仁、马兜铃、款冬花、甘草各 20g，枇杷叶（去毛）6 张。久咳肺虚者加蛤蚧 1 对（研末后入）；寒痰气喘者减马兜铃、桑白皮，加阿胶；日重夜轻者加黄芩、天花粉。共研末，开水冲调，加蜂蜜 250g，候温灌服，隔日 1 剂，连服 3 剂。共治疗 5 例，治愈 4 例。（王仕俊，T7，P37）

用方药 1～5，共治疗 57 例（其中风寒咳嗽 18 例、风热咳嗽 7 例、暑湿咳嗽 11 例、燥火咳嗽 16 例、内伤咳嗽 5 例），治愈 55 例。

6. 清胃散加减。生石膏 100g，桑白皮 50g，知母、黄药子、黄芩、白药子、桔梗、天花粉、甘草各 40g。共研末，开水冲调，候温灌服。（曹久发，T15，P63）

注：咳嗽患牛咽喉敏感，灌汤药时易呛。治疗本病的中药有相当一部分属芳香性药品，应研细、开水冲调，待温再投，一般不宜水煎灌服，以免挥发、降低药力。根据病情，必要时可配合青霉素、普鲁卡因气管注射，收效更为理想。

本病应与传染病（如牛出败、牛肺疫）、寄生虫病（如牛新蛔虫病）和其他内外疾病（如食道阻塞）引起的咳嗽区分鉴别。

## 二、咳嗽

咳嗽是指牛因受外邪侵袭，致使肺卫不固或五脏受损，引起肺气不宣而上逆的一类病症。一般出现于多种疾病中。

【病因】　牛感受风寒、风热之邪，邪气经由鼻道、皮毛入肺，肺卫受损，肺气壅遏不宣，肃降失常，使痰液滋生而郁结，肺热壅盛，肺津灼伤，肺燥痰结引起咳嗽；饲养管理不善，劳伤过度，损伤肺气，肺气虚弱，气无所主，无力肃降而咳嗽；燥热天气，使役过度，饮水不足，燥热熏蒸，损伤肺阴，灼津液为痰，阻塞肺气而咳嗽。

【辨证施治】　临床上分为风寒咳嗽、风热咳嗽、肺气虚咳嗽、肺阴虚咳嗽、肺肾阳虚咳嗽、时疫咳嗽和劳伤久咳。

（1）风寒咳嗽　患牛恶寒发热，被毛逆立，颤抖，咳声有力，鼻塞不畅，鼻流清涕，遇冷咳重，遇暖咳轻，耳鼻发冷，口色淡红或清白，口腔湿润。

（2）风热咳嗽　患牛口干身热，干咳、声音宏大，鼻流黏涕，呼出气灼热，舌苔薄黄，口色偏红。

（3）肺气虚咳嗽　患牛精神困倦，体瘦毛燥，食欲减少，鼻流黏性或脓涕，易出虚汗，口色淡白，舌软无力。

（4）肺阴虚咳嗽　患牛咳嗽较重、久咳不止，干咳无痰，鼻流少量黏稠涕，口色暗红，乏津；有的低热盗汗。

（5）肺肾阳虚咳嗽　患牛呼吸困难，张口喘息，鼻翼扇动、缩鼻、鼻汗如珠，腹部微胀、叩之呈鼓音，粪稀溏，耳根、脊背及四肢冷，口色淡白，唇边青紫，口涎黏腻，脉沉细、无力。

（6）时疫咳嗽　又称为时疫火咥症，多见于夏秋季节。患牛精神沉郁，恶寒发热，耳耷头低，食欲减退或废绝，咳嗽，流鼻，流泪，口角流涎，体温升高，结膜红肿、流泪，呼吸加快；后期气急喘粗，四肢无力，疼痛难行，步态不稳，甚者卧地不起，磨牙呻吟，食欲废绝，反刍停止，口红苔白，脉浮数或洪数。

（7）劳伤久咳　患牛咳嗽无力，日轻夜重，鼻流黏涕或脓涕，毛焦身瘦。

【治则】　风寒咳嗽宜疏风散寒，宣肺止咳；风热咳嗽宜疏风清热，宣肺止咳；肺气虚咳嗽宜补肺气，敛肺止咳；肺阴虚咳嗽宜滋阴养肺；肺肾阳虚咳嗽宜淡渗和中，温补肺肾；时疫咳嗽宜清肺止咳，祛风解郁；劳伤久咳宜补益气血，降气止咳。

【方药】　（1～4适用于风寒咳嗽；5～7适用于风热咳嗽；8适用于肺气虚咳嗽；9适用于肺阴虚咳嗽；10适用于肺肾阳虚咳嗽；11适用于时疫咳嗽；12适用于劳伤久咳）

1. 杏苏散加减。炒杏仁、前胡、茯苓、枳壳、瓜蒌各60g，半夏、橘红各50g，甘草40g（为成年牛药量，犊牛用量酌减），水煎取汁，候温灌服。

2. 疏风散寒止咳汤。桔梗、陈皮、紫苏各50g，岩白菜、岩豇豆、生姜、枇杷叶（鲜，火灰炮制至干）、蜂蜜各100g，水煎取汁，候温灌服，2～3剂/d，连服2～3d。

3. 二陈青龙汤加减。法半夏、陈皮、瓜蒌、杏仁、厚朴、麻黄、茯苓、五味子（药味与剂量随症增减）。共研末，开水冲调，候温灌服。共治疗8例，疗效显著。

4. 杏仁、浙贝母、桔梗、枇杷叶、川郁金、牛蒡子、白苏子、前胡、白前、白芥子、炒建曲、赤茯苓等。兼有表证者加紫苏叶、防风；呕吐者加生赭石、竹茹；胸满者加瓜蒌皮、薤白；便秘者加枳实、郁李仁；内热重者加栀子；痰多者加葶苈子、莱菔子；痉挛性咳嗽者加僵蚕、钩藤。共研细末，开水冲调，候温灌服。共治疗72例，治愈70例。

5. 桑菊饮加减。桑叶、桔梗、炒杏仁、柴胡、连翘各60g，菊花、芦根各50g，甘草30g。水煎取汁，候温灌服。

6. 清肺利咽止咳汤。桔梗、板蓝根、金银花、鱼腥草各500g，岩白菜、岩豇豆、枇杷叶（鲜，火灰炮制至干）、蜂蜜各100g。水煎取汁，候温灌服，1剂/d，连服2～3d。（刘方华，T77，P39）

7. 咳血方（《丹溪心法》）加减。青黛、诃子各10g，栀子、海浮石、瓜蒌仁各15g。咳甚痰多者加浙贝母、天竺黄、枇杷叶；热盛伤阴者加沙参、麦门冬；肺寒咳嗽、肺虚尿清者，忌用。水煎取汁，候温灌服，或共研为细末，用白蜜和生姜汁做成丸，灌入患牛口中含化。共治疗25例（含其他家畜），治愈24例。

8. 补肺汤加减。党参、黄芪、熟地、贝母、桑白皮各60g，五味子50g，甘草40g。水煎取汁，候温灌服。（刘春宇，T130，P35）

9. 百合固金汤加减。百合、生地、麦冬、当归、白芍、贝母各60g，熟地、玄参各50g。水煎取汁，候温灌服。共治疗各类咳嗽36例，治愈34例。

10. 茯苓、槟榔、肉豆蔻、白术各50g，黄芪、桂心、附子各40g，高良姜、苍术各60g，甘草20g。水煎取汁，候温灌服。

11. 天花粉、紫菀、全瓜蒌各30g，贝母、炙款冬花、知母、桔梗、连翘各20g，天门冬、元参、黄芩、黄柏、麻黄、桂枝、杏仁、炙羌活、当归、川芎、枳壳各15g，甘草12g，蜂蜜120g，黄酒、香油各100mL（体弱牛、犊牛药量酌减）。共研细末，开水冲调，候温灌服，1剂/2d，连服2～3剂。针灸取知甘、山根、血印、百会、涌泉、滴水等穴。共治疗125例（其中耕牛15头），全部治愈。（康泽民，T18，P57）

12. 猪肺1具，蜂蜜30g，黑芝麻250g。将蜂蜜灌入猪肺内，扎紧肺口，放锅内煮熟后碎为肉浆。再将黑芝麻捣成泥，用煮肺的汤水乘热冲调，再和肉汤混合，待温灌服。一般轻症1次，重症2～4次。共治疗9例，治愈6例，好转2例。（陈国林，T35，P54）

【护理】　治疗期间，补喂青草和营养丰富、易消化的饲料；停止使役；圈舍要向阳、干燥、清洁、温暖。病牛要单独隔离饲养，畜舍及用具应消毒，由专人管理；对跛行病牛应予以牵遛；卧地不起者要多铺垫草，防止跌扑。

【典型医案】　1. 2004年10月29日，舞钢市武功乡田岗村张某一头母牛来诊。主诉：该牛3d前患感冒，体温升高，他医肌内注射青霉素、安乃近后体温下降，但咳嗽不止。检查：患牛精神沉郁，被毛逆立、颤抖，咳声大而有力，鼻塞不畅，鼻流清涕，耳鼻发凉，无鼻汗，口色淡红，体温38.9℃，心跳68次/min，呼吸26次/min。诊为风寒咳嗽。治疗：杏苏散加减：苏叶、前胡、半夏、茯苓、枳壳、瓜蒌各60g，炒杏仁、橘红各50g，甘草40g。水煎取汁，候温灌服，1剂/d，服药3剂，痊愈。（刘春宇，T130，P35）

2. 1986年12月2日，独山县新同乡新场村李某一头母水牛来诊。主诉：因连日在阴寒环境下放牧，加之厩舍保暖差，牛感受风寒而发生咳嗽，食欲日渐减少。检查：患牛精神倦怠，反刍减少，耳鼻微凉，皮温不匀，寒战，被毛竖立，时而哈欠，鼻汗不成珠，流清涕，频频咳嗽且有痰液回吞，脉浮紧。诊为风寒咳嗽。治疗：疏风散寒止咳汤，3剂/d，分早、中、晚水煎取汁，候温灌服，连服2d，痊愈。（刘方华，T77，P39）

3. 1981年12月29日，公安县甘家厂乡清河村四组薛某一头13岁、营养中等牛来诊。主诉：该牛在入冬后改为舍饲，翌日牵出圈舍发现张口喘气，有时咔咳，排粪少许。检查：患牛鼻镜无汗，角根微热，体温38.3℃，呼吸38次/min，口角有少量涎沫，肚腹胀满，胸腹闪动，口色淡，苔薄白，脉浮紧。诊为风寒咳嗽。治疗：二陈青龙汤去杏仁、五味子，加紫菀、款冬花。1剂，用法同方药3。服药后，患牛痊愈。（吴源承，T45，P26）

4. 1969年1月16日，旌德县椰坑二队一头15岁黄牛来诊。主诉：该牛因大雪天卧于露风牛栏内，感受风寒。检查：患牛咳嗽，口流涎，张口呼吸，触诊胸部敏感，不愿卧地，粪秘结，食欲废绝，体温39.7℃。诊为风寒咳嗽。治疗：杏仁、浙贝母、枇杷叶（刷毛）、郁李仁、防风各15g；白前、牛蒡子、茯苓各12g；白芥子、苏子各6g，炒建曲20g，荆芥18g，桔梗10g。水煎取汁，候温灌服，连服3剂痊愈。（侯家冲，T28，P55）

5. 1998年7月6日，舞钢市铁山乡草根村董某一头公牛来诊。主诉：该牛咳嗽已1周多，食欲、反刍减少。检查：患牛精神不振，干咳、声大，口干身热，鼻流黏涕，呼吸快而粗，呼出气灼热，口渴喜饮，粪干，尿短黄，口色红，苔薄白、微黄，心跳72次/min，呼吸30次/min。诊为风热咳嗽。治疗：桑菊饮加减，用法同方药5，连服2剂痊愈。（刘春宇，T130，P35）

6. 1998年9月10日，仁寿县慈航镇三台村陈某一头3岁水牯牛来诊。主诉：该牛咳嗽、食欲减退已多日。检查：患牛耳、鼻热，鼻流黏涕，鼻汗少，口色红燥，舌苔薄黄，粪干，尿少。诊为肺热咳嗽。治疗：咳血方加减，用法同方药7，1剂/d，连服2剂，痊愈。（熊少华，T96，P27）

7. 2000年9月22日，舞钢市杨庄乡水田村王某一头母牛来诊。主诉：该牛咳嗽已10余天，干咳无力，食草减少。检查：患牛体倦毛焦，干咳无痰，口色暗红、乏津，苔少，眼结膜紫红，体温38.8℃，心跳62次/min，呼吸26次/min，呼吸音弱。诊为肺阴虚咳嗽。治疗：百合固金汤加减，加甘草40g。用法见方药9，1剂/d，连服4剂，痊愈。（刘春宇，T130，P35）

8. 1985年5月，蓬溪县某户一头12岁母水牛来诊。主诉：该牛已患病旬余，初期咔咳，经他医治疗病情反而加重，喘咳、喉鸣，不能平卧，粪初期干燥后变稀溏，尿短少，食欲、反刍减退。检查：患牛两目圆睁，呼吸困难，张口喘息，鼻翼翕动、缩鼻，鼻汗如珠，腹部微胀，叩之呈鼓音，粪溏，耳根、脊背及四肢冷，体温36.8℃，口色淡白，唇边青紫，口涎黏腻，脉沉细、无力。诊为肺肾阳虚咳嗽。治疗：取方药10，用法同上。服药后，患牛喘息好转，食欲略有增加，粪成形。继服方药10，2剂。患牛喘息平顺，食欲增加。为巩固疗效，取党参、黄芪、茯苓各60g，白术、陈皮各50g，五味子、桂心、制附片各30g，甘草20g。水煎取汁，候温灌服，连服2剂，痊愈。（雷军峰，T27，P40）

## 三、干咳（误食鸡毛）

本症是牛误食鸡毛，刺激食道黏膜，引起频数干咳的一种病症。临床上不多见，但在山区农村时有发生。

【病因】 由于山区农村养鸡多为传统散养方式，鸡毛四处零落于牧草，造成牛采食牧草时误食鸡毛而引起发病；或饲草中混入鸡毛使牛误食后突然发病。

【症状】 牛误食鸡毛后，鸡毛黏附于食道黏膜，刺激食道黏膜，故干咳频数、前后躯不停晃动，呼吸急促，站立不安并不断做吞咽动作，饮食欲废绝，精神沉郁，体温38.5℃，呼吸30次/min，心跳80次/min，粪、尿正常。

【治则】 润肺，清涤肠胃。

【方药】 黑木耳汤。黑木耳500g，用微火焙干碾细末，250g/次，用2000～2500mL沸水浸泡，候温灌服，2次/d。共治疗5例，全部治愈。

【护理】 加强饲养管理，严禁在鸡活动场地放牧，饲草应妥善保管。

【典型医案】 1991年9月，略阳县郭镇吴家河村某村民一头黄牛来诊。主诉：该牛突然发病，采食和饮水废绝，他医用常规抗生素治疗2d无效。检查：患牛精神沉郁，站立不安，饮食欲废绝，前后躯不停晃动，呼吸喘促，干咳频数并不断做吞咽动作，体温38.5℃，粪、尿正常，其他症状不明显。诊为误食鸡毛症。治疗：黑木耳汤，用法同上。服药2次，患牛症状明显减轻。2d后痊愈。（崔银山等，T157，P62）

## 四、咳喘

咳喘是指牛肺部感染或受异物刺激，出现以咳喘为特征的一种病症。

（一）黄牛、水牛咳喘

【病因】 多因外感风寒、风热、秋燥等侵犯机体，肺卫失调，引起肺失清肃，气道不利，痰涎上冲导致咳嗽、气喘；气血两虚，痰涎上扰肺络，壅塞肺窍，或久劳伤气，导致肺气不足，或肾虚、肾不纳气而致咳嗽、气喘；使役过度或剧烈奔跑，劳伤肺气，气机不畅，呼吸不利而致咳嗽、气喘；吸入有害气体或异物，或肺部寄生虫引起咳嗽、气喘。

**【辨证施治】** 临床上分为肺寒咳喘、肺热咳喘、体虚咳喘和劳伤咳喘。

(1) 肺寒咳喘　患牛咳嗽、气喘，鼻流清涕，耳、鼻发凉，皮温不均，发热恶寒，口色淡，脉浮紧。

(2) 肺热咳喘　患牛精神倦怠，气促喘粗，咳嗽连声，呈胸腹式呼吸，耳、鼻发热，鼻流黄色黏液，咽喉肿胀，粪干燥，尿黄，舌红，口渴，体温增高，脉数。

(3) 体虚咳喘　患牛精神不振，体瘦乏力，毛焦肷吊，咳喘声低，食欲不振，稍动即咳嗽、气喘；粪稀薄，口色淡白，舌质绵软，脉虚弱。

(4) 劳伤咳喘　患牛胸、腹壁闪动，不耐劳役，头低耳耷，严重者咳喘明显，鼻咋，肛门外突，排粪次数增多，粪量少，脉细弱无力。

**【治则】** 肺寒咳喘宜疏风散寒，宣肺化痰；肺热咳喘宜疏风清热，清肺化痰；体虚咳喘宜益气平喘；劳伤咳喘宜益气敛肺，化痰止咳。

**【方药】** (1、2 适用于肺寒咳喘；3、4 适用于肺热咳喘；5 适用于体虚咳喘；6 适用于劳伤咳喘)

1. 杏仁（炒，研末）50g，浆水 500mL，熟蜂蜜 100g，混合，1 次灌服。(王金成，T91，P21)

2. 麻黄、五味子各 40g，桂枝、芍药、半夏、干姜各 50g，细辛 20g，杏仁 30g，黄芪 60g，甘草 10g，枇杷叶 15 片为引。加水煎至 4000mL，将药渣切碎，药汁与药渣混合，分 2 次罐服，1 剂/d。

3. 杏仁（研末）50g，浆水 1500mL，生蜂蜜 100g，鸡蛋清 3 枚，胡麻油 200mL，混合，灌服。

4. 鲜鱼腥草 250～500g，鲜枇杷花 150～200g，鲜万年青根茎 25～50g。将上药切细捣烂，米泔水 1000mL 冲调，1 次灌服，1 次/d。共治疗 168 例，治愈 164 例。

5. 杏仁（炒、研末）50g，熟蜂蜜 150g，童便 50mL，混合，1 次灌服。

6. 杏仁（研末）50g，熟蜂蜜 150g，童便、熟胡麻油各 100mL，混合，1 次灌服。共治疗不同证型的咳喘患牛 34 例，效果明显。(王金成，T91，P21)

**【典型医案】** 1. 1983 年 1 月 7 日，新津县普兴公社凤凰六队尹某一头 14 岁公水牛，因咳转喘来诊。检查：患牛精神沉郁，喘气，时而啌咳，呈腹式呼吸，听诊肺部有干性啰音，触诊背部及四肢不温，鼻镜上部干燥无汗，下部有汗不成珠，口津增多，舌苔淡白。诊为肺寒咳喘。治疗：取方药 2，用法同上，连服 2 剂。10d 后随访，患牛痊愈。(徐仁清，T6，P27)

2. 1994 年 5 月 10 日，西吉县什字乡黄沟村王某一头 8 岁犍牛来诊。主诉：前几天使役时发现该牛咳嗽，之后日渐加重，气喘，食欲减退，粪干燥，使役时咳嗽、气喘明显，反刍次数减少。检查：患牛咳嗽频繁，气喘，鼻流黏稠液，鼻镜干，耳、角尖发热，舌红口干。诊为肺热咳喘。治疗：取方药 3，用法同上，连服 4 剂，痊愈。(王金成，T91，P21)

3. 1988 年 2 月 17 日，黄平县平溪镇红龙村潘某一头 6 岁水牛来诊。主诉：15 日，该牛从山上驮木炭回家后，身上微出汗，即喂以喷洒盐水的干包谷叶，并饮大量冷水，晚上即出现轻微咳喘，食欲减少。17 日，该牛食欲废绝，咳嗽，喘气加重。检查：患牛体温 40℃，气粗短促，咳嗽，喘促，鼻流黏涕，舌苔浅黄，尾脉数。诊为肺热喘咳。治疗：取方药 4，用法同上，1 剂/d，连服 2 剂，痊愈。(潘家斌，T90，P26)

4. 1996 年 4 月，西吉县什字乡黄沟村赵某一头 1.5 岁公牛来诊。主诉：该牛可能误食鸡毛，长期咳嗽气喘，毛焦体瘦，食欲不振。检查：患牛倦怠乏力，皮毛干燥，咳喘频繁而无力。诊为体虚咳喘。治疗：取方药 5，用法同上，连服 2 剂。服药后，患牛咳喘减轻、次数减少。继服上方药加胡麻油 100mL，2 剂，痊愈。(王金成，T91，P21)

## (二) 牦牛咳喘

**【病因】** 由于多种因素如尘埃、烟雾、强刺激性化学物质、寄生虫、异物等刺激支气管黏膜，使黏膜分泌量增加，气管内常在菌大量繁殖而引起；由于饲养管理不善，饥饱劳逸失调，脏腑功能失调，营养缺乏等而引起。

**【主证】** 轻症、病程较短者，患牛初期精神尚佳，饮食欲正常，偶尔干咳。随着病程的延长，患牛精神沉郁，饮食欲减少，被毛粗乱、无光泽，咳嗽声粗大，特别深夜咳嗽较重，有时仰头咳嗽，甩头，有时咳嗽伴随矢气，口腔干燥，舌苔黏膜略红，舌边菌状充血，脉洪有力；结膜初期充血发黄，后期苍白不洁、呈贫血状，口色暗淡无光，眼半闭，常前肢叉开站立、或呈稍息姿势，不愿走动；皮温初期不均，寒战毛立，粪球干小、常带有黏液，后期出现腹泻，体温有时升高达 39.8～41.2℃；初期短干痛嗽，后期转为湿咳，鼻液量不多，常咳嗽时喷出痰液；支气管呼吸音粗厉，有时可听到啰音，叩诊肺区前下方呈浊音或半浊音，有时呈现金属音；肺泡呼吸音初期低，后期由于肺泡被渗出液充满，故肺泡呼吸音消失，病灶区听到干、湿啰音和支气管呼吸音。严重者，反刍缓慢，饮食欲废绝，精神倦息，卧多立少，呈腹式呼吸，有时鼻孔开张，呼吸急促，精神不安，心跳加速。

**【治则】** 清肺补气，止咳平喘。

**【方药】** 清肺散加减。党参 30～45g，黄芪 45～60g，苍术、杏仁各 20～25g，款冬花 35～40g，紫菀、桔梗各 25～40g，大黄、黄芩、栀子各 20～30g，知母、贝母各 25～30g，当归、陈皮、茯苓、甘草各 15～20g。风寒咳嗽、耳鼻俱凉、鼻流清涕、舌苔清白者加荆芥、防风各 20～25g，麻黄 15～20g；粪干者加芒硝100～120g，重用大黄；慢草者加神曲、麦芽各 30～60g，枳壳 20～40g。共研细末，开水冲调，候温灌服，1 次/d，连服 2～3d。5% 葡萄糖生理盐水 1500～2000mL，头孢噻呋钠 15～20g，地塞米松磷酸钠注射液 5～10mL，维生素 C 注射液 30～50mL，长效磺胺嘧啶钠注射液 50～100mL，分别静脉注射，1 次/d，连用 2～3d；病重者加咳喘专利注射液 30～40mL，或喘咳王注射液 30～50mL，肌内注射，2 次/d，连用3～4d。共治疗 38 例，治愈 32 例。

【典型医案】 1. 2007 年 10 月 12 日，天祝县炭山岭镇炭山岭村李某的 2 头白牦牛来诊。主诉：半个月前，该牛食欲正常，精神差，有时听到咳嗽声。检查：患牛精神沉郁，饮食欲减少，被毛粗乱、无光泽，口腔干燥，眼结膜潮红，呼吸急促、呈腹式呼吸，心跳加快，粪干、被覆黏液，体温 40.2℃。听诊支气管呼吸音粗厉，有时有啰音。诊为咳喘。治疗：黄芪、款冬花各 40g，党参、栀子、紫菀、桔梗、知母各 30g，苍术 25g，大黄、贝母、黄芩、杏仁、陈皮、茯苓、甘草各 20g。共研细末，开水冲调，候温灌服，连服 2 剂。5% 葡萄糖生理盐水 2000mL，金头孢 20g，地塞米松磷酸钠注射液 10mL，维生素 C 注射液 50mL，分别静脉注射，连用 2d，痊愈。

2. 2008 年，天祝县炭山岭菜籽湾徐某一头 7 岁白牦牛来诊。检查：患牛饮食欲废绝，精神倦怠，卧多立少，眼结膜苍白、呈贫血状，口色暗淡，腹泻，被毛粗乱，站立时前肢叉开、有时呈稍息姿势，不愿行动，体温 41.2℃，咳时常喷出痰液，肺泡呼吸音消失，病灶区可听到湿啰音和支气管呼吸音。治疗：黄芩、款冬花、紫菀、桔梗各 30g，栀子、杏仁、知母、贝母各 20g，神曲、麦芽各 60g，山楂 80g。共研细末，开水冲调，候温灌服，1 剂/d。5% 葡萄糖生理盐水 1500mL，地塞米松磷酸钠 20mL，维生素 C 注射液 50mL，金头孢 20g，分别静脉注射，1 次/d；长效磺胺嘧啶注射液 300mL，静脉注射，1 次/d；咳喘专利注射液 30mL，肌内注射，1 次/d。上方中药、西药连用 3d，患牛症状明显好转，之后又用药 4d，痊愈。（权国栋，T159，P65）

## 五、喘证

本证是因气机升降失常，肺气壅滞，引起牛呼吸喘促、腹胁闪动或张口喘息为特征的一种病症。

（一）黄牛、水牛喘证

【病因】 由于气候剧变，饲养管理不善，使役过度，致使牛气血亏虚，卫气不固，元气不足，阴阳失调，风寒乘虚而入引发喘证；奔走过急，热邪积于心、肺，灼津为痰，痰热交阻，壅遏于肺，肺气失于宣通肃降，清气不升，浊气不降而致喘证。

【辨证施治】 本证分为实喘、寒喘、肺虚气喘和肺肾两虚型气喘。

（1）实喘（风热犯肺型） 患牛呼吸急促、鼻咋喘粗、声高气涌，呼出气热，烦躁不安，鼻镜干燥，鼻流浓涕，咳嗽有力，食欲减少，口渴喜饮，粪干燥，尿赤短，口干舌红或咽肿，苔黄或黄白，脉数。

（2）寒喘（风寒束肺型） 患牛精神沉郁，拱背夹尾，偶有恶寒发热，咳嗽、微喘，鼻流清涕，涕中多带有泡沫，耳、鼻俱凉，无汗，口色淡，口津润，不欲饮，粪稀薄，尿清长，舌苔薄白而滑，脉象浮紧。

（3）肺虚气喘 患牛精神倦怠，食欲减少，体温正常，呼吸气短，喘息无力，咳声低微，四肢无力，有时自汗，口色淡白，脉虚浮。

（4）肺肾两虚型 患牛精神沉郁，形体消瘦，被毛蓬乱，头低耳聋，口鼻微凉，神倦，喘息，动则喘甚、声低气短，呼多吸少，四肢不温，体温、食欲、粪尿正常，偶有恶寒、潮热，口色淡，脉沉细无力。

【治则】 实喘宜清热宣肺，理气平喘；寒喘宜散寒宣肺，止咳平喘；肺虚气喘宜补益肺气，养肺定喘；肺肾两虚型气喘宜补肾纳气，平喘养肺。

【方药】 （1、2 适用于实喘；3、4 适用于寒喘；5、6 适用于肺虚气喘；7 适用于肺肾两虚型气喘）

1. 麻杏石甘汤加味。麻黄、葶苈子、枳壳、桔梗、知母、大黄各 40g，杏仁 30g，石膏 100g，黄芩 80g，连翘、薄荷、苏子各 35g，陈皮、茯苓各 50g，甘草 10g。暑热者加香薷 30g，滑石 100g。水煎取汁，候温灌服。

2. 白矾散。白矾、贝母、黄连、白芷、郁金、黄芩、大黄、甘草、葶苈子。共研末，50g/次，加蜂蜜 200g，猪肺 250g，调和，灌服。

3. 小青龙汤加味。桂枝、干姜、前胡、杏仁、厚朴、枳壳、陈皮、桔梗各 40g，麻黄、芍药各 30g，半夏 15g，茯苓 50g，五味子 35g，细辛、甘草各 10g。水煎取汁，候温灌服。

4. 苏子降气汤加味。苏子、前胡、桔梗、白芨各 60g，陈皮、半夏、当归、厚朴、紫菀、款冬花各 45g，桂枝、甘草各 30g，生姜为引。水煎取汁，候温灌服。

5. 河间四君子汤加味。党参 50g，白术、茯苓、黄芪各 40g，苏子、五味子各 30g，陈皮、枳壳、桔梗、知母、麦冬各 40g，沙参 30g，川贝母 20g，甘草 10g。水煎取汁，候温灌服。

6. 苦参汤。苦参 250～500g。体质虚弱、食欲减退者重加党参、黄芪、土炒白术、炙甘草；兼有咳嗽者加陈皮、法半夏；老龄牛肺肾两亏者加沙参、麦冬、五味子。水煎取汁，每天分 2 次灌服，一般 2 剂可愈。（陈国林，T35，P54）

7. 金匮肾气丸（《金匮要略》）加减。肉桂、制附子各 40g，熟地、枣仁、茯苓、丹皮、泽泻、麦冬、五味子各50g，山药60g。气虚神倦甚者加党参50g；偏于阴虚、咳喘气短、舌尖红、脉细数者去肉桂、附子，加沙参、贝母、黄柏、知母各50g。开水冲调，候温灌服。共治疗各种喘证43例，收效满意。

【典型医案】 1. 1990年5月8日，江油市义新乡新店村邓某一头6岁公水牛来诊。检查：患牛呼吸急促，鼻咋喘粗、声高气涌，呼出气热，鼻镜干燥，粪干，尿赤，口渴喜饮，鼻流黏涕，吃草减少，苔黄脉数。诊为实喘。治疗：麻杏石甘汤加味，2剂，用法同方药1。11日复诊，患牛病情好转，鼻镜汗出，食欲增加，粪、尿恢复正常，但气喘仍粗。方药1去香薷、薄荷、滑石，加通草、川贝母、竹茹各25g，蜂蜜250g，用法同前，连服2剂，痊愈。（梁仁泽，T61，P34）

2. 1995年4月23日，平度市郭庄镇鲁家丘村薛某一头黄牛来诊。主诉：该牛于3d前被邻居使役2d，今天上午突然咳喘，经他医治疗无效且咳喘加剧。检查：患牛体温38.8℃，心跳88次/min，呼吸102次/min，鼻流清涕，鼻翼翕动，吸气困难，咳嗽，气喘、发吭声，张口伸舌，舌肿、活动不灵；听诊肺泡呼吸音粗厉，两侧肘头内侧可听到湿啰音，未见排粪、尿。诊为风热犯肺型喘证。治疗：白矾散。白矾、大黄、黄芩、葶苈子、郁金、石韦、龙胆草、益母草各30g，川贝、白芷、黄连各20g，蜂蜜200g。共研末，开水冲调，候温加蜂蜜灌服，1次/d，连服2剂。服药后，患牛吭喘症状消失。服药4剂，痊愈。（张汝华等，T82，P25）

3. 1990年10月7日，江油市新安乡金瓜岭村王某一头8岁公水牛来诊。检查：患牛精神沉郁，拱背夹尾，咳嗽微喘，耳、鼻俱凉，鼻流清涕，无汗，恶寒，食欲减少，口色淡、津润，苔薄白，脉象浮紧。诊为寒喘。治疗：小青龙汤加味，2剂，用法同方药3。服药后患牛痊愈。（梁仁泽，T61，P34）

4. 某年8月5日，宜宾县天池乡合利二组杨某等合养的一头1岁、中等膘情公耕牛来诊。主诉：该牛已气喘1个月，曾服中药1剂未见好转，近来哮喘更甚，又用青霉素、链霉素、卡那霉素、四环素等治疗2d仍无显效。近来牛昼夜站立不卧，食欲减退，哮喘声大。检查：患牛体温38.2℃，心跳66次/min，心音低沉，脉搏沉细无力，瘤胃蠕动正常，粪稀软、量少，耳、角、背腰微温，鼻冷、汗不成珠，四肢下部不温、鼻翼翕动、胸腹翕动，张口喘气，痰鸣，不时连续咳嗽，呼气微臭，肺泡音、气管音粗厉，喉头有湿啰音，口津黏滑，口色暗淡，眼红生白眵；喝水不多，见水欲浴。无饲喂烂红薯和灌药呛肺史。诊为寒喘。治疗：苏子降气汤加味，用法同方药4。7日，患牛病情减轻，能睡卧，食欲增加，喘气减轻，咳咳呈间隙性或在吞咽时发生；鼻微温，鼻汗成珠，眼膨消失，口津、鼻涕不再黏稠滑利；心音清晰，心跳72次/min，喉头有干啰音。用绵筋草（鼠尾粟、钩

粗草）2根，分别插入顺气穴50cm，不时抽动，停留30min，促使牛咳咳、喷嚏，从鼻腔里流出大量透明、黏稠黏胨样的鼻涕。在穿刺右侧顺气穴时，当绵筋草进入20cm时感到阻力，过后通畅，抽出后右鼻孔流出夹带血块的鼻涕。取射干麻黄汤加减：射干80g，五味子、紫菀、冬花、白芷、皂角各45g，半夏、大枣、山豆根、板蓝根、桔梗、黄芪、山楂、神曲各60g，马勃40g，麻黄、生姜各30g，水煎取汁，候温，分2d灌服。9日，患牛病情更为好转，喘气间隔时间增长，30min左右发生1次短暂喘气，吃草吞咽时仍有气逆痰鸣。在7日的方药中减五味子、生姜、大枣、麻黄、山楂、神曲，加前胡、白芨各45g，玄参60g，田茎黄为引，嘱畜主带回家水煎、灌服，以巩固疗效。（魏永昆，T20，P40）

5. 1990年3月15日，江油市义新乡大河村7组郭某一头10岁黄牛来诊。检查：患牛体质一般，饮食均无明显变化，体温、粪、尿正常；安静休息时呼吸浅表，喘息无力，咳声低微，自汗；运动、使役后即现呼吸急促，腹肋闪动、呈腹式呼吸；舌淡白，脉虚浮无力。诊为肺虚气喘。治疗：河间四君子汤加味，2剂，用法同方药5。18日，患牛诸症好转。嘱畜主停止使役，加强护理，继服药2剂，痊愈。（梁仁泽，T61，P34）

6. 1990年10月27日，江油市义新乡树家培村6组雍某一头12岁公黄牛患病，因诊治数次不愈，于11月5日来诊。检查：患牛体瘦，精神沉郁，被毛蓬乱，头低耳聋，口鼻微凉，喘则神倦，声低气短，呼多吸少，四肢不温；体温、粪、尿正常，食欲稍减退，口色淡、津润，脉沉细无力。诊为肺肾两虚型气喘。治疗：金匮肾气丸加减，2剂，用法见方药7。9日，患牛口、鼻、四肢微温，精神好转，食欲增加，惟喘证稍有减轻。上方药再服2剂。15日，患牛诸症减轻，但仍咳喘气短，鼻镜干燥，舌尖微红，脉细数等。上方药去肉桂、附子，加沙参、贝母、知母、黄柏各50g，用法同上，连服2剂，痊愈。（梁仁泽，T61，P34）

（二）奶牛气喘证

【病因】 多因饲养管理不当，厩舍低矮潮湿，空气流通不畅，暑湿浊气郁蒸侵犯牛体，或肺有宿饮，下元不足，暑湿遏阻气机，以致肺失肃降而发病。

【辨证施治】 临床上主要有肺肾两虚型气喘和热喘。

（1）肺肾两虚型 患牛口流清涎，鼻流清涕，鼻孔张大，喘促气短，张口呼吸、声似抽锯音，呼多吸少，呈腹式呼吸，气不得续，喘沟明显，肛门随呼吸而伸缩，全身震动，听诊左右侧肺泡呼吸音粗厉，心音弱，粪稀薄，口色淡白。

（2）热喘 患牛皮肤灼热，鼻翼翕动，呼吸促，伴有咳嗽，食欲不振，倦怠多卧，鼻流黏涕，口色红、口腔湿润、有涎，粪呈稀糊状，脉濡数。泌乳

量急剧下降。

【治则】 肺肾两虚型宜补肾理肺，降气平喘；热喘宜清肺解暑，化浊利湿，降气平喘。

【方药】 （1、2适用于肺肾两虚型气喘；3适用于热喘）

1. 熟地90g，山药、山茱萸、党参各45g，补骨脂、胡桃肉各40g，五味子、杏仁各35g，茯苓、泽泻、法半夏、陈皮、麦冬各30g，丹皮25g。共研末，开水冲调，候温灌服。

2. 熟地90g，山药、山茱萸各45g，党参40g，茯苓、泽泻、五味子、补骨脂、杏仁、法半夏、陈皮、黄芪各30g，丹皮20g，甘草15g。共研末，开水冲调，候温灌服。共治疗奶牛气喘病25例，全部治愈。

3. 加味清肺散。香薷、黄连、桔梗各25g，板蓝根、葶苈子、草豆蔻、川厚朴各30g，滑石60g，苏子40g，贝母20g，沉香（另包，冲服）、甘草各10g。上药（除沉香外）混合，水煎取汁，候温，冲沉香末，1次灌服（孕牛忌用）。共治疗11例，疗效显著。

【典型医案】 1. 1996年8月22日，青铜峡市小坝七队王某一头奶牛来诊。主诉：该牛咳嗽、气喘日久，近日气喘加重，产奶量下降，食欲减退，反刍次数减少，他医先后灌服定喘散、清肺止咳散等药，配合抗生素及补液疗法治疗，疗效不佳且病情日渐加重。检查：患牛口流清涎，鼻流清涕，鼻孔张大，喘促气短，张口呼吸，声似抽锯音，呼多吸少，呈腹式呼吸、气不得续，喘沟明显，肛门随呼吸而伸缩，全身震动，心跳50次/min，呼吸58次/min，粪稀薄，人工诱咳阴性，口色淡白，无苔，听诊左右侧肺泡呼吸音粗厉，心音弱，肠音一般。诊为肺肾两虚、肾不纳气型气喘。治疗：取方药1，用法同上。23日，患牛流涎、咳嗽、气喘停止，腹式呼吸和喘沟消失，粪、尿正常，反刍次数增加，产奶量恢复正常，听诊肺部无异常。为巩固疗效，再服药1剂。随后追访，至今未复发。

2. 1997年6月4日，青铜峡市小坝四队丁某一头奶牛来诊。主诉：该牛产后3d即出现咳嗽，鼻流清涕，气喘，食欲减退，反刍次数减少等。检查：患牛鼻孔张开，喘促气短，呼多吸少，呈腹式呼吸，人工诱咳阴性，体温38.5℃，心跳45次/min，呼吸56次/min，口色淡白，无苔，听诊左侧肺泡呼吸音粗厉。诊为肺肾两虚型气喘。治疗：取方药2，用法同上。5日，患牛咳嗽减轻，气喘平和，腹式呼吸消失，肺泡呼吸音减弱。继服上方药2剂。随后追访，至今未复发。（李光忠等，T100，P32）

3. 1988年7月14日，户县祖庵镇甘水房村高某一头3.5岁黑白花奶牛来诊。主诉：由于近期多雨，雨后气温过高，加之圈舍矮小，该牛食欲减退，呼吸喘粗，已病7d，他医用青霉素、链霉素及中药治疗

无效。检查：患牛精神不振，喜卧，皮肤灼热，呼吸喘粗，伴有咛嗽，体温39.8℃，心跳72次/min，口色红，粪呈稀糊状，泌乳量由27kg降至17.5kg。诊为热喘证。治疗：取方药3，2剂，用法同上。服药后，患牛热退喘止，食欲增加，泌乳量恢复正常，痊愈。（武尊平等，T53，P28）

## 劬 症

劬症是指因牛劳役过度，引起以疲劳、咳嗽、慢草、逐渐消瘦为主证的一种病症，又称热劬饱症。多见于耕牛。

【病因】 因劳役过度，使牛发生支气管卡他、喉卡他与胃卡他（有的还有鼻卡他）的合并综合征。

【主证】 患牛精神不振，反刍缓慢，食欲减退，被毛粗乱、无光，卧多立少，咳嗽昼轻夜重、声音宏大；如继发肺火，常流脓性鼻液，鼻黏膜潮红，粪干、有时附有少量黏液，舌面乳头变硬，蕈状乳头充血。

【治则】 清热利咽，化痰止咳，消食利便，行气活血。

【方药】 冬花散加减。款冬花、莱菔子、紫菀、五味子、知母、贝母、黄芩、百合、杏仁各25g，甘草、桔梗、黄芪、大黄、山楂、二丑、栀子、天花粉各20g，木通、紫苏、陈皮、木香、茯苓、当归各15g。慢草者加苍术、阿魏根各30g；咳嗽重者加瓜蒌100g，蜂蜜120g；粪干者重用大黄，加芒硝100g；气虚者加大黄芪用量，加党参30g。共研细末，开水冲调，候温灌服。本方药对劬症、脓性鼻卡他及呼吸道炎症引起的咳嗽疗效显著，一般灌服1～2剂，患牛的全身症状即有明显的改善；服药3剂，基本能达到临床痊愈。共治疗30例，治愈28例。

【典型医案】 2007年7月10日，湟源县日月乡寺滩村李某一头4岁耕牛来诊。主诉：该牛因春耕劳疫过重，出现慢草、咳嗽症状，咳嗽昼轻夜重，经用青霉素等药治疗，疗效不佳。检查：患牛精神不振，形体瘦弱，被毛粗乱、无光，慢草，偶有咳嗽，流脓性鼻液，听诊肺泡呼吸音粗厉，体温、呼吸、脉搏正常。诊为劬症。治疗：冬花散加苍术、阿魏根各30g，用法同上，1剂/2d，连服2剂。服药后，患牛饮欲增加，被毛光滑。服第3剂后，患牛临床症状基本消失。随后调养数日，痊愈。（曹长雄等，T155，P73）

## 肺 热

肺热是指牛肺内壅热，气促喘粗，咛嗽不爽的一种病症。

【病因】 在暑天炎热季节由于劳役过度，或圈舍通风不良、闷热，或牛体气虚，肺经有热，外受寒邪

刺激，或吸入烟尘、异物，或某些传染病如肺结核病、胸膜炎、肺炎等引发。

【辨证施治】 临床上分为肺经实热、气虚肺热和劳伤肺热。

（1）肺经实热 患牛精神沉郁，呼吸困难，严重者远处就能听到呼吸音，听诊肺部有明显的啰音，鼻镜干燥，结膜潮红，粪初期干燥后期稀，口色多红，脉数。

（2）气虚肺热 患牛精神不振，食欲减退，体温升高，被毛逆立，咳嗽连声，呼吸喘促，鼻镜干燥，粪初期干燥后期稀，口色多红。母牛泌乳量减少或停止。

（3）劳伤肺热 患牛食欲减退，体温略高，心率加快，呼吸喘促、呈胸腹式呼吸，次数增加，听诊肺泡呼吸音粗厉，脉洪数。

【治则】 肺经实热宜清热止咳，滋阴润肺；气虚肺热宜清热止咳，滋阴养肺；劳伤肺热宜宣通肺气，止咳平喘。

【方药】 （1、2适用于肺经实热；3适用于气虚肺热；4适用于劳伤肺热）

1. 桑白皮、地骨皮、葶苈子、黄芩、大黄、茯苓各40g，百部、杏仁、枇杷叶、龙胆草各30g。共研细末，开水冲调，候温灌服，1剂/d；10%氯化钙注射液100mL，20%安钠咖注射液20mL，维生素C注射液30mL，10%葡萄糖注射液500mL，混合，1次静脉注射，1次/d。共治疗5例，均治愈。（黎全龙，T85，P19）

2. 扫日浪散。沙参、甘草、紫草茸、草河车各10g，诃子、川楝子、栀子各6g。混匀，粉碎，150～250g/次，开水冲调，候温灌服。共治疗40例，均治愈。（杜吉娅等，T81，P28）

3. 麻杏石甘汤加味。金银花30g，连翘、知母、贝母、天门冬、麦门冬、黄芩、麻黄各25g，黄柏、杏仁各20g，生石膏60g，甘草15g。共研细末，开水冲调，加蜂蜜120g，候温灌服，1剂/d，连服3剂。本方药对外感风邪、入里化热、热壅于肺引起的咳嗽、异物性肺炎及肺结核、胸膜炎等都有很好疗效。共治疗30余例，效果满意。

4. 苦参、瓜元各100g。共研末，开水冲调，候温灌服，1次/d；青霉素800万单位，静脉注射，1次/d。

【典型医案】 1. 1995年10月15日，庆阳县庆城镇封家洞村李某一头6岁母牛来诊。主诉：该牛近2d咳嗽连声，食欲废绝。检查：患牛精神沉郁，呼吸喘促，被毛逆立，鼻镜干燥，反刍停止，体温升高，粪干燥，尿色黄，口色红。诊为气虚肺热。治疗：金银花30g，连翘、知母、贝母、天门冬、麦门冬、麻黄各25g，黄柏、杏仁各20g，生石膏60g。共研末，开水冲调，加蜂蜜120g，灌服。第2天，患牛食少量草，开始反刍。效不更方，继用上方药2

剂，痊愈。（俄志弘，T108，P24）

2. 2000年10月21日，大通县城关镇城关村屈某一头耕牛，因呼吸喘促、食欲减退来诊。检查：患牛呼吸粗厉、呈胸腹式呼吸、次数增加，听诊肺泡呼吸音粗厉，心跳100次/min，体温偏高，脉洪数。诊为肺热喘促。治疗：取方药4，用法同上，连用3d，痊愈。（石晓青，T114，P36）

## 肺 炎

肺炎是指牛肺组织发生炎性病变，出现以咳嗽、发热、流黏稠鼻液为主要特征的一种病症。

### 一、肺炎

【病因】 在炎热夏秋季节，由于劳役过度或长途运输急跑，或气候突变，阴雨苦淋，外感风热或风寒，冷热失常，郁而化热，热邪积于肺或外邪犯肺，正邪相搏，卫气被郁，肺失肃降等引发本病。

【辨证施治】 根据临床证型，分热邪犯肺、热邪壅肺和痰湿郁肺。

（1）热邪犯肺（初期） 患牛精神沉郁，四肢困倦，被毛逆立，发热，恶寒或微恶寒，鼻液黏稠，热烁津液，咙嗽连声，声音洪亮，间或气喘，舌红口燥，脉浮数。

（2）热邪壅肺（中期） 患牛精神沉郁，口渴，食欲废绝，持续高热，喘重于咳，鼻流黄色黏稠鼻液或脓性鼻液、气味臭，粪干燥，尿短赤，口色赤红或暗红，脉洪数。

（3）痰湿郁肺（后期） 患牛精神沉郁，身重倦怠，少食或不食，反复发热或低热不退，频频喘咳，动则加剧，鼻流黏性灰白色或黄色黏稠分泌物，口唇松弛，口内多涎，舌色红黄相兼，舌质软绵，脉浮而细数。

【治则】 热邪犯肺宜清热肃肺，止咳平喘；热邪壅肺宜降逆平喘，清热解毒；痰湿郁肺宜敛肺益气，培土生金，利湿养阴。

【方药】 （1适用于热邪犯肺；2适用于热邪壅肺；3适用于痰湿郁肺）

1. 麻杏石甘汤（麻黄30～60g，石膏150～300g，杏仁、甘草各40～80g）或银翘散加减（金银花60～120g，连翘、桔梗、杏仁、知母、黄芩、牛蒡子、荆芥、薄荷、竹叶各40～60g，芦根60～100g，甘草30～60g）。水煎取汁，候温灌服。

2. 蒌贝二冬汤。瓜蒌仁80～100g，川贝母、天门冬、麦门冬、桔梗、款冬花、马兜铃、黄芩、生地各40～60g，牛蒡子、苏子、葶苈子、金银花各60～120g，甘草50g。水煎取汁，候温，加蜂蜜200g，蛋清10个，灌服。

3. 敛肺健脾燥湿汤。知母、川贝母、桔梗、款冬花、沙参、天冬各40～60g，五味子30～50g，白术、陈皮、半夏各 40～60g，茯苓、太子参各 60～80g，炙甘草 80g，大枣 150g（如加入阿胶、蛤蚧更好），水煎取汁，候温灌服。（郭留记等，T61，P23）

4. 复方清毒活瘀汤。白花蛇舌草 60g，鱼腥草、穿心莲各 50g，虎杖、当归、生地、黄芩、白茅根、赤芍、川芎、桃仁各 30g，甘草 15g。热盛伤津者加麦冬、天花粉、沙参、石斛；胸痛不适甚者加郁金、玄胡；痰多黄稠者加瓜蒌皮、冬瓜仁、桔梗；咳嗽喘息者加桑白皮、葶苈子、杏仁、麻黄、射干；咳血痰者加白茅根；气血亏虚者加黄芪、党参。1 剂/d，水煎 2 次，共取汁 2000mL，分 4 次灌服，500mL/次。共治疗 28 例，治愈 21 例。

【典型医案】　1. 1979 年 3 月，中牟县大孟乡岗头桥村朱某一头 5 月龄犊牛来诊。检查：患牛食欲废绝，体温 40.8℃，呼吸增数，喘粗气促，咳嗽，心跳 120 次/min 以上，口、鼻干燥，舌色赤红。诊为热邪犯肺，津竭气脱。治疗：麻杏石甘汤加黄芩、牛蒡子各 30g，金银花 50g。水煎 2 次，合并药液，1 次灌服。次日上午，患牛诸症减轻，开始吮乳。继服药 1 剂，痊愈。（郭留记等，T61，P23）

2. 2005 年 11 月 9 日，湟中县多巴村刘某一头牛，患病 5d 来诊。检查：患牛烦躁不安，高热，口渴，食欲减退，结膜充血、黄染，有时呈橘黄色，尿少、色黄，舌质红，苔黄，脉洪滑数。病初表现微弱无力的痛性咳嗽。发病 1～2d 后从两侧鼻孔流出铁锈色或棕红色鼻液，有时有臭味。诊为大叶性肺炎。治疗：复方清毒活瘀汤，用法同方药 4。服药后，患牛痊愈。（王海霞，T150，P70）

## 二、异物性肺炎

肺气肿是指由于灌药等操作不当，或饲料、乳汁等异物误入牛气管而引发的一种病症。

【病因】　多因灌药时将牛头抬得过高、灌药过多；或在饮水、反刍时牛突然受惊、呛嗽等，导致异物进入气管；咽炎、咽麻痹、破伤风等吞咽困难时发生吸入和误咽；或难产时胎儿吸入羊水等引发。

【主证】　当异物进入肺内，患牛立即发生呛、喘、吭，目瞪急躁，站立不安，呼吸困难、呈明显的腹式呼吸，浑身肉颤，口鼻分泌物增多，肺部有明显的湿罗音、肺泡音。严重者张口呼吸，喘气、发吭，瞪目急走，很快或在数小时内倒地窒息死亡。

【治则】　降气平喘，清热化痰。

【方药】　鲫鱼或鲤鱼 500～1000g，捣烂如泥状，加适量净水，用纱布或细箩过滤取汁，徐徐灌服，一般 1～2 次即愈。体温较高者取青霉素、链霉素各 200 万单位，肌内注射。本方药对进入肺部的异物渣大或过多时则无效。共治疗 139 例，治愈 111 例。

【典型医案】　1981 年 7 月 13 日上午，南阳市陈营村陈某一头黄青色公牛，因灌药呛肺喘吭来诊。检查：患牛精神沉郁，站立不卧，呼吸困难、呈腹式呼吸，体温 38.9℃，口鼻流出很多分泌物，舌青紫。治疗：鲜鲫鱼 500g，制备、用法同上。服药后至晚 22 时，患牛体温 38.3℃，呼吸稍平和，病势有所好转。取青霉素、链霉素各 200 万单位，肌内注射。第 2 天，患牛痊愈。（牛宗文，T16，P48）

## 三、奶牛喘息性肺炎

【病因】　多因外感风热之邪，入理化热，蓄积于肺，肺失肃降所致。

【主证】　患牛食欲废绝，头低耳聋，体温升高，心率加快，张口呼吸，呼吸增数，肺泡音粗厉，痰鸣，咳嗽，瘤胃蠕动音消失，尿黄，舌绵软、肿胀、呈青紫色。

【治则】　疏散肺邪，清泄肺热。

【方药】　麻黄、杏仁、贝母、麦门冬、天门冬、生地、射干、黄芩、金银花、连翘、沙参各 50g，石膏、麻仁各 100g，知母、莱菔子各 80g，元参 60g，款冬花、桑叶、紫菀、桔梗各 40g，葶苈子 45g，枇杷叶 41g，栀子、法半夏、前胡、橘红、天花粉、百部、苏子、甘草各 30g。水煎取汁，候温，分 2 次灌服；葡萄糖生理盐水、5% 碳酸氢钠注射液各 500mL，10% 磺胺嘧啶钠注射液、地塞米松注射液各 20mL，丁胺卡那 300 万单位，静脉注射，2 次/d。

【典型医案】　2004 年 4 月 8 日，宝鸡市农牧良种场一头奶牛来诊。检查：患牛食欲废绝，头低耳聋，心跳 123 次/min，体温 39.2℃，呼吸 84 次/min，张口呼吸，听诊两侧肺泡音粗厉，痰鸣，不断咳嗽，瘤胃蠕动音消失，粪量少、夹杂少量黏液，尿黄，舌绵软、胀大、呈青紫色。诊为喘息性肺炎。治疗：取上方药，用法同上。第 2 天，患牛心跳 108 次/min，呼吸 76 次/min，体温 38.5℃。治疗方药同上。第 3 天，患牛心跳 80 次/min，第二心音分裂，呼吸 44 次/min，瘤胃蠕动音较好，有食欲。第 4 天，取上方药加炙甘草 30g，党参、阿胶各 50g，桂枝 20g，用法同上。第 5 天，患牛心跳 62 次/min，心律整齐，呼吸 38 次/min，呼吸次数减少，开始反刍，粪正常。第 6 天，停止输液，改用卡那霉素 1000 万单位，地塞米松 20mL，肌内注射，2 次/d；中药同上，连用 3d，痊愈。（窦应龙等，T130，P50）

肺 气 肿

肺气肿是指牛肺泡过量充满气体而致过度扩张，使肺的体积膨胀并伴有肺泡壁破裂，临床上以呼吸困难、呼气时长而用力为特征的一种病症。

【病因】　多因突然改变饲料，大量采食青草、芜菁、甘蓝、紫花苜蓿和油菜，或厩舍空气污浊，吸入的空气常含有潜在性刺激物质，或饲料发霉、变质，含尘土过多，由其所含的小多孢子菌、烟曲霉引发；

病毒和细菌性疾病如大肠杆菌性乳房炎引起毒血症，或金属异物造成创伤性网胃炎，继而刺伤肺脏引起肺脓肿，或有毒气体如氯气中毒时，或金属焊接时冒出的烟气吸入引起；某些传染病、中毒病继发。

**【主证】** 患牛精神沉郁，食欲减退至废绝，流泪，鼻液呈浆性或脓性，站立不安，不愿卧地，可视黏膜发绀，体温多升至 40.5℃，从口内流出白色泡沫状液体，产奶量急骤减少，心跳 100～160 次/min、节律不齐，心音模糊，呼吸困难，呼吸次数增至 40～80 次/min，少数达 100 次/min 以上，气喘，腹部闪动，鼻孔开张，举头伸颈，张口吐舌，舌呈暗紫色，胸部叩诊呈鼓音，肺部听诊有摩擦音和啰音，于背部两侧皮下出现气肿，触诊呈捻发音，气肿可蔓延至胸颈部、肩部和头部。

**【治则】** 清肺开郁，止咳定喘。

**【方药】** 1. 白芨 120g，鲜侧柏叶 500g，硼砂、五味子、沙参、党参各 30g，山药、赭石（细末）各 60g，白蔹 10g，香油 250mL，鸡蛋清 12 个。夏季口色偏红者加生石膏 250g。水煎取汁，候温，加入香油、鸡蛋清，灌服，1 剂/2d。

2. 薤白白酒合剂。鲜薤白 500g（捣浆），加白酒 250mL，搅拌均匀，缓慢灌服。共治疗 12 例，全部治愈。

**【典型医案】** 1. 某奶制品厂 59 号、126 号奶牛，因患肺气肿来诊。检查：患牛气短喘促，呼吸困难，肚腹两侧闪动，动则喘甚，口色淡红，体温正常，他医诊治 1 个多月无效。治疗：取方药 1，用法同上，连服 4 剂，痊愈。（张家礼，T33，P60）

2. 1988 年 6 月 7 日，云阳县团坝乡团结村六组的一头 3 岁、约 200kg 黄牛，因采食被雨水浸泡的青草后发病来诊。检查：患牛精神沉郁，频频张口，呼吸困难，呼吸 89 次/min，体温 37℃，胸部叩诊呈浊音，听诊肺泡呼吸音减弱、有啰音和捻发音。诊为间质性肺气肿。治疗：氨茶碱注射液 20mL（5mg），肌内注射。用药后，患牛病情略有缓解，但 4h 后症状复前。取薤白白酒合剂，用法同方药 2。服药 4h 左右，患牛呼吸基本正常，仅 1 剂痊愈。（黄文东等，T66，P45）

# 第三节 泌尿生殖系统疾病

## 肾虚（含肾虚水肿）

肾虚是指因公牛配种过度或母牛产后血亏，或劳役过度，损伤肾气，出现以公牛性欲减退、母牛久配不孕、四肢无力、肢体水肿为特征的一种病症。

### 一、黄牛肾虚

本病多发生于公牛尤其是种公牛，母牛亦有发生。

**【病因】** 长期饲料单一，营养不良或劳役过度，或久病失治等引发；种公牛配种过多或配种过早引起肾虚。

**【辨证施治】** 临床上分为肾阳虚和肾阴虚。

（1）肾阳虚 患牛精神委顿，被毛焦燥，食欲不振，反刍减少，四肢不温，多卧少立，站立时后肢频频提举，拱背，腰脊板硬，运动不灵，粪稀软、排粪次数多、量少，口色淡白，脉象沉细。公牛性欲减退甚者阳痿；母牛久配不孕，严重者肢体水肿或卧地不起，脉象衰微。

（2）肾阴虚 患牛精神沉郁，食欲减少，形体瘦弱，被毛逆立，腰胯、四肢无力，动则易汗，低热不退，烦躁不安，粪干，尿短赤，口红绛少津，齿龈红肿，脉细数。公牛性能亢进，阴茎频频勃起，遗精或滑精；母牛不易受孕。

**【治则】** 肾阳虚宜温补肾阳；肾阴虚宜滋补肾阴。

**【方药】**（1 适用于肾阳虚；2、3 适用于肾阴虚）

1. 荜澄茄散加减。荜澄茄 40g，补骨脂、桂心、木通各 30g，葫芦巴 25g，茴香、川楝子、益智仁、陈皮、青皮各 20g，甘草 10g。腹泻纳差者加益智仁、肉豆蔻；四肢水肿较甚者重用木通，加茯苓、牛膝；喘咳者加桔梗、紫菀。共研末，开水冲调，候温灌服，1 次/d。共治疗 41 例，除 1 例重症死亡外，其余均治愈。

2. 六味地黄汤加减。生地、山萸肉、熟地、当归各 40g，山药 50g，丹皮、茯苓、泽泻、龙骨、牡蛎、炙甘草各 30g，没药 20g。低热不退者加知母、黄柏；遗精、滑精者加金樱子、芡实；食欲减退者加砂仁、山楂。水煎取汁，候温灌服。共治疗 21 例，全部治愈。

3. 将小黑豆（以干品计，大成年 500～750g/次，犊牛 100～300g/次）用 2% 炒盐水浸泡 12～24h，打浆（冬天可多打一些，夏天打 1 次，用 1～2d，以防变质），早、晚各灌服 1 次，直至症状消失。共治疗 10 余例，疗效满意。

**【典型医案】** 1. 1988 年 2 月 27 日，唐河县源潭乡党坡村赵某一头 2 岁公牛来诊。主诉：该牛自 2 月以来食欲、反刍减半或不食、不反刍，起卧及运动时后肢均显拘挛，治疗数次无效。检查：患牛精神沉郁，多卧少立，起立困难，站立时两后肢交替负重，且站立不稳，后躯晃动不安，食欲不振，瘤胃蠕动音弱，粪稀软，体温 39.2℃，心跳 75 次/min，口色淡白。诊为肾阳虚。治疗：荜澄茄散加减，用法同方药

1，连服 3 剂，痊愈。(汪德刚等，T42，P38)

2. 1987 年 3 月 15 日，唐河县昝岗乡张某一头 1.5 岁公牛来诊。主诉：该牛去冬使役较重，2 个月前配种后出现食欲、反刍减少，治疗数次无效。检查：患牛食欲减少，形体消瘦，精神不振，被毛逆立，四肢无力，动则出汗，粪干燥，尿短赤，阴茎频频外露，口红绛少津，心跳 72 次/min。诊为肾阴虚。治疗：六味地黄丸加减，用法同方药 2。服药后，患牛当晚反刍次数增多，翌日食欲增加，继服药 3 剂，痊愈。(汪德刚等，T42，P38)

3. 1984 年 10 月，西峡县蛇尾乡伏岭村一头老领母黄牛，因吃草减少，精神不好来诊。检查：患牛舌红燥，口无津，脉细数，尿短赤，粪干硬，体温 40.5℃。诊为肾阴虚。治疗：取方药 3，用法同上。经 10 余天治疗，痊愈。(刘长定，T20，P46)

## 二、水牛肾气虚

**【辨证施治】** 本证可分为肾阳虚和肾阴虚。

(1) 肾阳虚 患牛精神不振，皮温不均，肢端发冷，呼多吸少，呼气恶臭，鼻液黏稠，鼻汗时有时无，腹壁等处皮下水肿、指压留痕，舌下静脉粗大，脉细弱。

(2) 肾阴虚 患牛口温偏高，舌收缩无力，尿少，阴茎不时伸缩，稍时排出少量精液。

**【治则】** 肾阳虚宜温肾纳气；肾阴虚宜滋阴补肾，泻火。

**【方药】**（1 适用于肾阳虚；2 适用于肾阴虚）

1. 肾气丸加减。附子、肉桂、泽泻各 45g，山萸肉、茯苓、丹皮、黄芩、栀子各 40g，山药 35g，熟地 60g，葶苈、桃仁、冬瓜仁各 30g，甘草 10g。水煎取汁，候温灌服，2 次/d；青霉素 320 万单位，链霉素 400 万单位，肌内注射。

2. 知柏地黄汤加减。熟地 80g，茯苓、泽泻、山药、当归各 30g，丹皮、黄芪各 60g，山萸肉、黄柏、知母、栀子、黄芩各 40g，杜仲 15g。水煎取汁，候温灌服，2 次/d。

用方药 1、2，共治疗肾阳虚、肾阴虚 6 例，收效良好。

**【典型医案】** 1. 1986 年 6 月 4 日，什邡县隐丰乡黄某一头水沙牛来诊。主诉：该牛精神不振，夜间咳喘甚，粪稀软。检查：患牛体温 38.5℃，心跳 43 次/min，呼吸 32 次/min，肢端、腰背冰冷，皮温不均，鼻出气恶臭，呼多吸少，鼻液黏稠，鼻汗时有时无，后肢、腹壁皮下水肿、指压留痕，舌下静脉粗大，脉细弱。诊为肾阳虚。治疗：取方药 1，用法同上，1 剂。5 日，患牛症状减轻，但仍呼多吸少，皮下水肿仍未消。取肾气丸加牛膝、车前、五味子各 40g，白果、杜仲、枸杞子各 35g，苏子 30g，甘草 10g。水煎取汁，候温灌服。6 日，患牛诸症俱除；8 日恢复使役，夜间出现严重腹泻，排尿不畅；9 日检

查，患牛口色苍白，口津黏稠，舌筋粗大，后肢、腹下轻度水肿，腰背、肢端发冷，呼吸正常。取附子、肉桂各 30g，山药、山萸肉、丹皮、黄芩各 40g，泽泻、茯苓各 45g，苍术、茵陈、木通各 35g，水煎取汁，候温灌服。服药后，患牛症状减轻，使役 2d。14 日，患牛腹泻加重，粪臭，口温增高，舌筋粗大，口津黏稠，皮肤、耳角温热，指按后肢留压痕。取胃苓汤加减：茯苓、苍术各 45g，猪苓、泽泻各 40g，桂枝、陈皮、厚朴、杜仲、川芎、生地各 30g，金银花、连翘各 35g，甘草 15g。水煎取汁，候温灌服，2 次/d，连服 2 剂。17 日走访，该牛痊愈。

2. 什邡县隐丰乡曾某一头水牯牛，因不食来诊。主诉：该牛由于近日使役，晚上腰硬，四肢踢腹，尿频而少，不食。检查：患牛体温 39.3℃，腰背发硬，口温偏高，舌筋粗大，舌体收缩无力，排尿少、有疼痛感，阴茎不时伸缩，稍时排出少量精液。诊为阴虚火旺证。治疗：知柏地黄汤加减，用法同方药 2，连服 2 剂，痊愈。(何志勇，T29，P43)

## 三、肾虚水肿

本病是因牛肾阳不足，水湿升降失运，停滞于下，形成四肢水肿的一种病症。临床上以后肢为甚。多见于体质羸弱牛、老龄牛及幼龄牛。

**【病因】** 多因外感风寒、内伤阴冷、劳役过重等，致使脾气虚弱，日久不能输布水谷精气滋养肾脏，导致元阳不固，无力温煦脾阳化气行水，使水湿停聚，流注肌肤形成腹下、四肢等处水肿；或冬季饲养管理粗放，开春后气候变化较大，加之雨水较多，圈舍潮湿，饲草饲料不足或单一，喂以米糠、秕谷等引发。

**【辨证施治】** 本证分为肾虚水肿和肾虚水泛综合征。

(1) 肾虚水肿 患牛精神沉郁，形体消瘦，毛焦欣吊，食欲差，耳、鼻俱冷，鼻汗成片状，瘤胃蠕动音弱，尿清长，下颌、腹下、四肢、会阴、阴囊等处水肿，尤以后肢明显、指压留痕，腹下水肿最高处触之有波动感，以宽针刺入流出多量淡黄色渗出液，口色青淡，口津滑利。

(2) 肾虚水泛综合征 一般多在劳役或劳役结束后突然发病。患牛精神委顿，喜卧，食欲减退，体温 35~36℃，鼻镜时汗（但不成珠）时燥，耳、角、四肢、背部发冷，口流丝状清涎，口凉舌滑，有时见舌频频抽搐，有的舌起芒刺，卧蚕瘀血；行步迟缓，有的甚至突然倒地。一般在发病后的第 2 天，患牛阴户及后肢内侧、个别的在脐部等处出现水肿，有的眼睑、太阳穴处肿胀，触压水肿部坚实、有压痕、不痛不热，压迫肾区无痛感，眼结膜充血、潮红、呈红丝状，鼻翼翕动，呼吸困难，呼吸 40 次/min，心跳 52~62 次/min，脉沉细。瘤胃蠕动音减弱或停止，不排尿，直肠触压膀胱空虚，不排粪或粪干硬、少

量、带黏液、呈球状，触压右侧第 7～9 肋间有坚实感，肚腹膨胀。此时，患牛食欲废绝，精神高度沉郁，卧地不起，急性者 2～3d 衰竭死亡。

剖检肿胀部呈胶胨样。患牛腹腔有大量淡黄色渗出液、黏性较大；肺脏有不同程度的充血、肿大；肝肿大；瓣胃内容物干燥，大部分胃黏膜脱落；小肠内含有多量水液；肾脏略肿大。采集病牛血液、内脏组织涂片，分别用美蓝、革兰氏、瑞特氏、姬姆萨染色、镜检，均未发现致病微生物。

【治则】　肾虚水肿宜温肾壮阳，健脾利水；肾虚水泛宜温补肾阳，渗湿利水。

【方药】　（1、2 适用于肾虚水肿；3、4 适用于肾虚水泛综合征）

1. 五苓散加味。肉桂、葫芦巴、焦山楂、泽泻各 40g，猪苓、茯苓、白术各 30g，薤白、藿香、陈皮、桂枝各 24g，玉片、甘草各 20g（为中等成年牛药量）。气血虚弱者酌加当归、黄芪各 40g；病久者加五味子、芡实各 30g。水煎取汁，候温灌服，1 剂/d，连服 1～3 剂。食醋加热温敷患部后涂鱼石脂膏。西药用 10% 葡萄糖注射液 500～1000mL，青霉素钠 400 万～1200 万单位，维生素 C 注射液 20～60mL，氢化可的松注射液 40～80mL，安钠咖注射液 10mL，1 次静脉注射，连服 2～3d。共治疗 12 例，均取得满意效果。

2. 温阳利水汤合五苓散加减。制附子 25g，补骨脂 60g，泽泻 40g，肉桂、肉豆蔻、白术、茯苓、猪苓各 30g，桂枝 20g。共研细末，开水冲调，候温灌服。

3. 吴茱萸、厚朴各 40g，补骨脂、白术各 35g，山药、泽泻、木通各 30g，附子、砂仁、郁李仁各 60g，茯苓、猪苓各 90g，丹皮、甘草、五味子各 25g，土黄柏、蒲公英、薏苡根、海金沙、车前草、路边荆、大青叶、金银花、小风藤（均为鲜药）各 100～200g。呼吸困难者加白矾、川贝母、葶苈子各 35g；肚胀者加枳实 30g；粪干燥稍带黏液者加生大黄 120～150g，芒硝 250g，甘遂 25g。水煎取汁，候温灌服，1 剂/d，连服 2～3 剂。急救，取樟脑磺酸钠 20mL，肾上腺素 3mL，皮下注射，使其体温升至正常。除涎，取辣蓼草、葱、生姜、盐，混合捣碎，擦舌，或用烟斗油调水灌服。抗菌消炎，消除水肿，取 10% 葡萄糖注射液 1000～1500mL，维生素 C 注射液 2～4g，速尿 0.5～1mg/kg，磺胺嘧啶钠 0.07g/kg 或庆大霉素 1～1.5g/kg·d（若头颈及前胸水肿者加 20% 甘露醇或山梨醇注射液 250～500mL，50% 葡萄糖注射液 100～200mL），静脉注射。共治疗 21 例，治愈 19 例。（胡新桂等，T52，P10）

4. 黄芪、党参各 60g，熟附片、干姜、肉桂各 40g，吴茱萸、麦冬、炒白术、泽泻各 30g，水煎 2 次，取汁，候温灌服；10% 安钠咖注射液 30mL，肌内注射。

【典型医案】　1. 2004 年 3 月，互助县威远镇余家村梅某一头 10 月龄公牛来诊。主诉：该牛腹下水肿已多日，近日精神、食欲较差，水肿蔓延至两后肢。检查：患牛精神沉郁，形体消瘦，毛焦欣吊，耳鼻俱冷，体温 37.2℃，心跳缓而无力、呼吸 48 次/min，呼吸 20 次/min，口色青淡，口津滑利，鼻汗成片状，瘤胃蠕动音弱，尿清长；形寒肢冷，自胸骨贯通阴鞘后大面积水肿，阴鞘水肿形似笔筒状，双后肢至飞节处触之柔软无热痛感，指压留痕，腹下水肿最高处触之有波动感，以宽针刺入流出多量淡黄色渗出液。诊为肾阳虚衰，水湿泛滥。治疗：取方药 1，用法同上。翌日，患牛精神好转，有食欲，水肿明显消退。取上方药继续治疗 2d，痊愈。（苏艳，T135，P50）

2. 1999 年 10 月，湟中县海马泉乡下河湾冯某一头黑白花奶牛来诊。检查：患牛精神倦怠，腰胯无力，步行困难，饮食欲减退，周身及两后肢水肿，双眼睑肿胀、视物障碍，尿少，舌胖，口色淡白，苔薄腻，脉沉细无力。诊为肾虚性水肿。治疗：温阳利水汤合五苓散加减，用法同方药 2，连服 6 剂，痊愈。（马占方，T118，P35）

3. 1988 年 9 月 27 日，襄阳县太平店镇齐心村陈某一头 10 岁母水牛来诊。主诉：该牛食欲减退，反刍缓慢，体温 39.7℃，颌下、腹下水肿，他医曾肌内注射青霉素和链霉素，静脉注射葡萄糖酸钙注射液和维生素 C 等，投服多剂辛凉苦寒药，病情有增无减，水肿蔓延至胸及四肢。检查：患牛形体消瘦，精神沉郁，反应迟钝，食欲、反刍废绝，腹部虚胀，颌、胸、腹下及四肢水肿，触之无热痛感、指压留痕，针刺肿胀处流出淡黄色液体，四肢僵硬，步态不稳，粪干硬，尿短少，鼻镜干燥、发凉，口色淡白，流涎，舌苔白厚、滑腻、舌边有瘀点，体温 36.4℃，听诊时全身皆可听到心跳音，尾脉弦紧、重压无力。治疗：取方药 4，水煎 2 次，取汁，合并药液，在 5h 内徐徐灌服。当夜 24 时，患牛口涎增加，排粪通畅，体温 37.2℃，脉象略显有力。28 日，取上方药加桂枝、芍药各 30g，用法同上。下午 5 时许，患牛精神转好，腹胀消退，鼻镜汗出，体温 38.2℃，脉象和缓、有力。取上方药加柴胡、陈皮、枳壳，1 剂，水煎 2 次，取汁，候温，分上午、下午灌服，连服 2 剂。患牛诸症减轻，唯食欲欠佳。取六君子汤加黄芪、当归，用法同上，连服 5 剂，痊愈。（杜自忠，T48，P35）

## 肾盂肾炎

肾盂肾炎是指因牛肾盂发生炎症，出现排尿不畅、尿液潴留于肾内，导致肾内压升高、肾盂扩张、肾实质萎缩等病理变化的一种病症。临床上一般多呈急性经过。

【病因】　多因外感湿热之邪，下注于肾，导致气化失司，水道不利而引发；或母牛产后外阴不洁，秽浊之邪上犯膀胱，累及于肾而发病；长期饲喂精料或误服对胃刺激的药品，使脾胃运化失常，积湿生热，蕴结成毒，与津血互结，循水道阻结于肾，损伤气血与肾盂黏膜而致肾盂发炎。

**【主证】** 患牛精神沉郁，食欲减退，体温升高，频频努责，排尿非常困难，不时作出排尿姿势但无尿液排出，有时点滴状排出少量尿液，舌红有瘀斑，直肠检查（成年牛）可触及一侧或两侧肾脏肿大、有波动感，有时还伴有输尿管扩张，腹围增大，触诊腹壁可触摸到肾脏肿大、有波动感。

**【治则】** 清热解毒，散结化瘀，疏通气机，通调水道。

**【方药】** 石韦、白茅根各60g，薏苡仁50g，栀子、大黄、金银花、生地、滑石各40g，黄连、桃仁、蒲公英各30g，牛膝20g，琥珀、三七粉（后下）各10g。水煎取汁，候温灌服。共治疗12例，效果颇佳。

**【典型医案】** 1997年6月25日，西峡县丹水镇李某一头母黄牛来诊。主诉：该牛在他医处诊为急性肾盂积水，用西药治疗多次效果不佳。检查：患牛精神沉郁，食欲不振，体温40.8℃，频频努责，排尿淋漓不畅，尿液浑浊、带血，舌红、有瘀斑，脉滑数；直肠检查可触及两侧肾脏肿大、有波动，输尿管扩张。诊为肾盂肾炎。治疗：大黄、黄连、蒲公英各30g，栀子、桃仁、石韦、薏苡仁各20g，牛膝15g，金银花、生地、滑石各40g，琥珀、三七各10g。除滑石、琥珀、三七外，余药水煎取汁，冲滑石、琥珀、三七粉，早、晚灌服1剂，连服2剂。服药后，患牛排尿比较通畅，食欲增加，其他诸症亦有好转。继服药2剂，痊愈。（杜文章等，T100，P34）

## 膀胱炎

膀胱炎是指因牛膀胱黏膜或黏膜下层发生炎症，出现以排尿疼痛、尿频、尿中含血液及炎性细胞为特征的一种病症。

### 一、膀胱炎

**【病因】** 多因外邪疫毒侵袭，正气受损，湿热蕴结，湿邪下注膀胱，膀胱气化失职，导致肾与膀胱功能紊乱而发病。

**【主证】** 患牛排尿障碍，常作排尿姿势但无尿液排出；有的频频排出少量尿液或呈点状流出，有疼痛表现；排出的尿液混浊、有氨臭味。若是卡他性膀胱炎，尿中混有脓汁；若是出血性膀胱炎，尿中含有大量血液；若是纤维蛋白渗出性炎，尿中含有白色絮状物。直检膀胱有空虚感，稍加按压，患牛疼痛不安。

**【治则】** 清热利湿，解毒通淋。

**【方药】** 八正散加味。金银花、车前子各60g，

马齿苋50g，连翘、桑寄生、续断各45g，黄芩、栀子、萹蓄、瞿麦、滑石、牛膝各30g，木通25g。腰背拱起者加乳香、没药各30g，秦艽、巴戟天各35g；有尿毒症状者加郁金、石菖蒲、远志各25g；体温升高、尿色深者加黄连、黄柏、生地各25g。水煎取汁，候温灌服，或共研末，开水冲调，候温灌服。共治疗12例，治愈率达95.8%。

**【典型医案】** 化隆县巴燕镇绽么1村的一头耕牛来诊。主诉：该牛已患病2d，排尿次数多、量少，有时呈点滴状，有时呈线状不断，排尿时有疼痛表现，甚则哞叫，拱背。检查：患牛精神不振，频频作出排尿姿势，排出的尿量极少，有明显的尿频、尿急、尿痛表现，舌质红、苔黄腻、脉滑数。直检触诊膀胱，患牛敏感，膀胱空虚。尿液检查，有大量的脓细胞、膀胱上皮细胞、红细胞。诊为膀胱炎。治疗：八正散加味，1剂，用法同上。翌日，患牛排尿次数减少，尿量增加。继服药3剂，痊愈。（胡海元，T110，P28）

### 二、出血性膀胱炎

本病是指牛膀胱内发生急性或慢性弥漫性出血性炎症的一种病症。属中兽医膀胱湿热范畴。

**【病因】** 多因牛肾阴亏虚，下元不固，湿热下注膀胱，虚火灼络，迫血妄行而出现血尿。

**【主证】** 患牛不时做出排尿姿势，偶尔排出少量尿液，尿中带有血液。

**【治则】** 清热泻火，利湿通淋，补气益血。

**【方药】** 黄柏、知母各50g，茯苓、猪苓、泽泻各45g，白术35g，滑石40g（用药汁冲服），茵陈30g，木通、肉桂、甘草各15g。水煎取汁，分早、晚2次灌服。共治疗32例，治愈25例，有效4例。

**【典型医案】** 2003年8月7日，湟中县多巴镇新墩村祁某一头3岁奶牛来诊。主诉：昨天，该牛多次排尿，尿量少，混有少量血液，食欲减少。检查：患牛体温40.5℃，呼吸16次/min，心跳65次/min，不时做出排尿姿势，偶尔排出少量尿液，尿中混有少量血液，直检膀胱空虚，触诊时疼痛、敏感。诊为出血性膀胱炎。治疗：黄柏、知母各50g，茯苓、泽泻各45g，白术35g，猪苓、滑石各40g，茵陈30g，木通、肉桂、甘草各15g。共煎煮2次，每次加水1500mL，分别取汁1000mL，共得药液2000mL，1剂/d，分早、晚2次灌服，连服3剂。服药后，患牛症状消失。继服药2剂，以巩固疗效。（王海霞等，T140，P51）

## 胞虚

胞虚是指因牛中气不足、气虚下陷、收摄无力，引起排尿异常的一种病症。西兽医称为膀胱肌麻痹。

**【病因】** 多因牛负重奔走过急，三焦积热或乘热而骤饮冷水，冷热互结，影响三焦气化和水道通利，

从而导致排尿困难。

【主证】 患牛不安，常作排尿姿势而无尿液排出或尿呈线状、滴状排出，直肠检查膀胱充满尿液，压迫膀胱能排出大量尿液，停止压迫则尿液不能排出，或排尿间隔延长，一次排出大量尿液。

【治则】 补中益气，升阳举陷。

【方药】 补中益气汤合五子衍宗汤、五苓散。当归、陈皮、白术、枸杞子、五味子、泽泻、猪苓各25g，黄芪、党参、茯苓、柴胡、车前子各30g，升麻、炙甘草、覆盆子各20g，菟丝子35g，桂枝15g。共研末，开水冲调，候温灌服；取0.2%硝酸士的宁10mL，50%葡萄糖注射液35mL，混合后取15mL，于百会穴、后海穴皮下注入，1次/2d，连用3次。

患牛无不安和排尿动作，只是排尿间隔延长，一次排出大量尿液，用肾气汤合补中益气汤：肉桂、制附子各15g，熟地、山药、茯苓、黄芪、党参各30g，山萸肉、泽泻、丹皮、当归、柴胡、甘草、陈皮、白术各25g，升麻15g。水煎取汁，候温灌服或共研末，开水冲调，候温灌服。

【典型医案】 1. 2008年4月，湟源县城关镇光华村刘某一头4岁公牛来诊。主诉：该牛使役后，常拱背排尿而无尿排出，今晨排出少量尿、呈线状。检查：患牛膀胱充满尿液，压迫膀胱排出大量尿液。治疗：补中益气汤合五子衍宗汤、五苓散，用法同上，1剂/d，连服3剂；取0.2%硝酸士的宁10mL，50%葡萄糖注射液35mL，混合后取15mL，于百会穴、后海穴皮下注入，1次/2d，连用3次，痊愈。

2. 2009年，湟源县城关镇张某一头6岁奶牛来诊。主诉：该牛白天常做排尿姿势但无尿液排出，夜间排出大量尿液。检查：患牛精神沉郁，直检膀胱空虚。询问畜主得知，该牛前天出汗后立即饮用冷水。治疗：肾气汤合补中益气汤，用法同上，1剂/d，连服4剂，痊愈。（袁平珍，T168，P53）

## 热　淋

热淋是指湿热结于下焦，膀胱气化失利，引起排尿淋漓涩痛的一种病症。西兽医称尿道炎或尿路感染。

【病因】 多因湿热蕴结于膀胱，熏蒸尿道，气化不畅，导致排尿频数、涩痛而发病。

【主证】 一般发病比较急。患牛素体发热，尿频、急、有涩痛感，尿量少，呈赤黄色，排尿时弓腰努责，舌质红，苔白或黄腻，脉数。

【治则】 清热解毒，通淋除湿。

【方药】 1. 三仁汤加减。白蔻仁、厚朴、半夏、薏苡仁、滑石、车前草、杏仁、竹叶、木通、甘草。水煎取汁，候温灌服。共治疗16例，均获痊愈。

2. 黄连、甘草各25g，黄柏、栀子、木通、滑石、瞿麦、泽泻各35g，黄芩50g，大黄40g，车前子30g

（为中等牛药量）。水煎取汁，候温灌服，1剂/d。一般连服1~2剂。共治疗31例，治愈29例。

3. 新鲜柳枝200g，让牛自由采食。共治疗2例，用药1次即愈。（王志远，体温44，P42）

4. 新鲜顺水柳（别名顺水金龙，是杨柳树的根须，生长在水渠旁、沟河边，色赤白者效佳）150g左右，水煎取汁，候温灌服，1剂/d，连服4d。若与车前子、黄连、木通、滑石同用，治疗尿路感染效果更佳。

【典型医案】 1. 1989年5月20日，泰和县桥头乡西池村一头5岁母牛来诊。主诉：该牛于3d前行人工配种，昨天发现尿淋漓不尽，弓背努责，回头顾腹，食欲减少。检查：患牛体温40.3℃，频频作排尿姿势，弓背努责，踢腹，尿道口红肿、有黄色黏液样分泌物，前后肢肌肉轻微颤抖，被毛竖立，左后肢轻度跛行，鼻镜干燥，口干，舌质红，苔白腻，脉滑数；尿液镜检，白细胞布满视野。诊为急性尿道感染。治疗：三仁汤加减。杏仁、白蔻仁、薏苡仁各50g，厚朴、半夏各40g，木通45g，滑石（包煎）、车前草各200g，竹叶、甘草各40g。水煎取汁，候凉灌服，1剂/d，连服3剂。24日，患牛已不弓背，排尿次数减少，仍频频回头顾腹，鼻镜干，舌苔白腻，脉浮滑数。上方药加桂枝、炒黄柏各30g，炒黄芩40g。用法同前，1剂/d，连服3剂。30日追访，患牛康复。（乐载龙，T71，P31）

2. 新沂县徐塘庄乡前古木村孙某一头10岁、体型中等、膘情良好母牛来诊。检查：患牛不时拱背努责，排尿滴沥不畅，躁动不安，尿液呈黄色，体温39.6℃，呼吸、心率加快，直肠检查膀胱内尿液积满。诊为淋病。治疗：取方药2，用法同上，连服2剂，痊愈。（陈升文等，T51，P14）

3. 1997年1月上旬，巍山县庙街乡苏某一头5岁、体质中等黄牛来诊。检查：患牛体温、心率、瘤胃蠕动无异常，精神沉郁，排尿时有痛苦感，尿频、量少、呈赤色。诊为尿路感染。治疗：新鲜顺水柳150g，水煎取汁，候温灌服，1剂/d，连服3d。患牛症状消失。（张杨杰，T90，P37）

## 血　尿

血尿是指牛泌尿器官发生出血性病变，以尿液中混有血液或伴有血块为主证的一种病症，属中兽医学血证范畴。

### 一、黄牛、水牛血尿

【病因】 由于牛使役过重，热结膀胱，肝火亢盛，肾虚内热，迫血妄行，或心脾两虚，血失统摄，血随气陷而引发血尿；肝肾阴虚，相火妄动，虚火灼伤肾络，加之劳倦内伤或病久及肾，肾气不固，封藏失司，血随尿出；误食有毒植物或某些传染病、寄生虫病引起血尿。

【辨证施治】　根据临床症候，分为膀胱湿热型、劳伤型、迁延型血尿。

（1）膀胱湿热型　患牛尿赤涩、窿闭、淋漓，点滴溲血，举尾拱腰，频频作出排尿姿势；口干舌燥，舌苔黄腻，脉实而数。

（2）劳伤型　患牛尿液带血、呈赤红色，行走弓腰，触按腰部敏感；严重者尿液呈酱黑色、量少，尿前努责，尿后淋漓不尽。

（3）迁延型（肝肾阴虚型）　患牛尿液中混有血液、呈茶褐色、深红色或黑色，静置后有多量红色沉淀物，尿沉渣镜检有多量红细胞。

【治则】　膀胱湿热型宜清热利湿；劳伤型宜活血化瘀，清热止血；迁延型宜滋阴降火，固肾涩疏，活血祛瘀。

【方药】　（1～4适用于膀胱湿热型；5～10适用于劳伤型；11适用于迁延型）

1. 瞿麦60g，酒知母、萹蓄、酒黄柏、木通、车前子、鱼腥草各50g，栀子、棕榈炭、泽泻、生地各40g，甘草梢25g。水煎取汁，候温灌服。共治疗47例，治愈43例。

2. 野春菜、银花藤、车前草各1500g，麦冬、海金沙、大青叶各1000g（均为鲜品），水煎取汁，候温灌服，2剂/d。共治疗81例，治愈78例。

3. 新鲜椿根白皮1500～3000g。水煎取汁，候温灌服，3次/d。共治疗4例，全部治愈。（陈国林，T35，P54）

4. 十黑散。知母30g，黄柏、地榆、蒲黄各25g，栀子、槐花、杜仲、侧柏叶各15g，棕皮10g（各药均炒黑），血余炭15g。共研细末，开水冲调，候温灌服，1剂/d。共治疗6例，全部治愈。

5. 秦艽、茵陈、蒲黄、滑石、车前子、大黄、当归各60g，黄芩、红花（孕牛不用）、灯心草各30g，白芍、竹叶各40g，杜仲、棕榈炭、血余炭各25g，甘草20g。水煎取汁，候温灌服。共治疗23例，均治愈。

6. 当归45g，红花30g。水煎取汁，候温灌服。共治疗46例，治愈41例。孕牛和犊牛慎用。

7. 当归50g，红花、吴茱萸、萹蓄、砂仁各20g，地骨皮、瓜蒌各70g，木通30g，川楝子60g，鲜马鞭草1000g，甘草梢15g。水煎取汁，候温，加黄酒400mL，灌服。共治疗11例，均治愈。

8. 虎杖散。虎杖、车前草各70g，栀子、瞿麦、萹蓄各50g，木通40g，马鞭草30g（视牛体型大小、病情轻重酌情加大药量）。水煎取汁，候温灌服。共治疗牛尿血（肾炎、膀胱炎、尿道炎及损伤等引起）46例，治愈41例，好转3例，无效2例。

9. 当归、红花、没药、秦艽各80g，川芎、牛膝、地骨皮、莪术、吴茱萸、大戟、巴戟天、车前子各60g，白芍、赤芍、桃仁各40g（犊牛酌情减量）。

水煎取汁，候温灌服。共治疗80余例，全部治愈。

10. 秦艽散。秦艽、白芍、炒蒲黄各15～30g，黄芩、大黄、炒栀子各20g，金银花30～40g，车前子、当归、瞿麦、泽泻各30g，甘草、淡竹叶各15g。共研细末，开水冲调，候温灌服。5%葡萄糖注射液、10%水杨酸钠注射液各100mL，40%乌洛托品注射液50mL，10%葡萄糖酸钙注射液200～400mL（体温较高者加青霉素钠640万～800万单位），静脉注射；抗病毒注射液或鱼腥草注射液30～50mL，肌内注射。

11. 生地炭50g，党参、知母、黄柏、阿胶、桃仁、赤芍、蒲黄各30g，鲜白茅根120g，黄芪、益母草各40g，当归25g。水煎2次，取药液4000mL，候温，分早、晚灌服。

12. 八正散加减。①木通、栀子、赤小豆、连翘各50g，车前子、萹蓄各60g，大黄、甘草各30g，滑石100g，瞿麦70g。共研细末，均分6份，温开水调匀，灌服，1份/d，2次/d。②木通、栀子、地肤子、黑荆芥各50g，车前子60g，萹蓄、瞿麦各70g，大黄、甘草、水灯草各30g，滑石150g。共研细末，均分6份，1份/次，温开水调匀，灌服，2次/d。

13. 将墨汁充分摇匀，直接灌服。成年牛250～300mL/次，犊牛100～150mL/次。共治疗21例，多数患牛灌服1次即愈。

14. 八珍汤加减。党参80g，焦白术、地榆、炒蒲黄各40g，阿胶、当归、干地黄各50g，盐知母、盐黄柏、炒栀子、木通各30g，炙甘草25g。除阿胶外，余药分2次水煎取汁，乘热加入阿胶使其烊化，候温灌服，1剂/d，连服3～5剂。加强护理，增喂易消化的精料。共治疗72例，均获满意效果。

【典型医案】　1. 1994年4月13日，峡江县戈坪乡舍龙村廖某一头5岁母牛来诊。检查：患牛尿液呈棕红色，排尿缓慢，尿后滴淋不尽，体温40.5℃，粪稍稀，食欲减退，行走不稳。诊为膀胱型实热血尿。治疗：取方药1，用法同上。翌日，患牛尿色转淡，尿量增多，体温39.6℃，食欲增加，粪成形。继服药1剂，痊愈。

2. 1994年4月7日，峡江县仁和镇上云村欧某一头6.5岁母水牛来诊。检查：患牛尿液呈鲜红色，量少，尿时努责，粪干，里急后重，体温41℃，食欲减少，精神沉郁。诊为膀胱实热型血尿。治疗：取方药2，用法同上，2剂/d。次日，患牛尿液呈淡红色，尿量增多，粪稍干，体温39.7℃，食欲增加。继服药2d，痊愈。（胡永东等，T78，P32）

3. 1980年7月3日，松桃县普觉乡高某一头5岁、体格高大公黄牛来诊。主诉：该牛患血尿病已4个多月，更换畜主3次，每次新畜主都请兽医诊治均无效，现已完全不能劳役。检查：患牛体瘦毛焦，可视黏膜苍白，严重贫血，精神沉郁，食欲不振，排出的尿，从始至终全是鲜红色。诊为膀胱实热型血尿。

治疗：十黑散，用法同方药4。服药4剂，患牛病情明显减轻；又连服6剂，痊愈。（杨正文，T14，P61）

4. 1989年5月21日，峡江县沙坊乡江口村刘某一头7岁母黄牛来诊。检查：患牛尿液呈酱黑色、量少，尿前努责，尿后淋漓不尽，体温41.2℃，食欲废绝，呼吸迫促。诊为血尿。治疗：取方药5，用法同上。翌日，患牛尿色略显红色，排尿时努责减少、无淋漓，体温40.3℃。继服上方药2剂，痊愈。

5. 1992年6月3日，峡江县砚溪镇大坑村胡某一头4岁母水牛来诊。检查：患牛尿液呈淡红色、量少，粪稍干，反刍减少，食欲减退。诊为血尿。治疗：取方药6，用法同上，连服2剂，痊愈。

6. 1994年5月21日，峡江县马埠镇胡家村胡某一头9岁母水牛来诊。检查：患牛尿液呈暗黑色，食欲减退，尿频滴淋，努责。诊为血尿。治疗：取方药7，用法同上。翌日，患牛尿色转淡，尿量增多，排尿基本正常，食欲增加。继服上方药1剂，痊愈。（胡永东等，T78，P32）

7. 1985年10月13日，威宁县羊街区小山乡赵某一头4岁母水牛来诊。主诉：该牛于7日产一犊牛，3d后使役了1d，随后发现食欲减少，尿血。检查：患牛体温38.2℃，心跳70次/min，瘤胃蠕动无力，口腔干燥，舌尖稍红，眼红，耳热，脉有力，尿液呈深红色。治疗：虎杖散，2剂，用法同方药8。翌日，患牛痊愈。（张洪启，T37，P64）

8. 1988年6月25日，峡江县罗田乡冠州村边某一头12岁母水牛，因患血尿病，经多方医治无效来诊。检查：患牛尿液呈红色，食欲减退，反刍减少，其他无异常。诊为血尿。治疗：取方药9，用法同上，1剂即愈。（黄守福等，体温44，P42）

9. 2004年6~7月，乌兰县希里沟镇西庄村、东庄村引进280头鲁西母黄牛，自引进至15d内21头牛发生尿血。检查：病初，患牛鼻镜发干，体温38.0~41.3℃，咳嗽气喘。发病后的第2~5天，患牛腹下水肿，尿液呈暗红色，血液和尿液混合均匀，排尿失禁、不畅，弓背拱腰，精神沉郁，触诊肾区敏感，呻吟，饮食欲少或废绝，口色苍白，脉沉。诊为血尿。治疗：取方药10中药、西药，用法同上，痊愈。

10. 2004年7月19日，乌兰县东庄村马某一头鲁西黄牛，因尿血来诊。检查：患牛鼻镜发干，流鼻涕，咳嗽、气喘，体温40.9℃，呼吸56次/min，心跳90次/min，腹下水肿，采食量少，尿淋漓、呈暗红色，弓背，结膜黄染。诊为血尿。治疗：取氯化钙、乌洛托品、水杨酸钠等，静脉注射，治疗2d效果不佳。遂取方药10中药、西药，用法同上。第2天，患牛尿量增多、含血量减少，体温38.9℃，呼吸29次/min，心跳65次/min，饮水、食草量明显增多。为巩固疗效，继续治疗，痊愈。（杨占魁等，

T138，P47）

11. 1994年6月8日，新蔡县陈店乡柏柿园村刘某一头4岁、妊娠已4个多月的牛来诊。主诉：1993年8月，该牛患流行热，经治疗痊愈。近期连续使役3d，发现尿呈茶褐色，他医诊为血尿，以抗菌消炎与止血药治愈。自5月以来，该牛多次血尿，经数医用中西药物治疗不愈。检查：患牛精神、食欲尚可，体温、呼吸、心率、粪均未明显异常，尿量正常、呈茶褐色。诊为血尿。治疗：取方药11，用法同上。次日，患牛尿色转淡。效不更方，继服药3剂，1剂/2d，痊愈。（徐好民等，T86，P35）

12. 2007年10月24日，德江县桶井乡郑家村安某一头经产母牛来诊。主诉：8月，该牛产犊牛后出现尿血，日渐加重，他医多方治疗无效。检查：患牛营养不良，被毛粗乱，排尿时努责，阴唇连续开合，先尿血，后尿与血一体、尿量多，最后排出尿液无血。诊为尿道出血性血尿。治疗：八正散加减①，用法见方药12。28日，患牛尿血止。继服药1剂，痊愈。

13. 2008年5月，德江县稳坪镇稳坪村何某一头黑黄色母牛于产后来诊。检查：患牛营养中等，血随尿排出、色紫、血见排尿全过程，排尿时牛曲腰拱背，尾不时摆动。诊为膀胱出血性血尿。治疗：八正散加减②，用法见方药12。6月9日，患牛排尿无血，诸症消失，痊愈。（张月奎等，T161，P59）

14. 1978年1月31日，滁州市常山乡林场村有3头成年牛来诊。检查：患牛尿血，饮食、反刍等正常。治疗：墨汁15瓶（每瓶50mL），5瓶/牛，灌服。3d后随访，患牛均在灌服后的第2天尿液转为正常。（李开云，T31，P63）

15. 1978年2月11日，泗洪县龙集乡龙西村王某一头7岁母水牛来诊。主诉：该牛于2个月前产一犊牛，产后一直饲喂稻草，饮以稀饭，未饲喂其他精料。由于劳役较重，近两天发现尿血，食欲、反刍减退。检查：患牛排尿时拱腰，有轻微疼痛表现，尿呈酱油色、有泡沫，毛焦欣吊，精神倦怠，口色淡白。诊为脾肾两虚型血尿。治疗：取方药14，用法同上。连服3剂，患牛病情得以控制；继服2剂，痊愈。（丁成清等，T61，P26）

## 二、种公牛血尿

常见于配种季节。

【病因】　因牛配种过度，或饲养管理失调，致使机体抵抗力下降，或肾虚，脾阳不振，封藏失职，脾不统血引发血尿。

【辨证施治】　根据临床症候，一般分为实热型、虚热型和气虚型血尿。

（1）实热型　患牛素体发热，精神沉郁，食欲减退，排尿不畅，尿液呈红色或暗红色，口色微红（轻症）或苍白（重症），舌苔黄，脉沉数。

（2）虚热型 患牛阴茎频频勃起，不断作排尿姿势，排尿无力，仅有少量尿液排出，尿呈淡红色，口色红，少津，时有低热，脉细数。

（3）气虚型 患牛精神不振，行走无力，背弓腰硬，排尿次数多，尿量少，呈淡红色，口色淡红，脉沉细。重症者可见阴茎垂露。

【治则】 行血通络，清热安络，利尿止血。

【方药】 1. 当归、生地、蒲黄、小蓟根、白茅根、藕节等。实热证加栀子、黄柏、丹皮、赤芍等；虚热证加知母、地骨皮等；气虚证加党参、黄芪、白术、茯苓等。1剂/d，水煎取汁，候温灌服。应用抗感染药物对症治疗则疗效更佳。共治疗种公黄牛7例，全部治愈。

2. 生地80g、竹叶、丹皮、赤芍、桃仁、红花、蒲黄、五灵脂、小蓟各60g，白茅根180g，黄连15g，肉桂5g。水煎取汁800mL，加知柏地黄丸60g，候温灌服，2次/d。

注：实热型血尿应注意同血淋加以辨别。

【典型医案】 1. 1999年5月3日，内乡县师岗镇张沟村时某一头2.5岁南阳黄种公牛来诊。主诉：该牛不食、不反刍，排尿次数多，尿量少，尿液中含血。检查：患牛体温40.3℃，呼吸37次/min，心跳79次/min，口色微红，舌苔黄，脉沉数，尿与血呈均质性混合、呈暗红色。诊为实热型血尿。治疗：当归、生地、赤芍、丹皮、黄柏、甘草各50g，蒲黄30g，白茅根80g，小蓟根100g，藕节为引。水煎取汁，候温灌服；取阿莫西林（0.25g/粒）、氟哌酸胶囊（0.1g/粒）各16粒，灌服。第2天，患牛尿血减轻。继服药1剂，痊愈。（杨铁矛等，T119，P32）

2. 1986年8月10日，微山县常庄村韩某一头3岁种牛，因配种后尿血来诊。主诉：该牛每次配种后都尿血1~2次，第1次尿中有瘀血块、大如蚕豆，牛不断舔阴茎、有似痛发痒感，舌尖红，苔黄薄，四肢无力，膘情尚佳，有时有性冲动，虽不配种也尿血。曾用西药治疗病情日趋加重。配种后第1次尿常规检查，红细胞呈强阳性，蛋白、脓细胞阳性；第2次红细胞呈弱阳性；第3次，患牛尿常规检查正常。治疗：取方药2，5剂，用法同上。服药后，患牛恢复正常，配种后尿液清亮，尿常规、精液正常。至今未见复发。（李成彬，T31，P61）

## 尿 闭

尿闭是指牛排尿困难，以尿频、淋漓甚者尿闭塞等为主证的一种病症。

### 一、水牛尿闭

【病因】 多因湿热邪毒侵袭，下移小肠，传入膀胱，郁结而尿闭；交配不当，损伤感染，瘀血败精停滞尿路致膀胱受邪，气化失常而尿闭；饲养失调，劳役过重，交配过度，肾气虚弱，气化功能不足致尿闭；肝失疏泄，气滞血瘀，使膀胱气化不利，蓄积化热，热灼尿液，聚为结石，或湿热下注，蕴结膀胱，煎熬尿液结而为石，或脾肾虚衰，气化无力，清浊不分，沉积为石导致尿闭。

【辨证施治】 临床常见的有实热尿闭、砂石尿闭和肾虚尿闭。

（1）实热尿闭 患牛常作排尿姿势，起卧不安，蹲腰努责，尿呈点滴而下、带有血液、呈黄色，口红，苔黄腻。

（2）砂石尿闭 患牛回头顾腹，阴茎频频勃起，摇尾踢腹，蹲腰踏地，欲排尿但无尿液排出。

（3）肾虚尿闭 患牛精神、食欲差，形体消瘦，屡作排尿姿势，但尿流短细、不畅，口色淡白，脉象沉细。

【治则】 实热尿闭宜泻膀胱湿热，通利水道；砂石尿闭宜温肾利水，生津润燥；肾虚尿闭宜补虚理气，通利水道。

【方药】 （1适用于实热尿闭；2适用于砂石尿闭；3、4适用于肾虚尿闭）

1. 瓜蒌瞿麦汤（丸）。瓜蒌根60g，瞿麦50g，茯苓40g，附子25g，山药45g（各药与剂量随症加减）。水煎取汁，候温灌服。共治疗54例，获效52例。

2. 海金沙60g，猪苓30g，瓜蒌瞿麦汤（见方药1）202g。水煎取汁，候温灌服。

3. 瓜蒌根、熟地、肉桂各50g，瞿麦45g，附子20g，茯苓35g，山药40g。水煎取汁，候温灌服，1剂/d。

4. 补中益气汤加渗湿利尿药。党参、仙鹤草各50g，黄芪45g，车前子、海金沙各40g，白术、熟地、萹蓄各30g，木通20g，肉桂15g。水煎取汁，候温灌服，1剂/d。

【典型医案】 1. 1978年5月，湖北省荒湖农场东湖分场一队张某一头13岁公水牛来诊。检查：患牛起卧不安，常作排尿姿势，尿呈点滴而下、带有血液，口红、苔黄，蹲腰努责，体温38.9℃，心跳58次/min，呼吸36次/min。诊为实热尿闭。治疗：瓜蒌瞿麦汤（见方药1）220g，加黄柏、知母各40g。1剂，用法同上。服药6h后，患牛排出少量的黄色尿液。取上方药，1剂/d，连服3剂痊愈。

2. 1981年4月28日，湖北省荒湖农场东湖二队一头10岁公水牛来诊。主诉：该牛在劳役中突然腹痛，摇尾踢腹，蹲腰踏地，欲排尿，但当天至次日上午7时一直未排出尿液。检查：患牛回头顾腹，阴茎频频勃起。诊为砂石尿闭。治疗：取方药2，用法同上。服药后，患牛能排出点滴尿液。继服方药2，1剂/d，连服5剂。5月5日，患牛排尿恢复正常。

3. 1983年3月19日，湖北省荒湖农场一头16

岁公水牛来诊。主诉：该牛屡作排尿姿势，但尿流短细、不畅。检查：患牛精神、食欲欠佳，形体消瘦，后肢下部水肿，四肢无力，口色淡白，脉象沉细。诊为肾虚尿闭。治疗：取方药3，3剂，用法同上，1剂/d。服药后，患牛精神、食欲、排尿均恢复正常。（唐道财，T8，P56）

4. 1991年4月，吉安县敦原镇梨塘村刘某一头4岁母水牛来诊。主诉：该牛于7d前因排尿不畅，他医肌内注射抗生素，内服渗湿利尿中药，治疗数天无效且病情加重。检查：患牛膘情稍差，食欲减退，体温38.7℃，阴门水肿，尿呈点滴状流出、色淡白。诊为气虚尿闭。治疗：补中益气汤加渗湿利尿药，用法同方药4，1剂/d，连服3剂，第5天痊愈。（郭岚，T85，P36）

## 二、牦牛尿闭

【主证】　患牛常作排尿动作但不见尿液排出，运步强拘，腹痛，拱腰、呻吟。

【治则】　清热通淋。

【方药】　滴明穴刺血疗法。以中等体型的牦牛为准，滴明穴位于脐前16cm，距腹中线约13cm凹陷的腹壁皮下静脉上，倒数第4肋骨向下即乳井静脉上，拇指盖大的凹陷处，左右各1穴，牧民则称为"左扎色脾右扎胆"（不知穴位名称）。施针前将患牛站立保定，局部剪毛消毒，后将皮肤稍向侧方移动，以右手拇指、食指、中指持大宽针，根据进针深度留出针尖长度，针柄顶于掌心，向前上方刺入1～1.5cm，视牛体大小放血300～1000mL。进针时，动作要迅速、准确，使针尖一次穿透皮肤和血管。流血不止时，可移动皮肤止血。共治6例，除2例肌内注射速尿外，余例均愈。

【典型医案】　2000年8月16日，门源县苏吉滩乡燕麦图呼村牧民俄某一头9岁牦牛，因使役后遭受雨淋而发生尿闭来诊。检查：患牛体温40℃，心跳56次/min，呼吸36次/min，腹痛不安，常作排尿动作，直检膀胱充盈。诊为尿闭。治疗：刺滴明穴放血500mL，方法同上。约30min后，患牛开始排尿，全身症状得已缓解。（李德明，T144，P66）

## 三、公牛尿闭

本病是因公牛泌尿系统受湿热、毒邪的刺激，导致膀胱或尿道括约肌发生反射性痉挛而无法排出尿液的一种病症。

【主证】　患牛被毛零乱，口干舌红、苔黄、脉数，腹围明显增大，呈胸式呼吸，拱背蹲腰、不断翘尾，后肢张开，频频努责作排尿姿势但无尿排出，有时前肢刨地或后肢踢腹，直肠检查膀胱充盈、膨大、有弹性，按压膀胱时患牛不安，无尿液排出。

【治则】　中药宜清热通淋；西药宜镇痛解痉。

【方药】　①导尿。将直肠内粪清除干净，取12

号针头，针尾连接一长约90cm软胶输液管，手涂肥皂把针头夹在右手中指和食指内侧，右手从牛肛门中呈螺旋式左右旋转插入，待触摸到膀胱时，刺穿直肠壁和膀胱进行导尿，尿液导净后用青霉素400万单位，盐酸普鲁卡因10mL，用生理盐水稀释成50mL，从导尿管中注入膀胱。②蒲公英50g，木通60g，大黄45g，金银花、瞿麦、甘草梢各40g，灯心草、萹蓄、车前子各35g，滑石、栀子各30g。水煎取汁，候温灌服，1剂/d，连服3d。③安溴注射液100mL，静脉注射，1次/d，连用2d。共治疗17例，均取得了较好的效果。

【典型医案】　2007年3月，兰坪县某村民一头公牛，因3d未排尿来诊。检查：患牛被毛零乱，腹围增大，呈胸式呼吸，频频努责，常作排尿姿势但无尿液排出，体温38.9℃，心跳83次/min，呼吸42次/min，触摸膀胱部位有痛感。诊为尿闭。治疗：每天导尿1次；取上方中药，1剂，用法同上；安溴注射液100mL，静脉注射，连用2d。第3天上午，患牛开始排尿。7d后随访，痊愈。（张永玉等，T152，P52）

## 四、胞虚型尿闭

本病是指牛膀胱气化功能减退，排尿不畅甚至闭塞的一种病症。

【病因】　多因饲养失调，劳役过度，致使牛气血两虚、内伤阴冷等，导致膀胱麻痹引起尿闭。

【主证】　病初，患牛精神不振，口色淡白，舌质绵软、无力，尿频、量少。随着病情加重，患牛食欲、反刍减退或废绝，身瘦体弱，后腹胀满，后肢张开，频频作出排尿姿势、无痛苦感，尿淋漓或尿闭；直肠检查膀胱充盈，压迫膀胱能排出大量尿液，停止压迫排尿亦随之停止，用导尿管导排尿量也很少。

【治则】　温补肾阳，利水消肿。

【方药】　济生肾气丸。熟地90g，山药、山萸肉、泽泻、茯苓、丹皮、车前子各60g，肉桂40g，制附子45g。水煎取汁，候温灌服，1剂/d，间隔1d。一般轻症2～3剂，重症3～5剂。共治愈16例。

注：本症应和膀胱癥闭、膀胱积热所致尿淋漓、气虚遗尿进行鉴别。

【典型医案】　1996年3月20日，鲁山县辛集乡伏岑村李某一头5岁母黄牛来诊。主诉：该牛尿不利已4d，经他医治疗仍不见大效，现食欲、反刍减少。检查：患牛营养不良，行走无力，口色青白，舌质绵软、无力，瘤胃轻度臌气、蠕动音弱、次数少，时作排尿姿势但尿量极少，排尿时无痛苦表现；直肠检查膀胱充盈，压迫膀胱则有大量尿液排出，停止按压则排尿停止。诊为胞虚型尿闭。治疗：济生肾气丸，用法同上。2剂见效，4剂痊愈。（田鸿义，T103，P33）

## 尿白浊

尿白浊是指牛尿液污浊不清、色白如泔浆的一种病症，又称白尿病。多见于公牛。

**【病因】** 多因牛过度劳役、湿热内聚或配种过多引起。

**【主证】** 患牛神倦毛枯，乏力懒动，食欲、反刍减少，尿如米泔水或尿液中混有凝结的白片，排尿不畅。

**【治则】** 清利湿热，分清导浊。

**【方药】** 南瓜根（烧灰）150g，鱼腥草100g。先将鱼腥草水煎取汁，再与南瓜根灰调匀，1次灌服，3次/d，连服3d。共治疗53例，均治愈。（冯祖洲，T21，P65）

## 尿石症

尿石症是指牛尿液中无机盐类析出，形成沙粒状或结成块状，存在于肾脏和尿路的某个部位，造成排尿机能障碍的一种病症。临床上以牛点滴状频频排尿，仅排出极少量尿液或血尿为特征。属中兽医砂石淋范畴。一般呈地区性发生，见于公牛。

**【病因】** 长期喂饲单一饲料和饮用富含矿物质的水，或日粮中钙、磷比例失调或缺乏维生素A等，或平时未适当补给食盐或青绿多汁饲料，又长期饮水不足等，使湿热渗入膀胱，肾虚气化不利，湿热蕴结，灼烁津液，致尿中杂质凝结，阻塞尿道而发病。

**【主证】** 患牛排尿时疼痛不安，尿液混浊、淋滴不畅，尿液静止后沉淀、比重增加。多数患牛表现为尿频、血尿或尿闭，呻吟、痛苦不安，蹲腰踏地，欲排尿则无尿液排出。若公牛结石在"S"弯曲部，则结石以下阴茎粗细无明显变化，结石以上的阴茎变粗，随排尿姿势出现阴茎上部有跳跃感；结石在"S"弯曲下部，一般结石体积小，触诊"S"弯曲部不敏感，顺阴茎往下触摸则较敏感，包皮口长毛处有细小结石粒和血尿珠或血污。

**【治则】** 清利湿热，利尿排石。

**【方药】** 1. 加减血府逐瘀汤。柴胡、牛膝、当归、桃仁、赤芍、红花、王不留行、生地黄、金钱草、白花蛇舌草、滑石（先煎）。尿不畅者加海金沙、瞿麦、萹蓄；尿血者加小蓟、白茅根、蒲黄；脾肾气虚者加黄芪、党参、淫羊藿。水煎2次/剂，取汁，候温灌服，1剂/d，一般连服2～6剂。同时，配合西药抗菌消炎和利尿。如结石较大，服用上方药疗效不佳，尿液不能排出者，应及早采用手术治疗，以免继发尿毒症、膀胱破裂等。共治疗4例，全部治愈。

2. 八正散合五苓散加减。车前子60g，萹蓄、瞿麦、滑石、甘草、木通、栀子、猪苓、茯苓、泽泻、白术、桂枝各30g，大黄15g。气血虚弱者加党参、

黄芪、杜仲、木香、大枣；偏实热者加金银花、连翘、黄连、黄芩、黄柏；脾胃虚弱者加山楂、麦芽、神曲、青皮、厚朴、陈皮、枳壳。共研细末，取500～1000g，温开水冲调，灌服，小苏打6～9g，干酵母15～20g，双氢氯噻嗪0.5～2g，灌服，2次/d，连服3～4d；呋喃苯氨酸0.5～1.0mg/kg，肌内注射，1～2次/d，连用3d。共治疗68例（其中牛8例），治愈67例。

3. 手术疗法。患牛侧卧保定，用绳将两前肢与靠地面侧的后肢三蹄捆系结实，另一蹄向上牵引保定，充分暴露术部。结石位于"S"弯曲处者，则手术部位应选在阴囊后方"S"弯曲处；结石不在"S"弯曲处者，可根据结石所在的部位选择术部。术部剃毛，用温肥皂水将术部及其周围清洗洁净，常规消毒；手术器械应高压灭菌或用75%酒精、10%新洁尔灭浸泡0.5h。取0.25%～0.30%盐酸普鲁卡因50mL，术部菱形浸润麻醉，若配合5～8mL静松灵行全身麻醉，效果更好。用手术刀在选定部位会阴中线做10cm纵切口，钝性分离皮下组织，用扩创钩拉开皮肤扩创，如结石在"S"弯曲部，寻找阴茎缩肌，用手术刀沿2条阴茎缩肌之间肌缝做纵切10cm切口，并左右分开，用手拉出阴茎的"S"弯曲，找到结石后，在结石部位沿尿道正中切开尿道，注意勿伤阴茎海绵体（海绵体伤后出血不易止住），用止血钳取出结石。为防止另有结石阻塞，可采用灌注法进行检查，用50～100mL温生理盐水，加青霉素80万单位，用注射器吸入药液，将注射器顶端插入尿道口内用手捏紧尿道口固定，向上、向下注射，如遇阻力，可沿尿道上下触摸，即可找到结石。结石取出后，用生理盐水冲洗创口，常规用小圆利针连续缝合尿道白膜（尿道黏膜不缝合，则易造成尿道狭窄），阴茎缝合完毕，撒布适量青霉素和链霉素，皮肤做结节缝合，术部涂擦碘酊即可。为防止感染，一般术后注射青霉素和链霉素，连用7d，2次/d；尿道抗炎消毒，取呋喃旦啶，乌洛托品或复方新诺明等，灌服，2次/d，连服3～7d。中药以化石利尿，清热解毒为治则，取金钱草25g，海金沙30g，滑石60g，木通、车前子、金银花、连翘、黄连、黄柏各20g，甘草10g，竹叶、灯心草为引，水煎取汁，候温灌服，1剂/d。共治疗36例，治愈32例。

**【护理】** 加强饲养管理，合理搭配饲料，及时治疗尿路各部位炎症。

**【典型医案】** 1. 1999年9月8日，天祝县朵什乡石沟村付某一头4岁黄犍牛来诊。主诉：今晨发现该牛腹痛，起卧不安。检查：患牛呈肾性疝痛，有排尿姿势，拱背努责，阴茎频频勃起，只有点滴尿液排出，直检膀胱充盈，阴筒外口被毛上有小砂砾。诊为尿结石。治疗：柴胡、当归、牛膝各25g，桃仁、赤芍、红花各20g，王不留行、生地黄、金钱草、白花蛇舌草、党参、海金沙各30g，萹蓄、瞿麦各35g。

水煎取汁，候温灌服，1剂/d，连服4d，痊愈。（马玉苍，T110，P28）

2. 1996年10月2日，金川县勒乌乡马厂村周某一头犏牛，因排尿困难来诊。检查：患牛尿道及其周围肿大，排尿时疼痛不安，剧烈努责，呈点滴状排出极少量尿液、混有血液。诊为尿结石。治疗：八正散合五苓散加减：萹蓄、瞿麦、滑石各20g，车前子60g，甘草、木通、栀子、猪苓、茯苓、泽泻、白术、桂枝各30g，金银花、连翘、大黄、黄连、黄芩各15g，黄柏10g，川红花、党参、黄芪、杜仲、木香各5g，大枣10g，碳酸氢钠片10g，干酵母片15g，共研细末，温水冲调，分3d灌服，1～2次/d，连服3剂。同时，取油剂普鲁卡因青霉素300万单位，在尿道及其尿道周围肿大部位涂搽，1～2次/d，连用3～4d。患牛肿胀完全消失。（周文章，T91，P19）

3. 1999年8月，武山县子盘村二组王某一头6岁公黄牛来诊。检查：患牛食欲不振，站立不安，起卧不止，伴有阵发性腹痛感，拱背蹲腰，后肢开张，不时翘尾，体温38℃，频频作排尿姿势，尿液呈点滴状排出，欲尿排不出；包皮口长毛上附有细小的结石和血污；触诊"S"弯曲部不敏感，顺阴茎向下触摸较敏感。诊为"S"弯曲下部尿结石。治疗：手术疗法。术法与中药、西药见方药3。在结石部位沿尿道正中切开尿道，用止血钳取出结石，用生理盐水冲洗创口，尿道白膜连续缝合，撒布青霉素、链霉素，皮肤做结节缝合，外涂碘酊。为防止感染，取青霉素320万单位，链霉素200万单位，肌内注射，2次/d，连用6d；乌洛托品20g，呋喃旦啶10g，灌服，2次/d，连服5d；取方药3中药，用法同上，连服3剂。术后18d，患牛痊愈。（鲜万成，T104，P21）

## 阴 茎 炎

阴茎炎是指外伤性阴茎炎。在配种爬跨时，公牛阴茎受到损伤引发炎症的一种病症。多见于种公牛。

【病因】　常因配种或在野外放牧时，公牛爬跨母牛时，导致阴茎受伤而引发；或跳跃栅栏、低矮物碰伤所致。

【主证】　患牛阴茎脱出，包皮及阴茎高度水肿、表皮有紫黑色结痂、气味腐臭，频频努责呈排尿状，无尿液排出。

【治则】　清泻肝经湿热。

【方药】　将患牛侧卧保定，充分暴露阴茎。用1∶1000高锰酸钾溶液充分洗净阴茎患部及包皮污物后，用12号注射针头针刺肿胀阴茎及附属组织，反复挤压，使炎性渗出物流出，然后将阴茎缓慢还纳。为防止阴茎再次脱出，用75%酒精5～10mL于包皮后约1cm处作扇形注射。取加味龙胆泻肝汤。龙胆草、生地、黄芩、黄柏各50g，北柴胡、木通、车前子各40g，当归、栀子、泽泻、知母、茵陈各30g，

甘草20g。共研细末，均分6份，1份/次，温水调成稀糊状，灌服，2次/d。

【典型医案】　1986年6月，德江县稳坪镇稳坪村冯某一头黄色公牛来诊。主诉：该牛于放牧时因爬胯母牛，导致阴茎脱出、难收。检查：患牛阴茎脱出，包皮及阴茎高度水肿，阴茎有紫黑色结痂、气味腐臭，频频努责呈排尿状，无尿液排出。诊为外伤性阴茎炎。治疗：按上述方法作一般性外伤处理后，取加味龙胆泻肝汤，制备、用法同上，连用3d，痊愈。（张月奎，T100，P35）

## 阴茎脱垂（出）

阴茎脱垂（出）是指公牛因肾气不足，致使阴茎失去收缩能力而垂于包皮之外的一种病症。中兽医称垂缕不收。

【病因】　由于牛劳伤太过，配种过度，肾阳素亏，肾气不固，或寒湿流注肾经，损伤肾阳，使肾气受损，阴茎无力收回而垂于阴筒之外；配种时阴茎受到外伤，或因闪伤腰胯，肾经亏虚等引发。

【主证】　患牛精神不振，阴茎下垂、水肿、外膜干裂、有血液渗出并沾污泥土，排尿淋漓、疼痛，性欲减退。

【治则】　补肾壮阳，活血祛瘀。

【方药】　1. 将活黄鳝剥皮，把皮放入生菜油中数分钟后备用。先将阴茎脱出部分洗净，然后用黄鳝皮包裹阴茎，一般敷裹30min左右阴茎回缩，黄鳝皮自行脱落。共治疗黄牛4例、水牛1例，均治愈。（冉启海等，T47，P46）

2. 将牛拴于阴凉干净处，后肢简易保定。用0.1%高锰酸钾溶液冲洗包皮、阴茎，将泥土及渗出物冲洗洁净。取生马钱子50g，研碎，置搪瓷盆中，加水4000mL，文火煎2h，离火候温，得药液500mL。用药棉蘸取药液轻轻擦洗阴茎7min，然后涂布清油以润滑、防蝇，擦洗1次/4h。

3. 阴茎脱出初期，用花椒、艾叶、葱白、食盐各等分，水煎取汁，候温，洗擦患部，再取黄柏、猪胆汁调匀、涂擦。若日久腐烂者，用艾叶、金银花、白芷各等分，水煎取汁，候温，洗擦患部，后用冰片、明矾粉各等分，用麻油调匀、涂擦。取加味故纸散：炒破故纸、炒川楝子、熟地、车前子各30g，砂仁7g，党参、炒骨碎补、炒金毛狗脊各60g，炒小香、生小香、甘草梢各15g。共研细末，开水冲调，童便半碗为引，灌服。共治疗4例，均获痊愈。（孙继业，T49，P23）

4. 取50～60℃的热水1盆（冬季水温60～70℃），将毛巾（或白布）置热水中浸湿，取出略拧去大水，随即热敷在睾丸上方。对垂缕日久、外结痂皮者，用高于体温（45℃左右）的生理盐水冲洗洁净，除去痂皮和异物，再用1%高锰酸钾溶液冲洗，外敷

适量青霉素粉，然后按上法热敷。共治疗 28 例，全部治愈。

【典型医案】　1. 1993 年 9 月 18 日，阜康市九运街乡十运村王某一头 3 岁阉牛来诊。主诉：该牛由他人代牧，因患阴茎脱垂而被送回，已病 4d。检查：患牛精神不振，阴茎脱出包皮 18cm、弛缓下垂、水肿、外膜干裂、有血液渗出并沾污泥土，排尿淋漓，疼痛。诊为阴茎脱垂。治疗：取方药 2，用法同上，连用 2d。20 日追访，痊愈。(严树立，T74，P12)

2. 平泉县黄土梁子村一头种公牛来诊。主诉：该牛于上午爬跨母牛时未射精即发生阴茎垂缕不收。检查：患牛口色淡白，舌绵，其他未见异常。诊为阴茎脱垂。治疗：取方药 4（水温 60～70℃），用法同上，1 次即愈。(冯伟等，T94，P29)

## 滑　精

滑精是指公牛在不交配或即将交配时精液外泄的一种病症。

【病因】　由于配种过多，劳役过度，使公牛肾气亏虚，阴虚内热，扰动精室，封藏失司而滑精；肾阳不足，精关不固而滑泄。

【主证】　患牛精神委顿，形体较瘦，在交配之前精液已泄，或阴茎频频勃起，精液随之泄出，或阴茎常垂伸，但勃起无力，精液滑泄，口色红、稍干，脉细而数。

【治则】　补肾滋阴，涩精安神。

【方药】　沙苑蒺藜、莲肉、莲须、芡实各 30g，煅龙骨、煅牡蛎、熟地、山萸肉、山药各 25g，龟板、茯神、远志、酸枣仁各 20g。共研细末，开水冲调，候温灌服，连服 1～3 剂。共治疗 2 例（种用 1 例），均治愈。

【典型医案】　1987 年 6 月，庄浪县卧龙乡一头 3 岁秦川种公牛来诊。主诉：该牛于 1.5 岁时开始配种，情况一直良好，3 个月前间或出现滑精。近 1 个月来，多见该牛清晨阴茎频频勃起，作抽动状而精液随之泄出。使役时较为狂躁，配种时不能或很少能正常爬跨交配。检查：患牛精神委顿，形体较瘦，口色红、稍干，脉细而数，体温、呼吸、心率基本正常。诊为滑精。治疗：取上方药，1 剂，用法同上。嘱畜主暂停配种。服药后连续 3d 未见患牛滑精。又服药 2 剂。10d 后亦未见滑精，该牛正常配种。(刘德贤，T48，P33)

## 阳　痿

阳痿是指公牛在配种过程中，出现阴茎不能勃起或举而不坚、坚而不久，达不到与母牛交媾的一种病症，又称阴痿、阴茎不举等。

【病因】　多因元阳不足，命门火衰，精气虚冷而阳痿；配种过早及配种过频，损伤肾气而阳痿；饲喂不当，营养不良，水谷之精微输布失调，湿阻中焦，或劳役过度，耗伤肾气，日久则阳虚，阳虚则表不固而常自汗，风、寒、湿诸邪乘虚而入，耗伤肾之阳气而阳痿；阳旺交媾之时忽受惊吓、骚扰，造成阳事不振而阳痿。

【辨证施治】　本病分为肾阳（元阳）不足型、劳伤心脾型、湿热下注型和惊恐伤肾型阳痿。

(1) 肾阳不足型　患牛精神萎靡，头低耳耷，形寒肢冷，体瘦毛焦，拱腰挟尾，腰膝酸软，行走无力，动则汗出，交媾时阴茎痿弱不举或举而不坚，口色淡，津润，舌苔薄白，脉沉细而弱。多伴有阴部冰凉、四肢欠温等。

(2) 劳伤心脾型　劳伤心脾型患牛精神倦怠，行走乏力，步态缓慢，饮食欲减退，肚腹胀满，头低眼闭，体形消瘦，交媾时阴茎不举，口黏膜、眼结膜苍白、无华，舌淡苔薄，脉沉细。

(3) 湿热下注型　患牛精神沉郁，疲乏无力，头低耳耷，饮食欲减少，四肢酸重，体困懒动，腰膝酸软，粪微干，尿短赤，口舌色红，舌苔黄腻，脉滑数或沉滑。

(4) 惊恐伤肾型　患牛精神沉郁，胆怯易惊，腰膝酸软、无力，心神不宁，烦躁不安，配种、行走时左顾右盼，阴茎勃起时间短，有时痿而不举或举而不坚，交媾困难，口色淡，舌苔薄，脉弦细或细弱无力。

【治则】　肾阳不足型宜补肾壮阳，益精起痿；劳伤心脾型宜补益心脾，填精壮阳；湿热下注型宜清热化湿，滋阴壮阳；惊恐伤肾型宜镇惊安神，益肾壮阳。

【方药】　(1、2 适用于肾阳不足型；3 适用于劳伤心脾型；4 适用于湿热下注型；5 适用于惊恐伤肾型)

1. 右归丸合五子衍宗丸。熟地、山药、山茱萸、枸杞子、五味子、杜仲、菟丝子、覆盆子各 30g，肉桂、制附子、车前子各 25g，甘草 20g，海狗肾 2 个，阳起石、蛇床子、金樱子、芡实、锁阳各 30g。共碾细末，开水冲调，候温灌服，1 剂/2d，1 个疗程/5 剂，间隔 3～5d。

2. 亢痿灵加味。蜈蚣 18g，白芍、甘草、当归、苍术、茯苓各 60g。水煎取汁，白酒冲服，连服 5 剂。

3. 补中益气汤。黄芪、党参、甘草、陈皮、当归、升麻、柴胡、白术、龙眼肉、肉苁蓉、补骨脂、菟丝子、阳起石、焦山楂、神曲、金樱子、海狗肾（各药与剂量根据病情临证增减）。必要时酌加淫羊藿、广木香、锁阳、芡实等益精壮阳之品。1 剂/2d，水煎 3 次/剂，取汁 2000mL/次，灌服，连服 5 剂。

4. 龙胆泻肝汤。龙胆草、黄芩、栀子、木通、车前子、柴胡、泽泻、生地、当归、甘草、苍术、菟丝子、芡实、金樱子、牛膝、黄柏、神曲、焦山楂、炒麦芽（各药与剂量根据病情临证增减）。必要时酌加沙苑蒺藜、菟丝子、淫羊藿、巴戟天、阳起石等壮阳之品。共研末，开水冲调，候温灌服，连服5剂。

5. 定志丸加味。党参、黄芪各50g，茯神、石菖蒲、远志、炒枣仁、枸杞子、肉苁蓉各30g，甘草、朱砂各20g，焦三仙各80g，五味子、淫羊藿、巴戟天、阳起石各25g，水煎取汁，候温灌服，1剂/d。

【典型医案】　1. 1984年7月19日，张家川回族自治县胡川乡蒲家村的一头3岁秦川种公牛来诊。主诉：该牛于1983年4月从陕西购来作为改良种用牛，一年配种约300头，同时也耕地劳役。近来发现该牛逐渐消瘦，粪时干时稀，食草量减少；尤其近两个月来，该牛配种时阴茎勃起迟缓，勃起后随即痿软回缩，难于交媾。检查：患牛精神萎靡，头低耳卷，体瘦毛焦，拱腰挟尾，形寒肢冷，腰膝酸软，阴囊松弛、下垂、触之冰凉，四肢欠温，行走无力，全身僵硬，口色淡，舌苔薄白，脉沉细无力。诊为肾阳不足型阳痿。治疗：右归丸合五子衍宗丸，用法见方药1，7剂，1剂/2d，1个疗程/5剂，间隔3～5d。治疗期间应加强护理，饲喂营养较高的草料。1985年4月追访，该牛再未复发，配种正常。（马怀礼，T93，P21）

2. 淮滨县新里乡张大营程某一头种公牛来诊。主诉：该牛近日爬跨无力，有时阴茎一举即泄。检查：患牛食草量减少，毛焦欣吊，精神倦怠，口色发黄，口津精少。诊为肝气郁滞、湿热侵扰肝脾。治疗：取方药2，用法同上。第10天畜主告知，该牛阴茎勃起有力，配种顺利。（方医等，T56，P49）

3. 1993年4月9日，张家川回族自治县木河乡下庞村马某一头3岁西杂公牛来诊。主诉：该牛一直性欲旺盛，去年腊月配种时被飞起的鸦雀惊吓，当即跑回圈内，全身发抖，出气喘粗，逐渐出现慢草、消瘦、烦躁易惊等症状。近两个月，该牛配种时乏力，阴茎不举或举而即痿，精神疲惫。检查：患牛遇生人即惊恐、喘气，精神不振，体形消瘦，行走腰膝软弱，四肢无力，左右观望，心神不宁，饮食欲减退，粪时干时稀，尿清长，口色淡、津润，舌苔薄白，脉弦细无力。诊为惊恐伤肾型阳痿。治疗：定志丸加味，用法见方药5，1剂/d，连服7剂，痊愈。1993年10月追访，该牛配种、使役均正常。（马怀礼，T93，P21）

## 缩阳症

缩阳症是指青年公牛生殖器官剧烈收缩的一种病症。主要见于1～3岁青年公黄牛。

【病因】　多因寒凝厥阴或湿热之邪侵犯肝经，或因阴虚内热，盛怒伤肝，疏泄失职，气机郁滞；或肝血不足，肝用不及，经脉不利；或气滞血瘀，筋脉失于濡养而发病。

【主证】　患牛突然发病，疼痛不安，两后肢开张站立并向后坐，下蹲、呈犬坐势，阴茎在包皮内剧烈向上收缩，同时睾丸也剧烈缩向腹部、变硬、变小。如治疗不及时，最后倒地死亡。

【治则】　消胀行气，攻坚散结，利尿泻下。

【方药】　火药15～30g，温水500～1000mL，混合，灌服；或樟树内层白皮500g，加水2000mL，煮沸5min，取汁，冷却后加入500响小鞭炮，浸出火药后去纸屑，灌服。针刺百会穴，再用鲜生姜片敷在针眼上，火烧生姜片5～10min，或从百会穴缓慢注入2%普鲁卡因注射液10～20mL（进针深度3～5cm）。

【典型医案】　1983年5月，吉安县油田乡七里村李某一头2.5岁公黄牛来诊。检查：患牛站立时四肢开张，不时呈犬坐姿势，似有腹痛感，阴茎在包皮内向后躯剧烈收缩、变小、变硬，同时睾丸也向上剧烈收缩、变小、变硬，体温38.5℃。诊为缩阳症。治疗：取上方药与针灸法，针灸、用法同上，1次治愈。（郭岚，T91，P29）

## 性欲减退

性欲减退是指公牛性欲减退。种公牛对母牛性欲反应行为减退或无性行为反应的一种病症。

【病因】　多因牛劳役过重，配种过频，精气耗损过度不能复原，命门火衰等引发。

【主证】　患牛精神委顿，气虚怕冷，腰腿软弱，配种时阴茎不举或举而不坚，或一举即泄，有时见发情母牛无反应。

【治则】　壮元阳，升命门之火。

【方药】　附子理中汤加减。肉桂、附子、干姜、阳起石、杜仲、续断、山萸肉、破故纸、熟地、枸杞子、茯苓、干牛鞭（各药根据病情与牛体大小增减）。除干牛鞭外，余药水煎取汁，将干牛鞭研末，混合灌服。共治疗24例（含羊），治愈18例。（贾保生等，T117，P23）

## 不育症

不育症是指公牛不育症。公牛生殖器官或相关器官患病，引起生殖机能障碍的一种病症。

【病因】　由于饲料品质不良，营养缺乏且运动不足，或配种过早、过多，或病后误治，或外伤等，致使公牛生殖系统（器管）发生疾病而引起不育。

【辨证施治】　根据临床征候，有阴茎外伤型、肾气虚弱型、脾肾阳虚型、肝肾阴虚型和痰湿阻络型不育。

（1）阴茎外伤型　患牛精神沉郁，束步难移，垂缕不收或阴茎肿胀，拒绝交媾。严重者，阴茎破溃、流黄水或脓液，或结痂，舌质淡暗，舌下经脉青紫、显露，苔青白，脉象沉细。

（2）肾气虚弱型　患牛食欲减退，精神萎靡、不振，排尿不畅，滴滴不尽，粪干，有时滑精，舌质淡红，苔白或黄，脉细弦。

（3）脾肾阳虚型　患牛精神委顿，腰酸乏力，喜卧，纳呆，被毛干燥，粪溏薄，尿清长；性欲减退，四肢不温，舌质色淡而胖嫩，苔薄，脉细。

（4）肝肾阴虚型　患牛精神沉郁或躁躁不安，形体消瘦，食欲减退，腰酸无力，性欲亢进，阴茎频频勃起，遗精，粪干，尿短赤，舌质偏红，苔薄少津，脉细数。

（5）痰湿阻络型　患牛形体多肥胖，嗜卧懒动，食欲减退，性欲不旺，拒绝交配，舌苔白腻，脉濡。

【治则】　阴茎外伤型宜散瘀通络，补气活血；肾气虚弱型宜补肾固精；脾肾阳虚型宜益气健脾，补肾填精；肝肾阴虚型宜滋养肝肾，益精填髓；痰湿阻络型宜燥湿化痰，健脾温肾。

【方药】　（1适用于阴茎外伤型；2适用于肾气虚弱型；3适用于脾肾阳虚型；4适用于肝肾阴虚型；5适用于痰湿阻络型）

1. 补阳还五汤加味。生黄芪、当归各50g，赤芍、桃仁、红花、川芎、穿山甲、土鳖虫、川牛膝、地龙各35g（均为中等牛药量）。水煎取汁，候温灌服。阴茎有坏死者，用明矾水洗涤，再撒布消炎粉即可。

2. 山萸肉、枸杞子、丹皮、泽泻、杜仲、肉苁蓉、楮实子、当归、牛膝、小茴香、远志、五味子、黄柏（各药与剂量随病症增减）。水煎取汁，候温灌服。

3. 黄芪、党参、补骨脂、仙灵脾、菟丝子、甘草各35g，川续断、焦山楂、紫石英、陈皮、益智仁

各30g。水煎取汁，候温灌服。

4. 生地、当归、枸杞子、白芍、何首乌、山萸肉、肉苁蓉、仙灵脾各35g，没药、牡蛎、菟丝子、炙甘草各25g。水煎取汁，候温灌服。

5. 天南星、半夏各15g，茯苓、陈皮、苍术、石菖蒲、仙灵脾、王不留行各10g，川芎、莲肉、丹参、补骨脂、牡蛎各20g，黄酒为引。水煎取汁，候温灌服。（刘新华，T63，P33）

【典型医案】　1. 1988年3月28日，泰和县灌汲乡雁门村胡某一头3岁种公牛来诊。主诉：该牛近几个月来食欲、反刍减少，性欲不旺，精液减少，起卧及耕作时后肢均显痿软而弯曲，曾治疗数次无效。检查：患牛精神沉郁，多卧少立，站立不稳，瘤胃蠕动音弱，粪稀软，口色淡白，脉沉细，体温39.5℃，心跳75次/min。诊为脾肾阳虚。治疗：取方药3，用法同上，1剂/2d，连服3剂。服药后，患牛精液增多，镜检精子密度增加，活力增强。

2. 1990年10月8日，泰和县三都乡张某一头2.5岁种公牛来诊。主诉：该牛春耕使役较重，1个月前配种后出现食欲、反刍减少，使役无力，活动稍微剧烈即气喘。检查：患牛形体消瘦，精神不振，被毛逆立，动则易出汗，粪干，尿短赤，口红津少，脉细数；阴茎频频外露，间或遗精。诊为肝肾阴虚。治疗：生地、当归、枸杞子、山萸肉各40g，白芍、何首乌、肉苁蓉、仙灵脾各35g。水煎取汁，候温灌服。服药当晚，患牛反刍次数增加；翌日食欲增加。为巩固疗效，继服药3剂。嘱畜主半个月内禁止采精、配种。（刘新华，T63，P33）

# 第四节　心脏与神经系统疾病

## 中　暑

### 一、黄牛、水牛中暑

本病是指炎热季节牛体热不能充分散发，导致体温调节机能紊乱而发生的一种综合病症。

【病因】　多因夏季高温闷热，牛舍通风不良或牛在烈日下暴晒，或劳役过度，奔走过急，过度拥挤，暑热或暑湿内郁，侵扰心神，蒙闭清窍，传入营血，卫气郁闭，开阖失常，内热难泄，热积心胸，伤津耗液，高热神昏而发病。

【辨证施治】　临床上分为急性中暑和慢性中暑。

（1）急性　患牛发病急骤，高热神昏，行走似醉，浑身出汗，严重者肌肉震颤，继而突然倒地，卧地难起，口色赤紫，唇干舌燥，脉象细数。

（2）慢性　患牛精神沉郁，眼闭不睁，耳聋头

低，呆立如痴，四肢倦怠，行走无力，步态不稳，口色鲜红，脉象洪数。

【治则】　清热解暑，开窍安神。

【方药】　1. 加味香薷散。香薷、天花粉各40g，栀子35g，黄芩、连翘、当归各30g，黄连、甘草各25g。共研细末，开水冲调，候温灌服。将患牛转移到阴凉通风处，用凉水浇头或行冷水灌肠；静脉放血1000～3000mL，取葡萄糖生理盐水、生理盐水或林格尔、樟脑磺酸钠、碳酸氢钠等注射液，静脉注射。兴奋不安者，取静松灵2～3mL，肌内注射，同时行耳尖放血、尾尖劈十字放血。在治疗过程中，每隔10～20min测试直肠温度，温度正常后应停止治疗。共治疗4例，全部治愈。

2. 起死回生散。西牛黄1.2g，冰片1.8g，朱砂、蟾酥各3g，火硝9g，滑石12g，石膏60g。共研极细末，过200目筛，密封于瓷瓶贮存。取少许，吹入患牛鼻孔，1次不见效可重复使用。共治疗夏季中

暑或急痧腹痛 123 例，治愈 110 例。

3. 清暑散加味。香薷、扁豆、茵陈、建曲各 60g，石菖蒲、麦冬、金银花、菊花、茯苓、薄荷、柴胡各 45g，木通、猪牙皂各 30g，甘草 15g。水煎取汁，候温灌服。共治疗 20 余例，均取得较好疗效。

4. 薄荷汤。薄荷、芦根、荷叶、车前草各 100g，甘草 40g。水煎取汁，候凉，加冷盐开水 500mL，灌服。共治疗 38 例（含马），治愈 35 例。

5. 螺蛳汤加减。捞鲜螺蛳 1 盆，砸碎澄清，取上清液，加白糖 500g，鸡蛋清 10 个，搅匀，灌服。共治疗 23 例，治愈 22 例。

6. 生脉散加味。党参 200g，麦冬 150g，五味子 100g，白芍、石斛各 80g，葛根、甘草各 40g。水煎取汁，候温灌服；10% 樟脑磺酸钠注射液 50mL，10% 磺胺嘧啶钠注射液 150mL，混合，肌内注射。共治疗多例，无论轻、重症均 1 次治愈。

【典型医案】 1. 2000 年 8 月 12 日，蛟河市新农乡南大村金某一头 8 岁母牛来诊。主诉：上午使役至中午时，该牛出汗气喘，行走蹬空。检查：患牛体温 42.8℃，心跳 102 次/min，呼吸 34 次/min，行走似醉，气促喘粗，浑身出汗，口色赤紫，脉象细数。诊为急性中暑。治疗：用 20 号针头行颈静脉放血 2500mL，耳尖放血，尾尖劈十字放血；同时，用凉水浇头、体；放血后，取 5% 葡萄糖生理盐水、碳酸氢钠注射液各 1000mL，生理盐水、林格尔液各 2000mL，维生素 C 注射液 100mL，10% 樟脑磺酸钠注射液 30mL，静脉注射；加味香薷散加石膏、知母、丹皮、石菖蒲各 25g，用法同方药 1，1 次/d，连服 2 次，痊愈。（陆国致等，T115，P27）

2. 1984 年 8 月 3 日，天门市黄潭镇杨泗潭村 7 组的一头 6 岁公黄牛来诊。主诉：该牛因在烈日下从上午 7 时一直耕作到下午 3 时，骤然倒地，口吐白沫，呼吸喘促。检查：患牛体温 41℃，呼吸 42 次/min，心跳 108 次/min，全身肌表灼热，浑身大汗，上眼睑及三角肌颤动，结膜呈蓝红色，癫狂，不听呼唤，鼻镜干燥，磨牙，吐沫，牙关紧闭，瞳孔缩小，眼神迟钝，耳、颈静脉怒张，舌色赤紫，脉象洪数。诊为中暑。治疗：起死回生散，用法见方药 2；取新汲井水反复冲淋牛头顶部，用电风扇吹风；针刺知甘、血印、山根、尾本等穴；先用温水洗全身，继用井水擦洗全身以降温，并用井水 3000mL 灌肠。20min 后，患牛挣扎欲起，舔鼻镜，出现饮欲，即饮加盐的冷水约 6000mL（1 盆）。随着病情好转，体温 39.5℃，呼吸 31 次/min，心跳 90 次/min，摆尾摇头，瞳孔恢复正常，立起后再未卧倒。约 30min后，继用起死回生散，用法同上。翌日，患牛出现反刍，食青草约 5kg，体温 38.5℃，呼吸 33 次/min，心跳 80 次/min，病症大为减轻，惟精神倦怠，舌红、干，脉虚数。取起死回生散，用法同上。第 3 天，患牛痊愈。（杨国亮，T71，P15）

3. 1984 年 7 月 25 日，蓬安县广兴乡 1 村沈某一头 2 岁、约 200kg、营养中等母黄牛来诊。主诉：22 日中午，该牛采食后突然呼吸困难，浑身大汗，站立不稳，治疗后仍不采食。检查：患牛体温 39.3℃，呼吸 26 次/min，心跳 88 次/min，眼半闭无神，被毛逆立，四肢发凉，鼻镜无汗，行走似醉，喜睡，头颈伸直平放于地，四肢作不自主的划水运动，口色红，舌苔黄厚，粪干，附有肠黏液和血液，食欲废绝，脉象滑数。诊为中暑。治疗：清暑散加味，用法见方药 3。第 2 天，患牛精神好转，出现反刍和食欲。再服药 1 剂，痊愈。（彭员，T25，P41）

4. 1982 年 7 月，一头 9 岁公黄牛，在使役中突然发病来诊。检查：患牛精神沉郁，步态不稳，全身发抖，体温 40.5℃，心跳 100 次/min，呼吸 58 次/min，皮肤灼热。诊为急性中暑。治疗：将患牛牵至通风阴凉的棚下，用冷水浇淋头部及心区；取薄荷汤，1 剂，用法见方药 4。服药后，患牛痊愈。（赵绿松，T32，P59）

5. 1982 年 8 月 15 日，凤阳县江山乡李某一头母黄牛来诊。主诉：因农活忙，该牛在 33～35℃ 的炎热天耕地时嘴微张，舌伸于外，口吐白沫，呼吸急促。停止耕地后，暴饮而不食，随后饮食欲废绝，用氨基比林、安乃近治疗无效。检查：患牛舌鲜红，脉洪数有力，呼吸急促，口角有白沫，心搏亢进，体温 42.3℃，尿频数、呈赤色，时有咳嗽。治疗：取卡那霉素、庆大霉素、复方奎宁等药物治疗后，患牛体温降而复升。取螺蛳汤加减，用法同方药 5。服药后 50min，患牛体温 39.7℃，体温继续下降；90min 时又服药 1 次，患牛体温降至正常，再未复升，继而饮食、反刍恢复正常。（刘泽超，T16，P28）

6. 1984 年 4 月 19 日上午，枣阳市熊集镇万庄村孙某一头 7 岁母水牛来诊。主诉：该牛于 3d 前正常产一犊牛。因近日气温突然高达 30 多度，空气湿度大，闷热异常；昨日发现慢草，今日水草不进，转圈运动，拱墙倒架，失蹄，甚至出现摔倒等共济失调现象，无乳。检查：患牛在厩舍内两前腿扒墙角直立有 3m 多高；体温 36℃，呼吸 10 次/min，心跳 90 次/min，牙关紧闭，目不视物，鼻镜干燥，瞳孔完全散大，胃肠音微弱，浑身冰凉，针刺全身无痛感，脉不感手。诊为中暑衰竭症。治疗：生脉散加味，用法同方药 6。服药后 2h，患牛症状明显好转，神态基本清醒，瞳孔呈线状，对光中度敏感。第 2 天，患牛完全康复。（钱宇，T73，P38）

## 二、奶牛中暑

本病是奶牛体热不能发散而蓄积体内，造成体内产热和散热平衡失调，中枢神经系统、心血管系统、呼吸系统机能发生障碍的一种病症。西兽医称日射病及热射病。多发生于酷暑季节。

【病因】 由于烈日暴晒牛头部，红外线和紫外线作用于牛皮肤，引起组织蛋白变化、白细胞和皮肤新生上皮分解，导致中枢神经障碍，出现脑充血与瘀血，脑皮层调节机能紊乱而发病；气温高、湿度大的闷热天，厩舍拥挤或环境通风不良更易发生本病。

**【主证】** 患牛突然发病，精神沉郁，步态蹒跚，站立不稳，严重者倒地不起，心悸亢进，血液浓稠、暗红色，体温41℃以上，肌肉震颤，前胸、颈、腹下出汗，皮肤灼热，烦渴，喜饮冷水，呼吸促迫，听诊肺部呈湿罗音，有时有短时的兴奋现象，肌肉痉挛，随后转为高度抑制，呈昏迷状态；尿黄、少，结膜、口色赤红或紫赤，脉洪数。

**【治则】** 清热解暑，泻火解毒，养阴生津。

**【方药】** 加味香薷散。香薷、黄芩、黄连、当归、生地、天花粉、栀子、连翘、金银花各60g，白芍、生甘草、党参、麦冬、五味子、大黄、蜂蜜各50g。水煎2次，煎煮15～20min/次，两次药汁不少于5000mL，候凉，灌服；颈静脉放血1000mL。放血后，取复方氯化钠注射液或生理盐水、葡萄糖生理盐水3000～4000mL，静脉注射。心脏衰弱及呼吸衰竭者用樟脑或安钠咖注射液；降低颅内压用甘露醇或山梨醇；自体酸中毒用碳酸氢钠注射液；解热镇痛用30%安乃近注射液30～50mL；抗菌消炎、促进炎性渗出物吸收用磺胺嘧啶钠注射液，混合，静脉注射。共治愈11例。

**【典型医案】** 1. 2008年7月24日，陇县东凤镇奶牛场207号奶牛来诊。主诉：由于天气炎热，至下午4时，该牛在运动场墙根处呆立，精神沉郁，驱赶时步态蹒跚，站立不稳，倒地不起。检查：患牛结膜、口色赤红，心音亢进，心跳115次/min，体温41.7℃，呼吸迫促，肌肉震颤，前胸、颈、腹下出汗，皮肤灼热，肌肉痉挛，先出现约10min兴奋，随后呈昏迷状态。治疗：迅速将患牛移到阴凉通风处，头部用凉水冷敷；颈静脉放血1000mL；取葡萄糖生理盐水4000mL，10%樟脑磺酸钠注射液30mL，30%安乃近注射液40mL，20%甘露醇注射液500mL，5%碳酸氢钠注射液1000mL，静脉注射。用药2h后，患牛症状缓解。遂取香薷散加味：香薷、天花粉、连翘、麦冬各40g，黄芩、黄连、当归、栀子、白芍、生甘草、五味各30g，党参、生地、大黄各50g，金银花60g。水煎2次，煎煮15min/次，2次取药汁5000mL，加蜂蜜200g，灌服。25日，患牛病情明显好转。取10%葡萄糖注射液、复方生理盐水各2000mL，20%甘露醇注射液250mL，樟脑磺酸钠注射液20mL，30%安乃近注射液30mL，10%磺胺嘧啶钠注射液200mL，静脉注射。痊愈。（张永刚等，T162，P58）

2. 2002年6月，贵州省某县奶牛场从忻州县引进荷系黑白花奶牛12头，在9d的长途运输中，因气温较高（36℃），于11日抵达目的地时，786号、785号牛发病，15日下午全群发病，死亡1头。检查：患病轻者，精神沉郁，食欲减退，四肢无力，步态蹒跚，反应迟钝，瘤胃蠕动音弱，烦渴、欲饮冷水，大汗，体温正常或略高。有的体温升高，眼结膜、口腔黏膜潮红，皮肤有灼热感；有的出现呼吸、循环衰竭早期症状如皮肤湿冷、大汗、心跳加快等。重症者，除有上述症状外，发病较急，四肢抽搐，共济失调或腹泻，肌肉震颤，突然昏倒，出冷汗；有的步态蹒跚甚至昏厥，高热，皮肤干燥、无汗，呼吸快而弱，心跳140次/min，肛温超过41.5℃；瞳孔缩小但晚期散大、对光反射迟钝或消失；有的烦躁不安，体温急骤上升，同时皮温升高，直肠检查有灼热感，卧地不起，头颈前伸，眼球突出，呼吸浅促，极度困难，心率加快。随着病情进一步恶化，最后抽搐死亡。治宜散热降温，解暑。对重症患牛立即采取利尿、强心、镇静安神、纠正酸中毒，辅以清热生津、益气固脱、清心开窍等。方药：取水仙牌风油精3mL，加入10kg水中，用喷雾器在牛群中进行喷雾（按2kg/头风油精水溶液，轻度中暑者喷雾1～2次即可症状缓解）。788号、785号牛出现烦躁不安，出汗，口渴、喜饮冷水，尿黄，舌质红而少津，体温升高，心跳增快。药用2.5%盐酸氯丙嗪注射液20mL，肌内注射；白虎汤加减：生石膏100g，知母、天花粉、石斛、竹叶、生甘草各30g，粳米50g。水煎取汁，候温灌服，1剂/d。782号、791号、789号牛出现全身大汗，腹泻不止，冷汗自出，烦躁不安，呼吸浅促，肌肉震颤，四肢抽搐，共济失调，处于昏迷状态。药用5%葡萄糖生理盐水1000mL，2.5%盐酸氯丙嗪注射液20mL，静脉注射；5%葡萄糖生理盐水1000mL，2%安钠咖注射液10mL，静脉注射；5%碳酸氢钠注射液500mL，静脉注射；生脉散合参附龙牡汤加减：人参20g，麦冬、牡蛎各45g，五味子、龙骨各40g，附子、白术、炙甘草各30g。水煎取汁，候温灌服，1剂/d。781号、787号、793号牛出现高热、体温41℃，性情狂躁，皮肤干燥、无汗，头颈前伸，眼球突出，呼吸浅促，突然昏倒。药用安溴注射液1000mL，静脉注射，1剂/d；水合氯醛30g溶于温水中，灌肠；安宫牛黄丸（人用10倍量），研末，温水冲调，灌服。症状缓解后用清营汤：犀角（水牛角代替，先煎）、黄连、竹叶各30g，丹皮40g，生地100g，麦冬、玄参、西洋参各50g，金银花、连翘各60g。水煎取汁，候温灌服，1剂/d。病势好转后，用10%氯化钠注射液300mL，静脉注射；林格氏液1000mL，静脉注射；盐类泻剂硫酸钠250～300g，灌服。采用上法治疗，轻者施以降温、解暑，略作休息即恢复正常；重者1d后病情明显好转，3d后痊愈。（彭龙品，T167，P56）

## 中 风

中风是指牛阴阳失调，气血逆乱，引起以突然昏迷、盲目行走、间歇性四肢痉挛为特征的一种病症。

【病因】　多因劳役过度，外感风寒，腠理闭塞，内热郁积不得外泄而致热生风；厩舍狭小，通风不良，闷热日久，伤其神志，肝气郁结，久而生热，引起肝风内动而发病。

【主证】　患牛神志轻度昏迷，盲目行走，左右摇摆，肌肉震颤，站立时低头、闭目、伸颈，兴奋与抑郁交替出现，四肢呈阵发性抽搐，两后肢前移与两前肢并拢，蹲腰，躯体失衡倒地，四肢呈强直性痉挛，随后缓解，但易反复，每间隔0.5～2h即发作1次，在间歇期间可自行站起。

【治则】　滋阴潜阳，平肝息风。

【方药】　1. 全蝎、僵蚕、郁金、胆南星各45g，蜂房、龙胆草各40g，钩藤、当归尾各50g，蜈蚣15条，生白芍60g，枳壳、青皮、牛膝、甘草各30g。水煎取汁，候温灌服。共治疗12例，效果满意。

2. 怀牛膝60g，生赭石90g，生龙骨、生牡蛎、生龟板、生杭白芍各40g，玄参、天冬、天麻、山萸肉各30g，川楝子、生麦芽、茵陈各25g，甘草15g。共研细末，开水冲调，候温灌服，1剂/d。

【典型医案】　1. 1986年8月12日，鲁山县梁洼镇赵某一头6岁母黄牛来诊。主诉：该牛病前半个月曾犁地数日，使役后常拴于阴凉的河沟里歇息，随后发病，几经治疗无效。检查：患牛精神沉郁，被毛逆立，头低耳聋，盲目行走，左右摇摆，肌肉震颤，鼻镜干燥，食欲、反刍废绝，结膜发绀，口色暗红，粪干，站立时低头、闭目、伸颈，四肢呈阵发性抽搐，两后肢前移与两前肢并拢，蹲腰，以致躯体失衡倒地，四肢呈强直性痉挛，随后缓解，但易反复，每间隔0.5～2h即发作1次；在间歇期间患牛可自行站起。诊为中风。治疗：取方药1，用法同上，连服3剂。用药后，患牛抽搐、震颤消失，但精神沉郁，仍无食欲，不反刍，口色红，结膜微绀。取黄连50g，黄芩、黄柏、龙胆草、胆南星各40g，麦冬、明矾、川厚朴各45g，栀子、焦三仙、青皮、陈皮、甘草各30g。用法同前。服药后，患牛精神明显好转，口色、结膜稍红，出现食欲、反刍。再投服健胃散300g以善后。2年后追访，未再复发，已产犊牛2头。（赵石头，T59，P29）

2. 1985年夏，西吉县将台乡玉桥村马某一头杂种母牛，犁地时全身出汗，回家后拴于窑中，3d后出现行走不稳，脊柱稍强直，神志轻度昏迷，时而狂躁，时而沉郁，头抵于墙，继而癫扑，倒地后立即站起，每天反复多次，头部和眼眶摔伤，被毛擦落，结膜潮红，舌红苔黄，脉弦有力，体温39.7℃，心跳80次/min，头左右有节律地摇摆，食欲废绝。当时天气炎热，畜主在院内以床单搭凉棚，两人从两侧将患牛扶助站立，历时8d。初期按乙型脑炎治疗，用注射水稀释成的50%磺胺嘧啶钠注射液静脉注射，治疗4d无效；取乳酸红霉素、5%葡萄糖注射液和生

理盐水，静脉注射，治疗3d仍无效。诊为中风。治疗：取方药2，用法同上，1剂/d。服药后，患牛安卧于墙根阴凉处，症状消失，饮半桶水，吃青苜蓿4kg，痊愈。（韩同学，T36，P29）

## 七情伤

七情伤是指七情超出了牛本身的承受力所引起的以脏腑功能紊乱为特征的一种病症。多发于本地品种的母黄牛，杂交母牛发病极少。

【病因】　一些母性较强的母牛，一旦母子分离和丧子之后，由于思子或悲伤，导致气郁不通，痰涎结聚。气伤肺、怒伤肝、恐伤胆、思伤脾、肝气不畅而伤脾土，故影响食欲和神志而发病。

【主证】　病初，患牛不停哞叫，食欲、反刍减少；继而精神委顿，头低耳聋，水草迟细，日久四肢无力，毛焦肷吊，多卧少立，逐渐消瘦、衰竭乃至死亡。在整个病程中，体温、呼吸、心跳均正常。因无典型的临床症状，通过问诊结合症状方可确诊。

【治则】　开郁化痰。

【方药】　四七汤。茯苓、制厚朴各90g，制半夏、紫苏叶各60g，生姜100g，大枣100g为引。气虚者加党参、黄芪、白术；产后有瘀血者加当归、益母草；腹胀者加醋香附、莱菔子、枳壳；胸胁部疼痛者加柴胡、酒白芍；呃逆者加竹茹、乌梅、陈皮；食欲不振者加槟榔、焦三仙。水煎取汁，候温灌服，1剂/d，连服2～4剂。共治疗母牛27例，轻症1～2剂，重症3～4剂，均治愈。

注：本病与脾虚慢草症状相似，应注意鉴别。

【护理】　改善饲养管理条件，适当牵遛，增加放牧。

【典型医案】　1. 2002年5月21日，鲁山县张店乡王湾村王某一头约350kg母黄牛来诊。主诉：2d前，由于6月龄的犊牛被出售，晚上该牛开始哞叫，第2天食欲不振，现食欲、反刍减退，已发病2d。检查：患牛精神沉郁，体温、呼吸、心跳均正常，听诊瘤胃蠕动音弱、次数少。诊为七情伤。治疗：四七汤，用法同上，1剂/d，连服2剂，痊愈。

2. 2008年10月9日，鲁山县董周乡郑门村王某一头约370kg母黄牛来诊。主诉：该牛已病10d。因10d前刚满月的犊牛突然死亡，初期食欲减退，现食草、反刍很少，已治疗4次无效。检查：患牛精神委顿，体温、呼吸、心跳均正常，毛焦肷吊，行走无力，消瘦，粪干、少。诊为七情伤。治疗：四七汤加党参、黄芪各90g，白术60g。用法同上，1剂/d，连服2剂。12日，患牛已能吃半饱，反刍次数增加，瘤胃蠕动3次/2min、力量弱，触诊胸胁部有痛感。取四七汤加柴胡60g，酒白芍90g，焦三仙各90g。用法同上，1剂/d，连服2剂。随后追访，痊愈。（陈克 T158，P63）

## 惊恐（吓）

惊恐（吓）是指因突然受到外界超强刺激，引起牛对外界反应敏感、恐惧不安的一种病症。

### 一、黄牛惊恐

【病因】 多因突然受到外界强烈刺激，如鞭炮、锣鼓、汽车鸣笛等，引发牛神经高度紧张而发病。

【主证】 患牛两目怒视，结膜充血，口腔偏干，口色偏红，心音亢盛，食欲、反刍均无，瘤胃蠕动音弱，触按瘤胃柔软，两侧肷部凹陷，粪量少、硬度正常，不断哞哞狂叫，无目的地走动或转圈，往前直走时头碰障碍物才改变前进方向。

【治则】 镇静安神。

【方药】 龙骨牡蛎汤。荆芥、防风、白芍、石决明、生龙骨、生牡蛎、钩丁、蝉蜕各50g，大黄、生地各60g，甘草40g。水煎取汁，候温灌服（首剂冲服朱砂12g）。

【典型医案】 1982年2月3日，确山县贯台大队张某一头12岁、膘情中上、白顶门公黄牛来诊。主诉：正月初二上午，邻家敲锣打鼓、鞭炮声响，该牛闻声惊恐，怒目四窥；接着社火队从饲养室窗前经过，牛一见狮子张牙舞爪迎面而来，即暴跳不已，挣断缰绳越槽而逃，由此终日惶惶，不吃不喝，不进原饲养室，无奈将牛牵至百米远，与邻家牛同槽喂养，但至今仍不食、不反刍，惊恐不安。检查：患牛两目怒视，结膜充血，口腔偏干，口色偏红，体温38.7℃，心跳78次/min，心音亢盛；食欲、反刍均无，瘤胃蠕动音弱，触按瘤胃柔软，两侧肷部凹陷，粪量少、硬度正常，不断哞哞狂叫，无目的地走动或转圈，往前直走时头碰障碍物才改变前进方向。诊为惊吓症。治疗：取上方药，2剂，用法同上，首剂冲服朱砂12g。6日，患牛体温38℃，心跳62次/min，胃肠蠕动正常，食欲良好，不再怒视，精神倦怠，驱赶不愿走动。嘱畜主将其牵回原饲养室，但刚一进屋立即惊恐、怒视。又将其牵回原地，继服药1剂，痊愈。8月底牵回原饲养地饲养，惊恐未再发作。（彭钦，T7，P27）

### 二、水牛惊吓

【病因】 在使役或休息时，牛突然受到惊吓而发病。

【主证】 患牛体瘦神疲，被毛逆立、无光，牵行数步即卧地，心音亢盛，喘气，瘤胃蠕动音减弱、轻度臌气、时胀时消，粪少，尿量少、频数，口稍干、呈红黄色，结膜充血、发红，鼻凉，汗不成珠。

【治则】 镇惊养心，顺气和血。

【方药】 代赭石70g，朱砂35g（研末另包）、石菖蒲、柴胡、青皮各60g，柏子仁、酸枣仁各90g，陈皮、麦冬、枇杷叶、泽兰、木通各50g，甘草20g。水煎取汁，候温，加朱砂，灌服。

【典型医案】 1983年5月10日，沈丘县王庄大队宁某一头2岁母牛来诊。主诉：两个月前，该牛拉车时突然遇一机动车，暴跳不止，挣断套具，狂奔归家，恐惧不安，饮食废绝。次日，该牛头低耳耷，精神沉郁，卧地不愿起立，有食欲，但食草量少或衔草不嚼。他医先后按感冒、肺炎、风湿热、伤风传里、胃寒不食、前胃弛缓、膀胱麻痹等病治疗，灌服中药、西药数十剂，并结合应用输液、局部封闭、胸腔透析等疗法均未收效。检查：患牛体瘦神疲，被毛逆立、无光，拒出大门，强行牵出数步即卧地；口稍干、呈红黄色，结膜充血、发红，鼻凉，汗不成珠，心跳79次/min，心音亢盛，呼吸25次/min，喘气，体温38.1℃；瘤胃蠕动减弱、轻度臌气、时胀时消，粪少、硬度正常，尿少、频数。诊为惊吓症。治疗：取上方药，用法同上。当夜，患牛精神好转，食欲增加，反刍较前有力。第2天，患牛口腔湿润，结膜充血减退，呼吸18次/min，心跳66次/min，体温37.9℃；在院内外走动，不卧地。上方药去朱砂、枇杷叶，他药减量，即代赭石、柏子仁、酸枣仁各60g，石菖蒲、柴胡、麦冬、泽兰、木通各45g，青皮35g，陈皮50g，甘草15g，用法同前。第3天，患牛鼻镜湿润，精神、食欲、呼吸、心跳基本正常。又服用第2天方药1剂，痊愈。畜主担心病情复发，继续服用第2天方药去代赭石，加党参60g，2剂。2周后追访，该牛已投入使役。（普志平，T13，P35）

### 三、奶牛惊悸

【病因】 由于突然受到外界异常刺激，使牛受到惊吓而发病。

【辨证施治】 根据临床证候，分为暴惊猝悸型、心虚惊悸型和心热惊悸型。

（1）暴惊猝悸型 患牛昂头直视，悚惕不宁，惊惶恐惧，烦躁不安，心悸，食欲、反刍废绝，腹泻，泌乳量骤然降低，体温略高。

（2）心虚惊悸型 患牛双目凝视，神志恍惚，烦躁不安，食欲不振，反刍停止，鼻镜青紫，口色淡白，舌质胖嫩，耳、鼻、四肢不温，呼吸浅表，心音低沉而动悸，瘤胃蠕动音微弱。

（3）心热惊悸型 患牛舌燥，喜饮水，眼神惊恐，狂蹦乱跳，难以接近，气促喘粗，食欲不振，不反刍，心悸，粪干，尿少，口色赤红，脉洪。

【治则】 暴惊猝悸型宜安神敛心，和中燥湿；心虚惊悸型宜补血养心，镇静安神；心热惊悸型宜清泻心火，安神镇惊。

【方药】 （1适用于暴惊猝悸型；2适用于心虚惊悸型；3适用于心热惊悸型）

1.加味朱砂镇惊汤。朱砂（另包）10g，龙齿、远志、茯神各45g，酸枣仁、石菖蒲、苍术、肉豆蔻、黄连、麦冬各30g，甘草20g。水煎取汁，候温灌服。

2. 平补镇心汤。酸枣仁、茯苓、五味子、党参、熟地、当归、天冬、麦冬、桂枝、炙甘草各30g，山药、茯神各45g，龙齿60g，朱砂（另包，冲）10g。水煎取汁，候温灌服。

3. 清热镇惊汤。朱砂（另包）10g，茯神、党参、远志、栀子、郁金、黄芩各45g，黄连、黄柏各30g，天花粉、木通、炙甘草各25g。水煎取汁，候温灌服。

共治疗8例，疗效满意。

【典型医案】　1. 1983年11月21日，福安县城关镇官埔村陈某一头3岁黑白花奶牛来诊。主诉：20日中午，牛舍屋梁上的草垛突然坠落于牛背上，顿时，鸡鸣犬叫，该牛亦前冲后撞，恐惧不宁，随后拒食，不时泄泻，反刍停止，产乳量减少10kg。检查：患牛昂头直视，两耳竖立，惊恐，鼻镜青紫，汗不成珠，瘤胃蠕动波稍短，触之瘤胃较软，肠音亢进，体温39.5℃，心跳113次/min，呼吸30次/min。诊为暴惊猝悸症。治疗：加味朱砂镇惊汤，1剂，用法同方药1。翌日，患牛精神好转，能接受畜主饲喂草料，但仍不敢低头自行采食。继服药2剂。24日复诊，患牛一切恢复正常。

2. 1985年4月16日，福安县城郊布下村阮某一头6岁黑白花乳牛，因病经他医治疗无效来诊。主诉：12日夜，因猫在牛舍捕鼠，使牛受惊，冲撞断缰逃出，次日不食、不反刍，泌乳量减半。随即经他医诊治，投服大承气汤，肌内注射甲基硫酸新斯的明等，连治3d无效。检查：患牛精神紧张，双目凝视，鼻镜青紫，耳及四肢末端不温，肌肉有时颤抖，肠音减弱，体温39℃，心跳无力，心跳120次/min，呼吸短促，呼吸46次/min。诊为心虚惊悸症。治疗：平补镇心汤，2剂，用法同方药2。18日，患牛精神基本恢复正常，开始有食欲，但仍不反刍。再服以健脾汤调理2d，20日痊愈。

3. 1989年8月26日，福安县韩阳镇红旗街钟某一头4岁乳牛来诊。主诉：24日，因暴风雨致圈舍墙倒，使牛受惊，狂躁不安，食欲不振，反刍停止，泌乳量减少已3d。检查：患牛精神不振，两眼直视，遇生人接近时神情更为紧张，鼻镜干燥，舌色稍红，心音高亢，粪干硬，尿色黄、量少，体温40.5℃，心跳132次/min，呼吸38次/min。诊为心热惊悸症。治疗：清热镇惊汤，1剂，用法同方药3；同时，取青霉素240万单位、链霉素200万单位，肌内注射。次日，患牛病情好转。继服药2剂，痊愈。（翁华侨，T59，P28）

## 脑膜脑炎

脑膜脑炎是指牛软脑膜和脑实质发生炎症，出现以高热、脑神经机能障碍为特征的一种病症。

【病因】　多因外伤、传染病、寄生虫病、中毒病等因素引起。外伤性因素包括颅骨外伤、角坏死、中耳炎、额窦炎等；传染病包括流行性感冒、炭疽、李氏杆菌病；寄生虫病包括脑包虫病、脑脊髓丝虫病等；中毒病如食盐中毒、铅中毒、氟乙酰胺中毒等。

【主证】　患牛精神沉郁，躯体左右摇摆，共济失调，摇头晃脑，不停眨眼，腱反射性增强，体温升高。

【治则】　疏通脑血管，改善脑循环；减轻脑水肿，降低颅内压；提供能量，促进脑细胞功能的恢复。

【方药】　1. 维脑路通注射液（又称曲克芦丁注射液，0.1g/2mL）40～60mL，用5%或10%葡萄糖注射液500mL稀释，静脉注射；或维脑路通注射液30～50mL，肌内注射，2次/d，一般连用3～5d。

2. 20%甘露醇注射液500～1000mL，浓盐水500mL，10%葡萄糖注射液1000～2000mL，40%乌洛托品注射液60～100mL，地塞米松磷酸钠注射液（孕牛禁用）30～50mg，25%硫酸镁注射液80～120mL，肌内注射，1次/d。

3. 25%葡萄糖注射液500～1500mL，林格尔注射液10000～20000mL，5%碳酸氢钠注射液500mL，10%维生素B₁注射液20～40mL，10%维生素C注射液30～50mL，维生素B₁₂注射液2.5～5.0mg，乙酰辅酶A 1000～2000U，三磷酸腺苷注射液200～500mg，静脉注射，1次/d。

4. 氯霉素注射液10～15mL，25%天麻注射液30～50mL，分别肌内注射，2次/d。

共治疗28例（其中脑膜脑炎14例，霉菌中毒性脑炎7例，脑震荡与脑挫伤3例，脑水肿4例），治愈26例。

【典型医案】　1998年4月12日，蛟河市新站镇大利村西大屯王某一头9岁母牛来诊。主诉：用盖菜窖的发霉玉米秆饲喂牛已7d。检查：患牛精神沉郁，被毛粗乱，共济失调，躯体左右摇摆，四肢高抬呈涉水样；摇头晃脑，两耳后背，心跳加快、心音弱；瘤胃音低沉、触之呈沙袋状，腱反射性增强、稍刺激则不安，下蹲，不停眨眼，但瞬膜不外露；体温39.5℃。诊为霉菌中毒性脑炎。治疗：取维脑路通注射液60mL，溶于10%葡萄糖注射液500mL中，静脉注射，2次/d；上午用方药2（去方药2中地塞米松磷酸钠注射液）；下午用方药3，并用强力解毒敏注射液60mL，溶于补液中，静脉注射，2次/d；氯霉素注射液25mL，25%天麻注射液40mL，肌内注射，2次/d。用药3d后，患牛开始反刍，饮水、吃草正常，行走稳健。去方中甘露醇、硫酸镁，再用2d，痊愈。（马常熙，T116，P40）

## 脑损伤

脑损伤是指因牛脑部受到外力撞击引发意识和功

能障碍的一种病症。

【病因】 多因牛陷入泥沼、地窖、沟渠、水坑后导致脑组织损伤；或因头部牵引造成延脑和颈髓损伤；或因直接撞伤或暴力击伤所致；某些脑包虫亦可引发本病。

【主证】 患牛瞳孔散大，对光反应消失，呼吸缓慢、不规则，粪、尿失禁，有阵发性惊厥和一过性意识丧失、昏迷、昏睡，数分钟后可挣扎站立。

【治则】 祛瘀利水，通窍开闭。

【方药】 石决明120g（先煎），钩藤、茯苓各90g，白芷、当归、红花、木通、菊花、蔓荆子、三七（为末、另包）各30g，琥珀（为末、另包）18g，川芎15g。除三七、琥珀外，余药水煎取汁，候温，冲三七、琥珀，灌服；10%安钠咖注射液10～20mL，肌内注射。共治愈17例。

【护理】 垫厚铺草，将头垫高，冷敷脑部；注意全身保温，使其安静。

【典型医案】 1997年双抢季节，永丰县沿陂乡刘某一头3岁公黄牛来诊。主诉：该牛在使役时不听使唤，用木棍在头部猛击数下而导致休克。检查：患牛瞳孔散大，对光反应消失，呼吸缓慢、不规则，粪、尿失禁，有阵发性惊厥和一过性意识丧失、昏迷、沉睡，数分钟后可挣扎站立。诊为脑损伤。治疗：取上方药，用法同上。随后追访，痊愈。（艾晓生，T101，P31）

## 癫痫

癫痫是指牛意识紊乱和行为障碍，出现以无定期强直性或间歇性痉挛为特征的一种慢性神经病，俗称羊角风。

### 一、肉牛癫痫

【病因】 多与脑部遭受刺激、震荡有关。常因牛受到强烈刺激、过度惊恐而发病；心肝气郁，寒湿凝聚生痰，痰迷心窍而发病；或其他脑部疾病诱发。

【主证】 患牛突然倒地，知觉消失，口吐涎沫，四肢或全身肌肉痉挛，头后仰，牙关紧闭，有时瞬膜或巩膜外露，持续半分钟后转入阵发性抽搐，心跳增数，呼吸无节律，呻吟，粪、尿失禁，脉弦数。

【治则】 豁痰开窍，息风镇癫。

【方药】 当归、茯神、石菖蒲、钩藤、陈皮、三仙各75g，党参、白术各100g，川芎、远志、南星各50g，甘草40g。水煎取汁，候温，加鱼肝油250mL，灌服，1剂/d。

【典型医案】 1976年，许昌地区农场自加拿大引进"短角红"肉用种公、母牛各1头。因长期饲喂麦秸、豌豆，饱后拴系屋外缺乏运动。当年10月，母牛产一屠弱幼犊牛未成活。1977年春初某夜，种公牛突然倒地痉挛，并将右侧犄角摔断，第2天母牛

亦出现类似症状。饲养员疑为煤气中毒，撤去火炉数日后患牛病情有增无减，遂来院诊治。检查：患牛精神稍差，食欲减退，膘情下降，可视黏膜淡白，体温37.5～39℃，心跳60～70次/min，呼吸25～40次/min，一般检查未见异常。病发无定时，无明显先兆，偶尔呈现呆板或垂头；发作时患牛突然倒地，全身肌肉强直性痉挛，头后仰，四肢僵直，牙关紧闭，呼吸暂停，眼球震颤，有时瞬膜或巩膜外露；持续半分钟后，转入阵发性抽搐，心跳增数，呼吸无节律，呻吟；发作1～3min/次，随后知觉恢复，站立如常，或稍显抑郁；发作间歇期逐渐缩短，发作2次/d，种公牛较先前发作频繁和重剧。诊为癫痫。治疗：灌服补益气血中药十余剂，静脉注射葡萄糖、碳酸氢钠和维生素C制剂10余日无效；补充钙、镁也未能控制发作；内服溴化物和有镇静作用的中药疗效也不明显。经会诊，认为患牛饲养水平低，营养不全价，维生素特别是维生素A缺乏，加之易地生活，条件变化甚大，大脑皮层和皮层下中枢对外界刺激的敏感性提高，造成兴奋-抑制过程的高度紊乱，从而酿成本病的发生。随即停喂麦秸、豌豆，喂给青干草、混合料，增喂胡萝卜；每天定时刷拭和进行驱赶运动。同时，给2头牛平分灌服下列药物：当归、茯神、石菖蒲、钩藤、陈皮、三仙各150g，党参、白术各200g，川芎、远志、胆南星各100g，甘草80g。水煎取汁，候温，加鱼肝油500mL，灌服，1剂/d。连服5剂，患牛癫痫发作已控制。巩固治疗5d，停药观察2周，未见复发。随访至今再未复发，公牛配种正常，其后代也未见发生本病；母牛已正常生产2胎，幼犊牛发育良好。（马清海，T3，P15）

### 二、水牛癫痫

【病因】 由于秋耕重役，导致牛脾气、心血与肝阴劳伤所致。

【主证】 患牛发作无定时，发作时突然倒地，知觉消失，全身肌肉震颤，眼睑闪动，瞳孔散大，口角有白沫，头颈后仰，四肢抽搐，心跳加快，呼吸浅长，粪、尿失禁，每次发作持续2～10min不等。患牛恢复后，饮水、食欲正常。

【治则】 补心气，助心阳，安心神。

【方药】 四君子汤加味。党参、黄芪、玉片、山楂、神曲各60g，白术、茯苓、丹参、酸枣仁、远志、枳壳、钩藤各45g，甘草30g，石菖蒲为引，水煎取汁，候温灌服。

【典型医案】 1983年11月23日，泸县兆稚公社青龙3队唐某等合养的一头6岁、营养中等公水牛来诊。主诉：该牛主要饲喂的是干稻草，近期喂给半干红薯藤、红薯皮和少许蕉藕叶；发病后用解热类药物治疗无效，昏倒4～5次/30min，过半分钟左右自然苏醒站立。检查：患牛精神沉郁，食欲全无，反刍停止，整天不排粪、尿，不饮水，体温37.5℃，心

跳 54～60 次/min，呼吸无异常，瘤胃蠕动 1 次/min、持续 4～5s、蠕动波不完整，鼻镜冷，汗不成珠；每隔 10～20min，先出现四肢叉开抽搐、尾根举起、痉挛、震颤，耳根竖立，两眼痴呆，继则昏倒，不久苏醒，站立如常。治疗：取上方药，2 剂，水煎 3 次，混合，于当晚灌服。服药后，患牛不再昏倒，食欲、反刍、粪、尿等逐渐恢复正常。原方药加当归 45g，用法同前，继服药 1 剂。12 月 17 日前多次询访，该牛愈后一切正常。（魏永昆，T9，P42）

### 三、奶牛癫痫

【病因】 多因代谢障碍产生的内毒素或烟草、酒精、煤气等中毒引起；或因头部外伤、脑震荡、脑挫伤、脑充血、脑内压升高、脑炎、脑肿瘤、脑寄生虫以及长期缺乏维生素 A 所致的视网膜疾患等引起；气候和环境变化，尤其是超强刺激、惊吓、打击、强烈的声响、追逐、恐惧等因素诱发。多数病例或继发于其他疾病。

【主证】 患牛突然全身颤抖，头颈弯向一侧或歪斜，角弓反张或向下弯曲，四肢僵硬，突然倒地，继而四肢出现紧张的直伸，头欲抬起或四肢不停地划动、呈游泳状，全身肌肉发生强直性或间歇性痉挛；眼球明显突出，眼结膜充血，血管怒张，瞳孔散大，目光呆滞，一时性失明，口唇、鼻翼震颤，口不能张开，口角和鼻孔流出少量白色泡沫，心率加快，心跳 120～180 次/min，呼吸急促，呼吸 60～80 次/min，气管呼吸音粗厉，瘤胃蠕动音和肠音均低弱。发作持续 3～5min 后诸症逐渐减弱而恢复正常，偶尔弹动后蹄，发作 1 次/（2～10）d。

【治则】 开窍安神，息风补气。

【方药】 羌活、防风、白芷、当归、枣仁、柏子仁、益智仁、钩藤各 50g，黄芩、半夏、茯神各 40g，麦冬 30g。共研细末，加鱼肝油 50mL，地巴唑 2g，加水灌服，1 剂/d，连服 3 剂；病毒唑 1000mg，肌内注射，2 次/d。

【典型医案】 1991 年 10 月 5 日，咸阳市渭城区王某一头奶牛来诊。主诉：该牛曾患牛流行热，病毒侵害中枢神经系统，病愈后留有后遗症，生产第 3 胎后 5 个月来未见发情，产奶量为 25～30kg/d。检查：患牛饮、食欲正常，其他症状同上。诊为癫痫。治疗：取上方药，用法同上。同时，加强护理，防止发作时造成头部受伤；饲喂清淡易于消化的饲草，痊愈。（孙纪利等，T53，P37）

### 四、黄牛癫痫

【病因】 因遭受暑热，或过度劳役，使肝阳偏盛，肝风内动，痰火上逆，壅注上焦，心包经气闭塞而发病。

【主证】 一般呈间歇性发作、无定时。初期，患牛肢体呈局部抽动，头颈转向一侧，但持续时间非常短。随即患牛丧失知觉，晕倒在地，全身肌肉呈强直性痉挛，四肢抽搐，角弓反张，两眼上翻，瞳孔散大，眼球震颤、凝视，鼻翼开张，呼吸紧迫，咬牙。有的患牛在丧失知觉的同时呻吟、吼叫；有的舌被咬伤，继而口流涎沫。末期，患牛一般神志、知觉逐渐恢复，痉挛抽搐现象亦迅速消失，醒后即站起，经 2～5min 后食欲、反刍如常。从开始发作至恢复正常，短者 3～30min，长者达 1h 许。

【方药】 菖蒲、钩藤各 30g，天麻、全蝎、陈皮、胆南星、半夏各 15g，远志 18g，朱砂 9g（另包），茯苓、甘草、贝母各 20g。共研细末，先灌朱砂，其他药开水冲调，候温灌服，1 剂/d。共治疗 14 例，治愈 13 例。

注：本病应与脑炎和有机磷农药、亚硝酸盐、乌头等中毒病进行鉴别。

【护理】 立即停止使役，牵于平坦软地，防止摔伤。

【典型医案】 1985 年 2 月 26 日，松桃县普觉镇下乡村胡某一头 8 岁、约 250kg、膘情中等黄牛来诊。主诉：1984 年 8 月 15 日中午，该牛在放牧时突然发病，倒地不起，口吐白沫，四肢及全身肌肉抽搐，持续约 25min，未经治疗自行站立，随即吃草如常。此后发作 1～2 次/月，至 12 月病情加剧，发作 3～4 次/d。检查：患牛突然晕倒，知觉丧失，四肢伸展、抽搐，头颈后仰，瞳孔散大，鼻镜青紫，口流涎沫，数分钟后诸症缓解，神志、知觉逐渐恢复，又照常采食、饮水、反刍。诊为癫痫。治疗：取上方药，用法同上。次日，患牛仅发作 1 次，且症状较前日大为减轻。又连服 4 剂，痊愈。（杨正文，T44，P26）

## 奔豚症

奔豚症是牛肾脏阴寒之气上逆或肝经气火冲逆引起的一种病症。

【病因】 由牛惊恐忧思引起。当牛惊恐及其他情志不畅时容易引起气血瘀滞。若下元血瘀而实，胸血少而虚，心血向下灌输障碍，必成血液上逆的倒流之势而发病。

【主证】 患牛精神沉郁，食欲不振，全身发抖，恐慌不安，不听使唤，狂奔乱跑，触诊胸部敏感，肠音亢进，四肢末端发凉，目光呆滞，神情恍惚，粪稀软，眼结膜发绀，脉数。

【治则】 清热平肝，降逆止痛。

【方药】 甘草、茯神、百合、沙参、陈皮各 45g，夜交藤、合欢皮、麦冬各 50g，淮小麦、龙骨、牡蛎各 60g，大枣 20 枚。水煎取汁，候温灌服。

【典型医案】 1991 年 4 月 1 日，思南县鹦鹉溪镇覃家坝村坨底下村徐某一头 9 岁、约 200kg、营养中下等母黄牛来诊。主诉：该牛于 3 月前产一公犊牛，生长良好，但在2月龄时突然死亡，在死后2d内母牛哀叫流泪，食欲废绝。经近1个月的医治，疗效甚微。检查：患牛精神沉郁，全身发抖，检查时恐慌不安，不听使唤，狂奔乱跑，目光呆滞，神情恍惚，眼结膜发绀，体温微热，脉数，肠音亢进，触诊胸部敏感，粪稀软，食欲不振，四肢末端发凉。诊为奔豚证。治疗：①青霉素400万单位，安痛定20mL，1次肌内注射；②柴胡20mL，1次肌内注射；③盐酸氯丙嗪250mg，1次静脉注射。2日复诊，患牛症状如前，药后未见效。调整处方，取上方药，用法同上，2剂/d，连服2d。4日三诊，患牛基本恢复正常。为巩固疗效，再服连理汤：川黄连25g，炙甘草、白术、木香、陈皮、党参各45g，淮小麦、茯苓各60g，淮山药、续断各50g，旋覆花40g（包煎），干姜30g，大枣20枚。1剂，水煎取汁，候温灌服。6日痊愈。（覃廷玉，T83，P37）

## 心力衰竭

心力衰竭是指牛心脏收缩无力，心脏血液不能全部排出而引起全身血液循环障碍的一种病症，又称心脏衰弱，中兽医称为心阳虚。多发于农忙季节，寒冷季节也有发生。

【病因】 急性者，多因劳役过度、奔走过急、负担过重、斗架以及中毒等引发；慢性者，多见于创伤性心包炎、慢性疾病以及长期营养缺乏、剧烈劳役等。

【主证】 急性，患牛体温35~36℃，心跳减慢，呼吸减弱，各种反应迟钝，可视黏膜苍白，卧地不起或在使役中突然倒地，反刍、食欲废绝。

慢性，患牛起卧困难，四肢无力，行走缓慢，喜卧地，易疲劳，食欲、反刍减退，体温36.5~37℃，心跳30~35次/min，呼吸稍弱，粪稀溏。

【治则】 温补心阳，回阳救逆。

【方药】 参附汤加减。黄芪、党参各100g，黑附子、肉桂各60g，干姜40g，柴胡、川芎、藁本、秦艽各45g，生地、麦冬、玄参各35g，甘草15g。水煎取浓汁，候温灌服，连服2剂。急性或轻症者应输液、强心。共治疗12例，其中急性4例、慢性8例，均取得了满意效果。

【典型医案】 1. 2006年7月26日，岷县茶埠乡半沟村一头6岁耕牛来诊。主诉：该牛是两家共养，23日犁田后当晚即发病，卧地不起，经他医治疗效果不佳。检查：患牛反刍、食欲废绝，卧地不起，耳鼻、四肢寒凉，体温36℃，心跳28次/min，呼吸12次/min，反应迟钝，口色淡白，粪稀溏。诊为劳役过度致急性心力衰竭症。治疗：上午用50%葡萄糖注射液500mL，5%葡萄糖氯化钠注射液2500mL，0.1%盐酸肾上腺素注射液10mL，维生素B₁、维生素C注射液各20mL，混合，静脉注射。用药后，患

牛精神好转，人工扶助可站立1~2min，体温36.0℃，心跳32次/min，呼吸较稳。下午病情恢复原状。第2天，取参附汤加减：党参、黄芪各100g，黑附子、肉桂各50g，干姜35g，当归、柴胡、白术各45g。水煎取浓汁，候温，分上午、下午灌服。第3天，患牛病情好转，心跳36次/min，体温37℃，呼吸18次/min，皮温增高，出现食欲与反刍，粪转好，能勉强站立，不久即卧地。效不更方，继服药1剂。第4天，患牛心跳38次/min，体温37.2℃，呼吸18次/min，食欲、反刍增强，能起立行走，但步态踉跄，粪干燥。取当归苁蓉汤：当归100g，肉苁蓉60g，番泻叶40g，广木香25g，厚朴、枳壳、升麻、柴胡各45g，公丁香50g。水煎取浓汁，候温，分上午、下午灌服。第5天，患牛体温38.5℃，心跳45次/min，呼吸18次/min，食欲、反刍、粪均正常，行动自如，精神恢复，痊愈。

2. 2006年9月21日，岷县秦许乡包家沟村一头8岁耕牛来诊。主诉：该牛连续使役，喂以食麦草秸秆，现已发病6d，不食，懒动，他医输液4次并注射强心剂效果不显著。检查：患牛精神沉郁，起立困难，四肢无力，行走缓慢，易疲乏，喜卧，体温37℃，心跳30次/min，呼吸15次/min，瘤胃蠕动音1次/min，稍有食欲，间或出现反刍，粪稀溏，口色青白。诊为劳役过度致慢性心力衰竭。治疗：参附汤加减。黄芪、党参各100g，黑附子、肉桂各60g，干姜40g，柴胡、川芎、藁本、秦艽各45g，生地、麦冬、玄参各35g，甘草15g。水煎取浓汁，候温灌服，连服2剂。第3天，患牛体温37.5℃，心跳38次/min，呼吸16次/min，精神好转，食欲、反刍增加，瘤胃蠕动音3次/2min，能自行站立，粪正常。继服药1剂。第4天，患牛体温39.2℃，心跳43次/min，呼吸18次/min，瘤胃蠕动音2次/min，一切恢复正常。（梅绚，T150，P61）

## 创伤性心包炎

创伤性心包炎是指尖锐异物由牛网胃穿过膈肌、刺入心包引起心包发炎的一种病症。

【病因】 牛误食尖锐异物（如铁丝、铁钉、针、玻璃等），刺穿胃壁，继而穿过膈肌，刺伤心包，导致血瘀气滞，痞积郁结心胸，引起心经作痛，血液循环障碍，出现充血性心力衰竭等。

【主证】 患牛精神沉郁，食欲废绝，反刍紊乱，起卧困难，磨牙，站立时腿常颤抖，拱背，肘头外展，上坡容易，下坡困难，粪干燥，腹泻，乳量显著减少甚至停止，颈静脉怒张、粗硬呈条索状，颈静脉波动明显，胸下、颌下水肿，体温40℃以上，心搏增数，心跳100次/min以上，叩诊前心区疼痛、躲避。病初，由于有少量纤维素渗出，可听到摩擦音，随着浆性渗出增加，心音低沉，可听到泼水音或拍水音。由于心包内

充满液体和纤维素，心听诊区和叩诊区也随之扩大。血液嗜中性白细胞增多，杆状核增加，淋巴细胞和嗜酸性白细胞减少，红细胞低于正常值。

【治则】　活血止痛，补血壮阳。

【方药】　化铁汤。威灵仙 60g，橄榄 15 粒，五灵脂、元胡索各 45g，羊肉 1000g。将羊肉连同骨捣成泥状，再加入威灵仙、五灵脂和元胡索，煎熬 1h 后取汁。另将橄榄烧灰存性调入药液，候温灌服。1 剂/d，1 个疗程/3 剂。同时，将牛栏地面垫呈 30°斜坡，让牛保持前高后低的姿势，借以减少胸腔内压，并减轻对创伤的刺激。共治疗 6 例，除 1 例因体弱病重死亡外，其余均取得满意效果。

【典型医案】　1984 年 9 月，福安市郊六叉路钟某一头 4 岁奶牛来诊。主诉：该牛于 5d 前发病，病初精神不振，食欲、反刍渐减，体瘦，有时腹胀，粪少稍干燥，昼夜站立，不愿活动。当地兽医曾肌内注射新斯的明 2 次，并灌服加减健脾散中药 5 剂，病情反而日趋严重。检查：患牛食欲废绝，反刍停止，产奶量仅 3kg/d；鼻镜无汗，被毛逆立；体温 40.8℃，呼吸浅表，呼吸 47 次/min，呈腹式呼吸，肘外展，距胸约 12cm，肘肌颤抖，心跳 131 次/min，心音细弱，偶尔有拍水音，颈静脉怒张明显，颌下和胸前出现水肿，强令运动，步态缓慢，下坡停步不前，极度痛苦。诊为创伤性心包炎。治疗：将患牛始终拴在前高后低的地面倾斜牛栏内。取普鲁卡因青霉素 G300 万单位，双氢链霉素 10g，注射用水 20mL，混合，肌内注射；取化铁汤 1 剂，用法同上。翌日，患牛精神、食欲、反刍有所好转。继服化铁汤 2 剂，患牛水肿消退，食欲、反刍基本恢复正常。改用补脾健胃散，并增加营养，调理 1 周，痊愈。（翁华侨，T43，P38）

# 第五节　临床典型医案集锦

【阴暑证】　1985 年 5 月 20 日，宜宾市柏溪运输队杨某一头对牙、营养中上黄牛来诊。主诉：17 日，该牛在去宜宾运货途中遭受骤雨暴淋，回来闭眼，不吃草料；18 日，曾灌服麻黄桂枝汤与平胃散加味，肌内注射青霉素 200 万单位、安乃近注射液 10mL 未见好转。检查：患牛体温 39.7℃，心跳 130 次/min，鼻冷无汗，背腰冷凉，四肢不温，舌津黏稠、挂丝满口，不反刍，瘤胃蠕动 1 次/1.5～2.5min，持续 5s，蠕动开始时尚能听到声音，后期则无声音；排粪 1 次/d、量少，稀黏不爽。诊为阴暑证，治宜清热解暑，开窍醒神。治疗：清暑香薷散加味。青蒿、香薷、知母、陈皮、藿香、佩兰、杏仁、石菖蒲各 45g，滑石 80g，石膏、山楂、神曲各 60g。水煎取汁，候温灌服，连服 2 剂。22 日，患牛体温 38.3℃，心跳 82 次/min，瘤胃蠕动 1 次/min，粪转稠、量少，吃料不吃草，肚腹胀满。宜消积导滞，和胃。药用和胃消食汤加味：刘寄奴 40g，槟榔、厚朴、滑石各 60g，枳壳、山楂、茯苓、木通、青皮、木香、陈皮各 45g，神曲 90g，甘草 30g。水煎取汁，候温灌服。24 日，患牛体温 38.1℃，呼吸 72 次/min，瘤胃蠕动 2～3 次/2min，持续 15s，反刍咀嚼 38 次/草团，食草量增加但不见饱，粪增多。治宜补中益气，健脾开胃。药用香砂六君子汤与补中益气汤加减：党参、黄芪、山楂、神曲各 60g，白术、茯苓、陈皮、半夏、当归、升麻各 45g，木香、柴胡、砂仁、甘草各 30g。水煎取汁，候温灌服。治疗 3d，痊愈。（魏永昆，T17，P37）

【木舌证】　1980 年 10 月 19 日，蒙阴县马家庄 2 队一头 10 岁母牛，因舌肿外垂，水草难进，两眼凹陷，极度衰弱，经他医治疗无效来诊。先按常规方法放舌血，涂以冰硼散，内服碘化钾 7g/d，并输液补糖，治疗 5d 病情不见减轻，反而呈现出碘化钾中毒现象，患牛流涎，口红，舌更加肿胀、冷硬，妨碍呼吸。由于该牛每年产一犊牛，加上饲养管理不善，长期体质瘦弱。证属本虚标实。治疗：十全大补汤加减。党参、黄芪各 150g，白术、茯苓、当归、熟地各 50g，白芍、桂枝、栀子、甘草各 30g，羌活、桔梗各 20g，川芎 15g。水煎浓汁，候温，分 3 次徐徐灌服。翌晨，患牛舌仍肿大，能采食少量碎草。服药 2 剂，患牛舌体缩入口腔，1d 内吃碎草 10kg 余，饮水 1 桶。服药 3 剂，患牛舌肿胀消去十之七八。为彻底消除病根，改用碘化钾治疗 5d。患牛舌肿全消，精神、采食、反刍正常。（顾正，T5，P30）

【神昏】　温岭县小交陈村一头 2 岁母牛、东浦农场一头 3 岁阉割牡牛，因早春初次翻耕水秧田时，由于水天相映，使牛头晕目眩而晕倒，10 余分钟后自行站起，又耕又倒，如此反复。常规检查未见异常。治疗：取鲜菖蒲根，长约 6cm，2 段，置于牛鼻孔两侧，随后使役，一切正常。共治疗 4 例，均取得较好效果。（李方来等，T26，P37）

【眩晕】　1987 年 4 月 27 日，乌鲁木齐市跃进街马某一头 1.5 岁、营养中等黑白花奶牛来诊。主诉：该牛已妊娠 4 个月。3 月初，在一次饲喂时，突然发现牛头角抵墙，两眼紧闭，嘴唇、下颌搁槽旁，口含草料，不吃不嚼，精神沉闷，前后晃动，继而倒地，全身发凉，3～5min 后即自行好转。此后一段时间未见复发，也未发现夜间发病。4 月 7 日又发病 1 次，以后每隔 3～5d 发病 1 次，最近几天连续发作，有时一天发作 2 次，饮食欲减退。他医治疗多次均未见效。检查：患牛体温 38.6℃，心跳 66 次/min，呼吸 22 次/min，精神沉郁，听诊瘤胃蠕动音减弱，粪量少、半干半稀、呈黑褐色，尿短少、微黄，口色青白，口津湿润，舌质淡，苔薄白。连续观察 4h，患牛站立时不吃不喝，两眼紧闭，头下垂并抵于前面障碍物上，躯体前后晃动，呈欲倒姿势，经畜主扶持倒卧地上，手触全身均有凉感，脉弦滑细无力，听诊心音减弱，体温、呼吸均无明显变化。诊为眩晕。治疗：取 10%葡萄糖注射液 1000mL，0.9%氯化钠注射液 500mL，10%氯化钙注射液 100mL，维生素 C 注射液、维生素 B₁ 注射液、10%安钠咖注射液各 20mL，分别静脉注射；补中益气汤加味：党参、黄芪各 35g，茯苓、山药、钩藤、防风、酸枣仁各 40g，远志、郁金、半夏、琥珀各 30g，胆南星、白术、桔梗各 25g，甘草 20g。共研细末，开水冲调，候温灌服，1 剂/d，连服 3 剂。服药后 4d，未见患牛发病，惟精神沉郁，食欲差。上方药减郁金、半夏、胆南星，加厚朴、干姜各 30g，陈皮 25g，神曲 80g。用法同前，1 剂/2d，连服 3 剂。患牛病情稳定，食欲增加，但口干、喜饮水。取党参 50g，茯苓、防风各 40g，钩藤、代赭石、牡蛎、龙骨各 30g，陈皮、远志各 25g，琥珀、白术、玄参、麦冬、茵陈各 20g，甘草 15g。用法同前，隔 2d 1 剂，连服 3 剂。3 个月后追访，该牛饮食正常，膘情较好，再未发病。（王志录，T30，P30）

【食道憩室】　1976 年 4 月 25 日，莱西县白玉庄的一头 2 岁母黄牛来诊。主诉：该牛自 2 月以来逐渐消瘦，颈下有肿块、时大时小，喂草料或吃或不吃，经常不反刍。至 4 月 24 日，该牛食欲废绝，肿块增大，腹胀。检查：患牛体温 38.6℃，心跳 63 次/min，呼吸 20 次/min，鼻镜时干时湿，胃肠蠕动音弱，吞咽障碍或空口吞咽，有时像呕吐，口流白沫；颈静脉沟中段有一个圆柱状肿胀，长 22cm，宽 12cm，按之如面团、内满、呈浊音，穿刺肿块有食物流出；胃导管检查结果与食道梗塞相似。诊为食道憩室。治疗：手术疗法。横卧保定患牛；术部剃毛消毒；灌服 40%酒精 1000mL 行全身麻醉（当时无静松灵），用 0.5%奴夫卡因 100mL 作浸润麻醉。切开皮肤及肌层，对扩张部进行剥离，发现憩室形如小猪胃，切开憩室，取出食物，冲洗干净后，切除食道多余的扩张部分。对食管先连续缝合，再包埋缝合，最后缝合肌层及皮肤。术后前 4d，取青霉素、链霉素，肌内注射，2 次/d，第 1、第 2 天各输液 1 次，同时尽量限制患牛反刍。第 2 天起，给患牛仅喂玉米粥并不断牵遛，第 5 天逐渐喂青草等。术后第 9 天，患牛体温、心率、呼吸、反刍等均恢复正常，术部愈合良好，拆线出院。2 年后追访，一切正常。（周恩庭，T27，P40）

【阴倒阳不倒】　1989 年 2 月 21 日，新野县赵港乡刘某一头 1 岁母黄牛来诊。主诉：该牛已病 20 余天，白天不反刍，夜间轻微反刍，他医诊为感冒。检查：患牛体温 38.6℃，呼吸 25 次/min，心跳 92 次/min，瘤胃蠕动音微弱，毛焦欣吊，精神、食欲不振，粪呈干球状，舌色红。诊为阴倒阳不倒。治疗：半夏泻心汤加味。半夏、干姜、黄芩、党参、玉竹、麦冬、生地、炙甘草各 60g，桂枝 45g，黄连 20g。水煎 2 次，取汁，候温灌服。翌日，患牛食欲、反刍增加，白天开始反刍。继服药 1 剂。10d 后追访，该牛恢复正常。共治疗 35 例，治愈 32 例，好转 2 例，无效 1 例。（孙荣华，T46，封三）

【瘤胃积沙】　2003 年 2 月 18 日，蛟河市新站镇新站大队徐某一头 3 岁土种妊娠母牛来诊。主诉：该牛不食，不反刍，趴卧，不时用后蹄踢腹，排粪次数增多，粪少、干、外有一层薄膜、内有大量泥沙、呈灰黑色。近半个月，给牛喂食较多含有沙的苞米糠（机器脱粒后剩余的玉脐、玉米须、玉米棒渣等）。检查：患牛精神不振，体况中等，心搏动有力，心率略快，肺音尚可，瘤胃音极低沉、微弱而散乱，触诊瘤胃有沙袋样感、按压坚实、留有压痕，腹围膨大，肠音弱，直肠检查肠内空虚、无粪，瘤胃壁后移、硬固，体温 38.6℃，心跳 82 次/min，呼吸 27 次/min，鼻镜湿润，口色淡红、苔白。诊为瘤胃积沙。治疗：浓盐水 500mL，葡萄糖生理盐水 2500mL，10%氯化钙注射液 120mL，30%安乃近注射液、10% 维生素 B₁ 注射液各 30mL，20%安钠咖注射液 10mL，1 次静脉注射；芒硝 500g，液体石蜡 2000mL（两药只用 1 次），通下灵（含槟榔碱、大黄素、丁香油、龙脑香等）200g，促反刍散（含大戟、滑石、甘遂、牵牛子、黄芪等）200g，消积散（含山楂、麦芽、神曲、大黄、莱菔子）250g，开水冲调，候温灌服；兽医金处方注射液（硫酸庆大霉素 8 万单位，十三氮唑核苷 500mg）50mL，肌内注射。以上方药 1 次/d，连用 4d；嘱畜主用拳头按压患牛左肷部 5 次/d，20min/d，按摩时由浅到深、由弱到强，以牛能忍受为度。二诊，患牛精神不振，不愿行走，四肢肌肉震颤，行走时步态蹒跚如醉，喜卧，起立困难，呻吟，鼻汗时有时无，鼻孔周围覆有干痂，心跳加快，第二心音减弱，肺音粗厉、喘息，瘤胃蠕动音增强、蠕动弱而快，腹围缩小，触压瘤胃柔软，粪时干时稀、呈黑色、气味腥臭，在肛门外、尾根部有多量呈小米粒样的细沙，体温 39℃，心跳 110 次/min，呼吸 43 次/min。治疗：5%碳酸氢钠注射液 500mL，10%葡萄糖注射液、林格尔注射液各 1500mL，安溴注射液 120mL，0.5%氢化可的松注射液 80mL，分别静脉注射；生地、火麻仁各 100g，石膏 200g，玄参、麦冬、白术、郁李仁各 50g，厚朴、枳实、大黄各 40g，木香、青皮、二丑、玉片、番泻叶各 30g，桃仁、杏仁各 20g，滑石 500g，油当归 250g，猪脂 1000g（先将猪脂加热至沸，放入当归末炸至焦黄后离火，候温）。共研末，开水冲调，候温灌服；肠毒痢清注射液（烟酸诺氟沙星 250mg，盐酸吗啉胍

400mg，甲氧苄啶 100mg）50mL，肌内注射。以上方药 1 次/d，连服 4d。三诊，患牛精神良好，起立行走，排出多量、色黑、干硬、带有沙粒的粪，反刍，有饮欲，食草量少，心音增强、节律齐，肺音正常，瘤胃音恢复，粪稠、色灰，口色淡红，舌苔薄白。治疗：健胃散（含山楂、麦芽、神曲、槟榔）250g，健脾散（含当归、白术、青皮、陈皮、厚朴、茯苓、五味子、砂仁、石菖蒲等）250g，人工盐 150g，灌服；消食开胃注射液（维生素 $B_2$ 注射液）30mL，抗病消炎王注射液（甲磺酸培氟沙星 170mg，利巴韦林 100mg，安乃近 900mg）60mL，分别肌内注射，2 次/d。用药 3d 后，患牛精神、饮食、反刍等基本恢复正常，粪成形、颜色由灰黑色转为黄色。4 个月后产一犊牛。（马常熙，T130，P47）

【肝火上炎】 1978 年 10 月 11 日，孝感县三汉公社红星三队的一头 6 岁公水牛来诊。主诉：该牛使役时无力，食欲减少，粪干无尿，他医先按尿结石治疗，但切开阴茎包皮检查未见结石，后按肾盂肾炎治疗不见好转。检查：患牛体温 38.8℃，心跳 63 次/min，瘤胃蠕动 1 次/2min，精神较差，不愿走动，驱赶行走气促，伸开四肢侧卧，头压在胸部，有时贴在地上，眼红无神，眼睑及太阳穴处水肿，粪干无尿，口水少，舌底红绛，鼻汗不匀或无；肝功检查 GPT 240U，GOT 430U。诊为肝火上炎。治宜疏肝泻火，活血化瘀。药用柴胡、茵陈各 100g，玄参、菊花、郁金、枳实、厚朴、青皮各 50g，红花、桃仁各 40g，丹参、蒲公英各 80g。水煎取汁，候温灌服，连服 5 剂。20 日，患牛病情好转，GPT 240U，GOT 250U。原方药去红花、桃仁、玄参，加当归、何首乌、生地。用法同前，连服 5 剂。30 日，患牛肝功能基本正常，诸症消失，痊愈。（冯子清，T9，P47）

【肝血虚损】 孝感县西河公社道店 2 队的一头母水牛来诊。主诉：1 个月前，该牛因误食农药污染的草料引起中毒，粪带血，治疗后逐渐消瘦，无力，懒动，食差，粪溏。检查：患牛体温 37.8℃，心跳 95 次/min，瘤胃蠕动 1 次/3min；神少毛乱，眼窝深陷，喘气乏力，步态不稳，放牧中采草无力，时而伸肢侧卧，口色淡白，舌青紫，脉细弱，GPT 180U。诊为肝血虚损。治宜疏肝养血，养胃健脾。药用柴胡、茵陈、丹参各 80g，当归、生地各 50g，郁金、赤芍、川芎、杜仲、破故纸、青皮各 40g，枳壳 30g。水煎取汁，候温灌服，连服 4 剂。8d 后，患牛症状有所减轻，行走较前有力。取当归、赤芍各 50g，川芎、生地、何首乌、黄芪、党参、白术各 40g，茯苓、丹参、郁金、甘草各 35g。用法同上，连服 4 剂，痊愈。（冯子清，T9，P47）

【风寒束肺】 2007 年 11 月 14 日，德江县青龙镇永红 2 组某户一头奶牛来诊。主诉：该牛于 10 月 9 日出现呛咳，喘气，流鼻，发热，食欲减退，喜精料厌粗料，曾用青霉素、链霉素、地塞米松、氨基比林治疗无效，后改用麻黄、杏仁、石膏、甘草、百合、麦冬、生地、熟地、川贝母、桔梗等中药治疗仍无效，再改用先锋霉素、氧氟沙星、双黄连等药静脉注射仍不见效。检查：患牛精神不振，食欲减退，咳嗽，胸部触诊有痛感，鼻镜有汗珠，鼻流浆性液体，被毛逆立。诊为风寒束肺，因久治不愈，形成阴盛格阳证。治宜祛风散寒，镇咳平喘。药用鸡胆汁 20 个，冰糖 200g，混合，溶解，灌服。次日，患牛痊愈。（姜愈，T167，P73）

# 第二章

# 外科病

## 第一节　疮、黄、肿、痈、瘰、炎

### 口、舌疮

#### 一、口疮

口疮是指牛口腔黏膜反复出现一个或数个散在的圆形或椭圆形的浅表性溃疡，临床上以疼痛、流涎为特征。

【病因】　多因脾胃湿热内积，热盛化火，火邪循经上攻，或内伤情志，肝气郁结，积久化热，或心火亢盛，火毒上炎熏蒸于口而生疮；素体阴虚，阴液耗损，阴虚则火旺，虚火上炎而致口舌生疮；劳役过度，脾胃虚弱，中气不足，脾湿郁久而生热化火，阴火上灼而生疮。

口疮往往不单一发生，常常与口腔其他疾病和咽炎并发。

【主证】　患牛口腔黏膜或舌边有散在的、形似钱币大小、被覆脓膜的溃疡灶，周边微红、微肿，疼痛，流涎，严重者进食和饮水困难。有些患牛反复发作。

【治则】　清热泻火，健脾补虚。

【方药】　1. 附子理中丸，20丸/d，灌服。共治疗27例，治愈26例。

2. 口疮灵。蜂蜜（冬天略加温）250g，冰片3g，小苏打30g（均为3次药量）。混合，调成膏剂。将药膏用单层纱布卷成长约16cm柱状，两端另系约16cm长的绷带，令患牛嗛于口内，将绷带两端分别固定在笼头上，饲喂、饮水时取下，1次/d。共治疗237例（含其他家畜），治愈率达98.8%。

3. 射干、青黛、黄连各20g，冰片10g，鱼石脂软膏4支，青霉素6支，维生素$B_6$10片。共研细末，加适量温水浸泡软化，与鱼石脂、青霉素混合，制成舔剂。用消毒纱布（或棕片）将药包裹扎紧，纱布两端用细绳系于患牛的两角固定，防止吞食，再将药包含于口中，让牛舔食，直接作用于口腔黏膜，消炎、消肿。（马亿来，T169，P60）

【典型医案】　1. 2004年8月17日，隆德县沙塘镇光联村李某一头3岁牛来诊。主诉：该牛患复发性口疮已1年，灼痛不安，饮食欲减退。曾服用清热泻火药、核黄素及抗生素，配合局部清洗等方法治疗未能奏效。治疗：附子理中丸，灌服，20丸/d。服药后，患牛灼痛明显好转，溃疡逐渐愈合。连服3～4d，患牛痊愈，再未复发。（柳卫等，T138，P64）

2. 1996年3月15日，古浪县石沟村一头牛，因发生溃疡性口腔炎来诊。治疗：用板蓝根注射液和青霉素交替注射治疗3d无效，改用口疮灵，用法同方药2，2次痊愈。（张鹏飞，T95，P26）

#### 二、舌疮

舌疮是指牛心经积热，或胃热熏蒸，或异物损伤舌体，致使舌与口膜发生以红肿、水泡、溃烂、流涎等为特征。一般春、冬季节水牛多发。

【病因】　热邪积于心经，上攻于口舌，或脾胃积热，上冲熏蒸口舌，或草料不洁，混杂有麦芒及异物等刺伤口舌，使之破溃而生疮；膘肥体壮，饲料丰盛且供量过多，导致食料不化，或天气炎热，使役过重、久渴失饮，乘热喂料，料毒积于胃肠，上攻心经而发病；某些传染病等诱发。

【主证】 初期，患牛精神不振，舌体微肿、呈鲜红色、触诊敏感、疼痛，口温增高，口流黏涎。随着病情发展，舌生芒苔，唇颊黏膜潮红，口腔气味臭，舌尖、舌体或舌根有豆粒样大小不等的肿泡，有的糜烂，形成溃疡，甚至蔓延到口角与唇边；有的舌面中部、尖部有蚕豆大不规则的黑红色凹陷，采食困难或吐草团，逐渐消瘦。严重者舌整体溃烂、坏死。异物刺伤者有时可见到异物。

【治则】 清热解毒，消肿止痛，生肌敛疮。

【方药】 1. 黄连解毒汤合大承气汤。酒黄连、酒黄芩、酒黄柏、酒栀子各24g，酒大黄30g，芒硝120g，枳实、川厚朴各18g。膘肥、毒重、热甚者加生石膏60g，黄药子、白药子各24g；毒轻者减芒硝，加甘草15g。共研细末，加鸡蛋清5枚为引，开水冲调，候温灌服，1剂/2d，一般服用2～3剂。机体虚弱而患上述病症者，在服上方药病情好转后，取连翘、桔梗、乳香、没药各24g，金银花、蒲公英、生地各30g，木通、甘草、薄荷各18g，口腔糜烂者取青黛10g，黄柏9g，生蒲黄15g。共研细末，开水冲调，候温灌服。共治疗28例（含其他家畜），疗效显著。

2. 取宽10cm、长16.7cm的细布1条，系上长1m的粗线1根，一手拿线端，一手将布浸有新配制的0.1%高锰酸钾溶液，塞到患牛舌根部，让其自行咀嚼洗涤，待溶液嚼干时（一般1～2min）取出布条，浸上药液再送入，反复进行，10～15min/次，4～5次/d。轻症1～2d好转，重症3～5d痊愈。

注：布浸高锰酸钾溶液不可过多，以免流入瘤胃，影响瘤胃内纤毛虫的生长；最好现配现用，一旦颜色变为微黄色则已失效，不可再用。

3. 金不换散。胡黄连1份，明雄1份，朱砂1份，硼砂1份，冰片0.2份。共研极细末，装瓶密封备用。用镊子或手取出患部异物；用0.1%高锰酸钾溶液或1%～2%食盐水将舌疮部冲洗洁净，再用竹管或纸筒装上金不换散药末，吹入患部，2～3次/d。若心经积热、上攻于舌所致舌疮，在用金不换散局部治疗的同时，内服消黄散、洗心散或加味知柏汤。共治疗145例，均在3～7d内痊愈，疗效优于冰硼散、青黛散、胆矾散、碘甘油、磺胺明矾合剂等。

【护理】 喂给富有营养的麸粥，禁喂干硬粗糙饲料。

【典型医案】 1. 1988年4月19日，荣成市崔头镇谭家庄谭某一头成年黑牛来诊。主诉：该牛近日口流黏涎，食草困难，有时吐草团。检查：患牛口温增高，舌根部红肿、有6～7个蚕豆大的肿包。治疗：取方药1，用法同上，1剂/2d，连服3剂。患牛肿胀消失，痊愈。（王德进等，T41，P10）

2. 肥东县三官乡梁兴大队张某一头12岁公牛，因吃草时只见咀嚼、不能吞咽、口流涎沫来诊。检查：患牛舌根上面有核桃大的溃烂灶，舌面中部、尖部有蚕豆大不规则的黑红色凹陷，采食困难，不能吞咽，口流涎沫。治疗：取乳糖酸红霉素375万单位，等渗葡萄糖生理盐水1000mL，静脉注射，效果不佳；改用方药2，洗涤7次，痊愈。（赵修学，T12，P44）

3. 1985年6月19日，鲁山县勃鸽乡吴村昊某一头红色母牛来诊。主诉：该牛病初流口水，吃草减少，曾用冰硼散、磺胺明矾合剂和青霉素治疗效果不显著。检查：患牛舌根处有一腔洞，刺有大量麦芒，拔出麦芒后有少量血液和脓液流出、气味恶臭。治疗：取方药3，制备、用法同上，连续治疗3d。患牛创伤部明显愈合。嘱畜主改喂柔软饲草。6d后追访，患牛痊愈。（田鸿义，T66，P25）

## 恶　疮

恶疮是指顽固性恶疮。牛体表某部位发生肿胀、化脓和溃疡，创面久不收敛，以病程长、病位深、面积大、难以愈合为特征的一种病症。

【病因】 多因创伤较深，脓汁不易流出而潴留；或创面较大延误治疗被感染。

【主证】 患牛体表皮破肿胀，化脓破溃，久不愈合，尤其深部疮更难以愈合，有的肉芽肿严重增生，溃面久不收敛。

【治则】 消肿止痛，防腐生肌。

【方药】 1. 生石灰500g，红糖250g。将生石灰研成细粉过筛，加入红糖拌匀。用量视疮腔大小而定。共治疗数例，均获满意效果。

2. 桐油血竭膏。桐油2份，血竭1份。置桐油于小锅或其他器皿中慢慢加热至沸，立即将血竭碎块倒入桐油中不断搅动，待血竭全溶即去火，静置冷却，覆盖白纸备用。擦净疮面，涂敷药膏。药膏脱落再涂，直至痊愈。一般用药5～7d即可治愈。共治疗500余例，效果良好。（兰培章等，T9，P60）

3. 碘片、碘化钾各10g，酒精100mL，配成10%碘酊，装瓶。用消毒棉花蘸碘酊充分清洗创腔，排尽脓汁，然后视其创腔大小再用棉花蘸碘酊填满，1次/d，5～7次即愈。共治疗12例，效果满意。本方药在夏、秋季节用于治疗家畜体表大面积褥疮和疮疡效果良好；对大面积的褥疮和溃疡疗效更优。

【典型医案】 1. 1981年春，温县苏玉2队一头6岁牛来诊。检查：患牛颈侧后1/3处有一长7cm、宽9cm、深5cm的恶疮，穿透颈之两侧；疮口周围有溃烂、坏死，疮腔内肉芽增生而坚硬。经多方治疗无显效，病程长达2个多月。治疗：取方药1，制备、用法同上，1次敷疮内。用药后1～2d，患牛摆头或回头，有疼痛状，但患部脓汁、腐烂组织和药物不断外流，且逐渐减少；药后5d，患疮口发红、发痒，肉芽逐渐由内向外生长；药后 10d，患疮内药物、脓汁等基本排完，对侧疮口已愈合，原疮口直径只剩 2cm。此后，只涂些碘酊，再未用药，痊愈，且未复发。（王晓东，T15，P60）

2. 宁县新庄乡东北门村武某一头母牛来诊。检查：患牛颌下生疮、如鸡蛋大，溃后流脓不止、难收口。他医用中药治疗 5d 无效。治疗：取方药 3，用法同上。用药 4 次，痊愈。（孙继业，T34，P28）

## 疖 疮

疖疮是指牛毛囊、皮脂腺及其周围皮肤和皮下蜂窝组织内发生化脓性炎症过程称为疖。多数疖同时散在发生或反复出现、经久不愈。常发生于夏、秋季节，尤其是夏末秋初季节。各种年龄的耕牛、水牛均有发生，一般使役过重、饲养管理不善、营养水平低下、皮肤卫生差的中老龄水牛发病者较多。

【病因】　多因牛皮肤被刺伤或蚊蝇虫类叮咬，形成微细创伤，链球菌或葡萄球菌等感染引发；维生素缺乏和皮肤新陈代谢异常等引发。

【主证】　患牛营养中下等，被毛粗乱、少光泽。病初，患牛躯体尤其是胸腹两侧皮肤出现黄豆大小、散在的硬结节，有轻微瘙痒和疼痛；中后期疖疮逐渐变大，小的如蚕豆，大的如鸽蛋，疖疮中央逐渐软化，皮肤变薄变软，常发生破溃，流出暗红色、腥臭脓液，招惹苍蝇吮食继发蛆虫。

【治则】　燥湿解毒；局部涂擦软膏。

【方药】　硫黄烙烧法。保定患牛；患部剪毛消毒，用烧至黑红色烙铁（也可用扁平铁皮代替）蘸硫黄粉，先轻渐重地逐个按压烙烧患部，烙铁变凉时，另换一个烧好并蘸有硫黄粉的烙铁烙烧，如此反复多次，将皮肤烙至焦黄色为止，然后搽上鱼石脂软膏。早、晚各烙 1 次/d，1 个疗程/（1～2）d，一般 1～2 个疗程即愈。

施术时，烙铁不能烧成赤红色或红白色，烙铁温度过高蘸取硫黄粉时，硫黄立即燃烧，会降低药力，也会使牛怕火而狂躁不安，难以施术。若硫黄着火，应吹灭后再施术。因硫黄易燃冒烟，其烟有毒，术者应戴口罩施术。共治疗公牛 3 例，母牛 2 例，均治愈。

注：本病应与浅在性脓肿诊断鉴别。浅在性脓肿位于皮下组织、筋膜下和浅层肌肉，局部隆起的肿胀初期无明显界限，发红，有剧痛，触诊感热而硬实；脓肿形成后界限明显，红、热、痛轻，触诊中央软化、波动明显，大多自行破溃。本病生于皮肤及皮下组织，根浅、范围局限，呈小圆形硬结节、界限清楚，化脓过程短，脓汁少，多为散在性分布。

【护理】　加强护理，7d 内不能下水浸浴，以免焦痂过早脱落而感染化脓。

【典型医案】　1984 年 4 月 2 日上午，博白县新塘大队王某一头 5 岁、营养中下等公水牛来诊。主诉：该牛患病已 10 余天，疖疮由病初 3 个增至 7 个，多方治疗未见好转。检查：患牛胸腹两侧有疖疮 5 个，颈左侧有 2 个，其中 4 个已破溃，流暗红色黏稠脓血，另 3 个中央透亮，按压柔软。诊为疖疮。治疗：取上方药，用法同上，用药 2 次。7d 后，患部结痂自然脱落，痊愈。（黄坤，T13，P51）

## 大头黄

大头黄是指湿热毒气侵袭牛颜面，出现以头部突发肿胀为特征的一种病症。多发生于夏、秋季节。

【病因】　暑热季节，由于天气多变，乍雨乍晴，湿热毒邪侵注颜面，致使牛头部突发肿胀。

【主证】　病初，患牛鼻两侧发生肿胀，继之整个头面肿胀，肿胀部皮温微增高，皮肤变硬、触之无疼痛反应，精神沉郁，食欲、反刍减退，流涎，体温微升高。若肿胀蔓延至颈部则食欲废绝。有的患牛口流涎，呼吸困难，弓背低头。

【治则】　清热解毒，活血散瘀，除风祛湿。

【方药】　1. 薜荔藤、络石藤、萆草、石荠宁、射干、牡荆子、石菖蒲（均为鲜品）各 500～1000g，大蒜秆 300～500g。将各药洗净切短，加水 15～30kg，煮沸 30min，取汁，盛入大盆内，用一条洁净麻袋放入热滤液中浸透，然后将患牛头部固定在热滤液盆上（滤液温度以患牛能耐受为度），再将已浸热的麻袋盖在头部，使盆内滤液蒸汽熏蒸头部 30～60min，出汗后牵至避风处休息。1 次不愈者 8～12h 后再熏蒸 1 次。

2. 金银花、连翘、郁金、黄药子、白药子各 20g，天花粉、大黄、黄芩、朴硝、车前子各 30g、黄连、甘草各 15g，黄柏 10g。共研细末，开水冲调，候温灌服；针刺过梁、大脉、血印等穴。共治疗 13 例，均收到良好效果。

3. 五苓散加减。茯苓 60g，猪苓、泽泻、大枣各 50g，黄芪、阿胶、防己各 40g，麻黄、杏仁各 30g，甘草 20g。共研细末，分为 3 包备用。取鲜桑树根皮 200g，水煎取汁适量，将五苓散加减 1 包放入药液中煮沸，候温灌服，1 剂/d。

【典型医案】　1. 1986 年 6 月，吉安县大冲乡新溪村陈某一头 5 岁阉牛来诊。检查：患牛头面肿胀，尤以眼部肿胀更甚，触诊肿胀部稍硬、皮温略高，精神沉郁，食欲、反刍减退，体温 39.8℃。诊为大头黄。治疗：用青霉素、链霉素治疗 1d 无效。第 2 天，改用方药 1，制备、用法同上，1 次即愈。（郭岚，T91，P29）

2. 1989 年 4 月 14 日，固原县南郊乡叩庄 3 村王某一头牛来诊。检查：患牛体温 39℃，呼吸 40 次/min，心跳 109 次/min；食欲、反刍减退，头面肿大、发热、稍硬，眼、鼻、耳等部均肿胀，口流涎水，精神委顿，口色鲜红，脉浮数。诊为大头黄。治疗：金银花、连翘、郁金、黄药子、白药子各20g，天花粉、大黄、黄芩、朴硝、车前子各30g，黄连、甘草各15g，黄柏10g。共研末，开水冲调，候温灌服；针刺过梁、大脉、血印等穴。用药1剂，患牛肿消，痊愈。（杨文祥，T58，P38）

3. 1988年3月18日，思南县瓮溪乡张某一头8岁、妊娠约5个月母水牛，因头面严重水肿、他医治疗无效来诊。主诉：14日，该牛在放牧过程中突遭大雨苦淋，回家后即精神不振，全身发抖，口流丝状清涎。15日放牧前，又见两耳下方有鸡蛋大的2个肿包，且眼睑肿胀，整个头部亦肿大。曾每天2次注射青霉素钾盐400万单位、硫酸链霉素300万单位。第3天肿胀仍继续扩大、加重。改用耳静脉注射5%葡萄糖生理盐水500mL、四环素200万单位；内服草药1包。用药后，患牛病情仍无好转。检查：患牛被毛粗乱，精神沉郁，整个头部明显肿大，甚至蔓延至前胸；两耳下方肿包大如拳头，压之有波动感，眼睑肿胀，两唇微张似笑，舌体肿大，舌尖露于门齿外，喜饮，喘促，呆立，鼻翼翕张，尿短赤，脉洪数；瘤胃蠕动音弱（1次/3min），体温39.8℃，心跳67次/min，呼吸48次/min。因已妊娠腹围增大。诊为大头黄。治疗：五苓散加减，制备、用法同方药3，1剂/d，共服2剂。二诊，患牛头部肿胀减轻，饮食欲增加，精神好转，但仍有喜饮、目赤症状。五苓散加减去麻黄、黄芪，加金银花、陈皮、木香各30g，连翘40g，用法同前，连服2剂，痊愈。（张金权，T45，P31）

## 嗓　黄

嗓黄是指热毒郁结咽喉发生肿胀的一种病症，又称锁喉黄。常发生于夏、秋季节。

【病因】　多因暑热炎天，喂养不当，使役过度，热毒内积，内伤心肺，上攻于咽喉而发病；长期饲喂霉败草料，误食有毒草料，刺激咽喉而发病。

【主证】　患牛精神沉郁，喉嗓肿痛，头伸直项，吞咽不利，口鼻流沫，呼吸喘粗，咳嗽不爽，触诊咽喉部肿、痛，口色红，舌苔黄腻，脉洪数。病重者水草难下，呼吸困难，喉中气响痰鸣。

【治则】　清热解毒，清咽利喉。

【方药】　白芍、贝母、丹皮、黄芩、桑叶各30g，生地50g，麦冬、玄参、连翘、金银花各40g，甘草、薄荷各20g。共研细末，开水冲调，候温灌服，或水煎取汁，候温灌服。共治疗28例（其中牛9例），治愈25例，效果不明显3例。（李长存，T113，P22）

## 胸　黄

胸黄是指热毒积聚，引发牛胸前发生黄肿的一种病症，又名鸡心黄。多发生于夏、秋季节。

【病因】　因气候炎热，劳役过重，湿热熏蒸，热积心胸，迫血妄行，使血离经络，化为黄水，渗积胸前而发病。

【主证】　病初，患牛精神不振，食欲、反刍减退，不愿行走，胸部肿胀、微硬，两前肢间的胸部有拳头大的肿胀、软而无痛，继之肿胀蔓延、有热痛感，舌色赤红，脉象洪数。

【治则】　清热解毒，消肿散瘀。

【方药】　1. 黄芩、蒲公英、连翘、生地、地榆、白芍各100g，金银花150g，黄柏、防风、荆芥、当归各80g，穿山甲10g（体格较小牛酌减药量）。水煎取汁，候温灌服。局部消毒、穿刺，排出渗出液。

2. 金银花、连翘、郁金、黄药子、白药子各20g，天花粉、大黄、黄芩、朴硝、车前子各30g，黄连、甘草各15g，黄柏10g。共研细末，开水冲调，候温灌服。共治疗34例，均收到了良好效果。

3. 血府逐瘀汤合五味消毒饮加减。蒲公英、漏芦根、金银花、鱼腥草、土茯苓各60g，连翘、柴胡、枳壳、赤芍各30g，当归、川芎各24g，桃仁、红花各18g，甘草15g。共研细末，开水冲调，候温灌服。

4. 藤黄（为藤黄科常绿小乔木藤黄树茎干中的胶质树脂，酸、涩、温、有毒）30g（剂量可根据肿胀大小而定），用醋研磨数次，涂擦患部，数次/d。

注：藤黄有大毒，使用时必须注意，忌内服。

【典型医案】　1. 1998年9月16日，南召县南外村李某一头4岁母牛来诊。主诉：13日上午使役后发现该牛胸部有一鸡蛋大小肿块、触之较硬，2d后肿块变大，食欲、反刍减退。检查：患牛膘情中等，精神不振，不愿行走，胸部肿块约手掌大小、触之有波动感，针刺后流出渗出液，舌色赤红。诊为胸黄。治疗：取方药1，用法同。2d后，患牛精神较好，食欲、反刍正常，胸部肿块已消退一半。继服药1剂。23日，患牛痊愈。（魏小霜，T106，P37）

2. 1988年4月13日，固原县西郊乡东峡2村郭某一头牛来诊。检查：患牛体温38.5℃，呼吸28次/min，心跳89次/min，反刍、食欲减退，胸前黄肿、布满胸脯、触之软而无痛，尿短少，口色鲜红，脉洪大。诊为胸黄。治疗：取方药2，用法同上，连服2剂，痊愈。（杨文祥，T58，P38）

3. 1988年4月1日，青白江区景峰乡西林村周某一头水牛来诊。检查：患牛胸脯硬肿，长30cm，宽24cm，高近3cm，灼热疼痛。诊为胸黄。治疗：血府逐瘀汤合五味消毒饮加减，用法同方药3。连服2剂，效果明显；又服药2剂，患牛痊愈。时隔1年，病情复发，及时服用原方药，2剂痊愈。（黄仲亨，T58，P38）

4. 1985年4月21日，遵义县新坪乡李某一头4岁母黄牛来诊。主诉：该牛胸前有拳头大小肿胀，无全身变化。曾穿刺排黄水，用桐油、石灰、草药外敷，肿胀继续扩大，随后烧烙患部，内服中药仍无效。检查：患牛体温 39.5℃，呼吸 42 次/min，食欲减退，肿胀面积为 60cm²、有波动、指留压痕。诊为胸黄。治疗：取方药 4，用法同上。次日，患部肿胀缩小。治疗 5d，痊愈，患牛恢复正常使役。（宋德万，T32，P30）

## 肚底黄

肚底黄是指湿热毒邪凝于牛肚底（腹下）发生肿胀的一种病症，又称锅底黄。现代兽医学称为腹下水肿。

【病因】 多因厩舍潮湿或雨后卧于湿地，湿邪凝于腹部，或使役后汗出，毛窍开张，被雨侵袭，湿气凝聚于皮肤间而生黄肿；天气炎热，蚊蝇叮咬，或后肢踢腹、棍击等引发本病。

【主证】 初期，患牛腹下水肿，部位不定，形如鸡卵，肿胀、热而微软，逐渐蔓延至整个腹下、脐后，触及软、有波动感、无疼痛感，针刺流出淡黄色透明液体。

【治则】 清热利湿，解毒消肿。

【方药】 1. 蒲黄散。生蒲黄、生二丑各 200g，盐知母、盐黄柏、茯苓、泽泻各 90g，车前子 80g，川楝子、生地黄、苍术各 60g，茵陈 40g，枣炭 20 枚，甘草 20g（为中等牛药量）。水煎取汁，候温灌服。共治疗 36 例，均获痊愈。

2. ①五皮饮。桑白皮 45g，生姜皮、大腹皮各 30g，茯苓皮 60g，陈皮 24g。消化不良者加山楂、神曲、麦芽；粪、尿不通者加大黄、枳实、车前子；脾虚水肿者加白术、桂皮、党参、黄芪等。水煎取汁，候温灌服。②白芨拔毒散。白芨、白矾、龙骨、黄柏、雄黄各 30g，大黄 24g，白蔹、黄连、青黛各 15g，木鳖子 9g。共研细末，用米醋调如稀粥样，擦患处，1 次/4h。共治疗黄牛 9 例、水牛 3 例，均治愈。

3. 石灰 200g，水 300mL，调匀，沉淀，弃去清液，再加水调匀过滤，取其滤液，加陈醋 150mL，鸡蛋清 3 枚，混合，备用（现用现配，用量视病情而定）。局部剪毛、消毒，分点针刺，放出黄水，消毒，敷药，3～4 次/d，连用 2～3d。共治疗黄牛 16 例、水牛 10 例，均治愈。

4. 雄黄拔毒膏。雄黄、没药、红花各 10g，白芨、白蔹各 15g，大黄 30g，木鳖子、龙骨各 2g，鱼石脂 250g（根据病症药量酌情增减）。先将木鳖子去外壳，用纸包，压去油后与其他中药研为细末，再用鱼石脂调成膏备用。患部剪毛（越短越好），洗净拭干，用膏药刀或薄木片将药膏涂于患处，厚 0.3～0.5cm，换药 1 次/2d。共治疗各种黄肿（腮黄、膝黄、肚底黄、痈肿、槽口肿）和肢关节扭伤

78 例，治愈 71 例，有效 4 例。轻者 1～2 次、重者 3～4 次痊愈。（马福全，T93，P27）

5. 移黄丸。取冰片 2 份，细辛、葶苈子各 1 份，共研细末。取 2.0～2.2g 药末放在 7cm×7cm 消毒纱布块中央，包成指头弹大的蝌蚪状药丸（含冰片 1g/丸、细辛、葶苈子各 0.5g/丸，也可加麝香 0.1～0.2g），装瓶备用。不论黄肿在什么部位，都在皮肤上切开一小口。黄在头颈部位者，切口后用刀柄沿皮下向上分离成袋状，填入移黄丸；黄在体躯部位者，切口后向下分离成带状，填入移黄丸。填后缝 1 针，以防药丸滑出。药丸尾部必须留在创口外，便于引流。填入药丸后 10～20h，穿黄部位的新创开始肿胀、流水；1～3d 黄肿全部消散，取出药丸，创口作一般外科处理（图 2-1）。共治疗软而不痛黄症 300 例（牛 83 例），其中肚底黄 136 例、腮黄 86 例、外肾黄 31 例、嗓黄 17 例、其他黄肿 30 例。

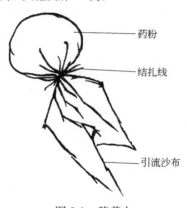

图 2-1 移黄丸

移黄丸对软而不痛的黄症确有特效；对四肢、耳尖或尾尖等部位的黄肿效果不佳；对硬而痛的黄症疗效较差。治疗距穿黄穴位部位远的黄症收效较快；治疗胸部等近距离的黄肿收效则较慢。（王可行，T7，P42）

6. 甲珠脱毒散。山甲珠、白芨各 50g，天花粉、皂角刺、知母、贝母、荆芥、半夏各 40g，金银花、连翘、土茯苓、蒲公英各 60g。黄肿破溃者减山甲珠、皂角刺，加乳香、没药；黄在头部者加菊花；黄在中部者加川芎；黄在下部者加牛膝。水煎取汁，候温灌服，1 剂/d，连服 3～4 剂。同时，根据病情，针刺肿胀部，放出积液或蓄脓。共治疗不同部位黄症 60 例，治愈 58 例，无效 2 例。

7. 白芨拔毒散。白芨、白蔹、紫草、栀子各 30g，当归、白芷、大黄、黄芩各 20g，雄黄 10g（视黄肿面积大小按比例增减药量）。共研细末，用醋调成糊状，敷于患部，纱布包扎，3～4h 后用醋从周围浸润，防止药物干燥。共治疗各种黄症约百例，一般用药 1～2 剂即见效。

8. 大黄、陈石灰（未经雨淋，经过粉筛）、白芷

各 50g，芒硝 40g，黄柏 60g，斑蝥 10g，陈醋适量。除石灰和醋外，将余药在药槽中研成细末，置于干净玻璃缸或瓷盆中，加入石灰，用适量陈醋调和，边加醋边用玻璃棒或竹扦搅拌，使其充分混合均匀，其黏度以涂在患部既能粘住又能涂开为宜。

取一根长度合适的竹扦，一端缠上消毒脱脂棉，蘸药涂于患部，4～5 次/d。用纱布包扎，将敷药涂于纱布上固定，涂药 2 次/d。对病程较长、继发他病或出现全身症状者，进行全身性抗感染治疗，或取中药内服与外敷相结合，才能收到满意效果。共治疗水牛 90 例（阳黄 62 例、阴黄 28 例），治愈 86 例；黄牛 33 例（阳黄 27 例、阴黄 6 例），治愈 32 例；死亡 5 例。

9. 滴明穴刺血法。取滴明穴，位于脐前 16cm，距腹中线约 13cm 凹陷的腹壁皮下静脉上，倒数第 4 肋骨向下即乳井静脉上，拇指盖大的凹陷处（以中等体型牦牛为准），左、右各 1 穴，牧民称为"左扎色脾右扎胆"（不知穴位名称）。施针前，将患牛站立保定，局部剪毛、消毒，将皮肤稍向侧方移动，以右手拇指、食指、中指持大宽针，根据进针深度留出针尖长度，针柄顶于掌心，向前上方刺入 1～1.5cm，视牛体大小放血 300～1000mL。进针时动作要迅速、准确，使针尖一次穿透皮肤和血管。流血不止时可移动皮肤止血。同时注意治疗原发病。共治疗 6 例，治愈 2 例，好转 3 例，无效 1 例。本方药适用于牦牛肚底黄。

【典型医案】 1. 1996 年 1 月 13 日，汝州市蟒川乡半西村 5 组樊某一头 2.5 岁、约 400kg 牛来诊。主诉：早上刷毛时发现该牛腹下约有拳头大小肿块，到下午已发展至 30cm×30cm。诊为肚底黄。治疗：取蒲黄散，用法同方药 1，1 剂，痊愈。（魏国华，T140，P42）

2. 1983 年 4 月 15 日，来宾县泗贯大队凌某一头成年母水牛来诊。检查：患牛体温 38.5℃，呼吸 21 次/min，心跳 54 次/min，食欲减退，消化不良，四肢、耳、鼻俱凉，腹部肚脐周围肿胀如碗大，患处与健康皮肤界线不明显、触之无热无痛、指压呈捏粉状，针刺流出淡黄色透明液体，舌苔腻，脉象滑、细弱。诊为肚底黄。治疗：患处剪毛、消毒，在肿胀部位较高处用火针刺 5 针，放出黄水；取五皮饮加白术、桂皮、黄芪各 30g，党参 45g。用法见方药 2；白芨拔毒散，研为细末，用米醋调如稀粥样，擦患处，1 次/4h。次日，患牛症状减轻，肿胀已消至杯口大，食草量增加。继用五皮饮、白芨拔毒散，用法同前。第 3 天，患牛基本痊愈。（陈庆银，T14，P48）

3. 1989 年 10 月 26 日，独山县下司镇下司村林某一头小黄牛来诊。检查：患牛腹下有一水肿块、形如水袋，触诊软有波动、微热，食欲、体温均无异常。诊为肚底黄。治疗：患部剪毛、消毒，用三棱针分点穿刺，流出带血黄水。取方药 3，外敷，2d 痊愈。（刘方华，T49，P30）

4. 2003 年 10 月 21 日，门源县浩门镇沙沟村陈某一头 14 岁耕牛来诊。检查：患牛腹部有大块黄肿、触之边缘较硬、指压留痕、中间有波动感。治疗：用碘酊患部消毒，小宽针乱刺波动部位，放出黄水约 1000mL；取甲珠脱毒散减山甲珠、皂角刺，加乳香、没药、川芎、牛膝各 40g。用法见方药 6，1 剂/d，连服 2 剂，痊愈。（石清萍等，T131，P57）

5. 罗甸县交苑村罗某一头 3 岁摩拉杂交牛来诊。检查：患牛腹下有一小面盆口大的肿块已 10 余日，中央破溃、有黄色渗出液滴出。诊为肚底黄。治疗：白芨拔毒散，用法见方药 7。翌日，患牛黄肿消退。用醋湿润药物继续敷用；第 3 天再敷药 1 剂；第 4 天肿块消退，破溃处开始结痂；第 6 天痊愈。（罗茂林，T85，P38）

6. 1984 年 5 月 27 日，崇阳县天城镇陈家村一头 4 岁水牦牛来诊。检查：患牛精神、食欲无异常，腹下肿胀明显、面积有 45cm²、按压硬实、发热、有痛感，龟头受压迫，排尿困难，口赤红，脉洪数。诊为肚底黄（阳黄）。治疗：取方药 8，外敷，4 次/d。第 2 天，患牛肿胀明显消退；第 3 天黄肿消失。（雷望良等，T19，P37）

7. 1999 年 4 月 21 日，门源县苏吉滩乡扎麻图村万某一头种公牦牛来诊。主诉：18 日，该牛施去势术出血较多，阴囊肿大，腹下水肿，行走困难。检查：患牛精神不振，采食减少，腹下水肿从阴囊向前至剑状软骨后缘、指压留痕、软如面团，皮温低，步态强拘。诊为肚底黄。治疗：滴明穴刺血 600mL，方法同方药 9。次日，患部消肿明显，痊愈。（李德明，T144，P66）

## 遍身黄

遍身黄是指因牛肺热生风，使皮肤发生疹块，出现以瘙痒不安为特征的一种病症，又称肺风黄。属现代兽医学荨麻疹范畴。

【病因】 多因牛劳役过重，外感风邪，汗出当风；或暑热炎天，心肺热极，热注三焦，气血相凝，郁结而成；皮肤受外界刺激过敏，或食入霉败草料，胃肠积热，伤及肺而发病。

【主证】 患牛突然全身出现大小不等的高凸疹块、多密集成片，皮肤瘙痒，揩擦；有的口、眼虚肿，脉象洪数，口色鲜红。

【治则】 清热解毒，消肿破坚，活血止痛。

【方药】 炙穿山甲、炒皂角刺、当归尾、甘草、赤芍、金银花、乳香、没药、天花粉、陈皮、防风、浙贝母、白芷。红肿、坚硬、疼痛、凸起且粪干燥者加大黄、丹皮；肿胀软而大、形如水囊者减乳香、没药，加黄芪、肉桂；肿生颈部者加牛蒡子、荆芥、桔梗；乳房肿胀者减陈皮，加蒲公英、紫花地丁、连翘。共研细末，开水冲调，候温灌服。共治愈223例。

【典型医案】 常德市鼎城区双桥坪乡涂家坪村涂某一头5岁公水牛来诊。主诉：该牛遍身生鹅卵大小的硬肿、凸出皮肤，尤以颈部、胸部两侧较多。检查：患牛烦躁不安，口色赤黄，粪干燥。诊为遍身黄。治疗：防风、天花粉、大黄、金银花各40g，乳香、没药、穿山甲、皂刺、当归尾、赤芍、贝母、白芷、陈皮、丹皮、甘草各30g。共研细末，开水冲调，加白酒适量，灌服。服药2d后，患牛肿疮大部分消散，诸症悉退，仅两处穿溃，后用食盐水洗涤，3d后痊愈。（夏正泉，T41，P24）

## 串皮黄

串皮黄是指湿热毒气侵入牛肌肤，体表出现以肿胀为特征的一种病症。多发生于夏、秋季节。

【病因】 多因牛舍潮湿，卫生不洁，湿毒侵入皮肤腠理；暑热炎天，外感湿热，劳役过度，致使气血瘀滞、热毒郁结而成。

【主证】 病初，患牛食欲、反刍无明显变化；中后期，患牛食欲、反刍减退，局部发生肿胀（一处或多处），严重时破溃、流水样渗出液，发热、疼痛，粪干燥，尿短少、色黄，行动缓慢。

【治则】 清热解毒，活血祛瘀。

【方药】 黄连解毒汤。黄连30g，黄芩、黄柏各45g，栀子60g。水煎取汁，候温灌服，1剂/d。头、颈、咽喉红肿者合普济消毒饮（《证治准绳》）则效果更佳。共治疗11例，治愈10例，有效1例。

【典型医案】 1997年7月，保康县重阳乡东风头村汪某一头黄牛就诊。检查：患牛颈、胸、背部有6～7处大小、软硬不一的肿块、分布不均。诊为串皮黄。治疗：黄连解毒汤加苦参60g，金银花、连翘各45g，鸡蛋清3枚。用法同上，连服3剂。半个月后随访，患牛痊愈、无复发。（杨先锋，T105，P40）

## 外肾黄

外肾黄是指牛阴囊或阴囊、睾丸发生肿胀的一种病症。临床上分为阴肾黄和阳肾黄。阴肾黄多是阴囊、阴鞘发生的水肿；阳肾黄多为睾丸及附睾发生的炎性肿胀，西兽医称为睾丸炎。多见于体质瘦弱的公牛。

【病因】 阴肾黄多因饲养管理不善，久渴失饮，饮冷水太过，或外感寒湿如风寒侵袭，阴雨浇淋，厩舍潮湿，久卧湿地，寒湿外凝于肾，湿邪瘀滞而发病。阳肾黄多是外感风热或劳役过重，热邪积于肾经，传入外肾而发病。

【主证】 患牛精神不振，站立时两后肢开张，阴茎包皮周围及后肢内侧肿胀，卧地困难，触摸时疼痛反应明显，刺破肿胀处流出淡色血水；有的患牛睾丸出现不同程度的肿大，站立或运动姿势异常，触诊睾丸有坚硬、灼热、疼痛感，精索变粗，粪干，尿短赤，口色淡白，舌红苔黄，脉弦数。

【治则】 利湿、消肿、止痛。

【方药】 1. 夏枯草60g，生何首乌、青木香、威灵仙、苦参、乌菜、海金沙、大蓟各30g，川楝子20g。水煎2次，合并药液，候温灌服。针海门、后海、肝俞穴。

2. 取新鲜天南星（比干品效果好），捣烂、呈糊状，加适量常水（若用干品，将其打成粉末，对适量常水）备用。先用小宽针将患部刺破，尽量放出黄水，然后将药液涂擦肿胀处及周围，2次/d，一般轻者3d，重者5d可愈。共治疗86例（含其他家畜），全部治愈。

3. 硝黄昆布汤。大黄、芒硝、金银花各60g，蒲公英80g，昆布、苦参、海藻各40g。恶寒发热、体温升高者重用金银花100g，加连翘60g；体质虚弱者加当归60g，黄芪80g；慢性者加丹参60g，赤芍40g；食欲减退、反刍减少者加三仙各120g。水煎2次，取汁，混合，候温灌服；鱼石脂200g，樟脑15g，硫酸镁300g，冰片3g。混合，调匀，涂敷患部，1～2次/d，连用1～2d。共治疗12例，全部治愈。

【典型医案】 1. 1991年4月12日，吉安市河东乡坪塘村李某一头3岁、黑色公牛来诊。检查：患牛体瘦毛焦，吃草减少，舌苔黄，舌质红，颈部肿大、不能弯曲，粪溏稀，阴囊皱襞消失、发红、肿硬、较正常大3倍、疼痛不甚明显、局部微热、触诊无压痕，阴囊下坠，两后肢开张，步履艰难，尿少、数频、色黄、后期点滴淋漓，阴茎频频勃起，脉弦沉而数。诊为外肾黄。治疗：取方药1，用法同上，连服3剂；针海门、后海、肝俞穴。14日，患牛精神好转，吃草增多，颈部及阴囊肿胀减轻，颈能自由转动，粪软、不成形。效不更方，方药减川楝子，生何首乌换为制何首乌，加三白草，4剂，用法同前，痊愈。（曹德贵，T57，P36）

2. 1990年11月23日，晴隆县莱家乡刘某一头6岁、膘情中等公黄牛来诊。检查：患牛骚动不安，站立时两后肢开张，卧地困难，阴茎包皮周围及后肢内侧肿胀，触摸时疼痛反应明显，刺破肿胀部流出淡色血水，口色淡白，脉象沉细。诊为外肾黄。治疗：取干天南星5个，研成细末，加水500mL；针刺患部，放尽黄水；涂擦药液，3次/d，痊愈。（余昌祥，T55，P35）

3. 1995年5月6日，邓州市高集乡王庄村张某一头公黄牛，因睾丸肿大来诊。检查：患牛精神沉郁，右侧阴囊肿大如足球大小，站立时右后肢外展，运步时两后肢开张，行走谨慎，触诊睾丸有坚硬、灼热、疼痛感，精索变粗，粪干，尿短赤，舌红苔黄，脉弦数，体温40.5℃，心跳78次/min，呼吸36次/min。诊为急性睾丸炎。治疗：硝黄昆布汤加栀子、连翘、龙胆草各60g，用法同方药3，1剂/d，连服2剂；取鱼石脂200g，樟脑15g，硫酸镁300g，冰片3g。混合、调匀，涂敷患部，连敷3d，痊愈。（张可庆，T88，P29）

## 血 肿

血肿是指因牛体受挫伤，皮下组织血管破裂，形成血液性肿胀的一种病症。属非开放性损伤。

【病因】　因骨折、刺创、火器创伤或被其他牛顶伤、后肢踢伤、踩伤或跌扑等，使牛体局部血管破裂而出血，血液瘀积在皮下和组织间而发病。

【主证】　患牛局部肿胀、触之疼痛、敏感，穿刺有血液流出，呼吸、心率、饮食、粪尿均正常。

【治则】　行气止血，排除积血。

【方药】　当归50g，红花、三棱、桃仁、白芍各30g，水蛭（炒黑）35g，槟榔、枳实、牛膝、元胡各40g，生大黄60g。水煎取汁，候温灌服，1剂/d。

【典型医案】　1986年12月10日，圻春县关河村周某一头7岁母水牛来诊。主诉：放牧中，该牛从3m高的陡坡滑下，当时腹部表皮只有一块伤，食欲等均正常。半个月后，该牛食欲减退，膘情日趋下降，肚腹微臌胀，粪少，时有拱腰举尾姿势，曾治疗多次无效。检查：患牛多站少卧，卧地后则急起，行走时两后肢张开，呼吸喘粗，张口吭吭，食欲、反刍废绝，不时拱腰举尾，肚腹胀满、坚实、触之躲闪，舌质呈暗紫色，口津少而黏。诊为血肿。治疗：取上方药，用法同上，1剂/d，连服3剂。第1剂服后8h，患牛胃肠蠕动增强，痛感减轻，张口发吭次数减少；第2剂，患牛粪带黑色血水，肛门排气泡；第3剂服后第2天，患牛排下血块约5kg；第3天，患牛主要症状全部消失，仅精神萎靡不振，反刍缓慢，吃草不多等。取25%葡萄糖注射液、维生素C注射液等，静脉注射。于7d后康复。（吕元喜，T31，P61）

## 痈 肿

痈肿是指由于热毒郁结或机械外伤，致牛体局部出现肿胀、灼热、疼痛、溃烂的一种病症。多见于肩痈和背痈。

【病因】　多因邪热壅聚，气血凝滞；或受各种机械外伤，虫蚊咬伤局部，气血瘀积等；或劳役过度，挽具过大或过小，损伤肩胛而发病；暑月炎天，三焦积热，聚于肩部而不散，积而成痈。

【主证】　患牛局部肿胀、灼热、疼痛，用力触摸内有波动感，体温、粪、尿均正常。

【治则】　祛风除湿，舒经活络，除瘀活血，解热止痛。

【方药】　1.止痛消肿酊。桂枝、杜仲、山当归、白芷、大血藤、细辛各50g，五加皮、三棱、莪术、紫苏、三棵针、牛膝、木香各40g，老樟树、散血草、四块瓦各30g。将上药切碎，加水，文火煎2h，浸出药液，药渣加水2000mL，武火煎至1000mL，取汁，合并药液，用2层纱布过滤，将药液浓缩至1200mL，冷却到40℃加入烧酒300mL，混匀，为黄绿色澄清液体，气香，味辛、苦，密封7d后使用。放置后药液有少许沉淀，只要密封药效不减。用药液擦痈肿伤口、创面，2~3次/d；灌服，50~100mL/次，2次/d，重者连服3~5d。妊娠牛禁用。共治疗未破溃痈肿23例，其中黄牛9例、水牛14例，均获满意效果。

2.真人活命饮。金银花90g，防风、白芷、炮山甲、皂角各20g，当归、陈皮、贝母、天花粉各30g，乳香、没药、甘草各15g，酒250mL为引。加水适量，先煎煮15min，取汁，候温灌服；12h后再煎煮1次，取汁，候温灌服，1剂/d，连服2~5剂。取青霉素、链霉素各1万单位/kg，用注射水溶解，混合，肌内注射，2~3次/d，连用2~3d。

3.鲜水芙蓉叶约250g，洗净，加食盐约10g，捣烂如泥，敷于患部；肿块顶部留头不涂药，然后食品袋和洁净布轻轻包扎，以防药渣掉落；药汁干时，从包扎物边缘滴浸药液，换药1次/d。共治疗16例，均取得了满意效果。

注：木芙蓉叶对发热、肿块坚硬、界限明显的阳证效果最佳；对肝气不疏或乳腺增生导致的郁结、乳痈、阴痿瘰疬等阴证疗效较差。

4.自制红升丹。取水银、白矾、火硝各等份。先将火硝、白矾研细（以不见星为度），放入小铁锅底按平，中间为凹形，然后注入水银；用一平口浑圆瓷海碗（最好是上等瓷碗）覆锅，碗口与锅必须无丝微缝隙，用盐水调泥细筑实碗口与锅相接之处；用文火烘蒸，听到碗中有微弱声音，已知火硝、白矾溶解，看到碗口无黄紫色气体逸出则属正常；若碗口出烟则水银已外泄，急需用泥密封；然后用黄沙埋没全碗，碗底外放棉花一小团，取砖石压上，先用文火烘蒸45min，再用武火烘蒸30min，然后再用文火烘蒸40~50min。拨开碗底泥砂，检验碗底外所藏棉花呈炭黑色则火候已到，移下铁锅，置于砖上冷却过夜；第2天轻轻将黄沙掏尽，轻轻起碗，防止振动，见碗底沾有鲜红物一片即用鸡羽扫下，装入瓶内；此层下面的药结成片，用刀刮取，入钵内研细、装瓶。药色以鲜红如珠、明艳如赤霞者为佳，药色呈黄色则药力薄，表明火候未到；火候太过，药色呈焦紫色或紫色。太过与不及均影响治疗效果。疮痈化热兼全身反应者，取金银花、赤芍、当归、乳香、没药、天花粉、贝母、白芷、防风、陈皮、甘草、穿山甲、皂刺等，随症加减。水煎取汁，候温灌服。共治愈肩痈等外伤 20 余例，一般用药 1～2 次即可获效。

红升丹适用于一切疮痈初期溃烂或已经溃烂、脓血淋漓、肉腐、瘘管久不收口者。白降丹适用于一切疔毒未破溃、肉腐未消脱者。红升丹与白降丹配合使用可互补长短。使用剂量一般为 1g，视痈肿范围、病变程度酌情增减，一般撒薄薄一层呈深黄色即可，多则剧痛，少则药力不及，严重者用药 2 次即可收效。

5. 壁虎数只，焙干、研末、备用。先将疮面洗净，再均匀撒布壁虎末，外涂百草霜膏（以新鲜牛粪中心部分为佳），待其自行愈合脱痂。共治疗 7 例，均 1 次治愈。

6. 河蚌壳数只，炙灰、研末，菜油调匀，涂于患处，3～4 次/d。

7. 鲜芙蓉根 500g，捣烂、取汁，加麻油 50g，调匀，敷于患部，换药 1 次/d。共治疗 30 余例，收效颇佳。

8. 青黛适量，用食醋调匀，敷于患处（现用现调），1～2 次/d。本方药对肩痈初起、尚未溃破者效果满意。

9. 黄药子、栀子、金银花、桃仁、穿山甲、皂刺各 40g，紫花地丁、生地、知母、芒硝、青皮各 35g。水煎取汁，候温灌服。

【典型医案】1. 2003 年 3 月 18 日，余庆县大乌江镇箐口村文冲沟组刘某一头 10 岁、约 400kg 水牛，因左肩部上方生出拳头大肿块来诊。检查：患牛左肩背部有一面积为 10cm$^2$ 肿块、发热明显、用力触摸内有波动，体温、粪、尿均正常。诊为血瘀痈肿。治疗：患部剪毛、消毒，涂擦止痛消肿酊，先轻后重反复涂擦 10min；取止痛消肿酊 80mL，加温开水 300mL，灌服，3 次/d，连服 4d。22 日，患牛痊愈。（徐玉珍等，T137，P59）

2. 1989 年 3 月 16 日，茂名市茂南区新坡镇连塘村陈某一头 3 岁、约 250kg 公水牛来诊。主诉：该牛于 3d 前食欲减退，肩部、上腹部两侧及左下腹部、右臀部长出 6 个痈，直径 3～5cm 不等、未溃烂、触诊有热感、拒绝触诊，口色红，脉有力。诊为痈肿。治疗：真人活命饮，2 剂，用法同方药 2；青霉素、链霉素各 1 万单位/kg，肌内注射，3 次/d。23 日，患牛痊愈。（李华平，T46，P14）

3. 1985 年 11 月，峨眉县宝林村的 3 头奶牛，因相继发生下颌软组织肿块、触诊灼手、质地较硬、不能移动来诊。检查：患牛张口流涎，呼吸略增快，食欲减退，咀嚼、吞咽困难，精神沉郁，体温 38.1℃；曾于患部分点肌内注射青霉素和链霉素，涂擦 5% 碘酊。治疗 6d，仅有 1 头患牛症状略为减轻，其余 2 例肿块不但未消反而蔓延扩大，触诊痛甚、烫手、质地坚硬，烦躁不安。治疗：取方药 3，用法同上。用药 1d 后，1 头患牛肿块消失，另 2 头患牛肿块缩小、质地变软、不烫手、疼痛减轻。连续用药 3d，3 头患

牛肿块消散，食欲、产奶恢复正常。（陈元昌等，T28，P39）

4. 1971 年 5 月，大邑县丹凤乡丹凤 8 组一头 6 岁黄牛来诊。主诉：该牛于半个月前使役中肩部擦破，感染化脓，两肩肿胀。检查：患牛两肩肿胀溃烂、流脓汁、呈乳白色、黏稠，破口边缘红肿，右侧脓腔延向胸部下方约 30cm、触诊波动、敏感疼痛。诊为肩痈。治疗：在两肩上部切口、排脓，冲洗消毒，涂抹油剂青霉素。用药 2d 切口闭合，症见如故。改用火针决脓，分别在两侧肩下部健康与腐肉之间横穿马尾绳，吊小钱数个，促进脓汁排出。6h 后，用消毒棉粗条拭干残留脓性分泌物，再用棉花细条蘸白降丹轻轻伸入孔内。翌日，患部硬肿变软。继用生理盐水彻底冲洗创内腐物，拭干后，用棉条蘸红升丹（制法见方药 4）撒入创内，左、右侧各 1.5g。隔日，患部脓性分泌物减少。按照上法，左、右侧创再用红升丹各 1g。此后，患创内肉芽生长，创口逐渐愈合。（何俭，T19，P58）

5. 三门县六敖乡犁头漯村何某一头牯牛来诊。检查：患牛肩部破损、溃烂见肉、滴沥黄水。诊为痈肿。治疗：洗净创面；均匀撒布方药 5；外涂百草霜膏。半个月后，患部痂落而愈。

6. 三门县六敖乡胡村金某一头 6 岁母牛来诊。主诉：该牛出租使役，春耕结束牵回时肩部溃烂、流脓血水。诊为痈肿。治疗：取河蚌数只，炙灰、研末，菜油调匀，涂患处，3～4 次/d。用药 3d，患部创面干燥结痂；半个月后痂落而愈。（李方来等，T26，P37）

7. 1987 年 7 月 28 日，泰和县万合乡罗家集一头 5 岁黄牛来诊。主诉：该牛于 14d 前使役时磨破肩峰、流血，遂停止使役数日。因农活忙，伤未愈又投入劳役。近日，该牛行走困难，食欲减退。检查：患牛肩部肿硬、灼热、疼痛、拒按，肿胀界限明显，穿刺有脓汁。诊为肩峰痈。治疗：在脓肿底部切一小口排出脓汁，用 0.1% 高锰酸钾溶液反复冲洗；取方药 7，用法同上，连敷 4 次。患牛症状明显减轻。嘱畜主自用上法敷 2 次。之后随访，该牛已投入使役。（乐载龙，T74，P20）

8. 1986 年 9 月 18 日，青神县南城乡 11 村 7 组方某一头母水牛，因不适新套具引起肩胛部肿胀来诊。检查，患牛肩部肿胀 10cm×15cm、触之稍硬、界限清楚、轻按疼痛明显。诊为肩肿。治疗：取青黛适量，用食醋调匀，敷患处。连续用药 7 次，患牛肩肿消失。（陈洪珍，T26，P42）

9. 1984 年 9 月 6 日，奉贤县奉城乡种子场一头青年牛来诊。主诉：该牛借出耕田，因挽具不适使鬐甲部发生肿胀，5d 后肿胀蔓延，曾取青霉素、链霉素各 300 万单位，肌内注射，患处涂布鱼石脂软膏治疗，无效。检查：患牛体温 40.5℃，心跳 94 次/min，呼吸 45 次/min，精神不振，食欲减退，口干舌燥，卧蚕

深红，瘤胃蠕动 1 次/4min、波长 15s，粪干、尿短，鬐甲部肿胀，左侧 5cm×13cm，右侧 8cm×15cm。诊为痈肿。治疗：颈静脉放血；取疮毒丸 15 支/次，陈醋 100mL，蛋清 4 枚，调匀，敷患处；取方药 9，用法同上，连服 4 剂。14 日，患部肿胀明显缩小，左侧为 3cm×10cm，右侧为 5cm×10cm，肿胀四周软化，但颈部右侧下 1/3 处似有 4cm×3cm 硬块。方药 9 去黄药子、金银花、栀子、生地、芒硝，加蒲公英、荆三棱、黄连、黄柏、连翘各 40g，加荆芥载药上行，祛暑解毒，用法同上。停用疮毒丸。取血竭、乳香、没药、紫花地丁各 50g。共研细末，陈醋 150mL，蛋清 2 枚，调匀，敷患处，连续用药 4 次。21 日，患牛痊愈。（还庶等，T31，P55）

## 脓　肿

脓肿是指牛体某部位的组织、器官或体腔内因病变组织坏死、液化，出现局限性脓液积聚的一种化脓性病症。多见于肩、颈及颌下等部位。

【病因】　由于外感寒邪阻滞经脉、气血运行，或劳役过度，饮喂失调，久病体弱，营卫不和，气血凝结，或长期体表不洁，外伤或压迫，使肌腠受损等引发。

【主证】　初期，患部肿胀不明显，其界限稍高出皮肤表面，触诊时局部温度增高、坚实、疼痛反应剧烈；逐渐肿胀界限清晰、软化、有波动、穿刺有脓汁。浅表脓肿略高出体表，红、肿、热、痛、有波动感。小脓肿、位置深、腔壁厚则波动感不明显。深部脓肿一般无波动感，脓肿表面组织常有水肿和明显的局部压痛感，伴有全身中毒症状。

【治则】　排脓生肌。

【方药】　1. 在脓肿部与健康部作"＋"字标记。将火针拭干净，用药棉将针尖及刺入部分的针身包好，松紧适宜；用植物油浸透、点燃，待药棉燃烧完毕，立即用镊子挟住火针（挟的长度根据火针进入患部深浅而定），平行于健康表皮刺入，四点中间垂直于脓肿表皮刺入。共治疗 26 例（含其他家畜），治愈 25 例。

2. 保定患牛。局部剪毛、消毒，1 次性切开脓肿，排出脓汁后（不要冲洗）将石灰末（须风化）慢慢填入脓腔（以满为度），缝合切口。7d 痊愈；15d 局部检查，无硬结和异物。共治疗 15 例，全部治愈。

3. 取豆油或花生油 1 份，食用精盐 3 份。先将盐放锅内炒 3～5min，再加油炒 5min，冷却，待用。术者先将脓肿部位按外科常规处理，再在病灶上方和下方用手术刀做两个切口，排脓、清洗、消毒，用上方药填满脓腔。重者除脓腔内填满外，用消毒纱布引流。轻者用药 1 次，7d 可治愈；重者换药 1 次/6～7d，一般 2～3 次即可痊愈。共治疗 9 例（含马、猪），均获良效。（谢大福，T33，P25）

4. 苦黄汤。苦参根、苦楝子根皮各 200g，刺黄连根（三颗针根）、白杨树根皮各 300g。将各药（鲜根皮最佳）切碎，加水 2000mL，煎至 500～800mL，取汁，待药温降至 45℃ 左右时擦洗患部，3 次/d，连洗 2～3d。共治疗 17 例，均治愈。

【典型医案】　1. 1996 年 5 月，石阡县国荣乡各容村 9 组周某一头 3 岁母水牛来诊。检查：患牛后肢小胯穴附近出现直径约 10cm 脓肿。诊为脓肿。治疗：将 5cm 长的火针针头与针身用药棉包好，用桐油浸透、点燃，药棉燃尽后，用镊子挟住针柄，平行于健康表皮刺入脓肿；其他三针亦同法刺入，最后 1 针垂直于表皮刺入。10d 后，患部脓肿消除。（张廷胜，T109，P32）

2. 1987 年 6 月 25 日，鹿邑县高集乡侯凹村侯某一头牛来诊。检查：患牛肩部肿胀约 14cm×18cm，局部发热、有波动感。诊为脓肿。治疗：取方药 2，用法同上，痊愈。（秦连玉等，T58，P48）

3. 思南县水田坝乡安某一头 9 岁母水牛来诊。检查：患牛左后腿内侧后方、膝关节上方出现 24cm×15cm 不规则水泡区，小水泡坚硬、密布于创面、剧痒，患牛用力摩擦、啃舐，致使创面部分皮肤破裂、出血。诊为脓肿。治疗：取苦黄汤，制备、用法同方药 4，3 次/d。洗后第 2 天，患牛剧痒停止、安静，水泡缩小，创面干燥。连洗 3d，痊愈。（张金权，T50，P42）

## 颌下水肿

颌下水肿是指湿热郁结于牛颌下出现肿胀的一种病症。常见于老、弱、幼牛。

【病因】　多因暑热炎天，外感湿热，加之劳役过度，饮喂失调，脾胃虚弱不能运化，湿热积于上焦，上传于颌下，郁结而成。

【主证】　患牛被毛焦枯，慢草，行走无力，体温正常，水肿先有核桃大，慢慢肿至耳下、硕大，严重时肿至眼睑区，穿刺肿胀部流出淡白色液体，粪溏稀，眼结膜苍白。

【治则】　清热解毒，利湿消肿。

【方药】　1. 大戟散。大戟、芫花、甘遂、滑石、茵陈、柴胡各 30g，车前草 50g，泽泻 25g，鲜海金沙藤 100g，龙胆草 20g。眼结膜苍白或枯白者加槟榔、木香、百部、蛇床子各 30g。水煎取汁，候温灌服。共治疗 35 例，均取得了良好效果。

2. 补气托里护心散加减。生黄芪 150g，当归 60g，乳香、没药、荆芥、防风、连翘、蝉蜕、天花粉、栀子各 30g，僵蚕、香附、泽兰叶各 20g，木香、桔梗各 15g，大黄 25g，甘草 10g。水煎取汁，候温灌服。

【典型医案】　1. 南康市潭东镇过路村张某一头牛来诊。主诉：该牛颌下水肿 1 个多月，用棕丝穿刺引流，穿刺处出现炎症，中西药治疗无效。诊为颌下水肿。治疗：大戟散加减，用法同方药 1；同时，取青霉素消炎。用药 1 剂，患部肿胀变小；2 剂，患部肿消明显；3 剂，水肿基本消失。（曾海乾等，T139，P57）

2. 1985 年 5 月 9 日，绵阳市涪城区建华 5 村张某一头 3 岁黄牛就诊。主诉：该牛半个月前下颌生黄、形如壶，穿刺流出血水，曾用三黄散、青霉素、链霉素治疗，肿胀不但未消，反而延至胸部。检查：患牛精神沉郁，形羸体瘦，眼结膜苍白、口色白、口温高，脉细数无力。治疗：补气托里护心散加减，用法同方药 2，连服 2 剂。11 日，患牛肿胀变小，精神好转。原方药去天花粉、栀子、大黄，加黄芩、陈皮各 30g，用法同前，连服 2 剂，痊愈。（邓成，T87，P33）

## 精索硬肿

精索硬肿是指公牛去势后出现阴囊坚实、精索硬肿的一种病症。

【病因】　在去势术前或术中，由于消毒不严，手术方法不当，切口部位及术后护理不善等造成术后精索硬肿。

【主证】　前期症状不明显。后期，患牛阴囊及基部肿大，运步强拘，精神不振，有的饮食欲废绝，用手触摸阴囊坚实，精索硬肿，阴囊内有凹凸不平的肿块，体温升高。

【治则】　活血祛瘀，抗菌消肿。

【方药】　党参、附子、蒲公英各 30g，当归 45g，红花、黄芪、丹参各 60g，板蓝根、干姜各 20g，甘草 10g。共研细末，开水冲调，候温灌服。鱼腥草注射液 30～50mL，青霉素钾 800～1600 万单位，混合，1 次肌内注射。共治疗 4 例，全部治愈。（张建文，T117，P28）

## 瘘　管

瘘管是指牛体表或体腔由于疮疡溃烂后经久不愈形成的一种异常管道，又称瘘管疮。本症不是一种独立的疾病，是一种症候，通常冠以瘘管发生部位名称。

### 一、疮瘘

【病因】　多因疮疡溃烂后，邪毒未尽，肌肤失养，致使疮周形成硬壁、状如管道，时有脓汁溢出；因挽具压迫、摩擦、跌打损伤及咬伤，术后消毒不严而引起。

【主证】　患部疮口小、有脓汁流出，疮口皮肤内卷、形成凹陷，周围黏附有脓痂，管道狭窄而深，管壁坚实，有的管道深部有异物。

【治则】　去腐生肌。

【方药】　1. ①祛腐化瘀膏。砒石、明雄黄各 20g，巴豆 15g（取油），红粉 10g。共研细末，装瓶备用。使用时，用凡士林适量，调成膏状（现配现用）。②祛腐生肌膏。红升丹、儿茶各 30g，乳香（取油）、海硝各 20g，冰片 15g。共研细末，装瓶备用。使用时，用红霉素软膏适量，调成膏状。

取医用纱布 1 块，根据创口深度、大小剪成条，去净剪口两端外露的断线头，再将其两端从外向内折成条状，以不漏线头为宜。将祛腐化瘀膏调成膏状摊于纱布条备用。引流前，用 3% 双氧水将瘘管反复冲洗洁净，再用碘酊消毒创口周围；然后把摊好药膏的纱布缓缓地填塞于瘘管内，以填实为度，创口外留约 1cm 以利引出瘘管内渗出液及坏死组织，换药 1 次/d，一般 10～15d，瘘管内壁可脱落。为了彻底清除瘘管内的坏死组织、脓液和分泌物，用注射器吸取双氧水 100mL，取消毒纱布叠成 7 层、手掌大小的方块，然后把纱布紧紧按压在瘘管口上，用 16 号穿刺针头从瘘管口中央插入，接上注射器，注入双氧水；当注入到瘘管内时即迅速产生泡沫，随着注入量的增加，瘘管内压迅猛增大，当感到按压纱布块困难时可快速撤去纱布块，便可将瘘管内腐蚀脱落的坏死组织、脓汁和腐败分泌物冲出瘘管外，如此反复 2～3 次，便可将瘘管内的坏死组织和脓性分泌物冲洗干净。当腐肉脱尽、无脓液和分泌物时，可见瘘管内有鲜红色肉芽组织生长，此时，改用去腐生肌膏引流，换药 1 次/2d，直至痊愈。共治疗陈旧性、化脓性瘘管 7 例（均为放线菌病久治不愈形成），全部治愈。（刘成生，T90，P25）

2. 青黛散加减。青黛、黄柏、枯矾、没药、滑石粉各 50g，黄连 25g，冰片 13g，煅石膏 10g。先将黄柏、黄连焙干，研成细末，再将没药、枯矾、煅石膏、冰片分别研成细末，然后把青黛粉、滑石粉与其他药末混合均匀，装瓶备用。治疗时，先将疮部用双氧水冲洗并清除污物，再用 0.1% 高锰酸钾液清洗疮面，然后将加减青黛散均匀撒布于疮面上。若是深部疮或瘘管，用消毒纱布条制成药捻填入创内，再剪取一块略大于创面纱布，涂匀鱼石脂，敷盖于疮口上，用纱布绷带或其他绳带固定即可。敷药后，换药 1 次/2d，一般 3～5 次即愈。共治疗因角斗、砍、刺伤等造成久不敛口的深部化脓疮及瘘管 13 例，治愈率达 92% 以上。（何幽，T15，P61）

### 二、齿鼻瘘

本症多因牙齿病或异物进入牛齿或鼻窦内，引起局部炎症的一种病症。又称齿腭窦瘘、上颌臼齿间硬腭穿透疮。

【病因】　本症与上颌第 2～3 前臼齿的更换有关。牛牙齿更换时期在 3.5～5 岁，此时齿床部骨板极薄，易于损伤，一旦遇上坚硬的物体或与其相应的下颌过长齿，就容易被破损而发展成瘘管。水牛上腭板极薄，在上腭第 2～3 前臼齿部的上腭骨板厚度为 0.12cm

图 2-2 自凝牙托粉嵌补水牛齿鼻瘘示意图

左右，若在第 2～3 臼齿间隙嵌入草屑等异物，引起齿根周围炎症，或遇坚硬饲草的损伤，腭板就可能发生穿孔，口腔内的饲草等异物通过腭板破口进入腭窦甚至整个上颌窦而发病。

**【主证】** 患牛右侧第 2～3 前臼齿之间内侧 0.5cm 处、左侧下颌第 3 前臼齿突出约 3cm、上颌第 3 前臼齿凹陷、1～3 前臼齿之间内侧约 1cm 处、左右两侧上颌第 2～3 前臼齿之间内侧约 1cm 处有食指大或拇指大的洞隙，内有草渣等异物。患牛呼吸困难，或从鼻孔流出草渣等异物。

**【治则】** 穿刺排脓，消炎止痛。

**【方药】** 自拟牙托粉嵌补法。

① 上颌窦圆锯术。站立保定患牛；局部剃毛、消毒、浸润麻醉。圆锯点定于面结节至内眼眦连线的中点（图 2-2）。不可偏高或偏低。偏高手指抵不到上颌窦（腭窦）内底部的瘘管口；偏低手指受上颌窦中的眶下管隔板的影响，使手指弯曲而抵不到上颌窦（腭窦）内底部的瘘管口，不便于制作嵌体。

② 清洗窦腔内的异物及脓汁。通过圆锯孔先用大量清水冲洗上颌窦及瘘管内的草渣、坏死组织、脓汁等异物，再用 0.1% 新洁尔灭液冲洗。用笼头式安全开口器打开口腔，以弯头止血钳或铁丝掏尽瘘管内草渣等异物，最后用棉花或干纱布吸干上颌窦及瘘管内水分，以免窦腔化脓和影响创口的愈合。

③ 嵌补。冲洗异物和吸干水分后，立即将自拟牙托粉放在小烧杯或碗底，内加牙托水（约 3∶1），用玻璃棒搅拌均匀，一般经过湿沙期、糜粥期到牵丝期，即可将其塑成圆条状，术者从患牛口腔内瘘管口向上填塞，一助手在圆锯孔内用食指或中指抵住腭窦内的瘘管口，塞满洞腔，与上颌齿龈和硬腭齐平，然后两手指上下相压，使塑胶变成铆钉状，与周围组织密贴，不留缝隙，触之不活动；向窦腔内注入青霉素溶液 30 万单位；皮肤切口作结节缝合。

共治疗水牛齿鼻瘘病 5 例，均取得了满意疗效。

**【典型医案】** 1. 1981 年 9 月 10 日，一头 8 岁母水牛来诊。检查：患牛右侧第 2～3 前臼齿之间内侧约 0.5cm 处有拇指大的洞隙，内有草渣等异物。诊

为齿鼻瘘。治疗：牙托粉嵌补法，制备、用法同上。治疗后，患牛情况良好，正常使役。

2. 1984 年 7 月 7 日，一头 4 岁阉水牛来诊。检查：患牛左右两侧上颌第 2～3 臼齿之间内侧 0.5～1.0cm 处有拇指大的洞隙。诊为齿鼻瘘。治疗：牙托粉嵌补法，制备、用法同上，1 次嵌补两侧瘘管，术后 8d 拆线，痊愈。8 月底随访，患牛瘘管嵌补良好，正常使役，未见异常。（孙长美，T13，P57）

## 三、下颌瘘管

本症是牛口腔被尖锐异物刺伤且经久不愈而形成的一种异常管道。多见于 6～7 月份饲喂麦糠季节。

**【病因】** 多因麦芒或尖锐物刺伤牛口腔，久不痊愈而形成瘘管。

**【主证】** 患牛舌下有瘘管，流脓汁，不易愈合，瘘管内充满麦芒等异物。

**【治则】** 清除异物，排脓生肌。

**【方药】** 五五丹。煅石膏、黄丹各 500g，共研细末，加冰片少许，装瓶备用。共治疗 49 例，治愈率达 89.4%。

**【典型医案】** 1990 年 7 月 14 日上午，鹿邑县高乐乡贾庄村贾某一头 4 岁红母牛来诊。主诉：因喂食麦糠，该牛舌下出现 1 个瘘管，流脓水，不易愈合，瘘管内充满麦芒，医治多次不见好转。诊为下颌瘘管。治疗：先除去瘘管内的麦芒，反复冲洗；取五五丹，调成硬膏状，填塞于瘘管内；嘱畜主停喂麦糠，禁饮水 1d，改喂软草。第 3 天，又用五五丹治疗 1 次。20 日，患牛瘘管无脓汁排出，长出新肉芽。进一步清洗患部，涂抹云南白药 1 次，创口平复，痊愈。（秦连玉等，T53，P48）

## 四、鬐甲瘘

本症是牛鬐甲因创伤、发炎或疫毒感染继发引起的一种病症。

**【病因】** 多因鞍挽具损伤鬐甲，或蚊虫叮咬、鬐甲创伤等化脓感染，久不愈合所致；或项韧带蟠尾丝虫病、布氏杆菌病、副伤寒等感染而引起。

【主证】　患牛鬐甲疼痛、肿胀，有一个或数个中央凹陷的瘘管开口、有脓汁流出，瘘管开口周围黏附有脓痂。

【治则】　清理瘘管，化腐生肌。

【方药】　守宫（又名壁虎）磺胺粉。将守宫数条置于瓦片上烤干、研细，备用。先后用3％双氧水、0.2％高锰酸钾水冲洗瘘管，再用消毒棉吸干水分。取等量守宫与磺胺结晶粉（碾末），用灭菌纱布包卷成条，插入瘘管底部，换药1次/（2～3）d，一般3～6次即可治愈。久不愈合者可采取自血疗法：从患牛颈静脉采血80～120mL，加2％～4％枸橼酸钠8～12mL，分多点肌内注射于患部周围，1次/3d，连用3～5次。共治疗11例（其中牛6例），全部治愈。

【典型医案】　1985年6月，南县八百弓乡新丰3组王某一头母牛，因鬐甲创伤感染化脓延误来诊。检查：患牛鬐甲瘘管深约20cm。诊为鬐甲瘘。治疗：取守宫磺胺粉，用法同上。用药3d后，患部脓汁逐渐减少；6d后脓汁明显减少；9d后无脓汁，长出新的肉芽组织；15d后痊愈。（孙灿华，T32，P26）

## 额窦炎

额窦炎是指牛额窦由于受外力冲击、异物或疫毒感染而引起发炎的一种病症。

【病因】　多因过度使役，心肺壅热，呼出的热气冲于鼻腔而形成臃肿溃疡；鼻腔黏膜炎或昆虫、寄生虫、食物碎片侵入鼻腔内，或额窦骨折等引发本病；锯角后护理不当、牛只互相角斗或硬物击打后未能及时处理，引起牛角化脓感染而引发；化脓放线菌、多杀性巴氏杆菌、埃希氏大肠杆菌和一些厌氧菌引起额窦急性感染。

【主证】　一般多发于一侧鼻腔之深部，常形成顽固的慢性病。患牛鼻液最初为浆液样，随着病势的加重，逐渐变为黄色、黏稠样、气味恶臭、不易流出，在头下垂或剧烈摆动时则流出多量鼻漏。患侧淋巴结肿胀、触之软、无痛；久之则发生颜面骨膜炎，眼窝下方的上额骨隆起（水肿），起初硬，随后逐渐变软；患部温度升高，叩诊患部为浊音，波及下眼睑时常引起患侧眼结膜炎。病情严重、蓄脓多时，患牛呼吸困难，食欲减退，精神不振。

注：本病与吊鼻注意鉴别。

【治则】　活血化瘀，消肿止痛。

【方药】　加味知柏汤。酒知母7～15g，酒黄柏70～150g，广木香、桔梗、金银花各15～30g，制乳香、制没药各30～60g，连翘24～45g，荆芥、防风、甘草各10～15g。水煎取汁，候温灌服，或研成细末，开水冲调，候温灌服，1次/2d。共治疗23例，治愈20例。

【护理】　停止使役；服药后忌喂豆类、高粱等饲料；饲喂时将草料、饮水放低，迫使患牛低头，便于排出鼻漏；勿使牛采食到被脓液污染的饲草和水；对饲槽和水桶及其他用具进行消毒，1次/d。

【典型医案】　2002年，金川县城关镇八步里村王某一头耕牛来诊。检查：患牛躁动不安，左侧淋巴结肿胀、温度高，头下垂或摆动时，鼻内流出大量浆液样脓液。诊为额窦炎。治疗：加味知柏汤（最小剂量），2剂，水煎取汁，候温灌服。7d后，患牛痊愈，无复发。（蔡杰等，T133，P42）

## 腮腺炎

腮腺炎是指牛腮腺腺体或腺管因受机械性的挫伤或疫毒感染而发炎的一种病症。中兽医称痄腮、腮黄。

【病因】　多因气候炎热，使役过度，温热湿毒蕴滞于少阳经脉，气血受阻而发病；外感时疫之毒或损伤等而引发。

【主证】　轻者，患牛呼吸、食草、饮水、反刍困难，腮腺肿胀，压迫血管、食道；重者，患牛腮腺化脓、破溃，形成唾液腺瘘，久不愈合；甚者引起全身性败血症。

【治则】　穿刺排脓，清热解毒。

【方药】　1.活血败毒汤。当归60g，川芎30g，桃仁、红花、金银花、连翘、紫花地丁、夏枯草各45g，蒲公英50g，枳壳、青皮、陈皮各40g，桔梗、半夏、甘草各30g。水煎取汁，候温灌服，1剂/d。醋酸强的松龙注射液，肌内注射，1次/3d。共治疗42例，治愈40例，因延误治疗无效2例，改用手术摘除。

2.冰片芒硝散。冰片500g，芒硝（精制）2500g，混匀，共研末，装瓶备用。患部剪毛、清洗干净后涂一层凡士林或鱼石脂软膏，再将药粉撒于患部，外敷纱布1层。体温升高者辅用抗生素与解热药。共治疗30例（含其他家畜），均治愈。

【典型医案】　1.1984年3月30日，鲁山县雷爬村乔某一头耕牛来诊。主诉：该牛因患腮腺炎，在当地连续肌内注射青霉素、链霉素治疗8d无效。检查：患牛左侧腮腺部肿大16cm×10cm，从右侧能触摸到肿块根部，呼吸困难、发出长长的呼噜音，饮水困难，饮时水从鼻孔中流出；欲食草而不食，有反刍动作但草团不能食入口腔，口色红，舌下静脉瘀血，结膜红，耳、鼻温热，体温39.4℃。用16号针头穿刺患部，从针孔中流出乳白色稀脓汁。诊为额窦炎。治疗：①用16号针头在患部穿刺排脓，再用生理盐水反复注、抽冲洗；注入醋酸强的松龙注射液125mg，1次/3d；②取活血败毒汤，用法同方药1，3剂。治疗5d，患牛痊愈，未见复发。（赵石头，T30，P53）

2.1989年7月15日，濉溪县南坪乡杨某一头4岁红母牛来诊。主诉：该牛左腮下肿硬已7d，食欲减退，反刍无力，他医用青霉素、链霉素及局部治疗 4d 无效。检查：患牛体温 39℃，呼吸 18 次/min，心跳 100 次/min，听诊心音亢进，呼吸音粗厉，胃肠蠕动音减弱，毛焦欣吊，运动缓慢，左颊部有一 6cm×12cm 肿块，触诊有热感，穿刺流出紫红色血水；左侧下颌淋巴结肿大 3cm×3cm，压痛明显。诊为额窦炎。治疗：青霉素、链霉素各 500 万单位，肌内注射，2 次/d；牛黄解毒丸 40 丸，分 2 次灌服。16 日，患部红肿、触痛更甚。取冰片芒硝散，制备、用法同方药 2。次日，患牛局部触痛消失，食欲、反刍增加。继用药 2 次，患牛肿胀消失 2/3。（王念民等，T66，P37）

## 颈浅淋巴结炎

颈浅淋巴结炎是指牛颈浅淋巴结发炎，出现以消散缓慢、化脓破溃后难以愈合为特征的一种病症，且具有传染性。

【病因】 多因管理不善，环境消毒不严等导致颈浅淋巴结发炎。

【主证】 患牛颈侧部肿胀，严重时张口困难，饮食废绝，颈部疼痛、拒按，触之局部肿胀、坚硬、灼热，舌质红肿，舌苔薄白，脉弦或滑数。

【治则】 温通经血，散瘀化结，软坚消肿，活血止痛。

【方药】 内服法。柴胡、青皮、连翘、皂角刺、贝母、茯苓各 25g，牡蛎（先煎）、夏枯草、蒲公英各 35g，鱼腥草、生黄芪各 30g，川楝子、元胡、丹参、金银花各 20g，三棱、莪术、甘草各 15g。共研细末，开水冲调，候温灌服，1 剂/d，1 个疗程/5 剂。

外敷法。消黄散、燕窝泥、白矾各适量，用醋调匀。局部剪毛、消毒后，涂布在肿胀处，1 次/d。药沫干燥时，再用醋浸湿。待肿胀完全消散后停止用药。

共治疗 15 例，治愈 13 例，有效 2 例。

【典型医案】 2003 年 5 月 11 日，西吉县新营乡二府营村李某一头 3 岁公牛，因近日慢草，左侧颈部肿胀来诊。检查：患牛左侧颈浅淋巴结处肿胀、坚硬、疼痛、拒按，局部灼热，反刍废绝，吞咽困难，不时流涎。诊为颈浅淋巴结炎。治疗：取上方药，内服、外敷同上；配合抗生素消炎。治疗 3d 后，患牛症状基本消失。再连续用药 5d，痊愈。（张荣升等，T147，P59）

## 黏液囊炎

黏液囊炎是指牛因受机械性冲击或挫伤，导致黏液囊发炎的一种病症。一般发生在牛前肢腕关节、后肢跗关节。

【病因】 因受机械性冲击如冲撞、跌倒、踢蹴等，导致牛黏液囊发炎；长期机械性摩擦或地面坚硬，垫草不足，牛站立时反复受挫伤而引发。

【主证】 患部肿大，肿胀部位微热、有疼痛感，囊腔内有大量液体、波动感强；如果有纤维渗出液，触诊时有捻发音。

【治则】 活血祛瘀。

【方药】 ①血府逐瘀汤合失笑散。当归、赤芍、生地、红花、五灵脂、蒲黄、牛膝各 30g，桃仁 45g，川芎、枳壳、桔梗、柴胡、甘草各 20g。水煎 2 次，合并药液，候温灌服，1 剂/d。②雄黄散加味。雄黄、白芨、白蔹、龙骨、大黄、木鳖子（去壳）各 30g，肉桂 15g，醋 1500mL。共研细末，将醋烧沸，加入药粉，边加边搅匀，敷患部，1 次/d。

【典型医案】 1995 年 10 月 2 日，平度市仁兆镇梁戈庄村一头黄牛，因前肢关节肿胀来诊。检查：患牛跛行不明显，前肢腕关节前下方肿胀如拳头，触之紧张、有弹性、界线明显、有波动感。诊为腕关节黏液囊炎。治疗：血府逐瘀汤合失笑散，用法同上，1 剂/d；雄黄散加味，敷患部，1 次/d。于 8 日痊愈。（张汝华等，T93，P26）

# 第二节　创、伤

## 舌　伤

舌伤是指因牛误食尖锐、锋利异物，引起舌体损伤的一种病症。

### 一、黄牛舌伤（断裂）

【病因】 多由外伤所致。因牛间相互撕咬或偷食苦房草，抢草过猛导致草叶割裂舌面；或口腔炎症继发舌面坏死等引发。

【主证】 初期，患牛嘴边流涎、混有血液，咀嚼困难，检查舌部有损伤。若损伤面积较大可发生舌断裂。

【治则】 清除异物，处理创伤。

【方药】 1. 象皮珍珠散。象皮、血竭、冰片各 3g，珍珠 2.5g，黄柏 60g，龙骨 30g，儿茶 12g，赤石脂、海螵蛸各 9g。共研细末，备用。用白布缝一手指粗、长约 10cm 的袋子，内装药 9g，布袋两端各系 33.3cm 长的布条。将舌部创伤用生理盐水冲洗干净，把药袋横衔于患牛口内，两布条系于耳后。每天定时给患牛饮喂烫稠的麸皮，喂时取下药袋，喂后再戴上，换药 1 次/3d，一般 3～4 次即可治愈。共治疗 30 余例（含马属动物），均治愈。（邵国光，T22，P59）

2. 在牛的颔凹正中线舌骨突起前 2～3cm 处，用 5%碘酊局部消毒，将长 10cm 的针头垂直皮肤向口腔底部刺入约 5cm，注入 2%普鲁卡因注射液 10mL，边注射边回抽针头至皮下，将针头以 50°的角度再斜向下颌内侧面推进，当针头接触骨骼后稍向回抽，随即注射 2%普鲁卡因注射液 15mL，同时再向另一侧注射 15mL。15min 后，患牛舌部麻醉，舌由口腔向外垂出。然后将断处行两针纽扣状缝合。取青霉素 320 万单位，链霉素 400 万单位，注射用水 20mL，溶解，肌内注射；维生素 B₁ 注射液 20mL，维生素 C 注射液 30mL，混合，肌内注射，2 次/d，连用 6d；白芨、五倍子，按 2∶1 比例研成细末，开水调成糊状，涂抹患处，2 次/d。

**【典型医案】** 临泉县高城乡张某一头 6 岁、妊娠 3 个月母黄牛来诊。主诉：打麦时，突然发现该牛嘴边流血沫，打开口腔发现舌右侧断裂、血流不止。检查：患牛半张口，流出大量含血唾液，舌肌颤动；在离舌尖 5cm 的右半侧舌体断裂（长占舌宽的 1/2），舌面上有 6cm×7cm 的伤残舌肌显露、出血。诊为舌断裂。治疗：侧卧保定患牛；用 0.1%高锰酸钾溶液冲洗口腔，再用 2%盐酸普鲁卡因 40mL 行舌神经传导麻醉；取方药 2，用法同上。术后禁食 1d。因不能咀嚼，3d 内用胃管投服面汤。第 4 天，患牛能自行饮水，吃一些青草。每天食后用 1%盐水冲洗口腔，经 10d 治疗，患处愈合良好，14d 拆线，舌体恢复正常。（杨子远，T45，P36）

## 二、水牛舌伤

**【主证】** 患牛精神不安，口流清稀夹带白色泡沫涎液，欲吃草又不敢采食，拒绝检查口腔，舌色暗红、肿胀、质地较硬，往外牵拉舌体时，牛表现不安，疼痛拒按。

**【治则】** 消除异物，抗菌消炎。

**【方药】** 青霉素 80 万单位，于舌伤处涂搽；鲜韭菜 2kg，强行喂服，1 次/4h，连喂 3 次；比赛可灵 10mL，肌内注射；青霉素 320 万单位，硫酸链霉素 2g，肌内注射，2 次/d，连用 2d。

**【典型医案】** 2000 年 8 月 13 日，黄冈职业技术学院附近六福埫村余某一头 4 岁母水牛来诊。主诉：该牛 2d 前放牧归来时口边流涎，不安，随后不能吃草。他医用大剂量青霉素、链霉素治疗后症状不但毫无缓解，而且逐渐加重（据此可排除放线菌肿）。检查：患牛精神不安，口流清稀夹混有白色泡沫涎液，欲吃草又不敢采食，心跳 68 次/min，体温 38.5℃，呼吸 25 次/min，拒绝检查口腔，舌色暗红、肿胀、质地较硬，往外牵拉舌体时，患牛越发不安，舌体疼痛拒按，舌根底下有一道凹痕，有少量血液流出，用手指顺着凹痕两边探摸，发现一直径 3mm 的绿色尼龙绳套在舌根处，两端均已吞入瘤胃内。诊为舌勒伤。治疗：用剪刀剪去舌根两旁的尼龙绳，取出舌底下的一段，在舌底被绳勒伤处涂搽青霉素 80 万单位；取鲜韭菜 2kg，强行喂服，1 次/4h，连喂 3 次；比赛可灵 10mL，肌内注射；青霉素 320 万单位，硫酸链霉素 2g，肌内注射，2 次/d，连用 2d。用药后，患牛腹泻，第 3 天早上排出长约 1.2m 的绿色尼龙绳，口腔流涎骤然减轻，舌体肿胀明显消退，开始采食少量鲜嫩青草。第 3 天下午，又从粪中发现一段 1.5m 长的尼龙绳。两段尼龙绳的周围均有略带暗绿色的韭菜纤维样残渣。随后患牛舌体愈合，痊愈。（胡池恩等，T114，P34）

## 创 伤

创伤是指牛因受外力作用，引起组织或器官机械性、开放性损伤，临床上出现以出血、疼痛、创口哆开和机能障碍为特征的一种病症。

**【病因】** 多因尖锐物刺伤、刀伤、重物压伤、动物咬伤、跌打损伤等，常遭雨淋、厩舍不洁、抢水耕作等感染而发病。

**【主证】** 临床上有新鲜污染创和化脓感染创。患牛创口裂开、流血、红肿、疼痛。若化脓感染，创面有脓汁、溃烂或坏死组织等。严重者伴有全身症状。

**【治则】** 抗菌消炎，去腐生肌。

**【方药】** 1. 特定电磁波局部照射疗法。取 TDP、ZOSO-3 型特定电磁波治疗器（重庆医疗器械厂制造，电压 220V，功率 600W）在创伤局部照射，照射距离为 20cm，时间 20～60min，早、晚各 1 次/d。一般性新鲜创照射 6～10 次（3～5d）即可；创面较大者适当增加照射次数；严重化脓创一般照射 10 次以上。共治疗 20 例（牛 13 例），其中严重化脓创 8 例，经 1 次常规外科处理后照射 2～12 次痊愈；其余是新鲜创，6 例照射 4 次痊愈，4 例照射 2～6 次痊愈，1 例照射 9 次痊愈。

2. 葶苈子（为十字花科独行菜或播娘蒿的干燥成熟种子）散。将葶苈子用簸箕簸净，除去杂质，置锅内用文火炒至稍鼓起、呈金黄色并发出芳香气味时取出，冷却后碾成细粉末，装瓶备用。皮肤常规消毒；用生理盐水清洗创面；将葶苈子散按 0.5～1.0g/cm² 均匀撒在创面上，换药 1 次/d，不会有干裂、疼痛感，充分暴露创面，不用敷料包扎效果更佳；创面较大、渗出液较多者，换药 2 次/d；表皮擦伤者，用药第 1 天局部开始干燥、结痂，一般 3～4d 愈合；真皮层擦伤者，用药后 2～3d 结痂，一般 5～7d 愈合。对不方便暴露的创面用敷料覆盖，不影响结痂，也无因渗出液造成敷料和创面粘连的现象。共治疗表皮擦伤 27 例，真皮擦伤 34 例；创面被

感染 46 例，未被感染 14 例（均含马类家畜），全部治愈。（刘万平，T129，P39）

3. 生肌散。明矾 500g，鲜姜 250g，当归末、川芎末、防风末、黄丹、冰片各 50g，血竭末 25g。将鲜姜洗净、切碎；明矾分为 400g、100g 两份。先将 400g 明矾放入铁锅内，用木柴火烘烤，待明矾全部熔化后将切碎的鲜姜撒布在明矾液上，继续用武火烘烤至不冒气时，再将当归、川芎、防风撒在上面，改用文火烘烤至锅内无蒸气冒出时，再将血竭、黄丹加入，停火，待凉透后，将锅内药物全部取出（注意：在上述过程中不能搅拌），同另 100g 明矾一起研成极细末，再加入冰片，混合均匀，装瓶备用。将患部常规处理后，撒布生肌散，1～2 次/d。共治疗各种手术创等外伤 275 例（含其他家畜），仅有 13 例感染化脓，伤口愈合率达 95.3%。（万广训，T69，P28）

4. 加减生肌散。煅石膏、枯矾、轻粉各 3 份，血竭、红升丹、乳香各 1 份，混合，研为细末，密封贮存。创伤部先行外科常规处理，彻底清洗创腔；取加减生肌散，均匀撒布创面，包扎即可。共治疗 206 例（含其他家畜），均获满意效果。

5. 月石生肌散。明月石、消炎粉各 15g，冰片 3g，煅龙骨 9g，银朱 6g。混合，共研细末，装瓶备用；红霉素软膏适量。损伤筋骨者，内服接骨续筋活血剂，外敷月石生肌散，疗效显著。共治疗各种创伤（锐器伤、跌打损伤等）55 例，全部治愈，愈后无后遗症。

6. 天灵四味散。陈石灰、鲜韭菜根各 35%，新生小鼠 20%，人天灵盖骨 10%。将新生小鼠、陈石灰、鲜韭菜根按比例混合，置于洗干净的光滑石头平面上一同砸烂，搅拌，充分混合，再放入干净碾船内反复碾压，取出置于洁净纸上阴干，再碾成极细粉，过箩，与天灵盖骨粉混合均匀，用干净乳钵反复研磨，分装瓶中，每瓶约 20g、10g、5g。存放过程中勿受潮和泄气。不必进行消毒及防腐处理。将创面先行外科常规处理，再将药粉（成年牛 5～10g/次，犊牛 3～5g/次）直接撒在创面上，用纱布、绷带包扎即可，不需换药。用药 1 次即可治愈；7d 后除去包扎。治疗中切忌湿水，也不作其他处理。共治疗家畜创伤、化脓感染、顽固恶疮 137 例，治愈 130 例。

注：陈石灰，取自然风化者，时间越久越好（若能取得 3 年以上者为最佳），碾细，去净杂质，装瓶备用。韭菜根，挖取新鲜韭菜根，洗净泥土，去净粗皮、腐根须毛，不要去掉白净的细毛根，沥净水分，保持新鲜，最好在初春挖取，或现挖现用（注意：找到新生小鼠后再挖取韭菜根，以保证药性）。新生小鼠，出生 3d 以内活的无毛小鼠，刚出生、周身鲜红者为最佳。天灵盖骨，从修渠、筑路、平整土地、开挖土方中挖出的人尸骨中收集，取白净、无臭无腐、质地坚硬的天灵盖骨约手掌大（天灵盖顶光亮、略有微黄色者为上品）；用清水洗净，每日换水，浸泡

10d（冬天应在室内进行浸泡），取出晾干，用硬铁刷将表层腐物完全除去，再用温水反复清洗干净，晾干，用木炭火或电炉烤黄（不要烤焦，既能起灭菌作用，又便于研细），再用洗干净的碾船碾成极细粉，过箩，装瓶备用。

7. ①抽刀马（又称野葡萄），采叶，晒干，研成细末。按创口大小均匀填满为度。②旱莲草，采集全草，晒干或烘干，研成细末。用时撒于伤口或用鲜草洗净捣烂，敷于伤口。③小紫花，采集全草，晒干，研成细末，填充创腔以满为度。单味草药比常规止血西药及多味中药止血剂收效快，用药 10min 内可完全止血。共治疗 68 例（含其他家畜），全部治愈。

8. 创面按常规处理；涂搽鲜山葡萄枝叶捣成的药泥，在 50s 内停止出血。止血后，再次彻底清创，撒布消炎粉；小伤口不必缝合，较大的伤口要缝合。共治疗鼻出血和刀斧伤出血 4 例，效果确实。

9. 五味生肌散。银朱、冰片、朱砂各 2 份，儿茶、硼砂各 3 份。共研细末，装瓶备用。患部行常规处理（对创口小而有腔体的应先扩创排脓），排净脓血后视疮面大小、疮腔深浅，均匀撒布五味生肌散。疮腔较深时，用药棉蘸药送入腔内。严重者换药 1 次/d；转轻后隔日或数日换药 1 次；肉芽长平疮口时停止用药。共治疗 247 例（含其他家畜），7d 内愈合 201 例，10d 内愈合 28 例，15d 内愈合 18 例。

10. 白倍散。白芨 5 份，木芙蓉叶（晒干、去梗）2 份，苔寄生（大杉树表面或陈旧杉木电杆上生出的苔类植物，焙干、粉碎）1.5 份，五倍子（大红生虫者，热灰炮）1.5 份。各粉研为细末，过箩，按比例混匀，装瓶备用。创面行常规清洗、消毒，再用浓茶水（无园茶可用苦丁茶）涂湿，撒上药粉即可。如有出血，敷药时可边敷边用药棉压迫止血。共治疗 38 例，其中新鲜创 26 例，敷药 1 次，轻者 3～5d，重者 6～10d；感染化脓创、陈旧性创伤 12 例，敷药 1～3 次。

11. 韭叶散。陈石灰 100g，初生未长毛幼鼠 5 只，鲜韭菜 100g。共捣烂如泥，放阴凉处 15d，风干，加冰片 5g，百草霜 10g。共研细末，过 100～120 目筛，装瓶，高压灭菌，备用。先用 0.1% 高锰酸钾溶液冲洗创面，然后敷一层韭叶散，换药 1 次/2d，连续 3 次。共治疗 8 例，均治愈。

12. "七三七"合剂。黄丹、铜绿、石灰各等份。共研细末，装瓶备用。将患部脓汁冲洗洁净，撒布"七三七"合剂，药量根据伤口大小而定。夏天应暴露伤口，冬季包扎防冻。共治疗 357 例（其中奶牛 93 例、黄牛 45 例），治愈 344 例。

13. 糖冰散。白糖，冰片（少许）。混合，备用。污染创先行外科处理，再使用本药；遇肉芽生长不齐者可用烧烙法或剪刀修整；严重感染创可配合使用抗生素，以提高疗效。共治疗 4 例，短期内均获痊愈。

**【典型医案】** 1. 濉溪县蒋湖乡南马村马某一头 4 岁红母牛来诊。主诉：因拉车不慎，该牛右后肢跗部后外侧碰到尖锐铁物上而受伤，创口 3～4cm，深约 2cm，跛行明显。治疗：行常规法清理创口；特定电磁波局部照射法对创面进行照射（见方药 1）。2d 后，创面出现新生肉芽组织。照射 5 次，创面形成疤痕，跛行消失，痊愈。（戴洪亮等，T36，P35）

2. 1986 年 9 月 2 日，交口县城关镇后水头村王某一头母黄牛来诊。主诉：因放牧不慎，该牛后肢内侧被狼咬伤，他医用抗生素治疗 10 余天病情未见好转。检查：患部创面达 30cm×6cm，创腔内有蝇蛆。治疗：用 0.1％高锰酸钾溶液充分清洗患部，除去坏死组织及异物；取加减生肌散，用法同方药 4，换药 1 次/3d，3 次即愈。（张永光，T56，P34）

3. 1987 年 4 月 5 日，康县王坝乡冯某一头 3 岁黑公牛来诊。检查：患牛被镰刀割伤上嘴唇约 3cm，因唇伤下垂，不能采食，鲜血淋漓。治疗：用生理盐水冲洗；再用红霉素软膏调月石生肌散（见方药 5），涂敷患部，缝合包扎，换药 1 次/d。3d 后，患牛饮食自如，无疤痕，痊愈。（谈洪山，T83，P34）

4. 1978 年 8 月，宝鸡市固川乡张家湾村的一头 4 岁母牛来诊。检查：患牛被镰刀砍伤右后肢飞节以下 6cm 处，血流不止，创口肉翻，筋断骨伤。治疗：取天灵四味散（见方药 6）20g，撒于伤口；取一布条，喷上酒精，包扎。3d 后，患部创口平整严实，无肿胀、感染现象。10d 后，患部包扎物自行脱落，皮肤愈合良好，无跛、痛现象，痊愈。（贾敏斋，T56，P35）

5. 1998 年 10 月 8 日，余庆县敖溪镇远景村青杠坳组庞某一头水牛，因被镰刀致伤后肢下部来诊。检查：患牛左后肢跗关节上方 4cm 处砍伤约 3cm，流血不止。治疗：取抽刀马（见方药 7），研细末，均匀撒布创面。敷药 6min 后，患牛伤口不再流血，用纱布包扎，置圈舍内饲养管理，10d 痊愈。（刘丰杰，T103，P34）

6. 1984 年 8 月 25 日上午 11 时，长白县参场祝某一头牛来诊。检查：患牛右后肢股四头肌被斧头砍伤，伤口长 7cm，深 2cm。治疗：取山葡萄枝叶捣成泥（见方药 8），当即敷上。敷药 48h，患部出血停止，然后再清洗创面；涂磺高龙雷合剂；行结节缝合。7d 治愈。（路洪彬，T21，P41）

7. 1985 年，北安市通北乡李某一头奶牛，因左后肢跟骨下方被铁器刺伤，未及时治疗而感染，7d 后来诊。检查：患肢不敢踏地，3 肢跳跃前进，触之剧痛、有热感。治疗：患部行常规处理；取五味生肌散，用法见方药 9，1 次/d。第 3 天，患部肿痛稍微减轻；第 5 天，患部脓汁减少，肉芽生长，热、痛、肿胀消除；隔日敷药 1 次。经 3 次敷药，患部伤口愈合，痊愈。（杜万福，T41，P32）

8. 1969 年 10 月 2 日，丹寨县南皋村龙某一头水牛来诊。主诉：该牛因与另一牛斗殴，被角刺伤股部，创伤 10cm×3cm×3cm，出血不止。治疗：取白倍散，制备、用法见方药 10。第 2 天，患部创面与药粉黏结良好，不易脱落，无红肿、感染现象；第 5 天，创伤面痛痒；10d 后创面药痂自落，皮肤愈合，仅有一条线状疤痕，痊愈。（谭光中，T41，P28）

9. 天门市黄潭镇七岭村杨某一头公水牛，因与他牛斗殴造成 6 处创伤且感染化脓来诊。治疗：局部用双氧水反复冲洗，再用 0.1％高锰酸钾液洗净；取韭叶散，用法同方药 11。其中 1 处创面敷药 2 次治愈，3 处敷药 4 次治愈，2 处敷药 6 次治愈。（杨国亮等，T46，P31）

10. 1985 年 6 月，查哈阳农场新立分场张某一头奶牛来诊。检查：患牛自乳房中部至乳头（不包括乳头括约肌）均被铁丝划开，手术缝合后感染化脓，缝合线断裂，伤口开裂。治疗：先用 5％高锰酸钾溶液洗净脓汁；取"七三七"合剂（见方药 12）撒布后再行缝合。用药 1 次即愈。（卢江等，T82，P22）

11. 旌德县俞村乡杨墅陈家宕村陈某一头牯牛，因两后肢跗部溃烂，医治 1 个多月无效来诊。检查：患牛羸体消瘦，起卧艰难，卧多立少，两后肢跗关节后上方对称性溃烂，创口污秽、多脓汁，创面呈椭圆形，最长直径达 16cm，最短约 8cm，最深处 8cm。患牛站立时创腔呈袋状，用消毒药液清洗后可见跟腱和腓骨。治疗：两创腔共填入糖冰散（见方药 13）约 500g，外敷纱布，用竹片包扎固定，换药 1 次/3d。第 1 次换药，患部创腔明显缩小、无污秽和脓汁，肉芽组织鲜红。第 2 次换药，患部创口将近愈合。第 11 天，患部新生表皮、呈粉红色、较敏感，痊愈。（孙秉法，T52，P18）

# 烧 伤

烧伤是指因明火或高温直接作用于牛体，致使局部损伤的一种病症。

**【病因】** 由于舍圈失火或牛体被火、开水或生石灰烧伤、触电等，导致局部疼痛，组织肿胀、发炎或不同程度的坏死。

**【主证】** 烧伤分为三度。Ⅰ度烧伤主要损伤皮肤表层，患部有红斑性潮红充血，轻微水肿和灼痛。Ⅱ度烧伤主要损伤皮肤及真皮，患部有明显的炎症变化，皮肤出现水疱，局部水肿、疼痛，血管强烈扩张，血管通透性被破坏，患牛躁动不安，烧伤局部可严重感染，水疱破裂，常导致继发性感染。Ⅲ度烧伤主要损伤皮肤全层和深层皮下组织，患部发生蛋白凝固性坏死，形成枯痂，组织坏死、变硬、呈灰白色或褐色，局部皮肤形成干而硬的皱褶。

烧伤后数分钟，患牛表现强烈的疼痛和极度兴奋，随后转入严重的抑制期；全身机能显著下降，眼半睁半闭，头下垂或靠在其他物体上，食欲废绝，饮水困难，体温升高，呼吸、心率加快。愈合时间延缓，有的达数周以上。

【治则】 活血化瘀，止血止痛。

【方药】 1. 芙蓉华菜油液。芙蓉花为深红色时（每年9、10月芙蓉花初开时为白色花朵，逐渐转为粉红色）将整个花朵摘下，放入备好的玻璃瓶内；将菜油倒入铁锅里加热至50℃左右，倒入瓶中（一般0.5kg菜油放入0.25kg花朵），用筷子搅拌花朵，一般浸泡5d后即可使用。

患部有水疱或脱皮，先用0.1%新洁尔灭溶液消毒，然后用消毒针头刺破水疱或脱皮部分的皮肤，再用3%高锰酸钾溶液擦拭患部整个表面。将芙蓉花菜油液直接涂擦烧（烫）伤部，3～4次/d，连用5～7d。患部红肿，消毒后可直接涂擦。共治疗4例，均获痊愈。

2. 烧伤软膏。五倍子、龙骨各50g，炉甘石40g，大黄、当归、地榆各30g，轻粉、冰片各2g。共研细末，混合均匀，装瓶备用。使用时，在烧杯内取适量蜂蜜加热至沸，立即放入药末，边加药边搅拌至糊状，待凉后涂擦于烧伤面，1次/d或1次/2d。共治疗不同程度和不同类型烧伤200余例，疗程短，疗效高。

3. 蛋青普。新鲜鸡蛋3枚，青霉素120万单位，普鲁卡因粉1g。在蛋清中先加入青霉素，再加入普鲁卡因粉，混合均匀，备用（现用现配）。根据患牛体况、烧伤部位污染程度，先预防休克，行补液、止痛、清创疗法。患部有水疱者，剪开，用0.1%新洁尔灭溶液冲洗；是硫酸烧伤，用0.1%碳酸氢钠溶液反复冲洗，然后用消毒过的干纱布蘸净，再涂布蛋青普，2次/d。一般涂布3～4次后，烧伤表面便开始结成一层透明的痂膜，再涂1～2次即可（此后再涂，效果则差）。同时，观察痂皮下是否感染，一旦发现感染，应切痂排脓、清洗，然后再涂药。

对烧伤面积超过体表面积15%、渗出液多、污染严重者，应适当补液，增喂高蛋白饲料；烧伤面积超过体表面积50%则不易治愈。化学品烧伤者，应避免用油剂或软膏治疗，尽量暴露创面。共治疗31例（其中牛18例；烧伤面积最小者5%，最大者达50%），治愈28例。

4. 二桐合剂。桐花500g，桐油500mL。先将新鲜桐花浸于桐油中，加盖密封，离地保存，3个月后即可使用。用消毒液清洗烧伤部位；取二桐合剂，用棉球轻轻涂布患部表面3～4次/d，直至创面结痂、润泽、不痛为度。出现全身症状者，配合使用抗生素，增加二桐合剂涂布次数。共治疗26例（含其他家畜），其中Ⅰ度18例、Ⅱ度8例。

5. 葶苈子（为十字花科独行菜或播娘蒿的干燥成熟种子）散。将葶苈子用簸箕簸净，除去杂质，置锅内用文火炒至稍鼓起、呈金黄色并发出芳香气味时

取出，冷却后碾成细粉末，装瓶备用。烧伤部位皮肤常规消毒，用生理盐水清洗创面；取葶苈子散，按0.5～1.0g/cm²均匀撒在创面上，换药1次/d，无干裂、疼痛现象；创面较大、渗出液较多者换药2次/d。充分暴露创面，不用敷料包扎。不方便暴露的创面用敷料覆盖，不影响结痂，也无因渗出液造成的敷料和创面粘连现象。浅Ⅱ度烧伤，一般在药后2～3d结痂；深Ⅱ度烧伤，4～6d结痂，8～10d愈合。共治疗5例，全部治愈。（刘万平，T129，P39）

6. 胡麻油500mL（新鲜），小鼠5只（新生，刚出生无毛、周身鲜红光亮者为上品）。将胡麻油烧沸，候温，倾入洁净广口瓶内，再投入小鼠，用5层麻纸密封保温，浸泡72h后使用。除净伤口周围的被毛及污染物（有水疱者用花椒刺刺破），用消毒脱脂药棉蘸药液涂布患处（不须包扎，夏季亦不必进行防蚊、蝇处理），2次/d。共治疗41例，皆获良效。

7. 地榆、大黄、冰片各等份。共研极细末，加适量凡士林，调制成膏状，备用。

8. 黄白散。生大黄、白芨、生地炭各300g，天花粉、乳香各100g。混合，研细呈面粉状，将蜂蜜1.5kg倒入药粉内，充分搅拌，混合均匀，调成糊状，涂于伤面。涂药前，先用野菊花根水煎汁洗净创面，待烧伤面干后涂擦药糊。烧伤面积过大者可按比例增加药量。

烧伤后应及时涂擦则不会起水疱、无渗出液、停止出血；烧伤面积过大者，用药3～4h，创面枯焦变软、肿胀消失、黏脓脱离，伤面表皮呈现再生过程，1周左右局部即长出新毛，无瘢痕。共治疗12例，其中Ⅱ度烧伤9例、Ⅲ度烧伤3例，均收到了良好效果。（吕元喜等，T40，P37）

9. 大叶桉（不拘量），水煮取浓汁，加少许食盐，温洗患部。彻底清除泥沙、草屑等杂物，3次/d，连用10d。四肢肿胀者，取青霉素、链霉素各200万～300万单位（前2d注射安乃近注射液，待体温降至正常后停用），肌内注射，3次/d，连用7d。对溃烂病灶，洗净，取复方碘蒜油合剂：鱼肝油、5%碘酊、松节油、百草霜、大蒜汁、冰片、跌打万花油，混合成稀糊状，涂擦，3次/d，连用7d；严重者，用茶叶水洗净局部，再用纱布条蘸碘油合剂缠绕包扎，连用3d（以后只涂不包缠）。肿胀消除、腐脓已尽、新生组织萌生后，用消炎干燥剂：青黛粉、土霉素、冰片、儿茶、蟾蜍皮灰，共研末，拌匀，撒布于溃烂处，促其生肌、结痂，直至痊愈。严重者，取野菊花、土银花、地丁草、地胆头（均为鲜品）各1kg。水煎取汁约2.5kg，加白酒100mL，灌服，1剂/d，连服3剂。食欲不振者，取人工盐100g，鱼肝油50mL，灌服，1次/d，连服2次。共治疗5例，全部治愈。（李瑞斌，T60，P48）

10. 白虎汤合承气汤。生石膏60g，知母、芒硝、

大黄、枳实各 40g，金银花、白茅根、竹茹各 45g，甘草 30g。水煎取汁，候温灌服，1 剂/d。共治疗 4 例，全部治愈。

11. 虎杖冰片糊。新鲜虎杖根 10kg，洗净，切片，捣碎（鲜品捣碎易煎出药汁），加水 5000mL，煎至 2000mL，取汁，文火浓缩至 1000mL，待凉加冰片 30g，搅拌均匀，涂布烧伤处。涂药前，先用生理盐水清洗烧伤部位，再用 1% 高锰酸钾溶液清洗烧伤部周围。共治疗 3 例，均治愈。

12. 蟑螂蛋黄油。将活蟑螂置于开水中烫死，捞出晒干（或烘干），研成粉末；鸡蛋数枚，去清，将蛋黄入小锅内煎炸取油。烫伤部位清洗干净，取蟑螂粉与蛋黄油按 1∶2 比例拌匀，敷于烧伤面。若有仙人掌，切一薄片覆盖于上，用消毒纱布包好，效果更佳。共治疗水牛 1 例、黄牛 1 例，均属局部烧伤，用药 2～3 次痊愈。

【护理】 严重烧伤者，要特别加强护理，结合补液和抗生素治疗，以防感染；体弱者，给予富含蛋白质及维生素饲料，添加酵母或食母生，促进胃肠消化和烧伤部愈合；防止日晒雨淋，痊愈要避风、防寒保暖；涂药后要给牛戴上嘴罩，防止舌舔伤面；拴在阴凉处饲养；严禁水浴。

【典型医案】 1. 1998 年 12 月 28 日，黔西县永兴乡干井村黄某一头黄牛，因不慎四肢踩入火坑中，四肢膝关节以下毛被烧焦脱落，有的皮肤发红、发黑、疼痛，卧地，不能行走。治疗：用高锰酸钾溶液清洗患部；取芙蓉花菜油液，制备、用法见方药 1，4 次/d；第 2、第 3 天，取青霉素 800 万单位、30% 安乃近注射液 20mL，肌内注射。第 7 天，患部痊愈。（吴家骥等，T106，P38）

2. 1965 年，延津县小潭乡小吴村某生产队饲养室失火，烧死大家畜 3 头，烧伤 7 头，烧伤面积均达畜体的 2/3。患牛呼吸高度困难，病情十分严重。治疗：烧伤部行常规处理；取烧伤软膏，制备、用法同方药 2，换药 1 次/2d；为防止休克，应配合补液。治疗 15d，患牛痊愈。（阎永志等，T56，P49）

3. 1974 年 12 月 10 日，齐河县南北公社辛法屯 1 队饲养场失火，烧伤牛 12 头。检查：患牛烧伤面积多在 30%～40%。治疗：局部行常规处理；取蛋青普，制备、用法同方药 3。涂药 12d，患部开始脱痂。大部分患牛经治疗 20d，痊愈。（朱守弘等，T57，P39）

4. 1999 年 12 月 31 日，余庆县敖溪镇小桥村小湾组杜某家失火，牛舍中一头 8 岁黄牯牛被烧伤，面积达 49%，深 Ⅱ 度。患牛烦躁不安，24h 后体温 40.8℃，昏迷。治疗：创面用 5% 高锰酸钾溶液消毒；取二桐合剂，制备、用法同方药 4，1 次/4h，连用 4d；配合抗生素疗法。涂药 8d，患牛创面清洁分泌物减少，肉芽新鲜，上皮开始生长。12d 后创面全部愈合。（刘丰杰，T104，P37）

5. 宝鸡县固川坊塘店一头 7 岁黑犍牛来诊。主诉：饲养员因不慎将牛烧伤，颈部达 Ⅲ 度，躯干及前肢较轻，他医治疗 3d 无效。治疗：取方药 6，用法同上，2 次/d。用药 3d，患部结痂；7d 后脱痂；10d 长出新皮肤。为巩固疗效，继续用药 7d，1 次/d。20d 复查，患部全部愈合。（贾敏斋，T77，P18）

6. 1984 年 2 月 4 日，金湖县白马湖乡林某一头 7 岁水牛来诊。主诉：因圈舍失火，该牛被烧伤，头、颈、躯干和四肢烧伤面积达 45%，轻的伤面被毛烧光，皮肤起水疱，严重的伤面呈焦黑状。治疗：先行输液、注射抗生素等；同时，剪除烧伤局部周围的被毛，除去污物，用 0.1% 高锰酸钾溶液反复冲洗创面，取方药 7，涂布烧伤处，1 周内 2 次/d，以后 1 次/d。涂药 21d，创面全部愈合。（江苏省金湖县畜牧兽医站，T37，P19）

7. 1988 年初秋，泰和县王某一头母牛，因牛栏失火导致大面积烧伤来诊。检查：患牛烧伤部位渗出大量液体，粪秘结，舌质红，舌苔黑、干燥，脉滑数，T39.8℃，心跳 88 次/min。治疗：取方药 10，用法同上，连服 3 剂。服药后，患牛排粪通畅，创面渗出和水肿基本控制。原方药去大黄、芒硝、枳实，加参须 20g，石斛、麦冬各 40g，用法同前，连服 4 剂；同时，用生理盐水清洗创面，加强护理。再诊，患牛创面渗出已控制，舌质转为淡红、苔薄白。经 21d 治疗，患牛痊愈。（刘新华等，T82，P31）

8. 1990 年 5 月 19 日，临安县某乡奶牛场发生火灾，共烧伤牛 15 头。Ⅱ 度烧伤面积达 15%～40% 的有 9 头；Ⅱ 度烧伤中暴露烧伤面积达 10% 以上者 5 头；其中 7 头奶牛背腹部皮肤硬固、凹陷，出现明显皱褶。检查：患牛惊恐，疼痛较剧，呼吸迫促，头、颈、背、腹、乳房等部位出现大小不等的水疱，有的已破溃；鼻镜、眼睑、颊、耳内侧有不同程度烧伤。重度烧伤的牛食欲减退甚至废绝，产奶量显著下降，个别牛心律不齐，体温 40℃ 以上。治疗：先用生理盐水清洗烧伤部位，再用 1% 高锰酸钾溶液清洗烧伤部周围。其中 3 头牛用虎杖冰片糊，制备、用法见方药 11；11 头牛用京万红烫伤药膏（天津达仁堂制药二厂生产）加精制土霉素粉，涂布烧伤处；1 头牛的两侧分别用上述两种药物对比治疗。第 1 天用药 1 次/6h；自第 2 天起改为 2 次/d。在治疗中，发现用京万红烫伤药膏涂布的部位有较多组织液渗出，招引蚊蝇叮咬，故从第 4 天起，除 1 头牛左右两侧用两药对比治疗外，其余全部改用虎杖冰片糊治疗。对已坏死表皮应及时剪除，然后再涂药；病情控制后用药次数可逐渐减少。为防止继发感染，除加强牛栏清扫、冲洗、消毒外，根据烧伤程度和患牛全身症状，使用抗生素、碳酸氢钠注射液、葡萄糖氯化钠注射液和健胃药剂治疗。用药 4d，患牛食欲、奶产量基本恢复；用药 64d，患牛烧伤部全部愈合。（张恕等，T78，P24）

9. 剑川县东岭乡水古楼村杨某家的牛棚失火，烧伤水牛、黄牛各 1 头。黄牛背部右侧烧伤面积约 30cm²，水牛左腹侧烧伤面积约 20cm²，均于 2d 后来诊。检查：患牛体温、心率、呼吸正常，烧伤部位皮肤起水疱、已溃烂。治疗：烧伤部用 0.02% 高锰酸钾溶液清洗；取蟑螂蛋黄油，制备、用法同方药 12，换药 1 次/4d，2 次痊愈。（赵立新，T66，P37）

## 烫 伤

烫伤是指因牛体接触高温液体、固体、蒸气和火焰等，导致机体损伤的一种病症。

【病因】 多因沸水、热油、火焰、蒸气、烧热的金属、电等直接作用于牛体表面，损伤皮肤或组织所致。

【主证】 患部被毛脱落，皮肤隆起、有散在水疱、呈鲜红色。时间较长者局部溃烂。

【治则】 消肿止痛，生肌敛疮。

【方药】 1. 烫伤散。大黄、地榆炭各 300g，熟石膏、珍珠粉各 60g。共研极细末，装瓶备用。烫伤未起疱者，速用麻油将药末调成糊状涂敷于烫伤部位；烫伤已起泡者，用消毒剪刀刺破水疱，剪去疱壁，用消毒干棉球沾净渗出液，将药粉撒于破溃面，可立即止痛，1 次/d；烫伤在四肢等部位，涂药后用纱布等敷料包扎；烫伤在头、面、颈、会阴和躯干等部位，将药粉撒于伤面，暴露在外。共治疗 12 例（含其他家畜），全部治愈。

2. 土木耳膏。土木耳（学名地钱，是苔藓类地钱科植物地钱的全草，用温水洗净、焙干，研细末）500g，麻油 500mL。将麻油烧沸，待冷后与土木耳粉调成膏，装瓶备用。用生理盐水清洗创面；取适量药膏涂抹，再用灭菌纱布包扎。共治疗 18 例，全部治愈。

【典型医案】 1. 湟中县多巴镇中村腾某一头 1 岁犊牛来诊。检查：患牛被沸水烫伤头、面、颈部及右前肢小腿部，局部有数个散在水疱、呈鲜红色。治疗：取烫伤散，制备、用法同方药 1。用药 2d，患牛症状大为好转；用药 14d，患部结痂，痊愈。（贾得宏，T117，P39）

2. 2002 年 4 月 10 日，门源县浩门镇团结村马某一头 3 月龄犊牛，因开水烫伤来诊。检查：患牛背及腰部烫伤，患部中心被毛脱落，皮肤隆起，周围出现水疱。治疗：用生理盐水充分清洗患部，刺破水疱；取土木耳膏（见方药 2）涂于创面，纱布包扎，1 次/2d，共涂药 6 次。用药 18d，患部痂皮脱落，逐渐长出新毛，痊愈。（李德鑫，T120，P38）

## 筋 伤

筋伤是指由于扭、挫、刺、割伤和劳损等，致使牛皮肤、肌肉、筋膜、肌腱、韧带等软组织和软骨、周围神经、较大血管损伤的一种病症。

【病因】 多因外来暴力、肌肉强力牵拉、慢性劳损或外感六淫邪毒，牛体虚弱，均可引发本病。

【主证】 患牛局部肿胀，触诊发热、疼痛、敏感，机能障碍，跛行。

【治则】 活血化瘀，通经止痛，消肿生肌，调气行血。

【方药】 大黄、白芨、白蔹、雄黄、栀子各 50g，红花、白矾各 30g，鸡蛋 7 枚，药用纱布 30cm，绷带 1 卷。各药共研细末、过箩，置于干净瓷盆中。鸡蛋去黄取清，调和药末，充分搅拌，使诸药与蛋清混合均匀，其黏度以涂在敷料（将纱布折成长方形）上时既不流动又能涂开为宜；用量应根据患部面积的大小增减。绷带不可解除，让其自行脱落。一般敷药 1 剂，1 周左右即可痊愈。不论久伤或新伤均可用之。共治疗 7 例（伤在腕、跗关节以下者占 90.48%，以上者占 6.52%），均 1 次治愈。

【典型医案】 1986 年 6 月 12 日，信阳县明港镇八里村张某一头 2 岁水牛来诊。主诉：11 日放收时，该牛与同村水牛发生角斗，今晨发现右前肢不敢着地。检查：患牛右前肢跛行，系关节肿胀，触诊发热、疼痛、敏感。治疗：取上方药，按法配制成药膏，敷于患部，第 2 天，患牛病情好转。22 日痊愈。（徐玉成，T47，P13）

## 角损伤

角损伤是指牛因跌倒、遭受棒棍打击、两牛角斗等，引起牛角损伤的一种病症。

【病因】 多因突然撞击、倒牛不得法或保定不牢固、牛头拍打地板、两牛角斗等，导致牛角折断或脱角。

【主证】 患牛角损伤或断裂，断面出血或附有脓性分泌物，角腔内角突腐烂、生蛆等。

【治则】 消炎止血，镇痛防腐。

【方药】 1. 保定患牛；取冬眠灵，肌内注射；患部常规消毒；无消毒药可用饱和胆矾溶液注入角腔内，再将胆矾（磨成细粉）撒布到角损伤处，贴上棉花块，外用饱和胆矾溶液湿透的脱脂棉敷贴，绷带包扎，直至痊愈。共治疗 5 例，全部治愈。（李瑞斌，T34，封三）

2. 韭叶散。陈石灰 100g，初生未长毛幼鼠 5 只，鲜韭菜 100g。共捣烂如泥，放阴凉处 15d，风干，加冰片 5g，百草霜 10g，共研细末，过 100～120 目筛，装瓶，高压灭菌，备用。角损伤部用 0.1%～0.3% 高锰酸钾溶液彻底清洗。将韭叶散用桐油调成膏状，填满断角基内，外用绷带固定，防止油膏脱落，将其自然凝固 3～5min 后，出血即止。对污染创先行外科处理，再使用韭叶散；严重的感染创，配合肌内注射抗生素，以提高疗效；遇有肉芽生长不齐现象，用烧烙法或剪刀修整。共治疗 10 例，除 1 例因管理不善，重新包扎 1 次外，其余均治愈。

【典型医案】 1965 年 6 月 5 日，天门市黄潭镇张台村张某一头黄牛来诊。主诉：该牛因与他牛斗殴，抵断右角，伤口没有及时处理引起局部感染。检查：患牛右角断去 1/3、周围附有脓性分泌物，角腔内角突开始腐烂、生蛆、恶臭。治疗：局部用双氧水冲洗，再用高锰酸钾溶液洗净；取韭叶散与桐油，调成膏状，填满断角基部。15d 后检查，患部油膏固定良好，坚硬耐磨，痊愈。（杨国亮等，T46，P31）

## 淋巴液外渗

淋巴液外渗是指因牛体表受钝性外伤，致使皮下淋巴管断裂，淋巴液（常混有少量血液）蓄积而形成淋巴外渗的一种病症。

【病因】 多因牛体受挫伤等钝性外伤，导致淋巴管破裂，淋巴液积聚，导致患部明显肿胀。

【主证】 患牛皮下局部肿胀、不热、不痛、柔软、有波动感，穿刺液为橙黄色、透明。若纤维素析出则肿胀、质地变实。

【治则】 阻止外渗。

【方药】 针刺封闭法。患牛站立保定；局部剪毛；常规消毒。用消毒过的小宽针围绕肿部沿其边缘按顺序快速穿刺，针间距约 5cm，进针的深度根据病变所在部位和肿胀程度而定，一般 3～5cm。针后局部用碘酊消毒。针刺 1 次不愈者，间隔 5～7d 再进行第 2 次或第 3 次治疗。共治疗 11 例（含其他家畜），全部治愈。

【典型医案】 1983 年 8 月 6 日，睢宁县冯庙区大许 3 组一头 6 岁黄色母牛就诊。检查：患牛口色、呼吸、精神均正常，胸前部有一 18cm×12cm×5cm 的扁圆形肿胀，触诊无热、无疼痛感，穿刺液为浅黄色、有黏性、稍透明。诊为淋巴液外渗。治疗：针刺封闭法，方法同上。隔 6d 重复 1 次，2 次治愈。（赵士凯等，T60，P29）

## 辕木症

辕木症是指直型鞍剧烈摩擦和压迫牛颈部，造成颈部皮肤及皮下组织损伤的一种病症。包括牛颈着鞍部的弥漫性炎性水肿、血肿、淋巴外渗、蜂窝织炎、脓肿以及皮下结缔组织性增生。

【病因】 由于牛颈部遭受强烈的摩擦或过度压迫而引发本病。

【治则】 祛瘀消肿。

【方法】 蟾酥包埋疗法。患牛站立保定，在前胸肉垂部剪毛消毒，在下面沿纵向切长 1～2cm、深 2～3cm 的皮肤切口，塞入 0.07～0.1g 蟾酥片（市售），包埋 1 次/例。切口可缝合或不缝合。如不缝合，有时埋入的药片会自行脱落，次日再补埋 1 次。

埋入蟾酥后肉垂部发生肿胀，通常在第 2～3 天达到高峰，牛鞍子接触的颈部肿胀范围和程度则随着肉垂部肿胀而加重，在 5d 内迅速消退或在 6～15d 内缓慢消退。肉垂部肿胀通常在辕木症痊愈后 3d 逐渐自行消散。共治疗 151 例，治愈 132 例，平均治疗时间 7d。（金星，T20，P52）

注：蟾酥有一定毒性，用量务必慎重；蟾酥包埋于肉垂部位，患牛应停止使役；包埋部因消毒不严发生化脓时按化脓创进行外科处理，一般不影响疗效。

## 筋 毒

筋毒是指牛肢腕部出现边缘整齐的裂口和以瘙痒、化脓、溃疡为特征的一种病症。俗称割蹄瘙或蚂蟥盘。以丘陵地区的黄牛多发，水牛少见。

【病因】 牛在潮湿之地过度劳役或久卧湿地，湿毒下注，流注于肢腕而发病。

【主证】 病初，患牛肢腕部出现长短不等的裂口、形状似刀割、瘙痒不安，牛不时用嘴啃咬或用舌舔裂口，形成边缘整齐且较深的溃疡，甚者可见筋膜，不时流出黏液、脓血，患肢不敢用力负重，跛行。

【治则】 疏风祛湿，止痒生肌。

【方药】 防风汤。防风、花椒、艾叶各 30g，白矾 20g。水煎取汁，加适量食盐，擦洗患部。擦洗后，取椒矾散：花椒、白芷、苍术、黄柏各 30g，干姜、白矾各 20g。共研细末，用醋或米泔水冲调，外敷。创口缩小后，用去腐生肌散：枯矾、龙骨、白芷、黄连、海螵蛸各 5g，炉甘石、章丹、青黛各 3g，乌梅 2g。共研极细末，撒布患部，用绷带包扎，1 次/d 或 2～3 次/d。共治疗 8 例，患部位于前肢迎门处 2 例，后肢蹄上寸旁 3 例，掌部 2 例，距部 1 例。

【典型医案】 1975 年 4 月上旬，公安县甘家厂乡杨厂村 3 组余某一头 7 岁黄牛来诊。检查：患牛后肢跗部出现长短不等的裂口、瘙痒不安；患牛不停地绕桩转圈，继而啃咬、舌舔患部，致使裂口扩大、加深、形状如刀割，形成边缘比较整齐、面积 5～6cm² 的溃疡面，可见筋膜。诊为筋毒。治疗：先用防风汤擦洗患部，1 次/d。擦洗后，敷以醋调椒矾散。洗、敷 3d 后，患部创口缩小至 3～4cm²，肉芽长势良好，表面有少许脓汁。继用防风汤擦洗；撒布去腐生肌散，9d 痊愈。（吴源承，T48，P28）

# 第三节　腰胯病

## 腰脊挫（扭）伤

腰脊挫（扭）伤是指牛腰脊两侧的肌肉、筋膜、韧带、关节囊等受到强外力作用损伤，使腰部的活动受到限制而产生疼痛的一种病症。

【病因】　多因牛跳跃、踏空闪挫、跌打损伤或腰脊骨受重物打击而发病；脾虚慢草，营养不良，伤力过劳，或风寒湿邪可引发本病。

【主证】　轻者，患牛后肢无力，拧腰摆尾，卧地难起，触压腰部有疼痛感，人力抬助起立后，后肢移动困难，瞬间又卧地。严重者，后躯麻痹，四肢冰凉、麻木，后腰肿胀明显，针刺腰胯肌肉无知觉，不能站立，出现直肠和膀胱麻痹，排粪、尿困难或尿失禁，尾部不能活动。公牛阴茎下垂、麻痹而外垂不收，触诊腰、荐部，椎骨突起或下陷，重压骨断端有噼啪音，则属腰椎或荐椎全骨折；若伤及脊髓则无法治疗。

【治则】　滋阴潜阳，益肾壮骨，消肿止痛。

【方药】　1. 鳖龟合剂。将等量、个大肥厚的鳖甲、龟板用清水浸泡数日后刮净皮肉，晾干，用炭火烤黄，趁热醋焠至凉，再置炭火中烤至焦黄为度，混合，碾细过箩，装瓶密封（勿令泄气，严防潮湿），备用。

取鳖龟合剂 100～150g，食盐 15～20g（为中等牛 1 次药量），混合，温开水冲调，灌服。一般服用 3～5 剂，个别重症者 5～7 剂可愈。若配合活血理气止痛药收效更佳。共治疗 200 余例（含其他家畜），全部获效。

2. 桃红螃蟹散。桃仁、当归各 100g，螃蟹 500g（焙干），丹参、山药各 120g，枸杞子 150g，红花 80g，汉三七 60g。偏风寒者加小茴香、淫羊藿、桂枝；偏湿热者加茵陈、车前子、黄柏；虚甚者加黄芪、党参、杜仲。共研细末，开水冲调，待温加鲜童便 1000mL 为引，灌服，2 次/d。共治疗黄牛 68 例、水牛 2 例，治愈率为 91.1%。

3. 扭腰活气散加减。当归、赤勺、没药、乳香、骨碎补、肉苁蓉、自然铜各 30g，焦杜仲、川续断、狗脊、土鳖虫、螃蟹各 40g，血竭 25g，川芎 20g，台乌、三七各 15g，红花 12g，生甘草 10g；虎骨 10g 或豹骨 30g（用犬骨或猫骨代替，酥油炮制后加黄酒 200g）为引。四肢虚肿者加山萸肉、荜澄茄各 30g，防己、泽泻各 20g；阴茎下垂者加熟地、山萸肉各 30g，巴戟天 25g，炙黄芪 45g。水煎取汁，候温灌服。取栀子、附子、甘草各 30g，共研细末，用酵面调成糊状，敷于患处，上面覆盖两层塑料纸或泡桐叶，再用纱布包扎。夏、秋季节换药 1 次/d，冬、春季节换药 1 次/2d，直至痊愈。病程较长者，一般需

服药 20～30d，同时不要牵遛运动。共治疗 25 例（含肾经痛），除 8 例腰椎全骨折无效外，治愈 17 例。

4. 选肾门和安肾穴、百会和开风穴、两归尾穴（各为 1 组）。穴位处皮肤剪毛、消毒。肾门、安肾两穴圆利针直刺 3.33cm；百会穴直刺 8.33cm；开风穴向前斜刺 1.67cm；两归尾穴向内下方斜刺 3.33cm。在刺入的同时，提插或捻转针具，以得气为宜。按组穴顺序将针柄与电源连接。通电量由弱到强，逐渐加大，直到穴位基部有节律震颤，电流强度以患牛能耐受为度，持续通电 5min，再由强到弱，逐渐降低通电量，间隔 1min，尔后继续通电，往复循环，累计 30min，1 次/d。起针后，用 10% 硫酸镁溶液在穴位上热敷。取乳没祛瘀通经散：乳香、没药各 80g，当归、红花、川牛膝、血竭各 50g，土元、桃仁各 40g，香附、狗脊、川续断、煅自然铜各 60g。水煎取汁，候温，分 2 次灌服，1 剂/d，连服 4 剂。

【护理】　用吊马器或四柱栏将患牛吊起；加强管理，严防跌倒。

【典型医案】　1. 1983 年夏，宝鸡市固川乡坊塘村杨某一头 1 岁、约 150kg 红母牛来诊。主诉：该牛于放牧时滚下坡，口、鼻出血，瘫卧，不排粪、尿，腰部明显肿胀，数人抬起不能站立，后肢运步艰难，针刺尾部尚有反应。诊为腰脊挫伤。治疗：鳖龟合剂（见方药 1）400g，食盐 60g，三七粉 50g，大黄末 60g。混匀，温开水冲调，分 4 次灌服，患牛痊愈。（贾敏斋，T71，P23）

2. 西峡县蛇尾乡朱某一头 9 岁黄色阉牛来诊。主诉：该牛已患病 10 多天，食欲减退，拱背，运步沉重，遇阴天更重，不能使役。检查：患牛除主诉症状外，体温 37℃，腰脊疼痛明显，行走时腰部僵直，稍转弯时即卧地难起。诊为寒湿致腰脊疼痛。治疗：桃红螃蟹散加小茴香、桂枝、淫羊藿各 60g，用法同方药 2，1 剂/d，连服 3 剂，痊愈。（董振江，T50，P42）

3. 1954 年秋，岐山县落星公社吕某一头黄犍牛，因性情凶猛，在羝人时腰部遭木棍打击倒地不起邀诊。检查：患牛第四腰椎略下陷，按压时牛摆头打尾、有疼痛感。治疗：取方药 3，用法同上。用药 2 剂，患牛精神好转，饮食欲正常，但不能站立。第 3 天，患牛靠抬扶即能站立，遂吊于四柱栏内。此后，使其白天站立，晚间卧地，坚持内服、外敷上药。15d 后，患牛能自行起立，停药。40d 后，患牛痊愈。（吕世刚，T9，P58）

4. 2003 年 10 月 20 日，泰安市北集坡镇赵庄村李某一头 3 岁、2 胎奶牛来诊。主诉：该牛在槽角拐弯处摔倒，自行站起后出现后躯摇晃，站立不稳，卧

地不起，用西药治疗 6d 未见好转。检查：患牛前肢卧地姿势正常，两后肢平伸，精神尚好，反刍、粪、尿基本正常，呈胸式呼吸，体温 38.8℃，呼吸 16 次/min，心跳 76 次/min，结膜潮红，针刺尾尖、后蹄叉反应敏感，拒按腰脊，局部有约 35cm×20cm 肿胀。诊为腰脊扭伤。治疗：取方药 4，选穴、针疗、方药同上。第 5 天，患牛自行站立，痊愈。（负灿圣，T136，P55）

## 腰胯闪伤

腰胯闪伤是指牛腰脊和胯部遭受外力作用，引起腰胯部疼痛、机能障碍的一种病症。

**【病因】** 多因使役不当，去势、扎鼻时保定不妥导致腰胯闪伤；追逐奔跑致腰胯扭伤；驮运时载重太过站立突然、急纵闪伤；驮运时转弯抹角、碰跌蹬空或突然受惊，前挤后拥，左右冲撞而闪伤；重物击打腰部或公牛相互斗殴闪伤等。

**【主证】** 轻者，一般局部无明显症状。患牛后躯无力，腰脊稍强硬，回转较困难，叩诊腰胯有疼痛反应。重者，由于腰椎或荐椎发生错位，甚至椎体损及脊髓，患牛呈现后躯不全麻痹，卧地不起或难起，肛门或阴茎脱出。针刺后躯无疼痛反应，排粪、排尿、行走困难，前行后拽。

**【治则】** 活血化瘀，舒筋止痛。

**【方药】** 大黄、当归、土鳖虫、骨碎补、红花、乳香各 50g，没药、地龙各 25g，麻黄、元胡、甘草各 20g。共研细末，开水冲调，候温灌服。

**【典型医案】** 1999 年 4 月 20 日，西吉县城郊乡短岔村马某一头 4 岁黄牛来诊。检查：患牛行走困难，前行后拽，触摸腰胯部时躲闪，精神沉郁，体温 39℃，心跳 80 次/min。诊为腰胯闪伤。治疗：取上方药，用法同上。服药 3 剂，患牛病情明显好转；再服 2 剂，痊愈。（王小平，T116，P39）

## 荐尾挫伤

荐尾挫伤是指牛荐部和尾部遭受外力作用，引起局部疼痛的一种病症。

**【病因】** 多因牛跌扑滑倒、钝器击打、惊恐乱跳时坠入沟壑等所致。

**【主证】** 患牛起立困难，后肢无力，运动障碍，不能后退，荐尾部脊柱隆起，局部发热、肿胀，尾不活动、感觉消失，排粪不畅，排尿机能失常，尿淋漓或失禁。

**【治则】** 活血祛瘀，行气止痛。

**【方药】** 归尾、三棱、莪术各 50g，川芎、红花、牛膝、乳香、没药各 30g，桃仁、大活血各 45g，木瓜、赤芍、泽兰、破故纸各 60g，桂枝 20g。共研细末，白酒、童便为引，早、晚凉开水冲调，分 7d 灌服。

尾椎整复。将尾部向下用力牵拉的同时，整复并使第一尾椎归位，再用针灸及中药治疗。将患牛站立保定。取百会穴，用大号圆利针垂直刺入 7cm，不时捻转针柄，留针 30min；取尾根、开风、尾节穴，以小号圆利针分别直刺 3cm、2cm、2cm，留针 20min；取后海、肛脱穴，以中号圆利针分别直刺 8cm、5cm，捻转针柄，留针 15min。

**【护理】** 患牛不能自行起立时应人工辅助扶起 1～2 次/d；能自行起立时应牵遛放牧，适当运动；圈舍保持清洁干燥；喂给营养丰富的青嫩草料。

**【典型医案】** 1987 年 5 月 1 日，高县龙潭乡荒榜村蒋某租用的一头 6 岁母水牛来诊。主诉：早饭时，将牛拴在田边土台喂草，因突然受到巨响惊吓，牛挣断鼻绳，翻滚蹲坐于 2m 高的土坎下；人力扶起后，牛后肢运步无力，慢慢挟行牵引回家。当日，该牛食欲减退，卧地后不能自行起立，直肠突出、呈排球状，粪被动挤出肛门外、堆积于后腹下部，尿失禁且不时遗出。检查：患牛呼吸急促，人力扶起后右后肢无力，不能运步、负重，回头后觑，眼含泪、表情痛苦；四肢及躯干骨髓、关节无异常，仅见荐胯部脊柱隆起，局部发热、肿胀，第一尾椎错位，尾不能摆动，针刺尾部无疼痛反应。诊为荐尾挫伤。治疗：按上法整复、针灸、用药。16 日，患牛诸症好转，食欲增加，能自行站立，右后肢仍跛行，能排粪、尿但无力。取桃仁、玄胡、龙骨、牡蛎各 50g，红花、土鳖虫各 40g，泽兰 45g，赤芍、归尾、酒大黄、大活血各 60g，水蛭、川芎、血竭、乳香、没药各 30g。共研细末，白酒、童便为引，凉开水冲调，分 7d 灌服。痊愈。（杨家华，T55，P39）

## 髋关节炎

髋关节炎是指牛髋关节及其周围组织损伤而发炎的一种病症。

**【病因】** 牛长期睡卧于水泥地，或夏秋季节使役过度、劳伤，或牛体肌表、经络遭受风寒湿邪，邪气阻闭气血所致。

**【主证】** 患牛侧卧，四肢或背脊较凉，呼吸正常，牵拉时站立困难或不愿行走，关节僵硬；患肢提举伸展、落地负重时出现支跛和悬跛的混合跛型；触压股骨头与髋臼之间疼痛、躲避，局部温度略高。

**【治则】** 调和营卫，祛风散寒。

**【方药】** 除痹散加减。羌活、当归各 100g，独活、秦艽各 80g，川乌、甘草、木香各 50g，防己、薏苡仁、乳香各 60g，桑枝、川芎、桂心各 70g，细辛 40g。水煎取汁，候温灌服，1 剂/d，连服 4 剂；2% 普鲁卡因注射液 50mL，醋酸氢泼尼松 270mg，于髋关节白前、白后交叉封闭注射。共治疗 12 例，治愈 10 例，好转 2 例。

**【典型医案】** 2002 年 3 月 7 日，宣汉县毛坝乡

10村陈某一头7岁奶牛来诊。主诉：去年入冬以来，该牛左后肢跛行，他医用青霉素与安痛定肌内注射治疗见效，近日牛卧地不起，食欲减退。检查：患牛呈右侧卧，人工协助能站立行走，呈支跛和悬跛的混合跛型，喜右转而忌左转，触压髋关节有痛感，无脱臼和骨损伤症状，大转子位置正常。治疗：普鲁卡因注射液50mL，于髋关节前后白交叉封闭注射；取除痹散加减：羌活、当归各100g，独活、川芎、桂心、海风藤各80g，秦艽、防己、甘草、乳香、没药各50g，桑枝70g，细辛30g。薏苡仁为引，水煎取汁，候温灌服，1剂/d，连服6剂。14日，患牛食欲增加，能行走，痛感明显减轻；左后肢能负重但谨慎小心。原方药去羌活、独活、秦艽，加黄芪、党参、白芍、杜仲、桑寄生、大枣、生姜，用法同上，1剂/d，连服3剂，痊愈。（罗怀平，T130，P37）

## 髋关节扭伤

髋关节扭伤是指因牛髋关节过度伸屈，造成髋关节扭伤，周围肌肉、韧带损伤的一种病症。

**【病因】** 多因使役不当，或牛相互牴斗、滑坡、跌跤等导致髋关节扭伤。

**【主证】** 患肢疼痛，站立时以蹄尖虚踏着地，膝关节、跗关节屈曲，前伸或外展，不敢负重；触摸患部疼痛明显，运步时抬腿前进困难，向外划弧、呈前方短步，运步时后肢前拖后拽，伏地后侧卧，久站和起卧困难。

**【治则】** 活血祛瘀，行气止痛。

**【方药】** 1. 推拉按摩疗法。将患牛侧卧保定，患肢在上，助手抓住患肢系部，轻轻用力、慢慢向下牵拉并前后摆动，力量由轻逐渐加重，摆动幅度由小到大，使肌腱伸直，关节微微松开，一直牵拉、摆动5min，然后术者在扭伤的关节和肌腱上用推、按、揉、搓等手法使之活动3～5min，再由助手用前述方法牵动3～5min。

穴位注射法。前肢：抢风穴为主穴，中脾、下腕穴为配穴；后肢：大胯穴为主穴，小胯、大转子穴为配穴。主穴用安痛定或复方氨基比林注射液10mL、维生素B₁注射液400mg；配穴用安痛定或复方氨基比林注射液10mL、维生素注射液B₁300mg；注射深度4～5cm，1次/2d，连用2～3次。

中药疗法。①当归50g，川芎、乳香、没药、五加皮、威灵仙、桂枝各30g，续断、羌活、独活各

40g，红花25g，桃仁20g。共研细末，开水冲调，候温灌服或水煎2次，合并药液，1次灌服，1剂/d，连服4～10剂。②鲜络石藤（为夹竹桃科植物络石的藤叶）250～500g，鲜骨碎补100～150g，鲜五加皮根250g。水煎取汁，候温灌服，1剂/d，连服3～5剂。共治疗4例，全部治愈。

2. 三七碎片3g，浸泡于95％酒精100mL中，7d后用消毒纱布滤去药渣，装瓶备用。使用时，加灭菌蒸馏水将药液稀释成30％。取百会穴为主穴，大胯、环后穴为配穴。严格消毒，百会穴进针5～6.7cm。1次总注射量为20～30mL，主穴、配穴分量注射。根据牛体和膘情选用适当注射针号，缓慢刺入穴位（进针不可太深，防止刺破关节囊），待出现"针感"后再连上注射器缓慢注射，边注射边后退，针头退至皮下肌肉时将药液注射完。一般急性闪、挫伤注射1次即可；慢性闪、挫伤需注射2～3次，1次/3d。第1次注射后，个别患牛局部微热、微肿，有疼痛反应，需2～3d后局部变化自然消失再作第2次注射。对治疗四肢闪、挫伤，尤其是四肢慢性挫伤有显著疗效。共治疗11例，治愈10例，好转1例。

**【典型医案】** 1. 1987年4月，吉安县横江镇某村委会的一头3岁母黄牛，因助产扭伤3d来诊。检查：患牛阴门撕裂，流出污浊的臭黏液；体温39.5℃，左后肢不能负重，膝关节以下各关节稍有屈曲，以蹄尖虚踏地，行走极困难，强迫运步呈三肢跳跃前进，起卧需人工扶助；触摸髋关节部疼痛明显；由于卧地太久，患肢末端发凉。诊为髋关节软组织挫伤。治疗：按照方药1行推、拉、按摩术；再穴位注射，2次；分别取中药方①4剂、②5剂，用法同方药1。针对子宫、阴道炎症，取普鲁卡因青霉素240万单位，肌内注射，1次/d，连用3d；在中药方②中加鲜益母草250g，荷叶150g，水煎取汁，候温灌服。（郭岚，T53，P29）

2. 1981年5月23日，凤冈县新刚公社金华大队落窝小队李某一头7岁、中等膘情母水牛，因滑倒闪伤左后肢来诊。检查：患牛患肢站立时膝、跗关节稍屈曲并外展，运步时提举前进困难，踏地负重疼痛，回转及后退跛行特别明显。诊为髋关节捻伤。治疗：患牛站立保定，穴位处剪毛、消毒；百会穴垂直进针6.7cm，大胯穴进针6.7cm，环跳穴进针5cm，分别注射三七酒精溶液10mL，注射后牵遛10min。第2天，患牛跛行减轻，第4天痊愈。（龚正祥，T7，P46）

# 第四节 四肢病、蹄病

## 滑膊

滑膊是指牛肩胛骨下塌紧贴于胸壁，患肢比健肢长，致使行走时肩胛骨活动范围变小的一种病症。亦称脱膊、趄胛或闪伤性肩胛骨移位等。

**【病因】** 由于肩韧带及肩部肌群（菱形肌、颈下锯肌、冈上肌、胸深和胸浅肌、斜方肌等）突然在强

大外力下过度剧伸，肩胛上神经也因剧伸挫伤，发生肌肉和神经麻痹，肩胛骨失去正常的牵引而向后下方滑位。

【主证】 患牛一般于滑跌闪伤后立即发病，受伤部位常为一侧性，患肢外展前伸，步态僵硬，呈混合跛行或三脚跳跃，肩胛骨上部由肩胛上间隙向后下滑形成特征性的肩胛骨前上方凹陷，人站在牛正前方观察比较两侧肩胛上方与躯干结合部（中兽医称膊尖、云头处），患肢明显凹陷；运步时下滑的肩胛骨贴于躯干几乎不动，俗称"云头不翻"；患肢似比健肢长；触诊患肢肩部肌群无疼痛、肿胀或疼痛、肿胀不明显；肩、肘、腕、系各关节被动做屈伸、钟摆、圆周运动时正常；患肢下部至蹄底肌肉、神经反射无异常，无严重外伤感染；强迫运步时，肘、腕、系关节僵直，屈曲似有困难。

【治则】 整复骨变位，理气止痛。

【方药】 1. 针引摧膊术。将患牛横卧保定，捆缚三健肢；确诊为滑膊后，取 40～50 度的酒精注射于膊尖、中膊（肩井）、肺攀、抢风穴，约10mL/穴。垂直进针深度，抢风穴不超过1cm（因深部通过的神经血管较多），其他穴约2cm；在下滑的肩胛软骨前、后角连线的前 2/5 处注入 0.5% 普鲁卡因注射液10mL 或热酒10mL。取积雪草（又称崩大碗、落得打、破铜钱）或酢浆草（或软布），蘸取热酒用力揉搓膊部至肘部各肌群5～6min。用消毒后的三棱针在注射普鲁卡因处穿破皮肤，换用大宽针行引针刺入肩胛软骨内侧 6～12cm（视牛体大小估计针达肩胛软骨内侧 3～4cm），他人将患牛肩、肘、腕、系等关节固定，使患肢中轴线通过肩胛冈并在敲击时不屈曲，蹄底垫上鞋底，用铁锤以适当力量敲击，同时，上撬引针，注意打击方向与引膊方向要一致，向着肩胛骨正常位置直至肩胛骨还位。术后用三磺软膏封闭宽针穿入的伤口，防止感染；术后 3d 内，取复方氨基比林10～20mL，肌内注射，1 次/d；7d 内牵遛运动至少1h/d。术前禁食8h 以上。共治疗 6 例，均治愈。

2. 当归、赤芍、丹皮各 60g，红花、桃仁、姜黄各 50g，郁金、天花粉、连翘、大黄各 40g，甘草10g。瘀血肿痛明显者加乳香、没药各 40g，桃仁、红花、姜黄量加至 60～80g；局部肌肉萎缩明显者减大黄，加黄芪、生地各 50g；闪伤日久兼寒凝血结者加土鳖虫 30g，桂枝、白芷各 50g。水煎取汁，候温，加童便灌服。整复患骨后再服本方药。共治疗 10 例，其中脱膊 6 例，闪伤夹气 2 例，闪伤胸膊和闪伤寸子各 1 例；痊愈9 例，有效1 例。多是 3～8 岁的壮牛，病程一般在 2～20d。（白朝勇，T16，P10）

3. 椒前散。白胡椒 10 粒，鲜前胡6g（或用干品）。用前 1～12h 将上药捣碎，加酒调成稀糊状置瓷皿中（最好是当夜配，翌晨用）。病期长、病情重者，取三七 40g，虎掌草 250g，糯米白酒 500g。共研细末，同调灌服，直至术部肿胀消退。

将患牛牵至平地，观察对比左右两侧前肢，确定患侧肩胛软骨下移及其倾倒方向，再使患牛健、患两侧前肢并列站齐，确定肩胛软骨的正常位置，并根据患侧肩胛骨倾倒方向确定切口位置。如果肩胛软骨倒向后方，切口应在肩胛软骨最高正中点的稍前方；反之，则在稍后方，最后用碘酊作出标记。

患牛侧卧保定，患肢向上；在患部洒酒并揉搓按摩，手掌拍打。将定位处皮肤拉起成褶，以上下方向切开皮肤 2～3cm，皮下插入消过毒的象牙筷或削去外皮的柳枝。若肩胛软骨下沉向后方倒，则向肩胛软骨前缘方向进筷（柳枝），直达正常位置（即与健侧肩胛软骨前缘相同的位置），一般约 15cm，退筷；再向肩胛冈进筷 10cm，再退筷。在上两次穿刺部位之间进筷 10cm，3 次穿刺呈扇形。将调配好的椒前散全部填入创内，轻轻揉搓局部，使药物充分达到患部；最后用绳的中段拴住患肢系部，2 人拉住绳头前后来回摆动患肢，另 1 人用米袋拍打突出的肩部直至复位。术后将患牛牵在平地上走动 0.5～1h。此后，要停止激烈运动，严防滑坡、走泥地或坑凹处。病程长者灌服椒前散至术部肿胀消退后停药。术部化脓时可用消毒药水或温开水清洗直至创口愈合；适当牵遛运动 1h/d；3 个月后便可使役。共治疗水牛 151 例、黄牛 16 例，均治愈，未复发。（杨云等，T49，P39）

注：本病与肩关节脱臼的区别：①二者都有肩胛骨前上方凹陷、肩关节突出，但滑膊时肩关节突出变形小、肿胀轻，有的无肿胀；肩关节脱臼时肩关节变形肿胀十分明显。②做患肢伸屈、钟摆和圆周运动检查，滑膊时肩关节运动无障碍、无摩擦音；肩关节脱臼时有明显障碍，有时可听见摩擦音，痛感重而缩腿挣扎。③强迫运步时，滑膊常呈混合跛行；肩关节全脱臼时患肢下部悬垂不敢着地，只能三脚跳跃；肩关节半脱臼时患肢拖曳，比健肢长。

本病与肩胛骨骨折的区别：肩胛骨骨折、裂伤，患部剧痛、肿胀、增温均很明显，触诊有时可听见碎骨摩擦或触及骨断端、骨片、裂罅，一般无滑膊特征性凹陷，只在骨折造成臂神经丛断裂或神经丛麻痹时，才出现上述凹陷。

【典型医案】 1. 1976 年10 月，巫溪县示范繁殖场一头 6 岁、约 350kg 水牛，因过沟时滑倒来诊。检查：患牛左前肢前伸，右前肢跪地，牵起后，左前肢即不能着地，肩胛骨上方出现约一掌宽凹陷，患肢伸向前侧方，肩关节略突出，强迫行走时呈混合跛行，肩胛前、后角几乎不动，触诊肩部肌群疼痛不明显。横卧保定 3 健肢，手握患肢臂部做屈伸及前后摇摆、握掌部作圆周运动时，肩关节运动无阻碍，也无缩腿、挣扎等疼痛表现；肘、腕、系关节他动检查均无异常，前肢下部至蹄底无外伤和疼痛。诊为滑膊。治疗：针引摧膊术，术法同方药1。施术后，患牛站起，肩胛骨上方凹陷消失，能正常运步，稍有跛行。

术后 3d，患牛跛行消失；30d 后能正常使役。

2. 1986 年 3 月，万县市九龙 3 队一头 3.5 岁水牛，因耕田后左侧肩胛骨上方与躯干结合部出现 8cm×11cm 的椭圆形凹陷来诊。检查：患牛肩关节略向外突出，站立时患肢前外展，蹄尖着地，似乎比健肢长；行走时既不敢抬起也不敢踏地，步态僵直，不能屈曲；肩胛肌肉轻度肿胀，压、捏、捶较重时略显疼痛，肩以下关节、肌肉无异常。诊为滑膊。治疗：针引攦膊术，术法同方药 1。治疗时，由于意外原因，肩胛骨未全复位即站立，但运步屈伸已基本正常，稍有跛行。施术 14d 后，患牛运步正常，肩胛上方略见凹陷。90d 后，患牛凹陷消失，已能使役。（周雪琦，T27，P45）

## 夹气痛

夹气痛是指牛前肢闪伤，导致肩胛与躯体连接处气滞血瘀，引起前肢疼痛和跛行的一种病症。

【病因】　多因牛负重远行，道路泥泞或崎岖，乘驰滑倒，跳沟跃渠，起立过猛，闪伤肩胛，气血瘀滞，经脉受阻而发病。

【主证】　患牛站立时，常将患肢伸向前方以减轻体重；运步时，患肢抬举前伸缓慢，蹄向外划弧，步幅低、短，呈中度或轻度悬混跛，前方短步，跛行随运动量增多而加重，休息数日则减轻，使役又加重，经年不愈，久则肩外侧肌肉萎缩，触压抢风穴稍上处或提起患肢向前牵引时均有疼痛反应，检查伸屈腱和各关节皆无异常。

【治则】　活血散瘀，理气止痛。

【方药】　抬扎透胛法。患牛卧倒后 1 人保定头部，他人将 3 健肢系于一起，用木杠从中间穿过抬起，使患牛仰卧；另用一小绳系患肢掌部和前臂使之屈曲，另 1 人保定。将竹皮劈成细条，针尖呈矛头状，加工制成胛气针，长 32～36cm，刃宽 0.6cm，厚 0.3cm。涂上植物油，使之光滑并增强其弹性，以免用时折断。另备大宽针 1 枚，刃宽 0.8cm，针长 8～10cm。

胛气穴在前肢内侧腋窝中凹陷处，左右各 1 穴（施治时只取患侧）。术者手按压腋窝中部找到穴位，煎毛、涂碘酊后，用大宽针刺破穴位皮肤，将胛气针并在宽针上，随着抽出宽针将胛气针刺入，穿过胸前肌，向抢风穴位方向缓缓进针，深约 24cm 即起针。手握系、腕部，前后摇动患肢 10 余次，碘酊消毒针孔，解除保定，牵遛 10～20min。术后加强护理，每天适当牵遛。共治疗 9 例，经 1～2 月均治愈。

【典型医案】　南阳县英庄公社东坡 4 队一头 7 岁黑公牛来诊。主诉：由于拉车翻车，致该牛使左前肢跛行，治疗或休息几天即减轻，使役则加重，现已 5～6 个月。检查：患牛站立不见异常，运步呈中度

混悬跛行，手按抢风穴稍上处即躲闪，似有痛感。治疗：抬扎透胛法（见上法）。施术 8d，患牛病情减轻；14d，患牛跛行消失，痊愈。（谷润田等，T1，P26）

## 外夹气

外夹气是指牛肩胛骨与其外方附着的组织间气血凝滞，引起肢体疼痛和跛行的一种病症。

【病因】　多因牛负重远行，道路泥泞或崎岖，乘驰滑倒，跳沟跃渠，起立过猛，闪伤肩胛，气血瘀滞，经脉受阻而发病。

【主证】　患肢呈屈曲或外展，行走时向内划弧，局部肿胀，皮肤紧张，肩胛骨上方疼痛明显。

【治则】　祛瘀止痛，行气散积。

【方药】　患牛站立保定。取患肢肩胛前角、肩胛后角以及此两角连线的垂直平分线与肩胛软骨上缘的交点，剪毛、消毒，用消毒好的 18 号注射针头分别刺入 3 点皮下，术者双手按压针头周围的肿胀处，即有气体从针孔排出，如此将患部气体尽量排完为止。急性、病轻、臌气范围小者，放气后即刻见效，跛行明显减轻，不需内服中药。病程较长、臌气范围较大甚至波及整个肩胛骨外侧与皮肤间，并且向上达到鬐甲部另一侧者，患部皮下往往有带泡沫的气体，必须反复按压放气，3 次/d。按压过程中，还要改变刺入针头的角度与深度，先垂直刺入皮下，按压放气，再稍提起针头斜刺，使积聚在皮下的带泡沫气体随按压而排出。如遇泡沫阻塞针孔，用注射器抽吸即可排尽气体。对病程短、病轻者如能及时针刺排气，1～2d 后跛行即可消失，休息 7～10d 便能使役；患部气体有泡沫者，病程长达 1 月，可配合应用加减没药散：乳香、没药、陈皮、青皮、桂枝、牛膝、地鳖虫、自然铜、当归、川芎、茯苓、甘草。水煎取汁，候温灌服，1 剂/2d。共治愈 80 例。

【典型医案】　句容县黄梅乡前塘 2 队一头 6 岁公水牛来诊。主诉：该牛从高坡滑下，右前肢失足踏空发生外夹气已 10 余日，注射镇跛痛、外搽松节油无效。检查：患牛右侧肩胛部皮下瘀积的气体已遍及整个肩胛部，臌起的界面呈扇形，上大下小，上至鬐甲最高点，下至肩胛骨的 2/3，疼痛、跛行明显。治疗：按上法针刺排气，排出的气体有异味、混有泡沫；取加减没药散，用法同上。经 28d 治疗，患牛痊愈。（丁尚能，T32，P48）

## 肺痛把膊

肺痛把膊是指气血凝滞牛胸膈引起疼痛的一种病症，又称胸膊痛。

【病因】　多因牛饱后负重，奔走太急，失于牵遛，以致血瘀于膈，痞气结于胸，气滞血凝引起胸膊

疼痛。

【主证】 患牛胸膊疼痛，束步难行，频频换肢，站立不安，时有咳嗽、气喘、口色红，脉沉细。

【治则】 活血顺气，宽胸止痛。

【方药】 当归、川芎、苏叶、破故纸各30g，桂枝、红花、乳香、没药各20g，香附、枳壳、桔梗、甘草各15g。共研细末，开水冲调，候温灌服；青霉素160万单位，链霉素200万单位，注射用水10mL，混合，肌内注射。

【典型医案】 1988年8月26日，固原县西郊乡吴某一头红色母牛来诊。检查：患牛体温39.5℃，心跳98次/min，呼吸47次/min，瘤胃蠕动迟缓、1次/2.5min；肺部湿啰音明显，眼结膜红，舌色鲜红，鼻镜无汗；束步难行，运步时两前肢不敢踏地，拘谨小心，下坡尤为困难；站立不安，触按肩部痛感明显，时有短咳，咳声低沉。诊为肺痛把膊。治疗：取上方中药、西药，用法同上。翌日，继用药1次，痊愈。（杨文辉，T36，P55）

## 前膊闪伤

前膊闪伤是指牛因闪伤导致前肢疼痛、跛行的一种病症。

【病因】 多因道路不平，泥泞或行走在碎石上闪伤前肢；行走过急，瘀血痞气凝于前膊所致。

【主证】 患牛前肢突然疼痛，并随运动而加重，行走昂头点脚，抬腿困难，前肢向前或向外伸展，有时蹄头着地，触诊患肢疼痛、躲闪。

【治则】 活血化瘀，行气止痛。

【方药】 当归100g，续断80g，土鳖虫50g，乳香40g，没药30g。共研细末，开水冲调，加白酒200mL，灌服，1剂/d。

【典型医案】 2000年10月14日，西吉县城郊乡水泉村刘某一头9岁黄牛来诊。检查：患牛左前肢异常，行走时患肢难提，昂头立脚，站立时患肢前伸，有时蹄头着地，触诊左前肢有疼痛、躲闪，体温、心率均正常，无食欲。询问畜主得知该牛前一天放牧下山时曾踏空、摔倒。诊为前膊闪伤。治疗：取上方药，用法同上，1剂/d，连服5剂，痊愈。（王小平，T116，P39）

## 肩关节扭伤

肩关节扭伤是指牛肩关节用力过度、损伤等，引起关节肌肉、韧带损伤的一种病症。

【病因】 多因使役不当，或牛相互牴斗、滑坡、跌跤等导致肩关节扭伤。

【主证】 患肢疼痛，站立时不敢负重，以蹄尖虚踏着地，前伸或外展；触摸肩关节部疼痛明显，屈曲或伸展时有疼痛反应。初期肌肤发热肿胀，日久肿胀消失但仍跛行，患牛不愿运步，行走时肩胛骨紧贴肩部，肩胛上诸肌群收缩极紧而下塌，皮毛和肌肉不灵活。

【治则】 活血祛瘀，行气止痛。

【方药】 1. 推拉按摩疗法。将患牛侧卧保定，患肢在上，助手抓住患肢系部，轻轻用力、慢慢向下牵拉并前后摆动，手力由轻逐渐加重，摆动幅度由小到大，使肌腱伸直，关节微微松开，一直牵拉、摆动5min，然后术者在扭伤的关节和肌腱上用推、按、揉、搓等手法使之活动3~5min，再由助手用前述方法牵动3~5min。

穴位注射法。前肢，抢风穴为主穴，中膊、下腕穴为配穴；后肢，大胯穴为主穴，小胯、大转子穴为配穴。主穴用安痛定或复方氨基比林注射液10mL、维生素 $B_1$ 注射液400mg；配穴用安痛定或复方氨基比林注射液10mL、维生素 $B_1$ 注射液300mg；注射深度4~5cm，1次/2d，连用2~3次。

中药疗法。①当归50g，川芎、乳香、没药、五加皮、威灵仙、桂枝各30g，续断、羌活、独活各40g，红花25g，桃仁20g。共研细末，开水冲调，候温灌服或水煎2次，合并药液，1次灌服，1剂/d，连服4~10剂。②鲜络石藤（为夹竹桃科植物络石的藤叶）250~500g，鲜骨碎补100~150g，鲜五加皮根250g。水煎取汁，候温灌服，1剂/d，连服3~5剂。共治疗3例，全部治愈。

2. 穴位注射法。中腕（抢风）穴为主穴，中膊、下腕穴为配穴。取30%安乃近注射液20~30mL，注入主穴或主穴与配穴（主穴20mL、配穴10mL或主穴、配穴各10mL）。穴位选择要准确，进针深度依牛体大小、肥瘦而定（如抢风穴可进针5~6.7cm）。注射前后均需严格消毒。共治疗77例（其中牛69例），治愈68例，好转6例，无效3例。

【典型医案】 1. 1988年9月3日，丰城县葛某一头8岁滨湖水牯牛来诊。主诉：该牛于20d前因滑坡扭伤右前肢肩关节，又因露宿舍外，寒湿侵袭，引起严重跛行。检查：患牛营养中等，右前肢肩胛部稍有塌陷，站立时患肢向前向外伸展，蹄尖着地，强迫运步时患肢几乎不敢着地，起卧十分困难，局部触摸疼痛反应明显，但未见关节异常。诊为肩关节软组织损伤。治疗：按照方药1行推、拉、按摩术，再穴位注射，2次；取中药①，10剂，用法同方药1。痊愈。（郭岚，T53，P29）

2. 松桃县普觉区吴某一头黄牛来诊。主诉：该牛因下坡闪伤右侧肩部，出现严重跛行，站立时患肢不敢着地。检查：患部热、肿、痛。诊为肩部损伤。治疗：30%安乃近注射液40mL/d，肌内注射。第2天，患牛病情如故，未见效。第3天，在患肢抢风穴注射30%安乃近注射液20mL。第4天，患牛跛行减轻。同法再注射1次，痊愈。（杨正文，T13，P25）

## 系关节扭（挫）伤

系关节扭（挫）伤是指因牛系关节活动超出正常范围，引起系关节内、外软组织损伤的一种病症。

【病因】 多因牛跳跃、跌扑、急速回转、跨越河沟等外力作用所致。

【主证】 患牛系关节热、肿、痛感明显，站立时系关节屈曲，运步时系关节屈伸不充分，以蹄尖拖拽前行。严重者，患部溃烂，运步呈三肢跳跃。

【治则】 活血化瘀，消肿止痛。

【方药】 1. 螃蟹（干品亦可）3～5只，肉皂夹4枚，苦楝树皮适量。混合，捣烂，用米粉或面粉适量调成糊状（若为干品需先研成粉末），再用米酒或黄酒、蛋清调成药糊状，备用。患处剪毛，按常规消毒，用生理盐水洗净患部，再用黄酒或松节油涂擦患部至发热，外敷药糊，包扎固定，换药1次/d。同时，用小宽针向抢风穴内下方斜刺3cm，再针缠腕穴。治疗3～5d即可痊愈。共治疗6例，均取得满意效果。

2. 松明500～1000g，加水1000～1500mL。煎上箍（将药水煎取浓汁，以直径1cm的圆环蘸取，药汁在环中可形成一层完整薄膜，称为煎上箍），加白糖使其成饱和液，候温灌服，1剂/d，连服3～5d。皮肤破损者以草鞋灰调菜油涂之；不破者用沸水冲鸡屎灰（混有鸡粪的草木灰铺垫）、鲜松针，蘸取洗刷患部，效果甚佳。共治疗20余例。

3. 0.5%地塞米松磷酸钠3mL，维生素B1注射液50mL，混合，于曲池穴和缠腕穴等分注射，1次/d；跌打丸10粒/次，白酒50mL为引，灌服，2次/d。跛行严重者，取0.25%普鲁卡因注射液200～300mL，静脉注射，1次/2d，1个疗程/4d。

4. 雄黄拔毒膏。雄黄、没药、红花各10g，白芨、白蔹各15g，大黄30g，木鳖子、龙骨各20g，鱼石脂250g（根据病症酌情加减药量）。先将木鳖子去外壳，纸包，压去油后与其他中药共研细末，再用鱼石脂调成膏备用。患部剪毛（越短越好），洗净拭干，将药膏涂于患处，厚0.3～0.5cm，换药1次/2d。轻者1～2次，重者3～4次。共治疗肢关节扭伤和各种黄肿78例，治愈71例，有效4例。

【典型医案】 1. 1987年7月，泰和县灌溪乡某户一头3岁黄牛，因跨越河沟时不慎摔跌伤来诊。检查：患牛左前肢过度内翻扭伤，系关节热、肿、痛感明显，站立时系关节屈曲，运步时系关节屈伸不充分，以蹄尖拖地前进。诊为系关节扭伤。治疗：取方药1，制备、用法同上。先用松节油在扭伤处涂擦发热后敷药，包扎并针灸。换药3次，患牛症状消失。（刘新华，T49，P13）

2. 温岭县西山村李某一头母牛来诊。主诉：该牛因滑倒挫伤左前肢系部，曾用毛茛草与食盐捣烂外敷，半个月未愈。检查：患牛系部皮肤溃烂、肿胀、疼痛拒按，呈三肢跳跃，跛行。诊为系关节挫伤。治疗：取破草鞋1双（稻草编织），烧成灰，菜油调匀，涂患处，数次/d，1剂/d，连用5剂。涂药3剂，患部创面结痂，患肢能着地；涂药5剂，患部创面痂落，逐渐康复。（李方来等，T26，P37）

3. 当涂县西河乡大扬村一头母水牛来诊。检查：患牛左前肢严重跛行，系关节微屈，蹄尖着地，敢抬不敢踏，有时呈三肢跳跃，触诊系部敏感、热痛。诊为系关节扭伤。治疗：取地塞米松磷酸钠10mg，维生素B1注射液20mL，于缠腕穴注射，1次/d；2%普鲁卡因注射液10mL，于曲池穴注射；跌打丸，灌服。第3天，患牛痊愈。（戴方金，T70，P39）

4. 汪清县罗子沟镇绥芬村金某一头3岁公牛来诊。主诉：昨日该牛使役时扭伤右后肢。检查：患牛食欲减退，右后肢跛行，系关节肿胀，触诊患部发热、疼痛，拒绝前后被动活动。诊为系关节扭伤。治疗：雄黄拔毒膏（见方药4）去龙骨，加栀子15g，没药、红花剂量各增至25g，共研细末，鱼石脂调匀，敷患处，换药2次，痊愈。（马福全，T93，P27）

## 趾关节扭（挫）伤

趾关节扭（挫）伤是指牛趾关节、韧带及其周围组织在外力作用下过度牵拉所引起损伤的一种病症。

【病因】 在间接外力作用下，趾关节过度伸展、屈曲或扭转，引起关节囊纤维层断裂，韧带部分断裂或全断裂；在直接外力作用下，物体撞击趾关节，引起关节部组织的非开放性损伤。

【主证】 患牛后肢趾关节疼痛、肿胀、拒按，行走跛行。

【治则】 活血祛瘀，消炎止痛。

【方药】 田蟹5只，捣成细糊，黄酒或童便1000mL冲调，灌服；同时，用田蟹糊调米醋敷患部，轻者1剂，重症者隔日再灌服、敷药1次。共治疗20余例，均治愈。

【典型医案】 三门县六敖乡东升村沣某一头母牛来诊。检查：患牛左后肢趾关节扭伤，肿胀明显，疼痛拒按，行走跛行。诊为后肢趾关节扭伤。治疗：取上方药，方法同上。灌服、敷药2次，患部肿胀消退，略有跛行。再未用药，痊愈。（李方来，T48，P43）

## 球关节扭伤

球关节扭伤是指牛球关节运动超出正常方向及范围，引起关节囊及侧韧带剧伸或球关节部组织非开放性损伤的一种病症。中兽医称缠腕痛。

【病因】 在直接或间接外力作用下，球关节运动超出正常方向及范围，引起关节囊及侧韧带发生剧伸或球关节组织非开放性损伤。

【主证】　轻度，患肢球节背屈，以蹄底前半部或蹄尖着地，运步呈支跛。中度，患肢局部肿胀、疼痛、拒按、蹄尖着地。重度，球关节脱臼，关节囊或韧带损伤，经久不愈。

【治则】　放缠腕血，消炎止痛。

【方药】　1. 大黄50g（碾细），生姜（捣烂如泥），混合，用70%酒精或60度白酒调成糊状，直接敷于肿胀处，用夹有脱脂棉的纱布包裹关节，最后缠上绷带。每天从绷带上方加适量的酒精或烧酒，保持湿润。换药及敷料1次/5d，一般2~3次即可痊愈。本法不适用球关节、冠关节局部皮肤破溃的治疗。（焦宪武，T5，P22）

2. 复方醋酸铅散4份，大黄末3份，鱼石脂2份，酒精1份。先称取复方醋酸铅散和大黄末置于膏药板上，用药刀混匀，再称取鱼石脂与前2味药调和均匀，最后加酒精调成软膏即可使用。用量视炎症面积大小而定。患部剪毛后敷上软膏，其厚度要适宜，过厚不仅浪费药膏，而且影响疗效。一般敷药1次/2d，2~3次即可痊愈。本方药适用于腱炎、腱鞘炎、关节扭伤、挫伤以及各种急、慢性炎性肿胀。共治疗腱炎18例，治愈14例；腱鞘炎9例，治愈6例；关节扭伤25例，治愈20例；关节挫伤12例，治愈9例；炎性肿胀26例，治愈16例（含其他家畜）。

注：因腱鞘内渗出液过多，穿刺后应注入0.5%盐酸普鲁卡因青霉素10~15mL；术后牵遛运动。（张文彬，T10，P46）

## 跗关节扭（挫）伤

跗关节扭（挫）伤是指牛跗关节韧带及其周围组织由于外力作用导致扭伤的一种病症。

【病因】　由于牛滑行、跌倒、急转弯、一肢踏嵌洞穴而急速拔出，或受打击、冲撞等外力作用而发病。

【主证】　患牛跗关节屈曲并以蹄尖轻轻着地；运动时呈轻度或中度混合跛行；压迫跗关节受伤韧带时疼痛、拒按，局部肿胀。重症则并发浆液性关节炎。有时继发变形性关节炎或跗关节周围炎。

【治则】　肿痛消炎，活血祛瘀。

【方药】　穴区注射法。①注射穴区（图2-3）。前肢肩臂部取1号、2号、3号、4号、5号（分别为膊尖、肩胛岗、肺门、肩井、抢风穴区），肩关节取4号、5号（分别是肩井和抢风穴区），肘关节取6号、7号、8号（分别为肘俞穴区、肘关节前方和肘关节后下方穴区），腕关节取9号、10号（分别为腕关节后上方和膝眼穴区），系、冠、蹄关节取11号、12号（分别为寸子和涌泉穴区）。后肢、荐臀部取1号、2号、14号、15号、16号（分别为大转子、气

门、归尾、百会侧后方和开风穴区），股部取3号、4号、5号、6号、13号（分别为大胯、小胯、膝盖骨上缘、后通膊和股二头肌穴区），荐髂关节取14号、15号（分别为归尾和百会侧后穴区），髋关节取1号、3号、4号（分别为大转子、大胯穴区和小胯穴区），膝关节取5号、6号、7号（分别为膝盖骨上缘、后通膊和掠草穴区），跗关节取8号、9号、10号（分别为跗关节后上方、跗关节前上方和曲池穴区），系、冠、蹄关节取11号、12号（分别为寸子和滴水穴区）。

② 注射药物与剂量（以成年牛为准）。取30%安乃近注射液或镇跛痛注射液，单用或配合他药使用，或交替使用。肩、髋、荐髂关节15~30mL/次；肘、膝关节10~12mL/次，分1~3个穴区注射；腕、跗、系、冠、蹄关节5~10mL/次，分1~2个穴区注射。取10%或25%葡萄糖注射液，单用或与他药交替使用。肩、髋、荐髂关节20~50mL/次，肘、膝关节10~20mL/次，腕、跗、系、冠、蹄关节5~10mL/次，分1~2个穴区注射。对闪、挫伤所致的麻痹、萎缩，取0.1%硝酸士的宁注射液，单用或与葡萄糖注射液等交替使用。肩、髋、荐髂关节5~10mL/次，肘、膝关节3~5mL/次，腕、跗、系、冠、蹄关节1~3mL/次，分1~2个穴区注射。此外，还可用复方氨基比林、安痛定、维生素$B_{12}$、维生素C、氢化可的松、普鲁卡因、青霉素、复方当归注射液、复方丁公藤注射液等。

③ 注射方法。患牛行站立或侧卧保定。根据部位深浅和用药量选用不同规格的注射器。进针点尽量靠近穴位或四肢骨骼。一般进针宜深，进针后可轻微提插3~5次，再迅速注射药物，但针体不得旋转，以免损伤组织；防止将药物注入血管。急性者选1~3个穴区，注射1~2次/d；慢性者，疗程较长，长期在一个穴区内注射，对局部组织有一定损伤，因此选几个穴区和几种药物轮流使用较好，一般1个疗程/（3~7）d，不愈者停药1~2d后继续第2疗程治疗，也可注射1次/2d，直至痊愈。在严格消毒情况下，注射部位如出现轻度肿胀、疼痛、跛行加重，对治疗无影响，1~2d可自行消失（有这些反应者往往疗效更好）。若注射葡萄糖溶液（刺激大）有反应时，须待反应消失后再行注射。共治疗252例，治愈率为95.87%。

【典型医案】　1984年7月12日，沿河县团结乡大席场田某一头黄犍牛来诊。主诉：该牛角斗时后肢踏空，在斜坡上滚翻10m左右，于10min后站起，出现跛行。检查：患牛精神、食欲不佳；右肋部及右胯有闭合性外伤，被毛脱落，皮肤发红、温热、肿胀、触之痛感；右跗关节红肿、热痛，站立或牵行时蹄尖着地，跛行严重，心率、呼吸稍快，体温40℃。诊为跗关节扭挫伤。治疗：取镇跛痛注射液40mL，

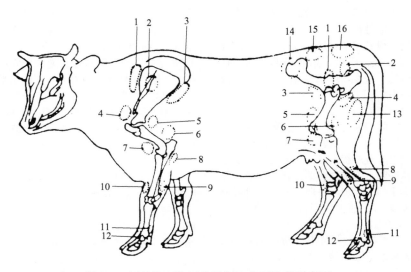

图 2-3　闪挫伤（与四肢风湿）穴区注射示意图

前肢：1—膊尖；2—肩胛岗；3—肺门；4—肩井；5—抢风穴区；6—肘俞；7—肘关节前方穴区；
8—肘关节后下方穴区；9—腕关节后上方穴区；10—膝眼穴区；11—寸子；12—涌泉
后肢：1—大转子；2—气门；3—大胯；4—小胯；5—膝盖骨上缘；6—后通膊；7—掠草穴区；
8—跗关节后上方穴区；9—跗关节前上方穴区；10—曲池穴区；11—寸子；12—滴水穴区；
13—股二头肌穴区；14—归尾；15—百会侧后方穴区；16—开风穴区

青霉素 120 万单位，混合，于后肢 3 号、4 号、8 号、9 号穴区（见上述方药）各注射 10mL。13 日，患牛病势减轻。取安乃近注射液配合青霉素，用法同前。15 日，患牛痊愈。（田发荣，T48，P14）

## 关 节 炎

关节炎是指牛关节及其周围组织发生炎症的一种病症。

### 一、损伤性关节炎

【病因】　牛奔跑过急，悬空失蹄而致扭伤、闪伤、挫伤，导致经络不通，气血瘀滞关节而发炎；长途奔走，久露寒霜，遭受雨淋，风、寒、湿邪乘袭机体，流注关节、经络而发病；长期营养不良，劳役过度，伤其正气，阴亏阳损，体表不固，病邪乘虚入侵关节而发病。

【主证】　初期，患牛形寒怕冷，发热，患关节轻度肿胀、屈曲不灵、疼痛，踏着困难，不敢负重；重者，行走困难，跛行，触诊局部温热，关节腔穿刺可见关节局部流出淡黄色或红色液体。病程较长者，关节僵硬或严重僵化，皮肤破溃，久不愈合。

【治则】　祛风除湿，活血散瘀，通经活络。

【方药】　①艾叶 150g，白酒 150mL，食盐 30g，童便（现取）200mL，香醋 300mL，大葱 500g。将大葱切段，与艾叶加水适量煎煮，取汁候温，依次加入食盐、白酒、食醋、鲜童便即可。用毛巾或纱布蘸

药液（药液保持 65℃左右）反复多次热敷患部，对系、冠等患部关节可将患部置于药液中热浴 10～50min，然后用干毛巾或干纱布包扎患部，以免受寒，1 次/d，1 个疗程/(5～7)d。本方药适用于扭伤、闪伤、挫伤所致的关节炎。②艾叶 150g，白酒 150mL，童便（现取）200mL，大葱 500g，香醋 200mL，辣椒 20g，花椒 30g。将大葱、辣椒切段，花椒捣碎，与艾叶加水煎煮，取汁候温，依次加入白酒、香醋、童便。用法同方药①。本方药适用于风寒湿邪所致的关节炎；不适用破溃的关节炎的治疗。

注：方中大葱、花椒、辣椒可任选 1 味；对肿胀严重或因风寒湿邪所致的关节炎可同时选用花椒、辣椒和大葱。对化脓性关节炎辅以消炎药物效果更好。冬季使用时，要不时加温，使药液保持 65℃左右。

共治疗 27 例，治愈率 96.9%。（朱金凤，T105，P34）

### 二、风湿性关节炎

本病属中兽医痹证范畴。多发生在冬、春寒冷季节。

【病因】　由于风、寒、潮湿、阴雨等邪气侵袭牛体，流注关节、经络而发病。

【主证】　患病关节外形粗大，触诊温热、疼痛、肿胀，运步时出现跛行，随运动量的增加而减轻或消失；精神沉郁，食欲不振，体温升高，脉搏及呼吸增数。有的患牛可听到明显的心内性杂音。转为慢性

者，则节滑膜及周围组织增生、肥厚，关节肿大且轮廓不清，活动范围小，运动时关节强拘，他动运动时能听到噼啪音。

【治则】 祛风除湿，解热镇痛。

【方药】 取新鲜威灵仙叶，洗净、捣烂，用米汤调成糊状，均匀地涂抹在纱布上，贴敷于关节疼痛处。一般1～2次即可。敷药处可能发生不同程度的接触性皮炎，轻者皮肤红肿、疼痛，严重者可能起水疱，不必处理。需要治疗者，内服抗菌消炎药，外涂2％硼酸溶液等，可在短期内恢复正常。

【典型医案】 澧县九垸出草坡乡永丰村7组的一头公水牛来诊。检查：患牛右后肢跛行，膝关节肿胀，触诊患部疼痛、敏感，食欲减退，卧多立少，全身被毛逆立，畏寒。诊为风湿性关节炎。治疗：取上方药，用法同上，1次治愈。（肖世忠，T68，P38）

## 球关节炎

球关节炎是指牛因受风寒湿邪侵袭，引起球关节肿大、疼痛、温度升高的一种病症。多见于中、老年牛；常见于春季，群众称之为"歇春"。

【病因】 多因冬季牛舍潮湿或风寒湿邪侵袭而发病。有些地方习惯给牛"开春针"，针刺前肢外寸子穴不当而引发本病。

【主证】 患牛前肢球关节肿大、疼痛、温度升高，严重时患肢不能着地行走。

【治则】 通经行血，祛风除湿，消肿止痛。

【方药】 将患牛侧卧保定，患肢在上。洗净患部，用酒精或酒充分擦洗；再用中宽针直刺寸子穴2～3cm，挤出积液；然后取酒曲2个（约30g，研末），糯米500g（煮熟候冷，若硬时稍洒冷水）。将曲、饭拌匀置于新棉布或半新棉布上敷裹患部，1次敷尽，用棉布数层裹好，两端用细麻绳扎紧，最外层包扎上塑料布，务必严密，防止进水和通气。1～2d曲、饭发酵产热，温度升至25～40℃。经4～5d，患肢即可着地行走；7d后解去包裹，肿胀消失，基本痊愈。如果由于操作失误（常为密封不好）或患部被水浸湿，不见功效时，可如法再治疗1次。

针刺寸子穴要准确，针与皮肤呈90°角，不可偏离；深度2～3cm，并依患部肿胀程度确定；针后不敷药，只放出积液，缓解症状；包扎必须严密，避免进水通气，才能使温度升高。共治疗14例，其中12例是"开春针"诱发，全部治愈。

【典型医案】 1982年3月16日，岳阳市春风公社畔湖大队袁某一头10岁水牯牛来诊。主诉：因施"开春针"，该牛右前肢球关节肿大、疼痛，不能行走，多次用青霉素、可的松等药物治疗无效。治疗：取上方药，发酵热敷7d。因密封不好未能奏效。又针寸子穴，放出积液，症状稍有缓解，但1～2d后患部又肿起，不能行走，多方医治无效。5月上旬，再

用上方药发酵热敷，严加密封，防止水湿，7d后痊愈。（傅庚子，T6，P14）

## 关节囊积液

关节囊积液是指由于受外力作用或关节生理功能异常等，导致关节液增多的一种病症。

【病因】 多因器械损伤、剧烈劳役，或长期不规律运动，或急性、化脓性关节炎、慢性滑囊炎、外伤性滑囊炎、增生性关节炎等而发生积液。

【主证】 患肢关节肿大，触诊有波动感，急性期疼痛，前进时负重困难，关节活动不灵活。穿刺关节囊流出液体。

【治则】 利水消肿，活络通痹，活血化痰。

【方药】 当归、川芎、没药、陈皮各60g，白芷、赤芍、厚朴各45g，乳香、生姜各30g，山楂10g，甘草20g。痛甚者加玄胡索、木香；病在前肢者加桂枝；病在后肢者加杜仲、牛膝、熟地；热毒壅盛者加黄芩、金银花；伴有全身水肿或四肢水肿或关节囊积液甚者加大腹皮、茯苓；食欲不振者加苍术、草果、砂仁。水煎取汁，候温灌服。共治疗22例，治愈19例，有效2例，无效1例。

【典型医案】 1987年11月中旬，太和县何庄乡宋某一头妊娠母牛，患病2个多月来诊。主诉：该牛妊娠已8个多月，于10d前发现起立困难，现在不吃草、不反刍，右后肢飞节肿大。检查：患牛体温38.7℃，呼吸25次/min，心跳88次/min，瘤胃蠕动音减弱，眼结膜充血，被毛逆立，跛行，右后肢飞节明显肿大，触压有波动感，行走时可听到关节摩擦音，关节囊穿刺流出无色、微混浊、水样渗出物。诊为关节囊积液。治疗：取上方药加牛膝、杜仲、熟地各60g，用法同上。第2天，患部肿胀消除，运步时轻微跛行。继服药1剂，痊愈。（邓瑞，T36，P44）

## 闪伤寸腕痛

闪伤寸腕痛是指牛因外力作用，引起趾部关节内、外软组织损伤的一种病症。多见于农忙季节；常见于役用黄牛。一般为内侧或外侧的单指（趾）部发病。

【病因】 牛在崎岖不平的道路或坚硬的地面上重剧劳役、疾速奔跑或跳沟过河，跌、滑、闪、挫、扭等使球节部受伤而发病。

【主证】 病初，患肢跛行较轻，患部肿胀，热痛不明显，休息后见轻，硬地劳役后加重，反复发作，病程较长。严重时局部肿硬，跛行加剧；在田间劳役时跛行不甚明显，在硬地上行走、劳役或向患侧转弯时跛行更为明显，呈中度跛行；在倾斜硬地上横向行走或沿公路旁行走，患指（趾）靠地面高处着地，低头点脚，患肢不敢负重而跛行，但往返时患肢的健指

（趾）靠高处着地，患肢负重而跛行消失，与健康牛一样；常选择平坦松软的道路行走，以减轻患肢着地时的冲击；站立时患指（趾）避免负重。缠腕痛（闪伤寸子）时，系关节两侧直上方腱下部肿胀热痛。系关节两侧有圆形或椭圆形、按压有波动的肿胀，站立时蹄尖着地；在斜面公路旁往返行走时跛行程度变化不大。

**【治则】** 活血祛瘀，消肿止痛。

**【方药】** 取缠筋穴（位于前、后肢悬蹄基部约10cm骨后凹陷处，每肢左右各1穴）。局部消毒，用中宽针刺入患侧穴位1.7～2cm，针孔流出黄色黏液。病程过长、失于治疗转为慢性、局部结缔组织增生、变性时，穿刺缠筋穴后行透热疗法或烧烙术，1次/（5～7）d，连续施术3～4次。共治疗80余例，效果良好。

**【典型医案】** 1963年12月14日，邓县刁河公社水车大队李庄生产队一头8岁公黄牛来诊。主诉：该牛犁地过硬时闪伤右前肢内侧寸腕部，跛行。检查：患牛平地运步跛行不明显，牵至公路东边斜面向北行走时跛行严重，一步一点头，呈中度支跛；返回时仍从公路东边向南行走跛行消失，行如健康牛。往返三四次均是如此。诊为右前肢内侧寸腕痛。治疗：缠筋穴，针刺1.67～2cm，放出淡黄色黏液5～6mL，局部用酒精棉球消毒。针刺后，患牛适当运动，休息3d，痊愈。（金立中，T1，P17）

## 合子骨大

合子骨大是指牛跗关节肿胀的一种病症。一般水牛多见。

**【病因】** 牛因重度劳役，或牴斗时引起关节和韧带损伤，造成局部结缔组织增生和炎性渗出物集聚而发病；风湿症、骨软症等亦可诱发本病。

**【主证】** 病初，患牛关节机能轻度障碍；中、后期跗关节出现明显肿胀，触摸患部硬肿、热痛、屈曲困难，后肢前迈时外划弧形，蹄尖刮地，下踏时出现后蹲状，严重时行走十分艰难、痛苦，食欲下降，消瘦，役力丧失。临床上多见两侧同时发病。

**【治则】** 消肿止痛。

**【方药】** 火烙法。将患牛横卧保定，患肢在下，用保定绳（4～5m长保定绳3根，要柔软、结实）拴系患肢系部，拉向斜后方，对侧健肢用保定绳系于系部并拉向前方，紧贴腹壁。施术位置在3列跗骨上。烧烙图形由4道长短不等的横线和3道长短不等的纵线组成"旨"形（图2-4）。施术前，先用剪刀在确定的术部位置上剪成如图所示图形，然后用烧红的烙铁（兽用方头刀状烙铁）在图形所示的皮肤上直接烫烙，并不停地轻轻来回移动烙铁，防止烫破皮肤，待烙铁温度不足时及时更换，如此反复多次，直至被烙的部位变成橘黄色为止。施术结束，术部涂上植物油以防

干裂；对两侧同时患病者，完成一侧后，再重新保定，用同法再烫烙另一侧患部。术后1周左右，局部发生奇痒，常在木桩或树上搓擦，为避免术部出血感染，将患牛拴在干净的厩舍喂养，放牧时专人管理，并经常在术部涂擦植物油。1周后症状开始减轻；3～4周临床症状消失。约经3周，患牛痂皮脱落，留下白色斑痕，逐渐恢复正常。共治疗25例，治愈23例，显效2例。

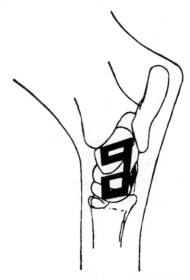

图2-4 火烙法治疗牛合子骨大示意图

**【典型医案】** 1976年10月5日，高邮县湖滨乡卫东村幸福组一头4岁水牯牛来诊。主诉：1个月来，该牛后肢不灵活，运步艰难，强行驱赶，几乎跌倒。检查：患牛两后肢合子骨硬肿，触诊痛感明显，运步时两后肢外划弧形，蹄尖刮地，食欲减退。诊为合子骨大。治疗：火烙法，方法同上。施术1月后，患牛症状消失。第2年春季，该牛投入使役。（晏必清等，T46，P29）

## 腱鞘囊肿

腱鞘囊肿是指牛的关节和腱鞘附近发生囊肿的一种病症，俗称筋瘤。以腕关节、踝关节背侧囊肿为多见。

**【病因】** 多因扭转、闪挫等伤及筋脉所致；久立硬地，体受寒湿，使气血流行失调，肌腱失其濡养，导致关节囊或腱鞘发生黏液性或胶状变性液渗出而发病。

**【主证】** 患牛腱鞘外表肿胀、呈圆形或椭圆形、高出皮肤；初期腱鞘质软，有轻微波动感；病程较长者，纤维化后则变硬，多无症状，少数按之有酸胀、疼痛。有部分腱鞘囊肿可自消，但时间较长。

**【治则】** 理气止痛。

**【方药】** 视患牛病情行站立或倒卧（患肢在上）保定；囊肿局部行常规消毒；取消毒好的毫针或圆利

针沿囊肿四周边缘分别向囊肿中心部刺入，并按扎针先后顺序将针微加捻转，留针 10～15min。出针后，用双手拇指用力按压患处，渐渐感觉囊肿由硬变软，局部复平时，再继续按揉 5～15min，促进吸收。治疗后 5～7d 内防止感染，勿作重役，适当牵遛。1 周后再复诊 1 次。患部仍肿胀、黏液未排尽或囊肿吸收不良者，按上法重复治疗 1 次。一般 1～3 次即愈。共治疗 10 例，全部治愈，未见复发。（李成彬，T17，P19）

## 腱断裂

腱断裂是指在外力作用下，致使牛肌腱开放性或非开放性断裂的一种病症。

【病因】 多因尖锐利器如犁、铁片、镰刀、铁锨等致伤，或踢伤、跌扑、滑倒等外力作用而引发。

【主证】 患牛突然跛行，不能负重，蹄尖翘起。

【治则】 整复固定，祛瘀止痛。

【方药】 1. 四粉散。血余炭、绸缎布料灰、蚂蟥（焙干、烧灰）、磺胺粉，等量混合，备用。清创后，将腱断端采用双交叉扣绊缝合法缝合，外敷药粉，再包扎石膏绷带。治疗及时，创口清理彻底，缝合正确，敷上药粉后 3～5d 创口即可愈合，15～20d 痊愈。腱断端无法缝合，敷上药粉无效。共治疗 13 例，治愈 12 例，1 例因腱断日久、创口感染化脓、断端难以吻合而失败。

2. 无底铁靴固定法。无底铁靴（图 2-5）是由 1.5mm 厚的钢板制成，其长度与曲度均应按照患肢"蹄"的大小和形状来确定。患牛侧卧保定，患肢在上；用静松灵镇静或麻醉。患部如出血较多，应予止血。先用 0.1% 高锰酸钾溶液清洗患部，再用生理盐水冲洗，撒布青霉素 40 万单位。用 18 号缝线以交叉缝合法缝合断腱，再结节缝合皮肤。有的病例需将皮肤与断腱缝合在一起。创部敷以消毒纱布；夏季用消毒的尼龙纱覆盖，周围敷以药棉，用宽绷带包扎好，再用竹板辅助固定。竹板应固定在无底铁靴的两竖柄之间。最后用铁丝将铁靴捆扎固定。因术部留有处理窗口纱，随时可进行外科处理。取青霉素 240 万单位，肌内注射，2 次/d，连用 3d。一般 8～10d 即可拆线。

术后应避免患肢负重，以利断腱愈合；通过无底铁靴"窗口"进行外科处理；创面涂以白芨糊，撒布接筋散，外用灭菌纱布包好，换药 1 次/（2～3）d，一般 5～7 次即可；断腱愈合后，配合温热疗法和功能锻炼，促使腱功能恢复；无底铁靴大小、形状按患肢的蹄形制做，固定时应将腱的断端尽量合拢、靠拢；陈旧创伤、患部感染、年龄过大者不易治愈。共治疗 21 例，均获得了比较满意疗效。（朱守弘等，T51，P23）

3. 接骨膏。当归、红花、紫草、牛膝、刘寄奴、木香、桑寄生、血竭各 10g，乳香、没药各 8g，骨碎

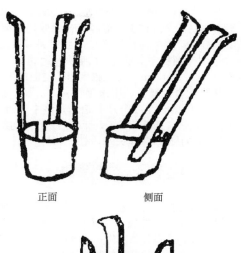

正面　　　　　　侧面

底面

图 2-5 无底铁靴图

补、补骨脂各 12g，土元、冰片各 6g，章丹 250g，香油 500mL。除章丹、血竭、冰片、乳香、没药打碎后放入外，其余药打碎并用布包好放入油锅，慢火炸至油呈赤色、滴入水中成珠时取出药包，再加章丹等药，边加边搅，待锅内冒青烟时即锅内已有膏药气味时（切不可炸焦），将锅内膏药倒入凉水中，捞出浮在水上层的膏药，捏成块状即可。

非开放性骨折，先将骨折整复好，把膏药放在牛皮纸上加温摊开，贴在骨折处，再包上药棉，扎紧绷带，最后用竹夹板固定好。为防止夹板滑脱或松动，最好用铁丝固定，特别注意的是夹板下端一定要与蹄底相齐，以免向下滑脱。

开放性骨折，先用 0.1% 高锰酸钾溶液洗净伤口中的瘀血和污物，撒上生肌散（万年灰、熟石膏、血竭、章丹各 20g，乳香、没药各 15g，冰片 6g，共研细末）；再贴上膏药，其他同上。

共治疗 30 余例，效果满意。

【典型医案】 1. 1986 年 4 月，邵阳市郊雨溪村张某一头 6 岁水牛，因劳役中一后肢屈腱被犁铲断来诊。治疗：行双交叉扣绊缝合法缝合；取四粉散，用法同方药 1。第 4 天，患牛创口愈合。（王尚荣，T33，P59）

2. 1981 年 6 月，怀远县永区公社后银大队常某

一头 3 岁黑公牛，因被石头砸断左后肢大筋，皮肤开裂，不能站立，失血较多，他医缝合无效，于第 15 天来诊。检查：患牛伤口位于左后肢跗关节后上方 20cm 处，趾浅屈腱完全断裂，两腱头相距约 6.7cm，伤口长 20cm，宽 15cm，已化脓生蛆，腱断端发黑。治疗：取接骨膏，制备、用法见方药 3。服、敷药 18d，患牛伤口愈合。两个月后追访，该牛能行走，耕作无异常，伤口处毛茬长齐，无伤痕，触诊伤部有 5cm×3.3cm 的硬块。（李夫基，T5，P20）

## 后肢麻痹

后肢麻痹是指牛后肢痿软无力、针刺反应迟钝或消失、卧地不起的一种病症。多见于夏秋农忙季节；青壮年牛易发，且多突然发生；无腰、臀部及后肢跌打损伤病史；亦无引起截瘫的其他局部疾患。

【病因】 由于饲养管理不善，营养不全，钙、磷比例失调，或平时缺乏运动，农忙时突然使役且过劳，导致气血耗损，中气下陷，风、寒、湿邪乘虚侵入肌肤、经络和筋骨，久之则引起肌肉麻痹或酸痛，后肢沉重，提举艰难，继而腰瘫腿瘫。

【主证】 多见突然使役、过劳后 1 周左右发病。患牛后肢痿软无力、瘫痪、卧地难起，脉迟涩，口色青黄、晦暗；日久肌肉萎缩，有的发生褥疮。

【治则】 调理气血，补益脾胃，强筋壮骨。

【方药】 1. 补阳还五汤加味。黄芪 250g，党参、归尾、川断、杜仲、秦艽、独活、防风、桑寄生、木瓜、牛膝各 60g，川芎、桃仁、红花各 30g，丹参、赤芍各 45g，地龙 90g，旺桑条和黄酒 250mL 为引。水煎取汁，候温灌服。共治疗 12 例，痊愈 11 例，死亡 1 例。

2. 当归苁蓉固本汤。当归、肉苁蓉、秦艽、黄芪、党参、生姜、大枣各 30g，牡蛎、没药各 60g，茯苓 24g，破故纸、青皮、陈皮、白术、防风各 18g，桂枝、炙甘草各 12g，芝麻 150g，桑枝 120g。腹满不化者去党参、大枣，加焦三仙各 40g。水煎 2 次，合并药液，候温，加蜂蜜 150g，灌服。从治疗的第 2 天起服用，连服 3～5 剂。取 10% 氯化钙注射液 150～200mL，葡萄糖生理盐水 1000mL，混合，静脉注射；强的松龙 250mL，于百会穴注射，1 次/2d，连用 2 次；酒精 500mL，米醋 1000mL，花椒 150g，于第 6 天行腰背部及后肢温和烧灸。

治疗 1 周后，患牛食欲、反刍一般恢复正常，稍加辅助即可站立。病程短者 1 个疗程（6d）可愈；病期长、病重者需 2 个疗程。发生合并症者依据病情对症治疗。共治疗 13 例，其中公牛 8 例、母牛 5 例，全部治愈。

3. 葡萄糖酸钙注射液 300mL，维丁胶性钙注射液 40mL，静脉注射；安痛定 20mL，地塞米松 10～20mL，青霉素 G 钾 1600 万单位，于百会穴注射，进针深度 1.5～3.0cm。百会穴位被毛用食醋浸湿后，覆醋浸的草纸 4～5 张，再在草纸上覆以用醋浸过的艾叶 20～50g，于艾叶上浇洒白酒、点燃。醋干加醋，酒尽加酒，醋酒交替使用直至患牛出汗为止。再用麻袋或布片覆盖保持 10min。一般 1 次即愈，病重者不超过 3 次。共治疗数十例（含猪），全部治愈。

【典型医案】 1. 1982 年 4 月，郸城县高小庙村一头 3 岁黑母牛（带有一头 3 月龄的黄色母犊牛），因后肢突然麻痹，经数天多方治疗无效来诊。检查：患牛体温正常，有食欲，中等膘情，卧地不起，针刺后肢不知伸屈；用绳吊起，后肢像假肢一样丝毫不知用力。诊为后肢麻痹。治疗：补阳还五汤加味，用法同方药 1。次日，患牛病情好转，后肢可伸屈，抬起时后肢能勉强支撑数分钟，针刺知伸屈躲闪。嘱畜主按原方药灌服，3 剂，1 剂/2d；肌内注射维生素 $B_1$；喂服糖钙片或葡萄糖酸钙片；多饮面汤，定期哺乳，逐渐断奶，痊愈。（张心民，T28，P45）

2. 1986 年 10 月 16 日中午，运城市五曹村冯某一头 2 岁母黄牛，因卧地难起，他医治疗 15d 无效邀诊。主诉：该牛平时不使役，种麦时曾过劳大汗，喂养于新建的门道内。检查：患牛营养中等，精神沉郁，饮食欲、反刍废绝，卧地不起，抬起时前肢勉强站立，肌肉颤抖，腰背部皮肤紧张，针刺两后肢无反应；体温 8.7℃，心跳 89 次/min，呼吸 28 次/min；口色青黄、晦暗，脉涩迟；两眼下陷，无外伤史。诊为后肢麻痹。治疗：取方药 2，用法同上，连服 6d。患牛能站立，食欲、反刍恢复正常，适当牵遛，3 次/d。23 日，患牛痊愈。（郑存善，T65，P21）

3. 1999 年 10 月 20 日，务川县涪洋镇碧池村唐某一头 5 岁、已阉割公牛，因后肢瘫痪，他医治疗 7d 不见好转来诊。诊为后肢麻痹。治疗：取方药 3，用法同上，结合温灸治疗 1 次，患牛可以站立。（廖永江等，T125，P47）

## 桡神经麻痹

桡神经麻痹是指因牛桡神经受伤，引起前肢机能障碍的一种病症。

【病因】 由于圈舍地面凹凸不平，牛在卧息时受到地面的凸硬物压迫桡神经，或横卧保定不慎，或跨沟、跳跃滑跌而造成桡神经麻痹。

【主证】 患肢变长，举伸困难，着地时过度屈曲，多以蹄尖着地；人工运动患肢时伸展不充分；患肢负重时，除肩关节外，其余各关节高度屈曲；臂部肌肉松弛无力，痛感降低，久则肌肉萎缩。

【治则】 通经活络。

【方药】 复方氨基比林注射液 20mL，地塞米松 30mg，混合，注入肩井、抢风穴（局部及针具应消毒）；硝酸士的宁 12mg，肌内注射。共治疗 50 例，收效较好。

**【典型医案】** 1987 年 3 月 26 日，寿县杨圩村阎某一头 8 岁母水牛，因跛行已 5d，他医治疗无效来诊。检查：患牛左前肢以蹄尖着地，运步时跛行，不能提举伸展；着地瞬间，除肩关节外，其余关节高度屈曲，针刺患部肌肉痛感消失。其他无异常。诊为桡神经麻痹。治疗：取上方药，用法同上，治疗 2 次，痊愈。（胡长付，T56，P25）

### 风湿性肢痛

风湿性肢痛是指牛因受风寒侵袭，出现肢体疼痛、运步跛行的一种类风湿性疾病。

**【病因】** 牛使役后出汗，夜间拴于潮湿之处，或厩舍冷湿，受风侵袭或雨淋，或寒冷季节受贼风侵袭，或久住温暖圈舍，移居圈舍温度骤然下降，导致寒湿邪侵袭而发病。

**【主证】** 患肢跛行，不能承重，肌肉疼痛、颤抖，痛处不定，运动时前行后拽，步履不协调，随着运动量增加症状减轻或消失，上下坡或软地行走时病情加重。

**【治则】** 祛风、除湿、止痛。

**【方药】** 火针结合药洗疗法。火针，前肢取抢风、髆尖穴，各进针 2.7cm 和 2cm；后肢取百会、掠草穴，各进针 2cm。施针后，将面糊摊到纸上（把纸剪成圆形），把樟脑油（各用 9～15g）放在中间，贴盖针孔。半个月内，用地骨皮、透骨草、大艾叶、荆芥、防风、白芷、生没药、桂枝、红花、五加皮、生乳香各 100g，千年健、川花椒各 150g，白芥子、草乌各 50g，青葱、食盐、陈醋各 250g，水 900mL，水煎 1h 取汁，擦洗患处，1 次/d，约 850mL/次，连洗 7d；洗后用草火熏患处。共治疗 13 例（含其他家畜），治愈 11 例。

**【典型医案】** 2001 年 6 月，金川县勒乌乡马厂村王某一头耕牛来诊。检查：患牛精神倦怠，食欲减退，喜卧，起立困难，行走跛行，前行后拽，疼痛不安并发出哞叫，强迫行走则把前把后，四肢痉挛，运动后症状减轻，休息之后又出现疼痛，触诊无明显痛感，口色青白。诊为风湿性肢痛。治疗：火针结合药洗疗法，施针法、用法同上（百会穴进针 3cm）。第 4 天，患牛症状明显减轻。第 6 天，用同样针灸方法再治疗 1 次。第 15 天，取方药中的中药水煎取汁，洗搽患处。加强饲养管理，改善圈舍环境。1 个月后追访，患牛痊愈，未复发。（蔡杰，T118，P32）

### 跛 行

跛行是指因跌扑、损伤等引起的一种病症。多在芒种时节或端阳节前后（入霉期）出现，故称"霉风腿"。

## 一、跛行

**【病因】** 多因饲草单一、品质差，牛营养、钙、磷缺乏或比例失调所致。

**【主证】** 患牛四肢跛行（以前肢跛行多见），初期行走呈点跛状、似闪伤，外观无明显变化；后期跛行严重，患肢不能着地，呻吟，触诊患肢热、肿、痛明显。

**【治则】** 化瘀止痛。

**【方药】** 双氯灭痛片 20～30g，灌服，2 次/d；复合骨粉 200～300g，灌服。症状轻者可混入饲料喂服，2 次/d。服药 3d，患牛症状减轻，7d 症状消失。症状消失后，停服双氯灭痛片，继续灌服或混饲复合骨粉约 10d，以巩固疗效。共治疗 21 例，均治愈。

**【典型医案】** 西吉县王民乡王民村王某一头耕牛来诊。主诉：该牛跛行已十余天，前几天因症状较轻未及时治疗，今早耕地时跛行严重，卧地不起，曾注射水杨酸钠注射液、跛行痛注射液等，疼痛症状缓解，随后又复发。问诊无闪伤、跌打病史。治疗：双氯灭痛片 25g，复合骨粉 250g，分别灌服，2 次/d。服药 3d，患牛症状减轻；7d 跛行消失。继续服用复合骨粉 15d，痊愈。（王富贵等，T143，P42）

## 二、跌打损伤性跛行

**【病因】** 农忙季节，牛使役比较集中，多因劳役过度，加之田间横墒暗墒，缺口窄路，冷鞭抽打，急速转弯，跌扑闪拐，伤及四肢而发病。

**【主证】** 患牛伤肢呈明显跛行。

**【治则】** 活血通络，消肿定痛。

**【方药】** 1. 酒药奇瘫散。真虎骨（用猫骨、犬骨油酥后代之）30g，宣木瓜、川芎、鲜补骨脂各 150g，全当归、麒麟竭、川续断各 200g，制乳香、制没药、元胡索、秦艽各 100g，五加皮、千年健、寻骨风、积雪草各 80g。病在前肢者加桂枝；后肢者加绵杜仲；上部者加红花；下部者加淮牛膝；陈旧伤者加威灵仙；妊娠者去胎忌药。用常水 7500mL，煎煮嫩桑枝 500g，甜瓜子 200g，取汁冲调上药，加白酒 300mL，再用豆皮 2 张扎瓶口煮 20～30min 即成，密封备用。每晚灌服约 500mL，灌时将药液摇匀，连服 21d。对后肢肌肉萎缩或多种陈旧性跛行疗效奇佳。共治疗 1158 例，治愈 1102 例。

2. 针灸疗法。腰胯闪伤以百会穴为主，配肾俞或大胯穴；前肢闪伤以抢风穴为主，配肩井、肩俞（经验穴）穴；后肢闪伤以大胯穴为主，配小胯、大转子穴。在所选穴位点常规消毒，针刺确定的穴位。针刺后，在穴位上涂以生面糊（用小麦面做成，防止艾灸时灼伤皮肤并固定艾团），将艾叶（陈久者俱佳）去杂质，入铁锅内文火焙干，搓揉成鸡蛋大的团。点燃艾团。在艾团燃烧期间，要保定好患牛，固定好艾团；待艾团全部燃尽后（要防止烧伤皮毛），刮去面糊，清洁皮肤。一般1次/周，1～2次即可治愈。共治疗因闪伤、寒湿引起的跛行数百例，均获良效。（胡乃宝等，T34，P60）

3. 活血止痛散。丹参、川芎、乳香、没药、桃仁、红花、白芷、赤芍、栀子各20g，大黄30g。共研细末，备用。根据病情，保定患牛，患部剃毛，用75%酒精或5%碘酊消毒。将药末用白酒或75%酒精调成糊状外敷于患处，再用塑料纸包扎，待干燥后取下，再加酒调敷，反复使用3～4次后除去。未愈者，另取上药重新调敷，2次/d。多数病例经4d治疗即可痊愈。对气血运行失调、经络阻滞的疼痛有良好效果。共治疗32例，完全治愈28例，好转4例。

注：皮肤有破损者忌用，外敷改为内服；骨折者，先处理骨折再敷药；内服应于食后灌服，效果较佳。

4. 自家血穴位注射法。前肢跛行以抢风穴为主，配乘重、膊尖、膊栏、冲天等穴；后肢跛行以百会穴为主，配大胯、小胯、丹田、巴山、汗沟等穴。根据病情，主穴配其他穴2～3个/次。将消毒过的静脉注射针刺入穴位，然后抽取自家血注射，主穴40mL，配穴20mL。首次注血量大，以酌减，1次/3d，1个疗程/3次。本法适用于四肢上部及腰部疼痛引起的跛行（如臂三头肌剧伸、肩关节挫伤、臂二头肌剧伸、肘关节挫伤、闪伤胛气、桡神经麻痹、髋关节捻挫及局部风湿痛等）。共治疗闪伤、风湿引起的跛行105例（其中牛5头），治愈89例，有效25例，无效1例。前肢1次治愈者50例，后肢一般需要治疗3次。（韩雷定，T25，P21）

【典型医案】 1. 1969年5月28日，宝应县红旗公社向阳大队第6生产队的一头4岁母牛来诊。主诉：该牛产后24d。饮水时，由于码头坡度大而滑跌入河中，闪伤后左髋关节，被抬上岸后出现起卧困难，饮食欲减退，乳汁减少，精神委顿，他医治疗无效。根据病因及症状，诊为霉风腿。治疗：酒药奇瘤散，1剂，用法同方药1，治愈。（蒋承权等，T112，P24）

2. 1990年4月26日，武山县王门村包某一头母黄牛来诊。主诉：该牛跛行已3d，他医曾用镇跛痛和青霉素等药物治疗无效。检查：患牛左后肢不负重，强行运步呈三肢跳跃，喜卧，膝关节以下明显肿胀、触之有热感、疼痛拒按。治疗：活血止痛散，制备、用法见方药3。治疗8d，患肢肿胀、疼痛减轻，能踏地负重。继敷药2d，痊愈。（崔希望，T73，P27）

## 五攒痛

五攒痛是指牛蹄壁真皮乳头层和血管层出现局限性、弥漫性、浆液性、无菌性炎症的一种病症。多发于两前肢或两后肢，或四肢同时发病。奶牛发病率较高。属现代兽医学蹄叶炎范畴。

### 一、黄牛五攒痛

【病因】 本病分走伤五攒痛和料伤五攒痛。走伤五攒痛是由于牛负载过重，奔走太急，卒至卒拴，失于牵散，瘀血凝于膈内，滞气结在胸中，侵及四肢，滞而不散，以致作痛。料伤五攒痛是由于喂料多，使役少，致使谷气凝于脾胃，料毒积在肠中，脾胃失运，料毒传于经络而作痛。

【主证】 患牛站立时四肢攒于腹下，头下垂，头蹄攒聚，束步难行，卧多立少。

【治则】 走伤五攒痛宜清热利湿，活血祛瘀；料伤五攒痛宜活血祛瘀，消食理气。

【方药】 走伤五攒痛药用茵陈散加减，料伤五攒痛药用红花散加减（《元亨疗马集》）。

注：本病应与败血凝蹄进行鉴别。败血凝蹄，痛在蹄头，急性者蹄部发热，慢性者蹄匣焦枯。本病一般蹄头不热，亦不焦枯。

【典型医案】 1994年8月2日，鲁山县张官营镇小聂营村廉某一头1岁母黄牛就诊。主诉：该牛前两天因脱缰狂奔跑约30min，近来发现夜间出汗，吃草少，频频卧地，赶起时四肢撮着，低头弓腰，不敢走动。检查：患牛体温38.5℃，心跳90次/min，呼吸66次/min，瘤胃蠕动3次/2min，腰弓头低，四肢集于腹下，舌色赤红。用安乃近、安痛定、水杨酸钠、青霉素治疗3d不见好转，且病情加重，站立、行走更加困难，站不满10min、行不到20m便卧地；饮食欲正常。诊为走伤五攒痛。治疗：茵陈散加减：当归50g，川芎、红花、乳香、没药、黄药子、白药子、桔梗、青皮、陈皮、牛膝、五加皮、甘草各30g，桃仁、知母各40g，童便500mL为引。水煎取汁，候温灌服，1剂/d，连服2d；葡萄糖生理盐水1000mL，2%普鲁卡因注射液140mL，氢化可的松注射液50mL，混合，静脉注射。用药后，患牛吃草增加，病情减轻。效不更方，再服药1剂，痊愈。（康文俊等，T93，P29）

### 二、奶牛五攒痛

本病多发生于奶牛两前蹄或两后蹄，有时四蹄均可发生。

【病因】 长期饲喂过多精料，尤其是过食富含蛋白质精料（如豆类、麦类等）或大量饲喂易发酵饲料（如含水率高的玉米），或饲料骤然变化，又缺乏运动，引起消化异常，产生有毒物质被吸收后造成血液循环障碍，使真皮组织瘀血而发炎，即为"料伤五攒痛"；长期站立或长途车船运输，或因一肢患病他肢过度负重，或由于圈舍地面湿滑、不平整、坚硬，使四肢长期受力不均，蹄真皮长期受压，局部血液循环障碍而发病，即所谓"败血凝蹄"；风湿病侵袭蹄真皮时则称为风湿性蹄叶炎；蹄形不正如高蹄、低蹄、过长蹄等，影响蹄的血液循环而诱发本病；产后胎衣不下、严重乳房炎、子宫内膜炎、酮病、胃肠炎、胃肠阻塞、瘤胃酸中毒、霉败饲料中毒等继发；某些内毒素或其他介质也可引起。

【辨证施治】 临床上有急性和慢性经过。

（1）急性 患牛体温 40～41℃，呼吸 40 次/min 以上，心跳亢进，心跳 100 次/min 以上，食欲减退，出汗，肌肉震颤，蹄温升高，蹄冠部肿胀，用蹄钳敲打或钳压蹄壁有明显的疼痛反应。四蹄同时发病时，四肢频频交替负重，为避免疼痛而改变肢势，拱背站立，或前肢向前伸，后肢伸于腹下，或四肢缩于一起。两前肢发病时，两前肢交叉负重。两后肢发病时，头低，两前肢后踏，两后肢稍向前伸，不愿走动，行走时步态强拘，腹部紧缩，喜欢在软地上行走，对硬地面、不平地面躲避或步行困难，喜卧，卧地后，四肢伸直呈侧卧姿势，蹄部角质变软、呈黄色蜡样。

（2）慢性 一般全身症状轻微。患蹄出现特征的异常形状，患指（趾）前缘弯曲，趾尖翘起，蹄轮向后下方延伸且彼此分离，蹄踵高而蹄冠部倾斜度变小，角质蹄壁浑圆而蹄底角质凸出，蹄壁延长，系部和球节下沉。重病者拱背，全身僵直，步态强拘，消瘦。X 线检查，蹄骨变位、下沉，与蹄尖壁间隔加大，蹄壁角质面凹凸不平，蹄骨骨质疏松，骨端吸收消失。

【治则】 消除病因，活血化瘀。

【方药】 1. 红花、陈皮、山楂、厚朴、黄药子、白药子、甘草各 15g，没药、桔梗各 18g，神曲、当归、麦芽各 30g，枳壳 20g。共研细末，开水冲调，候温灌服，1 剂/d，连服 3d。

根据患牛营养状况和体格大小，颈静脉放血500～2000mL；放血后，取等量葡萄糖生理盐水，加入 5％碳酸氢钠注射液 300～500mL 或 10％氯化钙注射液 100～150mL，维生素 C 注射液 20mL，静脉注射，1 次/d；同时对蹄部冷敷，2 次/d，1h/次，连敷 3d。1 个疗程治愈率达 95％以上。（许其华，T140，P61）

2. ① 负重不当引发者，取牛膝、白芷、木瓜、红花、川芎各 50g，当归、黄芪各 60g，透骨草 150g，防己、制乳香、制没药、桃仁、丹皮、桂枝、陈皮各 40g，甘草 15g。共研末，开水冲调，候温灌服。过食精料引发者，取红花 45g，神曲 200g，枳壳、当归、甘草、麦芽、丹参各 60g，黄芪 50g，制没药、桔梗、山楂、厚朴、陈皮、制乳香、黄药子、白药子、丹皮各 40g，半夏 30g。共研末，开水冲调，候温灌服；或取正红花油：乳香、没药、三七各 100g，白矾 40g，冰片 15g。先将三七加水煎煮30min，取汁，放入乳香、没药，熬成糊状，最后加入白矾、冰片，搅匀，用刷子涂搽患部。

西药，病初取盐酸苯海拉明 0.5～1g，灌服，

1～2 次/d；5％氯化钙注射液 100～150mL，10％维生素 C 注射液 10～20mL，分别静脉注射，或取0.1％肾上腺素 3～5mL，皮下注射，1 次/d。跛行严重者，用 0.5％～1％普鲁卡因注射液（加青霉素 20万～40万单位）进行指（趾）神经封闭或指（趾）动脉封闭注射，1 次/2d，连用 2～3 次；醋酸可的松0.5g，肌内注射，或取 0.5％氢化可的松80～100mL，静脉注射，1 次/d，连用 4～5 次。急性期为缓解疼痛，用 10％ 水杨酸钠注射液100～250mL，10％安钠咖 30mL，40％乌洛托品注射液 50～100mL，混合，静脉注射，1 次/d，连用3～4 次。解除酸中毒，用 5％碳酸氢钠注射液200～1500mL，静脉注射。

② 放血疗法。初期放颈静脉血 1000～2000mL，或放胸堂血或肾堂血 400～800mL，或放四蹄血50～100mL/蹄（营养不良者不宜采用）。

③ 物理疗法。初期，冷水浴蹄，在蹄冠部缠以纱布，持续灌注冷水。蹄部有创伤则用冷防腐液浸蹄，1～2 次/d，0.5～1h/次。后期，为了促进炎性渗出物吸收，改用温水浴蹄，2 次/d，1～2h/次。

共治疗过食精料引起的急性蹄叶炎 32 例，其中1 次治愈 12 例，2 次治愈 17 例，3 例转为慢性蹄叶炎；共治疗慢性蹄叶炎 19 例，其中 4 次治愈 7 例，5～10 次治愈 10 例。

【护理】 保证饲料的营养平衡；干奶期控制精料饲喂量，防止营养过剩；避免突然改变日粮；严禁饲喂发霉、变质饲料；保证场地清洁卫生；定期用 4％硫酸铜溶液喷洒浴蹄；定期修蹄；避免在坚硬的水泥地面站立过久；长途运输时应在蹄下垫干草和泥土。

【典型医案】 1. 2005 年 11 月 15 日，合水县西华池镇文某一头奶牛来诊。检查：患牛食欲减退，流涎，出汗，肌肉震颤，四肢频频交替负重，不愿走动，行走时步态强拘，体温 39℃，心跳 103 次/min。诊为急性蹄叶炎。治疗：取 5％碳酸氢钠注射液1000mL，10％水杨酸钠注射液 100mL，10％安钠咖注射液 30mL，40％乌洛托品注射液 80mL，5％葡萄糖氯化钠注射液 1500mL，0.5％氢化可的松注射液80mL，分组静脉注射；蹄头放血；取神曲 200g，枳壳、当归、甘草、麦芽、丹参各 60g，红花、制没药、桔梗、山楂、厚朴、陈皮、制乳香、丹皮各40g。共研末，开水冲调，候温灌服。第 2 天，患牛各种症状消失。取消化药，灌服。嘱畜主调整饲料配制。

2. 2006 年 3 月 22 日，合水县板桥乡曹家塬村贾某一头奶牛来诊。检查：患牛发病已十余天，食欲正常，心跳 76 次/min，体温 38.4℃，两后肢跛行明显，蹄冠壁无明显变化。查看厩舍地面砖头缺损不平。诊为蹄叶炎。治疗：先蹄头放血；取盐酸苯海拉明 6g，分 6 次灌服，2 次/d；取当归、黄芪各 60g，白芷、木瓜、红花、川芎各 50g，牛膝、防己、制乳

香、制没药、桃仁、丹皮、陈皮各 40g，透骨草 200g，甘草 15g。共研末，分为 2d 灌服，连服 2 剂。患牛症状明显好转。继服药 2 剂，痊愈。（孙毅平等，T153，P63）

注：本病应与多发性关节炎、蹄骨骨折、软骨症、蹄叉腐烂、镁缺乏症、破伤风进行鉴别。

## 漏　蹄

漏蹄是指牛蹄底角质腐烂、分解的一种病症，又称腐蹄病、穿海底。

### 一、黄牛、水牛漏蹄

【病因】　多因锐物刺伤蹄底，或蹄部扭闪瘀滞，久则成脓，形成蹄漏；厩舍卫生条件差，蹄部受死坏杆菌感染，导致蹄部组织发炎坏死。

【主证】　患牛蹄叉腐烂并向周围与深部扩展，形成空洞，有恶臭分泌物；患蹄疼痛、跛行。严重者，蹄真皮发炎，患部角质块状脱落，露出真皮。

【治则】　化腐生肌，活血化瘀。

【方药】　1. 桐油 80mL，黄蜡 30g，密陀僧 7g，血余炭少许。将桐油煎沸，加黄蜡、密陀僧粉使之溶化，再放入血余炭，候温待用。保定患牛，用 0.1% 高锰酸钾清洗患部，将药液趁热注于蹄底空洞内，用绷带包扎。轻症 1 次、重者 2～3 次可愈。

2. 自制红升丹。取水银、白矾、火硝各等份。先将火硝、白矾研细（以不见星为度），放入小铁锅底按平，中间作一凹形，注入水银，拣一平口浑圆瓷海碗（最好是上等瓷碗）覆盖锅，碗口与锅必须无丝微缝隙，用盐水调泥细细筑实碗口与锅相接之处；用文火烘之，听到碗中有微弱声音，已知火硝、白矾溶解，看到碗口无黄紫色气体飞出则属正常；若碗口出烟则水银已外泄，急用泥密封；然后用黄沙埋没全碗，碗底外放棉花一小团，取砖石压上，先文火烘烤 45min，再武火烘烤 30min，再文火烘烤 40～50min。拨开碗底泥砂，检验碗底外所藏棉花呈炭黑色则火候已到，移下铁锅，置于砖上冷却过夜；第 2 天轻轻将黄沙掏尽，轻轻起碗，防止振动，见碗底沾有鲜红物一片，用鸡羽扫下，装入瓶内，此层下面的药结成片，用刀刮取，入钵内研细、装瓶。药色以鲜红如珠、明艳如赤霞者为佳；药色呈黄色则药力弱，表明火候未到；火候太过，药色呈焦紫色或紫色。太过与不及均影响治疗效果。疮痈化热兼全身反应者，取金银花、赤芍、当归、乳香、没药、天花粉、贝母、白芷、防风、陈皮、甘草、穿山甲、皂刺等，随症加减。水煎取汁，候温灌服。共治愈漏蹄等外伤疾病 20 余例，一般用药 1～2 次即可获效。

注：红升丹适用于一切疮痈初溃或已溃烂、脓血淋漓、肉腐、瘘管久不收口者。

3. 敌敌畏、醋精等量，混合，取适量，涂于削

净（除尽腐败蹄角质及污物，修平整）的蹄上；用导火线熏患处，以不焦为度；再用热桐油烫敷患蹄。共治疗 16 例，均获良效。（刘宗用，T29，P41）

4. 百足虫（又名箭杆虫、马陆）1 条，桐油 100g，冰片 10g，雄黄 4g，五味子 25g。先煎沸桐油，将百足虫放入沸油中并切成数段，挤出虫体内毒汁，再加雄黄、冰片、五味子药粉，搅匀。在木棍一端扎上布条，蘸药油在火上烤至出泡沫时趁热涂搽患处。涂搽后，严防患牛舐食患肢上的药液。共治愈 3 例，均在患肢肿胀部皮肤尚未破溃坏死前涂搽 1～2 次治愈。

5. 用 1‰ 新洁尔灭反复冲洗患部，修整蹄部，彻底清除坏死组织及脓汁污物，再用 3% 石炭酸溶液反复冲洗患蹄，擦干。取血竭桐油膏（桐油 150g，煎熬至将沸时缓慢加入研细的血竭 50g，搅拌，改为文火，待血竭加完搅匀到黏稠状即成），以常温（温度要适宜）灌入腐烂蹄的空洞部位，灌满后用纱布绷带包扎好，10d 后拆除。共治疗 37 例，1 次性治愈 35 例。

【护理】　彻底清创；停止使役；保持患蹄卫生，不要过河涉水、爬坡走坎；厩舍要勤打扫，保持清洁干燥；加强营养，促进痊愈。

【典型医案】　1. 澧县九垸出草坡乡永丰村韩某一头公水牛来诊。主诉：犁田时该牛被玻璃刺伤左后蹄，当时未引起注意，继续使役，第 3 天出现跛行，蹄部肿胀。当时用凉开水洗净涂以红霉素软膏治疗，因农忙未曾休息，直至跛行严重、不能使役。检查：患牛蹄底刺伤部腐烂、气味恶臭。诊为漏蹄。治疗：侧卧保定患牛；清除腐败组织，用 0.1% 高锰酸钾溶液清洗干净；取方药 1，制备、用法同上。用药后，患牛休息半个月，痊愈。（肖世忠，T69，P34）

2. 1973 年 4 月，大邑县丹凤乡一头 8 岁役用黄牛来诊。主诉：该牛半年前右前肢跛行，灌服中药 2 剂跛行加重，在石子路上行走特别明显。检查：患牛右前肢蹄尖着地，蹄心有一松软黑斑，用刀拨视发现深约 3cm 的空洞、流灰黑色的臭液。诊为漏蹄。治疗：削蹄，取净腐败物，先后用生理盐水、0.1% 高锰酸钾溶液冲洗，再用棉花拭干；洞内装入红升丹（见方药 2）0.5g，用棉花填塞、绷带扎紧，以防感染。第 3 天，患部肉芽增生。继续用药，第 6 天基本痊愈。（何俭，T19，P58）

3. 1983 年春，新宁县黄龙区石俄村 8 组黄某一头 3 岁公水牛来诊。主诉：该牛左前肢蹄冠、球节皮肤发生硬性肿胀，行动困难，治疗数天病情加重，患部皮肤开始破溃、化脓，行动更显困难。诊为漏蹄。治疗：取方药 4，制备、用法同上。共治疗 4 次，痊愈。（黄笃刚，T32，P63）

4. 2000 年 9 月 10 日，邓州市城郊乡榆林村 2 组刘某一头耕牛来诊。主诉：该牛右前肢跛行，行封闭敷药治疗未愈。检查：患牛蹄底有断针刺入，用手术

刀割开后流出污秽臭水，形成深 1.5cm、面积约 3cm×2cm 的创腔。诊为漏蹄。治疗：清创处理；创腔内灌满血竭桐油膏（见方药 5），纱布包扎固定。用药 10d，患牛痊愈。（凡丁，T112，P44）

## 二、奶牛腐蹄病

本病是奶牛蹄壳角质部边缘或蹄叉部腐烂、化脓的一种病症。多发生在炎热季节。

【病因】牛舍潮湿不洁、运动场地泥泞，蹄角质及趾间皮肤长期受粪、尿及污水浸泡，坏死杆菌等病菌感染，使蹄部腐烂、化脓、感染而发病；蹄球损伤，蹄角质过长不及时整修，蹄底钉伤、刺伤感染而发病；蹄底被碎石块、尖锐异物等刺伤后被污物封围，形成缺氧状况而发病；营养不良，矿物质、维生素缺乏，钙、磷比例失调，代谢障碍或牛体质下降，抗病能力减弱而引发。

【主证】患牛突然发生一肢或两肢跛行，呈"敢抬不敢踏"姿势，蹄头部红肿、热痛，行走困难，触摸肿胀部疼痛、拒按，最初发生于蹄间裂的后部，逐渐向前扩展至蹄冠部，向后扩延至蹄球，以致整个蹄部间隙腐烂而跛行，随即病变加剧并侵害深部组织出现严重跛行。蹄间皮肤局部红肿，充满黄色液体及坏死组织，表面溃疡、气味恶臭。患肢不能负重，卧地不起，叩击或用手按压患部时有痛感，趾间常有溃疡，覆盖恶臭坏死物。轻者只侵害趾间，引起趾间的皮肤开裂；严重者蹄壳变形或脱落，引起全身反应，卧地不起，食欲废绝，产乳量显著下降等。

【治则】活血散瘀，消肿止痛，防腐生肌。

【方药】1. 补蹄膏。由乳香、没药等中药组成。

（1）患牛保定。用 2m 长的粗麻绳或棉绳，在患肢跗关节或腕关节上部缠绕两圈打结，再用坚硬光滑木棍（直径 3cm、长约 70cm）穿过绳索并绞紧，对患肢起麻痹、定痛、止血作用；再由两名助手分别握住木棍两端，抬起患肢，将患肢曲转，使蹄底朝向术者。

（2）创口处理。先用清水洗净患蹄污物，再用修蹄刀削去蹄底部分角质表层，直刀扩大创口，清除创内坏死组织，直至暴露出健康角质。创内有死腔或创囊应予切除，以便取出异物，彻底排除脓液。发现瘘管，用探针仔细顺管道插入，探诊瘘管的方向、深度、管壁及管底，再用锐匙或小刀彻底刮清管道内坏死组织及结蹄组织的管壁，直至出现鲜红血液为止。然后，用 10% 硫酸铜溶液或 3% 双氧水冲洗。洗净后，再用消毒药棉蘸干。

（3）止血杀菌。清创后，将高温烙铁放入创腔内连续烙烫，直至冒烟，使创口内周围组织呈焦黄色，既可止血又可杀菌，使创腔干燥清洁、无臭味；敷药；烙烫后，将补蹄膏逐层敷入创腔，边敷边用烙铁烙烫，使药物熔化，紧贴创面。敷药时，必须将创口填满，不留空隙，并且将创口封闭至蹄底角质层，使

药物与角质层牢固结合且一样平。然后，将 0.1% 高锰酸钾溶液淋在药物表层，待药冷却后，用拇指垂直紧压药物使之牢固粘连并密封蹄部，干固后应不留裂缝。术后加强护理，经常更换垫草，保持蹄部清洁干燥；及时检查，防止药物脱落而再度感染。除烙铁外，用具都必须在使用前严格消毒，置于消毒白瓷盘中备用。

施术中，必须扩创，使创腔充分暴露；认真洗净瘀血；清除坏死组织及角质碎片。遇蹄底空洞或瘘管时，应找到脓腔或瘘管底部，用锐匙刮去坏死组织，排净脓血，越彻底越好。高温烙烫创口内部，直至创内冒烟，周围肌肉组织呈焦黄色，才能达到止血、杀菌目的。敷药一定要做到无裂缝、无漏孔、不透气、不渗水，才能防止再度感染。个别患牛因敷药不紧密、不坚实，也会松动或脱落，术后要经常进行检查，如遇脱落必须重新补药固封。

共治疗 153 例，治愈 149 例，好转 1 例，无效 3 例。（蒋兆光等，T22，P50）

2. 先除去蹄部坏死组织，冲洗、消毒，用等量硫酸铜或高锰酸钾粉撒敷，包扎。取防腐生肌散：枯矾 50g，熟石膏、没药各 40g，血竭、乳香各 25g，黄丹、冰片、轻粉各 5g，外用。局部溃烂者取五五丹（石膏、黄丹各等份），外敷。用 5%～10% 浓碘酊涂擦患蹄，数次/d；取青霉素 160 万～240 万单位，链霉素 2g，肌内注射，1 次/2d。共治疗 74 例，全部治愈。

3. 雄胆矾散。雄黄、鸦胆子（去壳）各 1 份，枯矾 4 份。共研细粉，过箩，装瓶备用。患牛于六柱栏内提举患肢保定；取 3% 来苏儿彻底洗涤患蹄，除去污物，切除坏死组织，再用每 100mL 加 8 滴 7% 碘酊的双氧水冲洗，然后用纱布吸干疮面；取雄胆矾散撒布疮面（以遮盖住疮面为度），整蹄包裹 4 层涂布松馏油或鱼石脂的纱布，用绷带固定。置患牛于干燥洁净圈内饲养，换药 1 次/（4～5）d，1 个疗程/3 次。

第 1 次治疗后，患蹄疮面分泌物消失或显著减少，患肢负重与跛行改善；第 2 次治疗后，疮面干燥，肉芽组织生长，患肢减负体重现象和跛行症状极轻；第 3 次治疗后，疮面愈合，跛行消失。蹄匣脱落、已形成瘘管者疗效不佳。共治疗 30 例，治愈 26 例。（黄权钜等，T65，P36）

4. 取 0.1% 高锰酸钾或 2% 硫酸钠 300mL，洗净患蹄（硫酸钠比高锰酸钾效果更好），然后填入血余炭 5g，冰片 3g，取食用油 60mL，煎热，放入黄蜡 8g，灌入洞孔及蹄叉，待黄蜡凝固即可。一般治疗 1 次即愈。（李先贵，T43，P45）

5. 腐蹄散。广丹、轻粉、官粉、制乳香、制没药、冰片各 10g，朱砂、硼砂、血竭、儿茶、枯矾各 15g，煅石膏 30g，麝香 3g。共研极细末，装瓶备用。先用清水洗涤患肢蹄部，用 1% 高锰酸钾溶液浸泡药棉清洗腐烂疮口，用消毒剪除去腐肉、干痂，再用

3%双氧水溶液对疮孔进行冲洗消毒。腐蹄疮口和孔洞清洗干净后，将腐蹄散撒布疮孔和疮面。疮孔较深可用碘酊纱布引流蘸腐蹄散填塞疮孔后，疮面再撒布腐蹄散。本方药适用于蹄叉溃烂、蹄窝生疮、毛边漏、蹄底漏和久不收口的蹄部疾病。

腐蹄膏。当归、赤芍、苍术、黄柏、苍耳子、大枫子、紫草、大黄、黄芩各45g，黄蜡150g，川芎、生乳香、生没药、荆芥、防风、黄连、栀子各30g，红花25g，冰片15g，芝麻油2kg。各药用芝麻油浸泡12h，用文、武火熬炼成膏，装瓶备用。取腐蹄膏均匀涂于疮面，用纱布绷带包扎牢固，绷带外面再涂松馏油膏作为防护，换药1次/（2～3）d。轻者1～2次，重者3～4次即可痊愈。本药膏对腐蹄病具有特殊的功效。

用腐蹄散、腐蹄膏共治疗18例，全部痊愈。（金立中等，T161，P53）

6. 取5%糖水注射液1500mL，红霉素450万单位，氢化可的松50mL，混合，静脉注射；0.9%氯化钠注射液1000mL，10%磺胺嘧啶钠注射液250mL，混合，静脉注射，连用2d；取福尔马林涂擦患部，1次/d，连用7d；取当归、川芎各50g，红花40g，乳香、没药、白药子、血竭各30g，甘草20g。水煎取汁，候温灌服，连服3剂。

【护理】 保持牛舍、牛床卫生；运动场平坦，无污水、石砾、瓦砾等物；饲料合理调配，要相对平衡，补充矿物质、维生素和钙磷比例，补充优质干草；蹄部应清洁，定期修蹄2～3次；发现蹄病应及时治疗。

【典型医案】 1. 2002年8月24日，临沂市林业局奶牛场的5头奶牛，因运动场粪、尿积聚，长期站立于粪、尿中引发腐蹄病来诊。检查：患牛跛行，蹄因疼痛不敢落地，用手按压患蹄有痛感、局部温热、趾间肿胀、溃疡、覆盖有恶臭的坏死物。诊为漏蹄。治疗：用0.2%高锰酸钾溶液清洗患部；外敷五五丹（见方药2）；取青霉素160万单位，0.5%盐酸普鲁卡因注射液20mL，混合，于患部封闭注射，1次/d。3头患牛用药2次痊愈，2头患牛用药3次痊愈。（王自然，T129，P35）

2. 2003年7月20日，陈某一头8岁、约400kg奶牛来诊。主诉：该牛患腐蹄病已15d，不能负重，蹄尖着地。检查：患牛体温40℃，呼吸80次/min，心跳80次/min，瘤胃蠕动音弱，反刍、食饮减退，产奶量降低，蹄底严重溃疡、充满黄色脓汁及坏死组织、气味恶臭。治疗：取方药6，用法同上，治疗7d，患牛病情稳定，逐渐康复。（段金厚，T147，P66）

## 败血凝蹄

败血凝蹄是指血注蹄胎，引起蹄匣干枯、蹄头干硬的一种病症。属现代兽医学慢性蹄叶炎范畴。

【病因】 多因使役不当，奔走过急，卒走卒停，气血凝于蹄胎，引起角质干枯；运动不足，营养不良引发；或由五攒痛转化而来。

【主证】 患牛精神不振，饮食欲、反刍减退或废绝，瘤胃蠕动次数少而弱，严重时蠕动音消失；粪稀薄、排粪次数与粪量明显减少、气味恶臭。个别患牛眼眶上窝内陷，被毛焦燥，口腔黏膜、眼结膜发绀，机体明显脱水或酸中毒；粪呈稀粥状、暗褐色、带有黏液、气味恶臭；有的粪干稀交替排出，或粪呈球状、外被黏膜；耳、角、四肢末梢冰凉，蹄温升高、有压痛，卧地不起，强行驱赶站立则举步艰难。

【治则】 行气活血。

【治疗】 取四肢蹄头穴（八字穴，即四蹄的蹄叉两侧，蹄冠正中有毛与无毛交界处，2穴/蹄，共8穴），用小或中宽针向后下方刺入0.5～1cm，放少量蹄头血，再涂以碘酊。取加减红花散：红花（孕牛减量或去之）、当归、川芎、厚朴、麦芽、山楂、神曲各25g，枳壳、陈皮各35g，乳香、没药、莱菔子、甘草各20g。共研细末，开水冲调，待温灌服，1剂/d，连服3～4剂；5%碳酸氢钠注射液250～500mL，静脉注射，1次/d，连用2～3次。治疗时停食1～2d；调整饲料配方，喂以全价混合饲料。共治疗28例，全部治愈。（杜万福等，T77，P31）

## 肢蹄刺伤

肢蹄刺伤是指牛的肢蹄被尖锐或锋利器物刺伤的一种病症。以腕（跗）关节下部位多见。

【病因】 在使役或放牧过程中被尖锐或锋利器物刺伤。

【主证】 临床上有新鲜刺创和陈旧刺创两种。患部创口小、创道狭而长、深部组织损伤；常并发内出血或形成血肿，且创腔内常有刺入异物残留或带入污秽不洁之物，易感染化脓或形成瘘管，经久不愈，甚至导致破伤风。

【治则】 新鲜刺创宜清热解毒，消肿散瘀，活血止痛；陈旧刺创宜清热解毒，散瘀消肿，祛腐生肌。

【方药】 新鲜刺创处理。为防止异物落入创腔导致感染和促进创伤愈合，用灭菌纱布块或棉球填塞创口，然后将创围被毛剪去，用3%过氧化氢溶液清除创围异物，再用5%碘酊消毒，最后用70%酒精棉球反复擦拭创缘周围皮肤直至洁净。然后揭去填塞创口的纱布块或棉球，用生理盐水冲洗创腔，除去血凝块和异物，再用3%过氧化氢溶液反复清洗创腔；以常规手术方法做一辅助切口，除去创腔内所有的失活组织后，用3%过氧化氢棉球擦拭并清除血凝块等，保证排液畅通。对清创切口的刺创口应于第2～3天缝合；没有作相对清创切口的刺创口则应视病情延期于3～5d后缝合。

创腔处理洁净后，用青霉素溶液或0.1%碘酊冲洗创腔，再将 1:9 碘仿磺胺粉填满创腔；取去腐生肌散：轻粉、龙骨各 9g，冰片 2g，没药 10g，儿茶 8g，硇砂 6g，共研细末，敷于创口，包扎，换药 1 次/(1~2)d，直至痊愈；取仙方活命饮加减：穿山甲、天花粉、陈皮各 35g，乳香、防风、金银花各 30g，没药、贝母各 25g，归尾 50g，甘草 40g，白芷 5g。共研细末，开水冲调，候温，加白酒 150mL，灌服，1 剂/d，直至无明显肿胀。共治疗新鲜污染刺创 5 例，均取得第 1 期愈合。

陈旧刺创处理。创伤部周围剪毛，用 3% 过氧化氢或 0.2% 高锰酸钾溶液清除创围异物，反复冲洗创腔，然后扩大创口，清除创腔深部坏死组织、异物等，尤其注意清除脓囊，排净脓汁；或做辅助切口，引流排脓。化脓刺创的创口及辅助切口，视病情于 3~5d 后缝合。

创伤处理后，用 10% 食盐溶液或 10% 硫酸钠溶液反复冲洗创腔，并用浸饱上述药液的纱布条行创腔引流；取"七三七"合剂：黄丹、铜绿、石灰各等份，共研细末，敷于创口，包扎创部；取消黄散加减：知母、黄药子、白药子、栀子各 45g，黄芩、大黄、甘草各 40g，贝母 25g，连翘 35g，黄连、郁金各 30g，朴硝 100g，硇砂 60g。共研细末，开水冲调，候温，加蜂蜜 150g，灌服，1 剂/d，直至肿胀消退。取 10% 葡萄糖注射液 2000~2500mL，青霉素 800 万单位，静脉注射，1 次/(1~2)d。共治疗陈旧感染刺创 9 例，均获第 2 期愈合。

注：尽早彻底清创，手术越早越好；即时注射破伤风抗毒素或类毒素。做辅助切口，彻底清除创腔内的残留物、血凝块、坏死组织、脓汁等。化脓创内多有肉芽组织赘生，后期应采用绷带压迫包扎，限制肉芽生长，促进上皮组织增生。硇砂有毒，内服须经醋淬、水飞后研末使用。

【典型医案】　1. 1997 年 5 月，邵武市和平镇坎下村官某一头耕牛，因被耙刺伤左后肢跗关节下方，深达 8.5cm 来诊。诊为新鲜刺创。治疗：按上方药"新鲜刺创处理"法，对创腔及周围组织进行处理；取去腐生肌散，用法同上，连敷 3 次；仙方活命饮加减，3 剂，用法同上。用药后，患部肿胀消退。再行创口缝合；换外用药 1 次/2d。共治疗 7d，患牛痊愈。

2. 1998 年 6 月，邵武市和平镇危冲村肖某一头耕牛来诊。主诉：由于不听使唤，提耙时刺伤该牛右后肢跗关节部下方，深达 9.5cm，用土法治疗 10d 不见好转，创腔流脓，局部肿胀，跛行加剧。诊为陈旧刺创。治疗：按上方药"陈旧刺创处理"法做引流切口，排出大量干酪样恶臭脓汁；取消黄散加减，3 剂，用法同上。患部肿胀消退，除去引流纱布，分别用生理盐水和 70% 酒精冲洗；创伤冲洗洁净后，取 1:9 碘仿磺胺粉填充，以满为度；继服上方药 2 剂；取祛腐生肌散（见新鲜刺创），用法同上。治疗 10d，患牛跛行消失；治疗 15d，患牛痊愈并恢复使役。（李有辉，T98，P26）

## 软脚症

软脚症是指牛因气血凝滞，引起肢体肌肉、关节、疼痛的一种病症。多发生于寒冷潮湿的冬、春季节；水牛多发，黄牛少见。

【病因】　由于牛营养失调，久卧湿地，或圈舍保暖条件差，或在水田中劳役过久等，风寒湿邪袭击，致使气血凝滞，引起肌肉、关节、疼痛而发病。

【主证】　患牛突然行走困难或卧地不起，四肢麻木，屈伸不灵活，体温正常或稍偏低，口流清涎或白沫，恶寒，鼻、耳、四肢俱冷，食欲、反刍减退甚至废绝；肢体疼痛，轻者步行不稳，重者卧地不起。

【治则】　温解表里，通经散寒。

【方药】　生姜 150g，紫苏 60g，鲜松树根内皮 250g。将各药置于锅内，加清水 2500mL 煎煮，取药液 1500mL，候温，加红糖 200g，白酒 250mL，灌服，1 剂/d，连服 2~3 剂。卧地不起、病情较重者，在灌服中药的同时，酌情针刺百会、抢风等穴；或用中药添加饲喂预防本病。共治疗 80 余例，均获痊愈。

【典型医案】　1973 年 4 月 10 日，灌阳县东阳村 2 队的一头水牯牛来诊。检查：患牛体温 37.5℃，鼻冷，鼻汗无珠，口角流涎、夹有白沫，卧地不起。诊为软脚症。治疗：取上方药，3 剂，用法同上；火针百会、抢风穴。施治后 2h，患牛能起立行走，痊愈。（李维森，T48，P29）

# 第五节　骨折、脱臼

## 骨　折

骨折是指因牛体受到强外力作用，致使骨骼发生不同程度损伤的一种病症。

【病因】　多因碰撞、滑倒、跌落、紧急停站或跳跃障碍，或踏入地裂等，导致牛骨骼出现损伤。

【辨证施治】　肢体变形。患部周围软组织损伤，肿胀骨折引起骨移位和周围软组织损伤而形成血肿，与对称体位对比易发现患病部位。出血引起的肿胀多在骨折后立即出现；炎症引起的肿胀多在骨折 12h 后出现。全骨折外部变形明显，骨折两端有时重叠、嵌入、离开或斜向侧方移位，尤其在四肢长骨容易形成假关节。

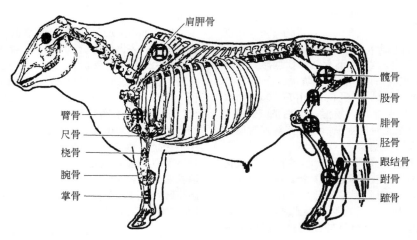

图 2-6　牛体烧烙接骨图

机能障碍。主动和被动运动时，患牛表现不安或躲避；软组织和神经组织损伤越严重，疼痛越剧烈，有时全身发抖，甚至发生休克；四肢骨折时，一般呈重度和中度跛行，或患肢悬垂，不敢着地等。

开放性骨折。患牛骨折部的软组织有创伤，骨折断端创口外露，容易发生感染。

【治则】　活血祛瘀，行气消肿，生肌止痛，续筋接骨。

【方药】　1. 烧烙法。按常规方法保定患牛；炭火烧红兽用球状或弧形烙铁，烧烙骨折两端部位的皮毛。烧烙图纹因骨折部位不同而异。臂骨、掌骨、股骨骨折处烙成"用"纹样；桡骨、跟结骨和胫骨骨折处烙成"≋"纹样；腕骨、髋骨和腓骨骨折处均烙成"⊕"纹样；肩胛骨骨折处烙成"◇"纹样（具体部位及烙印见图 2-6）。患处皮毛出现烧烙图纹、皮肤发黄时洒上适量食醋即可。烧烙后，取螃蟹粉150～200g，白酒 50～100mL 为引，灌服，1 剂/d，连服 7d。共治疗 31 例，有 3 例因断端对位不齐长成畸形，其余均愈合良好。

注：牛皮厚且弹力强，韧性大，骨折处肌肉收缩力大，用牵拉和夹板固定，很难使断端对位。烧烙使患处皮肉自行松弛或收缩，将两断端对位复合。

2. 乳香没药散。乳香、没药各 30g，血竭、当归、红花、千年健、生胆南星各 25g，续断、大黄、香附各 20g。共研细末，备用；取食醋 300mL，备用。将断骨整复复位，用四条竹片对称地夹住、结扎，再将乳香没药粉加食醋适量蒸热，用芭蕉叶包敷于患处，外用纱布包扎。用温开水浇注 2～3 次/d，使药物保持湿润，换药 1 次/（3～4）d。约 15d 除去竹片，继续敷药 20d。25d 后开始牵遛患牛，刚开始以15min 为宜，以后逐渐增加。既要保持整复后断端准确对位和固定，又要适当运动，促进骨折愈合。共治疗 43 例，除 1 例因竹片固定不牢固造成错位、1 例因就诊较晚已合并感染未治愈外，治愈 41 例。

3. 2%普鲁卡因注射液 20mL，于断端周围作菱形浸润麻醉，明确断端位置后，令助手固定断端，术者先用力下拉，然后上下对准，再由远端向上推送，当接近断端时猛用力，听到"咔喳"声说明断端吻合；断端吻合后立即用接骨丹：当归、大黄、骨碎补、血竭、姜黄各 40g，三七 12g，煅自然铜 17g。共研细末，外敷，绷带包扎，竹制夹板固定；青霉素320 万单位，链霉素 200 万单位，注射用水 20mL，肌内注射，1 次/d，连用 7d；取跌打万应散：桃仁、红花、肉桂、五加皮、制乳香、制没药、制川乌、制草乌各 40g。共研细末，20～30g/次，灌服。1 个月后，患牛痊愈。共治疗 10 余例（含猪），均获满意疗效。

4. 按常规方法保定患牛，整复患部，用水胶绷带固定；取血府逐瘀汤加味：当归、赤芍、生地、红花、牛膝各 30g，桃仁 45g，川芎、枳壳、桔梗、柴胡、甘草各 20g，乳香、没药各 15g，血竭 9g（冲）。水煎 2 次，合并药液，候温灌服，1 剂/d。

5. 木叉夹板上提绷带固定配合中西药治疗四肢高位骨折。

夹板的制备。（1）木叉夹板的制备。木叉夹板分叉的幅度以容纳前肢或后肢为宜，两叉支的长度应超过鬐甲部或臀腰部 2～3cm；材料以富有弹性、坚韧而质轻者为佳，一般选用新鲜的榆树枝较为理想。选好后剥皮，将叉柄削扁成板状，包扎时，为减少对体表的摩擦，可将叉柄、叉支均用棉布包缠。（2）外侧长夹板的制备。外侧长夹板是装在骨折肢外侧的一较长而结实的夹板，其长度下端应超过腕、跗关节，上端应超过鬐甲或腰臀部，宽 2～3cm，以选用坚韧而有弹性的竹板或松木板为佳。在其上端头做一穿绳用的孔眼，以便于结扎固定。（3）侧宽夹板的制备。选择厚度为 1.5～2cm，宽为 15cm 的木板，其长度以牛体大小而定。用于前肢者从胸骨至鬐甲部，用于后肢者从腹底至臀腰部的高度，并在上下四角各打一直径约 1cm 的孔眼。注意在绳子通过臀甲或腰臂部时，事先装以小车鞍或垫以较厚的衬垫，防止摩擦成伤。以上夹板用棉布或绷带包缠，防止在固定期间压迫、摩擦体表。

取 846 合剂或保定宁，肌内注射，行全身浅部麻醉；局部剪毛、消毒后，于患部肿胀处分数点注射 1%盐酸普鲁卡因青霉素。助手配合术者采用牵引、推压、捏揣、提按等方法，使骨折断端达到解剖复位后，取黄连、栀子、天南星、红花、黄柏各 15g，大黄 30g，半夏 10g，共研细末，过筛，用蛋清 8～10 枚，调成糊剂，均匀涂布于大块脱脂棉上，缠敷于骨折及肿胀处，每缠一层绷带向上面涂中药糊剂，在骨折部下方较细的部位用干净的麻袋片或棉花包衬，使骨折部上下粗细一致，然后装木叉夹板。既起固定作用，又有上提而防止夹板绷带下滑松脱的效果。

6. 水胶绷带固定法。取硫酸阿托品注射液 10mg，麻醉前 10min 肌内注射；2% 静松灵 16mL（320mg），肌内注射。麻醉后，置患牛右侧卧地，将其 3 健肢固定于一木杠上，患肢由一助手托平。一助手牵拉患肢蹄部，术者行骨折断端复位；另一助手将整复的患肢托平。按下列顺序操作：从球节到膝关节皮肤涂一层水胶，裹一层药棉，用白布条打蛇形绷带，涂一层水胶，贴一层树皮，并用布条分段打结扎紧，涂水胶，再捆一层树皮，涂水胶，前后左右各附竹板一片，再用 10 号铁丝捆紧，涂水胶，裹一层白布，前后左右贴附相应弯曲度的钢板，铁丝固定，涂水胶，裹一层绷带。手术固定后任其自由活动采食。至第 3 周患肢消肿，进行第 2 次水胶绷带固定；第 79 天彻底拆除绷带。取荆防汤：荆芥、防风各 120g，透骨草、伸筋草各 250g，当归 60g，红花 30g。水煎取汁，烫洗，2 次/d，30min/次，并作适当运动。

注：由于水胶的黏合性强，树皮的可塑性大，干后牢固树皮、竹板和钢板，起到坚固的支撑和固定作用，不会因患牛的活动而滑脱，也有效地限制了膝关节的活动。

【护理】 精心饲养与护理，动静结合，配合适时、适量的功能训练。

【典型医案】 1. 1980 年 8 月，华亭县西华公社王寨大队张某一头牛来诊。检查：患牛右腓骨开放性骨折。治疗：烧烙法，方法见方药 1。术后 3 个月，患牛痊愈。（潘学业等，T11，P44）

2. 1993 年 6 月，桂平市某部队农场一头 4 岁公黄牛，因跌入坑内不能行走邀诊。检查：患牛饮食欲正常，呼吸 20 次/min，体温 38.6℃，左后肢下端肿大，触摸、摇动可听到骨断端磨擦音。诊为左后肢骨折。治疗：先整复断骨，竹片夹正、结扎；取乳香没药散，用法同方药 2。15d 后，患牛骨断端愈合正常。除去竹片，嘱畜主于 10d 后牵遛。第 23 天随访，患牛痊愈。（陈永霖等，T107，P25）

3. 1996 年 9 月，乐平市接渡镇坑口村叶某一头

3 岁黄牛就诊。主诉：当日在小河边放牧时，该牛不慎滑下 3m 多深的坝底而致左前肢骨折。检查：患牛前肢腕骨 1/2 处肿胀、灼热、拒绝触摸，手轻轻摇动可听到咔喳的摩擦音。诊为腕骨骨折。治疗：取方药 3，整复、固定、施治同上。1 个月后痊愈。（汪成发，T97，P24）

4. 1994 年 9 月 15 日，平度市仁兆镇李家屯村李某一头 3 月龄犊牛，因被车撞伤就诊。检查：患牛卧地不起，左前肢尺骨、桡骨完全骨折。治疗：取方药 4，整复、固定、施治同上。用药 9 剂后停药观察。第 28 天拆除固定绷带；第 32 天复查痊愈。一年半后追访，患牛行走、役用正常。（张汝华等，T93，P26）

5. 湟源县和平乡董家脑村董某一头奶牛来诊。主诉：放牧时，该牛被山坡上滚下的石头砸在前臂部，造成前臂骨完全骨折。治疗：取方药 5，整复、固定、施治同上。50d 后，患肢能完全着地行走。嘱畜主让牛自由活动。20d 后拆除固定绷带。（张进国，ZJ2006，P202）

6. 1997 年 2 月 7 日上午 8 时许，山东省畜禽良种推广中心刚从国外引进的一头 1.5 岁、约 800kg 利木赞种公牛，被邻栏另一种牛牴伤左后腿上部，当时患肢就不能负重，强行驱赶呈三肢跳跃；起卧、运步时跗关节上方自由摇摆。检查：患部肿胀，触之高度敏感、躲闪不安，他动跗关节上方 15cm 处出现异常活动，有明显的骨摩擦音；其他无异常。诊为胫骨骨折。治疗：水胶绷带固定法，整复、固定、施治见方药 6。13 周后，患肢运动功能基本恢复。（张志民等，T104，P33）

## 肩关节脱臼

肩关节脱臼是指在外力作用下，牛肩关节正常的结合被破坏或移位而不能自行恢复正常的一种病症。

【病因】 多因滑、跌、扑、强力碰撞等外力作用，导致牛肩关节脱臼；某些疾病导致骨关节发育不良，即使较小的外力亦可造成脱臼。

【主证】 患肢伸向前方，避免负重，运步时拖地前进，负重瞬间患肢即外偏、呈高度跛行，骨肌结节向外变得粗大、触诊无痛感，用力推压可使骨头与肩关节窝靠拢，但松手后又恢复原状。如不及时治疗，2 周后肩部肌肉开始萎缩，失去劳役能力。

【治则】 手术整复，理气止痛。

【方药】 1. 患牛横卧保定在铺有垫草的平坦地面上，固定头部；用麻袋片或旧布片分别包裹四肢系关节，用细绳扎紧；再用粗绳分别将两前肢和两后肢捆扎固定，绳距为 10～15cm，以通过抬杠为准。整复时，1 人固定好头部，将抬杠从两前肢和两后肢间穿过，两端各 2～3 人，缓慢抬起，使牛四脚朝天，牛背暂不离地面；术者位于患肢侧，指挥抬杠者将牛

背部抬离地面，并反复上下垂直抬动，由慢到快，当听到患肢关节内发出"咔"的响声时，术者一手拿木板贴在关节部，一手执榔头用力锤击紧贴关节的木板，使关节头更好复位到关节窝内。此时，将患牛呈横卧姿势轻放地面，患肢在上，然后抽杠松绳。为防治脱臼再度发生，在关节周围分点注射70%酒精5mL或自家血液20mL，使关节周围组织发生急性炎症，从而达到固定关节的目的。取当归、乳香、没药、土鳖虫、自然铜、大黄、桂枝、川续断、天南星各25g，红花、骨碎补、地龙、甘草、血竭各20g。共研细末，开水冲调，加黄酒250mL，候温灌服，1剂/2d，连服2～3剂。共治疗23例（含髋关节脱臼），全部治愈。（唐彬，T61，P30）

2. 将患牛侧卧保定，助手分别固定头部，拉紧其他3健肢。用绳索从患牛前裆穿过（绳长需4m）拴在系部，术者脚踩患肢脱位突出部，拉患肢绳索的助手与术者步调要一致。在整复时，任患牛挣扎，拉患肢绳索者要前后拉动，当术者脚下有骨滑动感时即可松开绳索；在抬绳的同时，患肢若前后摆动说明已复位。在施术时患牛若安静，用小木棍击其唇部使其挣扎不休。一般3～4次即可复位。习惯性脱臼，复位后灌服土鳖虫100g，黄酒250mL，效果更佳。共治疗6例，全部治愈。

【典型医案】　1979年4月5日，威海市环翠区江家口村一头耕牛来诊。主诉：该牛不慎坠崖，拉起后右前肢下垂，不能移动，多方医治无效。检查：患肢向前方外展，肩关节向外突出，运步非常艰难、呈三肢跳跃，右前肢长于左前肢；患肢无肿胀，三角肌、冈下肌萎缩，患侧肩胛上缘明显凹陷，左右肩胛部肌肉显著不对称，驱赶时右肩胛后角不显露，卧地后不能自行起立。诊为肩关节脱臼。治疗：取方药2，整复、固定、施治同上，1次复位。（孙德聪，T65，P34）

## 髋关节脱臼

髋关节脱臼是牛股骨头脱出髋臼外所引起的一种病症。临床上常见前上方移位，罕见后上方、前下方移位。

【病因】　多因跌倒、碰撞、踏空，使牛股部运动肌群屈伸运动失去平衡所致。

【主证】　患牛常卧地、不愿起立，患肢不能负重、缩短，髋关节变形、异常外展，跛行明显，运动受限，外展和旋转股骨时有捻发音。全脱臼时，大转子异常突出和患肢显著缩短，运步时患肢拖拉前进。

【治则】　整复，活血止痛。

【方药】　1. 患牛横卧保定，患肢在上，将3健肢捆绑于一起；用温水洗净患肢，再用麻绳做成直径为15cm圆圈，反复绕成"8"字形，套于患肢的趾关节上，用预先准备好的木板（长2.5m，厚2～

3cm，宽7～10cm）前端作成隼插入"8"字形圆圈的上圈内（下圈系于患肢的趾关节），以患肢的股内区作支点，抬平患肢，使其保持健康时的位置，用锤子尽力敲打木板的另一端进行整复，直到患肢关节内发出"咔"的响声为止。局部常规消毒后，用白针刺大胯、小胯、环后、环中、仰瓦等穴，直到出血为度。取琥珀、木通、红花、木香、甘草各15g，没药、乳香、牛膝、当归、天花粉、丹皮、骨碎补、川羌活各12g，杜仲、土鳖虫各10g，草乌9g，血竭6g，三七5g。用白酒500mL浸泡1h，加适量水煎煮，候温，药汁、渣一并灌服，1剂/d，连服2～3剂。共治疗15例，治愈13例，2例因护理不当未愈。

2. 患牛横卧保定在铺有垫草的平坦地上，固定头部；用麻袋片或旧布片分别包裹四肢系关节，用细绳扎紧；再用粗绳分别将两前肢和两后肢捆扎固定，绳距为10～15cm，以通过抬杠为准。整复时，1人固定好头部，将抬杠从两前肢和两后肢间穿过，两端各2～3人，缓慢抬起，使牛四脚朝天，牛背暂不离地面；术者位于患肢侧，指挥抬杠者将牛背部抬离地面，反复上下垂直抬动，由慢到快，当听到患肢关节内发出"咔"的响声时，术者一手拿木板贴在关节部，一手执榔头用力锤击紧贴关节的木板，使关节头更好复位到关节窝内。此时，将患牛呈横卧姿势轻放地面，患肢在上，然后抽杠松绳。为防治脱臼再度发生，在关节周围分点注射70%酒精5mL或自家血液20mL，使关节周围组织发生急性炎症，从而达到固定关节的目的。取当归、乳香、没药、土鳖虫、自然铜、大黄、天南星、杜仲、牛膝各25g，红花、骨碎补、地龙、甘草、血竭各20g。共研细末，加黄酒250mL，开水冲调，候温灌服，1剂/2d，连服2～3剂。共治疗23例（含肩关节脱臼），全部治愈。

3. 将鼻绳双折，牵患牛靠砖墙站立保定，患侧向外，防止跌倒，便于整复。把绳的一端栓于患肢系部，另一端向前斜过腹下拴在健侧角上，绳的松紧以患肢蹄部离地6.7cm左右为宜。术者一手握住牛尾上部，一手用穿癀针轻刺胯部。此时，患牛有感痛，悬空患肢则自行来回弹动牵引，一般黄牛弹动15～20次，水牛10～15次。如停止弹动可再次轻刺，如此3次即可复位。如果向外脱位较重，在患肢弹动的同时，术者用掌心向内压鹰嘴，助其复位（此法也适用于后方脱位）；如果达不到整复目的，隔1～2d改用垂直向上提法：术者距牛0.5m处面向牛尾站立，将绳的一端拴在患肢系部，并紧贴患肢后方双手提绳，在患肢保持与健肢同样的肢势下，垂直上提绳3～5次（切忌粗暴）即可复位。取马钱子五通散加味：马钱子（用文火砂炒，不断翻搅使火候均匀。待马钱子呈深黄色、体积略胀大时，放冷过筛去砂，用小刀刮净表面细毛）、木通各24～30g，血通（大血藤）、淮通（青木香）、香通（香樟）各

30～35g，通草 9～12g，乳香、没药、归尾、川芎、土鳖虫各 30～35g，红花 24～30g。童便、酒为引。左侧患肢加柴胡 20g，蒺藜 30g；右侧患肢加郁金 30g。共研细末，开水冲调，候温灌服。

若连接髋关节窝与股骨头的韧带断裂，纵使关节复位也失去牵引和控制力，仍会凸出，多预后不良；失治日久则预后较差。

4. 躯体翻滚法。患牛横卧于平坦地面，解除绳索；1 人持缰护头，2 人分别把持前后肢，将患牛躯体迅速翻滚，转体 180°。当躯体翻滚于对侧地面时，听到一种钝音即证明已复位，一般患牛能随即起立；刚起步时仍有轻度跛行，但瞬时即运步恢复正常。一次复位不成功可按前法再翻滚 1 次。整复时间越早越好；超过 2d 以上则效果较差；对陈旧的脱位无效。共治疗 16 例，通过 1 次翻滚复位者 14 例，2 次翻滚复位者 2 例。

【典型医案】 1. 1995 年 9 月 8 日，遵义县龙坑镇桂花村宋某一头 400kg 公水牛，因跨沟不慎跌倒，导致右后肢跛行来诊。检查：患牛不愿运动，强迫运动时患肢拖拽前进；患肢比健肢短、异常外展，髋关节变形，明显跛行。诊为右后肢髋关节脱位。治疗：取方药 1，整复、固定、施治同上；用白针刺大胯、小胯、环后、环中、仰瓦等穴，直至出血为止；取患牛自家血液 20mL，行患肢髋关节周围分点肌内注射，以固定关节；取方药 1 中药，2 剂，用法同上。7d 后痊愈。（张仕颖，T131，P49）

2. 1990 年 7 月 20 日，衡东县吴集镇厚田冲村郑某一头母黄牛来诊。主诉：因过沟时该牛滑倒，坠于深约 1m 的沟中，抬出后不能行走，强迫运动则左后肢拖拽。检查：患牛常卧地、不愿起立，患肢不能负重、缩短，髋关节变形、异常外展，跛行明显，运步时患肢拖拽前进。诊为左后肢髋关节脱臼。治疗：取方药 2，整复、固定、施治同上。治疗 15d，患牛痊愈，30d 后投入使役。（唐彬，T61，P30）

3. 金堂县赵渡公社红旗四队一头 7 岁黄牯牛，因下坡滑倒，扶起后跛行严重，左后肢拖拽前进来诊。诊为髋关节外方脱位。治疗：按方药 3 方法整复，自动来回弹动牵引 3 次，复位；取马钱子五通散加味，2 剂，用法同上。患牛痊愈。（何世明等，T1，P21）

4. 1982 年 6 月，邢台县武支江村的一头牛，在狂奔中突然跛行，患肢变长，运步拖拉，不能负重，用拖拉机运来就诊。当从拖拉机上卸牛时，顺势在土堆上让牛翻滚，耳闻钝音，牛随即站立，运步如常。（逯天升，T43，P39）

## 膝盖骨移位

膝盖骨移位是指牛在各种外力作用或在跳跃、摔倒情况下，导致膝盖骨突发移位的一种病症，又称牛髌骨脱臼或膝盖骨上方固定症，俗称"僵筋腿"。一般多发生于 3～6 岁壮年水牛，少数黄牛也有发生。

【病因】 因劳役过度，饲喂草料不足或饲喂霉变稻草而发病；受风、寒、湿邪侵袭，导致经络不通，气血不畅，关节、韧带不和，加之又在深层泥泞的田块中使役，后肢用力过度而发病。跌倒、打击、角斗、冲撞和蹴踢等亦可诱发。

【主证】 大多数患牛在站立或卧地休息之后，再起步行走时突然发生。患肢僵拘，向后直伸，膝、跗关节不能屈曲，运步时蹄前壁拖擦地面，有的患牛半腱肌、半膜肌与股二头肌之间出现明显肌沟，他动球关节屈曲，触诊时可摸到髌骨被固定在滑车上部，膝内侧直韧带异常紧张。两后肢同时患病者运步十分困难，步幅拘紧，有的走小步，有的每走一步便弹腿一下，有的呈"鸡跛"样（后肢迈不远），有的几乎不能行走。

根据临床症状，一般分为短暂型膝盖骨移位、暂时性膝盖骨移位、永久性膝盖骨移位、膝盖骨上方固定症（并发膝关节结构异常）。

(1) 短暂型膝盖骨移位 患牛快步行走时，在患肢离地之际出现短暂的痉挛性收缩，髌骨便立即复位，可听到关节面脆弱的互相摩擦音。

(2) 暂时性膝盖骨移位（髌骨上方固定） 患牛休息之后行走的前几步，患肢僵拘不能屈曲。有的患肢从后方向外方划弧前进，有的呈 3 肢跳跃。人为将髌骨从上内方向下方压迫或强迫牛自行活动便可复位，不久又复发。

(3) 永久性膝盖骨移位 经强迫活动，患肢僵拘症状仍然不能消失。

(4) 膝盖骨上方固定症（并发膝关节结构异常） 多见于病程长的永久性移位。患牛膝关节增大、变形，触诊时膝直韧带、关节腔和胫骨隆起等均现异常；较年幼的患牛甚至会出现屈腱挛缩现象。

【治则】 手术整复，疏通经络，调和气血。

【方药】 1. 手术疗法。术部位于膝内侧直韧带下 1/3 处。膝内侧直韧带位于膝关节前内侧，外为筋膜、皮下组织和皮肤所覆盖，深部为关节囊。该韧带上端起于膝盖骨内缘的纤维软骨，下端止于骨隆起内缘的韧带沟、呈带形，后缘与筋膜相连，前缘与膝中直韧带有一"V"形样或狭槽样凹陷，术前能够触摸到。选择稍有倾斜度的地势，横卧保定患牛，牛背部稍低，腹部稍高，充分暴露术部。患肢在下，3 健肢紧系一起，患肢向下拉直放平。取百会、尾根穴和百会、大胯穴两组穴位，电针麻醉（1.5V 兽用电麻机、圆利针 2 枚、电压 1.5V、电流 150～200mA，空峰压 40V 以上，输出频率 200～1400 次/min，连续可调）。当刺激强度达到牛体痛感消失时即可施术。

① 剥离切断法。术部剃毛，常规消毒。在内直韧带正中下 1/3 处作 3～4cm 长的纵行切口，一次切透皮肤、皮下组织和各层筋膜，即可见内直韧带（呈

淡黄色、有光泽，纹路与切口同向）。用钝性单创钩将创壁拉向该韧带的前缘或后缘，并在韧带的边缘切一小口，用半弯带槽探针套入韧带深面，使之成"十"字形，轻轻挑住韧带，助手将扩创钩换在对侧，牵拉对侧创壁，配合术者沿探针槽横断韧带（无此探针可用弯头止血钳代替），创口皮肤作结节缝合，涂碘酊。

②埋藏切割法。术部涂碘酊；按照"小挑花"阄割刀式，用小挑刀从内直韧带下 1/3 处的前缘或后缘皮肤刺入韧带的前缘或后缘（不宜太深，以免刺破关节囊），拨动刀尖稍稍扩创，退出小挑刀，再套入球头切腱刀，放平刀身，沿韧带深面横穿韧带，将刀刃转向韧带，向外切断韧带（切割韧带时可听到清晰的"喳喳"声，当韧带断裂后，有如绷紧的琴弦断后的松弛感，切割处能触及明显的凹陷），退出术刀，皮肤创口可不缝合。术后，绝大多数患牛症状立即消失，运步灵活；少数患肢仍有轻度弹动和响声，经妥善饲养、牵遛运动，2～7d 后自行消失；术后仅作一般护理，很少用药，创口一般 6～10d 愈合，20～30d 可投入使役。共治疗 997 例，治愈 956 例。治愈后全部恢复使役。

注：①埋藏切割法与剥离切割法的比较。埋藏切割法切口小，边缘整齐，切口是通过皮肤和皮下组织错位后形成的，术后各层组织自行复位，深部创腔即自行封闭，术中和术后均不易感染，创口可不缝合，也不必用抗生素等药；该法对皮肤、皮下组织、血管、神经损伤少，术后愈合快，可提早使役。剥离切割法的切口原定于"V"形沟内，后改在"V"形沟的后方 1～1.5cm，胫骨隆起上方 5～6cm 处更为适宜，这样有利于挑起韧带，检查是否切割正确，不易伤及膝中直韧带，一旦局部感染，中直韧带也不会首先受害；切口偏上偏下，均不利于韧带的挑起和切割。②切割时不能切断膝中直韧带，如果误切，致使膝关节不能完全伸展，出现膝关节屈曲，无法补救。

从而导致患牛丧失耕作能力；也不能切破关节囊，膝内直韧带和膝中直韧带下段的深面有较厚关节囊的脂肪垫，一般不易损伤关节囊，如果术时不慎而损伤关节囊，可见到淡黄色、半透明、黏稠的滑液流出，需要注射大剂量的抗生素，避免感染。③与股二头肌变位的鉴别。牛的股二头肌上部很宽，容易看出与半腱肌和臀浅肌融合。同时，应与扭、闪伤韧带和肌腱、风湿、痹证进行区别。④应及早施术，晚期治疗效果较差。

2. 独活寄生汤加减。羌活、独活、秦艽各 25g，桑寄生、露蜂房、牛膝各 30g，制川乌、细辛、茯苓、生白芍各 15g，炙黄芪、乌梢蛇各 50g，千年健 20g，松节 3 个，白酒 150mL。共研细末，开水冲调，候温灌服，1 剂/d。同时辅以轻微运动，防寒保暖，使髌骨在运动中复位。共治疗 5 例，全部治愈。

【典型医案】 1. 1987 年 9 月 21 日，广安县团堡公社红星 1 队的一头 4 岁母水牛就诊。主诉：该牛于 1980 年 7 月开始发病，左后肢僵硬不能弯曲，行走困难，运步时可听见骨碰撞音。近 10d 来，该牛右后肢不能屈曲，他医按风湿病治疗无效。诊为髌骨上方固定。治疗：按照方药 1 的治法，先切断左后肢内侧直韧带，间隔 9d 后又切断右后肢内侧直韧带。术后，患牛运动自如，使役如常。（代邦元，T19，P35）

2. 1982 年 11 月 20 日，旌德县板桥公社丁家队一头 8 岁水牯牛来诊。主诉：因踩窑泥，该牛出现跛行，他医用镇跛痛治疗无效。检查：患牛行走时左后肢膝、跗关节高度伸展，向后伸直，拖拽划地前进，驱赶牛行走数米，可听见患肢"喀嗒"一声后行走如常；唤牛站立片刻再走，又出现直腿拖拽步态；触诊左后肢膝部，内、中、外三条髌直韧带皆异常紧张。诊为髌骨脱位。治疗：独活寄生汤加减，用法同方药 2，连服 5 剂。服药后，驱牛在旱地耕作 30min。第 7 天，患牛痊愈。（侯家冲，T9，P62）

# 第六节　其　他

## 痹　证

痹证是指因风、寒、湿邪侵袭，致使牛体经络阻塞、气血凝滞，引起肌肉、筋骨、关节肿痛，屈伸不利，甚至麻木，关节肿大、变形，运动机能障碍的一类病症，俗称软脚瘟或坐栏瘟。多发生于母牛和老龄、瘦弱的牛。多见于冬、春季节。

【病因】 多因牛体阳气不足，卫气不固，加之气候突变，夜露风霜，阴雨苦淋，久卧湿地，劳役后带汗，遭受风袭，风寒、湿邪乘虚伤于皮肤，流窜经络，侵害肌肉、筋骨、关节，引起经络阻塞，气血凝滞而发病。

阳虚阴胜者多为风寒湿痹；阴虚阳胜者内有蕴热，多为风湿热痹；风寒湿痹经久不愈，郁而化热，亦可转为热痹。气血营卫内虚是致痹的内在条件；风寒湿邪是致痹的外在因素；气滞血凝，经络阻塞所导致的肢体关节疼痛、屈伸不利、运动不便等则是痹证的基本病变。

【辨证施治】 根据临床表现，分为风寒湿型、风湿热型、中风型和肝肾亏虚型。

（1）风寒湿型　患牛肢体关节疼痛、屈伸不利、运动不便。风邪偏胜者，疼痛无定处，游走于四肢，举步跛行，症状随运动而减轻，兼有恶寒发热，口色淡红，脉浮缓。寒邪偏胜者，痛处固定，疼痛剧烈。病在腰脊则腰脊僵硬，转弯不灵；病在前肢则患肢提举困难，步幅短小；病在后肢则后肢拘无力，起卧困难；病在颈项则颈项强直，头难俯仰；病在全身则全身拘挛，形寒，鼻寒耳冷，口色淡白，脉弦紧。湿邪偏胜者，痛亦固定，患部关节肿胀、麻木，多见于四肢及腰胯部，以后肢多发；患牛腰胯拖拽，四肢沉重，懒于行走，严重时关节、肌肉变形，卧地难起，口白而滑，脉沉缓。

（2）风湿热型　一般发病较急。患牛四肢关节肿胀，触之灼热、疼痛、发热、呈游走性，口渴，烦躁不安，口色赤红，脉数。

（3）中风型　除有风寒湿痹的一般症状外，患牛神昏似醉，双目半闭，反应迟钝，有时易惊；有的口眼歪邪，偏头直项，嘴唇松弛，流涎，吞咽困难或噙草忘嚼，共济失调，苔厚脉滑；跛行，但患肢关节不见异常，体温、呼吸基本正常。

（4）肝肾亏虚型　患牛形体消瘦，毛焦欤吊，腰胯痿软，筋脉拘急，四肢虚肿，关节肿大，常卧地不起，食欲减退，粪有时溏稀，口色苍白，脉沉弱。

【治则】　风寒湿型宜祛风散寒，利湿通络；风湿热型宜适清热通络，祛风祛湿；中风型宜通经活络，祛风除湿；肝肾亏虚型宜扶正祛邪，活络止痛。

【方药】　（1～5适用于风寒湿型；6、7适用于风湿热型；8适用于肝肾亏虚型；9适用于中风型）

1. 独活寄生汤加减。桑寄生45g，独活、秦艽、防风、当归、茯苓、牛膝各30g，白芍、川芎、桂枝各25g，细辛15g，甘草20g。风邪偏胜者加羌活、威灵仙各30g；寒邪偏胜者加川乌、制附子各15g；前肢痛甚者加姜黄25g，海风藤40g；后肢和腰部痛重者加杜仲、茴香各30g，肉桂25g；关节肿胀者加穿山甲25g，乳香、没药各24g；湿邪偏胜者加薏苡仁40g，苍术25g，防己30g。共研细末，开水冲调，加米酒500mL（或烧酒250mL），灌服。火针，前肢取抢风穴，配膊尖、膊栏、膊中等穴；后肢、腰部分别取大胯、百会穴，配大转子、小胯、掠草、肾俞、腰中等穴。针前穴位处用碘酊消毒；针后用磺胺类软膏封盖针孔。针过的穴位1周内不重复施针。白针，取曲池、追风、寸子等穴。腰背板硬、肢体疼痛较甚者，配合醋酒灸法。四肢跛行，关节屈伸不利者，用小麦麸250g，白桐油调和，敷于寸子穴（前左后右或前右后左，根据病情而定），用布包扎，3～5d后取下；关节肿胀者，取童便、陈醋各1碗，煮沸，加血余炭17g（1次用量），蘸在布上温熨患部，或用手淋洗患部，1～2次/d，病重者多次淋洗。腰背板硬者，取小麦麸皮1.5kg，加米酒淬湿（也可用酒糟炒热），装入袋中，热敷腰背部或百会穴，连用5～7d。共治疗24例，治愈22例，有效和无效各1例。（黄

立金，T15，P45）

2. 消痹祛风汤。制马钱子10g，麻黄、全虫、制附子各30g，僵蚕、牛膝、制乳香、制没药各50g，苍术、桃仁、红花各25g。水煎取汁，加白酒100mL，候温灌服，1剂/2d。慢性、全身性、易复发、体壮且在冬春季节发病者，按病情适当增加药量，以提高疗效。共治疗78例（其中牛23例），治愈58例，显效12例，好转4例，无效4例。

注：个别患牛服药后，面部及前肢肌肉出现震颤，经大量饮水后便可消失，一般不必进行处理；孕牛、高热及心脏病患牛忌用；本方药绝对不能与安钠咖、樟脑类兴奋剂同时使用，以免增强马钱子的毒性。（尚国义等，T54，P25）

3. 桂枝附子汤加味。桂枝、杭白芍、附子、羌活、独活、秦艽、桑寄生、甘草。痛痹在后肢者加牛膝；在腕关节者加木瓜；在腰脊部者加杜仲、巴戟天；在颈部者加藁本。水煎取汁，候温灌服；取镇跛痛，穴位注射。共治疗45例，均获痊愈。

4. 在牛头部挽一结实笼套，将牛牵至宽敞平地；在牛头左右进行牵拉以限制牛的猛冲快跑，但不限制牛的自由行走或转圈。于百会穴上洒上温醋，用手以螺旋式向周围扩散，面积约12cm²，然后盖上3层用醋浸过的3条新毛巾，再以百会穴为中心滴上烧酒，任酒自行扩散，面积约9cm²，然后点燃烧酒。用醋控制火燃的范围和强弱，火势扩大时用醋浇酒，将蔓延的火焰熄灭；火旺温度过高时用醋向火旺处浇酒；酒少火焰太弱时再适当浇酒；火势强度应掌握在牛有热痛并强行前行时为宜，时间约40min，以全身出汗为度。本法适用于后肢风寒痹证。共治疗46例，痊愈44例。

5. 加减独活寄生汤。独活、羌活各45g，防风、杜仲、桑寄生、五加皮、秦艽、续断各30g，当归40g，防己、桂枝、川芎、车前子各24g。共研细末，开水冲调，加白酒50～100mL，候温灌服，1剂/d，直至痊愈。取10%安乃近注射液40～60mL，青霉素钠盐400万～800万单位，链霉素100万～200万单位，山莨菪碱（654-2注射液）10～15mL。行穴位注射，前驱取抢风、膊尖、膊栏、中膊等穴，后驱取百会、肾俞、大胯、小胯等穴，依据患牛体重大小，注射10～30mL/穴，注射次数依据病情程度而定。

6. 白虎加桂枝汤加减。生石膏45g，知母、桂枝、桑枝、忍冬藤、薏苡仁、黄柏各30g，防己、赤芍、苍术各25g，甘草18g，水煎取汁，候温灌服。前肢和胸膊彻胸堂、膝脉血；后肢和腰部彻肾堂、曲池血。取五倍子500g（研末），陈醋1kg，共煎煮成糊剂，敷于关节肿胀处，外用纱布绷带固定。共治疗8例，痊愈7例，无效1例。（黄立金，T15，P45）

7. 丹参120g，鸡血藤100g，川牛膝、秦艽、当归各80g，姜黄、地龙、桑枝各60g。风痹者加独活、威灵仙、防风各60g；寒痹者加制川乌30g，桂枝

40g，细辛 20g，薏苡仁 80g；湿热痹者加忍冬藤、金银花、薏苡仁各 120g，生地 60g；前肢痹者加枳壳、青皮、佛手各 30g；后肢或腰胯痹者加巴戟天、杜仲、川楝子、狗脊各 30g；瘦弱者加党参 45g，黄芪 80g。1 剂/d，水煎取汁，候温，分 2 次灌服。重症者，取海桐皮散：海桐皮、紫荆皮、生没药、生乳香、白芨、白芥子、透骨草、栀子、续断各等份。共研末，用鲜姜汁加面粉调成糊状，外敷。干燥时洒适量白酒以助药力，换药 1 次/（3～5）d。共治疗 20 例（含其他家畜），均获痊愈。

8. 三痹汤。熟地、白芍、当归、党参、黄芪、茯苓、杜仲、牛膝、生姜各 30g，川芎、防风、独活、秦艽各 25g，细辛 11g，甘草 12g，续断、桂枝各 24g，南大枣 20 枚。虚寒较甚者加破故纸、枸杞子、小茴香、巴戟天各 30g；关节肿大疼痛甚者加桃仁、乳香各 30g，红花 25g，没药 24g。水煎取汁，候温灌服。火针，前肢取抢风穴，配膊尖、膊栏、膊中等穴；后肢、腰部分别取大胯、百会穴，配大转子、小胯、掠草、肾俞、腰中等穴。针前穴位处用碘酊消毒；针后用磺胺类软膏封盖针孔。针过的穴位 1 周内不重复施针。关节肿大者，用桃仁、芥子各 40～50g，共研末，加鸡蛋清适量调成糊状，敷于患部，再轻轻包上绷带；关节肿大变形者，将小麦麸炒热，加米酒淬湿，轮换热敷。共治疗 9 例，痊愈 5 例，有效 1 例，无效 3 例。

9. 活络散。桑枝、皂刺各 45g，地鳖、法半夏、陈皮各 30g，桃仁、红花、地龙、水蛭各 21g，全蝎、僵蚕、炮山甲各 24g，蜈蚣 10 条，茯苓、续断、牛膝各 50g（依据患牛体格大小按比例增减药量）。共研细末，开水冲调，候温灌服，1 剂/d。共治疗 14 例（含其他家畜），治愈 10 例，显效 3 例，无效 1 例。

【典型医案】1. 1980 年 12 月 28 日，旌德县榔坑 2 队一头 5 岁水牛，因病在当地治疗无效来诊。检查：患牛营养中等，体温、食欲、粪、尿正常；项背强硬，四肢僵硬如棍，行走步态拘紧，后躯摇摆，拐弯时有跌倒之势，口色淡白，脉弦。经询问，得知该牛冬季饲养于破漏牛舍，久卧湿地，寒湿流注经络引发痛痹。诊为风寒湿痹。治疗：取镇跛痛 40mL，于百会、三台、大胯、抢风穴注射；桂枝附子汤加味：桂枝、附子、秦艽各 20g，杭白芍、羌活、独活各 25g，甘草 10g，姜、枣各 10 片（枚）。用法同方药 3，连服 5 剂；柳枝、桑枝各 1m（剪断），松节 10 个，路路通 20 个，水煎取汁，混于水中饮服。将牛牵到避风干燥栏内，加强护理。共治疗 5d，痊愈。（侯家冲，T22，P47）

2. 1987 年 2 月 28 日，定西县李家堡镇张某一头 6 岁黄牛来诊。主诉：该牛于 3 个月前发现跛行，他医用水杨酸钠和镇跛痛治疗，用药时症状减轻，停药后又恢复原状，先后治疗数次无效。检查：患牛精神不振，毛焦，极度消瘦，背拱，后肢拖地前行。诊为后肢风寒痹证。治疗：取方药 4，灸、用法同上，1 次/d，连用 3d，痊愈。一年后回访，未复发。（张勇等，T123，P32）

3. 2001 年 12 月 10 日，西吉县偏城乡大庄村杨某一头 5 岁黄牛来诊。主诉：该牛于 5d 前使役后发现跛行，行走一段后跛行减轻，曾用青霉素钠盐和水杨酸钠注射液治疗 3 次效果不佳。检查：患牛体温 38.5℃，右前肢不能着地，不愿行走，吞咽缓慢，患肢关节稍肿胀，触诊有疼痛感。诊为痹证。治疗：取加减独活寄生汤，用法同方药 5，连服 6 剂；穴位注射（见方药 5），7d。3 个月后，患牛痊愈。（负谦吉等，ZJ2006，P190）

4. 邓州市裴营乡青冢村李某一头母牛来诊。主诉：由于厩舍潮湿、漏风，该牛长期卧于湿地，突然出现后肢行走困难。检查：患牛站立时两后肢前踏，运步时两后肢提屈困难，行走缓慢，步幅短小，臀部下沉，触诊肌肉较硬；口色白，津滑，脉沉而缓。诊为腰胯湿痹。治疗：取方药 7 加忍冬藤、薏苡仁、巴戟天、杜仲、狗脊、川楝子。水煎取汁，候温灌服，连服 6 剂；同时，取海桐皮散，敷、用法同方药 7。7 日，患牛症状减轻。为巩固疗效，继服药 3 剂。1 个月后追访，痊愈。（王胜利，T72，P25）

5. 1981 年 3 月 11 日，新州县徐古管理区综合农场的一头 16 岁黄牯牛来诊。主诉：该牛患病已 2d，起初能站立，后肢行走困难，站立不久即卧，现已卧地不起。检查：患牛体瘦毛焦、腹缩，腰及后肢僵硬、疼痛剧烈，前肢微肿胀，后肢肿胀明显，肢端厥冷，食欲不振，粪稍溏，口色苍白，脉沉弱。诊为肝肾亏虚痹证。治疗：三痹汤加破故纸 40g，小茴香、巴戟天各 30g，制附子 25g，水煎取汁，候温，加烧酒 200mL，灌服。用留针法施以火针，轮换取百会、肾俞、腰中、大胯、小胯、大转子等穴；用酒麸热敷腰部。共治疗 7d，患牛痊愈。（黄立金，T15，P45）

6. 1995 年 3 月，定西县奶牛专业户秦某一头 6 岁奶牛来诊。主诉：该牛于 10d 前发现跛行且日趋严重，产奶量由 35kg/d 减至 10kg/d，他医用水杨酸钠和青霉素治疗数日无效。检查：患牛右前、后肢不能自主伸屈，患肢关节未见异常，人工牵拉患肢可任意前后摆动，驱赶不动，流涎，吞咽困难，粪秘结，尿黄赤，体温 37.8℃，舌苔厚腻而黄，脉象弦滑。诊为中风痹证。治疗：活络散加大黄 30g，枳实 45g。用法同方药 9，1 剂/d，连服 4 剂，痊愈。1 个月后追访，未复发。（田华等，T128，P39）

## 风湿病

风湿病是指牛关节、肌肉、骨骼及关节周围的软组织出现肿胀、疼痛、变形和运动机能障碍的一种病症。

【病因】 牛营养不良或饲养管理不善，使役不当，或汗出当风，冒雨使役，或气候寒冷，厩舍潮湿，久处湿地又缺乏运动，导致风寒、湿邪侵袭机体，浸入肌腠，流注经络，致使气血运行受阻而发病。

【辨证施治】 本病分为急性风湿和慢性风湿。

（1）急性 一般是突然发病。患牛精神沉郁，拱背弓腰，四肢向腹下撮拢，反刍减退或废绝，食欲不振，体温升高，呼吸、心率增快；强迫运动时，四肢抬起困难、跛行，运动后跛行减轻，休息后又恢复原状。

（2）慢性 一般是反复发作，常以某些局部症状为主，疼痛部位不局限一处，常游走不定。侵害肌肉则触诊肌肉紧张、坚硬、疼痛，卧多立少，强迫站立后又不敢卧下，站立或运动时拱腰弓背，运动时步态拘谨，转弯时更显得不灵活。无论站立或运动，均呈现形体不舒展，甚或拱腰弓背。侵害关节时则关节肿大、疼痛，局部温度增高，患病部位常呈对称性，体温不高或偏低。

【治则】 祛风除湿，活络止痛。

【方药】 1. 苍术55g，杜仲、追地风、白芍、独活、细辛各50g，甘草45g，元胡、千年健、红花、没药各40g，乌药、防风、川芎、槟榔、乳香各35g，牛膝、木瓜、肉桂、当归各30g。水煎取汁，候温灌服，或共研细末，温开水冲调，灌服，连服2～3剂。取百会穴，垂直刺入6～8cm，配抢风、大胯、小胯穴，垂直刺入4～5cm，以患牛凹腰，针感肌肉收缩为得气，留针15～20min。共治疗54例，治愈51例。

2. 小活络丹合独活寄生汤。草乌、川乌、乳香、没药、当归、川芎、独活、羌活、桑寄生、杜仲、牛膝、川续断各30g，天南星、陈皮各24g，地龙、附片、川厚朴各15g，甘草12g，细辛6g。体温高、口色红、天气热者，肉桂、细辛可少用或不用；口色淡白多津、气候寒冷者，肉桂、细辛可加倍，增加附片用量；食欲差者加健胃药物。水煎取汁，候温，加白酒50～100mL/次，分2次灌服，连服2～4剂。共治疗32例（含马），治愈30例。

3. 鲜活麻、鲜马鞭梢、鲜野烟、鲜马蹄草、生姜各等份，于石臼中共杵为泥，用手捏成药饼大小，厚1cm（以药饼完全覆盖百会穴为度）。置患牛于二柱栏或四柱栏内保定。医者位于患牛左侧或右侧肷部的适当位置。选准百会穴（腰椎与荐椎相交的凹陷处），将药饼平放于百会穴正中，用酒精浸湿药棉10～20g，置于药饼正中，点燃药棉烧灸。待酒精快烧完时熄灭火焰，加适量酒精于药棉上再次点燃。如此反复至患牛有热痛感即用敷布盖灭火焰。保留敷布1～2h，使药力和热能传入牛体，达到治病目的。

烧灸时，必须随时注意患牛对热刺激的反应。酒精1次不宜添加过多，防止流浸到牛体其他部位而

发生烧伤。烧灸完毕，敷布不可立即取下，以防止冷风侵袭灸处；暂停饮喂冰冷水草；适当牵遛；圈舍宜干燥、保暖。

4. 黄芪60g，藁本50g，当归、白芍、牛膝、木瓜、续断、巴戟天、补骨脂、木通、泽泻各40g，威灵仙、桂枝各35g，薄荷30g，桑枝100g，白酒100mL。加水适量，煎煮2次，合并药液（约3000mL），候温，加入白酒，灌服，1剂/d，连服2～3剂，严重者4～5剂。体温升高者，取青霉素320万单位，30%安乃近注射液30mL，强的松龙250mg，肌内注射。慢性者，在灌药的同时配合温热疗法：将麸皮和醋按4:3比例混合炒热，装于布袋内局部热敷，1～2次/d，连用3～4d。体质瘦弱者辅以补液，效果更好。急性、全身性风湿者，针刺四蹄八字、耳尖、尾尖穴，出血即可。慢性风湿者，依据患病部位施针。腰部针百会、肾俞穴；前肢针抢风穴；后肢针大胯、小胯、百会等穴。针感以患牛凹腰、肌肉收缩或跳动为度。视病情针灸1次/（1～2）d。共治疗57例，痊愈54例，显效2例。

5. 巴戟天、肉苁蓉、补骨脂、葫芦巴各45g，小茴香、肉豆蔻、陈皮、青皮、防风、当归、杜仲、怀牛膝各30g，肉桂、木通各20g，槟榔15g。水煎取汁，候温灌服。

6. 鲜荷莲豆全草（别名水蓝青、水冰片、穿线蛇）500g，捣烂取汁，加热，取药液温擦患牛全身，从前到后，由上至下，擦至皮肤微红为宜；用干净麻袋包裹身躯发汗；再用鲜荷莲豆草150g，捣烂取汁，温热，灌服。

7. ①独活寄生汤加减。当归、柏子仁各45g，川芎、红花、威灵仙、白芷各24g，防己、秦艽、乌梢蛇、川续断、牛膝、防风、木瓜、杜仲、桑寄生、独活、巴戟天、破故纸各30g，麻黄、细辛、附片、全虫各15g。共研细末，开水冲调，加白酒100mL，灌服，1剂/2d。患牛有腰脊无力、后肢痿软、血虚风湿症状，在上方药的基础上，取夜交藤、五加皮、忍冬藤、海桐皮、白芍各25g，威灵仙24g，白茅根、桑枝、蚕砂、僵蚕、桂枝、黄柏各20g，进行加减对症治疗。在治疗中，患牛出现心跳频数、呼吸迫促等，取天麻乌蛇散加减：当归、黄芪、柏子仁、金银花各45g，远志、麦冬、天门冬、天花粉、连翘、葶苈子、苏子、牛膝、桑寄生、乌梢蛇、骨碎补各30g，桔梗、天麻、川芎、浙贝母各24g，炙麻黄10g。共研细末，开水冲调，候温灌服。②10%葡萄糖注射液1500mL，10%水杨酸钠注射液100mL，40%乌洛托品注射液40mL，10%氯化钙注射液60mL，静脉注射，1次/d，连用5d；10%葡萄糖注射液1500mL，0.5%氢化可的松注射液25mL，维生素C注射液5mL，青霉素钠1200万单位，静脉注射，1次/2d；人工盐100g，灌服，1次/d，连服数天。③选用天津市无线电厂生产的SB71-Z型兽用综

合电疗机及 3 寸不锈钢针，以百会为主穴，肾棚、肾俞、大胯、小胯、仰瓦、抢风穴为辅穴，电针疗法，1 次/d，连治 5～7d。④取醋麸 10kg，陈醋 250mL，白酒 1000mL。将醋麸加陈醋炒至 70℃左右，分装于 2 袋中，选用温好的白酒，洒在患牛腰背及后肢，将醋麸袋置于温敷部位。两袋交替使用，30～80min/次（患牛体表出汗为止）。

【典型医案】　1. 1990 年 2 月 14 日，黔西县城关镇城东村杨某一头 12 岁母水牛，因运步不灵活（右后肢较为严重）、腰硬、食欲减退来诊。主诉：从去年秋收后发现该牛腰部不灵活，出圈门时右后肢提起不愿落地，起卧困难，最近越来越严重。检查：患牛体温 38.5℃，呼吸 18 次/min，心跳 62 次/min，形体消瘦，被毛粗乱，跛行，腰痛弓起，后肢无力、有疼痛感。诊为风湿症。治疗：上午取方药 1 中药，用法同上；下午针灸百会、抢风、大胯、小胯穴。第 2 天继服中药 2 次。第 3 天，患牛病情有所好转。继服中药和针灸 2d，痊愈。（吴家骥，T76，P30）

2. 1990 年 12 月，怀东县浥河乡胡庄村胡某一头 2 岁、膘情差的黄牛，因受风寒患病来诊。检查：患牛喜卧，后躯不灵活，行走时严重跛行。诊为风湿症。治疗：先用水杨酸钠制剂治疗 3d 未见效；取小活络丹合独活寄生汤，用法同方药 2，连服 3 剂，痊愈。（薛太白，T132，P49）

3. 1984 年 3 月 21 日，德江县稳坪乡稳坪村天池组冯某一头母黄牛来诊。主诉：该牛犁地后的当天下午卧地，不愿站立，精神不振。检查：患牛卧地不起，强行驱赶，后肢仍难以起立，后肢厥冷、刺无痛感，鼻冷、食欲减退。诊为后肢风湿。治疗：取方药 3，烧灸，用法同上，1 次即愈。（张月奎，T66，P40）

4. 1995 年 9 月 23 日，淮阳县冯塘乡王庄村王某一头 5 岁母黄牛来诊。检查：患牛卧地不起，精神沉郁，反刍、食欲废绝，体温 40.3℃，心跳 89 次/min，呼吸 30 次/min，人工强行抬起，患牛背拱腰弓，四肢集于腹下，驱赶时呈不规则跛行。诊为急性全身性风湿症。治疗：中宽针针四蹄八字、耳尖及尾尖穴；取方药 4 中药、西药，用法同上。翌日，患牛精神好转，反刍、食欲出现，体温 39.1℃，心跳 78 次/min，呼吸 28 次/min，能自行站起，唯腰背僵硬，步样笨拙。效不更方，继用中药 2 剂，痊愈。（张子龙等，T93，P24）

5. 1986 年 6 月 21 日，张家川县恭门乡恭门村马某一头役用母黄牛来诊。检查：患牛体温 38.8℃，心跳 49 次/min，呼吸 31 次/min，口色淡白，脉象沉迟而无力，尿清长、频数，呼吸粗厉，体表发凉，四肢肌肉震颤，卧地不起，回头顾腹，触诊腰胯部敏感，腹下有轻度水肿，强迫站立时前肢起立、后躯拖地、呈痛苦状。诊为腰胯风湿。治疗：独活、羌活、桑寄生、苍术、茯苓、黄芩、木瓜、杜仲、千年健、

追地风、泽泻、当归、肉桂、桃仁各 20g，防风 25g，建曲 30g，甘草 15g。水煎取汁，候温灌服，连服 4 剂；西药对症治疗无明显效果。25 日，取方药 5，用法同上，连服 2 剂。用醋麸温敷腰胯及后肢。治疗后，患牛可自行起立。又取百合固金汤加减，灌服，治其气喘。连治 3d，患牛痊愈。（豆晓峰，T46，P35）

6. 1985 年 12 月 14 日，永定县城郊乡新在村张某一头 13 月龄母水牛来诊。检查：患牛食欲废绝，皮温低，体温 38.5℃，腰脊强直，肷吊，不能起卧，鼻镜干燥，舌色青黑，舌苔薄滑，眼呆视，耳竖立，呈木马姿势，粪球状、表面光滑、呈青黑色，尿短少。未发现体表有外伤；询问畜主亦无外伤史。诊为全身性风湿症。治疗：取鲜荷莲豆全草 500g，捣烂取汁，加热；用药液温擦患牛全身，从前到后，由上至下，擦至皮肤微红为宜；用干净麻袋包裹身躯取汗；再取鲜荷莲豆草 150g，捣烂取汁，温热，灌服。第 2 天，患牛出现食欲，能低头饮水，摆尾。再用前两种方法加五虎追风散，水煎取汁，加适量黄酒，灌服。治疗 15d，患牛恢复健康，未见复发。（阮万声等，T49，P36）

7. 湟源县城郊乡河拉台村一头 10 岁、西黑杂褐白花奶牛来诊。主诉：该牛于 6d 前产一黑白花公犊牛，分娩比较顺利，产奶量 24kg/d，食欲正常。产后第 5 天，发现行走时后躯摇摆，两后肢僵硬、无力，起卧困难，第 6 天卧地不起。检查：患牛营养中等，卧地不起，两后肢僵硬，腰椎如橡，针刺稍敏感，呻吟。因久病疼痛与日俱增，腿不能屈伸，转动困难，食欲减退，形体消瘦，垂涎，口色青白，结膜潮红，肘肌震颤，心跳 95 次/min，呼吸 32 次/min，呼吸粗厉，泌乳量减少。诊为急性风湿症。治疗：按方药 7，中药、西药、针敷法施治，患牛痊愈。（张玉英等，ZJ2006，P182）

## 骨痿瘫痪

骨痿瘫痪是指牛因气血、阴精亏损，出现以痿软无力、肌肉萎缩、瘫痪为特征的一种病症，亦称痿证瘫痪，俗称瘫痪。多发生于冬末、春初季节。

【病因】　由于牛长期夜露风霜或圈舍潮湿，久卧湿地或久病失治伤肾而出现肾虚；劳役过度日久，引起下元虚惫，精气损耗肾亏出现骨痿。

【主证】　临床上有急性和慢性经过。

（1）急性　主要见于青壮年牛。患牛发病比较急，初期发热，食欲不振，口色微红，继而出现四肢无力（后肢特别明显），前行后拽，后肢卧地，起卧困难；1～2d 后出现背腰强拘、紧张拱起、有坚实感，步行以蹄尖拖地前行，转弯腰背不灵或痿软无力，3～4d 后卧地不起，后躯瘫痪。

（2）慢性　多见于年老、体弱牛，以水牛多见。

患牛食欲不振，粪溏稀，体瘦毛焦，倦怠怕冷，拱腰挟尾，被毛竖立，耳鼻发冷，腰胯无力，四肢水肿（两后肢特别明显），起卧困难。病程10d以上者卧地不起，最后极度衰弱死亡。

**【治则】** 清利湿热，益气健脾，滋养肝肾。

**【方药】** 四妙丸加减。黄柏、薏苡仁、防己、萆薢各30g，苍术、泽泻、五加皮、晚蚕砂各40g。水煎取汁，候温灌服。本方药具有清热燥湿功效。

还少丹。山茱萸、熟地黄、肉苁蓉、枸杞子各40g，淮山药、茯苓、杜仲、牛膝、枳实、巴戟天、远志、石菖蒲各30g，小茴香、五味子各20g，红枣50枚。食欲减退者酌加砂仁、木香、陈皮。水煎取汁，候温灌服。本方药具有温肾补脾功效，多用于慢性者和急性者后期。

先用四妙丸加减，后用还少丹。共治疗46例，除6例因其他原因屠宰、4例未坚持治疗死亡外，其余均获满意疗效。

注：本病应与风湿瘫痪进行区别。风湿瘫痪有疼痛感；本病无疼痛感。

**【典型医案】** 1. 潜江县新兰10队2头18岁水牛来诊。主诉：入冬不久，两牛出现行走不便，饮食欲正常。因天气骤变下大雨，2d后两牛均卧地不起。检查：患牛体温、心率、呼吸、食欲均正常。诊为慢性骨瘘瘫痪。治疗：取还少丹，用法同上，服药5剂。7d后，两牛皆痊愈。

2. 潜江县联合4队一头5岁黄牛来诊。主诉：该牛开春后瘫痪卧地，他医按风湿瘫痪病投服独活寄生丸、静脉注射水杨酸钠等药物治疗20余天不见好转。检查：患牛口色淡红，眼结膜微红，喜饮水。诊为湿热浸淫所致的瘘证。治疗：四妙丸加天花粉、生地、麦冬、赤芍、红花。用法同上，连服2剂；服药后4d，患牛湿热症状消失，但仍不能站立。再服还少丹8剂。半个月后，患牛诸症渐轻，能慢慢站立、行走；20d后，患牛食欲增加，痊愈。（谢先灯，T13，P40）

3. 2003年3月28日，武威市凉州区双树乡六畦村徐某一头3岁黄牛来诊。主诉：该牛因瘫痪卧地，他医诊为风湿瘫痪，用独活寄生丸配以水杨酸钠静脉注射治疗7d后不见好转。检查：患牛后躯无力，卧地不起，眼结膜微红，喜饮水，口色淡红。诊为骨瘘症。治疗：取四妙丸加减：苍术、五加皮、晚蚕砂各40g，薏苡仁、防己、牛膝、萆薢、泽泻、黄柏各30g。加天花粉、生地黄、麦冬、赤芍、红花。水煎取汁，候温灌服，1剂/d。服药4d后，患牛湿热症状消除，仍不能站立。取还少丹：山茱萸、熟地黄、肉苁蓉、枸杞子各40g，淮山药、茯苓、杜仲、牛膝、枳实、巴戟天、远志、石菖蒲各30g，小茴香、五味子、红枣各20枚。水煎取汁，候温灌服，连服8剂。半个月后，患牛病情减轻，能缓慢站立、行走；22d后，患牛食欲恢复，痊愈。（李建新等，T142，P44）

# 第七节 临床典型医案集锦

**【水肿】** 2008年2月20日，荆州市荆州区白龙村2组一头5岁母黄牛来诊。主诉：该牛眼睑及下肢水肿，反复发作已半年余。病初先见脸部及下肢水肿，乳房及腹部胀满，站立过久时水肿加重，他医按肾炎治疗，屡用青霉素、双氢克尿噻及中药，疗效不佳，严重时不能使役。检查：患牛脸部及下肢水肿，按之没指，舌质淡红，苔薄白，脉滑弦。血常规、尿常规、肾功能、肝功能、X线胸透等检查均未见异常。诊为水肿。治宜疏肝解郁，健脾利水。药用逍遥散加减：当归、白芍、枳壳各40g，炒柴胡35g，茯苓、白术、淮山药各55g，薄荷10g，佛手、泽泻各50g，白茅根90g，生姜3大片。水煎取汁，候温灌服。服药5剂，患牛水肿基本消退；继服5剂，水肿等症状消失。随访2年，未见复发。（赵年彪，T166，P68）

**【两头肿】** 1989年3月，峡江县沙坊乡东梅村李某一头6岁母黄牛来诊。检查：患牛面部、眼睑、口唇、阴门严重水肿，口流涎，拒食，粪、尿少，体温40.6℃。治疗：防风、荆芥、白芷、黄连、蒲公英、枳实、黄芩、连翘、牵牛子各60g，生地、金银花、菊花各80g，大黄、芒硝各250g，甘草20g。1剂，水煎2次，取汁混合，候温灌服；磺胺-5甲氧嘧啶20mL，安乃近注射液20mL，肌内注射。当日下午，患牛水肿消退，翌日痊愈。共治疗4例，治愈3例。（胡永东等，T71，P24）

**【腹壁疝】** 1989年8月下旬，甘肃省供销社奶牛场引进一头丹麦黑白花奶牛，因其左侧腹部（肩关节水平线上）出现一肿块且逐渐增大，于9月3日邀诊。主诉：该部肿胀初起，肿区体表可见一条约10cm长的无毛擦痕，部位与皮下增厚处形成的槽沟相吻合。检查：患部肿块突出、形似急性瘤胃臌气，触诊敏感、较硬，叩诊呈实音，肿区下部与健康区界限明显，上部与健康区界限不清；腹底脐后另有一处约20cm×20cm的水肿块、有压痕；呼吸、心率、饮食、粪、尿均正常；妊娠已3个月。诊为腹壁疝。治疗：患牛置六柱栏内站立保定。以最早出现肿块处为手术部位。器械及术部常规消毒。用冀-3型电疗机在百会、六脉穴作电针麻醉，电压4～6V，电流4～6mA。通过诱导调节，达到牛体能忍受、腹部麻醉无疼痛感为度。切开皮肤后即见结缔组织增厚约

5cm，切开增生组织即流出淡红色清亮液体；按压肿胀部位时流出约 25000mL 液体；扩大创口，手入皮下，可摸到增厚区直径近 20cm、中部有一槽形沟洞，该处皮下血凝块较多，增生区周围皮下疏松，结缔组织肿胀并有坏死。随即清理出血凝块及增生组织约 1000g。探摸水肿区，前至第 12 肋骨后缘，上近腰椎横突，后达髋结节，不低于肘关节水平线，未发现疝孔。用 0.1% 高锰酸钾溶液和生理盐水将水肿腔冲洗干净，注入青霉素、链霉素溶液，创口撒布消炎粉后缝合皮肤，创口下端引流。术后用 0.1% 高锰酸钾溶液和生理盐水冲洗创腔，1 次/d。取当归 45g，黄芪、白术、赤芍、金银花各 30g，乳香、没药、贝母各 24g，陈皮、防风、白芷、茯苓皮、大黄各 18g，甘草 20g。共研细末，开水冲调，候温灌服，1 剂/d；青霉素 240 万单位，链霉素 100 万单位，肌内注射，2 次/d。施治 3d，患牛腹下水肿自行消失，一切恢复正常。（史永年等，T40，P34）

**【宿水停脐**（俗称水磨外，现代兽医学称腹腔积水）】 1988 年 3 月 15 日，新野县歪子乡三河寨村岳某一头 6 岁母黄牛来诊。主诉：该牛已妊娠 5 个月，近 10d 来发现反刍、食欲减少以至废绝；腹围与日俱增，经四处求诊治疗，服药打针均无好转。检查：患牛营养中等，精神不振，运步时四肢无力，喜卧；粪干燥，尿少色黄，眼结膜苍白，舌色青黄，舌软绵无力，腹围显著增大、下垂（六柱栏内难以容纳），体温 38.6℃，心跳 65 次/min，微弱无力，呼吸困难，呼吸 25 次/min，瘤胃蠕动音微弱；手触摸腹部有波动感，皮肤温度较低，无水肿现象；直检发现胎儿已死亡。诊为宿水停脐。治疗：在腹下最突出的部位局部剪毛、消毒，用手术刀切开皮肤及肌肉层，插入导液管。因积液较多，导管排水缓慢。遂将创口扩大为 3cm，用指尖钝性分离腹膜，指尖向上顶着腹腔内容物，让腹水自动流出体外，1 次放水约 60kg，腹围显著减小（创口仅消毒处理，未作缝合）。放水后立即用 5% 葡萄糖生理盐水 2500mL，四环素 250 万单位，10% 安钠咖注射液、维生素 $B_1$ 注射液各 30mL，混合，1 次静脉注射。约经 4h，患牛精神好转，出现食欲、反刍，随后用青霉素 400 万单位、10% 安钠咖注射液 30mL，混合，肌内注射，1 次/d，连用 4d。嘱畜主加强饲养管理。半个月后行剖腹术取出死胎。（江建堂，T48，P19）

# 第三章

# 产科病

## 第一节 卵巢、子宫与阴道病

### 不发情或发情延迟

不发情或发情延迟是指母牛在预定发情的时间内不出现发情或发情延迟的一种异常现象，是许多疾病所表现的一种临床症状。

【病因】 多因使役过度，饲养管理不善，营养不良或产后元气大伤、肾气虚损未得恢复，精血不足，冲任亏虚，胞脉失养；或难产，用力过度，或胞宫受到损伤和感染、瘀血内阻；或妊娠期间大量耗损阴血，产后气血失调、瘀血阻滞胞宫所致。

【主证】 患牛长时间不发情或发情延迟。

【治则】 活血暖宫，补肾催情。

【方药】 1.缩宫清带散。全当归300g，红花、炙甘草各30g，益母草500g，鸡冠花150g，枳壳45g，野菊花90g。共研细末，分为3份，1份/d，开水冲调，候温灌服，连服3d。共治疗64例，均全部发情，配种后受胎56例，受胎率为87.5%。

2.丹参散。丹参100g，沉香15～25g，益母草20～40g，香附子、当归、淫羊藿、菟丝子、补骨脂、赤芍、三棱、莪术各20～30g，牡蛎30～50g，甘草10～20g。有白带者加芡实15～20g，白扁豆、海螵蛸各20～30g。共研细末，黄酒100～150mL、童便半碗为引，开水冲调，候温灌服。共治疗38例，受胎30例。

3.当归30～50g，红花10～15g，益母草100～150g，淫羊藿、阳起石各30～40g，甘草15g。共研细末，开水冲调，候温灌服。共治疗黄牛13例，

奶牛2例，全部治愈。

4.淫羊藿、益母草各70g，当归30g，破故纸25g，吴茱萸、黄芪、陈皮各20g，蛇床子15g，香附10g，甘草5g（为中等牛药量）。共研细末，开水冲调，加红糖100g，灌服；或将上药水煎取汁，候温加红糖100g，灌服。本方药适用于各种原因引起的母牛发情不旺、发情周期紊乱等引起的不孕症，尤其适用于长期发情、久配不孕的体弱母牛。共治疗9例，用药1～2剂，全部治愈并妊娠。（张文炯，T83，P47）

5.党参、淫羊藿、阳起石各60g，黄芪80g，当归、白术各50g，赤芍、升麻、陈皮、丹皮各40g，大黄35g，柴胡、肉苁蓉、甘草各30g（药量视牛体大小适当加减）。水煎取汁，候温灌服，1剂/d，连服3剂。同时，取10%葡萄糖酸钙注射液500～800mL，静脉注射；维生素AD 15mL，维生素E 10mL，肌内注射，1次/2d。

6.当归、川芎、淫羊藿、益母草、阳起石各60g，赤芍50g，肉苁蓉、丹皮各40g，大黄35g，桃仁、红花、甘草各30g（药量视牛体大小适当加减）。水煎取汁，候温灌服，1剂/d，连服3剂。视情况肌内注射维生素AD、维生素E。

【典型医案】 1.1988年3月，宁县平子村王某一头6岁母牛，因产后8个月不发情来诊。检查：患牛营养中等，食欲正常，产后长期不发情。治疗：缩宫清带散，用法同方药1。服药3剂，患牛出现发情，配种受胎，当年顺产一犊牛。（冯建英，T49，P48）

2. 1986年9月20日，夏县禹王乡司马村芦某一头1.5岁母牛，因不发情来诊。治疗：丹参散去补骨脂、菟丝子，加赤芍、三棱、莪术各30g，用法同方药2。服药3剂，患牛发情，于第2情期受胎。（董满忠等，T37，P62）

3. 1994年3月20日，合水县吉岘乡黄家寨子村贺某一头5头母牛，因产犊牛后1年多不发情来诊。检查：患牛膘情中上等，无其他病理现象。治疗：当归40g，益母草150g，淫羊藿30g，阳起石40g，红花、甘草各15g。共研细末，开水冲调，候温灌服。用药15d后，患牛发情，1次受配妊娠，翌年产一犊牛。（王光惠，T99，P23）

4. 2003年4月9日，西北农林科技大学奶牛场226号、已分娩4胎奶牛，因产后90d未发情来诊。检查：患牛体况较差，子宫颈、子宫角松弛，收缩反应差，卵巢上未发现卵泡和黄体。治疗：取方药5，用法同上，服药3剂；静脉注射10%葡萄糖酸钙500mL，肌内注射维生素AD 15mL、维生素E 10mL，连续用药2次。用药后第8天，患牛发情，配种受孕。（魏栋选等，ZJ2005，P513）

## 排卵延迟

排卵延迟是指母牛排卵时间向后拖延的一种病症。

【病因】　多因牛垂体分泌促黄体激素不足、激素作用不平衡；气温过低或突变、营养不良、过度使役等引发本病。

【主证】　患牛发情症状与正常发情牛表现相似，发情持续期长，有的牛达3～5d或更长时间，有部分母牛直肠检查触摸有成熟的卵泡、波动明显，但迟迟不排卵。

【治则】　补气活血，理气壮阳。

【方药】　1. 桃红香附饮加减。香附60g，红花、桃仁、赤芍、黄柏、黄芩、当归各30g，生地、菟丝子、阳起石、补骨脂、枸杞子、川芎各25g，益母草80g。发情持续期长者重用香附、益母草，去黄柏、黄芩；膘情差者加白术30g，黄芪25g，生地易为熟地；伴有泄泻者加肉桂20g；发情配种后有出血、间有腹痛、屡配不孕者，适当加丹参、艾叶。水煎取汁，候温灌服或共研细末，开水冲调，候温灌服。共治疗18例，治愈率、受胎率均达到92.31%。

2. 五子种玉汤。菟丝子25g，枸杞子、覆盆子、蛇床子、茺蔚子、仙灵脾、制香附各15g，炙黄芪45g，当归、山药、制何首乌各20g。发情前加牡丹皮、山茱萸、女贞子各15g，生地20g；发情结束后加仙茅、紫石英各15g，巴戟天、肉苁蓉各20g；子宫发育不良者加紫河车、鹿角胶、杜仲各15g，熟地25g。水煎取汁，候温，于发情周期之前的第3天开始分早、晚灌服，1剂/d，连服3剂；发情周期结束后的第2天开始分早、晚灌服，1剂/d，连服3～7剂。共治疗24例，治愈19例，治愈率79.2%，总有效率91.6%。

【典型医案】　1. 2002年9月11日，阳城县驾岭乡观腰村郭某一头10岁、西杂$F_1$母牛来诊。主诉：该牛已产7胎，发情配种3次不孕，现犊牛吮乳已7个月。检查：患牛瘦弱，直肠检查触摸卵巢有成熟卵泡。诊为排卵延迟。治疗：桃红香附饮加减。香附50g，红花、桃仁、白芍、熟地、黄柏、黄芩、菟丝子、阳起石、芡实、当归、白术各30g，益母草80g，用法见方药1。10月2日，患牛发情、配种受孕。（张虎社等，T126，P36）

2. 2002年4月30日，民和县古鄯镇柴沟村白某一头4岁黑白花奶牛来诊。主诉：该牛本交4次未孕，进行人工授精2次未孕。发情期间，该牛食欲减退，饮水多，精神正常。检查：患牛外阴、阴道正常，宫颈光滑，宫体位置比正常稍下垂，双侧附件正常，体温37.8℃，呼吸24次/min，脉细弱，舌质稍发红，苔薄白。诊为脾肾两虚，气血不足，冲任脉虚，胞脉失养。治疗：五子种玉汤，去炙黄芪，加山茱萸、女贞子各15g，水煎取汁，候温灌服，连服5剂。5月23日复诊，患牛食欲增加，舌质略红，舌苔白，脉细。方药2去女贞子，加巴戟天20g，杜仲15g，用法同上，连服3剂。服药后，患牛病情好转，再服3剂。7月6日发情，人工授精。于2003年4月23日顺产一公犊牛。（铁晟祯，T130，P39）

## 卵巢静止

卵巢静止是指母牛卵巢正常功能处于静止状态，不出现周期活动，或母牛表现发情，但不排卵或排卵延迟的一种病症。

【病因】　由于突然变更饲料或饲养环境、圈舍、运动场潮湿，光线不足；夏季炎热高温而无防暑降温设施；或日粮不平衡，蛋白质、碳水化合物、矿物质及维生素缺乏或比例不当；或饲料单纯，品质低劣；或过度催乳，激素、酶活性降低或内分泌失调等引发本病。

【主证】　直肠检查，患牛卵巢大小和质地正常，无卵泡发育或仅有初级卵泡，卵巢质地稍硬、表面较平整、呈豆形，无发情表现。

【治则】　催情活血，恢复卵巢机能。

【方药】　1. 党参、山药、元胡、当归、菟丝子、肉苁蓉、蒲黄各30g，熟地20g，益母草60g，淫羊藿40g，升麻25g，甘草15g。水煎取汁，候温，加碘化钾10～15g，灌服。1个疗程/（2～6）剂，一般只需1个疗程，个别严重病例可用2个疗程。（张裕亨等，T38，P33）

2. 将屠宰的母牛卵巢和子宫全部收集起来，装入塑料袋内，置冰箱中保存、备用。将水烧沸后放入备用的卵巢、子宫，煮至无血水为度，捞出候凉，切成片状，置烘箱（或烤箱）或火炉上烘干，研为细末，50～150g/头，开水冲调，候温灌服。

3. 催情助孕液（中国农业科学院中兽医研究所生产，250mL/瓶）直肠把握给药法。术者将无菌输精器前端插入子宫体，助手用无菌注射器抽取药液100mL，乳胶管前端套接输精器后端，将药液缓缓注入子宫内，再注入空气100mL（降低子宫底，抬高子宫颈，防止药液倒流；扩大容积，强化刺激），1次/2d，1个疗程/3次。1个疗程不愈者可重复用药。用药后，患牛发情即可输精配种。共治疗卵巢静止4例，均用药1个疗程治愈。（王东才，T126，P34）

4. 党参、淫羊藿、阳起石、补骨脂各60g，黄芪80g，当归、白术、菟丝子各50g，赤芍、升麻、陈皮、丹皮各40g，大黄35g，柴胡、肉苁蓉、甘草各30g。水煎取汁，候温灌服，1剂/d，连服3剂。产后久不发情、直肠检查子宫弹性正常、卵巢上有持久黄体者，加三棱、莪术各50g，连服3剂；体况适中或偏差，产后久不发情或发情周期紊乱，尾根及外阴黏有污物，从产道不定期地排出炎性分泌物，直肠检查子宫角稍粗、壁增厚、手感稍硬、收缩反应差者，取当归80g，益母草60g，赤芍、香附、丹参、桃仁各40g，青皮、金银花各30g，连翘50g。水煎取汁，候温灌服，1剂/d，连服3剂。同时，静脉注射葡萄糖酸钙和肌内注射维生素AD、维生素E；子宫灌注抗生素2～3次。共治疗25例，治愈24例。

**【典型医案】** 1. 庆阳县高楼乡花村李某一头3岁、约300kg、营养中等母牛来诊。主诉：该牛第一胎后恶露不尽达20d，之后174d未见发情。检查：患牛子宫收缩良好，左侧卵巢如同蚕豆大，右侧卵巢扁而长、表面光滑，口色淡白，脉细弱。诊为卵巢静止。治疗：取方药2，用法同上，100g/次，1次/d。连服3d后，患牛发情，行人工授精后2次发情，又服药3d，配种即孕。（鲜治清等，T89，P28）

2. 2004年5月17日，西北农林科技大学奶牛场300号奶牛来诊。主诉：该牛已产3胎，产后95d未发情。检查：患牛体况一般，直肠检查子宫弹性正常，经过两次检查（间隔5d）发现一侧卵巢增大，在卵巢的同一部位触到同样的黄体。治疗：党参、淫羊藿、阳起石、补骨脂各60g，黄芪80g，当归、白术、三棱、莪术、菟丝子各50g，赤芍、升麻、陈皮、丹皮各40g，大黄35g，柴胡、肉苁蓉、甘草各30g。水煎取汁，候温灌服，连服3剂。用药后第12天，患牛发情，配种受孕。（魏拣选等，ZJ2005，P513）

## 卵巢囊肿

卵巢囊肿分为卵泡囊肿和黄体囊肿。卵泡囊肿是由于卵泡上皮变性，卵泡壁结缔组织增生变厚，卵细胞死亡，卵泡液未被吸收或增生而形成；黄体囊肿是由于未排卵的卵泡壁上皮黄体化，或排卵后由于黄体化不足，在黄体内形成空腔，腔内积聚液体而形成，其中一部分黄体组织突出于卵巢表面。一般高产奶牛在泌乳盛期多发。

## 一、黄牛、奶牛卵巢囊肿

**【病因】** 由于饲养管理粗放，营养不良，致使牛内分泌紊乱，如促黄体素不足、促肾上腺皮质激素过多；或饲养管理不当，如喂精料过多、维生素A不足又缺乏运动；或牛生殖系统疾病，如卵巢炎、输卵管炎、子宫内膜炎、胎衣不下等；或在卵泡发育过程中，气温突然变化时（低于1℃，高于35℃）引发本病；此外，卵泡囊肿还与遗传有关。

**【主证】** 卵泡囊肿：患牛发情周期缩短，情期延长，高度兴奋不安，经常发出公牛似的吼叫声和爬跨其他母牛，性欲特别旺盛，食欲异常，逐渐消瘦，荐坐韧带松弛，在尾根与坐骨结节之间出现凹陷，时间越长凹陷越明显。直肠检查发现卵巢增大、变为球形，有一个或几个波动的卵囊，其直径一般超过2cm。

黄体囊肿：患牛不发情，直肠检查可发现1个黄体化囊肿，大小如同卵泡囊肿，但壁较厚而软，不紧张。

**【治则】** 行气活血，破血祛瘀。

**【方药】** 1. 穿刺囊肿。一手在直肠内固定卵巢，另一手（或助手）用长针头从体外软部刺入囊肿，用注射器抽出囊肿液后注入绒毛膜促性腺激素（HCG）2000～5000U、青霉素80万单位、地塞米松10mg于囊肿腔内。中药用大七气汤：三棱、苍术、香附、藿香各30g，青皮、陈皮、桂枝、益智仁各25g，肉桂15g，甘草10g。共研细末，开水冲调，候温灌服。共治疗4例，全部治愈。

2. 患牛站立保定。取脉冲式低频电疗机1台；长16.6～20cm新针3枚。选阴蒂穴（位于阴门下联合的阴蒂凹内）为主穴，接电针负极（为治疗极）；选百合、肾俞穴（左右侧各1穴）为配穴，接电针正极（为非治疗极）。百会穴及左右肾俞穴剪毛消毒，各进针1枚，深3.3～5cm（刺百会穴时要小心，谨防伤及脊髓）。先于左肾俞穴接电针正极，后用开膣器打开阴门，准备好并接负极的软簧电夹夹住阴蒂穴的上皮黏膜（电夹尖端需垫一浸湿的纱布，以防夹伤上皮黏膜；术者手臂和尖吧夹均经消毒），接通电源，打开感应开关，调节输出旋钮，电流由小到大至牛最大耐受量（一般在6～8档之间），再由大到小，如此反复2次，负极不变，正极按左肾俞、右肾俞、百会穴的顺序进行接线，分别电疗3～5min/穴，不超过15min/次，一般2～3次即可治愈。共治疗80例，治愈70例（其中持久黄体30例，卵巢囊肿28例，卵巢静止 17 例），均收到了较好效果。

注：本法对卵巢囊肿、持久黄体和卵巢静止效果显著；对较严重的子宫内膜炎、阴道炎、子宫蓄脓治疗效果较差。在治疗因这类疾病所致的不孕症时，应配合冲洗子宫、阴道和抗生素疗法，才能收到预期的效果。

3. 将煮至无血水的卵巢、子宫捞出，晾凉后剁成饺馅状，与汤一并灌服，20～50 个/头。共治疗 19 例，全部治愈。

4. 自拟益母汤。益母草 400g，丹参 200g，当归 150g，水煎取汁，加红糖 250g 为引（为体型大、年龄大牛的药量；体型中等、年轻的牛原方药量减 10%；体型、年龄均小的牛原方药量减 30%），灌服。发情正常者一般 1 剂见效；有持久黄体、卵巢功能失调者需服 2 剂；严重者亦仅 3 剂。无发情期者，不论何时均可 1 剂/7d，连服 3 剂，发情即可配种；有发情期或性周期紊乱者，在发情后 1 周服药，1 剂/5d，连服 2 剂即可。共治疗 1118 例（其中黑白花奶牛 76 头、南阳黄牛 984 头、杂种黄牛 17 头），除 16 例外，其余都收到了满意效果。

【典型医案】 1. 1998 年 3 月 17 日，大通县后子河乡陈家庄村陈某一头黑白花母牛来诊。主诉：该牛于半年前开始不定期频繁发情，喜爬跨和被爬跨，吼叫，对外界刺激敏感，屡配不孕。检查：患牛外阴部充血、肿胀，阴道中流出大量透明黏稠分泌物；直肠检查时发现右侧卵巢正常，左侧卵巢体积增大，直径约 3cm，表面光滑，外膜薄厚不均，压无痛感，触有弹性，囊肿周围质地坚硬。诊为卵巢囊肿。治疗：取方药 1，用法同上。治疗后患牛痊愈。（刘得元等，T120，P28）

2. 石泉县石磨乡太坪 1 组邱某一头母牛来诊。主诉：该牛经产 2 胎后表现发情旺盛，周期不定，呈慕雄狂，屡配不孕。诊为卵巢囊肿。治疗：采用脉冲式低频电疗机电疗（见方药 2）2 次，发情恢复正常，配种即孕。（马亿来，T75，P31）

3. 庆阳县南庄乡丰召村李某一头约 400kg、营养良好、体型中等母牛，因产犊牛后两年不发情就诊。检查：患牛口色淡白、有光泽；直肠检查右侧卵巢肿大，呈小鸡蛋形并附有 2～3 个黄体，左侧卵巢大小、质地均正常，子宫收缩良好。诊为黄体囊肿。治疗：将煮至无血水的卵巢、子宫捞出，晾凉后剁成饺馅状，与汤一并灌服，50 个/次，1 次/d，连服 3d。患牛右侧卵巢已缩小，约为大枣样，但黄体仍存在，左侧卵巢有一小卵泡，开始发情，并行人工授精，至第一情期仍发情，按前方药量投服后进行授配即孕，月足分娩。（鲜治清等，T89，P28）

4. 1985 年 4 月 2 日，南阳市蒋某一头 6 岁、中等膘情黑白花奶牛来诊。主诉：该牛产第 4 胎后 4 个月发情 6 次，配种 4 次未孕，阴道常流白色分泌物和脓性黏液；直肠检查卵巢发育不规则，子宫角一大二

小，大的粗硬、敏感。诊为黄体囊肿、子宫内膜炎合并症。治疗：自拟益母汤 3 剂，用法见方药 4，1 剂/5d。24 日直肠检查，大的子宫角已变薄软，脓性分泌物排尽。5 月 2 日发情配种，于 1986 年 2 月 7 日顺产一犊牛。（尚克献，T24，P43）

## 二、奶牛卵泡囊肿

【病因】 由于牛机体阴阳失调，导致未排卵的卵泡及其上皮细胞变性、卵泡壁结缔组织增生、变厚、卵细胞死亡、卵泡液不被吸收或增多所致；或饲养管理失调，常见于为提高奶产量而在日粮中增加蛋白质饲料（如黄豆、豆饼等），造成蛋白质比例过高，能量不足，母牛过肥，运动不足，维生素 A 缺乏，光照不足；或内分泌紊乱，垂体前叶分泌促黄体激素（LH）不足，卵泡壁产生 $PGF_{2\alpha}$ 受阻，排卵受阻或大剂量使用雌激素制剂和孕马血清，导致卵泡滞留；或输卵管、子宫等有炎症时，常引起卵巢炎症，发生囊肿。

【主证】 患牛无规律性频繁发情和持续发情，且常常伴有阴道、子宫炎症，阴户充血、肿胀，常流出一些透明或不完全透明、具有一定黏性的分泌物，较正常发情牛分泌的黏液量少，黏性低，不呈牵缕状。卧地时，患牛阴户略张开，常伴有特殊的排气声。症状不明显者，直肠检查时一侧卵巢出现一个或多个大且有波动感的卵泡，直径一般在 0.3～3.0cm，卵泡壁略厚。

【治则】 散瘀软坚，滋阴潜阳，疏肝调经。

【方药】 1. 三棱、莪术各 80～100g，盐知母、盐黄柏、赤芍、白芍、柴胡、生牡蛎各 50～60g，丹皮 50g，当归 30～50g，红花 40～50g，鳖甲、生地、青皮各 30～40g，生瓦楞子 150g。白带量较多者加车前子、蛇床子各 80～120g。水煎取汁，候温灌服，1 剂/d，连服 5 剂。同时，肌内注射黄体酮，1 次/d，10mL/次，连用 3d。共治疗 5 例，均获满意疗效。

2. 大七气汤。三棱、莪术、香附、藿香各 50g，陈皮、益母草、桔梗各 40g，肉桂 15g，干姜 10g。水煎取汁，候温灌服。取 0.9% 氯化钠注射液 500mL，HCG 8000～10000U，LRH-$A_3$ 75$\mu$g，静脉注射，隔 5d 再注射 1 次；黄体酮 100mL/d，连续肌内注射 7d（于第 2 次静脉注射上述药物后）。共治疗特大卵泡囊肿 8 例，全部治愈。

【典型医案】 1. 2000 年 2 月 9 日，金华市婺城区雅桑园村王某一头黑白花奶牛来诊。主诉：该牛已分娩 2 胎，空怀近 7 个月，近日发现终日发情，乳量减少，阴户肿胀，有时有白带流出、量较少、清而透明。诊为卵泡囊肿。治疗：三棱、莪术各 90g，盐知母、盐黄柏、丹皮、生牡蛎、柴胡各 50g，赤芍、白芍各 60g，当归、鳖甲、青皮各 40g，车前子 80g，蛇床子 100g，生瓦楞子 150g。水煎取汁，候温灌服，1 剂/d，连服 5 剂。服第 2 剂时，肌内注射黄体酮

10mL/次·d（10mg/mL），连用 3d。次月，患牛发情正常，经人工授精后受孕。

2. 2001 年 2 月 15 日，金华市多湖镇上占井村金某一头 20 月龄青年黑白花奶牛来诊。主诉：该牛发情不明显，阴户肿胀近 2 个月，不时流出少量不透明的白带。诊为卵泡囊肿兼有子宫内膜炎。治疗：三棱、莪术各 100g，盐知母、盐黄柏、当归、赤芍、白芍、丹皮、生牡蛎各 50g，鳖甲、生地各 40g，生瓦楞子 150g，仙茅 250g。水煎取汁，候温灌服，1 剂/d，连服 5 剂。服第 2 剂时，肌内注射黄体酮 100mg/d，1 次/d，连用 3d；子宫灌注 0.1% 利凡诺溶液 30mL。3 月 17 日，患牛发情正常且明显，经人工授精后受孕。（麻延峰，T111，P31）

3. 2006 年 3 月 5 日，祁县东观镇东观村王某 16 头奶牛中的 1 头发情异常邀诊。主诉：该牛为育成母牛，发情周期 7～10d 不等，经常爬跨其他牛。检查：患牛乳房肿大，外阴红肿、有脓稠黏液分泌，直肠检查卵巢肿大（8cm×7cm×6cm）、有波动感。诊为卵泡囊肿。治疗：0.9% 氯化钠注射液 500mL，HCG10000U，LRH-A$_3$ 75μg，静脉注射，5d 后再注射 1 次。中药用大七气汤（三棱加至 60g），水煎取汁，候温灌服，1 剂/d，连服 3 剂。用上述药物治疗后，患牛精神状态好转，不再爬跨其他牛，直肠检查囊肿缩小。之后回访，该牛经冻精配种受孕。（李万盛等，T141，P53）

## 卵泡萎缩与卵泡交替发育

卵泡萎缩与卵泡交替发育是指母牛卵泡不能正常发育成熟和排卵，发育到一定阶段即停止或萎缩，后又有新的卵泡发育的一种病症。

【病因】　本病与气候变化有密切关系，尤其早春天气冷暖变化无常时多发；饲料营养搭配不全或缺乏某些成分也能发病。

【主证】　卵泡萎缩：患牛发情时，卵泡大小和外部表现和正常发情一样，但卵泡发育缓慢；直肠检查触摸正在萎缩的卵泡时，质硬有弹性，泡壁变厚，波动不明显，以后逐渐缩小直到消失，外部发情表现也随之消失。

卵泡交替发育：直肠检查，患牛一侧卵巢发育中的卵泡停止发育，开始萎缩，呈退行性变化，同时在同一卵巢或对侧卵巢又有新的卵泡出现并发育，但未成熟即萎缩，此起彼落，交替不已。患牛表现连续发情或不规则的断续发情。

【治则】　补脾肾，调冲任，通经活血。

【方药】　党参、山药、元胡、当归、菟丝子、杜仲、香附、白芍各 30g，熟地 20g，益母草 60g，淫羊藿 40g，升麻 25g，甘草 15g。水煎取汁，候温灌服。1 个疗程/（2～6）剂，一般只需 1 个疗程，个别严重病例 2 个疗程即愈。（张裕亨等，T38，P33）

## 卵巢机能不全

### 一、黄牛卵巢机能不全

本病包括卵巢机能减退、组织萎缩、卵泡萎缩及交替发育等，由卵巢机能紊乱引起的一种病症。多见于膘满体壮、过肥的母牛，一般初配母牛多发。

【病因】　由于饲粮搭配不全面，日照时间少，运动量不足，过度使役和泌乳，生殖道炎症等，均可导致卵巢机能不全。

【主证】　患牛屡配不孕，发情不规律，发情时外部症状不明显，或者只发情不排卵，直肠检查卵巢的形态和质地无明显变化，亦有少数患牛产后初次发情，生殖机能恢复不全。卵巢萎缩时，患牛不发情，卵巢硬化，体积缩小，子宫体积也随之缩小，卵巢上既无黄体也无卵泡。

【治则】　温补肾阳，通经活血。

【方药】　1. 桃红香附饮。香附 60g，红花、桃仁、赤芍、黄柏、黄芩、当归各 30g，生地、菟丝子、阳起石、补骨脂、枸杞子、芡实、川芎各 25g，益母草 80g。瘦弱、体质较差者去生地、赤芍，加熟地、白芍、白术各 30g。水煎 3 次，合并药液，候温灌服。共治疗 21 例，治愈 20 例。

2. 益母鸡冠汤。益母草 500g，鸡冠花 180g。卵巢疾病、不发情或发情不正常者加淫羊藿 90g。研为细末，分成 3 份，1 份/d，水煎 2 次，合并药液，候温灌服。本方药适用于发情正常但子宫有炎症、流白带者，一般 1 剂即能奏效；个别严重者再服药 1 剂。共治疗 85 例，治愈 77 例。

【典型医案】　1. 2002 年 7 月 1 日，阳城县驾岭乡西四村李家庄郭某一头 3 岁西杂母牛来诊。主诉：该牛发情后自然交配及人工授精多次不孕。检查：患牛体质健壮，发情明显，在人工输精前 1h 肌内注射促排 3 号 400μg 仍然不孕。诊为卵巢机能不全性不孕症。治疗：桃红香附饮，用法见方药 1，连服 2 剂。5 日，患牛发情，6 日，采用细管冻精输配，1 次受孕。（张虎社等，T126，P36）

2. 1983 年 5 月 1 日，永寿县甘井子公社杜家庄 3 队田某一头 4 岁红母牛就诊。主诉：该牛发情不正常，性周期 20～50d，发情 1～2d/次，流白带，有时流血，配种 3 次未孕。检查：患牛卵巢发育不规则，有黄体，子宫角粗硬、敏感，阴道黏膜潮红、有白色黏稠分泌物。诊为卵巢机能不全。治疗：益母鸡冠汤加淫羊藿 90g，用法见方药 2，分 3d 服完。26 日再诊，主诉：该牛前 5d 发情 1 次，白带减少，未见出血。触诊患牛卵巢发育正常，子宫角仍较粗，但不甚敏感，阴道分泌物极少。再服上方药 1 剂。8 月 1 日追访，该牛已妊娠。（习文东，T10，P39）

## 二、奶牛卵巢机能不全

本症是卵巢机能紊乱、机能减退、卵巢静止或幼稚等的总称。多见于冬季。

【主证】 患牛性周期延长，产后长期不发情或发情不明显，有的虽然发情明显，但不排卵，久配不孕（且多次用求偶素、维生素 E、绒毛膜激素、盐必鲁、副肾素等刺激性机能的药物治疗无效）。

【治则】 通经活络，增强卵巢功能。

【治疗】 1. 患牛置六柱栏内保定。将 TDP 治疗器（7448 军工厂生产的 82-6 型双头特定电磁波谱治疗器，其辐射波谱为 0.55～25μm，使用电压 220V，功率 250W）接通电源，预热 5～10min（连续使用不必预热）。将辐射头分别对准照射穴位（分为 2 组：双侧雁翅穴为 1 组；百会、会阴穴为 1 组），距离穴位约 30cm 进行辐射，40min/次，1 次/d，1 个疗程/7d，患牛出现发情表现后停止辐射。2 个疗程（每个疗程间隔 2d）以上仍不发情者暂停治疗（在照射数次后，患牛出现不同程度的躁动不安、阴门收缩、回头顾腹、甚至哞叫和排尿等反应，大多数病例在将要发情时表现更为明显，可能是性机能趋于恢复的象征）。共治疗 11 例，发情 9 例。（李大义等，T17，P21）

2. 患牛于六柱栏内保定或徒手站立保定。助手把牛尾拉向一侧或用绳子系在牛角上，再用特制小夹轻轻撑开阴道，暴露阴蒂。术者用氦氖激光器〔南京 772 厂生产，激光波长 6328 埃（红光），输出功率 10～15mW，电流 12～18mA，电压 150～200V，光斑直径 0.5cm〕激光束直接照射阴蒂穴（位于阴门下联合的阴蒂凹内），照射距离 30～50cm，1 次/d，8min/次，1 个疗程/7d，间隔 1d 再行第 2 个疗程。从开始治疗起注意观察（共 21d），如果在治疗过程中病已痊愈，开始发情排卵即停止照射。共治疗 9 例，痊愈 7 例。（吴本立，T11，P14）

### 子宫积液

子宫积液是指母牛子宫内积有棕黄色、红褐色、灰白色稀薄或略黏稠的炎性液体，不能排出体外的一种病症，又称子宫积水。

【病因】 由于子宫颈黏膜肿胀、阻塞不通，子宫内炎性渗出物不能排出；或因发情后子宫分泌物不通过子宫颈排出而引发。一般由慢性卡他性子宫内膜炎发展而来。

【主证】 患牛被毛粗乱，体瘦食少，不发情或发情异常，阴道常流出棕黄色或红褐或灰白色液体（直肠检查或排粪时更为明显），病情较顽固。

【治则】 补脾利湿。

【方药】 利宫汤。当归、炙黄芪、白术、茯苓、葶苈子、桂枝、肉桂、益母草。瘤胃气胀者加厚朴、大腹皮；粪干结者加槟榔、郁李仁；鼻流清涕者加麻

黄、苏叶；耳、身不温者加附子；尿不利者加猪苓、车前子；卵巢肿大者加泽兰、红花；子宫下沉者加升麻、柴胡、枳壳。水煎取汁，候温灌服（肉桂为末、冲服），1 剂/d，连服 3～5 剂。服药 3 剂后效果不明显者酌加甘遂大戟、醋甘遂各 30～40g，多可收效。直肠按摩子宫，1～2 次/d。轻者单用本方药即可治愈；较重者取 2%～5% 生理盐水 100mL、青霉素 400 万单位，混合，加温（35～45℃），冲洗子宫，1 次/d。治愈后，多数病例不久即现发情或发情恢复正常，并在 1～2 个情期内可配种受胎。共治疗 38 例，治愈 35 例，显效 3 例。

【护理】 治疗期间停喂食盐，并适当限制饮水。

【典型医案】 1986 年 10 月 3 日，山阴农牧场一分场 143 号奶牛就诊。主诉：该牛产后半年多未孕，常见阴门流出液体，发情不正常，多次用 3% 盐水加抗生素冲洗子宫无效。检查：患牛体瘦食少，体表不温，阴门滴淋棕黄色水样物，直肠检查时则成股流出，子宫中度下沉，反应迟钝，舌质淡，苔白腻，舌津滑利。诊为子宫积液。治疗：当归、白术、茯苓各 50g，炙黄芪 75g，葶苈子、桂枝、肉桂（为末、冲服）、升麻、柴胡各 40g，益母草 100g，制附子（先煎）30g。水煎取汁，候温灌服，1 剂/d，连服 3 剂。7 日二诊，患牛食欲增加，阴门停止流液，直肠检查按摩子宫排液量减少，子宫仍下沉。上方药去附子，加枳壳 50g，甘草 20g，连服 3 剂。11 日三诊，患牛子宫已无积液，不再下沉，反应增强。按前方药继服 3 剂以善后。23 日发情未配。11 月 12 日发情，检查正常，配种受孕，翌年 8 月 15 日产一犊牛。（张挨双，T74，P21）

### 子宫蓄脓

子宫蓄脓是指母牛子宫内积有大量脓性渗出液不能及时排除的一种病症，又称子宫积脓。

【病因】 患有慢性子宫内膜炎的牛同时又有黄体持续存在，子宫颈黏膜肿胀，或黏膜粘连形成隔膜，子宫内脓液不能排除而引发本病。

【主证】 阴道检查，患牛阴道和子宫颈膣部黏膜充血、肿胀，子宫颈外口有少量的黏稠脓液；直肠检查，子宫显著增大，并向前下沉坠入腹腔，如妊娠 3～4 个月，子宫壁变厚，但整个子宫的薄厚及质地软硬不一致；卵巢上常有黄体，有时有囊肿。

【治则】 消肿止痛，抗菌消炎，促使炎性分泌物排出。

【方药】 党参、山药、元胡、当归、菟丝子、破故纸、吴茱萸、栀子各 30g，熟地 20g，益母草 60g，淫羊藿 40g，升麻、竹叶各 25g，甘草 15g。水煎取汁，候温灌服，1 个疗程/（2～6）剂，一般只需 1 个疗程，个别严重病例可用 2 个疗程。在用药之前，将子宫颈口通开或注射催情药雌二醇等，使子宫颈口开

张，有利于脓液及分泌物排出。（张裕亨等，T38，P33）

## 子宫出血

子宫出血是指由于在助产时损伤血络或母牛产后瘀血停滞，致使血液不断从阴道流出的一种病症。多发生于产后母牛。

### 一、子宫出血

【病因】　子宫发育不良、子宫内膜炎、胎儿过大、胎水过多等，影响子宫平滑肌收缩，导致子宫出血；或难产助产操作不当，器械损伤子宫，或过早拉出胎儿，子宫损伤出血。

【主证】　病初，患牛血液聚积在子宫内，不向外流难以发现，有时表现不安和努责。出血较多时，血液可流出阴道之外，卧地时出血更为明显，常常隔一段时间出血1次。

【治则】　补脾养心，凉血止血。

【方药】　归脾汤加减。黄芪50g，党参、当归各40g，茯苓、白术、枣仁、阿胶、仙鹤草、棕榈炭、焦地榆各30g，炙甘草10g。共研细末，开水冲调，候凉，1次灌服，1剂/d。共治愈4例。

【典型医案】　1989年4月13日，白水县雷村乡龙中村刘某一头红色母牛就诊。主诉：该牛自1988年1月生产后经常从产道里流淡红色的血液，出血时间8～10d/次不等，这次出血时间更长，已半个多月，断断续续，淋漓不止。经他医多方治疗皆无效。检查：患牛体温38.2℃，心跳71次/min，口色淡白，舌质绵软，无苔，眼结膜苍白，胃蠕动音弱；毛焦体瘦，行走乏力，尾根部沾有大量污血。此乃脾虚不能统血、血不归经、气不摄血所致。治疗：归脾汤加减，用法同上，1剂/d，连服5剂，痊愈。为巩固疗效，继服2剂，另加焦三仙以助消化，增进食欲。2个月后追访，再无复发。1990年10月产一红色母犊牛。（刘成生，T74，P44）

### 二、情期顽固性子宫出血

本病多见于人工输精后。

【病因】　多因营养不良，恐惧，精神紧张，环境与气候突变，重度使役而引起；或母牛体内雌激素在血液中含量下降，造成绒毛膜或子宫阜之间黏膜微血管出血。

【主证】　患牛发情时从阴门流出带血黏液，有的呈鲜红色，持续3～5d，严重污染阴门、尾部、两后肢飞节，卧地时流出带血黏液或更多血液，达200～300mL；有的腹痛，刨地，回头顾腹，哞叫等。阴道检查可见患牛子宫颈口开张、松弛，血液从子宫颈口随阴道黏液排出；有的发情母牛出血量较多，呈持续性、顽固性，长达3～5d，即使治愈后受胎，下

年度发情时复发。

【治则】　清热凉血。

【方药】　炒黄柏40g，连翘、地骨皮、侧柏叶（炒炭）、地榆（炒炭）各30g，五灵脂、延胡索、泽泻各20g，甘草10g。共研细末，开水冲调，候温灌服，1剂/d，连服3～5剂。发情时，取0.1‰肾上腺素5～6mL，皮下注射；缩宫素100U，后海穴注入；再次发情时于后海穴再次注入缩宫素100U。共治疗17例，治愈14例。

【典型医案】　2002年3月11日，阳城县驾岭乡吉德村砖腰庄上官某一头6岁西杂母牛来诊。主诉：该牛已产犊牛3头，发情后输配。9日早发现该牛从子宫流出血液。检查：患牛子宫颈口开张、松弛，可见血液从子宫颈口渗入阴道，卧地时流出黏性血液300mL以上，患牛高度性兴奋。12日检查，患牛外阴、尾部、两后肢飞节黏附多量带血黏液，卧地时有血液流出、呈鲜红色。诊为顽固性子宫出血。治疗：缩宫素100U，后海穴注入；取上方中药，共研细末，开水冲调，候温灌服，1剂/d，连服3剂，痊愈。30日，该牛发情，人工输精受孕。2003年4月9日该牛产犊牛后发情，输配时检查症状表现与前完全相同，经用上法治疗后输精受孕。（张虎社等，T133，P48）

## 子宫内膜炎

子宫内膜炎是指由于病原微生物感染子宫内膜而引起母牛子宫内膜发炎的一种疾病，是母牛不孕的主要疾病之一。

### 一、黄牛子宫内膜炎

【病因】　由于分娩、助产时损伤子宫或阴道引起病原菌感染；或产后胎衣滞留、恶露蓄积、子宫脱出、流产、子宫复旧不全等；或延误治疗、用药不当，配种及人工授精不洁，或手入阴道和子宫带进污物感染而发病。

【辨证施治】　本病分为急性化脓性、慢性卡他性、慢性潜隐性、慢性脓性和卡他化脓性子宫内膜炎。

（1）急性化脓性　患牛子宫排出的脓性恶露常污染阴门及尾根部，重症者卧下时排出量更多，恶露气味甚臭、呈灰白色或灰绿色或黄色，体温38.4～40.6℃，产奶量略有减少，食欲明显减弱。直肠检查两侧子宫角变粗、变硬且收缩反应减弱。

（2）慢性卡他性　患牛从阴门排出混浊絮状黏液，少数病例混有血液；恶露呈污红色或深褐色、气味臭，体温升高，部分患牛直肠检查两侧子宫角不对称，子宫角粗大肥厚、有硬实感、敏感性差、收缩反应微弱。

（3）慢性潜隐性　患牛无特殊症状，仅在发情时

从子宫排出混浊絮状分泌物，性周期尚属正常，但屡配不孕。

（4）慢性脓性　患牛精神稍差，食欲不振，有的消化紊乱，从阴门不断排出污秽的暗灰红色脓性物、气味恶臭，黏附在阴门、尾根周围及后肢上，干后成脓痂附在被毛上，卧地和排粪时，从阴门流出的脓汁较多。有的患牛有全身反应，体温升高，耳、鼻、角根稍温热，呼吸、心率略增数，口色稍红。直肠检查子宫角增大，壁增厚，收缩反应较弱，子宫内滞留较多的脓汁，触之有波动感。慢性病例子宫壁厚薄不均。

（5）卡他化脓性　患牛直肠检查两侧子宫角肿大，收缩反应微弱，宫壁的厚度和质地不均，若子宫积有分泌物，触之有轻度波动。阴道检查可见阴道、子宫颈口充血、肿胀，往往黏有脓性渗出物。子宫颈口微扩张，可伸入1～2指。阴门和尾部黏有黄色分泌物。

【治则】　急性化脓性宜清热利湿，散瘀缩宫；慢性卡他性宜活血祛瘀，通经活络；慢性潜隐性宜清热燥湿，祛瘀通经；慢性脓性宜清热利湿，固涩止带；卡他化脓性宜活血通经，去腐生肌，清下焦湿热。

【方药】（1～3适用于急性化脓性；4、5适用于慢性卡他性；6适用于慢性潜隐性；7适用于慢性脓性；8、9适用于卡他化脓性）

1. 醋香附、醋元胡、盐破故纸、芡实、黄芩各40g，酒知母、酒黄柏、连翘各30g，甘草25g。共研细末，开水冲调，候温灌服，1剂/d，连服2～5剂。共治疗16例，治愈14例。

2. 蒲黄、益母草、黄柏、香附各60g，黄芪90g，黄芩、当归、郁金各45g，升麻10g（为300kg牛药量，根据体重酌情增减）。共研末或水煎取汁，候温分2次灌服，1剂/d，连服3剂。取0.1%高锰酸钾溶液冲洗子宫；再用高渗生理盐水冲洗；最后子宫内注射油剂青霉素，肌内注射庆大霉素。

3. 香附250～400g，陈醋500～700mL，黄酒200～250mL。将香附和陈醋置于锅内，边煎边搅，直至煎干，放凉研末，加入黄酒和适量温水，开始发情后灌服，1剂/d，一般用药3～5剂即愈。共治疗316例，均收到了良好效果。

4. 党参、山药、元胡、当归、菟丝子、红花、艾叶、龙骨、牡蛎各30g，熟地20g，益母草60g，淫羊藿40g，升麻25g，甘草15g。水煎取汁，黄酒250mL为引，候温灌服，1个疗程/（2～6）剂，一般只需1个疗程，严重病例可用2个疗程。（张裕亨等，T38，P33）

5. 益母草500g，红糖250g。先将益母草加水6000mL，用文火煎约2h，待药液浓缩至约3000mL时加红糖溶解，候温，1次灌服，1剂/d，连服3剂。（盛朝远，T139，P61）

6. 冲洗按摩配合洗必泰栓（含醋酸洗必泰20mg/枚）法。

冲洗液配制：2%碘仿10mL、生理盐水1000mL。用时将碘仿溶于生理盐水中，2000～3000mL/头；重症者用2%碘仿20～40mL、5%或10%高渗盐水1000mL，冲洗。

方法：在患牛发情后进行。将患牛拴于四柱或六柱栏内，安全保定。医者两手戴医用手套，按常规进行消毒；一助手端盛有冲洗液的瓷盆，另一助手持接好漏斗的冲洗胶管，然后医者手入子宫内，助手将冲洗管送入子宫，灌注冲洗液缓慢冲洗。根据患牛的病程长短，医者手呈扇形或拳头状由子宫底部作螺旋样按摩，并边按边冲，一般需10～20min，一直冲按完全部子宫，使子宫内的异物和注入的药液净后取出冲洗管，向子宫内放入洗必泰栓，慢性型5枚，急性型10枚。共治疗子宫内膜炎284例，治愈279例，无效5例。

注：必须待牛发情后治疗，这时子宫颈口开张，利于冲洗、按摩。若子宫颈口开张不全，在治疗前3h，肌内注射己烯雌酚或三合激素等注射液，使子宫颈口开张。

7. 自拟黄柏车前汤。黄柏60g，车前草、党参、茯苓、白术、鸡冠草、益母草、海螵蛸、甘草各30g，红花、赤芍各20g。热盛者加金银花、连翘；腹胀者加木香、香附；带下恶臭者加败酱草、土茯苓；外阴痒剧者加苦参、白藓皮；便秘者加大黄、芒硝；食欲欠佳者加建曲、麦芽、山楂。水煎取汁，候温灌服，1剂/d。共治愈8例。

8. 党参、山药、元胡、当归、菟丝子、黄柏、金银花各30g，熟地、桃仁、没药各20g，益母草60g，淫羊藿40g，升麻、乳香各25g，甘草15g。水煎取汁，候温灌服，1个疗程/（2～6）剂，一般只需1个疗程，严重病例可用2个疗程。

9. 清宫液（中国农业科学院中兽医研究所药厂）子宫内灌注法。将药液温浴至接近体温时用输精器注入子宫内，根据牛体及子宫大小注入40～50mL/次，1次/d，1个疗程/4次。

【典型医案】　1. 1999年10月，阳城县驾岭乡南峪村李某一头4岁、西杂F$_1$母牛来诊。主诉：该牛于数月前流产，之后发情配种3次不孕。检查：患牛阴道黏液异常，阴道及子宫颈充血，会阴部及两后肢、尾巴上均有污秽结痂，且排出的黏液多为粉红色。诊为子宫内膜炎。治疗：取方药1，用法同上，1剂/d。连服3剂，患牛发情、配种、受孕。（张虎社等，T119，P30）

2. 2002年10月12日，务川县都濡镇洋溪村文某一头6岁、250kg母黄牛来诊。主诉：该牛于8日流产，自产道流出污秽液体，现流白色脓样液体，阴户肿胀，时常拱背努责作排尿姿势，食欲减少。检查：患牛阴部和尾部被白色的脓性分泌物黏附并结成干痂，阴门水肿。诊为急性（黏液性）子宫内膜炎。治疗：取方药2，用法同上，1剂/d，连服3剂。西药按方药2处理。之后随访，该牛痊愈，受孕。（盛朝远，T139，P61）

3. 1988年12月1日，新野县歪子乡陈庄村陈某一头红母牛来诊。主诉：该牛在本乡冷配和本交6次未孕，情期紊乱，现又发情。检查：患牛子宫颈充血、肿胀，阴道流出淡黄色黏稠分泌物；直肠检查子宫体增大，双角变粗，子宫壁变厚、质地较软、收缩无力。诊为子宫内膜炎。治疗：香附400g，陈醋700mL，黄酒250mL。用法见方药3，1剂/d，连服3剂。18d后发情，经检查上述症状消失，遂冷配1次，2个月后直肠检查已孕。（赵怀进等，T44，P36）

4. 1988年12月30日，邓州市刘集乡石营村石某一头4岁母黄牛来诊。主诉：该牛屡配不孕，发情周期基本正常，常从阴门排出混浊絮状黏液，人工授精3次未孕，本交3次亦未受孕。检查：患牛精神、食欲、反刍、膘情一般，体温38.8℃，呼吸30次/min，心跳70次/min，舌色发青，津液滑利，从阴门排出深褐色混浊絮状黏液、混有血液、气味臭；直肠检查两侧子宫角不对称，子宫角粗大肥厚、有硬实感、敏感性差、收缩反应减弱。诊为慢性卡他性子宫内膜炎。诊时该牛正在发情，即按方药6冲洗按摩法配合洗必泰栓治疗。1989年1月20日该牛发情正常，子宫及阴道炎症消失，宫颈僵硬已变软，阴道分泌物清亮，1次配种受孕，同年11月2日产一公犊牛。（孙荣华，T53，P32）

5. 1977年4月7日，柘城县南关一头4岁黑牛来诊。主诉：该牛流产后胎衣不下，数日来阴户流脓，气味腥臭。检查：患牛阴门悬吊长约60cm的污秽胎衣，并流出较多的灰红色脓性液体、恶臭，精神、食欲欠佳，体温39.1℃，呼吸、心率略快。治疗：自拟黄柏车前汤加金银花、连翘、山楂各30g，神曲、麦芽各40g，用法见方药7，1剂/d，连服6剂痊愈。15日后配种受孕。（陈传新，T33，P43）

6. 夏县庙前镇堡尔村杨某一头5岁母黄牛来诊。主诉：该牛产后一年半以来发情正常，但配种不受孕。检查：患牛食欲良好，发情基本正常，阴门、尾毛黏有黄色分泌物。阴道、子宫颈口充血、肿胀，黏有脓性渗出物，子宫颈口微开张。直肠检查两侧子宫角增大、收缩反应微弱，宫壁的薄厚和质地程度不均，并有局部扩张，触压子宫角有波动感。诊为卡他性脓性子宫内膜炎。治疗：取方药8，用法同上，连服4剂。用药后的第1次发情时适时配种，后再未发情，2个月后直肠检查已孕。（张裕亨等，T38，P33）

7. 1999年7月25日，唐河县湖阳镇张湾村白某一头妊娠母黄牛来站配种。主诉：该牛因被邻居家的牛牴撞腹部而致流产。检查：患牛子宫分泌物较稀，并伴有脓液，子宫体软硬不均，子宫颈膣部肿胀。诊为卡他性子宫内膜炎。治疗：清宫液50mL，子宫内注入，1次/2d，连用3次。于8月18日发情，配种，受孕。（常耀坤等，T102，P26）

## 二、奶牛子宫内膜炎

本病以高产奶牛较多见。

**【病因】** 由于孕期胎儿大量消耗母体营养，加之饲养管理失调，运动量不足，导致母牛气血亏虚；胎儿过大、助产不当、产程过长、产后护理不佳、产后失血、饲料营养不全等，造成产后子宫回缩缓慢无力，污物滞留宫内；或胎衣不下，胎衣排出不全，致使细菌繁殖而发病。流产、胎死腹中、难产及人工授精和剥离胎衣操作消毒不严等；或链球菌、大肠杆菌、葡萄球菌、布氏杆菌、结核杆菌、变形杆菌、棒状杆菌和其他细菌感染引发本病。

**【辨证施治】** 根据临床症状，分为急性化脓性、黏液脓性、隐性和慢性脓性子宫内膜炎。

（1）急性化脓性　多由胎衣不下引起。患牛精神沉郁，食欲减退，不时努责，从阴门中排出灰色、含有絮状物的脓性分泌物、气味腥臭，子宫角增大、呈面团样，如渗出物多时有波动感。

（2）黏液脓性　患牛精神沉郁，体温略高，从阴门不断排出少量白色脓性分泌物，污染尾根。

（3）隐性　患牛无明显症状，性周期基本正常，但屡配不孕，有的虽已受孕，易发隐性或早期流产，发情时阴道流出分泌物、稍有混浊。

（4）慢性脓性　患牛往往表现全身症状，性周期紊乱或不发情，伴有贫血和消瘦，阴道流出脓性分泌物，子宫壁松弛、薄厚不均，收缩力弱。当子宫积脓时，子宫体及子宫角明显增大，子宫壁紧张、有波动。

**【治则】** 急性化脓性宜清热利湿，散瘀缩宫；黏液脓性宜活血通经，清热去腐；隐性宜清热燥湿，祛瘀通经；慢性脓性宜清热利湿，固涩止带。

**【方药】** （1～3适用于急性化脓性；4、5适用于黏液脓性；6～8适用于隐性；9～15适用于慢性脓性）

1. 生化汤加味。炮姜、红花、当归、川芎、桃仁。气血两虚者加党参、黄芪、益母草、香附子，重用当归；口腔发红、体温升高者加金银花、陈皮、天花粉、皂刺、鱼腥草等。共研细末，开水冲调，候温灌服。

在服用中药的同时，急性化脓性者用10%氯化钠溶液200～300mL，利凡诺0.5g，土霉素1.0～1.5g，冲洗子宫，1次/（3～5）d；黏液脓性者用清宫液100～250mL或10%氯化钠溶液200～300mL，5%苏打50mL，适量抗生素，分别子宫灌注；隐性者用10%氯化钠溶液或蒸馏水50～100mL，利凡诺0.3g，青霉素160万单位、链霉素100万单位，冲洗，1次/7d，连用3次；慢性脓性者用蒸馏水100mL，溶解碘片5g，碘化钾10g，用量100～200mL/次。特殊病例间隔 5d 再用 1 次；或用 10％氯化钠溶液 100～200mL，双氧水 20mL，1 次灌注；或用 1％碘溶液，1％硫酸铜，2％过氧化氢，冲洗 1 次，时间要短，并立即用无刺激性溶液冲洗。为促使子宫炎性分泌物排出，可采用直肠内按摩子宫方法，5～10min/次，1 次/(3～5)d，按摩完毕注入相应冲洗液进行冲洗。对子宫紧张、子宫颈闭锁者禁止按摩。(祁生武等，ZJ2006，P154)

2. 补中祛瘀散加减。当归、党参、陈皮、白术各 40g，黄芪 60g，益母草 100g，升麻、香附各 50g，川续断、赤芍、甘草各 30g。共研细末，开水冲调，候温灌服。共防治 65 例，其中预防 30 例，治疗 35 例（产后 40d 妊娠 3 例，60d 妊娠 14 例，90d 妊娠 12 例，90d 以上妊娠 6 例）。

3. 香蒲汤加减。醋香附、蒲黄、当归、秦艽各 60g，益母草 80g，紫花地丁、川芎、红花、丹参、桃仁、黄芩、生地各 30g，甘草 20g。体质虚弱者加党参 45g、黄芪 60g；急性炎症、体温升高者重用金银花、连翘；白带过多者加茯苓、车前子、鸡冠花各 30g；子宫出血者加白茅根 45g、旱莲草 30g。水煎取汁，候温灌服。取甲硝唑 250～500mL，静脉注射；生理盐水 250mL，土霉素 4g，混合均匀，注入子宫（子宫内积脓或积水时，先将积留的液体排出后再进行灌注）。共治疗 76 例，治愈 73 例。

4. 蟾酥酊子宫灌注法。采用直肠把握法，插入输精管进行子宫灌注 0.1％蟾酥酊（江西省畜牧水产学校提供的 1％蟾酥酊，临用时加蒸馏水稀释成 0.1％浓度）300mL/次，1 次/2d，共灌注 2～3 次。注药后，患牛有弓背、轻度努责现象，少数牛子宫排出物中夹有少量血丝，但对产乳及食欲等均无影响。共治疗 36 例，治愈 31 例。在 36 例中，子宫角硬粗、肥厚下垂、发情紊乱、久配不孕者 16 例，全部治愈；子宫复旧不全、硬厚、产后不发情者 12 例，治愈 9 例；急性感染化脓、子宫蓄脓严重者 8 例，治愈 6 例。其中 15 头患牛都是抗生素等药物治疗无效后用蟾酥酊灌注治愈的。

5. 自家血疗法。将患牛保定在圆柱栏内。从患牛颈静脉无菌采血 90mL（在采血容器中预先盛抗凝剂 4.5％柠檬酸钠溶液 10mL，比例为 9:1），随即在颈部皮下注射，每隔 2d 注射 1 次，第 1、第 2、第 3 和第 4 次注射量分别是 80mL、100mL、120mL 和 140mL，1 个疗程/4 次，2 个疗程间隔 7d，一般 1～2 个疗程。注射部位不能重复，以免影响吸收。共治疗 56 例，治愈 54 例。

6. 清宫液（中国农业科学院中兽医研究所研制）注入疗法。将末端接有乳导管（5～10cm）的输精管用直肠把握法送入子宫角内，再用 100mL 注射器吸取经温浴后（温度接近体温）的清宫液 100mL 注入子宫角内，1 次/2d，1 个疗程/4 次。停药 10d 后复查，未愈者可重复 1 个疗程。共治疗 83 例，治愈

77 例。

注：在患牛发情时，利用子宫颈口开张较好的时期注入药液；按照操作规程和疗程、用量进行。(邓学安等，T37，P40)

7. 将洁尔阴洗液（恩威世亨牌，主要成分为黄柏、苦参、蛇床子、苍术）配成 5％的浓度，用输精器向子宫内注入 200～300mL，1 次/2d，一般 1～3 次痊愈。共治疗 24 例，痊愈 20 例。

8. 益母草 70g，荷叶、漏芦各 60g，黄芪 35g，金银花、党参、当归各 30g，连翘 25g，黄柏、川芎各 18g，黄连 15g，甘草 12g。共研细末，开水冲调，候温灌服，1 剂/2d。共治疗 43 例，均治愈。

9. 宫炎消。紫草 2000g，洗净、切碎，加食用油 500mL，置水浴锅内 65～70℃浸泡 48h［搅拌 1 次/(3～4)h］后过滤，再将青霉素 1600 万单位、链霉素 8g，溶于滤液中，充分摇匀后为较稠的紫红色混悬液，备用。以直肠内握法通过输精管向子宫内注入宫炎消 40～50mL，隔 2d 再投药 1 次，一般 1 个疗程/(2～3)次，病重者可连用 4～5 次。若治疗 20d 后临床症状仍未消失或复发者，再重复 1 个疗程。在临床治疗中，曾子宫内灌注宫炎消 5 次，100mL/次，未见任何不良反应。共治疗 50 例（其中急性脓性子宫内膜炎 18 例，慢性脓性子宫内膜炎 25 例，因胎衣滞留而继发子宫内膜炎者 7 例），有效率达 90％。治愈后配种的 48 例，于 3 个情期内累计配种受孕 42 例。

10. 当归 40g，桃仁、赤芍、党参各 30g，益母草 60g，白术、红花、升麻各 20g，甘草 15g。乏情者加阳起石、淫羊藿、补骨脂各 40g；炎症较重者加金银花、连翘、红藤各 30g，败酱草 20g；卵巢病变者加三棱、莪术各 30g，元胡 20g；便秘者加大黄 40g，芒硝 30g。共研细末，开水冲调，候温灌服，1 剂/d。"妇炎洁" 5 倍稀释液子宫注入 200mg，1 次/d；或碘仿 50～100mL，子宫注入，1 次/d。子宫灌注前 24h，肌内注射己烯雌酚 10mg（剂量大于正常 1/3～1/2 倍），以促进子宫颈张开和腺体分泌。上述两种药物可交替使用。还可用青黛散：青黛 150g，紫草 450g，贯众 200g，儿茶 30g，甲硝唑 100 片，粉碎过筛，50～100g/次，1 次/d。病程后期，皮下注射脑垂体后叶素 3 万单位，1 次/12h；青霉素 240 万单位，链霉素 100 万单位，鱼肝油 50mL，制成营养长效剂，水浴加热至 35℃，子宫灌注，1 次/2d，连用 3d。辅助治疗取维生素 AD 注射液 10mL，肌内注射，连用 1～3 次；全身症状较重者，静脉注射，强心，补充能量及抗生素，预防病情恶化。共治疗 75 例，治愈 68 例。

11. 自拟宫炎康。丹参、金银花、蒲公英各 30g，赤芍、桃仁各 15g，木香、茯苓、丹皮、生地各 10g。气血双亏、体质瘦弱者加党参、黄芪各 50g，白术 10g；气滞血瘀者加山楂肉 30g，元胡 10g。共研细末，开水冲调，候温灌服。多数患牛服药后，即日可

见排出量多的恶露、脓汁，2剂后则量少色淡，精神较好，恢复正常。共治疗42例，治愈39例。

12. 龙胆草45g，黄芩、栀子、泽泻、木通、柴胡、黄柏各30g，当归25g，车前子、苦参各20g，甘草15g。共研细末，开水冲调，候温灌服，1剂/d。

13. 直肠把握法。患牛发情当日用清宫枪将50mL碘甘油注入子宫体，并轻轻按摩子宫。若子宫蓄脓较多，隔2d再用药，连用2～3次。碘甘油清宫后，用宫得康消炎（主要成分为醋酸氯乙啶），方法同碘甘油清宫，25mL/次，1次/2d，1个疗程/4次。用宫得康治疗的同时，取八珍生化散：当归60g，党参50g，熟地、枳壳40g，川芎、白芍、桃仁、白术各30g，茯苓、炙甘草、炮姜各20g，益母草100g。水煎取汁，候温灌服，1剂/2d，1个疗程/5剂。卵巢静止者用绒毛膜促性腺素1.5万单位，肌内注射；持久黄体者用氯前列烯醇0.6mg，肌内注射。本方药适用于慢性脓性子宫内膜炎。

14. 后海穴封闭法。取0.25%盐酸普鲁卡因注射液50mL，青霉素240万单位。将长封闭针头从后海穴沿尾椎平行方向插入，进针10～16cm时注入药液，然后慢慢退出针头。间隔1d再用药1次，连用3次；对隐性子宫内膜炎，间隔2d用药1次，连用2次。共治疗52例，治愈47例。（卢民，T151，P21）

15. 党参、黄芪各50g，陈皮40g，当归、茯苓各35g，川芎、桃仁、赤芍、红花各30g，没药15g，益母草100g，炮姜、炙甘草各20g。水煎2次，取汁，混合，灌服，1剂/d，连服4d。先用0.1%高锰酸钾溶液冲洗子宫2次，后用5%温盐水冲洗2次，再用糖、小苏打、盐溶液（红糖90g，小苏打、食盐各1g，蒸馏水加至1000mL）冲洗2次，最后子宫灌注青霉素160万单位、链霉素200万单位，1次/2d，连用3次。共治疗28例，治愈26例。

【护理】加强饲养管理，供给全价饲料，饲喂青干草，圈舍通风干燥，注意卫生，定期消毒，避免病菌感染。配种和孕期检查应严格消毒，按程序操作。

【典型医案】1. 1991年3月8日，扎赉特旗姜某一头6岁黑白花牛就诊。主诉：2月20日该牛生产第3胎，3月5日发现阴道有污秽物排出，努责，泄泻，粪中混有脱落的肠黏膜和血液，尿频，产奶量急剧下降，反刍废绝，食欲减退，口渴欲饮，起卧困难。检查：患牛体温40.8℃，呼吸46次/min，心跳88次/min，精神沉郁，鼻镜干燥、龟裂，眼球下陷，结膜苍白，口腔干燥，呼吸浅表，第二心音减弱，尾部有污物，肛门松弛。诊为子宫内膜炎。治疗：10%葡萄糖注射液2000mL、维生素C注射液80mL，混合，静脉注射。取补中祛瘀散加减，用法同方药2。9日，患牛体温39.7℃，呼吸34次/min，心跳67次/min，结膜微红，精神好转，出现反刍，食欲增加。遂用高锰酸钾0.6g，常水3000mL，冲洗子宫；补中祛瘀散加木香、车前子各30g，红花20g，赤芍、

白术加至40g。用法同上。10日，患牛体温39℃，呼吸、心率正常，结膜潮红，鼻镜湿润，瘤胃蠕动恢复正常，阴道排出多量混有胎衣碎片的污物，产乳量增加。停用西药，中药用8日方加熟地30g。14日，患牛阴道再无污物排出，产奶量继续上升，遂停药。26日（即产后第66d）发情，1次配种受孕。（刘忠等，T71，P22）

2. 大通县桥头镇园林路马某一头6岁黑白花奶牛来诊。主诉：该牛生产时体质较差（已产3胎），子宫脱出，后经他医整复，食欲大减，精神不振，产奶量下降，常弓腰努责，腹痛。检查：患牛体温39.9℃，心跳68次/min，呼吸24次/min；外阴稍肿胀、流出脓性分泌物、气味腥臭，尾部黏有脓性排泄物；精神沉郁，皮毛杂乱、无光泽。诊为脓性子宫内膜炎。治疗：取方药3，用法同上。治疗3次，痊愈。（张文财等，T125，P27）

3. 1985年10月7日，江西省畜牧良种场奶牛一场1685号牛来诊。主诉：该牛早产65d，胎衣自下，10月29日发现阴道流出混有黏液的大量白色脓团，直肠检查子宫角大、硬并下垂至腹腔。诊为子宫内膜炎。治疗：采用直肠把握法，子宫灌注0.1%蟾酥酊300mL（见方药4）。翌日，患牛阴道流出大量稀黏液，黏液中脓团减少、浑浊。再次子宫灌注0.1%蟾酥酊300mL。12月17日发情、配种、受胎。（胡衍景等，T25，P38）

4. 1984年4月8日，广西农垦畜牧研究所河南牛舍一头3.5岁黑白花奶牛来诊。主诉：该牛第1胎难产，进行了碎尸取胎，此后经常从阴户流出黏性、灰黄色腥臭的脓性分泌物，卧地时流出更多，阴门常哆开，阴道黏膜潮红，子宫颈口微开。多次用0.1%高锰酸钾溶液、生理盐水冲洗和子宫内灌注土霉素，并结合益母草流浸膏、肌内注射青霉素、链霉素等法治疗未愈，转为慢性子宫内膜炎。8个多月来虽有两次发情，但屡配不孕。检查：患牛直肠检查子宫角增大变硬，体温39℃，呼吸、心率正常。治疗：自家血液疗法，用法、用量见方药5。翌日，患牛恶露减少，第7天完全停止。第10天直肠检查子宫复常，之后发情、配种、受孕，于1985年冬产一犊牛。（梁兵，T36，P54）

5. 盐池县奶牛养殖场一头3岁奶牛来诊。检查：患牛产后18d恶露不尽，食欲减退，产奶量下降，体温升高，心率增数，呼吸加快，直肠检查子宫角肥大增厚，子宫收缩反应弱。诊为子宫内膜炎。治疗：将洁尔阴洗液配成5%的浓度，第1次子宫注入250mL。用药当天下午，患牛病情有所缓解。隔日再注入5%洁尔阴洗液300mL。第4天，患牛食欲、产奶恢复正常，痊愈。（靳光秀等，T116，P26）

6. 1976年5月24日，宁夏黄羊滩农场一头9岁、营养中下等黑白花奶牛来诊。检查：患牛半个月前产一犊牛，现阴道流出棕褐色混浊物，稀薄、呈灰

白色、气味腥臭，沾污臀尾，有时拱背，努责，卧地时恶露量增多；饮食、产乳量稍有下降，体温、心率、鼻镜基本正常，口色淡白，舌苔灰白，瘤胃蠕动减弱。阴道检查正常，仅见子宫颈外口充血稍肿并张开流出渗出物。直肠检查感到两侧子宫角较正常产后期增大、稍厚，有压痛，收缩力减弱。治疗：取方药8，用法同上，1剂/2d。连服4剂痊愈。（杨金等，T23，P47）

7. 2004年9月5日，邵阳县九公桥镇白竹村伍某一头西杂2胎母牛就诊。主诉：3月1日，该牛产出胎儿已轻度腐烂，胎衣不下，采用手术剥离取出胎衣，病程185d，他医用0.1‰高锰酸钾溶液冲洗2次，并用青霉素、链霉素治疗2次，疗效不明显。检查：患牛拱背、努责，常作排尿姿势，从阴道排出脓性渗出物，卧地时排出量增多，阴门周围及尾根部常黏附渗出物并干涸结痂。诊为慢性脓性子宫内膜炎。治疗：用宫炎消（见方药9）连续治疗5次，40mL/次。治疗后再未见渗出物排出。10月15日，患牛发情、配种、受孕，足月产一犊牛。（王尚荣等，T141，P52）

8. 2004年5月，庄浪县万泉镇马川村奶牛场一头4.5岁黑白花奶牛来诊。主诉：该牛周期性发情正常，但发情时常夹有絮状物黏液，前3次配种后未见受孕，第4次经他医用抗生素治疗后受孕，3个月后又流产。阴道检查时，发现患牛子宫颈外口肿胀，收缩反应差，直肠检查可见子宫壁增厚，子宫角增粗。诊为慢性卡他性子宫内膜炎。治疗：已烯雌酚25mL，肌内注射；24h后，取"妇炎洁"，10倍稀释后子宫灌注100mL，连用4d；当归40g，赤芍、香附、益母草、党参各30g，红花、升麻、龙骨、牡蛎各20g，甘草15g。共研细末，开水冲调，候温灌服，1剂/d，连服3剂。随后追访，该牛受孕。（柳志成，T136，P42）

9. 1999年5月16日，青铜峡市小坝7队王某一头黑白花奶牛，经2个情期配种未孕来诊。检查：患牛正处发情期，从阴门流出淡黄色脓汁，分泌物稠、有脓块。开膣器检查阴道内有脓汁。直肠检查卵巢发育良好。诊为子宫内膜炎。治疗：自拟宫炎康加黄芪、党参，用法见方药11，连服3剂，同时用土霉素冲洗子宫。随后追访，该牛受孕。（赵淑霞，T127，P30）

10. 2003年8月25日，鄂尔多斯市东胜区康维奶站杨某一头4岁黑白花奶牛来诊。主诉：该牛产后1个多月，近日食欲减退。检查：患牛阴门肿胀，阴道内流出黄色黏稠的黏液、腥臭难闻，耳、鼻温热，粪干燥。诊为湿热型子宫内膜炎。治疗：取方药12，用法同上，1剂/d，连服5剂，痊愈。（李杰等，T140，P57）

11. 2006年8月4日，一头4岁、已分娩2胎牛来诊。主诉：该牛产犊牛后胎衣自然排出，产后一直未见发情，近日卧地时从阴道流出脓性黏液、数量不多、呈灰白色，采食、饮水均正常。检查：直肠检查发现，患牛子宫角大小无变化、弹性差，子宫壁较厚，左侧卵巢上有持久黄体，尾根处可见脓痂，阴户肿胀、呈暗红色。诊为慢性子宫内膜炎。治疗：氯前列烯醇0.6mg，肌内注射。患牛于7日发情，用碘甘油清宫后弓背摇尾、踢腹，起卧不安，偶见努责。取安痛定50mL，肌内注射。患牛卧地时排出大量脓液。10日再用碘甘油清宫后排出脓液量减少。13~21日，用宫得康冲洗治疗，隔2d 1次，共治疗4次；取八珍生化散，用法同方药13，连服5剂，1剂/2d。服药后，患牛排出黏液由脓性变为卡他性。再用宫得康治疗1个疗程，黏液清亮。10月8日，患牛发情，黏液清亮透明，适时配种，2个月后妊娠。（王世霖，T152，P54）

12. 湟中县城郊乡涌兴村刘某一头6岁牛，于产后3个发情期配种未孕来诊。检查：患牛精神郁抑，反刍次数减少，阴门外有脓性污臭黏液悬垂，时有努责，体温40.5℃，呼吸26次/min，心跳68次/min，眼结膜潮红。诊为子宫内膜炎。治疗：取方药15，用法同上。随后追访，该牛受孕。（史权军等，T163，P70）

## 子宫颈炎

子宫颈炎是指因分娩助产不当、胎儿过大等，损伤牛子宫颈所引发炎症的一种病症。

【病因】 多因母牛分娩、难产及人工助产损伤宫颈，导致细菌感染；或化脓菌直接感染；或用高浓度酸性或碱性溶液冲洗阴道等引发本病。慢性子宫炎、阴道炎亦可并发。

【主证】 患牛阴道流出脓性恶臭分泌物，阴道检查子宫颈潮红、充血、肿胀、有炎性分泌物，子宫颈口略开张，性周期紊乱。临床上多呈慢性经过。

【治则】 健脾利湿，活血止带。

【方药】 参苓白术散加减。党参、丹皮、当归、桔梗各40g，白术50g，茯苓、薏苡仁、陈皮、山药、红花、泽泻、桃仁、赤芍、没药、甘草各30g。带下臭秽、流有脓液者加鱼腥草、败酱草；腹痛者加元胡、川楝子、香附子。共研细末，开水冲调，候温灌服，1剂/d；甲硝唑注射液1000mL，外阴消毒后冲洗，1次/d，连用3~5d。共治疗36例，治愈29例，好转4例。

【典型医案】 2005年5月20日，湟源县申中乡申中村谢某一头5岁、黑杂二代牛来诊。主诉：该牛患病已2年，食欲减退，反刍缓慢，逐渐消瘦，他医治疗未见好转，本交和人工授精均未受孕。检查：患牛心跳、呼吸正常，体温稍高，阴门流有脓性、恶臭分泌物。诊为子宫颈炎。治疗：参苓白术散加减，用法同上，连服4剂。用甲硝唑冲洗阴道3d。随后追

访，患牛痊愈，受孕。（张宗武等，T150，P25）

## 子宫颈阻塞

子宫颈阻塞是指母牛子宫颈因损伤而变细变硬、子宫颈口粘连、阻塞而不能开张的一种病症。多见于有生殖系统感染病史和初配种时子宫尚未发育成熟的牛。

【病因】 除先天性龙凤胎中母犊生殖系统发育畸形外，多因生产时胎儿过大，产道狭窄，胎位不正，助产用力过猛，导致子宫颈损伤，随之发生粘连；头胎牛本交交叉感染致子宫颈阻塞；流产子宫有瘀血沉积，阻塞毛细血管，没有及时治疗导致子宫硬化；性成熟而子宫发育尚未成熟等。

【主证】 直肠检查，患牛子宫颈变细变硬，开膣器检查阴道充血，子宫颈口不开张，阴道干涩，用输精枪采用直肠把握法不能插入到子宫体内。

【治则】 活血化瘀，祛腐生新。

【方药】 加味益母生化散。当归、川芎、益母草、木香、香附各60g，川续断50g，红花20g，甘草40g，莪术、三棱各120g。共研细末，开水冲调，候温灌服。在发情高峰期，取黄体酮100mg，肌内注射；30min后子宫肌松弛，用输精枪采用直肠把握法，根据手感将输精枪缓慢插入子宫注入。共治疗52例，治愈48例。

注：疏通子宫颈阻塞最好在牛处于发情高峰期，尚未排卵以前进行。

【典型医案】 2004年10月，洱源县玉湖镇河东组杨某一头2.5岁奶牛来诊。检查：患牛已经连续配种1年多没有受孕，采用直肠把握子宫颈的方法将输精枪插入宫颈，发现宫颈阻塞，子宫体松弛增大、有内容物；阴道充血，外阴唇红肿，右侧卵巢有卵泡，宫颈口不开张，无腺体，子宫颈细硬。诊为子宫蓄脓性宫颈阻塞。治疗：当归、川芎、赤芍、益母草、川续断、木香各60g，红花20g，甘草、艾叶、炮姜各30g，柴胡、蒲公英、茯苓各40g。共研细末，开水冲调，甜米酒200mL为引，灌服，1剂/d，连服2剂。第3天，取黄体酮100mg，肌内注射；30min后，采用直肠把握法将输精枪缓慢插入子宫内，蓄积的脓汁从输精管内流出；取生理盐水150mL，青霉素G钾400万单位，鱼腥草注射液50mL，硫酸卡那霉素注射液、大黄藤注射液各20mL，地塞米松注射液5mL，混合，预热至40℃，用输精枪注入子宫内，同时轻轻按压子宫体，使输入的药液从输精管内排出，冲洗子宫，1次/d，连续3d，直到排出的冲洗液内无异物为止。45d后，该牛发情配种，受孕。（吉伟跃，T136，P58）

## 子宫扭转

子宫扭转是指母牛子宫围绕自身的纵轴发生扭转的一种病症。

【病因】 母牛起卧时前躯低后躯高，子宫在腹腔内呈悬垂状态。如果母牛急剧转动躯体使孕角发生扭转，尤其在临产期出现起卧不安时更容易发生。母牛分娩时，胎儿由下位转为上位时，因其转动急剧造成本病；饲养管理失宜和运动不足，如长期休闲，以致子宫弛缓导致本病。

【主证】 一般无前驱症状，多为突然发生。

产前扭转：患牛不安和阵发性腹痛（摇尾、前肢刨地、后肢踢腹、或起卧、滚转），出汗，食欲减退或废绝，卧地不起，拱腰努责，反刍废绝、磨牙等，但不排出羊水。

临产时扭转：患牛虽有分娩预兆，但胎儿不能进入产道，胎膜亦不能露出阴门。阴道或直肠检查时均引起患牛剧烈努责。阴道检查阴道壁干涩，子宫颈部呈紫红色，黏液塞红染，阴道壁紧张，越向前阴道腔越狭窄，阴道壁前段可见或大或小的螺旋状皱襞，根据阴道腔或皱襞的走向，确定捻转的方向；阴道前端的宽窄及皱襞的大小，依扭转的程度为转移，扭转不超过90°时，术者手臂可自由通过；扭转180°时，手仅能勉强伸入；扭转达270°时，手不能伸入，360°时，阴道拧闭。直肠检查，在耻骨前缘可触及子宫体扭转处如一堆软而实的物体，阔韧带从两旁向此处交叉。有时粪带血。

【治则】 整复。

【方法】 将患牛头部向下、臀部向上固定在保定栏内，使牛体腹部纵轴垂直地面，达到子宫体在腹腔内呈悬挂势（即倒垂保定）。由于患牛庞大沉重，除人力强行保定外，也可用四柱栏保定：两后立柱高2.5m以上，并有上横柱连结，两侧低位横栏不能高于30cm。将患牛站立保定于栏内，用一根短绳的一端牢固地结在一侧低位横栏前端，经患牛颈部上方将游离端绕对侧低位横栏1周后由第1助手牵拉；另一绳长10～15m，自两后立柱上端横栏中段做双环套缠绕，两游离端分别由前向后将患牛后肢和后立柱共同缠绕两周，第1周绕在后肢蹠部，第2周绕在跗关节上缘，再将游离端上引绕过横柱半周，由2～4个助手分别牵拉。第1助手首先将短绳拉紧，迫使患牛头颈部下沉，两前肢跪地。此时两后肢则开始骚动上抬，后两侧助手借机拉紧保定绳，后肢及其所绕的保定绳则逐渐向上滑动，后肢离地，臀部上升，腹部垂直地面时，两后肢分别用绳固定在同侧后立柱上。术者站在操作方便的位置，手臂伸入患牛直肠内，隔肠壁尽可能触到子宫庞大部位或子宫体某部位，将子宫体向扭转的相反方向拨动，拨动约10cm/次，扭转角度小的子宫，往往几次即可矫正。扭转角度较大时，每次拨动后，更换手臂与子宫接触部位时，子宫往往转向扭转方向，此时令助手隔腹壁用拳头顶压子宫体，阻止其回转。术者拨动子宫时，助手也可同时、同向用手在腹壁外滑行，推动子宫体，如此反复拨转，经10～20次拨动便可矫正。倒垂牛体，在于让子宫体悬垂于腹腔内，减少腹腔器官对子宫体的挤压，子宫体周围相对而言有一定的空间，便于子宫体转动。为此，使牛体腹腔和地面垂直即可，胸、颈、头部不一定垂直，且可减少保定的难度。为防止矫正时子宫逆转，助手腹壁外顶压，术者与助手要配合默契。术者拨动子宫时，以指尖或掌面接触子宫，不可强行抓、拉，以免撕破子宫壁。严格直肠检查技术，切勿损伤直肠壁。术者入直肠的手臂有时触不到子宫体庞大部，也可自扭转处前部拨动，虽困难但也可达到目的。术者手臂能进入子宫内时，也可行子宫腔内矫正，搬动胎儿带动子宫转动而得以矫正。共治疗31例，除7例因保定失败或体质虚弱不能施术而改用其他方法治疗外，其余24例全部治愈。

**【典型医案】** 1. 1985年4月13日下午，太和县李兴乡老麦茬庄的一头母黄牛就诊。主诉：12日下午，该牛突然起卧不安，蹬腿踢腹，疑为流产，在当地服中药1剂无效。检查：患牛子宫体扭转90°。治疗：取倒垂保定法保定。术者手臂进入直肠，发现扭转的子宫已随倒垂保定得到矫正，遂轻微拨动即复位，并随之拉出死胎。

2. 1986年2月，郸城县白马乡程庄的一头母牛来诊。主诉：该牛产期超过10余天，来诊前一日晚出现分娩征兆，次日上午尚未产出，且胎胞亦未露出阴门。直肠检查，患牛子宫左侧扭转约180°。治疗：行倒垂法保定，直肠矫正，助手腹外协助，经拨动14次即复位，2h后产一母犊牛。（张新厚，T65，P23）

## 子宫脱出（垂）

子宫脱出（垂）是指母牛子宫部分或全部脱出于阴门外的一种病症。子宫的一部分脱出于阴道内或子宫连同阴道一起垂露于阴门外称子宫脱。常见于年老体弱的产后母牛。

### 一、黄牛、水牛子宫脱出（垂）

**【病因】** 多因饲养管理不善，营养不良，劳役过度，或久泄久痢，或产后虚弱，致使气血亏虚，中气下陷而发病。分娩时用力过度，或生产时强力拉出胎儿、胎衣，促使本病发生。胎儿过大、畸形、胎水过多、双胞胎等，致使子宫过度扩张，收缩力减弱，造成子宫及韧带松弛而发病。难产时助产不当，造成子宫体、子宫颈和产道损伤，产道炎症以及胎衣不下等均能引起强烈努责，致使子宫脱出。瘤胃膨气、积食等使腹内压过高导致子宫脱出。

**【主证】** 患牛精神不振，弓腰努责；脱出的子宫形如葫芦，黏膜和子叶呈玫瑰色或暗红色。子宫脱出后瘀血、水肿、温度降低、容积量大，或破裂、伪膜性炎症和外脱组织坏死。轻者，子宫部分脱出或全部脱出；重者，子宫全部脱出或阴道也随之脱出，脱出时间较长，子宫表面呈紫红色、肿胀严重、僵硬、质如肉胨，极易损伤出血，易发生感染、坏死，最终导致败血症。

**【治则】** 补中益气，活血祛瘀，手术整复。

**【方药】** 1. 手术整复。取静松灵3～5mL，肌内注射。20min后，患牛不再强烈努责，腹压降低。此时，用0.1%高锰酸钾溶液、2%～3%明矾溶液冲洗子宫；或用川椒、防风、荆芥、艾叶、蛇床子、白矾、五倍子各10g，水煎取汁，候温，冲洗子宫，除去坏死组织及残留胎衣；检查子宫是否扭转，若扭转应先矫正。整复前，取麦角新碱5～10mL，肌内注射，促进子宫收缩；整复时，将患牛站立或侧卧保定，呈前低后高体位，助手用纱布将子宫托起与阴门等高，术者用拳头顶住子宫尖端凹陷处，小心用力前推送，助手用两手保护住阴门并用力向盆腔内推，以防子宫再行脱出。同样方法将两个子宫角分别送入阴门，送回的子宫尽量伸展以恢复正常位置。整复后，子宫内注入青霉素240万单位。术后1～4d，取青霉素160万单位/次，肌内注射，2次/d。消除水肿用三棱针或宽针散刺，不宜过深且避开血管，挤压揉按排出水肿液。水肿严重时用消毒绷带缠绑整个子宫，边按揉轻压边收紧绷带，以加速水肿液的渗出。为防止子宫再脱出，在阴门外作纽扣状缝合，以青霉素瓶胶盖作垫，以防撕裂。术后，取加减补中益气汤：党参、黄芩、甘草各30g，当归25g，柴胡10g，五味子20g。共研细末，开水冲调，候温灌服。共治疗12例，全部治愈。（王耀武等，ZJ2006，P165）

注：为防止患牛强烈努责，肌内注射静松灵优于2%普鲁卡因硬膜外腔或后海穴的封闭。

2. 夜关门炖猪蹄。大夜关门（为豆科植物多脉叶羊蹄甲的茎叶）200g，猪蹄1000～1500g。将夜关门切片，同猪蹄置于沙锅内，加水适量，文火煮，蹄烂为度，取汁与骨，捣蹄为汁，和汤，候温灌服。1剂/d，一般灌服2～3剂见效。共治疗9例，疗效甚为满意。

3. 温水袋法。取市售符合卫生条件的塑料食品袋（20cm×30cm）1个，长约40cm的棉线绳1条，经0.1%高锰酸钾溶液浸泡消毒后，袋内装40℃的高锰酸钾溶液500mL，袋口用棉线绳的一端扎紧，线的另一端留作引线。将脱出的子宫冲洗、整复后内放温水袋，并配合中药治疗。共治愈14例。

4. 阴道填塞法。将患牛牵到约30°的斜坡上，使其前低后高，子宫自然前倾，便于整复；令助手4～5人将牛用力固定；用备好的温开水彻底冲洗患牛外阴和脱出子宫，清除黏着污物，然后再用0.1%

高锰酸钾液冲洗，并清洗阴道内口。术者按外科手术常规消毒手臂后，将脱出子宫送入阴道使其复位，然后取消毒纱布在未用的高锰酸钾液中浸湿拧干，塞入阴道以固定复位的子宫。若患牛骨盆和阴道容量大，可依次填塞第 2～3 条纱布，最后用消毒干纱布填塞阴道外口。整复填塞完毕后，仍需将牛拴到前低后高的地方（若无此条件，亦可将牛圈垫成约 15° 的坡地），以防止患牛将纱布排出。一般填塞 3d 后便可将阴道口纱布取出，第 4 天再取 1 块，最后一条待其自行排出（若 7d 后仍未排出时，可用手取出），子宫脱垂即可痊愈。干纱布切勿露出阴门之外，以防患牛起卧沾污局部而造成感染。要加强护理，细心观察，注意纱布有无脱出。操作时一定要严格消毒，特别在春、夏季节更要防止阴道感染；要轻快柔和，以免损伤阴道和子宫。在填塞期间，取当归 50g，川芎、赤芍、乳香、没药、升麻各 30g，熟地、白术、柴胡各 40g，桃仁、陈皮各 20g，党参、黄芪各 60g，红花 15g。共研细末，开水冲调，候温灌服，1 剂/2d，连服 2 剂。共治疗 33 例，痊愈 32 例。（潘学业，T18，P58）

5. 会阴穴注射酒精治疗法。取前低后高位自然站立保定患牛，用 0.1% 高锰酸钾溶液清洗脱出部分，除去异物和瘀血，并将阴门周围清洗、消毒后整复，分 5 点结节缝合阴门，然后在会阴穴注射 70% 酒精 20mL（针头略斜向阴道外侧，以不穿透内壁为度，不宜过深）。整复后，取青霉素 640 万单位，30% 安乃近注射液 20mL，肌内注射，2 次/d，连用 3d。共治疗 48 例，均治愈。

注：刺入深度视牛大小、膘情程度而定，一般进针 3～5cm，进针后若能上下提插，增强针的刺激量，再注入药液，疗效更好。

6. 轻度脱出，用 0.1% 高锰酸钾液将脱出子宫及外阴尾根充分洗净，除去异物、坏死组织及附着的黏膜。术者紧握拳头将脱出的子宫顶回阴道，整复至正常位置，用阴门固定器或酒瓶固定法固定，经 3～5d 拆去固定物即可。药用补中益气汤：党参、白术、当归、陈皮各 60g，黄芪 90g，柴胡、升麻各 30g，炙甘草 35g，生姜 3 片，大枣 4 枚为引。共研细末，开水冲调，候温灌服，1 剂/d，连服 3d。

重度脱出，在整复时先用 30% 明矾水冲洗清洁，再用针乱刺肿胀处，使水肿液渗出，继用菜油涂擦，反复搓揉至子宫变软，将脱出的子宫从靠近阴门处开始用手在两侧交替向阴道内压进，整复至原位，加以固定。药用八珍汤：党参、白术、茯苓各 60g，熟地、白芍、当归各 45g，川芎、甘草各 30g。共研细末，开水冲调，候温灌服，1 剂/d，连服 5 剂。

因使役过度或营养不良、年老体衰、气血亏虚者，药用补中益气汤加熟地、阿胶；脾胃失调者加青皮、生地、麻仁等；危重者，应及时行子宫切除术；同时，药用八珍汤加健脾和胃药物；体温高且有感染者药用黄连解毒汤：黄连 30g，黄芩、黄柏、金银花、连翘各 45g，栀子 60g。水煎取汁，候温灌服，1 剂/d，连服 3 剂。还应及时注射抗菌药物，强心补液。共治疗 36 例，除 1 例子宫切除外，其余均治愈。

7. 用温明矾水或 1% 高锰酸钾溶液、或硫酸镁溶液洗净患部后，肌内注射静松灵注射液 4～5mL；或用静松灵注射液 10mL 加温水适量，喷洒局部，然后用消毒的湿纱布护理好患部。药后 5min，患牛停止努责，腹痛消除，子宫脱出部分呈明显的节律性收缩，15～25min 收缩到最小限度，能轻松地将子宫送入原位，取盐酸普鲁卡因注射液 10～20mL、50% 葡萄糖注射液，混合，在阴门两侧注射进行封闭；或补中益气汤：黄芪、党参、甘草、白术、当归、炙升麻、柴胡、陈皮。水煎取汁，候温灌服。共治疗 122 例，均获痊愈。

8. 腹壁子宫缝合固定法。将患牛站立保定，先用加温的 0.1% 高锰酸钾液洗净脱出的子宫，再用 1000U/mL 青霉素温生理盐水冲洗，然后在助手配合下把子宫还纳于腹腔中。术者一手伸进子宫内，将子宫充分展平，再均匀用力使子宫紧贴腹壁，仔细检查确无肠管夹在子宫、腹壁中间；另一手将穿着 7 号缝线的缝针从剪毛消毒过的第 1 腰椎横突后下方 1～1.5cm 处向内刺入，穿透子宫壁；再在子宫内距第 1 针孔 4～5 横指处进针，从第 2 腰椎横突后下方 1～1.5cm 处刺出，拉紧两端线头，慢慢退出子宫内行术的手。皮肤两针距间垫以直径 2～3cm 的纱布圆枕，打活结固定。西药取青霉素 160 万～200 万单位/次，肌内注射，2 次/d，连用 5～7d。中药用益母草、党参各 120g，炮姜、川芎、桃仁各 30g，当归、炙甘草各 45g。体质瘦弱者重用党参，加黄芪、熟地；阴户不断流出暗红色腥臭液体且体温偏高者去炮姜，加柴胡、金银花、连翘、栀子、生地；口色淡白、被毛竖立、耳寒鼻凉、体温偏低者重用炮姜，加官桂、小茴香、附子、砂仁；食欲不佳、反刍无力者加白术、升麻、柴胡、陈皮、苍术等。水煎 3 沸，弃渣取汁，候温灌服。共治疗 17 例，均 1 次固定治愈，未见有后遗症。

注：在整个手术过程中要严格消毒。子宫若有撕裂或出血，应确实处理后再整复。术后第 2 天放松固定线，第 3 天抽出固定线以利子宫的收缩复位。术后禁止久卧，每天适当牵遛；改进饲养管理。

9. 将患牛置六柱栏内站立保定，将尾上举并固定好，对脱出组织及肛门、阴门周围用 0.1% 高锰酸钾溶液冲洗干净，整复，用结节缝合法缝合数针（以粪尿通利为宜）。用 TDP 特定电磁波治疗器（重庆市硅酸盐研究所、重庆医疗器械厂制造，ZOSO-3 型，电压 220V，功率 600W）照射 50min 左右，距离 25～40cm（预热 5min），早、晚各 1 次/d。对脱出时间较长、脱水严重、经治不愈者应配合穴位照射：① 百会穴：背中线上腰椎与荐椎间隙中。② 后海（交巢）穴：肛门上方、尾根下方的凹陷处。③脱肛穴：肛门两侧旁开 6 分处，左右各 1 穴。④治肛穴：阴门中点旁开 6 分处，左右各 1 穴。共治疗 20 例，治愈率达 92％。（王念民等，T49，P24）

10. 清理患部，消除水肿。用 0.1％新洁尔灭溶液或 0.1％高锰酸钾溶液冲洗脱出的子宫，并剔除腐膜烂肉，再用 2％～3％明矾水冲洗。用三棱针或宽针散刺，不宜过深且避开血管，挤压揉按排出水肿液。水肿严重时，可用消毒绷带缠绑整个子宫，边按揉轻压，边收紧绷带，以加速水肿液的渗出。对强烈努责的患牛可用低荐尾硬膜外腔麻醉，即注入 2％普鲁卡因注射液 10～15mL，或用 0.25％普鲁卡因注射液 100～200mL 作盆神经封闭或后海穴扩散注射，为延长麻醉时间可加肾上腺素。若患牛仍有努责现象，还可选用静松灵 300～500mL，肌内注射。

还纳、固定子宫。将患牛保定呈前低后高体位，如为卧姿则垫高臀部。术前检查脱宫内有无肠管，如有肠管或肿胀严重，则应从子宫角部开始送还；若子宫基部肿胀不甚严重，可先自基部还纳。施术时由两助手用消毒纱布或大毛巾将子宫兜起与阴门等高。子宫角送还时，术者用一拳头（最好裹以纱布）自子宫角凹陷处推入阴户内，另一手和助手同时护压住子宫角，术者退出手臂再推送其余部分。自基部送还时，术者两手指作环状卡紧子宫基部，和助手协同向阴户内送还。脱出的子宫全部纳入阴户后，术者手臂必须深入腹腔，摆动子宫使其完全复位。尤其是自基部送还整复时要防止子宫内翻。子宫复位后，随即向宫内撒布土霉素或四环素粉 5～8g。子宫整复后，为防止患牛努责或卧地时重新脱出，必须加以固定。一般情况下可用粗线或细绳对两阴唇作 2～3 针圆枕（或垫板）缝合。如果整复后患牛努责强烈，虽进行了阴门缝合，子宫不能脱出体外，但却挤纳于盆腔内，使阴部胀满突出，甚至撕裂缝合。此时可用清洁消毒的 500mL 盐水瓶或啤酒瓶纳入阴道，瓶颈用绳系牢，两绳头拉紧系于环绕后腹部的粗绳圈上。如阴道较深，可从瓶口紧塞一根比阴道稍长的清洁木棍，棍端系绳固定，方法同上。这样使瓶底顶住宫颈，以防子宫脱入阴道。瓶子作为异物，对阴道有一定刺激作用，如结合后海穴麻醉，患牛一般没有强烈反应。阴门缝合、阴道置瓶可在努责消失后拆除，一般需 2～3d。

子宫复位后，随即向宫内撒布土霉素、四环素、新霉素或灌注雷佛奴尔溶液等抗菌、消炎、防腐药。以后酌情用防腐消炎药物冲洗子宫，1 次/d 或 1 次/2d，连用 3～5d。全身抗感染，取青霉素 400 万～800 万单位，链霉素 200 万～400 万单位，肌内注射，2 次/d，连用 3～6d；控制或减轻炎症、减少疼痛反应，取 5％葡萄糖生理盐水 1000～2000mL，2％普鲁卡因注射液 40mL，氢化可的松 500mg，静脉注射，2～3 次/d，连用 2d，中药用补中益气汤加

减：炙黄芪、党参、当归、白术各 60g，炙升麻、醋香附各 40g，陈皮、柴胡、川芎、炙甘草各 30g，益母草 150g。水煎取汁，候温灌服，1 剂/d，连服 3 剂（本方药用于病弱体衰、气虚下陷者）；或益母生化汤加减：益母草 100g，当归 60g，桃仁 45g，金银花、连翘、泽兰叶各 40g，醋元胡 35g，川芎 30g，炮姜 10g。水煎取汁，候温灌服，1 剂/d，连服 3 剂（本方药用于恶露不尽、腹痛不安者）。共治疗近 50 例，效果良好。

【典型医案】 1. 1979 年 12 月，遵义县禹门乡花园墙李某一头 8 岁母水牛，产后一直不发情，于 1983 年 4 月患子宫脱出来诊。检查：患牛四肢冷，腰膝无力，尿失禁，脉沉弱，舌淡红。治疗：按常规整复子宫，夜关门炖猪蹄（见方药 2）加升麻末 100g，灌服 3 剂痊愈。1984 年 5 月追访，该牛已妊娠临产。（何登文，T14，P40）

2. 1984 年 5 月 6 日，宜川县牛家佃乡上葫芦村呼某一头母牛来诊。主诉：该牛因产后子宫脱出，曾在他处整复治疗，随后又努责复发，疗效不佳。治疗：将脱出的子宫用 2％白矾水 2000mL 冲洗后整复，并向宫内放入温水袋（见方药 3），引线头留在体外，3d 后取出；取补中益气散：党参、黄芪、当归各 50g，白术 40g，陈皮、川芎、破故纸各 30g，柴胡、升麻、甘草各 20g。共研细末，开水冲调，候温灌服，1 剂/d；当归注射液 40mL（相当生药 2g），肌内注射。连续治疗 2d，于第 3 天痊愈。（屈生明，T14，P37）

3. 1993 年 11 月 18 日，天柱县白市三间桥村陈某一头 8 岁母水牛来诊。主诉：该牛因产后不食，精神不振，3h 后子宫脱出，经他医整复、治疗，因努责剧烈再次脱出。检查：患牛子宫脱出长约 40cm，直径 20cm，呈暗红色圆柱状，瘀血，肿胀。治疗：取前低后高位自然站立保定，用 0.1％高锰酸钾溶液清洗脱出部分，除去异物和瘀血，将阴门周围清洗、消毒后整复，分 5 点结节缝合阴门（见方药 5），然后在会阴穴注射 70％酒精 20mL（针头略斜向阴道外侧，以不穿透内壁为度，不宜过深）。整复后，取青霉素 640 万单位，30％安乃近注射液 20mL，肌内注射，2 次/d，连用 3d。第 3 天，患牛完全恢复食欲，子宫再未脱出，拆除缝线。（宋朝清，T85，P37）

4. 1985 年 6 月 12 日清晨，石阡县汤山镇洋溪村杨某一头 9 岁母牛分娩（第 5 胎），当天下午发现子宫全部脱出，经他医整复 2 次无效，第 2 天来诊。检查：患牛体温 38.6℃，呼吸 34 次/min，中等膘情，精神沉郁，吃草减少，频频努责，时欲卧地，粪干燥，脉象沉细，口色淡白，子宫肿胀严重、僵硬、呈紫红色。治疗：阴门行纽扣状缝合；灌服补中益气汤加熟地 60g，阿胶 45g，麻仁 120g，用法同方药 6，1 剂/d，连服 3 剂，痊愈，未见复发。

5. 1994 年 9 月 25 日，石阡县大沙坝乡龙洞村唐

某一头 11 岁母水牛于半夜分娩，次日晨发现阴道及子宫全部脱出，经他医整复 1 次无效，第 2 天再整复 3 次仍未成功，第 3 天来诊。检查：患牛精神委顿，卧多立少，不时鸣叫，鼻镜干燥，体温 38.3℃，心跳 24 次/min，呼吸 54 次/min，中下等膘情，瘤胃蠕动音弱，食欲废绝，粪干黑且有黏液，脱出子宫呈紫黑色、严重肿胀、僵硬、有多处破损，伤口已被粪便及泥土污染，脉象迟细，口色枯白。治疗：对患部麻醉消毒后行子宫切除术；灌服八珍汤，1 剂，用法见方药 6。取 5% 葡萄糖生理盐水 2000mL、维生素 C 4g、青霉素 1200 万单位、安钠咖 3g，静脉注射。29 日，患牛体温 39.5℃，心跳 16 次/min，呼吸 62 次/min，全身症状无明显变化。取青霉素 560 万单位，1 次肌内注射；黄连解毒汤加麻仁 120g，生地 35g，沙参、麦冬各 45g，陈皮 30g，木香、乌药各 40g，用法见方药 6。30 日，继用青霉素，剂量同前，肌内注射；黄连解毒汤，1 剂/d，连服 3 剂。用药后，患牛体温、食欲、粪尿均恢复正常，唯口色淡白，脉细无力。31 日，拆除结扎线，再服八珍汤，1 剂/d，连服 3 剂，痊愈。（曹树和，T124，P29）

6. 1986 年 6 月 3 日，社旗县大桥乡相庄村范某一头 7 岁、中等膘情黄色母牛，因生产时努责过度，发生子宫脱出来诊。治疗：先用 0.1% 高锰酸钾溶液洗净子宫脱出部分，清除污物后，取静松灵注射液 15mL，加温水 150mL，用注射器喷洒于子宫脱出部分。25min 后，子宫脱出部分收缩如拳头大，用手将子宫复位，然后用盐酸普鲁卡因注射液 20mL、50% 葡萄糖注射液 80mL，混合，在阴门两侧封闭，第 2 天痊愈。（牛宗文，T34，P50）

7. 1982 年 7 月 14 日，郸城县东风乡尹王庄尹某一头 2.5 岁母黄牛，因分娩引起子宫全部脱出来诊。治疗：取方药 8，用法同上。19 日，患牛痊愈。10 月随访时已妊娠。1983 年、1984 年共产 2 头犊牛，子宫未再脱出。（于朝亭，T14，P41）

8. 2004 年 10 月，句容市天王镇孙岗村一头经产水牛来诊。主诉：该牛生产双胞胎犊牛后发生子宫全脱，经他医复整后于当夜又脱出。检查：患牛卧地不起，体温正常，色脉尚可；脱出的子宫严重肿胀，黏膜暗红、呈紫黑色，局部已破损、坏死。诊为子宫全脱。治疗：按方药 10 方法进行清洗、麻醉，用宽针散刺，排出水肿液，再用消毒绷带缠绑整个子宫，边按揉轻压，边收紧绷带，直至大量水肿液渗出，肿胀消退至可以复整时再进行复整、固定，并结合中西药物治疗，3d 后取出纳入阴道的盐水瓶，1 周后随访，患牛恢复正常。（赵明珍等，T141，P43）

## 二、奶牛子宫脱出（垂）

本病一般多见于年老和经产的奶牛。

【病因】　多因妊娠期饲养管理不当，饲料品种单一、质量差，加之又缺乏运动，体瘦弱无力等致使会阴部组织松弛、无力固定于子宫。助产不当、产道干燥而迅速拉出胎儿。胎衣不下，在裸露出的胎衣断端系以重物。此外，瘤胃臌气、瘤胃积食、便秘、腹泻等诱发本病。

【主证】　子宫部分脱出时，子宫角翻至子宫颈或阴道内而发生套叠。患牛仅有不安、努责和类似疝痛症状，通过阴道检查才可发现。

子宫全部脱出时，患牛子宫角、子宫体及子宫颈部外翻于阴门外，且可下垂到跗关节。脱出的子宫黏膜上往往附有部分胎衣和子叶。子宫黏膜初为红色，以后变为紫红色，子宫水肿增厚、呈肉胨状、表面开裂、流出渗出液。

【治则】　手术整复，扶正固脱。

【方药】　1. 先在百会、后海穴各注射普鲁卡因注射液 4～5mL，然后用大量 1‰ 高锰酸钾溶液冲洗子宫脱出部分。对脱出特别严重、体质较弱、起立困难者，用 10% 葡萄糖注射液 1500～2000mL，三磷酸腺苷注射液 20mL，肌苷注射液 20mL，强的松注射液 15mL，维生素 C 注射液 20mL，混合，1 次静脉注射。将脱出的部分缓慢送入腹腔，并在阴门外行结节缝合，以尿液流出为度。药用补中益气汤：白术 80g，党参 150g，当归、陈皮、大枣各 100g，升麻、柴胡各 60g，炙甘草 30g。水煎取汁，候温灌服。下坠较重者，可 1 次灌服红葡萄酒 500mL。共治愈 8 例。（米向东，T101，P33）

2. 用纱布兜裹整个子宫，以免被尖硬物刺破，用 1‰ 高锰酸钾温水清洗，剥离胎衣，将脱出子宫整复，子宫内放入抗菌消炎药后，阴门行水平纽扣状缝合；青霉素、链霉素各 400 万单位，肌内注射，2 次/d。中药用黄芪、党参、白术、猪苓、茯苓、泽泻各 100g，当归、桂枝、炙甘草各 50g，陈皮 40g，升麻、柴胡各 30g。水煎取汁，候温灌服，1 剂/d，连服 6 剂。

3. 将尾部固定在一侧，子宫下部垫以塑料布；用 0.1% 高锰酸钾溶液冲洗子宫后，上面敷以两层消毒纱布；取 25% 葡萄糖注射液 1500mL，5% 氯化钙注射液 1000mL，止血敏 20mL，静脉注射；缩宫素 200U，子宫角部注入。红霉素 240 万单位，维生素 C 注射液 100mL，静脉注射；青霉素 400 万单位，链霉素 100 万单位，注射用水 20mL，肌内注射，2 次/d。手臂伸入阴道，推送子宫入腹腔并整复，结节缝合阴唇；清宫液 100mL（中国农业科学院中兽医研究所生产），10% 生理盐水 500mL，子宫灌入。用清宫液冲洗子宫，1 次/2d，连用 3 次。中药用黄芪 90g，党参、山药、当归、益母草各 60g，炙升麻、炙柴胡、神曲、生姜、大枣各 30g，白术、知母、桔梗各 20g，陈皮 25g。共研细末，开水冲调，候温灌服，1 剂/2d，连服 2 剂。本方药适用于产后瘫痪子宫脱出。共治疗 26 例，治愈 21 例。

【典型医案】　1. 2003 年 1 月 16 日，乌鲁木齐市七一印染厂榆树沟村向某一头黑白花奶牛来诊。主诉：该牛长期饲喂稻草、麦草，每天只喂给少量麸皮，造成营养不良，因发热不食，自购药品注射治疗，引起药物性流产，在取出胎儿时，子宫一同脱出。检查：患牛膘情中下，皮温不整，可视黏膜淡白，呼吸 30 次/min，心跳 79 次/min，卧地不起，头低耳耷，颈部长伸，呼吸深短，不时呻吟，发出"吭吭"声；子宫全部脱出、充血、红肿、呈轻度水肿。治疗：用纱布兜裹整个子宫，以免被尖硬物刺破，用 1‰高锰酸钾温水清洗，剥离胎衣，将脱出子宫整复，子宫内放入抗菌消炎药后，阴门行水平纽扣状缝合，肌内注射青霉素、链霉素各 400 万单位。翌日，患牛步幅短缩而强拘，腰拱懒动，两后肢叉开，腹围大、无胀感，乳房肿大，基部明显呈现两后肢压迹，用手触压乳房留有压痕，体温 38.3℃，呼吸 26 次/min，心跳 68 次/min，饮水多，未见排尿，口色淡白。取青霉素、链霉素各 400 万单位，混合，肌内注射，2 次/d。取方药 2 中药，用法同上，1 剂/d，连服 6 剂。10d 后痊愈。（李令启等，T122，P33）

2. 1989 年 6 月 7 日，兰州市城关区奶牛场 8106 号、8 岁奶牛，于夜间分娩第 6 胎，产后瘫痪兼子宫脱出就诊。检查：患牛心跳 140 次/min、呼吸 80 次/min，心力衰竭，节律不齐，呈右侧横卧，不能站立，针刺腰、背及四肢无痛觉，子宫全部脱出、呈紫红色，胎衣脱落完整，子宫被粪便和泥水污染。治疗：立即将尾部固定在一侧，子宫下部垫以塑料布；用 0.1%高锰酸钾溶液冲洗子宫后，上面敷以两层消毒纱布；取方药 3 西药，用法同上。手臂伸入阴道，推送子宫入腹腔并整复，结节缝合阴唇；清宫液 100mL（中国农业科学院中兽医研究所生产），10%生理盐水 500mL，子宫灌入。翌日，取葡萄糖生理盐水 2000mL，红霉素 240 万单位，维生素 C 注射液 100mL，静脉注射；青霉素 400 万单位，链霉素 100 万单位，注射用水 20mL，肌内注射，2 次/d，连用 5d。用清宫液冲洗子宫，1 次/2d，连用 3 次。取方药 3 中药，用法同上，1 剂/2d，连服 2 剂。治疗 3d 后，患牛开始进食，饮水恢复正常；7d 后恶露排尽。28 日直肠检查，患牛子宫恢复正常，9 月 3 日发情、配种，翌年产一公犊牛。（贾虹，T64，P25）

### 三、子宫和直肠同时脱出

本症是指母牛子宫和直肠二者同时脱出的一种病症。

【病因】　多因产前运动不足、劳役过重或不正确的助产引起；饲料单纯、营养不良、气血双虚，是导致子宫和直肠脱出的重要原因。

【主证】　患牛子宫完全或部分脱出、呈大小不等的球状物、暴露于阴户外、如筒状，黏膜表面干燥龟裂，甚则溃烂。直肠脱出于体外，不时努责，黏膜表面结痂，甚则溃烂。

【治则】　补中益气，升阳固脱，整复。

【方药】　1. 用 2%温盐水彻底清洗脱出的子宫和直肠，再撒布青霉素粉 160 万单位、链霉素 200 万单位；整复后阴道内装酒瓶 1 个，阴门缝合 2/3。取参鳖汤：党参 100g，全鳖（团鱼）1 只（250～500g），黄酒 200mL。将党参研成细末，全鳖捣成泥状，混合，加水 3000mL，煎煮取汁，候温，加黄酒灌服。轻者 1 次痊愈，重者 2～3 次痊愈。共治疗 48 例（其中牛 46 例），治愈 46 例，淘汰 1 例，死亡 1 例。

2. 用温明矾水或 1%高锰酸钾溶液、或硫酸镁溶液洗净患部后，肌内注射静松灵注射液 4～5mL；或用静松灵注射液 10mL，加温水适量，喷洒局部，然后用消毒的湿纱布护理好患部。用药后 5min，患牛开始停止努责，腹痛消除，脱出部分呈现明显的节律性收缩，待脱出部分复原后，取盐酸普鲁卡因注射液 10～20mL、50%葡萄糖注射液，混合，在阴门两侧注射进行封闭，或内服补中益气汤：黄芪、党参、甘草、白术、当归、炙升麻、柴胡、陈皮。1 剂，水煎取汁，候温灌服。共治疗 21 例，均获痊愈。

3. ①整复。先用艾叶、桉树叶、花椒叶的药液将脱出的直肠冲洗干净，再用 0.1%高锰酸钾水冲洗，使结痂的黏膜脱落，针刺放血，并用双手将脱出部分揉软，撒上青霉素、链霉素各 300 万单位，然后送入肛门内，行缝合术。将脱出的阴道用上法进行整复和缝合。②青霉素、链霉素各 300 万单位，肌内注射，2 次/d。③党参 60g，黄芪 70g，白术、当归、丹参各 40g，红花、陈皮、升麻、柴胡各 30g，桃仁 25g，甘草 10g。水煎取汁，候温灌服。

【典型医案】　1. 1985 年 10 月 25 日，鹿邑县邱集乡王某一头黄牛，因产后子宫、直肠双脱出就诊。主诉：该牛于 22 日凌晨 1 时左右产犊牛时未见异常，5 时出现努责，随后子宫脱出。他医用缝合法治疗 2 次未愈。检查：患牛精神沉郁，卧地努责，子宫、直肠一并脱出，黏膜瘀血、肿胀。治疗：用 2%温盐水彻底清洗脱出的子宫和直肠，再撒布青霉素粉 160 万单位、链霉素 200 万单位；整复后阴道内置酒瓶 1 个，阴门缝合 2/3。取参鳖汤，1 剂，用法见方药 1。次日 20 时许，取出酒瓶，患牛不再努责，恢复反刍、食欲而痊愈。1 月后追访，未复发。（王怀友等，T39，P46）

2. 1987 年 1 月 15 日，南台县皇路店乡刘某一头黄色小母牛来诊。检查：患牛阴道脱出如拳头大，直肠脱出四指长，弓腰翘尾，有时努责。诊为阴道和直肠双脱出症。治疗：先用温白矾水洗净患部后，肌内注射静松灵 5mL。用药后，脱出的阴道和直肠自动缩回，1 次痊愈。（牛宗文，T34，P50）

3. 1986 年 7 月 18 日，四川省仪陇县罗某一头 7 岁、营养中等、约 370kg 母水牛来诊。主诉：该牛每次发情时直肠和阴道都部分脱出，发情过后可自行缩回，故无法配种。14 日发情时直肠和阴道均脱出。

检查：患牛食欲减低，直肠全部脱出，黏膜肿胀，部分结痂；阴道部分脱出，不断拱腰回顾，频频努责，其他未见异常。诊为发情期习惯性直肠和阴道双脱出症。治疗：取方药3①、②、③，用法同上。7d内拆线，痊愈。8月5日，患牛发情时直肠和阴道又有少部分脱出。用兽用SB71-2型电疗机电针治疗，一组为交巢、治脱穴；另一组为百会、治脱穴。1组/d，交替治疗；1次/d，1h/次，电流由小逐渐加大。连续治疗7d，痊愈。(刘守怀，T32，P61)

## 胎衣不下

胎衣不下是指母牛在产犊后的一定时间内（一般是8～12h以内），胎衣不能自行脱落而滞留于子宫内的一种病症，又称胎衣停滞、胎盘滞留。以初产、老弱体疲、过肥的牛和奶牛易发。

### 一、黄牛、水牛胎衣不下

【病因】 由于妊娠期间饲料单纯，营养缺乏，气血虚损；或使役过重伤及正气；或胎儿过大、产程长、难产，致使正气耗损，子宫弛缓，无力排出胎衣；或因产时天气寒冷，感受风寒，气血不畅，胎衣不能排出；母牛虚弱，子宫收缩无力，气血不调，胎盘充血、水肿，维生素缺乏，产前运动不足，孕前患有子宫内膜炎等，使胎盘绒毛嵌闭在宫阜腺窝内，绒毛发生水肿，影响两者的分离。老龄体弱、消瘦或过肥，双胎、胎膜积水以及子宫扭转等，引起子宫肌肉过度扩张；或子宫损伤、难产和助产不当以及某些应激因素对中枢神经的强烈刺激等，都可导致子宫收缩无力。妊娠期间，子宫感染如布氏杆菌、生殖道支原体、胎儿弯杆菌、滴虫、霉菌、弓形体和病毒等病原微生物，引发隐性子宫内膜炎和增生性胎盘炎，使母子胎盘发生粘连。

【辨证施治】 根据胎衣在子宫内滞留多少，可分为完全胎衣不下和部分胎衣不下。

（1）胎衣全部不下 胎衣少部或部分垂于阴门外，有的全部留于子宫内。患牛不断努责，体温升高，食欲减退，精神沉郁，阴门流出污秽脓血，严重时流出腐败的胎衣组织碎片，且气味腥臭难闻。

（2）胎衣部分不下 患牛有时仅发现有弓背、举尾和不安等症状，不进行阴道检查不易觉察。初期，一般无全身症状，经1～2d后，停滞的胎衣开始腐败分解从阴道内排出污红色有胎衣碎块的恶臭液体，腐败分解产物若被子宫吸收，出现败血型子宫炎和毒血症，体温升高，精神沉郁，食欲减退，泌乳减少等。多数患牛胎衣腐败分解后，常常导致子宫内膜炎、子宫积脓等而长期不孕。

【治则】 胎衣全部不下宜收缩子宫，抗炎；胎衣部分不下宜促进子宫收缩，制止炎症发展，促进机体和子宫的正常机能恢复。

【方药】 （1～12适用于胎衣全部不下；13～15适用于部分胎衣不下）

1. 当归、益母草各100g，川芎80g，牛膝120g。水煎取汁，候温灌服；强力717 20mL，肌内注射，2h后重复1次。一般在用药后18h内胎衣自行排出，无需手术和冲洗。共治疗26例，显效24例。

2. 荞麦500g，淡竹叶250g，棕榈穗包壳200g，红糖为引，水煎取汁，候温灌服。旧畚箕（竹编）1只，水煎取汁，候温灌服；破麻鞋（洛麻、苎麻编织）1双，烤热，揉擦左侧腹部。共治疗30余例，治愈率达80％以上。

3. 黑神散。熟地、当归、芍药、肉桂、黑皮黄豆各48g，干姜30g，蒲黄43g，甘草28g，童便、米酒各250mL。将熟地、当归、芍药、甘草、肉桂、干姜、蒲黄加水过药面，煎煮2次，取汁，黑黄豆炒熟、研细。药汁、豆粉合米酒、童便灌服或让患牛自饮，一般1剂即愈。共治疗9例，全部治愈。

4. 益母车前汤加味。益母草、车前子（酒炒）各100～300g，当归60～90g，川芎15～30g，党参100～200g，红花30～60g，炙甘草90～120g。口色红绛、体温不高者加桃仁、丹参；体温偏高、阴户内不断流出暗红色腥臭液体者，易炙甘草为生甘草，酌加生地、玄参、柴胡、栀子、连翘，并取抗生素配合治疗；口色淡白、肢寒体冷、被毛竖立者加炮姜、官桂、附子。水煎3沸取汁，加黄酒250～300mL，候温灌服，1剂/d，连服1～3剂。共治疗24例（其中经产牛11例，初产8例，流产牛5例），痊愈20例。

5. 催衣饮。蓖麻根200g，土牛膝100g（体况好者可用150g）。切片，水煎取汁，加黄酒250mL，1次灌服。胎衣滞留超过36h以上仍未排出者可继服1剂。共治疗水牛54例、黄牛9例，除2例外，其余均1次痊愈。

6. 伏茶50～200g，加水约5000mL，煎煮10～60min，加食盐20～100g，红糖（或白糖）100～500g，候温，1次灌服。灌服后30～60min即见胎衣排出。单用茶水或糖水或盐水对病情轻者也有效；组方可预防生产瘫痪、缺乳、虚弱等病症。个别病例由于细菌感染引起的胎盘粘连需手术剥离。本方药对营养不良引起的胎衣不下疗效达100％。所用茶、糖水量可视牛体型大小和病情而定。共治疗近200例，疗效高达96％。

7. 食盐150g，益母草200g（鲜品500g）。水煎取汁4000～5000mL，待凉至40～50℃于产后24h子宫内灌注。将患牛站立保定，用0.1％高锰酸钾溶液洗净外阴及其周围，助手将牛尾和露出的胎衣拉向一侧，用消毒的母牛导尿管或小号胃导管向子宫深处灌注药液，1次/d。灌完立即牵遛，使子宫内液体振荡，胎衣脱下。共治疗5例，一般灌注2～4次胎衣即自行脱落。（谈牧，T36，P29）

8. 当归90～120g，益母草120～150g，红糖

150～200g。先将当归、益母草水煎取汁，候温，加红糖灌服。

9. 脱花煎。当归25g，肉桂15g，川芎、赤勺、红花、牛膝、瞿麦各10g。共研末，以黄酒1盅、童便半碗为引，连渣带水1次内服。共治疗11例，其中9例服药1剂、2例服药2剂，胎衣均自行脱落。药后无任何不良反应。（汪烈进，T6，P34）

10. 火麻仁500～750g，研细，开水冲调，候温灌服。共治疗5例，均在服药后6～17h胎衣自行脱落。

11. 冬葵子汤。冬葵子60g，红花20g，乳香、没药（醋炙）、桃仁、生甘草各10g，生地15g（为200kg牛药量，视牛体重大小酌情加减）。虚弱者加黄芪、党参各30g，减红花10g；兼有高热及粪干燥者加金银花、黄芩各20g，酒大黄50g。水煎取汁，3次/剂，混合，1剂/d，灌服。灌服时加红葡萄酒200mL，效果更佳。一般灌服2剂胎衣即可脱落。共治疗12例，治愈11例。（樊雪琴，T131，P63）

12. 当归、益母草各100g，车前草80g，川芎60g，旧芭蕉扇3把（烧灰、存性）。将上药水煎取汁，冲旧芭蕉扇灰，混匀后灌服，一般在用药24h内胎衣自行脱落，1～2剂即愈。共收治50余例，全部治愈。

13. 益母当归汤。益母草150g，当归50g。水煎取汁，候温灌服（本方药亦可用于胎衣全部不下）。共治疗37例，治愈33例。

14. 益母香附汤。益母草200g，香附100g，当归50g，枳壳60g。血瘀、宫寒者加炮干姜、小茴香各30g；血瘀、宫热者加生地、连翘、黄柏各30g；血瘀、中气下陷、子宫松弛者先用自拟益母香附汤，后用补中益气散，重用枳壳；血瘀并血虚者加熟地50g，肉桂20g。水煎取汁，候温加黄酒250mL，灌服。共治疗169例，治愈158例。

15. 缩宫逐瘀汤。五灵脂、黄芪各90g，当归、益母草、党参各60g，川芎、枳壳、天花粉、桃仁各40g，红花、蒲黄各30g，黄酒250mL。水煎取汁，候温灌服（药量根据牛体型大小、体质强弱酌情增减）。共治疗38例，均治愈，并配种受孕。

【典型医案】1. 2005年4月16日，互助县南门峡镇卷曹村马某一头6岁母黄牛来诊。主诉：该牛产后第2天从阴道排出污红、恶臭液体，有残留胎衣挂在阴门外。检查：患牛精神沉郁，食欲减退至废绝。诊为部分胎衣不下。治疗：取方药1，用法同上，连服2d，痊愈。

2. 2004年11月27日，互助县南门峡镇七塔尔村雷某一头4岁母牛，因早产致胎衣不下来诊。治疗：行常规手术剥离时因粘连严重，尚有部分胎衣剥离不下。治疗：取方药1中药，用法同上，连服2剂；同时，肌内注射抗生素。第3天，患牛痊愈。（刘武等，T138，P70）

3. 温岭县海利村泮某一头10岁母黄牛来诊。主诉：该牛因年老体弱，分娩后2d胎衣未下，努责缓慢无力。治疗：旧畚箕（竹编）1只，水煎取汁，候温灌服；破麻鞋（洛麻、苎麻编织）1双，烤热，揉擦左侧腹部。第2天中午胎衣全部脱落。（李方来等，T26，P37）

4. 1982年6月30日，靖西县新靖镇龙江屯黄某一头母水牛，于产后（第2胎）至7月1日未排出胎衣来诊。检查：患牛精神沉郁，卧地不起，牵行却疾走；鼻干舌燥，不反刍，不进水草，拒绝犊牛吮乳，体温正常。治疗：黑神散，用法同方药3，1剂；葡萄糖生理盐水2500mL，静脉注射。服药后第2天，患牛行走、饮食、反刍恢复正常，从阴户排出有臭气的胎衣碎块。遂用0.1%高锰酸钾溶液冲洗子宫，放入金霉素粉3g，防止子宫内膜发生炎症。第4天痊愈，哺乳正常。（黄文忏，T21，P33）

5. 1983年7月14日，郸城县东风乡张庄村张某一头1岁红母牛，因产后胎衣不下来诊。检查：患牛胎衣垂于阴户外长约30cm，卧地时尚轻微努责，其他无异常。治疗：益母车前汤加味，1剂，用法同方药4。服药后6h，患牛努责加剧，当夜胎衣脱落而愈。

6. 1985年10月，郸城县东风乡李某一头母黄牛，于产后2d胎衣不下来诊。检查：患牛精神不振，反刍无力，胎衣全部滞于宫内。治疗：取方药4加炮姜60g，官桂45g，附子30g，用法同上。服药后，患牛胎衣排出。（于朝亭，T21，P28）

7. 1991年7月21日，平和县小溪镇宝善村张某一头7岁母水牛就诊。主诉：20日，该牛产一母犊牛，胎衣未排出，经他医治疗后仍未见效果。检查：患牛头低、倦怠，回头顾腹，约有13cm的胎衣垂于阴门外，口色淡白，脉弱无力，体温37.1℃。诊为胎衣不下。治疗：催衣饮，用法同方药5。次日，畜主告知，患牛服药后8h许胎衣全部排出。（苏醒霖等，T67，P40）

8. 1990年4月20日，同仁县兰采乡麦仓村冷某一头10岁、约220kg黑色母牛就诊。主诉：该牛已产4头犊牛，前天上午约12时产第5头，昨天不见胎衣排出，用催产素10mL（1mg/mL），至今胎衣仍未排出，且饮食亦减少。检查：患牛卧地不起，强迫站立后不久又卧地，被毛粗乱无光，较瘦弱，结膜淡白，鼻镜干成珠，但较稀疏，阴道口仅有少量胎盘垂露，体温39.1℃，心跳64次/min，呼吸28次/min，心音较弱，瘤胃蠕动音较弱，1次/2min。治疗：伏茶100g，加水5000mL，煎熬30min，取汁，加食盐50g，红糖200g，候温，1次灌服。服药约40min后，患牛起立努责，约10min后胎衣全部排出。

9. 1999年4月4日，同仁县加吾乡协后村桑某一头12岁、约250kg黑色母犏牛就诊。主诉：该牛于昨天早晨产一犊牛（第5胎），第2天仍不见胎衣排出，卧地不起，饮食欲废绝，粪尿皆无。检查：患牛体质较差，精神委顿，反刍、排尿、排粪停止，卧地不起，强迫站立后即卧下，鼻镜干燥，口色青白，鼻出冷气，体温 37.1℃，心音弱，心跳 38 次/min，呼吸 12 次/min，瘤胃蠕动音相当弱、仅能听到轻微的捻发音，1 次/2min。诊为产后瘫痪合并胎衣不下。治疗：催产素注射液 10mL，1 次肌内注射；10%水杨酸钠注射液 200mL，40%乌洛托品注射液 50mL，10%氯化钙注射液 100mL，生理盐水 500mL，10%氯化钠注射液 500mL，混合，加温至 30～40℃，1 次静脉注射。用药后，患牛精神沉郁，能站立，但站不长久，一昼夜排粪尿各 1 次，能少量进食，皮温不均，流泪，鼻流清涕，鼻镜干燥，鼻出冷气，体温 37.3℃，心跳 45 次/min，呼吸 18 次/min，瘤胃蠕动 1 次/2min。症状较前一日减轻，但仍不能起立，胎衣仍不下。治疗：30%安乃近注射液 20mL，1 次肌内注射；伏茶 100g，加水 5000mL，煎 60min，后加食盐 60g，白糖 300g，候温，1 次灌服。60min 后，患牛起立，不断努责，2min 后胎衣全部排出，之后饮食欲逐渐增强，一切恢复正常。（曹谦，T124，P42）

10. 1991 年 3 月 12 日，鹿邑县高集乡位店村一头 6 头母牛来诊。主诉：该牛产犊牛已 4d，胎衣未下。检查：患牛体温 40.3℃，食欲减退，连连努责，口色赤红，尿淋漓。治疗：先灌服其他中药 1 剂，注射青霉素、安痛定等药物均无效，遂取方药 8，用法同上，1 次即愈。（秦连玉等，T58，P48）

11. 1984 年 6 月，祁连县林场马某一头黄牛，于产后 4d 胎衣不下来诊。主诉：曾给该牛注射垂体后叶素 2 次无效。检查：患牛精神沉郁，从阴门内流出污红色恶臭液体，阴门外露的胎衣长约 10cm，稍拉即断。治疗：火麻仁 750g，灌服。9h 后胎衣自下。（马清德，T16，P64）

12. 2002 年 4 月 16 日，芦溪县宣风镇开石源村易某一头 6 岁母黄牛来诊。主诉：由于饲养管理不善，饲料单一，劳役过度，舍饲期间运动不足等，该牛产后第 2 天从阴道排出污红色且恶臭的液体，有残留胎衣挂在阴道口，精神沉郁，食欲减退至废绝。治疗：取方药 12，用法同上，连服 2 剂，胎衣全部排出，恶露消除，痊愈。

13. 2000 年 11 月 27 日，芦溪县芦溪镇仁里村曾某一头 4 岁母牛来诊。主诉：因该牛早产导致胎衣不下，行常规手术剥离时因粘连严重，尚有部分胎衣剥离不下。治疗：取方药 12，用法同上，2 剂；肌内注射抗生素 3 次，第 3 天胎衣全部排出，痊愈。（黄承辉等，T114，P32）

14. 盘县保田镇干河村铁厂组彭某一头 4 岁初产母黄牛就诊。主诉：根据排出胎衣的大小，认为胎衣在产后 18h 仍未排尽。经阴道检查，确有部分胎衣滞留于宫内。治疗：益母当归汤，1 剂，用法见方药

13，嘱畜主将患牛置于前高后低位站立，服药后 8h，残留胎衣排出。（庄忠明，T98，P24）

15. 1998 年 11 月，临夏县韩集镇阳洼山村何某一头母牛，因分娩（第 4 胎）24h 后胎衣不下来诊。检查：患牛胎衣垂于阴门外约 10cm、呈灰褐色，阴道流出少量污红色液体，行动迟缓，口色淡白，舌质绵软，口温偏低。诊为胎衣不下。治疗：益母香附汤，用法同方药 14，1 剂。服药 8h 后，患牛胎衣自行排出。（鲁庆泉，T151，P61）

16. 2005 年 4 月 26 日，张掖市甘州区明永村 5 社何某一头 3 岁母牛来诊。主诉：该牛于 25 日晨难产（初产），胎衣不下，不断努责，食欲减少。检查：患牛体质较差，精神不振，努责，少部分胎衣露出阴门，口色黄、苔腻，体温 38.9℃，心跳 76 次/min，呼吸 26 次/min。诊为胎衣不下。治疗：缩宫逐瘀汤加车前子 30g，用法同方药 15。次日，患牛精神转好，食欲增加，口色淡黄，舌苔消失，大部分胎衣排出。继服药 1 剂，痊愈。5 个月后配种妊娠。（陈伟，T143，P54）

## 二、奶牛胎衣不下

一般多见于怀胎多、奶量高、产程长、饲养条件差的奶牛，且发病率高于黄牛。

【病因】　由于日粮中缺乏矿物质、维生素，饲料单纯、品质差；或过量饲喂精料等，使机体过肥，子宫收缩乏力、弛缓，致使胎儿胎盘与母体胎盘部分或全部不能分离；分娩时，母体耗损气血，加之天气寒冷，能量消耗过多，导致体质虚弱，元气不足。妊娠期间，子宫感染某些传染病如布氏杆菌病等，子宫内膜及胎膜发生炎症、肿胀，使胎儿胎盘与母体子宫阜发生粘连，尤其是妊娠后期，腹内压增大，使正常的生理机能受到破坏而发生子宫及胎盘水肿、粘连，产后局部瘀血、水肿不能及时消除。产前或产时胞宫受挤压、撞击，或母牛受到惊吓等，使瘀血阻滞胞脉，胞宫功能失调而导致胎衣滞留。

【辨证施治】　根据临床症状，分为气虚型、气滞血瘀型和毒热伤胞型胎衣不下。

（1）气虚型　多发于高产、老龄及体质弱的母牛。患牛神态倦怠，食欲不振或废绝，心悸气短，站立不稳，阴道流出较多淡色血水，阴户污秽不洁，努责乏力或不努责，脉虚无力，口色淡白，脉细无力。

（2）气滞血瘀型　患牛神态不安，食欲废绝，呻吟、鸣叫、磨牙、踢腹，后腹内有硬块、拒按，只排出少量黯色血水，不见排出胎衣，有的腹围增大，阴门常流出褐红色、气味腥臭的恶露，体温升高，舌质紫黯，脉弦涩有力。

（3）毒热伤胞型　多见于异常的胎产（中毒、疫病、死胎及早产等）。患牛发热，食欲减退或废绝，阴道流污血水、气味腥臭，粪干尿赤，口赤舌燥，脉洪数或虚细数。

【治则】　气虚型宜补气养血，活血行瘀；气滞血瘀型宜活血化瘀，健脾理气；毒热伤胞型宜解毒清热，扶正祛邪。

【方药】　（1～5适用于气虚型；6～10适用于气滞血瘀型；11～16适用于毒热伤胞型）

1. 生化汤《傅青主》加味。党参、益母草、炙黄芪各300g，当归200g，川芎、怀牛膝各100g，炒桃仁60g，炮姜炭、炙甘草各50g。水煎3次，取汁，混合，分2次灌服。

2. 党参、甘草、黄芪、白术、益母草、香附、陈皮、枳壳、赤芍、当归、川芎、川续断各20～25g，红花、蒲公英、茯苓各20g。共研细末，开水冲调，候温灌服，1剂/d。一般1～2剂即可见效。共治疗9例，有效率达100％。

3. 益母草300～500g，红糖250～500g，水2000～4000mL。先将益母草煎煮10～15min，加入红糖再煎5min，取汁，候温饮用或灌服。共治疗15例（含羊），14例显效，1例效果不显著。

4. 龟参汤。龟板45g，党参、滑石、蒲公英各60g，当归、益母草、紫花地丁、红花各30g，海金沙45g，甘草10g，红糖500g为引。体质虚弱者加山药，重用党参；体温升高、继发子宫炎者加金银花、连翘，重用蒲公英；子宫出血者加白茅根、地榆、侧柏叶等；胎衣腐败、脓汁多者重用黄芪。共研细末，开水冲调，候温灌服，1次/d。取氯霉素粉1g，痢特灵0.3g，加生理盐水或灭菌蒸馏水100mL制成氯霉素粉痢特灵溶液；或取土霉素2g，痢特灵0.3g，加生理盐水或蒸馏水100mL制成土霉素痢特灵溶液；或取黄色素注射液50mL，加生理盐水或蒸馏水150mL制成黄色素稀释液，注入子宫。

5. 荞麦500g，淡竹叶250g，棕榈穗包壳200g，水煎取汁，红糖为引，候温灌服。旧畚箕（竹编）1只，水煎取汁，候温灌服；破麻鞋（洛麻、蕲麻编织）1双，烤热，揉擦左侧腹部。共治疗30余例，治愈率达80％以上。

6. 送胞汤合散结定疼汤《傅青主》加减。当归200g，益母草300g，川芎、乳香、没药、蒲黄（冲）、五灵脂（冲）各60g，丹皮、炒芥穗、木香各30g，桃仁、山楂各50g，怀牛膝100g。水煎3次，取汁，混合，分2次灌服。

7. 九味生化汤加减。党参、黄芪、益母草、蒲公英各60g，当归80g，川芎50g，桃仁40g，炮姜、甘草、红花、紫花地丁各30g。体温升高、继发子宫内膜炎者加金银花、连翘、败酱草。共研细末，开水冲调，候温灌服；小米熬粥加红糖500g，搅匀，灌服。同时，用10％高渗盐水1000mL，注入子宫；或用青霉素200万单位，链霉素100万单位、生理盐水500mL混合，注入子宫。如果全身反应严重，用25％葡萄糖注射液1000mL，20％葡萄糖酸钙注射液500mL，5％葡萄糖注射液500mL，维生素C注射液

50mL，10％安钠咖注射液30mL，混合，静脉注射液。共治疗163例，治愈156例。（詹继英等，T103，P32）

8. 当归100g，川芎、党参、黄芪、白术、陈皮各60g，炮姜50g，炙甘草40g。混合，研成粉末，开水冲调，候凉加黄酒250mL，灌服，1剂/d，连服2剂。10％高渗盐水1000mL，土霉素2g，溶解后加热至40℃，1次子宫内注入。共治疗103例，全部治愈。本方药适用于体温升高者。（谭建宁，T127，P53）

9. 炙黄芪、益母草、车前子、马齿苋各100g，当归60g，枳实50g（为中等体重牛药量）。体温升高、饮食欲减退者加金银花、连翘、栀子、黄柏各50g；产后瘫痪兼胎衣不下者，待瘫痪治愈后再服上方药加龙骨、牡蛎各80g。水煎取汁，候温灌服。共治疗15例，一般用药1～2剂即可治愈。

10. 生化汤加减。桃仁、五灵脂、当归、蒲黄各30g，红花、川芎、蒲公英、炙甘草各20g，连翘、肉桂、艾叶各15g。共研细末，开水冲调，候温灌服；皮下或肌内注射垂体后叶素50～100U，或注射催产素10mL，麦角新碱10mL。共治疗121例，全部治愈。

11. 清瘟败毒汤《兽药规范》加减。石膏、生地、丹皮、当归、甘草、连翘、黄连、栀子、黄芩、知母、黄柏、炒荆芥穗、没药、益母草、艾叶、牛膝。水煎3次，合并药液，分2次灌服（1次/6h）。对阴道有腐臭气味者，用白藓皮、艾叶、防风、荆芥各60g，加水3000mL，煎至2000mL，取汁，再加轻粉（先酒溶）1g，冰片（先酒溶）10g，混匀，注入子宫，1次/d，连用1～3d。（吕新胜等，T54，P30）

12. 交巢穴注射法。复方丹参注射液（1mL相当于丹参、降香各1g），5％当归注射液（2mL相当于生药0.1g）。交巢穴处皮肤用酒精消毒，用12号针头垂直刺入2～3.5cm，注入当归注射液和复方丹参注射液各10mL，1次/d，至胎衣排出。用药3d后，未排出胎衣的奶牛行手术疗法。取10％葡萄糖注射液1000mL，10％葡萄糖酸钙注射液200～1000mL，50％葡萄糖注射液400～1000mL；10％氯化钠注射液300～500mL；0.9％氯化钠注射液500mL，青霉素4800万～8000万单位（或其他敏感抗生素），分别静脉注射，1次/d。共治疗56例，55例顺利排出胎衣；50例正常发情，经配种后当年受孕。（郭希萍等，T137，P63）

13. 复方参芪归芎汤。黄芪、益母草、乳香、赤芍、香附、肉桂、桃仁、党参各50g，当归、川芎、红花、三棱、莪术、瞿麦各80g，牛膝30g。体温升高者加黄芩50g，金银花60g；体虚者加柴胡30g，白术50g，陈皮40g；腹胀者加莱菔子100g。共研细末，温开水冲调，灌服。共治疗17例，服药后2～6h即排出胎衣者8例，8～12h排出者5例，12h后排出

者 3 例，总有效率为 95％。

14. 参芪益母生化散加减。党参、木香、赤芍各 50g，黄芪、益母草 100g，当归、川芎各 60g，续断、炮姜各 40g，柴胡 30g，红花、桃仁、甘草各 20g。水煎取汁，候温，分 3 次灌服。妊娠期不足 280d，胎衣牵引不出者行保守疗法。首先在子宫内放置土霉素片 50 片或放入宫炎康复方多西环素（泡腾）3 片；缩宫素 100U，肌内注射，1 次/d，连用 2d。同时对症治疗。共治疗 76 例，治愈率达 100％。

15. 参灵汤。党参 60g，五灵脂、生蒲黄、川芎各 30g，当归 40g，益母草 150g。共研细末，加童便 400mL，灌服，连服 2 剂，间隔 12h 再灌服 1 剂；服药 3h 后，取 2.5g/L 比赛可林 10～20mL，肌内注射。体质瘦弱、胎儿过大或产程过长者，先服补中益气汤后再服参灵汤，或在参灵汤中加生黄芪 100～200g，党参增至 150g；宫缩无力者服药后 2～3h，肌内注射比赛可林 10～20mL；胎衣不下、排出黑暗红色恶露较多、腹痛、阵发性努责者，参灵汤中当归增至 50g，党参减至 30g，加红花、炮姜各 30g。共研细末，童便为引，灌服；体温升高、恶露较多、露出体外、胎衣色暗红者，参灵汤中减党参至 30g，加大黄 60g，枸杞子 20g，黄芩 30g，童便为引，灌服；寒战发抖、恶露少者用参灵汤加桂枝 30g，炮姜、柴胡各 20g，葱白 3 根，水煎取汁，候温灌服。

16. 党参、生大黄各 50g，当归、生蒲黄、益母草各 45g，川芎 40g，火麻仁 450g。共研细末，温开水冲调，候温灌服。用药后 7～8h 即可见效。共治疗 123 例，治愈 112 例。

【典型医案】 1. 1984 年 3 月 13 日，文登市界石乡张格村胡某一头 6 岁黑白花奶牛来诊。主诉：该牛产双胞胎母犊牛 2 头，产后 15h 不见胎衣排出，灌生化丸 20 粒，至产后 26h 仍未见排出。检查：患牛消瘦，倦怠，食欲废绝，站立困难，舌淡苔薄白，脉细无力。诊为气虚型胎衣不下。治疗：取方药 1，用法同上。服药后 8h 胎衣完全排出，食欲恢复；服药后 15h 基本正常。同年 10 月发情，于第 2 个情期配种、妊娠。（吕新胜等，T54，T30）

2. 1986 年 4 月 5 日，伊旗种畜场奇某一头三河牛，于产后 7d 胎衣不下，经他医治疗无效来诊。治疗：取方药 2，用法同上。服药后 3h 内胎衣自行排出。（刘赫宇，T35，P41）

3. 西吉县兴隆镇高进村刘某一头奶牛，因产后胎衣不下来诊。检查：患牛胎衣垂于阴门外长约 35cm，不安，时有努责。治疗：除用抗生素外，用益母草、红糖各 500g，水煎取汁，候温饮用或灌服。用药 2h 后，患牛胎衣全部脱出。（王全成，T114，P35）

4. 乌鲁木齐县东山区一头 4 岁黑白花奶牛，于产后 2d 胎衣不下来诊。检查：患牛体格中等，体温 40.5℃，食欲、反刍减退，精神沉郁，拱背，频频努责，口腔滑利，结膜淡白，有少部分胎衣脱出阴户外。诊为胎衣不下继发子宫内膜炎。治疗：龟参汤，蒲公英加至 120g，加金银花 60g，连翘 30g。用法见方药 4，1 次/d。同时，子宫注入氯霉素痢特灵溶液 100mL。当日下午，患牛胎衣排出。翌日，再次子宫注入氯霉素痢特灵溶液 100mL，诸症悉退，告愈。

5. 米泉县太平渠村一头杂种奶牛，于产后 3d 胎衣不下来诊。检查：患牛体瘦神衰，喜卧，口色淡白，脉弱，体温 39℃，部分胎衣脱出阴户外，并有血液渗出，气味腐臭。治疗：龟参汤，党参加至 100g，山药、黄芪各 100g，白茅根、地榆各 30g，用法见方药 4。同时子宫注入黄色素稀释液 200mL。翌日，继服上方药 1 次，4h 后胎衣全部排出。（王志增，T42，P27）

6. 温岭县屏下村某一头乳牛，于产后 1d 胎衣不下来诊。检查：患牛食欲废绝，起卧不安，努责无力。治疗：荞麦 500g，淡竹叶 250g，棕榈穗包壳 200g，水煎取汁，红糖为引，候温灌服。服药 24h 后胎衣排出。（李方来等，T26，P37）

7. 1984 年 5 月 9 日，文登市界石乡板桥村沙某一头 5 岁黑白花奶牛来诊。主诉：该牛产一公犊牛，产后 18h 不见胎衣排出，曾用土单方治疗，但产后 44h 仍不见胎衣排出。检查：患牛膘情一般，神态不安，后腹拒按，腹痛，反刍及食欲废绝，舌紫黯，脉弦有力。诊为气滞血瘀型胎衣不下。治疗：取方药 6，方法同上。服药后 8h，患牛排出胎衣及瘀血若干，食欲恢复；15h 基本正常。同年 11 月发情，于第 3 个情期配种、妊娠。（吕新胜等，T54，P30）

8. 1990 年 11 月 25 日，兰州市某奶牛场一头 3 胎黑白花奶牛，于产后 3d 胎衣未下来诊。检查：患牛体温、呼吸、心率及饮食欲均正常，营养中下等，拱背，努责，作排尿姿势，阴门外垂有索状物。诊为胎衣不下。治疗：取方药 9，用法同上，1 剂/d，连服 2 剂。27 日胎衣全部排出。

9. 1991 年 8 月 7 日，兰州市某地个体户刘某一头黑白花奶牛，于产后 36h 胎衣未下来诊。检查：患牛体温 38.1℃，心跳 75 次/min，呼吸 30 次/min，瘤胃蠕动 2 次/min，食欲尚好，胎衣露出阴户约 15cm。治疗：取方药 9 加蒲黄 100g，五灵脂 50g，黄酒 500mL 为引，水煎取汁，候温灌服，1 剂/d。8 日上午 9 时灌服第 2 剂，下午 3 时胎衣全部排出。（宋富源等，T55，P28）

10. 1988 年 3 月 26 日，临沂市美华奶牛场一头 4 岁奶牛，于产后 14h 仍未排出胎衣来诊。检查：患牛精神萎靡，食欲、反刍减少，站立不安，回头顾腹，不时弓腰努责，卧多立少，口色淡白，脉象沉迟。治疗：生化汤加减（连翘增至 20g），用法见方药 10。取催产素 10mL，肌内注射；饮用口服补液盐。服药后 4.5h，患牛胎衣全部排出。（王自然，T129，P34）

11. 2004年6月16日，湟中县拦隆口镇新村李某一头6岁黑白花奶牛，于产后3d胎衣不下来诊。主诉：该牛经产4胎，前3胎均发生过胎衣不下。检查：患牛体况良好，体温正常，有拱背、举尾和努责现象，胎衣垂于阴门外、已轻度腐败。诊为胎衣不下。治疗：复方参芪归芎汤，用法同方药13。配合输液和抗菌消炎治疗。服药5h，患牛滞留的胎衣自行排出体外。（张生科等，T138，P60）

12. 2006年2月14日，洱源县三营镇永胜村孟伏营李某一头9岁黑奶牛，于产后24h胎衣不下来诊。检查：患牛饮、食欲正常，精神状态较好，脐带悬于阴门外。诊为胎衣不下。治疗：先用0.1%高锰酸钾溶液冲洗阴道及外阴，再行手术牵引剥离胎衣，顺着脐带触摸到胎衣，以脐带为中轴，边剥离边用力牵引胎衣，因胎衣与子宫组织的结构紧密，无法将胎衣牵引出，采用保守疗法。用方药14，用法同上，缩宫素100U，肌内注射，连用2d；土霉素50片，宫内放置。18日回访，患牛胎衣已完整排出，痊愈。（吉伟跃，T143，P51）

13. 互助县南门峡镇老虎沟村雷某一头13岁母牛来诊。主诉：该牛于21日下午生产，产后天气突变、气温下降，22日发病。检查：患牛寒战、发抖，鼻流清涕，角、耳冰凉，苔薄色淡，有少量胎衣露出阴门外。诊为胎衣不下。治疗：参灵汤加黄芩60g，桂枝、炮姜各30g，柴胡20g，葱白3根。用法见方药15，连服2剂。23日，患牛排出胎衣，但努责不停。取比赛可林10mL，肌内注射。25日，患牛胎衣全部排出。（刘桂兰，ZJ2009，P129）

14. 1992年4月11日，七台河市茄子河区前山村高某一头奶牛，于产后21h胎衣未下来诊。治疗：取方药16，用法同上。服药后6h胎衣排出。（王凤海等，T75，P15）

## 三、牦牛胎衣不下

**【病因】** 由于母牛孕期缩短、应激等，使子宫收缩力减弱，子宫弛缓，导致胎衣不下；或妊娠期间子宫感染，发生轻度子宫内膜炎及胎盘炎，导致结缔组织增生；或种间杂交品种，因胎儿体格大，使子宫过度扩张，子宫肌收缩力减弱；或母牛妊娠期间营养不均衡等，使母牛产后子宫收缩无力，导致胎衣不下。

**【主证】** 患牛精神不振，弓背努责，食欲减退，腹痛不安。胎衣全部滞留，或少部分胎衣垂挂于阴门之外、呈土红色或灰白色。阴道检查可摸到大部分胎衣滞留于阴道或子宫。若胎衣腐败分解，从阴道内流出污红色恶臭物，个别引起败血症，甚至死亡。

**【治则】** 促进子宫收缩及母子胎盘分离，防止继发感染。

**【方药】** 促进母子胎盘分离。在母牛分娩后，用红糖、盐、伏茶、干姜各30～50g，益母草100～200g。水煎取汁，候温灌服，1次/d，连服3d。

同时，子宫灌注0.1%利凡诺500mL或高渗盐水，借渗透压作用致使胎水皱缩，有利于胎盘分离。

促进子宫收缩。由于某些营养物质缺乏，引起子宫弛缓或收缩力降低，在产后数小时内，肌内注射或皮下注射催产素30～50U，或用雌激素、前列腺素等；或生产后灌服焙干的胎衣30～80g，亦可促进胎衣排出。产后胎衣未腐败时，用盐水300～500mL，利凡诺0.5g，土霉素100～300U，混合，1次子宫灌注，一般12h内可使胎衣排出；若胎衣腐败，母牛体温升高，食欲减少，饮欲增加，在用上述药物的同时，取25%葡萄糖注射液500mL，10%氯化钠注射液200mL，30%安乃近注射液30mL，庆大霉素100万单位，氢化可的松50～100mg，静脉注射，1次/d，连用2～3d；若子宫颈口已经缩小，用已烯雌酚15～20g。因胎衣滞留时间过长引起子宫化脓，碘片5g，碘化钾1g，无菌用水1000mL，混合，用量为10～100mL/次，灌注于子宫与胎衣间隙中，一般用药1次，特殊病例可间隔几天再用药1次；10%氯化钠溶液200～300mL，胰蛋白酶3～8g，洗必泰1～2g，混合，在胎衣与子宫壁间隙1次灌注，1～2h后，取新斯的明5～10mL，耳后皮下注射。（祁生武等，ZJ2006，P157）

## 四、犏牛胎衣不下

**【病因】** 犏牛所产胎儿个体大，加之受自身生理因素限制和护理不当、营养不良等；或母牛体虚，气血不足，产前使役过度；或产程过长，以致子宫松弛、无力收缩；或矿物质、维生素缺乏，饲料搭配不当等引发本病。

**【主证】** 患牛精神不振，恶露不尽、气味恶臭，胎衣悬垂于阴门外。若继发感染则体温升高，恶露腥臭难闻。

**【治则】** 补益气血，活血化瘀。

**【方药】** 益母草100g，当归、党参、黄芪各60g，白术、车前子各40g，五灵脂、枳壳、川芎、桃仁、乳香、没药各30g，红花25g，炮姜、炙甘草各20g。共研细末，开水冲调，加黄酒150mL为引，灌服。服药24h内，胎衣仍不下者可继服药1剂。取20%葡萄糖酸钙注射液400mL，25%葡萄糖注射液500mL，静脉注射，1次/d；缩宫素100U，肌内注射；促肾上腺皮质激素20～40U，氢化可的松100～150mg，肌内注射，1次/d，连用2～3次；10%氯化钠注射液500～1000mL，土霉素2g，子宫灌注，1次/2d。共治疗30例，36h胎衣全部脱落。（张万元等，T160，P60）

**【护理】** 加强饲养管理，供应平衡日粮；围产期应适量补充亚硒酸钠维生素E；注意圈舍安静、清洁、宽敞；干奶期要注意精粗料比例搭配，重视矿物质、维生素的供应；加强运动。

## 五、牛剖腹产后胎衣不下

【病因】 剖腹产使体内分娩有关激素未达到最高水平；同时，因取出胎儿后，子宫内压突然降低，减少了对子宫的刺激，使子宫反射性活动也受到一定阻滞，不易使胎衣脱落排出。

【主证】 患牛精神不振，胎衣滞留子宫，不时努责。

【治则】 补养气血，活血行瘀。

【方药】 红糖250g，茶叶150g，干姜、食盐各50g，常水5000mL。先将干姜在热灰内烫黄，然后与茶叶一起放入水中煎沸，过滤取汁，再加入红糖和食盐，搅拌至完全溶解，候温，让患牛自饮（或灌服），2次/d，至胎衣排出，食欲恢复为止。共治疗32例，治愈30例。对体质极度衰弱者，应配合抗生素疗法，效果更好。

【典型医案】 1998年4月25日，一头杂种奶牛就诊。主诉：该牛于上午8时出现分娩征兆，直至下午不见胎水及胎儿排出，经他医检查，宫颈口尚未开张，至晚上仍不见胎儿排出。该牛强烈、持久地努责，直肠和阴道全部脱出。检查：患牛全身状况不良，不能站立，脱出的直肠和阴道严重污染、水肿。治疗：用防腐消毒液将脱出的直肠和阴道清洗消毒后，用厚层浸透温生理盐水的纱布包裹，即行剖腹产术，取出胎儿后常规整复脱出的阴道、直肠。灌服上方药，用法同上，2次/d；肌内注射青霉素、链霉素。术后第10天追访，患牛完全康复，胎衣于术后第3天全部排出。（张进国，T96，P29）

## 带下症

带下症多见于子宫内膜炎、阴道炎，相当于现代兽医学的急、慢性子宫内膜炎和阴道炎。临床上以湿热带下和脾虚带下为多见。湿热带下和脾虚带下也称黄带和白带。

【病因】 湿热（毒）带下多因母牛产后久卧湿地，湿淫于内；或产道损伤，恶露不绝，胞脉虚弱，胎衣残留胞宫内；或胞宫脱出，致使湿毒秽浊之气内侵，损伤任、带脉；或脾虚湿聚下注，蕴久化热，湿热注于带脉所致。脾虚带下多因饲养管理不当，饮食不节，体质素虚，脾气受损，脾虚则运化失常，水湿不化，流注下焦，伤及任脉而成。肾虚带下多因体质虚弱，营养不良，胎次间隔时间过短或流产，加之泌乳量高，致使督脉空虚，精气耗伤太甚，日久命门火衰，任脉不固，不能摄涩精津，滑脱于外所致。此外，圈舍潮湿、流产、胎衣不下、助产和人工授精消毒不严等诱发本病。

祖国医学认为，带下俱是湿证。湿为阴邪，其性滞着，且易下注，遇热则化为湿热而导致带下。

【辨证施治】 临床上分为湿热（毒）带下、脾虚带下和肾虚带下。

（1）湿热（毒）带下 患牛精神沉郁，喜卧懒立，容易惊恐，食欲减退，尿短黄，口渴喜饮或不多饮，带下淋漓不断、色黄、质黏稠、有臭味，透明或混浊，夹杂脓性絮状物，舌质红，苔黄腻或薄黄，口津黏少。

（2）脾虚带下 患牛精神倦怠，食欲不振，四肢欠温，舌津滑利，粪溏稀，口色淡白，脉象缓弱，或不发情，屡配不孕。直肠检查子宫松弛、壁薄或增厚、收缩反应微弱，子宫肿大，甚者触之有波动。带下连绵不断、色淡黄或白、呈脓性和蛋清状、无臭味、质地黏稠。

（3）肾虚带下 患牛精神沉郁，耳鼻偏凉，粪稀，尿频而清长，后肢水肿，带下色白、量多、质稀如水样、淋漓不断，舌质淡，脉沉迟无力。

【治则】 湿热（毒）带下宜清利下焦湿热，活血祛瘀；脾虚带下宜健脾运湿，养血疏肝，除湿止带；肾虚带下宜温补肾阳，固涩止带。

【方药】 ［1、2适用于湿热（毒）带下；3、4适用于脾虚带下；5适用于肾虚带下］

1. 蒲益当归散。蒲黄、黄芩、香附子各80g，益母草120g，黄芪40g，当归、川芎、丹皮、郁金、连翘各60g，金银花、升麻各50g，生地70g。湿重者加泽泻、车前子或茵陈、茯苓；热毒者加金银花、连翘；瘀血者加红花、丹皮或赤芍、桃仁、生地；食欲大减者加消食平胃散。水煎取汁，候温，分4次灌服，2次/d，1剂/2d，1个疗程/2剂。共治疗湿热带下10例，治愈9例。

2. 加减易黄汤。山药、椿根皮、巴戟天、白芍、生地各30g，黄柏、黄芩、龙胆草、车前子、金银花、当归、赤芍各40g。热重者加连翘、紫花地丁；带下腥臭者加鱼腥草、败酱草；阴门瘙痒者加苦参、蛇床子；伴有瘀血带下者加益母草；夹杂有血液者加丹皮、茜草；带下量多黏稠者加萆薢。共研细末，开水冲调，候温灌服，1剂/d。共治疗湿热（毒）型24例，治愈17例。

3. 完带汤。党参、白术、山药、苍术、陈皮、柴胡、白芍、车前子、炒荆芥穗、甘草。粪溏稀者加乌梅、诃子或芡实、茯苓；气虚甚者加黄芪；血虚者加当归、川芎；带下量多者加芡实、龙骨、牡蛎；食欲大减者加白豆蔻、薏苡仁。水煎取汁，候温灌服，1剂/2d，1个疗程/2剂。共治疗6例，治愈5例。

4. 加减完带汤。炒白术、山药各60g，党参、炒白芍、当归各40g，陈皮、柴胡、甘草各25g，车前子、薏苡仁、乌贼骨、金樱子、苍术、巴戟天各30g。气虚甚者加黄芪；痰湿重者去白芍、柴胡，加茯苓、半夏、厚朴；带多不止者加煅龙骨、煅牡蛎；纳少粪溏稀者加煨肉豆蔻、炒扁豆、莱菔子。共研细末，开水冲调，候温灌服，1剂/d。共治疗26例，全部治愈。

5. 加减内补丸。鹿角胶、菟丝子、黄芪、桑螵蛸、山药、巴戟天、续断、仙灵脾各40g，白蒺藜、肉桂各35g，炒扁豆30g。带多不止者加赤石脂、煅龙骨、煅牡蛎；粪溏泄者加炒白术、炮姜。共研细末，开水冲调，候温灌服，1剂/d。（姬学谦，T33，P53）

6. 完带汤加减。土炒白术、苍术、党参、酒炒白芍、酒炒车前子、荆芥穗各30g，炒山药60g，柴胡、陈皮、甘草各20g。有寒象者加熟附子、干姜；热象者加黄柏、龙胆草、金银花；湿重者加薏苡仁、茯苓；白带兼红者加乌贼骨、茜草；白带日久不止者加煅龙骨、煅牡蛎。水煎取汁，候温灌服，1剂/2d。

**【典型医案】** 1. 1983年5月27日，一头2岁、营养中等、约400kg荷杂母乳牛就诊。主诉：该牛于12日经牵引助产，产一母犊牛，产后胎衣不下，行剥离术但未剥净。24日发生带下、量较多、色黄、淋漓不断、黏附于尾与尻后，食欲减退，泌乳量稍减。检查：患牛精神不振，喜卧少立，卧时从阴户内不断流出黄色带状物、黏稠恶臭，阴户黏膜粉红，口色红，苔黄，口津黏少，尿黄，粪正常，采食缓慢，喜饮水，鼻干气粗，呼气热且稍臭，耳角微热，体温39.1℃，呼吸30次/min，心跳78次/min；瘤胃蠕动2次/2min，持续18s；直肠检查子宫稍肿大、松弛，触之收缩力量显著减弱。治疗：蒲益当归散加减，用法见方药1。29日，患牛体温38.5℃，呼吸平和，带下减少、变稀，再服药1剂。6月2日，患牛带止，痊愈。（李玉福等，T8，P8）

2. 1985年6月5日，临夏县祁家村王某一头4岁黑白花牛来诊。主诉：该牛因产后胎衣稽留不下，带下半个多月。检查：患牛精神沉郁，体温39.9℃，心跳98次/min，带下色黄白、脓性黏稠、混有豆腐渣样物、气味腥臭，弓腰努责，口渴欲饮，舌质红，脉数滑。证属湿毒带下。治疗：黄柏、赤芍、当归各50g，金银花60g，黄芩、车前子、生地、败酱草、山药各40g，白芍、龙胆草、萆薢、巴戟天各30g，椿根皮25g。水煎2次，合并药液，分2次灌服，1剂/d。乳酸红霉素240万单位，5％葡萄糖注射液1000mL，25％葡萄糖注射液500mL，5％碳酸氢钠注射液500mL，10％维生素C注射液30mL，20％安钠咖注射液20mL。将维生素C注射液、安钠咖注射液加到25％葡萄糖注射液中，乳酸红霉素用注射用水溶解后，加入到5％葡萄糖注射液中，分先后1次静脉注射，最后缓慢注入5％碳酸氢钠注射液，1次/d。连用2d后，患牛体温、心率、呼吸恢复正常，全身症状显著减退，停用静脉注射药，改用氯霉素200万单位，庆大霉素30万单位，肌内注射，2次/d，连用2d。患牛带下物色白、稀少，中药方去败酱草、萆薢、龙胆草、金银花，加炒白术、熟地、杜仲、仙灵脾各30g，炒白芍加至50g，连服3剂，停用肌内注射药物。在治疗后的第

2个情期，经人工授精受胎。（姬学谦，T33，P53）

3. 1983年4月15日，一头5岁、营养中下等、约400kg荷杂母乳牛就诊。主诉：2个多月来，该牛食欲不振，产奶量逐日下降，由原来的15kg降至6kg；带下绵绵不断，黏附于尾与尻后，屡配不孕。检查：患牛精神倦怠，喜卧懒动，体瘦毛焦；带下色白、呈脓性和蛋清状、质地黏稠、量多不臭，粪溏稀，四肢不温，口色淡白，舌津滑利，体温38.5℃，心跳56次/min，呼吸18次/min，瘤胃蠕动3次/2min，持续8～10s。诊为脾虚带下。治疗：加减完带汤：党参、白术、山药各100g，苍术、陈皮、柴胡、白芍、车前子、当归、川芎各80g，香附子、炒荆芥穗各60g，甘草30g。水煎3次，合并药液，分4次灌服，3次/d。于18日、21日、27日连服3剂，患牛带止，食欲恢复正常，发情配种，妊娠。（李玉福等，T8，P8）

4. 1986年9月12日，临夏县石头洼村马某一头3岁黑白花母牛来诊。主诉：该牛因患带下症先后3次人工授精均未受胎。检查：患牛毛焦体瘦，精神倦怠，四肢无力，粪清稀，两后肢水肿，带下色白兼淡黄、量多清稀如涕，阴门、尾部、两膝关节均被沾污，体温38.7℃，舌色淡，脉弱无力。证属脾虚带下。治疗：炒白术、山药各60g，党参、炒白芍、当归、乌贼骨、巴戟天、苍术各40g，车前子、炒薏苡仁、芡实、煨肉豆蔻、炒扁豆各30g，陈皮、柴胡、甘草各25g。共研细末，开水冲调，候温灌服，1剂/d。氯霉素200万单位，庆大霉素25万单位，肌内注射，2次/d。用药3d后，患牛炎性分泌物停止，全身主要症状消失。停用抗生素，中药方减乌贼骨、芡实、煨肉豆蔻，加黄芪、鹿角胶、熟地各30g，连服3剂，痊愈。于治疗后的第1个情期，经人工授精受胎。（姬学谦，T33，P53）

5. 1984年6月25日，唐河县古城乡王某一头4岁母牛来诊。主诉：该牛曾产1胎，先后5次配种均未受孕；阴门排黏液1年余，经他医多次医治无效。检查：患牛阴门不时排出乳白色黏液、稀薄无臭，卧地时更多。诊为寒湿带下。治疗：完带汤加减加煅龙骨、煅牡蛎，用法同方药6，连服3剂，患牛痊愈并受胎。（郭永堂等，T37，P46）

## 不 孕 症

不孕症是指成年母牛不发情或发情后经多次配种难于受孕的一类繁殖障碍性疾病。临床上适龄母牛屡配不孕，或产1～2胎后不能再受孕者，均称为不孕症，也称为难孕症。

### 一、黄牛、水牛不孕症

**【病因】** 由于饲养管理不当，长期饲喂单一饲料，营养不良，素体虚弱，致使气血生化不足，冲任

失养，胞脉空虚，不能摄精受孕；或过度、粗暴使役，或在放牧、使役时受到突然惊吓，或突然改变饲养方式、方法及草料，以致肝气郁滞，疏泄之职失常，导致冲任失调而不孕。长期饲喂富含高脂肪、高蛋白的精饲料，或常年舍饲，运动不足，使役少，形体肥胖，以致痰湿内生，湿热内积留注下焦，阻塞胞脉，致使冲任气机失调而不孕。先天禀赋虚弱，肾气不足，精血不足，冲任失养，或配种过早，产子过多，以致耗伤肾气、精血，从而导致肾阳亏虚，冲任虚衰而不能摄精受孕。产后失养，外感风、寒、热、湿邪，使瘀血滞留胞宫，致使胞脉受阻，冲任气机失调而不孕。难产、子宫脱出、胎衣不下等病导致湿热内壅，耗伤肾气，阻碍胞脉，损伤冲任，难以摄精成孕；或子宫炎和阴道炎，或性周期不规律等引起。

**【辨证施治】** 根据病因、病机与证候，分为肾虚肝郁型、肾虚阳亏型、肾阴盛型、肾虚夹瘀型、肾虚夹湿型、肾虚夹热（湿热内壅）型、气血双虚型、气滞血瘀型、血虚不孕型、痰湿阻滞型、虚（宫）寒不孕型和郁热不孕型不孕症。

（1）肾虚肝郁型　患牛精神委顿，食欲减退，动则惊恐不安，甚则易躁易怒，静则神昏抑郁，易发胃肠臌气，发情不定期，有时阴门排出少量淡黄色分泌物，眼结膜、口腔黏膜呈紫红色，舌质偏红，苔薄、微黄，脉象细弦。

（2）肾虚阳亏型　患牛四肢软弱无力，运步迟缓，精神倦怠，食欲不振，性欲低下，发情周期延期或不定期，情期短，屡配不孕，发情时阴道分泌物极少或无，或虽有发情表现，但配种时拒绝交配，直肠检查则多为卵巢静止或卵巢萎缩，粪稀软，尿频、清长，口腔黏膜、眼结膜苍白夹紫，舌苔薄白而滑腻，脉象沉细而迟。

（3）肾阴盛型　患牛精神不振，四肢无力，食欲减退，发情周期紊乱，错前错后，带下量少、色微黄而稠，屡配不孕，口包淡红，苔薄白，脉沉细或细弱。

（4）肾虚夹瘀型　患牛四肢软弱、拖腰，腹痛，有时努责，恶露不尽，阴门排出脓性和血性黏液团（赤白带），食欲减退，舌质红绛，舌边缘有瘀血斑，脉象细弦而涩。

（5）肾虚夹湿型　患牛体形肥胖，喜卧懒动，动则气喘，不耐劳役，情期延长或不发情，卧地时阴门流出多量黏稠的黄白色分泌物，有时有轻微的腹痛，食欲不振，口津黏腻，流涎，舌苔白腻，脉细滑。

（6）肾虚夹热（湿热内壅）型　患牛腹痛，腰肢软弱，行走无力，阴门频频排出黄色黏稠的恶臭分泌物，饮食欲不振，口臭，舌苔薄黄而腻，脉象细濡或细弦。

（7）气血双虚型　患牛形体消瘦，虚弱，精神倦怠，疲乏无力，畏寒，粪溏，发情期延迟或不发情，阴门常流出白色清稀分泌物，舌体胖嫩，舌苔淡白，脉象沉细无力。

（8）气滞血瘀型　患牛精神倦怠，食欲较差，毛色无光，乳房胀痛，发情周期延迟，胞宫肥厚，脉管粗隆，久配不孕，直肠检查呈持黄体或卵巢囊肿，舌暗红，舌苔薄，脉沉涩或弦。

（9）血虚不孕型　患牛精神沉郁，食欲减退，形体消瘦，发情失调或长期不发情，带下清稀，舌淡白，舌苔薄白，脉沉细。

（10）痰湿阻滞型　多见于膘肥体壮而气虚者。患牛体质良好，精力充沛，发情周期紊乱、无规律，发情期短，有时发情中断，带下量多黏稠、色微黄、有腥臭气味，屡配不孕，口色偏红，舌苔黄腻或白腻，脉沉细或滑。

（11）虚（宫）寒不孕型　患牛素体阳虚，形寒肢冷，被毛无光泽，消化不良，粪溏，尿清长，舌淡白，多涎，舌质绵软，伸缩无力，弹性差，脉象缓弱。兼有脾虚者时有肠鸣，粪溏泻，易发生肚腹虚胀，带下清稀。

（12）郁热不孕型　患牛素体阴虚，营养不良，毛色不荣，可视黏膜潮红，粪干，尿黄，舌质红，脉弦数。

**【治则】** 肾虚肝郁型宜疏肝解郁，补肾养血；肾虚阳亏型宜温肾壮阳，益髓填精；肾阴盛型宜滋补肝肾，调理冲任；肾虚夹瘀型宜补肾壮阳，活血化瘀；肾虚夹湿型宜补肾通络，燥湿化痰；肾虚夹热（湿热内壅）型宜补肾益气，清热利湿；气血双虚型宜补气养血，温肾暖宫；气滞血瘀型宜活血去瘀，理气通经；血虚不孕型宜养血健脾，滋养肝肾；痰湿阻滞型宜涤痰化湿，脾湿理气；虚（宫）寒不孕型宜益肾养血，暖宫温胞；郁热不孕型宜疏肝解郁，滋肾养血。

**【方药】**〔1适用于肾虚肝郁型；2～5适用于肾虚阳亏型；6适用于肾阴盛型；7适用于肾虚夹瘀型；8适用于肾虚夹湿型；9、10适用于肾虚夹热（湿热内壅）型；11～14适用于气血双虚型；15～17适用于气滞血瘀型；18～21适用于血虚不孕型；22～25适用于痰湿阻滞型；26～31适用于虚（宫）寒不孕型；32适用于郁热不孕型〕

1. 补肾解郁汤。当归 40g，炒白芍、熟地各 50g，丹参、制香附、郁金各 25g，柴胡、川楝子、怀牛膝、炒杜仲、淫羊藿、续断、巴戟天各 30g，丹皮、甘草各 20g。食少纳差者加焦三仙各 50g；胃肠臌胀者加陈皮、枳壳各 20g，炒莱菔子 30g；神疲乏力者去丹皮，加黄芪 50g，党参 40g；粪稀薄、色黄者去熟地、丹皮，加炒白术 40g，龙骨、牡蛎、金银花各 30g，蒲公英 50g；肝气郁滞甚者重用香附 30～35g，加地龙 20g；腹痛甚者加延胡索 25g，自然铜 30g；兼虚寒者去丹皮、丹参，加防风 30g，桂枝 20g；兼表热者去杜仲、续断、巴戟天，加连翘 30g，葛根、升麻各 20g。共研细末，开水冲调，候温灌服，1剂/2d 或 1剂/3d。（马怀礼，T86，P23）

2. 三子温肾助阳汤。淫羊藿、全当归、熟地各50g，枸杞子、阳起石、菟丝子、覆盆子、益母草、肉苁蓉、补骨脂各30g，巴戟天25g。气虚乏力者去益母草，加党参40g，炙黄芪50g；偏于血虚者重用当归至100g，加阿胶50g；食滞纳差者去熟地黄，加焦三仙各50～100g，鸡内金30g；肚腹胀满者去熟地黄，加陈皮25g，枳壳20g；弓腰挟尾者去益母草、熟地黄，加防风30g，桂枝20g；表虚自汗者加麻黄根30g，浮小麦50g；脾虚粪稀者去肉苁蓉、熟地黄，加炒白术、炒乌梅各50g，淮山药30g。共研细末，开水冲调，候温灌服，1剂/2d或1剂/3d。（马怀礼，T86，P23）

3. 温肾暖宫散。当归、熟地、淫羊藿、菟丝子各32g，白芍、巴戟天、小茴香、荔枝核各27g，益母草50g，茯苓28g，川芎、醋艾叶各23g。输卵管排卵不畅时加穿山甲23g，路路通32g，细辛17g；子宫发育不良者加女贞子32g，沙苑子27g；发情错后者加阳起石45g。共研细末，于发情停止后第5天开始灌服，1剂/3d，连服4剂。待下次发情开始的第1天，原方药加阳起石35g，1剂/d，连服2剂，后适时配种。在配种前，先灌服煎开放冷的米醋500mL。（詹道敏，T24，P45）

4. 复方仙阳汤加味。仙灵脾120g，阳起石、益母草各100g，补骨脂50g，菟丝子、枸杞子各70g，当归、熟地各80g，赤芍60g，附片、肉桂各30g。加水浸泡1h后，水煎取汁，候温灌服，1剂/d，连服3剂。共治疗35例，显效29例，有效3例，好转1例，无效2例。

5. 桂枝、茜草、红花、川续断各30g，桃仁、香附、枳壳、五灵脂各25g，鸡血藤50g，瓜蒌、泽泻、郁金各40g。肾虚者加菟丝子、党参、茯苓、白术、黄芪、丹参各50g；白带多而稠者加半夏、陈皮、川芎、茯苓各50g，益母草30g；赤带污浊、腥臭者加酒黄柏、知母、木香各30g，白芍40g，延胡索20g；血虚者加山萸肉、当归、芍药各40g，熟地50g；发情不正常者加益母草80g，淫羊藿、当归各50g。共研细末，开水冲调，候温灌服。在发情期连服4～6剂，在性周期中期再连服4～6剂，1剂/d，1个性周期为1个疗程。对子宫发育不良或发情不明显者，取苯甲酸雌二醇20mg/次，肌内注射，2～3次/周，连用3周；对患子宫内膜炎、输卵管积液者，用普鲁卡因青霉素80万单位、链霉素100万单位、氢化可的松5mg，混合，注入宫腔内，在发情结束后5d开始，1次/2d，1个疗程/6次；同时，用己烯雌酚20mg，肌内注射，1次/2d，1个疗程/10次。

6. 滋肾育阴散。当归、菟丝子、淫羊藿各32g，熟地、生地、白芍、山药、巴戟天、怀牛膝各27g，枸杞子29g，益母草60g，甘草23g。输卵管排卵不畅时加穿山甲23g，路路通32g，细辛17g；子宫发育不良者加女贞子32g，沙苑子27g；发情错后者加

阳起石45g。共研细末，于发情停止后第5天开始灌服，1剂/3d，连服4剂。待下次发情开始的第1天，原方药加阳起石35g，1剂/d，连服2剂，后适时配种。在配种前，先灌服煎开放冷的米醋500mL。（詹道敏，T24，P45）

7. 补肾化瘀汤。全当归、益母草各50g，怀牛膝、丹参、茯苓、蛇床子、杜仲、续断、桃仁、炒白术各30g。表寒者去益母草、茯苓、白术，加防风30g，桂枝25g，荆芥20g；表热者去蛇床子、杜仲、续断，加连翘、柴胡各30g，升麻20g；气虚乏力者去益母草、乳香、没药、桃仁、红花，加黄芪50g，黄精30g，党参40g；食少纳差者加焦三仙各50～100g，鸡内金30g；肾阴虚者去蛇床子、杜仲，加女贞子、枸杞子各30g；肾阳虚者去丹参、益母草，加菟丝子、肉苁蓉各30g。共研细末，开水冲调，候温灌服，1剂/d，连服10～15剂，隔3～5d再服10～15剂。

8. 补肾祛湿化痰汤。当归、茯苓、杜仲、炒白术、续断、狗脊、苍术各30g，制香附、制半夏、昆布、海藻各25g，三棱、莪术、陈皮各20g。气虚神疲者去香附、川芎、三棱、莪术，加党参、黄精各30g，黄芪50g；食欲不振者加麦芽100g，鸡内金30g；兼表寒者去海藻、昆布，加荆芥20g，防风、桂枝各30g；表热者去杜仲、狗脊、莪术，加升麻、柴胡、冬桑叶各30g；肾阳虚者去昆布、海藻、三棱，加菟丝子、巴戟天各30g；肾阴虚者去杜仲、莪术、川芎，加枸杞子、女贞子各30g；赤白带多者去昆布、海藻，加蛇床子40g，黄芩30g，黄柏25g。共研细末，开水冲调，候温灌服，1剂/2d，服药5剂，间隔3～5d，继服药5剂。

9. 补肾利湿清热汤。蒲公英50g，生地、当归、续断、千年健、郁金、柴胡、元胡、知母各30g，黄柏、丹皮各25g，仙灵脾40g。腹痛甚者去生地、丹皮，加乳香、没药各20g，川楝子30g；神疲懒动者去蒲公英、生地、丹皮，加黄精、党参各30g，炙黄芪50g；表寒身痛者去知母、黄柏、生地、丹皮，加桂枝、防风各30g，荆芥20g；表热自汗者去仙灵脾、续断，加升麻、麻黄根各30g，葛根25g；食少纳差者去生地、丹皮、知母、黄柏，加焦三仙各50～100g，鸡内金30g；粪秘结者去续断、仙灵脾，加酒大黄50～100g，元明粉100g，肉苁蓉30g；粪溏稀者去生地、丹皮、蒲公英，加炒乌梅、煨诃子各50g，煨肉豆蔻30g；气血瘀滞者去生地、蒲公英、丹皮，加制香附25g，桃仁30g。共研细末，开水冲调，候温灌服，1剂/d或1剂/2d，1个疗程/(5～7)剂，隔3～5d再服第2个疗程。

10. 先用庆大霉素冲洗子宫，待炎症消除、白带止后，再取复方仙阳汤：仙灵脾120g，阳起石、益母草各100g，补骨脂50g，菟丝子、枸杞子各70g，当归、熟地各80g，赤芍60g。加水浸泡1h，水煎取

汁，候温灌服，1剂/d，连服4剂。若病程较长，加白扁豆、鸡冠花各50g。共治疗8例，显效6例，有效1例，好转1例。

11. 双补温肾暖宫汤。炙黄芪、熟地、阿胶各50g，党参、归身、菟丝子、仙灵脾各40g，炒白术、山药、川续断、覆盆子、炒杜仲、黄芩、巴戟天各30g，炙甘草20g。食欲不振者去熟地、黄芩，加鸡内金30g，焦三仙各50～100g；兼表寒者去黄芩，加防风30g，桂枝25g，荆芥20g；兼表热者去菟丝子、巴戟天、仙灵脾、杜仲、覆盆子，加升麻、连翘、柴胡各30g，葛根20g；腹痛者去熟地，加乳香、没药各20g，益母草、川楝子各30g；粪溏稀者去熟地、黄芩，加赤石脂、乌梅各50g，煨诃子40g；粪干者去巴戟天、仙灵脾、覆盆子、续断，加肉苁蓉、生地各30g，酒大黄50～100g。共研细末，开水冲调，候温灌服，1剂/2d或1剂/3d，1个疗程/(7～10)剂，间隔3～5d后再服药第2疗程。共治疗48例，治愈43例。

12. 党参、白术、白芍、熟地、当归各30g，茯苓20g，炙黄芪、淫羊藿各40g，肉桂24g，川芎、炙甘草各15g。水煎取汁，候温灌服。（丁兆基，T64，心跳32）

13. 党参、山药、元胡、当归、菟丝子、破故纸、柴胡、白术各30g，熟地20g，益母草60g，淫羊藿40g，升麻、砂仁各25g，甘草15g。水煎取汁，候温灌服，1个疗程/(2～6)剂，一般只需1个疗程，个别严重病例可用2个疗程。（张裕亨等，T38，P33）

14. 艾灸疗法。将干艾叶压碎，用树条反复抽打后，除去杂质，留其艾绒，加入与艾绒等量的硫黄末和1%荆芥末，混合均匀，用纸或布卷成条备用。选取肾俞、阴蒂、交巢、百会、卵巢俞（在百会穴与两腰角连线的中点，左右各1穴，有臀前动、静脉和臀前神经分支）穴。将患牛保定在四柱栏内，取交巢穴时助手拉起尾巴；取阴蒂穴时用手拨开两阴唇，暴露阴蒂穴。距穴位约3cm处熏5～15min，1次/d，2～3穴/次，1个疗程/7d，治疗1次/2d，并对患牛观察22d。在治疗过程中如出现发情，即停止治疗并配种。共治疗33例（其中虚衰性不孕6例，过肥性不孕4例，生殖器官机能障碍性不孕13例），在第1个疗程发情者21例，受胎15例；第2疗程发情者9例；无效3例。经2～3个发情周期受胎者9例，其余发情正常而未受胎。（李树清，T33，P56）

15. 疏肝化瘀散。柴胡、生白芍、枳壳、当归各32g，川芎、红花、醋香附、甘草各23g，赤芍、桃仁、五灵脂各27g，益母草100g。气偏虚者加木香23g，川楝子、荔枝核各32g；子宫不正者加小茴香、香附子、荔枝核、橘核各32g；子宫发育不良者加何首乌、女贞子、沙苑子各32g；输卵管排卵不畅者加穿山甲、苏木各23g，细辛18g。共研细末，开水冲

调，候温，于发情前6～8d给药，1剂/2d，服药3剂。发情时停药，并暂勿配种；对不发情者，取苯甲酸雌二醇10～15mL，肌内注射；待发情后在原方药中加阳起石40g，先服药1剂；发情停止后，在下次发情前6～8d，连服2～4剂，再灌逍遥散2剂，然后按时配种。

16. 当归、香附、丹参、元胡、白术、桃仁各30g，黄芪60g，益母草120g，焦艾叶45g，红花75g，杜仲、川续断、肉桂、川牛膝各25g，甘草15g，黑豆500g。发情周期缩短（有热）者加黄芩30g，黄柏24g。共研细末，用黑豆水煎取汁，冲药，候温灌服。

17. 复方仙阳汤加味。仙灵脾120g，阳起石、益母草各100g，补骨脂50g，菟丝子、枸杞子各70g，当归、熟地各80g，赤芍60g，三棱、莪术各40g。加水浸泡1h，水煎取汁，候温灌服，1剂/d。

18. 八珍汤加减。当归、炒白术、党参、黄芪、茯苓各32g，白芍、熟地、山药各27g，陈皮、川芎、盐黄柏、炙甘草各23g，益母草60g。共研细末，开水冲调，待凉灌服，连服3～5剂。输卵管排卵不畅者加穿山甲23g，路路通32g，细辛17g；子宫发育不良者加女贞子32g，沙苑子27g；发情错后者加阳起石45g。体瘦者，取25%葡萄糖注射液、维生素$B_1$注射液，静脉注射；发情中断者，先肌内注射苯甲酸雌二醇1～2次，10～20mL/次，待发情开始后再服中药。（詹道敏，T24，P46）

19. 当归、川芎、肉桂、韭子、阿胶各25g，熟地、山药、白术、杜仲各30g，党参35g，补骨脂40g，淫羊藿70g。共研细末，开水冲调，候温灌服。共治疗25例，治愈24例。

20. 加减四物汤。当归、川芎、生地炭、醋香附、荆芥炭、大腹皮、丹皮、山萸肉、延胡索各30g，熟地炭、党参各50g，炒茴香20g，焦白术、炙甘草各15g。共研细末，开水冲调，候温灌服，1剂/d，连服3剂。在母牛发情结束后的1～3d内灌服。中药服完后间隔1d，取己烯雌酚20mg，肌内注射，1次/d，连用2次；或服用上方药至发情配种后的3d内，取黄体酮片80mg，维生素E胶丸100mg，灌服，1次/d，连服2次。共治疗8例，治愈6例。

21. 仙灵毓散。熟地、党参、杜仲、枸杞子、陈皮各35g，当归、菟丝子各40g，白术50g，白芍30g，炙甘草20g，淫羊藿60～150g。肾阴虚者加女贞子、五味子、山萸肉、旱莲草等；肾阳虚者加补骨脂、阳起石、锁阳、肉苁蓉、胡桃肉等；脾气虚者加黄芪、黄精、大枣、莲子肉等；血虚者加制何首乌、阿胶、桑葚子、龙眼肉等；血瘀者加川芎、丹参、元胡、五灵脂、蒲黄、泽兰、川断、桃仁、红花、益母草等；白带多者加茯苓、车前子、白蔹、韭子、白果、山药等；卵巢有囊肿或黄体者加三棱、莪术等；输卵管阻塞者加路路通、威灵仙、穿山甲、王不留行

等；子宫、输卵管积液者加萆薢、猪苓、茯苓、泽泻、车前、通草、泽兰等；子宫发育不良者加补肾阴、肾阳药物。水煎取汁，候温灌服。本方药对虚弱性、性机能障碍、卵巢机能障碍、子宫发育不良引起的不孕症效果较好，对子宫炎症所致的不孕症效果较差。共治疗52例，均获较好疗效。（王占镇，T49，P35）

22. 二陈汤加减。半夏、陈皮、茯苓、白术、当归、菖蒲各32g，山楂35g，薏苡仁、香附、川芎、甘草各30g。气偏虚者加木香23g，川楝子、荔枝核各32g；子宫不正者加小茴香、香附子、荔枝核、橘核各32g；子宫发育不良者加何首乌、女贞子、沙苑子各32g；输卵管排卵不畅者加穿山甲、苏木各23g，细辛18g。共研细末，开水冲调，待凉灌服，连服3~5剂。（詹道敏，T24，P45）

23. 炒白术、炒山药各60g，党参、苍术、芡实、淫羊藿、巴戟天各30g，白芍24g，车前子10g。阴门流出腥臭分泌物者加黄柏30g。共研细末，开水冲调，候温灌服。共治疗54例，治愈48例。（丁兆基，T64，P32）

24. 苍术散加减。苍术、滑石、香附、黄芩、莪术、三棱、升麻各30g，茯苓40g，陈皮、枳壳、白术、白茅根、当归、川芎、柴胡各35g，半夏10g，甘草15g。开水冲调，候温灌服。共治疗8例，治愈6例。

25. 归芪益母汤（《牛经备要医方》）加减。当归、白术、丹参各30g，黄芪、香附各40g，益母草100g，杜仲、川续断、牛膝、红花、桃仁、元胡、甘草各20g。肥胖、发情不明显者去白术，重用淫羊藿200g，元胡加至30g；体虚弱、精神倦怠者加熟地、何首乌、杜仲、川续断各30g，红花、桃仁减至15g。水煎3次，合并药液，候温灌服，1剂/2d，连服2~3剂。发情正常、屡配不孕者，连服2~3剂。共治疗13例，治愈11例。

26. 加味地黄汤。熟地60g，山萸肉、山药各45g，牡丹皮、白茯苓、泽泻、香附、白术、川芎、肉桂、吴茱萸各30g。气血亏虚甚者加党参、黄芪各60g，当归、白芍、鸡内金各30g。水煎取汁或研为细末，开水冲调，候温灌服，1剂/2d，连服7剂。严重者连服2个疗程。

27. 加味温冲汤。生山药、破故纸、当归、白术、巴戟天各60g，阳起石50g，香附40g，小茴香、紫石英、鹿角胶各30g，木香、肉桂、附子各20g，炮姜、葱须、黄酒为引。肾阳虚、中气下陷、胚胎早期死亡者，酌情加柴胡、升麻、砂仁、艾叶。水煎取汁，候温灌服。共治疗128例，治愈110例。

28. 丹参散。丹参30~100g，沉香15~25g，附片15~20g，益母草20~40g，香附子、当归、淫羊藿、菟丝子、补骨脂、干姜、肉桂、白术各20~30g，牡蛎30~50g，甘草10~20g。有白带者加芡实15~20g，白扁豆、海螵蛸各20~30g。共研细末，开水冲调，加黄酒100~150mL、童便半碗为引，候温灌服。共治疗73例，受胎60例。

29. 党参、山药、元胡、当归、菟丝子各30g，熟地、黑附子、肉桂各20g，益母草60g，淫羊藿、艾叶各40g，升麻25g，甘草15g。水煎取汁，加黄酒250mL为引，候温灌服。1个疗程/(2~6)剂，一般1个疗程，个别严重病例可用2个疗程。共治疗20例（含虚弱不孕），受孕18例。（张裕亨等，T38，P33）

30. 补脾温宫散。苍术、黄芪、当归、川芎、酒白芍各30g，益智仁25g，砂仁20g，白术、山药、硫黄、小茴香、锁阳各35g，枳壳、醋香附、生姜各40g，淫羊藿50g，黄酒为引。水煎取汁，候温灌服。共治疗23例，治愈19例。（张建峰，T39，P39）

31. 平胃散加味。苍术（土炒）、当归、贯仲、麦芽（干炒）各40g，厚朴（姜汁炒）、槟榔、枳壳（面炒）、何首乌、苦参各35g，黄芪、黄荆子（干炒、冲服）各60g，菟丝子50g，怀山药45g，陈皮30g，甘草20g。粪稀薄者，槟榔减为25g。水煎取汁，候温灌服，或研末用温开水冲调，候温灌服。共治疗50例，其中4~8岁43例，全部治愈；8~12岁7例，治愈妊娠5例；病情好转但未妊娠2例，总有效率为96%。

32. 滋肾大补丸。天冬（去心）、麦冬（去心）、菖蒲、茯苓、党参各45g，益智仁、枸杞子、地骨皮、远志、丹皮、白术、五味子各30g。肝火偏盛者加龙胆草、栀子、柴胡；湿热盛者加黄柏、苦参；肝肾阴亏甚者加熟地、山药、山萸肉。水煎取汁，或研为细末，开水冲调，候温灌服，1剂/2d，连服7剂。共治疗53例，治愈43例。

33. 当归促孕保宫汤。当归60g，川芎、白芍各30g，桃仁25g，益母草100g。肾阳虚型加熟地、巴戟天、菟丝子各30g，小茴香、淫羊藿、艾叶各20g；肾阴虚型加熟地、生地、山药、枸杞子、菟丝子、巴戟天、牛膝各30g，益母草60g，甘草20g；气滞血瘀型加香附、茜草、柴胡、枳壳各30g，莪术、牛膝各20g，红花、甘草各25g；痰湿阻滞型加半夏、陈皮、茯苓、白术各30g，丹皮、知母、黄芩各20g；外感湿邪型加防风、桑寄生各30g，桂枝、独活、干姜各20g，细辛10g。水煎取汁，候温灌服。共治疗151例，治愈138例。

【典型医案】 1. 1990年4月13日，潜山县梅城镇王湾村新建组一头6岁母黄牛就诊。主诉：该牛发情不规律；阴户时有清亮白色分泌物流出，曾配种3次未孕。检查：患牛形体消瘦，体温正常，舌色淡白，尿清长，粪稀薄，脉象细弱，发情不明显且时间短，阴户分泌物量少、稀薄，直肠检查为卵巢静止。诊为肾虚阳衰型不孕。治疗：复方仙阳汤加附片、肉桂，用法见方药4，1剂/d，连服3剂。6月3日，该

牛发情正常，配种受孕。（张兆伦，T61，P27）

2. 1986 年 4 月 21 日，泰和县万全乡罗家集罗某一头 5.5 岁母黄牛来诊。主诉：该牛自 1985 年 3 月购进后经多次配种不孕，且每次配种前几天出现食欲减退，阴户长期流出白色黏液，卧多立少。24 日配种后又出现上述症状。检查：患牛体温 36.1℃，呼吸、体温正常，脉象沉紧，口色淡，舌苔白腻，肠音强，粪溏稀；卧地轻度努责，阴门流出白色较稠黏液；直肠检查子宫体发育正常，中间沟明显，两角相等。治疗：桂枝、茜草、川续断、甘草各 30g，红花 35g，菟丝子、党参、茯苓、白术、黄芪、丹参各 50g，枳壳、五灵脂各 20g，瓜蒌、郁金各 40g，桃仁、香附各 25g。水煎取汁，候温灌服，1 剂/d，连服 6 剂。5 月 6 日复诊，患牛精神较好，无努责表现，阴门已不见白色分泌物，粪正常，尿清长，直肠检查未摸到发育滤泡。上方药去红花、桃仁、瓜蒌、丹参，加益母草 50g，淫羊藿 80g，当归 60g。水煎取汁，冲米酒 250mL，红糖 300g，灌服，1 剂/d，连服 5 剂。同时，取苯甲酸雌二醇 20mg，肌内注射，1 次/2d，连用 8 次。25 日，该牛发情，下午配种 1 次，26 日上午复配 1 次。此后一直未出现发情表现。1987 年 3 月产一公犊牛。（乐载龙，T58，P30）

3. 1985 年 5 月 11 日，张家川回族自治县木河乡下庞村马某一头 4 岁秦杂母牛就诊。主诉：该牛于 1984 年 3 月 19 日因难产（第 2 胎）导致胎衣不下 10 余日，排尿或卧地时阴门流出脓血混杂的分泌物。检查：患牛弓腰、摇尾、踢腹刨地，口黏腻，舌质绛红，舌边缘有散在的瘀血斑点，舌苔薄白微黄，脉细弦而涩。诊为肾虚夹瘀型不孕。治疗：补肾化瘀汤加减，用法见方药 7。服药 16 剂，痊愈，于当年 9 月 16 日配种妊娠。

4. 1993 年 5 月 3 日，张家川回族自治县上磨乡瓦泉村马某一头 4.5 岁灰色母牛就诊。主诉：该牛于 1991 年 3 月 16 日产犊牛后长期饲喂豆科青干草，且精饲料过多，长期休闲，形体肥胖，发情期延长且不明显，屡配不孕。检查：患牛阴门流出大量白色夹少量红色分泌物，口色淡白，流清涎，舌体胖嫩，舌苔白腻，动则喉内有痰鸣音，脉滑细。诊为肾虚夹湿型不孕。治疗：补肾祛湿化痰汤加减，用法见方药 8。服药 13 剂，痊愈，于当年 10 月 5 日配种妊娠。

5. 1987 年 8 月 20 日，张家川回族自治县渠子乡深坷村马某一头 4 岁秦杂母牛就诊。主诉：该牛于 3 月 8 日产犊牛后 10 余天胎衣不下，阴门常流出黄白色黏稠、恶臭分泌物。检查：患牛腹痛、腰拱、摇尾，食欲不振，腰肢软弱，行走缓慢无力，粪微干，尿短赤，口气臭，津黏，舌苔薄黄而腻，脉细濡。诊为肾虚夹热型不孕。治疗：补肾利湿清热汤加减，用法见方药 9。服药 10 剂后，患牛诸症悉除。翌年 4 月 2 日配种受孕。（马怀礼，T86，P24）

6. 1991 年 3 月 18 日，潜山县梅城镇彭岭村刘墩组刘某一头 10 岁母黄牛就诊。主诉：该牛发情正常，每次发情后阴门流出大量脓样分泌物，治疗多次无效，屡配不孕。检查：患牛两卵巢发育正常，子宫角较粗、敏感，阴道黏膜潮红，有脓性分泌物。诊为胞宫湿热型不孕。治疗：先用庆大霉素液冲洗阴道、子宫，待子宫内膜炎消除后，再服以复方仙阳汤加白扁豆、鸡冠花，用法见方药 10，1 剂/d，连服 4 剂。6 月 23 日，患牛发情正常，配种受孕。（张兆伦，T61，P27）

7. 1981 年 11 月，张家川回族自治县张家川镇上种川村马某一头 3 岁秦杂母牛就诊。主诉：该牛从产第 1 胎后逐渐消瘦，多次配种不孕。检查：患牛精神倦怠，乏力，弓腰挟尾，粪时溏时秘，食欲不振，口流清涎，发情不明显，情期不定，阴门常流出清稀白色分泌物，口腔润滑，舌体胖嫩无华，舌苔淡白，脉沉细无力。诊为气血双虚型不孕。治疗：双补温肾暖宫汤加减，用法见方药 11，服药 15 剂，痊愈。翌年 7 月 20 日配种妊娠。（马怀礼，T86，P23）

8. 1985 年 2 月 15 日，富平县城关乡梅家庄杨某一头 5 岁红母牛就诊。主诉：该牛于 1983 年 9 月产第 1 胎时人工剥离胎衣，出血较多。1984 年 2 月初发情配种未孕，以后每 25～30d 发情，共配种 7 次未孕，再未发情。检查：患牛子宫后倾，宫壁肥厚，血管粗隆，卵巢质硬，乳房胀，触动时有痛感，不发情，口色暗红，带下色青，脉弦涩。诊为气滞血瘀型不孕。治疗：疏肝化瘀散加阳起石、小茴香、川楝子，用法见方药 15，1 剂/2d，连服 3 剂。19 日，患牛口色变红，阴道流出紫色血水、气味酸臭，开始发情，又服上方药 2 剂，用法同前；青霉素 240 万单位，肌内注射。23 日，患牛阴道血水停止，病情好转。停药 12d。3 月 7 日，内服逍遥散，1 剂/2d，连服 2 剂。11 日发情，12 日配种，13 日复配 1 次，再未发情。8 月 10 日妊检已孕，当年 12 月 17 日顺产一母犊牛。（詹道敏，T24，P45）

9. 1990 年 5 月 14 日，镇原县屯字镇陈畅村杨某一头 2 岁红色母牛就诊。主诉：从去年 10 月至今该牛屡配不孕，发情周期 20d，发情期 2～3d，发情第 3 天阴门有少量出血。检查：患牛营养中等，舌质青紫。证属气滞血瘀型不孕。治疗：取方药 16 加炒白芍 45g，用法同上，连服 2 剂。6 月 4 日（药后第一个情期）行人工授精，10 月 7 日妊娠检查，已孕 4 个月。（丁兆基，T64，P32）

10. 1990 年 9 月 5 日，潜山县梅城镇洽村西坂组朱某一头 8 岁母水牛就诊。主诉：该牛于 1985 年 5 月产犊牛后再未见发情，有时阴门流出带有白色黏稠分泌物，曾用公牛诱情无效。检查：患牛膘情中等，体温稍高，舌色晦暗，尿频、色微黄，粪干燥，脉象沉细，久不发情，阴门分泌物量少、黏稠，直肠检查为持久黄体。诊为气滞血瘀型不孕。治疗：复方仙阳汤加莪术、三棱，用法见方药 17，1 剂/d，连服 5 剂。

10月29日，患牛恢复发情，配种受孕。（张兆伦，T61，P27）

11. 1975年3月5日，石楼县城关镇车家坡村许某一头5岁母牛来诊。主诉：该牛发情周期较长，久配不孕，使役易出汗。经检查，诊为血虚体弱型不孕。治疗：取方药19，用法同上，连服3剂。服药后第8天，患牛发情，且配种受孕。（张建峰，T39，P39）

12. 1999年3月5日，西吉县偏城乡偏城村苏某一头2胎土种黄乳牛来诊。主诉：该牛自去年10月发情，多次配种不孕，且每次配种后表现不适，食欲减退，阴门有时流出白色黏液。检查：患牛无明显全身症状，体质较差，直肠检查子宫颈松软，子宫收缩反应差。诊为经产母牛屡配不孕。治疗：加减四物汤3剂，用法见方药20；己烯雌酚20mg，肌内注射，1次/d，连用2d。用药后，患牛发情，配种受孕。（负谦吉等，T128，P28）

13. 1986年4月10日，石楼县城关镇二郎坡村田某一头6岁母牛，因屡配不孕就诊。主诉：该牛发情周期短，使役易出汗。检查：患牛形体肥胖，动则气瑞。诊为肥胖不孕（痰湿阻滞型）。治疗：苍术散加减，2剂，用法见方药24，效果不佳；方中去半夏、白术，加酒黄柏、益母草各25g，阳起石50g，淫羊藿80g，又连服2剂。第9天发情，经人工配种、受孕并产双胎。（张建峰，T39，P39）

14. 2004年7月12日，阳城县驾岭乡院河村南圪塔庄张某一头3岁、西杂F₂母牛就诊。主诉：该牛食欲旺盛，体质健壮，使役时不耐劳，发情不明显。治疗：归芪益母汤去白术，加淫羊藿200g，元胡加至30g，杜仲加至40g，黄芪、香附各减至30g。用法同方药25。连服3剂后，患牛发情，配种受孕。（张虎社等，T136，P49）

15. 2000年5月，陕县硖石乡石门沟村杨某一头4岁利木赞母牛就诊。主诉：该牛以放牧为主，1年前从集市上购入后发现发情周期不规则，曾配种多次，但一直未孕。检查：患牛营养不良，被毛无光，粪稀，尿清亮，可视黏膜淡白，舌淡白、软绵，口津滑利，脉细弱；直肠检查子宫弛缓、弹性差。诊为虚寒不孕。治疗：加味地黄汤，用法见方药26，1剂/2d，连服10剂。嘱畜主给牛加喂精料，加强饲养管理。翌年4月产一健康犊牛。（白书花等，T139，P45）

16. 1986年12月4日，内乡县马山镇付寨村付某一头8岁白色母水牛就诊。主诉：该牛发情周期不规律，发情错后，阴道分泌物清白，用中西药治疗无效，发情10次未孕。检查：患牛体质瘦弱，体温正常，舌质淡白；尿清白、次数较多，发情不明显，时间短，阴道分泌物量少、稀如水，直肠检查子宫体、卵巢正常。诊为肾阳虚，冲任不固，宫寒不孕。治疗：加味温冲汤加柴胡、升麻、砂仁、艾叶，用法见方药27，在发情前4d服药2剂，配种后服药2剂。（杨文康等，T30，P29）

17. 1985年7月27日，夏县裴介镇石桥庄村马某一头10岁牛，因屡配不孕来诊。经检查，诊为宫寒不排卵。治疗：丹参散加党参、黄芪、白术、芡实、白扁豆，用法见方药28，1剂/2d。连服2剂，患牛于第1个情期受胎。（董满忠等，T37，P62）

18. 1985年4月20日，苍溪县文昌乡石昌村2组李某一头9岁母黄牛就诊。主诉：该牛购回已1年多，3户合养，口细择食，常不饱肚，乏力，喜舔毛，粪稀薄，发情不规则，情期延长，屡配不孕。检查：患牛体温37.5℃，见陌生人即张口伸舌，营养不良，口腔津液少而黏，被毛松乱。治疗：平胃散加味（槟榔量为25g），用法见方药31，连服3剂。患牛于当年7月发情配种，翌年3月产一犊牛。

19. 1984年3月10日，苍溪县文昌乡桥河村1组胡某一头8岁母黄牛，因多次配种不孕邀诊。主诉：该牛无论草料好坏，皆择食而不饱肚，粪干燥，发情不规则，役力差，动则汗出。检查：患牛呼吸、体温正常，舌卷缩无力，眼结膜苍白，舌津短少，鼻镜湿润，粪干，体瘦、被毛粗乱，背、胸、腹部被毛因舔而黏结成片。治疗：平胃散加味去枳壳、首乌、苦参、怀山药，当归量加至45g，黄芪加至65g，用法见方药31，连服4剂。患牛于当年8月配种妊娠，翌年5月产一母犊牛。（王宽，T77，P25）

20. 1999年7月，陕县大营镇兀洼村一头7岁西门塔尔母牛就诊。主诉：该牛性情暴烈，曾产过两胎，第2胎生产时有剥离胎衣的病史，发情周期正常，屡配不孕，发情时从阴门流出少量分泌物、不清亮。检查：患牛消瘦，被毛不整，营养不良，精神尚可，结膜潮红，舌质红，脉弦数，直肠检查子宫角变粗、壁厚柔软，子宫收缩减弱。诊为郁热不孕。治疗：氨苄西林10g，甲硝唑250mL，冲洗子宫，药液保留15min后排出，1次/2d，连用2次；中药取天冬、麦冬、菖蒲、白术、茯苓、党参、益智仁、枸杞子、五味子、益母草各45g，龙胆草、丹皮、远志各30g，共研细末，开水冲调，候温灌服，1剂/2d，连服7剂。嘱畜主加强饲养管理，增加营养。次月，患牛发情时被毛、精神、饮食均有所改善，阴道分泌物清亮、正常，配种后受孕。（白书花等，T139，P45）

21. 1998年4月22日，隆德县陈靳乡何槐村马某一头3岁母牛来诊。主诉：该牛买回1年多未发情，膘情好、性子急，使役较重。检查：患牛体况良好，膘肥体壮，口色绯红，口津略干，粪、尿正常。诊为痰湿阻滞型不孕。治疗：当归50g，川芎、白芍、半夏、陈皮、茯苓各30g，桃仁25g，益母草60g，白术、丹皮、知母、黄芩各20g。共研细末，开水冲调，候温灌服，1剂/d，连服4剂。1月后患牛发情，继服药1剂后配种，翌年产一母犊牛。

22. 2002年8月10日，隆德县城郊乡三和村杨某一头4岁母牛来诊。主诉：该牛因头胎难产，胎死腹中2d后被取出，恶露未尽达2月之久，一直不发情。检查：患牛体瘦毛焦，少立多卧，精神倦怠，腹泻，带下量多。诊为气滞血瘀型不孕。治疗：益母草100g，当归40g，川芎、茜草、白芍、醋香附、柴胡、枳壳各30g，桃仁25g，红花、牛膝、莪术、甘草各20g。共研细末，开水冲调，候温灌服，1剂/d，连服5剂。患牛精神好转，食欲增加。继服药5剂。2个月后患牛发情，配种受孕，翌年产一母犊牛。

23. 1995年5月18日，隆德县陈靳乡新兴村蒙某一头8岁红色母牛来诊。主诉：该牛购回已3年有余，本交和人工授精已达10余次未受孕。检查：患牛粪稀软、不成形，尿频，带下清稀，绵绵不断，口色淡白，苔薄白，脉沉细。诊为肾阳虚型不孕。治疗：当归45g，川芎35g，益母草50g，白芍、熟地、淫羊藿、菟丝子各30g，巴戟天、茯苓、小茴香、荔核、醋艾叶、穿山甲、路路通各25g。共研细末，开水冲调，候温灌服，连服3剂。患牛粪成形，带下量明显减少。效不更方，再服药3剂，1剂/3d。于6月21日发情配种，翌年4月产一母犊牛。

24. 2001年10月20日，隆德县丰台乡十里铺柳某一头5岁母牛来诊。主诉：该牛于2000年5月夜间露宿被雨淋一夜后次日不食，按感冒治愈，随后食草少，体质较差，1年多不发情。检查：患牛精神不振，消瘦，粪稀，口色青白，被毛逆立、粗乱无光泽。诊为外感湿邪不孕。治疗：当归、益母草各50g，川芎、白芍、防风、桑寄生各30g，桃仁、桂枝、羌活、独活、干姜各20g，细辛10g。共研细末，开水冲调，候温灌服，连服5剂。患牛精神明显好转，饮食欲恢复正常。继服药2剂。1月后，患牛发情配种受孕，翌年产一母犊牛。（王福权，T151，P51）

## 二、功能性不孕症

本病是指母牛达到配种年龄，因内分泌紊乱、生殖生理机能失调而引起的暂时性繁殖障碍性疾病。一般生殖道及生殖器官无任何炎症变化。

【病因】　由于饲料单一，维生素、蛋白质、矿物质缺乏或突然改变环境、气候骤变等，导致生殖机能失调，体内激素紊乱甚至机能受到破坏而导致不孕；或因素体过于肥胖，积热过多，气血不活，冲任失调而造成不孕。

【主证】　患牛发情周期紊乱，配种不受孕；肾气虚寒，血少而不足以摄精，脉象虚弱。

【治则】　温补肾阳，养血活血，调理冲任。

【方药】　1. 调经滋补散。山茱萸、当归、熟地、酒白芍、茯苓、白术、山药、川芎、香附各30g，阿胶40g，小茴香、陈皮、延胡索、丹皮各25g，开水冲调，候温，于每个发情周期前3d灌服。本方药对因发情周期紊乱而致不孕者效果尤佳。共治疗73例，治愈52例。

2. 麦芽黑豆汤。大麦芽120g，当归、红花、生地、地骨皮各60g，黑豆500～1000g（为中等牛药

量）。水煎取汁，发情前1～3d开始服用，连服1～3剂。服药后次日配种。共治疗41例，治愈33例。

【典型医案】　1. 1999年3月8日，秦安县千户乡积玉村吴某一头3岁母黄牛，因屡配不孕来诊。主诉：该牛于1岁开始发情，但发情周期一直不稳定，超长错短，有时10～15d发情1次，有时2～3月发情1次，多次配种不孕。曾用激素、中药治疗均无效。直肠检查、阴道检查均未见异常。诊为功能性不孕。治疗：于发情后第10天灌服调经滋补散，用法同方药1，1剂/d，连服3剂。4个月后追访，已孕。（李广仁等，T103，P28）

2. 1984年2月15日，襄城县孙祠堂乡潘庄李某一头2.5岁、膘情上等母牛来诊。主诉：该牛发情后在3个配种站配种10个月不孕。治疗：取方药2，用法同上。服药2剂后即配受孕，于11月产一犊牛。（贺延三，T19，P59）

## 三、奶牛不孕症

【病因】　高产奶牛营养不良，素体衰弱，阴血不足，以致冲任空虚而不能摄精成孕。难产、胎衣不下等，使败血滞留阻塞胞宫，气滞血瘀，阴阳不和，冲任无以所养而不受孕。肾气不足，早配早产，耗伤精血，肾阳亏损，冲任气衰，胞脉失养而不能摄精受孕。过饲高脂性饲料等酿成肥胖，脂痰内生，阻塞胞宫而不孕。久宿阴冷，寒凝下焦，胞宫虚寒而不能受孕。肾阳虚者不能温养下焦，更无力温煦胞宫，胞宫虚寒而不能受孕；肾阴虚者，肝血不足，肾气虚弱，不能充盈胞脉，胞宫失养，收摄功能减弱，难以摄精成孕。

【辨证施治】　临床上分为肾虚型、气血双虚型、肝郁气滞型、血瘀湿热型、痰湿郁阻型、虚（宫）寒不孕型、热郁不孕型、气滞血瘀不孕型、肾阳虚不孕型、肾阴虚不孕型和继发性不孕型。

（1）肾虚型　患牛精神倦怠，肢软无力，性欲低下，发情延迟或不定期，情期很短，或虽有发情表现但拒绝配种，阴道无分泌物排出，尿清长，舌苔薄白而润滑，脉沉细或迟；直肠检查子宫较正常者小，卵巢发育不良。

（2）气血双虚型　患牛形体虚弱，神疲力倦，情期延迟或不发情，阴门流有混浊的白色分泌物，舌质淡白，脉沉细；直肠检查卵巢较小，卵泡发育不明显。

（3）肝郁气滞型　患牛动则易惊，静则精神抑郁，发情不定期，有时阴门排出少量的浅黄色分泌物，胃肠易臌气，直肠检查卵巢异常，舌质偏红、苔微黄，脉弦。

（4）血瘀湿热型　患牛不时出现轻微腹痛，有时伴有努责，常从阴门排出脓性或血性分泌物，发情周期与情期无明显差异，直肠检查子宫壁变厚或子宫增大，有压痛或有包块，舌质红或绛红，有瘀血斑点，舌苔黄腻或薄白，脉弦涩。

（5）痰湿郁阻型　患牛形体肥胖，喜卧，发情延期，从阴道排出少量的黄白色分泌物，直肠检查腹内脂肪层厚，胞宫、卵巢缩小，舌苔白腻，脉滑。

（6）虚（宫）寒不孕　患牛躯体羸瘦，背弓毛竖，尿清长，久不发情或发情无规律，屡配不孕，带下如清涕、绵绵不止，粪稀软，舌色淡白、苔薄白，卧蚕色淡，脉沉迟。

（7）热郁不孕型　患牛体况良好，常爬跨其他牛，发情周期紊乱，久配不孕，口色绯红，口津黏。

（8）气滞血瘀不孕型　患牛精神倦怠，食欲不佳，被毛无光泽，乳房肿胀，胞宫肥厚，发情周期紊乱，有时数月不发情，口津干、色泽晦暗，脉沉涩或弦。

（9）肾阳虚不孕型　患牛发情周期紊乱，屡配不孕，带下如清涕、绵绵不止，粪稀软，尿频而清长，舌色淡白、苔薄白，脉沉迟。

（10）肾阴虚不孕型　患牛精神不振，四肢无力，食欲差，阴门排出黄色黏稠分泌物，屡配不孕，口色淡红，舌苔薄白，脉沉细或细弱。

（11）继发性不孕型　由于子宫脱出、子宫炎、流产等，导致输卵管管腔粘连或受周围瘢痕组织的牵引而完全闭塞不孕。患牛发情周期正常，但屡配不孕或发情周期过长。

【治则】　肾虚型宜补肝益肾，调理冲任；气血双虚型宜补气养血，调补肝肾；肝郁气滞型宜舒肝解郁，扶脾养血；血瘀湿热型宜活血化瘀，理气除湿；痰湿郁阻型宜化痰通脉，健脾燥湿；虚（宫）寒不孕型宜暖宫温经，温肾调冲，调养气血；热郁不孕型宜养阴补肾，清热凉血；气滞血瘀不孕型宜活血化瘀，调养气血；肾阳虚不孕型宜温肾固阳，暖宫散寒；肾阴虚不孕型宜滋补肝肾，调理冲任；继发性不孕型宜行气活血，清热化瘀，通络消癥。

【方药】　[1 适用于肾虚型不孕；2 适用于气血双虚型不孕；3 适用于肝郁气滞型不孕；4 适用于血瘀湿热型不孕；5～6 适用于痰湿郁阻型不孕；7～10、16 适用于虚（宫）寒不孕型不孕；11 适用于热郁不孕型不孕；12、13 适用于气滞血瘀不孕型不孕；14 适用于肾阳虚不孕型不孕；15 适用于肾阴虚不孕型不孕；18 适用于继发性不孕型]

1. 温肾丸加减。山萸肉、紫石英、熟地黄各100g，煅龙骨、煅牡蛎、补骨脂各60g，茯苓、当归、炒山药、菟丝子、蛇床子、益智仁、附子、肉桂各20g。共研细末。取猪肾 6 个，切碎，水煎取汁，冲调药末，分 3 次灌服，2 次/d。

2. 泰山磐石散加减。党参、黄芪、当归、山药、川续断各100g，黄芩、川芎、白芍各90g，熟地、白术、砂仁、菟丝子、紫石英、鹿角霜、杜仲、桑寄生、炙甘草各80g。共研细末，开水冲调，候温，分 3 次灌服，2 次/d。

3. 开郁种玉汤加减。当归、炒白芍、炒白术、茯苓、丹皮、制香附、益母草、郁金各60g。臌气者加青皮、柴胡、砂仁、木香各40g。水煎 3 次，合并药液，早、晚分 2 次灌服。

4. 少腹逐瘀汤加减。当归、赤芍、生蒲黄、炒五灵脂、元胡、鸡冠花、益母草、路路通、白术各60g，炒黄芩、没药、小茴香各30g。寒重者加附子、干姜、肉桂各20g。水煎 3 次，合并药液，分早、晚灌服。待瘀血浊气排尽后改用白术散进行调理。

5. 启宫丸加减。制半夏、制苍术、炒白术、茯苓、昆布、海藻、当归、益母草各100g，制香附、鹿角霜、陈皮、川芎、远志、炒神曲各60g。湿热、排黄白色恶露重者去昆布、海藻，加黄芩100g，鸡冠花150g。共研细末，开水冲调，分 3 次/d 灌服。

6. 涤痰汤。当归、茯苓各45g，川芎、白芍、白术、半夏、香附、陈皮、神曲、甘草各30g。热甚者加黄连、枳实。水煎取汁或研为细末，开水冲调，候温灌服，1 剂/2d，连服 7 剂。病情严重者可服 2 个疗程。

7. 当归、淫羊藿、党参各30g，益母草50g，川芎、阳起石各25g，巴戟天、茯苓各27g，肉桂、砂仁、艾叶各20g，破故纸15g，小茴香 5g。共研细末，开水冲调，候温灌服。从发情结束后第 5 天起服药 3 剂，1 剂/d，以后 1 剂/3d。

8. 坤草四物汤。益母草60g，当归40g，川芎、熟地、补骨脂、香附、菟丝子各30g，白芍、川续断、元胡、丹皮、茯苓、吴茱萸、陈皮各25g，甘草20g。宫寒不孕（发情周期推迟或发情征象不明显的）加艾叶、小茴香、桂枝各25g，吴茱萸加至30g。宫热不孕（发情较旺，发情周期提前的）加黄芩30g，丹皮加至30g，生地易熟地。发情不旺（在发情期只哞叫数声、阴门略有红肿或流出少量清稀黏液），在宫寒方中加淫羊藿、巴戟天各40g。轻度白带（平时无白带，仅在发情时流出少量白带），在宫寒方中加白扁豆、白术各30g，山药40g。清带量多（平时或发情期阴道流出较多的清稀水样黏液），在宫寒方中加白术40g，白扁豆30g，桂枝加至30～40g。情期流血（在发情期阴门流出少量红色或黑红色血液），在宫热方中加地榆、茜草、黄芪各30g，蒲黄25g。消瘦体虚者，在宫寒方中加党参60g，黄芪40g。共研细末，开水冲调，候温灌服。第 1 剂在发情的前 3d 灌服，第 2 剂于发情当日上午灌服。灌药后隔 6h 或第 2 天配种。本方药适用于一般的宫寒、宫热及轻微带症（子宫内膜炎）或发情不旺而屡配不孕者；对较严重的子宫内膜炎（赤白带、化脓性子宫炎、子宫蓄脓）、卵巢囊肿等病引起的不孕症疗效不佳。共治疗 192 例，治愈 171 例。

9. 温经汤。当归、麦冬、党参各60g，白芍、川芎各50g，姜半夏45g，丹皮、阿胶各40g，桂枝、吴茱萸、炙甘草各30g，生姜、红糖为引。水煎取汁，候温灌服，1 剂/d，连服 3～4 剂。共治疗 6 例，

治愈 5 例。（王凯，T84，P46）

10. 加味四物汤。当归、川芎、黄芪、姜黄各 50g，熟地 60g，辛夷、白芍各 40g，甘草 30g。共研细末，开水冲调，候温灌服，连服 2 剂；母炎康（氧氟沙星）50mL，肌内注射，2 次/d，连用 2d。在发情前 3d，取三合激素 20mL，肌内注射；加味四物汤 1 剂，灌服。共治疗 72 例，治愈 65 例。

11. 知柏地黄汤加减。生地黄、丹皮、茜草、当归各 30g，知母、山药各 15g，沙参 25g，柴胡、黄芩、赤芍、茯苓、甘草各 20g。共研细末，开水冲调，候温灌服。

12. 川芎、当归各 30g，益母草 40g，五灵脂 27g，桃仁 25g，醋香附 24g，莪术、红花、柴胡、茜草各 20g，枳壳、甘草各 23g，青皮 15g。共研细末，开水冲调，候温灌服。

13. 自拟促孕散。赤芍、益母草各 50g，当归、炒香附各 60g，元胡、茯苓、郁金各 30g，桃仁、五灵脂、金银花、连翘各 40g，甘草 20g。共研细末，开水冲调，候温灌服。子宫分泌排出物无血者减赤芍、桃仁，加川芎、苏木；尿赤黄者减五灵脂、茯苓，加黄柏、木通；发情期烦躁不安、且慢食者减茯苓，加伏神、益智仁；长期不发情者减赤芍、当归，加肉苁蓉、菟丝子；体弱微喘者减金银花、连翘，加党参、黄芪。共治疗 600 余例，1 剂有效者 230 例，2～3 剂有效者 300 余例。

14. 当归、肉苁蓉、熟地各 30g，益母草 50g，白芍、小茴香各 27g，巴戟天 26g，川芎 25g，淫羊藿、菟丝子各 32g，醋艾叶 23g。不排卵者加穿山甲 23g；子宫发育不全者加女贞子 32g。共研细末，待发情停止后从第 7 天开始冲调灌服，1 剂/2d，连服 5 剂；待第 2 次发情周期开始第 1 天原方药加阳起石，1 剂/d，服药 2 剂后适时配种。

15. 当归、枸杞子各 30g，菟丝子、淫羊藿各 32g，生地、熟地、白芍、山药、巴戟天各 27g，益母草 60g，牛膝 25g，甘草 23g。不排卵者加穿山甲 23g；子宫发育不全者加女贞子 32g。共研细末，待发情停止后从第 7 天开始冲调灌服，1 剂/2d，连服 5 剂；待第 2 次发情周期开始第 1 天原方药加阳起石，1 剂/d，服药 2 剂后适时配种。

16. 生山药、当归、破故纸、白术、巴戟天各 120g，阳起石 100g，香附 80g，小茴香、紫石英、鹿角胶各 60g，附子、木香、肉各 40g，炮姜、葱须、黄酒为引。水煎取汁，候温灌服。共治疗 128 例，治愈 125 例。

17. 淫羊藿、益母草、补骨脂、当归、阳起石各 50g，何首乌、香附、菟丝子、熟地各 30g。虚弱不孕者加山药、党参各 30g，黄芪 50g；宫寒不孕者加附子 20g，吴茱萸 15g，肉桂、肉苁蓉各 30g；血瘀不孕者加赤芍 50g，川芎、桃仁、红花各 30g；肥胖不孕者加山楂 50g，陈皮、木香、半夏各 30g。粉碎成细末，拌料喂服，300～400g/（头/d），连用 3d。（王亚犁等，T164，P71）

18. 穿败汤。炮山甲、败酱草、当归、川芎、桃仁、赤芍、红花、路路通、地龙、土茯苓、苏木、益母草、仙茅、淫羊藿、甘草等。将炮穿山甲、地龙研成粉末，先煎煮 25min，再将诸药放于锅内加常水适量煎煮 30min，过滤，共煎 2 次，合并药液，待温灌服，1 剂/d。共治疗奶牛继发性不孕症 50 例，均获满意疗效。

【典型医案】 1. 1987 年 5 月 14 日，文登市界石乡板桥村唐某一头 4 胎次奶牛来诊。主诉：该牛于去年 12 月配种 3 次后仍不定期发情。检查：患牛精神倦怠，畏寒，膘情下等，行走时后躯不稳，排粪稀薄，尿清长，直肠检查空怀，子宫软而小，卵巢发育静止，口色青淡，舌苔薄滑，脉沉细。诊为肾虚不孕。治疗：温肾丸加减，2 剂，用法见方药 1。停药后，患牛发情，配种 2 次即孕。

2. 1989 年 8 月 17 日，文登市界石乡张格村一头 5 胎次（最后 1 胎产两头犊牛）奶牛，因连续 8 个月无明显发情来诊。检查：患牛膘情下等，精神倦怠，行走无力，阴门有少量白色分泌物；直肠检查子宫缩小，卵巢发育静止，口色淡，舌苔薄白，脉迟细。诊为气血双虚不孕。治疗：泰山磐石散加减去鹿角霜，3 剂，用法见方药 2。用药后第 5 天，患牛发情，配种 2 次即孕。

3. 1989 年 7 月 23 日，文登市界石乡大界石村刘某一头初产奶牛，因屡配不孕来诊。主诉：该牛性情不好，殴打后食欲多不规则。检查：患牛膘情中等，阴门有少量的浅黄色分泌物，直肠检查子宫较硬，卵巢发育尚可，口色、舌质偏红，苔微黄，脉弦。诊为肝郁气滞不孕。治疗：开郁种玉汤加减去砂仁，加川芎 60g，用法见方药 3，连服 3 剂。第 2 情期，患牛配种即孕。

4. 1990 年 4 月 26 日，文登市界石乡楚岘村董某一头 3 胎次（最后 1 胎妊娠 5 个月时流产）奶牛就诊。主诉：该牛情期基本正常，阴门常排出脓血性分泌物，屡配不孕。检查：患牛膘情中等，直肠检查子宫右角肿大，呈袋囊状，压痛明显，卵巢发育尚可，口、舌偏红，有瘀血斑点，苔微黄，脉弦涩。诊为血瘀湿热不孕。治疗：少腹逐瘀汤加减去小茴香，黄芩用量加倍，用法见方药 4。服药 3 剂后，患牛恶露少许，遂改服白术散（成方）3 剂，于第 2 个情期配种即孕。

5. 1991 年 1 月 16 日，文登市界石乡长夼村潘某一头初产奶牛，因连配 4 个情期不孕来诊。检查：患牛膘情上等，精神抑郁，尿色黄，粪干，直肠检查内脂较厚，子宫较小，卵巢发育不良。诊为痰湿郁阻不孕。治疗：启宫丸加减去昆布、海藻，加黄芩、鸡冠花各 100g，用法见方药 5，服药 3 剂。于第 3 情期配种即孕。（王所珍等，T72，P31）

6. 2001 年 8 月，三门峡市某奶牛场一头 5 岁奶牛，因不孕邀诊。主诉：该牛前胎生产过程中，因产程过长，助产拉出犊牛后死亡，人工剥离了胎衣，现已18个月未孕；发情时从阴门排出絮状物，虽经青霉素、链霉素生理盐水冲洗子宫，但屡配不孕。检查：患牛无明显临床症状，体格肥胖，舌白腻，脉滑。诊为痰湿不孕。治疗：取人医用洁尔阴，加2倍量蒸馏水，冲洗子宫，药液保留15min排出，1次/2d，连续冲洗3次。中药取涤痰汤，当归、茯苓各加至60g，白术改用苍术，用法同方法药6，连服14剂。嘱畜主减少蛋白质及能量饲料，加强户外运动。半年后追访，已妊娠。（白书花等，T139，P45）

7. 2000年，临潭县皮革场一头5岁黑白花奶牛，因产后再未受孕就诊。主诉：该牛产第1胎时发生难产，助产强行将死犊牛拉出后受寒，发情不明显，配种数次未孕。检查：患牛体瘦毛焦，多卧，站立全身发抖，粪稀软，尿频，带下清稀，舌色淡白，脉沉细。诊为虚寒不孕。治疗：取方药7，用法同上，1剂/d，连服3剂，以后1剂/2d。同时，取三合激素250mg，肌内注射。用药10剂后，患牛精神良好，被毛光顺，发情正常，2个月后配种受孕。

8. 1994年10月7日，临夏市枹罕乡马彦庄村陈某一头5岁黑白花奶牛，因产第3胎后的4个多月配种3次不孕就诊。检查：患牛发情时从阴门流少量清稀白带。诊为宫寒不孕。治疗：坤草四物汤加艾叶、桂枝、小茴香各25g，白扁豆、山药各30g，吴茱萸加至30g。用法见方药8。服药第2剂后配种即孕。

9. 1994年8月22日，临夏县北原乡松树村刘某一头6岁黑白花奶牛来诊。检查：患牛发情时从阴道流出少量黑红色血液，配种4次不孕，发情周期为17～18d。诊为宫热不孕。治疗：坤草四物汤加黄芩、地榆、茜草、黄芪各30g，生地易熟地，赤芍易白芍，重用丹参30g，用法见方药8。患牛发情前服药2剂，于27日发情，发情间隔20d，28日配种受孕。（王永仁，T84，P30）

10. 2004年8月14日，广河县水泉乡草滩村2社马某一头黑白花奶牛来诊。主诉：该牛屡配不孕约半年，曾用青霉素、链霉素、苯甲酸雌二醇等药物治疗无效。检查：患牛除从阴门流出少量白色黏稠状液体外其他无明显异常。治疗：加味四物汤，用法见方药10。28日，患牛发情并配种受孕。（马如海，T140，P42）

11. 1999年8月，临潭县城关镇上河滩马某一头4岁黑白花母牛，因两年未孕来诊。主诉：该牛从内蒙古购进时2岁，长期圈养，很少运动，发情明显，但无规律，配种多次不孕。检查：患牛体况良好，膘肥体壮，口色绯红黄，口温高，口津黏，粪、尿正常，脉洪大有力。治疗：知柏地黄汤加减，用法见方药11。共服药10剂，每天牵遛30min以上，40d后配种受孕。

12. 2002年5月，临潭县西寺奶牛场一头5岁黑白花奶牛就诊。主诉：该牛由于难产而致胎衣不下，人工剥离胎衣时出血较多，近10个月未见发情，经多次注射苯甲酸雌二醇和三合激素有发情现象（周期25～30d不等），配种5次不孕。检查：患牛子宫后倾，壁肥厚，卵巢质硬，乳房肿胀，粪干，尿短少，口色暗红、色青，脉弦涩。治疗：取方药12，用法同上。服药3剂后，患牛口色变红，阴道流出暗红色恶露。继服方药12，2剂，同时取先锋9号、青霉素1000万单位，1次/d，肌内注射，连用3d。患牛阴道污红色恶露消失，病情好转。停药7d后，取方药12加生地、丹皮、黄柏各30g，1剂/d，共服4剂。服药后，患牛开始发情、人工授精，翌年产一母犊牛。

13. 2001年3月18日，伊金霍洛旗布尔台乡霍沙图村敖贵壕社宋某一头7岁黑白花奶牛来诊。主诉：该牛一年多来发情不正常，发情期从阴门排出多量带血块或脓性物，极度消瘦，他医已治疗数次无效。诊为子宫内膜炎性不孕。治疗：自拟促孕散，用法见方药13，服药2剂，间隔3d/剂；嘱畜主用10%氯化钠注射液500mL，青霉素160万单位，链霉素100万单位，混合，隔天冲洗子宫1次，连续冲洗3次。半个月后，患牛发情、配种受孕，产一母犊牛。（刘赫宇，T131，P50）

14. 临潭县敏某一头5岁黑白花奶牛，因近两年未受孕来诊。检查：患牛膘情中等，被毛无光，角、四肢稍凉，尿频，粪软，带下清稀，行走时腰痛、膝软，舌淡，脉细，其他无异常变化。诊为肾阳虚不孕。治疗：取方药14加穿山甲、路路通各27g，细辛15g。用法同上，服药2剂。第3天，患牛发情明显，人工授精受孕。

15. 2004年5月18日，临潭县卓洛牛场一头5岁黑白花奶牛就诊。主诉：该牛于2002年9月产第1胎，从去年春天开始，先后人工授精3次未孕，自然交配达7～8次未孕。检查：患牛精神、食欲差，行走无力，不发情，带下黄稠，口色淡红，苔薄白，脉沉细。诊为肾阴虚不孕。治疗：取方药15加阳起石40g，路路通32g。用法同上，2剂，1剂/2d；三合激素250mg，肌内注射。治疗3d后，患牛开始发情（未配），继服原方药3剂，后灌服八珍汤，1剂/3d，连服4剂，停药6d。于第1个情期发情时人工授精，3个月后受孕，翌年产一公犊牛。（房世平，T138，P50）

16. 2004年12月2日，湟中县大才乡一头6岁黑白花奶牛来诊。主诉：该牛发情周期不规律，阴道分泌物清白，曾用中西药治疗无效，配种8次不孕。检查：患牛体质瘦弱，体温正常，舌质淡白，尿频、色清，发情不明显，阴道分泌物量少、稀如水，直检子宫体、卵巢正常。诊为宫寒不孕。治疗：取方药16加柴胡、升麻、砂仁、艾叶，用法同上，在发情前3d或5d服药2剂，配种后服药2剂，受孕。（杨

永清，T158，P71）

17. 2004 年 6 月 18 日，商丘市昌盛奶牛场一头 6 岁黑白花母奶牛来诊。主诉：该牛去年 4 月份产犊牛时引起子宫脱出，经治疗后康复，随后发情周期基本正常，但屡配不孕，他医治疗多日无效。检查：患牛外阴和阴道基本正常，卵巢发育、大小、质地基本正常，输卵管双侧肿胀变粗。诊为继发性不孕症。治疗：穿败汤。炮山甲（碾末）、败酱草、当归、路路通、益母草各 45g，桃仁 35g，赤芍 40g，川芎、红花、地龙（碾末）、土茯苓、苏木、仙茅、淫羊藿、乳香、没药、甘草各 30g。用法见方药 17，1 剂/d，连服 5 剂，随后单用败酱草 250g，连服 3d。患牛受孕，足月产一母犊牛。（李国定，T142，P45）

## 四、牦牛不孕症

【病因】 由于生态恶化，超载过牧，草原退化，补饲不及时，造成牦牛营养不良，或高原风雪、寒流等侵袭，使牦牛营养失调，气衰血虚，风寒侵袭，胞宫失温，胎脉失养，冲经空弱而不能摄精成孕。

【主证】 多呈虚弱宫寒型。患牛形体瘦弱，精神不振，腹泻肠鸣，粪溏稀，口色淡白或青白，脉象细弱沉迟。用公牛试情拒爬跨。

【治则】 补肾助阳，温暖胞宫。

【方药】 淫羊藿、艾叶、黄芪各 50g，白芍 40g，枸杞子 35g，当归、党参、阳起石、麦冬、巴戟天、阿胶、小茴香、芡实、益母草各 30g，补骨脂 25g，白术、山药、牡丹皮、茯苓、附子、甘草各 20g，肉桂、车前子各 10g，大枣 15 枚。宫寒重者重用肉桂、附子、茴香；泄泻严重者重用党参、白术、山药；血虚体弱者加大阿胶、当归用量；气衰下陷者加大黄芪、党参用量；体质较好而不发情者重用益母草。水煎取汁或研为细末，开水冲调，候温灌服，1 剂/2d，视病情连服 2～3 剂。取三合激素注射液，成年牛 4mL/次，青年牛 2～3mL/次，于灌服中药后 1 次肌内注射。

【典型医案】 1. 2003 年 9 月 20 日，天祝县抓喜秀龙乡代乾村陈某一头 5 岁母牦牛，因未发情来诊。检查：患牛体质瘦弱，神短少动，粪溏稀，阴户流少量污物，脉象细弱，口色淡白。诊为不孕症。治疗：取上方中药，肉桂加至 30g，党参 60g，小茴香、白术各 50g，用法同上。服药 3 剂，取三合激素 3mL，肌内注射。10 月 10 日，患牛发情，配种受孕。

2. 2004 年 9 月 25 日，天祝县抓喜秀龙乡代乾村王某一头 6 岁母牦牛，因不发情来诊。检查：患牛体质瘦弱，慢草，肠鸣腹泻，口色青白，脉象沉迟。诊为不孕症。治疗：取上方中药，黄芪增至 60g，当归、白术（炒）各 50g，用法同上。服药 3 剂，取三合激素 4mL，肌内注射。10 月 12 日，患牛配种受孕。（陈德福等，T142，P50）

## 阴道炎

阴道炎是指牛阴道黏膜及黏膜下结缔组织发生炎症，是牛的常见产科疾病之一。

【病因】 多因饲养管理不善，湿热内侵；或流产，胎衣不下，阴道、子宫脱出以及助产时消毒不严、损伤等引起病原菌感染，或由毛滴虫科的胎儿滴虫寄生于生殖器官引起。

### 一、细菌性阴道炎

【主证】 患牛阴道黏膜出血或肿胀、色暗、表面有渗出物，有时从阴门流出少量腥臭的红色黏液或脓性分泌物；常作排尿姿势，情期不正常或呈假发情，屡配不孕，个别患牛体温升高。

【治则】 活血通经，抗菌消炎。

【方药】 1. 鲜桃叶（老桃树树叶最佳）100～150g，常水 2000mL，醋酸洗必泰栓（含甲硝基羟 1200mg）2～3 枚。将鲜桃树树叶洗净与常水煎煮取汁，浓缩至 1200～1500mL，冷却至 40℃，过滤，取其浓缩液分次冲洗阴道，之后放入醋酸洗必泰栓，1 次/2d，连用 3 次。共治疗 7 例（含其他家畜），收效满意。

2. 四物汤加减。当归、生地、黄芩、阿胶、黄柏各 30g，川芎、白芍、牛膝各 25g，甘草 15g。阴道肿胀较重、颜色鲜红、有少量糜烂者去阿胶，加桃仁 30g，红花 15g；阴道肿胀轻微、颜色发紫、溃烂面大者去生地，加熟地、党参各 30g；有化脓症状者加连翘、蒲公英各 30g。共研细末，开水冲调，候温灌服，1 剂/d，连服 3d。用 0.1% 高锰酸钾溶液冲洗阴道。从病初到第 16 天，彻底冲洗 1 次阴道，并连续用药 3d，到下次发情时（一般 18～21d）再行配种。共治疗 26 例，治愈 24 例，好转 2 例。

3. 迎春花煎液。取迎春花（采自河南省陕县）9 月份的地上部分，切成寸长，常水浸泡 60min，水煎 2 次，30min/次，合并药液，双层纱布过滤，水浴浓缩，制成 100%（1mL 药液相当生药 1g）水煎剂，经高压灭菌后备用。用直肠把握法灌注，100mL/次，1 次/2d；与一定的抗生素联合应用，其效果更为满意。

【典型医案】 1. 1990 年 9 月 7 日，甘谷县安远乡砂滩村梁某一头 7 岁母牛就诊。主诉：该牛于 4 个月前流产，因胎衣不下畜主自行剥离，导致阴道损伤，近两个月来该牛经常发情，但屡配不孕。检查：患牛精神不佳，阴道黏膜水肿，不时向外排出味臭、暗灰色黏液。治疗：先用 0.1% 高锰酸钾溶液反复冲洗阴道，再用桃叶浓缩液（见方药 1）冲洗，之后放置醋酸洗必泰栓 3 枚，1 次/2d，连用 4 次，诸症悉除，随后配种即孕。（董再荣，T59，P32）

2. 2001 年 8 月，渭源县路园镇小园子村骆某一头 9 岁秦杂母牛来诊。主诉：该牛于 2000 年生产时难产，2001 年屡配不孕。检查：患牛拱腰背，频频排尿，有脓汁从阴门流出。诊为阴道炎。治疗：四物汤加减，用法同方药 2，连服 3 剂，并用 0.1% 高锰酸钾溶液冲洗阴道，治愈。（程玉峰，T120，P41）

3. 1987 年 8 月，一黄牛患阴道炎就诊。检查：患牛精神、饮食欲、体温均正常，尾根部及两侧臀部、阴门黏有脓痂，卧地时有脓汁从阴道流出，用开膣器行阴道检查发现有大量脓汁，阴道和子宫颈膣部黏膜肿胀、充血；子宫颈口附有黏稠脓汁。诊为化脓性子宫阴道炎。治疗：迎春花水煎剂（见方药 3）100mL，用直肠把握法行子宫灌注。翌日，患牛脓汁排出明显减少且稀薄。第 3 天继续用药 1 次，第 4 天检查，子宫阴道已无脓汁排出，子宫阴道黏液透明、清亮。为巩固疗效，第 5 天继续用药 1 次，痊愈。（赵四喜等，T132，P56）

## 二、毛滴虫性阴道炎

【病因】　由毛滴虫感染引发。

【主证】　患牛阴部瘙痒，从阴门排出絮状或脓性黏液；阴门及门庭黏膜水肿，阴道底壁形成少数结节；妊娠母牛则发生流产，并定期排出淡黄色渗出物，镜检阴道黏膜，可发现毛滴虫虫体。

【治则】　杀虫止痒。

【方药】　灭滴合剂。苦参、生百部、白藓皮各 30g，蛇床子、地肤子各 25g，石榴皮、川黄柏、紫槿皮、枯矾各 20g。加水 1000~2000L，水煎 4~5 沸后，用洁净纱布过滤去渣取汁，待温灌注于阴道，1 次（1 剂）/d，连用 3 剂。共治疗 20 例，疗效甚佳。

【典型医案】　1992 年 3 月 4 日，桐柏县吴城乡朝城村刘某一头 4 岁黄色母牛就诊。主诉：该牛在妊娠 128d 时流产，平时呈现摇尾不安，外阴部瘙痒，不时从阴门流出淡黄色或絮状黏液。检查：患牛阴道黏膜充血、肿胀，阴道底壁有少量黄豆大小结节。取阴道黏膜涂片镜检，发现毛滴虫虫体。诊为毛滴虫性阴道炎。治疗：按上法连用灭滴合剂 3 次，痊愈。半年后追访无复发且已妊娠。（仵文忠，T78，P47）

## 阴道脱出（垂）

阴道脱出（垂）是指母牛阴道一部分或全部突出阴门外的一种病症。属中兽医垂脱证范畴。多发生于妊娠末期、产后不久或体弱、老龄母牛。如不及时治疗可引发流产、阴道损伤甚至不孕。

【病因】　由于饲养管理不善、牛体虚弱、劳役过度、久泻久痢、产后虚弱等，引起气血不足，中气下陷，或分娩时用力过度，持续腹压增高如胎儿过大、胎水过多、双胎等引发；孕期长时间卧地，胎儿、宫和内脏共同压迫阴道，使阴道壁松弛形成皱裂，发生套迭脱出阴户外；继发于便秘、腹泻、子宫内膜炎、阴道炎、胎衣不下等疾病。

【主证】　部分脱出者，患牛卧地时部分阴道壁从阴门中脱出、呈粉红色、状如拳头大小瘤样物，站立时能自动缩回。如延期治疗则变成习惯性脱出，脱出部分会逐渐增多。完全脱出者，患牛阴门脱出阴道呈球状，初期为玫瑰色或红色，后期变为蓝色、深灰色，黏膜肿胀，易出血，干时易裂口，站立时不能自动缩回。脱出时间久时，由于血液循环障碍，阴道黏膜暗红色或青紫色、黏膜水肿、龟裂，甚至坏死，表面黏有泥土、灰尘、粪尿、草屑，轻度努责，排尿不利。

【治则】　补中益气，活血散瘀，升阳举陷。

【方药】　1. 取水蛭 30 条，放入 500g 蜂蜜中，待水蛭体液渗出、虫体干硬后捞出，将余物搅匀装瓶，每天涂擦患部数次。共治疗阴道不全脱者 5 例，均治愈。

2. 参芪棱莪散。黄芪、党参、香附各 45g，当归、陈皮、白术、柴胡各 30g，升麻、枳壳各 60g，三棱、莪术、红花、生没药各 25g，炙甘草 15g。水煎取汁，候温灌服，1 剂/2d。

3. 用温明矾水或 1% 高锰酸钾溶液、或硫酸镁溶液洗净患部后，肌内注射静松灵注射液 4~5mL；或用静松灵注射液 10mL 加温水适量，喷洒局部，然后用消毒的湿纱布护理好患部。药后 5min，患牛开始停止努责，腹痛消除，脱出部分呈明显的节律性收缩。待脱出部分收缩到最小限度，能轻松地将子宫送入原位后，取盐酸普鲁卡因注射液 10~20mL、50% 葡萄糖注射液，混合，在阴门两侧注射进行封闭，或取补中益气汤：黄芪、党参、甘草、白术、当归、炙升麻、柴胡、陈皮，1 剂，水煎取汁，候温灌服。共治疗 38 例，均获痊愈。（牛宗文，T34，P50）

4. 患牛置六柱栏内站立保定，将尾上举并固定好，对脱出组织及肛门、阴门周围用 0.1% 高锰酸钾溶液冲洗干净，整复，用结节缝合法缝合数针（以粪尿通利为宜）。用 TDP 特定电磁波治疗器（重庆市硅酸盐研究所、重庆医疗器械厂制造，ZOSO-3 型，电压 220V，功率 600W）照射 50min 左右，距离 25~40Dcm（预热 5min），早、晚各 1 次/d。对脱出时间较长、脱水严重、经治不愈者应配合法穴位照射：①百会穴：背中线上腰椎与荐椎间隙中。②后海（交巢）穴：肛门上方、尾根下方的凹陷处。③脱肛穴：肛门两侧旁开 6 分处，左右各 1 穴。④治肛穴：阴门中点旁开 6 分处，左右各 1 穴。共治疗 15 例，治愈率达 92%。（王念民等，T49，P24）

5. 用 0.1% 高锰酸钾液冲洗、轻揉脱出阴道，清除痂皮，徒手稳定脱出阴道，待努责缓解，推送回复后，用阴户固定器绳系固定。西药取青霉素 400 万单位/次，肌内注射，2 次/d。中药用滑石、石膏各 120g，黄芩、金银花、连翘、夏枯草各 40g，蒲公英、白术、红花、大黄、丹参、木香、青皮各 30g。水煎取汁，候温灌服，3 次/d，连服 3d。

注：若单用补益药，易滞气碍中，导致中腹胀满，反而会因腹胀加重责脱。在临床治疗中，手术整复后西药抗菌，防感染；中草药增强机体抗病力，调整自愈力。以中草药为主，中西疗法结合是治愈该类疾病的重要方法。

6. 新鲜三白草（全株）500～1000g，洗净捣烂，平铺在热毛巾上待用。将患牛前低后高站立保定，术者先用温食盐水擦洗阴道脱出部分，除去痂块，用消毒针束反复刺脱出部分，边洗边进行，后将准备好的三白草毛巾使三白草紧贴脱出部分，裹敷 10～15min 后除去三白草毛巾，用温食盐水淋洗黏附的三白草渣，擦干盐水，术者紧拧带三白草的毛巾，使汁液流到脱出阴道表面（其汁液对患部末梢神经有轻微的麻醉作用），再撒上消炎药物后徐徐将脱出的阴道纳入。内送脱出阴道过程要慢、要轻，切忌粗暴，纳送后术者的手不能立即抽出，同时一定要牵牛缓行，加强饲养管理。共治愈近 20 例，且无一例复发。本方药适用于顽固性阴道脱出。

注：凡顽固性阴道脱都是强烈努责所致，用三白草裹敷患部可降低努责强度。

7. 枳朴益母散。枳壳、黄芪、益母草各 100g，厚朴 80g，党参、当归、白芍、柴胡、升麻、陈皮各 40g，川芎 30g，甘草 20g。水煎取汁，候温灌服。共治疗 12 例，均获痊愈。

8. 初期未发生水肿或轻度水肿，部分脱出并能自动缩回者，用 0.1％高锰酸钾或 1％～2％明矾溶液（温）冲洗；水肿严重者用消毒针头乱刺，之后撒明矾粉揉擦，挤出水肿液；或取防风汤：防风、荆芥、薄荷、苦参、黄柏各 12g，花椒 3g。水煎取汁，外洗；或枯矾散：枯矾、防风、荆芥、苍术各 25g，川椒 20g。水煎取汁，外洗。黏膜发生龟裂、坏死者，可剪除、缝合，涂碘甘油，用浸有温生理盐水的灭菌纱布将脱出的阴道壁托起，从基部开始，将阴道壁还纳阴道，展平、复位，温敷。

气血双虚、中气下陷、气不能固摄引起阴道脱者，药用补中益气汤加减：炙黄芪 75g，党参、炒白术各 60g，当归、炙甘草、益母草、生姜各 30g，升麻、柴胡、陈皮各 20g，大枣 50g。气虚重者去当归，加阿胶、焦艾叶；升阳举陷、补气安胎、腹胀或腹痛、粪粗糙带水者加木香、苍术；食欲减退、完谷不化者加三仙；瘀血者加炒蒲黄、醋元胡、益母草；下焦湿热者合用黄连解毒汤。共研末，开水冲调，候温灌服，1 剂/d，连服 3～4 剂。青霉素 320 万单位，0.5％盐酸普鲁卡因注射液 20mL，交巢穴注射。雌激素分泌增多引起阴道脱出者，黄体酮 50～100mg，肌内注射，1 次/d，连用数日。

对完全脱出并站立时不能缩回的顽固者需整复、固定。

阴门外伦贝特氏圆枕双间断内翻固定法（适合于轻症及顽固性脱出者）。从阴门裂右侧向左、距阴门裂 4cm 处进针（18 号丝线），距同侧阴门裂 1cm 处出针，把针带到对侧，距阴门裂 1cm 处进针，距阴门裂 4cm 处出针，针带到同侧，针距 2cm，距阴门裂 4cm，从左向右进针，方法同第 1 针，打外科结，外露的明线套上胶管，以防撕裂阴门皮肤，阴门上 2/3 缝合 2～3 针，下 1/3 不缝以排液。0.5％盐酸普鲁卡因注射液 20mL，青霉素 320 万单位，链霉素 100 万单位，后海穴注射，防止努责。数天后牛不再努责时即可拆线。

阴道侧壁臀肌固定法（适合于脱出较多、顽固性）。用两条 18 号丝线末端系上纱布卷或大衣扣，带入阴道，由阴道脱出侧壁中 1/3，避开阴道壁动脉，与骨盆底呈 40°角刺入，通过臀部肌肉穿出皮肤，系以纱布卷。本法虽操作简单，但术后常易继发感染，且效果不确实。

【典型医案】　1. 1985 年 5 月 24 日，梁平县仁贤区永安村陈某一头 10 岁、中等膘情、已妊娠 8 个月水牛就诊。检查：患牛阴道脱出如篮球大。治疗：消毒后整复，内服补中益气汤 2 剂；肌内注射磺胺嘧啶钠注射液 4 次，不见好转。28 日，改用水蛭蜜患部涂擦，用法见方药 1。31 日，患牛阴道脱出部分已全部缩回。追访多次，未见复发。（刘棠华，T32，P61）

2. 1977 年 4 月 3 日，商水县曾庄大队第 2 生产队的一头母牛来诊。检查：患牛阴道脱出如排球大小，黏膜轻度水肿并粘有粪土，频频努责。治疗：将患部用 0.1％高锰酸钾溶液洗净、整复。后因努责，阴道又脱出，再行整复，将阴门行减张缝合 3 针，并灌服补中益气汤 1 剂。4 日，患牛仍不断强力努责，阴门缝线撕断，阴道再次脱出、污染、流血水。用 0.1％高锰酸钾溶液洗净后整复，改服参芪棱莪散 1 剂，用法见方药 2。6 日，患牛有时努责，脱出的阴道已缩至拳头大。处理同前。8 日，患牛阴道不再脱出，食欲稍差，其他如常。上方药加焦三仙各 45g，灌服。痊愈。（杨龙骐，T6，P41）

3. 2004 年 6 月 30 日，遵义市红花岗区新蒲镇四野村的一头母黄牛来诊。主诉：因气候炎热，使役过重致使该牛阴道部分脱出。由于是首次妊娠，距产期约 50d，两周前曾因阴道部分脱出整复而又复脱，发病后水草不进。检查：患牛精神不振，呼吸粗迫，鼻镜干燥，目赤肿，粪干燥，阴道全部脱出并出现充血、水肿、坏死、黏膜结痂脱落、流出黏稠的带血分泌物，触诊全身皮肤灼热，胎动明显，口气热，口津黏腻，苔黄厚，脉洪数。治疗：将患牛六柱栏内保定，用 0.1％高锰酸钾液冲洗、轻揉脱出阴道，清除痂皮，徒手稳定脱出阴道，待努责缓解，推送回复后，用阴户固定器绳系固定。取青霉素 400 万单位/次，肌内注射，2 次/d，连用 3d；取方药 5 中药，用法同上，3 次/d，连服 3d。2d 后复诊，患牛热证减轻，稍有食欲，粪软，胎动正常。方药 5 去滑石、大黄，减石膏量为 80g，再服 1 剂。用药后，患牛鼻润，食欲正常，热证消除。再服用补中益气汤：党参、黄芪、白术、升麻、黄芩各30g，当归、柴胡各25g，陈皮20g，甘草15g。水煎取汁，候温灌服，2剂，痊愈。后追访，该牛分娩正常，产后未见阴道脱出，使役正常。（秦华等，T141，P57）

4. 1996年，旌德县庙首禾村的一头水牛来诊。主诉：因体质虚弱，该牛阴道脱出似大半个篮球状达1月，他医纳送过多次，但因强烈努责未能成功。检查：患牛阴道脱出、水肿，部分坏死，其他正常。治疗：三白草700g，洗净捣汁，按方药6方法治疗。内送前在脱出阴道表面撒敷青霉素240万单位。送纳时，术者右手从脱出顶部（接子宫颈部）一点一点向内挤送，每挤送1次，术者左手立即堵住，避免在移开左手时复出，这样往复进行，直到全部复位。在送纳的过程中努责力逐渐减小，当内送到位时阴道本身开始收缩，复位后术者的手仍然需留在阴道内，这时畜主应牵牛缓行，待阴道温度和体温一致后慢慢抽出手臂，再牵遛1h。1次整复痊愈。1个月后追访无复发。（万明傅，T109，P36）

5. 2005年3月21日，綦江县古南镇通惠思南村陈某一头7岁、妊娠已6个多月奶牛来诊。主诉：该牛阴道脱出，初期仅在卧地时阴道脱出小部分，站立时可回缩，随着病程发展，脱出部分站立时也不能缩回，他医用草鞋和麻绳固定在阴户后又脱出，治疗数次不愈。因圈舍狭窄，地面不平整，前高后低，牛很少到户外运动。检查：患牛阴道脱出如排球大、充血红肿，有2～3处阴道黏膜已坏死，弓腰努责、喘气，阴道随呼吸节奏而阵缩。治疗：立即清除坏死组织，常规整复消毒。嘱畜主打平圈舍地面，逐渐干奶；取枳朴益母散，用法见方药7。服药1剂，患牛努责减轻，阴道稍有露出；2剂，诸症减轻，阴道已不脱出；3剂，康复。（赵应其等，T149，P60）

6. 双城市某户一头黑白花奶牛来诊。检查：患牛阴道脱出两拳大，反复脱出，不断努责，起卧不安。诊为中气下陷致阴道脱出。治疗：按方药8进行整复、固定；2%盐酸普鲁卡因注射液30mL，交巢穴注射。阴门外伦贝特氏圆枕双间断内翻固定。取补中益气汤加减：党参、黄芪各60g，白术、陈皮、柴胡、当归、升麻各30g，炙甘草、泽泻各15g。水煎取汁，候温灌服，连服3剂。1周后，患牛痊愈。（张庆山，T146，P58）

## 阴　吹

阴吹是指母牛从阴道里向外排出气体并伴随有"卟卟"声的一种病症。多见于经产母牛。

【病因】　由于分娩过程中消毒不严，产后感染；或产犊胎次过多；或产后使役过早或过重，以致损伤气血，脾气亏虚，肾气不固，清阳下陷；或胃肠功能弱，粪燥里实，胃肠积气不断下传，下阴不断排出气体，有时作响。

【主证】　患牛阴门出气，随着运步发出像喷气一样的声响，阴唇松弛，有的虽发情但屡配不孕，饮食欲不振，进行性消瘦，耕牛役力大减，粪球干小，尿短黄，体温、呼吸、心率一般无变化，口色淡白，脉细弱。

【治则】　调理脾胃，活血利气。

【方药】　1. 生地、麦冬各33g，熟地、人发30g，红花、砂仁各18g，升麻45g，山楂60g，香附、川厚朴各24g，猪板油500g。用猪板油炸人发，发消药成，加入事先用水煎好的余药药汁，1次灌服。共治愈2例。

2. 补中益气汤加味。炙黄芪150g，党参、白术、陈皮、升麻各80g，当归60g，桂枝、补骨脂、蒲黄各50g，柴胡40g，炙甘草30g。水煎取汁，候温灌服。共治疗5例，均获满意效果。

3. 龙胆泻肝汤加减。龙胆草、车前子各50g，黄芩、栀子、泽泻、当归、白芍、柴胡、知母、黄柏、厚朴各40g，生地60g，益母草80g，川芎、木通、甘草各30g。共研细末，开水冲调，候温灌服，1剂/d，连服4剂。共治疗25例，治愈率达92%以上。

【典型医案】　1. 阳谷县郭店屯公社王某一头6岁、营养中等母牛来诊。主诉：该牛患病已16d，曾用中西药治疗无效。检查：患牛阴门矢气，饮食欲大减。治疗：取方药1，用法同上，连服4剂，治愈。（徐淑亭，T13，P37）

2. 1987年6月，平阿县刘集镇王某一头5岁母黄牛就诊。主诉：该牛已产3胎，第3胎产于1986年11月，今年3月开始发情，屡配不孕，有时听到阴门排气声，日渐消瘦，饮食欲渐减。检查：患牛体温、呼吸、心率均正常，精神不振，营养差，毛焦体瘦，口色淡白，阴唇松弛，运步时从阴户中排出气体。诊为阴吹。治疗：取方药2，用法同上，1剂/d。连服3剂后，患牛食欲大增，阴吹消失，3个月后追访，该牛已妊娠2个多月。（庄世城，T37，P32）

3. 2007年6月18日，青铜峡市小坝镇一头5岁黑白花奶母牛来诊。主诉：该牛第3胎生产时发生难产，人工助产时损伤产道，经治疗产道恢复正常。1个月后，该牛阴唇经常吹气、潮红、肿胀，阴道常流水样黏液，体质较差，弓腰，发情周期紊乱，久配不孕，经他医用中西药治疗不见好转。检查：患牛外阴潮红、肿胀，阴唇吹气，体瘦毛焦，直肠检查未见子宫壁、卵巢异常，阴道流出黄色液体，阴道检查时有气流感。诊为阴吹。治疗：龙胆泻肝汤加减，用法同方药3，连服4剂，痊愈。（李光忠，T157，P67）

# 第二节　妊娠疾病

## 妊娠中风

妊娠中风是指牛在妊娠期间由于气血虚损又外感风寒引起四肢拘挛的一种病症。

【病因】　母牛在妊娠期间营养不良，劳役过重，致使气血不足，体质虚弱，经络、脏腑失养，外感风邪；或劳役汗后，腠理不固，风寒湿邪乘虚侵袭，由表及里，传入经络，瘀滞不通而发病。

现代兽医学认为，本病是钙、磷比例失调，维生素 A、维生素 D 缺乏而引起的代谢紊乱性疾病。

【主证】　轻者，患牛四肢拘挛，行步艰难，精神倦怠，食欲减退；重者，肢跛或腰瘫腿瘫，卧地难起，甚至强直，口噤不开，或嘴歪唇斜；脉象浮缓，口、舌如绵、少津。

【治则】　开窍搜风，补虚安胎。

【方药】　八珍搜风汤。党参、黄芪各 50g，白术、茯苓、当归、生地、防风、秦艽各 30g，白芍、川芎、黄芩、羌活、炙甘草、生姜各 20g，大枣 5 枚。水煎取汁，候温灌服。取维丁胶性钙 10mL，肌内注射，1 次/d，连用 3d；含糖钙片（含磷酸钙 0.15g/片）100 片、人用鱼肝油丸 40 粒，灌服或拌入料中采食，1 次/d，连用 7d。共治疗 22 例，均获痊愈；1 次治愈 17 例，2 次治愈 5 例。

【典型医案】　1989 年 3 月 6 日，阜南县白果乡韩王村张某一头 3 岁母黄牛来诊。主诉：该牛妊娠已 4 个月，因脱缰奔跑一上午，下午突然发病。检查：患牛全身僵硬，头下垂，不能运步，动则倒地，其后不能自行站立，体温 39.8℃，目瞪口噤。治疗：取上方药，用法同上，1 次痊愈。（温广明，T70，P47）

## 妊娠水肿

妊娠水肿是指妊娠末期，母牛腹下、四肢、会阴等处发生的非炎性水肿。常见于分娩前 1 个月内，以分娩前 10d 前后为甚。

### 一、黄牛、水牛妊娠水肿

【病因】　孕牛体弱、气虚、初胎和胎儿过大，妊娠期间运动减少，导致静脉血液循环不畅，渗出液积聚所致孕牛腹下、乳房及后肢等部位水肿。长期饲养管理不善，病后失调，或脾、肾虚损，脾虚不能运化水湿，肾虚不能气化水液，上不制水，水湿泛滥所致。

【主证】　患牛四肢下部水肿，有时向会阴、腹下部发展，按之局部凹陷不起，皮肤无毛处光亮，四肢不温，后肢较重，倦怠无力，食欲不振，粪稀溏，尿短少，舌淡、苔白而滑，脉滑无力。

【治则】　健脾益气，行气利水。

【方药】　1. 黄芪 100g，大腹皮、白术、茯苓、党参、车前草各 50g，山药 90g，当归 45g，泽泻 40g。肾虚无力化气行水者去当归、党参，加制附子、白芍各 40g，生姜 30g；气滞者去党参、山药，加香附 45g，乌药 30g；血虚者加熟地、阿胶各 50g；胎动不安者加杜仲、桑寄生各 40g；食欲不振者加山楂、神曲各 40g。水煎取汁，候温灌服，1 剂/2d，连服 3～5 剂。共治疗 35 例（其中牛 7 例），治愈 28 例；复发 5 例，无效 2 例。

2. 白术、黄芪各 40g，茯苓皮、生姜皮各 30g，五加皮、桑白皮各 35g，大腹皮 24g，陈皮、木香各 20g。共研细末，开水冲调，候温灌服。共治疗 44 例，均获良效。

3. 当归散。当归、熟地、白芍、川芎、枳实、青皮、红花。水肿严重者，青皮易陈皮，去枳实、红花，加党参、白术、砂仁、紫苏、生姜、甘草、阿胶、黄芩；虚肿难消者，熟地易生地，去枳实、红花，加藿香、苏叶、柴胡、陈皮、泽兰、沉香、破故纸、芦巴子、苍术、甘草、生姜。共研细末，开水冲调，候温灌服。共治疗 19 例，全部治愈。

4. 参苓白术散加味。党参、白术各 50g，茯苓、桔梗、车前子、泽泻、补骨脂、猪苓各 30g，山药、薏苡仁、赤小豆各 40g，炙甘草 25g，砂仁 20g。共研细末，开水冲调，候温灌服，或水煎 2 次，合并药液，1 次灌服，1 剂/2d，连服 2～5 剂。共治疗 59 例，治愈 58 例。

【典型医案】　1. 1989 年 4 月 12 日，中牟县姚家乡姚家村姚某一头 6 岁母牛来诊。主诉：该牛已妊娠 6 个月，近来食欲不振，粪稀，四肢、腹下水肿，曾用酒、醋、碘酊局部涂擦无效。检查：患牛腹下大面积水肿且光亮，与周围界限明显，四肢下部亦水肿，按之凹陷久而不起，皮温低，舌淡、苔白滑，脉滑无力。治疗：取方药 1 加山楂 40g，神曲 50g。用法同上，1 剂/2d，连服 3 剂，痊愈。（何志生，T66，P35）

2. 1993 年 3 月 16 日，邓州市张村乡西裴营村邹某一头黄牛就诊。主诉：该牛预产期为 5 月初，前两胎分娩时都在脐部发生水肿，但没有这次严重。检查：患牛精神倦怠，步幅短小，两后肢伸屈不灵活，自阴门沿腹下至脐部带状水肿，触之如面团状，口津滑利，舌淡。诊为妊娠水肿。治疗：取方药 2 加枳实 20g，用法同上，连服 2 剂，痊愈。（邹山青，T91，P28）

3. 1991 年 7 月 1 日，西峡县军马河乡军马河村杨家凹组康某一头母水牛来诊。主诉：该牛已妊娠数月，近来发现会阴部肿胀，逐渐向乳房蔓延。检查：患牛体温、心率均无异常，口色红润，乳房前后水肿。诊为妊娠水肿。治疗：取方药 3，用法同上，1剂痊愈。（朱元会等，T77，P24）

4. 1985 年 5 月 7 日，鹿邑县邱集乡韩楼村刘某一头母黄牛，因四肢、腹下水肿来诊。主诉：该牛妊娠 8 个多月，后肢肿胀已 5d，病情日渐加重，近日食欲减退。检查：患牛精神不振，不愿走动，四肢、腹下、阴部、尾根等处严重水肿，触之无热、无痛，指压留痕，其他无异常。诊为妊娠水肿。治疗：取方药 4，用法同上。翌日复诊，患牛食欲增加，行走自如。继续服药 1剂，去车前子、桔梗、泽泻，加黄芩 25g，1 剂/2d，再服 2 剂，痊愈。（王怀友等，T87，P30）

## 二、奶牛妊娠水（浮）肿

本病是妊娠末期，奶牛腹下及四肢等处发生的水肿，若面积小、症状轻，属于正常生理现象；若面积大、症状严重则为病理状态。

【病因】 母牛妊娠后期，由于胎儿生长迅速，子宫体积也迅速增大，使腹内压增高，乳房胀大，运动量减少，腹下、乳房、后肢的静脉血流缓慢，引起瘀血及毛细血管壁的通透性增大，使体液滞留于组织间隙而导致水肿；或母牛血浆蛋白浓度降低，加之饲料中蛋白质供应不足，使血浆蛋白胶体渗透压降低导致组织水肿；心、肾机能不全，静脉血瘀滞而发生水肿；外感内伤，清气不升，浊气不降，以致胎胞中气不通，日久胎气流串经络而发生水肿。

【主证】 患牛腹下及乳房水肿，有时蔓延至前胸、阴门，甚至波及后肢跗关节及系关节等处，肿胀呈扁平状、左右对称、皮温低、触之如面团、指压有痕，被毛稀少的部位皮肤紧张而发亮。水肿面积小、症状轻，一般在分娩后 2 周左右自行消散；严重者会影响后肢关节的活动；若水肿部损伤或感染，易发展成蜂窝织炎，甚至引起组织坏死。

【治则】 补肾理气，健脾利湿，养血安胎。

【方药】 1. 轻者，药用加味四物汤：熟地 45g，川芎、青皮各 25g，枳实、白芍各 20g，红花 10g。共研细末，开水冲调，候温灌服；或当归散：全当归、破故纸、红花、白芍、葫芦巴、自然铜、骨碎补、益母草各 20g，红花 15g。共研细末，开水冲调，黄酒 100mL 为引，候温灌服。急性者，药用白术散：炒白术、当归各 50g，砂仁、川芎、白芍、熟地、党参各 30g，陈皮、苏叶、黄芩、炒阿胶各 40g，生姜、甘草各 15g。共研细末，开水冲调，候温灌服。西药取 50% 葡萄糖注射液 500mL，5% 氯化钙注射液 200mL，40% 乌洛托品注射液 60mL，混合，1 次静脉注射；20% 安钠咖注射液 20mL，皮下注射，1 次/d，连用 5d。共治疗 18 例，辅以饲料调配，水

肿均明显减轻，有效率达 100%。

2. 全生白术散。陈皮、生姜皮、茯苓、白术、大腹皮各 45g（视患牛体重、病情增减）。共研细末，用大腹皮水煎取汁，冲调，候温灌服，1 剂/d。

【护理】 治疗期间，每天适当牵遛运动，限制饮水量和食盐添加量，减少精饲料和多汁饲料，给予丰富且体积小的饲料；按摩或热敷患部，加强局部血液循环，促进水肿的吸收。

【典型医案】 1. 1999 年 8 月 3 日，湟源县城关镇马某一头妊娠已 8 个月黑白花奶牛来诊。检查：患牛腹下至会阴部及后肢膝关节以上有明显的水肿、左右对称、指压有痕、皮温低，行走时步态强拘，水肿发病急，但无全身症状。治疗：50% 葡萄糖注射液 500mL，5% 氯化钙注射液 200mL，40% 乌洛托品注射液 60mL，混合，1 次静脉注射；20% 安钠咖注射液 20mL，皮下注射；灌服白术散，用法同方药 1；同时穿刺水肿部。1 次/d，连续治疗 3d，患牛水肿明显减轻。（冯秉福，T124，P32）

2. 陕西省杨凌镇姚某一头 2 胎、妊娠 256d 黑白花奶牛来诊。检查：患牛会阴部及阴唇水肿，后二乳区皮肤紧张、发亮、触之无痛、如面团样，指压即现凹陷，松手则久不复原，乳头变得粗而短，整个乳房下垂。治疗：全生白术散，用法同方药 2，1 剂/d，连服 3 剂，痊愈。（黄权钜，T86，P38）

## 妊娠子痫

妊娠子痫是指母牛妊娠晚期或临产时或新产后，突然昏迷，四肢抽搐，全身强直，少顷即醒，醒后复发，甚至昏迷不醒的一种病症。

【病因】 多因肾阴亏虚，肝失濡养，心火独亢，心肝之火并炎于上；或平素饲喂失调、劳倦过度、气结损伤脾气，脾失健运，水湿停聚成痰，痰火上扰神明等引起本病。

【主证】 患牛头向一侧偏转并连续缓慢摆动，四肢强直，站立不稳，眼神发呆，口吐白沫，牙关紧闭，可视黏膜青紫，抽动倒地，失去知觉，亦无痛觉反应，视觉反应消失，呼吸由快转慢，甚至短暂停顿，心跳微弱；视觉恢复后，心率再由慢到快，有痛觉反应，逐渐恢复正常。间隔一定时间反复发作。

【治则】 滋阴养血，息风定惊。

【方药】 25% 硫酸镁注射液 80mL，肌内注射，1 次/8h；10% 葡萄糖酸钙注射液 80mL，静脉注射，1 次/24h；人用冬眠 I 号 8 份（每份含杜冷丁 100mg）、非那根、冬眠灵各 50mg，共 19mL，静脉注射，1 次/12h；同时取 50% 葡萄糖注射液 300mL，维生素 C 注射液 50mL，利血平 10mg，静脉注射；丹参注射液 16mL，肌内注射，1 次/12h，连用 3d。在用上述药物的同时内服中药五皮饮：党参、白术、茯苓、陈皮、大腹皮、桑白皮各 50g。水煎取汁，候

温灌服，1剂/d，连服3剂。

【典型医案】　1989年4月，石泉县奶牛场从西安市草滩农场购进一头黑白花、初胎妊娠奶牛，至150d时出现严重的子痫。初期按照癫痫治疗7d无效，且症状不断加重。检查：患牛在安静情况下，每隔10～20min出现1次严重子痫。发作时，头向一侧偏转并连续缓慢摆动，四肢强直，站立不稳，眼神发呆，口吐白沫。随之牙关紧闭，可视黏膜青紫，1～2min时则抽动倒地，失去知觉，亦无痛觉反应，视觉反应消失，呼吸由快转慢，甚至短暂停顿，心跳微弱；经2～4min后视觉方能恢复，口角微动，呼吸再由慢到快，恢复痛觉反应，逐渐恢复正常。如遇声响惊动，则上述症状发作更为频繁。治疗：取10%溴化钙注射液100mL，肌内注射，1～2次/d；抗癫痫药鲁米那10片/次，灌服，2次/d。治疗3d仍无效果，遂改用复方氯丙嗪1～2mg/kg，肌内注射；同时针刺大风门、百会等穴；取羌活、防风、半夏、当归、黄芩、茯神、钩藤、白芷、枣仁、柏子仁。水煎取汁，候温灌服，1剂/d，连服3剂仍无效。再取上方药，用法同上，连用3d，临床症状基本消失，观察2d，再无上述症状出现，合群喂养亦一切正常，随后产一黑白花犊牛。（胡少林，T51，P35）

### 妊娠漏乳

妊娠漏乳是指由于内分泌紊乱或肝经失调，引发牛妊娠期乳汁外流的一种病症。多发生于青年奶牛第1胎，第2胎以上奶牛较少发生；以配种时注射激素者发病率较高。

【病因】　由于配种时给牛注射激素引发妊娠；或炎热季节牛舍温度过高影响体热发散；或运输中撞压、滑跌；或饲料中精料过多；或由于肝经失调引发妊娠期过早泌乳；或脾气虚、摄纳不力致使乳汁外流。

【主证】　患牛有不同程度、不同数目的乳头流乳，卧地时流，站立时不流，或卧地、站立皆流，流出乳汁稀薄不一。饮食欲、粪、尿皆正常，阴户外观无肿胀、无分泌物，无流产征兆。

【治则】　补脾升纳，调疏肝经，回乳安胎，凉血清热。

【方药】　白术、柴胡、黄芩各60～80g，升麻70～90g，香附40～50g，知母、苏梗各50～60g，炒麦芽、朴硝各80～120g，甘草梢30g。夏季加生地、地骨皮各40g。水煎取汁，候温灌服。共治疗22例，治愈21例。

【典型医案】　1. 2002年8月21日，金华市雅畈镇赵宅村赵某一头青年奶牛，于8月1日注射促绒膜激素后配种，6日，两后乳头胀大，7日，左前乳头胀大，流乳，13日，4只乳头皆有乳汁流出。诊为漏乳。治疗：白术、苏梗各60g，升麻90g，柴胡80g，黄芩70g，知母50g，香附、生地、地骨皮各40g，炒麦芽、朴硝各100g（另包冲服），甘草梢30g。水煎取汁，加朴硝溶解，候温灌服，1剂/d，连服4剂。同时减少精料喂量，增加运动。该牛服药后不再流乳，正常产一犊牛。

2. 2003年10月12日，金华市长山乡长山1村徐某一头奶牛来诊。主诉：该牛妊娠已8个月（第2胎），现已停乳，数天前连续发热3d，经治疗后已恢复正常。昨天发现一侧两乳头漏、流乳。检查：患牛胎动正常，未见早产征兆，其他无异常。诊为漏乳。治疗：白术60g，升麻、黄芩各90g，柴胡80g，香附40g，知母、苏梗各50g，炒麦芽、朴硝各100g（另包冲服），甘草梢30g。水煎取汁，候温灌服，1剂/d，连服4剂。服药后，患牛不再流乳，正常产一犊牛。（麻云华，T149，P57）

### 胎动不安

胎动不安是指妊娠母牛在妊娠期间遭受内外致病因素引起流产前兆的一种病症，又称胎动、先兆流产。

### 一、黄牛胎动不安

【病因】　多因饲养管理不善，或误食霉败变质饲料、误用妊娠禁忌药物或空肠过饮冷水等；或长期饥饱不均匀，饲料营养不全、品质低劣；或缺乏运动，致使母牛体质瘦弱，冲任经脉空虚，血虚不能养胎而引起胎动；母牛素体阴虚，阴虚则阳亢；或外感热邪入里化火，灼及冲任经脉，热邪扰动胎元而引起胎动；母牛妊娠后期，行动不便，偶遭跌扑闪挫损伤；或因圈舍狭窄，牛群拥挤，相互爬胯、碰撞，导致胎动不安。

【辨证施治】　患牛蹲腰努责，起卧不安，频频作排尿姿势，有时尿中带血，尾巴乱拧，回头望腹，肚腹胀满，行走不便；有时急起急卧，甚至卧地不起。

【治则】　行气止痛，活血安胎。

【方药】　黑豆汤。炒黑豆1500g，黄芪120g，杜仲100g，党参、川续断各90g，白芍60g，侧柏叶炭、艾叶炭各30g。将黑豆用砂锅或铁锅文火炒至开花为度，将侧柏叶、艾叶烧炭，共研细末，分3等份。取1份放入盆内，其余药味加水煎取药液约2000mL，冲入盆内，候温灌服。水煎3次/剂，1剂/d。共治疗69例，治愈64例。

【典型医案】　1986年8月23日，新野县上庄乡上庄村赵某一头5岁草白色母牛来诊。主诉：该牛已妊娠8个月，正在使役时被汽车鸣笛所惊，狂奔惊跳，引起蹲腰努责，频频排尿，阴道流出浑浊液及血水，出现腹痛，不时起卧，颇有流产征兆。治疗：黑豆汤，用法同上，连服2剂。3个月后追访，该牛顺产一犊牛。（张君甫，T50，P47）

## 二、奶牛胎动

本病是由于母体或胎儿的生理状态失去平衡引起流产前兆，但经保胎处理后可以继续妊娠的一种病症。可发生在各个妊娠阶段，以妊娠早期居多。

【病因】　妊娠期间，牛草料不足，营养不全，维生素和矿物元素缺乏，导致气血双虚，肾气不固而发病；感染疫邪，高热，血热伤胎，或跌打损伤，相互挤撞，或采食霜草霉料，误食有毒物质等引发。

【辨证施治】　临床上分为气血虚弱型、血热型和外伤型。

（1）气血虚弱型　患牛体瘦毛焦，精神不安，草料迟细，轻微腹痛，阴道流出少量黏液或浊液，口色青白，脉象沉细。

（2）血热型　多见于热性病。患牛精神倦怠，腹痛不安，时有起卧，不时弓腰努责，阴道流出黏稠浊液，发热，喜饮水，粪干燥，尿短赤，口津短少，舌苔黄。

（3）外伤型　有跌打损伤病史。患牛突然出现腹痛不安，精神紧张，回顾腹部，不断努责，尿频、量少，有时尿中带血。

【治则】　气血虚弱型宜补气养血，固肾安胎；血热型宜清热凉血，安胎；外伤型宜理气、活血安胎。

【方药】　（1～3适用于气血虚弱型；4、5适用于血热型；6、7适用于外伤型）

1. 白术散。白术40g，白芍35g，党参、当归、川芎、熟地、紫苏、黄芩、砂仁、阿胶珠、陈皮、生姜各30g，炙甘草25g。水煎取汁，候温灌服。黄体酮300mg，肌内注射。

2. 党参、黄芪、杜仲、续断、当归、白术各60g，五加皮、大枣、山药、桑椹子、枸杞子各50g，蜂蜜400g。将上药在微火上炒至微黄，研末，蜂蜜倒入药末拌匀，加温水适量，分2次灌服；或将药末加蜂蜜后拌料饲喂，一般服用3～5剂。黄体酮80～120mg，肌内注射。共治疗80余例，除6例因其他原因治疗无效外，其余均治愈。

3. 白术安胎散。焦白术90g，全当归、阿胶（烊化）、白芍各60g，熟地、党参各100g，砂仁、陈皮各45g，黄芩、紫苏各30g，川芎25g，炙甘草、生姜各60g，大枣100g为引。共研细末，开水冲调，候温灌服，1剂/d，1个疗程/3剂；黄体酮注射液100mg，肌内注射。

4. 清热安胎散。生地、阿胶、熟地各40g，白芍25g，山药、续断、桑寄生、黄芩、黄柏、栀子、香附各20g，艾叶15g。水煎取汁，候温灌服。黄体酮300mg，肌内注射；青霉素400万单位，肌内注射。

5. 清热安胎散。生地100g，熟地、山药、白芍、黄芩、黄柏、炒栀子、川续断、桑寄生各60g，黄连、制香附、甘草各45g，荷叶60g为引。水煎取汁，候温灌服，1剂/d，连服3剂；取青霉素800万单位，

复方氨基比林注射液30mL，混合，肌内注射，3次/d；黄体酮注射液100mg，肌内注射。

6. 安胎散。白术、当归、白芍各40g，续断、香附各30g，熟地、杜仲、黄芩、地榆各20g，川芎、牡蛎各15g，艾叶12g。水煎取汁，候温灌服。黄体酮200mg，肌内注射。

7. 活血安胎散。全当归、赤芍、熟地、白术、川续断、黑杜仲、制香附、黑棕炭各60g，煅牡蛎100g，木香、陈皮各45g，川芎、黄芩各30g，黄酒、艾叶为引，水煎取汁，候温灌服，1剂/d，1个疗程/3剂；黄体酮100mg，肌内注射。共治疗31例，治愈28例。

【典型医案】　1. 2004年4月，湟源县城郊乡纳隆口村张某一头黑白花奶牛来诊。主诉：该牛已妊娠4个多月，食欲一直差，近日有腹痛现象。检查：患牛体瘦毛焦，轻微腹痛、不安，呻吟，磨牙，阴道流出少量黏液，口色青白，脉象沉细。诊为气血虚弱型胎动。治疗：白术散，1剂，用法同方药1。第2天，患牛症状减轻。继用药3d。患牛恢复正常并产下一公犊牛。（冯秉福，T148，P50）

2. 2006年4月3日，威宁县麻乍乡戛利村新房子组马某一头花母牛来诊。主诉：该牛已妊娠6个多月（第4胎），前几天一直使役，昨天下午发现乳房肿大，不听使唤，后蹄踢腹，有时舔食泥土。检查：患牛膘情中等，乳房胀满并蔓延至肚脐后15cm处，外阴肿胀、有红色浊液流出，骚动不安，外观胎儿频繁活动，母牛拱腰、踢腹，体温、脉搏、呼吸正常。诊为先兆性流产。治疗：党参、黄芪、杜仲、续断、当归、白术各120g，五加皮、大枣、山药、桑椹子、枸杞子各80g，蜂蜜500g。用法同方药2；黄体酮120mg，肌内注射。次日，患牛食欲增加，阴道无污物流出，惟乳房无明显缩小。继用药2剂。6日，患牛乳房明显缩小，胎动正常。继服药1剂，痊愈。于7月3日产一公犊牛。（任启明，T148，P59）

3. 2000年4月15日，南阳市环城乡华东村张某一头奶牛来诊。主诉：该牛妊娠已6个月，因饲养管理不善，饲料品质低劣，使牛体质虚弱，营养不良。检查：患牛蹲腰努责，腹痛不安，频频排尿，阴门流出少量黏液，口色淡白，脉象细弱。诊为血虚动胎。治疗：白术安胎散，用法见方药3。服药1剂后，患牛症状缓解，连服3剂，痊愈。

4. 2005年8月，湟源县波航乡波航村白某一头黑白花奶牛来诊。主诉：该牛已妊娠5个多月，昨日发现腹痛，起卧不安，弓腰努责，阴道中流出浊液。检查：患牛体温41℃，脉搏、呼吸均高于正常，口色红燥，口津短少，舌苔黄。诊为血热型胎动。治疗：清热安胎散，1剂/d，用法同方药4，连服4d。黄体酮300mg，青霉素400万单位，肌内注射。痊愈。

5. 2002年6月24日，南阳市卧龙岗乡王营村陈

某一头 4 岁、膘满肥胖、妊娠已 8 个月奶牛来诊。检查：患牛精神沉郁，食欲、反刍废绝，体温 41.8℃，耳鼻发热，蹲腰努责，急起急卧，尿急尿频，尿中带血，腹痛不安，口鼻干燥，口色赤红，脉象洪数。诊为血热胎动。治疗：清热安胎散（加烊化阿胶 60g），用法见方药 5，1 剂/d，连服 3 剂；青霉素 800 万单位，复方氨基比林注射液 30mL，混合，肌内注射，3 次/d；黄体酮注射液 100mg，肌内注射。25 日，该牛恢复正常。

6. 2006 年 6 月，湟源县波航乡波航村李某一头牛来诊。主诉：该牛由于地湿滑倒，使腹部撞到水泥地面，当晚腹痛不安，阴道有分泌物流出。检查：患牛精神紧张，回顾腹部，不断努责，尿中带血。诊为外伤型胎动。治疗：安胎散，1 剂/d，用法同方药 6；黄体酮 300mg，肌内注射，连用 3d，症状消失。（冯秉福，T148，P50）

7. 2002 年 5 月 22 日，南阳市溧河乡杜庄村梁某 4 头奶牛，其中 1 头已妊娠 6 个多月，被另 1 头初发情的犊牛爬胯，因牛舍狭窄，发生碰撞，引起腹痛不安来诊。检查：患牛蹲腰努责，起卧不安，频频作排尿姿势，尾巴乱拧，回头望腹，呈间歇性发作。诊为损伤胎动。治疗：活血安胎散，用法见方药 7，1 剂/d，连服 3 剂；取黄体酮 100mg，肌内注射。当日用药后，患牛症状缓解，3d 后痊愈。（金立中等，T123，P22）

## 胎死腹中

胎死腹中是指胎儿在分娩前，由于妊娠终止而死于子宫内的一种病症。

【病因】 由于饲草单一，营养不全，各种维生素、微量元素、矿物质缺乏，致使孕牛气血虚弱、冲任不固而不能养胎，胎儿得不到母体营养供给而死于腹中；各种病毒、细菌感染，或孕牛发热祸及胎儿，或因外界不良因素如跌打、惊吓强烈刺激，使母牛神经突然紧张而伤及胞宫；饲喂霉变草料或误食有毒饲草，毒物损伤胎儿，引起慢性中毒而死于胞宫。

由于子宫与外界隔绝，没有微生物侵袭感染，未发生腐败分解，死胎组织缩水、变干、变小、发黑，成为"干尸"。

【主证】 患牛精神沉郁，食欲减退，体温、脉搏、呼吸均正常。母牛腹围不随妊娠时间而增大，妊娠现象逐渐消失，至分娩期或已过分娩期仍然没有生产迹象，阴门有少量乳白或暗红色分泌物、气味腥臭，乳房未膨大，直肠检查可以触摸到子宫膨大，胎儿坚硬、似球形，无发情表现。

【治则】 理气活血。

【方药】 1. 当归 50g，红花、桃仁、香附子、牛膝各 40g，肉桂、桂枝各 30g，生大黄 100g，芒硝 150g。共研细末，开水冲调，加红糖 300g，候温灌服，1 剂/d，连服 3 剂；青霉素 400 万单位，链霉素

100 万单位，用生理盐水 100mL 稀释，子宫内灌注；苯甲酸雌二醇 48mg，地塞米松 50mg，分别肌内注射，1 次/d，连用 3d。以上中药、西药连用 3d，一般在 10d 内排出死胎。

2. 当归、益母草各 60g，黄芪 200g，川芎、肉桂、车前子、牛膝各 50g，赤石脂 45g，红花 30g。水煎取汁，候温灌服，1 剂/d。

【护理】 加强营养，补充维生素、微量元素、矿物质；避免外界因素的强烈刺激；不喂霉坏变质和有毒的饲草饲料；母牛发热病愈后要多次进行妊娠检查。

【典型医案】 1. 1993 年 7 月 16 日，华县大明乡马场村 2 组马某一头 5 岁母黄牛来诊。主诉：该牛已产 3 胎，均足月顺产，第 4 胎于 1992 年 8 月 27 日配种确诊已受孕，预产期是 1993 年 6 月 1 日，然而至今未生产，也无发情表现，其他均正常。直肠检查：患牛子宫膨大似球形、无胎动感、坚硬。诊为胎死腹中。治疗：取方药 1 西药，肌内注射，1 次/d，连用 3d；中药及用法同方药 1，1 剂/d，连服 3 剂。6d 后，患牛排出死胎大约 40cm，已发黑、干瘪。取青霉素、链霉素，子宫灌注。9 月 21 日，患牛发情、配种，1 次受孕。（杨昭东，T164，P65）

2. 2003 年 12 月 6 日，武威市发放乡王某一头黄牛来诊。主诉：该牛在妊娠 6 个月时因误配，半个月后发现精神渐差，食欲减退。检查：患牛子宫颈口能容一手指进入并有少许暗红色、气味腥臭的内容物流出；直肠检查子宫内有气体，胎儿死亡并已腐败。治疗：在对母牛补充能量、调节代谢的基础上，取方药 2，用法同上，1 剂/d。连服 2 剂，患牛子宫颈口能伸入 4 个手指，继用方药 2，黄芪量改为 300g。第 4 天，患牛子宫颈口能轻松伸入一手，用手扩张子宫颈口拉出胎儿。第 5 天，患牛精神好转出院，第 8 天回访，痊愈。（李绪权，T132，P57）

## 流 产

流产是指母牛在妊娠期间因某些疾病或意外损伤，致使未足月的胎儿娩出产道的一种病症。反复出现的流产称习惯性流产。

### 一、黄牛习惯性流产

本病是牛连续 3 次或以上的自然流产。中兽医称为滑胎。

【病因】 由于饲养管理不善，营养不良，气血虚弱，跌打损伤，胞宫不固，胎元失养以致胎动流产。空腹过饮冷水，误食腐烂变质饲料或使役过重，跌打损伤等导致流产。黄体功能不全，孕酮分泌不足；子宫颈粘连、损伤，子宫颈松弛；或某些传染病或寄生虫病均可引发本病。

【主证】 患牛精神沉郁，体瘦毛焦，食欲减退，

倦怠乏力，腹痛，时而起卧，骚动不安，前肢刨地，回头顾腹，常于妊娠中期流产，流产前站立不安，蹲腰努责，阴道流出黄白色污浊黏液或带少量血液，耳、鼻发凉，尿频数，舌质淡，苔薄白，脉象沉迟无力。

【治则】 益气健脾，补养肝肾，安胎。

【方药】 1. 泰山磐石散。党参、黄芪各60g，当归、白术、熟地各40g，续断、黄芩、芍药各30g，川芎、砂仁、炙甘草、糯米各20g（均为中等牛药量）。共研细末，开水冲调，候温灌服。共治疗42例，治愈41例。

2. 保产汤。当归、白芍各35g，白术、黄芪、菟丝子、益母草各50g，焦艾叶40g，川芎、炒枳壳、厚朴、羌活、川贝母各20g，炙甘草30g。共研细末，开水冲调，候温灌服，连服2～3剂。共治疗17例，治愈14例。

3. 泰山磐石散加味。人参、熟地各30g，黄芪、白术、当归各25g，川续断、黄芩、甘草、川芎、芍药、砂仁、陈皮、五味子各20g。共研细末，加红糖200g，开水冲调，候温灌服。

4. 补肾安胎饮。白术、当归、熟地、黄芪、党参各35g，杜仲、川续断各40g，阿胶、菟丝子、苏梗各30g，仙鹤草50g。阴道排出血液多者加焦地榆30g；腹痛者加砂仁、白芍各30g；有热者去熟地，加生地、黄芩、丹皮各30g；食欲不佳者加神曲50g。水煎2次，共取汁1500mL，候温灌服，1剂/d，1个疗程/3d；取黄体酮140mg，肌内注射，1次/d；维生素E 400mg，灌服，2次/d；维生素K1 60mg，肌内注射，2次/d。共治疗39例（其中自然流产3次者32例，4次者7例），治愈36例。

【护理】 加强和改善饲养管理，给予优质饲料和清洁饮水，妊娠中后期不可过劳；有针对性地进行早期预防，如传染性流产应及早防治原发病；机械损伤或跌打损伤性流产应预防损伤的发生；加强母牛的饲养和保证饲草饲料质量，在平时饲养管理中应尽力消除可能导致流产的一切不利因素。对有习惯性流产者提前给予保产汤；若患牛阴户已经流出血样液体或多量胎水流出时则治疗多无效。

【典型医案】 1. 1990年6月20日，漳县盐井乡一头6岁母牛来诊。主诉：该牛第1、第2胎均正常分娩，第3胎于妊娠6个多月时因跌伤导致流产。第4胎于妊娠168d流产。这次妊娠已133d，出现以前流产前的同样症状。检查：患牛乳房胀大，外阴肿胀，精神不安，阴道流有黄白色黏液，口色淡白，脉沉迟，直肠检查可感觉胎动。证属气血虚弱，冲任不固。治疗：泰山磐石散，用法同方药1，1剂/2d。连服3剂，患牛流产前兆症状消失，于同年12月27日产一公犊牛。（韩亚舟，T75，P33）

2. 2003年6月10日，共和县李某一头6岁青海黄牛，因2次流产来诊。主诉：该牛系从外地购入，

现妊娠已6个月有余，前2次均在妊娠7个月左右流产，流产前排尿次数增多，烦躁不安，阴门流出血样液体。检查：患牛营养中等，被毛粗乱，体温38℃，心跳70次/min，呼吸25次/min，其他未见异常。治疗：保产汤（川芎加至25g）。用法同方药2，1剂/2d。连服4剂，患牛顺利生产一母犊牛。（徐尚荣，T141，P60）

3. 普兰店市墨盘乡中山村李某一头7岁、妊娠3个月母牛来诊。主诉：昨天因使役过急，今晨发现牛不愿吃草，起卧不安，作排尿状但无尿排出，从阴道流出血样分泌物。检查：患牛起卧不安，呈排尿姿势，阴道流出带血分泌物、呈鲜红色，体温38.2℃，心跳94次/min，呼吸加快，舌淡苔白，脉迟无力。诊为流产。治疗：泰山磐石散加味，用法同方药3。当天下午，患牛症状减轻，第2天腹痛减轻，食欲如常，继用上方药2剂。几年后追访再未发生流产。（尚恩锰，T111，P28）

4. 2003年6月8日，蒲城县上王乡东芋大队惠家庄惠某一头5岁秦川母牛来诊。主诉：该牛自2000年以来曾先后6次配种，4次妊娠，3次自然流产，均在妊娠后3个月左右流产，原因不明。本次于3月2日配种后已3个多月，近日又见该牛骚动不安，产道有少量鲜血流出。该牛不曾重度劳役，患病前3次出现流产症状时他医多次肌内注射黄体酮，灌服多剂保胎中药无效。检查：患牛骚动不安，阴道排出稀薄、暗红色血液、淋漓不止、时多时少，毛焦体瘦，神乏无力，体温正常，食欲不振，舌淡苔薄白，脉细无力。诊为习惯性流产（胎动不安）。治疗：补肾安胎饮，用法同方药4，连服3剂。西药同方药4，连用3d。6月12日，患牛产道出血停止，腹痛诸症消失，惟食欲欠佳。原方药去仙鹤草加神曲50g，用法同前，连服3剂。停用维生素K1、维生素E，黄体酮减为每天肌内注射1次，140mg/次，连用3d。之后随访，该牛顺产一母犊牛。（刘成生等，T145，P49）

## 二、奶牛习惯性流产

【病因】 由于低胎次的牛内分泌机能不健全，极易发生雌激素与孕激素的比例失衡，影响胚胎的附植及胎盘的正常发育而发生流产。子宫不洁净，配种受孕后，胎盘间发生炎症，使胎盘和胎儿受到侵害而流产。母牛长期饲料不足而过度瘦弱，饲料单一缺乏某些维生素和无机盐，饲料腐败或霉败，大量饮用冷水或带冰碴的水，饲喂不定时而母牛贪食过多等发生流产。剧烈跳跃、跌倒、抵撞、惊吓和挤压以及粗暴的直肠或阴道检查等；大量泻剂、利尿剂、麻醉剂和其他可引起子宫收缩的药品等引发流产。有的母牛妊娠至一定时期就发生流产，这种习惯性流产多半是由于子宫内膜变性、硬结，子宫发育不全，近亲繁殖或卵巢机能障碍引起的。

【主证】 患牛突然发生流产，流产前一般无特殊症状；有的在流产前几天有精神倦怠、阵痛、起卧、阴门流出羊水和努责等症状。如果胎儿受损伤发生在妊娠初期，流产可能为隐性（即胎儿被吸收），不排出体外；如果发生在后期，因受损伤程度不同，胎儿多在受损伤后数小时至数天排出。

【治则】 理气安胎。

【方药】 保胎安全散。当归、菟丝子、黄芪、续断各30g，炒白芍、川贝母、荆芥穗（炒黑）、厚朴、炙甘草、炒艾叶、羌活各9g，黑杜仲、川芎各15g，补骨脂24g，枳壳12g。共研细末，开水冲调，候温灌服，1剂/2d，连服3～4剂。初产牛肌内注射促黄体素（LH）100U/次；经产牛肌内注射200U/次，1次/d，连用2～3d。黄体酮80～120mg，皮下注射，1次/d，连用3d。对子宫兴奋性增高、胎儿活动明显者，黄体酮用量应较常规用量大10～20mg，效果更好。以上中药、西药必须同时应用，否则影响疗效。共治疗38例，治愈35例。

【典型医案】 1987年6月10日，虎林县奶牛场王某一头5岁高产黑白花奶牛来诊。主诉：该牛第1胎正常分娩，第2胎在妊娠至126d时因跳沟造成流产，此后连续3次均于妊娠4～5个月时流产，第5胎妊娠128d时出现与前几次同样的流产征兆，一夜间乳房突然膨胀，阴唇稍肿，精神不安，直肠检查时胎动不安。治疗：保胎安全散，4剂，用法同上，1剂/2d；促黄体素600U，分3次肌内注射，200U/次，1次/d；黄体酮120mg，另侧皮下注射，1次/d，连用3d。经治疗后，患牛再未出现流产，于11月26日产一母犊牛。（季洪发，T50，P26）

## 难 产

难产是指牛子宫颈口不开或开张不全等，胎儿不能通过而引起难产的一种病症。

【病因】 因分娩牛气血亏虚、宫口不开所致。

【主证】 患牛饮食欲减退，精神沉郁，心跳、呼吸及脉搏均无明显变化，时有努责，有分娩征兆，腹痛，阵缩努责，长久不见胎儿产出，无反射性的胎动；产道检查，子宫颈约两指宽，宫缩无力，无胎儿排出。

【治则】 活血化瘀，温经止痛。

【方药】 1. 生化汤加味。生石蒜80g，当归50g，川芎、桃仁、炮姜、红花各40g，黄芪、党参各30g，炙甘草15g。先将石蒜捣烂，加白酒100mL灌服；4h后将余药水煎取汁，候温灌服。本方药适用于胎位正常、宫口不开性难产。

2. 开骨散。当归50g，龟板（醋炙）30g，川芎20g，乱发一团（烧灰存性），生黄芪90g。共研细末，开水冲调，候温，加红糖250g，灌服。本方药适用于交骨不开性难产。

【典型医案】 1. 黎平县地西乡陈某一头已产第4胎的母水牛来诊。主诉：该牛胎水排出已2d，胎儿仍未产出。检查：患牛膘情中等，食欲、饮水、体温、呼吸正常，时有努责；直肠检查胎位正常，胎儿已死亡；产道检查宫口仅三指宽，宫缩无力。诊为气血不足、宫口不开引起的难产。治疗：生化汤加味，用法同方药1。服药后14h，患牛死胎和胎衣全部排出。（黄寿高，T35，P43）

2. 2007年11月12日，镇原县城关镇五里沟村张某一头母牛来诊。主诉：该牛产期已超过15d，5d前因使役后突然发病，阴门流血水及黏液，他医肌内注射缩宫素100U，用药后第1天开始努责，努责停止后尚未产出胎儿。检查：患牛饮食欲减退，精神沉郁，常卧地不起，心跳、呼吸及脉搏均无明显变化，无努责表现，阴门外无黏液，舌苔淡白，眼结膜淡紫色；直肠检查可触及胎儿，无反射性的胎动；产道检查无胎儿排出，子宫颈口约两指宽。诊为难产。治疗：开骨散，用法同方药2。服药6h后肌内注射缩宫素80U。13日检查，手入产道可触及胎儿，仔细触摸胎儿肛门发现无收缩反应，胎儿已死亡。将胎儿两后肢用细绳系牢，助手协助顺利将死胎拉出。对症治疗，以善其后。（马忠选，T151，P65）

## 产前不食

产前不食多见于年壮经产、营养良好、妊娠后期突然增加精料、缺少运动的孕牛。夏季易发。

【病因】 妊娠后期，由于胎儿增大和胎水增多，压迫胃肠及门脉系统，使胃的容积减小，加之增喂过多精料，缺乏运动，饮水不足，气候炎热，导致胃肠道水分减少，增加了胃、肠对内容物腐败分解的有毒物质吸收，进而导致肝实质损害。同时，由于消化机能降低或紊乱，营养物质不能满足自身和迅速增长的胎儿需要，动用贮存在肝脏的肝糖原、肌糖原或脂肪，而过多的中间代谢产物超过自体氧化能力，造成大量酮体进入血液引起自体中毒，且形成恶性循环，使母体极度消瘦，体质衰弱，抵抗力降低而发病。

【辨证施治】 临床上分为冲盛胃滞型、郁毒侮木型和肝毒传心型产前不食。

（1）冲盛胃滞型 患牛食欲不振，拒食精料，胃肠蠕动减弱，粪球干小、色黑，尿量、饮水减少，结膜稍黄而红，口黏而臭。

（2）郁毒侮木型 患牛精神沉郁，消瘦明显，食欲废绝，多数有异食癖，饮水量和尿量显著减少，胃肠蠕动减弱或停止，粪球干小、色黑、附有脱落的肠黏膜，体温稍升高，心跳80～100次/min，眼结膜红绛，口色赤，口臭，舌苔白厚，脉弦数。

（3）肝毒传心型 患牛精神高度沉郁，食欲废绝，偶尔饮少量水，下唇不收，体质极度衰弱，行动迟缓，反应迟钝，体温一般低于正常，卧多立少，粪球干小、色黑、附有脱落的肠黏膜、气味臭、色暗、尿量少、呈油状，心跳 100 次/min 以上，口流恶臭黏液，结膜发绀，口色赤红，齿龈青紫，舌苔黄厚，脉细数。

【治则】　冲盛胃滞型宜通肠理气，消食化滞；郁毒侮木型宜清肝利胆解毒，理气开泄健胃；肝毒传心型宜强心补阳益气，清热解毒生津，理气化滞和胃。

【方药】　（1 适用于冲盛胃滞型不食；2 适用于郁毒侮木型不食；3 适用于肝毒传心型不食）

1. 大黄 250g，元明粉、瓜蒌仁、陈皮、莱菔子各 50g，草豆蔻、槟榔、茵陈、枳实各 30g，山楂、神曲、麦芽各 40g，牵牛子 25g，甘草 20g。水煎取汁，候温灌服，1 剂/d，分 3 次灌服。

2. 龙胆草、郁金、柴胡、陈皮各 40g，板蓝根、茵陈、金银花、连翘、人工盐各 50g，大黄 250g，槟榔、菖蒲、枳实、甘草各 30g。胃气上逆者加半夏、旋覆花各 30g。水煎取汁，加葡萄糖粉 100g，候温灌服，1 剂/d，分 3 次灌服。同时，取 10% 葡萄糖注射液 500～3000mL，维生素 C 2～4g，安钠咖 1～4g，维生素 $B_1$ 200～500mg，三磷酸腺苷 100～200mg，静脉注射。

3. 党参、黄芪、白术各 60g，人参、板蓝根、金银花、陈皮、生地、枳实、玄参各 40g，桂枝、草豆蔻、肉豆蔻、甘草各 30g，附子 20g。水煎取汁，候温灌服，1 剂/d，分 3 次灌服。取 10% 葡萄糖注射液 500～3000mL，5% 碳酸氢钠注射液 200～500mL，维生素 C 2～4g，维生素 $B_1$ 200～500mg，安钠咖 1～4g，三磷酸腺苷、辅酶 A 注射液各 100～200mg，混合，静脉注射。

用方药 1～3，共治疗三种不同类型的产前不食 185 例，治愈 172 例。

【护理】　母牛妊娠后应保持定时、定量地补充多种多样的质量较好、易于消化的精、粗饲料，要少给勤添，避免妊娠后期突然增加精料；充分满足饮水。妊娠中后期加强运动，合理使役和放牧；保持厩舍卫生；寒冷季节选择避风、向阳、干燥、保温的棚圈；炎热季节选择通风、凉爽、空气流通的棚圈。妊娠后期，酌情灌服补虚保肝、健脾、促进消化的中药。

【典型医案】　1. 1987 年 6 月 17 日，天柱县织云乡吴某一头 8 岁母黄牛来诊。主诉：该牛妊娠已 8 个多月，自本月 13 日起饮食欲逐渐减退，曾请他医治疗 4d 无效，且日趋加重。检查：患牛精神不振，听诊瘤胃蠕动音较弱，体温 38.7℃，呼吸 56 次/min，心跳 96 次/min，粪干色暗，结膜黄染，口黏、气味臭，脉弦数。诊为冲盛胃滞型产前不食症。治疗：取方药 1，用法同上，连服 2 剂。患牛食欲、精神明显好转，听诊瘤胃蠕动音增强，粪转软。原方药去牵牛子，继服 2 剂，痊愈。

2. 1991 年 8 月 2 日，天柱县社学乡杨某一头 9 岁、妊娠 8 个多月母黄牛就诊。主诉：该牛已不食

3d，嗜卧。检查：患牛精神沉郁，卧多立少，头低耳聋，食欲、反刍废绝，粪球干小、色黑、附有多量脱落的肠黏膜，听诊瘤胃蠕动音消失，尿少色浓，体温 37.1℃，呼吸 48 次/min，心跳 105 次/min，结膜发绀，口色赤红，舌苔黄厚，脉细数。诊为肝毒传心型产前不食症。治疗：取方药 3，用法同上，连服 6 剂，痊愈。28 日，该牛产一犊牛。（伍永炎，T75，P28）

## 产前子宫捻转

产前子宫捻转是指妊娠牛一侧子宫或子宫角的一部分围绕自身的纵轴发生扭转的一种病症。

【病因】　妊娠后期，由于胎儿异常增大，子宫大弯显著向前扩张，子宫孕角前端基本游离于腹腔，位置的稳定性较差。母牛如急剧起卧并转动身体，子宫因胎儿重量大，不能随腹壁运动，就可向一侧捻转。妊娠子宫张力不足，子宫壁松弛，非妊娠子宫角体积小，子宫系膜松弛，胎水量不足易发生子宫捻转。

【主证】　患牛阵发性腹痛，并随着病程延长而加剧。阴道检查发现阴道壁有螺旋状皱襞，阴道腔越向前越狭窄；直肠检查在耻骨前缘可摸见子宫阔韧带，从两旁向此处交叉，无胎膜、胎水和胎儿排出，腹痛不安，前蹄刨地，回顾腹部，后蹄踢腹，拱腰，频频努责。

【治则】　矫正子宫，活血化瘀。

【方药】　首先矫正扭转子宫。子宫捻转后，由于子宫的血循环受阻，供应子宫和胎儿的营养急剧减少，胎儿代谢废物的排出受阻，子宫水肿，胎儿死亡。由于矫正扭转子宫时施加的外力对子宫和胎儿也有一定的损伤，因此，对产期未到、子宫颈口未开者在子宫矫正后应立即引产。中药取当归、牛膝各 50g，川芎、益母草各 60g，黄芪 200g，肉桂、车前子各 45g，红花 20g。水煎取汁，候温灌服。共治疗 6 例（其中产前截瘫 3 例、胎死腹中 2 例、产前子宫捻转 1 例），有效率 100%。

注：在治疗中，常用激素类药物实施引产，容易引起母牛产道水肿、胎衣不下甚至难产。

【典型医案】　2003 年 4 月 23 日，武威市金羊乡刘某一头黄牛（距预产期仅 7d）来诊。主诉：早晨饲喂时，发现该牛后肢踢腹，回头望腹，食欲减退。经检查，确诊为子宫捻转，子宫颈口尚未开张。通过翻转母体的方法矫正子宫后引产。治疗：取上方药，用法同上。用药 24h 后，患牛子宫颈口已完全开张，通过助产术取出胎儿（已死亡），母牛逐渐康复。（李绪权，T132，P57）

## 产前截瘫

产前截瘫是指妊娠末期，母牛既无导致瘫痪的

腰、臀部及后肢的局部损伤，又无明显的全身症状，出现后肢不能站立的一种病症。

【病因】　由于饲养管理不当，饲料单纯，营养不良等；或胎水过多、子宫扭转、损伤性网胃炎、腹膜炎、贫血等疾病均可引发本病。

【主证】　患牛产前后肢运动障碍，最初仅见站立时无力，两后肢交替负重，行走时后肢摇摆，步态不稳，卧地后起立困难。随着病情发展，症状加重，后肢不能站立。

【治则】　活血化瘀，催生。

【方药】　1. 当归、牛膝各50g，川芎、益母草各60g，黄芪250g，肉桂、车前子各45g，红花20g。水煎取汁，候温灌服。病情较轻时取10%葡萄糖酸钙注射液200mL或10%氯化钙注射液100mL、三磷酸腺苷200mg、维生素C 3g、氢化可的松200～300mg、5%葡萄糖注射液1000～1500mL，1次静脉注射；维生素$D_2$ 2～4mg，肌内注射，1次/d或1次/2d。病情严重或伴有褥疮等继发症，严重影响母牛安全时应引产。

2. 10%葡萄糖酸钙注射液400mL，静脉注射；骨化醇（维生素$D_2$）20mL，肌内注射；当归、黄芪各80g，川芎、熟地、白芍、煅龙骨、独活各60g，酒知母、酒黄柏、苍术各50g，杜仲炭、甘草各30g。水煎2次，合并药液，候温灌服。

【典型医案】　1. 2003年10月25日，武威市高坝乡张某一头黑白花奶牛来诊。主诉：该牛于产前21d突然卧地不起，精神较差，食欲减退。诊为产前截瘫。综合治疗5d后出现褥疮，全身症状恶化；乳房膨大，乳汁较清稀，局部明显变软凹陷，子宫颈口闭合。治疗：取方药1中药，用法同上。服药24h后，患牛子宫颈口能伸入两个手指。继服方药1中药，黄芪量改为300g。再经24h后，患牛子宫颈口已能容一只手轻轻进入，用于扩张子宫颈口，采用助产术拉出胎儿。胎儿存活。引产后用方药1综合治疗。产后第3天，在人工帮助下，患牛能站立，1周后痊愈。（李绪权，T132，P57）

2. 2005年5月3日，平陆县城关镇浑河村张某一头10岁妊娠母黄牛来诊。主诉：该牛于分娩前3～4d突然卧地不起，人工辅助不能站立，他医用青霉素、跛行消疼宁治疗无效。检查：患牛被毛平整，鼻镜湿润，饮食、粪、尿均正常，体温38.1℃，呼吸32次/min，心跳76次/min，针刺腰、荐、尾椎及后肢痛感反应正常。诊为妊娠截瘫。治疗：取方药2，用法同上。第2天，患牛经人工扶助即可站立，行走约10min，卧地。继服药1次，痊愈。（胡健康等，T143，P23）

## 产前瘫痪

产前瘫痪是指奶牛在妊娠末期突然发生以知觉丧失、四肢瘫痪为主要特征的一种病症，多发生于产前7～26d，有的特殊病例在妊娠4～5个月发病。

【病因】　母牛妊娠期间，由于饲料营养比例失调，长期缺乏微量元素及矿物质钙磷，或长期缺乏运动及光照，造成牛体血钙量过低，营养不良，导致气血双虚，血行滞缓，出现血不养筋而导致肌酸肢麻，卧地不起。

【主证】　轻者，患牛精神不振，食欲、反刍、嗳气减少，泌乳量下降，不愿行走，行走时四肢不灵，后肢外展摇摆，喜卧地，不愿站立，强行站立后不久即倒地；体温、心率、呼吸基本正常。

重者，患牛精神沉郁，头低耳聋，眼闭似昏睡，食欲、反刍、嗳气减少或废绝，步态不稳，后躯摇摆，转弯时易摔倒。严重者则瘫痪不起，肌肉较丰满的部位颤动，大多数患牛前肢集于腹下，后肢张开，呈麻痹状态，针刺不敏感，粪、尿失禁，头颈弯向一侧，似犬卧姿势，头触地，眼闭耳聋，耳、鼻、角、四肢不温；体温37℃，心率缓慢，呼吸缓慢伴有痰鸣音，鼻镜湿润，汗不成珠，有时无汗，有时磨牙和呻吟。

【治则】　活血祛瘀，祛风壮骨，强腰补肾，补益气血。

【方药】　1. 当归、川芎、益母草、防风、茴香、红花、杜仲、熟地、牛膝、川楝子、伸筋草、枸杞子、淫羊藿、乳香、没药、党参、穿山甲、龙骨、牡蛎、白术、茯苓、厚朴、乌药、甘草，明馏酒、童便、红糖为引。有热者加板蓝根、金银花、连翘、黄芩、黄柏、知母、生地。水煎取汁，候温灌服。5%葡萄糖生理盐水1000～4000mL，10%葡萄糖酸钙注射液200～400mL，肌苷5～10g，维生素C注射液60～100mL，10%氯化钾注射液10～20mL，氨苄西林5～10g，地塞米松200～500mL，碳酸氢钠注射液250～500mL，分别静脉注射；祖师麻注射液、骨宁注射液、当归注射液、复合维生素B注射液各20～40mL，维生素$B_{12}$注射液10～20mL，混合，肌内注射；维丁胶钙注射液10～40mL，肌内注射；钙糖片100～400片，维生素E、鱼甘油丸各100～200粒，灌服；强的松龙10mL，百会穴注射，1次/2d。为防止患牛发生褥疮，将牛吊起活动四肢，3～5次/d，或侧卧、翻转1次/2h。共治疗50例，均取得了满意效果。

2. 龙骨、苍术各50g，陈皮40g，龙胆草50g，炙马钱子炭10g。共研细末，开水冲调，待温，加黄酒300mL，灌服，1次/d，连服3d（不得超过3d）；5%氯化钙注射液200～400mL，或葡萄糖酸钙注射液，静脉注射，1次/d。共治疗15例，均在短期内恢复健康。

【典型医案】　1. 2004年1月8日，商丘市睢阳区青年路李某一头6岁黑白花奶牛来诊。主诉：近来该牛食欲较差，反刍减退，现已妊娠8.5个月，前几天卧地不愿站立，站立不久即卧地，不愿行走，强行驱赶行走缓慢，四肢发软。昨天突然饮食欲废绝，卧地不起，强行抬起不能站立，经他医治疗未见好转。检查：患牛精神沉郁，反刍、嗳气、食欲废绝，头颈弯向一侧，耳聋眼闭，卧地不起，消瘦，四肢几处被擦伤，被毛粗乱无光泽，前肢集于腹下，后肢张开，耳、鼻、角不温，鼻汗不成珠，体温 36.7℃，呼吸 21 次/min，心跳 45 次/min，听诊瘤胃蠕动音减弱，后肢被粪便污染，针刺后躯下部反应不敏感，上部敏感度反应稍差。诊为产前瘫痪。治疗：5％葡萄糖生理盐水 1000mL，10％葡萄糖注射液 100mL，10％葡萄糖酸钙注射液 300mL，10％氯化钾注射液 10mL，维生素 C 80mg，肌苷 2g，氨苄西林 5g，分别 1 次静脉注射，1 次/d；当归注射液、骨宁注射液、祖师麻注射液、维生素 B₁₂注射液各 10mL，复合维生素 B 注射液 20mL，混合，肌内注射，2 次/d；维丁胶钙 20mL，肌内注射，2 次/d；强的松龙 10mL，百会穴注射，1 次/2d；钙糖片 100 片，维生素 E、鱼肝油各 50 粒，灌服，2 次/d；中药取当归、桑寄生各 60g，熟地 50g，白术 45g，龙骨、牡蛎、杜仲各 40g，川芎、防风、葫芦巴、补骨脂、茴香、伸筋草、透骨草、茯

苓、砂仁、乌药、厚朴、甘草各 30g。水煎 2 次，合并药液，待温后加红糖 200g，明馏酒 150mL，童便适量，混匀，1 次灌服，1 剂/d，连服 7d，痊愈。（刘万平，T136，P43）

2. 呼玛县三村张某一头 6 岁黑白花母奶牛来诊。主诉：该牛距生产还有 1 个半月，发病前产奶量 22kg/d，高峰期产奶量 35kg/d 以上，病前 2d 产乳量突然下降，不爱吃料，反刍少，啃食土块。检查：患牛不安、惊恐，双目凝视，头部和四肢痉挛、发凉，卧地不起，反刍、食欲废绝，鼻镜干燥，呼吸、心率无明显变化，体温 37.4℃。治疗：取方药 2，用法同上，1 剂。5％氯化钙注射液 300mL，10％葡萄糖注射液 2000mL，混合，静脉注射；30％安乃近 400mL，肌内注射。8h 后，患牛症状缓解。次日，患牛症状减轻能够站立和缓慢行走，但肌肉颤抖，转弯困难，反刍恢复，开始有食欲，体温 38.6℃。继用上方药治疗 1 次（中药去马钱子）。第 3 天，患牛体温及食欲正常，行走自如，转弯灵活，产奶量 30kg/d 左右，基本痊愈。（李佩林等，T134，P57）

# 第三节　乳　房　病

## 乳 房 炎

乳房炎是指由于瘀血毒气凝结于乳房而使乳房出现硬、肿、热、痛的一种病症，又名乳痈、乳（奶）黄、奶肿等。

### 一、急性乳房炎

多见于母牛产后哺乳期间。

**【病因】**　牛舍通风不良，地面潮湿，粪及剩余青草未及时清理，造成环境污染而感染发病；饮喂失节，肝气不舒，胃中积热，或受热毒侵袭，使乳汁瘀滞，乳络不畅，邪热蕴蒸，气血凝滞，导致乳管阻塞而成；泌乳期饲喂精料过多，乳腺分泌机能过强，或尾奶未挤干，滞留于乳房中而引发；化脓性细菌进入乳腺，或与布氏杆菌病、结核病等某些传染病并发；或应用激素过多诱发；挤奶方法不当，用力不均，损伤乳腺；或不按时挤奶，乳房压伤，以致乳汁积滞而诱发；犊牛咬伤乳头，或其他原因造成乳头破裂，乳汁滞积或细菌侵入乳腺而发病。

**【主证】**　患牛食欲减退，精神烦躁，粪便干结，发热、畏寒，乳房肿胀、疼痛，外观变形，局部温度增高，触诊有结块、敏感。随着病情发展，肿块迅速软化，形成乳房肿、局部皮肤红肿透亮，触之有波动感；乳汁排出不畅或不通，挤出少量含有小片絮状物

的乳汁或水样乳汁，有的有豆腐渣样物，压迫乳池有捻发音；若为乳房深部脓肿，则出现整个乳房肿胀、疼痛、发热，而局部皮肤红肿及波动不明显，多伴有患侧腋窝淋巴结肿大、压痛。患牛两后肢外展，步态僵硬，挤奶时常骚动不安，泌乳量急剧下降，乳汁清稀，内含有絮状物，严重时乳汁呈金黄色絮状或脓状。血常规检查可见细胞总数和中性粒细胞数明显增加。

**【治则】**　清热解毒，理气活血，化瘀散结、消肿。

**【方药】**　1. 藕节汤。藕节、王不留行、枇杷叶各 50g，瓜蒌 250g，牛蒡子、黄芩各 40g，栀子、金银花、陈皮、青皮各 20g，柴胡 15g，连翘、天花粉各 30g，大青叶 80g，皂刺、甘草各 10g。乳房肿硬者加蒲公英、浙贝母、穿山甲、知母、黄柏、枳壳，重用青皮、陈皮；乳房发红者重用金银花、连翘，加丹皮、赤芍、生地、紫花地丁；乳房有湿疹者加荆芥、防风；有全身症状者加黄连、黄柏；体虚、病程较长者加党参、黄芪。水煎取汁，候温灌服，1 剂/d。共治疗 26 例，全部治愈。

2. 复方柴胡汤。柴胡、生黄芪各 50g，全瓜蒌、紫花地丁、蒲公英各 60g，当归、杭白芍、海藻各 40g，元胡、炒白术、甘草各 30g。黄酒为引，水煎取汁，候温灌服，1 剂/d。共治疗 60 例（其中乳痈 35 例），治愈 55 例。

3. 五味消毒饮加减。蒲公英 150g，金银花

100g，紫花地丁 60g，连翘 30g，当归尾、天花粉各20g。水煎取汁，候温灌服，1 剂/d，连服 3～5d。

4. 金银花、瓜蒌、蒲公英各 100g，连翘、漏芦各 50g，牛蒡子、当归、赤芍各 30g，青皮、陈皮、甘草各 20g。体温升高者加大青叶、生石膏；局部肿硬明显者加元参、夏枯草。水煎取汁，候温灌服，1 剂/d。取松香粉 100g，以米醋调成糊状，摊于纱布块上，贴敷乳房患部，用胶布加以固定，换药1 次/d。共治疗 24 例（其中奶牛 16 例、黄牛 3 例），治愈 20 例。

5. 菊花、金银花等量（鲜品捣成泥、干品研成粉），加蜂蜜适量，调匀，敷于患处，1 次/d，至红肿消退为止，轻者 1～2d，重者 2～3d 可愈。

6. 取活泥鳅若干，先放入清水中约 20min，漂去污泥杂质，取出放盆中，加少许白糖或食盐，稍候，即见分泌大量滑涎。取滑涎于容器中，加野菊花适量（鲜品捣成泥，干品研成粉），调匀，敷于患处，干后反复涂，至红肿消散为止，轻者一般 1～2d 肿消，重者 2～3d 可愈。对红肿初起、尚未化脓破溃者疗效显著。

注：泥鳅滑涎腥气，夏季使用应勤更换；冬季可取僵泥鳅洗净污物，去其头、鳍，剖腹去脏，用线连成片，反复敷于患处，效果较滑涎更佳。

7. 薄硫膏。硫酸镁 200g，桃仁泥 40g，穿山甲（研细末）50g，薄荷油 10g，凡士林 200g。混合，调匀备用。取薄硫膏 100g，在纱布上摊平，敷于患乳，用胶布固定，换药 1 次/d。对乳房炎未化脓、无溃烂者，无论肿块大小，外敷本膏，一般用药 3 次即获痊愈。共治疗 50 例（其中奶牛 35 例、黄牛 10 例），全部治愈。

8. 取阳明穴（乳头基部外侧左右各 2 穴），局部消毒，针头向内上方刺入约 1cm，强刺激后，将丹参注射液 40mL 分别缓慢注入两侧穴位，10mL/穴，1 次/2d。共治疗 11 例，均获满意效果。

9. 肖梵天花根茎 500g，水煎取汁，候温灌服，1 剂/d，连服 3 剂。共治疗 18 例，治愈 15 例。

10. 归蒲银夏汤。当归 60g，蒲公英 100g，银花藤 200g，连翘、生地、赤芍、川芎、瓜蒌各 50g，夏枯草、甘草各 30g。热盛者加石膏 100g，知母 15g，栀子 30g；便秘者加大黄、枳实各 40g；乳汁带有血丝者加白茅根 100g，焦栀子 30g，大蓟根 50g。水煎取汁，候温灌服，1 剂/d，连服 2～3 剂。用肖梵天花、益母草、豨莶草、蒲公英、千里光、鱼腥草等任选 3～4 味，加生葱（洗净），水煎取汁，再加醋适量，用毛巾热敷或用纱布包其药渣热敷。共治疗 14 例，治愈 13 例。

11. 仙方活命饮。金银花 60g，当归 45g，陈皮、天花粉、赤芍、穿山甲（蛤粉炒）各 30g，浙贝母、乳香、没药各 25g，防风、白芷、皂刺各 20g，甘草15g。乳汁不通者加木通、通草、王不留行、路路通；

体温升高者加蒲公英、连翘；痛不甚者减乳香、没药；乳汁带血者加侧柏叶、白茅根、地榆、生地等；体质虚弱者加党参、黄芪、白术、山药；乳汁多脓者重用黄芪量。共研细末，开水冲调，候温，加黄酒 150mL，灌服，1 剂/d，视病情连续服药数剂或 1 剂/2d。西药取生理盐水 100mL、红霉素 90 万单位、地塞米松 10mg，乳房缓慢注射，视病情 1～2 次/d。水肿严重者，用10%～20%硫酸镁溶液热敷或冷敷，促进吸收。共治疗 83 例，治愈 71 例，有效 10 例，无效 2 例。

12. 防腐生肌散。枯矾 50g，熟石膏、没药各40g，血竭、乳香各 25g，黄丹、冰片、轻粉各 5g。用食醋调成糊状涂于患处，外用纱布包裹，1 次/d；取金银花、蒲公英各 80g，紫花地丁 60g，连翘、木通各 50g，陈皮、白芷各 40g，生甘草 30g。水煎取汁，候温灌服。肌内注射抗生素；静脉注射高渗糖水、钙剂；盐酸左旋咪唑 7.5mg/kg，溶于 1000mL水中，灌服，间隔 3d、5d、7d 各服用 1 次。共治疗187 例，治愈 176 例。

13. 麻连甘草汤。生麻黄、连翘各 50g，生甘草100g。热盛者加蒲公英、紫花地丁、金银花、野菊花各 35g；体寒者加鹿角霜、当归各 30g；乳汁不通或脓汁排出不畅者加王不留行 40g。水煎取汁，候温灌服。共治疗 34 例（初产奶牛 21 例、经产奶牛 13例），全部治愈。严重病例，经用大剂量抗生素治疗未愈后改用本法治愈。对化脓者，用上方药治疗后，脓液随乳汁自行排出或破溃排出，无积留之弊。

14. 加味消乳汤。知母、瓜蒌、黄芩各 40g，连翘 60g，蒲公英 100g，金银花 70g，丹参、当归各50g，炒穿山甲 30g，柴胡、乳香、没药、甘草各25g。乳房红肿热痛严重、全身症状明显、口红赤干燥、尿黄、粪干、脉洪大、属邪毒炽盛者，应加重清热解毒药的剂量，加入天花粉、生地、玄参、大黄等；乳房红肿热痛和全身症状不太严重、但乳房内肿块大、产乳量下降者加赤芍、红花、漏芦、王不留行、通草、皂刺等；伴有外感者加荆芥、防风、薄荷；伴有子宫炎者加山药、车前子、川芎、黄柏、苍术等；产后恶露不尽者加红花、益母草、生蒲黄等。共研细末，开水冲调，候温灌服，1 剂/d。乳房红肿热痛症状严重或全身症状明显者，肌内注射青霉素、链霉素；乳房症状和全身症状都严重者，静脉注射乳酸红霉素、葡萄糖注射液、维生素 C、安钠咖、氢化可的松等；无全身症状者，挤尽患病乳房乳汁，然后用乳头导管向每个患病乳房内注入青霉素和链霉素各100 万～200 万单位、生理盐水 150～250mL 的稀释液，并适当按摩，使药液在乳房组织内分布均匀。乳房注药 2～3 次/d。取 7%～9%盐水适量，加温至50～60℃，浸湿干净毛巾反复热敷患部，然后将鲜蒲公英捣烂、酒调、布包，局部外敷；如果乳房红肿热痛不严重、乳房内肿块明显者，温盐水热敷后可适当用力按摩，再外敷鲜蒲公英；盐水热敷 3～4 次/d，鲜蒲公英外敷 1～2 次/d。此外，应及时挤乳〔白天 1 次/(2～3)h、夜间 1 次/6h〕，以减轻乳房内压，促进炎性产物排除。共收治 48 例系高产乳牛（其中初产 10 例，经产 38 例；产前发病 3 例，产后发病 45 例），痊愈 40 例，好转 5 例，无效 3 例。

15. 用温开水洗净乳房，乳导管疏通乳管，挤出乳房内乳汁后用生理盐水冲洗数次，再用注射器通过乳导管注入青霉素 80 万单位和链霉素 10 万单位，2 次/d；同时用蒲公英散：蒲公英、金银花、连翘、通草、瓜蒌、当归、川芎、炮山甲。水煎取汁，候温灌服，1 剂/d，连服 3 剂；每天用硫酸镁溶液热敷患部数次。

16. 金银花、王不留行各 50g，赤芍、蒲公英、当归各 40g，黄连、山甲珠、青皮、瓜蒌、柴胡各 30g，木香 20g。水肿者加僵蚕；红肿者加板蓝根、升麻。水煎取汁，候温灌服。共治疗 47 例，治愈 46 例。

17. 大青叶、王不留行各 50g，石膏 100g，僵蚕 80g，黄芩、赤芍、天花粉各 40g，黄连、山甲珠、甘草各 30g。乳汁带血者加大蓟、血余炭。水煎取汁，候温灌服。共治疗 58 例，治愈 56 例。

18. 黄芪、生地、王不留行、丝瓜络、生蒲黄各 50g，当归、赤芍各 40g，红花、桃仁各 30g。水煎取汁，候温灌服。共治疗 8 例，全部治愈。

19. 荆防牛蒡汤。荆芥、防风、牛蒡子、天花粉各 50g，金银花、黄芩、蒲公英、连翘、柴胡各 60g，陈皮、皂刺、香附、甘草各 30g。乳房红、肿、热、痛严重，发病急，体温高，饮食欲废绝，口色赤红，舌苔黄，脉洪大，热毒炽盛者，加大清热解毒药剂量，并加生地、丹参、玄参等；乳房红、肿、热、痛不甚严重，体温未升高，但乳房内有肿块，泌乳力显著下降，乳汁变质者，原方药去防风、荆芥，加当归、赤芍、浙贝母，并加重漏芦、王不留行等药量；有子宫炎或产后恶露者加当归、川芎、益母草等；停乳期发病者加炒麦芽、山楂等；粪干或恶臭者加大黄。水煎取汁，候温灌服。本方药适用于急性乳房炎初期。

取爵床草、败酱草、积雪草、地丁草，捣烂、酒调、布包，经常涂擦患部；红肿热痛不严重，肿块明显者，将草药炖热经常涂擦，并适当用力按摩。无全身症状者，乳头管注入抗生素药物；有全身症状者，应同时取抗生素肌内或静脉注射；严重者还应输液。乳头管注药时，应先挤尽患病乳房乳汁，然后通过乳头导管向每个患病乳房注入 150～300mL 生理盐水溶解的青霉素、链霉素各 100 万～200 万单位；注入后按摩乳房，促使药液在乳房组织中均匀分布。一般注射 2 次/d，有条件者可注射 3 次/d。在临床症状消失后，须继续用药 1～2d。共治疗 65 例，治愈 55 例，有效 7 例，无效 3 例。

20. 二花皂子散。金银花 60～120g，皂角子 10～15 枚，蒲公英 60～90g，王不留行 60～100g，车前子 40～60g，甘草 20～40g。共研细末，开水冲调，候温灌服。共治疗 30 例（含羊），除 1 例好转外，其余全部治愈。

21. 瓜蒌散加减。大瓜蒌 60g，酒当归 40g，乳香、没药、连翘各 30g，金银花、蒲公英各 80g，甘草 15g。肿痛严重者加蒲公英、金银花；乳房硬肿、乳汁不利者加通草、益母草等。共研细末，黄酒为引，同调灌服。共治疗 38 例，治愈 34 例。

22. 自拟皂刺鱼腥草散。皂刺（天丁）250g，鱼腥草 1500g，瓜子金（来马回）500g，车前草、夏枯草、蒲公英各 1000g（以上均为鲜药量）。水煎取汁，候温灌服。如用干品，即按常规量称取，车前草易车前仁。共治疗 38 例，均获满意疗效。

23. 金银花、蒲公英、紫花地丁各 300g（均为鲜品，干品剂量酌减），连翘、王不留行、瓜蒌仁、漏芦各 200g，当归、乳香、没药、赤芍、青皮各 100g，通草 70g，甘草 80g。水煎取汁，候温，分 3 次/d 灌服。

24. 滴明穴刺血疗法。以中等体型的牦牛为准，滴明穴位于脐前 16cm，距腹中线约 13cm 凹陷的腹壁皮下静脉上，倒数第 4 肋骨向下即乳井静脉上，拇指盖大的凹陷处，左右各 1 穴，牧民则称为"左扎色脾右扎胆"（不知穴位名称）。施针前将患牛站立保定，局部剪毛消毒，后将皮肤稍向侧方移动，以右手拇指、食指、中指持大宽针，根据进针深度留出针尖长度，针柄顶于掌心，向前上方刺入 1～1.5cm，视牛体大小放血 300～1000mL。进针时，动作要迅速、准确，使针尖一次穿透皮肤和血管。流血不止时，可移动皮肤止血。本方药适用于治疗牦牛乳痈。共治 12 例，治愈 6 例，好转 5 例，无效 1 例。

25. 透脓散合五味消毒饮。生黄芪 60g，皂角刺、野菊花、薏苡仁各 30g，蒲公英、川芎、金银花各 18g，桃仁 12g。肿块较大、乳房皮色赤红、热重者加生石膏 60g，知母 18g，黄芩 12g；肿痛者加川芎 12g，赤芍 18g；乳房肿、局部皮肤红肿透亮触之有波动者加败酱草、大青叶各 30g；乳汁分泌不畅、瘀积者加丝瓜络、木通、漏芦各 18g；乳汁呈金黄色絮状或脓黄状者加黄芩、连翘各 12g，大青叶 18g。水煎取汁，候温灌服。取鲜仙人掌（去刺）60g，鲜蒲公英、鲜野菊花各 30g，捣成细泥状，加入玄明粉 100g，凡士林软膏适量，调匀，外敷，1 次/d（外敷的药物要新鲜，随用随配）。或用 50%芒硝溶液，温敷，3～4 次/d。乳汁瘀积期局部用冰敷，以减少乳汁分泌和炎症的发作。炎症早期采用 0.25%～0.50%普鲁卡因注射液 100～150mL，注射于乳房四周及乳腺后组织，必要时在 12～24h 内重复注射 1 次；或用含有 100 万单位青霉素等渗盐水 60～80mL，于炎灶四周注射，重复 1 次/(4～6)h。对已形成脓肿者应及时排尽脓液。

26. 加味雄黄散。雄黄 10g，黄柏 100g，蒲公英

60g（鲜者更佳），龙骨 40g，冰片 5g，大黄、白芨、白蔹各 30g。共研细末，用优质陈醋调匀敷患处，药末干时加陈醋，1 剂/d。共治疗 50 余例，一般 1 剂治愈，治愈率达 100%。

27. 活血疗痈散。蒲公英 60g，瓜蒌 65g，大黄 50g，乳香、没药、丹参、益母草、桃仁、红花、黄柏、郁金、王不留行、栀子各 25g，金银花 35g，路路通、连翘、黄药子、白药子各 30g，漏芦、皂刺各 20g，炮穿山甲 16g，甘草 15g。共研细末，开水冲调，候温灌服，1 剂/d，轻者 2 剂，重者 5 剂。氯化钙注射液 50~100mL，静脉注射。（沙福花，T159，P52）

28. 瓜蒌公英散。全瓜蒌 60g，蒲公英 120g，紫花地丁 40g，当归 50g，川芎 24g，乳香、没药、金银花、川续断、香附、青皮各 30g，甘草 20g。乳汁不通者加通草、王不留行、路路通各 30g；体温升高者重用金银花，加连翘 30g；乳汁带血者加白茅根、炒地榆各 30g；乳房硬肿者加赤芍、皂刺各 30g；体虚者加党参、黄芪 30g。水煎取汁，候温灌服。共治疗 196 例，治愈 184 例，无效 12 例。

【典型医案】 1. 1992 年 6 月 24 日，民和县隆治乡桥头村李某一头 5 岁母牛，因乳房肿胀就诊。主诉：该牛于 18 日产后乳房肿大，拒绝哺乳，不愿走动，卧地不起。检查：患牛乳房红肿，触之敏感，后肢开张站立，体温 41℃，乳量少，呈褐色、有少量絮状物。诊为急性乳房炎。治疗：藕节汤（见方药 1）加黄连、黄柏、浙贝母、知母。用法同上，连服 3 剂，痊愈。（杨良存，T101，P25）

2. 2002 年 5 月 3 日，河南省农业学校奶牛场一头 4 岁黑白花奶牛来诊。主诉：该牛今早挤奶时发现行走异常，步履艰难，后肢明显开张。检查：患牛精神沉郁，头低耳耷，乳房肿大、色泽暗红，局部热痛拒按。诊为急性乳房炎。治疗：复方柴胡汤（见方药 2），水煎 2 次取汁，候温，加黄酒 250mL，1 次灌服，1 剂/d，连服 3 剂，痊愈。（何志生等，T128，P39）

3. 1997 年 9 月 10 日，苍南县凤池乡杨蚕村王某一头 2 胎母牛来诊。主诉：该牛已产后 10 余天，因牛舍通风不畅，空气污浊，地面潮湿不洁，加之蚊虫叮咬，引起乳房发炎、肿胀，挤奶时乳房皮肤敏感、疼痛；乳汁流出不畅且稀少，并有乳白色凝块被挤出；检查：患牛体温 40.4℃，精神差，食欲减退。治疗：五味消毒饮加减（见方药 3）。第 1 煎取汁，候温灌服，第 2 煎趁温热敷乳房，连续治疗 5d，痊愈。（陈余焕等，T106，P43）

4. 1985 年 6 月 10 日，呼玛县荣边乡红卫村孔某一头 7 岁黑白花母牛，于产后 7d 来诊。检查：患牛右后乳房肿大，两后肢外展，患部发硬拒按，乳汁稀薄有絮状物；心、肺及胃肠无异常变化；体温 38.9℃，心跳 71 次/min，呼吸 32 次/min。诊为急性乳房炎。治疗：用吸乳器吸尽乳房内滞积的乳汁；取方药 4，加大青叶、生石膏各 30g。用法同上，1 剂；患部外敷用法同方药 4。第 2 天痊愈。（尚国义，T33，P40）

5. 1996 年 5 月 26 日，余庆县敖溪镇小桥村蔡某一头 7 岁、约 300kg 母水牛，因产后 5d 拒绝犊牛吮乳邀诊。检查：患牛精神沉郁，食欲减退，体温 39.2℃；右侧乳房肿胀约 25cm×35cm，局部热硬，触诊痛拒按。诊为急性乳房炎。治疗：菊花、金银花各 50g，共研细末，加蜂蜜 200g，调匀，敷于患处。翌日复诊，患牛肿胀开始消退，嘱畜主连用 3d。1 周后追访，痊愈。（王永书，T109，P36）

6. 牡丹江市孔某一头奶牛来诊。主诉：该牛生产犊牛 1 个多月，泌乳一直正常，近日右侧乳房肿胀，产奶量下降。检查：患牛精神沉郁，体温 41.4℃，食欲减退，右侧乳房肿胀面 35cm×55cm，局部热硬，触诊疼痛明显。治疗：取方药 6，用法同上。翌日，患牛肿胀即消散，连续治疗 2d，痊愈。（刘万奎，T21，P62）

7. 1989 年 5 月 20 日，呼玛县呼玛镇镇北村赵某一头 3 岁黑白花奶牛，于产后 5d 患病来诊。检查：患牛左后乳房肿大，触感坚实，拒按，乳汁稀薄、有絮状物，体温 39℃，脉弦数，舌苔薄黄。诊为急性乳房炎。治疗：薄硫膏，用法同方药 7，外敷 2 次，痊愈。（李配林等，T89，P28）

8. 2003 年 5 月 8 日，海晏县某饲养户一头黑白花奶牛，因乳房红肿 2d 来诊。检查：患牛体温 39.9℃，乳房红肿，触之坚硬、发热、疼痛敏感，挤压乳汁排出不畅。治疗：丹参注射液 40mL，于两侧阳明穴分别注射。次日，患牛症状明显减轻，隔日再注射 1 次，痊愈。（常顺兰，T140，P65）

9. 1999 年 6 月 2 日，晋江县南安石井伍某一头 6 岁黑白花奶牛来诊。检查：患牛有 3 个乳区红肿，乳腺有硬结，触痛明显。诊为乳房炎。治疗：肖梵天花根茎 500g，用法同方药 9，1 剂/d，3d 即愈。（肖梵天花根茎 500g，用法同方药 9，1 剂/d，3d 即愈。）

10. 2004 年 4 月 5 日，颜某一头黑白花奶牛来诊。检查：患牛乳房红肿，挤出黏液样含有絮状物乳汁，体温 38.9℃，精神不振，水草不纳，鼻镜干燥。诊为乳房炎。治疗：归蒲银夏汤，用法同方药 10，连服 2 剂；肖梵天花鲜叶 1000g，蒲公英 100g，豨莶草 120g，加生葱（洗净），水煎取汁后加醋适量，用纱布包其药渣冷敷，4 次/2d，病情好转之后，再服药 2 剂，热敷 2 次，痊愈。数日后随访，未见反复。（洪志良等，ZJ2005，P475）

11. 2001 年 9 月 18 日，青铜峡市瞿靖镇李某一头 4 岁、已产 3 胎黑白花奶牛来诊。主诉：该牛乳腺肿胀已半个月之久，乳汁中有大量带血凝乳块，经他医治疗数日无效。检查：患牛体格较大，营养欠佳，体温 40.8℃，脉搏、呼吸正常，乳腺硬肿、触之热痛，乳汁不畅并带血液。诊为乳房炎。治疗：仙方活命饮加蒲公英、连翘、黄芪各45g，侧柏叶、白茅根、地榆各30g。首剂重用金银花、蒲公英。用法同方药11，1剂/d，连服2剂。每天挤完奶后，每个乳房用生理盐水100mL，红霉素90万单位，地塞米松10mL，乳房注射，连用2d。治疗1d后，患牛体温39.5℃，食欲增加，乳汁中血液减少；2d后乳腺肿胀明显消退，乳中血液消失；第3天基本康复，继服上方药去皂刺、穿山甲，加党参、白术、通草、路路通各30g，王不留行60g，1剂/d。治疗4d后，患牛乳汁正常，乳量恢复。（赵淑霞，T125，P34）

12. 1999年10月14日，临沂市北圆奶牛场一头5岁奶牛，于产后71d发生乳房炎来诊。检查：患牛左侧前后两乳房红、肿、热、痛，泌乳量减少，乳汁稀薄呈水样、内含有絮状物，体温39.3℃。治疗：将患病乳区的乳汁挤净，用盐酸环丙沙星注射液100mL，经乳导管注入乳池，给药后用手捏住乳头轻揉数次以便药液扩散，1次/d。中药用防腐生肌散加陈石灰50g，用法见方药12，1次/d；同时，取金银花、蒲公英各80g，紫花地丁60g，连翘、木通各50g，陈皮、青皮、白芷各40g，生甘草30g。水煎取汁，候温灌服，1剂/d，连服3d，痊愈。（王自然，T129，P32）

13. 1989年5月10日，呼玛县荣边乡西山口村任某一头4岁黑白花奶牛，于产后10d患乳痛就诊。检查：患牛右乳房外上方出现肿块，皮肤红、灼热，体温40.5℃，经用大剂量青霉素、链霉素治疗2d无效，乳房肿块反而逐渐增大，疼痛加剧，股内淋巴结亦肿大，乳汁排出不畅，触诊肿块约8cm×15cm、边界不清、中央有波动感，舌红、苔黄腻，脉浮数带弦。治疗：麻连甘草汤加蒲公英、紫花地丁、金银花、野菊花各35g，王不留行40g。用法同方药13，连服2剂，配合应用乳导管排乳。3d后复诊，患牛热退，乳房红、肿、热、痛减轻，脓液自乳头不断排出。再服原方药1剂，1周后追访，痊愈。（王忠仁等，T80，P40）

14. 1986年7月8日，临夏市郭家村马某一头6岁黑白花母牛来诊。主诉：该牛因患子宫炎治疗不及时，右侧前后乳房和左前乳房肿胀，产乳量减少10kg/d，乳稀呈淡黄褐色、混有絮状物、凝乳块和血液。检查：患牛精神沉郁，食欲、反刍废绝，口红燥，鼻镜干，体温40.6℃，呼吸迫促；患病乳房红、肿、热、痛严重，以致后躯发硬，运动困难，脉洪大。治疗：知母、天花粉、瓜蒌各50g，连翘、黄芩各70g，金银花90g，蒲公英120g，炒穿山甲35g，丹参40g，当归80g，没药30g，车前子、川芎各60g，甘草20g。水煎取汁，候温灌服，1剂/d。又取10%维生素C注射液30mL，20%安钠咖注射液20mL，10%葡萄糖注射液500mL；注射用水溶解的乳酸红霉素240万单位，5%葡萄糖注射液500mL，0.5%氢化可的松注射液100mL，5%葡萄糖注射

1000mL；5%碳酸氢钠注射液500mL，10%葡萄糖注射液500mL，静脉注射，1次/d。盐水热敷4次/d；鲜蒲公英外敷2次/d；青霉素、链霉素乳房注入2次/d。治疗2d后，患牛体温38.5℃，精神转好，吃少量草，乳房红、肿、热、痛症状显著减轻。停用西药，中药减轻清热解毒药用量，加王不留行、漏芦、皂刺，穿山甲加至45g，1剂/d；局部用药同前。又治疗4d，患牛乳房和全身症状均消失，日产乳量恢复正常。（姬学谦，T27，P49）

15. 1995年春，沽源县河东村张某一头乳牛，于产后2d不下乳来诊。检查：患牛整个乳房肿大，食欲、饮水减少。诊为乳房炎。治疗：取方药15，方法同上，1剂/d，连服3剂；每天用硫酸镁溶液热敷患部数次。治疗3d，患牛痊愈。（苏洁，T91，P44）

16. 1989年4月，拜泉县蔡某一头6岁黑白花奶牛，因患乳房炎就诊。检查：患牛精神倦怠，食欲稍减，右侧乳房肿胀、坚硬、指压无痕，脉弦数，口色青紫。治疗：取方药16，用法同上，二诊时，患牛乳房肿胀缩小、变软。效不更方，继服药2剂，痊愈。

17. 1988年11月14日，拜泉县利民村张某一头3岁黑白花奶牛，因患乳房炎就诊。检查：患牛精神倦怠，鼻镜干燥，食欲、反刍废绝，粪稀溏而恶臭，两后乳区红肿、灼热、疼痛、质地不坚、指压留痕，脉洪大有力，口色紫暗，无津。治疗：取方药17，用法同上。二诊时，患牛精神好转，食欲增加，开始反刍，乳房肿胀明显消退，局部温度接近正常，继服药1剂，痊愈。

18. 1989年6月10日，拜泉县韩某一头6岁黑白花奶牛，因患乳房炎就诊。检查：患牛精神良好，乳房红肿、无热无痛，泌乳量减少约1/3，阴道流浆液样分泌物。治疗：取方药18，用法同上，1剂即愈。（李寿连，T52，P20）

19. 1981年7月11日，福鼎县张某一头黑白花奶牛来诊。主诉：该牛已产犊牛2个多月，左后乳房乳汁色淡黄、变稀、有絮状物，近3d来乳量逐渐减少。检查：患牛左后乳房有一20cm×15cm大的硬肿块，皮肤不红、不热，重触有感痛；食欲、反刍、呼吸、脉搏未见异常变化。治疗：金银花70g，连翘、蒲公英、黄芩各90g，天花粉、牛蒡子、陈皮各80g，香附、皂刺各50g，当归、赤芍、浙贝母、漏芦各60g，甘草25g。水煎取汁，候温灌服，1剂/d。局部注入青霉素生理盐水1~2次/d，外擦爵床草等中药3~4次/d。患部肿块日渐缩小，连治6d，痊愈，乳量恢复正常。（林振祥，T10，P36）

20. 1995年10月27日，合水县吉岘乡黄寨当庄张某一头4岁黑白花奶牛，因患乳房炎邀诊。主诉：5d前，该牛乳房肿胀，挤乳困难，他医用抗生素治疗无效。检查：患牛乳房肿硬结块，四个乳头皆肿，拒绝挤奶，乳汁内有脓血和白色絮状物。治疗：金银

花皂子散。金银花 120g，蒲公英 90g，皂角子 15 枚，王不留行 80g，车前子 60g，甘草 40g。水煎取汁，候温灌服，1 剂/d，连服 3 剂。服药后，患牛病情减轻，继服上方药 3 剂。因延误病程和治疗不当，致使一乳头损坏，其余 3 乳区痊愈。（王志惠，T104，P22）

21. 湟中县畜牧局牛场 240 号 6 岁乳牛，因产后（第 3 胎）无乳来诊。检查：该牛乳房肿硬、灼热，触之敏感，食欲减少，心率、呼吸略快，体温偏高。诊为乳房炎。治疗：瓜蒌散加减，用法同方药 21，1 剂/2d，连服 3 剂，痊愈。（董禄，T100，P32）

22. 1979 年 6 月 25 日，西峡县蛇尾乡双龙村王某一头 6 岁枣红母牛来诊。主诉：该牛产后 3d 不吃草料，饮水少，乳房红肿，拒犊吮乳。检查：患牛精神沉郁，乳房红、肿、热，拒按；两后肢张开，不愿行走，体温 40℃、口色红绀、气臭，尿短黄。诊为急性乳房炎。治疗：自拟皂刺鱼腥草散，用法见方药 22，1 剂/d。用温淡盐水冲洗乳房，早晚各 1 次，2d 痊愈。（董振江，T22，封三）

23. 重庆市歌乐山乡金刚村陈某一头约 500kg 奶牛，于头胎产后 1 个月后突然发病来诊。检查：患牛右侧两乳区肿胀、发红，按之质硬并有疼痛反应，不下乳，患病乳区乳产量下降 50％以上（原产奶量 23kg/d），乳色呈淡黄色，食欲减退，体温 39.7℃。诊为急性乳房炎。治疗：取方药 23，用法同上，1 剂即愈。（郑宏亮，T65，P22）

24. 2002 年 8 月 3 日，门源县苏吉滩乡察汗达吾村青某一头挤奶牦乳牛，因乳房肿痛来诊。检查：患牛精神尚好，右侧 2 个乳区发热、肿胀、逃避挤奶，触压有痛感。治疗：取大宽针刺滴明右穴，放血 500mL，方法同方药 24。第 2 天挤奶时，患牛热肿消失。（李德明，T144，P66）

25. 2006 年 7 月 17 日，南阳市高新区某奶牛场的奶牛，因突然发病求诊。主诉：该牛恶寒，乳房肿胀，进食量和奶产量均明显下降，他医按炎症治疗效果不明显，至 19 日，又有其他奶牛发病。检查：患牛烦躁，站立不安，高热稽留，体温 40.5～41.7℃，全身颤抖，心跳加快，呼吸频数，眼结膜潮红，口唇淡红，舌苔黄腻而厚，鼻镜干，渴而不饮，乳房肿胀、发热、外观变形、触摸到坚硬的肿块、疼痛较明显，乳汁分泌不畅，不时有清水般液体滴出，乳汁清稀、内含浑浊的絮状物。诊为急性乳房炎。治疗：生黄芪、生石膏各 60g，皂角刺、川芎、薏苡仁、野菊花各 30g，蒲公英、桃仁、丝瓜络各 18g，水 2500mL，煎煮取药液 1200mL，候温灌服，早、晚各 1 次/d，连服 3d；取 0.5％普鲁卡因注射液 150mL，于乳房周围注射，1 次/d，连用 3d。采用方药 25 外敷法行药物外敷。第 2 天，患牛症状明显减轻；第 3 天，除乳房肿块尚未完全消失外，其他症状已消除。停用西药，继续灌服中药和外敷，连用 3d。

25 日，患牛完全康复。1 月后回访，未再复发。（孙凌志等，T144，P46）

26. 2000 年 6 月 16 日，门源县西关村李某一头奶牛，于产后 10d 发病来诊。检查：患牛食欲废绝，行动迟缓，拒绝犊牛吮乳，乳量减少，乳汁中混有脓汁、味苦，体温 39.8℃，整个乳房红肿、触之有热感、质硬、拒按。诊为急性脓性卡他性乳房炎。治疗：取方药 26，外敷，2 剂，痊愈。（宋花奎等，T149，P65）

27. 1998 年 4 月，临夏县安家坡乡中寨村马某一头奶牛，于产后 5d 因乳房发炎来诊。检查：患牛体温 40.4℃，食欲减退，营养中等，乳房红、硬、肿、触之热痛，乳汁少，口色淡红，口温偏高。诊为乳房炎。治疗：取方药 28 加连翘 30g。用法同上，1 剂/d，连服 3 剂。服药 3d，患牛乳房红肿消失，乳汁基本正常，饮食恢复。第 4 天，上方药减紫花地丁，加山药、路路通、通草各 30g。治疗 5d，患牛乳汁正常，乳量恢复。（郭源娟，T170，P74）

28. 2007 年 3 月 12 日，呼图壁县二十里店镇十四户村 2 组朱某一头奶牛来诊。主诉：产后挤奶时，发现该牛 3 个乳头正常，1 个乳头挤不出奶。检查：患牛精神不振，心跳、呼吸加快，体温 40.8℃，呼吸 42 次/min，心跳 86 次/min，腹部塌陷，食少量草不食精料，瘤胃蠕动 3 次/2min，未挤出奶的乳区红、肿、热、痛，触摸时有反抗动作，插乳管针感到阻力明显，牛反抗明显增加，强行穿入，针孔中流出大量鲜红血液，针头不断转动，突然进入，暗红色乳汁经针孔喷出，流出乳汁共 10.8kg。采集血乳，涂片、染色、镜检，可见蓝紫色革兰氏阳性链球菌。治疗：①10％氯化钠注射液 500mL，冲洗乳房；复方黄芩注射液、酚磺乙胺各 10mL，肾上腺素 2mL，乳房内灌注。②10％葡萄糖酸钙注射液、5％葡萄糖生理盐水各 500mL，40％乌洛托品注射液 100mL，10％水杨酸钠注射液 150mL，10％安钠咖注射液 30mL，氢化可的松 125mg，先锋霉素 15g，静脉注射。③蒲公英、连翘 60g，金银花、生地各 45g，黄芩、通草、赤芍、丹皮、栀子、仙鹤草、白芨、大蓟、王不留行各 30g，槐花、甘草 20g。共研细末，开水冲调，候温灌服。14 日，患牛采食明显好转，昨晚和今早各食入 1.5kg 精料，体温 40.1℃，呼吸 40 次/min，心跳 81 次/min，瘤胃蠕动 3 次/2min，乳房仍红、肿、热、痛，触摸时牛有反抗动作，乳管针插入阻力较大，无乳汁流出，注入 10％氯化钠注射液，流出少量灰白色液体，拔出时，两个针眼中填塞着血凝块，重新插入较为顺利，流出约 2kg 淡红色乳汁。治疗药物和方法同 12 日。15 日，患牛采食比 14 日明显好转，体温 39.1℃，呼吸 37 次/min，心跳 72 次/min，瘤胃蠕动 3 次/2min，乳房红、肿、热、痛明显减轻，用手触摸和插入乳管针时有轻微的反抗动作，阻力较前明显减小，穿入后立即有乳汁流出，导出约 2kg 淡红色乳汁，色泽趋于正常。治疗同 12 日。16 日，取复方黄芩注射液、酚磺乙胺各 10mL，肾上腺素 2mL，乳房内灌注，1 次/d，连用 3d。患牛恢复正常。（杨仰实等，T160，P63）

## 二、慢性乳房炎

急性乳房炎治疗不及时或不彻底时往往转为慢性乳房炎，有的甚至丧失泌乳能力。

**【病因】** 急性乳房炎失治误治，如抗生素使用不当等；多因排乳不畅，乳汁瘀积而发病；或在干奶期乳房感染而未能及时发现所致。

**【主证】** 患病乳区红、肿、热、痛，泌乳量明显减少（轻），触诊乳房有硬结。早期，乳汁性状异常、稀薄、内含凝乳块或絮状物，有的混有血液或脓汁，有的乳汁排出不畅，泌乳量减少或停止。中后期，乳房红、肿、热、痛，乳房淋巴结肿大。部分患牛伴有精神不振，食欲减退，体温升高等全身症状。若治疗不及时或不彻底，乳房硬结、萎缩、乳池狭窄、乳头或乳池闭锁，最终丧失泌乳功能。

**【治则】** 清热解毒，活血化瘀，理气解郁，化瘀散结。

**【方药】** 1. 瓜蒌牛蒡汤。瓜蒌 60g，牛蒡子、天花粉、连翘、金银花、蒲公英、紫花地丁、生栀子各 30g，陈皮、青皮、柴胡各 25g。在泌乳期者加漏芦、王不留行、路路通等；有肿块者加当归、赤芍。共研细末，开水冲调，候温灌服。同时，用抗菌药物行乳室注射；还可用 0.25%～0.5%普鲁卡因注射液加青霉素，用长针头注入到乳房基底部进行封闭，1 次/d，连用 3d，以后 1 次/2d，继用 3 次；10%～25%硫酸镁溶液热敷患病乳区，15～30min/次，2 次/d，于挤乳后进行；挤奶后按摩乳房，对患病乳区边按摩边挤，坚持挤净残留物。共治疗 33 例，治愈 25 例，好转 5 例。

注：本方药同样适用于急性乳房炎，但急性炎症初期不可热敷；急性乳房炎、出血性乳房炎、蜂窝组织炎和传染病性乳房炎禁止按摩。

2. 自拟乳房炎散。蒲公英 80g，望江南 40g，漏芦、皂角刺各 30g，王不留行、黄芪各 60g。共研细末，温开水冲调，候温灌服。共治愈 128 例。

3. 蒲公英、鱼腥草各 500g（均为鲜品），连翘 200g，天花粉、白芷、当归各 150g，穿山甲、皂角刺各 100g，浙贝母 120g，甘草 70g。干品碾末后分 6 等份，用前 2 味鲜品水煎取汁，冲调，灌服 3 次/d，1 份/次。

4. 当归红花散。当归、木通、紫花地丁、丹皮、黄芪各 50g，草红花、川芎、天花粉、皂刺各 40g，蒲公英 80g，金银花 90g，板蓝根 60g。水煎 2 次，30min/次，取汁混合，分早、晚灌服。药渣加硫酸镁 300g，煮沸 15min，乳房热敷，3 次/d，30min/次。1 个疗程/4d。共治疗 68 例，第 1 疗程治愈率 23.5%，有

效率 85.3%，第 2 疗程治愈率 80.8%，有效率 92.3%，在 1～4 疗程治愈率达 92.3%。（高启贤等，T168，P60）

5. 四逆散加减。赤芍、当归、川芎、生黄芪、元参各 18g，枳实、柴胡各 12g。疮口已溃、排脓不畅、时流清水者加党参 18g，生黄芪、薏苡仁各 30g，夏枯草 12g；局部肿硬不消者加皂角刺、贝母、昆布各 12g。水煎取汁，候温灌服。取鲜仙人掌（去刺）60g，鲜蒲公英、鲜野菊花各 30g，捣成细泥状，加入玄明粉 100g，凡士林软膏适量，调匀，外敷，1 次/d（外敷的药物要新鲜，随用随配）。或用 50%芒硝溶液，温敷，3～4 次/d。乳汁瘀积期局部用冰敷，以减少乳汁分泌和炎症的发发。炎症早期采用 0.25%～0.50%普鲁卡因注射液 100～150mL，注射于乳房四周及乳腺后组织，必要时在 12～24h 内重复注射 1 次；或用含有 100 万单位青霉素等渗盐水 60～80mL，于炎灶四周注射，重复 1 次/(4～6)h。对已形成脓肿者应及时排尽脓液。行乳房按摩。先在患侧乳房上涂少许润滑油或植物油，用手由乳房四周轻轻向乳头方向按摩，力度适中，沿乳络方向施以正压，将郁积的乳汁逐步挤出。按摩时间以 15～20min 为宜，最后可用手轻轻握住乳头基部，以较快频率轻轻摇晃 5～10min，以震通乳络。

**【典型医案】** 1. 太原市郊区某养殖户一头奶牛，因患乳房炎来诊。主诉：1 个月前，该牛患病后用抗生素等药物治疗，但由于治疗不彻底，使其中一个乳区的乳腺发生硬结并停止泌乳。检查：患牛精神、食欲尚好，4 个乳区中有 3 个乳区产乳正常，但右前方乳区萎缩、变硬、不泌乳，只能挤出少量白色清液体、夹杂有豆腐渣样物，触诊乳腺中有硬结、大如拳头。治疗：按摩乳房；每次挤奶时按摩患乳区；用硫酸镁溶液于每次挤完乳汁热敷，20～30min/次，2 次/d；后经乳头注入 10%磺胺嘧啶钠溶液 40mL，2 次/d，连用 5d，以后 1 次/d；0.25%普鲁卡因注射液加青霉素 400 万单位，行患区乳房基底部封闭，1 次/d，连用 3d，以后 1 次/2d。中药取连翘、蒲公英、紫花地丁、黄芩、栀子、陈皮、青皮、木通、昆布、天花粉各 30g，栝蒌 60g，赤芍 50g，贝母、当归各 40g，柴胡 25g。共研细末，开水冲调，候温灌服，1 剂/d，连服 3 剂。治疗 1 周后，从患病乳房挤出干酪样物质，随之硬结逐渐变小乃至消失。效不更方，继续治疗半个月开始泌乳，1 月后患病乳区泌乳恢复正常。（解跃雄，T124，P33）

2. 漳州市马某一头 5.5 岁黑白花奶牛来诊。主诉：该牛于 5d 前挤奶时发现乳汁中有少量血丝，产奶量逐天减少。从第 4 天开始，发现乳房两侧肿大，他医注射青霉素钾、丁胶卡那霉素和地塞米松注射液治疗无效，第 5 天早上乳房两侧肿得更大。检查：患牛乳房肿大，但不发红，用手触压乳房质地较硬。诊为慢性乳房炎。治疗：取方药 2，温开水冲调，早、

晚各服 300g。次日，患病乳房明显消肿，乳汁已不含血丝。继用自拟乳房炎散，300g/d，温开水冲调，1 次灌服，连服 7d，痊愈。(叶五曲，T124，P41)

3. 重庆市歌乐山乡矿山坡村左某一头约 550kg 奶牛，于产后 2 个月发病来诊。检查：患牛左侧乳区肿大，触诊较硬，局部无热无痛，乳汁稀薄呈灰白色，奶中含有脓汁、絮片、形如豆腐脑状。诊为慢性乳房炎。治疗：取方药 3，用法同上，连服 3 剂，痊愈。(郑宏亮，T65，P22)

4. 2005 年 9 月 6 日，南阳市宛城区白河镇张某一头奶牛来诊。主诉：自 7 月中旬以来，该牛体温时高时低，乳房肿胀，个别乳房肿块坚硬，乳汁分泌量明显减少，挤出的乳汁有时带有血丝，他医用大量青霉素治疗后病情有所好转，但停药后又复发。诊为慢性乳房炎。治疗：四逆散加减，用法同方药 5，连服 3 剂；取含 100 万单位青霉素等渗盐水 80mL，于乳房周围注射，5h 后重复 1 次；鲜仙人掌（去刺）、鲜蒲公英、鲜野菊花各 30g，捣成细泥后加入凡士林膏适量敷患处，1 次/d，连用 3d，同时辅以乳房按摩。3d 后，患牛症状明显好转，乳房肿块软化、缩小。停用西药，上方中药加薏苡仁 30g，路路通 18g。用法同上，连服 3d。随访患牛已基本痊愈。为巩固疗效，上方中药再服 3 剂，未再复发。(孙凌志等，T144，P46)

## 三、隐性乳房炎

本病是指牛乳房不出现红、肿、热、痛等症状，而是以乳汁变红，乳汁内有凝血片（块）或酒精阳性乳为特征。一般年龄大、胎次多、泌乳期中后期发病率较高，且患病乳室与正常乳室之间无明显差异。临床上以乳汁细胞数和 pH 值的变化作为诊断主要依据。阳性乳区即隐性乳房炎，乳汁体细胞计数 50 万个以上/mL；阴性乳区即健康乳区，乳汁体细胞计数 50 万个/mL 以下。

【病因】 多因产后感染、恶露不尽继发，或饲料单一、钙磷比例不平衡、微量元素不足，环境污染，挤奶方法不合理和乳头消毒不严所致。其中，机械性能的调控不当、挤乳过度以及挤乳不全是发病的主因。

【主证】 患牛一般不出现明显的临床症状，乳房无红、肿、热、痛感，在挤奶时发现乳汁颜色为淡红色或有凝固的乳片或凝血块，有的乳汁外观正常，用酒精检查为阳性。围产期感染、产后恶露不尽继发隐性乳房炎的患牛从阴门流出灰白色恶臭的分泌物。环境污染继发的患牛可从新鲜乳汁培养分离出致病性细菌。用 70% 酒精检测牛奶时出现絮状沉淀。

【治则】 解表疏肝，通经活络，清热解毒。

【方药】 1. 产后气血瘀滞、恶露不尽继发者，药用党参、当归、连翘各 40g，黄芪、蒲公英各 60g，炒白术 50g，川芎、红花、桃仁、丹参、王不留行、

金银花、茯苓、炙甘草各 30g。水煎取汁，候温灌服，或研为细末，开水冲调，候温灌服。

对妊娠期隐性乳房炎患牛，药用党参、当归、金银花、连翘、栀子、茯苓各 40g，炒白术 50g，蒲公英、黄芪、黄芩各 60g，炙甘草 30g。水煎取汁，候温灌服，或研为细末，开水冲调，候温灌服。

饮用被畜禽粪便污染的水继发者，药用党参、当归、金银花、连翘各 40g，蒲公英 80g，黄芪 60g，炒白术 50g，川芎、王不留行、通草、栀子、茯苓各 30g，炙甘草各 30g。妊娠奶牛去川芎、王不留行、通草，加黄芩 50g。水煎取汁，候温灌服，或研为细末，开水冲调，候温灌服。

共治疗 238 例，治愈 237 例。

2. 黄芪 150g，党参 100g，白术、当归各 50g，甘草、陈皮、砂仁、茯苓、柴胡、升麻各 40g，木香 20g。他药先煎，砂仁、木香后入，水煎 2 次，合并药液，分 2 次灌服。因代谢性疾病引起者重用黄芪、党参；对乳房炎所致者配合消炎药物治疗，则效果更好；对因气候引起且兼有表证者，方中应适当加入解表药。共治疗 51 例，治愈 49 例。

3. 金银花、玄参各 30g，蒲公英 50g，当归、川芎、瓜蒌各 20g，柴胡、连翘各 15g，甘草 12g。共研细末，开水冲调，候温灌服，1 剂/d，1 个疗程/3d。青霉素 120 万单位、链霉素 0.5g，用生理盐水 10mL 溶解后一次注入乳室，2 次/d，1 个疗程/3d。共治疗 109 例，全部有效（邹纯初等，T14，P1）

4. 瓜蒌牛蒡汤加减。天花粉、连翘、蒲公英各 30g，瓜蒌、茯苓、柴胡、王不留行、漏芦、牛蒡子、木通各 18g，野菊花 12g。恶露未尽者加当归尾 18g，益母草 30g，川芎 12g；乳汁中夹杂血丝者加红花 6g，赤芍 12g；无表证者去牛蒡子；口不渴者去天花粉。水煎取汁，候温灌服。取鲜仙人掌（去刺）60g，鲜蒲公英、鲜野菊花各 30g，捣成细泥状，加玄明粉 100g、凡士林软膏适量，调匀，外敷，1 次/d（外敷的药物要新鲜，随用随配）。或用 50% 芒硝溶液，温敷，3～4 次/d。乳汁瘀积期局部用冰敷，以减少乳汁分泌和炎症的发作。炎症早期采用 0.25%～0.50% 普鲁卡因注射液 100～150mL，注射于乳房四周及乳腺后组织，必要时在 12～24h 内重复注射 1 次；或用含有 100 万单位青霉素等渗盐水 60～80mL，于炎灶四周注射，重复 1 次/4～6h。对已形成脓肿者应及时排尽脓液。行乳房按摩。先在患侧乳房上涂少许润滑油或植物油，用手由乳房四周轻轻向乳头方向按摩，力度适中，沿乳络方向施以正压，将郁积的乳汁逐步挤出。按摩时间以 15～20min 为宜，最后用手轻轻握住乳头基部，以较快频率轻轻摇晃 5～10min，以震通乳络。

【典型医案】 1. 2001 年 5 月 12 日，文登市文登营镇王某一头 4 岁奶牛，因产后恶露不尽来诊。检查：患牛饮食欲差，体瘦，鲜乳检查为酒精阳性乳。

治疗：党参、当归、连翘各40g，黄芪、蒲公英各60g，炒白术50g，川芎、红花、桃仁、丹参、王不留行、金银花、茯苓、炙甘草各30g。共研细末，开水冲调，候温灌服，1剂/d，连服5剂。患牛乳汁恢复正常，诸症消除。

2. 2001年9月8日，文登市大水泊镇于某一头3岁奶牛来诊。主诉：该牛妊娠4个月时产鲜奶25kg/d以上，市售时检查为酒精阳性乳。检查：患牛乳房松软、无肿块，外观无异常。治疗：党参、当归、金银花、连翘、栀子、茯苓各40g，炒白术50g，蒲公英、黄芪、黄芩各60g，炙甘草30g。水煎取汁，候温灌服，1剂/d，连服3剂，乳汁恢复正常。30d后追访，未复发。

3. 2001年5月15日，威海市奶牛场饲养的65头奶牛，其中25头产奶牛因发生隐性乳房炎（有妊娠产乳牛20头）就诊。主诉：因建场仓促未建饮用水井，临时取附近水库水供奶牛饮用和清洗圈舍。清洗圈舍的污水又流进水库，造成饮水污染。检查：患牛鲜奶经化验室检查发现多量大肠杆菌。诊为隐性乳房炎。治疗：党参、当归、金银花、连翘各40g，蒲公英80g，黄芪60g，炒白术50g，川芎、王不留行、通草、栀子、茯苓、炙甘草各30g。妊娠者去川芎、王不留行、通草，加黄芩50g。开水冲调，候温灌服，1剂/d。连服3d，患牛恢复正常；30d后追访，乳汁正常，未复发。（王洪国等，T119，P37）

4. 1990年3月下旬，绥滨农场奶牛场85015号泌乳牛来诊。主诉：该牛于产后6周时出现了酮病症状，经对症治疗5d症状减轻，但又出现酒精阳性乳现象。治疗：取方药2，方法同上，连服5剂，酒精阳性乳现象消失，遂去砂仁、木香，又服5剂。患牛酮病痊愈，酒精阳性乳亦彻底消失，产奶量回升。（逄锦旭等，T67，P23）

5. 2006年11月3日，南阳市七里园乡某奶牛场的奶牛，因乳汁不合格邀诊。检查：肉眼观察，患牛乳房外观形状及肤色均正常，挤出的乳汁静止放置1h后发现有凝乳片，pH试纸检测酸碱度为8.9。诊为隐性乳房炎。治疗：瓜蒌牛蒡汤加减，用法同方药4，1次/d；每次挤净乳汁后，将消毒过的乳导管轻轻插入乳头，向乳池注入青霉素60万单位，链霉素0.5g，注入后，用左手捏住乳头基部，右手向上推压5～10次，然后抓住乳头基部，以较快的频率轻轻摇晃1～2min，促使药液迅速向上扩散，1次/d，连用2d。用药3d后，患牛肿块消失。停用西药，中药继服3d。之后随访，患牛奶产量一直比较稳定，乳汁检测合格。（孙凌志等，T144，P46）

## 四、浆液性及纤维素性乳房炎

本病多见于产奶量高的牛。

【病因】　由于久卧湿地，外感风寒热邪，湿热浊气蕴结，乳络不通，气血凝滞；乳头损伤，邪毒乘隙内侵，乳汁停滞不通；或因乳汁分泌过盛，犊牛吸吮不完等引发。

【主证】　患牛精神沉郁，食欲减退，不安，患侧乳房发红、肿胀、质硬、发热、疼痛明显，拒按，乳上淋巴结肿大，体温41℃以上，心跳100次/min；产奶量降到正常时的1/3～1/2，甚至更少，乳汁呈淡黄色水样絮状物、含血丝。同时，患有子宫内膜炎的牛还表现弓腰、努责，呈排尿姿势，阴道排出灰白色、混浊炎性渗出物，黏附在尾根及外阴处。

【治则】　消炎止痛，活血祛瘀，消肿散结。

【方药】　1. 当归、川芎、蒲公英、大黄、紫花地丁、鱼腥草、板蓝根、鲜陈皮各50g，虎掌草、地榆、木通、鲜紫金龙、甘草各30g。水煎3次取汁，混合，分早、晚灌服，药渣敷肿胀处，1剂/d，1个疗程/（3～5）d（本方药对双重炎症更有效）。西药用清热解毒注射液50～80mL，草珊瑚注射液50～80mL，10%葡萄糖注射液500mL，混合，静脉注射，1次/d，连用3～5d；用1%高锰酸钾清洗乳房及乳头（患子宫内膜炎者应冲洗子宫），挤干乳汁，大黄藤素注射液乳池注入50～80mL，肿胀处周围分点注射50～100mL（患子宫内膜炎者子宫内注入100mL），早、晚各1次，1个疗程/（3～5）d。共治疗35例（其中10例是产后初期，乳腺炎与子宫内膜炎并发），有效率100%。产奶量在愈后10～15d即恢复正常。

2. 消黄散加减。黄药子、白药子、知母、黄芩、贝母、栀子、连翘、防风、黄芪各30g，金银花40g，蝉蜕20g，甘草15g。共研细末，开水冲调，候温灌服，1剂/d。配合应用抗生素，可提高疗效。共治疗89例，治愈86例，好转3例。

3. 活血疗痈散。蒲公英60g，乳香、没药、益母草、桃仁、红花、黄柏、栀子、薏苡仁、车前子、木通、茯苓、当归、生地、党参、黄芪、白术各25g，金银花35g，路路通、连翘各30g，漏芦、川芎各20g，甘草15g。共研细末，开水冲调，候温灌服，1剂/d，轻者2剂，重者5剂。氯化钙注射液50～100mL，静脉注射。（沙福花，T159，P52）

【典型医案】　1. 1998年7月初，兰坪县王某从大理运回3头荷本杂二代泌乳奶牛，其中1头于7月15日患乳房炎邀诊。主诉：该牛6岁，第3胎产后1个月，产奶量30～45kg/d，因长途运输、饲养与环境改变而发病。检查：患牛精神状态较差，食欲减退、烦躁、惊恐不安，乳房质硬、发红、发烫、触摸躲避；乳腺淋巴结肿大如核桃，乳汁呈淡黄色水样、絮状，开始挤出的乳汁含有血丝，产奶量骤降至8kg/d，体温41.5℃，心跳105次/min。诊为浆液性乳房炎。治疗：当归、川芎、蒲公英、鱼腥草、板蓝根50g，虎掌草、地榆、木通、鲜紫金龙、甘草各30g。水煎3次，分早、晚各灌服1次，1000mL/次，1剂/d，连服5剂；清热解毒注射液80mL，草珊瑚注射液80mL，10％葡萄糖注射液500mL，混合，静脉注射，1次/d，连用5d；用1％高锰酸钾溶液清洗乳房及乳头；挤干乳汁后，乳池内注入大黄藤素注射液80mL，肿胀部周围分点注射100mL，早、晚各1次；用上方药渣敷肿胀部位，连用5d。治疗3d后，患牛乳房肿胀消退，疼痛减轻，5d后恢复正常，产奶量开始回升，1个月后回访，该牛产奶量达32kg/d。（张国锋，T126，P43）

2. 湟源县城郊乡立达村张某一头5岁奶牛，第3胎产后因奶量减少、食欲减退来诊。检查：患牛精神不振，反刍次数减少，呼吸略快，体温40.2℃，心跳82次/min，乳房硬肿灼热、触之有痛感，乳汁稀薄。诊为浆液性乳房炎。治疗：消黄散加减（见方药2），去栀子、防风、黄芪、蝉蜕，加桃仁、红花各30g，蒲公英40g，木通、陈皮、青皮、赤芍各25g。共研细末，开水冲调，候温，加蜂蜜120g，鸡蛋清5枚，灌服，1剂/d。同时，取油剂普鲁卡因青霉素注射液300万单位，肌内注射，1次/d，连用3d，痊愈。

3. 湟源县大华乡何家庄李某一头6岁奶牛，第3胎产后因挤奶时发现乳房肿胀、乳汁色泽异常来诊。检查：患牛呼吸略快，体温40.8℃，心跳86次/min，乳房硬肿、触之有痛感，乳汁呈黄褐色且有少量絮状物。诊为纤维素性乳房炎。治疗：消黄散加减（见方药2），去防风、黄芪、蝉蜕，加当归、川芎、桃仁、红花各30g，蒲公英40g，连翘加至40g。共研细末，开水冲调，候温，加蜂蜜120mL，鸡蛋清5枚，灌服，1剂/d。连服3d，痊愈。（王永科，T127，P31）

## 五、出血性乳房炎

本病以高产奶牛多发，常见于产后1～3周内。

【病因】　常因乳房、乳头外伤、烫伤、冻伤、化学刺激及病原微生物感染而引起；此外，产后生殖器官炎症，乳房不洁，挤奶不当及结核病、胃肠炎、化脓性疾病等均可引发本病。

【主证】　患牛乳房肿胀、潮红，乳上淋巴结肿胀，泌乳量减少，乳汁如水、混有血液及絮状物，乳房皮肤出现红色或紫色斑点、疼痛剧烈；有明显的全身性反应。

【治则】　清热凉血，活血通络。

【方药】　1. 青皮、瓜蒌、当归、黄芩、蒲公英、丹参、益母草各40g，栀子50g，连翘、蚤休各30g，山豆根20g，山甲珠、皂刺各25g。共研细末，温开水冲调，灌服。西药取宫炎毒清20mL，肌内注射；10％氯化钠注射液250～400mL，10％葡萄糖注射液250～500mL，止血敏1.25～2.5g，混合，静脉注射；或用10％氯化钙注射液100～150mL，青霉素800万～960万单位，链霉素400万单位，10％水杨酸钠注射液100～120mL，40％乌洛托品注射液30～60mL，止血芳酸1～3g，混合，1次静脉注射。

（冷玉清等，T138，P64）

2. 活血疗痈散。蒲公英60g，没药、丹参、桃仁、红花、黄柏、当归、生地、白芍、栀子各25g，金银花35g，路路通、连翘、血竭、白芨、大蓟各30g，血余炭、皂角各20g，炮穿山甲16g，三七、甘草各15g，共研细末，开水冲调，候温灌服，1剂/d，轻者2剂，重者5剂；氯化钙注射液50～100mL，静脉注射。（沙福花，T159，P52）

## 六、酵母菌性乳房炎

【病因】　在正常情况下，乳头局部保持一种菌群平衡状态，当大剂量反复使用抗生素后，某些细菌被抑制或杀死，从而使酵母菌大量繁殖而发病。

【主证】　患病乳区呈一整体的生面团样、肿胀明显，产奶量骤减，而乳汁性状基本正常，个别牛出现絮状物或乳汁变黄等。大剂量使用多种抗生素治疗均无效，乳腺红肿更加明显。实验室检查可确诊。

【治则】　清热解毒，抗菌消炎。

【方药】　乳肿消。蒲公英70g，鱼腥草、三棱、柴胡各50g，皂刺、大黄各40g，王不留行、丹参、瓜蒌、白芷各30g，漏芦、虎杖、木鳖子各20g（为500kg牛药量）。先用清水浸泡药材0.5～1h再煎煮，沸腾30min后滤汁，药渣再加开水煎煮，沸后20min取汁，合并两次药液，候温，1次灌服；或取上方药共研细末，开水冲调，1次灌服，1剂/d，连服5～7d。炎症严重时最好外敷鱼石脂软膏。共治疗11例，其中10例是继发于细菌性乳房炎，全部治愈。

【典型医案】　广饶县南驿金某一头6岁黑白花奶牛就诊。主诉：该牛分娩已6个多月，分娩后患乳房炎，一直用青霉素、先锋霉素、克林美、头孢哌酮等药物进行治疗，用药时只能控制肿胀不发展，但乳房外观、乳汁性状、产奶量均无好转，停药后乳房立即肿胀、变硬。检查：患牛全身状况良好，右后乳区呈弥漫性肿胀、发硬，乳汁颜色、质地无肉眼可见变化，产奶量很少（0.5kg/d），其他乳区无肉眼可见变化。经细菌学检查，发现右后乳区为酵母菌感染。治疗：乳肿消，用法同上。治疗1d后，患牛右后乳区明显消肿，3d后产奶量开始回升，7d后乳房完全软化，右后乳区产奶量达到3.5kg，且精神状态、采食、反刍均较治疗前好转。经实验室检查，右后乳区酵母菌为阴性。（宁召峰等，T132，P59）

## 七、瘘管性乳房炎

【病因】　多因乳房手术后消毒、护理不严，病菌继发感染而引起。

【主证】　患侧乳房肿胀，疼痛拒按，手术切口腐肉外翻、呈暗红色，乳汁从创口流出。

【治则】　收敛止痛，祛腐生肌。

【方药】　补中益气散加味。生黄芪、蒲公英各50g，金银花60g，当归、党参、升麻各45g，白术、陈皮各 30g，甘草、柴胡各 25g。共研细末，开水冲调，候温灌服，1 次/d；自拟芎七粉：川芎、田三七，按 10∶3 比例研成极细粉，醋调敷肿胀处；创口用双氧水冲洗后，撒布芎七粉。

**【典型医案】** 2004 年 7 月，乌鲁木齐市郊东戈壁牛场一头 2 岁西门塔尔奶牛来诊。主诉：该牛初产已 22d，近来发现左侧乳房肿胀，疼痛拒触，因化脓行两次切开术，创口分别长约 2.2cm、1.5cm，久不愈合，流出乳汁和脓血已有 1 个多月，用青霉素及环丙沙星治疗多日无效。检查：患牛体温 39.8℃，精神倦怠，行动迟缓，纳少溲黄，左后侧乳房有一 13cm×8cm 肿块，触感硬、边界清晰、颜色微红；切口处腐肉外翻、呈暗紫色，按压刀口流出乳汁和脓血混合物、无异味。治疗：补中益气散加味，用法同上，1 次/d，连服 6d；创口处用双氧水冲洗后，撒布芎七粉，1 次/2d；用醋调芎七粉适量涂肿胀处，1 次/d。第 6 天肿块缩小 1/2 并软化，创口乳汁及脓血外流明显减少，并有新鲜肉芽组织生长。第 15 天肿块消失，创口无脓血乳汁流出，肉芽组织生长良好，并明显愈合。第 29 天痊愈。（李令启等，ZJ2005，P505）

## 八、结核型乳房炎

**【病因】** 由于饲养管理不善，环境卫生变差，乳头表皮疱疹、乳头外伤、消毒不严等，导致细菌性感染而引发。病原微生物有链球菌、绿脓杆菌、霉菌、病毒等。

**【主证】** 患牛乳房实质及皮下出现较多肿块、硬结及乳房上淋巴结肿大，泌乳量下降。

**【治则】** 清热解毒，软坚散结，补中益气。

**【方药】** 1. 海藻、海蛤粉、昆布、浙贝母、皂角刺、玄参各 150g，连翘 250g，夏枯草 500g，牡蛎 200g。共研细末，分 6 等份，1 份/次，3 次/d，开水冲调，候温灌服。

2. 消瘰汤加减。海藻、昆布、厚朴、合欢皮、当归、山慈姑各 20g，青皮、醋香附各 15g，土鳖虫 10g，牡蛎 50g，漏芦、蒲公英、紫花地丁、白头翁、白蔹、玄参、益母草、知母各 30g。久治不愈、硬块变化不大者加海蛤壳、瓦楞子、守宫、穿山甲等；容易复发、硬块有的变软并有转移倾向者加黄连、苦参、黄芩、茯苓皮、土茯苓、虎杖、车前子，加大蒲公英、紫花地丁、白头翁、漏芦用量；夏季天气炎热加藿香、佩兰、白豆蔻、香薷、紫苏等；冬季天气寒冷加桂枝、细辛、艾叶、吴茱萸等。共研细末，开水冲调，候温灌服。

**【典型医案】** 1. 重庆市歌乐山乡新开寺村钱某一头约 450kg 奶牛，于第 4 胎产后 3 个多月发病来诊。检查：患牛 4 个乳区中部均可触摸到多个大小不等的硬肿块，乳房皮下可触及到较多的麻雀蛋至鸡蛋大的硬结，乳房上淋巴结肿大如鹅蛋、触之坚硬；局部无热痛，乳汁稀薄、呈灰白色，产奶量仅 11kg/d。治疗：取方药 1，用法同上，连服 3 剂。服药后，患牛乳房皮下硬结消失，乳房上淋巴结缩至乒乓球大小，乳区中部肿块基本消散，产奶量上升 5kg/d。（郑宏亮，T65，P22）

2. 2001 年 8 月，章丘县黄河乡吕家村的一头奶牛来诊。主诉：该牛于 1 个月前患乳房炎，当时 1 个乳头红肿、硬胀，体温 41℃，用青霉素、链霉素、安乃近、地塞米松、维生素 C、葡萄糖生理盐水输液治疗 4d 后临床症状消失，但食欲不振、产奶量没有恢复；半个月后因天气变化及饲养管理不当导致乳房炎复发，又用上述药物治疗 6d，并配合乳房炎消膏剂外涂，临床症状消除，但乳房中有两处硬块，当时未加注意，10 余天后乳房炎又复发，由初发时的 1 个乳头蔓延致 2 个乳头，病势较缓，微有肿胀，再用上述药物已收效甚微。检查：患牛食欲减半，体质虚弱，行走无力，舌苔白腻，有时粪稀，肠音较弱，患侧乳房略肿胀、产奶量减半。治疗：石菖蒲、木通、金银花、连翘、枳实、厚朴各 15g，藿香、白蔻仁、茵陈、茯苓、怀山药、白藓皮、合欢皮各 20g，生黄芪 60g，薏苡仁 50g，苦参、蒲公英、紫花地丁各 40g，党参、白术、芡实、茯苓皮各 30g，黄连、黄芩、香附各 10g。上药加水先浸泡 1～2h，煎煮 4 次，10～15min/次，取汁混合，分 2 次灌服，1 剂/d。连服 4d 后，患牛舌苔腻消失，食欲恢复正常，肠音清晰有节律，行动有力，反应灵敏，产奶量已恢复 70%。继服上方药，1 剂/2d，连服 6d，一切基本恢复正常，惟有乳房中有四处较大的硬块不消。药用消瘰汤去厚朴、白头翁、玄参、益母草，加生地 30g，土鳖虫加至 20g，蒲公英加至 40g，牡蛎减至 30g，用法同方药 2，1 剂/2d。连服 8d 后，患牛乳房中的硬块完全消失。（景秀年等，T120，P36）

## 九、支原体乳房炎

本病是因牛乳房被支原体感染出现炎症反应的一种病症。

**【病因】** 由于饲养管理不善，环境消毒不严，支原体病牛排泄物经乳房创伤、蚊虫叮咬、挤奶工手臂或挤奶器械等传播或感染而发病。

**【主证】** 患病乳房肿胀明显、灼热、有痛感，泌乳量减少，乳头挤出的乳汁清淡、有絮状沉淀或脓性混合物，体温升高。

**【治则】** 清热解毒，消肿散瘀。

**【方药】** 瓜蒌散加味。瓜蒌、蒲公英各 200g，金银花 100g，连翘 50g，当归、青皮各 40g，川芎 30g，射干、山豆根各 20g，乳香、没药、山甲珠、皂刺、甘草各 25g（药量根据牛种类、体格、体质强弱增减）。共研细末，开水冲调，候温灌服。西药用四环素、红霉素、土霉素以及卡那霉素等抗生素进行治疗。

**【典型医案】** 2007 年 5 月 30 日，门源县珠固乡西关村张某的 2 头奶牛来诊。主诉：2 头牛几乎同时发病，病初一侧乳头肿痛，乳汁稀薄、有絮状物，随后乳汁减少，排出脓汁。检查：1 头患牛各项体征正常；另 1 头患牛精神沉郁，体温 41.5℃。2 头患牛乳房均有硬结性肿胀、触之疼痛，乳汁少、内有脓液。对乳汁进行荧光抗体检测，诊为支原体乳房炎。治疗：取瓜蒌散加味，用法同上，1 剂/d，连服 3d；用 0.9% 氯化钠注射液 500mL，四环素 5g，静脉注射，1 次/d，连用 3d。治疗 3d，患牛精神、体温恢复正常，乳房肿胀消退，痛感减轻，乳汁脓状物显著减少，泌乳量有所恢复。继服药 3 剂，同时取土霉素 5g，肌内注射，2 次/d。随后追访，2 牛均痊愈。（张海成等，T151，P70）

## 乳腺增生

乳腺增生是指牛乳腺上皮和纤维组织增生，乳腺组织导管和乳小叶在结构上的退行性病变及进行性结缔组织的生长，属中兽医乳癖范畴。

【病因】　多为肝气郁结，疏泄失常，气机阻滞所致。

【主证】　患牛乳房一侧或两侧出现单个或多个肿块，形状大小不一，如桃核、鸭蛋至茄子大小，触之无热痛感，皮肤颜色正常、质韧实、表面光滑等。

【治则】　舒肝解郁，行气止痛，化痰软坚，活血化瘀。

【方药】　柴胡、当归、白芍、海藻各 60g，全瓜蒌 100g，元胡、炒白术各 40g，黄芪 80g，贝母、穿山甲各 30g。水煎 2 次，合并药液，加黄酒 250mL，1 次灌服，1 剂/d。共治疗 16 例，均痊愈。

【典型医案】　2002 年 5 月 3 日，河南省农业学校奶牛场一头 5 岁、约 300kg 奶牛就诊。主诉：近半个月来，该牛产奶量减少，右侧前乳房肿硬如茄子大小。检查：患牛右前乳房有一约 25cm 肿块，按压疼痛，但不明显，无热感，局部皮肤颜色正常。诊为乳腺增生。治疗：取上方药，用法同上，1 剂/d，连服 10 剂。患牛肿块消失，产奶量逐渐恢复。（何志生，T125，P46）

## 乳房出血

乳房出血是指牛乳汁中混有血液的一种病症，亦称血乳。

【病因】　多因脾气虚弱，脾失统血，血不循经，溢于脉络之外；亦有高产奶牛因乳房过大，受压迫所致。

【主证】　患牛患病乳区乳汁中混有血液、呈粉红色或鲜红色，泌乳量下降，乳房无红、肿、热、痛感，饮食欲、体温、呼吸、心率一般无明显变化。如伴有子宫内膜炎等疾病时可出现全身症状。

【治则】　补中益气，凉血止血。

【方药】　生黄芪、焦地榆各 100g，焦白术、生地炭、焦白芍、蒲黄炭各 50g，焦山栀、焦荆芥、金银花炭各 40g，连翘、泽泻各 20g，茯苓、焦黄柏、焦枳壳各 30g，白茅根 150g，炙甘草、生姜各 10g。共研细末，开水冲调，候温灌服。

【典型医案】　永登县城关镇北街马某一头 7 岁黑白花奶牛来诊。主诉：该牛产后发生子宫内膜炎并见乳房出血，先用大剂量抗生素和止血药治疗无效，继而灌服消毒饮加减治疗亦无效。检查：患牛精神不振，食欲减退，泌乳量下降，乳汁内含血丝，脉数无力，体温正常。治疗：取上方药，2 剂，用法同上，1 剂/d。服药后，第 1 天下午挤奶时出血量减少，第 2 天未见出血，乳汁好转，食欲恢复。半年后追访，未见复发。（郭福录，T38，P48）

## 乳房湿疹

乳房湿疹是指牛乳房皮肤出现的一种过敏性病症。多发于具有过敏性体质的牛。

【病因】　多因圈舍环境潮湿，通风不良，卫生条件差，对乳房护理不当，乳房局部潮湿，有害物质、气体侵害乳房，或过多使用刺激性液体清洗乳房所致；或蚊虫叮咬、寄生虫病等引发本病。

【主证】　急性者，患牛乳房皮肤发红、粗糙、增厚，表面常出现多数密集粟粒大的小丘疹或小水泡，基底潮红、瘙痒，破溃后出现点状渗出及糜烂面，有较多浆液渗出，伴有结痂、擦烂、脱屑等。亚急性者多由急性湿疹迁延而来，乳头周围皮肤均可出现小丘疹、鳞屑和糜烂、结痂。

【治则】　清热解毒，燥湿健胃。

【方药】　1. 仙人掌 500g，去刺，捣烂如泥，取汁，在乳房上擦洗，3 次/d，连用 3d。共治疗 23 例，全部治愈。（刘敏，T85，P37）

2. 黄连、黄柏、大黄各 20g，青黛 40g，雄黄、明矾各 30g，滑石粉 100g。共研为极细末，备用。取 10% 水杨酸钠注射液 100mL，2% 普鲁卡因注射液 50mL，氢化可的松注射液 500mg（100mL），硫酸庆大霉素注射液 200 万单位（50mL），生理盐水 300mL，备用。先用清水洗净乳房，后用西药洗液将乳房患区冲洗涂擦一遍，借药液未干将中药粉末轻敷于上，2 次/d。共治疗 7 例，均在短期内痊愈。

【典型医案】　2007 年 7 月 8 日，互助县威远镇西上街村段某一头 7 岁西门塔尔母牛来诊。主诉：该牛因圈舍较为潮湿，7d 前乳房出现丘疹，逐渐溃烂、有痛感，拒绝犊牛吮乳和人工挤奶，经输液抗炎、灌服中药及涂布软膏等方药治疗均未见效，最近病情加重。检查：患牛 4 个乳区都有许多直径 0.3～0.7cm 的丘疹，周边皮肤潮红，有的表层破溃、有渗出液，有的已化脓，尤以前两个乳区较为严重。诊为湿疹。治疗：取方药 2，用法同上，连续治疗 3d。嘱畜主保

持圈舍干净，地面勤填干土。随后追访，患牛痊愈。（白永庆，T157，P73）

## 乳房冻疮

乳房冻疮是指牛在冬季极端寒冷的天气下，由于乳房皮肤薄，与空气接触面积大，常常被冻伤的一种病症。

【病因】 在冬季，由于气温较低，厩舍保温差，或在户外停留时间过长，导致牛乳房被冻伤。

【主证】 轻者，患牛乳房皮肤呈紫色，复温后局部红肿、瘙痒、疼痛，严重者，乳房局部溃烂、坏死。

【治则】 润肤护肤。

【方药】 仙人掌200g，去刺，捣烂如泥，敷于患部，Ⅰ、Ⅱ度冻伤敷1次即愈，重度冻伤3d后换药1次，2次痊愈。共治疗4例，全部治愈。（刘敏，T85，P37）

## 乳 房 疖

乳房疖是指奶牛乳房皮肤上形成一种化脓性炎症病灶，以局部增温、肿胀、疼痛为特征的化脓性疾病。又称乳房脓疱。

【病因】 由于葡萄球菌侵入乳房皮肤，在乳房皮肤及皮下形成的一种弥漫性、粟粒样、脓疱状、化脓性炎症。

【主证】 病初，患牛乳房皮肤上出现黄豆大到胡桃大化脓性炎症病灶，周围炎性水肿，局部增温、肿胀、疼痛，产乳量下降。后期，乳房皮肤破溃，流出黏稠带血的脓汁。当疖数量多时，可出现体温升高、食欲减退等全身症状。有时乳房疖先后反复出现，经久不愈。

【治则】 清热解毒，消痈止痛。

【方药】 五味消毒饮加味。野菊花90g，紫花地丁80g，金银花50g，蒲公英45g，紫背天葵30g，连翘35g，大黄、黄芩各25g，乳香15g，黄连、没药各20g。水煎取汁，候温灌服，1剂/d，连服3d。乳房疖初期，局部用盐水冲洗后涂敷20%～50%鱼石脂软膏，促使疖消退或化脓成熟；疖已成熟者切开排脓，用3%双氧水彻底冲洗并擦拭脓肿腔，撒布青霉素或消炎粉。共治疗32例，治愈32例，一般治愈后不复发。

【典型医案】 2008年5月15日，门源县珠固乡玉龙村赵某一头5岁黑白花奶牛来诊。检查：患牛乳房皮肤上有3个胡桃大小化脓性炎症病灶，周围有炎性水肿，局部增温、肿胀、疼痛，食欲减退，体温升高，精神差。诊为乳房疖病。治疗：五味消毒饮加味，用法同上。局部乳房疖处剪毛后用盐水冲洗并拭干，涂敷40%鱼石脂软膏。第2天，患牛体温、食

欲均恢复正常，乳房疖明显消退，触之疼痛减轻。效不更方，继服加味五味消毒饮，1剂/d，连服3剂，痊愈。（张海成等，T164，P70）

## 乳 疮

乳疮是指牛乳房长期受压迫、持续缺血、缺氧、营养不良而致使乳房组织溃烂、坏死的一种病症。

【病因】 在围产期，由于奶牛乳房充血、皮肤水肿等，导致乳房血液循环障碍而引起组织坏死。

【主证】 患牛乳房局部出现红斑、溃疡或坏死。

【治则】 消炎止痛。

【方药】 去掉坏死痂皮和组织，暴露糜烂病灶；取药棉撕薄摊于手掌，上面撒布一层呋喃西林干粉，另一只手将牛后肢轻拍抬起，迅速将药贴至患处，放下牛肢，药贴被牛后肢与乳房紧紧夹住，并保持较长时间不脱落，1次/d，一般2～3次即愈。

【典型医案】 1. 2002年7月15日，杨陵科元克隆股份有限公司良种牛场515号奶牛就诊。主诉：该牛产第1胎后挤奶时发现两后肢内侧发生乳疮。检查：患牛全身症状轻微，精神食欲尚好，患部皮肤气味恶臭。治疗：取上方药，用法同上，2次治愈。

2. 2003年6月2日，杨凌科元克隆股份有限公司良种牛场102号奶牛就诊。主诉：该牛初产后发生乳疮，先后用双氧水冲洗、涂喷碘酊治疗数日效果不佳，疮口糜烂而久不收敛。治疗：取上方药，用法同上，3次治愈。（王瑞，T125，P47）

## 乳头狭窄

乳头狭窄是指牛乳头池基部及其周围结缔组织增生、疤痕以及黏膜表面出现乳头状瘤、纤维瘤等的一种病症。

【病因】 多由慢性乳头炎或乳池炎引起；粗暴挤乳或机械损伤、挫伤等亦可引起。

【主证】 挤奶时，患牛乳汁呈线状并歪向一侧或喷向各方，捏住乳头尖端捻动时乳头管有粗硬感。

【治则】 扩大乳头管。

【方药】 乳房插管法。

插管制作。取矿井用引爆炸药塑料软管8～10cm，一端微烤变软，两手轻拉，使软管变细，直径缩小至0.1cm，从细部剪去一小部分，留6～8cm，以通奶针（亦可用18号铅丝15cm，两端磨光代用）能穿过乳孔为宜。洗净拭干患病乳头；术者左手握乳头，右手将穿有通奶针的塑料软管慢慢插进乳孔3～5cm，外留0.4～0.5cm，外露端缠绕1～2圈胶布，防止软管滑进乳孔；再用胶布将外露端与乳头固定。一般插管7～10d，取出塑料软管即可治愈。

【典型医案】 云南省会泽铅锌矿牛场27号奶牛，因左乳孔狭窄来诊。按上法插管治疗7d，乳孔扩大，

挤奶正常。（尚朝相，T58，P44）

## 乳头皲裂

乳头皲裂是指牛乳头因干燥或浅在性炎症引起乳头皲裂的一种病症。一般多见于春、秋季节和泌乳量不足的母牛。

**【病因】**　由于犊牛过度吸吮，或挤奶手法不正确，引起乳头干燥或浅在性炎症，形成乳头皲裂。

**【主证】**　患牛乳头局部无红、肿、热、痛感。严重者，乳头出血、疼痛，拒绝犊牛吮乳，乳产量下降。

**【治则】**　消炎止痛，润泽肌肤。

**【方药】**　蜜硼膏。蜂蜜4份，硼砂2份。先将硼砂研成细末，再加蜂蜜调制均匀，放入高压锅或锅内蒸30min，冷却后装入密封器皿内，密封备用。施药前，先用温盐水将乳头洗擦干净；涂擦药膏时不要留死角，把裂隙填充均匀；施药后在犊牛吮乳前，用温盐水将乳房洗擦干净。本方药适用于哺乳期牛乳头皲裂症。共治疗黄牛、奶牛乳头皲裂100例，治愈率100%。

**【典型医案】**　2000年10月26日，商丘市睢阳区南郊乡王庄村宋某一头3岁红色母牛来诊。主诉：该牛产后3周，拒绝犊牛吮乳，吮乳时躲闪，两后肢不时骚动，疼痛，他医诊为乳房炎，药用青霉素、链霉素、鱼腥草、双黄连注射液和氨基比林注射液等药物治疗，症状稍有缓解但尚未治愈。检查：患牛右乳头两处皲裂、表面如菜花瘤状、触之坚硬，裂隙色稍红润，乳房无肿块及热痛感。治疗：蜜硼膏，涂擦，3～4次/d，3d后痊愈。（刘万平，T120，P25）

## 漏　乳

漏乳是指牛乳头孔括约肌松弛或麻痹，乳汁从乳孔自行溢出或射出的一种病症。

### 一、奶牛漏乳

**【病因】**　由于脾胃受损，气血生化不足，脏腑失养而虚损，气血虚则不能统摄乳汁而发病。先天性乳头括约肌发育不良，或括约肌麻痹，或与创伤、应激因素（如不按时挤奶、分娩等）有关。

**【主证】**　患牛精神、食欲、反刍尚好。从两个乳头孔中自溢漏乳（较多见）或从四个乳头孔中自溢漏乳（少见），若出现乳汁不能自控，呈线状或滴状而溢漏不止则为病理现象。

**【治则】**　补中益气，固气摄乳。

**【方药】**　1. 加味补中益气汤。炙黄芪80～120g，当归100g，党参、阿胶各50g，白术、茯苓、蜜升麻、白芍、熟地、砂仁各40g，川芎、陈皮、蜜柴胡、炙甘草各30g，生姜、大枣各31g。水煎取汁，候温灌服。共治疗68例，治愈率达100%。

2. 维生素B₁1000mg，肌内注射，1次/d，连用3～5d。挤奶后轻揉乳头。本方药对乳头括约肌损伤引起的漏乳无效。共治疗10例，全部治愈。

3. 八珍汤加减。当归75g，白芍、白茯苓各90g，熟地、党参、炙黄芪各120g，炙甘草45g，五味子、芡实各60g。水煎取汁，候温，分2次灌服（间隔8h），1剂/d。

**【典型医案】**　1. 2001年1月10日，陇县东南镇高庙村2组撒某一头7岁、已产3胎黑色奶牛来诊。主诉：该牛比较瘦弱，精神很好，产后2个月左右出现不定时漏奶，分别从四个乳孔呈滴状或线状漏奶，经多次医治效果不佳。治疗：加味补中益气汤，用法同方药1，连服3剂，痊愈。（王文玉等，T117，P17）

2. 1988年5月3日，临泽县乳品厂235号西德黑白花奶牛来诊。主诉：该牛因患子宫病每日下午冲洗子宫，挤奶时间由原来每天15时推迟到17时，第4天出现漏奶，且日趋严重，至10日产奶量由原来19kg/d降至10kg/d；4个乳头孔均滴淋乳汁，乳房充盈或两后肢有拢时乳汁呈线状喷射，精神及食欲无异常。治疗：维生素B₁1000mg，肌内注射。次日，患牛症状明显好转，产奶量亦有回升。连续用药3d，痊愈，日产奶量升至原水平。（司振东等，T57，P40）

3. 1990年3月20日，平阳县南湖乡金池村陈某一头6岁奶牛，因乳汁在不挤奶时自行流出来诊。检查：患牛体温38.7℃，食欲、反刍正常，流出的乳汁数量较少、质清稀，乳房柔软、无胀感，神疲气短，舌淡苔薄，脉细弱。诊为气血虚弱漏乳。治疗：八珍汤加减，用法同方药3，连服5d。15d后追访，患牛痊愈。（叶德燎，T78，P40）

### 二、产后漏乳

本病是指母牛产后乳汁自溢而出的一种病症。一般多见于经产老龄牛。

**【病因】**　多与体质虚弱、饲养管理失宜、营养缺乏有关。母牛妊娠后期及产后饲养管理不当，后天失养，导致中气下陷，脾气失统，气不摄乳，从而导致乳汁流漏。

**【主证】**　患牛精神不振，食欲减退，四肢无力，倦怠喜卧，站立或稍运动乳汁则自行溢出，有时呈细线状流出，乳汁稀薄，乳房外观基本正常，口色淡红，脉沉细。

**【治则】**　升阳举陷，固气摄乳。

**【方药】**　1. 补中益气汤加味。黄芪200g，党参80g，白术、当归、柴胡、升麻、熟地、白芍、川芎、陈皮各60g，炙甘草35g，姜、枣为引。气虚甚者加山药、茯苓等；自汗严重者黄芪用量加倍，血虚者加川芎、熟地、白芍等。水煎取汁，候温灌服，

1剂/d，连服3～5剂。多数病例服药2～3剂后，溢乳症状明显减轻，继服药1～2剂即可治愈。共治疗15例（其中奶牛3例），全部治愈。

2. 黄芪、党参各120g，炒白术、陈皮、升麻、麦冬、五味子、柴胡各40g，当归、炙甘草各30g，红枣12枚，蜂蜜120g。共研细末，开水冲调，候温灌服，1剂/d，连服3～4剂。

【典型医案】　1. 2003年4月9日，内乡县城关镇东风村周某一头5岁奶牛，于产后2月发生漏乳邀诊。主诉：该牛近日精神差，少食，消瘦，在不挤乳时乳汁不断地从乳头溢出、清稀而淡，挤乳时乳量极少。检查：患牛体温37.6℃，呼吸39次/min，心跳72次/min，自汗，粪稀薄，舌色淡白而少津，脉细弱，乳房触之柔软且有缩皱。诊为气血双虚溢乳。治疗：补中益气汤加味，用法同方药1。服药2剂，患牛乳汁自溢减轻，自汗止；继服药2剂，诸症悉平。（杨铁茅，T131，P41）

2. 2001年8月3日，天祝县朵什乡旱泉沟村季某一头9岁奶牛来诊。主诉：该牛产后10d乳头开始流乳，有时呈线状，运动时更为明显，犊牛在吮乳时常常吃不饱而跟在母牛后哞叫。检查：患牛营养中等，精神倦怠，两后肢下端因漏乳而污秽，粪干，口色白，舌苔薄，脉象细弱。属中气不足，气虚不能摄纳。治疗：取方药2加火麻仁30g，用法同上，连服4剂，痊愈。（马成林，T148，P51）

## 缺　乳

缺乳是指母牛在泌乳期因非乳房炎而引起的乳量逐渐减少或完全无乳的一种病症。

【病因】　母牛妊娠期间，由于饲料短缺、单纯，饲喂失调，或劳役不当，饱后使役或久役，或饥渴失饮喂，导致脾胃受损而虚，失于运化，精血不足而缺乳。脾胃虚弱或分娩失血过多，气随血耗，导致气血双亏，使乳汁生化无源。乳腺发育不全，内分泌机能紊乱，变更挤奶时间、场所或挤奶员，运动不足，气机不畅，乳络运行受阻而缺乳。母牛喂养过盛，长期不使役，运动不足，膘肥臌肿，致使气血郁滞，经络不畅而缺乳。产前、产后三焦壅热，热毒流注于乳房而血瘀肿胀，乳道闭塞不通，乳汁蓄积不能流出；挤奶不及时，或乳汁分泌过盛，犊牛吸吮不完，或因产后犊牛死亡，或受惊吓，致使乳汁蓄留，气血壅实，乳闭不通；粗暴的挤奶或其他外伤，损伤乳房组织，乳孔闭塞不通而无乳或少乳。

【辨证施治】　本病分为气血两虚型、脾虚胃弱型和气血瘀滞型缺乳。

（1）气血两虚型　患牛体瘦毛长，营养状况低下，精神不振，乳房浮虚松软，触之不热、不痛，挤之乳房空虚，乳汁很少甚至无乳，口淡舌绵，脉迟细。

（2）脾虚胃弱型　患牛长期消化不良，慢草，泄泻，逐日消瘦，神疲乏力，口色青黄，舌有白苔；乳房松软空虚，初期能挤出少量乳汁，若不及时调治，则乳汁渐减甚至全无。

（3）气血瘀滞型　患牛乳汁不通，乳房胀满、触之硬或有肿块，拒绝犊牛吮乳，用手挤有少量的乳汁流出，运步不便，严重者站立时两后肢开张，若治疗不及时或治疗不当，日久形成脓疮，脉弦数。

【治则】　气血两虚型宜益气养血；脾虚胃弱型宜补中益气，养脾健胃；气血瘀滞型宜理气活血，散瘀通乳。

【方药】　（1～9适用于气血两虚型缺乳；10适用于脾虚胃弱型缺乳；11～13适用于气血瘀滞型缺乳）

1. 加味八珍散。党参、当归、熟地各50g，枳壳35g，白术、陈皮、厚朴各30g，川芎25g，茯苓、白芍、炙甘草、阿胶各20g，砂仁15g。共研细末，开水冲调，候温灌服，1剂/2d。共治疗19例，均获痊愈。

2. 补中益气汤加味。当归、陈皮、白术、益母草、通草各20g，黄芪40g，党参30g，柴胡、升麻、川芎、桃仁、甘草各10g。水煎取汁，候温灌服。

产前用活血通络方：当归、茯苓、白术、栀子、黄芩、蝉蜕、天花粉、黄药子、白药子各30g，黄芪、党参各60g，蒲公英、连翘、白芷、牛蒡子各40g，桔梗、雄黄、黄柏各25g，白矾20g，甘草15g。水煎取汁，候温灌服，1剂/d。

3. 黄豆500g，芝麻250g。先将黄豆浸泡24h，磨成豆汁，再将芝麻用文火炒成棕红色，捣成泥状。上药放入锅内，加水4000～5000mL，煮沸后加食盐50g，红糖200g，取汁候温，让患牛自饮或灌服，1剂/d。共治疗黄牛缺乳症千余例，均取得满意效果。

4. 党参、黄芪各45g，当归、木通各40g，桔梗35g，鲜棉花根100g，鲜黄花菜根400g，胡萝卜1000g。产后发热者加蒲公英、夏枯草。水煎取汁，候温灌服。同时配合使用抗生素类药物。共治疗58例，全部治愈。

5. 胎水四味汤。胎水（羊水，母牛分娩中临时收集）2000mL，黄豆500g，鲜南瓜2000g（南瓜干减半），小米500g，河水适量，煎煮取汁，药液中加红糖250g，让患牛自饮。服药后1次乳房动，2次乳汁流。共治疗112例（含其他母畜），疗效很好。

6. 取刺猬皮或单用其针状刺，置瓦上焙黄或在锅内将砂炒热，再放入刺猬皮进行烫炒，直至色黄为度，研末，用通草水煎取汁或用小米粥冲调，候温，取50～100g，分2～3次灌服。

7. 归留通汤。当归、党参、地龙、王不留行、通草、甘草、山甲珠、木通、红花、陈皮、川芎。水煎取汁，候温灌服。共治疗黄牛产后缺乳11例，其中 10 例均在 2～3d 内恢复正常产乳。

8. 取鲜鱼（以鲢、鲫鱼为佳）500g，加水煮烂，去刺骨后喂服 1～2 次。无鲜鱼时取猪蹄 2 个，黄豆 250g，一同炖烂，取汁喂服。取黄芪、阿胶、当归、王不留行各 60g，党参 40g，通草、川芎各 30g，木通 20g，甘草 15g。黄酒 100mL 为引，水煎取汁，候温灌服，1 剂/d，连服 1～3d。取 10% 葡萄糖注射液 1000mL，静脉注射。共治疗产后缺乳 18 例，全部治愈。

9. 通奶散。王不留行 3 份，白通草、炒山甲珠、香白芷各 2 份，川木瓜 1 份，共研成粉末，400～500g/次（为中等牛药量）。加黄酒 300mL/剂为引。开水冲调，候温灌服，体质差者加黄芪、党参各 50g，当归 100g，用猪蹄 500g 水煎取汁为引，或加米虾 300～500g，1 次灌服。共治疗 17 头（其中挤奶的母黄牛 3 头），有效 15 头。

10. 养胃助脾散。党参、山药各 50g，白术、厚朴各 40g，茯苓、陈皮、沙参、麦冬、五味子、当归各 30g，菖蒲、甘草、生姜各 20g，大枣 10 枚。共研细末，开水冲调，候温灌服，1 剂/2d。共治疗 11 例，治愈 9 例。（李传哲，T52，P22）

11. 下乳通泉散。当归 30g，白芍、生地、柴胡、天花粉、炮山甲、川芎、青皮各 20g，王不留行 40g，漏芦、桔梗、通草、白芷、甘草各 15g，木通 10g。共研细末，开水冲调，候温灌服；或逍遥散加味：当归、白芍、白术、王不留行各 40g，蒲公英 60g，柴胡、茯苓、薄荷、山甲珠、路路通各 30g，皂刺、通草、苏子各 25g，生姜、甘草各 20g。共研细末，开水冲调，或水煎取汁，候温灌服。共治疗 186 例（含其他母畜），治愈 182 例。

12. 肿痛初起尚未化脓者，药用瓜蒌蜂房散：大瓜蒌 1 个，露蜂房、乳香、没药、丹参各 30g，当归 60g，蒲公英 45g，山甲珠、王不留行、枳壳各 20g，川芎、通草、浙贝母、青皮各 15g，甘草 10g。共研末，开水冲调，候温灌服。英夏膏：鲜蒲公英、鲜生半夏、白矾各等份。将白矾研细，同蒲公英、半夏合捣成泥状，再加适量面粉和醋，调成软膏，外敷。

乳房肿胀而不破溃者，药用党参、穿山甲各 25g，黄芪 30g，香附、青皮、乳香、元胡各 20g，皂刺 15g。共研细末，开水冲调，候温灌服；外敷英夏膏。

破溃后久不收口者，药用黄芪补气散：黄芪 50g，党参、山药各 30g，当归 35g，茯苓、肉桂各 25g，枳壳 40g，白芍、木香各 20g，生甘草 10g。共研细末，开水冲调，候温灌服；外敷英夏膏。

共治疗 19 例，治愈 18 例。

13. 王不留行 60g，当归、生地各 30g，白芍、川芎、柴胡各 25g，通草、木通、桔梗、漏芦、甘草各 15g。水煎取汁，候温灌服，1 剂/d，连服 2～3d。取催产素或垂体后叶素 30～50U，肌内注射；用热毛巾轻轻按摩乳房 20～30min，4～6 次/d。

**【典型医案】** 1. 1964 年 11 月 20 日，扶风县某队段家一头红母牛，因产后缺乳就诊。检查：患牛消瘦，被毛粗乱，精神不振，呆立少动，口色淡白，乳房松软，触之不热不痛，可挤出少量乳汁。据了解，该队长期缺少饲料和畜力，患牛在妊娠期间持续使役，致使营养不良，劳伤气血致产后缺乳。治疗：加味八珍散，用法见方药 1。服药 3 剂，患牛泌乳量开始回升，7d 后乳量恢复正常。（李传哲，T52，P22）

2. 1988 年 4 月 2 日，民和县川口镇川口村马某一头 8 岁妊娠母牛来诊。主诉：前两胎时，该牛乳汁较少，曾内服多种药物无效。检查：患牛乳头小，乳房软，再有 1 月临产。诊为气血虚弱型缺乳。治疗：活血通络方，用法见方药 2，1 剂/5d，连服 3 剂，患牛产后乳汁充足。（何香花，T110，P20）

3. 1989 年 5 月 4 日，鹿邑县唐集乡套犁王村王某一头 5 岁母黄牛来诊。主诉：该牛第 3 胎 1 次产 2 头犊牛，产后乳汁缺乏，手挤乳头亦无乳汁流出。治疗：取方药 3，用法同上，3 剂，痊愈。（秦连玉等，T50，P33）

4. 1987 年 12 月 10 日，确山县李新店乡八里村张某一头 5 岁黄牛来诊。主诉：该牛于 3 日上午产一公犊牛。由于母牛奶量不足，犊牛近来逐渐消瘦，检查：患牛体温正常，营养较差，犊牛吮乳时，母牛总是用后肢踢弹。治疗：取方药 4（棉花根减至 90g），水煎取汁，胡萝卜 1000g，煮熟捣烂，1 次灌服，1 剂/d，连服 3 剂，痊愈。（徐玉成，T45，P39）

5. 鹿邑县高集乡朱庄王某一头 8 岁母黄牛来诊。主诉：该牛连产 3 头犊牛皆因无乳饿死。治疗：生产时，取胎水四味汤（见方药 5）让母牛自饮。服药后 1 次乳房动，2 次乳汁流，乳量充足。（秦连玉等，T49，P39）

6. 1985 年 11 月 25 日，莱西县牛埠乡孟格庄姜某一头 3 岁母牛，因产后缺乳来诊。治疗：取焙黄的刺猬皮 80g，分 2 次灌服。服药后第 3 天，患牛乳汁增多，7d 后乳汁充足。（王志远，T47，P40）

7. 信丰县同益乡山塘村张某一头母黄牛，因产后缺乳就诊。检查：患牛精神不振，被毛粗乱，乳房较小，拒绝犊牛吮乳，人工挤之则无乳汁流出。治疗：当归、党参、地龙、王不留行、通草各 30g，山甲珠 25g，木通、川芎各 20g，红花、陈皮各 10g，甘草 5g。水煎取汁，候温灌服。隔日复诊，患牛已有少量乳汁。继服原方药 1 剂，痊愈。（施晓生，T82，P19）

8. 1994 年 5 月 4 日，衡阳县角山乡张杨岭村邱某一头 8 岁母黄牛，已产犊 2d，因无乳就诊。检查：患牛体型瘦小，精神不振，乳房挤出少量乳滴，犊牛只见吸吮不见下咽。诊为气血两虚型缺乳。治疗：鲫鱼 500g，煮烂去刺，1 次喂服；10% 葡萄糖注射液、生理盐水各 500mL，静脉注射；取黄芪、阿胶、当归、王不留行各 60g，党参 40g，通草、川芎各 30g，木通 20g，甘草 15g，黄酒 100mL 为引，水煎取汁，候温灌服，1 剂/d，连服 2 剂。次日，患牛乳房泌乳。（何华西，T106，P30）

9. 义乌县某奶牛场一头 3 岁黑白花奶牛就诊。主诉：该牛胎次不详，已产犊 32d，平均产奶量 9.25kg/d。检查：患牛一切正常，无乳房（头）炎，但乳头瘪干。治疗：通奶散（见方药 9）450g，开水冲调，加黄酒 250mL，候温灌服。第 2 天，患牛乳汁增加，产奶量 11.25kg，第 6 天产奶量为 13.75kg，平均增加 47.4%；第 8 天再同法灌服通奶散 400g，产奶量超过 15kg/d，增加 60% 以上，一直维持了数月。（楼翰信，T14，P42）

10. 1999 年 2 月 16 日，民和县川口镇驮岭村马某一头奶牛来诊。检查：患牛膘情良好，产后乳汁少，精神欠佳，乳房肿胀，触之硬，体温 39℃，食欲下降。诊为瘀血型缺乳兼感冒合并症。治疗：逍遥散加味，2 剂，用法见方药 11。服药后，患牛乳汁增加，诸症消失。（何香花，T110，P20）

11. 1965 年 4 月，周至县槐芽村一头 3 岁母黄牛，因产后缺乳就诊。主诉：该牛产后乳汁旺盛，犊牛吮食不完，新换饲养员失于按时挤奶，造成乳房肿大，乳汁不下。检查：触摸患牛乳房发热，疼痛拒按，运步时后肢外展，行走不便，口色赤紫，舌有黄苔。治疗：瓜蒌蜂房散，1 剂/d，用法见方药 12；外敷英夏膏。嘱畜主每日多次挤奶、按摩，连续用药 5d，肿消乳下。（李传哲，T52，P22）

12. 1998 年 11 月 18 日，衡阳县西湖乡张某一头初产母水牛，因产后不泌乳来诊。检查：患牛乳房肿胀，触之较硬，挤压见少量乳汁排出，舌苔黄薄，脉弦数。诊为气滞血瘀型缺乳。治疗：用热毛巾按摩乳房，1 次/4h；取催产素 30U，肌内注射；取方药 13 中药，用法同上，1 剂/d，连服 2 剂。次日，患牛乳房泌乳。（何华西，T106，P30）

# 第四节　产后疾病

## 产后发热

产后发热是指母牛产后因气血亏虚，邪毒内侵引起以发热为主要症候的一种病症。

## 一、黄牛产后发热

【病因】　由于流产后没有及时治疗延误了病期，致使牛气血亏虚，邪毒乘虚内侵，直犯胞宫，正邪相争，热毒内盛而发热；或产后气虚，气虚无以帅血行之，瘀血停滞而为败血，败血滞留于胞宫而发热；或产后气血两虚，又适逢暑月，汗出当风，以致卫强营弱，营卫不和而发热；或产后气血亏虚，调摄失宜而感受暑湿之邪而发热；或产后阴血俱虚，阳无依附，阳气外浮，营卫失和，其热不得外达而发热。

【辨证施治】　本病分为气虚血亏型、瘀血滞留型、营卫不和型和暑湿阻遏型产后发热。

（1）气虚血亏型　患牛精神不振，食欲、反刍废绝，喜饮水，泌乳量骤减，阴门流出暗红色带臭味的血水，体温 40℃ 以上。

（2）瘀血滞留型　患牛精神不振，食欲下降，体温 40.4℃，恶寒，阴门流出少量恶露、带有暗红色血块，触诊腹部拒按，鼻汗时有时无，汗不成珠，舌质稍淡、有瘀点，脉细涩而数。

（3）营卫不和型　患牛精神沉郁，食欲不振，体温 40.7℃，阴门流出少量恶露，心跳快而弱，动则更甚，口干喜饮，舌质发红，舌苔薄黄，舌根苔厚，脉浮数而无力。

（4）暑湿阻遏型　患牛精神沉郁，食欲减少或废绝，反刍、嗳气停止，有轻度腹胀，眼闭，呼吸加快，鼻翼翕动，口唇周围附着泡沫样唾液，鼻镜无汗，畏惧风寒，四肢沉重、不愿行走，站立不动，舌质淡，舌苔白厚而腻，脉濡细。

【治则】　气虚血亏型宜清热解毒，化瘀消滞；瘀血滞留型宜养血活血，祛瘀生新；营卫不和型宜调和营卫，益气；暑湿阻遏型宜清暑解表，和中除湿。

【方药】　（1 适用于气虚血亏型产后发热；2、3 适用于瘀血滞留型产后发热；4 适用于营卫不和型产后发热；5 适用于暑湿阻遏型产后发热）

1. 补中益气汤加味。太子参、白术、当归各 45g，土茯苓 60g，炙黄芪、柴胡、升麻、陈皮、金银花、连翘、紫花地丁、麦冬、盐知母各 30g，炙甘草 20g。水煎取汁，候温灌服，1 剂/d。

2. 加味生化汤。当归、黄芪、赤芍、五灵脂各 60g，川芎 45g，桃仁、生蒲黄各 40g，益母草 100g，潞党参、金银花、蒲公英各 90g，紫花地丁 80g，红花、炙甘草各 30g。外感者加柴胡 90g，荆芥、防风各 40g；血虚者加熟地、白芍各 60g，阿胶 20g。水煎 2 次，合并药液，候温，加黄酒 250mL，1 次灌服。取 10% 葡萄糖注射液 1500mL，5% 葡萄糖生理盐水 1000mL，10% 磺胺嘧啶钠注射液 100mL，维生素 C 注射液 40mL，氢化可的松注射液 40mL，10% 安钠咖注射液 20mL，1 次静脉注射。共治疗 39 例，治愈 38 例。

3. 当归 45g，醋香附、白芍各 40g，益母草 50g，川芎、桃仁、炮姜、黄柏、黄芩各 30g，炒蒲黄 25g，甘草 20g。水煎取汁，候温，加明馏酒 200mL，红糖 200g，搅拌均匀后灌服，1 剂/d。

4. 桂枝汤加味。当归、太子参、黄芪各 60g，白芍、白术、益母草各 45g，桂枝 35g，防风、谷芽、麦芽、炙甘草各 30g，生姜 7 片，大枣 7 枚，葱白 3 根。水煎取汁，待温后加红糖 150g，明馏酒 150mL，搅拌均匀，灌服，1 剂/d。

5. 藿香 60g，郁李仁、茯苓各 45g，薏苡仁 40g，厚朴、姜半夏、猪苓、泽泻、苍术、秦艽、独活、羌活、淡豆豉、白豆蔻各 30g，大葱白 3 根。水煎取汁，候温灌服。

【典型医案】 1. 2002 年 10 月 18 日，商丘市睢阳区王坟乡王某一头 4 岁红色母牛就诊。主诉：该牛于近日流产，食欲、反刍废绝，精神不振，阴门流出暗红色带臭味的血水，发热，他医用抗生素、激素、催产素治疗无效。检查：患牛精神不振，眼闭似昏睡，耳聋头低，食欲废绝，反刍停止，体温 41.2℃，舌红苔黄，脉细数。诊为气血亏虚型发热。治疗：补中益气汤加味，用法见方药 1，1 剂/d，连服 4 剂。服药后，患牛体温正常，食欲、反刍均好转，痊愈。（周德忠，T133，P53）

2. 1988 年 2 月 27 日，邓州市刘集乡孙某一头 4 岁母黄牛就诊。主诉：该牛产犊牛已 12d，发热，曾用青霉素、链霉素、四环素、磺胺嘧啶钠、安乃近等治疗无效。检查：患牛体温 41℃，心跳 112 次/min，呼吸 46 次/min，听诊瘤胃蠕动音减弱，阴门流出少量恶露，口色红。诊为产后瘀血不尽发热。治疗：加味生化汤加柴胡 60g，用法见方药 2。10% 葡萄糖注射液 1500mL，5% 葡萄糖生理盐水 1000mL，10% 磺胺嘧啶钠注射液 100mL，10% 安钠咖注射液 30mL，维生素 C 注射液 40mL，氢化可的松注射液 40mL，混合，静脉注射，连用 3d，痊愈。（孙荣华等，T64，P27）

3. 2002 年 8 月 16 日，商丘市睢阳区水池铺乡吴楼村盛某一头 3 岁黄褐色母牛来诊。主诉：该牛因难产流血过多，产后 3d 寒战发热，食欲、反刍减退，精神欠佳，他医曾用抗生素治疗未效。检查：患牛精神不振，食欲下降，体温 40.4℃，恶寒，阴门流出少量恶露、带有暗红色血块，触诊腹部拒按，鼻汗时有时无，汗不成珠，舌质稍淡、有瘀点，脉细涩而数。诊为瘀血停滞、瘀里发热。治疗：取方药 3，用法同上，连服 5 剂。服药后，患牛体温 38.4℃，恶寒症状消失，恶露净，食欲恢复。

4. 2003 年 8 月 9 日，商丘市梁园区周庄乡王庄村王某一头 5 岁黑母牛来诊。主诉：该牛产后第 2 天发热，体温 39.5℃，阴门流出少量恶露，用青霉素、柴胡注射液和磺胺类等药物治疗均未效。检查：患牛 T40.7℃，心跳快而弱，动则更甚，口干喜饮，舌质发红、苔薄黄，舌根苔厚，脉浮数而无力。诊为气血两虚，营卫不和发热。治疗：取方药 4，用法同上，连服 5 剂。服药后，患牛体温恢复正常，恶寒消失，恶露尽，食欲恢复。

5. 2004 年 8 月 25 日，商丘市梁园区周庄乡苏庄李某一头 6 岁西门塔尔母牛来诊。主诉：该牛产后 2d 发热，经用抗生素、输液治疗无效。检查：患牛精神沉郁，食欲减少或废绝，反刍、嗳气停止，轻度腹胀，眼闭，呼吸加快，鼻翼翕动，口唇周围附着泡沫样唾液，鼻镜无汗，畏惧风寒，四肢沉重、不愿行走，站立不动，体温 41℃，舌质淡，舌苔白厚而腻，脉濡细。诊为暑遏热伏，湿邪困脾发热。治疗：取方药 5，用法同上。服药 3 剂，患牛热退，畏惧风寒减轻，食欲仍差，舌根部苔厚腻，脉濡细。上方药去淡豆豉、葱白，加白术、陈皮、太子参、谷芽、炙甘草。水煎取汁，候温灌服。再服 3 剂，患牛精神好转，食欲正常，痊愈。（周德忠，T133，P54）

## 二、奶牛产后发热

本病常因奶牛分娩或产后生殖器官感染而引起。

【病因】 生产时，因软产道损伤，胎衣滞留，助产消毒不严格，圈舍及运动场卫生不良等导致微生物如链球菌、葡萄球菌、化脓棒状杆菌、大肠杆菌等感染引起。

【辨证施治】 本病分为血虚型、瘀血内阻型和外感型产后发热。

(1) 血虚型 患牛阴门流出少量淡红色恶露，舌淡红、绵软而苍老，脉大而芤。

(2) 瘀血内阻型 患牛阴道流出紫黑色恶露、气味甚臭，口色红，津少，口温较高，舌呈紫色，脉弦数。

(3) 外感型 患牛全身颤抖，皮温不匀，耳鼻冷，流清涕，鼻汗时有时无，伴有咳嗽，食欲降低，口色青白，舌苔薄白，舌质红润，脉濡细。

【治则】 血虚型宜补气益血；瘀血内阻型宜清热凉血，活血祛瘀；外感型宜扶正祛邪。

【方药】 （1 适用于血虚型发热；2、3 适用于瘀血内阻型发热；4 适用于外感型发热）

1. 四物汤加减。熟地、当归、党参各 120g，黄芪 200g，白芍、益母草、甘草各 100g，川芎 75g。水煎取汁，候温，分 4 次灌服，2 次/d。

2. 生地、当归、川芎、桃仁、红花各 100g，益母草 120g，白芍、金银花、连翘各 75g，香附 60g。水煎取汁，候温，分 2 次灌服，1 剂/d。

3. 生地、白芍、板蓝根各 40g，栀子、连翘、金银花、知母、黄芩、泽泻、枳壳、川厚朴、麦冬、桔梗、石斛、甘草各 30g，大黄、芒硝、生石膏各 90g，当归、党参各 50g。水煎取汁，候温灌服。共治疗 7 例，均获得满意效果。

4. 熟地、当归、白芍各 100g，川芎、黄芪、桂枝、防风各 75g，茯苓 50g，炙甘草 30g，水煎取汁，分 4 次灌服，2 次/d。

共治疗奶牛产后血虚发热、血瘀发热和外感发热 21 例，疗效较为满意。

【典型医案】 1. 1983 年 3 月 25 日，自贡市奶牛场 79083 号母牛来诊。主诉：该牛因产后阴门流血，肌内注射麦角新碱后血止。24 日起，阴门流出淡红色恶露。检查：患牛体温 39.8℃，心跳 84 次/min，呼吸 24 次/min，精神沉郁，食欲减退，瘤胃蠕动 3 次/2min，持续 7～10s/次，尿少粪干，阴门流出少量淡红色恶露，回头顾腹，舌淡红、绵软而苍老，脉大而芤。诊为产后血虚发热。治疗：四物汤加减，用法见方药 1。28 日，患牛体温 38.7℃，精神好转，食欲增加，阴门流处少量恶露，口色淡红，粪转润。继服上方药 2 剂。4 月 1 日，患牛体温 38.4℃，食欲旺盛，恶露停止，粪、尿恢复正常，产乳量 20kg/d。痊愈。

2. 1983 年 4 月 10 日，自贡市奶牛场 80017 号母牛来诊。主诉：4 日晚，该牛产一死胎后 2d 胎衣不下，用中药催下胎衣后阴门流出较多的黑恶露，不食草料。检查：患牛体温 40.5℃，心跳 104 次/min，呼吸 36 次/min，食欲、反刍全无，鼻镜无汗，尿短少，粪干、量少，阴门流出紫黑色恶露、气味甚臭，口色红，津少而黏，口温较高，舌呈紫色，脉弦数。诊为瘀血内阻发热。治疗：取方药 2，用法同上，1 剂/d，连服 2 剂。同时，每天用大叶桉叶 1000g，水 10000mL，煎至 5000mL，滤取药液冲洗子宫，1 次/d。14 日，患牛体温 39.4℃，食欲、反刍出现，恶露减少；鼻镜湿润但无汗珠。取当归 160g，川芎、白芍、生地、银翘各 100g，桃仁、红花各 90g。水煎取汁，候温，分 4 次灌服，2 次/d。用浓桉叶液冲洗子宫，1 次/2d。16 日，患牛体温 38.5℃，恶露停止，鼻汗成珠，食欲仍较差。取四物汤合平胃散：当归、白芍、茯苓各 100g，熟地 120g，川芎 75g，白术 80g，陈皮、厚朴各 60g，甘草 25g。水煎取汁，候温，分 2 次灌服，1 剂/d。18 日，患牛体温 38.6℃，心跳 84 次/min，呼吸 18 次/min，食欲旺盛，鼻汗成珠，恶露已尽，痊愈。（邓世金等，T11，P48）

3. 1995 年 3 月 21 日，一头 3 岁、夏杂一代母牛就诊。主诉：该牛于 9 日顺产第 1 胎。产后第 3 天突然发病，体温 41.8℃，他医曾按感冒治疗未见好转。检查：患牛精神沉郁，食欲、反刍废绝，粪干，尿少、色黄，心跳 100 次/min，呼吸 33 次/min，体温 40.0℃，心、肺音无明显异常，瘤胃蠕动音极弱，结膜充血，舌质红绛、苔黄、无津液。诊为产后持续高热。治疗：取方药 3，用法同上。晚上药渣再煎 1 次，灌服，并让患牛随意自饮糖盐水（20% 白糖，1% 食盐）。22 日，患牛服药后 4～6h，排粪排尿，粪初呈黑色球状、味臭、后稀软；自饮糖盐水 4 次，当天下午 6 时许，患牛体温 39.5℃，舌质红，苔薄黄，心跳 75 次/min，呼吸 28 次/min。效不更方，继用上方药 1 剂。23 日，患牛病情大为好转，食欲恢复，体温 38.5℃，呼吸、心率正常。原方药去大黄、芒硝、生石膏，加黄芪、白术、茯苓各 40g，水煎取汁，候温灌服，痊愈。（阎超山，T105，P30）

4. 1983 年 5 月 14 日，自贡市奶牛场 80065 号母牛来诊。主诉：该牛产后不食草料。检查：患牛体温 39.8℃，时而全身颤抖，皮温不均，耳、鼻冷，流清涕，鼻汗时有时无，伴有咳嗽，食欲降低，口色青白，舌质红润、苔薄白，脉濡细。诊为产后虚弱、感受外邪发热。治疗：取方药 4，用法同上。16 日，患牛体温 38.4℃，食欲恢复正常，产奶量仍较低。药用熟地、当归、白芍、党参各 100g，黄芪 120g，川芎、茯苓各 75g，路路通 80g，炙甘草 50g，水煎取汁，候温，分 4 次灌服，2 次/d。18 日，患牛体温 38.2℃，食欲正常，泌乳量增加，痊愈。（邓世金等，T11，P48）

## 产后血晕

产后血晕是指母牛分娩后突然神情恍惚不安，卧地不起，眼神呆滞，甚者昏迷不醒的一种病症。多见于体质虚弱的牛。

【病因】 多为产后失血过多引起。

【辨证施治】 临床上分为血热阳盛型和血虚气脱型产后血晕。

（1）血热阳盛型 患牛产后阴门突然大量出血，或数日淋漓不尽，血色深红，四肢战栗，神情恍惚不安，或昏卧，眼神呆滞，眼结膜充血，耳尖、耳根、四肢和全身皮肤灼热，触摸胸肋区敏感，鼻镜干燥，口干，舌质红，苔黄，尾脉弦数。

（2）血虚气脱型 患牛产后胞衣不下，失血较多，肢体痿软，突然昏倒，意识障碍，耳、角和四肢厥冷，周身冷汗淋漓，口腔黏膜苍白，舌淡无苔，尾脉微弱欲绝或浮大而虚。

【治则】 血热阳盛型宜清热固经，益气安神；血虚气脱型宜益气固脱，扶阳敛血。

【方药】 （1 适用于血热阳盛型血晕；2 适用于血虚气脱型血晕）

1. 丹皮、栀子、柴胡、黄芪、黄芩、生地、钩藤、当归、白芍、乌药、续断各 50g，茯苓、远志、朱砂、青皮、炒蒲黄、藕节、木香各 30g，甘草 20g。水煎取汁，候温灌服。

2. 党参、山药、附子各 50g，牡蛎、紫石英、鳖甲、丹参、仙鹤草、血见愁、血余炭、旱莲草、远志、茯神、柏子仁、浮小麦、炮姜炭各 30g，大枣 10 枚。水煎取汁，候温灌服。

【典型医案】 1. 1984 年 11 月 3 日，黔阳县黔城乡柳溪村杨某等 3 户合养的一头 9 岁水牛来诊。主诉：该牛产后阴道出血一昼夜，血色深红，走行摇摆，口渴贪饮，随后昏卧于地，饮、食欲废绝，经他医治疗后病情反而加重。检查：患牛左侧卧，昏睡，耳尖、耳根、角根、四肢和浑身均感灼热，鼻镜干燥，眼神呆滞，眼睛绯红，结膜充血，时而张口似要饮水，尿短赤，触摸胸肋区时突然猛弹腿，似有胀痛，口腔黏膜高度充血，舌质红、苔黄，尾脉弦数。诊为产后血热阳盛型血晕症。治疗：取方药1，用法同上。服药1剂，患牛精神好转；服药2剂，患牛起立自如，行走有力，能吃半饱。共服药5剂，痊愈。

2. 1984年4月23日下午，黔阳县江市镇双龙村丰某一头母黄牛来诊。主诉：该牛产后胞衣滞留，阴门流血不止，昏倒已2d，当地兽医不识此症尚未治疗。检查：患牛右侧卧地，形体消瘦，被毛枯燥，鼻镜干燥，微喘气，眼闭无知觉，阴道流出暗红色血液，触摸耳、角、四肢均冰冷，全身冷汗淋漓，口腔黏膜苍白，舌淡无苔，尾脉微弱欲绝。诊为产后血虚气脱型血晕症。治疗：取方药2，用法同上。服药1剂，患牛苏醒，知觉恢复，可采食鲜青菜叶，阴门流血和出汗停止；服药2剂，患牛即能起立。共服药5剂，康复。（毛和松，T40，P24）

## 产后血虚

产后血虚是指牛产后衰弱的一种病症。多见于产奶量高、使役强度过大或体质衰弱的牛。

【病因】 多因牛妊娠期间劳役过度，致使母牛阴血亏损，加之分娩时又损耗血液，造成气血不足，中气虚弱而发病。饲料质量低劣，营养不良，母体内胎儿又需要大量营养，或产程过长，出血过多，产乳期过长，或体内大量虫积，长期疾病等导致本病发生。

【主证】 患牛精神不振，头低耳聋，运步无力，行动迟缓，食欲、反刍减退，被毛焦枯，双目无神，结膜苍白，口色淡红，脉浮而无力。重症者，心动过速，气喘粗，脉象虚数。血检红细胞数及血红素减少，血沉加快。

【治则】 补气固脱，强脾健胃。

【方药】 八珍汤加减。当归60g，党参、白术、熟地、茯苓各50g，白芍40g，川芎、甘草各30g。产后腹痛者加木香、郁金、元胡；产后感受风寒者加柴胡。共研细末，开水冲调，候温灌服。产后失血过多者应强心补液；高产奶牛及时补钙，25%葡萄糖注射液1000mL，10%安钠咖注射液10mL，10%氯化钙注射液100mL，静脉注射。共治疗33例，治愈30例，好转3例。

【典型医案】 2004年7月16日，宣汉县毛坝乡弹子村曾某一头9岁、约250kg奶牛来诊。主诉：该牛于昨日产一犊牛，产前因不食请他医用药2次，效果不显著；产后喜卧懒动，现食欲、反刍废绝。检查：患牛营养差，精神委顿，反应迟钝，喜卧懒动，强行牵拉行走无力，消瘦，双目无神，可视黏膜苍白，鼻汗较少，心跳27次/min，体温37.5℃，瘤胃蠕动音3次/2min，无力，肠蠕动音弱，脉浮而无力，口色淡红。诊为产后血虚。治疗：八珍汤加味。白术、当归、白芍、川芎、茯苓、黄芪各70g，熟地、

党参、阿胶各80g，红花60g，甘草30g。共研细末，开水冲调，候温灌服，1剂/d，连服2剂。同时，取25%葡萄糖注射液2000mL，10%安钠咖注射液15mL，维生素C注射液40mL，10%葡萄糖酸钙注射液30mL，静脉注射。19日，患牛精神好转，食欲增加，脉象有力，心音增强。药用党参、白术各80g，当归、陈皮、熟地、茯苓各70g，山楂、厚朴各60g，建曲50g，甘草20g。用法同上，1剂/d，连服2剂。西药去10%葡萄糖酸钙注射液，其他药物按方取用。用药后，患牛诸症消失，食欲恢复正常，产奶量逐日上升，痊愈。（罗怀平，T140，P45）

## 产后虚寒

产后虚寒是指母牛产后因寒极气滞或胞宫血瘀，经络阻塞不通而引起的一种病症。

【病因】 多因产后素体虚弱，外感风寒或被大雨苦淋，寒邪乘虚而入，传入经络，气滞血凝，阴寒内闭所致。

【主证】 患牛精神倦怠，被毛逆立，食欲、反刍减退，体温低，四肢或全身僵硬，重者卧地不起，食欲减退或废绝。

【治则】 补气养血，活血祛瘀，祛风散寒。

【方药】 当归、川芎、红花、五灵脂各24g，赤芍30g，酒炒蒲黄、酒炒黑栀子各21g，甘草6g。水煎取汁，候温，加红糖120g为引，灌服。若不愈，第2剂加酒炒白芍30g，黑豆90g（为中等牛药量）。共治疗381例，治愈358例。 （安春增等，T29，P25）

## 产后汗出不止

产后汗出不止是指母牛产后气血大伤，腠理疏泄，汗出不止的一种病症。

【病因】 由于产前母牛耗损气血津液较多，产后气血大伤，加之日产奶量大，需要足够的水谷精微补充，若营养供给不足，日久则肾阴亏虚，命火偏弱，肺肾阴虚则卫表不固，导致牛潮热盗汗，喘咳发热，肺病日久，耗伤肺气，卫气虚弱，腠理疏泄，卫表不固而自汗不止。

【主证】 患牛精神沉郁，汗出不止，耳、鼻、四肢俱凉，结膜苍白，眼球下陷，口色红、津少，脉微弱。

【治则】 肺肾阴虚出汗宜滋阴壮水，补液固表，润燥平喘；脾肾阴虚出汗宜暖肾收涩，温脾肾阴，益气固表。

【方药】 1. 六味地黄汤。熟地50g，山药35g，山茱萸40g，茯苓、泽泻、丹皮各30g（为中等奶牛药量，根据奶牛大小适当增减）。汗出不止兼有体温升高、喘咳、口温角温高、粪干尿黄者加沙参麦门冬

汤（减味）和苏子、杏仁、木通；汗出不止兼有体温低、口温角温低、耳梢凉、粪稀尿少者加玉屏风散、熟附子、肉桂、炒小茴香；汗出不止兼有乳房肿硬、反刍差、吃草不吃料者加金银花、玄参、龙胆草、醋郁金、熟地、芒硝、山楂、神曲、麦芽。共研细末，开水冲调，候温灌服，1剂/d。大汗亡阳者，反刍及饮食欲差，为防脱水，可补充大量液体等。

2. 附子汤加减。附子60g，党参、白术、白芍、黄芪各45g，茯苓、桂枝各30g。水煎取汁，候温灌服，1剂/d。

【典型医案】 1. 1998年6月14日，包头市九原区哈林格尔乡北沙梁村焦某一头高产奶牛来诊。主诉：该牛距产期还有1个半月，现产奶量20kg/d，未行干奶，每晚颈、背上出汗，持续到午夜，食草料和反刍正常，饮欲剧增，中午喘，时有咳嗽，粪呈油旋状、色黑、表面有黏液，尿黄。检查：患牛胃肠蠕动基本正常，体温39.6℃，心跳76次/min，呼吸45次/min，膘情中上，口色红、津少燥，齿龈红紫，口温角温高，眼结膜潮红，脉细数。诊为肺肾阴虚出汗。治疗：六味地黄汤合沙参麦门冬汤（减味）。熟地50g，山茱萸、木通各40g，山药、茯苓、沙参、麦冬各35g，泽泻、丹皮、玉竹、桑叶、苏子、杏仁各30g。共研细末，开水冲调，候温灌服，1剂/2d，连服3剂，1周痊愈。（张连珠等，T112，P25）

2. 1987年3月20日，西吉县马建乡同化村李某一头5岁母牛来诊。主诉：该牛产后10余天，因感受风寒，经他医治疗后汗出不止。检查：患牛汗出淋漓，耳、鼻、四肢俱凉，鼻汗不成珠，结膜苍白，眼球下陷，懒动，精神沉郁，心搏缓慢，瘤胃蠕动音低沉，口干，无饮欲，舌苔白燥，脉微弱。治疗：附子汤加减，用法同药2。服药1剂，患牛四肢温，出汗减轻。继服药1剂，诸症皆除，随后灌服益气养血药2剂，痊愈。（刘振社等，T141，P59）

## 产后吼叫

产后吼叫是指母牛产后气血耗伤，引起心神不宁、烦躁不安、吼叫不休的一种病症。

【病因】 多因产后气血耗伤，心气虚则血液运行不畅，致使胞宫内余血、胎衣等有害物质不能排出，瘀血内阻，败血攻心导致牛吼叫不休。

【主证】 患牛烦躁不安，食欲减退，心神不宁，前蹄刨地，吼叫不止。

【治则】 活血祛瘀，补心安神。

【方药】 血府逐瘀汤加减。当归、枳壳各50g，生地、酸枣仁各30g，川芎、红花、柴胡、赤芍、牛膝、生蒲黄、炒远志各25g，桃仁、茯神、石菖蒲、丹皮各21g，甘草15g。共研细末，开水冲调，候凉灌服。

【典型医案】 1994年9月11日，五原县沙河乡荣誉村刘某一头8岁黑白花奶牛，因吼叫不息来诊。主诉：该牛产犊牛7～8d后突然离群，哞哞吼叫，饮食欲减退，粪软，尿清长，他医按产后发热治疗，药用青霉素、链霉素3d，病情加重，现食欲废绝，拽缰吼叫，前蹄刨地。检查：患牛食欲废绝，体微热，烦躁不安，频频吼叫，瞪目拽缰，前蹄刨地。治疗：血府逐瘀汤加减，用法同上。服药1剂，患牛烦躁除，体热退，吼叫减少；第2剂原方药去蒲黄，加益母草50g，荷叶25g。服药后，患牛恶露下，食欲出现，诸症消退。为巩固疗效，第2次方药去桃仁、牛膝，加没药25g，继服2剂，痊愈。（李子明等，T90，P34）

## 产后不食

产后不食是指母牛分娩后出现以消化系统紊乱、食欲减退为特征的一种病症。

### 一、黄牛产后不食

【病因】 多因饲养管理不善，妊娠和哺乳期母牛饲料中缺少蛋白质、矿物质及维生素，产后大量泌乳，血液中葡萄糖、钙的浓度降低，血压降低，或产后胎衣不下、子宫内膜炎等感染引起；或外感风寒所致。

【辨证施治】 本病分为食滞型、风寒型、感染型和虚弱型产后不食。

（1）食滞型 患牛食欲减退，反刍减少或停止，左肷胀满、轻拍有弹性，重压瘤胃坚实、有痛感，瘤胃蠕动音弱或停止，后蹄踢腹，站立不安，呼吸、心率增数，粪少而黏臭，有的不排粪，尿少色黄，口色稍红或紫，口干，鼻镜干燥或龟裂。病初体温无明显变化，后期因病情恶化体温升高。

（2）风寒型 患牛精神不振，低头弓背，被毛逆立，有时发抖，鼻镜湿润而不成珠，口色青白，体温正常或偏低，脉沉无力，角、耳、皮肤及四肢触摸发凉，饮食欲、反刍减退。有的口流涎或反胃吐草，鼻流清水；左腹中度充满，手压松软，瘤胃蠕动减少或停止。

（3）感染型 患牛精神不佳，食欲、反刍减退或废绝；体温升高，心率、呼吸加快，产后数天恶露不尽，粪中混有脓性或有卡他性腐臭黏液，瘤胃中度充满，压之松软，蠕动音减弱或停止，眼结膜潮红，重者发绀，鼻镜干燥，尿短赤、淋漓。

（4）虚弱型 患牛精神委顿，慢草，日渐消瘦，体温偏低，呼吸浅表，心率快而衰弱无力，反刍少慢或废绝，触诊瘤胃松软、内容物中度充满，瘤胃蠕动减弱、次数减少，粪稀软，舌色淡白，脉象迟细。

【治则】 食滞型宜健脾开胃，清肠泻下；风寒型宜温中散寒，健脾和胃；感染型宜清热解毒；虚弱型宜补中益气。

**【方药】**　（1、2适用于食滞型产后不食；3适用于风寒型产后不食；4适用于感染型产后不食；5适用于虚弱型产后不食）

1. 油当归150～200g，大黄100～150g，山楂100g，神曲80g，肉苁蓉60g，木香、陈皮各30g，厚朴35g。肚胀者加莱菔子80g；腹痛者加附子50g。共研细末，开水冲调，候温灌服，1剂/d，连服2～3剂。10％生理盐水300～500mL，5％氯化钙注射液100～250mL，10％安钠咖注射液10～30mL，混合，1次静脉注射，1次/d，连用2～3d。为防止瘤胃酸中毒，取5％碳酸氢钠注射液1000～1500mL，静脉注射，1次/d，连用2d；苏打粉100～200g，加水适量，灌服。为促进乳酸代谢，取维生素B₁ 0.2～0.4g，肌内注射，2次/d，连用2～3d；口服酵母片。

2. 山楂200g，大黄150g，当归100g，莱菔子60g，玉片、甘草各30g。共研细末，开水冲调，候温，1次灌服，1剂/d，连服1～3剂。胎衣腐败分解、出现腹泻时，取庆大霉素60万～80万单位，5％葡萄糖注射液500～1000mL，氢化可的松0.2～0.3g，混合，静脉注射，1次/d，连用2～3d。

3. 麻黄25g，枳壳、川厚朴各40g，桂枝、陈皮各30g，山桂50g，神曲100g，附子、甘草各20g。共研细末，开水冲调，候温灌服，1剂/d，连服1～2剂。30％安乃近注射液30～50mL或安痛定注射液30～40mL，柴胡注射液20～30mL，硫酸庆大霉素60万～100万单位，肌内注射。

4. 金银花、连翘各40g，黄芩35g，黄柏、党参、黄芪、陈皮、枳壳各30g，甘草15g，益母草100g，当归、山楂各50g。共研细末，开水冲调，候温灌服，1剂/d，连服3～4d。取10％水杨酸钠注射液150mL，40％乌洛托品注射液50mL，10％氯化钙注射液100mL，5％葡萄糖注射液500～1000mL，混合，静脉注射，1次/d，连用2～3d。

5. 党参50～100g，黄芪40～80g，陈皮、白芍、玉片、枳壳、丁香、川芎各30g，白术35g，当归50g，山楂60g，益母草40g。共研细末，开水冲调，候温灌服，1剂/d，连服3～5剂。10％或25％葡萄糖注射液1000～1500mL，复方生理盐水500mL，维生素C 3g，混合，1次静脉注射，1次/d；复方新斯的明40～60mL，维生素B₁注射液20～30mL，肌内注射，2次/d。（袁克炳，T113，P35）

**【典型医案】**　1. 1997年4月17日，民和县联合乡杨家湾村刘某一头10岁黄牛来诊。主诉：12日，该牛产一公犊牛，当天下午喂"拌汤"1盆，第2天食欲减退，又喂半盆，第3天不食。检查：患牛站立不安，后蹄踢腹，磨牙，食欲、反刍废绝，体温39.7℃，心跳74次/min，左肷胀满，触诊瘤胃坚实、压之疼痛、拒按、蠕动停止，排粪停止，口色红，口干、津液黏臭，鼻镜干燥。诊为产后（食滞）不食症。治疗：取10％氯化钠注射液400mL，5％氯化钙注射液150mL，10％安钠咖注射液200mL，混合，1次静脉注射；油当归150g，大黄、山楂、神曲各100g，枳壳、陈皮、厚朴、木香各30g，肉苁蓉、香附各60g。共研细末，开水冲调，候温灌服。服药后患牛症状减轻，继用上方药；西药另取维生素B₁ 0.2g，肌内注射；中药方大黄减为40g，用法同前，1剂/d，连服2d，痊愈。

2. 1998年4月25日，民和县柴沟乡柴沟村马某一头11岁黄牛来诊。主诉：该牛产后喂以胎衣，24日发现流口水，不吃、不卧。检查：患牛精神沉郁，不愿走动，体温略高，心跳83次/min，口流涎，饮食欲、反刍废绝，瘤胃蠕动微弱、轻度臌气。诊为吞食胎衣型（食滞）不食症。治疗：山楂250g，大黄、莱菔子、当归各80g，玉片、甘草各30g。共研细末，开水冲调，候温灌服。服药后，患牛精神未见好转，但口水停流。静脉注射促反刍液，中药同前。三诊，患牛精神好转，出现食欲，腹泻，粪腥臭、覆黏液，体温偏高。取5％葡萄糖注射液1000mL，庆大霉素注射液100万单位，氢化可的松注射液0.3g，混合，静脉注射；5％碳酸氢钠注射液800mL，静脉注射。四诊，患牛全身症状好转，继用上方药1次，痊愈。

3. 1996年5月28日，民和县东沟乡他先村冶某一头8岁红母牛来诊。主诉：24日，该牛产后被雨淋，近日不吃草，不反刍。检查：患牛精神不振，被毛逆立，低头拱背，肌肉震颤，食欲、反刍废绝，瘤胃蠕动音消失，体温38℃，心跳67次/min，耳鼻发凉，口色青白。诊为产后风寒不食症。治疗：取方药3中药，用法同上，1剂/d，连服3剂。取30％安乃近注射液30～50mL或安痛定注射液30～40mL，柴胡注射液20～30mL，硫酸庆大霉素60万～100万单位，肌内注射，痊愈。（袁克炳，T113，P35）

## 二、奶牛产后不食

**【病因】**　由于饲养管理不善，饲草料单纯或粗饲料过多，产程过长，产后受寒及胎衣滞留不下等均可引发本病。

**【主证】**　患牛精神萎靡，食欲、反刍减退，运动减少，鼻汗减少或无，心率快而弱，粪稀，体温一般无变化。

**【治则】**　补气养血，健脾开胃。

**【方药】**　鲜佩兰500g（干品250g，以初开花者为好，采收、晒干、备用），红糖200～250g，食醋150～250mL。先将佩兰加水约3000mL，煎煮20～25min，取滤液1500mL，再加红糖200～250g，候温灌服。煎煮2～3次/剂，上午、下午各灌服1次/d。服药4h后再灌食醋，1次/d，200mL/次。共治疗15例，轻者2～3剂，重者4～5剂治愈。

**【典型医案】**　1992年5月4日，会泽钻锌矿奶牛场58号奶牛来诊。主诉：该牛产后胎衣滞留，行手术削离后不食水草，奶量下降，逐渐消瘦。检查：患牛呼吸、体温均正常，食欲废绝。诊为产后不食。治疗：取上方药，用法同上，1剂/d，连服2剂，痊愈。（尚朝相，T68，P18）

## 产后水肿

产后水肿是指母牛产后因血液循环障碍或黄体酮等激素诱发导致水肿的一种病症。

【病因】　多因产前脾肾虚弱，产后脾肾之阳亦虚，脾失健运，肾不制水，水湿不得输布，溢于肌肤四肢而致水肿。

【主证】　患牛体质羸瘦，毛无光泽，神少乏力，皮温高，四肢或腹下水肿，口津少，脉细或虚大无力。

【治则】　补气益血，利湿消肿，托里护心。

【方药】　补气托里护心散加减。生黄芪、当归、乳香、没药、陈皮、荆芥、防风、连翘、香附子、蝉蜕、桔梗、泽兰叶、甘草。开水冲调，候温灌服，1剂/d。

【典型医案】　1986年9月20日，绵阳市涪城区青义园艺场4号奶牛来诊。主诉：该牛在10d前产一犊牛，产后6d乳房前出现水肿，触之有波动感。检查：患牛乳房前水肿约20cm×20cm，体温39.2℃，口温略高，口津少，口色淡，脉细无力。治疗：补气托里护心散加减。生黄芪150g，当归、川芎、陈皮、厚朴各50g，乳香、没药、茯苓、郁金各60g，僵蚕、香附、泽兰叶、蝉蜕、防风各20g，黄柏80g，柴胡、益母草各40g，甘草30g。水煎取汁，候温灌服。服药2剂，患牛水肿消失。（邓成，T87，P33）

## 产后缺乳

产后缺乳是指母牛产后由于气血不足，致使乳汁缺少或全无的一种病症。亦称无乳或乳汁不行。一般产后2～3d乳汁不行并非病态，应注意鉴别。

【病因】　多因产前劳役过度，营养不良，体质瘦弱，不能生化乳汁；或喂养太盛，使役较少，运动不足，致使气血壅滞，经络不畅而缺乳；母牛年龄太小，发育不良及难产等导致缺乳。

【主证】　患牛乳房缩小、软缩，乳汁量少或全无，脉象迟细无力，舌滑无苔。

【治则】　补气养血，通补兼施。

【方药】　加味猪蹄汤。猪蹄4个，当归25g，炙黄芪50g，通草40g，山甲珠、丹参各20g，王不留行、漏芦、天花粉、连翘、木通、丝瓜络、丹皮、川芎、路路通、甘草、红花各15g。水煎取汁；将猪蹄煮至皮将熟时弃汤，切开猪蹄，加水熬至汤发黏，取汁400mL，100mL/次，与中药药液一并灌服，2次/d。共治疗252例，治愈242例。

【典型医案】　2009年9月12日，庄浪县南湖镇

王某一头母牛来诊。主诉：该牛产前几天正赶上秋季播种，劳役过度，产犊牛已第3天仍未下乳。诊为产后缺乳。治疗：加味猪蹄汤，用法同上，连服2d，患牛乳量充足。（李淑霞，T161，P69）

## 产后大出血

产后大出血是指母牛在分娩过程中，由于难产或助产不当引起子宫、阴道损伤致使血管破裂而大量失血的一种病症。一般初产奶牛多发。

【病因】　多因助产方法不当，致使产道损伤；或配种不科学，胎儿过大，分娩产道或软组织损伤所致。

【主证】　患牛精神、食欲、体温无明显变化，阴门流出的血鲜红色，卧地时量多，检查阴道有凝血块，腹痛，回头顾腹。

【治则】　益气固摄。

【方药】　地榆炭、藕节各50g，生地炭、炒蒲黄各35g，当归、川芎各40g，白芍、焦栀子、炒侧柏叶各30g，黄芩、炒荆芥各25g，五灵脂150g，香附100g。共研末，水煎取汁，候温灌服。

【典型医案】　1983年1月1日，高邮县奶牛场一头9岁、约600kg黑白花奶牛来诊。主诉：该牛上午顺产一公犊牛，傍晚胎衣自行排出。晚10时卧地后从阴门流血约500mL；食欲略有减少，饮水较多。至2日上午，共出血4次计2000mL，均在卧地后慢慢流出。检查：患牛精神尚可，食欲略减，口渴，阴户流出的血鲜红色、有凝血块；常回头顾腹，体温39.3℃，心跳95次/min，瘤胃蠕动3次/2min，子宫检查未发现破裂及残留胎衣，宫内有积血和血凝块，可视黏膜潮红。治疗：2～5日，用仙鹤草注射液、马来酸麦角新碱注射液、维生素K₃注射液，均按常规剂量肌内注射；5%氯化钙注射液300mL，静脉注射，1次/d。治疗后病情未见好转，且出血量逐日增多，累计出血量达15000mL，仅5日出血就有4000mL以上。患牛除在卧地时流出血液和血凝块，站立时也有鲜血滴出；可视黏膜苍白，起卧困难，肌肉颤抖，食欲极差，磨牙，精神委顿，卧地不愿起立，心跳110次/min，心音弱。改用上方中药治疗，用法同上，1剂/d，连服3剂；5%葡萄糖注射液3000mL，静脉注射，1次/d。用药后，患牛出血量显著减少。8日，又在上方药基础上减荆芥，加阿胶50g，用法同上，1剂/d，连服3剂。患牛出血停止，食欲有所恢复，精神明显好转。停药观察。3个月后随访，一切正常，并开始发情。（晏必清，T41，P35）

## 产后腹痛

产后腹痛是指母牛在分娩后呈现以腹部疼痛为主

的一种病症。一般在产后 5h～5d 多发；多见老、弱或早产牛；多发生于冬春季节，且发生时间越早，腹痛越重。

【病因】　由于饲养管理不善，牛体瘦弱，机体抵抗力低下，或分娩时或分娩后护理不当，胞宫遭受阴冷寒邪或湿热邪侵袭，导致气血运行不畅，胞脉失养而腹痛。劳役过度，营养不良，牛体虚弱或产后失血太多，使气无血养，气失依，气随血脱，气之升降运行失常，胞脉失常而腹痛。产后胎衣滞留或胎衣剥离不尽，恶露未尽，肝气郁结，气滞血瘀，瘀血停滞胞宫，瘀阻胞脉而致腹痛。

【辨证施治】　根据临床症候，分为寒凝血瘀型、气血虚弱型和血瘀发热型产后腹痛。

（1）寒凝血瘀型　多发于冬春寒冷季节，一般在产后 1～3d 发病。患牛食欲减退，反刍废绝，畏寒怕冷，耳、鼻、四肢末梢发凉，拱腰，起卧不安，频频努责，阴门流出红色分泌物，口色黯淡，舌苔白滑，脉象沉细。

（2）气血虚弱型　患牛体虚瘦弱，精神沉郁，食欲减退，耳聋头低，时有腹痛，四肢无力，卧多立少，恶露稀少、色淡，舌淡苔白，脉细数无力。

（3）血瘀发热型　患牛体温升高，精神沉郁，食欲、反刍废绝，鼻镜干燥，阴道流出血样乃至脓性恶臭分泌物，拱背，立卧不安，后肢踢腹，努责，口色暗红，舌苔黄腻，脉数。

【治则】　寒凝血瘀型宜温经散寒，活血行滞止痛；气血虚弱型宜补气养血，活血止痛；血瘀发热型宜活血化瘀，清热解毒。

【方药】　（1～4 适用于寒凝血瘀型产后腹痛；5、6 适用于气血虚弱型产后腹痛；7、8 适用于血瘀发热型产后腹痛）

1. 生化汤加味。当归、川芎、桃仁、炮姜、红花、白术、益母草、元胡、桂枝、炙甘草。水煎取汁，候温灌服，1 剂/d。共治疗寒凝血瘀型 38 例，均获痊愈。

2. 当归、香附、益母各 50g，川芎、玄胡、肉桂各 30g，五灵脂、蒲黄、炮姜、桂枝各 25g，山楂 20g，炙甘草 15g。努责严重者加升麻、柴胡各 25g，陈皮 20g。水煎取汁，候温灌服，1 剂/d。

3. 当归止痛汤加减。当归 45g，川芎、生地各 20g，党参、白术、白芍各 25g，茯苓、香附、乌药、红花、泽兰、炙桃仁、炙甘草各 24g。偏于血瘀者去党参，加牛膝 15g，醋元胡 20g；偏于寒凝血滞者去党参、白术，加艾叶、白附子、桂枝、补骨脂各 10g；偏于瘦弱、气血虚弱者，香附、乌药、红花、泽兰量减半，酌加黄芪、山药、枸杞子、桂枝各 10～20g；偏于肝肾亏损者去红花、泽兰，酌加何首乌、炒杜仲、枸杞子、续断各 10g。共研细末，开水冲调，黄酒 250mL 为引，候温灌服，1 剂/d，或水煎取汁，候温灌服。共治疗 7 例，均获满意效果。

4. 当归、山楂、香附、益母草各 50g，川芎、五灵脂、蒲黄、元胡各 30g，炮姜、桂枝、炙甘草各 20g。共研末，开水冲调，候温灌服。

5. 生化汤加味。当归、川芎、陈皮、元胡、香附子、益母草、党参、黄芪、熟地、山药、炙甘草。水煎取汁，候温灌服，1 剂/d。共治疗气血虚弱型 16 例，均获痊愈。

6. 当归、山楂、香附、益母草、党参各 50g，川芎、元胡、蒲黄、五灵脂、白术各 30g，熟地、炙甘草各 20g。粪干燥者重用当归、熟地、山药，加蜂蜜 300mL，麻仁 30g。共研末，开水冲调，候温灌服。

7. 生化汤加味。当归、川芎、桃仁、白芍、香附子、益母草、生地、丹皮、金银花、蒲公英、柴胡、川续断、黄芩、甘草。水煎取汁，候温灌服，1 剂/d。取青霉素、链霉素，肌内注射；0.1% 高锰酸钾溶液或 2% 利瓦诺溶液冲洗子宫，再注入氯霉素；亦可肌内注射己烯雌酚以促进子宫收缩，使子宫内残留物排出。共治疗血瘀发热型 8 例，均获痊愈。

8. 当归、山楂、香附、益母草各 50g，川芎、元胡、蒲黄、五灵脂、桃仁各 30g，红花、丹参、甘草各 20g。热盛者加金银花、蒲公英各 30g；努责严重时加升麻、柴胡各 30g，陈皮 20g。共研末，开水冲调，候温灌服。

【典型医案】　1. 1984 年 1 月 20 日，鹿邑县赵村乡小张庄村张某一头 4 岁母黄牛就诊。主诉：该牛于 19 日晚 8 时产一公犊牛，上午吃草减少，夜间起卧不安。检查：患牛精神不振，频频起卧，伸腰，后肢踢腹，耳、鼻、四肢末梢发凉，鼻汗成片；阴门流出红色分泌物、混有血凝块，口色暗淡，舌苔滑腻，脉沉紧。诊为产后寒凝血瘀型腹痛。治疗：用安乃近、安溴等镇痛药治疗无效，遂改用生化汤加味：当归、益母草各 50g，川芎、白术各 40g，桃仁、炮姜、元胡、桂枝各 30g，红花 25g，炙甘草 20g。水煎 2 次，合并药液，候温，1 次灌服，痊愈。（王怀忠，T73，P26）

2. 1981 年 1 月，天门县城关搬运站的一头 8 岁母黄牛来诊。主诉：在役途中，该牛顺产一犊牛，胎衣 1h 后全部排出。由于产后让牛在风寒中停留 3h 余，回站即不吃草，经常伸腰，误认为产后疲倦未作处理。第 2 天，该牛食欲废绝，立卧不安，频频伸腰，后肢踢腹。检查：患牛耳、鼻、四肢不温，口色暗淡，苔白滑，脉沉紧有力，鼻镜汗不成珠，阴道流色暗带血的分泌物或少量瘀血块。诊为寒凝血瘀型腹痛。治疗：取方药 2，用法同上。服药 2 剂，患牛除阴门还有少量分泌物外，其他症状全部消失。（刘楚汉，T21，P53）

3. 2004 年 12 月 9 日，西吉县新营乡陈阳川 4 组刘某一头 3 岁母牛来诊。主诉：该牛产后约 1h 出现起卧不安，不断踢腹，腹痛拒按，甚至奔跑。检查：患牛体温 39.5℃，心跳 80 次/min，屡有排粪姿势，饮食欲废绝。诊为产后血瘀型腹痛。治疗：当归止痛汤加减，去党参、白芍、红花、泽兰、炙桃仁，加醋炒元胡20g，牛膝15g。用法见方药3，痊愈。随访未见复发。（张荣昇等，ZJ2006，P153）

4. 2005年1月10日，西吉县吉强镇大滩村王某一头6岁母黄牛就诊。主诉：该牛昨天产后因天气寒冷，数小时后发现不吃草，常伸腰；今早食欲废绝，立卧不安，频频伸腰，后肢踢腹。检查：患牛耳、鼻、四肢不温，口色暗淡，苔白滑，鼻镜汗不成珠，阴道流出色暗带血的分泌物和少量瘀血块。诊为寒凝血瘀型腹痛。治疗：取方药4，2剂，用法同上。服药后，患牛除阴道还有少量分泌物外，其他症状全部消失。（金秀萍等，T146，P56）

5. 1986年8月30日，鹿邑县邱集乡大王庄王某一头灰色母牛就诊。主诉：该牛自产后10d来食欲、反刍减退，时有腹痛，经他医治疗无效。检查：患牛精神倦怠，体瘦毛焦，喜卧，卧地时常伸后肢，站立时伸腰，后蹄踢腹，舌色淡白、苔白滑腻，脉细涩。诊为气血虚弱型腹痛。治疗：当归、山药各40g，川芎、陈皮、元胡各30g，香附子、党参各60g，黄芪70g，益母草、熟地各50g，炙甘草20g。水煎2次，合并药液，候温，1次灌服。次日，患牛诸症骤减。原方药继服2剂，痊愈。（王怀忠等，T73，P26）

6. 2004年1月5日，西吉县吉强镇何洼村马某一头9岁母黄牛就诊。主诉：该牛产犊牛已4d，生产时失血过多，今日吃草、饮水减少，常伸腰。检查：患牛食欲不振，头低耳聋，行走无力，耳、鼻、四肢不温，舌淡苔白，鼻镜汗不成珠。诊为气血虚弱型产后腹痛。治疗：取方药6，用法同上，1剂/d，连服3剂，痊愈。（金秀萍等，T146，P56）

7. 1988年5月15日，鹿邑县赵村乡香刘村刘某一头3.5岁母黄牛来诊。主诉：该牛产后6d胎衣不下，不食，不反刍。检查：患牛精神沉郁，体温41℃，肌肉震颤，两后肢交替负重，拱背，努责，阴门流出大量暗红色脓性分泌物和胎衣碎片、气味恶臭。诊为血瘀发热型腹痛。治疗：生化汤加味。当归、香附子、蒲公英各40g，生地45g，益母草60g，川芎35g，桃仁、白芍、丹皮、金银花、柴胡、黄柏、川续断各30g，甘草25g。水煎2次，合并药液，候温，1次灌服，1剂/d。西药取10%氨基比林注射液30mL，青霉素240万单位，链霉素200万单位，混合，肌内注射，2次/d；已烯雌酚20mg，肌内注射，1次/d；0.1%高锰酸钾溶液适量冲洗子宫，然后注入1%氯霉素溶液200mL，1次/d。共治疗3d，患牛诸症基本消除，继服中药2剂，以善其后。（王怀忠等，T73，P26）

8. 2004年10月8日，西吉县西滩乡王岔村张某一头6岁母牛就诊。主诉：该牛产犊牛已4d，产后胎衣不下没有及时治疗，近2d不吃草，经常伸腰、观腹。检查：患牛鼻镜干燥，食欲、反刍废绝，体温

41℃，阴道流出较多暗紫色污秽物，腹痛较剧烈，舌红、苔薄黄。诊为血瘀发热型产后腹痛。治疗：取方药8，3剂，用法同上。服药后，患牛除阴道还有少量分泌物外，其他症状基本消失。效不更方，继服药2剂，痊愈。（金秀萍等，T146，P56）

## 产后腹泻

产后腹泻是指母牛产后胃肠功能失调，排粪次数增多或排稀粪的一种病症。多发生于年老体弱、双胎和胎衣不下的母牛。

【病因】 由于母牛产后元气大衰，致使脾气虚损，运化失常，湿邪内生而引发腹泻。

【主证】 患牛产后即出现腹泻，粪稀薄如泥汤、色暗黑、污秽、气味腥臭，瘤胃蠕动音低沉，肠蠕动音增强，有时腹痛（踢腹、后躯摇摆或起卧）；腹泻时间较长者眼球下陷，食欲减退，产奶量减少；病情较轻者仅表现腹泻和奶量下降，食欲、反刍无异常。有的并发胎衣不下和乳房炎、恶露不绝等。一般患牛体温、呼吸、心率等均无变化。

【治则】 益气健脾，清热祛湿，行血化瘀。

【方药】 ①黄芪、党参、丹参、鸡血藤、北五味子、白头翁、黄连、广木香、赤芍、厚朴、桔梗、枳实、槟榔、陈皮炭、蒲黄炭、茵陈（剂量视病情而定）。共研细末，开水冲调，候温灌服，1剂/d，连服1～2剂。②党参、黄芪、蒲公英、益母草、王不留行、连翘、金银花、木香、厚朴、蔻仁、山楂、神曲。共研细末，开水冲调，候温灌服，1剂/d，连服2剂。对病情较重者，结合补液（葡萄糖注射液、复方氯化钠注射液、维生素C注射液、安钠咖注射液等）1～2次，效果更好。共治疗46例，不但能使牛迅速痊愈，而且产奶量也得到了快速恢复。

【典型医案】 1986年10月22日，围场县奶牛场1队20号、8岁黑白花奶牛就诊。主诉：该牛产双胎（第5胎），营养中下，产前未停奶，产奶量24kg/d。检查：患牛体温、呼吸、精神均无异常，产后胎衣自落，产后1h即发生腹泻，粪如稀泥汤样、色晦暗、无异味；鼻镜湿润，但不成珠；瘤胃蠕动音弱，肠音增高，舌苔白滑，脉沉细；左右乳区乳汁呈絮状、有凝乳块，乳房无热、痛、肿硬感；产奶量当日下降至15kg。治疗：取方药①，用法同上，1剂/d；青霉素240万单位，链霉素2g，安痛定注射液30mL，盐酸普鲁卡因注射液20mL，混合，患区乳房注入。24日，患牛粪转稠，恶露减少，精神、食欲明显好转，腹泻停止，凝乳块减少，阴门排出少量恶露，产奶量16kg/d。继服方药②加紫花地丁50g，用法同上，1剂/d，2剂痊愈，产奶量恢复到产前水平。（卢运然，T49，P34）

# 产后白（赤）带

产后白（赤）带是指母牛产后从阴道绵绵不断流出灰白色或淡黄色黏液的一种病症。

【病因】 多因母牛产后气血双亏，肾气亏耗，脾无所养，加之外感风寒，内伤阴冷，致使脾肾阳虚，命门火衰，下焦虚寒，寒湿凝聚而发病；或产后外感风热，或湿热毒邪内侵，损伤冲、任二脉而发病。

【主证】 患牛全身症状不明显，仅表现不发情或发情不明显，阴门及尾根染有少量蛋清样黏液，配种不易受孕。症状稍明显者，精神倦怠，四肢无力，日渐消瘦，拱背努责，作排尿姿势，从阴道常流出白色或淡黄色的黏液，屡配不孕，口色淡白。

【治则】 清热利湿，补中益气。

【方药】 1. 巴戟大补散。巴戟天 45g，党参、白术、当归、补骨脂、山药、肉桂、干姜各 30g，茯苓、川芎、白芍、熟地各 25g，甘草 20g。血虚有热者加生地、丹皮、天花粉；带下较久者加黄芪、升麻、柴胡；有瘀血者加山楂、益母草。共研细末，开水冲调，候温灌服。本方药适用于产后流少量白带、发情不明显、配种不易受胎患牛，对化脓性子宫炎无效。共治疗 207 例（奶牛 173 例、黄牛 34 例），治愈率 84%。

2. 完带汤加减。土炒白术、苍术、党参、酒炒白芍、酒炒车前子、荆芥穗各 30g，炒山药 60g，柴胡、陈皮、甘草各 20g。有寒象者加熟附子、干姜；热象者加黄柏、龙胆草、金银花；湿重者加薏苡仁、茯苓；白带兼红者加乌贼骨、茜草；白带日久不止者加煅龙骨、煅牡蛎。水煎取汁，候温灌服，1 剂/2d。共治疗 86 例，治愈 82 例，配种受胎 71 例。

【典型医案】 1. 1985 年 5 月 17 日，临夏市街子村的一头 4 岁奶牛就诊。主诉：该牛产后出现阴道全脱，整复后发生白带，用青霉素、链霉素治疗 7d 未愈，发情后配种 1 次未孕。治疗：巴戟大补散，用法同方药 1。服药 2 剂，患牛白带止，发情配种，妊娠。（周文炳，T22，P46）

2. 1986 年 8 月 12 日，唐河县昝岗乡任某一头 6 岁母牛来诊。主诉：该牛 3 个月前产一犊牛，因部分胎衣未下腐烂于子宫内，配种 3 次未受胎。检查：患牛饮食食欲减退，舌绵软而微黄，口津黏滞，阴门不断排出白色黏液、间或带红。治疗：完带汤加乌贼骨、茜草、黄柏、龙胆草，用法同方药 2，连服 4 剂，痊愈。1987 年 9 月 21 日追访，该牛产一母犊牛，且再次配种受孕。（郭永堂等，T37，P46）

# 产后恶露不尽

产后恶露不尽是指母牛在产后超过一定时间（通常为 7～10d 内）仍从阴门流出淡红色或暗红色污浊液体的一种病症。

【病因】 多因产前使役过度，饮喂失调，致使牛体质瘦弱、难产，元气亏损，宫体不能复原，气虚不能摄血，血溢脉外而成其患；或产后失于护理，风寒等邪乘虚侵袭，寒凝血滞；或因助产或剥离胎衣时损伤胞宫，或难产、胎衣不下、子宫脱出或胎死腹中等感染引起。

【辨证施治】 本病分为气虚型和血瘀型产后恶露不尽。

（1）气虚型 多见老龄或体弱母牛。患牛精神倦怠，四肢无力，卧多立少，食欲、反刍减退或废绝，阴门流出大量淡红色稀薄污浊液、不臭，口色淡白，脉象细弱，体温一般无变化。

（2）血瘀型 病初，患牛症状不明显，有时腹痛不安、努责，从阴道流出暗紫色污浊液或黑色血凝块、量少、气臭。若瘀血化热，则恶露量少、黏稠、色紫红、气味恶臭，发热，体温升高，食欲、反刍减退或废绝，口色赤红，脉数。

【治则】 气虚型宜补气摄血；血瘀型宜活血化瘀，理气止痛。

【方药】 （1～3 适用于气虚型恶露不尽；4～7 适用于血瘀型恶露不尽）

1. 加味补中益气汤。黄芪 40g，党参、白术、当归各 35g，白芍、熟地、益母草、炙甘草各 30g，柴胡、艾叶炭各 25g，升麻 20g。泄泻者减当归，加山药、车前子各 30g；食欲不振者加砂仁、鸡内金各 30g。共研细末，开水冲调，候温灌服。共治疗 7 例，均治愈。

2. 当归、桃仁、牛膝、滑石、五灵脂、生黄芪、党参、生蒲黄、红花、川芎、益母草。共研细末，开水冲调，候温灌服。共治疗 30 余例，3～6 剂均获痊愈。

3. 缩宫逐瘀汤。当归 40g，川芎、生蒲黄、生五灵脂、枳壳各 30g，党参 50g，益母草 60g。血虚明显者党参加至 60～80g；出血量多者党参加至 100～120g；腹痛明显者加五灵脂 45g；瘀血多者加三七粉 10～20g（分冲）；出血日久者加桑叶 40g；排泄物腥臭者加黄柏 30g；水肿者加生黄芪 60g；食欲不振者加生山楂 30g。共研细末，开水冲调，稍后加生水调服，1 剂/d。共治疗 46 例，治愈 41 例，好转 4 例。

4. 行血化瘀汤。炒桃仁、当归、川芎、赤芍、荆三棱、莪术、益母草、醋香附、炒山药各 30g，鸡血藤、酒艾叶各 40g，红花、炒蒲黄、甘草各 25g。瘀血化热、体温升高者加牡丹皮 30g；腹痛重者加元胡 30g。共研细末，开水冲调，候温灌服。共治疗 13 例，均治愈。

5. 加减生化汤。当归、党参、山药各 60g，川芎 40g，桃仁、三棱、枳壳、莪术各 30g，黄连 25g，白术 45g，甘草 20g。气虚、血虚严重者重用党参，加黄芪、熟地、白芍；肺部有热或体温升高者加知母、贝母、黄芪；粪稀薄者加茯苓、车前子；粪干燥者加大黄、蜂蜜；恶露将尽而反刍、食欲仍不佳者加槟榔、龙胆草、砂仁等，减三棱、莪术。水煎取汁，候温灌服。此外，根据患牛病情随时配合应用输液、强心及抗生素等。共治疗24例，痊愈22例。

6. 生化汤合失笑散。当归120g，五灵脂、生蒲黄各150g，川芎、桃仁、炮姜各60g，炙甘草30g，黄酒100mL，童便适量。生蒲黄另包，待药熬好后将蒲黄、黄酒、童便加入，灌服，1剂/d，连服3剂。恶露较多、腹痛症状明显者加延胡索，加大五灵脂、生蒲黄用量；四肢发凉者加肉桂；发热、全身症状明显者炮姜减量，加丹皮、赤芍；胎衣残留较多者加益母草、熟地、丹皮、红花、艾叶等。共治疗82例，治愈78例。

7. 生化汤加味。当归、醋香附、醋灵脂、金银花各100g，川芎、红花、炙甘草各50g，炮姜、赤芍各60g，制乳香80g，木香40g。水煎取汁，候温，以黄酒为引，灌服；10%葡萄糖注射液1000mL，5%葡萄糖生理盐水2000mL，四环素3g，维生素C 3g，10%安钠咖注射液30mL，1次静脉注射；青霉素、链霉素各800万单位，肌内注射，2次/d。共治疗37例，治愈32例。

【典型医案】 1. 1982年3月，翼县杨孔5村一头9岁黄牛，于生产第3胎后的第3天来诊。检查：患牛阴门时常流出淡红色稀薄污浊液、无臭，精神倦怠，食欲减退，乏力多卧，口色淡，脉细。诊为气虚型产后恶露不尽。治疗：加味补中益气汤，用法见方药1，2剂/d。服药3剂，患牛恶露净，食欲、反刍恢复正常。

2. 拜泉县良种场李某一头6岁黑白花奶牛来诊。主诉：该牛产后20余日恶露仍然不断。检查：患牛精神倦怠，食欲减退，口色淡白，喜卧。诊为产后恶露不尽。治疗：当归、桃仁、牛膝、滑石、五灵脂、生黄芪、党参、生蒲黄、红花、川芎、益母草、炮姜、香附子各50g，共研细末，开水冲调，候温灌服，连服3剂，痊愈。（郭一夫，T70，P33）

3. 1998年3月，武威市凉州区某乡农民的一头3胎黄色经产母牛，于1周前分娩，至今阴门仍流污物来诊。检查：患牛精神尚好，体温正常，阴门周围不洁，常拱背努责，卧地时流出污褐色分泌物、且混有褐色血块，口色淡，脉细弱。治疗：当归40g，川芎、生蒲黄、生五灵脂、枳壳、黄柏各30g，党参80g，益母草60g。共研细末，开水冲调，稍后加生水调服，1剂/d。服药2剂，患牛阴门排出物明显减少，外阴干净，继服药2剂，痊愈。 （黄虎祖，T141，P56）

4. 1985年5月1日，深县高盐场村王某一头黑白花奶牛，于产后3d来诊。检查：患牛阴门时常流出暗紫色黏稠污液、夹杂大块血凝块、恶臭，轻微腹痛，体温40.9℃，口色红，脉数。诊为血瘀型恶露不尽。治疗：行血化瘀汤加牡丹皮30g，用法见方药4，1剂/d。服药3剂，患牛恶露减轻，食欲、反刍增加，体温降至正常。因病程较长，产奶量减少，故原方药去丹皮，加穿山甲、王不留行、通草各30g，用法同上，服药3剂，患牛痊愈。（阴金桥等，T18，P46）

5. 1985年4月29日，淮阳县许桥村李某一头4岁黄色母牛来诊。主诉：该牛于18d前因难产取出一死犊牛，部分胎衣残留在子宫内，从阴门时常流出污红夹杂淡黄的恶露，稍卧或起立时流出更多，反刍、食欲减退，经他医治疗效果不明显。检查：患牛精神抑郁，鼻镜干燥，被毛粗糙，结膜潮红，舌色暗红，舌下血管瘀血，心音亢进，出气粗，肺部呼吸音粗厉，体温39.7℃，阴门周围有少许恶露结痂，不时努责作排尿状，排出污红色恶露、极腥臭。治疗：当归、黄芩、白芍、知母各60g，川芎、熟地、党参、贝母各40g，桃仁、三棱、莪术、枳壳各30g，白术45g，黄连25g，甘草20g。水煎取汁，候温灌服。葡萄糖生理盐水1000mL，氢化可的松注射液200mg，庆大霉素60万单位，10%安钠咖注射液20mL，混合，1次静脉注射。次日，患牛体温39℃，精神好转，出气平和，肺部呼吸音已不明显，心音好转；从阴门排出残余胎衣约半铁锨，仍带恶露，但努责减轻。西药停用，中药继用原方药。5月3日，患牛恶露减轻，排出的残余胎衣减少，努责已不明显，出现反刍和食欲。中药方减三棱、莪术、知母、贝母，加槟榔、龙胆草。5月5日，患牛恶露消除，饮食欲恢复正常。 （郑瑞武等，T18，P49）

6. 1976年4月15日，叶县田庄公社张庄村赵某一头4岁、约250kg黄白色母牛来诊。主诉：该牛产后恶露不尽已1个多月，经多方治疗效果不明显，病情越来越重。检查：患牛头低耳聋，精神恍惚，食欲、反刍减退，体温40.2℃，心跳87次/min，阴门不时流出红黄色腥臭黏液，尾部污秽不堪，口温高，口色和眼结膜均呈黄白色。治疗：生化汤合失笑散加丹皮、赤芍各60g。用法见方药6，连服3剂。20日，患牛症状缓解，体温38.5℃，恶露减少，反刍、食欲增加，精神好转。继用上方药去丹皮、赤芍，减少五灵脂、生蒲黄用量，加大当归用量。用法同上，连服3剂，痊愈。3个月后随访，已发情配种。（阮德全等，T132，P47）

7. 一头红色母牛，因难产来诊。检查：患牛胎儿两前肢伸出，头背向骨盆腔，已死亡。待正位后将胎儿拉出，阴户肿胀，胎衣未下，从阴道流出淡红色异物。治疗：取方药7，用法同上，1剂/d，连服2剂。青霉素800万单位，链霉素600万单位，注射用水稀释，肌内注射，2次/d。治疗2d，痊愈。（杨世晓，T116，P45）

## 产后子宫复旧不全

产后子宫复旧不全是指母牛产后子宫超过一定时间不能完全复位的一种病症,亦称子宫弛缓。

【病因】 因老龄、瘦弱、肥胖、胎儿过大、运动不足、难产等引起子宫阵缩微弱,导致子宫弛缓;产后胎衣不下,血瘀胞宫,或助产及剥离胎衣时损伤子宫,或体质虚弱,气血两亏,产后又失于护理,受风寒侵袭,血液凝滞所致。

【主证】 患牛精神不振,食欲减退,泌乳量减少,体温、心率、呼吸无显著变化,恶露不尽;直肠检查,患牛子宫角绵软松弛,无收缩反应或反应微弱;阴道检查触摸子宫口,无收缩反应或反应微弱,子宫口开张,可伸3~4指,有时开张似一个圆孔。

【治则】 补气益血,升阳举陷,活血通经。

【方药】 1. 党参、山药、元胡、当归、菟丝子、柴胡、吴茱萸、红花各30g,熟地20g,益母草60g,淫羊藿、肉苁蓉各40g,升麻25g,甘草15g。水煎取汁,候温灌服,1个疗程/(2~6)剂,一般只需1个疗程,个别严重病例可用2个疗程。(张裕亨等,T38,P33)

2. 生化汤加味。当归、益母草、党参、黄芪各60g,山楂80g,桃仁、炮姜各50g,川芎40g,炙甘草30g。水煎取汁,候温灌服,1剂/d,连服2剂。一般2~3d恢复正常。共治疗80例,全部治愈。

3. 苘实散。苘实(炒黄)260g,益母草100g,当归50g,红花30g,川芎60g。诸药焙干、研末,在母牛发情初期用开水冲调,候温灌服;发情中后期输精。共治疗101例,治愈98例。

注:苘实又名白麻、青麻、野葶麻、八角乌、孔麻,为锦葵科植物苘麻的种子;野生者为好,尤以黑豆地生长者最优。

【典型医案】 1. 1998年10月7日,甘肃省家畜繁育中心426号、5岁黑白花母牛来诊。主诉:该牛产后胎衣滞留,精神不振,食欲不佳,慢草慢料。用10%高渗氯化钠加土霉素冲洗子宫后,于第3天胎衣自行脱落。检查:患牛精神欠佳,泌乳量少,阴道肿胀、充血,常排出暗红色腥臭黏液,卧地时排出量多。诊为产后子宫复旧不全,属产后阴阳俱虚、瘀血内停、新血不生之证。治疗:生化汤加味,用法同方药2。次日,患牛恶露排出增多;服药2剂,患牛恶露量少、色淡,其他症状均见好转,但精神、食欲和泌乳量仍然欠佳。将上方药党参用量增至80g,黄芪增至90g,余药不变,继服药1剂。患牛精神好转,食欲增加,恶露减少,泌乳量上升,产后90d自然发情,人工授精1次,受孕。(黄其国,T113,P28)

2. 1987年12月21日,西华县东王营乡朱营村朱某一头6岁母黄牛来诊。主诉:该牛产后1周即重役,4个月后发情,本交数次不孕,人工授精2次仍

未孕,于即日发情。诊为子宫回缩不全。治疗:苘实散,1剂,用法同方药3。于卵泡发育至2期末时输精,间隔5h又补输1次,3个月后妊娠检查已孕。(靳文广等,T51,P29)

## 产道挫(损)伤

产道挫(损)伤是指由于牛分娩时产道挫伤或产道神经损伤,引起母牛卧地不起的一种病症。

【病因】 由于胎儿过大,胎位异常,难产助产不当,导致产道肌肉挫伤、黏膜神经损伤,或压迫产道神经而引发卧地不起。

【主证】 患牛阴道黏膜与黏膜下的肌层撕裂,阴道出血、瘀血和血肿,其周围的软组织呈弥漫性水肿,两前肢可爬行,但难以起立,针刺肢端有反应。

【治则】 止血止痛,抗菌消炎。

【方药】 1. ①于产后2d内止血镇痛。取止血敏、安痛定(按说明书使用),肌内注射,2次/d。②为控制产道创伤感染,用普鲁卡因青霉素480万单位,硫酸链霉素600万单位,分别肌内注射,2次/d,首次剂量各800万单位,连用5d;土霉素4g,利凡诺0.5g,蒸馏水500mL,混合,1次子宫内灌入,1次/2d。③补糖、补钙、强心。取25%或5%葡萄糖注射液、10%葡萄糖酸钙注射液、10%安钠咖注射液,其中葡萄糖酸钙注射液1500mL,分3次静脉注射,1次/d。补液时配碳酸氢钠溶液、乌洛托品、维生素C、复合维生素B等药物。④电针百会穴,配邪气(右侧)穴。百会穴刺入5cm,邪气穴刺入3.3cm(天津海河无线电厂生产的HJ-713型针疗机),电流输出强度逐渐调到35mA(最大输出量),频率由慢逐渐加快,再由快逐渐减慢,反复3次,共治疗30min。

2. ①10%葡萄糖注射液1500mL,0.9%氯化钠注射液500mL,安钠咖注射液30mL,维生素$B_1$注射液、维生素C注射液各20mL,地塞米松磷酸钠15mL,混合,静脉注射;缩宫素5mL,肌内注射;维丁胶性钙17mL,肌内注射12mL,皮下注射5mL;10%葡萄糖酸钙注射液300mL,静脉注射。连用3d,同时用毫针针灸。②取硝酸士的宁于百会穴注射,第1、第2、第3天分别注射8mg、12mg、20mg;维丁胶性钙10mL,肌内注射,1次/2d;维生素$B_1$注射液10mL,维生素$B_{12}$ 2mg,于大胯穴、小胯穴分别注射,两侧穴位轮流注射,连用4d,同时毫针后海、气门、阳陵、涌泉穴,连针4d。

【典型医案】 1. 1990年1月8日,一头乳用母牛,在第6胎临产时接产员发觉胎儿过大,经助产牵引出一头74kg母犊牛,分娩后母牛即卧地不起达95h,用补糖、补钙、强心药物治疗无效。检查:患牛阴道黏膜与黏膜下的肌层有8处大小不等的撕裂伤,其余未损伤部分呈现程度不同的出血、瘀血和血

肿，阴户周围的软组织呈弥漫性水肿。胎衣经16h自行排出。患牛常行右侧卧，两前肢虽能向前爬行，但后肢不能充分伸展，难以起立，针刺肢端有回缩反应。因挣扎和骚动不安，两前肢的系、腕部位已有3处擦伤。治疗：取方药1①、②、③，用法同上。治疗后，产道炎症得到控制，其他症状得到缓解，但患牛仍卧地不起。取方药1④，针法同上。当施针5min时，患牛奋力挣扎站立起来，右后肢僵硬，站立不稳，需靠人力扶持。电针7min时，尾部出现甩动（4d来患牛呈现"尾痹"），右后肢下端的知觉已恢复。针至20min时已能自行提肢移步，维持身体平衡，电针30min结束，患牛已能平稳站立。首次针疗后，患牛可连续站立12h。其后4d继续采取电针治疗，每天配合应用土霉素、利凡诺合剂洗涤子宫，促使产道损伤早日恢复。电针取穴亦可百会穴配仰瓦穴、左右肾俞穴，百会穴配汗沟或双测汗沟穴。18日，患牛已起卧自如，痊愈。（朱正明等，T55，P42）

2. 2007年1月7日，一头早产22d母牛（第1胎）患病。主诉：该牛待产的胎儿口蹄部已外露、结冰，子宫已无阵缩能力。检查：患牛体温38℃，心跳100次/min，呼吸30次/min；胃肠蠕动音弱，瞳孔略大，眼反射弱、无条件反射，阴门肿胀、发紫，胎儿已死亡。诊为难产引起的后肢坐骨神经和闭锁神经损伤性瘫痪。治疗：先用温消毒水外敷阴门、胎儿头和蹄部，改善局部血液循环，温化胎儿外露部位的冰层，回复胎头引出胎儿。母牛已子宫缩无力，用缩宫素治疗无效。在拉出胎儿时配合外部腹压，以防止产道损伤引起子宫脱出或大出血。取方药2①、②，用法同上。14日，患牛体温38.5℃，心跳85次/min，呼吸20次/min，精神好转，饮食欲正常，刺尾、肛门、后肢有反应，扶助抬起能站立，排粪尿仍需借助腹压。取维生素$B_1$注射液10mL、维生素$B_{12}$ 1mg，于两侧大胯穴交替注射，1次/d，连用6d，同时毫针后海穴，进针10cm，留针10min，1次/d；百会、命门组穴毫针（入针有针感后接通电源，电流2.5档，频率疏密波5min，间断波5min，密波5min，第2天针20min，电流不变）；百会、肾俞组穴毫针（入针有针感后接通电源，电流2.5档，频率疏密波5min，间断波5min，密波5min；第2、第3、第4天分别为20min、25min、30min）。电针治疗第4天，患牛欲自行起立但站不起来，辅助站立后左右后肢明显不稳，排粪时不用腹压。继续针百会、安肾组穴；硝酸士的宁20mg，皮下注射，每天减2mL，连用5d。电针组穴，毫针（入针有针感后接通电源，电流2.5档，疏密波5min，间断波5min，密波5min，以后每天加5min至30min后每天减5min）。该疗程的第4天，患牛能自行起立走动，仅左后肢有跛行，其他无异常。本疗程结束后，患牛一切正常。（惠深义，T153，P54）

## 产后尿潴留

产后尿潴留是指母牛产后膀胱内充满尿液而不能自行排出的一种病症。

【病因】　多因难产或产程较长，膀胱和尿道受胎儿压迫过久，导致膀胱、尿道黏膜充血、水肿、张力降低而尿潴留；或妊娠时腹壁持久扩张，产后松弛，腹压下降，无力排尿；或助产不当，会阴撕裂或尿道损伤引发疼痛，支配膀胱神经功能紊乱，反射性地引起膀胱括约肌痉挛而尿潴留。

【主证】　患牛不安，常做排尿动作，不见尿液排出，或呈线状、滴状排出，直肠检查膀胱极度充盈，压迫有尿液排出，停止压迫尿液停止排出。

【治则】　补虚理气，利尿。

【方药】　用温开水冲洗阴道，使患牛听流水声以诱发排尿；热敷下腹部及乳房。取后丹田穴，火针进针1.5～2.5cm或圆利针进针3～5cm；命门穴，火针或圆利针进针1.5～2.5cm；安肾穴，火针或圆利针直刺1.5～2.5cm。三穴留针时间一般以20～40min为宜，1次/2d，共针4次。滴明穴，大宽针沿血管急刺1～1.5cm，放血300mL以上，隔7d后再针1次。取新斯的明0.005～0.025g，肌内注射；氨甲酰胆素钠30～50mg，肌内注射。有泌尿器官疾病者应及时治疗。上法无效时应无菌导尿，1次/（2～4）h。第1次导尿时不宜太快，不宜完全排空，同时使用抗生素，预防感染。共治疗23例，治愈22例。

【护理】　高产奶牛日粮中应含有适量的维生素A，以防治泌尿器官上皮形成不全或脱落；避免长期单调饲喂某种富含矿物质性的饲料和饮水，饲料日粮钙磷比例应保持为1.2∶1或（1.5～2）∶1。

【典型医案】　2000年8月17日，民和县西沟乡祁家村育肥厂王某一头3.5岁黑白花奶牛来诊。主诉：该牛于14日分娩时难产，产后约2h仅排尿1次。检查：患牛直肠检查膀胱尿液极度充盈。治疗：按上述针灸、西药及导尿方法进行治疗，3周后痊愈。（铁晟祯，T119，P38）

## 产后尿漏

产后尿漏是指母牛产后尿液似漏壶漏水一般从尿道不断排出的一种病症。

【病因】　多因母牛妊娠和哺乳期间，饲料饲草单一，营养不足，生产时耗气伤血，久病失治导致气血双虚所致；或产程过长，娩出困难，过度努责则伤肾，使膀胱气化不力，以致水道失其制约，轻者尿频，重则尿漏。

【主证】　患牛产后尿道淋漓不断地流出尿液，尿清，直肠检查膀胱无积尿，导尿管导尿亦无尿液或有极少量尿液排出，四肢下部发凉，体温37～38.5℃，粪稀软，心音稍弱，黏膜苍白，舌淡。

【治则】　补益气血，健脾壮肾。

【方药】　补中益气汤加味。黄芪、党参、白术、当归、陈皮、柴胡、茯苓、菟丝子、金樱子、吴茱萸、乌药、甘草、生姜、大枣。水煎取汁，候温灌服。共治疗4例，全部治愈

【典型医案】　1997年4月10日，鹿邑县一头4岁、杂交一代母牛就诊。主诉：该牛于3月21日顺产第2胎；产前尿频（7～10次/d）、量少、色清，产后仍尿频，近7～8d来尿液淋漓不断，昼夜不止，他医诊为尿路感染，用乌洛托品、青霉素等药物治疗无效。检查：患牛消瘦，尿淋漓不尽，尿清，心音弱，瘤胃弛缓，四肢下部凉，体温37.5℃，触诊膀胱无积尿，导尿亦无尿液排出，结膜苍白，舌质淡。诊为产后尿漏。治疗：补中益气汤加味。黄芪50g，党参、柴胡、益智仁各40g，炒白术、茯苓、当归、升麻、陈皮、菟丝子、金樱子、乌药、制附子、甘草各30g，生姜、大枣各60g。水煎取汁，候温灌服。早、晚各服1剂。11日中午复诊，患牛病情好转，尿淋漓症状消失，但次数仍多。效不更方，原方药再服3剂，痊愈。1年后追访，无复发。（阎超山，T99，P30）

## 产后风

产后风是指母牛产后感受风寒引起四肢瘫痪的一种病症。一般高产奶牛多发。

【病因】　多因饲养管理不善，饮喂失调，泌乳量大，运动不足，导致钙和血糖减少，加之产后期时间较长，气血衰弱，又外感风寒，内伤阴冷，风邪乘虚而入，传于经络而成其患。

【主证】　临床分为急性和慢性产后风。

（1）急性　多在产后3d内发病。患牛精神不振，食欲废绝，反刍次数减少或停止，四肢无力，尤以后肢明显；步态不稳，有时肌肉颤抖，卧地不起，胃肠蠕动次数减少或停止，耳、鼻、四肢发凉，瘤胃臌气，知觉丧失，瘫痪。

（2）慢性　多在产后3d以后发病。患牛精神不振，食欲减少，后躯摇摆，行动困难，四肢拘挛，多卧少立，有时出冷汗。

【治则】　祛风健胃，通经活络。

【方药】　①健胃散。白术、黄柏、苍术、龙胆草、大黄、神曲、沉香、山楂、陈皮。开水冲调，候温灌服。电针百会、肾俞、大胯等穴位。10%葡萄糖注射液1000mL，10%氯化钙注射液150mL，1次静脉注射；30%安乃近注射液20mL，10%安钠咖注射液20mL，1次肌内注射。②风湿散。当归、防风、荆芥、牛膝、独活、红花、追地风、藁本、威灵仙、白藓皮、桂枝、甘草。开水冲调，候温灌服。硝酸士的宁5mL，1次百会穴注射。5%葡萄糖注射液

1000mL，1.25%维生素注射液100mL，氢化可的松注射液100mL，10%安钠咖注射液20mL，1次静脉注射。上午用方药①中药，下午用西药；次日上午用方药②中药，下午用西药。互相交替使用。共治疗10例，均治愈。

【典型医案】　1984年5月，龙江县龙江镇四街梁某一头黑白花奶牛来诊。主诉：该牛经助产后分娩，次日突然卧地不起。检查：患牛精神沉郁，饮食及反刍废绝，全身颤抖，体温不高，耳、鼻、四肢发凉，瘤胃有轻度臌气。诊为产后风。治疗：上方药①加豆蔻酊100mL；方药②加三七15g，桃仁20g，没药25g，用法同上。治疗3d，患牛饮食和反刍恢复正常，7d能站立，又维持用药5d，基本痊愈。（季连山等，T37，P51）

## 产后瘫痪

产后瘫痪是指母牛产后突然发生的一种急性、机能障碍性疾病，以知觉丧失、四肢瘫痪为主要特征，又称生产瘫痪。一般产后1～3d发病，多发生在6胎次以上的高产奶牛和体质较差的母牛，2～3胎次的中、低产奶牛发病较少。

### 一、奶牛产后（生产）瘫痪

【病因】　奶牛孕期饲料单一，营养不足，导致妊娠奶牛气血不足，加之产犊过程中损耗大量元气，脏腑气衰，抗邪无力而发病。分娩前后突发严重的代谢性疾病，引起血钙下降等；或产后腹压突降，脱水、失血、电解质失衡、体虚，消化吸收机能紊乱，造成有效循环血量减少，血压下降，加之奶牛产后乳腺迅速膨大，乳房血流量剧增，心脏有效循环血量相对减少，血管张力降低，渗透性增高，微循环障碍，导致发生低血容量、低血压综合征而发病；生产困难及救助操作不当，造成产道及后躯肌肉神经损伤引起瘫痪；产后产道损伤，机体抵抗力下降，病原微生物极易侵入机体引起感染而发病；产后挤大量初乳，造成血钙浓度急剧下降而发病。

【辨证施治】　根据临床症状与特点，分为典型生产瘫痪、非典型生产瘫痪、低钙低磷性产后瘫痪和肌肉神经损伤性瘫痪。

（1）典型生产瘫痪　发病迅速，从开始发病到典型症状出现3～12h。病初，患牛食欲减退或废绝，瘤胃蠕动、反刍、排粪、排尿停止，泌乳下降，精神委顿，不愿走动，步态强拘，站立不稳，肌肉震颤，卧地后不能自行起立，有时四肢痉挛、呈现胸卧式，四肢屈于躯干下或伸向后方，头起初向前伸直、伏在地上、向一侧弯曲到胸部，后期昏睡，角膜反射很弱或消失，瞳孔散大，体温36～37℃，心跳加快，呼吸深慢，心率先慢而弱后乍快，进而微弱，血钙降低至4～8mg/100mL，若不及时治疗，1～2d即死亡。

（2）非典型生产瘫痪　患牛头颈部姿势不自然，由头部到鬐甲部呈"S"状弯曲；精神沉郁，体温正常或略低，反刍、食欲废绝，胃肠蠕动迟缓，排粪减少，卧地或站立、运动困难。

（3）低钙低磷性产后瘫痪　患牛伏卧，四肢屈于躯干下，头向后弯到胸部一侧，头颈部呈"S"状弯曲，用手将头颈拉直，松手后又重新弯向胸部，皮肤及四肢末端发凉，针刺皮肤无反应，体温36～38℃，意识和知觉丧失，眼睑反射减弱或消失，瞳孔散大，对光线照射无反应，肛门松弛，反射消失，心音及脉搏减弱。

（4）肌肉神经损伤性瘫痪　一般后躯瘫痪症状明显。部分患牛频频试图站立，但其后肢不能完全伸直，只能以部分屈曲的两后肢沿地面爬行，有的两后肢向后移位、呈犬坐姿势，针刺痛觉迟钝，食欲减退，体温正常或略低，心率加快。后躯瘫痪明显，痛觉和对光反射减弱但不消失，给予钙磷无效。有条件时可进行血清肌酸酶（CK）检测。

【治则】　补益气血，舒畅气机，镇痛消炎。

【方药】　（1～8适用于典型生产瘫痪；9～14适用于非典型生产瘫痪；15适用于低钙低磷性产后瘫痪；16适用于肌肉神经损伤性瘫痪）

1. 加味归芪益母汤。党参、白术、益母草、黄芪、甘草、当归各65g，白芍、陈皮、大枣各40g，升麻、柴胡各25g。水煎取汁，候温，加白酒100mL，灌服，1剂/d。

2. 黄芪、黑芝麻各120g，党参60g，肉苁蓉、羌活、秦艽各40g，桂枝、当归、白芍、白术、升麻、杜仲、陈皮各30g，甘草15g。共研细末，开水冲调，候温灌服，1剂/d，连服3d；取钙磷镁注射液（新疆西农动物药品有限公司生产）500mL，5%葡萄糖注射液500mL，地塞米松注射液20mL，维生素C注射液20mL，静脉注射，1次/d，连用2～3d。共治疗典型生产瘫痪31例，治愈29例。

3. 加味麒麟散合补阳疗瘫汤加减。血蝎、没药、木通、小茴香、白术、天麻、秦艽、川续断、海风藤、熟地、枸杞子、桑寄生各30g，当归50g，益智仁45g，川楝子、补骨脂、木瓜各25g。共研细末，开水冲调，候温灌服。取10%或15%葡萄糖酸钙注射液500～1000mL，25%或50%葡萄糖注射液500mL，10%安钠咖注射液20～30mL，混合，静脉注射。奶牛产后应立即补钙，补钙量100～200g/d；不急于大量挤乳。产前1个月起，肌内注射维生素A、维生素D注射液，1次/周，100mL/次（含维生素A 50万单位、维生素D 5万单位）。

乳房送风疗法。将空气注入乳房内，使乳房膨胀，内压增高，压迫乳房血管，减少乳房血容量，增高全身血量，使血钙含量不致急剧减少。共治疗83例，全部治愈。

4. 党参300g，附子150g。先煎附子数沸，再加党参（条件许可，加人参更好），水煎2次，合并药液，候温，1次灌服。

5. 当归、肉苁蓉、川芎、大枣各30g，党参、黄芪各40g，山药60g，白术、茯苓各25g，青皮、陈皮、甘草各15g。共研细末，开水冲调，候温灌服。5%葡萄糖生理盐水、复方氯化钠注射液、10%葡萄糖注射液各1000mL，10%安钠咖注射液10mL，10%氯化钙注射液100mL，维生素B₁、维生素C注射液各20mL，静脉注射。共治疗20例，治愈17例。

6. 夏天无注射液（市售成品）50mL，于百会、肾俞、环中、小胯、抢风穴各注入10mL（各进针约3.3cm，后4穴于左右两侧各注5mL/穴；亦可注射1侧，注药10mL）。10%葡萄糖注射液、25%硼酸葡萄糖注射液各500mL（在葡萄糖注射液中加入4%硼酸），分别缓缓静脉注射（不少于15min）。共治疗37例，全部治愈。

7. 黄芪80g，当归、肉苁蓉、茯苓、赤石脂、大枣各30g，党参、山药、海螵蛸各40g，白术、升麻各25g，川芎、甘草、威灵仙各20g。共研细末，开水冲调，候温灌服。5%葡萄糖生理盐水、复方氯化钠注射液各500mL，10%葡萄糖注射液1000mL，10%安钠咖注射液20mL，10%氯化钙注射液100mL，维生素C注射液、维生素B₁注射液各20mL，1次缓慢静脉注射。

乳房送风疗法。先用碘酊棉球消毒乳头和泌乳管口，然后将消毒过的乳房送风器管道涂上灭菌的润滑油，缓慢插入乳头管内，用手有节奏地按压橡皮球，将空气注入乳房内，注入的空气量以乳房胀满、乳房皮肤皱纹展平、手指轻敲乳房呈鼓音为宜。四个乳区都要注入空气。为了防止空气逸出，可用绷带将乳头基部扎住（不宜过紧），2h后将绷带松开。若无效，隔4h后再重复乳房送风1次。共治疗28例。

8. 补钙疗法。取10%葡萄糖酸钙注射液500～1500mL，维生素B₁注射液、维生素C注射液各50mL，静脉注射，可迅速提高血钙浓度。

乳房送风疗法。在补钙疗效不明显时，可配合本法。送风适度以乳房皮肤紧张为宜，气量过少不产生作用，气量过大易损伤乳房内腺泡。送风后，用纱布条将乳头轻轻扎住，系成活扣，2h后解除。

针灸疗法。在补钙疗效不明显时，火针百会、山根、大胯、抢风、扫尾、尾归、肾俞等穴位，刺激经络，祛风除湿。

对症疗法。采用以上疗法时，为防止体温下降、强心补液，取25%葡萄糖注射液500～1000mL，10%氯化钙注射液300mL，20%安钠咖注射液20mL或0.5%氢化可的松注射液80～100mL，静脉注射，以提高血糖和抗休克。

共治疗51例，除3例因管理不善死亡外，其余48例均治愈。

9. 党参、白术、益母草、黄芪、甘草、当归各

65g，白芍、陈皮、大枣各40g，升麻、柴胡各25g。水煎取汁，候温，加白酒100mL，灌服，1剂/d。共治疗23例，全部治愈。

10. 黄芪、黑芝麻各120g，党参60g，肉苁蓉、羌活、秦艽各40g，桂枝、当归、白芍、白术、升麻、杜仲、陈皮各30g，甘草15g。共研细末，开水冲调，候温灌服，1剂/d，连服3剂。3%盐酸普鲁卡因注射液20～30mL，青霉素160万单位，混合，颈部隆起部位封闭注射。共治疗非典型生产瘫痪38例，全部治愈。

11. 速补钙口服液（乌鲁木齐市金蟾兽药有限公司生产，含钙量为8500mg/瓶）。单独应用治愈2例；预防有生产瘫痪病史的待产奶牛15例，生产瘫痪发生率为零。

12. 独活散。独活30g，秦艽、白芍、防风、当归尾、党参、焦茯苓、川芎、桂枝各15g，杜仲、牛膝各20g，甘草10g，细辛5g。共研细末，开水冲调，闷1h后灌服，1剂/d，1个疗程/5剂。电针刺激百会、肾俞、肾棚、巴山、大胯、小胯、汗沟、邪气等穴，1次/d，15min/次，1个疗程/15d。西药取维生素B12 5g，维生素B1 20mL，硝酸士的宁5mL，地塞米松10mg，肌内注射，1个疗程/7d；10%葡萄糖酸钙注射液2000mL，10%葡萄糖注射液500mL，静脉注射，1个疗程/3d。共治疗15例，治愈13例。

13. 八珍汤加味。党参、白术、川芎、赤芍、生地、乳香、没药、桑寄生各20g，当归、元胡各30g，白茯苓、杜仲、柴胡、防风、牛膝、川厚朴、陈皮、枳壳、玉片、甘草各15g。水煎2次，合并药液，候温灌服，1剂/d。

14. 当归、益母草各60g，川芎、防风、茴香、红花、牛膝、川楝子、伸筋草、透骨草、茯苓、厚朴、甘草各30g，杜仲45g，熟地50g，穿山甲、白术各40g。水煎2次，合并药液，待温后加明馏酒200mL，红糖150g，童便适量，混匀，1次灌服，1剂/d，连服3d。强的松龙10mL，百会穴注射，1次/2d；5%葡萄糖生理盐水1500mL，10%葡萄糖酸钙注射液300mL，维生素C注射液15g，肌苷3g，地塞米松注射液500mL，10%氯化钾注射液10mL，氨苄西林7.5g，2%碳酸氢钠注射液250mL，分别静脉注射，1次/d；当归注射液、骨宁注射液、祖师麻注射液、复合维生素B注射液各20mL，维生素B12注射液10mL，混合，肌内注射，1次/d；维丁胶钙20mL，肌内注射，2次/d。

15. 四物八珍汤。当归、党参、黄芪、熟地各150g，肉桂、小茴香、炒白术、防风、陈皮、白芍、厚朴、神曲、焦山楂、枇杷叶、甘草各100g，生姜600g。体温正常、有食欲、阴道流红色污秽分泌物者减神曲、焦山楂、枇杷叶，加红花、赤芍、益母草、元胡、白芷。水煎取汁，候温灌服，1剂/d；10%葡萄糖酸钙注射液2.4mL/kg，自制20%磷酸二氢钠

（取化学纯磷酸二氢钠100g，溶于500mL注射用生理盐水或5%葡萄糖生理盐水中）1mL/kg，20%葡萄糖注射液2mL/kg，静脉注射。在输钙、磷前先行乳房送风，极个别患牛乳房送风后就有摇摆站起的动作。如乳房已有感染，先经乳导管注入氧氟沙星或丁胺卡那霉素注射液，然后再送风。本法适用于对糖钙疗法反应不佳或者复发者。

16. 补中益气举阳汤。党参、白术、益母草、黄芪、甘草、当归各150g，白芍、陈皮、大枣各100g，升麻、柴胡各80g。水煎取汁，候温加白酒100mL，灌服，1剂/d。复方氨基比林注射液60mL，30%安乃近注射液20mL，磷酸地塞米松、氢化可的松注射液各50mg，维生素B1、复合维生素B注射液各30mL；10%葡萄糖酸钙注射液、20%葡萄糖注射液各600mL；自制20%磷酸二氢钠注射液400mL；20%安钠咖注射液30mL，分别静脉注射，1次/d。

17. ①四逆汤加味。熟附子45g，党参、干姜各60g，炙甘草、黄芪、当归、红花各30g。水煎取汁，候温灌服。本方药对轻型生产瘫痪具有较好的效果，有兴奋心脏、促进血液循环、回阳救逆的奇特功效。②乳房充气。③牛奶疗法。取健康母牛新鲜乳汁3000～4000mL，分别注入患牛四个乳区（须保证注射的乳汁无乳房炎且严格消毒）。④补钙补糖。取氯化钙30～50g，或葡萄糖酸钙50～100g，25%或50%葡萄糖注射液500～1500mL，氢化可的松50～125mg（或用地塞米松磷酸钠5～20mg。地塞米松磷酸钠对产前母牛慎用），分别静脉注射。速补钙0.5～1mL/kg，灌服，2～4次/d，维丁胶性钙10～30mL，肌内注射。⑤对症疗法。体温升高、食欲不振者加30%安乃近注射液20～30mL，10%氯化钠注射液250～350mL，或10%水杨酸钠注射液80～200mL，40%乌洛托品注射液40～100mL，10%安钠咖注射液10～20mL，静脉注射；士的宁5～10mg，或比赛可灵10～20mL，维生素B1 250～500mg，脾俞穴注射；站立不安、伴有腹泻者加异丙嗪75～125mg，皮下注射；庆大霉素250万单位或阿米卡星1～2g，静脉注射；穿心莲或痢菌净20～40mL，肌内注射；多次使用钙制剂治疗未见好转者用磷酸二氢钠20～30g，溶于生理盐水或葡萄糖中，静脉注射；畏光、抽搐、对外界刺激反应敏感、心跳加快、心悸者用25%硫酸镁注射液100～150mL，10%安钠咖注射液10～20mL，10%或25%葡萄糖注射液500～1000mL，混合，静脉注射；继发皱胃炎、皱胃溃疡、皱胃阻塞、粪色逐渐变黑色时，取碳酸氢钠注射液80～100g，香附50～80g，苦参30～80g，益母草50～100g，人工盐50～150g，灌服；10%氯化钾注射液20～40mL，25%或50%葡萄糖注射液20～40mL，颈部皮下或后海穴注射；氯化钾2g，加水2500mL，1次/（2～3）h，灌服，连服2～3次。共治疗218例，治愈201例。

【护理】 防止褥疮，多加垫草；防止跌倒，勤翻

牛体；妊娠后期应停止挤奶，以维持奶牛自身和胎儿营养的需要；孕期和产后7～10d内多喂精料和多汁饲料，使母牛气血充足，精力旺盛；妊娠期间进行必要的运动；产后立刻给以大量的温盐水或稀米粥。

注：生产瘫痪应与产后截瘫、酮病相鉴别。产后截瘫仅后肢麻痹不能站立，体温、食欲、反刍均正常；酮病则发生于4岁以内的高产奶牛，与非典型产后瘫痪区别在于尿液以及血酮显著增加，乳房送风疗法无效。

【典型医案】 1. 1999年6月10日，庆阳县熊家庙乡花园村张某一头奶牛来诊。主诉：该牛于今日产后瘫痪。检查：患牛四肢屈于腹下，头向前伸直、伏在地上向左侧弯曲至胸部，精神沉郁，瞳孔散大，体温36℃，心率微弱。诊为典型生产瘫痪。治疗：取方药1，用法同上。次日，患牛精神好转，头能抬起，继服药1剂。第3天能起立活动，食欲明显增加，又服药1剂，痊愈。（传卫军，T125，P45）

2. 2005年3月1日，阜康市城关镇冰湖2队李某一头5岁荷斯坦高产奶牛来诊。主诉：该牛于头天傍晚生产，第2天早上不能站立。检查：患牛反应机敏，头不停地前伸或弯曲至右侧胸部，前躯及头部震颤，卧地不起，强迫吊立后四肢向一起聚集，不敢着地，不反刍，不食，仅喝少量温麸皮水，体温37.3℃，呼吸深慢，心率快而弱。诊为典型性产后瘫痪。治疗：取方药2，用法同上，连服3d，痊愈。（卢学忠等，ZJ2006，P184）

3. 2002年3月7日，临沂市北圆奶牛场一头6岁高产奶牛，于产后第2天瘫痪来诊。检查：患牛体温38℃，四肢瘫痪，知觉减退，无食欲，精神委顿，心率加快。治疗：乳房送风，待乳房基部胀满后（宜适度），用纱布条扎住乳头基部，经2～3h解开，1次/d；取10%葡萄糖酸钙注射液、25%葡萄糖注射液各500mL，10%安钠咖注射液30mL，混合，静脉注射，1次/d。用药3d后，患牛虽能站立，但站立不稳，喜卧。遂用加味麒麟散合补阳疗瘫汤加减，去海风藤、血竭、没药、小茴香各减至25g，用法见方药3，1剂/d，连用3剂，痊愈。（王自然，T129，P33）

4. 1981年2月17日，齐齐哈尔市龙沙乡周某一头6岁奶牛来诊。主诉：该牛于3d前产犊牛后卧地不起，抽搐，他医先后静脉注射大量葡萄糖氯化钙注射液、葡萄糖酸钙注射液，肌内注射氯丙嗪注射液、安钠咖注射液等治疗3d无效。检查：患牛卧地不起，头颈后弯，鼻镜干裂，两眼上翻，角凉耳冷，紧舌硬，强行开口，舌缩难拉出，色青边紫，脉沉细无力，反刍废绝，尾无力，水草俱绝。治疗：取方药4，用法同上。18日，患牛角温、鼻湿、欲起立，病情缓解。再用中药：黄芪400g，丹参100g，当归、枳壳、生地各50g，桃仁、川芎、红花、柴胡、赤芍、桔梗各35g，牛膝、甘草各25g，水煎2次，合并药液，候温灌服。19日，患牛站起，阴门排出约

1kg污浊物，口、舌活动自如，鼻微汗，少进水草，反刍20余口。又服药1剂。20日产奶量30kg余。又调理数日，一切恢复正常。（李飞，T20，P62）

5. 1984年5月4日，乌鲁木齐市大湾乡兰某一头7岁英国红奶牛来诊。主诉：该牛产一犊牛，于5日晨突然不食，卧地不起，阵发性抽搐，午后病情加剧，侧卧四肢伸直，全身痉挛，角弓反张，瞳孔略散大，体表冰凉，呼吸深而缓，呼吸10次/min，心率快而弱，心跳118次/min，体温36.8℃。治疗：取方药5，用法同上。6日，又用方药5治疗1次，痊愈。（陈慎言，T36，P34）

6. 哈尔滨市太平区王某一头5岁黑白花奶牛，因产后瘫痪于第2天邀诊。检查：患牛伏卧昏睡，眼反射微弱，针刺皮肤无反应；心音减弱，心跳110次/min，体温36.3℃。治疗：10%葡萄糖注射液、25%硼酸葡萄糖注射液各500mL，分别缓缓静脉注射。夏天无注射液10mL，百会穴注射，肾俞、环中、小胯、抢风穴注射各5mL。翌日，患牛病情好转，体温38.1℃，可勉强站立。继用上方药，4次治愈。（郑滨，T65，P35）

7. 1990年9月22日下午，昌吉回族自治州奶牛场8640号荷斯坦奶牛来诊。主诉：该牛产一犊牛，23日早晨突然不食，卧地不起，阵发性抽搐；中午病情加剧，侧卧四肢伸直，肩部肌肉震颤，瞳孔散大，体表、四肢冰凉，呼吸10次/min，心跳106次/min，体温36.0℃。治疗：先用方药7西药治疗，用法同上，再乳房送风。1h后，患牛站立行走；下午灌服方药7中药，用法同上。翌日，继用中药1剂，痊愈。（董林生等，T107，P29）

8. 2003年2月15日，察县米粮泉回民乡马某一头牛，因瘫痪来诊。主诉：该牛生产约2h后1次性挤初乳6kg。检查：患牛卧地不起，头颈偏向一侧，无食欲，体温37℃，角、耳及四肢发凉。治疗：采用补钙疗法2d及乳房送风，灌服当归红花散。取10%葡萄糖注射液、0.9%氯化钠注射液各1000mL，葡萄糖酸钙注射液500mL，维生素$B_1$、维生素C注射液各50mL，辅酶A1000U，静脉注射；10%安钠咖注射液20mL，肌内注射。用药后，患牛很快恢复健康。（高宝成等，T140，P54）

9. 2001年4月15日，庆阳县城关镇田家城村王某一头奶牛来诊。主诉：该牛产一犊牛，产后发现走动后身躯略摇摆，于第3天卧地不起，运动困难。检查：患牛精神沉郁，卧地不起，由头部至鬐甲部呈"S"状弯曲，听诊胃肠蠕动迟缓，体温37℃，诊为非典型生产瘫痪。治疗：取方药9，用法同上。次日，患牛能起立活动，但步态不稳，继服药1剂，痊愈。（传卫军，T125，P45）

10. 2005年9月5日，阜康市城关镇鱼儿沟村白某一头4岁荷斯坦奶牛，于产后第3天发病就诊。检查：患牛反应机敏，容易惊慌，站立时头向一侧弯

曲,用舌舔食肩部,饮食减少,有时饮水将口伸入水中而不饮,体温38.2℃。诊为非典型性产后瘫痪。治疗:取方药10,用法同上。次日,患牛症状消失,为巩固疗效,第2天又服中药1剂,随后追访,痊愈,无复发。(卢学忠等,ZJ2006,P184)

11. 2002年6月5日,库尔勒市赵某一头5岁黑白花奶牛来诊。主诉:该牛产一犊牛,于6日早上卧地不起,少饮食。诊为产后瘫痪。治疗:速补钙口服液,灌服,1瓶/次,2次/d,连服3d,共6瓶,治愈。(王钟其,T116,P19)

12. 2000年10月,文登市文城柳林某一头约540kg内蒙古黑白花奶牛,因产后瘫痪邀诊。检查:患牛心跳弱,心跳98次/min,呼吸22次/min,体温36℃,结膜潮红,口色淡红,粪稀,四肢发凉,驱赶时前肢呈打弓式,想站但站不起来,刺后肢无反应,两后肢屈曲,食欲稍减,反刍正常。治疗:电针刺激百会、肾俞、肾棚、巴山、大胯、小胯、汗沟、邪气等穴,1次/d,15min/次,1个疗程/15d;取中药独活散,用法同方药12,1剂/d,1个疗程/5剂;西药取维生素B$_{12}$ 5g、维生素B$_1$ 20mL、硝酸士的宁5mL、地塞米松10mg,肌内注射,1个疗程/7d;10%葡萄糖酸钙注射液2000mL,10%葡萄糖注射液500mL,静脉注射,1个疗程/3d。用上方药治疗1个疗程后,患牛食欲有所增加,体温37℃,驱赶能站立,行走步态不稳。继用方药12治疗1个疗程,加维生素D$_3$ 1000万单位,肌内注射,1次/d。用药后,患牛逐渐恢复,产奶量增加。(高学伟等,T125,P24)

13. 1995年1月18日,清苑县赵庄乡青堡村李某一头青年母牛来诊。主诉:该牛生产时因犊牛较大造成难产,经10多人助产才产出,产后母牛卧地不能起立,6d来饮少纳差,经他医用大量糖水、碳酸氢钠、氯化钙、抗生素、甲基新斯的明、辅酶A、三磷酸腺苷、安乃近等药物治疗5d无效。检查:患牛被毛粗糙,卧地不起,体温39.1℃,心跳86次/min,听诊心音、胃肠蠕动音均弱;右后肢膝部僵直,不能活动,针刺其腿部皮肤,有疼痛反应。属产后气血双亏,复感风寒,血瘀气滞所致。治疗:八珍汤加味,用法见方药13。下午3时许灌药,到晚上8时左右翻身时,患牛便能站起。隔日继服原方药1剂,痊愈。(李喜文,T83,P37)

14. 2002年11月16日,商丘市梁园区中州办事处四营村李某一头5岁黑白花奶牛来诊。主诉:该牛于14日下午产一公犊牛,当晚将初乳挤出,后饮小米稀汤1桶半,没有喂草料,第2天凌晨挤奶时卧地不起,强行站立,前肢有支撑能力,后肢无力站起,他医用中西药治疗未见好转。检查:患牛精神高度沉郁,被毛粗乱,无光泽,反刍、嗳气、食欲废绝,头低耳耷,眼闭似昏睡,消瘦脱水,体温37.6℃,心跳52次/min,呼吸15次/min,有胸腹式呼吸现象

并伴有呼噜声,或不时呻吟,前肢收于腹下,后肢张开俯卧于地,头颈向左弯曲,用力牵拉头部颈部弯曲不直,眼球稍突出,瞳孔稍散大,口腔不温,舌胖嫩、绵软无力、拉出口腔外无力回缩,皮温不整,四肢、耳、鼻不温,鼻镜湿润,汗不成珠;听诊瘤胃蠕动音减弱或消失,触诊瘤胃内空虚,针刺皮肤反应敏感,四肢反应较差,两后肢较重;卧地不起,强行抬起,四肢无力支撑,不能站立。诊为奶牛产后瘫痪。治疗:取方药14,用法同上。用药3d后,患牛精神、食欲、针刺反应大有好转;体温、心率、呼吸恢复正常。继用上方药,痊愈。之后随访,未见复发。(刘万平,T136,P43)

15. 2005年11月7日,南阳市卧龙区王营村董某一头奶牛来诊。主诉:该牛因生产后挤奶约20kg,随后躺卧不起。检查:患牛体温37.4℃,呼吸44次/min,心跳84次/min,结膜发绀,卧地时头颈呈"S"状弯曲,瘤胃蠕动音弱,四肢发冷,针刺皮肤反应轻微。取颈静脉血检测,血清钙1.274mmol/L,血清磷0.8351mmol/L,血清镁0.862mmol/L,血清碱性磷酸酶45U/L,血清肌酸酶75U/L,腕式血压计测得血压为50~32mmHg。诊为低钙低磷性瘫痪。治疗:四物八珍汤,用法同方药15。10%葡萄糖酸钙注射液1200mL,20%葡萄糖注射液1000mL,自制20%磷酸二氢钠注射液500mL,维生素B$_1$注射液、复合维生素B注射液各30mL,静脉注射。同时行乳房送风。治疗2d后,患牛能够站立行走。

16. 2005年10月14日,南阳市宛城区2屯村李某一头奶牛,于产犊牛(助产)后即卧地不能站立邀诊。检查:患牛精神沉郁,体温38.9℃,呼吸40次/min,心跳74次/min,驱赶后肢拖地,欲站不能,针刺痛觉反应迟钝。取颈静脉血作检测,血清钙(Ca)2.205mmol/L,血清磷(P)1.824mmol/L,血清镁(Mg)0.791mmol/L,血清碱性磷酸酶(ALK)47U/L,血清肌酸酶(CK)119U/L,腕式血压计测定高压为60mmHg,低压为42mmHg。诊为肌肉神经损伤性瘫痪。治疗:取方药16,用法同上,连用4d。用药后,患牛病情减轻,第6天完全自主站立。(李进德,T152,P47)

17. 2006年8月8日,西宁市城北区小桥村杨某一头已产3胎奶牛,于产后第3天瘫痪卧地邀诊。检查:患牛体温36.9℃,呼吸20次/min,心跳80次/min,颈、背部出汗,皮温降低,头颈弯向一侧,听诊瘤胃蠕动音减弱、波长8s。诊为产后瘫痪。治疗:50%葡萄糖注射液1500mL,25%葡萄糖注射液500mL,50%氯化钙注射液1000mL,10%氯化钠注射液200mL,氢化可的松100mg,混合,静脉注射;维丁胶性钙40mL,肌内注射;速补钙500mL,灌服。上方药连用4次,用药1次/4h。第3天,取磷酸二氢钙35g,葡萄糖生理盐水1000mL,混合,静脉注射;氯化钾注射液30mL,颈部皮下注射;氯化钾注射液

20mL，后海穴注射；硝酸土的宁 5mL，百会穴注射。用药 20min 后，将患牛抬起并驱赶。第 4 天，患牛体温 38℃，呼吸 24 次/min，心跳 90 次/min，瘤胃蠕动音 10 次/min，反刍 50 次以上，食欲逐渐恢复。中药用当归、破故纸、枸杞子、桑寄生、熟地、麦芽各 30g，青皮、甘草各 20g。共研细末，开水冲调，候温灌服。1 周后随访，该牛产奶量逐渐上升，痊愈。（黄全云等，T145，P58）

## 二、水牛产后瘫痪

【主证】　患牛精神沉郁，目光迟钝，食欲废绝，鼻镜干燥，体温 36℃，呼吸 16 次/min，心跳 35 次/min，呈胸卧姿势，头后转并置于肩胛上。

【治则】　强心补钙。

【方药】　10％葡萄糖注射液 1000mL，25％葡萄糖酸钙注射液 60mL，混合，静脉注射（其速度不少于 15min/瓶）；盐酸肾上腺素 2mL，百会穴注射。共治疗 47 例（含其他家畜），全部治愈。

【典型医案】　镇巴县赤北区简池乡街上村陈某一头 2 岁母水牛，于产后卧地不起 3d 邀诊。检查：患牛体温 37.8℃，心跳 92 次/min，食欲正常。诊为产后瘫痪。治疗：10％葡萄糖注射液 1000mL，25％葡萄糖酸钙注射液 100mL，混合，缓缓静脉注射；盐酸肾上腺素 2mL，百合穴注射（进针 2cm），痊愈。（李光怀，T72，P43）

## 产褥热

产褥热是指牛分娩或产褥期生殖道感染，引发以高热为特征的一种病症，也称产后败血病或产后脓毒血病。常与乳房炎、子宫内膜炎并发。

【病因】　多因助产器械、手臂和母牛外阴等消毒不严，分娩或流产后胎衣不下，恶露滞留，生产时产道软组织损伤等，或饲养管理不善，营养不足，素体虚弱，产后机体抗病力减弱，病原菌如链球菌、葡萄球菌、大肠杆菌、化脓棒状杆菌等入侵感染而发病；子宫炎、阴道炎、子宫脱垂、严重化脓性乳房炎等引发。

【主证】　患牛产后 2～5d 内体温突然升至 41～42℃，精神高度沉郁，食欲废绝，鼻镜干燥，呼吸急迫。热入营血时高热，可视黏膜有出血点，舌绛红，脉细数；热入心包时则高热持续不退，神昏狂躁，四肢厥冷，脉微而数；并发子宫炎或子宫内膜炎时产道内流出败酱色分泌物，尿少、色黄，粪燥结；并发乳房炎时乳房红肿，一侧或双侧乳房肿胀、质地坚硬，患部呈青紫色，少乳或无乳。个别母牛乳房肿胀不明显，但犊牛吮乳时母牛拒绝哺乳。

【治则】　清热解毒，行气活血。

【方药】　1. 热入营血者，药用黄刺益蒲汤：黄芩、天门冬各 30g，豪猪刺 15～20 根，猪鬃草、益母草、柴胡、苦蒿、鱼腥草各 20g，连翘、蒲公英、牵牛子各 15g。热入心包者加玄参、莲子各 30g；热退邪去、正气见虚者当扶正、养阴、健脾。水煎取汁约 800mL，候温，将豪猪刺烧焦研末加入，灌服，1 剂/d，连服 3 剂。葡萄糖生理盐水 1000mL，地塞米松 25mg，青霉素钠 1600 万单位，静脉注射，1 次/d。共治疗 35 例，均收到满意效果。

2. 竹叶、葛根、党参、生姜各 50g，防风、柴胡、桂枝各 40g，桔梗、炙甘草各 35g，附子 20g，红枣 40 枚。水煎取汁，候温灌服，1 剂/d。辅以抗生素治疗效果更好。共治疗 12 例，收效甚佳。

【典型医案】　1. 2007 年 5 月 28 日，兰坪县某户一头母犊，因产犊（第 3 胎）后突然不食来诊。检查：患牛体温 41℃，心跳 86 次/min，呼吸 52 次/min，精神沉郁，鼻镜干燥，口色红，时常努责，有时随努责阴道流出白色黏液或腥臭红褐色分泌物，乳房局部有硬结、表面增温、有压痛感，四肢厥冷，畏寒。诊为产后褥热并发乳房炎。治疗：取方药 1，用法同上，连用 3d，7d 后痊愈。（张仕洋等，T151，P52）

2. 1987 年 7 月 12 日，泰和县桥丰村曾某一头 8 岁母黄牛来诊。主诉：该牛难产，经助产产一公犊牛。9 日，在放牧中受雨淋，11 日拒绝哺乳，不吃草料，精神不佳，卧多立少。检查：患牛体温 40.5℃，呼吸 30 次/min，心跳 96 次/min；瘤胃蠕动音弱，不反刍；耳根发热，鼻镜干燥，喘急，四肢微震颤；口渴喜饮水，不时努责，阴门时有暗红色液体流出，频频摇尾，回头顾腹；舌质淡、苔薄微黄，脉弦数。诊为产褥热。治疗：取方药 2，用法同上，1 剂/d，连服 3 剂。同时，取青霉素 200 万单位，肌内注射，垂体后叶素 10mL，子宫注入。15 日，患牛开始吃少量草，不拒绝吮乳，体温 37.9℃，四肢不再震颤，但精神尚差，乏力。上方药去柴胡、防风、桔梗，加黄芪、白术、苍术、木香。用法同前，连服 3 剂，痊愈。（乐载龙，T59，P32）

## 产后败血症

产后败血症是指母牛产后子宫、产道等局部感染或毒素进入血液，引起全身严重症状的一种病症。以炎热季节母牛分娩时最易发生。

【病因】　多因分娩时助产不当，产道软组织损伤等引起细菌感染；或产后子宫颈口过早收缩，大量瘀血和污秽物滞留子宫，致使细菌迅速繁殖进入血液而发病。严重并发子宫炎、阴门阴道炎等。

【主证】　患牛精神沉郁，食欲不振，肌肉震颤，尾根黏有污秽物，卧地后不愿起立，直肠检查子宫角收缩无力，子宫内有大量液体；阴道检查阴唇和子宫颈口紧缩。

【治则】　清热凉血，解毒祛瘀。

【方药】　自拟五草内补散。生地 60g，当归、丹参、丹皮、赤芍各 50g，白芍 30g，生甘草 20g，益母草、败酱草、马鞭草、鸭跖草各 250g，车前草 100g（"五草"鲜用剂量加倍）。大枣内补散：当归、陈皮各 50g，川续断 60g，丹参、丹皮、赤芍、王不留行各 45g，白芍、五加皮、苍术各 30g，甘草 20g，大枣 250g。先取五草内补散，加水 10000mL，水煎取汁 5000mL，候温灌服，药渣让患牛自由采食，1 剂/d，一般连服 2～3 剂，体温可降至正常。再将大枣内补散水煎取汁，候温灌服，1 剂/d，连服 1～2 剂。服药后，患牛食欲及泌乳量恢复正常。共治疗 12 例，全部治愈。

【典型医案】 1985 年 9 月 18 日，苍南县马站镇桥新村杨某一头 4 岁黑白花奶牛来诊。主诉：该牛顺

产一犊牛，胎衣自行排出，但第 2 天恶露停排，食欲、反刍减退，第 3 天体温增高，他医用抗生素和磺胺类药连治 3d 无效。检查：患牛精神沉郁，体温 40.5℃，食欲不振，肌肉震颤，尾根黏有污秽物，站立懒动，卧地后不愿起立，直肠检查子宫角收缩无力并积有大量液体；阴道检查阴唇和子宫颈口紧缩。诊为产后败血症。治疗：先用五草内补散，用法同上。服药 2 剂后，患牛排出恶露和残留的胎衣，体温恢复正常，但食欲仍差，泌乳量 5kg/d；再用大枣内补散，用法同上。连服 2 剂，患牛食欲恢复正常，泌乳量迅速升至 35kg/d，痊愈。 （华松国，T51，P30）

# 第五节　临床典型医案集锦

【产后减食青、粗料】 2002 年 10 月 9 日，义乌市横塘村吴某一头黑白花奶牛，于 6 日产第 3 胎后减食青、粗料来诊。治疗：内补散加减。续断 60g，全当归、苍术、五加皮、丹参、槟榔各 45g，赤芍、白芍、丹皮、蒲黄、木香、香附、炙甘草各 30g。产后即减食者加山药、钟乳石；产后减食精料者加三棱、莪术。水煎取汁，候温灌服，1 剂/d，连服 2 剂。患牛食料增加，乳量上升。（许庆三等，T157，P66）

【配种后努责】 1986 年 10 月 21 日，扶沟县汴岗乡贡士庄 6 村高某一头母牛，在人工授精后频发努责，弓腰，哞叫，努责时肛门张开，可看到右侧阴道壁上有镍币大的创伤。治疗：枳壳 60g，藁本、香附各 30g。共研细末，开水冲调，候温灌服。共治疗 5 例，服药 1 剂即可见效。（杨静华等，T36，P47）

【产后失血性休克伴发子宫内膜炎】 1981 年 7 月 11 日，扬州茶场奶牛场一头 8 岁奶牛，于 5 日产犊牛时阴道壁大面积撕裂发生大出血，由于未能及时采取有效止血措施，产后 3d 内出血约 10000mL，体温 40.5℃，他医用止血、输液、强心、抗菌等药物治疗，病情未见好转反而恶化，卧地不起。检查：患牛卧地不起，食欲废绝，精神沉郁，反应迟钝，体温 38.2℃，心跳 95 次/min，呼吸 45 次/min，可视黏膜极度苍白，四肢厥冷，皮肤弹性减退，下颌、胸前及四肢水肿，不排粪，尿少，心音减弱，节律不齐，瘤胃蠕动 1 次/3min，持续 15s，瓣胃蠕动音弱，肠音无，直肠检查肠道空虚，瘤胃内容物少，子宫收缩不全，直径均 10cm，产道检查：子宫口开张二指；阴道壁深层撕裂，左侧壁破口长约 16cm，右侧壁破口长约 8cm；恶露异臭、红白相间、浓稠成堆，每次约排 3000mL。诊为失血性休克伴发化脓性子宫内膜炎。治宜大补气血，逐腐化瘀。首先解除休克，治疗子宫内膜炎。方药：输血 1500mL；取 5%葡萄糖生理盐水、林格氏液各 2000mL，10%葡萄糖注射液

1000mL，维生素 C 2.5g，静脉注射，1 次/d；10%安钠咖注射液 30mL，青霉素油剂 300 万单位，肌内注射，连用 4d；生理盐水冲洗子宫后宫内放置土霉素 10g，1 次/2d。中药用加减益母生化汤：桃仁、当归、益母草、党参各 60g，红花 45g，川芎 13g，甘草 15g。水煎取汁，冲红糖 250g，米酒 250mL，灌服。16 日，患牛精神好转，能自行起立，食欲差，粪干少，恶露未减少，心率增速，体温升高。取桃仁承气汤加味：桃仁、厚朴、枳壳各 60g，大黄、白芨各 100g，朴硝 250g（后下），甘草 30g。水煎取汁，候温灌服，连服 3 剂。又因贫血现象未见明显改善，休克亦未完全解除，第 2 次输血 3000mL。患牛出现酸中毒，取 5%碳酸氢钠注射液 1000mL，静脉注射；林格氏液、5%葡萄糖生理盐水各 2000mL，维生素 C 5g，1 次/d，静脉注射；青霉素 300 万单位，链霉素 4g，肌内注射；氯化钾 10g，灌服；用 0.1%雷佛奴尔 5000mL 冲洗子宫，1 次/2d。20 日，患牛病情好转，排粪，吃青草 5kg 余，但口色仍苍白。取四物汤加味：当归、熟地、川芎、赤芍、补骨脂、红花各 60g，赤小豆 100g，大枣（去核）150g，水煎取汁，候温灌服，服药 3 剂。24 日，患牛病情继续好转，体温、心率、粪、尿渐趋正常，采食量增加，眼结膜开始泛红，恶露逐渐减少。继服上方药。30 日，患牛吃草 15kg 余，痊愈。（钱振宇等，T5，P46）

【子宫扭转术后血虚】 1994 年 9 月 26 日，舞钢市铁山乡五考庄一头 3 岁母牛，因难产就诊。检查：患牛精神沉郁，头低耳聋，四肢无力，口色、眼结膜淡白，舌绵软无力，口腔津液短少，心音弱，体温偏低，食欲、反刍减退。诊为子宫扭转所致难产。行剖腹产术，从子宫中排出约 600mL 气味腥臭、紫红色液体。术后常规补液、消炎。29 日，患牛精神沉郁，四肢无力，口色、眼结膜淡白，舌质绵软，口津短少，心跳 92 次/min，体温 37.1℃，心音低弱，反刍废绝。证属子宫扭转术后血虚。治宜益气生血，活血

祛瘀。药用四物汤加味：熟地100g，当归70g，白芍、川芎、党参、桃仁各60g，红花40g。水煎取汁，候温灌服，连服4剂，痊愈。共治疗23例，治愈21例。（刘春雨，T104，P35）

【产后不排恶露】　2002年3月9日，义乌市横塘村吕某一头黑白花奶牛，于6日产犊牛后胎衣自下，食欲、泌乳正常，未有恶露排出。治疗：内补散加减。续断、山药、益母草各60g，全当归、丹参、五灵脂各45g，蒲黄40g，赤芍、白芍、丹皮、香附、炙甘草各30g。水煎取汁，候温灌服。若手术剥离胎衣，结合冲洗子宫2次，内补散加减加大续断用量，加川芎、炙黄芪、红花、生地、海金沙、陈皮，减山药、香附。水煎取汁，候温灌服，1剂/d，连服3剂。患牛恶露排出，产乳量上升。（许庆三等，T157，P66）

【产后泌乳不均】　2002年8月8日，义乌市麻塘村朱某一头黑白花奶牛，于5日产犊牛后胎衣自下，食欲正常，产前乳房轻度水肿，产后水肿迅速消退，3d内在早晨相同时间挤奶，多的1次5kg，少的1次仅2.5kg，饲养管理、气候皆无变化。治疗：内补散加减。续断、王不留行各60g，党参、炙黄芪各50g，全当归、益母草、丹参各45g，熟地40g，丹皮35g，赤芍、白芍、陈皮、炙甘草各30g，山药100g。水煎取汁，候温灌服，1剂/d，连服3剂。患牛泌乳量均匀。（许庆三等，T157，P66）

【产后乳房水肿不退】　2002年6月9日，义乌市麻塘村朱某一头黑白花奶牛，于5月22日产第3胎，产后乳房水肿至今未消退。治疗：内补散加减。益母草60g，全当归、莪术、大腹皮、续断各45g，桑白皮40g，赤芍、白芍、丹皮、蒲黄、三棱、车前子、陈皮、炙甘草各30g。半个月后水肿消退、乳房胀硬有痛感、乳汁正常者加川芎、金银花、连翘、通草、蒲公英，减车前子、续断。水煎取汁，候温灌服，1剂/d，连服4剂。患牛水肿消退，产乳量上升。（许庆三等，T157，P66）

【乳头不对称】　1997年4月10日，胶州市张家屯镇张家屯村邱某一头4岁、已妊娠2个月黑白花奶牛来诊。主诉：该牛饮食欲正常，近几天人工挤奶当手触及乳房时，整个乳房迅速出现硬胀感，尤以左前乳头区严重，乳头明显缩小，出奶量较其他3个乳头明显减少，总产奶量也显著减少。曾用复方新诺明片治疗无效。检查：患牛膘情中等偏下，左前乳头明显小于其他乳头，手触及乳房有硬胀感，体温、呼吸、心率均正常。诊为乳头不对称。宜活血化瘀。治疗：复方丹参片（广东省大埔制药厂）36片，催奶片（吉林省辽源市亚东制药厂）30片，复合维生素B 30片，维生素E胶丸20粒（5mg/粒），混入饲料自食，3次/d，连用2d；嘱畜主在饲料内加入麸皮、萝卜等。第4天，患牛左前小乳头与其他3个乳头对称，不硬胀，产奶量回升。（刘金学，T107，P37）

【产后湿痹】　1992年8月6日，亳州市安淄镇孙小庄村孙某一头黄色母牛来诊。主诉：该牛生产第1胎时由于分娩腹痛，骚动不安，经人工助产产下一公犊牛，胎衣残留少许。产后第3天，患牛精神不振，饮食欲减退，用解热针剂治疗1次见效，但母牛起卧艰难，运动不灵活，腰硬毛乍等，灌服中药4剂效果不佳，且较日前有所加重；他医用镇痛类药、激素类药以及静脉注射水杨酸钠等药物治疗均无效，病情日趋严重。经过仔细询问，方知该牛已发病将近20天。检查：患牛不能拐弯后退，饮食欲、反刍、泌乳量等均减少，腰硬皮紧，被毛逆立，行走短步，向前直冲，低头困难。根据临床症状和有关治疗过程，加之此时正值炎夏酷暑，湿盛发霉，产房阴暗、潮湿等，诊为产后湿痹。宜解表发汗，逐湿祛邪，疏经活络。治疗：醋草疗法。米醋2500mL，拌入酒糟10kg，炒热（温度以人手感能忍受为度），分装一半于袋内，搭于患牛腰背部，上面覆盖一些衣物保温，如此连续更换热袋温敷直至发汗少许即可。同时，取益母草1.5kg，水煎约3000mL，加童便200mL，灌服，1剂/d。用药后，患牛病情好转。效不更方，继用药2次。同时，注意及时饮水，严防脱水和再度受凉等。半年后追访无复发。（蒋昭文等，T74，P36）

【骨盆腔侧壁赫尔尼亚】　1985年4月中旬，余庆县松烟区中乐乡梨树村刘某一头10岁母水牛就诊。主诉：该牛自3月产犊牛后，阴户外侧出现一鸡蛋大的包状突起，随着时间的延长日渐突出。检查：患牛阴户外侧壁有一碗大的包囊突起，排粪、尿时更为突出，触压包囊无热、痛感，按压时则缩入骨盆腔，放手则恢复原位；阴道检查可触摸到患侧有15～20cm大的可移动物。直肠检查，在耻骨联合上方的骨盆腔侧壁处摸到约6cm大的环口；体温37.5℃，呼吸22次/min，心跳65次/min。诊为骨盆侧壁赫尔尼亚。治疗：选择阴户旁开10～15cm，患部（肿胀处）中上1/3处作切口为第一手术通路；患侧髋关节前方5cm处垂直向下作10～15cm的切口为第二手术通路。手术场地、器械、术部等的消毒及对患牛的镇麻均按常规施行。患牛取横卧保定，患侧在上。在第二手术通路上盖以创巾，按常规切开皮肤，钝性分离腹内、外斜肌，切开腹膜，助手手入腹腔至骨盆腔侧壁内环处探明脱入环内之脏器；术者又在第一通路纵行切开皮肤和结缔组织（注意勿切伤嵌入之脏器），若脏器与周围组织粘连，须仔细剥离。术者与助手配合将嵌入的脏器送回腹腔（这时二者的手在环口处可互相接触）。将环口改为新鲜创后结节缝合；腹膜、肌肉、皮肤分别按常规方法缝合。术后3d内注射抗生素类药物；灌服补中益气汤2剂，1剂/2d。（冉书翔，T57，P30）

【性欲亢进】　2005年6月5日，天祝县赛什斯镇大滩村班某一头3岁秦川母牛就诊。主诉：该牛从4月份发情，屡配不孕，发情持续时间4～5d/次，发情2次/月。检查：患牛兴奋不安，体温39.5℃，阴门红肿、有白色黏液流出，粪干燥，口干、色暗红，脉细数。诊为性欲亢进。宜滋阴补肾，降火活血。治疗：知柏地黄汤。酒知母、酒黄柏、熟地黄、泽泻、茯苓、丹皮、陈皮、玉片、三棱、莪术各30g，山萸肉40g，焦三仙各60g。共研细末，开水冲调，候温灌服，连服3剂，痊愈。随后追访，该牛正常配种受孕。共治疗10余例，全部治愈。（王金帮，T141，P54）

**【多发性阴道纤维瘤】** 商丘市某奶牛场一头4岁、约450kg黑白花奶牛，精神、食欲良好，体格健壮，在排尿时发现其阴道前庭内壁上有一鸡卵大小的粉红色赘生物，3个月后，赘生物长至拳头大小，根部有蒂，努责时，赘生物脱出阴道外，因牛尾不时摩擦，赘生物表面破溃、流血不止、血色鲜红，食欲逐日减少，产乳量下降，机体消瘦。检查：患牛营养中等，精神尚好，鼻镜湿润，体温38.5℃，呼吸46次/min，心跳15次/min，食欲欠佳，阴道外口被一赘生物覆盖，表面血肉模糊，粘有粪尿和杂草。用清水清洗后，见赘生物呈暗紫红色，表面高低不平，质地柔软，触之有疼痛，大小为8cm×10 cm×10cm；翻开赘生物后见其阴道前庭下壁及左右壁黏膜上有17个花生米或玉米粒大小的突起、呈粉红色、柔软、移动性小、表面湿润。取瘤体材料，切片，H.E染色后镜下观察，发现赘生物细胞成分较多、细胞核无分裂相、新生血管活跃。诊为软性纤维瘤。治疗：赘生物根部行丝线结扎，手术摘除。药用地骨皮30g，加水500mL，煎煮1h，加红花30g，煎煮至红花变白，再文火慢煎至150mL，反复多次，过滤，置瓶内，消毒，备用。取药液0.5～1.0mL，在每个瘤体的周围分点注射，注射1次/(7～10)d，1个疗程/3次，17个瘤体经3次注射，1月后逐渐消失，未见复发。

注：纤维瘤是纤维组织的一种良性肿瘤，瘤体中纤维和细胞成分的比例不同，有硬性纤维瘤和软性纤维瘤之分。前者多见于皮肤、黏膜、肌膜、骨膜、肌腱；后者多发于皮肤黏膜、浆膜等部位。纤维瘤常单个发生，一般对机体影响不大，但瘤体过大，则会压迫周围的血管、神经，对机体造成不良影响。（朱金凤，T104，P33）

# 第四章

# 传染病

## 流行性感冒

流行性感冒是指由牛流行性感冒病毒引起的一种急性、热性传染病。一般通过接触，经呼吸道传染。发病突然，病势迅猛，传播迅速，呈周期性地方流行或大流行，在个别地区每隔3～4年就发生和流行1次。多发生于春初、秋末季节；无性别、年龄之分，以青壮年牛发病率较高。

【病因】 气候突变或暴雨苦淋，牛体受凉，导致抵抗力降低而发病。天气多变，忽冷忽热，阴雨连绵，栏圈潮湿是发病的诱因。

【主证】 患牛精神沉郁，饮食欲减退或废绝，被毛逆立，体温39.5～42℃，心跳70～90次/min，呼吸20～40次/min。病重者卧地不起，头低耳耷，头歪向左侧或右侧，或伏地伸颈，双眼似昏迷状，呼吸困难，伴有呻吟，瘤胃蠕动缓慢，肺泡呼吸音粗厉，有干啰音、湿啰音、支气管呼吸音、捻发音等，全身呈现出血性败血症症状，粪带血、有黏液、呈黑色、干稀交替、气味恶臭，尿短少、呈黄赤色。

【治则】 清热解毒，祛邪解表。

【方药】 1. 银花解毒汤。金银花、滑石各30g，栀子25g，羌活24g，连翘、桔梗、牛蒡子、黄芩、防风、玉片、板蓝根、大黄各20g，甘草10g。水煎取汁，候温灌服，或研为细末，开水冲调，候温灌服。共治疗105例，治愈104例（其中牛99头）。

2. 荆防败毒散合清瘟败毒饮加味。荆芥、防风、石膏、知母、柴胡、前胡、川芎、竹叶、茯苓、薄荷、桔梗、丹皮、赤芍、枳壳、生姜、甘草。行走困难者加羌活、独活；热毒盛者加连翘、黄芩、栀子；肺泡音粗厉、有啰音者加鱼腥草、瓜蒌、贝母；排污黑色稀粪者加地榆、侧柏炭、炒蒲黄。共研细末，开水冲

调，候温灌服，1剂/d，连服2～3剂。西药取复方氨基比林或安痛定注射液20～40mL，肌内注射，2次/d；清热解毒注射液20～40mL，肌内注射，2次/d；青霉素、链霉素各160万～320万单位，肌内注射，2次/d。病重者，取5％葡萄糖注射液500～1500mL，红霉素1000～2000mg，安钠咖注射液10～20mL，维生素C250～500mg，静脉注射，1次/d；泻稀粪者，取氯霉素注射液10～20mL，肌内注射；跛行者，取水杨酸钠注射液50～150mL，静脉注射，1次/d，连用2～3d。共治疗325例，全部治愈。

3. 荆防败毒饮加减。荆芥穗、防风、羌活、独活、秦艽、柴胡、薄荷、白芷、细辛、川芎、五加皮、桂枝、苍术、大黄、建曲，生姜、大葱为引。发热重、恶寒轻者去桂枝、生姜、细辛，加黄芩、板蓝根、金银花；热盛伤阴、口干舌燥、舌苔厚、粪稍干者去桂枝、荆芥、生姜、大葱，加麦冬、生地、白芍、火麻仁；束步难行、四肢轮流作痛者重用羌活、独活；前肢疼痛者重用桂枝、当归；后肢疼痛者加牛膝、木瓜、千年健；咳嗽者加杏仁、贝母、瓜蒌；粪干燥难下、肠燥便秘者去荆芥、薄荷，重用大黄、芒硝；反刍废绝、宿草不转者除重用建曲外，另加玉片、麦芽、山楂；病后期久卧不起者加杜仲、威灵仙、没药、乳香。共研细末，开水冲调，候温灌服。共治疗217例，治愈208例。

4. 实表膏。羌活、防风、川芎、白芷、白术、黄芪、桂枝、柴胡、黄芩、半夏、甘草各15g，香油（花生油或芝麻油）500g，广丹粉125g。除广丹粉外，诸药浸入香油中，冬天浸泡9d，夏天浸泡3d，再入铁锅中加温，煎炸至诸药焦枯为度，滤去渣即成药油。将药油于锅中用中火加温，至药油表面白烟及泡沫消尽，再继续加温即成膏。在加温的全过程中，须用鲜桃树枝或桑树枝（约小拇指粗细）不断搅拌，

药油熬至在30℃左右的温清水中滴油成珠时即可离火，用细筛将广丹粉徐徐筛入药油并不断搅拌均匀（切勿夹生），再稍加温片刻后将药油倒入备用的洁净凉水中（以井水最佳，自来水次之）以去火毒，浸泡1昼夜后，即成黑如漆、明如镜的膏药。将膏药加温软化，用竹棍蘸取药膏摊布在备好的（大小适中）牛皮纸或布料上，其直径以5～15cm为宜，质量5～15g/帖。根据病情选择穴位，局部剪毛、消毒，先行针刺，起针后将预热软化的膏帖贴到出针孔穴位正中（血针不宜贴膏），随其自脱，不揭不换。在治疗牛外感等热性病时，膏贴穴选用大椎、苏气、尾根穴，一般1穴即可，很少诸穴齐施；取鼻梁（人中）、血印（耳背静脉）、太阳及四蹄的血针穴为辅穴。

5. 柴胡、半夏、陈皮、炒枳壳、秦艽、羌活各40g，白芍45g，五加皮35g，桂枝30g。共研细末，开水冲调，候温灌服。共治疗500余例，均获良效。

6. 30%安乃近20～50mL，青霉素200万～1200万单位，肌内注射；食欲差者，取食母生、建曲、大黄苏打片，灌服；蛋清、竹叶、地龙、石膏、莱菔子、茴香、薄荷等，灌服；后躯瘫痪者，取鲜国槐枝叶，水煎取汁，加食盐适量，趁热洗其四肢，3～4次/d，并尽量牵遛活动。共治疗237例，其中病后1～2d，四肢发凉、颤抖、反应迟钝、卧地不起者73例；体弱、病程长、适当补液者19例，其余均用上方药治愈。（胡耀强，T32，P60）

7. ①鲜鸭跖草1000g，喂服，3次/d，连服数天。②大白菜疙瘩5～10个，生姜100～150g，加水5～7.5kg，煮沸后停2～3min，再用文火煮5～7min，待温，取汁拌少量精料喂服。③板蓝根200g，贯众100g。共研细末，用适量开水冲调，候温灌服。④桑叶、鲜芦根各500g，薄荷、甘草各50g，水煎取汁适量，候温灌服。⑤忍冬藤100g，野菊花75g，射干25g，蒲公英50g，水煎取汁适量，候温灌服。⑥羌活、防风、苍术各50g，川芎、白芷、生地、黄连、生姜、甘草各30g，细辛25g，大葱1根。水煎取汁，候温灌服。⑦金银花、羌活、防风、生姜、连翘、柴胡、黄芩、陈皮、牛蒡子、甘草各30～50g（跛行者加牛膝、木瓜各50g）。水煎取汁，候温灌服，1剂/d，连服2～3剂。⑧金银花、连翘、黄芩各45g，羌活、生地、陈皮、苍术、款冬花各30g，防风、川芎、白芷、细辛各24g，桔梗、甘草各18g。四肢跛行者加桑寄生、独活；咳嗽者加半夏、杏仁；粪带血者加焦地榆、侧柏叶炭；食欲减退者加麦芽、神曲、山楂等。水煎取汁，候温灌服。（李巧云，T158，P52）

【典型医案】1. 1995年8月17日，康县王坝乡何家庄何某一头5岁黄犏牛来诊。主诉：该牛因上唇干裂，流鼻涕，头歪向左侧，已卧地3d，不食草料，粪、尿不通，经他医治疗无效。检查：患牛呼吸困难，有时伸颈发出呻吟声及吭吭声，被毛逆立，耳聋，眼结膜紫红，舌中部舌苔深黄，舌根部呈黑色，津液黏滑，体温41.5℃，心跳85次/min，呼吸39次/min，四肢强硬；听诊瘤胃蠕动缓慢、1次/min，肺泡音粗厉，有干啰音、湿啰音、捻发音，呈昏睡状。治疗：针刺知甘、山根、百会、尾尖4穴，知甘穴出血、呈黑红色，尾尖穴略有痛感。取银花解毒汤，用法见方药1，2次/d。18日，患牛食少量青草，但肢体强硬，不能行走。效不更方，银花解毒汤加地龙、木瓜各20g，1剂/d，水煎取汁，候温，分3次灌服；10%安钠咖注射液10mL，康得灵20mL，肌内注射。19日，患牛已能行走。继服上方药加木瓜、地龙，用法同上。21日痊愈。（谈洪山等，T113，P37）

2. 1995年8月17日，定西县宁远乡薛川村马某一头3岁红色耕牛来诊。主诉：该牛粪稀、带有血丝，不食、不反刍，耳发热，已患病2d。检查：患牛精神沉郁，体温41.5℃，呼吸42次/min，心跳102次/min，反刍废绝，口色红，舌有黄苔，眼结膜潮红，鼻流黏性涕，粪呈污黑色，听诊肺部有湿啰音，瘤胃蠕动音较弱。诊为流行性感冒。治疗：荆防败毒散合清瘟败毒饮加鱼腥草、瓜蒌、败酱草、地榆、炒蒲黄。2剂，用法同方药2；复方氨基比林、清热解毒注射液各30mL，氯霉素注射液20mL，分别肌内注射。18日，取5%葡萄糖注射液1000mL，红霉素1000mg，安钠咖注射液20mL，维生素C 250mg，混合，静脉注射。19日，患牛痊愈。（董书昌等，T79，P27）

3. 1976年4月，西安市灞桥区牛角尖村谢某一头黄牛来诊。主诉：该牛发高热已2d，体温40～41℃，食欲减退，瘤胃蠕动音弱，曾用青霉素、链霉素、复方氨基比林、安乃近、氢化可的松等药物治疗，高热仍持续不退。检查：患牛精神委顿，呻吟不止，耳聋头低，卧地不起，四肢厥冷，鼻冷流清涕，耳冷毛乍，皮温不均，心跳82～126次/min，心音亢进，反刍废绝，舌苔薄白。治疗：荆防败毒饮加减，用法同方药3，1剂/d，连服3d。服药后，患牛体温趋于正常，四肢转温，能自行站立，食欲好转，瘤胃蠕动音增强，但还有轻度的咳嗽。原方药中加杏仁、贝母、瓜蒌、蜂蜜、玉片、麦芽、山楂。用法同上，连服2剂。1周后追访，痊愈。（王诚馨，T71，P36）

4. 商南县富水镇黑漆村2组殷某一头水牛来诊。检查：患牛体表灼热，体温41.5℃，鼻镜无汗，鼻流清涕，眼含泪，四肢无力。诊为流行性感冒。治疗：取大椎、尾根穴，剪毛、消毒、施针，贴实表膏（制备、用法见方药4）；针刺鼻梁、太阳穴出血；取金银花250g，开水冲调，候温灌服。翌日，患牛出现食欲，体温39.5℃。继服金银花250g，痊愈。（刘作铭，T101，P34）

5. 1986年12月5日，睢县白庙乡郭店村郭某一头妊娠已6个月的母黄牛，因突然发病来诊。检查：患牛精神沉郁，鼻端发凉，皮温不均，体温40℃，被毛逆立，卧地，肌肉震颤，不反刍。诊为流行性感冒。治疗：柴胡、半夏、陈皮、炒枳壳、秦艽、羌活各40g，白芍45g，五加皮35g，桂枝30g。共研细末，开水冲调，候温灌服。服药1剂，患牛能站立，反刍；服药2剂，患牛体温、食欲恢复正常，症状基本消失；第4天痊愈。（轩勤咏，T24，P22）

## 流行热

流行热是指由牛流行热病毒引起，以突然发病、高热稽留、出血性胃肠炎、咳嗽流涎、四肢水肿、行走困难为特征的一种急性、热性传染病。一般经过2～3d即恢复正常，又名三日热、暂时热、麻脚风。3～5年流行1次，具有明显的季节性，多发生在7～10月份。属于中兽医学瘟疫范畴。

【病因】 由于饲养管理失调，或气候剧烈变化，肺卫机能不固，致使邪毒侵袭机体所致；暑夏气候炎热，地气潮湿，受热上蒸，或牛体正气不足，劳役出汗，腠理不固，湿热之邪乘虚侵入机体，或冷热失常，牛体虚弱，风热侵犯肺卫所致。

【辨证施治】 临床证型有风寒型、风热型、外感湿热型、咳喘型、跛瘫型、混合型、呼吸型、胃肠型和神经型流行热。

（1）风寒型 患牛精神沉郁，被毛逆立，低头耷耳，拱腰挟尾，畏寒发抖，腰弓毛炙，食欲废绝，不思饮水，鼻流清涕，咳嗽，摇头喷嚏，无汗，不喜饮水，耳、鼻、四肢冷，口津滑润，舌苔薄白，脉浮数。

（2）风热型 患牛精神萎靡，呆立懒动，弓腰缩腹，四肢拘紧，运步沉重，肌肤发热，喜凉恶热，食欲废绝，口渴贪饮，干咳声大，鼻液黏稠，鼻乍气粗，粪干燥，尿短赤，结膜潮红，怕光流泪，口色微红，舌苔薄黄，脉浮数。

（3）外感湿热型 患牛精神委顿，发热恶寒，食欲减退，反刍停止，腹部胀满，全身关节肿痛，肌肉颤抖，头颈、背腰强直，四肢肿痛，运步沉重，多卧少立；重者不能行走，鼻液黏稠，咳嗽低沉，流涎、流泪，口腔干燥，舌赤苔红，脉象浮缓。

（4）咳喘型 患牛咳嗽喘粗，鼻流清涕，皮肤灼热，被毛竖立，口渴饮水，耳耷头低，口色鲜红，舌苔薄白，脉浮数。

（5）跛瘫型 患牛肢体僵硬，行走困难，一肢或四肢关节肿痛，屈伸不利，皮肤不热，四肢末端发凉，反刍废绝，舌苔薄白，脉浮数。个别患牛毛焦恶寒，跛行严重者卧地不起，甚至瘫痪。

（6）混合型 患牛有时咳嗽、喘粗，鼻流清涕，身热，跛行，肢体僵硬，精神沉郁，食欲、反刍废绝，恶寒毛逆，粪干燥，尿短赤，舌苔白腻或黄腻，脉浮数。

（7）呼吸型 患牛体温39.5～42℃，鼻镜干燥，眼角流出黏性或脓性分泌物；食欲、反刍减少或废绝，心跳加快，鼻孔张开，头颈伸直，张口伸舌，流涎，呼吸急促、喘息、呈腹式呼吸，听诊肺泡音粗厉，严重者继发间质性肺气肿；颈部、肩胛周围、背部皮下气肿，按压时有捻发音。多因间质性肺气肿、肺水肿窒息而死亡。

（8）胃肠型 患牛体温正常或升至40～41℃，食欲减退或废绝，粪干燥、混有黏液，有的下痢、粪中带血，瘤胃蠕动音减弱或停止，按压瘤胃很硬实、有腹痛感。

（9）神经型 患牛体温39.5～42℃，鼻镜干燥，食欲、反刍减退至废绝，肩胛肌和臀部肌肉震颤，后肢无力，敏感性降低，步态不稳，严重者卧地不起，后肢关节有轻度肿胀与疼痛，跛行、麻痹或站立困难而卧地。

【治则】 风寒型宜祛风散寒，清热解表；风热型宜清热解毒，宣肺解表，和胃化湿；外感湿热型宜清热解表，化湿通络；咳喘型宜辛凉解表，理肺平喘；跛瘫型宜活血化瘀，清热祛湿；混合型宜清热解表，活血通络；呼吸型宜清热解毒，宣肺平喘，渗湿利水；胃肠型宜清热解毒，健脾胃消积食，润肠泻火；神经型宜清热解毒，温通血脉，息风解痉。

【方药】 （1～3适用于风寒型；4～7适用于风热型；8、9适用于外感湿热型；10～13适用于咳喘型；14适用于呼吸型；15适用于胃肠型；16适用于神经型；17～26适用于跛瘫型；27～33适用于混合型）

1. 荆防败毒散加减。羌活、荆芥、防风各30g，桔梗、杏仁、麻黄、桂枝各25g，川芎、甘草各20g。共研细末，开水冲调，候温灌服，1剂/d，连服2～3剂。

2. 荆防败毒散加味。荆芥、防风40g，羌活、独活、桔梗、葛根各30g，川芎、制杏仁、桂枝各25g，麻黄、白芷、辛夷、甘草各20g。早晚文火煎煮两次，取汁，候温分2次灌服，1剂/d。

3. 荆防败毒散加减。荆芥、防风、羌活、前胡、桔梗各40g，柴胡、枳壳、茯苓各30g，川芎、生甘草各20g，板蓝根60g。跛行者加马鞭草、桂枝、木瓜。水煎取汁，候温灌服。共治疗107例，治愈106例。

4. 防风通圣散加减。防风、柴胡各45g，麻黄40g，荆芥、薄荷各17g，连翘、川芎、白芍、栀子、大黄、黄芩、桔梗、甘草各22g，当归、白术、桃仁、石膏、滑石、党参、黄芪各33g。共研细末，开水冲调，候温灌服，连服2剂。共治疗千余例，其中380余例是经他医治疗无效的中后期患牛，皆获满意疗效。

5. 银翘散加减。金银花、连翘、牛蒡子、芦根、枇杷叶各 30～40g，黄柏、桔梗、杏仁各 25g，竹叶、薄荷、荆芥各 20g，甘草 15g。共研细末，开水冲调，候温灌服，1 剂/d，连服 2～3 剂。

6. 银翘解毒散加味。金银花、连翘各 40g，黄芩、生地、麦冬、元参、制杏仁、桔梗各 30g，薄荷、大青叶、白茅根、牛蒡子（捣碎）、地榆、侧柏炭、枇杷叶（蜜炙）各 25g，炒槐花、焦甘草 20g。水煎 2 次，取汁，候温，分 2 次灌服，1 剂/d，一般 2～3 剂即愈。

7. 银翘散加减。金银花、连翘、薄荷、芦根、大青叶、板蓝根各 45g，桔梗、竹叶、夜交藤、甘草各 30g。四肢沉重者减芦根，加羌活、独活、防己、川芎；腹胀泄泻者加藿香、白扁豆、大腹皮、厚朴、茯苓。水煎取汁，候温灌服。针刺舌底、耳尖、尾尖、山根、百会、八字穴。取 5％葡萄糖注射液 2000mL，维生素 C 2～4g，双黄连注射液 20mL，诺克尔 2g，倍克尔钾 10g，混合，静脉注射；板蓝根注射液 30mL，肌内注射。共治疗 296 例，治愈 295 例。

8. 羌活胜湿汤加减。羌活、独活、桂枝、川芎、杏仁、苍术各 30g，白芷、陈皮、麻黄各 25g，甘草 20g。表寒重者加细辛；表热重者加柴胡、黄芩、栀子；咽喉肿痛者加山豆根、大青叶、板蓝根；咳嗽重者加前胡、桑白皮、地龙；腹胀者加厚朴等。共研末，开水冲调，候温灌服，1 剂/d，连服 3～4 剂。

9. 九味羌活丸加减。羌活 50g，独活、防风、生地、黄芩、川芎各 30g，白芷、桂枝、牛膝、苍术（盐水炒）、蔓荆子（捣碎）各 25g，藁本、甘草各 20g，细辛 15g。水煎 2 次，取汁，候温，分 2 次灌服，1 剂/d，一般 3～4 剂即愈。

10. 清肺散加减。川贝母、葶苈子、桑白皮、板蓝根、桔梗、麦冬、牛蒡子、百合、陈皮、枳壳各 50g，甘草 20g，蜂蜜 250g 为引。水煎取汁，候温灌服。（王待聘等，T18，P50）

11. 桑菊饮。桑叶、菊花、杏仁、连翘各 50g，甘草 20g，桔梗、薄荷、芦根各 30g。热甚者加黄芩 30g；喘促者加苏子、葶苈子、桑叶易桑皮各 50g；肺气不利者加蚕砂 60g，海风藤 40g；表实重者加麻黄 30g。共研细末，分 4 次用温开水调匀，灌服，2 次/d。共治疗 64 例，全部治愈。

12. 银翘散加减。金银花、连翘、黄芩、黄柏各 30g，栀子、桔梗、牛蒡子、天花粉各 24g，大黄 60g，贝母 100g，柴胡 18g，薄荷 15g，甘草 10g。共研细末，开水冲调，候温灌服。

13. ①柴胡 30g，黄芩、苦参各 50g，金银花 60g，连翘、苍术、板蓝根各 40g，大黄 50～100g。气促喘粗、咳嗽甚者加麻黄、知母、金银花、连翘、黄芩各 40g，杏仁 30g，生石膏 100g。共研末，开水冲调，候温灌服，1 剂/d。②10％磺胺嘧啶钠注射液 100～200mL，葡萄糖生理盐水 1500～4000mL，静脉注射；或取青霉素 240 万～400 万单位，氨基比林注

射液 10～30mL，或柴胡注射液 30～50mL，肌内注射。本方药适用于流行热初期。

14. 炙麻黄、黄芩、知母各 45g，生石膏 100g，炙杏仁、赤茯苓、薏苡仁、贝母、栀子、陈皮、前胡、当归、川芎、枳壳、玉片各 30g，连翘、金银花各 50g，桔梗、紫苏各 40g，炒三仙各 60g，甘草 25g，鲜生姜、葱白各 60g 为引。共研细末，开水冲调，候温灌服，1 剂/d，连服 3 剂；5％葡萄糖注射液 1000mL，氨苄西林钠 4g，青霉素钾 1200 万单位，20％安钠咖注射液 30mL，地塞米松 25mg（或氢化可的松 50mL），30％安乃近 50mL（或柴胡注射液 20～40mL，清热解毒注射液、鱼腥草注射液各 30～50mL，肌内注射）；三磷酸腺苷 0.4g，辅酶 A 2000U，肌苷、病毒唑（或病毒灵 2g）各 3g，维生素 C 注射液 50mL，生理盐水、5％碳酸氢钠注射液各 500mL，静脉注射，2 次/d，连用 3d。皮下串气形成气肿者，取复合维生素 B 10mL，氨茶碱（或丙茶碱）3g，肌内注射，并及时输氧；或取细胞色素 C 0.4g 或双氧水 200～500mL，静脉注射，2 次/d，连用 3d；呼吸困难者，取尼可刹米注射液 10～20mL，肌内注射或皮下注射；肺水肿者，取 20％甘露醇 200～500mL，静脉注射。

15. 制大黄 60g，炒三仙各 60g，芒硝、滑石各 150g，玉片 30g，陈皮、川厚朴、葛根、炒枳实各 45g，桔梗、荆芥、防风、柴胡、黄芩、连翘、金银花、板蓝根、薄荷叶各 40g，甘草 25g。孕牛将制大黄易为榆白皮 50g，加郁李仁 50g。共研细末，鲜生姜、葱白各 60g 为引，开水冲调，候温灌服，1 剂/d，连服 3 剂；5％葡萄糖注射液 2000mL，青霉素钾 3200 万单位，20％安钠咖注射液 20mL，地塞米松 25mg（或氢化可的松 50mL），30％安乃近注射液 30mL（或柴胡注射液 20～40mL，清热解毒注射液、鱼腥草注射液各 30～50mL，肌内注射），病毒唑 3g（或病毒灵 2g），维生素 C 注射液 50mL，10％氯化钠注射液、5％碳酸氢钠注射液、促反刍液各 500mL，静脉注射，2 次/d，连用 3d；维生素 B1 0.5g，维生素 B2 0.02g，肌内注射，2 次/d，连用 3d；人工盐 50～100g，碳酸氢钠 300～500g，大黄末 100～150g，复方龙胆酊 20～100mL，陈皮酊 30～100mL，加温水 6000～10000mL，灌服，或硫酸镁 500mL，石蜡油 1000mL，鱼石脂 30mL，水 3000mL，混合，灌服。

16. 羌活、独活、防风、黄芩各 30g，当归、川芎、红花、桂枝、白芍、白芷、苍术、生地、葛根、半夏、钩藤、菊花、桑叶、杏仁各 25g，桑寄生、杜仲、巴戟天、牛膝、伸筋草、续断、细辛、甘草各 20g。水煎取汁，候温灌服，1 剂/d，连服 3d（本方药适用于病初）。取 5％葡萄糖注射液 1000mL，氨苄西林钠 4g，青霉素钾 1200 万单位，20％安钠咖注射液 20mL，地塞米松 25mg（或氢化可的松 50mL），

30％安乃近注射液 50mL（或柴胡注射液、清热解毒注射液、鱼腥草注射液，肌内注射），病毒唑（或病毒灵 2g）3g，维生素 C 注射液 50mL，生理盐水、复方生理盐水各 500mL，3％溴化钙注射液 150mL，静脉注射，2 次/d，连用 3d；维生素 B₁ 500mg，维生素 B₆ 4g，维生素 B₁₂ 2g，亚硒酸钠-维生素 E 30mL，肌内注射，2 次/d，连用 3d。肌肉痉挛者，取硫酸镁注射液 100～200mL，静脉注射；四肢关节肿胀疼痛者，取 10％水杨酸钠注射液 200mL，静脉注射；站立困难，卧地不起者，取 0.1％盐酸士的宁 15～30mg，肌内注射或后海穴注射。同时，取维生素 D₃ 注射液 2～5mL，肌内注射；葡萄糖酸钙注射液 500～1000mL，静脉注射。

17. 针刺疗法。取尾段督脉穴（尾部背侧正中线上，即从尾尖穴至尾根之间的每一尾椎间隙中）、交趾穴（四肢外侧悬蹄前下方系部凹陷正中趾静脉上）、八字穴（前后肢的蹄叉两侧，蹄冠正中有毛与无毛交界处）。助手牵拉牛鼻，术者左手握住并拉直牛尾，使尾背部向上；术部剪毛，常规消毒；右手持圆利针，第 1 针在尾尖正中平行刺入 1cm，第 2 针从倒数第 1、第 2 尾椎间隙与尾背正中线的交点处垂直刺入，以后依次自下而上进行。针刺深度为远心端相当于牛尾直径的 1/2，近心端 0.6～0.8cm。留针 20～30s/穴，并反复捻转数次后迅速起针。

施针时，应注意有无针感。如有针感（如肌肉震颤、两耳摆动、举尾前伸，瘫痪者出现四肢弹动、欲起立等），瘫痪牛将会很快站立起来。初期站立时，全身震颤，四蹄不欲踏地，须令助手或畜主牵拉扶持；刺激穴位的数量视其症状轻重及恢复的情况而定。为了巩固疗效，在轻症患牛跛行消失、行走自如，重症瘫痪牛能自行起立、行走，喘气减轻以后，再刺 2～3 针即可。为了加快症状的解除，在尾段督脉穴针刺后，再用中宽针速刺八字穴（共 8 穴），向后下方斜刺 0.5～0.8cm，以出血为度，然后再刺交趾穴（共 4 穴），向内下方刺入 0.5～0.8cm，亦以出血为度。共治疗 315 例，全部治愈，其中 14 头妊娠母牛无一流产。

18. 柴葛汤。柴胡、葛根、荆芥、羌活、防风、秦艽、黄芩各 40g，板蓝根、白菊花各 80g，紫苏 120g，知母 50g，甘草 20g。热甚者加石膏 40～80g；咳嗽者加杏仁 20g，贝母 40g；跛行者加牛膝、独活各 40g；食欲差者加炒三仙、陈皮、枳实、槟榔、厚朴各 30g。水煎取汁，候温灌服，1 剂/d。共治疗 367 例（其中黄牛 260 例、水牛 107 例），治愈 363 例。

19. 穴位火针法。取百会、尾根、大胯、尾尖、蹄头、鼻中、通关、山根穴。用碘酊消毒穴位；将棉花缠在火针上，蘸油燃着，不断转动针体使之均匀受热，待油燃尽后弃去棉花，右手持针，左手按压百会穴部位的皮肤，刺入 4cm，然后捻转一下针体，起

针，消毒针孔，并用四环素软膏涂封针孔；再用同法针尾根穴 2cm，大胯穴 4cm。针刺应使患牛出现针感（如肌肉震颤、卧地者欲起立等）；如无针感，应稍留针或用圆利针刺尾尖穴 1.5cm，留针片刻并产生针感。然后，用中宽针放四蹄血。呼吸困难、咳嗽者，用中宽针刺山根或鼻中穴；饮食废绝者加刺通关穴。针后应以麻袋等覆盖火针部位皮肤，圈养 1～2d。共治疗 57 例（其中 9 例卧地不起，38 例有跛行症状），均 1 次治愈。

20. 香薷、薄荷（分包后放）、荆芥、防风、桔梗、陈皮、前胡、枇杷叶、杏仁、黄芩、乳香、没药、秦艽、牛膝、藿香、大黄、建曲、甘草。孕牛减乳香、没药、牛膝，加桑寄生、杜仲、白术、当归；粪含血者加金银花炭、侧柏叶；症状较轻无跛行者减乳香、没药、秦艽、牛膝；重症且病程较长者加党参、白术。水煎取汁，候温灌服。在灌服中药煎汁前 1～2h 注射氨茶碱等平喘类药，喘气症状得以缓解，避免药汁灌服时吸入肺内。共治疗 150 余例，效果显著。

21. 荆防败毒散加减。荆芥、防风、牛膝、桂枝各 30g，羌活、独活、苍术、党参各 45g，川芎、枳壳各 24g，山楂 60g，甘草 10g。共研末，开水冲调，候温灌服。

22. 麻苍祛湿汤加减。麻黄、苍术、桂枝、牛膝、独活、羌活、甘草。卧地不起者配地龙；兼有瘤胃充满、触之较硬、蠕动弱者加山楂、麦芽、陈曲；喘息有声、瘤胃臌气、粪干少或不通、肺部有湿啰音者加川贝、南星、莱菔子。共研末，开水冲调，候温灌服。共治愈 59 例，一般 2 剂治愈。

23. 独活寄生汤加减。独活、秦艽各 25g，桑寄生、熟地各 60g，细辛 6g，当归、白芍各 25g，杜仲、鸡血藤、伸筋草、党参、茯苓各 50g，柴胡、防风、甘草各 20g，共研末，开水冲调，候温灌服，1 剂/d，直至痊愈。共治疗跛瘫型 15 例，治愈 14 例。（张纯芳，T41，P31）

24. 党参、黄芪各 45g，麦冬、丹参、当归、苏叶各 30g，白芍、荆芥、防风、红花、甘草各 20g，五味子 15g。水煎取汁，候温灌服。

25. 金银花、连翘、荆芥、防风、桔梗、麦冬、丹参各 30g，板蓝根、党参、黄芪、当归各 40g，五味子、甘草各 15g。气促喘粗、咳嗽甚者加麻黄、知母、金银花、连翘、黄芩各 40g，杏仁 30g，生石膏 100g。共研末，开水冲调，候温灌服，1 剂/d；葡萄糖生理盐水 1000～1500mL，水杨酸钠注射液 100～150mL，或葡萄糖生理盐水 1000～2000mL，3％溴化钙注射液 100～180mL，静脉注射；风湿宁 10～20mL，兰他敏 20mL，肌内注射，2 次/d。心脏衰竭者，取安钠咖注射液 10～30mL，低分子右旋糖酐 1000～1500mL，静脉注射。本方药适用于流行热后期。

26. 九味羌活汤加减。羌活、苍术、白术、茯

苓、柴胡各 30g，防风、白芷、牛膝各 25g，生地、黄芩各 20g，细辛、川芎、陈皮、甘草各 15g。热重者加丹参、大青叶各 30g；咳嗽者加杏仁、麦冬各 30g，紫菀 25g，枇杷叶 20g；尿短少者加木通 30g；跛行者加牛膝、桂枝各 30g；不食者加枳壳、山楂各 30g；瘤胃臌气者加莱菔子、木香、厚朴各 30g；不食者辅以助消化的药物。共研细末，生姜为引，开水冲调，候温灌服。共治疗 7519 例，治愈 7491 例。

27. 大青叶 400g，地胆头、黄皮叶各 150g（均取鲜品）。腹泻便血者加马齿苋；咳嗽、喘气者加东风桔、蜂窝草。加水 2kg，煎煮 15min，取汁，待凉后加入食盐 10g，灌服，一般 1～2 剂可治愈。共治疗 21 例，全部治愈。

28. 防风通圣散加减。荆芥、防风、连翘各 24g，大黄 60g，滑石、神曲各 45g，栀子、黄芩、羌活、独活、桔梗各 30g，石膏 100g，麻黄、薄荷各 15g，甘草 10g。生姜为引，共研末，开水冲调，候温灌服。

29. 三拗汤加减。麻黄、杏仁、甘草、生姜、苍术、黄芩。热重于湿者加石膏；湿重于热者加羌活、独活；瘤胃充满、触之较硬、蠕动音弱者加山楂、麦芽、陈曲；喘息有声、瘤胃臌气、粪干少或不通、肺部有湿啰音者加川贝母、南星、莱菔子。水煎取汁，候温灌服。共治愈 68 例。

30. 清瘟败毒饮加减。石膏 120g，栀子、桔梗、知母、白芍、黄芩、丹皮、金银花、连翘、石斛、紫花地丁、桂枝、甘草各 30g，玄参 80g，藿香 60g，蒲公英 40g，竹叶 15g。水煎取汁，候温灌服。体温升高、食欲废绝者，取葡萄糖生理盐水、10%磺胺嘧啶注射液，静脉注射；安乃近注射液，肌内注射；呼吸困难、气喘者，取地塞米松，静脉注射；25%氨茶碱、6%盐酸麻黄素，肌内注射；对瘫痪牛，取 10%水杨酸钠注射液、20%葡萄糖酸钙注射液、0.2%硝酸士的宁、康母郎，静脉注射。

31. 清瘟败毒饮加减。石膏 120g，栀子、桔梗、知母、白芍、黄芩、丹皮、金银花、连翘、紫花地丁、石斛各 30g，玄参 80g，竹叶 15g，藿香、甘草各 60g。混合型加胡黄连、穿心莲；跛瘫型加牛膝、川续断、红花；咳喘型加蒲公英、葶苈子。水煎取汁，候温灌服，2 次/d，连服 3～5d（预防药量减半）。西药以解热镇痛（如复方氨基比林、安乃近等）、强心补液（如葡萄糖氯化钠注射液、安钠咖等）和防止继发感染（抗生素、磺胺类药物）为主药对症治疗。针灸取山根、带脉穴；呼吸型加肺俞、苏气穴；胃肠型加脾俞、后海穴；运动型加抢风、百会穴；混合型加尾尖、鹘脉穴。

按上法治疗，一般 3～4d，重者 4～6d 即可治愈。共治疗 91040 例，治愈 90998 例，死亡 42 例；用中药预防 28379 例，保护率达 98%。（张怡峰，T73，P30）

32. 土茯苓 130g，蚕砂 80g（1 头牛药量）。水煎取汁，候温灌服。

33. 二花败毒汤。金银花 60g，生地、紫草、板蓝根、连翘各 45g，黄连、黄芩各 36g，桔梗、柴胡、甘草各 30g（为成年牛药量）。跛行严重者加防风、羌活、独活；发热不食者加厚朴、砂仁、白豆蔻。共研细末，开水冲调，候温灌服。共治疗 198 例，治愈 196 例。

34. 蚕砂解毒汤。蚕砂、葛根各 60g，金银花、紫草、板蓝根各 45g，黄柏、栀子各 36g，防风、赤芍、甘草各 30g（为成年牛药量）。跛行严重者加羌活、独活；腹胀者加厚朴、青皮；不食者加砂仁、白豆蔻。共研细末。开水冲调，候温灌服。共治疗 486 例，治愈 481 例。

**【护理】** 改善饲养管理，停止使役；牛舍要通风，温度、湿度要适宜；做好隔离与圈舍用具的消毒，及时清扫污物；杀灭吸血昆虫，对牛体表可喷药消毒。

**【典型医案】** 1. 1986 年 5 月 4 日，新金县双塔镇一塔村周屯尚某一头 8 岁母黄牛来诊。主诉：近几天，该牛食欲减退，反刍废绝。检查：患牛发热恶寒，颤抖，皮温不整，角根、耳部发热，腹围略大，鼻流清涕，流泪，舌苔薄白，脉浮紧。治疗：荆防败毒散加减，用法同方药 1，1 剂/d，连服 2 剂，痊愈。（赵书才等，T55，P33）

2. 2006 年 10 月，武山县咀头乡多家村 3 组张某一头 7 岁、栗色母犍牛来诊。主诉：该牛昨天下午吃草缓慢，不愿饮水，反刍减退，浑身颤抖，不时摇头、打喷嚏，今早连连咳嗽，流涕。检查：患牛被毛粗乱，形寒畏冷，耳尖、角根、鼻端、四肢俱冰，眼角有泪，鼻流清涕，咳嗽剧烈，咳声高亢有力，呼吸喘粗，口腔湿润，舌滑苔白，脉浮数，体温 40.5℃，呼吸 54 次/min，心跳 88 次/min。诊为外感风寒型流行热。治疗：荆防败毒散加味，用法同方药 2，1 剂痊愈。（张永祥，T148，P52）

3. 2007 年 6 月 6 日，上犹县寺下镇实足村印某一头妊娠 8 个多月母牛来诊。检查：患牛精神呆滞，耳鼻冷，拱背低头，食欲废绝，鼻流清涕，左后肢跛行，鼻镜汗不成珠，体温 40℃。诊为风寒型流行热。治疗：荆防败毒散加减，用法同方药 3，连服 2 剂；安乃近注射液、病毒唑注射液各 20mL，苄基青霉素 8g，链霉素 2g，肌内注射，连用 2d，痊愈。（魏中，T147，P53）

4. 1991 年 9 月 5 日，宝鸡市固川乡坊塘村贾某一头 13 岁红犍牛来诊。主诉：该牛已患病 3d，他医按外感治疗无效，且病情有加重趋势。检查：患牛食欲、反刍废绝，精神不振，立卧艰难，四肢下端发凉，口热、干，口津黏，偶有咳嗽，不时颤抖，鼻镜干，被毛逆立。诊为流行热。治疗：防风通圣散加减，用法同方药 4，连服 2 剂，痊愈。（贾敏斋，

5. 1988 年 4 月 12 日，新金县双塔镇夹心村向阳屯季某一头 6 岁母牛来诊。主诉：该牛近日因劳役较重，昨晚发现食欲废绝。检查：患牛全身发热，反刍废绝，口渴喜饮，鼻镜干，呼吸迫急，结膜充血，咳嗽，粪干，尿赤，苔微黄，脉浮数。治疗：银翘散加减，用法同方药 5，1 剂/d，连服 3 剂，痊愈。（赵书才等，T55，P33）

6. 2006 年 8 月 15 日，张某一头 8 岁黑色犍牛和一头 5 岁红色犊牛同时发病。主诉：两牛同槽饲喂，今天上午不吃草料，喜饮冷水，流涕咳嗽。检查：黑牛卧多立少，全身灼热，眼睑水肿，结膜树枝状充血，怕光流泪，鼻镜龟裂，流黏性鼻液，唇紫舌赤，牙床肿胀，口角流长线状黏液，咳嗽不止，粪有肠黏膜和血液、呈糊状。红牛喜卧懒动，瘤胃蠕动微弱，反刍停止，咳嗽流涕，粪呈水样，口色偏红，颌脉浮紧，体温 40.1℃，心跳 91 次/min，呼吸 52 次/min。诊为外感风热型流行热。治疗：黑牛取银翘解毒散加味，1 剂，用法同方药 6；红牛取 30％安乃近注射液 20mL，肌内注射，2 次/d；嘱畜主采集冬青叶 200g，仙人掌（去皮刺）300g，混合，捣碎榨汁，灌服。翌日，红牛诸症消失，病愈如初。黑牛诸症缓解，自动站立采食。继续灌服银翘解毒散加味 1 剂，痊愈。（张永祥，T148，P52）

7. 2007 年 5 月，上犹县寺下镇珍珠村郭某一头母黄牛来诊。检查：患牛被毛毛根部血液外溢，耳鼻俱热，反刍停止，体温 41℃，呼吸浅快，运步沉重，鼻液呈黏脓性，鼻镜干燥，舌苔薄黄，脉象浮涩，口色淡红。诊为风热型流行热。治疗：银翘散加减，用法同方药 7，连服 2 剂；5％葡萄糖注射液 500mL，清开灵 40mL，病毒唑、维生素 C 各 4g，苄基青霉素 10g，5％葡萄糖注射液 1000mL，混合，静脉注射，连用 2d，痊愈。（魏中，T147，P53）

8. 1988 年 7 月 6 日，新金县安波镇米屯村大岭屯沙某一头 5 岁骟牛，因牛舍无棚，受雨淋袭，导致四肢发僵、疼痛，不能行走，用汽车送来就诊。检查：患牛发热恶寒，反刍废绝，腹部胀满，四肢关节水肿、疼痛，运步沉重、困难，肌肉颤抖，卧多立少，流口水，舌苔白腻，脉浮数。治疗：羌活胜湿汤加减，用法同方药 8，1 剂/d，连服 5 剂，痊愈。（赵书才等，T55，P33）

9. 2006 年 8 月 17 日，吴某一头 4 岁秦川母牛，因咳嗽不止来诊。主诉：早晨放牧时发现该牛卧地不起，未食夜草，咳嗽流涕。检查：患牛屈膝蜷卧，强行驱赶起立，全身肌肉颤抖，四肢僵硬无力，行走严重肢跛，皮温灼热，鼻镜龟裂，口干舌燥，咳声嘶哑、痛苦无力，凫脉浮缓，体温 41℃，心跳 102 次/min，呼吸 63 次/min。诊为外感风湿型流行热。治疗：加减九味羌活丸，用法同方药 9，连服 2 剂；青霉素 200 万单位，安痛定 20mL，混合，肌内注射，3 次/d，连用

2d。19 日，患牛喜卧懒动，伸头用舌觅草，鼻镜微出汗，口腔湿润，皮湿正常，体温 39℃。中药方减黄芩、生地、藁本，加威灵仙、木瓜、桑寄生汁各 30g，用法同上，连服 2 剂；10％葡萄糖注射液 2000mL，10％水杨酸钠注射液 200mL，25％硫酸镁注射液 50mL，10％醋酸强的松注射液 10mL，20％维生素 C、20％跛行安注射液各 20mL，混合，静脉注射，1 次/d，连用 2d。用药后，患牛精神良好，饮食欲正常，头颈灵活，四肢强健，咳嗽、流涕停止，痊愈。（张永祥，T148，P52）

10. 1989 年 8 月 30 日，德江县稳坪镇稳坪村香坪组张某一头 6 岁母黄牛就诊。主诉：该牛于昨日食欲废绝，气喘。检查：患牛精神倦怠，气促喘粗，口微干，皮温不均、微出汗，尿少，舌苔黄白，喜饮冷水。诊为流行热。治疗：桑菊饮加苏子、葶苈子、黄芩各 50g，金银花 30g，桑叶易桑皮 50g。用法同方药 11，1 剂即愈。（张月奎，T85，P33）

11. 在 1987 年 9 月 14 日，西吉县城关镇团结村张某一头 8 岁母牛来诊。检查：患牛精神沉郁，体温 41℃，心跳 64 次/min，呼吸 42 次/min，反刍停止，呼吸迫促，咳嗽，听诊肺部两侧有干啰音，鼻镜汗不成珠，鼻流清涕，粪稍干，口色鲜红，口温高，口流黏液。诊为咳喘型流行热。治疗：银翘散加减，用法同方药 12，1 剂/d，连服 2 剂，痊愈。（马良诚，T80，P27）

12. 1989 年 10 月 24 日，咸阳市杨陵镇夏家沟崔某一头 6 岁黄牛来诊。检查：患牛鼻流清涕，流泪，舌苔薄白，耳根热，全身肌肉阵发性颤抖，体温 39.5℃，心跳 90～100 次/min，呼吸 40～60 次/min，呼吸粗厉，心跳加快，跛行。诊为流行热（初期）。治疗：取方药 13 中药，用法同上，1 剂/d。西药取 10％磺胺嘧啶钠注射液 100～200mL，葡萄糖生理盐水 2000mL，静脉注射，2 次/d；青霉素 320 万单位，氨基比林注射液 30mL，混合，肌内注射，2 次/d。治疗 3d，患牛痊愈。（高广润等，T64，P26）

13. 1995 年 9 月 21 日，西安市未央区谭家乡薛家寨村某户 2 头奶牛，因不食、喘促来诊。检查：患牛口角流涎，张口呼吸，听诊呼吸音粗，心跳快，体温 39.2℃。诊为流行热。治疗：连翘、金银花各 50g，桔梗、紫苏、防风各 40g，黄芩 45g，杏仁、枳壳、玉片各 30g，炒三仙各 60g，甘草 25g，共研末，鲜生姜、葱白各 60g 为引，开水冲调，候温灌服，1 剂/d，连服 2 剂；5％葡萄糖注射液 1000mL，氨苄西林钠 10g，青霉素钾 800 万单位，20％安钠咖注射液 20mL，地塞米松 30mg，30％安乃近注射液、维生素 C 注射液各 50mL，肌苷、病毒唑各 2g，生理盐水、5％碳酸氢钠注射液各 500mL，静脉注射，2 次/d，连用 3d。24 日，患牛所有症状消失，食欲恢复正常。

14. 1995 年 9 月 5 日，西安市未央区张家堡街道

盐东村某户一头牛，因不食就诊。检查：患牛粪较干、混有黏液，瘤胃蠕动音微弱，按压瘤胃坚实，呼吸急促。诊为流行热。治疗：取方药 15 去葛根、桔梗、荆芥、防风、薄荷叶，用法同上，1 剂/d，连服 3 剂；5%葡萄糖注射液 2000mL，青霉素钾 3200 万单位，20%安钠咖注射液 20mL，地塞米松 30mg，30%安乃近注射液、维生素 C 注射液各 50mL，病毒唑 3g，10%氯化钠注射液、5%碳酸氢钠注射液、促反刍液各 500mL，静脉注射，2 次/d，连用 3d；维生素 B$_1$ 0.5g，维生素 B$_2$ 0.02g，肌内注射，2 次/d，连用 3d。8 日，患牛痊愈。

15. 2004 年 10 月 3 日，西安市未央区徐家湾街道红光村某户一头奶牛，因不食、站立不稳来诊。检查：患牛肩胛肌和臀部肌肉震颤，后肢敏感性较低，站立困难，体温 39.8℃，瘤胃蠕动音弱，按压瘤胃坚实。诊为流行热。治疗：羌活、独活、防风、黄芩各 30g，当归、川芎、红花、桂枝、白芍、白芷、生地、半夏、钩藤各 25g，桑寄生、杜仲、巴戟天、牛膝、伸筋草、续断、细辛、甘草各 20g。水煎取汁，候温灌服，1 剂/d，连服 3d；5%葡萄糖注射液 1000mL，氨苄西林钠 10g，青霉素钾 1200 万单位，20%安钠咖注射液 20mL，地塞米松 30mg，30%安乃近注射液 50mL，病毒唑 3g，维生素 C 注射液 70mL，生理盐水、葡萄糖酸钙注射液各 500mL，静脉注射，2 次/d，连用 3d；0.1%盐酸士的宁 20mL，肌内注射，2 次/d，连用 3d，痊愈。（贾敏等，T134，P46）

16. 1983 年 7 月 25 日，黄冈市月安村 2 组夏某一头 5 岁母黄牛，因突然发病来诊。检查：患牛体温 40.9℃，卧地不起，食欲废绝，耳聋头低，神志昏迷。诊为流行热。治疗：先将患牛牵扶，仍不能站立，即于尾部督脉穴连刺 5 针（施针方法见方药 17），患牛即自行站立；再刺 2 针，患牛跑出栏外；随后针刺八字、交趾穴后，用青草试喂牛，当即食草约 5kg，再未复发。（胡池恩，T62，P22）

17. 1989 年 7 月 8 日，务川县喻家乡张某一头 6 岁母黄牛来诊。检查：患牛体温 40.5℃，呼吸 69 次/min，心跳 73 次/min，精神沉郁，被毛粗乱，食欲、反刍废绝，结膜潮红，口色赤红，口温增高，粪干燥、被覆少许黏液，尿短少，后躯不灵活，行走不稳。诊为流行热。治疗：柴葛汤，1 剂，用法同方药 18。翌日，患牛诸症减轻。取柴葛汤加独活 40g，1 剂，用法同前，痊愈。（杨秀华，T59，P31）

18. 1986 年 10 月 7 日，松桃县邓堡乡焦溪村一头 3 岁母黄牛，因耕田后突然发病来诊。检查：患牛体温 40.8℃，卧地不起，人扶起时后肢不能站立，全身颤抖；口流少量带泡沫液体，鼻流清涕，四肢冷，精神沉郁，饮食欲废绝，不反刍，鼻镜时有汗，粪干燥。治疗：当晚，火针刺百会、尾根、大胯穴。针后患牛即想站立，又用圆利针刺尾尖穴，中宽针速

刺四肢蹄头、通关穴。针后约 5min，患牛能够缓慢站立；翌晨吃草 5kg 余，症状基本消除。（刘宗用，T27，P47）

19. 1995 年 10 月 19 日，旌德县旌阳镇瑞士何某一头母黄牛来诊。主诉：该牛已妊娠 7 个月，于昨晚不食，卧地不起，喘气。检查：患牛体温 39.4℃，呼吸 52 次/min，喘气粗，心跳 78 次/min，瘤胃蠕动 1 次/2min；精神差，鼻镜干燥，鼻液黏，粪干硬、有较多血性黏液或黏膜，眼角有眵，食欲废绝，不反刍，四肢疼痛且后肢强拘。治疗：香薷、薄荷（分包后放）、荆芥、防风、陈皮、桔梗、黄芩、前胡、枇杷叶、杜仲、秦艽、金银花炭、侧柏叶各 30g，藿香、桑寄生、大黄各 35g，桃仁、当归、白术各 25g，神曲 50g，甘草 20g。水煎取汁，候温灌服，1 剂/d；同时，取氨茶碱 1.5g，皮下注射。服药 2 剂，患牛痊愈。（张文革等，T119，P36）

20. 1987 年 10 月 5 日，西吉县夏寨乡河洼村代某一头 6 岁母牛就诊。检查：患牛精神不振，耳、角尖发凉，口温不高，口流黏液，反刍停止，粪干，跛行，有时卧地不起，体温 39.5℃，心跳 86 次/min，R42 次/min。诊为跛行型流行热。治疗：荆防败毒散加减，用法同方药 21，1 剂/d，连服 3 剂，痊愈。（马良诚，T80，P27）

21. 1983 年 9 月 1 日，沂南县东明生大队聂某一头母牛就诊。主诉：因遭受雨淋，该牛从昨天起不吃草，毛乍，跛行，粪干；今晨未见反刍，不咳喘，不饮水。检查：患牛精神尚可，耳尖、角尖、四肢末端发凉，鼻流清涕，口温不高，口津黏，粪附有血丝；体温 40℃，心跳 96 次/min，呼吸 40 次/min。诊为跛行型流行热。治疗：麻苍祛湿汤。麻黄 15g，苍术、羌活、独活各 45g，桂枝、牛膝、甘草各 30g。共研细末，开水冲调，候温灌服，连服 2 剂，痊愈。（赵光生，T11，P46）

22. 涿州市山城宋某一头 2 岁母奶牛来诊。主诉：该牛已患病 3d，不食，不反刍。检查：患牛体表发热，鼻流清涕，气促喘粗，粪干，尿短赤，瘤胃蠕动音较弱，喜卧，腰、臀部肌肉震颤，体温 39.5℃，呼吸 60 次/min，心跳 64 次/min。诊为流行热。治疗：金银花、荆芥、防风、大黄、厚朴、牵牛子、枳实、枳壳、木通、山楂、神曲各 30g。水煎取汁，候温灌服；柴胡注射液 30mL，肌内注射；25%葡萄糖注射液 50mL，生理盐水 1000mL，静脉注射。患牛病势不见好转，气虚无力，精神沉郁，瘤胃蠕动音极弱，鼻镜发干，眼球稍下陷，舌质淡，口津干，卧地不起，令人抬起仍不能站立，皮肤弹性稍差。取方药 24，用法同上。西药同上方。第 3 天，患牛除精神稍有好转外，其余症状同前，仍不能站立。鉴于患牛个体较大，药量小，药力不足，不能奏效。上方药党参量增至 90g，五味子 30g，麦冬 60g，黄芪 100g，余药与用量、用法同前。下午，患牛精神好

转，开始反刍，但仍不能站立。晚上9时，患牛自行站起，吃草、反刍均见好转，次日痊愈。（陆钢等，T55，P40）

23. 1991年11月，乾县梁村周某一头奶牛来诊。主诉：该牛食欲减少，口渴喜饮，频咳，喘促，鼻流清涕，产奶量减少。于病后第2天卧地不起。检查：患牛体温38.5℃，呼吸60次/min，心跳100次/min，全身发热，鼻流清涕，呼吸迫促，咳嗽，阵发性肌肉震颤，鼻镜干，口黏膜、眼结膜紫红，瘤胃蠕动音废绝，舌苔黄厚，粪干，呻吟，卧地不起。诊为流行热（后期）。治疗：取方药25中药，用法同上。西药上午取葡萄糖生理盐水1500mL，水杨酸钠注射液150mL，下午用葡萄糖生理盐水1000mL，3%溴化钙注射液180mL，分别静脉注射；风湿宁20mL，肌内注射，2次/d。第4天，患牛能自行站立，出现食欲、反刍。第5天痊愈。（高广润等，T64，P26）

24. 1969年9月，徽县城关公社樊塄大队向沟生产队的9头牛，因患流行热病邀诊。根据临床症状，诊为混合型流行热。治疗：九味羌活汤加减，1剂/牛，用法见方药26。服药后，除3头病情较重牛外，其余均1剂治愈。（宋文慧，T79，P29）

25. 1993年7月20日，琼山县海秀区仁里村郑某一头1岁公黄牛来诊。检查：患牛精神沉郁，体温41℃，呼吸51次/min，呼吸音粗厉，心跳110次/min，食欲废绝，瘤胃蠕动音停止，粪呈稀粥样、混有大量花生米大的淡红色胶胨状物及血液、呈黑红色、气味恶臭；口流细丝状黏液，眼角有少量黏性分泌物，鼻翼有灰白色鼻漏，后肢轻度跛行。诊为流行热。治疗：取方药27加马齿苋、生姜，用法同上。服药20h，患牛除有轻度跛行症状外，其他症状消除。服药36h，患牛痊愈。（梁源祥，T68，P19）

26. 1987年10月4日，西吉县城关镇团结村张某一头6岁母牛就诊。检查：患牛精神稍沉郁，鼻流清涕，鼻镜汗不成珠，呼吸微粗，有时咳嗽，瘤胃内容物充满、呈捏粉状，皮肤灼热，体温40.5℃，心跳72次/min，呼吸60次/min，跛行，束步难行。诊为混合型流行热。治疗：防风通圣散加减，用法同方药28，1剂/d，连服2剂，痊愈。（马良诚，T80，P27）

27. 1983年8月23日，沂南县山旺庄大队刘某一头老龄栗色犍牛来诊。主诉：该牛因遭受雨淋，于昨日下午不食、不反刍，想饮水但饮不多，有时咳嗽，粪稀薄，尿频数，跛行。检查：患牛精神稍沉郁，鼻流清涕，鼻汗不成珠，鼻端热，呼吸微粗；体温40.5℃，心跳72次/min，呼吸54次/min；瘤胃内容物充满、呈捏粉状，瘤胃蠕动1次/min，波长5s；皮肤灼手，耳尖、角尖热，行走束步，脉浮数。诊为混合型流行热（热重于湿）。治疗：麻黄15g，苍术30g，石膏150g，杏仁、黄芩、麦芽、陈曲各45g。水煎取汁，候温灌服。服药后，患牛痊愈。（赵

光生，T11，P46）

28. 2001年8月23日，费县城关奶牛场的7头奶牛，因高热、腹泻、跛行邀诊。检查：患牛精神委顿，目光无神，对外界反应迟钝，食欲减退或废绝，体温41～42℃，持续2～3d，鼻镜干热，鼻流清涕，结膜潮红，羞明流泪，心率、呼吸加快，粪稀薄，步态不稳或跛行，甚者不能行走，卧地不起，舌苔薄黄，脉细数。诊为流行热。治疗：清瘟败毒饮加减。石膏120g，栀子、木通、车前子、桔梗、知母、白芍、黄芩、丹皮、金银花、连翘、石斛、紫花地丁、甘草各30g，玄参80g，藿香60g，桂枝35g，蒲公英40g，竹叶15g。水煎取汁，候温灌服，1剂/d；5%葡萄糖生理盐水2000mL，10%安钠咖注射液30mL，维生素C注射液50mL，青霉素1600万单位，链霉素600万单位，静脉注射；30%安乃近注射液40mL，肌内注射，1次/d。经上述治疗，2d痊愈4头，3d痊愈3头。（王自然，T129，P32）

29. 2007年8月10日下午，泗洪县青阳镇巨声村许某的25头牛中的2头，因突然咳嗽、气喘、流鼻液、跛行、行走困难来诊。检查：患牛体温41.5℃，心跳105次/min，呼吸70次/min，反刍停止，鼻镜干燥，胃肠蠕动音弱。诊为流行热。治疗：取方药32，用法同上。11日晨，患牛采食、行走正常，痊愈。对23头健康牛，每头用土茯苓70g，蚕砂40g，水煎取汁，候温灌服，均无发病。（张砀生，T149，P63）

30. 太湖县黄岗村李某一头耕牛来诊。主诉：该牛突然高热，饮食欲废绝，流泪，流涕，流涎，呼吸促迫，肚腹微胀，后躯僵硬，不能行走，已治疗3d未见效。诊为流行热。治疗：二花败毒汤加防风、羌活、独活各30g，用法见方药33。连服2剂，患牛病情好转。适当减轻药量后再服1剂，痊愈。（朱东才，T163，P62）

31. 太湖县汤泉乡2村一头耕牛来诊。检查：患牛突然高热，食欲废绝，流涕，流涎，呼吸促迫，肚腹微胀，后躯僵硬，行走无力。诊为流行热。治疗：蚕砂解毒汤加羌活、独活各30g，用法见方药34。连服2剂，患牛病情好转。适当减轻药量后再服1剂，痊愈。（李如焱，T167，P56）

## 恶性卡他热

恶性卡他热是指由恶性卡他热病毒引起，以持续高热、眼球炎症、上呼吸道及消化黏膜发生急性卡他性纤维素性炎症并伴有角膜混浊、口腔黏膜糜烂或溃疡、流大量污秽恶臭的鼻液和唾液为特征的一种高致死性传染病，又称坏疽性鼻卡他。

### 一、犏牛恶性卡他热

【病因】 牛直接接触已感染本病的绵羊和蓝角马

而引发。

**【主证】** 本病潜伏期为 10～60d。临床上多呈最急性和急性经过。

（1）最急性 初期，患牛精神委顿，体温 40～42℃，持续 1～2d；食欲初期减退、后期废绝，鼻镜干燥，听诊瘤胃蠕动音减弱、蠕动迟缓。血液学检验白细胞减少。

（2）急性 发病 2d 后，患牛双眼羞明、流泪，角膜混浊或溃疡，多数失明，鼻流脓性鼻液、气味恶臭，鼻黏膜充血、水肿、糜烂、覆有污灰色假膜、阻塞上呼吸道，吸气困难、有鼾声，有时磨牙、哞叫。母牛阴唇水肿，阴道黏膜潮红、肿胀，妊娠牛可发生流产，全身淋巴结肿大，尤以头部淋巴结肿大明显。病程长者，皮肤出现红疹、小疱疹。晚期患牛高度脱水、酸中毒，最终因毒血症发生休克而死亡。

**【治则】** 清热解毒，清肝明目。

**【方药】** 加味龙胆泻肝汤。龙胆草、柴胡、金银花、黄芩、板蓝根、菊花、生地、连翘、车前子各 30g，栀子、郁金、草决明、石决明、知母、木通各 25g，甘草 15g。共研细末，开水冲调，候温灌服，1 剂/d。0.5%氢化可的松于两眼球结膜处各注射 1.5mL；10%葡萄糖注射液、5%葡萄糖生理盐水、促反刍液各 500mL，青霉素 800 万单位，5%维生素 C 注射液 20mL，40%乌洛托品注射液 60mL，静脉注射。鼻镜、口腔黏膜用 0.1%高锰酸钾溶液冲洗后涂擦碘甘油。共治疗 4 例，均取得了满意效果。

注：本病症状与牛传染性角膜结膜炎比较相似。后者属急性接触性传染病，流行较快，主要以眼部病变为特征，无鼻腔、口腔病变，而且早期用抗生素治疗和点眼有效；本病以散发流行为主，无接触传染史，抗生素治疗无效。

**【典型医案】** 1999 年 4 月 5 日，湟源县城郊乡炭窑村谭某一头 3 岁、雄性犏牛来诊。主诉：前几天发现该牛慢草，喜饮水，口中流出大量涎液，眼睛半闭、流出多量分泌物，他医曾注射青霉素、链霉素和用点眼药治疗 2 次无效，且病情逐渐加重。检查：患牛精神高度沉郁、结膜潮红、肿胀、角膜混浊、流出大量脓性分泌物，两侧鼻孔流出污秽恶臭分泌物，鼻镜溃烂，口腔流出大量恶臭唾液，口腔黏膜糜烂、溃疡，口温高，颌下淋巴结肿大，触诊咽部疼痛，听诊瘤胃蠕动音弱、次数减少、蠕动持续时间短，肺泡呼吸音粗厉、有鼾音；体温 42℃，呼吸 56 次/min，心跳 87 次/min。诊为恶性卡他热。治疗：取上方中西药，用法、用量同上。第 2 天，患牛食欲明显增加，精神好转，体温 39.5℃，呼吸 41 次/min，心跳 65 次/min，眼、鼻、口腔分泌物明显减少。药中病机，效不更方，继用西药 1 次，中药 2 剂，1 周后痊愈。（郭小琴等，T107，P36）

## 二、水牛恶性卡他热

**【主证】** 患牛精神委顿，食欲、反刍停止，高热稽留，体温 41℃，瘤胃蠕动音弱，两眼羞明流泪、有脓性分泌物，角膜边缘呈环状浑浊，口、鼻黏膜肿胀、糜烂，肩前、膝上淋巴结肿胀。血液学检验白细胞减少。

**【治则】** 清热解毒，润肠通便。

**【方药】** 1. 雄黄散。雄黄、苍术各 200g，大黄 100～200g，重楼 50g，黑升麻 100g，山慈姑 40g，冰片 10～15g（均为成年牛药量）。将雄黄研末，加入 6 味药粉中，开水冲调，待温灌服。病重或消化机能障碍严重者，水煎取汁，加冰片，灌服，1 剂/d，1 个疗程/7d。粪正常或便秘者加大黄 200g；腹泻者加大黄 100g。本方药明目去翳的效果很好，服用后，患牛角膜浑浊基本消退。

2. 复方雄黄注射液。

（1）雄黄液的制备 取雄黄 5kg，粉碎，加离子交换水 13～15kg，边搅边加吐温-80，使其浑浊不分层，然后蒸馏，收集蒸馏液 10kg，过滤，高压，即得含生药 50%的雄黄液。

（2）苍术液的制备 ①苍术油液的制备：取苍术 5kg，洗净，切片，加离子交换水 15～20kg，蒸馏，收集蒸馏液 7kg；再行第 2 次蒸馏，收集重蒸馏液 5kg，过滤，高压灭菌，制成 50%苍术油液。②苍术素液的制备：将第 1 次蒸馏后的苍术片和剩余药液再适当煮沸，除去苍术片，浓缩，在浓缩液中加 95%乙醇，使有效成分完全溶解，去残渣、回收并蒸发除尽乙醇，得苍术素，用蒸馏水配成 25%苍术素液 5kg，加溶液量 2%吐温-80 和 10%苯甲醇，过滤，高压，即成苍术素液。

将苍术油液和苍术素液合并，高压，即得苍术液。

（3）大黄液的制备 取大黄片 2.5kg，洗净，加 2～3 倍交换水，煮沸 2h，除去大黄片，浓缩，浓缩液加 95%乙醇使其沉淀，去残渣，静置，取上清液回收并蒸发除尽乙醇，加蒸馏水至 10kg，再加入溶液量 0.5%～0.25%活性炭，过滤，滤液呈酸性，调 pH 值至中性，高压，即得大黄液。

将雄黄液、苍术液、大黄液合并，过滤，分装，高压，即成复方雄黄注射液。取 60～100mL/次，肌内注射，1 次/d。共治疗 273 例。其中以雄黄散和复方雄黄注射液为主，辅以其他对症疗法，疗效达 60%以上；单用雄黄散和复方雄黄注射液，疗效约为 50%，对早期和中期患牛疗效较佳。在用雄黄散和复方雄黄注射液治疗的 50 例中，有早、中期 21 例，治愈 19 例；晚期 29 例，治愈 4 例。（云南省曲靖地区水牛恶性卡他热防治组，T8，P19）

3. 加减龙胆泻肝汤。龙胆草、茵陈、车前草各 250g，黄芩 300g，栀子 80g，淡竹叶 150g，板蓝根、金银花各 60g，地骨皮 100g，柴胡、牛蒡子各 50g，当归 30g，僵蚕、甘草各 20g。水煎 2 次，合并药液，候温，分 2 次灌服，1 剂/d，连服 3 剂。同时，取硫酸庆大霉素 160 万单位，安乃近注射液 20mL，分别肌内注射。第 2、第 4 天各用吐酒石 8g，加水适量，灌服。取蟾蜍耳后腺分泌的白浆 4mL，混合于 100mL 生理盐水中，过滤后高压消毒。临用前，取蟾蜍混合液 50mL，再混合于 10％葡萄糖注射液 1000mL 中，1 次缓慢静脉注射；同时，取活地龙 250g，灌服，隔日重复用药 1 次。次日，取 0.01％高锰酸钾溶液 2000mL，静脉注射，隔日重复用药 1 次。共治疗 7 例，痊愈 5 例。

【典型医案】 1987 年 10 月 18 日，嘉山县洪庙乡石门村王某一头 2 岁、约 250kg 母水牛发病，在乡兽医站用抗生素和磺胺类药物治疗 3d 无效来诊。检查：患牛精神委顿，意识不清，食欲、反刍停止，体温 41℃；瘤胃蠕动 1 次/4min，双眼羞明流泪、有脓性分泌物，角膜边缘呈环状浑浊，口腔黏膜潮红，肩前、膝上淋巴结肿胀如鹅蛋大。血液学检查白细胞减少，4500 个/mm³。流行病学调查，发现该村养绵羊较多，并有牛羊同群放牧的密切接触史。近 5 年来，该村死于类似疾病的牛 6 头。诊为恶性卡他热。治疗：取蟾蜍耳后腺分泌的白浆 4mL，混合于 100mL 生理盐水中，过滤后高压消毒。临用前，取蟾蜍混合液 50mL，再混合于 10％葡萄糖注射液 1000mL 中，1 次缓慢静脉注射；取活地龙 250g，灌服，隔日重复用药 1 次。次日，取 0.01％高锰酸钾溶液 2000mL，静脉注射，隔日重复用药 1 次；取加减龙胆泻肝汤，用法同方药 3，连服 3 剂。同时，每天配合应用硫酸庆大霉素 160 万单位，安乃近注射液 20mL，分别肌内注射。第 2、第 4 天各用吐酒石 8g，加水适量，灌服。21 日，患牛出现食欲，体温 39.5℃；24 日，患牛各项生理指标基本恢复正常；28 日，痊愈。（周新民，T40，P24）

## 出血性败血病

### 一、水牛、黄牛、牦牛出血性败血病

本病是由多杀性巴氏杆菌引起，以体温高、呼吸困难、急性胃肠炎及脏器出血为特征的一种急性、热性传染病，又名牛多杀性巴氏杆菌病，简称牛出败，中兽医称锁喉风、锁喉黄等。一年四季均可发生，以夏、秋季节发病率高。

【病因】 由于气候寒冷、闷热，圈舍拥挤、通风不良，饲料突然改变、营养缺乏，长途运输或患寄生虫病等，使牛抵抗力降低，病邪乘虚而入引发；病牛排泄物污染饲草、饮水用具和环境，经消化道传染；或病牛咳嗽、喷嚏，排出病菌，通过飞沫经呼吸道传染；或经吸血昆虫的媒介和皮肤伤口传染。

【辨证施治】 临床证候有败血型、水肿型和肺炎型。水牛发病多呈败血型，黄牛多呈水肿型。

（1）败血型 常见于犊牛。患牛突然体温升高，有的达 41～42℃，呼吸、脉搏加快，精神沉郁，低头拱背，食欲废绝，反刍停止，被毛粗乱、无光，皮温不均，肌肉震颤，结膜潮红，鼻镜干燥，有时咳嗽或呻吟，严重者腹痛下痢，粪中带血或黏液、气味恶臭；有时鼻孔出血，尿液混有血液，结膜潮红，死亡前体温下降。病程多为 12～24h。病检内脏器官充血，黏膜、浆膜及肺、舌、皮下组织和肌肉有散在的出血点；胸腹腔内有大量渗出液；肝脏和肾脏实质变化；淋巴结显著水肿。

（2）水肿型 除呈现全身症状外，患牛咽喉部、颈部、胸前发生炎性水肿，有时可波及腹下，初期热、痛、硬，后期变凉、疼痛减轻，舌体及其周围组织高度肿胀、呈暗红色，呼吸高度困难，眼睛红肿、流泪，结膜发绀，个别患牛四肢水肿，多因窒息死亡。病程多为 24～48h。病检颌下、颈部结缔组织有深黄色液体浸润；咽周围组织和会咽软骨韧带呈黄色胶样浸润，咽淋巴结和前颈淋巴结急性高度肿胀。

（3）肺炎型 主要呈纤维性胸膜肺炎。患牛精神沉郁，饮食欲、反刍废绝，全身衰弱，伏卧，体温 41.2～41.5℃，呼吸加快，肌肉震颤，两眼流泪，眼结膜潮红，鼻镜干燥，前期呈痛性干咳，后期变为湿性干咳，呼吸困难，可视黏膜呈蓝紫色，鼻液先呈泡沫样、后呈脓性、带血，胸部叩诊有痛觉、有实音区，听诊有支气管呼吸音及水泡性杂音，有时可听到胸膜摩擦音。患牛牙关紧闭，舌硬外伸，口腔灼热，下痢，粪呈糊状、夹杂有黏液和血液、气味恶臭，病程较长的一般可持续3～10d。

病理剖检，患牛胸腔中有浆液性纤维素性渗出液，整个肺有不同肝变期的变化、切面呈大理石样变，有时有纤维性心包炎和腹膜炎，心包与胸膜粘连、内有干酪样坏死物；支气管淋巴结与纵膈淋巴结显著肿大、呈紫色、充满出血点；胃肠道呈急性卡他性炎症或出血性炎症。采耳静脉血抹片，用革兰氏和瑞氏染液分别染色、镜检，可见多量的革兰氏阴性和两极染色的巴氏杆菌。

【治则】 败血型宜清热解毒，凉血透邪；水肿型宜清热解毒，疏风透邪；肺炎型宜清热解毒，清肺除痰。

【方药】 （1、6 适用于败血型；2、6 适用于水肿型；3～6 适用于肺炎型；7～11 适用于混合型）

1. 首用六神丸（成药）4 支，灌服；继用紫雪丹（成药）10 瓶，对凉水，灌服；再用清瘟败毒饮加味：石膏 1000g，水牛角 300g，鱼腥草 150g，板蓝根 120g，生地、玄参各 100g，丹皮、栀子、射干、山豆根各 80g，黄芩、赤芍各 60g，青黛 50g（冲），淡竹叶 40g，黄连 30g，甘草 20g。水煎取汁，候温，加六神丸 4 支/次，竹沥 500g，灌服，6 次/d；取六

神丸，凉水冲调，搽患处。

2.普济消毒饮加减。金银花、连翘、玄参、板蓝根各100g，马勃、僵蚕、牛蒡子、荆芥、薄荷、黄芩、射干各60g，桔梗80g，黄连、蝉蜕各30g，青黛40g（冲），玄明粉120g（冲），水煎取汁，候温，加六神丸（成药）4支/次，竹沥500g，灌服，4次/d。

3.用通关散吹鼻去嚏；用木棒打开口腔，鹅羽蘸桐油扫喉；继用雄黄解毒丸：栀子、连翘、黄芩、薄荷、桔梗、金银花、玄参各80g，瓜蒌皮、葶苈子各60g，薏苡仁、僵蚕各50g，黄连、半夏各30g，桃仁40g，玄明粉120g（冲），冬瓜仁、苇茎各100g，甘草20g。水煎取汁，候温，加竹沥500g/次，灌服，4次/d。

4.①大黄、薄荷、玄参、柴胡、桔梗、板蓝根、连翘、荆芥各60g，酒黄芩、酒黄连、甘草、马勃、牛蒡子、青黛、陈皮各30g，升麻20g，滑石120g。水煎取汁，候温灌服，2～3次/d；②链霉素4000～8000U/kg，解热镇痛剂或注射用水10～20mL，稀释后分点注射于左右颌下淋巴结，2次/d，连用3d。未愈者继续按本法治疗，必要时对颌下淋巴结穿刺放液。共治疗131例，治愈118例。

5.寒水石2500g，广木香1000g，干姜、诃子各250g，大黄2000g，土碱3000g，麝香5g。共研细末，根据患牛体重及体质强弱，6～21g/10kg，加水灌服，2次/d。选取磺胺类药物、抗生素、解热药，静脉注射或肌内注射，配合强心、利尿、解毒等药物对症治疗。未发病者紧急注射牛出血性败血病菌苗，100kg以下者，皮下或肌内注射4mL；100kg以上者注射6mL。共治疗7头，治愈6头。 （金巴等，T73，P33）

6.加味黄连解毒汤。黄芩35g，黄连、黄柏各30g，栀子、玄参各40g，麻黄25g，杏仁20g。水煎取汁，候温灌服，1剂/d，连服2～3剂；青霉素160万～320万单位，链霉素200万～400万单位，地塞米松磷酸钠16～40mg，10%葡萄糖注射液1000mL，混合，静脉注射。高热者，取鱼腥草注射液10～30mL，维生素C 2～5g，肌内注射，2次/d。共治疗68例，治愈65例。

7.针刺滴明穴（位于脐前16cm，距腹中线约13cm凹陷的腹壁皮下静脉上，倒数第4肋骨向下即乳井静脉上，拇指盖大的凹陷处，左右各1穴）。施针前将患牛站立保定，局部剪毛、消毒，将皮肤稍向侧方移动，以右手拇指、食指、中指持大宽针，根据进针深度留出针尖长度，针柄顶于掌心，向前上方刺入1～1.5cm，视牛体大小放血300～1000mL。进针时动作要迅速、准确，使针尖一次穿透皮肤和血管，放血约1000mL（各穴500mL）。取磺胺嘧啶150mL，静脉注射。

8.鱼腥草150g，威灵仙50g，射干40g，车前草60g，马鞭草180g。水煎取汁，候温灌服，1剂/d；取青霉素160万～240万单位，链霉素200万～300万单位，肌内注射，2次/d；5%磺胺嘧啶钠注射液，首量0.1g/kg，维持量减半，静脉注射。结合强心等对症治疗。1个疗程/3d。

9.①黄芩45g，连翘、麦冬、白术、山豆根、栀子、金银花、青藤香、前仁各40g，赤芍、马兜铃、罂粟壳、黄柏、大黄、大青叶各30g，甘草20g。水煎取汁，候温灌服。②木香、麦冬、龙胆草、山楂、厚朴各45g，黄芩、山豆根、白术、青皮各40g，大黄30g，甘草20g，车前草、夏枯草、地丁草为引。水煎取汁，候温灌服。③四环素250万单位，5%葡萄糖注射液1500mL，混合，静脉注射，上午、下午各1次/d，连用2d。败血型患牛连用3d。共治疗24例，治愈21例，死亡3例。

10.①桑树叶、淀菁、抢刀木、崩大碗、车前草、地胆头。共捣烂，用米泔水冲调，灌服。②寒水石、滑石各30g，白芍、栀子、蒲黄、黄芩、柴胡、生地各35g，甘草25g。水煎取汁，候凉灌服，1剂/d，连服2d。③青霉素580万单位/（次·头）（6月龄黄牛400万单位/次），维生素C注射液20mL，肌内注射，2次/d。共治疗4例，均治愈。

11.海芋散。海芋15g，金果榄、见血飞、石菖蒲各30g，细辛20g（均为干品）。热甚涎多者加天花粉20g；热重者加鲜马鞭草50g。共研细末，开水冲调，醋500mL为引，候温灌服。1剂未愈者次日再服药1剂。对发病时间较长、症状较重者，配合西药治疗。共治疗38例，治愈35例。

【护理】 定期接种牛巴氏杆菌菌苗，必要时辅以药物预防；加强饲养管理，避免拥挤和受寒；畜舍应定期消毒；运输前注射高免血清或菌苗，以作预防。

【典型医案】 1.1979年8月，刘某一头母水牛来诊。检查：患牛咽部肿大，吸气性呼吸困难，齿龈出血，牙关紧闭，唇红眼赤，颈部及胸腹部有出血点；高热战栗，体温41.5℃，舌质红绛，脉洪数。此乃温热疫毒灼伤营血，毒火上冲咽喉所致。治疗：取方药1，用法同上。患牛诸症减轻。取清瘟败毒饮加僵蚕、蝉蜕，用法同前，连服2剂；停服紫雪丹、六神丸。患牛肿消热退，食少量嫩草。取清咽养营汤加减：西洋参易沙参100g，板蓝根100g，生地、麦冬、天花粉、天冬、黄芩各80g，茯神、白芍、知母、山豆根各60g，玄参70g，赤芍50g，蝉蜕30g，鱼腥草150g，甘草20g，水煎取汁，候温，加竹沥300g/次，灌服，4次/d，连服3剂，痊愈。

2.1979年10月，吴某一头公水牛来诊。检查：患牛咽、颈、腮边肿大，波及胸前，颈项强直，呼吸急促，呈严重吸气性呼吸困难，牙关紧闭，满口唾涎下流，恶寒发热，体温41℃，脉浮数。此乃温热疫毒灼伤肺胃，毒火燔炽上冲咽喉所致。治疗：取玉钥匙（成药）吹入喉中；普济消毒饮加减，加六神丸（成药）4支/次，竹沥500g，用法同方药2，连服3剂。患牛病情减轻，效不更方，再服2剂。患牛肿消热退，惟鼻镜干燥、皴裂，舌下无津，牙齿松动。取玉女煎加减：生地、麦冬、沙参、鱼腥草、板蓝根各100g，知母、牛膝、石斛、黄芩各80g，石膏250g，桔梗60g，水煎取汁，候温灌服，连服3剂，痊愈。

3. 1978年9月，岳某一头母水牛来诊。检查：患牛满口白疱，鼻流带血脓液，喉中有痰涎壅滞声，呈严重呼气性呼吸困难，牙关紧闭，舌硬外伸，口腔灼热，触诊胸部有痛感，体温41.7℃，脉滑数。治疗：急用通关散吹鼻去嚏；用木棒撬开口腔，鹅羽蘸桐油扫拭；继用雄黄解毒丸，加竹沥500g/次，用法同方药3，4次/d，连服2剂。患牛诸症减轻，唯舌体强硬，下利脓血。取雄黄解毒丸，秦皮易薄荷，瓜蒌仁易瓜蒌皮，加胆南星20g，沙参100g，竹黄30g，白头翁60g，用法同前，连服2剂。患牛已能吃嫩草，反刍恢复，但听诊胸部仍有水泡性杂音，恐痰浊未尽。取沙参、椒目、冬瓜仁各100g，桔梗60g，金银花、葶苈子、枳壳、瓜蒌各80g，杏仁50g，蝉蜕、甘草各30g，用法同上，连服3剂，痊愈。（李长新，T7，P52）

4. 1986年7月21日，六盘水市德坞乡2队一头5岁牛来诊。主诉：该牛突然发病，咳嗽，发热，鼻孔有时流出草末，气粗、喘，草料难以下咽。检查：患牛体温41.2℃，呼吸41次/min，心跳114次/min，流泪，结膜充血，伸头直颈，口腔和鼻黏膜呈蓝紫色，肺部听诊有明显啰音，叩诊有痛感及实音区，颌下淋巴结肿大。治疗：取方药4中药，用法同上，3次/d；颌下淋巴结注射链霉素（用量见方药4）。用药3d后，患牛体温、呼吸、心率恢复正常，食欲好转，喘气、咳嗽消失。（罗险峰，T33，P58）

5. 2006年5月31日，邵武市和平镇坪上村梁某的2头1.5岁役用黄牛来诊。主诉：2头牛食欲减退，呼吸困难，咳嗽流涕，粪带血，气味恶臭。检查：患牛呼吸、脉搏加快，可视黏膜呈蓝紫色，胸部叩诊有浊音及痛感，听诊有支气管呼吸音及水泡性杂音，体温分别为40.6℃和41.1℃。诊为肺炎型牛出败。治疗：立即隔离患牛；取青霉素320万单位，链霉素300万单位，先锋5号2g，地塞米松磷酸钠16mg，10%葡萄糖注射液1000mL，混合，静脉注射；鱼腥草注射液20mL，维生素C2g，颈部肌内注射，2次/d。第2天，取加味黄连解毒汤，用法同方药6，连服2剂，痊愈。

6. 2006年7月14日，邵武市和平镇杨某从江西省抚州市购回水牛8头，其中午后死亡1头，另有1头牛呼吸迫促，肌肉震颤。检查：患牛皮温不整，鼻镜干燥，眼结膜潮红，腹痛，呻吟，粪稀薄，体温41.3℃。诊为败血型牛出败。治疗：青霉素、链霉素各400万单位，先锋5号3g，地塞米松磷酸钠24mg，5%

葡萄糖注射液1500mL，混合，静脉注射；鱼腥草注射液30mL，维生素C5g，肌内注射，2次/d。第2天，取加味黄连解毒汤，用法同方药6，连服2剂，痊愈。同群牛牵至空旷阴凉处，肌内注射青霉素160万单位/头、鱼腥草注射液10mL/头进行预防，再未见发病。

7. 2006年10月，邵武市和平镇坎下村上坪组饲养的26头黄牛，因发生流涎、下颌、颈部水肿、呼吸困难来诊。主诉：该牛群发病未及时治疗，已死亡5头。检查：患牛体温40.8～41.2℃，触诊咽、颈部肿硬、痛、灼热，呼吸高度困难，口流清涎，眼结膜发绀。诊为水肿型牛出败。治疗：隔离患牛；取青霉素160万～320万单位、链霉素200万～400万单位、地塞米松磷酸钠16～40mg，10%葡萄糖注射液1000mL，混合，静脉注射。高热者，取鱼腥草注射液10～30mL，维生素C2～5g，肌内注射，2次/d。第2天，取加味黄连解毒汤，用法同方药6，连服3剂，痊愈。（陈智敏，T144，P45）

8. 2001年10月28日，门源县苏吉滩乡扎麻图村尖措的2头6岁牦乳牛，因呆立不动、精神差来诊。检查：患牛体温41℃，心跳63次/min，呼吸41次/min，采食停止，低头耷耳，反应迟钝，鼻镜干燥，结膜潮红。采血、涂片、染色、镜检见两极浓染的卵圆形小杆菌。诊为巴氏杆菌病（初期）。治疗：第1头患牛，针刺两侧滴明穴，放血约1000mL（各穴500mL）；针法见方药7；第2头患牛，取磺胺嘧啶150mL，静脉注射，并结合滴明穴（针法同上）放血。施治1h后，2头患牛开始反刍、食草。第2天，患牛再未见异常。对同群其他体温高的牛进行隔离，并采用滴明穴刺血疗法，均未见发病。（李德明，T144，P66）

9. 1994年8～10月间，宁国县12个乡24个村37个组陆续发生多起水牛急性死亡病例，患病牛79头，死亡64头。对全部患牛隔离治疗，在被污染的河滩、草场暂停放牧；病死牛作无害化处理；对健康牛，取鱼腥草、马鞭草各250g，射干60g，威灵仙80g（均为鲜品）。水煎取汁，候温灌服，1剂/d，连服7d。至10月底，疫情基本得到控制。（熊天福等，T81，P26）

10. 1987年6月17日，江津县柏林村2组林某一头水牯牛来诊。检查：患牛饮食欲废绝，全身灼热，体温41.6℃，口、颈、胸部炎性水肿，胸腹下部有人头大的水肿包；黏膜潮红，呼吸困难，眼流泪较多，流涎，发抖，四肢无力，随后卧地不起，不能站立，脉洪数。治疗：立即将患牛吊于四柱栏内，取5%葡萄糖注射液2000mL、四环素400万单位，静脉注射，2次/d；取方药9①，水煎取汁2500mL，候温灌服，1次/6h，连服3剂。当天下午和晚上，患牛体温分别为41.4℃和39.8℃。第2天早晨，患牛能出外吃鲜草，病情大为好转；中午，患牛体温

38.5℃，水肿逐渐缩小，但吃草较少。从第 3 天起，取方药 9②，用法同上，1 剂/d，连服 2～3d。第 5 天，患牛恢复正常。（林桂杨，T49，P40）

11. 合浦县乌家镇采木村苏某的 2 头 8 个月、15 岁黄牛和一头 1 岁水牛就诊。主诉：该牛于 20 日和 21 日先后发病，精神不振，伏卧，食欲和反刍废绝，血尿。检查：患牛精神沉郁，全身衰弱，伏卧，体温 41.2～41.5℃，呼吸加快，肌肉震颤；两眼流泪，眼结膜潮红，鼻镜干燥，鼻液带血，血尿；粪呈糊状、夹杂有黏液和血液、气味恶臭；四肢内侧有出血斑点，饮食、反刍废绝。用针刺背部无反应。采耳静脉血抹片，用革兰氏和瑞氏染液分别染色、镜检，可见大量的革兰氏阴性和两极染色的巴氏杆菌。治疗：取方药 10，用法同上。服用 2d，痊愈。（赖黎英，T80，P37）

12. 1980 年 9 月 3 日，三都县周覃乡拉近 5 组周某一头 2 岁、约 200kg 水牛来诊。检查：患牛精神沉郁，呆立不动，食欲废绝，口流涎、吐白沫，鼻液清、量多，呼吸困难，下颌有热感、肿大，体温 40.2℃。诊为牛出败。治疗：海芋散，1 剂，用法同方药 11。服药后 40min，患牛流涎停止；1.5h 后，患牛体温 39.8℃，已能采食青草。4 日清晨，患牛体温 37.1℃，精神、呼吸、食欲均恢复正常。（韦荣显等，T30，P61）

## 二、奶牛溶血性巴氏杆菌病

【病因】 溶血性巴氏杆菌的荚膜可抵抗细胞的吞噬作用，所产生的外毒素（白细胞毒素）能致死肺泡巨噬细胞、单核细胞和嗜中性白细胞；源于细胞壁的内毒素可协助激活补体和凝血过程，能以非致病性的血清Ⅱ型存在于上呼吸道，在应激因素作用下转变成致病性的血清Ⅰ型，具有较强的毒性。

【辨证施治】 本病有最急性和急性两种经过。

（1）最急性 患牛体温无明显变化，呼吸气粗、短、快，听诊胸肺部几乎无呼吸音，濒死期呻吟、哞叫，呼吸高度困难，肺部、背部 75％以上充血、水肿，咽喉部、呼吸道呈出血性浆液性炎症；心脏有出血点及条纹。

（2）急性 患牛发热，体温 40～41.6℃，个别牛高达 42.2℃；精神沉郁，厌食，产奶量明显下降，流延，流鼻液，痛性湿咳，呼吸 60～120 次/min，频率加快，听诊双侧肺前腹侧有干性或湿性啰音，中后期支气管音表明腹侧肺实质可达 25％～75％，使背侧肺过度活动，引起间质水肿或大泡性气肿，导致肺背侧区听诊异常宁静。因气管内炎性渗出物自由移动，气管听诊有粗糙的呼噜音或气泡声；触诊肺炎区域胁间时，患牛有痛感。有的单侧或双侧胸腔下积有渗出液，听诊时听不到呼吸音，焦虑不安，不愿走动。后期，急性患牛将出现进行性呼吸困难，张口呼吸，每次呼气时可听到呻吟声，心律不齐，心率加快、亢进，颈静脉阳性波动，有心音间歇，尤其第二

心音。

【治则】 清热败毒。

【方药】 病初，药用败疫康：桔梗 20g，生地 60g，枇杷叶、天花粉、知母、贝母各 30g，麦冬、天冬各 90g。共研末，开水冲调，蜂蜜 250mL 为引，灌服，1 剂/d，连服 3 剂。若症状如故，继用药 3 剂；若症状减轻，可用十全大补散：党参、茯苓、猪苓、大枣各 30g，炒白术、黄芪各 60g，炙甘草、肉桂、生姜各 15g，当归、白芍、熟地、桂枝各 25g，泽泻 35g，川芎 20g。共研末，开水冲调，候温灌服，1 剂/d。连服 3 剂之后，十全大补散去川芎，加陈皮、远志、五味子各 25g，生姜、大枣各加 20g。3 剂，共研末，开水冲调，候温灌服。西药取头孢噻呋 2.2mg/kg，肌内注射，1～2 次/d；或氟苯尼考 10mg/kg，肌内注射，间隔 1～2d 注射 1 次，首次药量加倍。在初期治疗的 1～3d，取阿司匹林，成年牛 15.5～31.0g，犊牛 1.6g/45kg，灌服，2 次/d；保泰松 4.4mg/kg，灌服，2 次/d；盐酸扑敏宁 1mg/kg，灌服，2 次/d。严重呼吸困难、张口呼吸或肺水肿者，取阿托品 2.2mg/45kg，肌内或皮下注射，2 次/d，以减少支气管分泌物，使支气管轻度扩张。

注：为避免引起或加重肺水肿，输液要非常慢，量不宜过多，主要选用复方氯化钠注射液、碳酸氢钠注射液及 5％或 10％葡萄糖注射液、维生素 C、维生素 B$_1$、丁胺卡钠、复方柴胡或鱼腥草、安乃近和病毒灵，同时肌内注射亚硒酸钠、维生素 E、多乳针剂及樟脑磺酸钠，以保护心脏及强心；慎重使用速尿 25mg/45kg，1 次/d 或 2 次/d，以降低肺部水肿。发病时，紧急接种抗巴氏杆菌病血清，成年牛预防剂量 30～50mL，治疗剂量 60～100mL；犊牛预防剂量 10～20mL，治疗剂量 20～40mL，皮下或肌内注射。共治疗 27 例，治愈 25 例。（张洪涛等，ZJ2005，P486）

## 副伤寒

副伤寒是指由鼠伤寒沙门氏菌引起的一种传染病。10～40 日龄犊牛多发。

【病因】 副伤寒患牛和带菌牛是本病的传染源。患牛的粪、尿等排泄物污染水源和饲料等，经消化道感染发病。带菌犊牛在应激反应、气候突变等条件刺激下，发生内源性传染。环境污秽潮湿、棚舍拥挤、粪尿堆积、管理不善以及罹患其他疾病，均能促使本病的发生。

【主证】 本病有急性败血型和慢性型。

（1）急性败血型 患牛体温 40～41℃，脉搏增速，精神沉郁，躺卧，食欲减退或废绝，腹泻，粪稀、先呈黄色后转为灰黄色、气味恶臭、混有或多或少的假膜、黏液、血丝等，严重者，粪为血水或混着大量鲜红色血块，一般 2～3d 死亡。

（2）慢性型 患牛食欲时有时无，腹泻呈间歇

性，体温时高时低，高热时饮食欲废绝，热退后复现食欲、咳嗽，肺炎症状明显，腕、跗关节肿大。一般在症状出现后 4～7d 死亡。

【治则】　清热解毒，燥湿止泻。

【方药】　白头翁汤。白头翁 100g，黄柏、黄连各 30g，秦皮 15g。里急后重者加木香、枳壳；高热、结膜发绀、舌红苔黄者加黄芩、金银花、连翘；血便者加炒栀子、炒丹皮、炒地榆、炒槐花、炒侧柏叶；精神沉郁、倦怠无力、口干舌燥、眼窝凹陷者加天花粉、生地、元参、麦冬；吮乳减少、胃呆纳少者加三仙、党参、白术、山药。共研细末，开水冲调，候温灌服。5% 葡萄糖注射液、复方氯化钠注射液各500mL，10% 氯霉素 100 万～250 万单位或丁胺卡那霉素注射液 10～20mL、10% 氯化钾注射液、维生素 C 注射液、维生素 K₃ 注射液各 10～20mL，0.025% 毒毛花苷 K 注射液 1～2mL，静脉注射，1 次/d；自饮或灌服口服补液盐（葡萄糖 20g，氯化钠 35g，氯化钾 15g，碳酸氢钠 2.5g，加水 1000mL）。共治疗23 例，治愈 22 例。

【护理】　用百毒杀或消毒王消毒环境，1 次/d；未感染的犊牛用氯霉素等预防。

【典型医案】　蛟河市池水乡二道沟村 2 社宋某一头 38 日龄犊牛来诊。主诉：该牛腹泻已 3d，昨天开始粪中带血。检查：患牛精神高度沉郁，结膜发绀，步态不稳，不吮乳，粪呈番茄汁样、带有胶陈样黏液，舌苔淡白。诊为副伤寒。治疗：5% 葡萄糖注射液、复方氯化钠注射液、生理盐水各 500mL，氯霉素 250 万单位，维生素 C 注射液、维生素 K₃ 注射液、10% 氯化钾注射液各 20mL，0.025% 毒毛花苷 K 注射液 2mL，5% 碳酸氢钠注射液 100mL，静脉注射，1 次/d；白头翁汤加味：白头翁 100g，黄柏32g，黄连 30g，生地、元参、猪苓、泽泻各 20g，秦皮、党参、黄芩、侧柏叶、炒槐花、炒丹皮、炒栀子、白术、苍术各 15g。共研细末，开水冲调，候温，分 2 次灌服，1 次/d；取补液盐任其自饮；用0.1% 高锰酸钾溶液深部灌肠，连用 5d，痊愈。（陆国致等，T118，P27）

## 病毒性腹泻-黏膜病

病毒性腹泻-黏膜病是指由病毒性腹泻病毒感染，引起以腹泻、发热和黏膜发炎、糜烂、坏死为特征的一种急性传染病。不分年龄、性别和品种，传播迅速，发病率和死亡率均很高。

【病因】　通过交叉放牧形式，经消化道和呼吸道感染病毒性腹泻病毒而发病。

【主证】　一般潜伏期 3～5d。患牛突然发病，体温 41～42℃，呈稽留热，食欲、反刍废绝，瘤胃臌气；3～4d 后患牛鼻镜及口腔黏膜发炎、糜烂、坏死，流涎增多，听诊肠音亢进，严重腹泻、每天达10 余次，粪呈水样、色暗、气味腥臭、带有气泡，后期带血，精神高度沉郁，卧多立少，烦渴喜饮水，全身肌肉发抖，眼球下陷，消瘦，尿浓、量少，呼吸、心跳加快，脉洪大，口干津少，舌红苔黄。有些患牛常伴发蹄叶炎及趾间蹄冠处糜烂、坏死现象，跛行，如不及时治疗，多因严重脱水、衰竭而死亡。

【治则】　清热解毒，健脾燥湿，涩肠止泻，滋阴生津。

【方药】　1. 白头翁、黄连、黄芩、黄柏、秦皮、茵陈、苦参、穿心莲、白扁豆各 80g，玄参、生地、泽泻、椿白皮、诃子、乌梅、木香、白术、陈皮各60g。共研细末，开水冲调，候温灌服，1 剂/d，分早、晚灌服。5% 葡萄糖生理盐水 3000～5000mL，安钠咖、维生素 C 各 3～5g，三磷酸腺苷、辅酶 A 各200～300mg，人参注射液 50～70mL，氢化可的松0.3～0.6g，10% 葡萄糖注射液 3000～5000mL，双黄连注射液 300～400mL，维生素 B₁ 100～500mg，为防止继发感染加庆大霉素 40 万～80 万单位或诺氟沙星 1～2g，静脉注射，2 次/d；三甲硫苯嗪 4～6g，地芬诺酯 40～50mg，灌服，2 次/d。

伴发蹄叶炎者，用头皮静脉注射针在蹄头穴（内外侧各 1 穴）刺入 1～1.5cm 放血，10～20mL/穴，分别在蹄头穴（内外侧各 1 穴）、涌泉穴（后肢为滴水穴）注入当归、维生素 B₁、维生素 B₁₂、氢化可的松、镇跛痛混合注射液 5mL，1 次/2d；趾间及蹄冠处发生糜烂、坏死者，先用 3% 龙胆紫或 5% 碘酊涂搽患部，再用鱼石脂 3 份，青霉素粉（土霉素粉或磺胺粉）、枯矾粉各 1 份，制成合剂涂抹，1 次/d。输液困难者可采用补液盐 60～70g，加凉开水 20000～40000mL，于 3～5h 内分多次饮完。在饮用补液盐过程中应尽量让患牛自由饮凉开水，同时，取安钠咖、维生素 C、三磷酸腺苷、辅酶 A、氢化可的松、人参注射液、双黄连注射液等，用适量 5% 葡萄糖生理盐水稀释后耳静脉注射。

共治疗 197 例（含羊），除 18 例因病重死亡外，其余均治愈。

2. 牧迪 888 和百毒威（盐酸米诺环素、黄芪多糖）注射液（按说明书剂量使用），交替肌内注射，连用 2d。轻症者和恢复期患牛，取病毒灵（吗啉呱）注射液（按药典规定剂量使用），肌内注射；口服补液盐或按氯化钠 3.5g，氯化钾 1.5g，碳酸氢钠2.5g，葡萄糖 20g，加常水 1000mL 配制，按患牛体重 2%～4% 补液，1 次/d，1 个疗程/7d；乳酸菌素片，犊牛 2g，成年牛 8～12g，灌服，1～2 次/d；复方保畜片 25mg/kg，灌服，1 次/d。两药交替使用。消化道出血者，取维生素 K 和止血敏，小剂量联合使用，一般肌内注射 1 次，严重者注射 2 次；0.1% 亚硒酸钠生理盐水溶液（准确称取亚硒酸钠 0.5g，溶于 500mL 生理盐水中，普通压力锅煮沸 30min 后密封备用），成年牛 8～12mL/次，犊牛 2mL/次，皮下注射或灌服，连用 2 次，2 次用药时间间隔 7～10d。

【典型医案】 1. 2004 年 3 月 21 日，天柱县社学乡桥联村黄某 2 头黄牛（母子，母牛 7 岁、约350kg，犊牛 1.5 岁、约140kg），于放牧时发现不食、腹泻来诊。检查：患牛腹泻数次，粪呈水样、色暗、气味腥臭，食欲、反刍废绝，瘤胃臌胀，母牛体温 40.8℃，心跳 115 次/min，呼吸 45 次/min，犊牛体温 41.8℃，心跳 121 次/min，呼吸 51 次/min，精神沉郁，卧多立少，烦渴喜饮水，肌肉发抖，尿浓、量少，脉洪，口干津少，舌红苔黄。治疗：取青霉素、庆大霉素、黄连素、磺胺嘧啶、5%葡萄糖生理盐水、10%葡萄糖注射液、安钠咖、维生素 C 等药物治疗 3d，腹泻加重，犊牛于 24 日晨死亡。母牛鼻镜及口腔黏膜发炎、糜烂、坏死，两后肢伴发有蹄叶炎及趾间蹄冠处糜烂、坏死，跛行。24 日，取上方中药、西药，用法同上，连用 2d。26 日，患牛腹泻停止，体温 39.6℃，食欲、精神好转，跛行明显减轻。原方药减地芬诺酯，继用 2d。患牛体温 38.8℃，食欲、精神明显好转，跛行基本消失，四肢趾间及蹄冠处糜烂、坏死部位结痂。又治疗 2d，痊愈。（伍永炎，T160，P49）

2. 2000 年 7～11 月，玛曲县采日玛乡兴昌和上乃玛 2 个牧业村的 53 个牦牛群 801 头牦牛发病，死亡 520 头。检查：患牛呆立不食，粪稀软、附有带血黏液。急性者突然发病，体温 40.0～41.8℃，持续 4～7d，有的体温出现第 2 次升高；眼结膜潮红、充血，流泪、有黏脓性眼膜，有的眼角膜溃疡，鼻镜干燥、龟裂、表皮脱落，鼻黏膜充血、肿胀、出血、斑块状糜烂。初期（发病 2～3d）鼻液呈浆液性，进而为黏性和带血脓性，呼气腐臭，鼻塞明显，口温高，流涎，口津滑利，舌面蕈状乳头充血、肿胀；中后期（7d 以上）口腔气味臭，舌面中后部圆枕两侧和颊部黏膜溃烂，个别患牛门齿两侧齿龈糜烂，精神沉郁，食欲减退或废绝。多数患牛粪先稀软、黑色糊状、带血，后转为灰绿色、棕黄色乃至暗红色水样稀粪、气味恶臭、混有气泡、黏液、血液及絮状颗粒状和条索状豆腐皮样的坏死组织；病程短促者，后期腹泻一般为带血丝的稀淀粉粥样，很快变为胶胨样；病程长者，后期则多转为黏性带血的糊状稀粪或软粪。慢性者体温 39.1～39.8℃，异嗜严重，啃食圈土或舔食泥土，鼻镜糜烂，眼角有浆液分泌物，门齿齿龈发红，口腔糜烂比较少见；有的四肢疼痛，轻度跛行。多数患牛有轻微腹泻症状，极少数无腹泻症状。诊为牦牛病毒性腹泻-黏膜病。治疗：在用猪瘟活疫苗进行免疫的同时，采用抗菌、抗病毒、调节肠胃功能和酸碱平衡（纠正酸中毒为主）、补充体液、补充维生素和微量元素等疗法进行综合治疗。药物、药量、用法见方药 2。（赵彦峰等，T152，P62）

## 牛肺疫

牛肺疫是指由丝状霉形体引起的以发热、呼吸困难为特征的一种急性、热性传染病。多发生于夏末、秋初季节；主要侵害 3～30 月龄的犊牛，成年牛不易感染。传染快，病程短，死亡率高。

【病因】 由于饲喂霉变饲料，或饲料缺乏维生素等，或牛栏潮湿、闷热、通风不良等引发。

【主证】 急性者无典型症状即突然死亡。病程短者，患牛体温 40℃ 以上，精神委顿，食欲和反刍废绝，两眼流泪，结膜潮红，口流涎，鼻流涕，鼻镜干燥，口温高，短声干咳，尤其是早晨和饮水时咳嗽更为严重，叩诊胸部有痛感，前肢开张，不愿行走，呼吸迫促，有时呻吟，心率增加。多数患牛颈部、头部肿胀；有的泄泻或血痢。

【治则】 清热解毒，宣肺平喘。

【方药】 1. 银翘散。金银花、连翘、射干、黄芩、大黄各 50g，生石膏 100g，黄连 20g，山豆根、麦冬、僵蚕、蝉蜕、木通、桔梗、甘草各 30g（均为 24 月龄牛药量）。水煎取汁，候温灌服，1 剂/d。共治疗 460 头，治愈 432 头。

2. 加味苏子降气汤。苏子、当归、前胡、葶苈子、桑白皮、黄芩各 50g，陈皮 60g，桂枝、厚朴、半夏、甘草各 30g。1 剂/d，共研细末，温开水调匀，分 2 次灌服。共治疗 106 例，均取得了满意效果。

【典型医案】 1. 1993 年 8 月 11 日，蓬莱市潮水镇南王村王某一头 18 月龄黄色小母牛来诊。主诉：该牛前天食欲减退，粪干，他医用青霉素、链霉素、30%安乃近注射液等药物治疗，上午发现呼吸稍有困难。检查：患牛体温 40.1℃，眼结膜潮红，鼻干，口腔有黏液，喉及下颌骨部轻微肿胀、触诊微热、有疼痛反应。诊为牛肺疫。治疗：银翘散，用法同方药 1。服药 6 剂，患牛症状减轻，但仍无食欲。原方药去大黄、石膏，加陈皮、焦三仙各 50g，用法同前，连服 3 剂，痊愈。（赵建华等，T79，P26）

2. 2003 年 3 月 11 日，德江县桶井乡黎明村四合兴组安某 2 头黄色牛（公、母各 1 头）相继发病，他医用抗生素治疗 3d 无效来诊。检查：患牛体温 41℃，鼻翼翕动，呼吸困难、呈腹式呼吸，叩诊胸部呈浊音。诊为牛肺疫。治疗：加味苏子降气汤，用法同方药 2，连服 2d。16 日，患牛痊愈。（张月奎等，T147，P66）

## 副牛痘

副牛痘是指由痘病毒科副痘病毒属的副牛痘病毒引起以乳房和乳头皮肤上出现丘疹、水疱和结痂为特征的一种传染病，又称假牛痘、伪牛痘。

【病因】 由于圈舍、运动场卫生不良，环境消毒不严，被副牛痘病毒污染水源、清洗液、挤奶用具和器械等感染而发病。

【主证】 患牛乳房皮肤和乳头上出现大豆或绿豆大小、樱红色水泡或丘疹，直径达 1.0～2.5cm 不等、呈圆形或马蹄形，随后形成水泡，最后覆盖痂皮，经 2～3 周后结痂增生隆起，痂皮脱落，体温略有升高，食欲无变化。有的奶牛拒绝挤奶。

【治则】 清热解毒，凉血活血。

【方药】 金银花、连翘、紫花地丁各 50g，蒲公英 40g，紫草、苦参、浮萍草、黄柏、生地、丹皮各 30g，甘草 20g。共研细末，开水冲调，候温灌服，1 剂/d，连服 3～4 剂。用 0.2%过氧乙酸消毒液洗浴乳房被感染区，2 次/d；凡士林 100g，链霉素、环丙沙星各 2g，病毒唑 3g，强的松 1g，调匀后涂抹病区，2 次/d；0.2%过氧乙酸溶液、10%新洁尔灭溶液、1：400 的 3221 强力消毒液，进行乳房药浴。共治疗 58 例，全部治愈。

【典型医案】 2003 年 5 月，怀来县土木乡蝉夭村贺某一头约 550kg 荷斯坦黑白花奶牛来诊。主诉：该牛乳房皮肤突然出现数十个大豆、绿豆大小樱红色泡疹，先是红色后变为白色。检查：患牛体温 40.2℃，心跳 92 次/min，呼吸粗厉，食欲减退，尿赤少，粪正常。诊为副牛痘。治疗：取上方中药，用法同上，3 剂。用 0.2%过氧乙酸消毒液清洗患部，随之涂抹自配药膏，1 次/d，连用 5d。7d 后症状消失。(高纯一等，T127，P29)

## 破伤风

破伤风是指由破伤风梭菌感染伤口引起的一种传染病，又称强直症，俗名锁口风。

【病因】 多因去势、助产、穿鼻、铁钉等尖锐物刺伤等，或外科手术消毒不严及术后护理不当，感染破伤风梭菌所致。一般多有创伤史。

【主证】 初期，患牛采食、咀嚼、吞咽迟缓，头、颈、腰、肢转动不灵活，敏感，运步略强拘，体温正常，口色红，脉浮数。中期，患牛采食、吞咽、开口困难，流涎，此时若轻击鼻骨或将患牛下颌猛向高托，可见闪骨（瞬膜）外露且不易回缩，耳竖尾直，四肢僵硬，粪干燥，口色赤红，脉象紧数。后期，患牛牙关紧闭，口涎甚多，呼吸迫促，全身肌肉僵硬，腹肌紧缩，瘤胃臌气，腰背弓起，口色赤紫，脉象细数。严重者卧地不起，体温升高，呼吸困难，终因窒息而死亡。

【治则】 清理创伤，活血化瘀，息风解痉。

【方药】 1. 创伤处理。若感染创中存有脓汁、坏死组织、异物等，应行扩创术并清创，用 3%双氧水或 1%高锰酸钾溶液冲洗洁净，用 5%～10%碘酊彻底消毒，再撒布碘仿硼酸合剂，结合青霉素、链霉素行创围注射，以消除感染，减少毒素。取破伤风抗毒素 20 万～80 万单位，青霉素 800 万～1200 万单位，复方氯化钠注射液 1500～3000mL，5%碳酸氢钠注射液 500～1000mL，缓慢静脉注射。

初期，药用追风散合蚱蝉地肤散加减：蝉蜕、白术、防风各 30g，地肤子 100g，乌头 15g，川芎、白芷各 25g。共研细末，开水冲调，加白酒 60mL，1 次灌服，连服 3～4 剂。

中期，药用千金散合花蛇朱砂散加减：乌梢蛇、防风各 30g，朱砂 20g，天麻 50g，僵蚕 45g，升麻 40g，阿胶 35g，全蝎、独活、川芎、沙参、天南星、旋覆花、藿香各 25g，细辛 10g。共研细末，开水冲调，候温，加白酒 60mL，1 次灌服，1 剂/d，连服 4～5 剂。

后期，药用润肺散合二珍散加减：防风、大黄各 30g，滑石 45g，当归 40g，何首乌 35g，荆芥、生姜、栀子、半夏、黄芩、连翘、川芎、白芍、血余炭、甘草各 25g，薄荷 15g，麝香 0.3g，蜈蚣 5 条。共研细末，开水冲调，候温，加白酒 60mL，灌服，1 剂/d，服至症状缓解，去麝香和半夏。

共治疗 32 例，治愈 31 例。

2. 葛根解痉汤。葛根 15g，桂枝、白芍各 8g，防风、全蝎、天南星各 10g（为 50kg 牛药量）。无汗（皮肤干燥、皱缩）者加麻黄；阳虚者加附子；有热者加黄芩；便秘或流涎者加大黄；瘤胃臌气者加枳壳。水煎取汁，候温灌服，3 次/d。牙关紧闭不能灌药者，用乌梅 2 枚，温水泡软，塞于两腮内。咽肌痉挛不能吞咽者，用胃管（或软胶管）灌服；创伤处肿胀、有黄白色痂皮者，用杏仁（去皮）和雄黄捣烂敷之。共治疗 23 例（含其他家畜），治愈 22 例。

3. 豨莶草籽（干品）100g，蜂蜜 200g，黄酒 2500mL。将豨莶草籽置瓦上焙黄、研末，蜂蜜加热后除去表层白沫，共放入盆中，再用装入壶内的热黄酒经壶嘴冲泡盆中药末，边冲边搅拌均匀，候温灌服。轻症 1 剂，重症 2 剂即愈。药后 12h 以内使患牛发汗，即夏天将患牛关入不透光、不透风的厩舍内；冬季要用布遮住两眼，厩舍内生火增温；对皮紧汗不出者可行火烧战船疗法。汗出后，轻症 24h，重症 36h 患牛症状减轻。不出汗者效果欠佳。共治愈 9 例。

4. 干全蝎 20～40g。水煎取汁或研末，温酒冲调，灌服，1 剂/d，连服 3～5 剂。共治疗 30 余例，治愈 27 例。

5. 荆防败毒散。荆芥、防风、枳壳、柴胡、前胡、羌活、独活、茯苓各 30g，桔梗 25g，川芎、甘草各 20g，薄荷 15g，红参 10g。水煎取汁，候温，加黄酒 150mL 为引，灌服，1 剂/d。口服补液盐。局部烧烙，撒布链霉素粉 1g。共治疗 32 例，痊愈 28 例。

6. 蝉蜕 500g。水煎取汁 750mL，灌服。共治疗

17 例，除 3 例危重牛无效外，其余均痊愈。

7. 鲜桑枝、鲜国槐枝各 500～1000g，蝉蜕 300g，黄酒 500～1000mL。将鲜桑枝、鲜槐枝剪为长 5～6cm，与蝉蜕同煎煮，取汁，加黄酒，灌服，1 次/d，连服 10d；取 5% 葡萄糖氯化钠注射液 500mL，精制破伤风抗毒素 60 万单位，静脉注射（只用 1 次）；复方氯化钠注射液 500mL，青霉素钠盐 1600 万单位，链霉素 400 万单位，静脉注射，连用 7d；10% 葡萄糖生理盐水 500mL，25% 硫酸镁注射液 100mL，静脉注射，1 次/d（用量根据症状加减，直至症状减轻），连用 5d；3% 双氧水 50mL，用输精管注入子宫，隔 2d 注入 1 次，连用 2 次。

8. 初期，药用追风散合蚱蝉地肤散加减：蝉蜕、白术、防风各 30g，地肤子 100g，川芎、白芷各 25g，乌头 15g。共研细末，开水冲调，加白酒 60mL，灌服。

中期，药用千金散加减：乌梢蛇、蔓荆子、羌活、独活、防风、升麻、阿胶、何首乌、生姜、沙参各 30g，天麻 25g，天南星、僵蚕、蝉蜕、藿香、川芎、桑螵蛸、全蝎、旋覆花各 20g，细辛 15g。水煎取汁，候温灌服。

后期，药用润肺散合二珍散加减：防风、大黄各 30g，荆芥、生姜、栀子、半夏、黄芪、连翘、川芎、白芍各 25g，当归 40g，滑石 45g，藿香 20g，薄荷 15g。水煎取汁，加白酒 60mL，灌服，1 剂/d。症状缓解后，去藿香、半夏。

对症治疗。患牛兴奋不安和强直痉挛时，取氯丙嗪，肌内注射或静脉注射，早、晚各 1 次/d；或水合氯醛 25～40g，淀粉浆 500～1000mL，混合，灌肠（与氯丙嗪交替使用），或 25% 硫酸镁，肌内注射。咬肌痉挛、牙关紧闭者，用 1% 普鲁卡因注射液于开关、锁口穴注射，1 次/d，直至开口为止。取破伤风抗毒素 20 万～80 万单位，青霉素 800 万～200 万单位，复方氯化钠注射液 1500～3000mL，5% 碳酸氢钠注射液 500～1000mL，静脉注射。病重者 3～5d 再注射 1 次。

创口处理。除去未愈合伤口处的痂皮、脓液及异物，及时进行清创和扩创，用 3% 双氧水或 2% 高锰酸钾进行清洗，5%～10% 碘酊彻底消毒，撒布碘片，结合青霉素、链霉素行创围注射，消除感染，减少毒素。

【护理】 将患牛置于光线较暗、通风良好、干燥清净的地方，尽量保持安静；厩舍宜温暖，减少对患牛的刺激；对牙关紧闭不能采食者投服米粥；适当牵遛，促进肌肉功能恢复。

【典型医案】 1. 1986 年 5 月，邵武市城郊镇连塘村王某一头 2.5 岁黄牛，于阉割后 1 周食欲不振，反刍减退，咀嚼、吞咽迟缓，头、颈、腰、肢转动强拘来诊。检查：患牛体温正常，采食、咀嚼、吞咽迟缓，头、颈、腰、肢转动不灵活，敏感，运步略强拘，口色红，脉浮数。诊为破伤风（初期）。治疗：精制破伤风抗毒素 40 万单位，青霉素 800 万单位，复方氯化钠注射液 2000mL，5% 碳酸氢钠注射液 500mL，缓慢静脉注射；追风散合蚱蝉地肤散加减，1 剂，用法同方药 1。第 2 天，患牛病情减轻。继服药 2 剂，痊愈。

2. 1994 年 3 月，邵武市桂林乡惠林村张某一头 5 岁母水牛来诊。主诉：经助产该牛产下一头死犊牛，半个月后食欲逐渐减少，经他医治疗 3d 不见好转，病情日渐加重，现吞咽困难、流涎、瘤胃臌气。检查：患牛第三眼睑外露，耳竖，尾直，四肢僵硬，行动困难，口色赤红，脉象紧数。诊为破伤风（中期）。治疗：精制破伤风抗毒素 80 万单位，青霉素 1200 万单位，复方氯化钠注射液 2500mL，5% 碳酸氢钠注射液 1000mL，缓慢静脉注射；同时行瘤胃穿刺放气；千金散合花蛇朱砂散加减，1 剂，用法同方药 1。第 2 天，患牛病情有所好转，但瘤胃仍然臌气。继服药 2 剂，保留胃管 2d，灌服米粥。治疗 3d，患牛症状明显好转，能采食。经 5d 治疗，痊愈。

3. 1999 年 5 月，邵武市和平镇坪上村周某一头 3.5 岁水牛来诊。主诉：耕作时，耙刺伤该牛左后肢跗关节下方，经他医治疗 18d 不见好转，且创口流脓，跛行加剧，卧地后难以自立，流涎，瘤胃臌气。检查：患牛牙关紧闭，全身肌肉僵硬，腰背弓起，体温 39.5℃，脉象细数，口色赤紫。诊为破伤风（后期）。治疗：先行瘤胃穿刺放气；同时行扩创术彻底清洗创部，消毒后创内填充青霉素、链霉素粉，创口敷 "七三七" 合剂（黄丹、铜绿、石灰各等份，共研细末）包扎；精制破伤风抗毒素 80 万单位，青霉素 1200 万单位，复方氯化钠注射液 3000mL，5% 碳酸氢钠注射液 1000mL，混合，缓慢静脉注射；润肺散合二珍散，2 剂，用法同方药 1，保留胃管 5d。第 3 天，患牛体温正常，流涎停止。创腔再用 70% 酒精冲洗洁净后，填充碘仿硼酸合剂，创口敷祛腐生肌散（轻粉、龙骨各 9g，冰片 2g，没药 10g，儿茶 8g，硇砂 6g，共研细末），并压迫包扎；取精制破伤风抗毒素 40 万单位，青霉素 1200 万单位，复方氯化钠注射液 2000mL，5% 碳酸氢钠注射液 1000mL，缓慢静脉注射；继服药 3 剂。第 6 天，患牛病势明显好转，能自饮米粥，创伤填充药 1 次/2d；继服药 3 剂。第 9 天，患牛能行走、采食。取当归地黄汤，2 剂，水煎取汁，候温灌服。经过 10d 治疗，患牛跛行消失，15d 痊愈。（李有辉，T105，P32）

4. 1982 年 4 月 27 日，古蔺县龙山乡邓某一头 0.5 岁公黄牛，因破伤风来诊。检查：患牛流涎，瘤胃臌气，蹄底有钉伤旧痕。治疗：葛根解痉汤加大黄、枳壳，用法同方药 2，连服 4 剂，痊愈。（刘天才，T22，P60）

5. 1983 年 6 月 20 日，唐河县胡营村马某一头草白色公牛，因头部刺伤发病来诊。主诉：该牛最初只是饮食欲减退，未见破伤风特征性症状，他医以前胃病治疗无效，近日转弯时头颈不灵活。检查：患牛两耳僵硬不灵，鼻孔稍张开，步态强拘，腰脊板硬，腹肌紧缩，瘤胃轻度臌气，呼吸、体温均正常。诊为破伤风。治疗：豨莶草籽（干品）100g，蜂蜜200g，黄酒2500mL。用法同方药3，1剂，痊愈。（魏明森等，T28，P54）

6. 三门县六敖乡松南村蒋某一头2岁公牛，因去势后患破伤风来诊。检查：患牛尾僵直，两耳僵硬，提腰拱背，步态不稳，牙关紧闭，阴囊切口内有少量干酪样脓汁。施术者曾注射破伤风抗毒素，未愈。治疗：干全蝎40g，水煎取汁，候温灌服，1剂/d，连服4剂，痊愈。（李方来，T47，P35）

7. 1996年6月3日，平度市郭庄镇后杨家村杨某一头母黄牛来诊。主诉：该牛食欲、反刍废绝。检查：患牛瘤胃蠕动音微弱，呼吸快、粗厉，角根被绳勒伤化脓，头颈活动灵活，行走正常，口开稍紧。初诊为前胃弛缓，用药治疗无效，在灌药时发现咽喉麻痹，惊恐，后诊为破伤风。治疗：局部烧烙，撒布链霉素粉1g；口服补液盐；取荆防败毒散，用法同方药5，灌服，1剂/d，连服8剂，痊愈。（张汝华等，T107，P39）

8. 1988年5月13日，泰和县桥头沟坪村一头7岁黄牛来诊。主诉：4月上旬耕田时，该牛被犁刺伤后肢，经治疗伤口愈合，近来出现食欲减退，活动不灵活，经他医治疗日渐加重。检查：患牛具有典型的破伤风症状，口仅能开1指。治疗：蝉蜕500g，煎汁750mL，用洁净小毛巾1条，在药汁中浸透塞入牛口，抬高头部，药汁即徐徐咽下。约4h后，患牛口能开3指。此时将剩余药汁全部灌服。翌日中午，患牛症状明显减轻，继用蝉蜕200g，煎汁1000mL，候温灌服，同时取健胃、强心药物辅助治疗。10d后追访，患牛痊愈。（乐载龙，T64，P40）

9. 1998年4月20日，商丘市西郊范庄张某一头奶牛，于产后7d发病来诊。经检查，诊为破伤风。治疗：取鲜桑枝、鲜国槐枝各1000g，蝉蜕300g。水煎取汁，加黄酒1000mL，灌服，1次/d，连服6d；5%葡萄糖生理盐水500mL，精制破伤风抗毒素60万单位，混合，静脉注射；5%葡萄糖生理盐水500mL，25%硫酸镁注射液200mL，混合，静脉注射，连用5d；复方氯化钠注射液500mL，青霉素钠1600万单位，链霉素400万单位，混合，静脉注射，1/d，连用6d；30%双氧水50mL，子宫灌注，隔日继用药1次。灌注后，患牛剧烈努责，从阴门排出脓性分泌物。第4天，患牛开始采食，第6天停药，逐渐康复。（肖尚修等，T100，P41）

10. 2006年5月3日，天祝县赛什斯镇大滩村徐某一头黄牛来诊。主诉：4月23日，给牛施阉割术。术后第10天发病，食欲不振，反刍减退，咀嚼、吞咽迟缓，去势处肿大。检查：患牛体温38.4℃，心跳65次/min，呼吸48次/min，精神不振，呼吸浅表，头颈强直，颈沟明显，耳竖立，脊背僵硬，腹肌蜷缩，尾向上翘起而不动，全身肌肉紧张、呈"木马"状，牙关略闭，结膜充血，外界刺激敏感，惊恐不安，伤口内部发炎、脓肿，口色红，脉浮数。诊为破伤风（初期）。治疗：对去势处的伤口用0.1%高锰酸钾溶液清洗，去掉腐烂坏死组织和瘀血，去除肿大的精索，用碘酊消毒，撒布消炎粉，再用碘酊冲洗。取精制破伤风抗毒素60万单位，青霉素800万单位，复方氯化钠注射液1500mL，5%碳酸氢钠注射液、10%葡萄糖注射液各500mL，缓慢静脉注射；取追风散合蚱蝉地肤散加减，1剂，用法同方药8。次日，患牛病情减轻，症状缓和，已有食欲。继服药2剂，痊愈。

11. 2006年8月23日，天祝县塞什斯镇麻渣塘村余某一头牦牛来诊。主诉：该牛产犊牛已13d。2d前发现牛神情较迟钝，倒地约5h。检查：患牛右侧卧，瘤胃臌气，四肢、头颈伸直，耳朵直竖，尾硬不能活动，腹部紧绷、臌胀，饮食废绝，发出"吭吭"声，流涎，牙关紧闭，呼吸困难，鼻孔开张，呼吸40次/min，体温39.8℃，心跳70次/min，全身检查未见皮肤损伤，外阴部亦未见有污秽物，脉象细数，口色赤紫。诊为产后破伤风（中期）。治疗：千金散加减，用法同方药8，1剂/d，服至症状缓解，去藿香和半夏。食盐200g，加温开水充分溶解后，冲洗产道，若有少量污秽物，再用0.1%高锰酸钾液冲洗，最后用碘酊冲洗阴门；取破伤风抗毒素80万单位，0.9%氯化钠注射液、5%葡萄糖生理盐水各1000mL，乌洛托品注射液50mL，25%硫酸镁注射液30mL，混合，缓慢静脉注射。第2天，患牛症状稍有缓解，四肢略能弯曲，尾部亦能晃动，呼吸音变缓。取25%硫酸镁30mL，青霉素钾800万单位，速尿100mg，葡萄糖注射液1000mL，破伤风抗毒素50万单位，混合，静脉注射。下午，取10%葡萄糖注射液1000mL，速尿100mg，5%碳酸氢钠注射液300mL，静脉注射；破伤风抗毒素30万单位，硫酸镁注射液5mL，肌内注射。第3天，患牛症状大为好转，能俯卧，头颈活动比较灵活，有食欲，但咀嚼、站立仍困难。继用上方药，适量灌服中药2剂，痊愈。（王占斌，T150，P58）

## 放线菌病

放线菌病是指由牛放线菌和林氏放线菌引起的一种慢性传染病，民间俗称老鼠疮。因舌组织感染时活动不灵，故称木舌。

【病因】 长期饲喂大量粗硬饲草或含有芒刺秸秆，刺破口腔和齿龈黏膜，或放牧于低湿地感染牛放线菌（G⁺）和林氏放线菌（G⁻）而发病。前者侵害骨组织，后者侵害软组织。

【主证】 患牛上颌骨、下颌骨及周围硬肿如橡皮样，初期触压有疼痛反应，中后期则痛觉消失。因肿胀部位、严重程度不同，出现呼吸、吞咽或咀嚼困难，肿胀部皮肤化脓，破溃后流出脓汁，形成经久不愈的瘘管。舌组织被侵害则舌体肿胀、坚硬粗大；乳房受侵害则皮下有局限性小硬节。随着病程延长，病菌侵害骨质而使骨质疏松，致使患牛头部变形。取病料涂片镜检，可见特征性菌丝体。分离培养，培养基上出现圆形、半透明乳白色菌落，不溶血；涂片、革兰氏染色、镜检，可见中心及周围均呈红色、长短不一、有多数分枝的细线状菌丝。

【辨证施治】 本病分为肿胀期、化脓期和瘘管期。

（1）肿胀期 患部组织变硬、肿胀、疼痛，周边界限不清，触摸时病灶与皮肤分离，手捏不住疮体。

（2）化脓期 患部病灶内部化脓，触诊柔软、有波动，周边界限清楚，触摸时可抓到疮体，深触疮底有根。

（3）瘘管期 患部疮体破溃，形成瘘管，排恶臭脓液。

【治则】 消肿散结，攻毒排脓。

【方药】 1. 斑蝥锭。斑蝥、黄丹、枯矾、砒霜、食盐各等份，研碎后对少许玉米，加水适量，混合成面团状，然后制成枣核大小即可（每锭含纯药约1g）。将制好的斑蝥锭置入棕色瓶中保存。每次制锭量不宜过多，存放时间过久，则药效降低。

在化脓期或瘘管期，用手术刀或宽针刺破疮体，排净脓汁，净疮后根据疮体大小放入适量斑蝥锭，然后用棉球塞住疮口以防止药锭掉出。一般情况下，如鸡蛋大小的疮用斑蝥锭1枚，如馒头大小疮用斑蝥锭2枚。用药后，疮体初期肿胀，约2周后肿胀消退，病灶部位与健康组织之间出现明显界限，病灶局部被毛干枯。共治疗562例，用药1次治愈512例，2次治愈39例，3次治愈11例。

注：斑蝥锭腐蚀性强，用药切不可过量，尤其是发生于槽口部位的病灶，因该部组织层较薄，用药过量易蚀穿口腔而造成漏草、漏水。肿胀期不能用该药治疗，只能待疮"成熟"（化脓期）后再用药；全身反应严重，应对症处理。

2. 取0.5%黄色素或5%氯化钙注射液10～20mL，于肿胀处注射；5%碘酊10～20mL，于肿块周围和基部皮下或肌肉分点注射（剂量根据肿胀面积而定，尽量减少对健康组织的损伤）；肿胀处破溃，向其组织内填充碘片、高锰酸钾或砒石樟脑锭（砒石20g，樟脑粉10g，搓成小鼠粪稍大的药锭）。

取青霉素320万单位、注射用水20mL，肌内注射，2次/d，连用3～5d；林氏放线菌病用链霉素400万单位、注射用水20mL，肌内注射，连用3～5d。对顽固坚硬病灶，用烙铁直接烧烙以破坏其病变组织。取金银花、猫爪草各60g，蒲公英150g，夏枯草100g，

昆布20g。水煎取汁，候温灌服，1剂/d，连服4剂。

共治疗68例，其中黄牛42例，牦牛26例；治愈63例，有效5例。

3. 渴龙奔江丹。信石、雄黄、轻粉、飞箩面，按2∶2∶1∶4混合，研为细末，制成沙枣核大的丸剂。用药前，在菌种上方以大宽针向斜下方刺进3～4cm（不刺穿对侧皮肤），用1%高锰酸钾溶液冲洗，再用镊子夹药丸从针口放入菌种内，1～2粒/次。肌肉组织的菌肿，如鸡蛋到拳头大或更大一些，用药1～2次，1～2粒/次，可在25d左右干裂脱落。骨组织的病灶引发骨质疏松，成为疏松性骨炎，肿胀坚硬，形状大小不等，需多次在不同位置上放药，一处用药干裂后，再在另一处用药。

注：本药丸毒性强，用药后局部发生短时间肿胀；在头部菌肿用药后，肿胀对食欲有一定影响，1次只能用药1～2粒。

共治疗咽部、下颌部、颈部等处放线菌肿153例，治愈122例（其中用药1次治愈81例，2次治愈27例，3次治愈4例），肿胀变小尚未彻底治愈31例。

4. ①肿块较小、饮食正常者，切开肿块，排出脓汁和增生物，用纱布浸5%碘酊填充创口，更换1次/2d。②不易手术治疗肿块，药用雄黄10g，黄柏60g，大黄、白芨、五倍子各30g，冰片5g。共研末，加蜂蜜120mL，用陈醋适量调糊状，敷在肿块处，换药1次/2d；或用5%碘酊20～40mL，在肿块周围和基部皮下或肌肉分2～4点注射，或卡那霉素100万～300万单位，分点注入患部，1次/d，直至痊愈。③病变发生在舌、咽及侵袭内脏，引起吞咽、呼吸困难及咳嗽者，在用上方中药外敷同时，用普济消毒散加减：酒黄芩、薄荷、玄参、青黛各24g，酒黄连、陈皮各20g，大黄、板蓝根、连翘、桔梗各30g，滑石60g，山豆根、牛蒡子各40g，荆芥、柴胡、升麻各25g，甘草15g。水煎取汁，候温灌服，1剂/d，连服5～7d；或用0.5%黄色素200～250mL，链霉素200万～300万单位，卡那霉素100万～300万单位，10%葡萄糖注射液500～1000mL，生理盐水500～1500mL，地塞米松磷酸钠20～80mL，10%维生素C注射液30～50mL，缓慢静脉注射，1次/d，连用5～7d。共治疗26例，治愈25例，死亡1例。

5. 破溃疮口，用生理盐水洗净后，将5%碘酊注入病灶内（适量），1次/d，连用3～5d；取二海全虫汤：海藻、昆布、全蝎、穿山甲、荆三棱、莪术、土茯苓、夏枯草各50g，青黛15g。共研细末，温水冲调，灌服，1剂/d，连服3～7d。共治疗44例，有效率达96%（治愈后不易复发）。

6. 将牛舌拉出口外并翻转，以三棱针或小宽针在舌腹面两旁血管上各刺10针，0.5cm/针，使之出血，出血量约500mL，针后即用井水浇淋针刺处，浇水量约两脸盆，针刺1次/2d，一般针2～3次；水

浇淋后用细盐涂擦针刺处，将露出口外的舌送入口腔；取蚯蚓、白糖各200g，水200mL。将活蚯蚓洗净泥沙，加入适量白糖中，待蚯蚓溶解后加水搅匀，涂擦舌体，1次/2h；地塞米松注射液、鱼腥草注射液各50mL，混合，沿舌体左右两侧边缘作多点封闭注射，5mL/点；取10%葡萄糖酸钙注射液100mL，25%葡萄糖注射液1000mL，混合，静脉注射；碘化钾12g（0.4g/kg），常水溶解，灌服。共治疗8例，全部治愈。

【护理】　尽量避免饲喂粗糙饲料和带芒刺的饲草，以免损伤组织；避免在低洼潮湿地区放牧；发现病牛立即隔离，及早治疗。

【典型医案】　1. 1995年7月20日，新安县曹村王某一头母牛来诊。检查：患牛营养中等，槽口处有一大肿块，直径约15cm，触摸时患牛有痛感、躲避，表皮温度不高，皮肤有游离性，肿块坚硬，边缘不清，用手抓不住疮体，说明疮体处于肿胀期，不宜用药，因此嘱畜主将牛牵回观察，待疮体变软时再医治。28日，患部疮体中间柔软如棉，深触时疮底有根，推之固定不移，说明疮体已经成熟。治疗：将患牛横卧保定，固定头部，用手术刀在疮体中间柔软处切开长约2cm的切口，排出大量如牙膏样白色黏稠的脓汁至有血液渗出，取斑蝥锭（见方药1）1.5枚放入疮底，用脱脂棉堵塞疮口。8月15日，患牛疮体表面被毛已干枯。10月3日，痊愈。（刘长有，T107，P33）

2. 1995年10月，门源县浩门镇圪塔村李某一头6岁牦牛就诊。检查：患牛颌骨部有5个核桃大小、界限明显的放线菌肿块。诊为放线菌病。治疗：0.5%黄色素10mL，于肿胀部分点注射；金银花50g，蒲公英150g，夏枯草100g，昆布20g，猫爪草40g，水煎取汁，候温灌服；青霉素320万单位，链霉素300万单位，注射用水30mL，肌内注射，2次/d，连用2d。20日，患部结痂，形成疤痕。（李莎燕等，T104，P26）

3. 1980年10月，古浪县张家河村甘某一头12岁黑骟牛来诊。检查：患牛颈部右侧有一拳头大小的肿块，已有20个月，现破溃流脓。治疗：外科处理；投放渴龙奔江丹（见方药3）2粒，待患部干裂脱落后再放2粒。1个月后复诊，患部平整，痊愈。（白云生等，T24，P29）

4. 2003年4月23日，共和县恰卜恰镇西台村韩某一头10岁黑白花奶牛来诊。主诉：该牛下颌部先出现拳头大小肿块，未曾引起重视，5d后出现咳嗽、发烧、饮食废绝。检查：患牛下颌部有拳头大小肿块、质地稍软、充满脓液，流涎，咽喉部肿胀，呼吸促迫，不时咳嗽，鼻镜干燥，体温41℃，饮食欲、反刍废绝，精神沉郁；刺破下颌部肿块，内有淡黄色脓汁流出。无菌取脓汁少许，接种于羊血琼脂培养基，37℃培养24h后出现圆形、半透明乳白色菌落；涂片、染色、镜检，可见中心及周围均呈红色、长短不一、具有多数分枝的细线状菌丝。诊为林氏放线菌病。治疗：5%碘酊20mL，于肿块内注射；卡那霉素200万单位，于咽喉肿胀部位分3点注射，1次/d；0.5%黄色素200mL，链霉素300万单位，10%葡萄糖注射液500～1000mL，生理盐水1000mL，地塞米松磷酸钠50mL，10%维生素C注射液40mL，缓慢静脉注射，1次/d。同时，取方药4②中药，研末，敷在肿块处，换药1次/2d；普济消毒散加减，用法见方药4，1剂/d，治愈。（秦永福等，T139，P49）

5. 2004年4月26日，门源县浩门镇西关村张某一头3岁黑白花奶牛来诊。主诉：该牛近期精神不佳，流涎，食草料减少，下颌部肿胀。检查：患牛消瘦，左右下颌部肿大、破溃、流脓汁，肘淋巴结肿大，咽喉部肿胀明显。诊为放线菌病。治疗：用生理盐水清洗疮口后注入适量5%碘酊，1次/d，连用3d；二海全虫汤，用法见方药5，1剂/d，连服7d，痊愈，无复发。（孔宪莲等，T137，P60）

6. 1997年8月10日，天门市黄潭镇张台村3组张某一头6岁、约310kg公水牛来诊。主诉：该牛今晨不吃草，张口流涎，颈项竖直，呼吸困难。检查：患牛体温38.4℃，呼吸20次/min，心跳74次/min，瘤胃蠕动音尚有，四肢厥冷，肩胛部被毛湿润，眼结膜充血，鼻镜无汗，舌体肿胀、呈圆柱形，舌面布满黄色粟粒状颗粒，触摸舌体如木板样、灼热、疼痛、活动不灵，舌头露出口外时尚能收回，检查时摇头、躲避，无咀嚼和吞咽动作，口流涎沫，口色青紫，脉洪有力。诊为木舌症。治疗：取方药6，用法同上。11日，主诉：患牛当日16时舌体变软，口腔流出大量带有瘀血的涎液，舌体收进，不再外露。22时左右能吃少量青草。检查：患牛体温38℃，呼吸22次/min，心跳69次/min，舌体缩小、变软、未恢复至正常的灵活性，流涎已止，口色淡红，脉象沉实、滑数。停止针刺，其他方药同前。12日，患牛舌体肿消3/4，食欲转好。再针知甘穴1次；用蚯蚓白糖液涂擦舌体；取碘化钾12g，灌服。治疗2d，患牛康复。（杨国亮，T100，P30）

## 嗜皮菌病

嗜皮菌病是指因刚果嗜皮菌感染，引起以口唇、头颈、背、胸等部位皮肤出现豌豆大至蚕豆大结节为特征的一种皮肤传染病。水牛多发。

【病因】　患牛和带菌牛为主要传染源。皮肤损伤、吸血昆虫蜱及蝇类叮咬感染而发病。环境潮湿、雨水浇淋、运动场泥泞、通风不良是主要诱因。

【主证】　病初，患牛皮肤表面有小面积的充血，继而形成丘疹、有浆液性渗出物，浸润的表皮被渗出物充溢形成结节，相互融合、重叠，形成不同形状的蚕豆大至核桃大不等的灰褐色结节，外观凸凹不平，挤压时患牛有痛感、无痒感，体温升高，精神沉郁、食欲减退，神态呆滞，被毛粗乱。取痂皮渗出液涂片，革兰氏染色呈阳性，镜检可见分枝菌丝。将痂皮剪碎、磨烂，用灭菌生理盐水作 1∶5 稀释，涂擦在剪过毛的家兔皮肤上，3d 后接种部位的皮肤出现米粒大至绿豆大丘疹，随后形成结节。取结节涂片镜检，呈现分枝菌丝。

【治则】 清热解毒，杀菌止痒。

【方药】 金银花 50g，连翘、黄芪各 30g，白药子 25g，天花粉、紫花地丁、蒲公英、黄药子、黄芩、菊花各 20g，荆芥（后下）、薄荷（后下）各 15g，甘草 10g。水煎取汁，候温灌服，1 剂/d，连服 5d；青霉素 800 万单位，链霉素 200 万单位，10%安钠咖注射液 10mL，维生素 C 注射液 40mL，10%葡萄糖注射液 1000mL，静脉注射，连用 2d；青霉素 400 万单位，链霉素 100 万单位，注射用水 10mL，混合，肌内注射，2 次/d，连用 5d；5%高锰酸钾溶液刷洗患部，3 次/d。共治疗 12 例，治愈 11 例。

【典型医案】 务川县砚山区杨某一头 2 岁母水牛来诊。主诉：该牛耕地 3d 后发现颈、背部有粟大小结节，用中药治疗无效。检查：患牛营养中等，精神沉郁，被毛粗乱，行动迟缓，面、颈、背、臀部和四肢外侧均有散在的核桃大小结节，有的相互融合、重叠；腹部和四肢内侧有米粒大小丘疹，触压结节有痛感，体温 39.8℃。诊为嗜皮菌病。治疗：取上方中药、西药，用法同上，连用 5d，患牛痊愈。（申尚良等，T58，P44）

## 皮肤霉菌病

皮肤霉菌病是指因皮肤癣菌科小孢霉菌属和毛癣菌属的霉菌感染，引起以皮肤形成圆形、不正形癣斑或痂块、瘙痒为特征的一种传染病，又称皮肤真菌病。常见于头部、颈部、背侧、四肢等部位，以青年牛较多见。

【病因】 通过牛间皮肤接触或霉菌污染用具、饲草、饲槽等接触感染。

【主证】 病初，患牛皮肤出现小结节，表面脱毛、覆有鳞屑，逐渐扩大隆起呈圆斑，形成界限明显、2～5cm 大小不等的圆形癣痂，少者 2～5 个，多者数十个。个别患牛全身癣斑融合成大片，病变部位有大量渗出液，有腐烂组织不时落下。患牛瘙痒不安，摩擦，全身症状不明显，个别患牛体温稍升高，食欲减退，精神欠佳等。刮取鳞屑及病变部被毛，置载玻片上，加 10%氢氧化钠 1 滴，用盖玻片覆盖、镜检，可发现呈平行排列、链状排列的孢子和菌丝。

【治则】 杀菌止痒。

【方药】 桃花散。将生石灰粉碎，与大黄同炒，以石灰粉变成微红色为度（似桃花色），去大黄，将石灰细筛取粉。用时，将药粉撒在患部即可，隔 2d 撒药 1 次，直至痊愈。共治疗 1046 例，治愈 977 例。

【典型医案】 1987 年 6 月 23 日，中牟县晶店村张某一头 3 岁黄牛来诊。主诉：该牛背两侧各起一核桃大小的隆起圆结节。检查：患牛体温 38.7℃，精神欠佳，食欲减退，患部皮肤病变连成大片，皮肤与皮下组织脱离、能提起。治疗：先用 3%来苏儿、10%碘酊、高锰酸钾粉、冰片等药物治疗，效果不理想，且病变逐渐蔓延。取桃花散，制备、用法同上，隔 2d 涂药 1 次，至患部完全愈合。（李新民等，T30，P49）

# 第五章

# 寄生虫病

## 肝片吸虫病

肝片吸虫病是指牛感染肝片吸虫囊蚴或虫卵，表现以消瘦、贫血、水肿、生长缓慢、功能障碍为特征的一种病症，又称肝蛭病。临床上一般呈慢性经过。

【病因】 牛在吃草或饮水时吞食肝片吸虫囊蚴或虫卵进入肝胆管发育为成虫而致病。

【主证】 患牛食欲不振或异嗜，下痢，周期性瘤胃臌胀，前胃弛缓，被毛无光，贫血，消瘦，便秘与泄泻交替出现。粪检可发现肝片吸虫虫卵。严重者，患牛极度消瘦，泄泻不止、呈喷射状，颈下、胸下、腹下水肿，终因衰竭死亡。

【治则】 杀虫利水。

【方药】 1. 槟贯散。槟榔、贯众等量，混合，粉碎，成年牛 60g/(次·头)，中、小牛 30～45g/(次·头)。凉开水冲调，空腹灌服，1 剂/d，1 个疗程/3d，个别严重者需用 2 个疗程，但不可过量。如服药过量，可产生短暂的兴奋现象。严重者，取 1%硫酸阿托品 0.5～1.0mL，皮下注射。可在肝片吸虫病流行地区于每年春、秋两季各进行 1 次预防性驱虫。共防治水牛、黄牛肝片吸虫病 700 余例，疗效达 98%。（刘诗韵等，T16，P63）

2. 槟榔、苏木各 50g，贯众、硫黄各 25g。水煎取汁，冲米酒 250mL，灌服，连服 2 剂。共治疗 4 例，均治愈。

3. 贯雄散。贯众 50g，神曲、龙胆草各 30g，槟榔 25g，雄黄、白术各 20g，陈皮 15g。共研细末，开水冲调，候温，分 2 次灌服。

4. 补中益气汤加味。炙黄芪 90g，党参、白术、当归、白芍、陈皮各 60g，大枣、炙甘草各 45g，升麻、柴胡各 30g。有黄疸者加茵陈 45g。水煎取汁，候温，分早、中、晚灌服，连服 3～5 剂。取 10%葡萄糖注射液 500～2500mL，10%维生素 C 注射液 20～50mL，青霉素 240 万～480 万单位，静脉注射，1 次/d，连用 3～5 次；肌苷注射液 20～60mg，肝泰乐 200～600mg，分别肌内注射，1 次/d，连用 3～5 次；硝氯酚 2～4mg/kg，在治疗开始第 4 天，1 次灌服。临床上常选用丙硫咪唑片 10mg/kg，效果好，对孕牛亦无副作用。

5. 补中益气汤加减。炙黄芪 80g，党参、金银花各 60g，白术、柴胡、醋香附、蒲公英各 45g，陈皮、制乳香、没药、木香、桔梗各 30g，青皮、荆芥、防风各 25g，炙甘草 15g。水煎取汁，候温灌服；取硫双二氯酚 12.5g，灌服。共收治后期危重肝片吸虫病例 17 例，治愈 13 例，死亡 2 例，中断治疗 2 例。

6. 参苓白术散加减。党参、白扁豆、薏苡仁、陈皮、香附、木香、白术、泽泻、甘草各 45g，山药、莲子肉、茯苓各 60g，砂仁、猪苓各 30g。水煎取汁，候温灌服，1 剂/d，连服 2 剂。抗蠕敏（杭州第三制药厂生产）20mg/kg，1 次灌服。共治疗耕牛肝片吸虫病及其所致虚弱证患牛 16 例，疗效较为满意。

7. 补气托里护心散加减。生黄芪 150g，当归、乳香、没药、僵蚕、防风、泽兰叶、蝉蜕、龙胆草、桔梗、茯苓、天花粉各 30g，香附 25g，木香 15g，甘草 10g。水煎取汁，候温灌服。

【典型医案】 1. 一头 13 岁水牛来诊。检查：患牛毛焦体瘦，食欲、精神不振，舌色淡白，体温正常，粪稀如水、呈喷射状；粪检有肝片吸虫卵。治疗：取方药 2，用法同上，1 剂/d。服药 2 剂，患牛粪转稠，精神、食欲恢复正常，此后被毛逐渐变得油滑光亮。（黄俊伦，T14，P17）

2. 1987年春，剑阁县开封镇机砖厂附属奶牛场从外地购进奶牛8头，其中3号（1岁）和8号奶牛（2岁）因长时间泄泻来诊。检查：患牛体温正常，食草迟细，皮毛干燥，精神不振，卧多立少，逐渐瘦弱，后肢行走无力，泄泻，粪检有肝片吸虫虫卵。诊为肝片吸虫病。治疗：取贯雄散，用法见方药3，连服2剂。调理4个月，患牛恢复正常。（孙治农，T33，P52）

3. 1992年10月23日，凤冈县王寨乡新民管理区凌风村何某一头6岁、约350kg母水牛，因泄泻不止来诊。主诉：该牛饲喂较好但膘情差，粪时干时稀，泄泻已半个月，排粪呈喷射状，胸下水肿，他医用各种抗生素及磺胺类、呋喃类药物治疗无效，后用次碳酸铋止泻数日又复发。检查：患牛极度消瘦，被毛粗乱，精神倦怠，行动迟缓，泄泻，粪呈稀粥样；体温39.8℃，呼吸24次/min，心跳52次/min；瘤胃蠕动音短而弱（4次/2min），肠音增强，胸下水肿、手指触诊有波动感、无热痛感。用尼龙筛兜集卵法在低倍镜下观察粪料，一个视野有0～4个肝片吸虫虫卵。诊为慢性肝片吸虫病。治疗：补中益气汤加味，用法见方药4，1剂/d，分早、中、晚灌服，连服3剂；10%葡萄糖注射液1500mL，10%维生素C注射液40mL，青霉素480万单位，静脉注射，1次/d，连用3d；肌苷注射液50mg，肝泰乐500mg，分别肌内注射，1次/d，连用3d；硝氯酚1.0g，于治疗开始的第4天1次灌服。嘱畜主灌服糯米粥750g/d；停止使役，勤换垫草，保持圈舍干燥。经过治疗，患牛泄泻止，胸下水肿消失。11月16日追访，未见异常。（任伟，T75，P40）

4. 1988年2月28日，遵义县中桥乡两合组刘某一头8岁母水牛来诊。主诉：该牛泄泻约半年，慢草达2个月，近5d来不食草料，仅喝少量盐水，经他医多次诊治无效。检查：患牛营养不良，毛焦欣吊，倦卧，强行驱赶也不愿站立，排黑褐色稀粪，鼻凉，口色淡白，心跳68次/min，心音弱，呼吸31次/min，体温35.9℃，瘤胃蠕动音废绝；粪检肝片吸虫卵阳性（＋＋＋）。诊为后期危重肝片吸虫病。治疗：补中益气汤加减，用法见方药5，1剂/2d，连服3剂；10%葡萄糖注射液、5%葡萄糖生理盐水共1500mL，10%安钠咖注射液10mL，10%维生素C注射液20mL，混合，静脉注射。嘱畜主日用大枣（去核）20枚，糯米1250g，白糖250g，煮粥，候温，分2次灌服。3月5日，患牛体温37℃，已能自行起卧，开始采食、反刍。再服药2剂。10日，患牛饮食、反刍明显增加，排粪成形，首次投服硫双二氯酚12.5g，后减半药量，中药再服2剂，1剂/2d。经过治疗，粪检肝片吸虫虫卵阴性，痊愈。（张元鑫，T48，P25）

5. 1985年9月23日，余庆县凉风乡后坪村田某一头7岁水牛就诊。主诉：该牛泄泻有4个多月，他医多次治疗无效，近3d来食欲大减。检查：患牛精

神不振，体形消瘦，被毛粗乱，无光泽，运步迟缓无力，排黑褐色稀粪，颌下水肿，黏膜苍白，唇、舌淡白，舌体绵软，脉沉细而弱，体温36.8℃，粪检肝片吸虫虫卵阳性（＋＋＋）。治疗：抗蠕敏20mg/kg，1次灌服；参苓白术散加减，用法见方药6，1剂/d，连服2剂，于服驱虫药3d后灌服。服中药后的第2天，患牛食欲增加，第3天粪基本成形，现食欲、粪正常。取粪镜检，肝片吸虫虫卵阴性。（毛廷江，T92，P18）

6. 1986年5月25日，绵阳市涪城区余某一头水牛来诊。主诉：该牛长期放牧于河边低洼潮湿处。检查：患牛泄泻，形羸体瘦，下颌部水肿、触之如湿面团样、皮温高，被毛无光泽、拔之易脱，口色淡白，津少不润，脉细数。诊为肝片吸虫病，并发贫血性水肿。治疗：补气托里护心散加减，用法见方药7。连服2剂，患牛水肿消失。1个月后，用别丁驱虫，痊愈。（邓成，T87，P33）

## 绦虫病

绦虫病是指由莫尼茨绦虫寄生于牛小肠内引起以消化紊乱、水肿、腹痛和臌气为特征的一种病症。主要危害1.5～8月龄的犊牛；成年牛一般为带虫者，症状不明显。

**【病因】** 由莫尼茨绦虫感染引起。牛绦虫虫卵或其孕卵节片随粪排出体外，污染水源及牧草，被中间宿主牛吞食后，虫卵内的六钩蚴脱壳而出，穿过肠壁，进入血流而至肌肉组织，发育成牛囊尾蚴引发本病。

**【主证】** 患牛被毛逆乱，体质消瘦，四肢无力，体温39.8℃，喜舔砖头、吃泥土，口色淡白，舌苔滑腻。粪检有圆形虫卵和节片，用饱和盐水进行漂浮检查，发现大量虫卵和节片。严重者，患牛消化紊乱，消瘦乏弱，发育不良，脱毛，水肿，腹部疼痛和臌气，有的下痢，粪中带有孕卵节片。末期，患牛卧地不起，头向后仰，经常出现咀嚼样动作，口吐白沫，精神极差，反应迟钝甚至消失。

**【治则】** 驱虫杀虫，扶正固本。

**【方药】** 1. 槟榔、芒硝、石榴根皮、南瓜子、红糖各50g（为2～3月龄犊牛药量）。共研细末，用开水1500mL冲调，候温灌服，一般1剂可愈。共治疗47例，治愈46例。

2. 槟榔120g，南瓜子250g。先把南瓜子炒至色黄放香，冷后研末，开水冲调，候温，1次灌服。共治疗3例，均获痊愈。

3. 贯众、鹤虱各50g，大黄、党参、白术各40g，神曲35g。共研细末，开水冲调，候温，分2次灌服；或加水800～900mL，煎煮至400mL，候温，分2次灌服，1次/d。干贯众70g（或鲜品250g），加水适量，煎煮25～30min，取汁，候温，

分早、晚 2 次灌服。共治疗 200 多例，治愈率达 93.7%。

【典型医案】 1. 1988 年 5 月 1 日，鹿邑县唐集乡朱庄村王某一头犊牛就诊。检查：患牛消瘦、爱舔砖头、吃泥土，粪中含绦虫节片。治疗：取方药 1，用法同上，1 剂。第 2 天下午，患牛排出虫体。（秦连玉等，T59，P34）

2. 1985 年 5 月 17 日，华县大明乡龙湾村王某一头 7 月龄母犊牛来诊。检查：患牛毛焦体瘦，长期慢草，粪中曾有韭菜叶宽的乳白色绦虫节片。诊为绦虫病。取方药 2，用法同上。服药 30min 后，取槟榔，研末，加水 1000mL，煎成浓汁，候温，连喂 1 次灌服。19 日，患牛排出大量绦虫虫体和头节（约有一铁锨）。（杨全孝，T28，P52）

3. 2004 年 5 月 10 日，务川县泥高乡栗园村杨家坝申某一头 35 日龄母犊牛来诊。主诉：昨天下午，该牛出现腹泻，今早不吮乳，腹泻加重。检查：患牛精神不振，被毛粗乱，体温、呼吸无异常，粪稀、呈灰黄色，气味腥臭、有较多的绦虫节片。诊为绦虫病。治疗：鲜贯众（原药洗净，除去根须和叶片）250g，用法同方药 3。第 2 天，患牛腹泻停止，精神较好，食欲恢复正常。（申建军等，T147，P62）

## 新蛔虫病

新蛔虫病是指由新蛔虫寄生于 5 月龄内的犊牛小肠，引起以下痢、腹痛和消瘦为特征的一种病症。水犊牛高于黄犊牛，奶犊牛次之。重症者可导致死亡。

【病因】 寄生于牛小肠中的新蛔虫成虫虫卵随粪排出体外，在外界发育成感染性虫卵被妊娠母牛食入，在孕牛体内移行，经胎盘感染胎儿；或因初乳中有幼虫，犊牛通过吮乳感染。

犊牛出生后仅 7～10d 即见有蛔虫寄生。新蛔虫虫体粗大、呈淡黄色，头端有 3 个唇片，食道呈圆柱状，后端有一小胃与肠管相接，雄虫长 12～26cm，尾部呈圆锥状弯向腹面，有 3～5 个肛后乳突，有多个肛前乳突，有 1 对形状相似的交合刺；雌虫长 15～35cm，尾直，生殖孔开口于虫体的 1/8～1/6 处。虫卵近球形，大小为（70～80）μm×（60～66）μm，壳外层呈蜂巢状，胚胎单细胞。

【主证】 患牛消化机能紊乱，排灰白色或黄白色稀粥状粪，有的带血，有的呈油腻状，气味恶臭。初期，患牛精神无明显变化，随着病情发展，精神委顿，消瘦，被毛粗乱无光泽，腹痛拒按，体温升高，呼吸加快，嗜卧。取粪直接涂片法或集卵法镜检可发现虫卵。若虫卵数量过多，可引起肠梗阻。严重者剧烈泄泻，眼球下陷，贫血，行走不稳，结膜黄染。后期，患牛肚腹胀满，体温下降、衰竭而死亡。

【治则】 驱虫杀虫，对症治疗。

【方药】 1. 左旋咪唑片 25mg/3kg 或左旋咪唑注射液 8～10mg/kg，皮下或肌内注射。对出生 15～150 日龄犊牛整群驱虫 1 次，可减少本病发生。共治疗 90 例，粪检有新蛔虫虫卵的 61 例（其中 20 日龄以内的 3 例，20～40 日龄的 41 例）。

2. 左旋咪唑 10mg/kg，灌服，或 6mg/kg，肌内注射；驱虫精透皮剂 0.1mg/kg，涂擦耳背部皮肤；敌百虫片剂 50mg/kg，灌服。在驱虫的同时，配合健胃、消炎、止痢等药物对症治疗；重症体衰者配合强心补液，防止虚脱；便秘者在驱虫的同时或驱虫后投服人工盐以缓泻，促使虫体排出。在驱虫前，先灌服少量食醋以减轻虫体对驱虫药刺激的敏感性。共治疗逾百例，效果较好。

注：左旋咪唑对犊牛新蛔虫驱除效果优于敌百虫，其口服效果优于针剂；而敌百虫使用不当易导致中毒，且敌百虫有特异的刺激性气味，犊牛拒服，不宜使用。

3. 先灌服 5% 醋酸 300mL，以安定蛔虫（因犊牛肠管较小且幼嫩，如驱虫不当，容易引起肠道破裂或梗阻加重），解除疼痛。待患牛疼痛缓解后，再投服盐酸左旋咪唑 300mg。于驱虫约 6h 后用大承气汤加味：大黄 100g，芒硝、山楂各 120g，枳实 50g，厚朴 35g，使君子 25g。水煎取汁，候温，分 2 次灌服。

【典型医案】 1. 1995 年 7 月 13 日，襄城县大庙村王某一头 40 月龄、约 35kg 犊牛来诊。主诉：该牛出生半个月来长势良好，后来食欲不佳，日渐加重，他医曾治疗多次无效。检查：患牛嗜卧，有时泄泻，有时腹痛。诊为犊牛新蛔虫病。治疗：左旋咪唑 325mg（25mg×13 片），灌服。次日，患牛排出蛔虫 170 余条，之后又排出 2 次，第 4 天痊愈。（贺延三等，T86，P29）

2. 祁门县安凌镇芦荔村张某一头 4 月龄、约 30kg 母水犊牛来诊。主诉：该牛因不吮乳，泄泻，他医诊为肠炎用氯霉素、庆大霉素、痢特灵等药物治疗 1 周未见效。检查：患牛消瘦，精神沉郁，被毛粗乱，腹痛拒按，下痢带血，站立不稳，眼结膜苍白，眼球凹陷，口腔恶臭。诊为（重症）犊牛新蛔虫病。治疗：取 25% 葡萄糖注射液 200mL，10% 安钠咖注射液 10mL，混合，静脉注射；5% 盐酸左旋咪唑 5mL（0.25g），肌内注射。当晚，患牛排出蛔虫 20 余条，之后又陆续排虫达百余条，痊愈。（吴龙辉，T94，P24）

3. 1991 年 11 月 6 日，一头 2 月龄、约 60kg 犊牛来诊。主诉：近期发现该牛吮乳减少，有时努责，排粪困难，粪燥干硬、呈球状，曾投服菜油及石膏合剂多次，药后除开始有少量粪排出外，病情未见好转，反而加重，食欲废绝、便秘。发病前 3d，该牛排出的粪中混有两条蛔虫。检查：患牛肚腹略胀，瘤胃无积食，频频努责，后肢颤抖下蹲、作排粪状，但无任何东西排出；呼吸迫促，疼痛，呻吟。诊为蛔虫病合并肠梗阻。治疗：取方药 3，用法同上。先服药 1 次，9 日上午投服第 2 次。两次共排出 20 余条蛔虫和少量稀粪，其中部分蛔虫互相缠绕。9 日下午该牛即开始吮乳，全身症状消失，痊愈。（李国庆，T61，P48）

## 副丝虫病

副丝虫病是指由副丝虫寄生于牛皮下组织与肌间结缔组织而引起的一种病症，又称牛出血性皮肤结节。由于多在牛体表迅速形成皮下结节，然后数小时内结节快速破裂，并于出血后不治自愈，间隔 3～4 周后又反复出现，出血似汗珠样，故俗称血汗病。多出现于每年的 6～10 月份，7～8 月份为发病高峰期，尤以雨后天晴燥热时多见；以水牛多发，健壮牛多于体弱多病及老残牛，膘肥毛稀的牛多于毛密干瘦的牛。

【病因】 本病病原为牛副丝虫，由中间宿主黑角蝇属的蝇叮咬牛而发病。

【主证】 患牛腰、背、颈、肩胛和胸部形成微突起的结节，突然出现，数小时后结节破裂，流出血液，然后结节消失，间隔 3～4 周后又在不同的部位出现结节，反复发生，直到天气变冷为止，翌年天气转暖后又会发生。流出的血液在牛大量出汗时混于汗液中，形似局部大面积出血。在牛少汗或无汗时，流出的血液顺毛淌下，形成一条条暗红色的凝结血污线。一般患牛体温、脉搏、呼吸、食欲、精神等均无明显变化，但在严重感染时则影响采食，生长发育滞缓，逐渐消瘦，使役力下降。水牛则多形成手掌大的体表肿块，结节或肿块似出汗样流出血液。

【治则】 收敛杀虫，活血通络。

【方药】 根据牛体结节的大小与多少，取适量的菜籽油沉淀物与等量白酒（60 度最好）混合均匀，用棉球或毛刷蘸取混合液涂擦患部，1 次/d，一般 2～3 次。共治疗 70 余例，全部治愈。

【典型医案】 1989 年 5 月 4 日，睢宁县黄圩乡水张 3 组张某一头黄牛来诊。主诉：该牛身上长血疙瘩已 50 余天，初期仅在胸部有数个，其后越来越多，经常出血。检查：患牛颈、胸、腹以及背部有出血性结节 7 个。诊为牛副丝虫病。治疗：取上方药，涂擦患部，3 次痊愈。（赵士凯，T69，P29）

## 锥 虫 病

锥虫病是指由伊氏锥虫寄生在牛的造血器官和血液内引起以间歇热、渐进性消瘦、贫血、四肢下部水肿、耳尾干性坏死为特征的一种血液寄生虫病。具有一定的季节性，夏季发病率高。多呈慢性经过。

【病因】 夏季，吸血昆虫虻、螫蝇等活动频繁，叮咬牛感染伊氏锥虫而发病。

【主证】 患牛精神萎靡、倦怠，日渐消瘦，营养不良，体温 40.5～41.8℃，持续 1～3d 后降至 39℃左右，间隔 2～10d 后再度上升到 40.5～41.8℃，贫血，肌肉萎缩，被毛粗乱无光，皮肤干裂而缺乏弹性，表层龟裂、溃烂；四肢下部发生肿胀，肿胀关节特别粗大，肿胀部位皮肤紧张、温热、有轻度痛感，久则表皮溃烂、流少量淡黄色黏稠液，后结成黑痂；尾尖开始溃烂，尾椎骨骨质疏松，后逐节脱落，眼结膜苍白、黄染。

【治则】 驱虫，强心，补液。

【方药】 熟地、当归、马鞭草、肿节风各 40g，苍术、威灵仙各 50g，茯苓、黄柏、党参各 30g，羌活、独活各 25g，牛膝 20g，甘草 15g。水煎取汁，候温灌服，1 剂/d，连服 3 剂；维生素 C 注射液 10mL，肌内注射，1 次/2d，共用 3 次；外用山椒子叶煎汁洗涤患部，洗后涂搽克霉唑软膏，1 次/d。共治疗 4 例，效果满意。

【典型医案】 1988 年 3 月中旬，赣县五云乡日红村谢某一头 8 岁黄色母牛来诊。主诉：该牛于 2 月下旬因四肢系部皲裂、出血，不堪使役，经他医诊治多次无效。检查：患牛消瘦，体温 39℃，结膜潮红，双眼流泪，头、颈、臀部多处皮肤有大小不同的脱毛和烂斑，并渗出微量黄水，两后肢跛行，系部皮肤呈现横行皲裂、出血、敏感。遂采耳静脉血涂片镜检有伊氏锥虫。诊为锥虫病。治疗：取上方药，用法同上。服药 1 周后，患部破溃处结痂；半个月后长出新皮毛，体况良好。4 月中旬投入春耕使役，再未复发。（龚千驹等，T40，P22）

## 环形泰勒虫病

### 一、黄牛环形泰勒虫病

本病是由于残缘璃眼蜱侵袭牛而引起的一种血液原虫病，发病急、死亡率高。发病季节一般为 5～9 月份，以 6～8 月份发病率较高，特别是改良和外地引进的牛较当地牛发病多。

【病因】 由于环形泰勒虫（寄生在红细胞中的一种小型血孢子虫，具有多种形态，常见的有圆形、椭圆形、环形、逗点形和点形，在一个红细胞内有 1～7 个配子体，姬氏法染色，核居一端、呈红色，原生质呈淡蓝色，体积小于红细胞的半径，多见于红细胞的旁侧，染虫率达 80% 以上）在网状内皮系统（淋巴结、脾、肝等）细胞内大量繁殖并产生毒素，使中枢神经和体液调节系统受损，引起机能失调，代谢异常，淋巴结肿大，造血机能障碍，加之红细胞被破坏，导致机体贫血，后期因极度衰弱而死亡。

【辨证施治】 根据临床特征，分为轻型和重型。

（1）轻型 患牛精神不振，食欲减退，体温一般不超过 41℃、呈稽留热，红细胞染虫率较低，红细胞和血色素变化不大，体表淋巴结轻度肿胀，穿刺涂片镜检可发现石榴体，鼻镜干燥，结膜充血，便秘。

（2）重型　患牛体温 41℃ 以上，稽留热 6～8d，后期红细胞常呈月牙形、长圆形、肾形和大小不均匀形态。患牛严重贫血，血液稀薄，不易凝固，红细胞数由 750 万个降至 300 万个以下，血色素由 70% 降至 40% 以下，体表淋巴结明显肿胀，初期较硬，有压痛，穿刺可发现石榴体，然后逐渐变软；初期便秘，后期转为下痢，精神沉郁，食欲大减或废绝，常出现异嗜现象，反刍停止；结膜苍白、黄染，第三眼睑出现粟粒大小的出血斑点，舌下及阴道黏膜苍白和黄染、有散在性出血点，尾根部的出血点尤为明显，肷部可听到心跳传导音，有的患牛有异食癖。个别患牛口唇和四肢肌肉震颤，行走蹒跚，或卧地不起。如不及时治疗，死亡率达 90% 以上。

【治则】　杀灭虫体，纠正酸中毒。

【方药】　1. 轻型：取二磷酸氯喹啉片 12.5mg/kg（首次用量加倍），二磷酸伯氨喹啉片 1.32mg/kg，磺胺 5-甲氧嘧啶片 50mg/kg，甲氧苄氨嘧啶片 25mg/kg，胃舒平 75～150g，干酵母 50～100g。分上午、下午 2 次灌服。从第 2 天起，1 次/d，连服 2d。有出血斑点和瘤胃弛缓者加 10% 葡萄糖注射液 1500mL，10% 氯化钠注射液 300mL，5% 氯化钙注射液 200mL，10% 安钠咖注射液 20mL，混合，1 次静脉注射，1 次/2d。

重型：贫血严重、病情在中后期者，药用十全大补汤。党参、白芍各 40～80g，茯苓 30～60g，白术、熟地各 60～100g，当归 40～90g，川芎 20～50g，黄芪 80～150g，肉桂、炙甘草各 20～40g。共研细末，开水冲调，候温灌服，1 剂/d。有条件者可输血。取健康牛全血 1000～2500mL，5% 氯化钙注射液 200～400mL，混合，1 次静脉注射，1 次/2d。共治疗 280 例，治愈 248 例。

2. 白术散加减。白术、当归、党参、阿胶各 30g，黄芩、陈皮各 27g，熟地黄、砂仁各 25g，丹参 23g，川芎、生姜各 20g，甘草 15g。水煎 2 次，合并药液，候温灌服，1 剂/d，连服 3～7 剂；血虫净 4～7mg/kg，配成 5% 溶液，分点深部肌内注射，1 次/d，连用 3～4d；华西胆效注射液 20～40mL，溶解青霉素钾 400 万单位，肌内注射，2 次/d。

【典型医案】　1. 1979 年 8 月 2 日，三门峡市崖底乡后川村 2 组的一头 6 岁黄色公牛就诊。主诉：该牛发病已 3d，经他医治疗高热不退。检查：患牛精神沉郁，步态蹒跚，食欲废绝，体温 41.5℃，呼吸 45 次/min，心跳 120 次/min；眼结膜苍白，鼻镜干燥，体表淋巴结肿大，尾根部有出血点。血液涂片检查，血液中有环形泰勒虫；淋巴结穿刺涂片查出石榴体。诊为环形泰勒虫病。治疗：二磷酸氯喹啉 7.5g

（首次量加倍），二磷酸伯氨喹啉 396mg，磺胺 5-甲氧嘧啶 15g，甲氧苄氨嘧啶（增效剂）7.5g，胃舒平 125g，干酵母 75g。共研细末，分早、晚 2 次灌服，1 剂/d。3 日，患牛体温 40.5℃，呼吸 41 次/min，心跳 120 次/min。其他症状同前。继服上方药 1 剂，用法同上；取 10% 葡萄糖注射液 1500mL，10% 氯化钠注射液 300mL，氯化钙注射液 200mL，10% 安钠咖注射液 20mL，混合，1 次静脉注射。4 日，患牛体温 39.8℃，呼吸 35 次/min，心跳 98 次/min，其他症状同前。血检大部分虫体已杀死（变形、变色）。取方药 1 再灌服 1 剂。贫血较重者，取十全大补汤，用法同方药 1，1 剂。5 日，患牛体温 39.5℃，呼吸 30 次/min，心跳 85 次/min；眼结膜苍白，鼻镜稍湿润，精神转佳，瘤胃蠕动音出现，开始反刍，血检未发现虫体。上方药去二磷酸氯喹啉，再服 1 剂；同时继服十全大补汤 1 剂。6 日，患牛体温 39℃，呼吸 28 次/min，心跳 70 次/min，精神好转，食欲增加。嘱畜主加强护理，除饮服小米汤外，又灌服十全大补汤 2 剂，患牛精神、食欲明显好转，体温恢复正常，于 11 日痊愈。（宁晓芳，T47，P21）

2. 2003 年 6 月，临潭县城关镇敏某从外地购入 10 头鲁西黄牛，以半放牧半舍饲养 1 月后，有 3 头牛相继发病邀诊。主诉：3 头牛发病后经他医治疗未见好转，1 头死亡。检查：患牛体温 40.5～41.0℃、呈稽留热，精神委顿，心率加快，反刍、食欲废绝，行走摇摆，肷部下陷，极度消瘦，体表淋巴结肿大，可视黏膜苍白、黄染，体表有蜱。采血涂片、送检，诊为牛环形泰勒虫病。治疗：血虫净 7mg/kg，配成 5% 溶液，深部肌内注射，1 次/d；华西胆效注射液 40mL，溶解青霉素钾 400 万单位，肌内注射，2 次/d；中药取白术散加减加维生素 C 2g，用法见方药 2，灌服，1 剂/d。治疗 3d 后，患牛体温基本恢复正常，开始进食，第 4 天停用血虫净和胆效青霉素，继用白术散加减加丁香、山药、茯苓各 20g，用法同上，连服 4 剂。服药后，2 头患牛反刍、食欲恢复正常，基本痊愈。同群其他牛预防性注射血虫净，灌服阿维菌素（杀蜱），未见发病。（房世平等，T140，P51）

## 二、奶牛环形泰勒虫病

本病是由环形泰勒虫寄生在奶牛红细胞内，引起奶牛体温升高、食欲减退、贫血和体表淋巴结肿胀等为特征的一种病症，又称血孢子虫病。

【病因】　本病的传播媒介是各种蜱。成蜱于每年 4 月下旬或 5 月初开始出现，主要流行于 6～8 月份，9 月后逐渐减少，具有明显的季节性。各种年龄、胎次奶牛对病原体都有易感性。在流行地区，1～3 岁奶牛发病率最高，出生犊牛和成年母牛也会感染本病。

【主证】　初期，患牛精神不振，食欲不佳，体温 39～41.8℃、呈稽留热，体表淋巴结（肩前或鼠蹊淋巴结）肿大、有痛感，角根发热，呼吸、脉搏加快，眼结膜潮红。中期，患牛精神委顿，食欲锐减或废绝，反刍迟缓，体温 40～42℃。瘤胃蠕动弱，肷部下陷，弓腰缩腹，喜独立或静卧于阴凉偏僻处，头弯伏于腹侧，先便秘后泄泻，或便秘和泄泻交替出现，粪中常带有黏液，鼻镜干燥，流泪，可视黏膜苍白，眼睑有粟粒大小的溢血点，异食，磨牙、呻吟，行走摇摆。后期，患牛食欲完全废绝，卧地不起，反应迟钝，在眼睑、尾根和薄嫩的皮肤上出现粟粒至豆粒大小、深红色结节状的溢血斑点，多预后不良。

【治则】　杀灭虫体，对症治疗。

【方药】　1. 焦虫净（粉针，0.2g/支，溶媒2.5mL/支，中国农业科学院兰州畜牧与兽药研究所研制）1mg/kg，臀部或颈部深层肌内注射，首次用量加倍，1 次/d，1 个疗程/3d，直到红细胞染虫率降至 1% 以下。共治疗 58 例，痊愈 56 例。（杨立，T134，P38）

2. 复方首乌散。何首乌、鸡血藤各 60g，滑石60～100g，大黄 50g，川芎、熟地、生地、菖蒲、枳壳、甘草各 30g，青皮、陈皮各 25g，当归、黄芩各30～50g。体温高、粪干者重用生地；体温一般者重用熟地；呼吸喘粗者重用黄芩，酌加黄药子、白药子；食欲差者加山药、白术、茯苓；气虚体弱者酌加党参。共研细末，开水冲调，候温灌服，1 剂/2d，依据病情用药 2～5 剂。磷酸伯氨喹啉 528mg，1 次灌服；庆大霉素 96 万单位，分 2 次肌内注射；20%樟脑油注射液 10mL，肌内注射；10%葡萄糖注射液500mL，5%葡萄糖生理盐水 1000mL，10%维生素 C注射液 150mL，0.1‰维生素 B12 注射液 60mL，10%磺胺嘧啶钠注射液 600mL，5%碳酸氢钠注射液300mL，40%乌洛托品注射液 50mL，静脉注射。共治疗 6 例，均治愈。

【典型医案】　银川市严家渠三队单某一头黑白花奶牛就诊。检查：患牛可视黏膜及乳房皮肤苍白、黄染，呼吸音粗厉，股前淋巴结稍肿大，心音低弱，体温 39.2℃，心跳 78 次/min，呼吸 40 次/min。实验室检查，环形泰勒虫红细胞染虫率 13.8%，血色素 4.5g。诊为环形泰勒虫病。治疗：复方首乌散 1剂，用法同方药 2；磷酸伯氨喹啉 528mg，1 次灌服；庆大霉素 96 万单位，分 2 次肌内注射；20%樟脑油注射液 10mL，肌内注射；10%葡萄糖注射液500mL，5%葡萄糖生理盐水 1000mL，10%维生素C 注射液 150mL，0.1‰维生素 B12 注射液 60mL，10%磺胺嘧啶钠 600mL，5%碳酸氢钠注射液300mL，40%乌洛托品注射液 50mL，静脉注射。7月 18 日，患牛体温 38.7℃，心跳 66 次/min，呼吸30 次/min，饮食欲及粪尿正常，可视黏膜苍白略黄染。继用磺胺嘧啶钠减为 250mL，碳酸氢钠减为100mL。19 日，患牛体温 38.8℃，心跳 66 次/min，

呼吸 36 次/min，胃肠蠕动有力，饮食欲及粪、尿均正常，黄染消退，惟可视黏膜苍白，红血球染虫率8%，血色素 4.3g。继用伯氨喹啉、庆大霉素和维生素 B12，用法同上。20 日，患牛体温 38.8℃，心跳 66 次/min，呼吸 30 次/min，食欲正常，可视黏膜淡白。药用 0.1‰维生素 B12 注射液 60mL，分 2次肌内注射；20%樟脑油注射液 10mL，肌内注射。21 日，患牛症状同前，继用复方首乌散 3 剂，嘱畜主带回灌服。1 周后畜主告知，该牛精神、食欲均恢复正常。（朱秀玲，T76，P26）

## 瑟氏泰勒虫病

### 一、黄牛瑟氏泰勒虫病

本病是由长角血蜱传染的一种血液原虫病，以高热稽留，可视黏膜苍白、黄染，体表淋巴结肿大，血液凝固不良为特征。具有明显的地域性和季节性，多发生于 5～10 月份，6～7 月份为高峰期。

【病因】　在长角血蜱活动季节，牛被叮咬发病。长途运输，放牧与舍饲突然变化，气候等因素诱发。注射器械、耳号钳等消毒不严或连续使用可传播本病。

【主证】　患牛精神沉郁，食欲减退，体温 40～41℃，体表淋巴结肿大，可视黏膜苍白、黄染，呼吸迫促、困难，流多量浆液性眼泪，后期体温偏低，个别患牛有舔土等异食现象，牛体迅速消瘦，贫血，血液稀薄、不易凝固，便秘和泄泻交替出现。血液涂片镜检可见红细胞内虫体的形态具有多形性，有杆形、梨籽形、圆环形、卵圆形、逗点形、圆点形、十字形、三叶形等，以杆形为主，虫体内有一团着色深的染色质。在一个红细胞内寄生 1～10 个虫体。

【治则】　杀灭虫体，对症治疗。

【方药】　1. 八珍汤加减。党参、麦冬、玄参各20g，白术、茯苓、当归、川芎、熟地、白芍、陈皮、木香、甘草各 15g，肉桂、黄芪各 10g，青皮 5g。补血为主者加大白芍、熟地用量；血虚有热者加丹皮、栀子、黄芩；阴虚发热者熟地易生地。共研细末，开水冲调，候温灌服。贝尼尔 5～7mg/kg，用灭菌注射用水稀释成 5%～7%溶液，深部肌内注射，1 次/d，1 个疗程/3d。症状若无缓解，间隔 24h 再用 1 个疗程；咪唑苯脲 2mg/kg，注射用水稀释成 5%～7%溶液，肌内注射，1 次/d，连用 3d；焦虫净（中国农业科学院中兽医研究所生产）1～2mg/kg，用专用溶剂稀释，肌内注射，1 次/d，连用 3d（严重者可延长治疗时间）；焦虫片（宁夏农科院畜牧兽医研究所生产，22.5mg/片）22.5mg/30kg，灌服，1 次/d，连用 3d。根据病情，选用 10%葡萄糖注射液、复方氯化钠注射液、安钠咖或强尔心注射液、维生素 C 注射液、止血敏注射液等，静脉注射，1～2 次/d；继发感染

者，肌内注射长效抗菌剂或特效米先等；贫血严重者行输血治疗，成年牛1500～2000mL/d，隔日或隔2日1次。共治疗18例，除1例因病程较长、病情严重死亡外，其余均治愈。

2. 十全大补汤加味。党参60g，白芍50g，茯苓、当归、川芎、白术、生地黄、肉桂各30g，黄芪、甘草各100g。体温高者加金银花、柴胡；黄染重者加龙胆草、茵陈蒿；食欲不振者加焦三仙；粪干者加大黄、人工盐；尿血者加仙鹤草、瞿麦。水煎取汁，候温灌服。血虫净3g，10％葡萄糖注射液2500mL，林格尔2000mL，维生素C注射液10mL，肌苷40mL，强尔心20mL，强力解毒敏80mL，混合，静脉注射。共治疗27例，治愈25例。

【典型医案】　1. 1997年7月21日，蛟河市新农乡井沿村张某一头3岁母牛，因高热经他医治疗3d未见好转来诊。检查：患牛体温41.2℃，眼结膜及阴道黏膜黄染，呼吸困难，尿血；静脉穿刺，血液稀薄如水、落地不凝，泄泻，食欲减退，采血涂片显微镜下观察，一个红细胞中有的多达多个泰勒虫虫体。诊为瑟氏泰勒虫病。治疗：咪唑苯脲2mg/kg，肌内注射；10％葡萄糖注射液1000mL，维生素C注射液50mL，20％安钠咖注射液20mL，止血敏注射液40mL，混合，静脉注射，1次/d，连用3d；特效米先注射液15mL，肌内注射，1次/d，连用3d。治疗3d后，患牛体温39.3℃，精神仍沉郁，倦怠无力，口干，舌色淡白，食欲减少，时排稀粪，遂灌服八珍汤加减，用法见方药1，1剂/d，连服3剂，痊愈。（陆国致等，T100，P29）

2. 1995年7月2日，蛟河市新站镇侯家子村杜某一头2岁夏洛来改良牛来诊。主诉：近5d来，该牛发热，食欲较差，消瘦，曾用青霉素、安乃近治疗无效。检查：患牛精神沉郁，动则气喘汗出，眼结膜呈黄白色，口干，可视黏膜苍白，心跳弱而疾速，节律不齐，粪干、尿少，体温40.2℃，心跳86次/min，呼吸46次/min，血液稀薄。经镜检确诊为焦虫病。治疗：血虫净3g，10％葡萄糖注射液2500mL，林格尔2000mL，维生素C注射液10mL，肌苷40mL，强尔心20mL，强力解毒敏80mL，混合，静脉注射，隔日再用1次；同时灌服十全大补汤加金银花、柴胡各30g。用法见方药2。第2天，患牛开始吃草，肌肉颤抖、气喘均减轻，体温38.9℃，呼吸36次/min，心跳65次/min，药用十全大补汤加龙胆草、茵陈蒿、三仙，再服4剂，痊愈。（刘金波等，T115，P37）

## 二、奶牛瑟氏泰勒虫病

本病是由长角血蜱传播于牛的一种血液原虫病，以体温升高、精神不振、食欲减退、贫血和体表淋巴结肿胀为特征。

【病原】　为泰勒属瑟氏泰勒虫。红细胞内虫体的形态有杆形、梨籽形、圆环形、卵圆形、逗点形、圆点形、十字形、三叶形等，以杆形为主，虫体内有一团着色深的染色质。

【主证】　初期，患牛体温升高至40～42℃，精神沉郁，行走无力，多卧少立，可视黏膜贫血、黄染，流多量浆液性眼泪，后期体温偏低，个别牛有啃土等异食现象，反刍减少；体表淋巴结肿胀，触之有痛感。患牛迅速消瘦，血液稀薄、呈暗红色。

【治则】　杀虫，对症治疗。

【方药】　焦虫净（中国农业科学院中兽医研究所生产）4mg/kg，肌内注射，1次/d，1疗程/3d，一般1个疗程即可治愈；如1个疗程不愈，停药1d后再继用1个疗程。碳酸氢钠注射液500mL，10％或20％葡萄糖注射液1000mL，氢化可的松350mg，20％安钠咖注射液20mL，1次静脉注射，1次/d，连用3～4d。比赛可灵皮下注射或灌服中药健胃散。

牛体灭蜱。阿维菌素0.3mg/kg，灌服，1次/周，连用2～3次；1％～2％敌百虫溶液牛体喷雾，1次/周；焦虫净3mg/kg，肌内注射，1次/d，连用2d，可使同群中未发病的牛免受焦虫的侵袭；对妊娠5个月内的孕牛和产后2～3d母牛实行焦虫净预防注射，可使母牛在孕期和生产期免受焦虫的侵袭。对妊娠牛禁用地塞米松。产前产后患病的牛病情一般较重，死亡率高，在治疗中应谨慎。共治疗32例，治愈29例。

【典型医案】　1999年7月16日，葫芦岛市龙港区双龙街郝村村齐某一头3岁黑白花母牛来诊。主诉：该牛于5d前发现啃土，食欲减退，反刍全无，产奶量突然下降。检查：患牛精神高度沉郁，行走摇晃，流泪，体温40.6℃，心跳110次/min，呼吸32次/min，眼结膜呈橘黄色，流涎，乳房皮肤微黄，肩部肌肉触之发硬，肩前淋巴结肿大、呈核桃状，用力挤压有痛感，瘤胃蠕动停止，肠蠕动减弱，排少量黑色粪并带血，耳廓内及蹄冠部有长角血蜱，血液涂片镜检，红细胞染有瑟氏泰勒虫。诊为瑟氏泰勒虫病。治疗：焦虫净2g，颈部肌内注射；碳酸氢钠注射液500mL，10％葡萄糖注射液1500mL，氢化可的松350mg，10％安钠咖注射液30mL，环丙沙星1.2g，混合，1次静脉注射；健胃散150g，马钱子酊30mL，开水冲调，候温灌服；白糖250g，鸡蛋7枚，1次灌服。用药3d后，患牛食欲恢复，开始产奶；半个月后追访，产奶量已恢复正常。同圈饲养的其他未发病的5头奶牛，取焦虫净1.5g/(d·头)，肌内注射，连用3d。（付东阁等，T108，P26）

## 泰勒氏焦虫和附红细胞体混合感染

本病是由泰勒氏焦虫和附红细胞体同时或先后感染牛而引起的一种血液寄生虫病。

【病因】　牛感染瑟氏泰勒虫和附红细胞体而发病。

【主证】　病初，患牛体温 40～42℃、呈稽留热，持续约 10 余天；精神沉郁，呼吸困难，鼻镜干燥，心跳 60～118 次/min，呼吸 40～60 次/min；食欲初期减退、后期废绝，反刍减少或停止。有的患牛出现眼睑水肿、流泪；眼结膜初期充血肿胀，后期黄染、贫血，有出血斑点；口流清涎，磨牙，舔舐异物；牛体迅速消瘦，产奶量明显下降。早期体表淋巴结肿大 1～3 倍、有压痛感，粪干燥、呈黑色算盘珠状、附有黏液和血液。尿液呈暗橘红色或暗红色，甚至呈酱油色。驱赶时，患牛起立困难，后躯无力；侧卧时头弯向体侧，部分肌肉震颤。实验室镜检可见，红细胞表面附着数个至 20 个形态如球形、环形、杆形、逗点状、椭圆形的附红细胞体，不停摆动，血浆中亦有游离的摆动、伸缩、旋转、翻滚等附红细胞体。血液涂片染色镜检，可见附红细胞体呈淡红紫色或红紫色，附着于红细胞周围或游离于血浆中。有的红细胞内则有形态各异的椭圆形、梨形、环形、逗点形的环形泰勒虫。一个红细胞内寄生虫体 2～4 个不等，胞浆闪亮透明、呈淡蓝色，胞核呈红紫色。淋巴结穿刺涂片，用姬姆萨染色镜检，可见淋巴细胞浆内有呈圆形、椭圆形、肾形的石榴体（裂殖体）。

【治则】　抗虫杀虫，对症治疗。

【方药】　贝尼尔，用灭菌生理盐水稀释成 5% 溶液，5mg/kg，臀部分点深层肌内注射，1 次/d。

【典型医案】　1994 年 6 月 12 日，敖汉旗木头营子乡木头营子村牛场的牛陆续发病，至 7 月 7 日共发病 21 头，死亡 4 头，用抗生素类药物对症治疗均无效。检查：患牛初期体温 40～42℃、呈稽留热，精神委顿，反应迟缓，食欲减退或废绝，先便秘后泄泻，粪带有肠黏膜，尿呈深黄色，鼻镜干，流泪，可视黏膜黄染，眼睑下有粟粒大小的出血点，肩前淋巴结肿大、触之有疼痛反应，磨牙，呻吟，行走困难。重症患牛卧地不起，头弯向腹侧。耳尖血抹片镜检，可见红细胞内有环形、逗点形、杆状形虫体，一个红细胞内有虫体 1～4 个，染虫率达 70% 以上。在清洁载片上放一滴生理盐水，用针刺破耳尖皮肤，用蘸过生理盐水的火柴杆蘸一滴鲜血，与生理盐水充分混合，盖上盖玻片镜检，发现有多种形状的附红细胞体在血浆中运动，红细胞边缘最多，当附着在红细胞上时不再运动，红细胞边缘附着小体可达 10 多个，感染率达 60% 以上。诊为泰勒氏虫和附红细胞体混合感染。治疗：取上方药，用法同上，连用 3d。消灭圈舍内幼蜱及牛体上的蜱；对新购进的牛进行灭蜱，定期转场放牧。（李国文，T92，P20）

## 巴贝斯虫病

巴贝斯虫病是指水牛巴贝斯虫病。牛感染巴贝斯虫，引起以急性发作、高热和血尿为特征的一种病症。每年 4～6 月份是微小牛蜱活动频繁时期，一般发病率高；老龄牛、春乏牛易发病。放牧牛发病多，舍饲牛发病较少。

【病因】　牛感染微小牛蜱传播的双芽巴贝斯虫和牛巴贝斯虫而发病。

【主证】　患牛精神沉郁，呼吸增快，食欲下降，反刍减少或停止，体温 40～42℃，稽留 1 周左右，可视黏膜苍白，结膜黄染，粪呈棕褐色，有时便秘泄泻交替出现，尿血，尿色由淡红、棕红至黑红色，尿量少而次数多。孕牛有时流产。犊牛病程仅数日，中度发热，心跳略快，食欲减少，略见虚弱，黏膜苍白或微黄，热退后迅速康复。

实验室检查，患牛红细胞减少；血红蛋白含量减少。用磺柳酸法和联苯胺法检查尿液，尿液中蛋白质和血红蛋白的定性检查均呈阳性反应。用集虫法涂片，经姬氏染色法染色镜检，虫体大部分位于红细胞的一侧或边缘，少数位于中央，胞浆呈淡蓝色，染色质呈紫红色。1 个红细胞中虫数一般 1～2 个，偶尔可看到 3～4 个，多呈环形、边虫形，有时也可看到椭圆形或梨形虫体；环形、边虫形和椭圆形虫体多单个存在，或两个平行相连，如同双球菌状，成对的梨形虫体多呈八字状排列，其尖端相对形成钝角；虫体大小均小于红细胞半径。

【治则】　体内外杀虫，对症治疗。

【方药】　1. 当归散。当归、红花、没药、赤芍、山萸肉、益智仁、巴戟天、牛膝、秦艽、地骨皮、莪术、甘草。水煎取汁，候温灌服，1 剂/d。取贝尼尔，4mg/kg，用 5% 或 10% 葡萄糖注射液配成 0.1% 注射液，静脉注射，1 次/2d。

2. 秦艽散。秦艽、瞿麦、车前子、当归、赤芍、黄芩、天花粉、炒蒲黄、栀子、大黄、红花、淡竹叶、甘草。水煎取汁，候温灌服，1 剂/d。取贝尼尔 4mg/kg，用 5% 或 10% 葡萄糖注射液配成 0.1% 注射液，静脉注射，1 次/2d。

3. 八正散。车前子、木通、瞿麦、萹蓄、滑石、甘草梢、栀子、大黄、灯心草。随病情转变，常与四物汤合用。水煎取汁，候温灌服，1 剂/d。贝尼尔，4mg/kg，用 5% 或 10% 葡萄糖注射液配成 0.1% 注射液，静脉注射，1 次/2d。共治疗 277 例，治愈 252 例，无效 25 例。

【典型医案】　1984 年 5 月 21 日，常德县牛车挡村赵某一头 11 岁母水牛来诊。主诉：20 日，该牛尿血，不吃，懒动，粪稀。检查：患牛膘体中等，口色淡红，津液黏稠，结膜苍白、黄染，体温 41.7℃，心跳 84 次/min，呼吸 40 次/min，耳内侧有微小牛蜱寄生；血液检查，红细胞 216 万个/mm³，白细胞 1.5 万个/mm³，血红蛋白 6.5g/100mL；尿中蛋白质和潜血均呈阳性反应；镜检血片发现红细胞中有牛巴贝斯焦虫。治疗：当归散加减。当归、益智仁各 50g，滑石 60g，红花 35g，莪术、桔梗各 30g，赤芍、巴戟天、黄芩、黄柏、泽泻、秦艽、香附各 40g，白芷 25g，甘草 10g。每天上午水煎取汁，候温灌服，连服 3d。贝尼尔 4mg/kg，用 5% 或 10% 葡萄糖注射液配成 0.1% 注射液，静脉注射，1 次/2d。痊愈。（宋教松等，T26，P40）

# 球虫病

球虫病是指由孢子虫纲艾美尔科的球虫寄生于牛肠上皮细胞内引起的一种寄生虫病，又称球虫性肠炎。多发生于 1～4 月龄的犊牛；4～9 月份为发病高峰期。常为急性发作。

【病因】　患牛和带虫牛是本病的传染源。球虫卵囊污染饲料、垫草、饮水、母牛乳房等使牛感染发病。饲料突然更换，舍饲与放牧相互转变，或牛罹患其他疾病等诱发本病。

【主证】　病初，患牛精神不振，反刍停止，食欲废绝、粪稀薄、混有血液，严重者混有血块或呈污红色、带有黏液和脱落的肠黏膜，粪失禁，肛门周围及尾根被血粪污染，体温 40～41℃。粪样镜检可发现大量的球虫卵囊。随着疾病的发展，出现几乎全是血液的黑粪，体温下降，极度消瘦，贫血，最终因衰竭导致死亡。

呈慢性经过的患牛病程较长，主要表现下痢和贫血。治疗不当或不及时，病情恶化，终以衰竭而死亡。

【治则】　驱虫，清热解毒。

【方药】　球虫汤。白头翁、黄柏、地榆各 15～50g，青蒿 30～100g，生地 15～40g，黄芩、常山、防风、甘草各 10～30g。水煎 2 次，合并药液，候温，分早、晚 2 次灌服［灌服时加痢特灵（1～2 月龄 0.4～0.6g/次，3～4 月龄 0.8～1.0g/次）］，1 剂/d。严重者可根据病情辅以强心补液、消炎等药物。共治疗 32 例，治愈 31 例。

【典型医案】　1993 年 4 月 11 日，华县大明乡渔池村李某一头 2 月龄母犊牛来诊。主诉：该牛病初排多量稀粪，畜主曾用土霉素、氯霉素治疗无效，13 日病情加重，稀粪渐转为污红色血粪、量多。检查：患牛体温 39.2℃，心跳 75 次/min，呼吸 28 次/min，精神不振，喜卧，吮乳次数减少，尾根和肛门周围被污红色血粪所污染，频频努责。诊为球虫病。治疗：白头翁 25g，青蒿 30g，生地、地榆各 20g，黄柏、常山、防风、甘草各 15g。水煎 2 次，合并药液，候温加痢特灵 0.5g，分早、晚 2 次灌服。嘱畜主隔 10h 再灌服痢特灵 0.5g。14 日，患牛体温 39.2℃，排粪次数减少，精神稍有好转，其他症状同前。继服上方药 1 剂。15 日，患牛吮乳好转，粪由稀转稠、血粪明显减少。嘱畜主带药 2 剂回家灌服。20 日追访，痊愈。（杨全孝，T83，P31）

# 附红细胞体病

## 一、附红细胞体病

本病是牛感染附红细胞体，引起以贫血、黄疸、发热等特征的一种人畜共患性传染病。

【病因】　多因吸血昆虫叮咬传播所致。牛舍过度拥挤、圈舍环境差、营养不良、气候突变等均可诱发。常与牛弓形体、副伤寒、大肠杆菌、链球菌、焦虫病等病并发。不洁针头连续注射，耳号镊、断齿器、去势片等消毒不严格亦可引发。

【辨证施治】　临床上一般表现为急性、亚急性和慢性经过。

（1）急性　患牛体温 41～41.5℃，精神沉郁，饮食欲大减或废绝，可视黏膜潮红、轻度黄染，前胃弛缓，粪干稀交替出现，产奶量急剧下降，体表淋巴结肿大，卧地不起。濒死期体温降至常温以下，胸腹下部水肿，全身出现黄疸，严重者血薄如水。妊娠奶牛可引起早产、流产、胎衣不下等。

（2）亚急性　患牛体温 40～41℃，3～5d 后恢复正常，可视黏膜、乳房、皮肤严重黄染，饮食欲逐渐减少，产奶量下降，机体抵抗力降低时可转为急性。饲养管理好的牛往往不出现临床症状。

（3）慢性　患牛长期携带附红细胞体，无明显的临床症状，仅见可视黏膜及乳房黄染、苍白，有时出现荨麻疹型或病斑型皮肤变态反应。采血涂片检查，可发现多量呈球形、逗点状、杆状或颗粒状虫体附着在红细胞表面或游离血浆中，做伸展、收缩、转体等运动；红细胞在血浆中上下震颤或左右摆动，产奶量无高峰期，发情不正常，屡配不孕，有的牛吐草。

【治则】　补气升阳，养血滋阴。

【方药】　1. 党参养荣汤。党参、当归各 40g，炒白术 50g，白芍药、茯苓、五味子、远志、陈皮、甘草各 30g，熟地 25g，生姜 20g，大枣 20 枚。食欲减少或不食者加厚朴、山楂各 40g，建曲 50g；粪稀者加苍术 30g，升麻 25g。水煎取汁，候温灌服，1 剂/d，连服 4～10 剂。轻者服 4～5 剂可见饮食欲增加。当患牛饮食欲正常时，取血虫净（贝尼尔），5～7mg/kg，用注射用水配成 5% 溶液，深部肌内注射。共收治重症病牛 285 例，全部治愈。

注：用血虫净等药物治疗，由于大量的附红细胞体从红细胞壁上脱落崩解，易引起患牛高热、出血、溶血，轻者饮食欲废绝，重者卧地不起，2～5d 死亡。因此，应先灌服气血双补的复方党参养荣汤 4～8 剂，使患牛体质恢复后再用化学药物治疗，可获得良好的治疗效果。奶牛产后 20d 内患附红细胞体病，应慎用化学药物治疗。

2. 青蒿、常山各 50g，柴胡 40g，槟榔 30g，乌梅 60g，甘草 15g。贫血严重者加黄芪、党参、白术、当归、川芎、白芍各 30g。水煎取汁，候温灌服，1 剂/d，连服 3～5d。贝尼尔（血虫净）6～10mg/kg，用注射用水配成 5% 溶液，深部肌内注射，1 次/d，连用 3d；10% 葡萄糖注射液 1000～1500mL，维生素 C 100mg/kg，混合，静脉注射，连用 3～5d。共治疗 56 例，治愈 53 例。

【典型医案】　1. 2003 年 5 月 28 日，文登市环翠区草庙子镇苏某一头约 600kg 奶牛来诊。主诉：该牛产后 90d 突然饮食欲减少，行动迟缓，精神沉郁，产奶量下降，咳嗽。检查：患牛消瘦，可视黏膜及乳房黄染，体温 39.5℃，心跳 80 次/min，瘤胃蠕动音弱，耳尖血涂片镜检，附红细胞体阳性（＋＋＋＋）。诊为附红细胞体病。治疗：血虫净 3g（兰州正丰制药有限责任公司产品），深部肌内注射，1 次/2d，连用 3 次。第 1 次注射后，患牛饮食欲废绝，临床状况加重，心音亢进，立即停止注射血虫净，取 10% 氯化钠注射液、10% 葡萄糖酸钙注射液各 500mL，复方氯化钠注射液 2000mL，维生素 C 注射液 30mL，10% 安钠咖注射液 20mL，静脉注射，1 次/d，连用 3d。中药取党参、当归、厚朴、山楂各 40g，炒白术、建曲各 50g，白芍、茯苓、五味子、远志、陈皮、甘草各 30g，熟地 25g，生姜 20g，大枣 20 枚。水煎取汁，候温灌服，1 剂/d。用药 4 剂后，患牛逐渐恢复饮食欲。继服中药并肌内注射血虫净，半个月后复诊，患牛饮食欲正常，产奶量增加，耳尖血涂片镜检附红细胞体呈阴性。（王洪国等，T133，P43）

2. 2001 年 6 月 28 日，宝清县龙头乡兰华村王某一头 2 岁育成奶牛来诊。检查：患牛精神沉郁，食欲减退，全身可视黏膜黄染，体表淋巴结肿大，体温 40.8℃，呼吸 86 次/min，心跳 95 次/min。诊为附红细胞体病。治疗：贝尼尔（血虫净）1500mg，深部肌内注射；10% 葡萄糖注射液 1000～1500mL，维生素 C 100mg/kg，混合，静脉注射，连用 3d；青蒿、常山各 50g，柴胡 40g，槟榔 30g，乌梅 60g，甘草 15g。水煎取汁，候温灌服，连服 3d，痊愈。（林春驿等，T129，P36）

## 二、附红细胞体与大肠杆菌混合感染

本病是寄生于血液中的附红细胞体和大肠杆菌混合感染引起的一种病症。发病率和死亡率很高，甚至呈地方性流行。

【主证】　患牛精神沉郁，食欲减退，被毛粗乱，步态不稳，喜卧，体温 41～42℃，有的体温达 43℃，心跳加快，呼吸急促，鼻流清涕，皮肤及可视黏膜苍白，局部有出血点，鼻镜发红，耳尖及四肢末梢发紫，腹部皮肤点状出血较为明显。患牛濒死期倒地不起，口吐白沫，抽搐，最后因衰竭死亡。

实验室检查。取患牛耳尖血滴于载玻片上，加等量生理盐水稀释后轻轻盖上玻片，在 400 倍显微镜下调暗视野观察，见红细胞表面附着椭圆形、圆形或星形绿色闪光小体做扭转运动，严重者红细胞失去正常形态、边缘不整、呈星芒状、齿轮状等不规则多边形，有的附红体游离在血浆中呈不断变化的星状闪光小体，在血浆中不断地摆动、翻滚。取患牛耳静脉血涂片，自然干燥后甲醇固定，姬姆萨氏染色，镜下观察，可见大量形态不规则的红细胞，多呈星状。取病死牛的脾脏、肠系膜淋巴结划线接种于鲜血琼脂培养基和麦康凯培养基上，置 37℃ 恒温箱，24h 后鲜血琼脂培养基上菌落呈灰白色、半透明状，并产生 β 溶血现象；在麦康凯培养基上长出红色圆形的菌落。将麦康凯培养基上的红色圆形菌落穿刺接种三糖铁琼脂培养基，培养基斜面呈黄色，底部呈黄色并有气泡。取菌落涂片，革兰氏染色、镜检，该菌为平直、两端钝圆的革兰氏阴性杆菌。将麦康凯培养基上的红色圆形菌落接种琼脂斜面培养基进行纯培养后做生化试验，结果表明该菌能分解蔗糖、乳糖、葡萄糖、麦芽糖、甘露醇并产酸产气，不能利用枸橼酸盐，不产生 $H_2S$；甲基红试验（M.R.），靛基质试验为阳性，维培二氏试验为阴性。药敏试验对丁胺卡那霉素高度敏感，对庆大霉素、硫酸卡那霉素中度敏感，对头孢唑啉钠、磺胺甲基异噁唑、红霉素、氨苄西林不敏感。

【治则】　清营止血退黄，渗湿止泻杀虫。

【方药】　生石膏 60g，连翘、板蓝根、玄参、仙鹤草、茵陈蒿各 30g，黄芩、栀子、赤芍、丹皮、茯苓、大黄（后下）各 18g，甘草 12g（为 50～60kg 牛药量）。加开水 3000mL，浸泡 30min，文火煎煮，取汁 1500mL，灌服或拌料饲喂，2 次/d，连服 3～5d。痢特灵 5mg/kg，灌服，2 次/d，连服 3d；血虫净 5mg/kg，用灭菌蒸馏水配成 5% 的溶液，深部肌肉分点注射，1 次/d，连用 3d；土霉素、氯霉素、新霉素和链霉素，10～30mg/kg，肌内注射，2 次/d，连用 3d；5% 碳酸氢钠注射液 100～150mL，5% 葡萄糖生理盐水 1000～1500mL，静脉注射，2 次/d，连用 3d；痢菌净 2.5～5.0mL，肌内注射，2 次/d，连用 3d；赛泰舒（主要成分为硫氰酸红霉素、替米考星、利高霉素、黄芪多糖、平喘因子）700mg/kg，土霉素 900mg/kg，混料饲喂，1 次/d，连用 3～5d。共治疗附红细胞体与大肠杆菌混合感染 498 例，治愈 473 例，无效 25 例（大部分为延误治疗而死亡）。

【护理】　喂给全价饲料，控制精料量；注意牛舍清洁卫生，提供清洁柔软垫草和清洁卫生饮水；保证牛舍通风和干燥；隔离病牛，严格按照规定对病死牛、粪便和污染物进行无害化处理并深埋，对环境、牛舍及饲养用具等彻底消毒。

【典型医案】　1. 2007 年 6 月 21 日，南阳市郊区七里园乡华康奶牛场近 400 头奶牛，有 18 头 25 日龄犊牛躺卧不食，体温升高，粪稀薄。他医按消化不良治疗，用药 1d 后症状加重，又有 47 头犊牛发病，死亡 3 头。检查：患牛精神沉郁，倦卧不起，驱之勉强站立，但行走时关节僵硬，四肢无力，步态不稳；可视黏膜苍白，耳尖及四肢末梢发紫，皮肤局部有出血点，腹部、颈部皮肤出血点连成片状，指压时退色，去指后复原；体温 41.5～42℃，心跳加快、80～90 次/min，呼吸急促、30～35 次/min，听诊胸部有明显呼吸音和震荡音，粪稀溏、呈黄白色、带有凝血、气味腥臭难闻。诊为附红细胞体与大肠杆菌混合感染。治疗：痢特灵 5mg/kg，灌服，2 次/d，连服 3d；血虫净 5mg/kg，用灭菌蒸馏水配成 5% 溶液，臀部深层肌肉分点注射，1 次/d，连用 3d；生石膏、茵陈蒿各 30g，连翘、仙鹤草、板蓝根、玄参各 20g，栀子、赤芍、丹皮、茯苓各 18g，黄芩、白术各 12g，甘草 6g。水煎取汁，候温灌服，早、晚各 1 次/d，连服 3d。26 日，患牛病情明显好转，体温降至38.5～39.0℃，出血点减少或减轻，食欲、精神、粪恢复正常。停用西药，改用赛泰舒 700mg/kg，土霉素 900mg/kg，混料饲喂，1 次/d，连用 3d；中药按原方药服用，1 次/d，连服 3d。29 日，患牛病症完全消失，痊愈。

2. 2006 年 11 月 6 日，南阳市新野县郭某 5 头 2 月龄奶犊牛来诊。主诉：自 10 月中旬犊牛断乳后开始发病，被毛粗乱，精神沉郁，食欲不振，腹泻，体温时高时低，他医用大量青霉素治疗后病情有所好转，但停药后又复发。检查：患牛精神萎靡不振，伏卧，黏膜苍白无华，腹部皮肤有出血点，可视黏膜苍白，耳尖发紫，鼻镜部位皮肤潮红，鼻流清涕，口流清涎，体温 41～42℃，心跳加快，呼吸急促，粪稀薄、呈黄白色、夹杂有黑褐色凝血块和红色的血丝。诊为附红细胞体与大肠杆菌混合感染。治疗：5% 碳酸氢钠注射液 150mL，5% 葡萄糖生理盐水 1000mL，静脉注射，2 次/d，连用 3d；痢菌净5mg/kg，肌内注射，2 次/d，连用 3d；取上方药加生姜 3 片。水煎取汁，候温灌服，早、晚各 1 次/d，连服 3d。9 日，患牛病情明显好转，食欲旺盛，仅粪不成形。原方中药去大黄，生石膏减为 30g，继服药 3d。赛泰舒 700mg/kg，土霉素 800mg/kg，混料饲喂，1 次/d，连用 5～7d，再未复发。（陈庆勋等，T151，P55）

## 皮蝇蛆病

皮蝇蛆病是指牛皮蝇和纹皮蝇的幼虫寄生于牛皮下组织所引起的一种慢性寄生虫病。两种皮蝇蛆病常同地发生，牛体也同时感染。

【病因】 在夏季晴朗无风的天气，牛皮蝇和纹皮蝇的成蝇将卵产于牛的四肢、乳房和体侧的被毛上，经 4～7d 卵孵化为第 1 期幼虫并从毛孔钻入皮下组织移行，释放毒素，刺激机体产生免疫反应（产生抗毒素和对幼虫的杀灭作用），部分未被消灭的幼虫继续发育、蜕化为第 2、第 3 期幼虫。第 3 期幼虫寄生在牛背部皮下，使局部皮下组织肿胀隆起，皮肤穿孔，所释放的毒素使牛体消瘦、犊牛发育受阻。

【主证】 患牛瘙痒不安，局部疼痛，影响休息和采食，贫血，消瘦，产奶量下降，严重感染时可导致病变部位血肿和皮肤蜂窝组织浸润。在脊椎两侧可看到或触摸到硬肿块，切开皮肤可挤出幼虫。

【治则】 杀虫止痒。

【方药】 当归 2000g，加食醋 4000mL，浸泡 48h。在 9 月中旬、10 月上旬，在患牛背部两侧各涂擦浸液 1 次，成年牛 150mL/次，犊牛 80mL/次，以浸湿被毛和皮肤为度。翌年 6 月再逐头触摸牛背部两侧。共治疗 30 例，治愈 28 例。 （邓世金，T20，P48）

## 疥螨（癣）病

疥螨（癣）病是指由疥螨虫寄生于牛皮肤表面或表层引起的一种以皮肤剧痒、被覆银白色鳞屑、湿疹性皮炎且患部逐渐向周围蔓延和具有高度传染性为特征的一种病症，又称牛皮癣、钱癣、牛癞子、疥疮、螨病和银屑病。一般秋末冬初或春季发病最多。

### 一、黄牛、奶牛疥螨病

【病因】 疥螨虫寄生于牛皮肤表面或皮肤内引起慢性感染，通过感染牛与健康牛直接接触传播；或通过被疥螨及其卵污染的圈舍、用具造成间接接触感染。饲养员、牧工、兽医的衣服等也可造成病原的传播。牛舍阴暗、潮湿、环境不卫生，牛营养不良等均可诱发本病。

【主证】 患牛头、颈、背、躯干和四肢等部位发生剧烈瘙痒，被毛脱落，皮肤干硬、粗糙、增厚，重者出现皮肤龟裂，逐渐消瘦，有的患部呈弥漫性结节、表面粗糙，结节擦破后发生红、肿、热、痛、糜烂、渗出液等，患牛逐渐消瘦，生长发育缓慢。继发感染者可形成脓疱，重症者可波及全身，贫血，病情恶化，严重者造成死亡。

刮取患部痂皮，放入盛有 10% 氢氧化钠溶液的试管内加热溶解，吸取沉淀镜检，即可见疥（螨）虫虫体。

【治则】 杀虫除螨，祛风止痒。

【方药】 1. 疥癣灵。白藓皮、苦参、川楝子、百部、斑蝥各 10g，焙干研细；棉籽油 500mL，加热熬至发黑，蘸取少许，滴进水中能成珠（不开）。将药油混合装瓶。用时直接涂抹患处，1 次/d，连用 3 次即愈。对痂皮厚者，刮净痂皮再涂药，效果更好。共治疗 152 头，均治愈。（田均盈等，T24，P4）

2. 蛇床子、白藓皮、荆芥、当归、狼毒各 30g，地肤子、紫草各 25g，百部 35g。共研细末，取硫黄 100g，冰片 30g，研末另包。取棉油或猪脂 1kg，将猪脂煎沸去渣，再将上述 8 味药放入油内炸 3min，候温，再将硫黄、冰片投放油内拌匀，涂擦患部。先用温肥皂水擦洗患部，待水干后即可涂药。涂擦时，每次面积不要过大，以免中毒。待疗癣治愈后，对牛舍及场地、墙壁用 20％石灰水消毒，更换垫草，保持厩舍干燥。共治疗 233 例，治愈 227 例。（钱业贵，T41，P33）

3. ① 水煎剂。百部、苦参、川楝子各 120g，龙胆草 100g。加水适量，1 次煎至 3000mL。用时加温至 40℃左右为宜，擦洗患部，2 次/d。

② 油煎剂。将以上 4 味药用香油或菜籽油 1kg 炸焦，捞出，碾为细末，再放入油中制成油膏，置容器中备用。

对全身感染者用水煎剂分前、中、后 3 段擦洗，洗透后涂药油膏，浸润患部。初期患牛用水煎剂洗透即可。药物的剂量因病情轻重、感染面积大小酌情增减。

4. JP+1 五味合剂。碘酊、来苏儿各 100mL，硫黄 60g，鱼石脂 100g，敌百虫 2g。混合，充分振荡均匀后备用。先剪去患部及其附近的被毛，清除表面鳞屑、痂皮和泥垢，然后用毛刷将药液涂刷患部，1～2 次/d。体温升高者配合抗生素治疗。对波及全身者要分次分区用药，一次涂药不得超过体表的 1/4，以免中毒。必须多次重复用药，才能彻底治愈。共治疗犊牛 18 例，成年牛 9 例，全部治愈。

5. 愈癫膏。硫黄 100g，白矾 50g。混合，研细过箩，加棉籽油 500mL，搅匀备用。用竹片或钝刀刮去患部的痂块，再将药膏摇匀，涂擦患处，2 次/d。共治疗 281 例，全部治愈。

6. 雄黄（研细末）、废机油，按 1∶10 比例混合均匀，涂擦患处，2 次/d，1 个疗程/7d。

7. 生川乌 200g，陈醋适量。先将川乌研成极细粉末，过筛再重研 1 次，然后加入陈醋调成稀糊状，装入消毒过的有色玻璃瓶内，密封备用。第 1 次用药前，先将患部用温开水冲洗干净，刮去患部痂皮至局部发红微出血为度，然后涂上药糊，2 次/d，直至痊愈。用药 10 次，症状未减轻者为无效，可改用他法治疗。共治疗 16 例。

8. 吴茱萸、狼毒各 30g，百草霜适量。共研极细末，加入清油或凡士林 200～240g，置乳钵或碗中研磨均匀，制成膏剂，分装备用。先将患部用刀片或小刀刮去表面的粗糙皮屑后，取软膏适量涂于患处，2 次/d。一般用药 1～3d 即可见效，1 个疗程/15d。最短者用药 1 个疗程，最长者用药 2 个疗程。2 个疗程后，患牛病情无明显变化者视为无效。共治疗 26 例，痊愈 20 例，显效 3 例，有效 2 例，无效 1 例。

9. 蓖麻油 10 份，96％精制敌百虫 1 份。将油入铁锅内加热至沸后离火，待油温降至约 50℃加入敌百虫溶化，趁热（以不烫为宜）涂于患部，1 次/d。

一般涂抹 1 次脱痂，2～3 次痊愈。面积大、病程长者最多用药 7 次。在口角、唇部涂抹后，用绳将牛嘴拴住，1～2h 后放开，防止舔食中毒；凡是能舔到的部位，须将缰绳拴高，防止舔食。面积大者应分片循环用药，防止吸收性中毒。用药前，要将油加温至 30～40℃，以增强油药在癣痂上的渗透性。共治疗 119 例，全部治愈。

10. 苍术、黄柏各 30～50g，棉籽油 250mL。将苍术、黄柏焙干、研细，用棉籽油调匀，涂抹患部。共治疗 76 例，轻者 1 次、重者 2 次，均治愈。

11. 斑蝥 2g，凡士林（或豆油）98g。将斑蝥焙干，研成细末、过筛，与凡士林混合配成药膏。患部不需去屑痂和洗刷，可直接将斑蝥软膏细心地涂抹薄薄 1 层。1 周后，患部屑痂脱落；10～14d 长出新毛。不论疹块多少，病情轻重，一般用药 1 次治愈。共治疗 200 多例，全部治愈。（唐超然，T6，P31）

注：斑蝥软膏对皮肤和黏膜均有强烈的刺激性，用量要适宜；尽量避免将药膏抹在患部周围的皮肤上，特别是眼周围皮肤上的病灶更应严格掌握药量，宜少不宜多，否则多余的药膏溶化后浸入眼内，会引起严重的结膜炎和角膜炎，甚至使患牛失明。

【预防】 牛舍常用漂白粉消毒，2 次/月；用 5％敌百虫喷洒牛舍周围运动场和坑渠、死角，杀灭螨虫及其他有害昆虫，净化环境；对健康牛用 1％敌百虫喷洒牛体 1 次/月；对假定健康牛独栏饲养，用 1％敌百虫喷洒牛体，2 次/月，确认健康者可混群饲养。粪尿引入发酵池，废料集中烧毁或堆集发酵；注重犊牛群的螨病检查和监控，发现可疑牛应立即隔离。

【典型医案】 1. 1986 年 3 月 21 日，南阳县七里园李某一头母牛，因患疥癣来诊。主诉：该牛先在颈部出现癣斑，后蔓延及肉垂及肩侧，多次自涂敌百虫、废柴油等治疗均无效，近几日食欲减退。检查：患牛消瘦，局部被毛脱落，剧痒，皮肤上出现小疹，磨破后流黄水。治疗：取方药 3 水煎剂 2 剂，外洗。用药后，患部被毛逐渐长出。

2. 1985 年 6 月 15 日，南阳市环城乡李某一头母犊牛来诊。主诉：1 月前发现该牛嘴唇僵硬、奇痒，采食不灵活，反刍减少，疥癣蔓延至头部，由于治疗不及时，现已全身感染，被毛脱落，皮肤增厚、发硬，难起难卧，食欲减退。治疗：取方药 3，用法同上，3 剂，外洗；涂擦油煎药膏，患牛逐渐恢复正常。（尚克献，T36，P21）

3. 1986 年 10 月 14 日，淮阳县新站乡苏堂村苏某一头 3 月龄黄色母犊牛来诊。检查：患牛精神沉郁，食欲减退，体温 40.5℃，呼吸、心率增数，两耳及眼周多处有形状各异的结节状癣斑、大如拇指、小如蚕豆，颈两侧均为弥漫性结节；皮肤增厚、变硬，被覆痂皮和鳞屑。治疗：五味合剂，制备、用法见方药 4；取青霉素 160 万单位，30％安乃近注射液

10mL，肌内注射。翌日复诊，患牛精神好转，食欲增加，体温 38.4℃。继用五味合剂。半个月后追访，患部痊愈，再未复发。（张子龙，T76，P39）

4. 1987 年 4 月 12 日，确山县李新店乡刘某一头黄色公牛来诊。主诉：该牛经常瘙痒不安，逐渐消瘦。检查：患牛营养不良，精神尚好，背、臀、腹、腿等部位有形状各异的结痂，局部被毛有的随痂块一起脱落。诊为疥癣。治疗：愈癫膏，用法见方药 5。用药后，患部痊愈。（徐玉成，T46，P38）

5. 1992 年 10 月 29 日，广州市某牛奶公司 S234 号奶牛来诊。检查：患牛两后肢飞节内外侧脱毛，内侧布满黄色痂块，奇痒，不时啃咬、蹭磨，患部渗血，其后脱毛面积逐渐扩大。刮取患部痂皮镜检，发现有大量活痒螨。治疗：先用 1% 次氯酸钠溶液洗净患部，再取方药 6，用法同上。经过 1 个疗程治疗，患牛瘙痒减轻，惟乳房后上方痂皮尚能检到活虫体。继涂药 1 个疗程，患牛瘙痒消除，被毛长出，镜检痂皮未见有虫体。为巩固疗效，纯用废机油涂治 3d，入群饲养，再未复发。（李瑞斌，T71，P39）

6. 新沂市徐塘庄乡陈某一头 1.5 岁公牛，因患疥癣 3 个多月来诊。检查：患牛额部有 3 处圆形癣块，患部皮肤粗糙、无毛、被覆白色痂皮、奇痒，常在桩上蹭擦。诊为疥癣。治疗：取方药 7，用法同上。涂药 9d，痊愈。（陈升文等，T51，P31）

7. 2003 年 4 月 18 日，西吉县新营乡车路湾村甘沟口组余某一头 2 岁母牛来诊。主诉：该牛周身多处患皮癣，随后同圈的 2 头牛也相继感染发病且越来越严重。诊为疥癣。治疗：吴茱萸 30g，狼毒、百草霜各 50g，轻粉 10g。共研极细末，加凡士林 240g，制成软膏。刮去患部表面的皮屑后涂布软膏，2 次/d。1 个疗程治愈，未再复发。（张荣升等，T131，P55）

8. 1980 年 3 月 18 日，大宁县三多乡一头 1 岁犍牛，因患疥癣已 2 个多月，曾用煤油、柴油、南瓜秧灰等外涂治疗无效来诊。检查：患牛头部感染、呈白头牛样、极痒，结痂较厚、有小裂皱和轻微出血，食欲差，其他未见异常。诊为疥癣。治疗：将患牛头面分为 3 部分，取方药 9，涂抹 1 部分/d，依次循环往复用药。1 周后，患部约 80% 癣痂脱落。继续循环涂药 2 次，患部长出新毛。停药半个月后追访，患牛痊愈。（张承效，T62，P37）

9. 1986 年 7 月 11 日，邓县刘集乡孙庄寺村杜某一头 1 岁母黄牛来诊。主诉：该牛先从口角、眼周围发病蔓延至颈部，随后波及全身，局部发红、脱毛、瘙痒。诊为钱癣。治疗：取方药 10，涂搽 5d，痊愈。（孙荣华，T37，P63）

## 二、水牛疥螨病

一般多发于圈养水牛。

【病因】 由于南方天气炎热，雨水多，夏天温度高，寄生虫进入牛体感染而发病；有时牛皮肤瘙痒，喜欢在圈养栏中擦痒，形成皮肤创伤而感染发病。

【主证】 病初，多见于患牛头部，随后蔓延到背脊、腹下体侧，甚至全身；局部脱毛，皮肤增厚、粗糙，有水泡样病变，表皮角质层成片脱落，精神委顿，食欲减退，拱背吊肷，四肢无力，逐渐消瘦，重症者因衰竭死亡。

【治则】 祛风解毒，杀虫止痒。

【方药】 1. ①忍冬藤 100g，防风 60g，土茯苓 50g，白藓皮、荆芥穗各 30g，连翘、蒲公英各 40g，生姜 10g。水煎取汁，候温灌服；②防风、木鳖子各 20g，大枫子、雄黄各 25g，细辛、红粉甲各 15g，硫黄、花椒各 30g，共研细末，加凡士林或猪脂 250g，捣匀用白布包好烤至出油，擦抹患部（药物严禁口服）。共治疗 86 头，治愈 79 头。（孙治农等，T15，P34）

2. 足光粉（水杨酸 10g，苦参 30g，配合制成的散剂）20g，加沸水 1000～2000mL，搅拌溶解，待水温降至 30～45℃后涂擦患部或进行药浴。先用温肥皂水刷洗患部，并将其周围的被毛剪去，除去痂皮和污物，用清水洗去肥皂液后再用药。3d 后再同法治疗 1 次即可痊愈。共治疗 101 例，均获痊愈。

3. 癣净粉。硫黄 100g，雄黄、蛇床子、狼毒、生石灰、川花椒各 50g，白藓皮 60g，百部根 80g。共研细末，用凡士林调成软膏，涂抹患部。涂药后注意避免雨淋。共治疗数百例，治愈率达 95% 以上。

4. 癣子粉。硫黄 100g，雄黄、川花椒各 50g，白藓皮 60g，白部根 80g。共研细末，用植物油调成糊状，涂抹患部。共治疗 5 例，治愈率 93.3%。

【典型医案】 1. 1993 年 12 月 16 日，石阡县汤山镇高楼村徐某一头 13 岁母水牛，因患疥螨病 2 个月来诊。检查：患牛膘情中下，精神倦怠，消瘦，头、颈部至肩胛部被毛全部脱落，皮肤裸露、干燥、龟裂，按压皮肤无弹性。治疗：足光粉 20g，加沸水 2600mL，溶解，候温后涂擦患部 1 次。4d 后复诊，患部开始出现好转迹象，接着又用同法治疗 1 次即愈。半个月后回访，患处已长出新被毛。（曹树和，T121，P31）

2. 1998 年 10 月，牟定县龙池村李某一头水牛来诊。检查：患牛消瘦，精神沉郁，食欲减退，颈、腹部有灰白色鳞屑，皮肤粗糙、枯裂。诊为疥癣。治疗：癣净粉 200g，加入适量凡士林调匀，涂抹患部。1 周后续涂 1 次，痊愈。（刘以洪，T107，P34）

3. 1998 年春，保康县重阳乡紫阳村戈某一头水牛来诊。检查：患牛颈部有灰白色鳞屑，皮肤粗糙、枯裂，消瘦，精神沉郁。诊为疥螨病。治疗：癣子粉 150g，加入植物油 400mL，调匀，涂抹患部。1 周后再涂 1 次，痊愈。（杨先锋，T98，P45）

## 三、白牦牛疥螨病

一般多见于春秋季节。

**【主证】**　患牛食欲减退，消瘦，行走无力，面部、唇、鼻、眼、耳及颈、背、腹部脱毛，皮肤发红、剧痒，患部出现水泡、龟裂、流淡黄色液体、结痂，严重者影响生长发育。

实验室检查：取健康部与病灶部结合处病变痂皮，先后加入适量生理盐水和10％氢氧化钠溶液2～3滴，静置30min，换加生理盐水，离心，取沉淀物与等量甘油生理盐水混合，涂片镜检，即发现虫体。

**【治则】**　杀虫止痒。

**【方药】**　5％佳灵三特注射液，0.8mL/kg，皮下注射。

**【典型医案】**　2000年春季，互助县巴扎、加定两乡667头白牦牛先后感染疥螨发病（共存栏5521头）邀诊。治疗：取上方药，用法同上。1周后，患牛头、面、颈、背、腹及四肢结节性病灶和痂皮部分脱落，皮肤红润，精神好转；再用药1次，患牛龟裂愈合，结痂全部脱落，痊愈，治愈率为100％。2000年秋季至2001年春季，经对治愈后的白牦牛复查，共发现症状轻微患牛12例，复发率为1.8％。（贾国俊等，T114，P43）

# 第六章
# 代谢病和过敏与应激性疾病

## 维生素 A、 维生素 D 缺乏症

维生素 A、维生素 D 缺乏症是指牛体内由于缺乏维生素 A、维生素 D 和胡萝卜素，引起上皮角化、夜盲、繁殖障碍和钙、磷代谢障碍，导致骨骼病变的一种营养代谢性疾病。常见于冬、春季节舍饲的牛，以犊牛多见。

【病因】 由于饲草饲料中维生素 A、维生素 D 和胡萝卜素缺乏，造成牛体吸收不足；牛长期舍饲，日光照射过少，或冬季光照时间过短等引起维生素 A、维生素 D 缺乏；饲喂干草加工方法不当，多采用迅速烤干加工方法，使维生素 A、维生素 D 含量减少或缺乏。

【主证】 患牛食欲减退，生长发育不良，消瘦，被毛粗糙、无光泽；掌骨、蹠骨肿大，前肢向前方或侧方弯曲，膝关节增大和拱背等。随着病势发展，患牛运动减少，步态强拘、跛行，不时抽搐，甚至强直性痉挛，被迫卧地不能站立；胸腔严重变形，引起呼吸促迫或呼吸困难，有的伴发前胃弛缓和轻度瘤胃臌气等。泌乳母牛泌乳量明显减少；妊娠母牛多发生早产；犊牛体质虚弱、畸形等。

【治则】 补充维生素 A、维生素 D，对症治疗。

【方药】 1. 柴胡、菊花各 45g，蝉蜕 40g，龙胆草、石决明、生地、茯苓各 30g，丹皮、黄芩、草决明、木贼各 25g，青葙子、栀子各 20g，甘草 6g。水煎取汁，候温灌服，1 剂/d，连服 3 剂；10％葡萄糖注射液 1000mL，5％碳酸氢钠注射液 50mL，静脉注射，1 次/d，连续注射 3d；维生素 C 注射液 20mL，维丁胶性钙 10mL，分别肌内注射，1 次/d，连续注射 3d；饲喂胡萝卜 2000g/d。

2. 龙胆草、石决明、草决明、木贼、蒺藜、菊花、当归各 10g，防风、天麻各 4g，栀子、黄连各 5g，钩藤 7g，蝉蜕、甘草各 3g。水煎取汁，候温灌服，1 次/d，连服 2 剂；10％葡萄糖注射液 500mL，5％碳酸氢钠注射液 30mL，静脉注射，1 次/2d，连续注射 3 次；维生素 C 注射液 10mL，维丁胶性钙 5mL，分别肌内注射，1 次/d，连续注射 3d；青霉素 80 万单位，链霉素 50 万单位，注射用水 10mL，1 次肌内注射，2 次/d，连续注射 3d；饲喂胡萝卜 1000g/d。

【典型医案】 1. 1987 年 4 月 6 日，白水县罗某一头 14 月龄红色母犊牛来诊。主诉：该牛傍晚上槽时碰墙，翌晨双目失明。去冬以来饲喂麦秸、麸皮和油渣。检查：患牛体温 40.1℃，心跳 90 次/min，呼吸 60 次/min；两眼不流泪，无结膜炎，眼球突出、呈蓝色，右眼失明，左眼视力模糊；腹泻时轻时重，严重时泄水样粪、恶臭并夹杂血液；瘤胃蠕动音极弱，食欲减退，头斜向一侧，有时后仰。治疗：取方药 1，用法同上。饲喂胡萝卜 2000g/d，连喂 10d。治疗 3d 后，患牛腹泻停止，食欲恢复，左眼视力明显好转；继续用药 4d 后，双眼复明，体况正常。

2. 1987 年 3 月 2 日，白水县任某一头 5 月龄红色公犊牛来诊。主诉：该牛体况较差，经常腹泻和便秘交替出现；平常饲喂麦秸和麸皮，内加 10％的油渣。检查：患牛粪稀、有时泻痢、粪中带有少量的肠黏膜和血液；阵发性抽搐，严重时跌倒，角弓反张，空嚼，两眼球外突，视力减退，光线暗时碰撞障碍物。治疗：取方药 2，用法同上。饲喂胡萝卜 1000g/d，连喂 15d。用药 3d 后，患牛视力明显好转，粪正常，但食欲欠佳，再用药 2d。半个月后追访，该牛神经症状消失，视力恢复。嘱畜主在日粮中增加青绿饲料。(何维明等，T42，P31)

## 硒缺乏症

硒缺乏症是指因饲料、饲草中含硒量低而引起牛以肌肉营养不良、运动障碍、生长缓慢等为特征的一种病症。具有明显的地方性。一般冬、春季节多发。

**【病因】** 由于土壤缺硒，致使生长的饲草饲料、作物含硒量不足，牛长期采食低硒饲草、饲料而发病；饲料中钴、铝、锌及钒等微量元素含量过高，干扰和影响牛体对硒的吸收和利用；富含不饱和脂肪酸的饲料在酸败变质分解过程中所含抗氧化剂维生素 E 遭到破坏，引起继发性维生素 E 缺乏，促使本病的发生。

**【辨证施治】** 本病分为急性、亚急性和慢性缺硒。

(1) 急性 一般病程短。患牛多是心肌营养不良，急性心力衰竭，尤其受到惊吓等强刺激时突然倒地，或呼吸困难、气喘，黏膜发绀，心动疾速，心音混浊、有杂音，站立不稳，饮水时水易进入肺部发生吸入性肺炎。若引发跛行，患牛球节、飞节和蹄冠周围红、肿、痛，关节明显肿大并有弹性，患肢不能负重或不敢承重，肩部或膝盖部肌肉震颤，肩、颈部出汗，食欲减退，反刍减少甚至消失，第一心音分裂，心跳 80～130 次/min，呼吸 38～80 次/min，体温 39.8～41.2℃。

(2) 亚急性 患牛骨骼肌营养不良（白肌病），喜卧懒动，站立时肘肌群和后躯股部肌肉震颤；肘头外展，四肢伸开，蹄尖或蹄踵甚至球节着地；运步时后肢有旋转或向外划弧的动作或鹅步姿势，不能久站，很快卧地；触诊病变部位肌肉肿胀、敏感和较硬；咽喉部肌肉麻痹、松弛，肋间肌和膈肌痉挛，导致严重的呼吸困难、喘息；心搏亢进，心音混浊，伴有杂音。母牛产前乳房水肿、按之留痕；生产时子宫收缩无力，多需人工助产；产后多胎衣不下，部分患牛下颌、胸前、腹下水肿，阴门排出淡红色无臭分泌物，严重者子叶排出，呈红褐色。

(3) 慢性 患牛大多表现咀嚼无力，采食缓慢，瘤胃蠕动不规律，反刍时好时坏，腕关节或跗关节明显肿大；个别病例仅见蹄冠部轻微肿胀、无热痛，触摸肿胀部有弹性，跛行，偶见腹泻。患犊牛生长迟缓，体弱消瘦，精神沉郁，被毛卷曲，离群呆立，站立不稳，喜卧，运动障碍，肌肉震颤，四肢麻木，腰背弓起，角弓反张，抽搐，因心力衰竭而死亡。

**【治则】** 强心、补硒。

**【方药】** 1. 2%亚硒酸钠 20mL，肌内注射，间隔 4d 后再注射 1 次；维生素 E-硒添加剂 10g/次，混于饲料中喂服，2 次/d，连用 7d。犊牛用 0.1%亚硒酸钠溶液 5～10mL，皮下注射，配合醋酸维生素 E 100～150mL，肌内注射，效果更好。

2. 急性跛行者，在前肢跪膝、涌泉、前八字穴，后肢掠草、后蹄门、后灯盏穴，取 1 穴或数穴，小宽针针刺放血。有全身症状者，取 10%葡萄糖注射液 500mL，5%氯化钙注射液 250mL，10%维生素 C 注射液 30～60mL，10%水杨酸钠注射液 100～150mL，40%乌洛托品注射液 40～60mL，10%安钠咖注射液 20～30mL，混合，1 次静脉注射，1 次/d，连用 2～3d；或在前肢肩井、抢风穴，后肢掠草穴或跗关节肿胀部上方，筋前骨后凹陷处进行穴位封闭疗法：青霉素 G 钠 320 万～480 万单位，硫酸链霉素 100 万～300 万单位，1‰亚硒酸钠 50mL，3%盐酸普鲁卡因注射液 10mL，地塞米松磷酸钠 5～10mg，混合，1 穴或数穴注射；同时，取 30%安乃近注射液 20～50mL，肩、颈部皮下注射，1 次/d。连用 3～7d，一般经过 3～10d 治疗后跛行消失。

**【典型医案】** 1. 1994 年 7 月 15 日下午，兰州某牛场一头妊娠 5 个月的奶牛，因突然不食、颤抖来诊。检查：患牛体温 41℃，呼吸 60 次/min，心跳 86 次/min，耳、角冰凉，鼻镜无汗，弓背、肘肌和臀部肌肉震颤，呼吸喘促，心音亢进，食欲废绝，听诊瘤胃蠕动音尚可。治疗：青霉素 240 万单位，安痛定 30mL，混合，肌内注射。16 日，患牛体温 38.9℃，呼吸 40 次/min，心跳 60 次/min；能吃少许青草和饲料，肘、臀部肌肉依然震颤，站立不稳，呈犬卧式伏卧于地，驱赶可勉强站立和行走，疑为产前钙缺乏。取青霉素 240 万单位，安痛定 20mL，肌内注射；5%葡萄糖注射液 500mL，10%葡萄糖酸钙注射液 150mL，静脉注射，2 次/d。17 日，患牛体温、呼吸、心率均趋于正常，饮食欲恢复，但仍卧地不起，肘、臀部肌肉震颤，强行牵拉已不能站立。诊为硒缺乏。治疗：取方药 1，用法用量同上。人工饲喂优质草料，并铺以垫草，防止褥疮。19 日，患牛偶尔起立，站立 2h 左右。持续治疗 1 周，患牛起卧自如，上槽吃草。10 月 23 日，该牛足月顺产一公犊牛，产奶量达 20kg/d。(苏鹏，T71，P47)

2. 2002 年 10 月，西宁市城北区陶家寨村陈某一头 5 岁奶牛来诊。主诉：2d 前，该牛左后肢轻微跛行，跗关节轻度肿胀，以关节炎施治后，两前肢腕关节突然肿大，跛行严重，不能久立。检查：患牛体温 40.5℃，心跳 110 次/min，呼吸 45 次/min；肩、肘部肌肉震颤、出汗，两前肢腕关节明显肿胀，触之有热感、有弹性、有疼痛反应，触摸蹄冠周围有热感，蹄冠肿胀，蹄底无异常。治疗：取方药 2，静脉注射并结合跪膝、涌泉穴放血和穴位封闭疗法。次日，患牛体温 39.8℃，呼吸 40 次/min，心跳 90 次/min，关节部肿胀如故，继续治疗 1 次，结合穴位封闭，4d 后，患牛其他症状消失，肿胀关节 2 周后逐渐恢复正常。（王维恩，T127，P38）

## 磷缺乏症

磷缺乏症是指因饲草饲料中钙、磷比例不当，引起牛以运动障碍、起立困难、骨骼变形为特征的一种病症。

【病因】　由于饲喂方式不当，多喂以干麦草拌油渣、豆粕，忽略了麸皮、玉米面等能量和矿物质饲料的摄入而发病；由于奶牛妊娠和高产乳汁期间，代谢旺盛，对生长、生产、妊娠期管理不善而诱发。

【主证】　患牛跛行，运动障碍，四肢僵直，后躯摇摆，起立困难，异嗜，骨骼变形、骨质疏松。

【治则】　温肾补阳，强筋壮骨。

【方药】　何首乌、牡蛎、龙骨各 60g，大蛤蚧（酥炙）1 对，牛膝 50g，杜仲、石决明、骨碎补各 40g，秦艽、甘草、百合、苦参各 30g。共研细末，拌入饲料中自食。取 20%磷酸二氢钠注射液 500mL，5%葡萄糖生理盐水 1000mL，10%安钠咖注射液、维生素 C 注射液各 20mL，维生素 $B_1$ 注射液 10mL，静脉注射；磷酸二氢钠 60g，拌入饲料中自食；骨化醇 10mL，肌内注射。同时，喂给含磷丰富的饲料（如玉米面 55%、麸皮 25%、油渣 15%、豆粕 5%），加磷酸二氢钠或磷酸氢钙 2000g。一般 2～3 次可痊愈。

注：缺磷引起的骨软症与缺钙引起的骨软症症状基本相似，应注意鉴别。饲料中的钙与磷的比例一定要恰当，一般要求 1.5∶1，注意补给磷酸盐或骨粉。

【典型医案】　1. 2008 年 3 月 3 日，定西市安定区友谊七队闫某一头 6 岁、经产 3 胎、产奶量 26kg/d、妊娠 8 个月奶牛来诊。主诉：该牛跛行，起立困难，在运动场内驱赶运动跛行不减轻。由于产后瘫卧不起，经乳房送风、大剂量输入钙剂、中药灌服麒麟散治疗无效。检查：患牛精神不振，被毛焦燥，两眼不时流泪、吭声、磨牙，卧地不起，鼻镜时干时润、水珠大而不匀，体温 37.3℃，呼吸 38 次/min，呼吸浅快，心跳 86 次/min，瘤胃蠕动音弱、不持续，1 次/(3～5)min，肠音弱，骨关节肿大，脊椎呈弓形弯曲，尾骨末节变扁、易弯曲，颜面水肿，可视黏膜苍白、舌绵软无力、脉洪数、艽。治疗：20%磷酸二氢钠注射液 500mL，5%葡萄糖生理盐水 1000mL，50%葡萄糖注射液 100mL，10%安钠咖注射液、维生素 C 注射液各 20mL，维生素 $B_1$ 注射液 10mL，静脉注射；磷酸二氢钠 60g，拌入胡萝卜丝中喂服；骨化醇 10mL，肌内注射，1 次/d。取上方药中药加山楂 30g，益母草 40g，桂枝 15g，黄酒、童便为引，灌服。经以上治疗，患牛 4h 后能自行站立。重复治疗 3 次，临床症状消失。

2. 2008 年 10 月 6 日，定西市安定区东河 3 队杨某一头 4 岁、膘情尚好、初产奶牛来诊。主诉：该牛产后饮食欲正常，泌乳旺盛，投服生化汤 2 剂，产后 1 个月后发现跛行。畜主认为是产后风，临床以产后风施治无效。检查：蹄部未见损伤，驱赶运动跛行不减，虽给加料但膘情下降，被毛焦燥、无光泽。治疗：取上方中药、西药，用法同上。用药 3d 见效，1 周后跛行消失。（白秀鸿，T157，P61）

## 低血镁症（抽搐症）

低血镁症（抽搐症）是指青草抽搐症。牛食入幼嫩的青草或谷物幼苗后突然发生的一种低血镁症。

【病因】　春季，由于牛突然食入大量且含镁、钙、钠和糖较低的青、嫩饲草，或食入夏季降雨之后生长的青草、稻草等，或摄入含钾量过高的牧草，使血清钾含量过高，导致血镁相对低而发病。

【主证】　患牛精神不振，食欲废绝，鼻镜无汗，四肢发凉，颈、背、肩部肌肉颤动，行走摇摆，四肢频繁运动或僵直强硬，牙关紧闭，不时磨牙，眼球颤动，瞬膜外露，对外界反应敏感，不时哞叫，口吐白沫，流黏涎，突然倒地、抽搐 3～5min，强行驱赶，可慢步行走，不久又倒地抽搐。

【方药】　钻角法。将患牛侧卧保定，固定头部，在两角根有毛与无毛的交界处涂碘酊消毒，用木工圆钻（经碘酊消毒）钻穿角根，拔钻后，可见从钻孔中流出带血泡沫状的液体。解除保定后患牛即可站立，不再出现抽搐病状，自由采食，痊愈。共治疗 5 例，均收到了满意效果。

注：在头部钻角，强烈刺激大脑神经，引起体液调节变化，使血清中的镁、钾、钙、磷达到平衡，从而达到消除低血镁强直症的目的。

【典型医案】　1982 年 4 月 5 日，衡东县泉新乡前丰村 1 组吴某一头 3 岁母黄牛来诊。主诉：该牛于开春时节饱食青、嫩饲草后突然发病。检查：患牛中等膘情，精神不振，采食停止，鼻镜无汗，四肢发凉，体温 37.8℃，口吐白沫，流黏涎，肩部肌肉颤动，步态踉跄无力，突然倒地，四肢僵直强硬，角弓反张，哞叫，抽搐 3～5min 后停止，强行驱赶可站立、慢步行走，不久又倒地抽搐。诊为青草抽搐症。治疗：钻角法，方法同上。术后未见复发。（唐彬，T34，P58）

## 骨软症

骨软症是指成年牛钙、磷代谢障碍，出现以消化机能紊乱、异嗜癖、跛行、骨质疏松和骨变形为特征的一种病症。尤以泌乳期和妊娠期奶牛发病率较高。

【病因】　多因牛日粮中钙或磷不足、钙和磷同时缺乏、二者比例不当，维生素 D 缺乏均可发病。当钙、磷的肠道吸收减少或消耗增多（如泌乳、妊娠），血液钙、磷有效浓度下降时，骨矿物质沉着减少，骨溶解加速，导致骨软症。

【主证】　初期，患牛精神不振，食欲减退，反刍减少，消化机能紊乱，易疲劳、出汗，舔食泥土、墙壁、垫草、铁器等。随着病情发展，患牛体瘦毛焦，牙齿磨面不整，咀嚼缓慢，流涎，时吐草团，下颌骨间隙狭小，下颌骨肥厚粗糙，有的生有骨瘤，跛行，拱背站立或常卧地不愿起立，体温、呼吸、心率无明显变化。泌乳期奶牛产奶量明显减少，强迫站立时出现全身性颤抖，伸展后肢，出现拉弓姿势。严重时，患牛脊柱、肋骨和四肢关节疼痛，脊柱弯曲多呈鲤背状凸起，少数凹陷呈鞍形，肋骨宽窄不均呈串珠状，胸廓狭窄，面骨及四肢关节肿大，额骨穿刺呈阳性，盆骨变形。母牛发生难产，尾椎骨排列移位、变形，最后几个椎体消失。患牛卧地不起，并发败血症而死亡。

【治则】　健脾益气，补肾敛汗，壮骨镇痛；调节电解质与钙磷代谢平衡。

【方药】　苍术牡蛎散。苍术、牡蛎、黄芪、焦三仙各60g，山药、陈皮、枳壳、广木香、甘草各30g。肝胆火旺者加茵陈、栀子、大黄、芒硝；阴虚多汗者减苍术，加白术、麻黄根、五味子；面骨及四肢关节肿大者加蒲公英、连翘；尿清长、粪溏泻、流涎者加砂仁、草豆蔻、补骨脂；牙痛吐草团者加细辛、升麻。共研细末，开水冲调，加麻油或核桃仁100g，灌服，1剂/d，连服4～6剂。有风湿者，前方药减黄芪、山药、陈皮、枳壳、广木香、麻油，加防己、威灵仙、秦艽、当归、红花、乳香、没药、桂枝、勾藤、枫皮，共研细末，用桑枝500g，水煎取汁，冲药，再加黄酒100g，灌服（孕牛者减桂枝、红花）。取5％葡萄糖生理盐水1000～3000mL，10％维生素C注射液20～40mL，10％安钠咖注射液20～50mL，25％葡萄糖注射液500～1000mL，三磷酸腺苷二钠0.2g，辅酶A 1000U，20％磷酸二氢钠注射液300～500mL（或3％次磷酸钙注射液1000mL），静脉注射；低钙性骨软症者，用10％氯化钙注射液200～300mL（或20％葡萄糖酸钙注射液500mL），5％碳酸氢钠注射液500～1000mL，静脉注射，1次/d，连用4～6d；维生素D$_2$ 0.2～0.4g，肌内注射，1次/d，连用数次。共治疗96例，治愈95例。

【护理】　定期检测牛血液中钙、磷含量，尤其在干旱、水灾后更应重视；合理搭配日粮，饲喂青绿饲料、优质干草；选择性添加骨粉、贝壳粉、脱氟磷酸钙、南京石粉等添加剂；冬季舍饲注意户外阳光照射和适量运动，保持光线充足、圈舍干燥。

【典型医案】　2008年4月9日，威海市环翠区曹格庄孙某一头4岁奶牛来诊。主诉：该牛产奶量减少，食欲减退，他医治疗6d未见好转。检查：患牛体温、呼吸和心率基本正常，消瘦，出汗，消化不良，咀嚼障碍，吐草团，啃砖块、石块、食污秽垫草，喜卧，不愿站立，强迫站立时曲背弓腰，四肢开张，运步时腿僵肢跛，随运动而加重。诊为低磷性骨软症。治疗：炒白术、牡蛎、黄芪各45g，焦三仙各60g，麻黄根、五味子、山药、陈皮、枳壳、广木香、甘草各30g。共研细末，开水冲调，加麻油100g，灌服，1剂/d，连服4剂；取5％葡萄糖生理盐水2000mL，10％维生素C注射液、10％安钠咖注射液各30mL，25％葡萄糖注射液1000mL，三磷酸腺苷二钠0.2g，辅酶A 1000U，20％磷酸二氢钠注射液、5％碳酸氢钠注射液各500mL，静脉注射，1次/d，连用4d；维生素D$_2$ 0.3g，肌内注射，1次/d，连用7d。痊愈。（李宇刚，T158，P67）

## 肌红蛋白尿

肌红蛋白尿是指牛以运动障碍，后躯肌肉疼痛、麻痹、僵硬、排出肌红蛋白尿为特征的一种营养代谢病。多在剧烈劳役后突然发生。

【病因】　长时间饲喂豆类饲料，平时又缺少运动，使牛体肌肉丰满，突然使役，加大劳动强度，导致本病发生。

【主证】　患牛精神沉郁，食欲、饮水无变化，四肢僵硬，卧地，臀部疼痛，全身肌肉震颤，胸、颈部出汗，反复挣扎不能站立，排暗红色肌红蛋白尿，体温正常，心跳78次/min，呼吸30次/min。

【治则】　通络祛湿。

【方药】　独活寄生汤。桑寄生、熟地各45g，独活、秦艽、杜仲、牛膝、当归、党参、茯苓各30g，防风、白芍各25g，甘草20g，川芎、杜仲各15g，细辛6g。共研细末，开水冲调，候温灌服，1剂/d，连服6剂；5％碳酸氢钠注射液500mL，静脉注射；维生素C注射液50mL，肌内注射，2次/d，连用4d。（马咸珍，T137，P43）

【护理】　将患牛移至宽敞的厩舍内，地面多铺垫草，经常给予翻身和足够的饮水。

## 血红蛋白尿

血红蛋白尿是牛以血红蛋白尿和贫血为特征，伴有低磷酸盐血症和血管内溶血的一种病症，水牛又称"红尿病"。具有季节性和地方性特征，多见于寒冷季节和舍饲期；一般呈零星发生；多发生于奶牛和水牛，特别是带犊和妊娠的母牛最多；老弱耕牛易发。

【病因】　由于青绿多汁饲料及维生素D和维生素B族等营养物质缺乏，低磷酸盐血症是导致本病发生的重要因素。母水牛由于分娩、泌乳、妊娠，引起血浆无机磷贮备量下降而发病；或饲养管理不善、气候寒冷等诱发本病。

【主证】　初期，患牛体温、呼吸、脉搏、食欲、反刍均无明显变化，可视黏膜和皮肤较薄处如乳房、股内、腋窝等部位多呈淡红色或苍白色。3～7d后病情逐渐加重，食欲、反刍减少甚至废绝；可视黏膜呈黄色或黄白色；粪量少色黄；精神委顿，行走无力。病程在2周以上者食欲减退或废绝，严重贫血。初期尿液呈红色或紫红色，1d后呈棕褐色，有大量泡沫浮于尿液面上；尿液静置后呈褐绿色、不混浊、无血块或血丝、有结晶状沉淀物，血清呈樱红色。尿联苯胺潜血试验为阳性；尿液离心镜检未发现红细胞。

**【治则】** 清热凉血，利尿止血，破瘀行血。

**【方药】** 1. 秦艽散。秦艽、瞿麦、车前子、当归、赤芍各45g，黄芩、天花粉、炒蒲黄、栀子、大黄、红花、甘草各30g，绿竹叶1把，加水20碗，煎汁10碗，候温灌服，连服3剂。每天喂麸皮2.5kg，骨粉60g。共治疗6例，全部治愈。

2. 十黑散。知母、黄柏、地榆、蒲黄各30g，栀子、槐花、侧柏叶、血余炭、杜仲各20g，棕皮15g。各药炒黑，水煎取汁，候温加童便200mL，灌服（妊娠母牛去槐花加仙鹤草30g），2剂/d，连服2～3d，并视其病情变化，对药物及剂量适当加减。对病程较长、病势较重者应综合治疗。共治疗23例（其中妊娠母牛4例，哺乳母牛6例，阉公牛13例），除2例因病程太长疗效不显著，改用综合治疗外，其余全部治愈。

3. 五苓散加减。阿胶、益母草、地榆炭各30g，仙鹤草35g，白术、白茯苓各40g，猪苓、桂枝各25g。共研细末，开水冲调，候温灌服。共治疗91例，除1例老弱病牛死亡外，其余均在短期内康复。

4. 加减归脾汤。土白术、白茯苓、潞党参、炙黄芪、大熟地各30g，炙甘草、炙远志、酸枣仁、杭白芍25g，全当归40g，阿胶（或龟板胶，烊化）60g，猪蹄匣10只为引，烧、存性。水煎2次，合并药液，候温，分2次灌服，1剂/d，一般服2～3剂，重症者服4剂。共治疗36例，均痊愈。

**【护理】** 改善饲养管理条件，停止放牧，增喂优质干青草，补饲麸皮、豆类或骨粉；防寒保暖，多晒太阳；保持牛舍清洁、干燥、温暖。

**【典型医案】** 1. 1983年5月5日，长泰县城关公社十里大队王某一头10岁、产犊已5个多月的母水牛来诊。主诉：该牛突然排红色尿，在当地治疗3d未见好转。检查：患牛尿频而少，尿液呈棕褐色，全身被毛松乱，形体消瘦，眼结膜苍白，喜卧少站，食欲、反刍、呼吸、脉搏和体温均正常，行走时两后肢左右摇摆；尿液作潜血试验为阳性。诊为血红蛋白尿。治疗：秦艽散，用法见方药1。9日痊愈。（郑朝春，T12，P48）

2. 1984年4月29日，建湖县丰喜村居某一头8岁阉牛来诊。检查：患牛体温、呼吸、饮食欲均无明显变化，尿液量少，呈红色、起泡沫，排尿次数增多。治疗：十黑散加当归30g，白芍、熟地、车前子

各20g。用法见方药2，2剂/d，连服4d，痊愈。（沈正贵，T37，P35）

3. 1982年12月5日，江都县昭关镇戚墅村许某一头12岁、约330kg母水牛来诊。检查：患牛尿呈酱油色，排尿次数增多，精神不振，消瘦，可视黏膜淡白，舌津滑利。治疗：白茯苓、全当归各40g，仙鹤草35g，白术、阿胶、地榆炭各30g，猪苓20g。共研细末，开水冲调，候温灌服，1剂/d，连服2剂，痊愈。

4. 1983年2月4日，江都县东乡祥元村徐某一头约320kg、带犊牛的母水牛，因尿红来诊。检查：患牛精神沉郁，头低耳耷，消瘦，贫血；采食缓慢，耳根、角根、尾尖及四肢下部发凉。诊为血红蛋白尿症。治疗：党参、白术、阿胶、仙鹤草、桂枝、益母草各30g，当归、白茯苓各40g。共研细末，开水冲调，候温灌服。连服2剂，痊愈。（汤文忠，T44，P44）

5. 1977年12月25日，兴化县中堡公社冯家湾大队一头已妊娠8个月黑色老母牛，因尿红来诊。治疗：用秦艽散、维生素$K_3$、安络血等配合治疗3d未见好转，后辅以葡萄糖生理盐水、四环素、仙鹤草等治疗3d亦无效。遂改用加减归脾汤，用法见方药4。服药1剂后，患牛尿红色变淡；服药3剂，痊愈。（邢乐纯等，T1，P38）

## 酮 病

酮病是指奶牛泌乳期间碳水化合物和脂肪代谢紊乱，血液中酮体浓度增高，出现以精神异常、消化功能障碍、血酮、尿酮及乳酮增高为特征的一种全身功能失调性代谢性疾病。也叫醋酮血病、酮血病。常见于分娩后1～8周内营养良好的高产乳牛。多见于冬、春季节。

**【病因】** 在产奶量急剧增加的情况下，日粮配合不合理，饲料品质低劣、单一，日粮处于低蛋白、低能量的水平，致使母牛不能摄取必需营养物质而发病。在正常饲喂条件下，日粮长期处于高能量、高蛋白质，致使高产奶牛消化代谢机能障碍，使摄入充足的碳水化合物不能转化为葡萄糖而发病。前胃弛缓、瘤胃臌气、创伤性网胃炎、真胃移位、胃肠卡他、子宫炎、乳房炎及其他产后疾病，往往引起母牛食欲减退或废绝，不能摄入足够的食物，机体得不到必需的营养而发病。青贮饲料和干草是奶牛的常用饲料。干草含生酮物质（丁酸）比青贮饲料量少，而由多汁饲料制成的青贮料含生酮物质高于其他青贮料，当饲料中乙酸含量过高，经吸收后可转成$\beta$-羟丁酸，在$\beta$-羟丁酸脱氢酶的作用下转变成乙酰乙酸，乙酰乙酸脱羧后可转变为丙酮而导致奶牛发病。肥胖牛内分泌障碍，血中胰岛素含量降低，血糖下降，造成脂肪分解代谢增强而发生酮血病。

中兽医学认为,本病主要是阴津亏损,燥热内盛所致。阴虚为病之本,燥热为病之标,阴虚生热,燥热伤津,二者往往互为因果。阴虚燥热,煎熬脏腑,火因水竭而益烈,水因火烈而益干,脏腑功能严重失调,水谷精微代谢紊乱愈甚,瘀浊毒邪肆虐,故毒蕴血分所致。

【辨证施治】 临床上分为消化型和神经型酮病。

(1)消化型 病初,患牛食欲减退,产奶量下降,拒食精料,采食少量干草,继而食欲废绝,异食,喜饮污水、尿液,舔食污物或泥土,反刍无力,瘤胃弛缓,蠕动微弱,粪干而硬、量少、呈球状、外附黏液,有时排软粪、气味臭;有的伴有瘤胃臌胀,消瘦,皮肤弹性降低,精神沉郁,反应迟钝,不愿走动,体温、心率、呼吸正常。随着病程延长,患牛体温37.5℃,心跳100次/min,第一、第二心音模糊,脉细而微弱。重症者,全身出汗,似水洒身,尿少、呈淡黄色、易形成泡沫、有特异的丙酮气味,产乳量突然骤减或无乳,乳中有特异的丙酮气味(苹果味)。轻症者,乳量呈持续性下降,一旦产乳量下降后虽经治愈,但乳量多不能完全恢复到病前水平。

(2)神经型 患牛突然发病,转圈,目光怒视,横冲直撞,四肢叉开或相互交叉,站立不稳,全身紧张,颈部肌肉强直,兴奋不安,举尾,狂奔,空嚼磨牙,流涎,舔食皮肤,吼叫,肌肉震颤;呼出气体、乳汁、尿液有酮味(烂苹果味),尿呈浅黄色、易形成泡沫。泌乳量下降,乳汁易形成气泡、似初乳状。神经症状发作持续时间较短,一般1~2h,8~12h可再次复发。有的患牛不愿走动,呆立,低头奄耳,眼睑闭合、似入睡样,对外反应淡漠、呈沉郁状。

注:本病应与前胃弛缓、生产瘫痪进行鉴别诊断。

【治则】 清热润燥,和调气血,消食健胃;减少酮体生成,加速酮体氧化。

【方药】 1.加味香砂八珍汤。党参、当归、赤芍、熟地、砂仁各60g,苍术80g,茯苓、木香、白术、甘草各50g,神曲100g,川芎40g。粪中带有未消化饲料者重用砂仁80~100g,加肉桂50g;胃蠕动迟缓者加厚朴60g,枳壳50g;病程超过20d、体温37.0~37.5℃、舌绵软色白者重用党参80~100g,加黄芪60g,黑附片50g;产乳量下降、食而不增膘者加炒茴香50g,炒枳壳100g;产后时间短、有恶露者加益母草100g;体温高者去党参、白术、砂仁,加黄芪、金银花各60g,鱼腥草100g;有神经症状者去茯苓,加石菖蒲、酸枣仁、茯神各40g,远志30g。共研细末,开水冲调,候温灌服,1剂/d。西药用50%葡萄糖注射液1000mL,25%葡萄糖注射液、10%氯化钠注射液各500mL,5%氯化钙注射液250mL,0.5%氢化可的松150mL,能量合剂5~10支(三磷酸腺苷二钠、辅酶A、胰岛素),10%安钠咖注射液30mL,10%维生素C注射液100mL,2.5%维生素B₁注射液50mL,1次缓慢静脉注射。中毒者加5%碳酸氢钠注射液500~1000mL(不能与钙制剂混注);有神经症状者,取2.5%盐酸异丙嗪注射液20mL,肌内注射;仅产乳量不增加者,将50%葡萄糖注射液加至2000mL,氢化可的松加至300mL。共治疗358例,治愈率达100%。

2.加味生化汤。当归80g,川芎70g,桃仁、红花各15g,黑姜10g,炙甘草20g,益母草、酵母各100片。共研细末,开水冲调,候温灌服,1剂/d。10%葡萄糖注射液1500mL,5%氯化钙注射液300mL,静脉注射;合霉素2.5g(20mL),肌内注射,2次/d。

3.清酮解毒汤。大黄100g,丹参50g,葛根、革薢各30g,生地黄25g,黄连、木通、甘草各20g。食欲不振者加神曲、山楂各45g;脾胃虚寒者加太子参45g,白术、砂仁各30g;瘤胃臌气者加枳壳、炒小茴香、厚朴各30g。共研末,开水冲调,待凉后胃管投服,1个疗程/3剂,一般用药1~2个疗程。共治疗18例,治愈13例,有效4例,无效1例。

【护理】 调整饲料比例,减喂油饼类等富含脂肪类饲料如豆饼、胡麻饼、菜籽饼等,增喂甜菜、胡萝卜、优质干草等富含糖和维生素的饲料。

【典型医案】 1.2002年7月10日,合水县西华池镇三里店村朱家胡同自然村葛某一头5岁奶牛,于产后16d来诊。主诉:该牛产后一切正常。7日,食草料减少,产奶量由26kg/d降至13kg/d。检查:患牛体温38.2℃,心跳90次/min,呼吸40次/min,采食量少,不食精料,消瘦;粪正常,尿有苹果味且有泡沫。采尿样5mL,用ROSS氏法检验尿酮呈阳性。治疗:加味香砂八珍汤加益母草100g,用法见方药1,1剂/d,连服3剂。取5%碳酸氢钠注射液1000mL,静脉注射,1次/d,连用3次。15日,患牛食草料如常,乳量增至23kg/d,尿酮转为阴性。

2.1984年4月3日,太原市南郊区高中大队展某一头4岁黑白花奶牛来诊。主诉:该牛产一公犊牛(第2胎),产前及产程正常,胎衣完整脱落,产后4~5d阴门排出蛋清样黏液,食欲减退。经检验尿酮为阳性(+++)。诊为醋酮血症。取50%和10%葡萄糖注射液各500mL、复方氯化钠注射液500mL、维生素B₁注射液20mL、维生素C注射液75mL、10%氯化钠注射液300mL,混合,静脉注射,1次/d;红糖1000g,小苏打200g,人工盐180g,加水灌服。治疗3d后,患牛病情加重,食欲废绝,并出现腹泻。继续静脉注射上述药液,另取庆大霉素120万单位,分早、晚2次肌内注射;内服药改用磺胺脒100g,痢特灵60片,分3次灌服。治疗3d仍不见效。检查:患牛精神沉郁,营养中等,被毛无光,食欲废绝,口色淡白,体温39.5℃,呼吸56次/min,呼吸粗厉，心跳 80 次/min；不反刍，胃肠蠕动极弱，排少量灰绿色稀糊状粪，阴门有少量暗红色黏液流出；直肠检查子宫体膨大，直径约20cm，长约30cm，有波动感和少量气体；血沉 0.5mm/60min，红细胞 595 万个/mm³，白细胞 6850 个/mm³，其中杆状型为 1%，分叶型为 55%，淋巴细胞为 36%，单核细胞为 8%，血红蛋白 13g，尿酮检测为阳性（＋＋＋）。治疗：①10% 葡萄糖注射液 1500mL，5% 氯化钙注射液 300mL，1 次静脉注射；合霉素 2.5g，肌内注射，2 次/d。②加味生化汤，用法同方药 2，1 剂/d。用药 1d 后，患牛恶露排出增多、色暗红、夹有腐败组织；2d 后，患牛开始反刍、吃草，饮水增加；3d 后，患牛反刍、饮食欲增加，精神好转，粪仍稀，恶露仍多，体温、呼吸、心率恢复正常。原方药再服 3d，患牛饮食欲基本恢复，粪转正常；恶露成淡白色黏液、量少，尿酮阳性（＋＋＋）。停用合霉素，中药改用加味四物汤：当归 60g，熟地 80g，白芍、赤芍、川芎、青皮、炙甘草各 40g，益母草 100g，山楂、神曲各 50g。用法同上，1 剂/d，连服 3 剂。服药后，患牛诸症消失，血酮（±），尿酮（±）。停用静脉注射药物，继服加味四物汤 3 剂，患牛完全恢复正常，产乳量增加，尿酮转为阴性。1 月后追访，该牛产乳量增至 40kg/d。（任连生，T28，P50）

3. 2005 年 3 月 12 日，乐都县顺源奶牛场一头 3.5 岁黑白花奶牛来诊。主诉：该牛于 5d 前开始饮食欲废绝，反刍减少，产奶量明显下降，喜饮污水、尿液，舔食异物，粪干少，尿少。检查：患牛体温 40.3℃，心跳 96 次/min，呼吸 24 次/min，消瘦，伴有瘤胃臌气、蠕动减弱，全身出汗，尿呈淡黄色、易形成泡沫、有特异的丙酮气味。诊为消化型酮病。治疗：大黄 100g，丹参 50g，神曲、山楂、太子参各 45g，葛根、萆薢、白术、砂仁、枳壳、炒小茴香各 30g，生地黄 25g，黄连、木通、甘草各 20g。共研末，开水冲调，待凉后胃管投服。服药 2 剂，患牛症状减轻；5 剂病愈，未见复发。

4. 2007 年 5 月 3 日，乐都县高庙镇某户一头 5 岁、体格高大黑白花奶牛来诊。主诉：该牛于产后 1 周开始发病至今已 7d，饮食减少，产奶量下降，粪干少，不认食槽，圈内乱转，横冲直撞，阻挡不住。检查：患牛体温 40.8℃，心跳 100 次/min，呼吸 26 次/min，四肢相互交叉，站立不稳，颈部肌肉强直，空嚼磨牙，流涎，乱舔皮肤，吼叫等，持续时间约 1h，尿液及乳汁中均有丙酮气味。诊为神经型酮病。治疗：大黄 130g，丹参 50g，神曲、山楂、太子参各 45g，葛根、萆薢、白术、砂仁各 30g，生地黄 25g，黄连、木通、甘草各 20g。共研末，开水冲调，待凉后胃管投服。服药 2 剂，患牛粪稀软、次数增加，尿清长，饮食基本恢复正常；6 剂病愈，未见复发。（刘斌英等，T156，P69）

## 水土不服症

水土不服症是指牛只迁移后，突然改变饲养方式或草料种类引起应激性消化功能紊乱的一种病症。一般夏、秋季节较多；多见于异地引进牛；中青年牛多发，老年牛较少，犊牛最少。

【病因】　由于气候、饮水、饲料和管理方式的突然改变，引起牛应激性消化功能紊乱，导致情志不舒，脾胃抑郁，消化紊乱，草料迟细，渐进性消瘦；或由舍饲转入放牧而诱发。

【主证】　患牛精神沉郁，头低耳耷，运步无力，多卧少立；前胃弛缓，消化不良，粪正常或偏干；口色淡，脉细弱。如失治则症状加剧，呈长期顽固性慢草，渐进性消瘦，被毛脱落，皮屑增多；体温、心率、呼吸无明显变化。

【治则】　宽中健脾，舒理情志。

【方药】　宽中健脾散。陈皮 40g，厚朴、白术各 45g，茯苓、当归、香附、青盐各 30g，半夏 25g，枳壳、玉片、木通各 20g，乌药、甘草各 15g。气虚严重者加党参、黄芪；胃有积滞者加大黄；有寒象者加肉桂；夏、秋季节加苦参。共研细末，开水冲调，候温灌服，连服 3~4 剂。体虱多者，外用敌百虫药液涂擦，局部区域性灭虱；病程长者采用上方药调治后，用麦麸 500g，发酵面水 250L，蜂蜜 200g，混合，拌料喂服；极度衰弱者配合强心、输液、纠正酸中毒等。共治疗轻症者 84 例，重症者 18 例，均收到良好效果。（余成蛟，T129，P37）

## 异食癖

异食癖是指牛因代谢机能紊乱，导致味觉异常，引起以舔舐啃咬通常不采食的异物为特征的一种病症。多见于冬季和早春舍饲的牛。

【病因】　由于饲料中某些蛋白质和氨基酸、钙、磷、钠、钾的缺乏，钙磷比例失调，钠盐不足，钾盐过量等；或某些维生素供给量不足，特别是 B 族维生素的不足；或瘤胃内微生物合成数量过少；或前胃弛缓、消化不良、食欲不振、味觉异常均可引起本病。

【主证】　患牛口色赤黄，皮毛粗乱，食欲减退，形体消瘦，精神委顿，行走无力，乱吃杂物如粪尿、污水、垫草、墙壁、食槽、砖瓦块、煤渣等，初期多便秘，后期便秘与下痢交替出现；奶牛产奶量下降，发情延迟；妊娠母牛可在妊娠的不同阶段发生流产。

【治则】　温胃健脾，理气消胀。

【方药】　1. 平胃散。苍术 60g，厚朴、陈皮各 45g，甘草、生姜各 20g，大枣 90g。共研细末，开水冲调，候温灌服，200~250g/次，1 次/d，连服 2~4 次。（李兴如等，T141，P22）

2. 清胃散。石膏 35g，白术 30g，胡黄连、陈皮、茯苓各 25g，黄芩、砂仁各 20g，甘草 10g，黄金饼（黄泥土）50g。共研细末，开水冲调，候温，分早、晚 2 次灌服。共治疗 12 例，收效满意。

3. 镇心散。茯苓、远志、藁本各 60g，黄芩、知母、栀子各 90g，蒲黄 30g，贝母 45g，朴硝 150g。共研细末，加蜂蜜 250g。开水冲调，候温灌服；或水煎取汁，加蜂蜜灌服。共治疗 23 例，一般 2～3 剂即愈。

【典型医案】 1. 1986 年，剑阁县高台村 3 组钟某一头 8 岁水牛，因啃食泥土 1 年多来诊。检查：患牛口色赤黄，皮毛粗乱，食欲减退，形体消瘦，精神委顿，行走无力，粪稀薄，喜食泥土。治疗：清胃散，用法见方药 2，连服 3 剂，痊愈。 （孙治农，T33，P52）

2. 1991 年 8 月 9 日，鲁山县张店乡刘湾村贾某一头牛来诊。主诉：该牛喜欢舔食泥土已 10d，最近 2d 大口吃土，食欲、反刍减退，他医用中西药治疗数次无效。检查：患牛膘情上等，脉象洪数，口、舌赤红，眼结膜潮红、有眼眵，下槽后即大口觅食泥土，体温正常，粪稍干。诊为嗜土癖。治疗：镇心散加朴硝、蜂蜜，用法见方药 3，连服 3 剂，痊愈。 （田鸿义，T72，P17）

# 第二节 过敏与应激性疾病

## 青霉素过敏

青霉素过敏是指牛使用青霉素后，出现以全身症状为特征的一种速发性变态反应性疾病，其特点是发病快，病程急，死亡率高。

【病因】 过量使用青霉素或牛体对青霉素过敏而误用。

【主证】 患牛肌肉震颤，全身出汗，骚动不安，行走摇摆，步态不稳；继而结膜发绀，眼睑、耳鼻、阴门等部位高度肿胀，全身皮肤发红，张口腹式呼吸，流泪，口流白沫，频频排粪，粪逐渐变稀直至稀糊状，尿失禁，体表及四肢发凉。

【治则】 抗过敏，补液利尿，改善微循环，维护心、肺功能并对症治疗。

【方药】 1. 0.1% 盐酸肾上腺素注射液 2mL，颈部皮下注射；10% 维生素 C 注射液 50mL、5% 葡萄糖氯化钠注射液 500mL，静脉注射；或 40% 乌洛托品注射液 40mL，葡萄糖氯化钠注射液 1000mL，静脉注射。

2. 甘草、绿豆各 200g，水煎 2 次，合并药液，候温灌服；10% 葡萄糖注射液 1000mL，维生素 C 注射液 40mL（5g），静脉注射。

【典型医案】 1. 1989 年 5 月 2 日，正阳县付寨乡殷寨村冯某一头 2 岁红母牛，于凌晨 3 时发病，即用 10% 氨基比林 50mL 稀释青霉素钾 480 万单位，肌内注射。约 10min 后，患牛突然痉挛抽搐，呼吸高度困难，心跳加快，全身无力，行走摇摆，口吐白沫，结膜发绀，出汗，尿失禁，体表及四肢发凉，极度不安。随即取 0.1% 肾上腺素 5.5mL，肌内注射；10% 葡萄糖注射液 3500mL，静脉注射。用药后 26min，患牛过敏症状即很快消失，42min 恢复正常。（刘胜利，T42，P36）

2. 2002 年 5 月 3 日 6 时，河南省农业学校奶牛场一头黑白花奶牛，因患急性乳房炎，用青霉素 600 万单位、链霉素 200 万单位、0.5% 盐酸普鲁卡因注射液 20mL，行乳房局部封闭注射。10min 后，该牛出现战栗，后躯瘫痪倒地，呼吸急促，张口伸舌，前胸出汗，结膜发绀。诊为青霉素过敏。治疗：0.1% 肾上腺素 6mg，肌内注射。5min 后，患牛症状稍有缓解，但仍站立不稳。取方药 2 中药、西药，用法同上。下午 4 时，患牛逐渐恢复正常。 （张丁华，T119，P20）

## 链霉素过敏

链霉素过敏是指牛使用链霉素后，出现以兴奋不安、肌肉震颤、呼吸急促为特征的一种病症。常有零星发生，若处理不当，死亡率可达 95% 以上。

【病因】 多因超量使用链霉素所致。

【辨证施治】 临床上有过敏反应和毒性反应两种。

（1）过敏反应 患牛体温升高，兴奋不安，肌肉震颤，呼吸急促，流浆液性鼻液，全身出汗，出现皮疹；有的精神沉郁，眼睑、面部、乳房等部位水肿，步态失调，严重的呈急性休克。

（2）毒性反应 患牛表现兴奋，哞叫，发抖，体温升高；有的后期腹泻。

【治则】 消除致敏原，改善血液循环。

【方药】 1. 骨碎补 80～100g，水煎取汁，候温灌服，1 剂/d，连服 3 剂。服药后第 2 天，患牛症状减轻，第 3、第 4 天后症状消失。严重者应对症治疗。共治疗链霉素过敏 12 例，毒性反应 3 例（含其他家畜，除 1 例死亡外，全部治愈）。

2. 0.1% 肾上腺素 5mL，肌内注射，重复注射 1 次/3h（剂量减半）。

【典型医案】 1. 2000 年 4 月 10 日，庆阳县熊庙乡花园村王某一头 3 岁红色公牛来诊。主诉：该牛左后肢因擦伤后感染，1次肌内注射链霉素 200 万单位，约 30min 后牛发抖，呼吸有"呼噜"音。曾肌内注射强力解毒敏、地塞米松和 0.1% 肾上腺素后，病情未见好转。检查：患牛体温 41.5℃，心跳 90 次/min，呼吸急促，流浆液性鼻液，肌肉震颤，被毛蓬乱，兴奋不安，腹部和四肢内侧有小丘疹。诊为链霉素过敏。治疗：取骨碎补 65g，水煎取汁，候温，分 2 次灌服，1 剂/d，连服 3 剂；同时结合强心、消炎等对症治疗，3d 后痊愈。（马伟斌等，T112，P35）

2. 2008 年 7 月 15 日中午，湟源县城关镇纳隆口村石某一头妊娠 7.5 个月、准备干乳奶牛，在 4 个乳室挤净乳汁、常规消毒后，用 0.9% 温生理盐水 80mL 稀释链霉素 400 万单位，经乳头分别注入 4 个乳室。约 5min 后，患牛开始骚动不安，四肢刨地，肌肉震颤，摇头，不久开始出汗；约 20min 后，牛趴卧在地，体温 38℃，心跳加速。诊为链霉素过敏性休克。治疗：立即挤出乳房内药液；取方药 2，用法同上，结合强心补液。晚 7 时，患牛病症消退。次日，患牛食欲和反刍恢复。（罗永珍，T166，P69）

## 庆大霉素过敏

庆大霉素过敏是指应用庆大霉素后牛体产生病理反应的一种病症。临床上时有发生。

【病因】 庆大霉素本身就具有半抗原的性质，与体内血清蛋白结合后形成全抗原，引起过敏反应。本病的发生与药物剂量大小无关。

【主证】 患牛突然站立不稳，步态踉跄，全身肌肉阵发性痉挛，口内流出大量唾液，哞叫，瘤胃轻度膨气，呼吸困难，黏膜发绀，体温稍有下降，心跳快而弱，心律不齐。

【治则】 抗过敏。

【方药】 0.1% 盐酸肾上腺素 7mL，地塞米松 40mg，维生素 C 2500mg，肌内注射；10% 葡萄糖注射液 4000mL，地塞米松 20mg，5% 小苏打液 50mL，静脉注射。

【典型医案】 1989 年 3 月 8 日，寿县杨集乡张庙村李某一头 4 岁母黄牛，因患前胃弛缓来诊。检查：患牛食欲减退，不反刍，腹泻，瘤胃蠕动音减弱。治疗：庆大霉素 55 万单位，樟脑磺酸钠 20mL，比赛可林 10mL，肌内注射。药后 5min，患牛突然站立不稳，步态踉跄，全身肌肉阵发性痉挛，口内流出大量唾液，哞叫，瘤胃轻度膨气，呼吸困难，黏膜发绀，体温稍有下降，心跳 88 次/min，且出现节律不齐。治疗：取上方药，用法同上。用药 2h 后，患牛症状完全消失，痊愈。（胡长付，T61，P18）

## 土霉素过敏

土霉素过敏是指过量使用土霉素后牛体产生病理反应的一种病症。临床上偶有发生。

【病因】 多因超量服用土霉素所致。

【主证】 患牛站立不安，肘肌震颤，心音弱，心跳疾速，呼吸困难，呼吸音粗厉，呈痉挛性干咳，从鼻孔喷出多量片状黄色薄膜，流涎，结膜发绀，眼睑、外阴等部位水肿。

【治则】 强心利尿。

【方药】 强力解毒敏 60mL，静脉注射；5min 后，用 3% 双氧水 250mL 混于 10% 葡萄糖注射液 1500mL 中，静脉注射。

【典型医案】 1996 年 9 月 26 日，蛟河市新站镇新站 7 队赵某一头 8 岁母牛，因感冒来诊。先用盐酸土霉素 600 万单位溶于生理盐水 2500mL 中，静脉注射。用药 7min 后，患牛站立不安，肘肌震颤，呼吸困难，结膜发绀，流涎，呈痉挛性干咳，咳后从鼻孔喷出多量片状黄色薄膜，眼睑、外阴水肿，心音弱，心跳疾速、98 次/min，肺音粗厉，呼吸 36 次/min。诊为土霉素过敏。遂即停止静脉注射土霉素。治疗：取上方药，用法同上。用药 20min 后，患牛痊愈。（马常熙等，T89，P30）

## 磺胺嘧啶钠过敏

磺胺嘧啶钠过敏是过量或不规范使用磺胺嘧啶钠使牛体产生病理反应的一种病症。临床上很少发生。

【病因】 多因超量使用或不规范使用磺胺嘧啶钠所致。

【主证】 患牛走路摇晃，摆尾，全身发抖，肌肉震颤，频频排尿，可视黏膜发绀，呼吸加快，心跳疾速，颈背及胸腹两侧等处皮肤出现疹块，并很快波及全身；眼睑、口唇、面部及阴唇肿胀，肩胛部和前肢肌肉震颤。

【治则】 消除致敏原，抗过敏。

【方药】 0.1% 肾上腺素 5mL，皮下注射。

【典型医案】 1991 年 4 月 30 日下午，永宁县望洪乡西玉村马某一头黑白花奶牛，因食欲不振来诊。初诊为前胃弛缓，灌服人工盐 200g，健胃缓泻；5 月 1 日，因病情未见好转复诊。检查：患牛体温 40.5℃，呼吸 42 次/min，心跳 64 次/min，精神沉郁，其他仍表现为前胃弛缓症状。因患牛体温高，即用 5% 葡萄糖注射液 1000mL，20% 磺胺嘧啶钠注射液 140mL，混合，静脉注射。当药液输入约 900mL 时，发现患牛骚动不安，颈背及胸腹两侧的被毛竖立，并有轻微的出汗现象，但未引起医者注意；待药液全部输完时，发现患牛弹踢后肢，摆尾，极度不安；颈背及胸腹两侧皮肤出现疹块，小的约有硬币大，大者如鸡蛋，且疹块很快波及全身；眼睑、口唇、面部及阴唇肿胀，乳房上的疹块相互融合，面积约为 10cm×12cm；肩胛部和前肢肌肉震颤，呼吸加快，心跳 90 次/min。诊为磺胺嘧啶钠过敏。治疗：0.1％肾上腺素 5mL，皮下注射。用药 10min 后，患牛肩胛部和前肢肌肉不再震颤，背胸等部位的疹块变小；30min 后，除眼睑、口唇、面部及阴唇的肿胀减轻外，其他部位的疹块基本消退；又经 40min，所有疹块及肿胀全部消失，精神恢复如初。（成维忠等，T56，P47）

### 普鲁卡因过敏

普鲁卡因过敏是指给牛用普鲁卡因后发生过敏性休克的一种病症。

**【病因】** 普鲁卡因是常用的局部麻醉药物，个别牛对普鲁卡因较为敏感，用后即发生过敏反应。

**【主证】** 用药后不久，患牛呼吸喘粗，全身肌肉痉挛，心跳加快。

**【治则】** 强心利尿，抗过敏。

**【方药】** 立即用凉水浇淋患牛头部；取 10％葡萄糖注射液 2000mL，氢化可的松 200mg，10％樟脑磺酸钠注射液 20mL，静脉注射。

**【典型医案】** 1993 年 2 月 9 日，新野县王集乡冯集村王某一头 1 岁、约 300kg 母黄牛，因右侧面部生疮黄来诊。经局部按常规消毒后，注射 2％普鲁卡因注射液 10mL。随即患牛呼吸喘粗，全身肌肉痉挛，心跳加快。诊为普鲁卡因过敏。治疗：取上方药，用法同上。当晚 10 时，患牛恢复正常。（王国顺，T65，P42）

### 贝尼尔过敏

贝尼尔过敏是指使用贝尼尔预防牛血孢子虫病时偶有发生过敏性反应的一种病症。贝尼尔是治疗血孢子虫的传统药物，毒性大，安全范围较小。

**【病因】** 多因预防牛焦虫病及附红细胞体病注射贝尼尔所致。

**【主证】** 患牛狂躁不安，心跳疾速，呼吸急促，后蹄踢腹，肠音高朗；频频排粪、尿，粪稀如水。

**【治则】** 强心利尿，消除致敏原。

**【方药】** 0.1％肾上腺素 10mL，立即皮下注射；10％葡萄糖注射液 1000mL，地塞米松 200mg，混合，静脉注射。

**【典型医案】** 1983 年 4 月 10 日，民和县官亭镇河沿村张某一头 9 岁、约 200kg 犏牛来诊。主诉：为预防牛泰勒焦虫病，用贝尼尔以灭菌蒸馏水配成 5％溶液，按 3.5mg/kg 臀部深层肌内注射。用药 40min 后，患牛狂躁不安，心跳疾速、100～120 次/min，呼吸急促、50 次/min，后蹄踢腹，肠音高朗；1h 后，患牛

频频排粪、尿，粪稀如水。治疗：取上方药，用法同上。用药 2h 后，患牛逐渐恢复正常。（张发祥，T89，P32）

### 过敏性休克

过敏性休克是指牛体内特异性变应原引起以急性循环衰竭为特征的全身过敏性反应的一种病症。

**【病因】** 因牛对某些药物或化学物质、生物制品等过敏，致敏原和抗体作用于致敏细胞，释放出血管活性物质引起毛细血管扩张、血管通透性增加、血浆渗出，致使血容量相对不足，平滑肌收缩，腺体分泌增加，或过敏引发喉炎水肿、支气管痉挛导致休克。

**【主证】** 患牛烦躁不安，呼吸急促浅短，心跳快速无力，反应迟钝，痛觉消失；粪、尿失禁，昏迷甚至抽搐，四肢厥冷，脉细弱。

**【治则】** 抗过敏。

**【方药】** 1. 用圆利针以雀啄震颤手法急刺山根、尾尖穴，配穴刺八字穴；20％安钠咖注射液 10mL，皮下注射。

2. 地塞米松磷酸钠 10～30mg，肌内注射（空怀牛）；强力解毒敏 30～40mL（孕牛），肌内注射；0.1％肾上腺素 5mL，肌内注射。发生水肿或出现食欲减退、不食者，可补液强心。

**【典型医案】** 1. 1984 年 4 月 6 日，济宁市安居公社冯某一头母黄牛，因患破伤风来诊。治疗：按常规治疗 2d 无异常表现；第 3 天，药用精破抗 80 万单位，25％硫酸镁注射液 280mL，乌洛托品注射液 100mL，10％葡萄糖注射液 2000mL，5％葡萄糖生理盐水 1500mL，20％安钠咖注射液 10mL，混合，静脉注射。当注射至 500mL 时，患牛骚动；注射至 700mL 时，患牛突然倒地，呼吸急促浅短，心跳快速无力，心跳 108 次/min，反应迟钝，痛觉消失。即用圆利针以雀啄震颤手法急刺山根、尾尖穴。5min 后，患牛呼吸缓和，配穴刺八字穴；15min 后，患牛脉搏、呼吸均有好转；20min 后继续好转。再取 20％安钠咖注射液 10mL，皮下注射。30min 后，患牛清醒，人工扶起并缓缓牵遛而恢复。（冀贞阳，T12，P36）

2. 2008 年 3 月 21 日，湟源县城关镇河拉台村张某一头奶牛来诊。主诉：该牛因患病，他医按常规程序做颈部皮肤消毒后，深部肌内注射口蹄疫 O 型疫苗 2mL，随后牛突然倒地，肌肉震颤，意识不清，牵拽不起。检查：患牛心动过速，血压下降。诊为疫苗过敏性休克。治疗：取 0.1％肾上腺素 5mL，肌内注射。2h 后，患牛站起，于晚 8 时食草、饮水恢复正常，且无其他病症发生。（罗永珍，T166，P69）

## 过敏性皮炎

过敏性皮炎是指牛机体接触某些强刺激性或过敏性物质而引起的一种病症。多见于温热、潮湿季节，一般从4月份开始，6～7月份达到高峰，9月份以后逐渐减少。多发生于下颌、颈、肩胛、肛门、后肢上部等部位。

**【病因】** 牛机体接触某些强刺激性物质如强酸、强碱等，或某些过敏性物质而引起。

**【主证】** 在患牛身体某一部位突然发生皮肤炎性肿胀，开始只有鸡蛋大，经过0.5～1d迅速发展成碗口样大，触诊局部肿块有热感、柔软、呈面团状；患牛食欲减退，反刍缓慢，剧烈瘙痒，脱毛，口中流涎，腹泻，体温正常或微高。

**【治则】** 消除致敏原，祛风止痒。

**【方药】** 消风散加减。羌活、白芷、荆芥、防风、川芎、藿香、茯苓、陈皮、生地、丹皮、赤芍、元参各30g，僵蚕、蝉蜕、厚朴、甘草各20g。水煎取汁，候温灌服。

**【典型医案】** 1998年7月18日，宁阳县东庄乡卢某一头牛，因颌下发生不明原因的数个鸡蛋样大的肿块来诊。经检查，诊为过敏性皮炎。治疗：消风散加减，用法同上。翌日，患牛颌下肿块全部消除。为巩固疗效，继服药1剂。（胡德平等，T102，P29）

## 荨麻疹

荨麻疹是指牛体表受到内外致病因子刺激，使皮肤出现许多圆形扁平疹块的一种过敏性病症，又称风疹块。多见于头面部、颈侧、胸侧、外生殖器、腹肷部等。若治疗不当，常呈现顽固性反复发作。

**【病因】** 多因外感风邪、热毒和皮肤不洁所致。牛采食有毒植物或化学物质污染的饲料、饲草；或有毒物质和某些植物花粉对皮肤的刺激；或蚊虫叮咬而引起。

**【主证】** 临床上多呈急性发作。患牛体表多见大小不等的局限性风疹块、似蚕豆至核桃大小、周围呈堤状肿胀，被毛直立，多骤然发生，瘙痒剧烈，摩擦，啃咬，不安；偶然伴有发热、关节肿痛、精神沉郁、食欲减退、消化不良等症状。如反复发作呈顽固性者，体温升高，消化不良，舌紫暗，苔薄白，脉涩。

**【治则】** 清热解毒，祛风止痒。

**【方药】** 1. 金银花、蒲公英各50g，生地、连翘、苦参各40g，黄芩、栀子、蝉蜕、防风、地肤子各30g，威灵仙10g。水煎取汁，候温灌服；扑尔敏100mg，地塞米松磷酸钠50mg，维生素C 2.5g，复方丹参注射液60mL，5%葡萄糖注射液500～1000mL，混合，静脉注射；强力解毒敏20mL，肌内注射，1次/d。慢性者，可采用自家血疗法。共治疗65例（其中牛5例），治愈率达100%。（张荣昇，T129，P26）

2. 强力解毒敏注射液20mL，肌内注射。为防止皮肤感染，取青霉素40万单位，肌内注射。共治疗9例（含其他家畜），全部1次治愈。

3. 桃仁四物汤。桃仁、生地、防风、当归、川芎、丹参、白芍、白术各30g，蝉蜕40g，黄芪、党参各60g。体温升高、结膜潮红者加金银花、连翘各30g；水肿或肿胀者加猪苓、车前子、滑石各30g；食欲减退者加陈皮30g，焦三仙各60g。共研细末，开水冲调，候温灌服。共治疗10余例（含其他家畜），全部治愈。

4. 防风通圣散。防风、白术、薄荷、当归、川芎、连翘、白芍、栀子、麻黄、荆芥、芒硝各30g，桔梗、黄芩、石膏各25g，滑石粉、生姜各40g，大黄（酒炒）30g，甘草20g。共研细末，加水适量，灌服。共治疗15例，均获痊愈。

**【典型医案】** 1. 1992年8月中旬，黔西县城关马乡毛坝冲组段某一头牛来诊。检查：患牛极度不安，颈部、腹部及臀部等处长有很多结节且擦伤出血，周身皮肤灼热、水肿。诊为急性荨麻疹。治疗：取方药2，用法同上。治疗3h，患牛痊愈。（李顺成等，T75，P15）

2. 1998年3月10日，天祝县朵什乡旱泉沟村张某一头黑色黄牛来诊。主诉：该牛于9日下午突然在颜面部、颈部、躯干部出现许多扁平状手指大的丘疹，不停摩擦。用扑尔敏注射液80mL，肌内注射，下午好转。13日再次复发，患牛瘙痒不安，在颈部、躯干部可见扁平状手指大乃至核头大的丘疹，下腭部、乳房等处轻度肿胀。诊为顽固性荨麻疹。治疗：桃仁四物汤加减。桃仁、红花、熟地、防风、当归、川芎、白芍、蝉蜕、白术、猪苓、车前子、滑石、玉片、丹参各30g，黄芪、党参、山楂各60g。共研细末，开水冲调，候温灌服。翌日，再服药1剂，痊愈。（王金邦，T111，P38）

3. 2010年5月14日，大通县逊让乡八里村乔某一头5岁西门塔尔奶牛来诊。检查：患牛在六柱栏内不断摩擦，不安，呼吸急促，精神不振，舌色较红，体温稍升高，流涎，鼻、耳、眼睑水肿，头颈、嘴唇周围发生豌豆大丘疹。诊为荨麻疹。治疗：防风通圣散，用法见方药4，连服3剂。17日，患牛头颈、嘴唇周围丘疹也消失近半。为巩固疗效，原方药加苦参20g，何首乌25g，用法同前，3剂痊愈。（毛成荣，T166，P79）

## 应激综合征

应激综合征是指牛体受到外来各种应激原（因子）刺激所产生的非特异性应答反应。当应激原刺激强度大、时间长，致使牛体内部环境发生变化而不能适应外部环境时即进入病理状态——应激，以突然倒毙或循环衰竭、虚脱为特征。

【病因】 生理性因素如配种、妊娠、分娩、泌乳、生长发育以及母子或同伴分离等。病理性因素如气温骤变，过热过冷，阴雨久淋，圈舍通风不良，有毒有害气体刺激，噪音，日光直射，惊吓等；或昆虫叮咬，相互争斗追逐，病原微生物、寄生虫等感染；或烧伤、烫伤、手术保定、电流刺激等；或缺氧、药物麻醉、药物治疗等；或饲养管理失调，饲养密度过大，突然更换饲料，饮水和营养缺乏，微量元素、维生素缺乏等；长期休闲后突然使役过重、长途运输、外伤等；或对性情暴烈的牛在驯服调教或使役时，方法简单、粗暴等。

【辨证施治】 本症分为气血双虚型、湿热内蕴型、脾胃虚弱型和肝气抑郁型应激症。

（1）气血双虚型 患牛精神不振，食欲减退，体瘦毛焦，心悸气短，动则气喘，易惊恐，出汗，舌胖，口色淡白。

（2）湿热内蕴型 患牛精神恍惚，头低耳耷，行走不稳或卧地不起，体热，出气如蒸，呼吸喘促，周身出汗，舌软如绵、色白。

（3）脾胃虚弱型 患牛形寒肢冷，精神不振，毛焦欣吊，形体消瘦，完谷不化，泄泻，口色淡白或青黄，舌淡绵软无力。

（4）肝气抑郁型 患牛神情恐惧，烦躁不安，食欲不振，间或抑郁，胸肋拒按，体温、呼吸无明显变化，口色青白而微黄，苔白，脉弦。

【治则】 气血双虚型宜健脾补气生血，宁心安神；湿热内蕴型宜清热解暑，凉心开郁；脾胃虚弱型宜补益中气，健脾和胃；肝气抑郁型宜疏肝气，解抑郁，补脾和中。

【方药】 （1适用于气血双虚型；2适用于湿热内蕴型；3适用于脾胃虚弱型应；4适用于肝气抑郁型）

1. 归脾汤加减。党参、白术、当归、黄芪，五味子、酸枣仁、肉桂、远志、干姜、木香、茯神、大枣、甘草。共研细末，开水冲调，候温灌服。

2. 香薷散加减。香薷、黄连、黄芩、栀子、天花粉、连翘、柴胡、升麻、当归、白扁豆、蜂蜜，童便为引。共研细末，开水冲调，候温灌服。

3. 补中益气散加减。党参、白术、黄芪、当归、山药、陈皮、厚朴、升麻、柴胡、枳实、甘草。寒盛者加附子、干姜；泄泻重者加泽泻、车前子。共研细末，开水冲调，候温灌服。

4. 逍遥散加减。柴胡、薄荷、白术、当归、白芍、陈皮、生姜、半夏、茯苓、甘草。共研细末，开水冲调，候温灌服。

【预防】 尽可能减少如过劳、惊吓、粗暴等不良因素的刺激；用党参、黄芪、山药、淫羊藿、何首乌、当归、白术、蛇床子、女贞子、猪苓、茯苓、冬虫夏草等及其复方制剂添加饲喂后，均能明显促进机体的非特异免疫和特异性免疫，提高机体的抗病力，从而有效地预防本病的发生。

【典型医案】 1994 年 11 月 30 日，舟曲县城关乡庙儿沟村严某一头 7 岁黄色母牛来诊。主诉：该牛产的 3 月龄犊牛于前两天摔死，当晚回家吼叫不止，烦躁不安，食欲减退，村医用中西药治疗无效。检查：患牛精神恍惚，被毛粗乱、无光，鼻镜湿润，体温、呼吸、心率均未见异常，瘤胃蠕动迟缓，粪稀软、色黑，尿黄，口色青黄，苔薄。诊为应激综合征。治疗：逍遥散加减。白术、茯苓、陈皮各 30g，柴胡 40g，薄荷、白芍、生姜、半夏各 25g，木香 20g，甘草 15g。共研细末，开水冲调，候温灌服，连服 3 剂，患牛痊愈。（杨恒怀，T106，P23）

# 第七章

# 中 毒 病

## 第一节　饲料和霉败饲料中毒

### 黑斑病甘薯中毒

黑斑病甘薯中毒是指牛误食有黑斑病的甘薯所引起以急性肺水肿和间质性肺泡气肿、呼吸困难、皮下气肿等为特征的一种病症，俗称牛喘气病、牛喷气病。多发生于10月至翌年4月。

【病因】　由于甘薯贮存不当，污染甘薯黑斑病真菌，使甘薯霉烂变质，产生甘薯酮、甘薯醇、甘薯宁和羟甘薯宁等毒素，牛在食入霉烂的甘薯、甘薯副产品、甘薯苗、甘薯块后引起中毒；或在甘薯贮藏与出窖之际，将有黑斑病的甘薯弃于室外，牛采食后引起中毒。

【主证】　患牛食欲、反刍废绝，瘤胃蠕动音减弱、内容物黏硬，粪干硬、色暗、附有黏液和血液，呼吸明显加快，呼吸50～100次/min，吸气用力，鼻翼翕动，频频发出"吭吭"声；肺部听诊有各种啰音，叩诊呈鼓音，随着病情发展，呼吸加深而次数减少，呼吸音高亢，在牛舍附近或更远处可听到如拉风箱样声响。严重者，患牛呼吸困难，张口伸舌，口鼻流出带泡沫的液体，站立不安，颈部、背部出现皮下气肿，按之有捻发音，有的体温升高，因窒息而死亡。

【治则】　清泻肺热，止咳平喘，强心利尿，排毒解毒。

【方药】　1. 白矾散。白矾、贝母、黄连、白芷、郁金、黄芩、大黄、甘草、葶苈子。共研细末，50g/次，加蜂蜜200g，猪肺250g，研碎，一同灌服。共治疗6例，均治愈。

2. 浆蜜汤。白砂糖250g，蜂蜜250～500g，鸡蛋清10枚，浆水或酸菜水2000～3000mL（为成年牛药量）。混合，1次灌服，1次/d，连服2～4次。同时，取5％葡萄糖生理盐水、50％葡萄糖注射液各500～1000mL，维生素C 2～5g；静脉注射；体表气肿处，用16号针头刺入皮下，用手推、按、挤、压，使气体排出。共治疗37例，治愈30例。

3. 杜衡散。杜衡、杨柳根皮各31g，石菖蒲、臭椿皮各63g，桑白皮47g。水煎取汁，候温灌服。共治疗28例，治愈25例。（厉宝福，T10，P28）

4. 梨树皮250g，野烟（菊科植物烟管头草，亦可用天名精）100g，生姜、款冬花、枇杷叶、葛根各150g。粪干者加大黄、芒硝；呼吸道症状明显者加麻黄、桑白皮、杏仁、桔梗。捣烂，共研细末，米泔水冲服，连服2～3剂。中宽针放舌尖血后，用井水反复冲洗至血淡为止；用圆利针刺百会穴。共治疗6例，全部治愈。（杨承，T15，P63）

5. 大肺汤。桑白皮、枇杷叶各300g，葶苈子、马勃、麻黄各100g，苏叶、北杏仁、薄荷（后下）、橘红、鸡骨草、甘草各200g。共研细末，开水冲调，候温灌服。共治愈29例，无效3例。

6. 鲜蒲草根（香蒲科植物长苞蒲的根）1500g，加水5000mL，水煎30min，取汁，候温灌服，1剂/d；5％葡萄糖注射液1000mL，高锰酸钾（纯度高者为佳）1g，混合均匀，静脉注射，1次/d。共治疗20例，全部治愈。

7. 白矾散加减。白矾、贝母、白芷、郁金、黄芩、黄连、石韦、龙胆草、甘草各50g，大黄、莱菔子各60g，葶苈子30g。共研细末，温开水冲调，灌服。1剂/d，连服2～3剂。植物油1000～2000mL，0.1%高锰酸钾溶液1000～2000mL，分别灌服。3%双氧水60～100mL，5%葡萄糖生理盐水2000～3000mL，混合，缓慢静脉注射，约30min后，再静脉注射5%碳酸氢钠注射液250～500mL，地塞米松磷酸钠10mL。在缺氧症状严重时双氧水剂量可加大，次数略多；症状好转或恢复时宜用小剂量或停用；静脉注射应稀释至0.24%以下，注射速度以500mL/h为宜。立即灌服大量植物油，以消除咽喉、口腔中存在的泡沫和抑制体内黑斑病甘薯的发酵与气体的急剧增多。共治疗18例，全部治愈。

8. 麻杏石甘汤合三子养亲汤加味。麻黄、杏仁、石膏、白芥子、苏子、莱菔子、金银花、连翘、黄芩、青皮、桔梗、大黄、枳壳各60g，甘草15g。水煎取汁，候温灌服，连服2～3剂；0.1%高锰酸钾溶液1000～3000mL，灌服；5%葡萄糖生理盐水2000～3000mL，50%葡萄糖注射液200～500mL，静脉注射；麻黄素注射液0.1～0.5g，皮下注射。体温升高者加用抗生素，1次/d。共治疗27头，治愈25头。

9. 三子养亲汤。苏子、白芥子、葶苈子、车前子各30g，莱菔子、当归各60g，麦芽80g，陈皮25g，川厚朴、青皮、甘草各20g。水煎取汁，候温灌服。西药对症治疗。共治疗30余例，均取得了满意疗效。

10. 鲜白菖蒲（又名水菖蒲，江南各地多为野生，生长于池塘、水沟边）茎1～2kg，洗净、切片，捣绒后加井水2～4L，反复揉搓挤汁，分2次灌服（因白菖蒲根、茎用铁锅煎汁，药性大多失效，不宜煎服），1～2剂/d；柳叶白前、焊菜、凤尾草、乌蔹、忍冬荇、海金沙荇（均为鲜品）各0.5～1.0kg，水煎取汁，加明矾末30～50g，溶解后分2次灌服，1～2剂/d；链霉素2万单位/kg，肌内注射，2次/d，或肺俞穴注射，1次/d，直至痊愈。共治疗4例，治愈3例。

11. 白萝卜4000g。先将白萝卜打成糊，加入糖，再加适量水使其呈稀糊状，1次灌服；另取0.1%高锰酸钾溶液加于5000mL水中，1次灌服。

12. 八爪二子白矾汤。八爪金龙根、莱菔子、白矾、葶苈子各30g，蜂蜜120g。共研细末，加适量冷开水煎煮，取汁，加蜂蜜，灌服，2～3次/d，一般服用1～3d。共治疗13例，治愈11例。

【典型医案】1. 平度市郭庄镇丁家村一头10岁黄牛来诊。检查：患牛体温38.8℃，心跳88次/min，呼吸102次/min，流鼻液，鼻翼翕动，吸气无力，气喘，出现"吭吭"声，肺部听诊肺泡呼吸音粗厉，局部有湿啰音。诊为黑斑病甘薯中毒。治疗：白矾散。白矾、大黄、黄芩、葶苈子、郁金、石韦、龙胆草、益母草各30g，川贝母、白芷、黄连各20g。共研细末，开水冲调，候温，加蜂蜜200g灌服，1次/d，连服3d。10%葡萄糖注射液100mL，5%葡萄糖氯化钠注射液200mL，精制硫代硫酸钠10g，混合，1次

静脉注射，连用3d，痊愈。（张汝华等，T82，P25）

2. 1976年4月5日，夏县庙前公社张郭店大队3队一头红色母牛来诊。检查：患牛体温37.8℃，心跳105次/min，呼吸88次/min，食欲废绝，呼吸迫促，有吭声，眼结膜充血，肠音衰弱，粪球干小。诊为黑斑病甘薯中毒。治疗：白砂糖250g，蜂蜜500g，鸡蛋清10枚，浆水3000mL，混合，1次灌服，1次/d，连服4次；同时，取5%葡萄糖生理盐水、50%葡萄糖注射液各500mL，维生素C 2～5g；静脉注射，2次。9日，患牛体温37.6℃，心跳68次/min，呼吸29次/min，食欲、反刍恢复正常。之后又观察2d，未见异常，痊愈。（董满忠等，T8，P51）

3. 1983年4月19日，南海县小坜区徐某一头约500kg、营养良好母水牛来诊。主诉：该牛1周前曾多次饲喂部分霉烂甘薯粥，随后发现气喘，初期较轻，日渐严重，不能使役。检查：患牛食欲减退，鼻翼翕动，腹式呼吸明显、急促，体温39.2℃。呼吸80次/min；粪呈黑色。诊为（轻型）黑斑病甘薯中毒。治疗：大肺汤，用法见方药5。服药2剂，患牛呼吸减慢，粪转正常。又服药2剂，患牛呼吸、体温、食欲均恢复正常。（蔡来长，T29，P25）

4. 1985年2月12日，梁山县刘树店的一头6岁黑色母牛来诊。主诉：该牛近日因连续饲喂黑斑病甘薯皮而发生气喘和"吭吭"声，反刍停止，食欲废绝。检查：患牛精神高度沉郁，呼吸困难，结膜发绀，体温38.5℃，心跳95次/min，背部皮下气肿。诊为黑斑病甘薯中毒。治疗：取方药6，用法同上。连续治疗3d，痊愈。（田均盈，T29，P49）

5. 1995年3月28日，石阡县坪山乡包溪村毛某一头4岁、约400kg母水牛来诊。主诉：昨天下午，该牛误食弃于路边的黑斑病甘薯，于今晨发病。检查：患牛呼吸高度困难，呼气长吸气短、如拉风箱、张口呼吸、80～100次/min；咽喉部有大量泡沫状黏液，肺部听诊早期为啰音，以后可听到破裂音，后期在肩及颈部出现皮下气肿，触诊呈捻发音，消化机能紊乱，食欲、反刍减退或废绝，粪干、色黑、附有黏液或血液，体温一般正常。诊为黑斑病甘薯中毒。治疗：菜油1500mL，1%高锰酸钾溶液1500mL，分别灌服；3%双氧水100mL，5%葡萄糖生理盐水2500mL，混合，1次耳静脉注射；5%碳酸氢钠注射液250mL，地塞米松磷酸钠10mL，混合，在上药用后30min 1次静脉注射；白矾散加减，用法见方药7。第2天，患牛诸症减轻。继用上方药，双氧水减为60mL。第3天痊愈。（毛承健，T89，P25）

6. 1985年2月28日，高县罗场镇走马村黄某等5户饲养的一头4岁、约400kg水牯牛来诊。主诉：昨天牛喂了削去烂疤的甘薯约10kg，于今晨发病。检查：患牛呼吸困难，痰鸣气喘，可视黏膜呈蓝紫色，反刍、食欲停止，体温39.8℃，呼吸85次/min，心跳110次/min。诊为黑斑病甘薯中毒。治疗：麻黄

素 30mL（含原生药 0.3g），皮下注射；0.1％高锰酸钾溶液 1500mL，灌服；5％ 葡萄糖生理盐水 2000mL，50％葡萄糖注射液 300mL，混合，静脉注射。3月1日继用上方西药1次。中药用麻黄45g、杏仁、石膏、白芥子、苏子、莱菔子、金银花、连翘、黄芩、大黄各60g，青皮、枳壳、桔梗各45g，甘草15g。水煎取汁，候温灌服，2次/d，连服2剂，痊愈。（杨家华，T78，P31）

7. 1984年12月，芮城县南卫乡阎家庄村阎某一头牛，因误食黑斑病甘薯发病来诊。检查：患牛体温39℃，张口呼吸，气喘，身颤。治疗：三子养亲汤，用法见方药9，1剂/d，连服3剂，痊愈。（管仲乐等，T52，P28）

8. 1996年4月，吉安县北沆乡陈前村罗某一头6岁黄牛，因误食黑斑病甘薯发病来诊。检查：患牛食欲废绝，精神委顿，粪干黑、呈球状，呼吸困难，鼻翼翕动，气喘、呈拉风箱声，体温38.8℃。诊为黑斑病甘薯中毒。治疗：白菖蒲茎1.5kg，洗净、切片，加井水4L，揉搓取汁，分2次灌服；柳叶白前、凤尾草、乌蕨、忍冬荇、海金沙荇（均为鲜品）各1kg。水煎取汁，加明矾30g，候温，分2次灌服。共治疗4d，痊愈。（郭岚等，T94，P32）

9. 商南县富水镇黑柒河村3组丁某的3头水牛，放牧时因采食了弃于地边的霉烂甘薯后发病来诊。检查：患牛鼻镜少汗，微喘，体温无异常。诊为黑斑病甘薯中毒。治疗：取方药11，用法同上。服药3d，患牛痊愈。（刘作铭，T65，P48）

10. 2004年4月8日，黎平县德凤镇黎明村4组黄某一头黄牛，因患病在他医处治疗3d无效来诊。检查：患牛精神沉郁，呼吸困难，颈部皮下气肿，有喂霉烂病甘薯史。诊为黑斑病甘薯中毒。治疗：八爪二子白矾汤，用法见方药12。服药2d，患牛精神好转，症状减轻，同时灌服生理盐水，加强饲养管理，5d后逐渐恢复正常。（薛佩圻，T136，P57）

## 霉稻（谷）草中毒

霉稻（谷）草中毒是指牛长期采食霉变稻草，致使霉菌毒素中毒，临床上以跛行、耳尖、尾端干性坏疽、肢蹄肿胀、溃烂为特征的一种病症，又称烂蹄症、真菌中毒性蹄壳脱落病。多在当年11月至翌年3月（病情严重程度与当年水稻种植面积、秋雨持续时间和稻草霉变情况呈正相关）发病；奶牛、黄牛和水牛均可发病，但以水牛发病最为常见；病程1月至数月；没有明显的性别、年龄之分。

### 一、黄牛霉稻草中毒

【病因】 秋雨连绵，持续低温，晚稻稻曲病泛滥成灾，稻谷、稻草长满菌核，牛长期采食大量长满菌核霉稻草，导致霉稻草中的木贼镰刀菌、半裸镰刀菌等真菌毒素严重侵害牛体而发生中毒。

【主证】 病初，患牛精神、食欲基本正常，皮肤干裂，鼻镜干燥，眵黄，口渴喜饮，肢体运动不灵，站立不稳，步态僵硬，患肢间歇性提举。中期，患牛食欲不振，体温稍高，毛色枯竭、无光泽，蹄肢肿胀、触压有痛感、交替负重频繁，数日后肿胀延至腕关节和跗关节，跛行，腹泻，呼吸急促或中枢神经兴奋、麻痹，头部和四肢肌肉痉挛，头颈向一侧弯曲、强直，不断发出呻吟声，腹痛磨牙，四肢刨地，拱背。后期，患牛四肢肿胀部位皮肤破溃、出血、化脓、坏死，气味恶臭难闻，蹄腿溃烂、蹄壳脱落，卧地不起，食欲减退或废绝，精神萎靡，结膜潮红，鼻镜干燥，皮肤干燥、肥厚、皲裂，被毛粗糙脱落，四肢、乳房、耳鼻发凉，眼球突出，瞳孔散大，瘤胃轻度臌气；有的肿胀消退后，皮肤呈干性坏死。多数病牛的耳尖和尾端有不同程度的坏死，耳尖、耳缘甚者全耳焦枯变硬，尾端硬固、脱毛、坏死、逐节脱落。一般呼吸、食欲、粪、尿无明显变化。

【治则】 清热解毒，理气健脾，利湿消肿。

【方药】 1. 当归、续断、杜仲、土鳖虫、大黄、制南星、枳壳、青皮、乌药各50g，乳香、没药、醋制自然铜、血竭各20g，生地、牛膝、木香、厚朴、川芎各30g，甘草25g。温炒，共研细末，开水冲调，候温灌服，早、晚各1次/d。初期用干净毛巾蘸热水热敷和按摩患肢2～3次/d，促进局部血液循环；白胡椒粉20～30g，白酒200～300mL，灌服，1次/d，连服3～5d。对蹄、肢破溃者，先剪去或剃去破溃周围的被毛，用70％酒精或浓盐茶水洗净，再涂擦红霉素软膏或撒布乳香、没药、雄黄末，并用消毒的纱布棉花包扎；取青霉素、链霉素或庆大霉素40万单位，肌内注射；葡萄糖注射液、维生素C等，静脉注射，对症治疗。（毛和松，T20，P61）

2. 四妙勇安汤加味。金银花、当归、丹参各40g，玄参50g，甘草、牛膝、赤芍、木通各30g，桂枝20g。共研细末，开水冲调，候温，分2次灌服，早、晚各1次/d，连服1周。对蹄肢部破溃者，用金银花藤2份、甘草1份，水煎取汁，待凉后清洗患处，涂擦消炎油膏；对感染严重者，青霉素200万单位，肌内注射，1次/d。共治疗5例，均在半个月内治愈。（成章瑞等，T50，P36）

3. 初期，药用自拟黄柏七味汤：黄柏、金银花、连翘、土茯苓各100g，薏苡仁、防己各80g，木瓜60g。共研细末，开水冲调，候温灌服，连服5～10剂。50％葡萄糖注射液500mL，维生素C 2～3g，混合，静脉注射，1次/d或1次/2d，连用3～5次；陈艾叶、花椒（叶），加水煮沸，温浴患肢，浴后拭干，1次/d，连续温浴4～5d。

中期（破溃期），药用自拟变通四物汤加味：当归、川芎、黄芪各30g，生地40g，赤芍60g。共研细末，开水冲调，候温灌服，1次/d，连服5～10剂。

葡萄糖粉 250g，维生素 C 3g，灌服，1 次/d。外用温食盐水浴洗患肢，浴后拭干，1 次/d，连续洗浴 3～5d。

后期（恢复期），药用加减内补黄芪汤：黄芪、党参各 60g，茯苓、当归、白芍、熟地、麦冬各 30g，杜仲 50g，续断 60g，甘草 15g。共研细末，开水冲调，候温灌服，1 次/d，连服 2～3 剂。

共治疗 226 例，治愈 189 例。（刘旭银，T28，P41）

4. 初期，用干净毛巾蘸热水热敷和按摩患肢 2～3 次/d，促进局部血液循环；灌服白胡椒酒（白胡椒粉 20～30g，白酒 200～300mL），1 次/d，连服 3～5d。对肢蹄溃烂者，先剪去溃烂处周围的被毛，用 70% 酒精或浓盐水洗净，再涂擦红霉素软膏或撒上乳香、没药、雄黄末，并用消毒纱布、药棉包扎，同时肌内注射青霉素、链霉素或庆大霉素 80 万单位，至溃烂愈合为止；5% 或 10% 葡萄糖注射液 1500～3000mL，静脉注射，1 次/d，连用 5～7d；取香附、田七、青木香、广木香、小活血、生地、牛膝、厚朴、川芎各 30g，大活血、大黄、枳壳、青皮各 40g，乳香、没药、党参、甘草各 20g（根据牛的体质酌情加减）。共研细末，开水冲调，候温灌服，早、晚各 1 剂，连服 5～7 剂。

【护理】 立即停喂霉稻草，改喂青草或优质饲草；喂黄豆（磨浆）或豌豆、胡豆 1.0～1.5kg，食盐 30～50g，1 次/d；牛舍要向阳、干燥、保暖，垫草要柔软而勤换；妥善收贮霉稻草，严防霉变；患部用 0.1% 高锰酸钾或 2% 鞣酸冲洗、擦干，用鱼石脂软膏或红霉素软膏涂擦；对患肢热敷、按摩，适当运动。

【典型医案】 1983 年 12 月 23 日，常德县畜牧良种场雷某一头 10 岁母牛就诊。主诉：该牛食霉稻草近 1 月，现出现跛行，喜卧，食欲减退。检查：患牛膘情中等，被毛粗乱，鼻镜干燥，耳、尾尖干枯，左后肢肿痛，蹄匣与皮肤交界处有溃烂灶，体温 37℃。治疗：先剪去溃烂灶周围的被毛，用 70% 酒精或浓盐水洗净，再涂擦红霉素软膏或撒布乳香、没药、雄黄末，并用消毒纱布、药棉包扎，同时肌内注射青霉素、链霉素或庆大霉素 80 万单位，至溃烂愈合为止；取方药 4 西药、中药，用法同上，早、晚各 1 剂/d，连服 7 剂，痊愈。（肖廷贵，T37，P37）

## 二、奶牛霉稻草中毒

【病因】 由于外界环境（空气湿度、气温、日光）及贮存条件不良等导致稻草霉烂，使镰刀菌属中的三线镰刀菌、半裸镰刀菌、串珠镰刀菌、禾谷镰刀菌等产生的丁烯酸内酯、赤霉烯醇等毒素引起奶牛中毒。

【主证】 患牛头颈向右侧弯曲、强直，不断发出呻吟声；呼吸粗厉，口流泡沫状黏稠涎水，频频排粪、尿，但量很少，四肢站立不稳，似要跌倒；眼球突出，瞳孔散大，视物不清。

【治则】 温经散寒，健脾利湿。

【方药】 干绿茶叶 300～350g，常水适量，煮开，待温，连汁带茶叶拌入精料，让患牛自食；菜油 0.75kg，拌入精料，让患牛自食；金银花、大青叶、冬桑叶、陈皮各 20g，连翘、炒苍术、广砂仁、川厚朴、生白芍各 30g，知母、广藿香、香白芷各 25g，生甘草 50g。水煎取汁，候温灌服。

【典型医案】 1987 年 11 月 17 日，金华市蝉城区秋滨乡新塘村倪某一头成年黑白花奶牛来诊。主诉：该牛于 14 日晚发病，此时适逢牛发情；头颈始终向右侧弯曲，并靠在牛棚柱上，难以自制，不时跌倒。15 日，他医初诊为脑炎，用磺胺嘧啶钠、葡萄糖生理盐水等药物治疗无效。16 日下午复诊，症状同上。诊为霉稻草中毒。治疗：干绿茶叶 300～350g，常水适量，煮开，待温，连汁带茶叶拌入精料，让患牛自食；菜油 0.75kg，拌入精料，让患牛自食。约 20min 后，患牛耳即能竖立、摆动，尾亦能摆动，瞳孔略有缩小。时至中午，患牛喘粗症状缓解，吐沫、流涎症状消失，四肢能频频交换站立，头颈能伸直或仰举。下午，又用干绿茶叶同法治疗。后取上方中药，用法同上，连服 2 剂。第 3、第 4 天，又取干绿茶叶治疗。1 周后痊愈。（严宏有，T59，P35）

## 三、水牛霉稻草中毒

【病因】 秋收时由于阴雨连绵，稻草收割后未经晒干即堆放，以致霉菌大量繁殖，或有些稻谷在收割之前已经发霉，冬、春季节牛采食污染霉菌的稻草而引起中毒。

【主证】

本病分为寒湿脚肿和湿热脚肿。患牛精神委顿，行走无力，前膝部及跗部突起，表皮坏死或耳、尾坏死，甚至卧地不起，病初为一肢蹄水肿，随之出现三肢或四肢蹄肿；先从蹄冠部肿起，逐渐向上蔓延至膝、肘部以上；水肿初期局部潮红，温度升高，随之水肿加重，患肢皮温转凉，疼痛加重，跛行，步履艰难。随着病程的发展，肿胀加剧，肿胀处有淡黄色或淡红色液体渗出；在蹄冠及系部出现横裂痕、有大量液体渗出，进而溃烂、出血、化脓、蹄匣脱落。

【治则】 寒湿型肢蹄肿宜温经散寒，除湿消肿；湿热型肢蹄肿宜清热除湿，解毒，利水消肿。

【方药】 1. 寒湿型肢蹄肿，药用苓桂术甘汤、独活寄生汤加减。湿热型肢蹄肿，药用五苓散、五皮饮、连朴饮等加减。同时，静脉注射高渗葡萄糖注射液、氯化钙、维生素 C、安钠咖等，以强心、利尿、解毒。局部肿胀未溃者，用热水敷或用陈艾、花椒叶、桉树叶、柑子叶，水煎取汁热敷；破溃流黄水者，用 0.1% 高锰酸钾溶液冲洗，敷磺胺类软膏；较重者可局部注射抗生素。共治疗 38 例，痊愈 36 例，脱蹄、死亡各 1 例。

2. 金银花 60g，蒲公英、车前草各 200g，甘草 20g，白糖 1000g，清油 500mL，鸭蛋 20 枚。将金银花、蒲公英、车前草、甘草水煎取汁，候温，冲白糖，同时将鸭蛋去壳，一同灌服，1 剂/d，连服 2～3 剂。三磷酸腺苷二钠注射液 120mg，肌苷注射液 600mg，混合，静脉注射（亦可肌内注射），1 次/d，连用 2～3d；30%安乃近注射液 40mL，地塞米松 30mg，维生素 B₁ 600mg，维生素 B₁₂ 300mg，混合，肌内注射，1 次/d，连用 3d 以上。共治疗 10 例，治愈 9 例。

3. 苍术、砂仁、厚朴、白芍、连翘各 30g，白芷、知母、藿香各 25g，金银花、桑叶、陈皮、紫花地丁、甘草各 20g。共研末，水煎 3 次，取汁，混合，分 2 次灌服，1 剂/d，连服 2～3 剂；10%葡萄糖注射液 1000～3000mL，10%氯化钙注射液 40～100mL，5%复方氯化钙注射液 2000～4000mL，安钠咖、维生素 C 各 2～4g，维生素 B₁₂ 1～2mg，维生素 B₆ 2～5g，三磷酸腺苷 100～200mg，地塞米松 10～20mg，庆大霉素 20 万～40 万单位，静脉注射，1 次/d，连用 2～3d；硫酸钠 300～500g，加水 5000～8000mL，灌服。服用泻剂后，皮下注射新斯的明 0.01～0.02g，以促进胃肠内容物的排除。共治疗 25 例，治愈 23 例。

**【典型医案】** 1. 1982 年 11 月 27 日，峨眉县胜利公社胜利 3 队张某一头 8 岁、约 300kg 母水牛来诊。主诉：20 日，发现该牛精神差，吃草减少，两后肢与左前肢肿胀，四肢发热，经他医医治无效。检查：患牛两后肢和左前肢从蹄肿至蹠腕部，左前肢破溃流黄水，触摸四肢增温，喜睡，食欲废绝，口色潮红，口津少而黏腻，粪干，尿少而黄或淋漓，脉洪数，呼吸 15 次/min，心跳 125 次/min，体温 40.5℃；瘤胃蠕动 1 次/min。检查所饲喂的稻谷草有大量霉菌。诊为霉稻草中毒（湿热型肢蹄肿）。治疗：黄连、瞿麦、升麻、木通、猪苓、茯苓各 40g，白术 45g，厚朴、黄柏、泽泻各 60g，车前子 70g，甘草 25g。水煎取汁，候温灌服；5%葡萄糖注射液 1000mL，50%葡萄糖注射液 100mL，10%安钠咖注射液 14mL，10%氯化钙注射液 50mL，静脉注射；维生素 C 注射液 1500mg，青霉素 400 万单位，肌内注射。29 日复诊，患牛尿量增加、色如铁锈、气味恶臭，症状有所缓解。中药方黄连改为连翘 45g，加牛膝 50g；西药方停用青霉素和高渗葡萄糖注射液。12 月 1 日，患牛精神大有好转，尿液正常，三肢蹄肿基本消失。取猪苓、茯苓各 60g，白术、厚朴、泽泻各 50g，升麻、陈皮、柴胡各 40g，牛膝 70g，甘草 25g。用法同上，3 次/d。12 月 6 日痊愈。

2. 1981 年 12 月 7 日，峨眉县符溪公社符平 7 队黄某一头 9 岁母水牛来诊。主诉：11 月 28 日，发现该牛行走困难，右后肢蹄肿胀，30 日，该牛三肢肿胀，吃草减少，病势渐重，服中药 3 剂无效。检查：患牛卧地，左前肢和两后肢由下向上肿至腕部和髌骨，触摸未扪温，口、角温低，背凉，口色青黄，脉象沉迟，体温 37.1℃，呼吸 21 次/min，心跳 71 次/min；瘤胃蠕动 1 次/min，持续时间 10s。检查饲草发现有霉菌。诊为霉稻草中毒（寒湿型肢蹄肿）。治疗：桂枝、升麻、秦艽各 50g，黄芪、苍术各 70g，麻黄 40g，川芎 45g，木通 60g，独活、勾藤各 30g，水煎取汁，候温灌服；20%安钠咖注射液 20mL，10%氯化钙注射液 40mL，维生素 C 2g，15%葡萄糖注射液 40mL，静脉注射。12 月 9 日，患牛肢蹄肿胀减轻，饮食欲增加，体温 37.4℃。中药方去苍术、麻黄，加生姜、陈皮。西药方同上。12 日，患牛全身症状消失，但左前肢仍肿胀。中药方加猪苓、茯苓各 60g，用法同上，连服 2 剂；并针刺八字穴。17 日痊愈。（耿道林等，T5，P43）

3. 1992 年 2 月 3 日，天门市黄潭镇黄咀村黄某一头 4 岁、约 280kg 母水牛来诊。主诉：该牛患病已 10d，开始时左前肢肿胀，现四肢皆肿胀，运步艰难。检查：患牛体温 36℃，呼吸 18 次/min，心跳 31 次/min，听诊心脏缩期杂音；粪带血，体质消瘦，肌肉萎缩，四肢水肿，蹄部皮肤出现裂痕，腹中线两侧皮薄处及大腿内侧皮肤上出现似蛀虫咬伤样小出血点，脊背两侧皮肤龟裂，尾端干性坏死长约 30cm。经询问畜主，牛食发霉稻草已 2 个月。治疗：鱼腥草注射液 100mL，三磷酸腺苷二钠 120mg，肌苷 600mg，辅酶 A 360mg，混合，静脉注射，1 次/d；安乃近注射液 40mL，地塞米松 30mg，维生素 B₁ 600mg，维生素 B₁₂ 3g，混合，肌内注射，1 次/d；金银花 60g，蒲公英、车前草各 200g，白糖 1000g，植物油 500mL，鸭蛋 20 枚。将前 3 味中药水煎取汁，候温，入白糖、鸭蛋清，灌服，连服 3d，痊愈。（杨国亮，T96，P32）

4. 2007 年 1 月 5 日，邵武市和平镇李某一头 3 岁公水牛患病，他医按腹泻诊治无效来诊。检查：患牛精神沉郁，食欲不振，体温正常，腹泻，流涎，呼吸急促，鼻镜干燥，步态不稳，头颈向一侧弯曲、强直，蹄冠部肿胀、破溃，耳尖、尾尖坏死。畜主告知，牛食发霉稻草已 1 个多月。诊为霉稻草中毒。治疗：停食霉稻草；用 2%鞣酸洗净肿胀破溃处，涂红霉素软膏；取硫酸钠 500g，加水 5000mL，灌服；新斯的明 0.01g，皮下注射；10%葡萄糖注射液 2000mL，10%氯化钙注射液 80mL，5%复方氯化钠注射液 4000mL，安钠咖、维生素 B₆ 各 3g，维生素 C 4g，维生素 B₁₂ 2mg，三磷酸腺苷 200mg，地塞米松 20mg，庆大霉素 40 万单位，静脉注射，1 次/d，连用 3d；取方药 3 中药，用法同上，1 剂/d，连服 3 剂。经 4d 治疗，患牛痊愈。（杜劲松，T151，P60）

## 霉烂绿萝卜中毒

霉烂绿萝卜中毒是指牛食入被灰绿葡萄孢霉菌污染而霉烂的绿萝卜引起中毒的一种病症。

【病因】 绿萝卜储存不当，被灰绿葡萄孢霉菌污染腐烂，产生大量毒素，被牛误食而导致中毒。

【主证】 患牛精神沉郁，食欲废绝，反刍停止；瘤胃蠕动音消失，肠音微弱，粪如焦油状；呼吸极度困难、声如拉锯、数米之外即可闻及、呈明显的腹式呼吸；鼻翼翕动，流少量浆液性鼻涕；眼球突出，头颈伸直，两腮鼓起、似圆桶状、触之有硬感、叩击呈鼓音；上下颌僵硬，两肘外展，粪潜血呈阳性，尿蛋白检测呈阳性。

【治则】 宣泄肺气。

【方药】 马兜铃、桑白皮、瓜蒌、葶苈子、黄芩、黄柏、连翘、金银花、木通、陈皮、枳壳、枳实各30g，砂仁、木香各20g，半夏15g。水煎取汁，候温，胃管灌服，1剂/d。2.5%氨茶碱、10%樟脑磺酸钠各20mL，分别肌内注射；0.1%肾上腺素3mL，2%普鲁卡因8mL，链霉素200万单位，青霉素240万单位，混合，1次气管注射，1次/d；25%葡萄糖注射液、生理盐水各1000mL，维生素C注射液5mL，混合，1次静脉注射，1次/d；磺胺噻唑15g，三甲氧苄氨嘧啶3g，大黄末50g，龙胆末20g，加水适量，混合，1次胃管投服，2次/d。

【典型医案】 1986年4月1日，西安市未央区张家堡村施某一头4岁、妊娠已6个多月奶牛来诊，于入院后第2天流产。主诉：该牛连续采食刚从窖里取出的霉烂绿萝卜2.5kg。检查：患牛精神沉郁，食欲废绝，反刍停止；瘤胃蠕动音消失，肠音微弱，粪如焦油状；呼吸极度困难、声如拉锯、数米之外可闻及、呈明显的腹式呼吸；鼻翼翕动，流少量浆液性鼻涕；眼球突出，头颈伸直，两腮鼓起、似圆桶状、触之有硬感、叩击呈鼓音；上下颌僵硬，两肘外展，体温38.9℃，心跳130次/min，呼吸90次/min。粪潜血呈阳性，尿蛋白检测呈阳性。诊为霉烂绿萝卜中毒。治疗：2.5%氨茶碱20mL，肌内注射，缓解呼吸紧张状况。第2日上午，取上方药治疗，用法同上。用药2d后，患牛精神大为好转，流涎消失，开始反刍，并能饮食少量水、草，但粪仍呈黑色稀泥状；呼吸困难已缓解，呼吸28次/min，肺区能听到明显的碎裂啰音，呼吸粗厉，心跳68次/min。继用上方药治疗3d，患牛基本痊愈。（张学诗等，T45，P30）

## 棉籽饼（棉油）中毒

棉籽饼（棉油）中毒是指牛长期食入大量棉籽饼（油），棉酚在体内特别在肝脏中蓄积，引起慢性中毒的一种病症。

## 一、棉籽饼中毒

【病因】 由于大量、长期饲喂未经脱毒处理或调制的棉籽饼，使棉酚（为一种嗜细胞性、血管性、神经性毒素）逐渐蓄积于牛体引起慢性中毒。日粮搭配不合理，饲料单纯、品质低劣，蛋白质、矿物质和维生素以及青绿饲料的不足或缺乏，促使本病的发生。孕牛长期饲喂棉籽饼，导致犊牛先天性失明。

【主证】 患牛食欲、反刍减退或废绝，前胃弛缓，粪呈黑褐色、带有黏液或血丝，全身无力，步态不稳，喜卧，严重者尿液呈红色，腹下、四肢及肉垂水肿，眼睑肿胀、流泪。犊牛中毒则食欲减退，泄泻，呈佝偻病症状，甚者出现夜盲症、尿石症和黄疸。

【治则】 消除致病因素，加速毒物排出，对症治疗。

【方药】 1. 滑石粉甘草流浸膏。滑石粉300g，甘草流浸膏（相当于炙甘草）250mL，加水3000mL，1次胃管投服；10%葡萄糖注射液500mL，任氏液1000mL，静脉注射。共治疗31头，均取得了较为满意的疗效。

2. 滑石粉200g，葶苈子、知母各90g，桑白皮80g，天花粉60g，当归30g，白芍40g，茯苓、车前子各100g，甘草50g。水煎3次，合并药液，候温灌服。0.2%高锰酸钾溶液5000~10000mL，8%硫酸镁溶液5000mL，直肠灌注（因呼吸困难，易呛，症状缓解后再灌服）；静脉放血100~300mL；10%葡萄糖注射液2000~3000mL，5%葡萄糖氯化钠注射液1000mL，10%氯化钙注射液100~200mL，双氧水100~150mL，10%樟脑磺酸钠30mL，维生素C、乌洛托品注射液各100mL，青霉素400万单位，混合，待放血后1次静脉注射。共治疗12例，治愈11例。

3. 知母30g，黄柏、生地、栀子炭、赤芍、薄黄各40g，油当归（用食用油200mL炸至焦黄色，连油同煎）、丹参、旱莲草、白莲肉、黄芪、侧柏炭各50g，鲜白茅根150g。水煎2次，取汁4000mL，候温，分早、晚灌服。

【典型医案】 1. 1980年4月28日，扶风县凤鸣2队的一头8岁红犗牛就诊。主诉：给牛饲喂棉籽饼已1个多月，2.5kg/d，现不食不反刍已5d，粪呈黑色、干燥、量少。检查：患牛体温39.3℃，心跳123次/min，呼吸21次/min，双目流泪，精神沉郁，心音亢进，结膜与口色淡黄，食欲废绝，瘤胃蠕动音消失，肘肌颤抖，颌下水肿，喜卧地。诊为棉籽饼中毒。治疗：滑石粉甘草流浸膏，用法见方药1；10%葡萄糖注射液500mL，任氏液1000mL，静脉注射。29日，患牛症状无明显改善，体温38.7℃，心跳96次/min，呼吸20次/min。再取滑石粉甘草流浸膏

1剂，灌服；10％葡萄糖注射液500mL，维生素C 3g，任氏液1000mL，静脉注射；生理盐水500mL，3％奴夫卡因注射液30mL，青霉素G钾160万单位，腹腔注射。30日，患牛体温38.2℃，心跳93次/min，呼吸18次/min，瘤胃有微弱的蠕动音，开始舐鼻，精神明显好转，口色淡黄，津液黏滑，心音正常。取10％葡萄糖注射液1000mL，维生素C 4g，任氏液500mL，静脉注射；腹腔封闭同前；滑石粉250g，甘草流浸膏200mL，酵母粉100g，水3000mL，灌服。5月1日，患牛体温38.2℃，心跳84次/min，呼吸16次/min，口色同前，出现反刍，瘤胃蠕动音比较弱，粪量多，呈黑色，双目无泪，肘肌不颤，精神较好，食草量少。再取滑石粉甘草流浸膏1剂，灌服；10％葡萄糖注射液1000mL，安钠咖、维生素C各2g，静脉注射。2日，患牛体温38℃，心跳82次/min，呼吸16次/min，吃草，反刍，瘤胃蠕动音弱，精神较好。停药观察，一切恢复良好，于5月6日痊愈。（宋明德等，T19，P55）

2. 1993年6月29日，邓州市刘集乡孙庄寺村孙某一头2岁公牛就诊。主诉：该牛突然发吭，呛喘，食欲、反刍废绝；近1月饲喂棉籽10kg/d。检查：患牛体温38.1℃，呼吸急促，流鼻涕，频频排粪、量少、混有黏液，呻吟，肌肉震颤，行走摇摆，肝浊音区扩大。诊为棉籽饼中毒。治疗：取方药2，用法同上。翌日，患牛症状基本消失，呼吸明显好转，继用0.2％高锰酸钾溶液5000～10000mL，8％硫酸镁溶液5000mL，直肠灌注，痊愈。（孙荣华等，T76，P28）

3. 1995年9月25日，新蔡县砖店乡南王庄村熊某一头5岁母黄牛来诊。主诉：今年3月，该牛出现尿频、尿急，尿液呈深红色，他医诊为血尿，经用中西药治疗而愈。自9月份以来，该牛尿量少、色黑，他医用中西药治疗痊愈，之后又反复发作。该牛妊娠已5个多月，一直喂棉籽饼。检查：患牛精神尚好，食欲不振，瘤胃蠕动音弱，心跳78次/min，呼吸音粗厉、27次/min，尿短少、呈茶褐色，粪呈球状。诊为棉籽饼中毒引发血尿。治疗：取方药3，用法同上。停喂棉籽饼。次日，患牛尿量增多，尿色转淡。效不更方，继服药1剂。服药后，患牛食欲增加，粪量、尿量、尿色、心率、呼吸、瘤胃蠕动趋于正常。原方药油当归改为当归30g，去蒲黄、侧柏炭、赤芍、生地，加熟地、枸杞子各40g，菟丝子、山药各50g，用法同上，1剂/2d，服药3剂，痊愈。（徐好

民等，T86，P35）

## 二、棉籽油中毒

本病是牛误食大量棉籽油而引起中毒的一种病症。

【病因】　在产油季节，牛偷食棉籽油而发生中毒。

【辨证施治】　临床上分为苛性钠处理棉籽油和碳酸钠粉处理棉籽油或未经处理的棉籽油中毒两种。

（1）苛性钠处理棉籽油中毒　初期，患牛连续水泻，随后转为灰白色泥状稀粪、无光泽；后期，患牛粪中带有肠黏膜，血尿，反刍停止，食欲废绝，磨牙，口鼻凉，鼻流清亮透明的鼻液；口色淡白，鼻镜后期干燥、结痂，有眼眵，个别牛视力减退，体温、呼吸无明显变化；瘤胃蠕动次数减少、蠕动音偏低，胃管投药易引起逆呕。

（2）碳酸钠粉处理棉籽油或未经处理棉籽油中毒　患牛先泄泻，随后逐渐转为便秘，瘤胃可触摸到硬块，易继发百叶干，拒食，反刍停止；口鼻吊挂大量透明黏液，口色无明显变化；鼻镜先期干燥，后期龟裂；体温、呼吸、心率、瘤胃蠕动均无明显变化；胃管投药易引起逆呕。

【治则】　早期宜洗胃；中期宜清热败毒，疏肝利胆；恢复期宜健脾理气。

【方药】　早期，用40℃左右的温水反复洗胃，越早越好（对饮入5kg以上棉籽油的牛，即使在10d以后也应洗胃）；洗胃后立即取加味平胃散：陈皮、半夏、干姜、厚朴、藿香、茯苓、草果、甘草。共研细末，开水冲调，候温灌服。

中期，药用白头翁散加减：白头翁、黄连、黄柏、黄芩、柴胡、茵陈、木香、木通、滑石、罂粟壳、玉片。如果是苛性钠处理棉籽油引起的中毒，应服至粪不再呈灰白色为止，同时肌内注射氯霉素；有脱水症状者应及时补液。

恢复期，药用健脾理气散：①神曲、麦芽、山楂、白术、茯苓、木香、玉片、甘草。病程长、体质虚弱者加党参、黄芪、当归、白芍。共研细末，开水冲调，候温灌服。②红糖200g，曲酒150g，神曲100g。共研细末，开水冲调，候温灌服。

共治疗28例，治愈26例。成年牛中饮棉籽油最多的达17.5kg，最少的6kg；病程最短者1周，长者1个多月。（杨静华，T38，P56）

# 第二节　有毒植物中毒

## 高粱苗中毒

高粱苗中毒是指因牛采食过多高粱嫩苗导致机体中毒的一种病症。

【病因】　牛过量误食二茬高粱幼苗或饲喂高粱嫩苗，使氢氰酸衍生物氰苷配糖体在胃内酶水解和胃酸作用下产生游离氢氰酸而中毒。

【主证】　采食高粱幼苗后约30min，患牛出现高度兴奋，起卧不安，前肢刨地，后肢踢腹，呼吸加

快，可视黏膜发红，体温下降；继而精神沉郁，心跳无力，步态不稳，抽搐、痉挛，瞳孔散大，皮肤知觉降低，体温再度明显下降，呼吸迫促，眼球突出，大声哞叫，血液呈鲜红色，最后窒息死亡。

【治则】　排毒解毒，清理胃肠。

【方药】　1. 强力解毒敏注射液 40～80mL（一般用量 0.7～1.2mL/5kg 为宜，使用剂量应 1 次用足，否则只能缓和症状，不能达到完全解毒的目的），肌内或皮下注射。必要时可对症治疗。共治疗 7 例，均获痊愈。（王湛军等，T79，P30）

2. ①洗胃。用开口器打开牛口腔并固定，将 0.1% 高锰酸钾溶液通过胃导管灌入瘤胃，后导出瘤胃内容物，如此反复循环进行洗胃。②清泻胃肠、阻止肠内容物继续吸收。硫酸镁 500g，常水 4000mL，调匀，1 次灌服；10% 氯化钠注射液 500mL，维生素 C 注射液 40mL，5% 葡萄糖生理盐水 1000mL，静脉注射。6h 后重复用药 1 次。1% 美蓝注射液 400mL，10% 硫代硫酸钠注射液 300mL，维生素 C 注射液 40mL，静脉注射；10% 氯化钠注射液 500mL，5% 葡萄糖注射液 1000mL，静脉注射 6h 后重复用上述药物 1 次。中药取大黄 200g，芒硝 150g，厚朴 80g，枳实 70g，甘草 30g。水煎取汁，候温灌服，早、晚各 1 剂。（廖海洋，T133，P55）

3. 1%～2% 美蓝注射液 1mg/kg，静脉注射；10% 硫代硫酸钠注射液 2mg/kg，静脉注射。

【典型医案】　1983 年 9 月 23 日，项城县老城乡东陈楼丁某一头黄牛，因采食高粱嫩苗发病来诊。检查：患牛极度不安，呼吸、心率加快，腹胀严重，流涎，可视黏膜发红，呼出的气体有苦杏仁味，不断发出吭声，随后倒地、痉挛，病情发展迅速。诊为氢氰酸中毒。治疗：取 1% 美蓝注射液 250mL，10% 硫代硫酸钠注射液 500mL，分别静脉注射；30% 安乃近注射液、10% 安钠咖注射液各 30mL，分别肌内注射；瘤胃放气后用硫代硫酸钠 30g，加水 100mL，注入瘤胃。2h 后重复用药 1 次。经上法治疗，痊愈。（董志诚，T72，P29）

## 马铃薯中毒

马铃薯中毒是指牛过食马铃薯块根、幼芽、茎叶或腐烂的马铃薯，导致神经系统和消化系统机能紊乱的一种病症。多见于 1～3 月份马铃薯发芽期。

【病因】　牛过食腐烂或发芽的马铃薯而中毒。

【辨证施治】　临床上分为急性、亚急性和慢性中毒。

（1）急性　以发病快、死亡率高为特点。患牛突然发病，食欲、反刍废绝，瘤胃臌气，呼吸困难，狂躁不安，急奔狂走不避障碍物，短时间内精神沉郁，后肢麻痹，窒息死亡。

（2）亚急性　病程 1～2d。病初，患牛精神不振，食欲减退；随后食欲、反刍废绝，瘤胃轻度臌气，流涎、呕吐，步态不稳，两眼半睁、无神。

（3）慢性　病程 1～4d。患牛四肢内侧、乳房、阴囊、肛门等皮肤较薄处出现皮疹，公牛发生包皮炎。

【治则】　排毒解毒，保护胃肠。

【方药】　二花土苓解毒饮。二花、土茯苓各 100g，大黄 80g，山豆根、山慈姑、枳壳、连翘、菊花、龙胆草各 50g，黄连、黄芩、黄柏、蒲公英各 30g，甘草 20g。共研细末，开水冲调，待凉加蜂蜜 150g，1 次灌服。急性与亚急性服 2 剂，慢性服 1 剂即可见效。

在服中药前，先用 0.1% 高锰酸钾溶液洗胃。5% 葡萄糖注射液 1000mL，静脉注射；0.1mg/kg 美蓝溶液（1g 美蓝溶于 10mL 纯酒精，再加 100mL 生理盐水，过滤灭菌），静脉注射；昏迷者，取 50% 葡萄糖注射液 300～500mL，静脉注射；安钠咖注射液 10mL，皮下注射。共治疗急性 30 例，治愈 18 例；亚急性 130 例，治愈 105 例；慢性 130 例，治愈 98 例。（王国栋，T29，P46）

## 闹羊花中毒

闹羊花中毒是指牛抢青误食闹羊花引起的一种中毒性疾病。临床上以口吐白沫、呕吐、腹痛、皮温低、口鼻冰凉、共济失调、运动障碍等为特征。一般具有明显的季节性，多发生于 4 月下旬至 5 月上旬，多见于在放牧归途中和进栏舍后的 1～2h 内。

闹羊花又名羊踯躅、黄花草、黄杜鹃、映山黄，为杜鹃花科植物。常见于山坡、石缝、灌木丛中，分布于我国华东、中南、西北地区及内蒙古、贵州等地。是一种多年生落叶灌木，每年 4～5 月份发出新叶，开似喇叭状黄花。闹羊花的花和叶中含有棂梅素、杜鹃花素等有毒成分（特别是花中含量最高）。

【病因】　在早春放牧季节，牛误食闹羊花嫩芽或喂食由其制作的酒曲、杀虫剂而引起中毒。

【主证】　一般发病急，病程发展快。误食闹羊花后 4～5h，患牛流涎，口吐白沫，磨牙，呕吐，食欲、反刍减退或废绝，肚腹膨胀，腹泻，粪中混有带血的黏液，胃肠蠕动音增强；精神沉郁或兴奋不安，初期乱冲乱撞，共济失调，步态不稳，形同醉酒状，后期重症时卧地不起，四肢麻痹，皮肤、口鼻冰凉，瞳孔先缩小后散大，呈昏睡状态；心跳 30～50 次/min，节律不齐，脉弱，血压下降，病程一般为 1～5d。

【治则】　排毒解毒，对症治疗。

【方药】　1. 升麻、防风、大黄、芡实各 60g，葛根 90g，金银花、连翘、滑石、甘草各 30g，芒硝、腹水草（吊杆风）、车前草各 120g。水煎取汁，候温灌服，连服 3 剂后各药减量服用。共治疗 15 例，治

愈 13 例。（文波，T16，P38）

2. 陈年烟管垢（老年人吸烟管内的黑垢，现取现用，否则无效）6～7g，深层黄泥 1000g，加水 4000mL，搅匀，灌服。轻症 1 剂，重症隔 3～4h 再服 1 剂。共治疗 10 余例，疗效甚佳。

3. 鲜鲫鱼（大小不限）1000g，捣烂，温水冲服，2h 后再服生鸡蛋（去壳）10 枚。共治疗 8 例，均治愈。

4. 松针药液合米汤合剂。鲜松针 3kg，捣碎，加清水 6kg，煮沸 20min，水煎取汁；大米 2kg，加水约 8kg，烧开后文火煎 20min，去米留汤。二者药液混合，候温灌服（现制现用），2～5kg/次，一般 1 次即愈；重症者可间隔 10h 再服 1 次。共治疗 24 例，全部治愈。

5. 甜茶（又名蜀漆，为虎耳草科植物黄常山的嫩枝叶，性苦寒，味微甜）500g，水煎 2 次，取汁，候温，分别灌服，并给予大量饮水，水中加入适量白糖和食盐。共治疗 35 例，均获得良好疗效。

6. 硫酸阿托品注射液（1mg/mL）10～20mL/次，必要时 1～2h 后重复用药 1 次；0.86％氯化钠注射液、5％葡萄糖注射液各 1500～2000mL/次，维生素 C 注射液 15～20mL，10％安钠咖注射液 10mL，静脉注射，2 次/d，连用 2d；或用 10％樟脑磺酸钠注射液 15～20mL/次，皮下或肌内注射，2 次/d；亦可用活性炭 20～30g，加温水适量，灌服。

患牛体质健壮且处于中毒早期，出现流涎磨牙、呕吐、腹痛不安、精神兴奋、乱冲乱撞等症状时，以颈脉穴为主穴，耳尖、山根穴为配穴行放血疗法；白针以百会穴为主穴，苏气、肺俞、脾俞穴为配穴进行治疗。取生绿豆 250～300g，浸泡磨浆，灌服；或用鸡蛋 20 枚，灌服；或用黄连解毒汤合大承气汤加减：黄连、黄芩、黄柏、厚朴、枳实各 45g，栀子 60g，大黄 60～90g，芒硝 100～150g，连翘、金银花各 50g，甘草 35g。共研细末，开水冲调，候温灌服。

患牛体质虚弱，中毒后出现皮肤、口鼻冰凉、四肢麻痹、脉弱等症状时，用增液承气汤加减：大黄 60～90g，厚朴、枳实、党参、黄芪各 45g，芒硝 100～150g，玄参 50g，生地、麦冬各 60g。共研细末，开水冲调，候温灌服。

患牛中毒症状已解，出现食欲不振、耳聋头低、精神倦怠、口色淡白、舌苔薄白等症状时，用四君子汤合曲麦散加减：党参、白术、六曲、陈皮各 60g，白茯苓 50g，麦芽、山楂、枳壳、苍术各 45g，甘草 30g。共研末，开水冲调，候温，加白萝卜 300g，调服。

共治疗 16 例，治愈 15 例。

【典型医案】 1. 温岭县大交陈村牛场一头 2 岁母牛来诊。主诉：该牛在放牧时突然惊叫、倒地，口流白沫，四肢乱划，神志昏迷。诊为闹羊花中毒。治疗：取方药 2，用法同上，1 剂。服药 2h 后，患牛能

站立，但四肢发抖，行走如醉；又服药 1 剂，第 2 天痊愈。（李方来等，T26，P37）

2. 三门县南圹 1 村林某一头牛来诊。主诉：该牛上午放牧，下午 3 时发病倒地，口角流大量白沫，四肢乱划，眼结膜发绀，眼球突出。诊为闹洋花中毒。治疗：取方药 3，用法同上。第 2 天痊愈。（李方来，T48，P43）

3. 1972 年 4 月 20 日上午，仙居县白塔镇上叶村一头约 350kg 公水牛来诊。检查：患牛站立不稳，行走摇晃，狂躁不安，频频回头顾腹，口吐白沫，磨牙，食欲废绝，体温 37℃。随着病程的延长，患牛呈昏迷状态。诊为闹羊花中毒。治疗：松针药液合米汤 5kg，用法见方药 4。服药后约 2h，患牛神志清爽，行走较稳，诸症减轻，当晚能吃少量青草，翌日即愈。（吴寿连等，T82，P29）

4. 1981 年 4 月 30 日下午 5 时，缙云县船步头 5 队一头水牛来诊。主诉：该牛在放牧归途中，先运步如醉，后倒地难起。检查：患牛呼吸急促，空口咀嚼（磨牙），口流白沫，呕吐，体温 37.5℃，全身肌肉痉挛，有轻度的角弓反张现象。诊为闹羊花中毒。治疗：10％安钠咖注射液 20mL，肌内注射；甜茶 500g，加水适量，煎煮 2 次，取汁，分别灌服。至夜间 12 时，患牛自行起立，翌日上午痊愈。（陈根陆，T43，P39）

5. 1996 年 4 月 16 日，宜都市枝城镇罗家冲村罗某一头 10 岁公水牛来诊。主诉：该牛曾到有闹羊花生长的山坡上吃草。检查：患牛体温正常，口流泡沫状液体，空口磨牙，伴有腹痛，回头顾腹，反刍停止，食欲废绝，呕吐、站立不稳等。诊为闹羊花中毒。治疗：取方药 6 中药、西药与穴位疗法。先穴位血针放血；灌服绿豆浆、鸡蛋清；取硫酸阿托品 15mL，肌内注射；葡萄糖生理盐水 1500mL，维生素 C 注射液 20mL，10％安钠咖注射液 10mL，静脉注射，2 次/d，连用 2d；黄连解毒汤合大承气汤，2 剂，用法同上。用药后，患牛病状基本解除，但仍食欲不振，耳聋头低，精神倦怠，口色淡白，舌苔薄白等。遂取四君子汤合曲麦散加减，用法同上，1 剂/d，连服 3 剂，患牛恢复正常，痊愈。（刘臣华等，T162，P64）

## 青杠叶中毒

青杠叶中毒是指牛采食过量的青杠嫩叶、嫩枝或花，引起泌尿、消化系统机能紊乱和器质性病变的一种病症。具有一定的地区性和季节性，一般 4～6 月份多发。

【病因】 牛采食过量有毒的青杠嫩叶、幼枝或花，积于胃中日久，使胃的腐熟、通降功能受损，脾运化功能失调，肾阳衰弱，水液不得运化转输，导致水液不能下输膀胱排出而中毒。

现代兽医学认为，青杠树叶和花中的鞣酸作用于胃肠黏膜，使蛋白质凝固，形成致密的蛋白膜，胃肠黏膜的末梢神经感受性降低，胃肠蠕动减弱，内容物发酵、腐败、分解，引起胃肠炎症。血液循环和肾脏泌尿功能障碍，使大量液体渗出于胸、腹腔及皮下结缔组织，形成少尿、无尿和腹下水肿。

【辨证施治】　临床上以先便秘后下痢、腹下水肿为特征，分为急性型和水肿型。急性型多见于役用能力较强的牛。一般发病急，病程短，从发病到死亡1～3d，水肿症状不明显。水肿型发病较缓，以黄牛多见，病程长达20d左右。

初期，患牛精神沉郁，双目无神，体温正常或略高，鼻镜汗或无汗，食欲不振，喜吃干草，反刍减少或停止，呆立，频频回头顾腹或后肢踢腹，肛门、会阴周围或股内、阴鞘、脐下、胸前及颌下水肿，肿胀部无热痛反应，穿刺液无色透明；腹围增大，粪少、干结、常附有黏膜和血液、气味腥臭、成串珠状，尿短而少，尿液滴地而起泡沫长时间不消散，口腔津液黏稠、舌苔腻、微黄、脉浮数。中后期，患牛磨牙呻吟，肌肉震颤，回头顾腹或卧地不起，体温36～37℃，心率、呼吸减弱，瘤胃蠕动音极弱。

【治则】　早期宜清热解毒，润肠通便，健脾和胃；中后期宜扶正祛邪，温阳利水。水肿型宜健脾利湿，运化水湿。

【方药】　1. 金银花、连翘、白术、山药、陈皮、肉桂、附片各40g，党参、黄芪各50g，厚朴、槟榔、干姜、猪苓、茯苓、泽泻、桂枝、甘草各30g。水煎取汁，候温，加蜂蜜、菜油适量，灌服。共治疗500余例，收效显著。

2. 金银花、连翘、肉桂、附片、干姜、补骨脂、益智仁、白术、山药、陈皮、黄芪、当归、茯苓、泽泻、车前子、木香各50g，党参100g，甘草10g。水煎取汁，候温，加蜂蜜、菜油适量，灌服。共治疗20余例，均收到显著疗效。

3. ①十枣汤加味。大枣100g，芫花、商陆、大戟各50g，甘遂45g，大黄60g，栀子40g。水煎取汁，候温灌服。②黄芪、茯苓、党参各50g，熟地、天花粉、大枣各60g，当归40g，陈皮、砂仁各30g，黄连25g。水煎取汁，候温灌服。共治疗23例，治愈21例。

4. 患牛头低耳耷、精神倦怠、口色淡白、舌质如绵、舌苔白腻，药用五苓散加减：茯苓50g，苍术75g，猪苓45g，白术、木香各40g，远志、厚朴、炒黄芩、泽泻各35g，茵陈、知母、黄柏各30g，黄连25g，牵牛子、甘草各20g，鸡蛋清为引。共研细末，开水冲调，候温灌服。患牛机体健壮、兴奋、舌红苔厚、脉沉或洪而有力，药用三黄解毒汤：黄连、木通各30g，黄芩、天花粉各40g，大黄45g，茯苓、猪苓各50g，黄柏、车前子、桔梗各35g，牵牛子25g，甘草20g。共研细末，开水冲调，候温灌服。取5%硫代

硫酸钠8～15g，静脉注射，1次/d，连用2～3d（对初、中期病例有效）；3%食盐水1000～2000mL/次，或菜籽油250～500mL，瓣胃注射；鸡蛋清200～400mL，灌服。泄泻时禁用石蜡油。取10%葡萄糖注射液1000～2000mL，10%安钠咖注射液10～20mL，静脉注射。水肿时，用20%甘露醇1000～2000mL，静脉注射，或速尿1～3g/kg，灌服，2次/d。共治疗16头，治愈15头。

【典型医案】　1. 1983年5月7日，交口县城关镇水头村冯某一头6岁黄牛，因近期在青杠树林地放牧发病来诊。检查：患牛体格健壮，精神沉郁，食欲废绝，反刍停止，粪干少、呈黑褐色、含多量脱落肠黏膜并附有血液，尿短，厌食青草，能食少量干玉米叶，体温36℃，心率快而弱，胃肠蠕动音消失，会阴部及腹下明显水肿，按之无热、痛感。诊为青杠叶中毒。治疗：取方药1，用法同上。服药2剂，患牛水肿消退；继用上方药去猪苓、茯苓、泽泻，加山楂、神曲，用法同前，服药2剂，痊愈。（张永光，T110，P26）

2. 1980年5月8日，仁怀市中枢镇狮子山村胡某一头3岁水牛来诊。主诉：该牛曾在青杠树林地放牧10d以上，同时每天以青杠叶垫圈。检查：患牛精神沉郁，食欲废绝，反刍停止，粪干少、呈黑褐色、含多量脱落肠黏膜并有血液，尿短，厌食青草，能食少量干玉米叶，体温36℃，心跳快而弱，胃肠蠕动音消失，会阴部及腹下明显水肿，按之无热、痛感。诊为青杠叶中毒。治疗：取方药2，用法同上。用药1剂，患牛水肿消退。继用上方药去茯苓、车前子、泽泻，用法同前。取10%生理盐水2000mL，瓣胃注射。用药后，患牛痊愈。（张模杰等，T83，P34）

3. 犍为县孝姑镇紫云村周某一头12岁公水牛，因在青杠林地放牧食其叶而中毒来诊。检查：患牛阴鞘及臀部明显水肿、触之有波动感，精神沉郁，双目无神，低头耷耳。治疗：先用方药3①，用法同上，连服2剂。用药后，患牛臀部水肿明显消退，食欲恢复。继用方药3②，连服3剂，患牛痊愈。（王加全等，T70，P36）

4. 1994年3月26日，宜都市枝城镇梁家畈枝尤某一头6岁役用公黄牛来诊。主诉：该牛放牧时曾采食青杠嫩叶。检查：患牛体温升高不明显，食欲明显减退，粪秘结、被覆白色黏液，尿少、清淡而透明，腹痛、磨牙、不安，回头顾腹，会阴、腹下、肛门等处水肿。诊为水肿型青杠叶中毒。治疗：禁食青杠叶；灌服鸡蛋20枚；取5%硫代硫酸钠注射液200mL，10%葡萄糖注射液1500mL，10%安钠咖注射液10mL，分别静脉注射。用药后，患牛病状有所缓解，但食欲不振，会阴等处水肿消退较慢，舌苔红厚，脉洪而有力等。取三黄解毒汤，用法见方药4，1剂/d，连服3剂。患牛病情好转。继用上方药加白术50g，苍术45g，厚朴30g，枳壳35g，用法同上，

连服 2 剂。患牛恢复正常，痊愈。（刘臣华等，T142，P49）

## 藜芦中毒

藜芦中毒是指牛误食藜芦嫩苗后，出现以流涎、反胃、呕吐、腹痛、频排粪尿、呆立似醉为特征的一种病症。具有明显的季节性，多见于 5～6 月份。一般食后3～5h 发病。

【病因】 牛误食藜芦嫩苗所致。

【主证】 患牛体温正常或偏低，心率慢而弱，有时节律不齐，肺泡呼吸音粗厉，口吐白沫和黏液，空嚼；有的腹痛，反刍停止，食欲废绝，尿频或淋漓，粪稀，精神沉郁；严重者呕吐，磨牙，呼吸困难，呆立似醉，耳尖有红斑；瞳孔正常或缩小，眼结膜苍白，口色青白，脉细弱。

【治则】 保肝解毒，镇静止呕。

【方药】 1. 甘草绿豆汤。甘草 100g，绿豆 250g。加水 4000mL，煎至 2500mL，取汁，候温灌服；10％葡萄糖注射液 1000mL，10％维生素 C 注射液 100mL，0.5％强尔心 10mL，混合，静脉注射。共治疗 38 例（含其他家畜），全部治愈。

2. 10％葡萄糖注射液 1500～3000mL，5％碳酸氢钠注射液 500～1000mL，复方氯化钠注射液 1000～2000mL，强力解毒敏 40～80mL，10％维生素 C 注射液 50～100mL，10％安钠咖注射液20～40mL，混合，静脉注射；芒硝 200～400g 或液体石蜡 1500～2500mL，活性炭 150～300g，龙胆苏打粉 150～300g，姜酊100～150mL，混合，1 次灌服；盐酸山莨菪碱（654-2）100～200g 或阿托品 10～30mg，爱茂尔20～40mL，肌内注射。共济失调者用 25％硫酸镁注射液 100～150mL 或氨溴注射液 100～150mL，静脉注射；体温高者，用 558 炎消痛注射液 50～75mL，肌内注射。共治疗 46 例，全部治愈。

【典型医案】 1. 1991 年 5 月 18 日，汪清县罗子沟镇古城村张某一头 3 岁黄色公牛就诊。主诉：该牛上午在长有藜芦的山坡放牧未见异常，下午发现食欲废绝，口吐白沫。检查：患牛精神沉郁，眼结膜苍白，体温 37.5℃，心率慢而弱，心跳 235 次/min，肺泡呼吸音微粗，口吐白沫，腹痛，反刍停止，食欲废绝，尿淋漓，粪稀，口色青白，脉细弱。诊为藜芦中毒。治疗：甘草绿豆汤，用法见方药 1；10％葡萄糖注射液 1000mL，10％维生素 C 注射液 100mL，0.5％强尔心 10mL，混合，1 次静脉注射。翌日复诊，患牛痊愈。（马福全等，T83，P32）

2. 1998 年 5 月 28 日下午，蛟河县拉汪镇田宝村葛某等将 15 头黄牛赶至塔山南坡的沟塘中放牧至傍晚，其中 3 头母牛发病来诊。检查：患牛空嚼，吐沫，呕吐，流涎，弓腰，频频排粪、尿。诊为藜芦中毒。治疗：取方药 2，用法同上，用药 3 次，

痊愈。翌日上午，又发现 2 头小母牛和 1 头成年公牛出现吐沫、流涎等轻度中毒症状，母牛药用 10％葡萄糖注射液 1500～3000mL，5％碳酸氢钠注射液 500～1000mL，复方氯化钠注射液 1000～2000mL，强力解毒敏 40～80mL，10％维生素 C 注射液 50～100mL，10％安钠咖注射液 20～40mL，混合，静脉注射，1 次即愈；公牛则未经诊治，自愈。（马常熙等，T98，P28）

## 芦笋副料中毒

芦笋副料中毒是指牛食入过量储存不当的芦笋副料，出现以狂躁不安、肌肉震颤为特征的一种病症。

【病因】 牛过食储存不当的芦笋加工副料（芦笋根系老化部分，每节有 2～10cm）所致。

【主证】 初期，患牛兴奋，狂躁不安，前冲后退，来回转圈，反应敏感，稍有响动即两耳自立，怒视，全身肌肉颤抖，阵阵弓腰拱腹，粪稀薄、带有大量黏液，尿液呈褐红色。后期，患牛精神沉郁，头低耳耷，鼻翼翕动，张口喘气，口津滑利，伸舌流涎，四肢频频踏地，行走无力，磨牙，头顶石槽或墙角，闭目沉睡，反应迟钝，呼吸粗厉、疾速、32 次/min，胎动不安，流产，胎衣不下，恶露不尽，体温升高，心率初期增强，心跳 140 次/min，后期沉衰。患牛血凝不良，血呈暗紫色，脉浮、按压有力。

【治则】 补中益气，调补脾胃。

【方药】 白术、当归、厚朴、茯苓、陈皮、党参各50g，升麻、柴胡、大青叶、金银花、熟地各30g，黄连、黄芩、地榆炭、生姜片、木香各25g，甘草20g。水煎取汁，候温，加红糖100g，灌服。立即停止饲喂芦笋，尽快导出胃内容物，用1％美蓝溶液或1％高锰酸钾溶液洗胃。对重症者速用1％美蓝溶液或1％甲苯胺蓝注射液40～50mL，10％维生素 C 注射液40mL，10％安钠咖注射液 10～20mL，分别与10％葡萄糖注射液1500～2000mL，混合，待充分混均、静置5min 后，缓慢静脉注射。视病情2h 后再静脉注射 1 次。孕牛取 1％黄体酮注射液 30mL，1 次/d，肌内注射。

【典型医案】 1999 年 4 月 1 日，莒县志阳镇大湖村于某的 9 头黑白花奶牛就诊。主诉：因给牛饲喂芦笋副料，3d 后先后出现不同程度的泄泻。检查：患牛粪中混有大量的黏液，尿淋漓、呈褐红色，饮食减少，反刍减退，口角流涎，可视黏膜充血、潮红。其中有一头膘情良好、6 岁、妊娠 4 个月的母牛出现食欲废绝，张口喘气，骚动不安，阵阵腹痛，回头顾腹，粪稀、混有透明胶胨样黏液及血丝。检查：患牛瞳孔散大，结膜潮红，视力模糊，口腔黏滑，流涎不止，口腔内有芦笋气味，全身肌肉震颤，头顶食槽或墙角，闭目无神，呼吸增数、32 次/min，心率初增强后沉衰，心跳 140 次/min，体温 41.8℃，末梢反

应迟钝、血液呈暗紫色、凝固不良，后期尿淋漓，脉象细、紧。患牛发病 2d 流产，恶露不尽。治疗：停喂芦笋副料；逐头用 1‰美蓝溶液冲洗胃，轻者灌服上方中药 2 剂，重者可速用 1‰甲苯胺蓝注射液 40mL，10％安钠咖注射液 10mL，分别加入 10％葡萄糖注射液 1500mL，混匀，静置 5min 后，缓慢静脉注射；2h 后再注射 1 次，用药 2 次，痊愈。（杨爱华等，T109，P33）

## 仙人掌中毒

仙人掌中毒是指牛误食或过食仙人掌而引起中毒的一种病症。

【病因】　牛误食或人为灌服过量仙人掌而引起中毒（据报道，牛内服仙人掌量一般是 350～400g）。

【主证】　患牛精神尚好，体温、心率、呼吸基本正常，食欲、反刍废绝，腹胀，不排粪，耳、鼻俱凉，鼻汗时有时无，舌根微红，口津黏，口温偏低，瘤胃中度臌气，听诊无蠕动音，右腹壁紧张。直肠检查肠壁干涩，后部直肠空虚，粪量少、干硬。

【治则】　解毒润燥，清理胃肠，对症治疗。

【方药】　当归苁蓉汤加味。油当归 200g，酒肉苁蓉 100g，番泻叶 45g，木香、醋香附各 40g，厚朴、炒枳壳各 60g，建曲 90g，莱菔子 250g，火麻仁 150g，甘草 30g。水煎取汁，候温，加石蜡油 500mL，灌服，1 剂/d。10％葡萄糖注射液、5％葡萄糖生理盐水各 1000mL，25％维生素 C 注射液 20mL，混合，静脉注射，1 次/d，连用 3d。

【典型医案】　2003 年 7 月 12 日，鲁山县董财乡丁庄村铁某一头 4 岁、妊娠已 4 个月、350kg 黄色母牛来诊。主诉：前几天该牛吃草、反刍减少，粪干，肚胀。6 日灌服仙人掌 3500g 无效；7 日又灌服 3500g；8 日，患牛食欲、反刍废绝，肚胀，不排粪，治疗 4d 无效。检查：患牛体温、心率、呼吸基本正常，精神尚好，耳、鼻俱凉，鼻汗时有时无，舌根微红，口津黏，口温偏低，瘤胃中度臌气，听诊无蠕动音，右腹壁紧张。直检肠壁干涩，后部直肠空虚，粪量少、干硬。诊为仙人掌中毒。治疗：10％葡萄糖注射液、5％葡萄糖生理盐水各 1000mL，25％维生素 C 注射液 20mL，混合，静脉注射，1 次/d，连用 3d；当归苁蓉汤加味，用法同上，1 剂/d，连服 2 剂。15 日，患牛排粪 2 次/d，粪量有所增加、呈饼状、带有黏液和血液，瘤胃臌气消失、听诊无蠕动音，喝水后瘤胃臌气，触诊右腹壁有震水音。取庆大霉素 120 万单位，肌内注射，2 次/d；10％生理盐水 35mL，5％氯化钙注射液 150mL，10％安钠咖注射液 30mL，混合，静脉注射，1 次/d，连用 3d；温肥皂水灌肠，1 次/d，连用 3d。18 日，患牛粪干、无黏液和血液，瘤胃蠕动 2 次/min、力量极弱，口津稍黏。取 10％安钠咖注射液 30mL，维生素 $B_1$ 注射液 20mL，肌内

注射，2 次/d；干酵母 120g，龙胆酊 100mL，红糖 250g，加温水适量，灌服，1 次/d，连服 2d；每日用其他健康牛的反刍食团从口腔掏出后立即填喂患牛。20 日，患牛开始反刍，吃较多青草，瘤胃蠕动 3 次/min、力量尚可，口津基本正常，口舌色淡。取加味四君子汤：党参、山楂、六曲各 100g，白术 60g，茯苓、黄芪、熟地各 90g，木香 45g，甘草 30g，大枣 50g。水煎取汁，候温灌服，1 剂/d，连服 2 剂。23 日，患牛痊愈。（陈克等，T134，P54）

## 夹竹桃中毒

夹竹桃中毒是指牛误食夹竹桃，引起以心律不齐、出血性胃肠炎和各组织器官出血为特征的一种病症。

【病因】　多因在夹竹桃树周围割草，误将夹竹桃叶混入青草内饲喂牛，或在夹竹桃丛中放牧，牛误食夹竹桃叶而中毒。

【主证】　患牛食欲、反刍减退或废绝，心律不齐；重症者心动间歇，瘤胃蠕动减弱或停止，腹痛，泄泻，粪呈黑褐色、稀粥样或水样、泡沫样、气味腥臭、混有大量黏液甚至大量血液或凝血块。个别患牛间歇性倒地，体温、呼吸无明显变化，皮温低，四肢末端、耳角均发凉。

【治则】　解毒排毒。

【方药】　滑石 200g，土茯苓 150g，防风 120g，生甘草、生姜各 100g，党参、当归、生地、麦冬、白术、地榆各 40g，五味子、柴胡各 60g，丹皮 30g。另备茶叶 50g，鸡蛋清 10 枚，白糖 500g（上药为 24h 量）。水煎 3 次，加水 3kg/次，熬至 2.5kg，混合 3 次药液，候温灌服，1 次/（2～3）h，8～10 次/d，直至服完。茶叶加水煎为浓汁，在服中药的间隔期内分 2 次服完。蛋清与白糖混合，在服中药、浓茶的间隙内分 2 次服完。次日，服第 2 剂中药时，根据患牛病情可不再服茶、蛋清和白糖；第 3 日只服中药。共治疗 8 例，均获痊愈。

【典型医案】　1984 年 6 月 20 日晨 4 时，彭山县观音乡梁河 6 队徐某一头 8 岁、中等膘情水牛，因突然发病来诊。主诉：18 日下午，该牛曾放牧于铁路旁夹竹桃丛中。检查：患牛精神不振，食欲、反刍废绝，瘤胃蠕动停止，流涎，腹痛，粪呈水样、气味腥臭，不时倒地，心动间歇，体温正常，皮肤、四肢下端、耳角均发凉。诊为夹竹桃中毒。治疗：取上方药，用法同上。服药 1 剂，患牛病情好转，不再倒地；第 2 剂只服中药，痊愈。（王世忠等，T12，P49）

## 无刺含羞草中毒

无刺含羞草中毒是指牛误食无刺含羞草的茎叶而

引起中毒的一种病症。一般多见于冬季。

【病因】　牛误食无刺含羞草引起中毒。

【辨证施治】　临床上有水肿型和神经型中毒。

(1) 水肿型　一般症状较轻而缓。患母牛会阴和肛门周围有明显水肿；公牛在包皮、阴囊、肉垂、胸下及后肢等处有水肿，指压留痕，有触痛感无热感，胸部叩诊呈水平浊音。尿液检查红细胞、蛋白质阳性，尿沉渣、肾及膀胱上皮细胞阳性。

(2) 神经型　患牛鼻镜干燥，瘤胃蠕动音少而弱，或废绝，常作排粪姿势，翘尾，粪初期干硬、覆有黏液和伪膜，后期下痢脓血、气味臭。尿液蛋白检查呈阳性。

【治则】　清热解毒，消肿定喘。

【方药】　金银花、甘草各150g，桑白皮80g，乌桕叶、了哥王、无根藤各250g，绿豆500g。水煎取汁，冲调红糖500g，候温灌服。取30%葡萄糖注射液1500mL，维生素C注射液10mL，安钠咖注射液25mL，混合，1次静脉注射。共治疗14例，治愈12例。

【典型医案】　1981年5月20日，湖光区平岭村饲养的成年水牛6头、黄牛8头，由于误食无刺含羞草，出现精神沉郁，被毛逆立，鼻镜干燥，喘气粗，呼吸困难，个别牛磨牙，肌肉震颤，胃肠蠕动减弱，下颌、腹下水肿，有2头公牛阴茎包皮水肿，3头母牛阴户亦出现水肿，2头黄牛倒地不能站立，瞳孔散大，四肢强直。治疗：取上方药，用法同上。用药后，除中毒严重的2头黄牛于第2天死亡外，其余12头中的7头症状较轻者，继服中药3剂，注射西药3次即恢复正常；症状较重的5头口服中药4剂，注射西药6次治愈。(李欧才，T44，P32)

## 毒芹中毒

毒芹中毒是指牛误食毒芹而引起中毒的一种病症。一般多见于初春季节，体质健壮、食欲旺盛、膘情好的牛多发，以2岁以下的牛多见。

【病因】　早春青草枯乏季节，放牧牛贪青而采食毒芹幼苗或啃食裸露地面的根茎引起中毒。

【主证】　一般食入毒芹1～2h发病。患牛兴奋不安，口吐白沫，瘤胃膨气，反刍废绝，全身肌肉震颤、痉挛，牙关紧闭，角弓反张，呼吸迫促，腹痛，泄泻，卧地不起，体温下降，脉搏细弱。

【治则】　排除毒素，解痉镇静。

【方药】　蜂蜜甘草合剂。生蜂蜜400～750g，甘草末150～300g。混合，加温水调和，1次灌服，2次/d。

辅助疗法：用绳在大脉穴位下方紧系颈部使血管怒张，然后用16号采血针彻血。彻血量应根据具体情况酌定，400kg、体质好的奶牛彻血1000～1500mL为宜。彻血量不可过多，以免引起虚脱，过少又会影响效果；彻血应随时观察血液颜色变化，血液由暗红色变成鲜红色时立即停止；彻大脉血不可连续进行，如需再彻，必须间隔1d进行。取5%葡萄糖注射液2500～3500mL，12.5%维生素C注射液100～120mL，1次静脉注射。共治疗18例，治愈17例。

【典型医案】　1985年3月25日上午9时，宝清县马某一头2岁黑白花乳牛与3头奶牛同在宝石河岸放牧，10时，发现牛采食毒芹青绿叶，随后3头奶牛均呈酒醉样，口流蛋清样黏稠唾液，全身颤抖，途中死亡2头。检查：患牛口角有乳白色泡沫，肩颈部肌肉震颤，频频排稀粪，咬牙，行走跟跄，体温37.6℃，心跳116次/min，呼吸36次/min，瘤胃膨胀，后肢踢腹，呻吟不安，腹痛，巩膜瘀血。治疗：蜂蜜400g，甘草末200g，混合，加温水调和，灌服。翌日早晨，患牛痊愈。(郭洪峰，T20，P58)

## 栎属植物中毒

栎属植物中毒是指牛采食大量栎属植物幼嫩枝和花引起中毒的一种病症。具有一定的季节性、区域性，一般在4月下旬开始发病，5月中旬达到高峰，5月下旬发病逐渐减少；以2～10岁的牛发病居多；膘情好的牛发病率高。

【病因】　在春末夏初，牛采食大量栎属植物（如麻栎、白栎等）幼嫩枝和花叶而引起中毒。

【主证】　初期，患牛食欲不振，厌食，喜食干草，鼻镜汗少或无汗，耳尖、四肢末端皮温低，粪正常或稍干，或附着少量的黏液，尿清长频数，有的患牛初排白色混浊的尿液，瘤胃蠕动音较弱，心率、呼吸无明显变化，体温38～39.5℃，个别患牛体温稍偏高。中期，患牛食欲废绝，精神不振，粪干燥、混有黏液和血丝或呈较长的串珠状；鼻镜干燥，尿少、色清白（易被误诊为百叶干）；有的腹下、会阴、胸前、肉垂、颌下等部位出现轻度水肿，瘤胃蠕动音极弱，心率、呼吸稍快，体温正常或稍低。后期，患牛食欲完全废绝或出现异食现象，精神沉郁，鼻镜干燥或龟裂，粪秘结或排出少量褐黑色或黄褐色腥臭的黏液性粪，尿淋漓不尽或无尿，局部水肿较为严重，肌肉震颤，回头顾腹，或卧地不起，磨牙呻吟，体温下降，心率、呼吸快而弱。尿蛋白测定为阳性或强阳性。

【治则】　清热解毒，泻下通便。

【方药】　1.初期，药用解毒饮。金银花、连翘、元参、柴胡、茵陈、龙胆草、党参、麦冬、沙参、当归、枳壳、大黄、炒麻仁、陈皮、神曲、肉桂、甘草。尿频数者加覆盆子或车前子；有热象者去肉桂。水煎取汁或研为细末，开水冲调，候温，加入蛋清或蜂蜜或清油250～500g，灌服。西药取硫代硫酸钠5～15g，10%葡萄糖注射液500～1000mL或注射用40～100mL，静脉注射，1次/d；10%或25%葡萄糖注射液 500～1000mL，10%安钠咖注射液 10～30mL，40%乌洛托品注射液 20～50mL，10%氯化钙注射液 40～100mL，维生素 C 注射液 25～60mL，混合，静脉注射，1 次/d；硫酸卡那霉素 100 万～150 万单位，肌内注射，2 次/d；碳酸氢钠 30～100g，大黄末 20～40g，加水适量，1 次灌服。

中期，药用加减益肾汤。当归、郁金、桃仁、红花、丹参、茵陈、生地、天花粉、元参、炒黄柏、酒炒大黄、泽泻、牛膝、肉苁蓉、升麻、枳壳、制附子。尿不利者加木通、滑石、茯苓；体温偏低者去黄柏、枳壳、生地，加生姜、肉桂；服药后若尿量增加、水肿消退者去茵陈。水煎取汁，候温，加蜂蜜或清油 250～500g，灌服。西药同初期。

后期，因心脏、肾脏及肠胃黏膜受到严重损害，中西药物治疗均不理想。由于出现水肿，应禁止使用硫代硫酸钠，以免加重水肿；防治继发性感染。

共治疗 939 例，治愈 622 例，死亡 317 例。(宋文慧，T44，P2)

2. 滑石、甘草、连翘各 200～300g，生地、元参、蒲公英各 100～150g，金银花 80～100g，紫花地丁 100～120g，大黄（后下）200～250g，芒硝（冲）300～500g。水煎取汁，候温灌服。西药取苏打片 200～400 片，大黄苏打片 100～300 片，酵母片 300～500 片，石蜡油 1000～2000mL，人工盐 500g，灌服；硫代硫酸钠 5g，用注射用水溶解，肌内注射。共治疗 10 余例，治愈 9 例。

3. 初期，药用黄连解毒汤合银翘散加减。黄连、黄芩、黄柏、栀子、金银花、连翘、淡竹叶、荆芥、牛蒡子、薄荷、桔梗、淡豆豉、甘草、芦根。粪秘结者加大黄、郁李仁、火麻仁；尿不利者加白术、茯苓、猪苓、木通、泽泻、滑石、车前子。水煎取汁或研为细末，开水冲调，候温灌服。

中期，药用黄连解毒汤和五苓散。黄连、黄柏、栀子、黄芩、白术、猪苓、茯苓、泽泻、桂枝。里热重者加滑石。水煎取汁或研为细末，开水冲调，候温灌服。

西药，初期用维生素 C、安钠咖注射液，肌内注射；中期用速尿注射液，肌内注射；为防止继发性感染、增强机体的代谢和抗病能力，用葡萄糖等强心、补液、解毒，青霉素等抗菌消炎。

共治疗 57 例，治愈 53 例。对急性中毒和慢性中毒后期的患牛治疗效果不理想。

【典型医案】1. 渑池县北段村乡四龙庙村丁阳沟李某的 2 头成年公牛来诊。主诉：麦收后，2 头牛放牧于山上，使役时发现均有异常表现。检查：两患牛体温均不高，磨牙，仅排少量的干粪且附有黏液，尿不利、呈点滴状，口津滑利，口津液遇红色石蕊试纸呈蓝色，其中一头牛会阴、股内侧肿胀。诊为栎树叶中毒。治疗：液体石蜡 2000mL/头，灌服；苏打片 400 片，大黄苏打片 100 片，酵母片 400 片，呋喃

且啶 150 片，人工盐 500g（以上为每 1 头牛的 1 次药量）；硫代硫酸钠 15g/头，肌内注射；中药用滑石、甘草、连翘、芒硝（冲）各 300g，生地、元参、金银花、蒲公英、大腹皮、绿豆各 100g，紫花地丁 120g，大黄（后下）200g。水煎取汁，候温灌服，1 剂/头。第 2 天，患牛病情好转。继用上方药 1 剂。患牛能食部分青草。减少药量治疗 1d，痊愈。(李石虎，T117，P39)

2. 1987 年 4 月 21 日下午，保康县寺坪区大畈村 5 组张某一头 5.5 岁黄色母牛来诊。主诉：该牛 3d 来在栎树林放牧，今晨放牧时只吃干草，不食青草。检查：患牛体温 39.7℃，心跳 70 次/min，瘤胃蠕动 2 次/min，膘情中等，精神沉郁，反刍停止，舌色灰青，两耳及四肢凉，鼻镜干燥，粪秘结、呈饼状、色黑，尿少、色清。诊为栎树叶中毒（初期）。治疗：取 10%维生素 C 注射液 30mL，10%安钠咖注射液 20mL，肌内注射；黄连、黄芩、木通、车前子、麻仁、郁李仁、桔梗、栀子、牛蒡子各 40g，大黄 120g，金银花、连翘、白术、芦根各 60g，荆芥、淡竹叶各 50g。水煎取汁，加麻油 100mL，鸡蛋清 5 枚，分 3 次灌服，1 剂/d。24 日下午，患牛精神好转，但仍厌食青草，略食干草，粪稍稀、带有少量黏液，体温 38.7℃，心跳 68 次/min，呼吸 21 次/min，瘤胃蠕动 2 次/min。除用上述西药治疗外，中药方将大黄减至 80g，连服 3 剂。27 日，患牛体温 38.3℃，心跳 65 次/min，呼吸 18 次/min，瘤胃蠕动 1 次/min，鼻镜汗不成珠，耳尖、四肢微热，精神好转，略食青草，时而反刍。继用上方中西药治疗，5 月 4 日痊愈。

3. 1987 年 4 月 24 日，保康县寺坪区台包村 2 组贾某一头 5 岁黑色公牛来诊。主诉：该牛已发病 5d，他医用中药治疗不见好转。检查：患牛反刍、食欲废绝，瘤胃蠕动 1 次/2min，呼吸 26 次/min，心跳弱，心跳 94 次/min，体温 37.2℃，鼻镜干燥，鼻镜、两耳及四肢发凉，肩胛部肌肉颤抖，眼睑、胸下、腹下、阴鞘、股部明显水肿，舌色青紫，粪稀臭、混有黏液、呈黑褐色，排尿困难。诊为栎树叶中毒（中期）。治疗：取 10%维生素 C 注射液 30mL，速尿注射液 20mL，链霉素 400 万单位，肌内注射，1 次/d；10%葡萄糖注射液 1000mL，青霉素钠 960 万单位，10%维生素 C 注射液 40mL，10%安钠咖注射液 20mL，混合，静脉注射，1 次/d，连用 3d；黄连解毒汤合五苓散加减：黄连、枳壳、黄柏、猪苓、木通各 40g，焦白术、茯苓、粉葛根各 60g，猪苓、泽泻、天花粉各 50g，十大功劳、蒲公英各 100g，大腹皮 30g，甘草 20g。水煎取汁，候温，分 3 次灌服，1 剂/d，连服 3 剂。28 日，患牛心跳 68 次/min，呼吸 17 次/min，体温 37.1℃，鼻镜干燥、结痂，舌色青灰，眼睑及肉垂等部位水肿基本消失，卧地时回头

顾腹，尿少、色清，其他症状同前。上方中药去猪苓，加杭白芍、姜厚朴各 50g，用法同上，连服 3 剂。5 月 2 日，患牛精神好转，略食青草，瘤胃蠕动 2 次/3min，心跳 70 次/min，呼吸 15 次/min，体温 37.5℃；粪稀、呈黑褐色，尿清，鼻镜干燥、结痂并开始脱落，水肿基本消退，只有脐部有拳头大的水肿凸出，穿刺放出水肿液约 200mL。上方中药去粉葛根、天花粉、猪苓、蒲公英，加党参、建曲各 60g，当归、陈皮各 50g，川芎 30g，山楂 100g，麦芽 40g，用法同上，连续服至 5 月 10 日，痊愈。（王照运，T104，P27）

## 烟草（碱）中毒

烟草（碱）中毒是指牛误食烟叶或用烟叶煎汁涂擦牛体皮肤杀虫等引起中毒的一种病症。

【病因】 牛在烟草地放牧过食大量烟草；或用烟草煎剂杀虫用量过大；或用废弃的烟叶垫圈；或饮用烟草浸过的污水等均可导致中毒。

【主证】 患牛兴奋不安，狂躁哞叫，时起时卧，全身颤抖，后肢僵硬，行走不稳，口流清涎、吐白沫，瘤胃臌气，频频出现排尿状，腰部敏感性增高，当听到响声或人接近时可引起间歇性痉挛，脉沉弦。

【治则】 镇静安神，解毒排毒。

【方药】 1. 10％葡萄糖注射液 2000mL，维生素 C、樟脑磺酸钠注射液各 20mL，静脉注射；维生素 B$_6$ 注射液 20mL，肌内注射；0.5％阿托品 5mL，皮下注射。

2. 金银花、连翘各 75g，苦参 60g，生地、玄参、麦冬、茯神各 40g，蝉蜕、钩藤、僵蚕、石菖蒲、白芷、白芍各 30g。共研细末，开水冲调，候凉灌服。10％葡萄糖注射液 1000mL，安钠咖注射液 20mL，硫酸镁注射液 50mL，静脉注射；速尿 20mL，肌内注射。

3. 黄连、龙胆草、黄芩、蝉蜕、茯神、皂角、石菖蒲各 35g，栀子、生地、玄参、麦冬各 40g，钩藤、僵蚕、白芍各 30g。共研细末，开水冲调，候凉灌服。10％葡萄糖注射液 1500mL，安钠咖注射液 20mL，硫酸镁注射液 50mL，静脉注射；氨基比林注射液 30mL，肌内注射。共治疗 15 例，治愈 13 例。

【典型医案】 1. 1990 年 2 月 8 日下午，唐河县郭滩乡付庄村杨某一头 2 岁公牛来诊。主诉：因该牛不反刍，将干烟叶约 50g 填入口内迫其咀嚼，以促使反刍。牛嚼后大部分吐出，约 1h 后突然倒地，四肢直伸，眼直视，口流清涎。检查：患牛心跳 70 次/min，呼吸 15 次/min，体温 36℃，瘤胃蠕动音弱，口流涎，频频呕吐，行走摇摆，强行驱赶即跌倒。诊为烟草中毒。治疗：取方药 1，用法同上。用药后，患牛精神逐渐好转，次日上午痊愈。（阎从俭，T83，P40）

2. 1996 年 7 月 18 日，湄潭县马山镇光明村顺河组吴某一头 3 岁水牯牛来诊。主诉：近十多天该牛放牧于烟草地，近日口吐白沫，鸣叫不安。检查：患牛兴奋哞叫，狂躁不安，时起时卧，全身颤抖，后肢僵硬，行走不稳，口吐白沫，瘤胃臌气，频频出现排尿状，体温正常，腰部敏感性增高，当听到响声或人接近时可引起间歇性痉挛，脉沉弦。诊为烟碱中毒。治疗：取方药 2，用法同上。用药 1 剂，患牛精神好转，痉挛、臌气减轻，颤抖停止，再服药 1 剂，痊愈。

3. 1997 年 7 月 21 日，湄潭县马山镇云龙桂花组张某一头 4.5 岁水牛来诊。主诉：该牛常放牧于烟草地，有时饮用烟草沟中的污水，并用烟叶下脚料垫圈 20 多天。检查：患牛全身发抖，肷部有节律跳动，阵发性痉挛；口吐沫，起卧不安，反应迟钝；后肢僵硬，瘤胃臌气，常作排粪状，体温 39.5℃，心跳 101 次/min，脉沉数。诊为烟碱中毒。治疗：取方药 3，用法同上，连服 3 剂，痊愈。（王乾汉，T105，P30）

# 第三节　动物毒素中毒

## 蜂毒中毒

蜂毒中毒是指蜜蜂和黄蜂尾部毒囊螫针刺入牛体，引起刺伤局部肿胀、疼痛反应及溶血、出血等症状的一种病症。

【病因】 由于放牧牛离蜂箱较近，不断甩尾驱赶蚊蝇时遭蜂群攻袭，造成牛蜂螫中毒，严重者引起死亡。牛被大量蜂螫刺后，30min 左右可出现全身中毒症状。

【主证】 蜂群攻袭牛头、颈、耳、背、腿等部位后，局部出现严重疼痛、肿胀、麻木，头部、鼻腔周围与鼻内、眼部等部位肿胀尤为明显，触诊体表皮肤有豌豆至蚕豆大小的密集丘疹。由于鼻腔黏膜肿胀，患牛呼吸出现狭窄声，呼吸困难，心率加快，体温略有升高，不食，呻吟，行走步态不稳，烦躁不安，最后昏迷、麻痹、痉挛，全身出汗，肌肉震颤，结膜发绀，尿血，尿色如浓茶色。对蜂毒过敏牛，迅速出现荨麻疹，喉头水肿和（或）气管痉挛，导致窒息或引发过敏性休克。

【治则】　清热解毒，消肿止痛，强心利尿。

【方药】　1. 银翘地丁散。金银花、蒲公英各100g，白菊花60g，紫花地丁、防风、连翘、茯苓、滑石粉、甘草、黄芩、黄连各50g，雄黄15g，水煎取汁，候温灌服；用3%高锰酸钾溶液洗刷患部；取10%葡萄糖注射液1000mL，维生素C注射液20mL，氢化可的松注射液40mL，青霉素960万单位，混合，静脉注射；或用10%葡萄糖注射液1000mL，水杨酸钠注射液160mL，乌洛托品注射液60mL，葡萄糖酸钙注射液200mL，静脉注射。共治疗87例（含马属动物），治愈86例。（周金梅，T135，P55）

2. 尽快用铁刷等刮刷牛体表蜂刺较多部位，在最短时间内使蜂刺尽可能多地从牛皮肤脱落，并用肥皂水反复擦洗体表蜇伤部位（因蜜蜂毒汁为酸性），减轻疼痛。取10%葡萄糖注射液1000mL，5%氯化钙注射液250mL，氢化可的松0.5g（或地塞米松注射液25mg），50%葡萄糖注射液300mL，10%维生素C注射液50mL，10%水杨酸钠注射液100～300mL（或30%安乃近注射液20～30mL），10%安钠咖注射液（心率超过100次/min慎用）20～50mL，静脉注射，1次/d；取甘草250g，茯苓、泽泻、车前子、防风各40g。共研末，开水冲调，加蜂蜜250g，灌服，1剂/d。

【典型医案】　2009年7月15日，互助县林川乡许家村王某一头黑白花奶牛，因被蜜蜂蜇伤、卧地不起、不食来诊。检查：患牛精神沉郁，肘部和股部肌肉震颤，体表可见已被刮起的许多蜂刺（畜主已经对牛体蜂刺进行了清除），触诊体表有密集、豌豆大小的丘疹，强行让牛站起行走，步态僵硬，行走蹒跚，体温39.8℃，呼吸46次/min，心跳88次/min，头面部水肿明显。治疗：10%葡萄糖注射液1000mL，10%水杨酸钠注射液、50%葡萄糖注射液各300mL，5%氯化钙注射液250mL，氢化可的松注射液100mL，10%维生素C注射液50mL，10%安钠咖注射液40mL，分组静脉注射；取甘草250g，茯苓、泽泻、车前子、防风各40g。共研末，开水浸泡，候温，加蜂蜜250g，灌服。第2天，患牛行动较前自如，肌肉震颤现象消失，头面部水肿消退，已出现反刍，能采食平时2/3饲喂量的青草，呼吸30次/min，心跳80次/min，体温38.5℃。效不更方，继服上方药1次。第3天回访，患牛已恢复正常。（白永庆，T165，P67）

## 蛇毒中毒

蛇毒中毒是指牛在放牧过程中被毒蛇咬伤，蛇毒通过伤口进入体内引起神经系统和血液循环系统功能障碍，以发病突然、病势迅猛为特点的一种病症。多因发现、救治不及时而导致死亡。

【病因】　在山地、丛林等毒蛇常出没的地方，当牛群放牧时遭毒蛇咬伤而中毒。

【辨证施治】　根据临床症状，分为血液毒素型和神经毒素型中毒。

（1）血液毒素型　以蛇毒引起出血、溶血并使血管舒缩功能障碍为特征。毒蛇咬伤牛体局部迅速肿大并很快向躯干蔓延，局部出血、剧痛，毒牙的齿痕部渗出黑褐色血液或黄色浆液性液体，皮肤潮湿或溃烂，畏寒，口渴喜饮，脉数；严重者便血或尿血，最后抽搐死亡。

（2）神经毒素型　以蛇毒致延髓和肌肉迅速麻痹、瘫痪为特征。患牛局部轻微肿胀、灼痛，齿痕相对较小，四肢无力，流涎，眼睑下垂，吞咽困难。严重者，四肢瘫痪，瞳孔散大，对光反射消失，昏迷，抽搐，最终以呼吸中枢麻痹、心力衰竭而死亡。

【治则】　血液毒素型宜解毒消肿，止血止痛；神经毒素型宜解毒消炎，解痉镇惊。

【方药】　1. 常规处理。立即于近心端结扎，以阻断静脉血和淋巴液回流，每隔30min放松1次，以免局部组织缺血坏死；尽快在伤口处作十字形切开或用粗针头平直刺入肿胀区2～3cm（分点刺数针），用吸乳器或火罐吸吮以尽量排出毒素。吸吮间歇时用0.2%高锰酸钾溶液冲洗伤口。取0.2%高锰酸钾溶液20～30mL于肿胀部分点注射，或在患部上端用0.25%普鲁卡因封闭，以阻断蛇毒扩散；取葡萄糖氯化钠注射液1500～2500mL，10%葡萄糖酸钙注射液100～150mL，静脉注射，加速毒液排出，维持神经与肌肉的正常兴奋性。

血液毒素型，药用半边莲100g，炒五灵脂60g，蚤休根20g，半枝莲、白花蛇舌草各70g。水煎取汁，候温，加白酒150mL，灌服，2剂/d。神经毒素型，药用半边莲100g，独角莲60g，徐长卿50g，马齿苋150g，紫花地丁70g。水煎取汁，候温，加白酒150mL，灌服，2剂/d。用药至患牛无明显全身中毒症状为宜。

患牛有明显出血症状时，应选用肾上腺皮质激素；瘫痪时可试用新斯的明。输液时注意患牛年龄、心脏及尿量，以防补液过多和输液速度过快而引起心力衰竭和肺水肿。共治疗38例，治愈35例，且收效明显。

2. 鲜牛卜萝蔓1000～1500g或干燥全草250g/次。水煎取汁，候温灌服，同时冲洗咬伤部。共治疗5例，全部治愈。

注：牛卜萝蔓生长于背阴潮湿的沟边，质脆易断，藤中央有白色髓部，叶易碎和脱落，气味清淡。深秋采挖，鲜用或晒干。

3. 雄黄灵脂拔毒散。雄黄、五灵脂、白芷、黄连、杭白芍、金银花各30g，大青叶40g，贝母25g，香附20g，鲜紫花地丁、鲜黄花地丁各60g，生甘草15g。共研细末，温水调成糊状，取少许涂敷患处，余药分2次灌服；10%葡萄糖注射液1500～2000mL，

40％乌洛托品注射液 100mL，1 次静脉注射。心脏衰弱者加 10％安钠咖注射液 30mL；便秘者灌服石蜡油 500mL 或植物油 1000mL（以上为成年牛药量，犊牛减半）。共治疗 8 例，全部治愈。

4. 土鳖虫 3 个（捣碎），百草霜约 2g，头发（血余）一缕（烧），用唾液调和。将咬伤处用白酒洗净，敷药，包扎即可。共治疗 4 例，均取得显著疗效。（路洪彬，T49，P23）

5. 取干黄烟草的叶或带有茎及烟籽的烟草 100～150g（鲜者视其含水率酌情增加用量），用常水煎煮，取汁，候温灌服（留适量药液外洗伤口），1 剂/d，一般 1～2 剂即愈，严重者 3～5 剂。对咬伤局部用三棱针刺破，检查并取出毒牙，用烟草汤冲洗。严重者配合静脉补液、强心。值得注意的是，若内服烟草汤剂量过大，则会出现口吐白沫、全身发抖等中毒症状，但数小时后可自行好转。共治疗 54 例，治愈 51 例。

6. 扩创排毒，冲洗伤口，用消毒后的三棱针刺破伤口，点刺舌底肿胀部及舌底血管，并轻轻挤压，流出多量紫黑色血液。用 0.5％高锰酸钾溶液反复冲洗舌体，直至肿胀消除、血色转为鲜红色为止。强力解毒敏注射液 40mL，1％普鲁卡因注射液 20mL，混合，注射于舌体创口与肿胀周围；10％葡萄糖注射液 2500mL，强力解毒敏 60mL，40％乌洛托品注射液 100mL，10％维生素 C 注射液 10mL，混合，静脉注射；青霉素 1200 万单位，安痛定 20mL，肌内注射。共治疗 2 例，均获得良好效果。

【护理】 应在咬伤后 0.5～1h 内进行治疗，防止毒素扩散；保持患牛安静，限制其活动，尽量减慢毒素的扩散与吸收。

【典型医案】 1. 1995 年 5 月，邵武市和平镇朱源村黄某一头耕牛，因蛇咬伤来诊。检查：患牛呼吸迫促，左后肢跛行，肿胀区剃毛后可见两齿痕处渗出红、黄色浆液性液体，按之剧痛。诊为血液毒素型蛇毒中毒。治疗：常规处理；取方药 1 血液毒素型治疗中药，用法同上，2 剂/d，3d 痊愈。

2. 1996 年 6 月，邵武市和平镇茶源村吴某一头 3 岁母水牛，因蛇咬伤来诊。检查：患牛四肢无力，流涎，吞咽困难，瞳孔散大；舌腹面有蛇咬伤齿痕。诊为神经毒素型蛇毒中毒。治疗：常规处理；取方药 1 神经毒素型治疗中药，用法同上，2 剂/d。服药后，患牛即能食草；4d 后食欲、反刍恢复正常，诸症悉除。（李有辉等，T84，P28）

3. 1971 年秋，吉县城关镇上东村一头牛，因蛇咬伤来诊。治疗：随即采鲜牛卜萝蔓 3kg，分 2 次水煎取汁，候温灌服，同时冲洗伤口，第 2 天，患牛基本康复。（曹广禄，T72，P17）

4. 1986 年 7 月 3 日，礼县石桥乡李某一头 4 岁母黄牛，因放牧时被毒蛇咬伤左后肢系部来诊。检查：患肢肿至跗关节处，伤口出血不凝、呈黑红色，

跛行，站立时蹄尖着地，精神狂躁，心跳 54 次/min，呼吸加快，体温 37.8℃，食欲、反刍减退。治疗：雄黄灵脂拔毒散，用法见方药 3，2 剂，温水调成糊状，少量涂患处，余药灌服，痊愈。（张成生等，T46，P25）

5. 1989 年 6 月 14 日中午，吉县明珠乡南沟村谭某一头 4 岁黄色犍牛，在放牧归途中发现腹下有一碗口大肿块，于下午 4 时就诊。检查：患牛腹下肿胀处有蛇咬齿痕。诊为毒蛇咬伤。治疗：干黄烟叶 150g，常水 3000mL，文火煎煮 20min，取汁 2500mL，候温灌服 2000mL；同时用三棱针刺破伤口，用剩余 500mL 药液冲洗伤口。15 日，按上法又处理 1 次，16 日，患部肿胀基本消除，饮食欲恢复正常。（梁丕杰等，T52，P26）

6. 2000 年 7 月 21 日，蛟河市新站镇河南村吕某一头 4 岁、约 350kg 母牛来诊。主诉：该牛今日上午在河边洼地放牧时，被一条约 80cm 的土球子蛇（蝮蛇）咬伤，突然倒地打滚，哞叫，舌体肿胀、流涎。检查：患牛疼痛、挣扎，心音增强，心律不齐，呼吸迫促，肺音增强；瘤胃蠕动音弱、不整；体温 38.2℃，呼吸 28 次/min，心跳 76 次/min；张口吐舌、流涎，舌体胖大，舌尖部肿胀如拳状、触之发硬；口色绛红，舌体青紫。在舌体右侧边缘上 1/3 处有一绿豆大的创口，从中可挤出少量紫黑色血液。治疗：取方药 6，用法同上。患牛当晚即采食、反刍；舌体转红，肿胀消失。次日，继用强力解毒敏 60mL，肌内注射，连用 2 次，痊愈。（马常熙，T112，P40）

## 蜘蛛毒中毒

蜘蛛毒中毒是指毒蜘蛛螯肢（上腭）刺破牛皮肤，毒液经螯肢侵入牛体引起中毒的一种病症。

【病因】 给牛饲喂被蜘蛛网、虫体或虫卵污染的饲草；或被毒蜘蛛螯肢刺入机体引起中毒。

【主证】 患牛口吐白沫，气喘怒吼，肚胀，眼瞪，耳直立，卧地难立。

【治则】 清热解毒。

【方药】 甘草 200g，绿豆 500g。水煎取汁，候温灌服。

【典型医案】 1986 年 8 月 16 日上午，黔西县幸福 1 村谢某一头 2 岁母水牛来诊。主诉：因给牛饲喂了布满蜘蛛网、附着蜘蛛虫体和虫卵的玉米叶，当天下午食欲减退，精神不振。17 日，该牛粪稀，瘤胃轻度臌气，卧地，头不断回顾腹部。检查：除上述病状外，患牛体温 39.7℃。即按一般胃肠疾病处理。18 日，患牛病情加重，体温 41.2℃，不食水草。经询问畜主方知给牛饲喂染有蜘蛛虫体、虫卵的饲草。治疗：取 5％或 10％葡萄糖生理盐水 1500mL，维生素 C 5g，静脉注射；20％安钠咖注射液、30％安乃

近注射液、抗生素，肌内注射。用药后，患牛精神好转，仍无食欲。19 日，取上方药，用法同上。用药后，患牛食欲恢复，疝痛、膨气消失；又服药 1 剂，症状俱除。（李顺成，T30，P64）

## 蚂蟥中毒

蚂蟥中毒是指牛误食蚂蟥，引起以剧烈泄泻、粪中带血为特征的一种病症。具有明显的地域性，一般水牛多发。

【病因】 在鄂西北荆山地带、池塘污泥及沼泽中常寄栖有许多蚂蟥，水牛饮水及洗澡时误吞入蚂蟥而发病。

【主证】 患牛精神不振、食欲减退、泄泻、被毛焦燥、脱落、呈光秃状，眼结膜、口腔黏膜呈白色，严重时剧烈泄泻，粪带血，狂躁不安，腹痛等。

【方药】 红藤饮。红藤 500g，蜂蜜 250g，鸡蛋清 8 枚。先将红藤加水 2000mL 煎至 1500mL，分成 2 份，每份对蜂蜜、蛋清各半，灌服（3 月份疗效特佳）。共治疗 31 例，治愈 29 例，有效 2 例。

【典型医案】 1997 年 3 月，保康县重阳乡西坪村 7 组一头水牛来诊。检查：患牛食欲减退，消瘦，常狂躁不安、乱跑，粪稀、带血。诊为蚂蟥中毒。治疗：红藤饮，用法同上，连服 2 剂，痊愈。（杨先锋，T107，P39）

## 刺蛾幼虫（洋辣子）中毒

洋辣子即刺蛾幼虫的俗称。本病是牛误食滋生有刺蛾幼虫的玉米或玉米叶引起中毒的一种病症。

【病因】 秋夏之交、白露前后，由于持续高温，夏玉米即将成热，玉米上刺蛾滋生，牛误食较多滋生有洋辣子的玉米或玉米叶后发病。

【主证】 轻者，患牛泄泻，起卧不安，食欲减退，反刍减少；重者，体温升高，心率加快，呼吸困难，瞳孔缩小，肌肉震颤，卧多立少，行走困难，肠黏膜大量脱落，食欲废绝，反刍停止。

【治则】 清理胃肠，健脾和中。

【方药】 平胃承气汤加减。大黄、厚朴、枳壳、青皮、陈皮、苍术、白术、甘草、木香、槟榔、焦三仙。水煎取汁，候温灌服。选用 10% 葡萄糖注射液、0.9% 氯化钠注射液、5% 碳酸氢钠注射液、安钠咖注射液、氨苄青霉素、庆大霉素，静脉注射；体温升高者用解热镇痛药；毒蕈碱样症状明显者，取硫酸阿托品注射液，适量肌内注射。共治疗 27 例，其中黄牛 19 例，水牛 8 例，全部治愈。

【典型医案】 1999 年 9 月 19 日，泗洪县天岗湖乡潘岗村马某一头妊娠已 7 个月水牛来诊。主诉：17 日晚，该牛误食较多滋生有洋辣子的鲜玉米叶，夜间出现烦躁不安，翌日用解热、消炎药治疗 2 次无效，且病情加重。检查：患牛体温 39.4℃，心跳 95 次/min，呼吸 40 次/min，瘤胃蠕动音微弱、轻度膨气，食欲、反刍废绝，不愿行走，卧多立少，时而起立，伸腰踢腹，腹痛明显。诊为洋辣子中毒。治疗：10% 葡萄糖注射液、0.9% 氯化钠注射液各 1000mL，安钠咖注射液 10mL，氨苄青霉素 500 万单位，庆大霉素 80 万单位，混合，静脉注射；5% 碳酸氢钠注射液 250mL，静脉注射；30% 安乃近注射液 20mL，肌内注射；大黄 100g，厚朴、枳壳、甘草各 60g，青皮、陈皮、苍术、白术、木香、槟榔各 50g，焦三仙各 80g。水煎取汁，候温灌服。当夜，患牛安静，出现反刍；次日上午排出大量黏液性粪。继服上方药 1 次，痊愈。（东晓等，T102，P23）

# 第四节 药物（农药、鼠药）中毒

## 阿托品中毒

阿托品中毒是指过量或误用阿托品而导致牛中毒的一种病症。

【病因】 多因误用或过量服用阿托品而引起中毒。

【主证】 患牛兴奋不安，瞳孔散大，不能视物，无目的地乱撞，心率、呼吸加快，口腔干燥、津液少。

【治则】 养阴生津，解毒。

【方药】 加味增液汤。玄参、麦冬、生地、天花粉各 40g，葛根 50g。水煎取汁，待温后加米醋 500mL，1 次灌服。

【典型医案】 一头患急性胃肠炎和一头患口膜炎的牛，他医诊为有机磷农药中毒，分别 1 次性肌内注射阿托品 700mg 和 500mg，当即引起中毒，均用加味增液汤治疗，症状很快消失，痊愈。（姚长有，T50，P41）

## 链霉素中毒

链霉素中毒是指过量使用链霉素而引起牛中毒的一种病症。

【病因】 因大剂量或长期应用链霉素所致。

【主证】 急性，患牛多在用药后约 15min 出现呕吐，体温升高，呼吸困难，运动失调，抽搐，眼睑、面部、乳房、阴唇等部位水肿，结膜发绀，最后全身瘫痪，呼吸抑制，终因心跳停止而死亡。慢性，患牛行走不稳，共济失调，四肢麻木，听觉丧失，呕吐，体温升高等。

【治则】 镇静安神，利尿排毒。

【方药】 石决明 50g，钩藤 45g，桑寄生、白芍、当归、川芎、茯苓、何首乌各 30g，防风、荆芥、竹茹各 25g，蝉蜕 20g。共研细末，开水冲调，候温灌服。取 10％葡萄糖注射液 1500～2000mL，静脉注射；0.1％肾上腺素 2～5mL，皮下注射。共治疗 12 例，治愈 10 例。

【典型医案】 1998 年 8 月 17 日上午，民和县马场垣乡金星村马某一头 3 岁奶牛来诊。主诉：该牛因患乳房炎，自用链霉素 12g，肌内注射，用药后牛即发病。检查：患牛狂乱乱叫，心率加快，呼吸困难，呕吐，眼结膜发绀，面部及乳房水肿，全身肌肉痉挛，卧地不起。诊为链霉素中毒。治疗：10％葡萄糖注射液 2000mL，5％氯化钙注射液 200mL，混合，1 次静脉注射；0.1％肾上腺素注射液 5mL，皮下注射；中药取上方药，用法同上。下午继续用西药 1 次。翌日，继服上方药，第 3 天痊愈。（哈俊成，T116，P38）

## 吐酒石中毒

吐酒石中毒是指由于长期、大量应用吐酒石引起牛中毒的一种病症。

【病因】 多次使用吐酒石或一次用量过大，导致牛蓄积性中毒。

【主证】 急性，患牛初期大量流涎，嗳气，肠音亢进，粪中带血、呈暗红色，腹痛；后期里急后重，四肢无力，不愿行动，饮食、反刍均停止。慢性，患牛初期流涎，口腔有轻度炎症；粪稀、有少量血丝和血块；后期粪溏稀，食量草减少，反刍停止。

【治则】 解毒排毒。

【方药】 生韭菜 1.5～2.5kg，切碎捣汁，加水 1000～2000mL，1 次灌服，2 次/d，直至粪中无血为止。一般轻者连服 3 剂，重者 5 剂即可痊愈。共治疗 3 例，均痊愈。

【典型医案】 鱼台县唐马公社华应生产队一头 5 岁、约 750kg、膘情良好灰色公水牛，因一次误服吐酒石 25g 发生急性中毒来诊。治疗：第 1 天按常规中毒解救法治疗无效，且病情加重，出现里急后重，便血。第 2 天上午，取生韭菜 2.5kg，切碎捣汁，加水 1000mL，1 次灌服；下午同法再服韭菜汁 1.5kg。第 3 天，患牛病情缓和，粪中血丝减少，上午、下午各取生韭菜 1.5kg，用法同上。第 4 天，患牛粪中无血，痊愈。（朱仁智，T3，P40）

## 半夏中毒

半夏中毒是指因过量使用半夏导致牛中毒的一种病症。

【病因】 大剂量使用半夏所致。

【主证】 患牛精神不振，神情痴呆，喜卧，四肢无力，呼吸困难，流涎，舌活动不灵活，听诊瘤胃蠕动音微弱，脉弱无力。

【治则】 强心解毒。

【方药】 5％葡萄糖生理盐水 2500mL，维生素 B₁₂注射液、10％安钠咖注射液各 20mL，混合，1 次静脉注射。

【典型医案】 1990 年 2 月 16 日，新野县上庄村贺某一头 6 岁黄色母牛来诊。主诉：因该牛患缺乳症，畜主用半夏 450g，碾成细末，分 3 份，1 份/d，开水调和，候温灌服。当晚 7 时许，畜主误将半夏 450g，1 次灌服，药后亦未观察。翌日晨 7 时，该牛精神不振，不食、不反刍。检查：患牛精神不振，神情痴呆，喜卧，四肢无力，体温 38.8℃，呼吸 23 次/min，心跳 67 次/min，口流涎液，舌活动不灵活，听诊瘤胃蠕动音微弱，1 次/2min，乳汁增加。治疗：取上方药，用法同上。用药 2h 后，患牛开始反刍；4h 后精神、食欲恢复正常。（江建堂等，T58，P17）

## 碘中毒

碘中毒是指因过量使用碘化合物或制剂导致牛中毒的一种病症。

【病因】 在缺碘地区给牛补饲碘化钾时，混合不均匀，食用过量；或使用碘酊不当而中毒。

【主证】 患牛食欲减退或不食，流涎，口吐白沫，全身肌肉震颤，骚动不安，结膜水肿或肿胀，后肢踢腹，呼吸迫促，心率加快等。

【治则】 排毒解毒，清理胃肠。

【方药】 取面粉 700g，用凉水调成稀粥状灌服；5％葡萄糖注射液、0.9％氯化钠注射液各 1000mL，静脉注射，1 次/d；安痛定 60mL，肌内注射；石蜡油 500mL，灌服。

【典型医案】 1966 年 4 月，青铜峡县哈村冯某一头 8 岁黑色牸牛来诊。主诉：该牛数月前因左下颌部肿大，采食逐渐困难。检查：患牛体格、营养中等，被毛粗乱，左侧下颌骨隆起肿大，面积约 15cm×15cm，触之坚硬，骨质增生，表面破溃、流出黄绿色脓汁。诊为放线菌病。遂切开皮肤，用锐齿刮除坏死组织和骨质，消除脓汁，用烙铁烧烙。后用碘剂疗法，内服碘化钾 8g，外涂 10％碘酊 50mL，继续腐蚀瘤状物。因给药人员不慎，误将碘酊灌服。灌药后约 20min，患牛口内流出大量涎液，全身持续颤抖，骚动不安，后肢踢腹，频频排出黑色粪，心跳 98 次/min，呼吸急促，体温 39.3℃。诊为急性碘中毒。治疗：急取上方药，用法同上。用药当日，患牛痊愈。（刘学义，T20，P41）

## 硝氯酚中毒

硝氯酚中毒是指因过量使用硝氯酚，引起牛以流涎、呼吸加快、站立不安为特征的一种病症。

【病因】　驱虫时，硝氯酚用量不准确或超剂量用药导致牛中毒。

【主证】　患牛精神沉郁，心率、呼吸加快，心律不齐，体温正常，严重者体温升高，皮肤灼热，呼吸困难，肠音明显增强，泄泻，腹痛，站立不稳，有的步态蹒跚，流涎，肌肉震颤，可视黏膜发绀，瞳孔缩小，鼻镜干燥。

【治则】　强心解毒。

【方药】　5％葡萄糖注射液 500mL，盐酸山莨菪碱注射液 10mL，混合，静脉注射；5％葡萄糖注射液 500mL，氢化可的松注射液、维生素 $B_6$ 注射液各 20mL，混合，静脉注射；维生素 $B_1$ 注射液 20mL，肌内注射；5％葡萄糖注射液 500mL，三磷酸腺苷 20mL，混合，静脉注射。

【典型医案】　1998 年 8 月 25 日上午，湟源县日月乡日月山村董某的 8 头牦牛就诊。主诉：23 日，给牛灌服硝氯酚平均 14 片/头（100mg/片），其中 4 头灌服后，浑身肌肉震颤，口吐白沫，全身出汗。检查：患牛精神沉郁，站立不稳，流涎，踢腹，肌肉震颤，可视黏膜发绀，瞳孔缩小，有的步态蹒跚；体温 37.9℃，心跳 89 次/min，呼吸 45 次/min；鼻镜干燥，心律不齐，颈静脉怒张，肠音明显增强，泄泻。诊为硝氯酚中毒。治疗：对中毒较轻者，用盐酸山莨菪碱注射液 10mL，维生素 $B_1$ 注射液 20mL/头，肌内注射；对中毒严重的 4 头牛，用 5％葡萄糖注射液 500mL，盐酸山莨菪碱注射液 10mL，混合，静脉注射；5％葡萄糖注射液 500mL，氢化可的松注射液、维生素 $B_6$ 注射液各 20mL，混合，静脉注射；5％葡萄糖注射液 500mL，三磷酸腺苷 20mL，混合，静脉注射。第 2 天，患牛精神转好，流涎、腹痛、泄泻等症状消失，饮食欲基本恢复正常，心音、肠音正常，呼吸 16 次/min，心跳 76 次/min。随后追访，患牛痊愈。（朱芬花等，T119，P35）

## "六六六"农药中毒

"六六六"农药中毒是指牛误食（饮）被"六六六"农药污染的饲草、饲料、饮水，引起以兴奋不安、流涎、肌肉震颤、口吐白沫为特征的一种病症。

【病因】　牛食用喷洒过"六六六"农药的饲草、蔬菜、农作物秸秆等导致中毒；或体外杀灭寄生虫时使用"六六六"农药过量、面积过大，经皮肤吸收中毒。哺乳母牛中毒经乳汁亦可导致犊牛中毒。

【主证】　轻者，患牛食草减少，当人接近或强迫运动时兴奋，频频眨眼，全身肌肉大范围或局部轻微痉挛。严重者，患牛兴奋不安，眼睑、眼球震颤，鼻唇肌痉挛性收缩，全身肌肉震颤，空口磨牙，反刍停止，食欲废绝，有时表现兴奋，后退或前冲，共济失调，心跳加快，最终因中枢神经抑制和呼吸衰竭而死亡。

【治则】　解毒，解痉镇静，对症治疗。

【方药】　鲜大青根 10kg，金银花 1kg，水煎取汁，分 2 份，候温灌服，1 次/（2～6）h。同时，取绿豆 2kg（磨浆），鸭蛋 20 个（取清），加白糖 1kg，调匀，1 次灌服。共治疗 20 例，全部治愈。

【典型医案】　1970 年 10 月，岳阳市麻塘公社新建大队一头 6 岁母水牛，因"六六六"混合粉灭虱中毒来诊。诊时中毒已 3～4h。检查：患牛精神委顿，耳耷头低，全身肌肉震颤，四肢无力欲倒地，口流白沫，反刍停止，呼吸困难，瞳孔缩小。治疗：取上方药，用法同上。次日，患牛精神好转，耳已直立，反刍增加，吃少量青草。治疗：大青根 5kg，金银花、海金沙、车前草、木通、贯众、陈皮、乌药、木香各 100g，水煎取汁，候温，分 2 次灌服；同时，取绿豆 1kg，鸭蛋清 10 枚，白糖 0.5kg，调匀，1 次灌服，痊愈。（汤绍球口述，傅庚子整理，T8，P57）

## "富士1号"农药中毒

"富士1号"农药中毒是指牛误食"富士1号"农药污染的草料而引起中毒的一种病症。

【病因】　牛食入"富士1号"农药污染的稻草、牧草；或在被"富士1号"农药污染的场地放牧、饮水而引起中毒。

【主证】　患牛精神沉郁，站立时垂头静立，眼半睁半闭，眼睑肿胀、下垂，瞳孔缩小，反应迟钝，眼结膜发绀。严重者，反刍、食欲废绝，流涎，肩胛部和股部肌肉震颤；耳和四肢末端冰冷，腹痛，粪稀、呈粥样，瘤胃轻度臌气、蠕动减少，音弱，站立不稳，行走时呈酒醉状，倒地后难以站立；呼吸快、50 次/min；心率弱而快，心跳 70 次/min，有时心律不齐；病初体温正常，后期则下降至 37℃。

【治则】　强心补液，解毒排毒，宽肠理气。

【方药】　木炭末（另包）、滑石粉（另包）、绿豆粉各 100g，建曲 40g，金银花、连翘、黄芪、白术、茯苓、山楂、枳实各 30g，泽泻 25g，甘草 20g（为中等牛药量）。水煎取汁，候温，加木炭末、滑石粉，调匀灌服，1 剂/2d，连服 1～3 剂。5％葡萄糖注射液 2000mL，10％葡萄糖酸钙注射液 100mL，10％安钠咖注射液 20mL，静脉注射，1 次/d，连用 2～3次。轻者用药 1 次可治愈；一般用药 2 次后，患牛中毒症状基本消失，开始反刍、采食、行走。对病重者，用药不可中断，待患牛恢复正常后方可停药。（赵洪清，T20，P55）

## 有机磷农药中毒

有机磷农药中毒是指牛接触、吸入或采食有机磷制剂，引起以神经机能紊乱为特征的一种病症。临床上引起牛中毒的有机磷农药主要有甲拌磷（3911）、对硫磷（1605）、内吸磷（1059）、乐果、敌百虫、马拉硫磷（4049）和乙硫磷（1240）等。

【病因】　牛误食喷洒有机磷农药的青草或农作物，误饮被有机磷农药污染的水，误用配制农药的容器当作饲槽或水桶来饮水，滥用有机磷农药驱虫等引起中毒。

【主证】　轻度者，患牛精神沉郁，不安，食欲减退，流涎，心率较慢，肠音亢进，粪稀软。

中度者，患牛食欲废绝，瞳孔缩小，大量流涎，肠音亢进，腹痛或卧地不起，频频排稀软甚至水样粪，肌肉震颤，心搏动增强，心率增数，体温轻度升高，呼吸困难，出汗，眼球震颤，磨牙，呻吟，粪带血。

重度者，患牛全身战栗，短时间兴奋后倒地昏睡，瞳孔缩小、呈线状，全身肌肉痉挛，粪、尿失禁，心跳急速，呼吸高度困难，结膜发绀，耳鼻、四肢末梢冷，瘤胃弛缓、膨气。水牛中毒时眼底可能出现视乳头充血、出血或水肿，视网膜上出现橘红色斑点。

【治则】　强心解毒，排出胃内容物。

【治疗】　1. 将患牛牵至二柱栏或四柱栏内，取前低后高姿势站立保定。助手将开口器横并固定在牛口中；从开口器圆孔内将胃导管插入食道约1m，灌水；冲洗时，选择新汲干净井水（冬暖夏凉）；灌水时将牛头抬起，排水时将牛头压低，灌入胃中的水排出有困难时，可将胃导管反复提插，3～5次/min，即可排出。如此反复冲洗，并递增水量，直至左腋部凹陷，触按瘤胃柔软空虚，从胃内排出的水无胃内容物、不混浊为度（在冲洗过程中，如果出现肌肉颤抖、惊恐不安、口腔破溃时，不需对症治疗，停止冲洗后可自行消失和痊愈）。先用0.1％高锰酸钾溶液5000～15000mL，分2次冲洗；再用pH值5～6的井水，按6000mL、8000mL、10000mL等递增冲洗8～10次，一般即能达到预期目的。保留液常用0.1％高锰酸钾溶液5000～7000mL，或10％白糖水3000～5000mL，或甘草250g、绿豆500g的水煎液3000～5000mL。为防止冲洗不尽，留邪为患，可灌服石蜡油500～1000mL；脱水严重者，静脉注射5％葡萄糖生理盐水2000～8000mL；心跳急速者加安钠咖注射液10～20mL；有炎症者，肌内注射青霉素、链霉素；大、中体型中毒者，注射1％阿托品注射液50mL，或2.5％解磷定140mL。共治疗46例，治愈45例。

2. 四逆人参汤。人参9g，熟附子、干姜、炙甘草各12g。水煎取汁，候温灌服。本方药适用于敌百虫中毒引起的亡阳虚脱症。

3. 解磷定40～60mg/kg，阿托品0.25mg/kg，肌内注射或静脉注射。

【典型医案】　1. 1985年9月12日，新蔡县河口村杨某一头1.5岁母牛，因误食撒过"3911"农药的农作物中毒来诊。检查：患牛流涎，颤抖，呻吟，磨牙，瘤胃膨气，心率加快，呼吸迫促、困难，眼球震颤，泄泻，卧地不起。治疗：1％硫酸阿托品注射液70mL，分2次肌内注射（第2次在又出现症状时或在第1次注射后4h进行）；0.1％高锰酸钾溶液15000mL，分2次冲洗瘤胃，用井水8000～10000mL递增冲洗瘤胃6次，最后将0.1％高锰酸钾溶液3000mL，石蜡油500mL，一并灌入瘤胃并保留；5％葡萄糖生理盐水2000mL，2.5％解磷定120mL，静脉注射；青霉素钾640万单位，分2次肌内注射。用药后8h，患牛开始反刍，出现食欲。1周后追访，痊愈。（李树清，T29，P61）

2. 1988年3月11日，围场满蒙自治县奶牛场部分1～2月龄黑白花母犊牛就诊。主诉：因牛虱寄生，瘙痒不安，严重脱毛，影响发育，用3％敌百虫溶液拭刷犊牛全身灭虱。用药前检查无其他疾病，用药后第2天中午，其中1头犊牛精神不振，吮乳减少，左肷部轻度胀满、触诊柔软而有弹性，口流少许细涎丝，体温39.8℃，心跳80次/min。诊为敌百虫轻度中毒。因无阿托品，只灌服健胃制酵剂和肌内注射强心剂。13日6时，患牛四肢不灵，运步蹒跚，不久即倒地不起，头颈伸直，贴于地面，四肢末梢、耳、鼻、唇端发凉，结膜发绀，心率疾速，呼吸深，体温36℃，呈现中毒性休克。因缺乏解毒药，仅靠输液急救措施。输液后约5min，患牛欲挣扎起立，人力抬起头部，精神好转，体温36℃，耳、鼻及四肢末梢仍凉，属中毒引起的亡阳虚脱症。治疗：四逆人参汤，用法见方剂2。用药2h，患牛体温37.2℃，能喝0.5kg牛奶。下午6时，再服药1剂。14日上午8时，患牛能自行站立、吮乳，体温38.6℃，精神、食欲、运步如常，诸症悉退而愈。（卢运然，T47，P26）

3. 1985年8月7日，项城县老城乡东陈楼冷某一头黄牛，因灭蝇在牛体喷洒"1605"药液中毒来诊。检查：患牛不停地走动，腹部极度膨胀，不安，流涎，肌肉颤抖，呼吸困难、发出吭声，且症状迅速加剧。诊为有机磷中毒并发瘤胃膨气。治疗：取解磷定80mL（2g），阿托品50mg，生理盐水500mL，混合，静脉注射；瘤胃放气。用药后，患牛症状迅速缓解。嘱畜主用肥皂水洗除皮肤上的残留农药，1次痊愈。（董志诚，T72，P29）

## 氟乙酰胺中毒

氟乙酰胺中毒是指牛误食氟乙酰胺喷洒过的作物

或饲草引起中毒的一种病症。

【病因】　牛食入喷洒过氟乙酰胺农药的作物或被污染的饲草，或长期饲喂被氟乙酰胺污染的饲料蓄积中毒。作为毒鼠药混入饲料，被牛食入导致中毒。

【主证】　急性中毒不显前兆。患牛精神不振，饮水少，食欲减退或废绝，反刍停止，空口咀嚼，肘肌震颤，结膜潮红，肠音初期高朗、后期减弱、最后消失；心率增速，驱赶时不愿行走，病程持续2～3d突然倒地，剧烈抽搐，角弓反张，最后因呼吸抑制、心跳停止而死亡。慢性者，患牛精神不振，食欲减退，离群，反刍停止，流涎，不愿行走，瞳孔散大或缩小，肘肌震颤，有时轻微腹痛；遇到外界刺激突然哞叫、狂奔、呼吸迫促等。个别患牛排恶臭稀粪，体温正常或低于常温，脉搏疾速，心律不齐等。一般病情反复发作，往往在抽搐过程中因呼吸抑制和循环衰竭而死亡。

【治则】　解毒洗胃，镇静安神。

【方药】　1. 解氟灵0.1g/kg，肌内注射；2g/L高锰酸钾溶液适量，洗胃；甘草绿豆防风汤：甘草250g，绿豆1000g，防风200g。水煎取汁，候温灌服；5%或10%葡萄糖注射液500～1500mL、维生素C3～10g，静脉注射。共治愈17头。

2. 轻度中毒者，取苯巴比妥注射液5～10mg/（kg·次），肌内注射，3～4次/d；强力解毒敏注射液0.05～0.25mL/（kg·次），肌内注射，2次/d，连用2～3d；重度或急性中毒者，中药用磁朱散加味：磁石、朱砂、神曲、茯神、远志、石菖蒲、甘草。共研细末，开水冲调，候温灌服，1剂/d。西药用10%葡萄糖注射液、苯巴比妥注射液、三磷酸腺苷注射液、肝泰乐注射液、25%硫酸镁注射液（0.05～0.1g/kg），按常规量静脉注射，1～2次/d；症状减轻时，改用苯巴比妥注射液5～10mL/（kg·次），肌内注射，3～4次/d；强力解毒敏注射液0.05～0.25mL/（kg·次），肌内注射，2次/d；脑复康片、卡马西平片、维生素B₁片、肝泰乐片、三磷酸腺苷肠溶片，灌服，3次/d。共治疗89例（含其他家畜），治愈80例。（李广仁等，T118，P36）

3. 白酒、食醋各1000mL，灌服；10%葡萄糖注射液1500mL，5%葡萄糖生理盐水1000mL，解氟灵注射液150mL，肌苷40mL，10%磺胺嘧啶钠注射液、维生素C注射液、葡萄糖酸钙注射液各100mL，10%樟脑磺酸钠注射液30mL，混合，1次静脉注射；间隔6h再用药1次，连用2d；甘草90g，滑石150g，黄芪、潞党参各70g，熟地60g，当归50g，白芍40g，木香30g，大黄80g，芒硝500g，茯苓120g（均为成年牛药量）。水煎3次，合并药液，候温，分2次灌服，1剂/d，连服2剂；温肥皂水1500mL，直肠灌注。共治疗176例，治愈165例，治愈率93.75%。（孙荣华，T87，P24）

【典型医案】　1997年7月17日上午，陕县宫前

乡卸花池村后寨组同路线放牧的42头黄牛中有38头先后发病，当日死亡14头。至21日，累计死亡21头。检查：患牛心率加快，呼吸迫促，阵发性肌肉震颤、惊厥，腹部膨胀，站立不稳。多数患牛体温正常，心率增强。个别患牛远离牛体即可听到心音，呼吸迫促，肌肉震颤，精神沉郁，空口咀嚼，结膜发绀，耳、鼻、四肢末梢发凉，病情迅速恶化；继发感染的牛体温升高，呈进行性呼吸困难，肺泡呼吸音粗厉，喘息，心跳加快，心音减弱，结膜发绀；重危患牛体温持续下降，瞳孔散大，有的尿血，终因呼吸抑制和心力衰竭而死亡。经查实，是人为投放氟乙酰胺中毒所致。治疗：解氟灵0.1g/kg，肌内注射，根据病情可重复用药（尤其对肌肉震颤、阵发性痉挛者必须反复用药）；2g/L高锰酸钾溶液适量，洗胃，尔后取甘草绿豆防风汤：甘草250g，绿豆1000g，防风200g。水煎取汁，候温灌服；5%或10%葡萄糖注射液500～1500mL，维生素C注射液3～10g，静脉注射；同时，配合抗生素疗法，强心、镇静、解毒等（由于中毒患牛的心脏常遭受损害，输液量要严格控制，速度不宜太快）。（曲纯良等，T97，P34）

## 2，4-滴丁酯除草剂中毒

本病是牛误食喷洒过2,4-滴丁酯除草剂的饲草而引起中毒的一种病症。

【病因】　牛误食喷洒过2,4-滴丁酯除草剂的农田及地边青草而造成中毒。

【主证】　患牛轻度兴奋、不安，反刍停止，食欲废绝，心音亢进，呼吸急促，瞳孔散大，肌肉痉挛，口流白色泡沫、涎液，肠音增强，频排稀软粪，尿量少。

【治则】　解毒保肝。

【方药】　甘草绿豆汤。生甘草100g，绿豆500g。水煎取汁，候温灌服，2次/d（为成年牛药量）。共治疗20余例，收效颇佳。

【典型医案】　1973年5月11日，汪清县罗子沟镇城子后大队饲养的3头牛来诊。主诉：3头牛在喷洒过2,4-滴丁酯除草剂的麦田采食，随后出现口流白沫。检查：患牛体温正常，心音亢进，呼吸较急促，口流白色泡沫样涎液，瞳孔微散大，肠音增高，频频排稀软粪，肌肉轻度痉挛，不反刍，不饮水。诊为2,4-滴丁酯除草剂中毒。治疗：甘草绿豆汤，用法同上。下午复查，患牛病情减轻，继服上方药1次。12日复诊，全部康复。（马有山，T77，P41）

## 溴敌隆中毒

本病是牛误食溴敌隆污染的牧草引起中毒的一种病症。

【病因】　在林区、牧场等用溴敌隆灭鼠时污染牧

草，被牛误食引发中毒。

【主证】 在采食后30min内发病，主要表现为剧烈的癫痫样症状。患牛惊慌、恐惧，狂躁不安，狂奔乱撞，犹如疯牛，急冲或急退数步后，跌倒在地，全身颤抖，口唇颤抖并流出少量白沫，有时发出痛苦的呻叫，尔后逐渐恢复安静，整个过程持续2～5min。间歇期最短的仅半小时。在间歇期，患牛精神沉郁，多卧少立，鼻镜干燥，结膜发绀，口色偏暗，食欲废绝，排粪减少甚至停止；心率、体温、呼吸无明显变化。随着病程的延长，有时患牛可看到鼻孔和肛门少量出血。

【治则】 解毒，镇静安神。

【方药】 苯巴比妥钠，成年牛1g/次，肌内注射；间隔2～4h重复注射1次，并视病情变化相应增减；维生素K 40mg/d，上午、下午各肌内注射1次；同时，取10%葡萄糖注射液、维生素C注射液等（要特别注意，使用强心剂会导致本病的发作），静脉注射。共治疗3例，均获痊愈。

【典型医案】 1988年春，陕县张湾乡桥头村姚某自办鼠药厂，生产鼠药溴敌隆。由于将溴敌隆药粉在村边的打麦场上晾晒，污染周围环境，使附近居民养殖的3头牛因误食麦场周围的青草而先后中毒，其中1头牛因在污染地采食青草30min内发病。检查：患牛惊慌恐惧，不时眨眼，口唇颤抖、流少量白沫，狂躁不安，挣脱缰绳，狂奔乱撞，犹如疯牛，急冲或急退数步后跌倒在地，全身颤抖，有时发出痛苦的呻叫，随后逐渐恢复安静，整个过程持续2～5min。间歇期最短仅30min。在间歇期，患牛精神沉郁，多卧少立，鼻镜干燥，结膜微绀，口色偏暗，津液短少，饮食欲废绝，排粪减少甚至停止；体温、心率、呼吸无明显变化。随着病程的延长，有时可看到患牛鼻孔和肛门少量出血。治疗：取上方药，用法同上，痊愈。（姚亚军等，T47，P40）

# 第五节 其 他

## 尿素中毒

尿素中毒是指牛采食过量尿素或偷食、误食含氮非蛋白氮化合物而引起中毒的一类病症。

【病因】 常因饲料中添加尿素、双缩脲、双铵磷酸盐、氯化铵等非蛋白氮化合物过量或饲喂方法不当，尿素与饲草、饲料混在一起，被牛误食，或偷食、误食含氮的盐类而引起中毒。摄入大量人尿亦可导致尿素中毒。直接饮用溶有尿素的饮水可造成急性中毒，饮后数分钟至数小时即表现临床症状。

注：尿素喂牛须由少到多、循序渐进，一般需经7～15d的适应期；每天定量应分作2～3次饲喂，原则上每头成年牛以100g/d较为适宜；拌入饲料时须混合均匀；严禁将尿素溶于水中直接饮用。

【主证】 根据牛的膘情和尿素摄入量的多少，分为轻度和重度。轻度中毒或中毒初期，患牛食欲减退，磨牙，流涎，涎液呈泡沫状或线状下滴。中度中毒或中毒中期，患牛多尿，呕吐，肌肉震颤，共济失调，出汗，瘤胃臌气，回头顾腹，踢腹，呻叫，不安等。重度中毒或中毒后期，患牛肢体抽搐，呼吸困难，喘气，卧地不动，反刍和嗳气停止，嘴唇干裂，衰竭无力，瞳孔散大，肛门松弛。濒死期则常表现为强直性痉挛，若不及时救治或误治，多引起死亡。

【治则】 清热解毒，消肿止痛，健胃燥湿。

【方药】 1. 轻度中毒或中毒初期，取食醋1000～3000mL（为成年牛用量，老弱牛及犊牛用量酌减，体型大而健壮的牛酌增），稀释于3～4倍量的常水中，灌服。中度中毒或中毒中期，于上述食醋稀释液中加入糖1000～1200g，灌服；或取10%葡萄糖注射液1000～2000mL，谷氨酸钠注射液150～300mL，静脉注射。重度中毒或中毒后期，除上述药物适当增大剂量外，尚需静脉注射葡萄糖酸钙注射液、维生素C注射液、安钠咖注射液等。共治疗24例，治愈22例。

2. 轻度者，用仙人掌250～300g，去皮刺，捣烂，加温水适量，混匀，灌服，再灌服用常水稀释的食醋1000～1500mL（为成年牛用量）；重度，除用上述药物适当加大剂量外，静脉注射葡萄糖酸钙注射液、维生素C、安钠咖注射液等。共治疗19例，全部治愈。

3. 食醋250g，徐徐灌服；另取茶叶150g，加水1500mL，煎浓茶水2碗，候温灌服。

4. 甘草60g，当归40g，陈皮、枳壳、厚朴、黄连各30g，山楂、麦芽各50g。共研细末，开水冲调，候温灌服；取食醋500～1000mL，灌服。必要时行瘤胃穿刺放气。取10%葡萄糖注射液500～1000mL，维生素C 4～5g，氢化可的松400～500mg，混合，静脉注射；谷氨酸钠25～75g，静脉注射。共治疗10余例，全部治愈。

5. 视患牛病情轻重灌服食醋、白糖混合液，500～800mL/头不等。严重者隔30min再灌服1～2次。病情严重者采用强心、兴奋呼吸、解痉、镇痛疗法，取10%樟脑磺酸钠注射液、0.5%硫酸阿托品注射液、30%安乃近注射液，肌内注射，1次/d，连用3d。对有明显病状者，取25%葡萄糖注射液、10%葡萄糖酸钙注射液、5%碳酸氢钠注射液、5%葡萄糖生理盐水，分别静脉注射；中药取大黄、山楂、麦芽、神曲各50g，枳壳、火麻仁、郁李仁各40g，厚朴、苍术、白术、青皮、陈皮各30g，木香、甘草各

20g。水煎取汁，候温灌服，1剂/d。

**【典型医案】** 1. 1996年4月3日，如皋市南凌乡古渔村宋某2头10月龄、约140kg黄牛来诊。主诉：上午取尿素250g溶于5000mL水中，给每头牛1次性饮服。20min后，牛出现流涎、磨牙等现象且逐渐加重。检查：患牛肌肉颤抖，周身出汗，反刍、嗳气停止，瘤胃臌气。1头重症患牛瘫痪不起，听诊瘤胃蠕动音不明显，呼吸困难。诊为尿素中毒。治疗：食醋150mL，红糖100g，溶于常水3000mL（1头牛用量）中灌服；10%葡萄糖注射液1500mL，维生素C 50mg，混合，静脉注射；50%葡萄糖注射液200mL，静脉注射。重症患牛除用上药外，取安钠咖注射液10mL，10%葡萄糖酸钙注射液80mL，分别静脉注射。用药1h后，再用5%葡萄糖生理盐水3000mL，静脉注射。傍晚复查，患牛均获痊愈。（吴仕华等，T87，P29）

2. 2002年3月10日，民和县官亭镇河沿村张家1社张某一头15月龄、约80kg秦川牛就诊。主诉：中午取约200g尿素溶于温水中给牛饮服，1h后，牛出现流涎，磨牙，鼻镜干燥。诊为尿素中毒。治疗：鲜仙人掌280g（去皮刺，捣烂），加温水1000mL，混匀，灌服；食醋800mL，常水稀释至2000mL，1次灌服。用药4h后，患牛恢复食欲，第2天追访，痊愈。（张发祥，T136，P57）

3. 1984年11月8日下午3时，宣汉县云蒙山牧场胡家14村王某一头2月龄、西杂二代牛就诊。主诉：该牛因偷吃了尿素，傍晚流涎、痉挛，唇边还附有少量尿素颗粒。检查：患牛精神极度委顿，卧地不起，流涎，眼球震颤，呼吸迫促，腹胀，全身痉挛，心率微弱。治疗：晚8时许，速取食醋250g，徐徐灌服；另取茶叶150g，加水1500mL，煎浓茶水2碗，灌服。晚10时，患牛症状缓解。再灌食醋250g，浓茶2碗。至夜间2时，患牛痉挛基本停止，心率趋于正常。次日晨6时，患牛恢复正常并采食。（潘广智，T20，P23）

4. 2007年10月17日，古浪县永丰堡村吴某的2头牛，因偷吃尿素约1000g，1岁公牛在就医途中死亡；母牛卧地不起，全身发抖、出汗，肌肉颤抖，尤以肘部、股部肌肉颤抖明显；眼睛圆睁，眼球外突，眼睑、角膜反射消失，张口伸舌，口腔内有瘤胃内容物团块，肚腹胀大，听诊心脏有吹风样杂音，体温35℃，心跳135次/min，呼吸27次/min。诊为尿素中毒。治疗：立即用大号穿刺针行瘤胃穿刺放气；取10%葡萄糖注射液2000mL，维生素C 4g，氢化可的松500mg，谷氨酸钠50g（溶于10%葡萄糖注射液1000mL中），静脉注射。用药后，患牛出现眼反射和舌肌活动，但仍闭眼、呻吟，心跳110次/min，呼吸24次/min。下午，患牛心跳290次/min，呼吸34次/min，肌肉颤抖，扶起能站立数分钟。取食醋750mL，灌服；10%葡萄糖注射液1000mL，维生素C

5g，氢化可的松400mg，谷氨酸钠25g（溶于10%葡萄糖注射液500mL中），静脉注射。晚上，患牛体温38.3℃，心跳66次/min，节律整齐，能完全站立，肌肉颤抖消失，排尿量增多，瘤胃蠕动音弱。第2天，患牛体温37.3℃，心跳78次/min，胃肠蠕动音弱，粪量少、干硬、带有黏液，有饮食欲。取方药4中药，共研细末，开水冲调，待凉后加入石蜡油500mL，酵母粉120g，灌服。经上述治疗，患牛痊愈。（尹凤琴，T163，P74）

5. 2011年2月中旬，射阳县通洋镇某新建牛场从山东购进23头鲁西黄牛，以喂玉米秸秆、大麦秸秆和杂草为主。半个多月后，大部分牛体弱消瘦。随即在饮水中给每头牛添加尿素200g作为蛋白质饲料来补充。牛饮水40min后即发病。检查：牛群出现不安、呻吟、流涎、肌肉震颤，体躯摇晃，步态不稳。其中5头病重牛出现呼吸困难，体温39～40℃，心跳120～130次/min，呼吸25～30次/min，瘤胃臌气，口流少量清涎白沫，不时排少量糊样稀粪，具有明显神经症状，惊恐、兴奋、眼球震颤、全身肌肉颤抖，四肢无力，摇摆不定；有2头精神沉郁，卧地不起，反刍停止，磨牙，鼻镜干燥，口腔黏膜发绀，眼结膜充血，眼球下陷，四肢发僵。治疗：立即停止添加尿素的饮水。帮助2头重病牛站立，防其倒卧，以减轻瘤胃臌气，缓解心肺压力。瘤胃臌气严重者要及时行瘤胃穿刺放气（放气速度不能太快）。给2头病情最重牛每头灌服食醋2000mL、白糖500g混合液；3头症状较重牛分别灌服食醋1000mL、白糖300g混合液；其余病牛取方药5中药、西药，用法同上，连用3d。5d后，患牛恢复正常。（姜东，T169，P68）

## 酸中毒

酸中毒是指牛瘤胃消化功能障碍，引起以发病急、病程短、病症重及死亡率高为特征的一种病症。一年四季均可发生，以冬、春季节发病率最高；老弱、幼小牛及产后3d内的母牛发病较多。

### 一、黄牛瘤胃酸中毒

**【病因】** 由于饲料单一、搭配不合理，优质青干草不足，长期过量饲喂块根类饲料或过量采食或误食大量易产酸的精料和富含碳水化合物的谷物饲料如地瓜干、地瓜干面、玉米粥或小米粥等，在瘤胃内迅速发酵，产生大量酸性物质后引起代谢性酸中毒；过度使役，饥饿后暴食或偷食过多精料，或突然变换饲料，或长期饲喂低劣精料等诱发本病。

**【辨证施治】** 临床上分为慢性型、急性型和最急性型酸中毒。

（1）慢性　一般在食后第2天发病。患牛食欲、反刍减退，呆立或喜卧，粪呈糊状、气味酸臭，触诊瘤胃柔软、有波动感，听诊瘤胃蠕动音减弱、消失或蠕动波不全，舌苔白腻，口津滑利。分娩母牛于产后3～5h瘫痪卧地，头、颈、躯干平卧于地，四肢僵硬，角弓反张、呻吟、磨牙、兴奋、甩头，随后精神极度沉郁，呈昏迷状，产奶量下降。瘤胃内容物pH值3.0～5.0，纤毛虫消失，革兰氏阳性菌增加，尿液pH值降低。病程一般在7d左右。

（2）急性　一般在食后4h左右发病。患牛精神沉郁，饮食、反刍停止，瘤胃胀满，卧地不起，体温36.5～38.5℃，个别病例达40℃以上，呼吸增数，呼吸60～80次/min，心跳100～140次/min；反应迟钝，口腔酸臭，流涎，可视黏膜发绀，眼窝深陷，粪呈糊状、气味酸臭，少尿或无尿，产奶量急剧下降。瘤胃内pH值下降至5.0～5.3，并可持续数小时。

（3）最急性　约在食后2h发病。病初，患牛惊恐不安，流涎，继之肚胀、磨牙、气喘，后肢踢腹，时而兴奋时而抑制，个别患牛无目的地在栏中徘徊，站立不稳或表现出脑部损伤等症状，最后陷于昏迷状态而死亡。病程一般不超过5h。

【治则】　温中健脾，消食导滞，泻积除胀，理气止痛，利水解毒。

【方药】　1. 加味平胃散。苍术80g，陈皮、炒神曲各60g，白术、焦山楂各50g，厚朴、炒麦芽、薏苡仁各40g，炮干姜、甘草各30g，大黄苏打片200片。共研细末，0.5g/kg，用温水调成稀粥状，灌服，1次/d，连服2～3d。病情严重者，取葡萄糖生理盐水1000～2000mL，5%碳酸氢钠注射液500～800mL，10%安钠咖注射液10～20mL，静脉注射，1次/d，连用2～3d。对偷食发酵面团所引起的最急性瘤胃酸中毒，应行瘤胃切开术，取出瘤胃内容物。共治疗黄牛25例，奶牛34例，有效率为95.2%。

2. 加味四仙平胃小承气汤。山楂、神曲、麦芽、槟榔、臭椿皮、苦参各50g，苍术、厚朴、陈皮、枳实、大黄、白藓皮、生姜、莱菔子、香附子、甘草各30g，滑石粉600g。除滑石粉外，其他药加水煎4次，合并药液，候温灌服，2次/d，1剂分2d服完（滑石粉临灌服时分2次加入）；5%碳酸氢钠注射液500～1000mL，新促反刍液（加大盐、钙剂量），静脉注射；如瘤胃内容物稀软，最好先洗胃后投药；盐酸异丙嗪250mg，0.25%比赛可灵注射液10mL，肌内注射。

3. 用1%氯化钠注射液或碳酸氢钠注射液洗胃，直至瘤胃液pH值呈中性或碱性为止；对呼吸困难、有窒息征兆者，应缓慢静脉注射3%双氧水200mL、25%葡萄糖注射液2000mL；对重症者应立即行瘤胃切开术。缓解酸中毒，用5%碳酸氢钠注射液1000～1500mL，1次静脉注射，1次/周，重症者可连续注射3次，尿液pH值达6.6时停止注射；补充水和电解质，用5%葡萄糖氯化钠注射液或复方氯化钠注射液2000～2500mL，1次静脉注射，病初用量可稍大。为防止继发感染，可先用抗生素；轻症者用

硫酸镁（钠）400～800g或人工盐500～1000g，加适量制酵药（如鱼石脂）及水，1次灌服；石蜡油或植物油1000～1500mL，1次灌服。为提高瘤胃的兴奋性，用酒石酸锑钾，3次/d，2～3g/次或8～10g/（d·次），溶于大量水中灌服；如全身衰弱或患胃肠炎时则禁止应用，同时连用不应超过2d，除此之外，还可皮下注射硫酸新斯的明注射液5～15mL或静脉注射10%氯化钠注射液250mL。中药用五黄三花散：黄连、黄芩各30g，黄柏、金银花、栀子各25g，连翘、黄药子、板蓝根各20g，大黄65g，天花粉45g，玄参40g，芒硝、郁金香各150g，泽泻35g，菊花、甘草各15g。兴奋型加朱砂、茯神、远志、琥珀、石膏；沉郁型加茯神、菖蒲、香薷。共研细末，开水冲调，候温灌服，1剂/d，连服3d。共治疗178例，其中产后母牛61例，犊牛54例，老弱病牛47例，其他16例；治愈166例，死亡9例，淘汰3例。

4. 轻度者，用平胃散（苍术60g，陈皮、厚朴各30g，甘草20g）100～250g，碳酸氢钠粉60～100g，姜酊80～100mL，加水适量，灌服。

中度者，用平胃散（用量同上）合增液汤（元参、麦冬各30g，生地80g），水煎取汁，候温，加小苏打100g，1次灌服。

重度者，在洗胃的同时，取平胃散合增液汤（用量同上），水煎取汁，候温灌服，并配合静脉注射葡萄糖生理盐水和碳酸氢钠注射液。

共治疗258例，其中轻度者，113例，中度者，104例，重度者，41例；治愈率为95.8%；1次给药治愈136例；死亡9例。

5. 急性、亚急性者，用2%小苏打溶液或石灰水8000～10000mL，经胃管灌入瘤胃后，再导出，如此反复洗胃至胃液呈碱性，最后再灌入800～1000mL（根据牛体型大小定量）；5%葡萄糖生理盐水或复方氯化钠注射液5000～8000mL，2%碳酸氢钠注射液500～800mL，安钠咖注射液20～30mL，静脉注射；曲麦散加减：神曲60g，麦芽、山楂、生石膏各45g，厚朴、枳壳、陈皮、茯苓各25g，苍术30g，甘草20g。共研细末，开水冲调，候温灌服，1剂/d，连服5剂。

慢性者，取小苏打粉100～200g，加水适量，灌服；2%碳酸氢钠注射液500～800mL，5%葡萄糖生理盐水8000～10000mL，肌苷100～200mL，静脉注射；平胃散加减：苍术80g，白术50g，厚朴、麦芽各40g，陈皮、生姜、甘草各30g。水煎取汁，候温灌服，1剂/d，连服5剂。伴发蹄叶炎者，取盐酸苯海拉明注射液0.6～1.2mg/kg或盐酸异丙嗪注射液0.25～0.5mg/kg，肌内注射。

共治疗28例，2例因畜主延误治疗无效，其余26例均治愈。

6. 茯苓饮。茯苓、白术、干姜各50g，枳实30g，人参80g，陈皮40g。水煎取汁，候温灌服。共

治疗 9 例，全部治愈。

7. ①对胃肠迟缓、排粪不畅者，取生石灰 1kg，溶解后静置 3min，取上清液灌胃，并反复抽送胃管让瘤胃内容物流出；当瘤胃内容物被导出后，肷窝松软、塌陷，再灌入石蜡油 1000～1500mL。也可用温水灌肠，排除毒物。取 5%碳酸氢钠注射液 500mL，葡萄糖生理盐水 1000mL，静脉注射。1d 内停止喂食草料。在洗胃的第 2 天，取清肠饮：黄芩 50g，金银花 60g，生地 80g，麦冬、元参、郁金、白芍、当归、陈皮各 40g，甘草 30g。水煎取汁，候温灌服。②对骚动不安者，用生理盐水 1000mL，青霉素钾 240 万单位，5%盐酸普鲁卡因注射液 20mL，混合，腹腔封闭，以缓解腹痛，控制炎症。③为防治患牛脱水，取 5%碳酸氢钠注射液，用注射用水倍量稀释后静脉注射，成年牛总输液量不少于 5000mL/次，2～3 次/d。共治疗 369 例，痊愈 343 例。

【护理】　防止饲喂单一和低劣的精料；在日粮中添加碳酸氢钠，维持牛瘤胃 pH 值平衡，最好将碳酸氢钠与氧化镁按 3：1 比例混合使用，效果更好。

【典型医案】　1. 1995 年 5 月 5 日，新乡市郊区刘庄营村胡某一头约 300kg 黄牛来诊。主诉：该牛因偷食建筑工地上的馒头 20 多个，下午饮欲、食欲废绝。检查：患牛反刍废绝，瘤胃胀满，口流黏液，卧地不起，呼吸迫促，可视黏膜发绀。诊为瘤胃酸中毒。治疗：葡萄糖生理盐水 2000mL，5%碳酸氢钠注射液 800mL，10%安钠咖注射液 10mL，静脉注射；加味平胃散 200g，用法见方药 1。次日，患牛症状缓解，已能站立，有饮欲，但仍不吃草，不反刍，又重复用药 1 次。第 3 天，患牛已能吃少量青草，开始反刍。又灌服加味平胃散 200g。第 4 天追访，痊愈。（王建国，T131，P38）

2. 2005 年 11 月 3 日，湟中县总寨乡泉湾村李某一头牛来诊。主诉：该牛产后半个多月卧地不起（侧卧、四肢伸直），全身出汗，肌肉震颤。检查：患牛体温 36.7℃，心跳 137 次/min，呼吸 83 次/min，昏迷，口鼻流白沫，瘤胃充满。诊为急性瘤胃酸中毒。治疗：5%碳酸氢钠注射液 800mL（第 1 组），静脉注射；654-2 合剂 1500mg，10%葡萄糖注射液 100mL（第 2 组），静脉注射；10%氯化钠注射液 500mL，复方生理盐水 1000mL，5%氯化钙注射液 150mL，30%安乃近注射液 30mL（第 3 组），静脉注射。用药后，患牛头能抬起，躺卧为正常牛卧姿势，出汗停止。用 2%温苏打水洗胃，导出酸臭的胃内容物，反复洗胃 3 次后，取加味四仙平胃小承气汤，用法同方药 2；0.25%比赛可灵 10mL，盐酸异丙嗪 300mg，肌内注射。用药后，患牛于当晚自行站立。继用上述西药。第 2 天，患牛出现食欲，饮水。再服上述中药，患牛出现反刍，痊愈。（张生钧，T133，P45）

3. 1998 年 2 月 5 日，临沂市相公镇周庄村周某一头 6 岁母牛来诊。主诉：该牛是半年前从集市购买，除喂以青干草以外，精料主要以玉米面、煮热的大豆为主，约 5kg/d，尤其是临产前几天饲喂量较大，产后当天发现不反刍。检查：患牛体温 38℃，呼吸 75 次/min，心跳 130 次/min；四肢僵硬，站立不稳，时有呻吟，磨牙，甩头，精神兴奋，左腹部触诊如面团状、无痛感，瘤胃内容物 pH 值 5.2。诊为瘤胃酸中毒。治疗：用 1%碳酸氢钠液洗胃；5%葡萄糖氯化钠注射液 2500mL，5%碳酸氢钠注射液 1000mL，庆大霉素 100 万单位，静脉注射；五黄三花散，用法见方药 3，1 剂。6 日上午，患牛症状有所缓解，仍按上法治疗；下午，取硫酸新斯的明 10mL，皮下注射。7 日，患牛排大量稀粪，开始反刍，吃少量青干草。取葡萄糖氯化钠注射液 2000mL，庆大霉素 100 万单位，1 次静脉注射；五黄三花散，用法同方药 3，1 剂，痊愈。（闫朝阳等，T110，P22）

4. 1988 年 2 月 1 日上午，费县孙家尚庄孙某一头 4 岁、约 350kg 母黄牛来诊。主诉：该牛因过食地瓜干面发病，现食欲、反刍废绝，泄泻。检查：患牛体温 38.5℃，呼吸 46 次/min，心跳 92 次/min，精神不振，流涎，口色淡白，舌苔白；触诊瘤胃松软，听诊则蠕动音沉弱，瘤胃液 pH 值 5.2。诊为轻度瘤胃酸中毒。治疗：平胃散（见方药 4），水煎取汁，加姜酊 100mL，碳酸氢钠（粉）100g，1 次灌服。翌日，患牛开始反刍，出现食欲。

5. 1988 年 10 月 22 日上午，费县巨庄村李某一头 2 岁、约 400kg 公黄牛，因脱缰偷食地瓜干后发病来诊。检查：患牛体温 38.9℃，呼吸 74 次/min，心跳 101/min，精神高度沉郁，眼球凹陷，卧地、伸颈、嘴触地，不时呻吟，流涎，舌苔白腻，腹围胀大，瘤胃内容物如硬面团、有振水音，蠕动音消失，瘤胃液 pH 值 4.9。诊为重度瘤胃酸中毒。治疗：平胃散合增液汤。苍术 60g，生地 80g，元参、麦冬、生姜、厚朴、陈皮各 30g，甘草 20g。水煎取汁，加小苏打粉 100g，候温灌服；10%葡萄糖注射液、5%葡萄糖生理盐水各 1000mL，5%碳酸氢钠注射液 500mL，静脉注射。翌日，患牛基本康复。（谷振德等，T60，P34）

6. 1991 年 7 月 16 日，上杭县珊瑚乡上珊瑚村胡某一头 3.5 岁黄牛来诊。主诉：该牛上午使役前喂服拌有少量米糠的大米粥 15kg，中午发现异常。检查：患牛精神委顿，呆立，不愿走动，行走无力，食欲、反刍减少，肚腹虚胀，口气酸臭，瘤胃蠕动减弱，皮肤紧裹，素体微热，气喘，粪稀、含有未消化米糠，沾污尾根及肛门四周，尿少，口色红，苔黄，脉沉数。诊为乳酸中毒。治疗：2%碳酸氢钠溶液 8000～10000mL，洗胃，至胃液呈碱性为至，然后再灌入 4000mL；5%葡萄糖生理盐水 6000mL，复方氯化钠注射液 1000mL，2%碳酸氢钠注射液 600mL，安钠咖注射液 30mL，混合，静脉注射；中药用曲麦散加减，用法同方药5，1剂/d，连服5剂，痊愈。

7. 1995年7月24日，上杭县珊瑚乡下珊瑚村陈某牵一头4岁黄牛来诊。主诉：近几天因农忙使役，为增加其营养，喂服6kg/d左右的大米粥，今日发现牛精神沉郁，食欲不振，反刍减少，时有空嚼。检查：患牛束步拘行，四肢如攒，眼球下陷，口流少量黏液，腹痛、微胀，粪稀、气味恶臭，脉数无力。诊为慢性乳酸中毒。治疗：苏打粉150g，水调灌服；2%碳酸氢钠注射液600mL，5%葡萄糖生理盐水8000mL，肌苷注射液150mL，安钠咖注射液30mL，混合，静脉注射；盐酸苯海拉明240mg（0.6～1.2mg/kg），肌内注射，1次/d，连用3d；中药用平胃散加减：用法同方5，1剂/d，连服5剂，痊愈。（陈万昌，T106，P25）

8. 1997年2月10日，富平县施家乡黄源村西王组王某一头3岁空怀黄牛来诊。主诉：该牛偷食生面馒头约5kg，发病后经他医治疗2d无效。检查：患牛食欲废绝，精神沉郁，腹围增大、下垂，瘤胃听诊无蠕动音、触诊有液体音，口腔黏膜和眼结膜潮红，皮焦毛燥，体温38℃，呼吸42次/min，心跳105次/min。诊为谷物酸中毒。治疗：复方氯化钠注射液、5%葡萄糖氯化钠注射液各1000mL，2%氯化钙注射液300mL，10%维生素C注射液50mL，5%碳酸氢钠注射液500mL，静脉注射；中药取茯苓饮，用法见方药6，连服2剂，痊愈。（崔小叶等，T127，P30）

9. 2006年12月2日，化隆县巴燕镇藏滩村韩某一头牛来诊。主诉：该牛前天脱缰偷食小麦约20kg，下午精神不振，吃少量干草，灌服菜籽油1kg、食盐250g后出现腹泻，粪内混有未消化的小麦颗粒。检查：患牛精神沉郁，食欲废绝，心跳109次/min，呼吸68次/min，体温39.2℃，眼球下陷，肌肉震颤，行走摇晃，呻吟，眼结膜黄染，瘤胃蠕动音弱，瘤胃内容物中度充满、坚硬，腹痛。诊为瘤胃酸中毒。治疗：石灰水洗胃，导出大部分瘤胃内容物，随后灌入石蜡油1500mL；取生理盐水1000mL，青霉素钾240万单位，5%盐酸普鲁卡因注射液20mL，混合，腹腔封闭；5%碳酸氢钠注射液2500mL，注射用水倍量稀释后静脉注射，上午、下午各1次；温水灌肠。第2天，患牛开始采食。取清肠饮煎剂，用法同方药7，1剂痊愈。（陈龙等，T147，P64）

## 二、奶牛瘤胃酸中毒

一般青年牛发病率高于老年牛；产前、产后的牛发病率高于空怀母牛；高产奶牛发病率高于低产奶牛。

【病因】　由于精、粗料比例不当，或产后、初乳期结束时突然提高精料比例，盲目增加辅料，一次性喂饲过量的粉渣、啤酒糟类饲料，或辅料日喂量不均衡，谷类料比例过高，干草储备不足，青贮玉米日喂量过多；或青贮玉米保管不善，剩余的青贮玉米在露天堆放过久，酸度升高；或春季气候多变，忽冷忽热，加之奶牛体质虚弱，抗病力差，消化不良，瘤胃张力减弱，前胃弛缓则往往诱发本病。

【辨证施治】　临床上有急性、亚急性和慢性酸中毒。

（1）急性　一般临床症状不明显。患牛常在大量采食后3～5h内突然死亡。尸检可见瘤胃内蓄积大量谷类饲料残渣，胃壁大面积充血。

（2）亚急性　患牛行动迟缓，常呆立懒动，驱赶时亦不愿走动，步态不稳，左右摇摆，伸头缩项，流涎，呼吸急促、气喘，心率加快。多在4～6h内死亡，濒死期患牛倒地，甩头蹬腿，张口吐舌，高声呻叫，口内流出带血的液体。

（3）慢性　患牛食欲废绝，精神沉郁，肌肉颤动，行走时后躯无力，眼球下陷，间或排出黑色带血的恶臭稀粪，口流大量黏液，磨牙，呈昏睡状。一般15～24h内死亡。

【治则】　急性和亚急性宜清除毒素，制止瘤胃内容物继续发酵、产酸，缓解全身酸中毒；慢性宜调整体液pH值，补充碱储量，缓解酸中毒。

【方药】　急性和亚急性者，用1%碳酸氢钠溶液反复洗胃。患牛取前低后高位站立，灌入洗胃液后，在瘤胃体外给以适当压力促使排出（注意掌握灌入量与排出量基本相等）。如此反复冲洗，直至排出物pH值为7.5～8.0即可。本法只适用于因谷物饲料过量而引起的瘤胃酸中毒。因食入大颗粒谷物、青贮玉米等饲料，容易堵塞胃管，灌入的冲洗药液不易排出，故不宜使用。对病情较重而洗胃方法又不能使用者，须切开瘤胃，取出内容物，以清除乳酸及有害物。该法用常规剖腹术切开瘤胃，取出内容物的2/3后，用1%碳酸氢钠溶液反复冲洗瘤胃和网胃。术者将手伸入胃内，拍动冲洗液，使胃内容物pH值7.5～8.0为止，清洗外缘及其周围，逢合创口。为增加血容量，缓解全身酸中毒，取葡萄糖生理盐水1000～1500mL，5%碳酸氢钠溶液1～2mL/kg，分别静脉注射。待全身症状减轻，患牛仍呈现精神萎靡，口内流涎，食欲废绝者，药用石脂散：赤石脂150g，苍术、生石膏各60g，升麻50g，黄连30g，甘草120g，牡蛎、没食子各40g。加水2000mL，煎至1500mL，取汁，候温灌服。

慢性者，先大剂量静脉注射5%碳酸氢钠注射液，同时注射5%或10%葡萄糖注射液，以增强肝脏解毒功能；庆大霉素100万单位，静脉注射；患牛出现兴奋不安、蹬腿、甩头等症状时，取山梨醇或甘露醇250～300mL/次，静脉注射，2次/d。患牛症状基本消失，仍卧地不起，食欲不振者，灌服解毒益胃散：黄芪150g，白术、白扁豆各60g，当归、薏苡仁各50g，神曲80g，官桂30g，党参、甘草各100g，海螵蛸40g。共研细末，开水冲调，候温灌服，

1剂/d，连服5剂。（董林生，T101，P22）

【护理】　加强妊娠母牛产前、产后管理，干奶期精饲料不宜超过4kg/d；日粮中粗纤维含量不能低于17%，干草饲喂不少于3kg/d；青贮玉米应现喂现取，对酸度过高的青贮玉米，应同30%的干草混合饲喂；奶牛饲料加工必须注意配合比例，玉米比例冬季不超过50%，夏季不超过45%；奶牛初乳期过后应逐步增加精料，不能1次性饲喂太多；为防止发生瘤胃酸中毒，对奶牛应不定期喂（饮）给一定比例的碳酸氢钠。

## 二氧化硫中毒

二氧化硫中毒是指牛吸入过量二氧化硫导致呼吸道黏膜损伤的一种病症。

【病因】　用硫黄熏蒸淀粉、中药材时，因燃烧产生大量的二氧化硫，牛吸入过量而导致中毒。

【主证】　患牛精神沉郁，饮食和反刍废绝，瘤胃柔软、蠕动音减弱，心跳加快，低头伸颈，呼吸快而困难、疾速，呼吸音粗厉；口鼻流清液，眼结膜充血；粪稀薄、混有黏液及血丝；尿量少，呈淡红色。

【治则】　消除致病因素，通畅呼吸。

【方药】　①先颈静脉放血700mL；皮下注射硫酸阿托品25mg。②放血后即取50%葡萄糖注射液、25%甘露醇注射液各500mL，10%葡萄糖酸钙注射液200mL，5%碳酸氢钠注射液750mL，乌洛托品24g，安钠咖2g，静脉注射，1次/d，连用2d。③白矾散加减：白矾、黄芩、黄连、大黄、贝母、葶苈子、甘草各30g，桔梗、白芨、槟榔各45g，鱼腥草、焦三仙各60g。水煎取汁，候温，胃管灌服，1剂/d。

【典型医案】　1987年某月17日晚，临泉县姜寨乡韩庄王某一头4岁黄色母牛来诊。主诉：该牛在置有红薯湿淀粉大缸的一间草屋内饲养，用1kg硫黄点燃后放在缸内熏蒸淀粉，产生大量的二氧化硫气体使牛中毒，经他医治疗1d无效。检查：患牛精神沉郁，饮食和反刍废绝，体温39.4℃，心跳108次/min，低头伸颈，呼吸快、困难、呼吸97次/min，肺音粗厉；口鼻流清液，眼结膜充血；粪稀薄、混有黏液及血丝；尿量少、呈淡红色；瘤胃柔软，蠕动音减弱。治疗：取上方药，用法同上。连续用药3d，痊愈。（杨子远，T55，P45）

## 红糖中毒

红糖中毒是指牛产后过量服用红糖引起的一种病症。

【病因】　牛产后过量饲喂红糖，使大量糖胶质进入体内，黏附在胃肠道，造成急性消化功能紊乱而发生中毒。

【主证】　患牛精神沉郁，被毛粗乱；鼻端、耳尖及四肢末梢发凉；随着病情发展，饮食欲废绝，粪呈黑褐色、稀粥样，或粪干秘结；泌乳量迅速下降；体温、呼吸、心率均正常。

【治则】　清理胃肠，排毒解毒。

【方药】　大黄末50～100g，食盐100～300g。开水冲调，候温灌服；服药后增加饮水；维生素B$_1$注射液4～10mL，肌内注射，2次/d。共治疗2例。

【典型医案】　1989年5月31日晚，乌鲁木齐县大湾乡二道湾村陈某一头4岁黑白花奶牛来诊。主诉：该牛产后将3kg红糖加入水中，让其1次饮服。第2天，该牛饮食欲、反刍均废绝，耳尖、四肢末端发凉，粪呈黑褐色、稀粥样。畜主灌服痢特灵15片，不见好转。诊为红糖中毒。治疗：取上方药，用法同上。服药1h后，患牛饮欲恢复，嘱畜主饮水应少量、多次。翌日灌服健胃散1剂，痊愈。（王志录，T49，P31）

## 洗衣粉水中毒

洗衣粉水中毒是指牛饮用大量洗衣粉水，引起消化和呼吸机能障碍的一种病症。

【病因】　暑天炎热或久渴失饮，牛饮用大量洗衣服水导致中毒。

【主证】　患牛精神沉郁，食欲废绝，肚腹胀满，腹痛泄泻，肠音亢进，口吐泡沫，全身震颤，耳、鼻冰凉，呼吸急促、喘气，口紫色。严重者粪、尿失禁。

【治则】　强心解毒。

【方药】　25%葡萄糖注射液2000mL，20%安钠咖注射液20mL，维生素C 2g，静脉注射；麻黄素300mg，肌内注射；甘草100g，水煎取汁，加绿豆浆1.5kg，灌服。

【典型医案】　1984年3月9日，仪陇县双盘乡桂花5队黄某一头13岁、中等膘情母水牛（带犊牛1头）来诊。主诉：该牛在放牧归来后系于院中未给饮水，饲喂干谷草。中午，口渴至极，将鼻索扯脱，饮盆中洗过衣服的水约20kg（成都洗涤厂的红芙蓉牌洗衣粉约90g，加水25kg），饮后约5min即倒地，口吐白沫。检查：患牛肚胀，口吐清水和泡沫，精神沉郁，食欲废绝，全身发抖，鼻冰凉，体温31.1℃，呼吸急促、喘气，心跳68次/min，口色瘀紫，粪、尿无异常。治疗：取上方药，用法同上。第2天，患牛症状缓解。继用上方药，并口服酵母片150片，小苏打20g。第3天，患牛恢复正常。（刘守怀等，

T13，P59)

## 聚丙烯酰胺中毒

聚丙烯酰胺中毒是指牛误食聚丙烯酰胺或被聚丙烯酰胺污染的饲草或水源引发中毒的一种病症。

**【病因】** 牛采食多量聚丙烯酰胺后，在胃中形成极高浓度的黏稠食糜不能下行，停留在瘤胃中发酵产生氨气，不能及时排出，引起瘤胃极度扩张，压迫心肺窒息而死亡。

**【主证】** 患牛食欲减退或废绝，腹围膨大，反刍停止，鼻镜干燥，精神不振，呼吸困难，体温升高0.5～1℃，惊恐不安，呻吟，站立困难，卧立不起，回视腹部，粪呈粥样且细腻。病程最长3d，最短1d。

**【治则】** 排除毒物，健胃消导。

**【方药】** 生大黄500g，团葱250g（捣烂），加水2000mL，灌服；比赛可灵20mL，肌内注射；辅酶A、三磷酸腺苷、维生素C注射液各20mL，肌苷10mL，硫代硫酸钠注射液50mL，多毒解30mL，碳酸氢钠注射液40mL，10%葡萄糖注射液100mL，混合，静脉注射。

**【典型医案】** 2004年8月10日～11日，务川县泥水镇长江村群某在栗园草场放牧的65头耕牛，采食了601地质勘探钻井队在栗园勘探矿藏钻井所用的聚丙烯酰胺后，其中36头发病，5头青壮年牛死亡。检查：患牛食欲废绝，反刍减少，肚腹发胀，呻吟；瘤胃内容物充盈、黏稠滑腻、有氨气味。从3头死亡牛的瘤胃内取出未完全消化的聚丙烯酰胺，瓣胃内容物干燥，胸腔内凝血量少，肝脏苍白，无明显病理变化。治疗：比赛可灵20mL，肌内注射；辅酶A、三磷酸腺苷、维生素C注射液各20mL，肌苷10mL，硫代硫酸钠注射液50mL，多毒解30mL，碳酸氢钠注射液40mL，10%葡萄糖注射液100mL，混合，4头牛作腹腔注射（当时静脉注射困难）；2头牛作耳静脉注射。硫酸钠、生大黄各500g，团葱250g（捣烂），加水200mL，1次灌服。病重的6头牛有1头当晚死亡，其余5头牛次日有少量食欲并开始反刍，继用比赛可灵20mL，肌内注射；硫代硫酸钠、生大黄各500g，团葱250g（捣烂），加水2000mL，灌服。14日，症状较轻患牛采食、反刍已恢复正常。（盛朝远等，T133，P57）

# 第六节　临床典型医案集锦

**【菜籽中毒】** 2007年9月16日，滨海县界牌镇周某一头3岁、300kg耕牛，因饲喂过量菜籽引起不适来诊。检查：患牛精神委顿，反应迟钝，倦怠无力，被毛粗乱，食欲减退或废绝，咀嚼减弱，反刍缓慢，瘤胃蠕动次数减少且呈坚实的面团状，鼻镜干燥，张口呼吸，先便秘，后腹泻。诊为菜籽中毒引发的消化机能障碍。治宜制酵通泻，化积消滞。方药：①消胀散。陈皮、青皮、枳实、鸡内金各30g，木香、槟榔各20g，山楂、麦芽、莱菔子各50g。水煎取汁，候温灌服，1剂/d。②加味大承气汤。芒硝100g，大黄、当归、牵牛子各50g，火麻仁、郁李仁、山楂、莱菔子各60g，厚朴、栀子、枳实各30g，黄芩20g。水煎取汁，加香油500g，灌服，1剂/d。③10%安钠咖注射液20～50mL，5%葡萄糖生理盐水1500～2500mL，混合，静脉注射。④25%葡萄糖注射液500～2000mL，10%葡萄糖酸钙注射液500mL，5%碳酸氢钠注射液500～1000mL，5%葡萄糖生理盐水1000～2000mL，1次静脉注射。上药连用3d，患牛基本恢复正常。（葛荣军，T153，P68）

**【氯霉素痢特灵合并中毒】** 1989年10月10日，涡阳县林里乡肖庙村王某一头28日龄公犊牛来诊。主诉：该牛因患白痢，自购痢特灵、氯霉素片各60片，当日下午灌服各20片。服药前，该牛吮乳、反刍、饮水如常，药后饮、食欲废绝，连续起卧。检查：患牛体温37.5℃，心跳95次/min，呼吸

25次/min，口流少量白沫，步态不稳，头向后仰，蹲腰，如公马排尿样姿势站立，气喘粗，继而卧地不起，四肢如游泳状划动，摔头，眼结膜呈树枝状充血，耳尖、四肢末端发凉，尿浓、呈茶水色，粪呈稀糊状、色黄。诊为氯霉素痢特灵合并中毒。治疗：5%葡萄糖氯化钠注射液2000mL，10%葡萄糖注射液500mL，维生素C注射液50mL，樟脑磺酸钠注射液10mL，40%乌洛托品注射液、氯化钙注射液各30mL，5%碳酸氢钠注射液150mL，分别缓缓静脉注射。用药后，患牛自行起立，运步如醉酒状。11日上午，患牛精神略有好转。药用平胃解毒散：绿豆250g，茵陈40g，甘草30g，陈皮、泽泻、苦参、地榆各20g，川厚朴、苍术各15g。水煎取汁，候温灌服，1剂/d。5%葡萄糖氯化钠注射液2000mL，10%葡萄糖注射液500mL，维生素C注射液50mL，樟脑磺酸钠注射液10mL，40%乌洛托品注射液、氯化钙注射液各30mL，5%碳酸氢钠注射液150mL，分别缓慢静脉注射；取庆大霉素64万单位，地塞米松注射液6mL，肌内注射。12日，患牛行走正常，惟精神沉郁，仍不吃不喝，投服平胃解毒散，用法同上，1剂/d，连服3剂，痊愈。（刘传琪等，T46，P32）

**【铝中毒】** 2008年3月11日，兰坪县张某一头耕牛来诊。主诉：该牛系在堆放氧化铝矿石的地方近1个月，近日出现食欲差，轻度腹泻，粪中带有黏液。曾用酵母片、硫酸庆大霉素等药物治疗无效，今

天上午出现头部肌肉颤抖，流涎，口吐白沫，不食磨牙。检查：患牛体温 39.8℃，心跳 97 次/min、呼吸 71 次/min，头颈肌肉震颤，对声音及触摸很敏感，瞳孔散大，眼球震颤，步态蹒跚，共济失调，狂暴转圈，怕光，瘤胃蠕动音微弱、无力，食欲废绝、虚嚼，口吐白沫，厌食磨牙，腹泻，粪少、气味臭。诊为慢性铝中毒。治疗：依地酸钙 6g（天津金耀氨基酸有限公司生产，1g/5mL），5％葡萄糖注射液 1000mL，静脉注射，2 次/d，连用 3d；10％水杨酸钠注射液 300mL，40％乌洛托品注射液 100mL，10％氯化钙注射液 80mL，混合于 10％葡萄糖注射液 500mL 中，静脉注射，1 次/d，连用 3d；取健胃散 300（大理金明动物药厂生产，150g/包）；三黄片 20 袋（河南省百朱制药有限公司，18 片/袋），豆浆 1000mL，灌服，1 剂/d，连服 3d。通过上方药治疗，3d 病情好转，7d 恢复正常。（张仕洋等，T156，P73）

# 第八章

# 眼 科 病

## 视神经萎缩

视神经萎缩是指牛视网膜神经节细胞轴索广泛受损、视神经纤维发生退行性病变，导致视功能减退甚至失明的一种病症。属祖国医学"青盲"、"暴盲"、"视瞻昏渺"范畴。

【病因】 多因外伤损络，络伤出血，血瘀气滞，脉络瘀阻滞涩，目中玄府闭塞，气液不得流通，精血不能上荣于目而致视昏盲目。另外，视神经炎、眶内压升高、铅中毒等皆可引发本病。

【主证】 患牛视力下降，视物不清，甚至视力完全丧失，视乳头色变淡或苍白，血管变细。

【治则】 疏肝理气，活血化瘀。

【方药】 通窍补肾益肝汤。柴胡、白芍、郁金、当归、菟丝子、枸杞子、何首乌各 5～60g，黄芪10～80g，熟地、茯苓、肉苁蓉各 8～60g，石菖蒲5～40g（按牛体质和体格大小增减药量）。水煎取汁，候温，分 2 次灌服，1 剂/2d。共治疗 67 例（其中牛27 例），治愈 62 例，好转 2 例，无效 3 例。（伍永炎，T82，P40）

## 角膜炎

角膜炎是指牛角膜组织发生炎症的一种病症。

### 一、黄牛、奶牛角膜炎

【病因】 多因肝经风热、热毒、湿热和阴虚，上传致角膜组织发炎；或牛舍内高温、潮湿、空气污浊、阴暗、卫生不良，加上外界强光刺激等引发；或由外伤引起。

【辨证施治】 临床上分为肝经热毒型、肝经风热

型、肝胆湿热型和阴虚型角膜炎。

（1）肝经热毒型 患牛羞明、流泪，双目紧闭，烦躁不安，球结膜有明显睫状充血或混合性充血，角膜表面有乳白色点状及枝状，角膜深层有灰白色浸润，有的因角膜溃疡、组织缺损而凹陷，严重者眼前房积脓或并发虹膜睫状体炎。患牛全身发热，食欲减退，舌质红，苔黄厚，粪干，尿黄等。

（2）肝经风热型 患牛怕光、流泪，痒痛明显，球结膜睫状轻度充血或无明显充血，角膜表面有细小灰白色点状浸润，多见于外感或急性结膜炎之后。

（3）肝胆湿热型 一般病程比较长，临床多反复发作。患牛全身发热，低头呆立，口渴不欲饮，粪干或稀，尿黄，舌质红，苔黄厚腻。

（4）阴虚型 多见于久病不愈，长期服用苦寒药或病后体虚、产后及恢复期的牛。患牛眼部干涩，畏光，流泪，视力下降，球结膜睫状充血或混合性充血，角膜表面灰白浸润或溃疡、有轻度凹陷，头低耳耷，舌质红，苔少微黄。

【治则】 肝经热毒型宜平肝泻火，清热解毒；肝经风热型宜祛风清热；肝胆湿热型宜平肝泻火，清利湿热；阴虚型宜滋阴清热，平肝明目。

【方药】 （1适用于肝经热毒型；2～5适用于肝经风热型；6适用于肝胆湿热型；7适用于阴虚型）

1. 石决明、夏枯草各 60g，蒲公英 50g，草决明、生地、当归、车前子各 40g，黄芩、栀子、紫草、大黄各 30g。水煎取汁，候温灌服，1 剂/d。

2. 荆芥、防风、薄荷、黄芩、菊花、连翘、夏枯草各 40g，羌活 30g。水煎取汁，候温灌服，1 剂/d。

3. 先用 2%硼酸溶液或千里光与南天竹的水煎汁过滤液冲洗眼睛，除去分泌物，1 次/d。药用①冰硼散：冰片 1 份，硼砂 3 份，共研细粉，吹入眼内，3～4次/d，加入龙胆末和青霉素粉或磺胺粉效果更

佳；也可与凡士林制成油剂点眼；或将冰硼散加入10％黄连液点眼，连用2～3d。②山葡萄（又名蛇葡萄、见肿消、外红消）嫩枝，揉汁，用纱布过滤，取汁点眼；或取山葡萄中段，将茎中汁吹入眼内，3～4次/d，连用2～3d。③嫩柳（桃）树枝，去皮，插入顺气穴内（与孔平直，不必取出）。对慢性病例和眼起白翳者效果更佳。④田螺1个，洗净去壳，加冰片少许，取汁点眼，每天数次，随用随制。本法对结膜外翻有特效；病初只用1～2次即可。

治疗结膜炎，应首选方药3②；若伴有结膜外翻，应3②、④方药合用。治疗角膜炎，首选方药3①、②；若眼起白翳，则同时用方药3③，单独用效果亦佳。对轻度或早期的结膜炎、角膜炎，一般用山葡萄治疗2～3d即可；慢性病例配合方药3③治疗3～5d，亦能获得满意效果。共治疗100余例，均取得了较好疗效。（胡新桂等，T53，P42）

4. 冰蛭蜜。活水蛭（蚂蟥）5条（每条长约5cm、宽5mm），生蜂蜜（新鲜）10mL，冰片2g。先将水蛭置于清水中2～3d，待洗净身上泥土、吐尽腹内垢质后，取出水蛭放入生蜂蜜中，水蛭与蜂蜜接触后约1h即死亡，呈现混浊液体，5h后捞弃死水蛭，然后在药液中投入冰片，密封、避光保存备用（夏季贮存期不超过40d，用前要摇匀）。用滴管吸取药液点眼，2滴/次，1～2次/d。里热炽盛、粪干燥、食欲全无者配合内服清热药。共治愈20余例，其中有急慢性结膜炎、角膜炎、异物入眼、外伤及烂眼等。

5. 先用1％盐水洗净结膜和角膜的黏脓性分泌物。取叶莲500g，食盐100g。捣烂和匀，用眼罩分3次敷眼，连用3d。取冰片6g，炉甘石12g，胆矾3g。共研细末，点眼，早、晚各1次/d，连用7d。取枸杞子、菊花、防风、荆芥、僵蚕、淡竹叶、甘草、薄荷各16g，破故纸14g，熟地、青葙子、夜明砂各30g。水煎取汁，候温灌服，1剂/d，连服3剂。出现角膜翳，视力减退时应结合自家血治疗。取普鲁卡因青霉素40万单位，自家血2mL，眼睑皮下注射，1次/d，连用2～3d。共治愈5例。

6. 夏枯草、金银花、薏苡仁各60g，黄芩、丹皮、茯苓、当归、车前子各40g，栀子、川厚朴各30g。粪干者加大黄30g。水煎取汁，候温灌服，1剂/d。

7. 石斛、沙参、黄芩、生地、青葙子、当归、菟丝子各40g，石决明50g。水煎取汁，候温灌服，1剂/d。

注：无论何种类型的角膜炎，在用中草药治疗过程中，还可用嫩葡萄枝条，两头去节，切成长约15cm，一端用火燃烧，一端接流出的液体给患牛点眼，2次/d，有去翳、增强疗效的作用。

用方1～2、6～7，共治疗50例（牛35例），其中肝经热毒型15例，治愈13例；肝经风热型22例，治愈19例；肝胆湿热型8例和阴虚型5例，全

部治愈。

【典型医案】 1. 2000年7月8日，河南省农业学校养殖场一头4岁奶牛来诊。主诉：该牛近几天来食欲减退，双目流泪、紧闭，粪干尿黄。检查：患牛双目红肿，羞明流泪，角膜混浊，球结膜睫状充血，角膜表面呈乳白色，牛体发热，粪干，舌红、苔黄厚，脉弦数。诊为肝经热毒型角膜炎。治疗：取方药1，用法同上，1剂/d，连服5剂，痊愈。（张丁华等，T132，P51）

2. 1982年9月18日下午，三明市莘口林场温某一头黑白花奶牛来诊。主诉：该牛已发病数日，用0.25％氯霉素水滴眼2d无效。检查：患牛双目畏光、流泪，眼睑半闭、微红肿，睛生蓝色云翳，角膜灰暗、呈絮状混浊，白睛血管充盈，食欲减退，产奶量下降。诊为角膜炎。治疗：冰蛭蜜（见方药4）点眼，2次/d。用药3d后，患牛眼睛肿胀消退，云翳消散，食欲与产奶量也日趋正常。1周后随访，痊愈。（吴德峰，T13，P53）

3. 1999年5月，吉水县文峰镇水南背村王某一头黄牛，因右眼患病半个多月邀诊。检查：患眼流泪，眼睑红肿，眼部瘀血，巩膜、角膜交界处充血明显，出现角膜翳。诊为角膜炎。治疗：根据其症状，分别采用：①将叶莲和食盐捣烂，和匀敷眼，3次/d；②冰片6g，炉甘石12g，胆矾3g。共研细末，点眼，早、晚各1次；③枸杞子、菊花、防风、荆芥、僵蚕、淡竹叶、甘草、薄荷各16g，破故纸14g，熟地、青葙子、夜明砂各30g。水煎取汁，候温灌服，1剂/d，连服3剂；④普鲁卡因青霉素40万单位，自家血2mL，眼睑皮下注射，连续治疗3d。7天后，患牛康复。（曾建光，T126，P23）

4. 2003年4月18日，尉氏县邢庄奶牛场一头3岁母牛来诊。主诉：该牛半个月来食欲减退，头低耳耷，粪时干时稀，用西药治疗几次疗效欠佳。检查：患牛体质较弱，呆立，粪干尿黄，舌质红，苔黄厚而腻，脉滑数。诊为肝胆湿热型角膜炎。治疗：取方药6，用法同上，1剂/d，连服5剂，痊愈。

5. 2000年9月26日，尉氏县张庄一头6岁母黄牛来诊。主诉：半个月前，该牛患流感，经治疗后一直食欲不振，头低耳耷，双目流泪。检查：患牛精神不振，球结膜睫状轻度充血，角膜表面有灰白色浸润，舌质红，苔黄厚。诊为肝阴虚型角膜炎。治疗：取方药7，用法同上，1剂/d，连服6剂，痊愈。（张丁华等，T132，P51）

## 二、水牛角膜炎

本病多发生于夏、秋季节。

【病因】 由于气候炎热，使役过度，暑气熏蒸；或外感热邪，热毒侵肝，外传于眼；或因棍棒、鞭打等外伤和污泥浊水入眼引起。

【主证】 多发生于一侧。患眼红肿，羞明流泪、

痒痛；在斜照光线下观察，可见角膜粗糙不平，严重者角膜混浊，形成絮状翳膜，甚至呈点状或斑块状，有时血管极度充血、呈树枝状，日久形成乳白色、不透明的瘢痕，影响视力，甚至失明。

【治则】 收敛燥湿，清肝明目。

【方药】 盐竹散。鲜青竹筒1节，两端留节，一端钻一小孔，将食盐装入竹筒内，约占筒的60%。用新鲜竹节片塞紧小孔。置火上烘烤，并不断翻转竹筒，以竹筒烧焦存性为度。研细过筛（越细越好），装瓶密封备用。先用1%盐水或2%明矾溶液冲洗患眼，洗净揩干，用鸭羽毛蘸盐竹散涂入患眼内，2次/d，直至炎症及翳膜消退为止。若患眼翳膜增厚，突出角膜表面呈螺旋形，则难以根治。共治疗74例，治愈72例；有翳膜者46例，治愈44例。

【典型医案】 1964年7月21日，江都县绿杨乡扬西村一头母牛来诊。主诉：因该牛患角膜炎后形成云翳，经他医用青霉素、普鲁卡因混合在上下眼睑皮内注射，内服决明散，外用拨云散，连续治疗10余天未愈。治疗：盐竹散，用法同上。用药5d，患牛翳膜开始消退。继用2d，翳膜消退，视力恢复正常。（汤文忠，T49，P32）

## 角膜翳

角膜翳是指牛角膜发炎，导致角膜生翳、云翳遮睛的一种病症。病初起时称为起云或云翳遮睛；病久角膜结缔组织增生，角膜瘢痕化，称为翳膜遮睛或角膜瘢翳。多发生于6～8月份气候炎热的多雨季节；水牛比黄牛多发；单眼发病比双眼发病多；肥胖牛比瘦弱牛发病多；高龄牛比低龄牛发病多。

### 一、角膜翳

【病因】 由于长途运输，牛奔走过急，饮水不足，热毒积于心肺，流注肝经，肝受热邪，外传于眼；或牛舍闷热、潮湿，牛体内蕴热，致使肝火上炎，外传于眼而成翳膜；或牛舍通风不良，污浊之气蒸熏于眼，久而久之引发本病；或管理不当，饲喂霉败饲料，湿热集于内，凝于角膜；或被笼头擦伤、鞭梢击伤等；或见于某些感染性疾患及热性疾病。

【主证】 患牛闭目低头，患眼羞明、流泪、敏感、疼痛，睛生灰白色或蓝色云翳，角膜血管充盈，重则翳膜被覆于瞳孔表面、粗糙而无光泽，看不见虹膜和瞳孔，视物不清乃至完全失明。病初，眼睛内常见树枝状微血管向中央延伸，若病情迁延日久，则翳膜增厚，或将眼球完全遮蔽而致失明。有的患牛粪干，尿黄，口色红，脉洪。

【治则】 疏散风热，清肝解毒，退翳明目。

【方药】 1. 泻肝散。羌活、薄荷各30g，当归、大黄、栀子各20g，川芎、甘草各15g，共研细末，开水冲调，候温灌服，1剂/d。

拨云散。炉甘石（煅）、硼砂、青盐、黄连、铜绿各30g，硇砂、冰片各10g。共研极细末，过筛，点眼，3次/d。

共治疗49例，治愈率达94.6%。

2. 取绿葡萄藤，剪成15cm，两端去节即可。使用时，助手将患牛眼睑翻开，术者将藤节一端对准眼睑，口吹另一端，使藤内汁液滴入眼内5～10滴，2～3次/d，至云翳散去为止。共治疗36例，均获良效。

3. 地牯牛（又名蚁蛉，形似蜘蛛，呈椭圆形，深黄色，身上有毛，胸部长有3对脚，身长1.5～1.8cm，栖于岩穴、屋檐下及不受雨淋的干沙地下，极易捕捉。鲜、干均可）50只，炉甘石、冰片、硼砂各5g，生菜油100mL。先将炉甘石、冰片、硼砂研为细末，然后将地牯牛捣碎，一起置菜油中，充分搅拌，盖严瓶口，浸泡7d后即可使用。将浸泡好的地牯牛菜油液用注射器吸取1mL，滴入患眼内，2～3次/d，连用3～5d即可收效。共治疗215例（含其他家畜），均获痊愈。

4. 炉甘石10g，白醋（瓶装且合格的）40mL，凉开水60mL（加0.9%氯化钠）。将炉甘石研成细末，过100目筛，加入白醋与冷开水，盛于瓶内密封2～3d即可使用。把药液摇振均匀（因炉甘石易沉淀），用注射器吸取适量，小心翻开患眼眼睑，轻轻喷洗，2～4次/d。疗程长者4d，短者1d。共治疗200例，治愈189例，其中对11例创伤性角膜翳治疗无效。（陈俊，T12，P21）

5. 对病程短、新鲜角膜翳，成年牛用氢化泼尼松30mg，肌苷200mg，2%盐酸普鲁卡因注射液2mL（小牛分别用10～20mg、50～100mg、1mL）；青霉素40万～80万单位（视牛体重酌情增减）；自家血，成年牛4mL，犊牛2mL，混合，眼底注射，隔3～5d注射1次，一般1～2次痊愈。

对疗程长、病情重、陈旧性角膜翳，在采用上述药物眼底注射后，再用催云散：蛇蜕（焙黄存性）、蝉蜕、海螵蛸（焙黄存性）、蚌壳（煅）各25g，夜明砂20g，冰片1.5g。共研极细末，撒布眼内，2～3次/d，连用10～30d，翳膜变薄、缩小后立即停药。

眼底注射方法：将患牛拴系在直径约60cm的树上，用绳缠牛角保定头部，使之不能上下、左右摆动。取氢化泼尼松、肌苷，混合稀释青霉素，再加入盐酸普鲁卡因，吸入注射器，再在颈静脉采血，并混合均匀，然后用拇指在患眼下眼睑沿眼内眶向下压迫，使眼球向上推移，再用医用8号针头沿眼眶下外缘刺入2.5～3cm注。在注入药液的过程中，压在眼内眶下的手指不能松开，否则会刺伤眼球。

共治疗217例，疗效显著174例，有效21例，无效22例。

6. 雪花散。荆芥、防风、蕤仁、白蒺藜、硼砂各 6g，生地、黄连、黄芩、薄荷各 12g，菊花、栀子、木贼各 10g，胆矾、樟脑各 15g，冰片 0.5g，银朱 1g。先将荆芥、防风、生地、薄荷、黄连、黄芩、黄柏、栀子、木贼、菊花、蕤仁、蒺藜碾碎，再把胆矾、硼砂研细拌入上药中，放在瓷钵内，加水 10mL，搅拌均匀，使药粉稍微湿润，铺平表面，然后把樟脑粉撒在上面，用细瓷碗盖住，固定好瓷钵，不能随便震动，以防药物结晶后坠落；瓷钵与覆盖瓷碗接口用面糊密封，始终保持严密，防止漏气和药物升华散失，如有冒烟漏气，立即用面糊好，因为漏出的气体是未结晶的雪花散成分。把装药的瓷钵架起，在钵下点燃香油灯（灯心草作芯子），约 1h，可听到钵里有响声，而且越来越明显，犹如北风呼叫。5～6h 响声消失，即可熄灯。不能过早揭盖，必须待冷却后再揭开瓷碗，内有雪花样白色结晶，用毛刷收取，加入冰片、银朱研细，装瓶备用。轻者，配合针刺大眼角穴和太阳穴放血，雪花散点眼 1 次即愈。重者，雪花散点眼，2～3 次/d，连点 3～4d。个别角化呈黄色的云翳也能逐渐消退。共治疗 28 例，治愈率达 92.8%；对陈旧性云翳疗效较差。（金立中，T6，P12）

7. 将术部和针具严格消毒。术者一手紧握缰绳，另一手大拇指、食指、中指执圆利针后部，在患眼一侧的内眼角后方 3～4cm 处的太阳穴，针与穴位呈直角，进针 2～3cm，至牛表现有酸麻感为宜，轻微捻转针体 3～4min，出针，1 次/d。药用拨云散：白胡椒、蛇蜕（灼灰）各 2g，冰片、硼砂、鸡胆各 1g，混合，共研细末，吹入眼内，2 次/d。同时，间断地用 1%～2% 阿托品滴眼散瞳。时间较长的角膜翳斑，配合青霉素、普鲁卡因、可的松混合液作球结膜下注射。共治疗角膜混浊 23 例，全部治愈；角膜翳斑 39 例，治愈 38 例。（刘长城，T112，P33）

8. 插枝疗法。取新鲜的柳树枝、桃树枝或其他无异味的树枝条，插入牛的顺气孔内（即鼻腭上管，位于上颌前端齿板处，中兽医称顺气穴）。插入枝条的长短、粗细视牛头大小而定，一般长 10～15cm，直径 0.2～0.3cm；枝条要软硬适度而挺直，过硬易损伤组织，过软则不易插入。将选好的枝条去皮，刮光枝痕，使其光滑，不需要消毒和涂润滑剂。插入时需助手 2 人，1 人保定头部，1 人用直径 3～6cm 粗的木棒横置于牛口腔，木棒两端系上绳子，固定在牛角上，使牛口张开。术者一手掀起上唇，露出顺气孔（顺气孔一般是封闭的，形如三角形皱褶），一手握枝条，小心插入孔内，徐徐推进，直至完全插入，除去木棒，任其自由活动、采食。枝条不用取出，一般 5d 可愈，视力恢复正常。因眼内寄生虫导致的牛眼病，在插枝的同时，用 5% 左旋咪唑溶液滴眼，以杀灭虫体。本法对化学药品刺激和机械创伤引起的眼病疗效不明显。共治疗牛眼病数百例，仅 2 例（DDT 喷入眼内 1 例、鞭伤致眼球破裂 1 例）未愈。

9. 夏枯草 200～250g，猪胆囊 3 个（无胆汁可配合肌内注射胆汁注射液）。将夏枯草用适量沸水浸泡 2～3h，加入猪胆汁和常水适量，任患牛自饮，连用 3～5d。

10. 银珠散点眼。银珠海 3.2g，冰片 2.0g，炉甘石、朱砂各 1.6g。共研极细末，过绢筛，点眼，0.5g/次，3 次/d，经 3～5d 可治愈。共治疗 80 余例，除 5 例因角膜穿孔治疗无效外，其余全部治愈。（邢正龙，T155，P55）

【护理】 多给牛饲喂青绿饲料和适当增添精料；炎热天应注意饮水；牛舍要通风透光，防止舍内潮湿。

【典型医案】 1. 1986 年 5 月 6 日，松桃县普觉镇干佃村胡某一头 6 岁、约 300kg、膘情中等母水牛来诊。主诉：该牛近 20d 来每天都耕地 7h 以上，1 日下午发现低头闭眼、流泪，两眼内眼角附有黏液性分泌物，翌日，眼角膜出现翳膜，视物不清，牵时乱走，他医治疗 4d 后不但未见好转，反见病情加重。检查：患牛精神沉郁，两眼睑肿胀、流泪，睛生翳膜，突出于角膜，遮盖瞳孔，双目完全不能视物，口色红，脉洪。诊为角膜翳。治疗：取泻肝散、拨云散（见方药 1）分别内服和点眼，同时并用。次日，患牛精神好转，流泪停止，翳膜明显缩小，透过薄翳能看到瞳孔，伴有视力感觉。继用上方药治疗 5d（服药 5 剂，点眼 15 次），痊愈。（杨正文，T106，P31）

2. 1989 年，剑川县东岭乡金龙村的一头水牛来诊。检查：患牛双眼红肿，羞明流泪，痒痛，角膜粗糙、混浊、有絮状翳膜。他医曾用青霉素普鲁卡因作眼睑封闭治疗未效。诊为角膜翳。治疗：取绿葡萄藤汁（见方药 2），点眼。用药 7d 后，患牛翳膜基本消除，继用 2d，翳膜消尽，视力恢复正常。（张禄三，T67，P40）

3. 1995 年 6 月 12 日，黔西县天平乡红旗村杨某一头 4 岁公水牛来诊。检查：患牛眼结膜潮红，流泪，有眼屎，出现白翳，严重影响视力，不能使役。他医治疗 6d 无效。诊为（重症）角膜翳。治疗：取方药 3，点眼，3 次/d，连用 5d，痊愈。（杨应举等，T84，P31）

4. 荔浦县东镇乡义敏村罗某一头 6 岁母牛来诊。检查：患牛两眼球被云翳覆盖，眼反射消失，他医治疗 1 个多月未见好转。诊为角膜翳。治疗：取方药 5，眼底注射，1 次；催云散，敷眼，3 次/d。1 个多月后，患牛云翳散尽，视力恢复。（林燕章，T56，P41）

5. 1982 年 6 月，青阳县杨田乡狮门队一头 4 岁公牛来诊。主诉：该牛因左眼患病，经他医治疗 10 余天无效，右眼亦发病。检查：患牛双眼肿胀、流泪，瞳仁表面覆盖一厚层混浊的乳白色翳膜，左眼反射消失，右眼反射迟钝，牵行不敢移步，强行活动则乱撞。诊为角膜翳。治疗：取柳枝，插入顺气穴（孔），用法同方药 8。治疗 5d，患牛诸症消除，视力恢复。（王甫根，T87，P23）

6. 1995 年 9 月 4 日，合水县古岘乡野狐滩村张某一头 4 岁公牛来诊。主诉：该牛使役第 2 天即出现双眼失明，牵行乱走，冲墙撞壁。检查：患牛体温39.1℃，眼结膜充血，眼泡微肿，睛生黄晕并遮盖瞳仁，眼球碧绿。诊为角膜翳。治疗：夏枯草250g，沸水适量，浸泡2h，加猪胆汁3个，让牛自饮，连用3d，痊愈。（王志惠，T90，P27）

## 二、鞭伤角膜翳

【病因】 本病多在使役中因鞭梢不慎打伤眼角膜所致。

【主证】 病初，患眼羞明流泪，红肿多眵，随后出现灰白色云翳，并逐渐扩大增厚，遮盖眼球影响视力，甚至失明。

【治则】 活血祛瘀，清肝明目。

【方药】 1. 针灸结合点眼疗法。

针灸法：用圆利针，依次针睛明、太阳、眶下孔3穴。睛明穴：一手将眼球压向太阳穴侧（以防针刺到眼球上），然后向内下方徐徐刺入7cm。太阳穴：垂直进针1.5cm。眶下孔：选准眶下孔垂直扎破皮肤，向大眼角鼻泪管方向徐徐进针15cm。一般只针1次，个别病重者可针2次。

点眼法：用拨云散点眼。炉甘石、硼砂、青盐、黄连、铜绿各30g，硇砂、冰片各10g，共研极细末，装瓶备用。使用时，取拨云散点撒患眼内，3～5次/d，一般用药2d。

共治疗23例，全部治愈。（詹玉洲，T17，P64）

2. 血府逐瘀汤加减。当归40g，赤芍、生地、川芎、柴胡、枸杞子、沙苑蒺藜、苍术、桃仁、红花、夜明砂、蔓荆子、杭菊花、桔梗各30g。水煎取汁，候温灌服。

3. 土元散。土元（大小均可）1只，胡椒（黑白均可）3粒。将胡椒装入土元腹内，置瓦上焙干，共研细末，过筛，加冰片少许即成，装瓶备用。取土元散少许，点入患眼大眼角内，2次/d，直至痊愈。共治疗1273例，凡鞭伤、刺伤眼部引起的流泪、云翳、白斑者，轻者用药1～3次，重者2～6d即愈。（安春增等，T22，P59）

【典型医案】 1988年6月某日，礼县上坪乡小庄村王某一头6岁黑色母犏牛，耕地时被畜主不慎打伤右眼，流泪不止，至7月份流泪更加严重，眼球瞳仁有白翳出现，畜主自购药物点眼（药物不详），于8月2日患眼已肿胀来诊。检查：患牛结膜肿胀，两眼角水肿，瞳孔反射消失，眼眶疼痛、拒触，白翳遮睛，尾脉弦数，舌色正常。此属外伤致血瘀气滞、阻塞目窍而失明。诊为结膜炎。治疗：血府逐瘀汤加减，用法见方药2。服药4剂，患牛眼眶疼痛减轻，肿胀消失，白翳微消，但仍流泪，两眼发红。原方再加乳香、没药各30g。用法同前。继服药8剂，患牛白翳消退，右眼视力恢复。为巩固疗效，再服药3剂。1989年3月随访，该牛视力恢复如常。（刘九一，T49，P48）

## 结 膜 炎

结膜炎是指牛结膜及球结膜急性发炎，表现以结膜潮红、肿胀、羞明流泪为特征的一种病症。常见于秋季和春季，以水牛多发。

## 一、黄牛结膜炎

【病因】 多因外感风热或热毒内伤所致。

【主证】 患牛精神、食欲不振，眼结膜红肿，羞明流泪，有脓样分泌物，严重时眼球突出、眦生胬肉，失明，口色红，脉数。

【治则】 清热解毒，清肝明目。

【方药】 1. 取蜂蜜500g，活水蛭200～300条，明矾适量，放置1～2周，使水蛭在蜂蜜中全部腐烂分解（前几天蜂蜜变臭，1周后蜂蜜变黄，臭味消失），备用。用鹅毛蘸取药汁涂于患眼，2次/d，连用3～5d。一般治疗3d即愈，严重者需要治疗5d。对各种类型的结膜炎均有良效，对牛角膜炎、虹膜炎及眼结膜翻出都有疗效。共治疗72例，全部治愈。

2. 白糖、白公鸡屎、麻油各等份，混合，调成糊状。先用白矾溶液或清水将患眼冲洗干净，再用消毒棉球或纱布擦干后涂布药糊，3～4次/d。共治疗7例，全部治愈。

【典型医案】 1. 1972年10月25日，绥宁县李西大队一头6岁母黄牛来诊。检查：患牛眼结膜肿胀，有热、痛感，充血明显，有出血斑，食欲正常，体温偏高。诊为结膜炎。治疗：取方药1，当即涂敷，第2天痊愈。（王尚荣，T8，P56）

2. 1984年12月26日，蒙城县篱笆乡胡瓦芳大队胡小庄胡某一头母牛来诊。主诉：该牛在夜间不慎左眼结膜被铁丝划破，当时未作治疗，病情很快恶化。28日，患牛除羞明流泪、结膜红肿外，破伤处已感染化脓；30日，患部肿胀如鸡蛋大、遮盖眼球，有多量眵糊及脓汁流出，角膜出现云翳，患眼视物不清，食欲减退。治疗：取方药2，用法同上。用药5d，患眼肿消翳散，痊愈。（胡耀强，T15，P47）

## 二、水牛结膜炎

【病因】 多在暑月炎天，上被烈日暴晒，下受暑气熏蒸；或疏于管理，外感风热，热积肝经，肝火冲眼；或在炎热天使役和放牧，又难得水浴，外感风热，内伤其肝，肝火上炎，上传于眼；或由于久晴高热转为阴雨低温，气温骤冷，防寒保暖条件差，一时难以适应低温，风寒束肺，致使肺金火盛，金火伐木，肝胆积热传眼而发病。

【主证】 患牛结膜、角膜、眼睑充血、潮红、肿胀，有的疼痛或发痒，羞明流泪，眵多难睁；有的黑睛表面混浊或生黑色或蓝色云状翳膜，久则遮蔽瞳孔，视力减退或失明；有的则胬肉攀睛，遮盖部分巩膜；唇舌鲜红，脉弦数。

【治则】　清利湿热，清肝明目。

【方药】　1. 还睛散。草决明、白蒺藜、栀子、木贼、蝉蜕、青葙子、防风、甘草、麦冬。将麦冬水煎取汁，他药烘干研成粉末，冲服。剂量依据患牛体质、体重而定。

2. 先取水竹叶、柑子叶、荆芥叶，水煎取汁，洗眼，冲净病眼分泌物；随后灌服防风散合石决明散加减：防风、黄连、荆芥、蝉蜕、青葙子、龙胆草、石决明、草决明、大黄、黄芩、栀子、没药、郁金、黄白药子、柴胡、菊花、千里光、甘草等。共研细末或水煎取汁，候温灌服，1 剂/d，连服 2～3 剂。云翳遮睛者，将白胭脂花粉吹入眼内，1 次/d。共治疗 150 例，治愈 132 例。（谭治明，T3，P45）

3. 苦木液洗眼法或注射法。

① 苦木注射液的制备及用法：将苦木切片，先经干燥，再用稀酸或常水浸泡 3～5d，煎熬 2～3h，将药液过滤 4 次；调节滤液 pH 值并加防腐剂，分装、高压灭菌，检验合格后备用。在颈部肌内注射苦木注射液 5～6mL，或结膜下注射苦木注射液 1～2mL。

② 苦木冲洗液的制备与使用：苦木碎片 1kg，加常水 5～6kg，文火煎 2～3h（约剩 1kg 药液），先纱布、后滤球过滤，瓶装灭菌，检查无特殊异样即可使用（可保存 1～2 月）。

用滴管吸取苦木冲洗液多次冲洗患眼。对结膜红肿外翻者，用洁净灭菌的鸡、鸭羽毛蘸药液多次涂洗，动作宜轻快，以免损伤结膜。共治疗 316 例，治愈 310 例。

4. 患牛颈静脉采血 5～10mL，患眼上下眼睑皮下各注射 2～3mL。中药用决明散：石决明 30g，草决明、龙胆草、栀子、大黄、白药子、蝉蜕、黄芩、白菊花各 18g。共研细末，开水冲调，候温灌服。共治疗 58 例，全部治愈。

【典型医案】　1. 遵义市新文乡何某的一头 7 岁水母牛来诊。主诉：自 6 月 15 日起该牛连续使役。20 日，牛左眼红肿、流泪，2d 后眼睑肿胀、难睁、有白色分泌物。检查：患牛左眼肿胀、温度增高，触压有痛感，瘀血，流泪；口温稍高，舌红，脉弦数。诊为左眼结膜炎。治疗：保定患牛头部，患眼用 2% 硼酸溶液 30mL 冲洗后，涂布金霉素眼膏，安装眼绷带；取还睛散：草决明、白蒺藜、青葙子、木贼各 50g，山栀子 45g，蝉蜕、防风各 40g，麦冬 60g，甘草 15g。制备、用法同方药 1，分 2 次灌服。服药 2d 后，患眼肿胀消散，无红、热感，再调养 3d 后投入役用。（卢华伟，T16，P58）

2. 1983 年 4 月，衡阳县金兰区老街组一头水牛来诊。检查：患牛结膜发炎，胬肉外翻。诊为结膜炎。治疗：苦木注射液 10mL，肌内注射；用苦木洗涤液冲洗患眼，制备、用法同方药 3，治疗 2d，痊愈。（周舞椿等，T26，P50）

3. 祁门县安凌镇五星村汪某一头 5 岁母水牛来诊。主诉：该牛右眼患疾，病初怕光，流泪、肿胀，痛痒擦桩，眼眵多，他医曾用青霉素、链霉素等药物注射，外用抗生素眼膏涂眼治疗数日均未见效。检查：患牛右眼角膜表面覆盖一层较厚的灰白色翳膜，视力大减。诊为结膜炎。治疗：采患牛静脉血液 5mL，分别上、下眼睑皮下注射，5d 痊愈。随后追访，未见复发。（吴龙辉，T96，P28）

## 传染性角膜结膜炎

传染性角膜结膜炎是指牛眼结膜和角膜发炎，出现以流泪、角膜浑浊为特征的一种病症。常见于温度较高、蚊蝇活动旺盛的夏、秋季节。多呈散发性、地方性流行，一般为急性经过。

【病因】　本病是一种多病原疾病。主要由牛摩勒氏杆菌（又名牛嗜血杆菌）、立克次氏体、支原体、衣原体和某些病毒引起。牛摩勒氏杆菌是牛传染性角膜结膜炎的主要病原，通过牛头部相互摩擦、咳嗽和打喷嚏传播。阴雨连绵天呈暴发性流行。如果蚊蝇多或遇有刮风和尘土飞扬天气，传播速度会更快，传播范围广。蝇类或某种飞蛾可机械传播。

【主证】　病初，患牛眼睑肿胀，巩膜和瞬膜潮红，羞明，眼角浆液性分泌物沿睫毛下滴。随着病情发展，分泌物逐渐变为黏液性，将脸颊部被毛沾污。后期，分泌物变成脓性，眼角有脓性眼膜堆积，严重者将上下眼睑粘住，眼睑高度肿胀、潮红，角膜混浊或出现云翳。严重时，患牛整个角膜形成白翳、增厚、角膜溃疡等，甚至失明。多数患牛初期为一侧眼患病，逐渐发展成双眼感染。

【治则】　清热解毒，清肝明目。

【方药】　1. 千里光 100g，加水 1500mL，煎煮熏洗，2 次/d。共治疗 7 例，收效满意。

2. 取 10% 磺胺嘧啶钠注射液，与等量病毒灵注射液混合，吸入同一注射器内，对准患牛眼球喷药，1.0～1.5mL/只，1 次/6h。喷药 1～2 次后，患牛症状明显减轻，眼部分泌物减少，眼睑肿胀程度减轻，眼睛睁开，睛圈周围干净，脸颊部被毛变干。用药 3～5 次即可痊愈。共治疗 832 例，全部治愈。（张广义等，T82，P32）

3. 泻白散和导赤散。桑白皮、地骨皮、生地、木通各 60g，甘草 20g，竹叶适量，鲜芦根 1～1.5kg。伴有呛咳者加黄芩、薤白；患眼积液水湿潴留者配四苓散；有瘀滞者加桃红；局部气滞者配陈皮或二陈汤。1 剂/2d，水煎取汁，候温，分 4 次灌服，1 个疗程/（7～10）d。外用生大黄 100g（3d 量），加水浓煎，取汁过滤，点洗患眼，2 次/d。共治疗 27 例（其中黄牛 2 例），痊愈 21 例，显效 3 例，有效 3 例。（黄仲亨，T10，P64）

4. 龙胆草、白菊花、生地、木贼、草决明各60g，荆芥、柴胡、栀子、蝉蜕、谷精草各50g，防风45g，当归30g，甘草15g。水煎取汁，候温灌服；取10%盐水冲洗眼睛，再用金霉素眼膏点眼，2次/d。共治疗18例，均痊愈。

5. 龙胆泻肝散。龙胆草、黄芩、栀子、泽泻、木通、车前子、当归、柴胡、甘草、生地。水煎取汁，候温灌服，1剂/d，连服5d；取油西林，点眼，1次/d。

6. 加味龙胆泻肝散（《医宗金鉴》）。龙胆草、黄芩、栀子、泽泻、木通、车前子、当归、柴胡、甘草、生地（剂量随病情与体重增减）。共研细末，开水冲调，候温灌服。

7. ① 球结膜注射。先用0.2%利凡诺尔溶液或0.1%硼酸溶液清洗眼内分泌物，再用庆大霉素2万单位、地塞米松2.5mg、2%普鲁卡因注射液1mL，混合，于患侧眼球结膜下1次注射。两侧眼若发病时，可同时在另一侧眼球结膜下注射同样剂量。犊牛用量减半。以上药物用药1次/（3～5）d。

② 顺气穴插枝。病情较重者，取长20cm左右（牙签粗细）的剥皮树枝或其他光滑柔韧的枝条（芨芨草亦可）。患牛站立保定，由助手用一截木棒横架于患牛口腔，头稍向上仰，掀起上唇，露出硬腭前端，可见上颌齿板与第一条腭褶正中处有1个三角形切齿乳头，乳头两侧各有1个小孔（鼻腭管开口处）向内通入鼻腔（即顺气穴）。将消毒枝条插入患牛顺气穴孔至底部（一般右眼发病插左孔，左眼发病插右孔），将多余部分枝条在距孔缘0.5～1.0cm处剪断即可。枝条插入后不必取出，病愈后可自行脱落。间隔3～5d，对未痊愈的患牛可再插1次。

③ 加味菊花退翳散。菊花、龙胆草、青葙子、草决明、密蒙花、黄芩、木贼、蒺藜、煅石决明各30g，黄连、蝉蜕、甘草各20g。共研细末，开水冲调，凉水调温成糊状，灌服（犊牛酌情减量），1剂/d，连服3～5剂。

8. 病轻者，用长效土霉素、地塞米松、生理盐水，以1∶1∶1配成眼药水滴眼，4次/d，一般2～3d即可痊愈。重症者，用防风、荆芥、黄连、黄芩各30g，煅石决明、草决明、青葙子各60g，龙胆草、蝉蜕各15g，没药24g，甘草12g。热毒盛者加金银花、连翘、菊花、蒲公英。水煎取汁，候温灌服。

【典型医案】1. 1995年双夏期间，象山县昌国镇台地村林某一头母水牛，因患结膜炎来诊。检查：患牛患有结膜炎，初为一侧，后发展为两目，畏光流泪，眼眵较多，眼睑肿胀、疼痛、布满血丝，眼不能睁开，角膜浑浊并有云翳，精神沉郁。诊为传染性角膜结膜炎。治疗：取方药1，水煎熏洗，2次/d。用药3d，患牛眼眵、眼泪减少。用药1周，痊愈。（沈林西，T73，P36）

2. 1987年8月1日，赣州市李老山村黄某一头10岁母水牛来诊。主诉：该牛半个月以来常泌眼眵。检查：患牛体温38℃，鼻汗成片，眼睑肿胀，结膜赤红，疼痛难睁，内眼角至鼻柱两旁布满白色浆液性分泌物。诊为传染性角膜结膜炎。治疗：取方药4，用法同上，第2天，患牛眼睑红肿消退，但仍有少量浆液性分泌物，又投服上方药1剂。第4天随访，痊愈。（龚千驹等，T40，P22）

3. 2002年7月15日，鄂尔多斯市伊旗阿镇车家渠村某奶站的120头奶牛，其中80头患传染性角膜结膜炎来诊。检查：患牛眼睑肿胀、外翻，羞明流泪，眵盛难睁，有的角膜出现白色或灰白色小点，严重者角膜增厚。诊为传染性角膜结膜炎。治疗：龙胆泻肝散，用法同方药5，1剂/d，连服5d；油西林，点眼，1次/d。1月后随访，患牛痊愈。

4. 2002年7月15日，伊旗阿镇车家渠村某奶站的120头奶牛，其中80头患传染性角膜结膜炎就诊。检查：患牛眼睑肿胀、外翻，羞明流泪，眵盛难睁，有的角膜出现白色或灰白色小点，严重者角膜增厚。诊为传染性角膜结膜炎。治疗：加味龙胆泻肝散，用法同方药6，1剂/d，连服5d；外用油西林点眼，1次/d。1月后随访，患牛痊愈。（李杰等，T140，P57）

5. 2008年5月20日，木垒县白杨河牧业乡西村孟某牧场围栏内牛群，近期发现患眼病，他医治疗后疗效不显著，现发病牛日益增多，病情十分严重。近期，有77例牛发生眼病，个别牛已失明。检查：患牛食欲下降，羞明流泪，结膜潮红，眼睑肿胀、疼痛、有脓性分泌物。有些牛开始多为一侧眼睛发病，最后为双侧感染，后期角膜凸起，巩膜充血，瞬膜红肿，眼睑呈半闭合状，角膜上出现白色或灰白色斑点、表面有黄色沉积物。由于眼内压升高，角膜隆起呈尖圆形，发病时间较长的牛角膜破裂形成溃疡，后期角膜形成瘢痕及角膜翳而失明。诊为传染性角膜结膜炎。治疗：77例患牛，用球结膜注射（见方药7）治疗3d后流泪停止、结膜肿胀消失、角膜雾斑消退者38例；用顺气穴插枝治疗3d后流泪减少或停止、角膜雾斑明显缩小、又用球结膜注射继续治疗3d后基本痊愈者35例；有4例因患病时间长、双眼感染发病、角膜破裂形成溃疡，用顺气穴插枝治疗的同时，配合口服中药加味菊花退翳散，用法同方药7。用药后，3例患牛基本痊愈，1例双目失明的牛经治疗后，左侧患眼基本痊愈，右侧眼炎症消散，而角膜形成瘢痕，视力消失。（蒋新贺，T170，P61）

6. 2005年10月17日，新疆兵团农八师122团某牛场，从江苏苏州引进澳大利亚后备牛100头，其中75头先后发病来诊。检查：患牛结膜充血，羞明流泪，眼睑肿胀，角膜溃疡。诊为传染性角膜结膜炎。治疗：取方药8，用法同上。全部治愈。（尹懋，T145，P44）

## 青光眼

青光眼是指因牛眼房角阻塞，导致眼房液排出受阻、眼内压增高，引起视力减弱甚至失明的一种病症。发生于一眼或两眼，多见于犊牛。

【病因】　多因眼内压上升，造成眼内神经系统病变或伤害，即眼部外伤、眼内发炎、眼内积血等引发青光眼；棉籽饼中毒、维生素缺乏、急性失血和碘缺乏等与本病发生亦有一定关系。

【主证】　患牛瞳孔散大，角膜水肿、色白，巩膜充血，眼球增大外突，行走小心，步态蹒跚，视力明显减退或失明，对刺激无反应。

【治则】　补肝血，益肾精。

【方药】　土黄连、野菊花、夏枯草、草决明、青葙子全草各250g。共研细末，开水冲调，候温灌服。

【典型医案】　1978年8月，耒阳县遥田公社一头2.5岁公水牛来诊。主诉：该牛因农药中毒，在当地治疗5d症状全部消失，其后10多天采食量减少，最后食欲废绝。检查：患牛体温、呼吸、心率无异常，胃肠蠕动减弱，排粪次数和粪量减少，尿少色黄，行走小心，步态蹒跚，抬头，站立不动，牵拉勉强行走，在草地不食草，将草送到嘴边才吃，食欲尚好，眼无红肿，眼球增大外突，角膜鼓起，瞳孔散大，前房缩小，指压眼球坚实，刺激无反应。治疗：取上方药，用法同上。连服3剂，患牛病情好转，瞳孔微缩小，对刺激已有反应，行走不甚小心。又服药5剂，痊愈。随后追访，未见复发。（周校柏，T8，P35）

## 风火眼

风火眼是指牛眼结膜受到外界刺激和感染，使以眼胞肿胀、结膜潮红、痒痛、羞明流泪、分泌物增多为主症的一种眼科病症，又称肝经风热。多发生于夏秋炎热季节。

【病因】　多因在夏热炎天，牛劳役过重，或车船运输牛舍闷热，脾肺积热，复感风热时毒，或饮喂无节，料毒内积，内外合邪，热毒内攻化火，火毒交织，传之于肝，外犯于眼；外感风热，风热化火，火毒炽盛，流注于肝，淫浸于目而发病；污秽湿闷环境，热毒熏蒸，以及异物刺激睛睛诱发。

【辨证施治】　临床上有风热型和热毒型（风火眼）。

（1）风热型　一般发病急。患牛两眼先后或同时发病，两眦赤红，眼睑热肿、外翻，羞明流泪，眵盛难睁，眼痒擦树或蹄踢，口色鲜红，脉洪数、有力。

（2）热毒型　病初，患牛畏光羞明，眼睛红赤，眵盛难睁，继而眼睑翻肿，眦生胬肉，遮蔽眼球，痛痒不安，常以后蹄抓踢患眼或摩擦硬物。眼睛时久溃烂，睛生翳障，甚至失明，口渴贪饮，粪干燥，口色赤红，脉象洪数。

【治则】　泻火、化瘀。

【方药】　人尿（童尿更佳）适量，乘热直接清洗患眼，2次/d，直至痊愈。

【典型医案】　1. 2007年6月17日，石阡县中坝镇高塘村熊某一头4岁母水牛来诊，主诉：该牛患病时曾自用生理盐水冲洗，他医曾用药物治疗效果不明显。检查：患牛左眼睑外翻、出血。诊为火风眼。治疗：先用生理盐水清洗患眼，后取童尿适量直接冲洗，2次/d。连用3d后，患牛外翻眼睑已缩小，6d后痊愈。

2. 2006年7月30日，石阡县中坝镇高魁村杨某一头6岁母水牛来诊。检查：患牛双眼眼睑外翻，左眼用后蹄已撞出血。诊为火风眼。治疗：取童尿适量，乘热冲洗患眼，2次/d。经过2d洗眼，患牛外翻的眼睑回缩，第5天症状全部消失。（张廷胜等，T156，P76）

## 眼睑与结膜外翻

眼睑与结膜外翻是指牛眼睑向外翻转异常显露的一种眼科疾病。水牛发病较多；南方春、夏季节多发，秋季偶尔发生。

【主证】　患牛眼发炎、水肿、瘙痒、羞明流泪，眼角分泌大量眼眵，眼睑、球结膜水肿逐渐严重，先眼睑外翻，后结膜外翻、状如蚌肉。肿胀严重者，眼球被遮，视物不清。如不及时治疗，翳障遮睛，甚至失明。

【治则】　散郁火，清湿热。

【方药】　冰片蚌液。从河边或池塘、水田拣河（田）蚌，用清水反复冲洗外壳，除尽污物污泥，用硬器将蚌轻轻撬开，置于洁净消毒的小碗内。视蚌的大小，放入2～3g研细的冰片（也可不研），刺激河蚌分泌液体，收于清洁无菌的小瓶中备用。使用时，先将患眼用4%灭菌水（也可用生理盐水或灭菌蒸馏水）清洗，并用灭菌纱布轻轻拭干。随后用洁净的鸡、鸭翅羽蘸少量冰片蚌液，轻轻滴入眼内和涂拭外翻的眼睑、结膜，2～3次/d，连用3～4d。随之患眼水肿、炎症逐渐减轻，外翻的眼睑和结膜也逐渐复原。严重者可多治疗几天。眼睑与结膜外翻引发严重炎症者，可结合涂拭金霉素眼膏（也可拌蚌液一起涂拭），或眼睑皮下注射青霉素10万～20万单位，则痊愈更快。重症患牛还可配合内服中药：黄连、金银花、谷精草、菊花、草决明、青木香。水煎取汁，候温灌服。共治疗62例，痊愈61例。（周舞椿，T29，P54）

## 胬肉攀睛

胬肉攀睛是指牛眦部白睛上长出蝉翼状胬肉，出现横贯白睛、遮盖角膜的一种病症。多见于年轻、体格壮的牛。

【病因】　多因外感风热、湿邪或时疫邪毒，内伤劳役；或肝经风热，肝火上炎；或蚊虫叮咬、鞭伤，均可引发本病。

【主证】　病初，患牛眼红，畏光流泪，眼角有大量黄稠分泌物，眼结膜充血，瞬膜肿大、增生，或大眼角长出形如蚌肉并向眼球蔓延的胬肉，遮住部分巩膜，严重者遮盖角膜而致失明。

【治则】　清热祛风，消肿明目。

【方药】　①千里光、山葡萄茎叶或根等量，洗净，水煎取汁，过滤备用。②取新鲜水蛭2条，置于10mL生蜂蜜中，经18～24h溶化后，用4层纱布过滤即成。先用方药①液洗眼；再用方②水蛭蜜点眼（即配即用），数次/d，连用3～5d，至胬肉消退。对病程较长、胬肉已遮蔽黑睛者，取生地、木通、红花、赤芍、防风、荆芥、蝉蜕、甘草、归尾，生姜为引。痛者加酒黄芩；痒甚者加蒺藜。水煎取汁，候温灌服。共治疗25例，全部治愈。

【典型医案】　1985年6月30日，东安县竹木町乡周某一头3岁母水牛来诊。主诉：该牛突然结膜发红，第2天在大眼角长一胬肉，第4天即遮蔽黑睛。诊为结膜瘀。治疗：先用上方药①洗眼，再用方药②点眼，5次/d，连用4d。嘱畜主驱牛到阴凉地方放牧，尽量减少日光照射，第6天随访，痊愈。（胡新桂等，T42，P41）

## 眼房出血

眼房出血是指牛眼球因挫伤引起出血的一种病症。

【病因】　多因外伤如鞭伤、鞭炮伤、尖锐物刺伤眼房所致或血热妄行引起。

【主证】　患牛眼睑肿胀，结膜与黑睛充血、呈红色，眼房液混浊、呈血样，瞳孔模糊不清，眼白睛瘀血波及黑睛，角膜微有云翳，巩膜表面光滑，口色淡红。

【治则】　活血化瘀，清肝明目。

【方药】　加味泽兰汤。泽兰、当归各45g，赤芍、红花、桃仁、天花粉、菊花、蝉蜕、木贼各30g，木香、桔梗、甘草各24g。舌红、苔黄者加黄芩或栀子；瘀血严重者加三七。水煎取汁，候温灌服，1剂/d。共治疗3例，疗效满意。

【典型医案】　寿光县五台公社一头成年母牛来诊。检查：患牛左眼遭缰绳打后流泪，眼睑肿胀，结膜与黑睛红，眼房液混浊、呈血样，瞳孔模糊，部分白睛瘀血波及黑睛，角膜微有云翳，巩膜表面光滑，口色淡红。诊为眼房出血。治疗：取上方药加三七末10g，用法同上，1剂/d；用金霉素眼膏点眼，5d痊愈。（李国祯，T15，62）

## 眼球转位

眼球转位是指牛眼肌运动障碍，眼球以其垂直轴或横轴在结膜囊中向内、外眦或向上、下90°转动的一种病症。1～4岁的青年牛多发；母牛少，消瘦牛居多。多见于冬、春季节。

【病因】　在眼球转位之前均无眼病或其他病史。

【主证】　患牛眼球滚动后，瞳孔被遮不能视物。两眼同时转位多于单眼转位。

【治则】　手术固定；祛风明目，清热活血。

【方药】　手术固定配合中西药物治疗。将患牛站立保定或横卧保定，用0.1%新洁尔灭消毒眼睛周围，用2%普鲁卡因注射液15～20mL进行眼神经封闭，并分点作结膜下麻醉，用眼科创钩扩开眼睑，暴露眼球。以消毒好的穿8号缝线的圆利针在眼球转位的相反方向、距离角膜2～3mm处穿过巩膜（针深1～2mm，不能穿透巩膜）将线拉出，两线端换上三棱缝针，再分别由结膜囊内、沿眶突边缘穿过眼轮匝肌至皮肤外，小心用力拉紧两端缝线，直至将眼球拉到正常位置，安装圆枕，打结固定。若感觉一道缝线拉力紧张，为避免不将巩膜拉裂，同上法再作一次缝线固定。眼球经手术固定后会引起急性炎症，需抗菌、消炎并配合中药治疗。西药取青霉素、链霉素、维生素C，按常规用量给药。中药用防风散加减：防风、荆芥、青葙子、草决明、木贼各50g，黄芩、黄连、龙胆草各40g，蝉蜕25g，没药、赤芍、红花各30g，甘草10g。根据病情可酌加益气养血的药物。水煎取汁，候温灌服。治疗后，如果眼球正常回位，角膜、瞳孔色泽无异常，视力恢复，或角膜稍有小点白翳，但不影响视力者为痊愈；眼球接近复位，瞳孔清晰，或眼球基本复位，瞳孔稍带浅灰色，视力不受影响者为好转；眼球依旧转位，失明者为无效。共治疗10例，病程10～60d的5例（两眼球向内眦转位4例、向下转位1例），均治愈；病程75～120d的2例（两眼球向外眦转位、左眼球向内眦转位各1例）好转；病程半年以上的2例（两眼球向内眦转位）无效。

【典型医案】　1. 1983年4月18日，荣昌县千秋公社九大队3小队魏某一头11岁公牛来诊。主诉：该牛因去势于第3天发生眼球转位，内服中药2剂无效。检查：患牛两眼球向下转位，看不见瞳孔和角膜，全无视力；体况良好，食欲、粪、尿等均无异常。诊为眼球转位。治疗：将眼球手术固定至正常位置，察看瞳孔颜色灰暗、模糊，视力微弱。术后用青霉素、链霉素抗感染，内服防风散，用法同上。服药2剂后，患牛眼部炎症肿胀逐渐消退，眼球复位，视力恢复，行走如常，左眼比右眼清晰。原方药加苍术、密蒙花，再服2剂。5月9日拆线，患牛两眼完全恢复正常，但右眼角膜上有一小点白翳，巩膜中部有绿豆大小肉芽组织。再服防风散，1剂。6月25日随访，患牛两眼球位置及视力均正常，未见复发。

2. 1978年4月24日，泸县云龙公社人和大队五队一头3岁公牛来诊。主诉：该牛于1977年12月由广西购回，不久即两眼球转位，在当地服中药6剂不见好转。检查：患牛两眼球向前下方转位达1个多月，左眼角膜只剩1.5mm宽，眼球外露部分全被筋膜覆盖，血管怒张、呈紫红色。手术复位固定后，察看瞳孔散大、呈灰蓝色，人像投影模糊，眼周不红不肿，无眵泪也无痛感。右眼与左眼相同，只是角膜呈浅灰色；牛体消瘦，其他无异常。治疗：行眼后上方手术固定，每眼两针，使眼球转回到正常位置。取青霉素、链霉素、维生素C，肌内注射；用2%硼酸溶液冲洗眼部，连续3d；取防风散，2剂，用法同上。后期宜益气祛风，润燥养血，药用黄芪、党参各60g，蝉蜕、僵蚕各20g，勾藤、红花、防风、木贼各30g，羌活、麦冬、天冬各40g，甘草15g。水煎取汁，候温灌服，连服2剂。服药后，患牛眼球位置正常，视力恢复，20d拆线，观察瞳孔与正常牛一样，略显灰蓝色，随后逐渐消退。调理1个月，患牛眼睛完全正常。（林义明，T7，P49）

## 盲 症

盲症是指牛在夜间、早晨或光线昏暗的环境下视物不清、行走乱撞的一种病症。

【病因】 多因劳役过度，饲养失调，久则精血衰耗，肾阴不足，水不涵木，致使肝虚热过重所致；或饲草、饲料中缺乏维生素A；或因某些消化系统疾病影响维生素A的吸收，均可导致使视网膜杆状细胞没有合成视紫红质的原料而造成夜盲。

【主证】 入暮或早晨，患牛视物不清，牵出行走时迷失方向，撞壁才转弯，上阶梯不知抬蹄，行动迟缓；眼球内陷，眼结膜充血，瞳孔散大、呈深绿色，用手试眼无反射，视力完全丧失或失明；精神委顿，食欲、反刍废绝，站立不卧，昂头，粪燥结、带黏液、量少，尿短少，口热，口色淡红、无津液，脉细数。

【治则】 补肝凉血，活血化瘀，滋养肾阴。

【方药】 1. 鲜黑蛋稠（又名稀蛋稠，唇形科一年生草本植物）750g，加水2000mL，煎煮取汁，候温，1次胃管投服，或让牛饮服，1次/d，连服2～3d。共治疗49例，均取得显著疗效。

2. 当归、赤芍、生大黄、栀子、玄参、木通、枳实、天花粉、郁金、益母草各60g，龙骨、牡蛎各90g，川芎40g，柴胡、连翘各30g。共捣碎，开水冲调，候温灌服，1剂/d，连用3d；5%葡萄糖生理盐水2000mL，10%维生素C注射液20mL，5%碳酸氢钠注射液300mL，静脉注射，1次/d，连用3d；青霉素480万单位，链霉素200万单位，混合，肌内注射，2次/d，连用3d。

【典型医案】 1. 鹿邑县马刘庄村李某一头母牛和两头犊牛来诊。主诉：该牛于每年5月前后出现夜间看不见、乱撞等现象，喂服鱼肝油效果不佳。诊为夜盲症。治疗：取鲜黑蛋稠3000g，水煎取汁，候温，让牛自饮，连服4d，痊愈。（秦连玉等，T43，P32）

2. 2002年8月11日，西昌市高枧乡李某一头5岁奶牛来诊。主诉：该牛顺产一犊牛，于次日发现不食，哞叫，昂头急走，直至撞上障碍物才停止前进。检查：患牛精神委顿，食欲、反刍废绝，站立不卧，昂头，四趾并拢，牵出行走迷失方向，撞壁才转弯，上阶梯不知抬蹄，粪燥结、带黏液、量少，排粪1次/2d，尿短少，眼球内陷，眼结膜充血，目赤红，瞳孔大、呈深绿色，用手试眼无反射；口热、无津液，口紧，舌僵硬不能伸出口腔，呼吸稍快，脉细数，口色淡红；阴门流出暗红色分泌物。诊为双目盲症。治疗：取方药2中西药，用法同上。16日，患牛眼结膜充血减轻，精神好转，安静，排尿1～2次/d，食少量精料，产奶量约3kg。在原方药中加菊花、蝉蜕各40g，用法同上。19日，患牛精神好转，安静，能自由起卧，食少量流食和青草，反刍，目能视物，口津适中，口色微红，脉数，阴门已无分泌物流出。药用逍遥散加减：石决明、柴胡、白芍、茯苓、白术、当归、建曲、青葙子各60g，菊花、桃仁、郁金、苍术、蝉蜕各30g。用法同上。21日，患牛采食正常，眼能视物，按上方药再服1剂，痊愈。（肖文渊等，T119，P34）

# 第九章

# 犊牛病

## 发 热

### 一、外感发热

外感发热是指犊牛感受六淫之邪或温热疫毒之气，导致机体营卫失和，脏腑阴阳失调，出现病理性体温升高，伴有恶寒、烦躁等症状的一类病症。属于现代兽医学的急性上呼吸道感染。

【病因】 犊牛脾胃虚弱，喂养不当或饮食不节，外感风寒、风热、暑湿外邪或疫病，或乳食积滞、痰热，致使脾胃运化失职，外感不解，外邪束表所致。犊牛气血未充，脏腑脆弱娇嫩，一旦感受外邪，传变较快，表热入里，或先有里热夹感外邪，以致表里俱热。犊牛脾胃失健，湿热转化为痰，若外感风寒束肺，肺气郁闭，宣降失司，痰浊上逆，阻碍气道，热灼津液，导致外邪束表，表闭发热。

【辨证施治】 临床上分为外邪束表热、表热兼里热、食滞夹感热和表热兼痰热等发热。

（1）外邪束表热 外感初起，患牛发热恶寒，无汗，鼻流清涕，气促，神倦，舌苔薄白，脉浮数。

（2）表热兼里热 患牛发热急剧，不畏寒，口渴喜饮，粪干，尿赤，或惊厥抽搐，舌苔白或薄黄，脉数。

（3）食滞夹感热 俗称停食受凉。患牛发热无汗或兼有恶寒，烦躁，食欲减退，粪干，尿赤，舌苔黄腻，脉滑数。

（4）表热兼痰热 患牛发热身灼，口色红赤，气粗喘促，咳嗽痰鸣，口渴喜饮，苔腻，脉浮滑数。

【治则】 外邪束表热宜清热疏表；表热兼里热宜清热解毒，表里双解；食滞夹感热宜清热解表，消食化滞；表热兼痰热宜清热化痰，解表。

【方药】 （1适用于外邪束表热；2适用于表热兼里热；3适用于食滞夹感热；4适用于表热兼痰热）

1. 荆芥穗 10～15g，栀子 8～12g，薄荷、板蓝根各 12～15g。恶寒重、发热轻者用醋柴胡 12～15g；表虚有汗或已经发汗而表邪未解者用青皮 12～15g；发热不退者去薄荷，加青皮 20～30g；上焦风热兼有咽痛者加射干 12～20g；体弱阴虚、浮热者加元参 20～30g；兼见里热者加黄芩 10～20g；里热炽盛兼粪干热结者加芒硝 30～60g，大黄 20g；兼有抽搐者加牛黄解毒丸 1～2丸。水煎 2 次，合并药液，候温灌服。

2. 荆芥穗、大青叶、栀子各 10～20g，生石膏 30～50g（先煎）。发热甚者加薄荷 15～20g；肺胃里热重者加牛蒡子、熟大黄各 10～20g；血分热重者加牛黄 0.1～0.2g（冲服）；咳者加杏仁、射干各 12～15g；热入营分、舌赤或绛者加黄连 10～15g；表邪已解兼阴虚者，改用青蒿、地骨皮、玄参、天花粉、板蓝根各 12～15g，鳖甲 15g。水煎 2 次，合并药液，候温灌服。

3. 苏叶 15～20g，薄荷、枳壳各 12～15g，熟大黄 10～15g，焦槟榔、栀子各 10～12g。水煎 2 次，合并药液，候温灌服。若发热数天、高烧不退、午后热重、苔黄白厚者，改用增液承气汤加减：大黄、生地、元参各 15～20g，元明粉 30～50g（冲服），甘草 10g。水煎取汁，候温灌服。

4. 麻黄 8～12g，苏叶、射干、炒栀子、板蓝根各 15～20g，枳壳 12～20g，陈皮 10～12g。痰热上蒸、神昏喘粗者加牛黄 0.1～0.2g；喘咳较甚、痰热内阻、表热不重者用麻杏石甘汤治疗；喘重者加苏子 15～30g，葶苈子 15～20g。水煎取汁，候温灌服。

用上方药，共治疗各种外感发热病 40 余例（其中犊牛 28 例），治愈 37 例。

【典型医案】 1. 2000 年 10 月 20 日，河南省农业学校奶牛场一头 7 日龄公犊牛来诊。主诉：该牛因前一天下午奔跑过急，晚上不吮乳。检查：患牛发热，寒战，流清涕，气促，倦怠，舌苔薄白，脉浮数。治疗：取方药 1 加黄芩 12g，用法同上，1 剂即愈。

2. 2001 年 7 月 23 日，河南省农业学校奶牛场一头 20 日龄犊牛就诊。主诉：该牛前两天因发热用西药治疗效果不佳。检查：患牛高热，喜饮水，粪干燥，尿黄而少，舌苔白黄，脉浮数。诊为表里俱热证。治疗：取方药 3 加熟大黄 15g，用法同上。服药 1 剂后，患牛病情减轻，继服药 1 剂，痊愈。

3. 2001 年 3 月 27 日，河南省农业学校奶牛场一头 2 月龄母犊牛就诊。主诉：该牛 2d 前由于吃草料过多，又饮大量冷水，夜间卧于舍外，第 2 天早上不吃不反刍。检查：患牛发热，瘤胃坚实，粪干燥，尿少，舌苔黄而腻，脉滑数。诊为外感寒邪，内因食滞发热。治疗：取方药 4 加元明粉 50g（冲服）。用法同上。服药后，患牛病情减轻，出现反刍，继服药 1 剂痊愈。（张丁华等，T116，P27）

## 二、杂交热

杂交热是指犊牛在出生 2～5d 内，突然发生以出汗不止、高热、呼吸喘粗为特征的一种病症。暂取名为新生犊牛杂交热病。一般母犊牛多于公犊牛，且均为黑白花杂交犊牛，当地土种黄牛所产新生犊牛未见发病。

【主证】 犊牛出生时一切正常，食母乳后 2～5d 内发病。患牛精神不振，卧多立少，食欲减退，尿少、色黄，粪黏稠，全身发热，体温 39.6～42℃，喘气粗，呈明显胸腹式呼吸。最典型的特征是全身出汗不止，衰竭死亡（患牛黏膜既不苍白，也不黄染，更无血红蛋白尿，排尿不困难。应与新生牛溶血性黄疸进行区别）。

【方药】 安痛定注射液 10mL，氨苄青霉素 0.1g，地塞米松磷酸钠注射液 5mg，混合，肌内注射；鱼腥草注射液 20mL，肌内注射；安痛定注射液 10mL，庆大霉素注射液 2 万单位，地塞米松磷酸钠 5mg，混合，肌内注射；富达 A 注射液（主要成分为板蓝根）20g，肌内注射，2 次/d，连用2～3d。药用酒精或白酒适量擦洗牛体。禁食母乳，饲喂其他健康母牛的新鲜乳汁，饮服 250～2000mL/d 的清洁凉开水。严重者，静脉注射葡萄糖生理盐水 500～1000mL，维生素 C 注射液 2～3g，1 次/d。共治疗 12 例，全部治愈。

【典型医案】 1998 年 6 月 8 日，洱源县三营镇运亨村杨某一头新生黑白花杂交母犊牛来诊。主诉：该牛出生后精神很好，一切正常，当天即食初乳，至第 3 天开始发病。患牛卧多立少，精神不振，懒动，喘粗，全身出汗，发热不止。他医诊为肺炎，输液 2d，体温升至 42℃ 以上，病情加重。检查：患牛体温 42℃，全身出汗，喘粗，卧多立少，心率、呼吸均快。疑为某种遗传基因引发，治疗：安痛定注射液 10mL，氨苄青霉素 1g，地塞米松磷酸钠注射液 5mL（5mg），混合，肌内注射；鱼腥草注射液 20mL，肌内注

射，2 次/d，连用 12d。遂嘱畜主在药物治疗同时，不间断地每天给患牛补食玉米糊加蚕豆米糠适量，给凉开水让其自由饮用。痊愈。（杨双全，T129，P42）

## 三、高热

【主证】 患牛持续性高热，体温 39.5～42.5℃，严重时张口伸舌吐白沫，频频发出吭喘声，心跳加快，手触有振动感，部分患牛夜间热退，白天体温升高，午后热重或昼夜高热，粪燥结，舌红、苔白或黄白。血液检查除白细胞稍有增高外，其他无异常。经用消炎、抑菌、退热等药物治疗均无效。

【治则】 清热解毒。

【方药】 大柴胡汤。柴胡、黄芩、半夏、枳实、白芍各 15g，大黄 13g，大枣 3 枚，生姜 6 片。水煎 2 次，合并药液（200～400mL），候温，分 2 次灌服，1 剂/d。第 1 剂大黄后下，若患牛药后泄泻 1～2 次，则第 2 剂可将大黄同煎；如患牛热退，则可去大黄。共治疗 39 例（其中犊牛 15 例），治愈 37 例。

【典型医案】 1989 年 7 月 15 日上午，南坪区南坪村王某一头 8 日龄公黄犊牛，因患发热证，在当地兽医站治疗 2d 仍高热不退来诊。检查：患牛体温 41.8℃，呼吸 39 次/min，心跳 92 次/min，心跳极快，呼吸粗厉、呈明显胸腹式呼吸；眼结膜高度充血，张口喘气，舌伸出口外，鼻翼开张，口含大量白沫，两鼻道内有少量白色泡沫状分泌物，卧地不起，下颌着地，强行运动后呼吸困难、吭喘，舌底静脉充血、色紫，粪干燥、量少，尿黄稠。治疗：地塞米松 20mg，庆大霉素 40 万单位，10％维生素 C 注射液 30mL，10％樟脑磺酸钠注射液 10mL，5％葡萄糖生理盐水 1500mL，混合，静脉注射；30％安乃近注射液 10mL，肌内注射；牛黄清心丸 5 丸，穿心莲 10 片，混合，加水灌服。上方药连用 4 次无效。遂改用大柴胡汤，用法同上。上午 10 时许服药，下午 5 时检查：患牛体温 39.7℃，呼吸 28 次/min，心跳 75 次/min，口沫停止，呼吸明显好转，舌已缩回，吭喘声消失，扶持运动后症状未见加重，有食欲。晚上继服药 200mL。次日上午复查，患牛热已退，余症减轻。夜吮乳 2 次，排少量黑色黏稠粪，能自行运动。停药观察 2d，痊愈。4 个月后追访，未复发。（王念民等，T70，P26）

## 四、脱水性高热

【主证】 患牛精神高度沉郁，眼闭似昏睡，眼睑肿胀，眼球下陷，结膜发绀，被毛蓬乱、无光泽，脱水，消瘦，皮肤弹性降低，不愿行走，喜卧地，不时磨牙，口腔黏膜潮红，苔黄腻，脉洪大，呼吸迫促，伸头直项，心跳加快，体温 41℃ 左右，尿短赤，严重者出现神经症状，易惊，眼球震颤，角弓反张，抽搐，不时哞叫等。

【治则】 滋阴生津、补肾凉血；调解电解质平

衡，控制感染。

【方药】　生地、芦根、枸杞子各20g，麦冬、玄参、玉竹、黄精、葛根各15g，甘草10g。便秘者加油当归、肉苁蓉、蜂蜜、大黄；有神经症状者加远志、合欢皮、柏子仁。水煎2次，取汁，混合，分2次灌服；取5%葡萄糖氯化钠注射液、复方氯化钠注射液各500～1500mL，氨苄西林2～3g，利巴韦林注射液5～10mL，地塞米松注射液250～500mg，2%碳酸氢钠注射液200～500mL，肌苷注射液、维生素B₆注射液各4～8mL，双黄连注射液10～20mL，分别静脉注射，1次/d。共治疗100例，均获得理想效果。

【护理】　加强饲养管理，及时吮初乳；口服5%葡萄糖溶液和温开水；冷敷犊牛前额，切忌使用退热剂；气候寒冷时注意保暖。

【典型医案】　2004年6月28日，商丘市梁园区水池铺乡沈庄村沈某一头5日龄、西杂红犊牛来诊。主诉：该牛于出生后第2天开始发高烧，不吮乳，无神，气喘，卧地不起，他医用青霉素、链霉素、先锋霉素、卡他霉素、安乃近、氨基比林、地塞米松、病毒唑、鱼腥草等药物治疗2d病情加重。检查：患牛精神沉郁，眼闭、似昏睡状，食欲废绝，被毛粗乱、无光泽，卧地不起，眼睑肿胀，眼球下陷，结膜发绀，体温41.2℃，呼吸加快、呈胸腹式呼吸，心跳增速，口腔黏腻，舌面有皱褶、有薄黄苔，鼻黏膜潮红，鼻镜干燥，脉洪数。诊为新生犊牛脱水性高热。治疗：取上方中药，用法同上，连服3d；5%葡萄糖生理盐水、复方氯化钠注射液各500mL，氨苄西林3g，地塞米松2500mg，利巴韦林5mL，维生素B₆注射液、肌苷各10mL，双黄连注射液20mL，碳酸氢钠注射液200mL，分别静脉注射，1次/d，连用2d。痊愈。（刘万平，T144，P50）

## 低温症

低温症是指犊牛体温低于正常的一种综合病症。

【病因】　饲养失调，营养不良，体质素虚，气血双虚，或冬季食入冰冻饲料，保温不当，夜露寒霜，或某些慢性消化道疾病等引发。

【主证】　患牛形体消瘦，被毛逆立，精神倦怠，耳耷头低，站立不稳，喜温怕冷，卧地不起，腹内鸣响，肌肉颤抖，鼻寒耳冷，呼出气凉，四肢厥冷，饮食欲废绝，反刍停止，体温降低（35℃左右），肛门松弛，头弯向腹部，反射减弱，口色淡白、无光，舌体绵软，津液滑利，粪稀溏、量少，尿清长，脉象沉细。

【治则】　回阳救逆，温中散寒，补益气血。

【方药】　加味四逆汤。附子29g，干姜、白芍、当归各30g，党参60g，炙甘草40g，大枣100g。水煎3次，取汁混合，分上午、下午灌服。

【典型医案】　1. 2004年1月9日，灌南县三口镇何庄村6组何某一头8月龄母水牛来诊。主诉：该牛在麦田吃麦苗，由于气温较低，晚上回牛舍较晚，夜间出现不吃、不反刍，后肢站立不稳，喜欢靠近火边，于10日晨即卧地不起。检查：患牛体温35℃，肌肉颤抖，鼻寒耳冷，粪稀溏，口色淡白，舌津滑利。治疗：加味四逆汤，用法同上。服药后，患牛体温回升至35.7℃，精神有明显好转。次日，患牛体温恢复正常，有食欲。取健脾散：厚朴25g，干姜、官桂、白术、茯苓、泽泻、青皮、陈皮、当归、五味子、炙甘草各20g，砂仁15g，白酒50mL为引。水煎取汁，候温灌服。13日追访，患牛痊愈。

2. 2003年2月20日，灌南县新安镇苗圩村1组唐某一头4月龄母水犊牛来诊。主诉：母牛因产后无乳，小牛用米粉粥加白糖喂养，形体消瘦。检查：患牛四肢瘫痪，卧地不起，测不到体温（体温计水银柱不上升），肛门松弛，鼻出凉气，四肢及腹部皮肤冰冷，舌津滑利，舌体绵软，尿清长，头弯向腹部，精神萎靡，反射消失。诊为低温症。治疗：5%葡萄糖注射液1000mL，50%葡萄糖注射液200mL，5%氯化钙注射液80mL，10%安钠咖注射液7.5mL，混合，静脉注射。下午，患牛精神好转，其他症状未见好转。取四逆汤加味，用法同上。22日，患牛已能站立，体温36.8℃，有食欲。随后追访，患牛恢复正常。（孙信仁，T147，P53）

## 惊风

惊风是指犊牛以阵发性痉挛抽搐、角弓反张、眼球颤动、神志昏迷等特征的一种病症。

【病因】　多因邪热入血，热扰心神或热动肝风所致。

【主证】　患牛体温38.8～40℃，脉搏加快，鼻轻咋，吮乳减少，结膜潮红，口色稍红，口腔较干燥，舌体轻微颤动；发作时呼吸疾速，鼻孔扩张呈圆形；有的精神沉郁，眼神呆滞，呆立不动，食欲不振；有的兴奋不安，严重者突然倒地，痉挛抽搐，角弓反张，反复发作。犊牛不吮乳，不反刍。

【治则】　滋肝养血，镇心安神。

【方药】　1. 羚羊角钩藤汤（将羚羊角改为水牛角）。犊牛，取水牛角（切薄片先煎）3g，钩藤、生地、白药、茯神、菊花各15g，龙胆草、生甘草各10g，鲜竹茹、鲜桑叶各30g（干品减半）。水煎2次，取汁，候温，分3次灌服，1剂/d。成年牛，取水牛角15～20g，鲜桑叶50～60g，其余药均为15～30g。共治疗12例，治愈11例。

2. 安宫牛黄丸0.3～0.5丸，乳酶生4～5片，加水灌服，2～3次/d。青霉素80万～120万单位，肌内注射，2～3次/d。

【典型医案】　1. 2005年3月8日，印江县天堂镇天堂村坳口组周某一头4日龄黄犊牛来诊。检查：

患牛突然倒地，昏迷，口吐白沫，头向后仰，时有转圈运动，间隙发作，口色红、干燥，脉搏快，结膜潮红，体温 39.2℃，食欲不振，不吮乳，发作时持续约 5min，站立后精神沉郁，眼神呆滞。诊为惊风证。治疗：牛角钩藤汤，用法同上，连服 4 剂，痊愈。（任婵英等，T145，P65）

2. 1982 年 5 月 14 日，汝南县留盆公社何庄大队张寨生产队 2 头犊牛来诊。主诉：2 头犊牛，一头 5 日龄，另一头 3 日龄，出生后都不吮乳，反复抽搐，他医诊为先天不足。检查：两患牛除上述症状外，5 日龄牛体温 41℃，心跳 125 次/min，精神稍兴奋；3 日龄牛体温正常，微喘，精神沉郁，人工扶助方可吮乳。治疗：体温高者用安宫牛黄丸 0.5 丸/次，乳酶生 5 片/次，加水灌服，2 次/d；青霉素 120 万单位，肌内注射，1 次/8h；30%安乃近注射液 3mL，肌内注射，1 次/d，治疗 3d 痊愈。3 日龄患牛用安宫牛黄丸 0.3 丸/次，乳酶生 4 片/次，3 次/d；青霉素 80 万单位，用法同上；同时针刺山根、风门穴各 1 次，治疗 4d 痊愈。（赵廷杰等，T7，P40）

## 癫痫

癫痫是指犊牛意识和行为发生障碍，以突然倒地、神志丧失、全身痉挛、四肢抽搐、双目翻动、口吐白沫等无定期反复发作为特征的一种神经性疾病，又称羊角风。

【病因】 本病分为先天性和后天性癫痫。先天性因遗传而得或胎儿在母体发育时，母牛受到惊吓等导致犊牛出生后发病。后天性多因犊牛热痰蒙闭清窍，流窜经络；或突然受到惊吓，伤及肝肾，阳风内动所致。

【主证】 患牛突然发生意识障碍，全身、四肢强直，伴发神志昏迷，跌扑倒地，尖叫，全身肌肉强直、痉挛，头向后弯，双目上视、不断翻动，牙关紧闭，嘴唇抖动，口吐涎沫，阵发性全身抽搐，短者数分钟或数十分钟，长者 1h 以上；症状消失后，患牛随即起立，饮食欲恢复，行动如常。发作无定时，大多数患牛发病急骤，症状典型；亦有少数患牛出现短暂意识障碍（通常只有几秒钟）即突然停止原有的动作，两眼上翻，但多不出现抽搐、痉挛，经数分钟后即恢复正常。

【治则】 涤痰开窍，疏肝理气，息风定痫。

【方药】 1. 柴胡、郁金、桔梗、白芍、僵蚕、石菖蒲、天麻、珍珠母、茯神、远志各 10g，全蝎 5g，胆南星、半夏各 8g。共研细末，开水冲调，候温灌服。共治疗 6 例，治愈 5 例。

2. 针刺法。按从头至尾的次序，用毫针针刺鼻俞、鼻中、牙关、山根、承浆（小宽针针出血）、风门和百会穴，刺耳尖、尾尖穴后，立即口嚼白酒分别唧此二穴针刺点，吸吮（不咽下）1～3min。一般 1 次即愈。对病情严重者可增加针刺次数和留针时间，并配

合灌服人用安宫牛黄丸（河南省安阳第三制药厂生产），0.3 丸/次。共治疗犊牛癫痫 38 例，治愈 37 例。

【典型医案】 1. 化隆县巴燕镇东上村先某一头 8 月龄黑白花犊牛来诊。主诉：该牛发病已 2d，病初发作 1～2 次/d，今天发生 7～8 次，发作时突然倒地，口吐白沫，经 2～3min 恢复正常。检查：患牛发作时突然倒地，全身肌肉痉挛，四肢抽搐，头向后弯，两眼上视、不断翻动，牙关紧闭，口吐白沫，呻吟、哞叫，经 4～5min 症状全部消失，随即起立，饮食欲恢复，行动如常，无全身性症状。诊为犊牛癫痫。治疗：取方药 1，用法同上。服药 2 剂，患牛再未发作。为巩固疗效，继服药 2d，之后追访，再未复发。（胡海元，T94，P33）

2. 1985 年 12 月 17 日，蒙城县篱笆乡瓦坊村胡某一头母犊牛来诊。主诉：该牛中午出生后吮乳不佳，有时稍见惊颤，傍晚突然大发作，头向后仰，两耳直立，两眼直视，四肢呈游泳状，抽搐，牙关紧闭，口吐白沫，头撞墙，倒地。治疗：用毫针刺耳尖、尾尖、百会穴，起针后口嚼白酒吸吮少时；再针天门、牙关、人中穴，用小宽针刺承浆穴见血；灌服安宫牛黄丸 0.25 丸。2h 后，患牛已能站立吮乳，无抽搐、惊颤现象，停止治疗。再未见复发。（胡耀强，T27，P62）

## 心疯狂

心疯狂是指犊牛狂躁不安、连声哞叫、突然倒地、口流白沫的一种病症。亦称犊牛狂叫病。多见于 1～4 月龄的犊牛。

【病因】 由于妊娠母牛膘情过大，劳役少，缺乏运动，热毒积聚五脏，胎火过盛，痰火迷蒙胎犊心窍，生后不久即发病。

【主证】 患牛狂躁不安，急奔而不止，连续哞叫数声，有时突然倒地如死，口流白沫，严重者胸前出汗。

【治则】 清热解毒，安神定心。

【方药】 1. 黄连、黄芩、生地各 20g，石菖蒲、地骨皮各 30g，朱砂 6g（为细末另服），大黄、栀子、远志各 15g，黄柏、雄黄、灯心草各 10g。病情严重者，石菖蒲、地骨皮用量加倍。水煎取汁，候温，早、晚 2 次灌服。共治疗 22 例，治愈 19 例。

2. 温胆汤加味。半夏、黄连、桔梗、琥珀、甘草各 20g，远志、石菖蒲、茯苓、竹茹、当归、郁金各 25g，龙齿、牡蛎各 40g，枳实、陈皮、五味子各 30g。水煎取汁，候温，鸡子清、童便为引，灌服。

【典型医案】 1. 鹿邑县玄武乡百木岗村陈某一头 2 月龄黄犊牛发病。检查：患牛神志昏沉，直冲乱走，心神不定，口吐白沫，狂叫，胸前出汗，体温升高，舌红，眼赤黄，粪干，尿短黄。治疗：取方药 1 加茯神 20g，代赭石 30g，脑立清 30 粒。用法同上。

用药3d，患牛病情好转，又连服药4d，痊愈。（秦连玉等，T53，P48）

2. 1985年8月，华县大明乡马场村朱某一头6月龄犊牛来诊。主诉：1个月前，该牛有时呆立，有时狂跑，见人或听到响声时表现胆怯，惊慌不安，对铁器相碰声更敏感，两耳竖起，显得紧张；有时精神沉郁，反应较慢；粪或稀，尿正常。检查：患牛前冲后退，倒地四蹄蹬天，转圈乱撞，狂叫，人难接近；随后又出现抑制状态，口流白沫，身出微汗；发作无定时，口色淡白，苔薄白腻，鼻镜干燥，视力差，心律不齐，体温38.5℃。治疗：温胆汤加味，用法同方药2，服药3剂。患牛病情减轻，1周后痊愈。（赵胜利，T29，P35）

## 脑膜脑炎

脑膜脑炎是指犊牛软脑膜、蛛网膜下腔和脑实质发生炎性反应，以神经症状为主的一种病症。一般突然发生，致死率高，多数患牛来不及治疗即死亡。主要散发于12～30日龄犊牛，每年3～4月份多见。

【病因】 原发性脑膜脑炎一般由细菌、病毒感染和中毒所引起。疱疹病毒、链球菌、葡萄球菌、大肠杆菌、沙门氏菌、巴氏杆菌、化脓性棒状杆菌、变形杆菌等侵入脑内感染而发病；或铅中毒、霉麸皮中毒和霉玉米中毒等引发。此外，饲养管理不当、受寒、感冒、过劳、中暑、脑震荡等均能促使本病发生。继发性脑膜脑炎多是邻近部位感染蔓延，如颅骨外伤、中耳炎、化脓性鼻炎、额窦炎、眼球炎、角坏死等。还见于一些寄生虫病，如普通圆线虫病、脑脊髓丝虫病及脑包虫病等。

【主证】 大多数患牛在出现典型的脑机能紊乱症状之前，精神恍惚，轻度流涎，眼球突出，泄泻，体温40～41℃，心搏动增强，节律不齐，耳、鼻、四肢末端发凉等。随后，患牛突然狂躁不安，步态蹒跚，共济失调，跌倒在地，四肢呈游泳状，头向后仰，鼻发鼾声，怒目圆睁，瞳孔对光无反应，磨牙空嚼，口出泡沫，呻叫，粪、尿失禁。3～10min后，患牛逐渐安静，有的呈昏睡状态；有的用后肢蹬枕部和耳，致使局部被毛脱落，发生擦伤或挫伤。多数患牛体温正常，心搏80～160次/min，呼吸30～50次/min，眼球凸起，视力下降甚至失明。

【治则】 消炎解毒，镇静安神。

【方药】 25％甘露醇注射液250～500mL，25％硫酸镁注射液20～30mL，20％～25％葡萄糖注射液200～500mL，1次静脉注射，1～2次/d，连用3～5d。青霉素160万～240万单位，硫酸链霉素1～2g，2.5％维生素$B_1$注射液10～20mL，1次肌内注射，2次/d，连用5～7d。加味荆防汤：荆芥、防风、菊花、薄荷、蝉蜕、白芷、陈皮、半夏、天麻、钩藤各20g，茯神、天竺黄、黄芩、当归各24g，生

石膏30g、甘草15g。前期狂躁不安者加大黄、黄连各15g，朱砂2～5g；后期气血两虚者去生石膏、天竺黄，加党参30g，当归增至30g。上药（除朱砂外）加水2500mL，煎汁1000mL，候温，分上午、下午2次灌服，1剂/d或1剂/2d，连服5～7剂。纠酸补钾，防治脱水。每天上午、下午测量尿液pH值，作为补充碳酸氢钠依据。尿液pH值低于7.0时（正常为7.0～8.3），在所输液体中加5％碳酸氢钠注射液300～500mL。若有心率快、节律不整及胃肠迟缓等缺钾症状时，在液体内加1％氯化钾注射液10～20mL；血液浓稠、皮肤干燥无光及有其他脱水表现时适当补充林格氏液1000～1500mL（因此液含有氯化钙，所以不能与硫酸镁和碳酸氢钠混合使用，以免发生沉淀反应）。共治疗10例，7例痊愈。（张智勇等，T17，P50）

## 肉膜包齿

肉膜包齿是指初生犊牛的门齿包裹着一层较硬肉膜，其吮乳时母牛拒绝哺乳的一种病症。目前只见于水犊牛，其他品种的犊牛尚未发现。

【病因】 犊牛口腔门齿被较硬肉膜包裹，没有穿出软组织所致。

【主证】 吮乳正常的水犊牛口腔门齿没有穿出软组织，仍然包裹着一层肉膜，而肉膜包裹的门齿表面光滑，吮乳时易滑脱，犊牛只好用力衔乳头，母牛感到疼痛，拒绝哺乳。

【治则】 剥离肉膜。

由两名助手保定好患牛并打开口腔；术者用酒精棉球彻底消毒整个门齿后，用消毒好的手术刀沿门齿与齿龈之间切开肉膜直到齿部，用手或有齿镊将包着门齿的肉膜剥除掉（膜上血管少，出血不多，无需止血）；再用5％碘酊涂擦内外切口即可。手术剥离后不久，犊牛即开始吃奶，母牛不再拒绝。共治疗5例，效果良好。

【典型医案】 1981年4月25日，遵义市金鸡生产队刘某一头9岁母水牛就诊。主诉：该牛第2胎产一母犊牛，拒绝哺乳。2d后，犊牛饥饿哞叫，四肢乏力，精神差。21日，他医只诊治母牛无效。检查：母牛心跳56次/min、呼吸31次/min、体温38.4℃，瘤胃蠕动音1次/min，眼结膜深红色，口腔温度适中、湿润滑利，角根温度、精神、食欲、粪、尿均正常，乳房奶满胀大，触诊无热无痛，乳房乳头无创伤，挤压乳头，流出正常的乳汁。犊牛饥饿明显，腹部紧缩，被毛粗乱，消瘦，精神不振，其他无异常。让犊牛吮乳，嘴刚接触乳头，母牛拒绝哺乳。检查发现患牛口腔发现一层较厚的淡白色肉膜包裹门齿，看不清齿界，遂行手术剥除。术后不到2h，犊牛吮乳，母牛不再拒哺。次日复诊，患牛精神显著好转。3d后一切恢复正常。（邓天平等，T6，P28）

## 消化不良

消化不良是指犊牛消化机能障碍和不同程度泄泻为特征的一种病症，是吮乳犊牛的常见病。

【病因】　由于犊牛消化功能不健全，饥饱不均，饲料更换应激，饲喂发霉、变质、冰冻及有毒饲料等，使机体抵抗力减弱，消化器官的消化、分泌、运动及吸收机能障碍而发病。母牛患有某些疾病直接通过母乳传播使犊牛患病。母乳中维生素缺乏、环境潮湿寒冷、日照不足、通风不良、饲喂犊牛乳汁的用具不洁，妊娠期间饲料营养价值不全、维生素、蛋白质缺乏、犊牛体质弱等均可诱发本病。

【辨证施治】　临床上常见有胃热不食、胃寒不食、冷肠泄泻、伤食泄泻和湿热泄泻型消化不良。

（1）胃热不食型　多见于发病初期。患牛精神倦怠，食欲减退、废绝，口舌干燥、口内有臭味，饮欲增加，喜饮冷水，粪干燥，尿少、色黄。

（2）胃寒不食型　多见于病中、后期。患牛精神沉郁，食欲废绝，消瘦，毛焦肷吊，耳鼻发凉，口流清涎，排稀软粪，口色青白，舌苔薄白。

（3）冷肠泄泻型　患牛口鼻发凉，食欲减退，排水样稀粪，口色青白，舌质淡，舌苔白厚。

（4）伤食泄泻型　患牛食欲大减或废绝，口色稍红，舌苔厚腻，泄泻，粪酸臭、含有未消化的饲料，轻微腹胀等。

（5）湿热泄泻型　患牛食欲大减或废绝，饮欲增加，排粪次数增多，粪稀而臭，尿短而赤，口色红黄，舌苔黄腻。

【治则】　胃热不食型宜清热降火，滋阴生津，健胃理气；胃寒不食型宜暖胃温脾，温中散寒；冷肠泄泻型宜温补脾胃，散寒化湿；伤食泄泻型宜消食导滞，兼理脾胃；湿热泄泻型宜清热解毒。

【方药】　（1适用于胃热不食型消化不良；2适用于胃寒不食型消化不良；3适用于冷肠泄泻型消化不良；4、5适用于伤食泄泻型消化不良；6适用于湿热泄泻型消化不良）

1. 芩连散加减。黄芩、连翘、石膏、天花粉、枳壳、玄参、知母、大黄、地骨皮、建曲、陈皮、甘草。粉碎，拌料喂服，或水煎取汁，候温饮服或灌服，1剂/d，连用1～3剂。

2. 桂心散。桂心、青皮、白术、厚朴、砂仁、益智仁、干姜、当归、陈皮、五味子、肉豆蔻、炙甘草。粉碎，拌料喂服，或水煎取汁，候温饮服或灌服。

3. 猪苓散。猪苓、泽泻、木通、青皮、陈皮、茵陈、瞿麦、厚朴、苍术、枳壳、当归、木香、藿香、官桂。粉碎，拌料饲喂，或水煎取汁，候温饮服或灌服。

4. 枳实导滞散。枳实、大黄、白术、陈皮、木香、茯苓、泽泻、神曲、山楂、炒莱菔子。粉碎，拌料喂服，或水煎取汁，候温饮服或灌服。

5. 郁金散加减。郁金、大黄、黄连、黄芩、黄柏、诃子、栀子、白芍。水煎取汁，候温灌服，1剂/d。

用方药1～5共治疗胃热不食型23例，治愈20例；胃寒不食型31例，治愈26例；冷肠泄泻型79例，治愈76例；伤食泄泻型37例，治愈37例；湿热泄泻型27例，治愈24例，总有效率为92%。

6. 槟榔散。槟榔25g，枳壳30g，陈皮40g，甘草25g。研成极细末，开水冲，加面粉调成糊状投服。本方药还适用于高热并发瘤胃弛缓致不反刍患牛和异物入胃致不反刍患牛。共治疗3～6月龄犊牛不反刍37例，其中瘤胃积食19例，异物入胃4例，瘤胃臌气4例，高热并发前胃弛缓8例，治愈28例。

【典型医案】　1. 1987年6月7日，郯城县小马头乡一头3月龄黄犊牛来诊。主诉：该牛发病已3d，经治疗不见好转。检查：患牛精神倦怠，食欲减退、废绝，结膜潮红，口干、臭，舌苔黄，粪干，尿少，脉象洪数。诊为胃热不食型消化不良。治疗：黄芩、连翘、石膏、陈皮各30g，天花粉、大黄、建曲、玄参、甘草各20g，枳壳、知母、地骨皮各15g。水煎取汁，候温加人工盐100g，灌服，1剂/d，连服3剂；同时，用5%葡萄糖生理盐水500mL，10%安钠咖注射液10mL，维生素C注射液20mL，1次静脉注射。治疗3d，患牛恢复正常。

2. 1992年3月3日，郯城县高册乡一头4月龄黄犊牛，于发病5d来诊。检查：患牛病情较重，精神沉郁，食欲废绝，消瘦，毛焦肷吊，耳鼻发凉，舌苔薄白，脉象迟细。诊为胃寒不食型消化不良。治疗：桂心、当归、党参、益智仁、陈皮各30g，枳壳、木香、高良姜、干姜各25g，厚朴、肉豆蔻、砂仁、炒白术、炙甘草各20g，大枣10枚。水煎取汁，候温灌服，1剂/d，连服3剂。同时，用5%葡萄糖生理盐水1000mL，10%安钠咖注射液10mL，维生素C注射液30mL，1次静脉注射。治疗3d，患牛恢复正常。

3. 2001年12月17日，临沂市兰山区城北奶牛场3头3月龄犊牛，因误食冰冻饲料发病来诊。检查：患牛排水样稀粪、无恶臭味，口鼻发凉，口色青白，舌质淡，舌苔白厚，脉象沉迟。诊为冷肠泻泄型消化不良。治疗：猪苓散加减。猪苓、泽泻、木通、肉桂各45g，青皮、陈皮、茵陈、当归、木香、藿香各40g，瞿麦、厚朴、苍术、枳壳各30g（为3头犊牛1d药量）。水煎取汁，加活性炭150g，候温灌服，1剂/d，连服3剂。同时，取葡萄糖生理盐水、安钠咖、咖啡因注射液等，静脉注射。第3天，3头患牛痊愈。

4. 2000年4月3日，临沂市兰山区半城镇张某一头5月龄黄犊牛来诊。检查：患牛食欲、反刍停止、粪稀薄、混杂有未消化的饲料、气味酸臭、腹胀、口红苔黄、脉沉细无力。诊为伤食泄泻型消化不良。治疗：枳实、白术、茯苓、炒莱菔子各30g，大黄、陈皮、神曲、山楂各50g，木香20g，泽泻25g。水煎取汁，候温灌服，1剂/d，连服3剂，痊愈。

5. 1997年7月17日，临沂市兰山区奶牛场一头3月龄犊牛，因排粪不爽来诊。检查：患牛粪稀、黏腻、气味恶臭难闻，食欲、反刍停止，腹胀、口色红，苔黄厚，脉沉数。诊为湿热泄泻型消化不良。治疗：郁金散加减。郁金、大黄、诃子各30g，黄连、黄芩、黄柏、栀子、白芍各20g。水煎取汁，候温灌服，1剂/d，连服3剂。同时，取硫酸庆大霉素32万单位、黄连素20mL，混合，1次肌内注射，2次/d，连用3d，痊愈。（刘德福，T123，P25）

6. 1990年7月8日，查农海洋农场丰收队王某一头6月龄犊牛来诊。主诉：该牛偷食了大量黄豆，致使反刍废绝。检查：患牛肚腹胀满，触压瘤胃坚实，嗳气酸臭，脉涩，口红苔黄。诊为食滞性不反刍。治疗：槟榔散（槟榔用量加至50g），用法见方药6，1剂/d，连服3剂，痊愈。（卢江等，T95，P32）

## 不吮乳

不吮乳是指犊牛发育不良、体质虚弱，出生后不能站立、不能吮乳的一种病症。以3～5月份多见，病犊牛死亡率较高。

【病因】　妊娠母牛饲料单一，过食精料，特别是妊娠处于枯草季节，饲料中营养物质不足，缺乏蛋白质、维生素以及微量元素，从而严重影响胎儿的正常发育，使新生犊牛发育不良、体质衰弱、吮乳反射出现迟钝；或产房通风不良，阴暗潮湿，或闷热拥挤，缺乏光照，或气温剧变；或母牛使役不当，带病妊娠，近亲繁殖，公牛精液质量较差，早产、双胎、或胎粪滞留等疾病引发本病。

【主证】　轻者，患牛精神良好，鼻镜湿润，反应灵敏，行动灵活，不时哞叫，无寻找乳头欲望或不知吮乳。重则体质衰弱，无力，肌肉松弛，站立困难，喜卧，人工扶助能勉强站立；或闭目不睁，吮乳反射很弱或消失，送到母牛身旁，也是盲目碰撞，找不到乳头；将母牛乳头或手指引入口内，吸吮反射也不强烈。患牛精神倦怠，反应迟钝，四肢末梢发凉，鼻干，口色绛红，舌苔白；听诊心跳快而弱，呼吸浅表，瘤胃蠕动音极弱或绝止，触之柔软，粪黄黏、无异味。

【治则】　健脾胃，通经络。

【方药】　1. 放针洗口法（即放舌针，洗草口，又称开洗口）。以通关、鼻中穴为主，配承浆、顺气穴。用三棱针尖针刺通关穴，顺血管刺入0.2～0.4cm，出血；用三棱针直刺鼻中穴0.2～0.5cm，出血；用三棱

针刺顺气穴，斜后上方直刺0.3～0.5cm；三棱针刺入承浆穴0.3～0.5cm，出血。四穴同时使用，1次/d，连用1～3次。针刺后用食盐或人工盐涂擦舌体、上腭、上下唇内外两侧。针刺时，患牛不停摇头，口流鲜血，舌体不停舔食上腭，抬头呈吮乳样。病轻、体质好者，在针后片刻即可自寻乳头而吮乳。补充能量。取10％葡萄糖注射液、林格尔液各500～1000mL，三磷酸腺苷二钠300～500mg，辅酶A 100～200U，维生素B₁ 250～500mg，10％维生素C注射液10～20mL，10％氯化钾注射液5～8mL，10％樟脑磺酸钠注射液4～6mL，混合，静脉注射，1次/d，连用1～3次；黄芪注射液10～20mL，维丁胶性钙5～10mL，分别肌内注射，1次/d，连用1～3次；亚硒酸钠维生素E注射液3～8mL，肌内注射。油当归散：液体石蜡300～500mL，当归末20～50g。先将石蜡油煎沸，离火后加入当归末拌匀，候温灌服。共治疗23例，治愈19例（1次治愈13例，2次治愈6例），死亡4例。

2. 针灸。山根（人中）穴（位于鼻梁正中有毛与无毛交界处），用小宽针向后下方刺入0.2～0.5cm，速进速出，以出血为度；命泉（承浆）穴（位于下唇正中有毛与无毛交界处），用小宽针向后上方针刺0.2～0.5cm；地仓穴（位于口角旁1.5cm处），用小宽针刺入0.3～0.5cm，左右各1穴；足三里穴（位于后肢膝下3.0～5.0cm，胫、腓骨间，胫、腓骨小头与此穴成等边三角形），用小宽针刺入，左右各1穴。针刺后0.5～1.5h，患牛主动吮乳。（娄秀山，T52，P11）

【典型医案】　2002年4月19日，蛟河市新站镇新站大队4队付某一头1日龄黑白花杂交公犊牛来诊。主诉：该牛出生后精神很好，不吮乳，将乳头送到嘴里也不吮。检查：患牛精神良好，体况一般，两眼有神，鼻镜湿润，听诊心跳加快，第一心音亢进，肺音增强，瘤胃蠕动音废绝，触之柔软，粪稀略黄，无异味，体温38.6℃；口色绛红、苔白。治疗：放针洗口；同时用10％葡萄糖注射液500mL，林格尔液1000mL，三磷酸腺苷二钠200mg，辅酶A 100U，10％维生素C注射液20mL，维生素B₁注射液250mL，10％氯化钾注射液8mL，混合，缓慢静脉注射；维丁胶性钙液5mL，亚硒酸钠维生素E注射液5mL，分别肌内注射。用药后次日，患牛开始吮乳，痊愈。（马常熙，T126，P39）

## 乳积

乳积是指犊牛脾胃功能失调，乳汁积聚胃内的一种病症。

【病因】　由于犊牛脏腑娇嫩，加之食乳过量，引起胃肠功能紊乱，消化能力降低；或邪毒内侵，引起胃肠不能熟腐水谷，导致脾胃功能失调，运化失职而

发病。

【主证】 患牛精神沉郁，反应迟钝，喜卧，不吮乳，鼻镜干燥，口、耳冰凉，眼结膜充血，粪呈灰白色粥样，肺部听诊肺泡呼吸音增强。

【治则】 消积，健脾开胃。

【方药】 启脾丸、大黄苏打片各 30g，乳酶生10g，混合，灌服。

【典型医案】 1. 隆德县陈靳乡陈某一头 30 日龄、黄色公犊牛来诊。主诉：该牛于 4d 前腹泻，粪呈灰白色粥样，用白头翁散加穿心莲片、庆大霉素治疗 3d 不见好转。检查：患牛精神倦怠，喜卧，不吮乳，体温 38.5℃，粪呈灰白色粥样。诊为犊牛过量吮乳性乳积。治疗：取上方药，用法同上。翌日，患牛诸症减轻。继服启脾丸、大黄苏打片各 9g，乳酶生 5g。第 3 天，患牛痊愈。

2. 隆德县陈靳乡柳某一头 24 日龄、黄色母犊牛来诊。主诉：该牛于 3d 前不吮乳，腹泻，粪呈灰白色粥样，用白头翁散、穿心莲片、青霉素、氨基比林治疗无效。检查：患牛精神沉郁，反应迟钝，不思饮食，鼻镜干燥，口、耳冰凉，眼结膜充血，粪呈灰白色粥状，听诊左侧肺部部分区域湿啰音明显，其他肺区肺泡呼吸音增强；心率时强时弱，颈静脉搏动明显。诊为小叶性肺炎性乳积。治疗：启脾丸、大黄苏打片各 15g，乳酶生 10g，混合，灌服；10%葡萄糖注射液、生理盐水各 250mL，5%碳酸氢钠注射液 50mL，头孢氨苄唑啉呐 2g，病毒唑 0.3g，混合，静脉注射；10%樟脑磺酸钠注射液 10mL，皮下注射，1 次/d，连用 3d。第 4 天，取头孢唑啉钠 0.5g/次，肌内注射，3 次/d；橘红丸 18g，痰净 10 片，灌服，连服 2d，痊愈。（周永才等，T145，P63）

## 呕 吐

呕吐是指寒湿呕吐。犊牛过度食入寒凉食物等，导致胃气上逆引起呕吐的一种病症。

【病因】 因夏、秋季节感受暑湿、湿热外邪或秽浊之物，侵犯于胃，伤及阳明胃经，胃失和降，胃气上逆而呕吐；饲养管理不善，营养缺乏，抵抗力降低，致使脾胃虚弱，中阳不振，清阳不升，浊阴不降，胃腑寒湿凝滞，挟食物上逆而呕吐；过饥过饱或饲料品质不良，食物停滞胃腑，尤其在犊牛断奶期，消化器官尚未发育成熟，胃肠功能极易发生紊乱引起呕吐；误食霉败变质饲料或有毒物质以及某些传染病、寄生虫病或代谢病等亦可引起呕吐。

【主证】 患牛精神不振，形体消瘦，食欲、反刍废绝，耳鼻发凉，鼻镜湿润，鼻汗不成珠，被毛粗乱，有时出现寒战、腹痛，体温 36.5～37℃，呼吸、心率微弱，喜卧，呕吐，呕吐物清稀、气味不明显、口色青白，津液滑利，脉象迟细、无力。

【治则】 温里祛湿，健脾和胃。

【方药】 加味胃苓汤。苍术 15g，茯苓 12g，肉桂、干姜、厚朴、木香、砂仁、半夏、猪苓、泽泻、陈皮、甘草各 10g，生姜、大枣为引。水煎取汁，候温灌服。同时针刺承浆穴放血，圆针或火针刺脾俞穴，1 次/d，1 个疗程/3d。共治疗 18 例，治愈 16 例。

【典型医案】 2002 年 5 月 12 日，南阳市白河镇常庄村海某一头 6 周龄奶犊牛来诊。主诉：前几天，用玉米糁、花生饼、菜籽饼混合加水给犊牛饮喂，加之阴雨过多，寒冷袭击，出现腹痛，不食不反刍，卧地，呕吐，经他医治疗无效。检查：患牛精神沉郁，形体消瘦，被毛粗乱，耳鼻湿润，汗不成珠，时有寒战，腹痛泄泻，卧地不起，呕吐，气味不臭，体温 36.5℃，口色青白，口津滑利，脉象迟细无力。诊为寒湿呕吐。治疗：加味胃苓汤加生姜 30g，大枣 10 枚。用法同上，1 剂/d。同时，针山根、承浆、脾俞穴，1 次/d。服药后，患牛腹痛、呕吐症状减轻，继服药 3 剂。18 日复诊，患牛腹痛、呕吐消失，食欲、反刍正常，痊愈。（金立中等，T118，P29）

## 黄 疸

黄疸是指犊牛口、鼻黏膜及母牛阴户黄染为主要特征的一类病症。

【病因】 湿热、疫毒等外邪内阻中焦，脾胃运化失常，湿热交蒸，不得外泄，熏于肝胆，肝失疏泄，胆汁外溢浸渍皮肤而发黄。

【主证】 临床上有阴黄和阳黄两种。阳黄一般发病急。患牛食欲减退或废绝，精神沉郁，口、鼻及阴户黏膜、眼结膜发黄，呈橘黄色，尿少、色黄稠，舌苔黄或黄腻，粪干燥或稀薄。

【治则】 清热利湿。

【方药】 ①凤尾草、大红枣各 50g，倒垂柳枝外皮 45g，茵陈（正月）100g。水煎取汁，加红糖 30g，候温灌服，早、晚各 1 次/d。②硝矾散。火硝、枯矾各等份，共研细末，装瓶备用。1～6 日龄牛灌服 3 次/d，5～6g/次；7～12 日龄牛灌服 3 次/d，9～12g/次；21 日龄以上的牛灌服 18g/次，2 次/d（此药只用 1d，不可多用）。共治疗 21 例，死亡 1 例。

【典型医案】 鹿邑县高集乡大关村王某一头犊牛，于出生后 3d 不食来诊。检查：患牛可视黏膜发黄。诊为黄疸。治疗：取方药①、②，用法同上。第 2 天，患牛有食欲。又取方药①，用法同前，连服 3d。第 8 天，患牛可视黏膜黄染全部消失。（秦连玉等，T53，P48）

## 泄 泻

泄泻是指犊牛以排粪次数增多、泻粪如水等为特征的一种综合性病症。一年四季均可发生，大多在出生后 6～15 日龄发病，亦有出生后 2～3 日龄或 30～60 日龄发病者；以 3 月龄之内犊牛多见，3～5 月份发病率最高；以 1～7 日龄和 15～25 日龄犊牛发病率最高。

**【病因】** 由于气候多变，管理不当，感受外邪，致使脏腑虚弱、功能失调等引起运化失司，腐熟无力，清浊不分，传导失职形成泄泻。病久体虚，损伤肾阳，致命火不足而无以温煦脾阳导致泄泻；久渴失饮，空肠误饮冷水过多，脏冷气虚，清浊不分，下注大肠而泄泻；环境卫生不良，栏舍阴暗潮湿，光照不足，通风不良，消毒不严，饲料单一、品质不良，饮水不洁，引起消化机能紊乱而泄泻；妊娠母牛营养差，使胎儿的生长发育和初乳的品质不良而使犊牛泄泻。犊牛正气未充，脏腑娇弱，牛舍水草不洁时易染诸虫而生虫泻；滥用广谱抗生素，致使菌群失调，耐药菌株迅速繁殖，产生大量毒素或服泻药过量导致泄泻；某些传染性疾病、寄生虫病引发泄泻。

**【辨证施治】** 本病分为湿（实）热泄泻、寒湿泄泻、伤食泄泻、脾虚泄泻、虫泻、药物性泄泻、惊泄、奶泄、病毒性泄泻和大肠杆菌性泄泻。

（1）湿（实）热泄泻　患牛精神倦怠，食欲减退或废绝，微热或高热，喜饮，鼻镜干燥，有时起卧不安，回头看腹，泄泻次数增多，粪稀糊状带黏液或混有血液或带脓血或含肠黏膜、气味腥臭，尿少、色黄，口色红，舌苔黄腻，口气臭。

（2）寒湿泄泻　一般发病急，多见于冬季或潮湿阴雨时节。患牛粪稀呈糊状或水样，精神不振，体温正常或稍低，肠音亢进，尿短少，口色青白或淡或夹黄。

（3）伤食泄泻　患牛食欲不振，肚腹略胀，粪稀、呈糊状、灰白色、混有凝乳块或未消化的食物、气味酸臭，口色淡白，舌苔厚腻。

（4）脾虚泄泻　一般断奶期间多发。患牛精神沉郁，被毛粗乱，四肢无力，唇色淡白，腹部虚胀，食欲时好时坏，粪清稀，常黏于肛门周围及尾根，平时泻轻，清晨泻重，久泻不止，素体消瘦。

（5）虫泻　患牛粪稀、无臭味、色灰白，从粪中可查出虫体，形体消瘦，结膜苍白，毛焦背弓，严重者出现磨牙、痉挛等症状。

（6）药物性泄泻　患牛精神不振，食欲减退，泻粪稀稠交替出现、呈灰黄色，腹痛。

（7）惊泄　轻者，患牛泻黄绿色稀粪、夹杂奶瓣，每日数次，惊悸不安，被毛丛立，稀粪污尾，舌质正常，苔薄白，唇发青，脉弦数。重者，患牛泻黄绿色或草绿色水样稀粪、夹杂奶瓣，每日数十次以上，常见惊叫，被毛逆立，稀粪污尾，惊惕时作，伴有虚汗，舌质淡，苔薄白，脉弦数或代。

（8）奶泄（泻白粪）　患牛精神短少，食欲减退，回头顾腹，频繁排出灰白色呈石灰渣样、牛奶样或稀糊状、气味酸臭的粪，有时粪呈暗绿色，但排 1～2 次后为灰白色，尿短少、黄浊，口色微红，舌苔浅黄厚腻。后期，患牛精神萎靡，食欲废绝，但有强烈的饮欲，头低耳耷，呼吸喘促，鼻镜干燥，粪失禁，舌绵软、红燥，苔深黄有芒刺。

（9）病毒性泄泻　患牛发热，口渴，厌食，鼻流清涕，轻度咳嗽，泄泻，粪呈黄白色或灰褐色、水样、内含有未消化的凝乳块，有的混有血液或黏液。

（10）大肠杆菌性泄泻　患牛精神沉郁，食欲废绝，被毛零乱无光泽，迅速消瘦，低头耷耳，喜饮冷水，腹痛，回头顾腹，泄泻，轻者粪呈黏液痢，重者排出气味腥臭、带有黏液的胶胨状血便、呈棕色，体温高、持续不退，鼻镜干燥。

**【治则】** 湿（实）热泄泻宜清热解毒，渗湿固涩；寒湿泄泻宜温中散寒，燥湿利水；伤食泄泻宜行气宽中，消食导滞；脾虚泄泻宜健脾燥湿，利水止泻；虫泻宜驱虫，健脾胃；药物性泄泻宜解毒止泻；惊泻宜镇惊健脾，平肝温胆利湿；奶泻宜调消食健胃；病毒性泄泻宜健脾除湿，辟秽退热；大肠杆菌性泄泻宜清热解毒，健脾散寒，活血止痛，涩肠止泻。

**【方药】** ［1～8 适用于湿（实）热泄泻；9、10 适用于寒湿泄泻；11 适用于伤食泄泻；12～22 适用于脾虚泄泻；23、24 适用于虫泻；25 适用于实热泄泻、湿热泄泻、寒湿泄泻、脾虚泄泻和药物泄泻；26 适用于惊泻；27～30 适用于奶泻；31、32 适用于病毒性泄泻；33 适用于大肠杆菌性泄泻］

1. 三黄加白散加味。白头翁 30g，黄连、黄芩、黄柏、车前子、乌梅、诃子各 20g。1 剂/d，水煎取汁，候温，分 3 次灌服。

2. 葛根芩连汤加减。葛根 30g，黄连、黄芩各 10g，滑石、川黄柏各 15g，马齿苋、银花炭、麦冬、石斛、甘草各 20g，水煎取汁，候温灌服。

3. 白头翁 40g，黄连、土大黄、山楂、生姜各 30g，大蒜、瞿麦各 100g，木炭末（或草木灰）60g，加水适量，放入砂锅内，煎汤 1800mL，加入白矾粉 15g，红糖 250g。候温，母牛灌服 1000～1200mL，犊牛灌服 600～800mL，1 次/d，连服 1～3d。共治疗 56 例，治愈 51 例。

4. 乌梅散加减。乌梅、诃子各 20g，黄柏、郁金、焦地榆各 10g，金银花、藿香、泽泻、当归、白芍各 15g，姜黄、黄连、甘草各 6g。体虚者加党参、白术；口干舌燥者加天花粉、麦冬。水煎取汁，候温灌服。西药用 5% 葡萄糖注射液 500～1000mL，生理盐水 250～500mL，5% 碳酸氢钠注射液 50～100mL，10% 安钠咖注射液 5～10mL，盐酸环丙沙星 0.3～0.5g，混合，静脉注射；同时肌内注射三磷酸腺苷或能量合剂，以增强机体抵抗力。共治疗 16 例，治愈 14 例。

5. 藿香、寒水石各 10g，丁香 2g，知母 6g，陈皮、甘草各 5g。水煎灌服，候温灌服，1 剂/d。

6. 辣蓼草干品200～500g或鲜品400～1500g（用量视体牛大小而增减），水煎取汁，候温灌服，1次/d。共治疗923例，有效率达98%以上，一般12次即愈。（王俊夫等，T91，P44）

7. 仙人掌100g，去刺，捣烂如泥，加温水搅匀，灌服，1剂/d，连服3剂。共治疗23例，全部治愈。（刘敏，T85，P37）

8. 寒战高热、泄泻频数、脓血多者，药用白头翁汤加味。白头翁25g，黄柏、黄连、穿心莲、苦参各15g，秦皮、马齿苋、鱼腥草各20g。水煎2次，合并药液，候温，分2次灌服。

腹痛而泻、肛门重坠、泻时不畅、体强脉实者，药用木香槟榔丸减味。木香20g，槟榔、黄连各25g，青皮、陈皮、炒枳壳、大黄、黄柏、牵牛子、香附各15g。水煎取汁，候温灌服。

泻粪似水、舌苔厚腻、纳呆体困、湿热较重者，药用加味五苓散。猪苓、茯苓各20g，车前子25g，肉桂、黄连各10g，白术、泽泻、陈皮、焦山楂各15g。水煎取汁，候温灌服。

9. 胃苓汤加减。苍术、白术、炙甘草、煨姜各20g，厚朴、陈皮、肉桂各15g，猪苓、泽泻各10g，红枣15枚。水煎取汁，候温灌服。

10. 取干姜若干块，置于豆油火上燃烧，当干姜全燃（注意：燃烧不可过度，否则变为灰色姜灰，药用无效）后，取出置于器皿中加盖阿熄，即成姜炭（色纯黑，酥脆，稍带辣味）。30～80g/次，研为细末，温水冲调，灌服，2次/d。共治疗292例，最多的灌服3剂，少者1剂即愈。

11. 保和散加减。炒山楂、炒麦芽、神曲、莱菔子各30g，陈皮、连翘、茯苓、车前子、滑石各10g，木香、厚朴、枳壳各15g。水煎取汁，候温灌服。

12. 参苓白术散。党参、白术、茯苓、山药、炒扁豆、炙甘草、莲子肉、桔梗、薏苡仁、砂仁、陈皮。水煎取汁，候温灌服。轻者内服补液盐；重者取5%葡萄糖生理盐水、10%糖水、三磷酸腺苷、肌苷、庆大霉素、先锋霉素，混合，静脉注射；维生素$B_{12}$、维生素$B_1$，肌内注射。共治疗78例，治愈75例。（魏拣选等，ZJ2005，P517）

13. 黄芪60～90g，附子3～6g，白术30～60g，甘草12～15g。发热者加柴胡、黄芩；咳喘者加桔梗、五味子；泻甚者加乌梅、诃子。水煎取汁，候温灌服，1次/d。共治疗54例，治愈52例。（权金成等，T51，P13）

14. 自拟止泻散。炒白术、淮山药各60g，茯苓、陈皮、厚朴各50g，炒车前子40g，炒罂粟壳、五倍子、泽泻各30g，甘草20g，炒枣树皮150g。混合，共研细末，装瓶备用。50～100g/次，2次/d，开水冲调，候温灌服，一般1～3次可愈。重症且有脱水者，在灌服自拟止泻散的基础上，应配以足量的口服补液盐或配合输液疗法对症治疗；个别危重者应先用

西医疗法，然后再使用自拟止泻散治疗。共治疗89例，有效率达95.5%。

15. 赤石脂、诃子肉各等量，混合，共研细末，备用。3月龄以下50g/头，3月龄以上80g/头。开水冲调，候温灌服，2剂/d，1个疗程/3d。共治疗32例（其中8月龄犊牛19例），痊愈26例，有效5例。

16. 生姜50g，五月艾（鲜叶）100g，米酒50mL，大米290g。拌炒后加水煮粥喂服，1剂/d，连服10剂。共治疗母犊牛2例，痊愈。（林举真，T20，P42）

17. 自拟参连健化汤。党参、黄芩、焦三仙各30g，黄连、干姜、半夏各20g，扁豆、莱菔子各60g。水煎取汁，候温灌服，1剂/d。

18. 加味参附汤。党参、白扁豆、大枣各60g，制附片、黄芩、干姜、升麻、泽泻各30g，黄连、半夏各20g。水煎取汁，候温灌服，1剂/d。

19. 肉豆蔻、肉桂各5g，莲子肉、党参、白术各10g，茯苓、陈皮各6g。发烧者加藿香；腹胀、腹痛者加木香、砂仁；泻重者加五倍子、芡实；粪黏带血者加地榆、椿皮；食欲差者加草蔻、神曲。水煎取汁，候温灌服，1剂/d。共治疗20例，除2例因脱水严重配合补液外，其余均用中药治愈。

20. 四神丸加味。补骨脂、茯苓、炒诃子各30g，党参、白术各25g，五味子、煨肉豆蔻、大枣各20g，吴茱萸、生姜各10g。水煎2次，合并药液，候温，分早、晚2次灌服，连服2～3剂。对于脱水严重者，结合补液，或内服失水口服补液盐溶液（氯化钾1g，食盐5g，绿茶6g）加水500mL，让牛自饮。共治疗22例，治愈20例。

21. 炒玉米、炒扁豆、炒麦芽、炒砂仁、炒莲子肉各20g，神曲、茯苓、煨豆蔻、陈皮各15g，使君子10g。水煎取汁，候温灌服。本方药对完谷不化的慢性泄泻有良效。共治疗25例，均获满意疗效。

22. 肉桂、炮干姜、炮附子、厚朴各20g，党参、土白术、茯苓、吴茱萸、白扁豆、补骨脂、罂粟壳各30g（为6月龄牛的药量）。水煎取汁，候温灌服。本方药在应用抗生素无效的情况下使用多能奏效。共治疗124例，治愈108例。

23. 化虫丸加减。使君子、槟榔、鹤虱、芜荑、苦楝皮、枯矾、大黄各10g，党参、当归各15g，焦三仙各30g，水煎取汁，候温灌服。

24. 乌梅丸。乌梅、桂枝、黄连、党参各20g，附子（炮）、当归各15g，黄柏26g，细辛、干姜、川椒（炒去汗）各10g。水煎2次，合并药液，候温，早、晚各灌服1次。本方药适用于犊牛虫泻。共治疗69例，治愈65例，显效2例，死亡2例。

25. 知柏芩连汤。知母、黄柏各30～40g，黄芩20～25g，黄连、泽泻各15～20g，陈皮15～30g，焦山楂30～50g，神曲、车前子各20～30g，滑石20～40g，甘草20g。实热泄泻加郁金、白头翁、葛

根各 25g, 生地、葶苈子各 30g; 湿热泄泻加藿香、炒栀子、紫苏各 20g, 茵陈 30g; 寒湿泄泻加苍术、厚朴、白术各 20g, 砂仁 15g, 减知母、黄芩; 脾虚泄泻加党参 40g, 白术、百合各 30g, 茯苓、沙参、地榆、诃子各 25g, 减知母、黄芩; 药物泄泻加蒲公英、金银花各 30g, 元胡、茯苓、猪苓各 20g。水煎取汁, 候温, 分 2 次灌服, 1 剂/d。共治疗 152 例 (含其他家畜), 其中实热泄泻 28 例, 湿热泄泻 45 例, 寒湿泄泻 8 例, 奶积泄泻 43 例, 脾虚泄泻 25 例, 药物泄泻 5 例, 治愈率达 96%。

26. 加味益脾镇惊汤。钩藤 18g, 茯苓 19g, 党参、白术、泽泻、车前子、谷芽、焦山楂、白芍、牡蛎各 15g, 炮姜 10g, 朱砂 (冲)、甘草各 6g。惊悸甚者加龙齿; 呕吐者加丁香; 频出虚汗者加黄芪、防风; 久泻不愈者加陈皮、青皮; 乳谷不化、洞泻无度者加肉桂、诃子; 腹胀、舌苔黄腻或厚腻微黄者去炮姜, 加鸡内金、麦芽、连翘; 舌红少苔者去炮姜, 加石斛; 舌尖偏红者加竹叶。水煎取汁, 候温灌服。

27. 炒山楂 124g, 罂粟壳 16~64g, 水煎取汁, 候温灌服。1 剂/d, 连服 3 剂。首次或第 2 次用药后, 有时可见犊牛稍有肚胀现象, 再次用药时减罂粟壳量即可。对剧烈泄泻、脱水严重者应及时静脉注射葡萄糖生理盐水。共治疗 35 例, 均获痊愈。

28. 乌梅、诃子、姜黄、五味子各 15~30g, 黄芩、黄柏、栀子各 10~25g, 罂粟壳 3 个。加水煎汁 4~6 茶碗, 候温, 每 1~2h 灌服 1 茶碗; 每隔 2 次加服胃蛋白酶 10 片。共治疗 10 余例, 用药 1 次治愈 7 例, 收效满意。(杨大敏, T20, P63)

29. 焦山楂 80~120g, 焦玉片 20~30g, 罂粟壳 30~50g。水煎取汁, 候温灌服。共治疗 20 余例 (含其他幼畜), 均获痊愈。

30. 搜风顺气汤加减。蒸大黄、薏苡仁各 60g, 淮山药、火麻仁各 45g。津液耗伤严重者加党参 30g; 热重者重用大黄、火麻仁。水煎取汁, 候温灌服。共治疗 4 月龄以内泻白粪患牛 56 例, 均 1 剂治愈。

31. 苍术、柴胡、青木香各 8g, 茯苓、金银花、黄芩各 6g, 马鞭草、葛根、金樱子、槟榔各 5g, 甘草 10g (为 25kg 犊牛 1 次药量)。水煎取汁, 候温灌服, 1 剂/d, 连服 2~3 剂。为防止脱水, 用口服补液盐 (氯化钠 3.5g, 氯化钾 1.5g, 碳酸氢钠 2.5g, 葡萄糖 20g, 加温开水 1000mL) 任其自饮。用收敛止泻、抗菌药物对症治疗, 如磺胺脒、次苍、矽炭银、小苏打等。共治疗 263 例 (含仔猪、羔羊、幼犬), 治愈 225 例。

32. 葛根乌梅汤。葛根、乌梅、柴胡、姜半夏、车前子各 12g, 山药 20g, 马齿苋 15g, 防风、黄连、陈皮各 6g, 藿香、姜竹茹各 10g (均为 2 月龄犊牛药量, 根据病情和牛体大小酌情加减)。水煎 2 次, 合并药液, 候温灌服, 1 剂/d, 连服 2~4 剂。共治疗 60 例 (其中犊牛 15 例), 治愈 44 例。

33. 通灵散加减。苍术、茵陈、细辛、官桂、青皮、陈皮、小茴香、芍药 (药量根据牛体大小与病情增减)。粪带血者加黄芪、地榆、黄芩; 泻粪如水、黄绿色者加茯苓、白术、猪苓; 食欲减退者加木香、山楂、神曲。共研细末, 温开水冲调, 灌服, 连服 1~3 剂。

34. 加减郁金散。郁金、黄芩、黄连、黄柏、栀子各 40g, 白头翁、秦皮、连翘各 25g, 金银花 30g, 木香、车前子各 15g。水煎取汁, 候温, 分 3 次灌服; 取氟哌酸 (250mg/片) 15 片, 痢菌净粉 (0.4g, 20g/包) 1 包, 灌服, 2 次/d。严重脱水者, 取口服补液盐 (氯化钠 3.5g, 氯化钾 1.5g, 碳酸氢钠 2.5g, 葡萄糖 20g), 加水 1000mL 溶解, 1 次饮用, 3 次/d。共治疗 37 例, 治愈 34 例。

35. 九味汤。荆芥、防风、紫苏、连翘、金银花各 10g, 大黄、生甘草各 20g, 生姜、白术各 5g。风寒感冒、耳凉气冷、喷嚏者加麻黄、羌活、白芷各 10g, 去大黄、连翘、金银花, 甘草减量至 5g, 生姜加至 10g; 感冒流涕、咳嗽、打颤者加麻黄、杏仁、枳壳、桔梗、陈皮、半夏各 10g, 去连翘、金银花、大黄, 甘草减量至 5g, 紫苏加量至 15g; 口红、呼吸喘促, 有感冒、肺炎症状者加黄芩、知母、桔梗、元参、枳壳各 10g, 大黄减量至 10g; 胎粪干燥、不易排出者去白术、紫苏; 三伏天 (7、8 月份) 气温高时连翘、金银花加至 15~20g; 严冬 (12 月~翌年 2 月份) 时大黄、甘草减量各 10g; 身硬、惊厥、有抽搐症状者去金银花, 甘草减量至 10g, 加天麻、川芎、僵蚕、天南星、羌活、独活各 10g。煎煮 2 次, 10min/次, 第 1 次加水 700~800mL, 浸泡, 第 2 次加开水 600mL, 2 次滤液不少于 600mL, 在奶犊牛初生 12h 至 (吮初乳 3 次以上) 1 周内分 3~4 次灌服, 相隔 4h/次, 或加入乳汁中饮用 (本方适用于 40kg 患牛, 根据体重增减药量)。共治疗 11 例因喂奶失温失量等出现腹泻, 均治愈。

36. 止痢散。炒白芍 25g, 炒白术、防风各 20g, 苍术、乌梅、炒车前子 (包煎) 各 15g, 陈皮、吴茱萸、生车前子 (包煎) 各 10g, 山楂 30g。发热者加葛根 20g, 黄芩 10g; 呕吐者加半夏 10g; 泻痢无度而不发热者加罂粟壳适量 (均为 6 月龄、中等体格牛药量, 其他犊牛酌情增减)。水煎 2 次, 取上清液 200mL/次, 混合, 分早、晚灌服, 1 剂/d, 连服 3~5 剂。共治疗 45 例, 治愈 43 例。

37. 乌诃粟赤止泻散。乌梅、诃子各 30g, 肉豆蔻、罂粟壳、赤石脂、贯众、黄芩、苍术各 15g, 滑石 50g。伤食伤乳者加焦三仙; 热重者加栀子、金银花、柴胡, 重用黄芩; 脾胃虚弱者加山药、薏苡仁、莲子; 寒湿困脾者去滑石, 加炒白术、扁豆, 重用苍术; 外感风寒者加羌活、白芷。共研细末, 开水冲调, 候温灌服或水煎取汁, 候温灌服。一般服药 2 剂, 重症者连服 3~5 剂。共治疗 117 例, 治愈 108

例，治愈率 92.3%。

38. 双白散。金银花、白头翁 50g，板蓝根 20g，黄连、黄芩、陈皮、木香、枳壳各 15g，天花粉、甘草各 10g。消瘦者加黄芪 50g；粪呈稀水样、无潜血者加罂粟壳 20g 或五倍子 20g，去黄芩、黄连；粪有潜血者加五灵脂，重用金银花。共研细末，温开水冲调，分 2 次灌服。共治疗 63 例，治愈率达 95%。

39. 白头翁汤加减。白头翁 30g，黄连、黄柏各 25g，秦皮、陈皮各 20g。水煎取汁，候温灌服。或用益气止痢汤：黄芪 30g，白芍 25g，党参、白术、当归、柴胡、黄柏、陈皮、肉桂各 20g，木香 10g，甘草 15g。水煎取汁，候温灌服。取 5% 葡萄糖注射液（或葡萄糖生理盐水或 10% 葡萄糖注射液）1000～2000mL，5% 碳酸氢钠注射液 150～250mL，静脉注射。配合使用口服补液盐，以保持体液平衡；对失水者及早进行强心补液；暂停喂奶 12～24h；必要时取 0.01%～0.05% 高锰酸钾溶液 1000～1500mL，药用碳 10～25g，灌服，1 次/d。共治疗 112 例，除 7 例死亡外，其余全部治愈。

40. 马尾连、黄柏、黄芩、猪苓、泽泻、车前子、罂粟壳、茯苓、白芍、地榆、神曲、麦芽、山楂、石榴皮、党参、当归、黄芪、熟地、甘草各 10g。水煎取汁，候温，分 2～3 次灌服；呋喃西林 0.1～0.3g，金霉素 1～2g，磺胺脒 10～20g，灌服，3 次/d；庆大霉素 24 万单位，3 次/d，肌内注射；四环素 1g，灌服，3 次/d。根据脱水程度补液、解毒、强心等。共治疗 412 例，治愈 410 例。

**【护理】** 加强饲养管理，适当晒太阳，增加运动，确保饮水清洁卫生。

**【典型医案】** 1. 2005 年 4 月 28 日，阜康市城关镇板干梁村马某一头 8 日龄母犊牛来诊。检查：患牛泄泻，粪呈水样、恶臭、并混有黏液和气泡，精神沉郁，不吮乳，体温 40.8℃，心率加快，心跳 96 次/min，心音亢进，呼吸急促，卧地懒动，伸颈，头触于地面。诊为湿热泄泻。治疗：采取补液等对症治疗效果不佳，改用三黄加白散加味治疗，用法见方药 1。服药 1 剂，患牛精神好转，粪由稀水转稠糊状。继服药 2 剂，痊愈。（卢学忠等，ZJ2006，P185）

2. 一头 1 岁母水犊牛来诊。主诉：该牛开始泄泻时即呈水样喷射状、气味恶臭，夹有黏液，里急后重，曾服中药 1 剂、止痢片 20 片未见好转。检查：患牛体温 38.2℃，呼吸稍快，不食，瘤胃蠕动音弱，1 次/3min，口色红中带黄，舌根部微红，尿黄、少，饮水不多，泄泻时肛门外突，泻后久不回收。诊为湿热泄泻。治疗：葛根芩连汤加减，用法见方药 2，连服 3 剂，痊愈。（胡长清，T8，P45）

3. 2002 年 8 月 10 日，一头奶牛和一头 35 日龄犊牛来诊。检查：患牛不食，尿少，心跳 116 次/min，呼吸 36 次/min，体温 39.9℃，口色红，口津少，眼结膜潮红，排灰白色稀粥样粪且混有黏液、气味腥臭，

被毛逆立，头低耳聋，眼半闭，卧地头弯向腹侧。治疗：母、仔同用方药 3，用法同上。次日，患牛粪变稠，诸症均有好转，继服上药 2d 后，患牛痊愈。（程泽华，T124，P15）

4. 2004 年 6 月 14 日，桃花山经济开发区个体奶牛场一头 35 日龄黑白花母犊牛来诊。主诉：该牛已泄泻数日，曾用抗生素治疗无效。检查：患牛精神沉郁，磨牙，张口伸舌，哞叫，鼻镜干燥，口色淡黄，体温 41.5℃，心跳 110 次/min，呼吸 36 次/min，粪稀薄、气味腥臭难闻、带有血丝，肛门松弛，排粪时努责拱腰，尿赤黄，眼球极度下陷，全身发软。诊为湿热泄泻。治疗：乌梅、诃子各 20g，黄柏、郁金各 10g，焦地榆、金银花、藿香、泽泻、当归、白芍各 15g，黄连、姜黄、甘草各 6g，水煎取汁，候温灌服，1 剂/d，连服 3 剂。5% 葡萄糖注射液、生理盐水各 500mL，5% 碳酸氢钠注射液 100mL，10% 安钠咖注射液 10mL，盐酸环丙沙星 0.5g，混合，静脉注射，1 次/d，连用 3d；三磷酸腺苷二钠 500mg，1 次肌内注射，连用 3d。17 日，患牛粪已成形、无臭味，食欲增加，口腔黏腻，津少。上方中药加党参 15g，麦冬 10g，继服 1 剂。20d 后追访，痊愈。（陈文新等，T135，P49）

5. 乌鲁木齐县二道湾村马某一头 4 月龄阿洛托夫犊牛，因泄泻、慢草、起卧无常来诊。检查：患牛精神倦怠，体热无汗，腹胀拒按，下痢稀薄、秽臭，尿短赤，苔黄腻，口赤舌红，起卧无常。诊为脾胃实热泄泻。治疗：取方药 5 加莲子肉 10g，用法同上，连服 3 剂，痊愈。（陈慎言，T54，P28）

6. 1991 年 9 月 2 日，周至县畜牧场 617 号 6 月龄奶犊牛来诊。检查：患牛精神沉郁，食欲极差，寒战，喜饮，泻下频数，里急后重，粪中脓血多、气味腥臭；体温 42℃，口色鲜红，口热而黏，脉洪数。治疗：白头翁汤加味，用法见方药 8，连服 3 剂，痊愈。

7. 1990 年 8 月 19 日，周至县畜牧场 523 号 7 月龄奶犊牛，因泻痢 3d 来诊。检查：患牛膘情上乘，瘤胃蠕动音消失，反刍停止，回头顾腹，频频作排粪状但泻粪很少，欲排不能，欲罢不忍，尾上翘欲蹲（下坠之征）；体温 41.5℃，脉实。治疗：木香槟榔丸减味，用法见方药 8，1 剂/d，连服 2 剂，痊愈。

8. 1991 年 9 月 13 日，周至县畜牧场 638 号 6 月龄奶犊牛来诊。主诉：该牛已泄泻 3d，经西医治疗并输液，虽有好转但效果不理想。检查：患牛喜卧，泻粪似水、含未消化之草料、黏液及血丝等；体温 41℃，口腔温热、滑利、黏液较多，舌苔黄厚而腻。治疗：在输液并对症治疗的情况下，取加味五苓散，用法见方药 8，连服 3 剂，痊愈。（王青海，T69，P26）

9. 一头 6 月龄母犊牛，因泄泻 2 周来诊。检查：患牛精神不振，粪稀薄、呈灰白色，鼻汗不成珠，耳

根、角根均冰冷，口青白、多津，肠鸣如雷，体温38.4℃。诊为寒泻。治疗：胃苓汤加减，用法见方药9，连服3剂，痊愈。（胡长清，T8，P45）

10. 肇东市展望村宋某一头30日龄犊牛来诊。主诉：因给该牛喂饮冷奶，引起泄泻，用其他药物治疗无效。治疗：姜炭30g，制法、用法见方药10，1次治愈。（曹文斌，T47，P37）

11. 一头4月龄黄犊牛，泄泻已3d，用氯霉素和止泻剂治疗无效来诊。检查：患牛精神不振，呆立，体温、心率、呼吸无异常，腹部胀满，时而回头顾腹，泻粪如粥状、气味酸臭、内含有未消化乳块。诊为伤食泻。治疗：保和散加减，用法见方药11，连服3剂，痊愈。

12. 一头4月龄母水犊牛，因泄泻1个多月来诊。检查：患牛体温37.5℃；消瘦，精神不振，被毛竖立，肠音亢进，粪稀薄、夹杂未消化乳块，口腔湿润，舌淡白，脉弱。诊为脾虚泄泻。治疗：党参、茯苓、炙甘草、陈皮、焦三仙各20g，白扁豆、山药、桔梗、薏米、砂仁各15g，白术10g。水煎取汁，候温灌服，连服8剂，痊愈。（胡长清，T8，P45）

13. 1989年8月27日，鹿邑县邱集乡谢楼村谢某一头30日龄公犊黄牛来诊。主诉：该牛因误饮污水而引起消化不良，泄泻不止，久治不愈。检查：患牛精神沉郁，被毛粗乱无光，口色青白，泄泻，粪稀混有黏液，多次使用抗生素、磺胺药物治疗无效。治疗：自拟止泻散100g，用法见方药14。次日，患牛病情好转，泄泻次数明显减少，继服上方药1次，痊愈，再未复发。（王怀友等，T128，P28）

14. 1999年6月28日，湟中县拦隆口乡拉科村王某一头8月龄犊牛来诊。主诉：该牛粪时稀时干已半个月，3～4次/d，曾用抗生素治疗无效。检查：患牛消瘦，精神萎靡不振，体温38℃。治疗：赤石脂、诃子肉各等量，混合，共研细末，80g，兑开水约200mL，候温灌服，2剂/d，连服2d。第3天，患牛粪成形，排粪1次/d。1周后追访，痊愈。（胡生文，T108，P23）

15. 南阳县汉冢乡胡某一头4月龄母犊黄牛来诊。主诉：该牛反复泄泻已20多天，灌药、打针10余次不愈。检查：患牛神倦毛枯，形体消瘦，食欲不振，口色淡白，脉沉细，体温39.5℃，呼吸32次/min，心跳112次/min，粪稀如水或稀溏、夹杂黏液。诊为脾虚久泻，湿蕴热伏，脾病及胃。治疗：自拟参连健化汤，用法见方药17，1剂/d，连服3剂，痊愈。

16. 南阳县汉冢乡毕某一头6月龄母犊黄牛来诊。主诉：该牛泄泻已3个月，时轻时重，饮食减少，治疗20多次未愈，近2d不食不反刍，卧多立少。检查：患牛排粪失禁，粪溏稀、呈灰白色、混杂白色粉条状黏液，腹胀如鼓；体温40.2℃，呼吸29次/min，心跳103次/min。治疗：加味参附汤，用法见方药18，1剂/d，连服3剂，痊愈。3月后走访，未再复发。（刘永祥，T16，P40）

17. 乌鲁木齐县大湾乡村单某一头3月龄黑白花犊牛来诊。主诉：该牛泄泻已半个多月，自灌痢特灵3次，停药后又复发。检查：患牛精神不振，毛焦肷吊，鼻寒肢冷，口色青白，脉沉弱，泻如水注，完谷不化。诊为实热泄泻。治疗：取方药5加五倍子8g，甘草3g。用法同上，连服3剂。患牛精神转佳，粪呈糊状。原方药去五倍子加神曲，用法同前，1剂，痊愈。（陈慎言，T54，P28）

18. 1996年4月20日，沈丘县刘庄店镇孙营村孙某一头3月龄犊牛来诊。主诉：该牛已泄泻5d，经他医治疗无效。检查：患牛食欲减少，反刍停止，精神沉郁，体温37℃，排灰绿色稀薄粪、夹杂有少量白色胶陈状黏条，鼻镜干燥，卧地，不愿站立，体瘦毛焦，鼻凉。诊为脾虚泄泻。治疗：四神丸加味，用法见方药20，1剂/d，连服2剂，痊愈。（卢天运等，T97，P31）

19. 1987年5月4日，呼玛县邮电局退休职工王某一头近3月龄黑白花奶犊牛来诊。主诉：该牛泄泻已1个多月，服用土霉素、金霉素、食母生等药，泄泻仍不止，近日因精神、食欲不振，消瘦，喜卧。检查：患牛精神沉郁，卧地不起，强迫运动四肢无力，肢体不温，皮肤弹性减低，体温38.8℃，脉细数，肛门周围有少量粪污染，粪稀带水、无臭味、混有未消化料渣，口色淡白。诊为慢性迁延性泄泻。治疗：取方药21，用法同上，连服2剂。第5天追访，患牛精神转好，粪恢复正常。（尚国义，T49，P18）

20. 2002年1月20日，上蔡县崇礼乡坡朱村朱某一头6月龄公犊牛，因泄泻来诊。主诉：患牛已泄泻20多天，经他医用抗菌消炎、止泻、驱虫等药物治疗无效。检查：患牛体温37.6℃，耳鼻俱凉，尾巴和后肢被粪尿污染，骨瘦如柴。诊为脾虚泄泻。治疗：取方药22加白芍30g，用法同上。服药1剂，患牛泄泻次数减少，继服药3剂，痊愈。（贾保生等，T117，P23）

21. 一头7月龄母犊牛，因泄泻来诊。检查：患牛体温、呼吸、心率未见异常，消瘦、骨骼显露，被毛粗乱，食欲正常，口色淡白，结膜苍白，粪稀薄，四肢无力，行走不稳。取党参、茯苓各25g，蚕砂、火炭母各30g，砂仁、乌药各15g，水煎取汁，候温灌服。服药3剂，患牛食欲转好，其他同前，镜检粪发现大量蛔虫卵，诊为虫泻。治疗：化虫丸加减，用法见方药23。服药2剂，患牛泄泻停止、食欲增加。（胡长清，T8，P45）

22. 1990年10月下旬，周至县畜牧场541号、558号、564号、568号、574号5头1～3月龄奶犊牛就诊。检查：患牛先后下痢、呈赤白色、黏液较多，里急后重，腹痛、下坠明显。用西药治疗4d无效。经县畜牧兽医服务中心化验，诊为球虫泄泻。治疗：乌梅丸，用法见方药 24，连服 3 剂。对病重者同时补液、对症治疗。经 3～5d 治疗，除 568 号病犊牛因发病早、延误治疗死亡外，其余 4 头均痊愈。（王青海，T69，P26）

23. 1998 年 10 月 8 日，周口市郊周庄周某 2 头犊牛，因泄泻来诊。主诉：一犊牛已病 5d，曾用抗生素治疗，仍泄泻不止。检查：患牛体热，食欲不振，泻粪稀稠交替出现、呈灰黄色，时有疝痛表现，此乃因滥用抗生素，致使耐药微生物大量繁殖，肠内腐败发酵加剧所致。诊为药物泄泻。治疗：知柏芩连汤（见方药 25）加蒲公英、金银花各 30g，元胡、茯苓、猪苓各 20g。水煎取汁，候温，两犊牛分别灌服，1 剂/d，连服 3 剂，痊愈。

24. 2000 年 9 月 16 日，西华县刘营村刘某一头 1 月龄红色公牛就诊。主诉：该牛昨日不食，行走如醉，渴饮冷水，泄泻。检查：患牛体温 41.2℃，呼吸喘粗，鼻镜干燥，心音亢进，泻黏黄色带血稀粪。诊为实热型泄泻。治疗：知柏芩连汤（见方药 25）加郁金、白头翁、葛根各 25g，生地、葶苈子各 30g。水煎取汁，分 2 次灌服，1 剂/d，连服 3 剂，痊愈。

25. 2001 年 8 月 23 日，西华县刘营村姚某一对双胎犊牛就诊。主诉：两犊牛精神均不好，吃奶少，泻黄白色稀粪。检查：患牛呼吸浅表，心音加快，肚腹虚胀，口津黏，口色红，鼻汗时有时无，耳、鼻、表皮时热时凉，泻粪气味腥臭、带有脓液。诊为湿热型泄泻。治疗：知柏芩连汤（见方药 25）加藿香、炒栀子、紫苏各 20g，茵陈 30g。水煎取汁，候温灌服，1 剂/d，连服 2d，痊愈。

26. 1978 年 12 月中旬，周口市郊张楼村张某一头 2 月龄犊牛就诊。主诉：该牛拉稀已 20 多天，数处医治疗效甚微。检查：患牛精神委顿，毛焦体瘦，口淡舌软，心音弱缓，肚腹虚胀，粪稀、带有泡沫、黏液，有时带有暗红色血液。诊为脾虚泄泻。治疗：知柏芩连汤（见方药 25）减知母、黄芩，加党参 40g，白术、百合各 30g，茯苓、沙参、地榆、诃子各 25g。水煎取汁，候温灌服，1 剂/d，连服 5 剂，痊愈。（王森，T114，P25）

27. 1980 年 3 月 20 日，齐河县晏城公社北孙大队葛某一头 35 日龄公犊牛来诊。主诉：该牛于 3d 前随母牛下地，曾遭打受惊，随后排黄绿色稀粪、混杂有奶瓣，每日泻数次，灌服大力克（磺胺嘧啶合剂）、肌内注射氯霉素等均无效。检查：患牛体温正常，易惊，被毛丛立，稀粪污染尾部，舌质正常，苔薄白，脉弦数。诊为惊泻。治疗：加味益脾镇惊汤，用法见方药 26，连服 3 剂，痊愈。（朱守弘，T12，P42）

28. 1982 年 3 月 2 日，洪山区慈悲公社高流大队桑某一头 2.5 月龄黄色公犊牛来诊。主诉：该牛泻灰白色面糊状稀粪已 20d，在本地治疗无效。治疗：炒山楂 124g，罂粟壳分别用量 64g、32g 和 16g。用法见方药 27，连服 3 剂。5 日，患牛恢复正常，痊愈。

（马清海等，T1，P44）

29. 1989 年 9 月 16 日，眉县小法仪乡讲渠 1 组马某一头公犊牛，因泻灰白色稀糊状粪来诊。治疗：焦山楂 90g，焦玉片 20g，罂粟壳 25g。水煎取汁，候温灌服。翌日，患牛粪转稠变黄色。继服药 1 剂，痊愈。（马文彬，T54，P41）

30. 1985 年 8 月 5 日，一头 4 月龄黄色母犊牛，因泻白粪来诊。主诉：该牛已患病 11d，曾肌内注射青霉素、链霉素和黄连素，灌服中药多次无效。检查：患牛卧地不起，头低耳耷，毛焦眼闭，极度消瘦，强行站起走两步即卧地，排灰白色、呈石灰渣样、牛奶样或稀糊状，气味腥臭的粪，病至后期病情重危。治疗：取方药 30 加党参 30g，用法同上，1 剂即愈。（赵负，T21，P33）

31. 2005 年 1 月 10 日，南召县崔庄乡鱼池村贺某一头 3 月龄犊牛来诊。主诉：2d 前因天气转冷，饲喂不当，该牛出现泄泻，曾用药物治疗效果不佳。检查：患牛精神委顿，回头顾腹，食欲减退，排黄白色水样粪、带有黏液、混有少量未消化的凝乳块。诊为轮状病毒性泄泻。治疗：磺胺脒、次苍各 10g，矽炭银 25g，三甲氧苄氨嘧啶 1g，小苏打 10g，加水适量，1 次灌服；口服补液盐任其自饮；中药取苍术、柴胡、青木香、甘草各 20g，茯苓、金银花、黄芩各 15g，葛根、金樱子各 12g，马鞭草、槟榔各 10g。水煎取汁，候温灌服，1 剂/d。连服 2 剂，患牛症状减轻，继服药 1 剂，第 5 天痊愈。（魏小霜，T141，P50）

32. 2000 年 8 月 23 日，河南省农业学校奶牛场一头 45 日龄母犊牛来诊。主诉：该牛已泄泻 3d，6～10 次/d，西药治疗效果欠佳。检查：患牛倦怠，毛焦无华，粪呈水样，贪饮，不食，苔白厚腻，脉数而濡。诊为病毒性泄泻。治疗：葛根乌梅汤，用法见方药 32。取 5% 葡萄糖生理盐水 1000mL、维生素 C 注射液 20mL，静脉注射。第 2 天，患牛病情好转，泄泻 3～5 次/d，继用上方药 1 次，痊愈。（何志生等，T118，P25）

33. 2007 年 5 月 8 日，定西市安定区葛家岔牛某一头 26 日龄犊牛来诊。检查：患牛体温 38.8℃，心跳 76 次/min，呼吸 30 次/min，精神不振，形体消瘦，被毛粗乱，拱背畏寒，多卧少立，泻粪如水、呈黄绿色，舌苔薄白。诊为腹泻。治疗：通灵散加减。苍术、茵陈各 23g，细辛 7g，官桂 10g，青皮 17g，陈皮 15g，小茴香 12g，芍药 20g，茯苓 18g，白术 14g，猪苓 13g。共研细末，温开水冲调，加磺胺脒 15g，灌服，连服 4 剂，痊愈。

34. 2009 年 4 月 13 日下午，定西市安定区李家堡杨某一头 30 日龄黄牛来诊。主诉：该牛已腹泻 1d，曾用痢菌净、庆大霉素等药物治疗不见好转。检查：患牛精神较好，食欲不振，反刍减少，体温升高。诊为腹泻。治疗：通灵散加减。苍术、茵陈各

23g、细辛7g、官桂10g、青皮17g、陈皮15g、小茴香12g、芍药、木香各20g、山楂、神曲各15g。共研细末，温开水冲调，加磺胺脒15g，灌服，连服3剂，痊愈。（李晓燕，T157，P58）

35. 2006年3月15日，广河县官坊乡河滩村3社马某一头15日龄犊牛，因腹泻3d，用磺胺嘧啶、土霉素等西药治疗无效来诊。检查：患牛精神不振，毛焦肷吊，眼窝下陷，皮温高，后驱被稀粪污染，粪稀、呈褐色、气味恶臭，食欲废绝，喜饮水。诊为腹泻。治疗：取方药34中药、西药，用法同上。次日，患牛症状显著减轻，腹泻次数大为减少，脱水改善，第3天用氟哌酸治疗以巩固疗效。第4天完全康复。（马如海，T146，P56）

36. 2008年，陇县奶牛园区某牛场奶牛共产母犊牛67头，第1季度对2月龄以内犊牛在每次喂奶时加入助消化的西药，不加西药便出现不同程度的腹泻和消化不良等。从4月份起，对有腹泻症状4例犊牛用九味汤，去大黄、连翘、金银花，甘草减量至5g，加苍术、藿香、山药、诃子、茯苓、干姜各10g，白术加至10g。用法同方药35，1剂见效，2剂痊愈；对17头2月龄犊牛各服1剂九味汤，分2～4次加入奶中饮服，1月内没有1头发病。2008年4月至2010年9月底，对117头奶犊牛在出生后的3d内均灌服九味汤1剂，收到满意效果。（王德玉等，T168，P65）

37. 2006年11月17日，天祝县赛什斯镇克岔村郭某一头7月龄黑白花犊牛来诊。主诉：近日来，该牛采食少，腹泻严重，粪稀、气味恶臭，经他医治疗后稍有好转，但仍腹泻不止。检查：患牛体温39.7℃，毛焦肷吊，严重脱水，肛门及尾根被粪严重污染，粪带有黏性物。诊为腹泻。治疗：止痢散加葛根10g，诃子25g，罂粟壳适量。用法同方药36，连服3剂。取5％葡萄糖生理盐水500mL，维生素C注射液10mL，辅酶A、乳酸环丙沙星注射液各20mL，混合，静脉注射，连用2d。每天饮水加口服补液盐。3d后追访，患牛排粪正常，食欲逐渐恢复，嘱其灌服乳酸菌素片2～3d。（王福财，T161，P75）

38. 2002年6月3日，隆德县城关镇张士村王某一头5月龄公犊牛来诊。主诉：该牛腹泻已3d，不食，粪呈灰色稀糊状，2d后粪呈黑色水样、带有血丝。用庆大霉素治疗无效。检查：患牛体温40.2℃，心跳108次/min，呼吸70次/min，精神沉郁，结膜潮红，鼻镜干燥，口干色红，肠音微弱，时有努责。诊为湿热泄泻。治疗：乌梅、滑石、诃子各30g，罂粟壳、赤石脂、苍术、黄芩、黄连、栀子、金银花、贯众、地榆、槐花各15g。用法同方药37，2次/d，连服2剂治愈。

39. 2004年4月28日，隆德县联财镇联合村苏某一头3月龄母犊牛来诊。主诉：该牛腹泻已2d，不食，粪呈灰白色糊状。检查：患牛体温37.5℃，心跳70次/min，呼吸40次/min，精神较好，鼻镜湿润但不成珠，腹胀，口色稍红，舌苔厚腻。诊为伤乳泄泻。治疗：乌梅、诃子各30g，罂粟壳、赤石脂、苍术各15g，滑石、焦三仙、贯众、山药、薏苡仁各15g，枳壳20g，用法同方药37，2次/d，1剂治愈。（王福权，T149，P58）

40. 2008年6月15日，蛟河市白石山镇友好村1社张某一头2月龄犊牛来诊。主诉：近2d来，该牛吮乳减少，粪呈灰白色，驱赶反应迟钝。检查：患牛肛门周围黏满污粪，体温正常，心率减弱，肠音高亢。诊为腹泻。治疗：白头翁60g，黄芩20g，陈皮、木香、枳壳、甘草各15g。用法同方药38，1剂/d，连服3剂，痊愈。（刘美玲等，T157，P63）

41. 2007年10月，天水市某牛场的11头10～30日龄犊牛发病。检查：患牛腹泻，粪呈灰色或白色、混有黏液和乳凝块，精神沉郁，体温升高。诊为腹泻。治疗：每天每头牛用5％葡萄糖生理盐水1000mL，5％碳酸氢钠注射液150mL，静脉注射；硫酸链霉素1g，肌内注射，早、晚各1次。粪黄色或带血者用白头翁汤加味，用法同方药39。粪白色者用益气止痢汤，用法同方药39。经用上法治疗后，除1头死亡外，其余10头5d后全部痊愈。（马小平等，T168，P67）

42. 2003年1月5日，菏泽市牡丹区东城某奶牛养殖区一头犊牛，于出生20h发病来诊。检查：患牛体温39.9℃，心跳120次/min，粪呈绿色、气味恶臭，精神不振，腹痛，鼻镜干燥，口腔黏膜潮红，口腔干，头低耳聋，喜卧，眼窝深陷，脱水，四肢及全身发凉。诊为传染性腹泻。治疗：取方药40，用法同上，2次/d，连服4d，痊愈。（张军等，T143，P49）

## 痢疾

痢疾是指犊牛因外受湿热、疫毒之气，内伤饮食冰冷，损伤脾胃及脏腑，出现以腹痛泄泻、里急后重、粪带脓血，伴有全身中毒等症状的一种病症。一年四季均可发生，但以夏、秋季发病率高。多见于3月龄以内的犊牛。一般病情发展较快，呈持续下痢易脱水，死亡率较高。

### 一、痢疾

【病因】　犊牛误饮污水，舔舐不洁食物或堆积发热甚至霉变的草料，或草料不洁，以致湿热疫毒内蕴，侵害脾胃，导致运化失司，湿热郁蒸，阻滞气血，伤及肠道血络，泌别清浊和传导失常，化为脓血而成泻痢。惊吓、受凉等均是发病的诱因。

【主证】　病初，患牛精神沉郁，低头弓背，行动迟缓，食欲不佳，排粪作急，大多数患牛粪无明显变化。中期，患牛食欲大减或废绝，反刍减少或停止，瘤胃蠕动音减弱或消失，有轻度臌气，腹痛呻吟，回头频频顾腹或置头于腹侧，体温 40.5～42℃，口热涎少而黏，口舌赤红，鼻镜干燥，腹蜷缩懒动，粪稀、量少或干燥、附有丝状红白黏膜或血液、气味腥臭，频频努责，里急后重，喜饮水，尿短赤，脉洪数。后期，患牛食欲废绝，反刍停止，鼻镜龟裂，呼吸困难，牙关紧闭，磨牙，眼窝下陷，结膜呈紫色，体表、耳尖及四肢发凉，口鼻气冷，口色白，脉沉无力。

【治则】　清热解毒，燥湿利水。

【方药】　1. 白头翁汤合葛根芩连汤。白头翁、黄连各 20g，葛根、金银花各 40g，厚朴 30g，黄柏、天花粉、焦三仙各 25g，栀子、陈皮、木香、麦冬各 15g。水煎取汁，候温，分 2 次灌服。并配合补液、强心、抗菌、解热。共治疗 6 例，全部治愈。

2. 脓血杂下、腹痛、里急后重者，药用芍药汤：芍药、当归、黄连各 20g，黄芩、玉片、大黄、木香各 15g，肉桂 12g，甘草 10g。服药后症状不缓解者，酌情加重大黄用量；尿不利者加滑石、泽泻；虚弱者当归、芍药用量加倍；邪实者大黄用量加倍；红痢者重用川芎、桃仁；里急后重甚者去肉桂、甘草，加枳壳。水煎取汁，候温灌服。

3. 黄芪健中汤加减。黄芪、滑石（冲）、甘草各 30g，黄连、干姜各 12g，饴糖（冲）50g，大枣 5 枚。水煎 2 次，合并药液，分早、晚 2 次灌服。同时，取胃蛋白酶 15g，维生素 B$_1$ 200mg，诺氟沙星 10 片，混合，灌服，2 次/d；黄连素 10mL，肌内注射，2 次/d。后期可配合强心输液，效果更佳（以上均为 6 月龄用药量）。

4. 加味生化汤。当归 100g，川芎、红花、桃仁、黄连、黄柏、甘草各 40g，炮干姜 20g，大黄 50g。水煎取汁，候温，给母牛灌服，犊牛通过吸乳而病愈。

5. 蒜矾合剂。蒜泥 100g，白矾 5g。温水冲调，灌服。共治疗 53 例，均治愈。

6. 炒食盐 80g，明矾 10g（碾末），浓茶水 500mL，混合，候温灌服，1 剂/d。共治疗 47 例，全部治愈。

7. 选取树龄较长的柞树（又名橡子树、青冈柳，落叶乔木，为山毛榉科蒙古栎）取其厚皮及附着的薄皮，新鲜或陈旧者皆可，切成小块。树皮 1 份，加常水 10 份，煎沸数次（药液呈红褐色、味涩稍苦）。趁药液在约 30℃时，用毛刷蘸取药液，逆毛洗刷患牛四肢（不口服）。前肢由蹄洗到腕关节处，后肢由蹄洗到跗关节处。10～20min/次，洗刷 2～3 次/d 或 5 次/d，一般治疗 2～3d 即愈。根据病情轻重，每天可反复多次洗刷，且无任何副作用。共治疗 20～60 日龄犊牛下痢 46 例，全部治愈。

8. 新鲜萹蓄草全草 1000g，用清水洗净。水煎取汁，候温灌服，1 剂/d。对顽固性下痢者酌加白醋。

9. 乌梅散加味。乌梅、诃子各 10～30g，黄连 10～15g，姜黄、干柿蒂、神曲各 20g，郁金 10～20g，焦山楂、麦芽各 30g。粪带血者加棕榈炭 20～30g，侧柏炭 20g；持续下痢者重用诃子、乌梅；泄泻严重者加车前子、茯苓各 20g。共研细末，开水冲调，候温灌服，1 次/d，连服 2～3 次。脱水严重者强心补液；自体中毒严重者静脉注射 5% 碳酸氢钠注射液 300mL。共治疗 108 例，治愈 104 例。

10. 加味桃花汤。赤石脂、粳米、禹余粮各 40g，诃子、白术各 20g，干姜 10g。水煎取汁，候温灌服，1 剂/d。本方药对虚寒性下痢有效，热痢初起切勿用。

11. 熟地、茯苓、泽泻、山药、知母、白头翁、当归各 20g，山萸肉、黄柏、生地、黄芪各 30g，黄芩 60g，丹皮、金银花、杜仲各 15g，甘草 10g。水煎取汁，候温，分 2 次灌服，1 剂/d。

【典型医案】　1. 1986 年 9 月 6 日，平玉县许某一头 2 月龄母犊黄牛来诊。主诉：该牛因泻痢曾在当地用矽炭银、氯霉素等治疗 2d，病情加重，不食、不反刍。检查：患牛体温 39.8℃，呼吸 40 次/min，心跳 100 次/min，结膜潮红，口津黏少，鼻镜干燥，肠音和瘤胃蠕动弱，心音高亢，粪稀臭、呈黄白色。治疗：白头翁汤合葛根芩连汤，用法见方药 1。取庆大霉素 40 万单位；5% 葡萄糖生理盐水 500mL，静脉注射。第 2 天，患牛病情好转，鼻镜有微汗，口色淡黄，口津恢复正常，发热减轻，惟湿未除。上方药去白头翁、黄柏、栀子、天花粉、麦冬，加滑石 25g，泽泻 15g，用法同上；氯霉素 40 万单位，肌内注射。第 3 天，继服中药 1 剂。第 4 天，患牛体温、食欲、反刍均恢复正常。（马自佳等，T31，P47）

2. 1989 年 7 月 23 日，周至县畜牧场 412 号 5 月龄奶犊牛就诊。检查：患牛膘情较差，精神沉郁，食欲不振，瘤胃蠕动无力，头低背弓，回头顾腹，腹部蜷缩，里急后重，下痢脓血、红白相间；鼻镜干燥，体温 40.5℃，口色赤，口热而津黏，脉洪数。诊为痢疾。治疗：芍药汤，用法见方药 2，1 剂/d，连服 2 剂，痊愈。（王青海，T69，P26）

3. 2002 年 4 月 12 日，西吉县兴隆镇王河村摆某一头 5 月龄犊牛就诊。主诉：10 日早因母牛耕地，至中午犊牛吮乳后，下午吮乳减少，喜卧，不愿走动，第 2 天开始下痢。检查：患牛精神不振，体温 38.2℃，四肢末梢凉，泻粪如水、呈喷射状。诊为消化不良引起的痢疾。治疗：黄芪健中汤加减，用法见方药 3，连服 2 剂，1 剂/d，痊愈。（童志清，T124，P25）

4. 1988 年 9 月 2 日，新野县前高庙乡龙潭村王某一头未满月龄犊牛，因下痢来诊。检查：患牛精神沉郁，粪稀、赤白夹杂、气味恶臭，结膜发绀，心跳 105 次/min，体温 39.8℃，食欲减退。诊为痢疾。治疗：灌服肠道消炎药和健胃药 2 次，白头翁汤 1 剂。

用药后，患牛症状消失，但几天后又复发。经问诊，母牛分娩后胎衣不下，治疗仍有残留，食欲虽正常，但有时腹痛，恶露不尽。治疗：加味生化汤（见方药4），水煎取汁，候温，给母牛灌服，犊牛乃愈。（李红章等，T50，P47）

5. 1987年4月27日，汝阳县小店乡龙泉村孙某一头母犊牛来诊。检查：患牛精神沉郁，体弱，泻粪如注、呈灰黄色、夹杂黏液和血液、气味恶臭，口津黏滑，口色红，苔微黄。治疗：大蒜泥100g，白矾5g，加60℃温水适量，候温灌服，连服2次，痊愈。（郭进兴，T29，P35）

6. 1994年10月29日，虎林县西岗酒厂职工李某一头54日龄母犊牛，因患痢疾来诊。检查：患牛精神沉郁，体弱，粪呈灰黄色、恶臭、夹杂黏液和血液，口津黏滑，口色红，苔微黄。治疗：取方药6，用法同上，1剂/d，连服2剂，痊愈。（李斌等，T87，P42）

7. 1982年7月12日，磐石县镇郊公社张某一头26日龄、患病已3d公犊牛来诊。检查：患牛心率增数，衰弱无力，体温38.9℃，排淡黄色粥样稀粪，能吮乳。治疗：用柞树药液（见方药7）刷洗4次即愈。（李钟英等，T8，P49）

8. 2003年6月26日，莱西市孙受镇南庄村一头刚出生6d犊牛，因患痢疾来诊。检查：患牛瘦弱，被毛粗乱，体温38.5℃，心率快而弱，肛门括约肌松弛，他医用呋喃类药物治疗未效。治疗：取方药8，用法同上，连服4剂，3d后痊愈。（孙洪强，T124，P39）

9. 1998年6月8日，九台市九郊乡小河沿村5社刘某一头2月龄改良犊牛来诊。主诉：该牛泄泻已4～5d，曾灌服磺胺脒、肌内注射痢菌净等未见好转，昨日开始粪中带血。检查：患牛精神沉郁，皮肤弹性降低，眼结膜黄染，频排稀糊状恶臭稀粪、带有暗红色血液。诊为痢疾。治疗：乌梅、诃子、焦山楂、麦芽、神曲、棕榈炭各30g，姜黄、干柿蒂、郁金、侧柏叶炭各20g，黄连15g。共研细末，开水冲调，候温灌服。生理盐水500mL，维生素C注射液20mL，混合，静脉注射。第2天，患牛排粪次数显著减少、已不带血。按上法再用药1次，痊愈。（李春生等，T118，P33）

10. 1989年10月2日，周至县畜牧场400号7月龄奶犊牛来诊。主诉：该牛已泄泻4d，经西医治疗效果不佳。检查：患牛体弱消瘦，眼眶下陷，精神极差，食欲废绝，懒动，口腔湿寒滑利，流涎，体温39.5℃，泻痢似水、频数。诊为虚寒泻痢。治疗：加味桃花汤（见方药10），水煎2次，合并药液，候温，早、晚各服1次。同时，取5%葡萄糖生理盐水、10%葡萄糖注射液各1000mL，维生素C注射液、维生素B₁注射液各20mL，10%安钠咖注射液10mL，静脉注射；氯霉素30mL，肌内注射；自饮

补液盐。翌日复诊，患牛精神好转，已有食欲，继服上方药3剂，痊愈。（王青海，T69，P26）

## 二、急性细菌性痢疾

【主证】 患牛突然发病，体温40.5～41.5℃、持续不退，精神萎靡，不吮乳，不吃草，喜饮冷水，回头顾腹，轻者排黏液性痢，重者排脓血痢混有黏液痢、味腥不臭，骚动不安，时而拱背努责，呻吟，泻后疼痛减轻，两后肢和尾部黏满黑污色粪，肛门红肿，尿少、色黄，眼结膜弥漫性充血，舌色暗红，苔黄厚，口干舌燥、少津液，脉数。

【治则】 清热解毒，凉血止痢，活血化瘀。

【方药】 菌痢速克散。白头翁、黄芩、黄连各18g，连翘、金银花各30g，甘草15g。腹痛严重者加白芍；腹胀者加炒莱菔子；症状消失只有粪稀、有少量黏液者加炒山药、炒神曲（均为60～70kg犊牛1d药量）。水煎30min，取汁，候温，分2次灌服，1剂/d，1个疗程/3d；复方庆大霉素1mL/kg，肌内注射，2次/d，连用3d。出现自体中毒、呼吸衰竭者按常规对症治疗。共治疗33例，有效率达96%。

【典型医案】 2005年7月18日，白水县上王乡东芋2社缑某一头犊牛来诊。主诉：该牛于16日早晨发现不吮乳，精神差，卧地不起，泻黑红色糊状稀粪，他医诊为急性胃肠炎，肌内注射黄连素、穿心莲、氟哌酸、青霉素、链霉素，治疗2d脓血痢不止且病情加重。检查：患牛精神不振，头低耳聋，行走乏力，体温41.6℃，食欲废绝，喜饮冷水，排脓血痢，腹痛严重，时而呻吟，里急后重显著，泻痢时努责拱背，努责时排少量脓血痢从肛门流出、味腥不臭，污黑色脓血痢黏满两后肢及尾部，肛门红肿，眼结膜弥漫性充血，舌质红、苔黄厚，尿少、色黄，口干舌燥，脉细。诊为急性传染性细菌性痢疾。治疗：取上方中药、西药，用法同上，连用3d。第4天，患牛精神好转，能吮乳，体温38.8℃，脓血痢止，排少量黏液粪，努责拱背、呻吟、腹痛诸症皆除，舌质淡红、舌黄厚苔明显减少，惟食欲欠佳。原中药方加焦三仙各15g，去白芍，用法同上，继服药3剂。随后追访，再未复发。（刘成生，T142，P52）

## 三、白痢

本病一年四季均可发生；以春夏季节发病率最高；1～3月龄犊牛最易感染。

【病因】 由于饲料、水源或饲具等被大肠杆菌污染，经消化道感染导致犊牛发病；牛舍狭窄，牛只密度过大，牛舍阴暗潮湿，阳光不足，防寒条件差，犊牛受寒感冒、饲料中营养不全、缺少维生素、矿物质等均可诱发本病。

【主证】 病初，患牛食欲减退，体温升高，泻白色糊状或黏液状稀粪、完谷不化，腹胀；后期，排大量灰白色或黄白色的团状黏液、含有气泡、血丝及未

消化的乳块，尾及后驱被稀粪污染，不时努责，被毛粗乱，精神沉郁，磨牙，食欲、反刍废绝，结膜潮红，体温降至常温以下，口色淡红，苔白，口津减少。

【治则】　补脾健胃，消积导滞；清热利湿，涩肠止泻。

【方药】　1. 葛根芩连汤合乌梅散加减。葛根、黄连、黄芩、干柿蒂各10g，乌梅6g，诃子9g，白头翁15g，车前草20g，姜黄、甘草各5g。水煎取汁，候温灌服。磺胺脒3～5g，灌服，3次/d，连服3～5d；或土霉素30mg/kg，灌服，2～3次/d，连服3d；氯霉素0.01～0.03g/kg，肌内注射，2次/d，或0.055～0.11g/d·头，分2～3次灌服；新霉素0.05g/kg，2～3次/d，灌服，连服5d。伴有严重肠炎，粪呈水样并混有血液、迅速出现脱水现象者，静脉注射复方氯化钠注射液、生理盐水注射液或葡萄糖生理盐水3000～5000mL，必要时还可加入碳酸氢钠、乳酸钠等，1～2次/d。

2. 小蓟糖煎剂。小蓟（又名刺狗牙、野红花）250～500g，红糖50～100g。将小蓟用清水洗净，放入锅内，加水2碗，煎至药液不足一碗时，滤出药汁，与糖混匀，候温灌服，1剂/d。共治疗白痢38例，全部治愈（3例结合西药治愈）。

3. 黄芩、黄连、黄柏、白芍各20g，穿心莲、陈皮各25g，炒槐米、地榆炭各30g，焦山楂60g。共研细末，开水冲调，候温灌服。吡哌酸或痢菌净，灌服。庆大霉素或卡那霉素，肌内注射。

普鲁卡因腹腔封闭疗法。取1%普鲁卡因1mL/kg，在右肷部正中，针头垂直刺入2～3cm，回抽无血液、无粪渣时即可注射。一般注射后24h内、最多48h可康复。对里急后重的泄泻效果尤为显著。

母血疗法。初生犊牛初期发病，应立即采母牛静脉血150～200mL，迅速给犊牛肌内注射或皮下注射。

对重症、脱水严重者，取5%葡萄糖生理盐水1000～1500mL，5%碳酸氢钠注射液100～200mL，维生素C注射液10mL，氢化可的松注射液200mg，分别静脉注射。

共治疗87例，治愈85例，死亡2例。

4. 上午用党参、茯苓、山药、白扁豆、莲子肉各20g，白术25g，陈皮、砂仁、薏苡仁各15g，焦山楂30g，木香、炙甘草各10g，红糖、大枣为引，水煎取汁，候温灌服。取0.1%亚硒酸钠10mL，肌内注射。下午用止痢灵5g，乳酶生10g，酵母10g，混合，灌服。

【典型医案】　1. 2000年7月2日，临沂市林业局奶牛场一头68日龄犊牛，因患白痢来诊。检查：患牛体温39.7℃，精神倦怠，食欲减退，喜卧，下痢如稀粥样、混有未消化的乳凝块、呈灰白色，尾及后驱被稀粪污染，结膜潮红，口臭，舌苔黄腻，脉洪数。治疗：葛根、白头翁、连翘、黄连、黄芩各15g，乌梅6g，诃子9g，姜黄5g，车前草20g，干柿蒂、甘草各10g。水煎取汁，候温灌服，1剂/d。5%葡萄糖生理盐水500mL，10%安钠咖注射液8mL，维生素C注射液15mL，静脉注射。用药2d，患牛恢复正常。（王自然，T129，P32）

2. 1984年6月28日，鹿邑县邱集乡连堂村连某一头45日龄母犊黄牛来诊。主诉：该牛昨夜露宿，今晨精神不振，不吮乳，排白色稀粪。检查：患牛精神沉郁，欣部微胀，泻痢、呈白色、带有黏液，体温38℃。治疗：鲜小蓟400g，水煎取汁，加红糖100g，候温灌服，痊愈。（王怀忠等，T52，P18）

3. 鹿邑县范庄村王某一头2日龄公犊牛来诊。检查：患牛泻粪、呈黄白色、6～9次/d、量多、稀糊状，肛门周围、尾部、后肢被粪污染，口色红，体温39.5℃。治疗：黄芩、黄连、黄柏各15g，穿心莲、炒槐米各20g，焦山楂40g，地榆炭15g，白芍12g，陈皮10g，共研细末，开水冲调，候温灌服。从母牛静脉采血150mL，在患牛颈部皮下分3点注射。翌日，患牛症状好转，排粪次数减少到2～3次/d、粪呈粥样。继用上方中药治疗，痊愈。（杨龙骐等，T34，P36）

4. 鹿邑县郭某一头1月龄黄色母犊牛来诊。主诉：该牛因患白痢，在当地用氯霉素、矽碳银等治疗2d未见好转，病情加重。检查：患牛体温38.3℃，呼吸32次/min，心跳74次/min，胃肠蠕动音减弱，排白色团状黏液粪。治疗：取方药4，方法同上。翌日，患牛诸症减轻。继用婴儿素（中成药，主要成分为白扁豆、山药、新木香、鸡内金、人工牛黄、川贝、碳酸氢钠等）1盒，止痢灵5g，乳酶生10g，灌服。第3天，取婴儿素，灌服2次，痊愈。（丁庆林，T37，P45）

## 四、血（红）痢

本病一年四季均可发生，以春、夏至初秋季节尤为多见；1岁以下的犊牛发病率最高。

【病因】　由于气候突变，阴雨连绵或气温突然升高，暑天湿热，饲养管理不当，犊牛饥饱不均，使脾胃受损，阳气虚弱，卫气失职，疫病之毒乘虚而入；或因圈舍窄小拥挤，卫生条件不良，运动不足，致使湿热蕴结胃肠，气血瘀滞，脾胃运化传导失司或感染霉菌等所致。

【主证】　病初，患牛泻粪中带有大量脓血黏液、气味腥臭，精神沉郁，被毛粗乱，弓背努责，体温升高，鼻镜干燥，口色赤红，苔黄腻，食欲、反刍废绝。后期，患牛心率快而无力，呼吸急迫，四肢末端欠温，肌肉震颤，肛门失禁。

【治则】　清热解毒，燥湿利水。

【方药】　1. 白头翁汤加减。白头翁、地榆炭、焦三楂各30g，黄柏（炒炭）25g，生地、泽泻各

20g，秦皮24g，黄连、甘草各15g。水煎取汁，候温灌服。配合磺胺脒、小苏打、肾上腺色腙、氟哌酸，灌服；黄连素、酚磺乙胺，肌内注射。后期，严重者用葡萄糖生理盐水1000mL、庆大霉素48万单位、维生素C 2.5g，1次静脉注射。共治疗120余例（含白痢），除4例（2例被出售，2例因延误治疗无效）无效外，其余全部治愈。

2. 凉血解毒止痢汤。金银花、秦皮、黄芩、苍术各30g，生地炭、蒲公英、车前草各50g，马齿苋、白头翁、山楂炭各60g，陈皮、生甘草各20g。热盛者加炒栀子、连翘各30g；下痢严重者加黄连25g，生地榆50g；泻甚者加炒乌梅80g，诃子肉30g，葛根20g；食滞纳差者减白头翁，加炒麦芽80g，神曲50g，鸡内金20g（后下）；气虚形瘦者减陈皮量一半，加党参30g，黄芪50g；脱水者减车前草，加元参30g，知母25g；有寒象者减白头翁、马齿苋，加肉桂10g，炮姜20g；肠鸣者减白头翁，加木香10g，大腹皮20g。6月龄以内的患牛视病情、体质体形，药量可减半或取其1/3。水煎3次，合并药液，候温灌服，1剂/d。

西药取复方黄连素10～20mL，肌内注射，2～3次/d；硫酸庆大霉素8万～20万单位，肌内注射，或与黄连素，混合，肌内注射，2～3次/d；或与5%葡萄糖注射液500～1000mL，0.5g维生素C 10～30mL，0.02g地塞米松磷酸钠3～6mL，1次静脉注射，1～2次/d；磺胺脒10～20g，维生素C1～2g，呋喃唑酮0.3～1g，复方黄连素5～10g，龙胆苏打30～100片，三黄片7.5～15g，或复方穿心莲30～100片，1次灌服，2～3次/d。

共治疗178例（其中1月龄以内的35例，1～6月龄73例，6月龄至1岁的42例，1～1.5岁28例；病程最短的1d，最长的10d），治愈165例，总有效率为92.7%。（王永珍，ZJ2006，P210）

3. "三黄五炭"。黄连、黄芩、黄柏、地榆炭、荆芥炭、栀子炭、生地炭、蒲黄炭。血痢者加白头翁、秦皮、大黄、苦参、郁金、木通、生甘草；实热型或湿热型便血者加大黄、麦冬、天花粉、炒槐米、滑石、生甘草；虚寒型或寒湿型便血者加党参、白术、枳壳、乌梅、诃子、焦山楂、炙甘草，去三黄（剂量按患牛年龄、体质状况而定）。水煎取汁，候温灌服。

4. 小蓟糖煎剂。小蓟（又名刺狗牙、野红花）250～500g，白糖50～100g。将小蓟用清水洗净，放入锅内，加水2碗，煎至药液不足一碗时停火，滤出药汁，与糖混匀，候温灌服，1剂/d。共治疗血痢59例，全部治愈（3例结合西药治愈）。

5. 白头翁汤加味。白头翁30g，秦皮、地榆炭、金银花、滑石、当归、防风、茯苓各20g，黄连、黄柏、白芍各15g，大黄10g，甘草5g。水煎3次，合并药液，候温灌服，3次/d，连服3d。（秦振华，

T139，P50)

6. 白头翁、秦皮、黄连、地榆炭、大黄炭、炒槐花、炒白芍、罂粟壳、焦三楂各30g，郁金、木香、炒车前子、川厚朴、炙甘草各20g。水煎取汁，候温，加制霉菌素20片，灌服；葡萄糖生理盐水1000mL，庆大霉素40万单位，维生素C 2.5g，混合，静脉注射。

**【典型医案】** 1. 西吉县公易乡代段村蒙某一头1岁公黄牛就诊。主诉：该牛拉稀粪已2d，粪中有时混有血液，食欲减少，他医用西药治疗无效。检查：患牛精神不振，被毛粗乱，体温40℃，心跳88次/min，呼吸45次/min，排黑红色带血的稀粪。治疗：白头翁汤加减，用法见方药1，1剂；磺胺脒90片（首次60片），小苏打90片（首次60片），肾上腺色腙40片，氟哌酸30片，分2次灌服；酚磺乙胺10mL，黄连素20mL，分别肌内注射，1次/d，连用2d，痊愈。（童志清，T124，P25)

2. 1983年5月10日，太和县王集公社杨某一头7日龄母犊牛，因泄泻来诊。检查：患牛精神沉郁，卧地不动，眼睛半闭，耳、鼻、四肢发热；呼吸喘促，鼻翼翕动，鼻镜干，嘴半张开，舌尖吐出口外，口温高，口津缺乏，下齿龈红肿；粪稠、呈糊状、黄白色、混有血液及大量牵丝不断的瘀膜、气味腥臭，排粪努责。诊为实热型血痢。治疗：黄连12g，黄芩、黄柏、荆芥炭、栀子炭、生地炭、蒲黄炭、炒槐米、郁金、苦参各15g，地榆炭、白头翁、滑石各30g，焦山楂60g，秦皮、白芍各21g，甘草15g。水煎取汁，候温灌服，1剂/d，连服2d，痊愈。（张金创，T10，P45)

3. 1985年8月15日，鹿邑县赵村乡李集阎某一头1月龄犊牛来诊。主诉：该牛已患病3d，泄泻不止，粪呈红色，曾用中西药治疗不见减轻。检查：患牛精神沉郁，吮奶减少，饮欲增加，不时努责，里急后重，粪中有大量混浊血液、气味腥臭，尿少而黄，眼窝凹陷，口色暗红，舌苔黄腻，鼻镜干燥，体温39.8℃。诊为血痢。治疗：复方氯化钠注射液、10%葡萄糖注射液各500mL，维生素C 250mg，静脉注射；小蓟300g，白糖70g，用法见方药4，1次灌服。次日，患牛症状减轻，粪成堆，粪中偶有血丝。继服小蓟糖煎剂1剂，痊愈。（王怀忠等，T52，P18)

4. 鹿邑县张店乡谢娄村谢某牵一头3月龄黄色公犊牛来诊。检查：患牛食欲、反刍废绝，粪稀、带有大量血液与黏液、气味腥臭，体温39.8℃，心跳92次/min，呼吸38次/min。治疗：取方药6中药、西药，用法同上。次日，患牛病情好转。取上方中药1剂，加0.25g吡哌酸10片，用法同前；卡那霉素300万单位，肌内注射。第3天，中药方去郁金、地榆炭、大黄炭，加白术、茯苓、藿香、陈皮，水煎取汁，加止痢灵5g，乳酶生15g，酵母20g，灌服。第4天，患牛痊愈。（丁庆林，T37，P45)

## 便　血

便血是指犊牛粪中混有血液，血随粪下的一种病症。与血痢不同的是，血痢有里急后重，脓血夹杂，便血则没有。

【病因】　由于泄泻日久或久治不愈，致使脾胃虚弱，成为虚寒型便血。母牛产后恶露久排不净，乳房坏疽，外感热邪，致热毒入血脉，经乳传之于犊牛；或犊牛饱后阳光下暴晒，热邪侵袭，积于胃肠发生便血，成为大肠湿热型便血。

【辨证施治】　本病分为脾胃虚弱型和湿热型便血。

（1）脾胃虚弱型　患牛粪中混血，粪呈黑色、外被覆血液，血色暗红、有血块、血条；体温正常或稍低，体质瘦弱，食欲废绝，可视黏膜苍白，鼻端发凉，鼻镜干燥，精神沉郁，心音弱，呼吸浅而快，尿少色淡。若先粪后血，血色暗黑，病在胃与小肠，乃因胃肠虚寒，脾阳不振，不能摄血所致。

（2）湿热型　患牛有时起卧，回头顾腹，鼻镜干燥，体温较高，气促喘粗；粪带血、呈鲜红色，尿黄，口色红，舌苔黄腻，脉沉数而涩。

【治则】　脾胃虚弱型宜温中健脾，养血止血；湿热型宜清湿化热，凉血止血。

【方药】　（1适用于脾胃虚弱型便血；2、3适用于湿热型便血）

1. 黄土汤加减。干地黄、白术、附子、阿胶、熟地、何首乌、当归、黄芪、甘草各10g，黄芩、党参各15g，灶心土50g。腹胀者加大黄、莱菔子、厚朴；发热烦躁、舌苔焦干、呈热毒内陷危象者加水牛角、生地、芍药、丹皮。水煎取汁，候温灌服，1剂/d，连服3剂。

2. 槐花汤加减。炒槐花、侧柏叶、荆芥穗、大蓟各10g，棕榈15g，枳壳、丹皮、栀子、生地、黄芩各20g。胃热甚者加生石膏、知母；肝火旺盛者加龙胆草；阴虚者加麦冬；气虚者加山药、牛膝、山萸肉；大肠热盛者加黄连、大黄；下血较多者加地榆、云南白药。水煎取汁，候温灌服，1剂/d，连服3剂。切忌早期使用肠道收敛止泻药。

便血严重出现阳气虚脱者，除用上药外，还可选用10%葡萄糖注射液、复方生理盐水各500mL，5%碳酸氢钠注射液、复方氨基酸注射液各250mL，庆大霉素64万单位，止血敏20mL，维生素K₃ 10mL，地塞米松25mg，病毒唑12mg，肌苷1.0～1.2g，混合，静脉注射，1次/d，连用2～3d。便血基本消除后，排粪后流出少量鲜血，用5%明矾溶液200mL，灌肠；肠道炎症较严重者，磺胺脒、小苏打粉各10g，灌服；腹痛比较剧烈者，用生理盐水200mL，3%普鲁卡因注射液10mL，青霉素160万单位，混合，腹腔封闭。

共治疗106例，治愈98例，治愈率92.5%。

3. "三黄五炭"。黄连、黄芩、黄柏、地榆炭、荆芥炭、栀子炭、生地炭、蒲黄炭。实热型或湿热型便血者加大黄、麦冬、天花粉、炒槐米、滑石、生甘草；虚寒型或寒湿型便血者去三黄，加党参、白术、枳壳、乌梅、诃子、焦山楂、炙甘草（剂量按患牛年龄、体质状况而定）。水煎取汁，候温灌服。

【典型医案】　1. 2001年10月11日，扶风县段家乡双杨寨刘某一头3月龄犊牛来诊。主诉：该牛便血已半个多月，不食，不反刍，经多次治疗无效。检查：患牛消瘦，体质差，体温37.5℃，心跳110次/min，心音弱，呼吸浅而快，眼结膜淡白，瘤胃蠕动音、肠蠕动音消失，粪中带血、呈暗黑色。治疗：黄土汤加减，用法见方药1，2次/d，连用3d；取10%葡萄糖注射液、复方生理盐水各500mL，5%碳酸氢钠注射液、复方氨基酸注射液各250mL，庆大霉素64万单位，止血敏20mL，维生素K₃ 10mL，地塞米松25mg，病毒唑12mg，肌苷1.0～1.2g，混合，静脉注射，1次/d，连用2～3d，痊愈。

2. 2001年8月6日，岐山县青化乡上叉村李某一头40日龄犊牛来诊。主诉：该牛5日早吮乳等一切正常，中午、下午受太阳暴晒后，精神差，不食，呼吸快，眼结膜充血，腹胀，他医用青霉素160万单位、安痛定10mL肌内注射治疗无效。检查：患牛体温40.5℃，呼吸40次/min，心跳120次/min，眼结膜发红，瘤胃蠕动音、肠蠕动音，亢进，粪中带血、呈鲜红色，口红舌苔黄腻。治疗：槐花汤加减，用法见方药2，2次/d，连服3d；取10%葡萄糖注射液、复方生理盐水各500mL，5%碳酸氢钠注射液、复方氨基酸注射液各250mL，庆大霉素64万单位，止血敏20mL，维生素K₃ 10mL，地塞米松25mg，病毒唑12mg，肌苷1.0～1.2g，混合，静脉注射，1次/d，连用2～3d，痊愈。（白涛等，T119，P27）

3. 1983年5月1日，太和县寺同大队邓某一头3月龄黄色犊牛来诊。主诉：该牛发病已3d，粪中带有大量鲜红血液，吮乳、反刍减少，喜饮水，好卧懒动，在当地医治无效。检查：患牛精神不振，鼻镜干燥，耳、鼻、四肢发热，口温高，口色红，口津少而黏，粪干黑、外带鲜红血液，排粪时弓腰收腹，不时举尾。诊为湿热型便血。治疗："三黄五炭"。黄连12g，黄芩、黄柏、栀子炭、生地炭、炒槐米、麦冬、天花粉各30g，地榆炭、荆芥炭各21g，大黄45g，滑石60g，蒲黄炭、生甘草各15g。水煎取汁，候温灌服，连服2剂，痊愈。（张金创，T10，P45）

## 胎粪不下

胎粪不下是指犊牛出生后胎粪不能及时排出，以腹痛不安为特征的一种病症。

【病因】　多因母牛妊娠期间使役、饲养管理不当，三焦积热，致使热毒壅结胎儿，耗伤津液，从而导致胎粪难以排出；或因母牛虚弱，营养缺乏，母乳量少，初生犊牛没有足够的初乳；或犊牛出生后外感风寒或风热，以致邪热郁结肠腑而致粪不下；或犊牛先天发育不良，体质虚弱无力等所致。

【主证】　患牛精神沉郁，食欲不振或废绝，头低耳聋，眼闭似昏睡，不时磨牙，回头顾腹，起卧不安，后肢踢腹，严重者四肢张开，四肢如柱，不愿行走，触之躲避，腹痛，举尾拱背，有时作转圈运动，发出嘶哑的呻叫声，粪排不出，鼻镜湿润，鼻汗不成珠，口干，津黏腻，口气发臭，呼吸、心率稍快，体温正常或略高，触诊腹部摸有大小不等的硬粪球。

【治则】　清热解毒，润肠通便。

【方药】　1. 干无花果100g，水煎3次，合并药液，或捣细末，开水冲调，候温，分3次灌服，1剂/d；0.25％比赛可灵0.5mL/kg，青霉素80万单位，分别肌内注射，2次/d。共治疗25例，均获痊愈。

2. 蒜蜜汤。蜂蜜150g，大蒜50g（捣泥），加常水适量混匀，1次灌肠；或配合当归20g，肉苁蓉15g，大黄10g。水煎取汁，候温灌服；伴有严重腹痛者，30％安乃近注射液5～6mL，肌内注射；胎粪滞留时间过长引起肠道炎症者，配合消炎药物和维生素C等治疗。共治疗100余例，治愈率94％以上。

3. 自拟通便散。玄参、生地黄各45g，乳香、没药各24g，生赭石36g，紫菀15g，木香20g，芒硝50g，莱菔子、山楂各30g。将药物粉碎，加熟植物油50～100mL，分2次灌服，1剂/d。共治疗2例，经2～3次用药后，痊愈。

4. 取食醋10～20mL。用注射器（不需针头）将食醋缓慢注入肛门内，一般注入醋后30～90min见效。如仍不排粪可再注射1次。冬季需将食醋加温，但不能过热。共治疗百余例，全部治愈。（胡耀强，T19，P30）

【典型医案】　1. 1995年5月8日，新州县李集镇四龙村周某一头3月龄犊牛来诊。主诉：该牛出生已3d未见排粪，精神沉郁，吮乳减少。检查：患牛频频拱腰努责，体温40℃，呼吸喘促，口干舌燥，肠音弱，腹部膨胀。治疗：取方药1，用法同上。翌日复诊，患牛精神好转，吮乳、排粪正常，为巩固疗效，继服药1剂，后追访，再未复发。（申济丰等，T87，P24）

2. 1998年8月12日，睢县涧岗乡李庄村孙某一头3日龄母犊牛来诊。主诉：该牛出生后未吃母乳，近2d时而卧地，拱背举尾，未见排粪。检查：患牛精神沉郁，食欲废绝，毛乍无光泽，起卧不安，机体消瘦，体温39℃，心跳58次/min，呼吸30次/min，频频努责，举尾拱背，不时回头顾腹，频作排粪动作但无粪排出。诊为胎粪不下。治疗：蒜蜜汤，用法见方药2，1剂痊愈。（黄修奇，T113，P29）

3. 2003年4月，西吉县二府营村豆家坝组张某一头8月龄犊牛，因近日慢草、疲乏邀诊。检查：该牛断奶1个多月，体质差，粪呈算盘珠状，尿黄而少，饮食减少。诊为百叶干引起肠便秘。治疗：自拟通便散（见方药3），共研细末，加植物油250mL，分2次灌服，1剂/d，连服2d，痊愈。（张荣昇等，ZJ2006，P159）

## 咳　嗽

咳嗽是指犊牛呼吸道发炎引起以咳嗽为特征的一种病症。一年四季皆可发病，尤以冬春季节多见。

【病因】　犊牛肺阴不足，津液耗损，肃降失司，肺气上逆；脾虚不运，水湿积聚成痰，上渍于肺，阻塞气道；肾阳虚，无力熏蒸水液，水湿泛滥成痰而发病。

【辨证施治】　临床上常见有脾肺气虚型、气阴两虚型和痰瘀互结型咳嗽。

（1）脾肺气虚型　患牛久咳不愈，咳而无力，鼻流清涕，食欲不振，舌淡嫩，苔白，脉沉缓而弱。

（2）气阴两虚型　患牛干咳，鼻流少量稠涕，午后或夜间咳甚，烦躁，舌红，苔少津干，脉细。

（3）痰瘀互结型　患牛久咳，鼻涕量多色黄，咳声实而宏大有力，咳剧气促或呕吐，食欲不振，粪干结，尿黄，舌质紫黯或见瘀点，苔黄腻，脉滑。

【治则】　养阴益气，止咳化痰。

【方药】　三子养亲汤加减。莱菔子20g，苏子、葶苈子、紫菀、荆芥、前胡、五味子、苦杏仁、甘草各15g。脾肺气虚者加党参、茯苓、白术各15g；气阴两虚者加沙参、麦冬、川贝各15g；痰瘀互结者加丹参20g，赤芍、僵蚕各15g。1剂/d，水煎3次，合并药液，候温，分3次灌服。共治疗15例（3～10月龄，病程1～3个月不等），疗效满意。

【典型医案】　2003年3月17日，西吉县白城乡腰巴庄村7组胡某一头10月龄犊牛来诊。主诉：该牛反复咳嗽、气促已3个月，鼻涕多、色黄，咳声实而有力，咳剧气促或呕吐，食欲不振，粪干，尿黄，多次用止咳药及抗生素治疗无效。检查：患牛舌紫黯、舌边有瘀点，苔黄腻，脉滑。诊为痰瘀互结咳嗽。治疗：三子养亲汤加减，用法同上，连服3剂。服药后，患牛咳嗽减轻，鼻少，纳佳，粪、尿通畅。原方药再服2剂后症状消失，半年后回访，无复发。（王永琦等，ZJ2006，P170）

## 气　喘

气喘是指犊牛以呼吸迫促、鼻咋喘粗、鼻翼翕动等为特征的一种病症。

【病因】　风寒之邪入侵肌表，腠理郁闭，肺气壅滞，肺失肃降，上逆为喘；或风热之邪，自口鼻入肺，郁而化热，肺失清肃而致喘。

【辨证施治】　本症分为风寒喘、风热喘和肺喘证。

（1）风寒喘　患牛呼吸快，鼻孔开张，鼻流清涕，恶寒，毛乍，听诊肺泡呼吸音粗厉、呈湿性啰音，舌苔白滑。

（2）风热喘　患牛体温升高，心率加快，呼吸快，呼出气热，鼻翼翕动，喘声似拉锯音，鼻镜干，粪干，尿短赤，口色红，苔黄。

（3）肺喘证　多见于10日龄以内犊牛。病初，患牛表现急性支气管肺炎症状。随着病情逐渐加重，体温39.5～41℃、呈弛张热型，呼吸促迫、困难、鼻咋发喘，张口喘气，精神不振，食欲减退或废绝，流黏稠脓性鼻液，时有阵发性痛咳，眼结膜潮红或发绀，心跳极快，心音初亢进后衰弱，心跳120次/min以上，肺部听诊有湿性啰音，并有明显的肺泡呼吸音。严重者体温下降，起卧不安，衰竭而死亡。

【治则】　风寒喘宜疏风散寒，宣肺平喘；风热喘宜清泻肺热，宣肺平喘；肺喘证宜清肺润肺，解毒止喘，解热镇痛。

【方药】　（1适用于风寒喘；2、3适用于风热喘；4、5适用于肺喘证）

1. 小青龙汤合三子养亲汤加减。桂枝、白芍、半夏、麻黄、莱菔子、苏子、炙甘草各10g，干姜、五味子、白芥子各6g，细辛5g。水煎2次，合并药液，候温灌服，1剂/d。共治疗67例，治愈62例。

2. 小青龙汤合石膏汤加减。桂枝、白芍、半夏、麻黄、炙甘草各10g，干姜、五味子各6g，细辛5g，石膏15g。水煎2次，合并药液，候温灌服，1剂/d。

3. 炙麻黄10g，炙杏仁、地龙、苏子、浙贝母、知母、桔梗、礞石、青果、沙参各15g，炙桑皮20g，甘草10g。水煎取汁，加白冰糖30g，溶化，候温灌服，1～2次/d。共治疗28例，均治愈。（江建堂等，T22，P26）

4. 麻黄5g，杏仁、甘草各10g，沙参、金银花、山楂、麦芽、蝉蜕、茯苓各20g，知母、僵虫、贝母、柴胡各15g，石膏30g。发病时间长、体质虚弱者加黄芪、路党参各20g。水煎取汁，候温，分3次灌服，1剂/d。取双黄连60mL，头孢曲松钠5g，葡萄糖生理盐水500mL，静脉注射，1次/d；25%安乃近注射液10mL，肌内注射，1次/d。治疗后若体温不降反而上升、气喘更加严重者，多为感染附红细胞体，方中加黄色素20mL（50mg/mL）。

5. 清肺解毒汤加减。知母、杏仁、款冬花、贝母、苏子、葶苈子、白芥子、金银花、桔梗、连翘、蒲公英、板蓝根各15g，天冬、麦冬、麻黄、僵虫各10g，桑白皮30g，甘草15g。蜂蜜100g为引。体温高于39.5℃以上者加石膏、柴胡各20g，葛根15g；体温低于38.5℃以下者加党参、土白术、黄芪各20g，升麻10g；口色、眼结膜潮红或发绀者加黄芩、

大黄各10g，黄连6g；咳嗽重者加紫菀、百合各15g；心跳高于100次/min者加炒枣仁15g，朱砂6g；喘气带发吭声者加瓜蒌、郁金、枇杷叶各10g。水煎取汁，候温灌服，2次/d，连服2d。一般1～2剂即可治愈。对成年牛和奶牛同样适用。共治疗98例，治愈94例。

【典型医案】　1. 1998年8月29日，平度市郭庄镇瓦子坵村刘某一头黄色公犊牛，于出生后第3天来诊。主诉：该牛出生后能自行吮乳，昨天突然不吮乳，精神沉郁，卧地即喘。他医曾注射青霉素、链霉素和补液治疗，未见显效。检查：患牛体温39℃，心跳76次/min，呼吸快，鼻孔开张，鼻流清涕，恶寒，毛乍，舌苔白滑，听诊肺泡呼吸音粗厉、呈湿性啰音，腹围增大。治疗：小青龙汤合三子养亲汤，用法见方药1。服药1剂，患牛喘嗽减轻，开始吮乳；服药2剂，患牛诸症消失。

2. 1997年10月20日，平度市郭庄镇郭庄村弁某一头母犊牛来诊。主诉：该牛出生后患喘嗽症，在本村治疗2d无效。检查：患牛体温40.2℃，心跳90次/min，呼吸快，鼻翼翕动，喘声似拉锯音，鼻镜干，口色红，苔黄。治疗：小青龙汤合石膏汤，用法见方药2，1剂。翌日，患牛喘嗽减轻，连服3剂，痊愈。（张汝华等，T98，P22）

3. 2004年7月18日，唐河县城郊乡刘庄村刘某一头5日龄犊牛来诊。检查：患牛呼吸困难，张口伸舌，被毛逆立，体温42℃，心跳115次/min，呼吸105次/min。经询问，该牛出生时未吸入羊水，未用烟熏过。诊为气喘证。治疗：取方药4，用法同上，连服3d，痊愈。（常耀坤等，T146，P49）

4. 2005年5月19日，汝阳县蔡店乡杜康村袁某一头夏杂母牛产一母犊牛。该犊牛于5日龄时发现鼻咋气喘，不吮乳，起卧不安来诊。检查：患牛体温39.8℃，呼吸98次/min，心音弱，心跳加快、124次/min，胃肠蠕动音微弱，口色、眼结膜潮红，口腔发热，口有黏液，嘴角有白色泡沫，张口喘气，呼吸极度困难，肺部有湿性啰音和明显肺泡呼吸音，粪干，尿黄，食欲废绝。诊为新生犊牛肺喘证。治疗：清肺解毒汤加黄芩、炒枣仁各15g，柴胡、石膏各20g，枇杷叶10g，朱砂6g。用法同方药5，连服2d。第2天，患牛症状减轻，第3天明显好转，继服药1剂，痊愈。

5. 2006年5月6日，汝阳县蔡店乡闫村崔某一头夏杂母牛产一公犊牛。该犊牛于3日龄时发现鼻咋发喘，食欲废绝，精神不振，呼吸促迫。曾用恩诺沙星、氟苯尼考、止咳平喘、激素类等西药治疗不见好转来诊。检查：患牛体温39.5℃，呼吸118次/min，心音弱，心跳180次/min，呼吸困难，口吐白沫，口色、眼结膜潮红、发绀，站立不稳。诊为新生犊牛肺喘证。治疗：清肺解毒汤加柴胡、黄芩、朱砂各10g，炒枣仁15g，黄芪20g。用法同方药5，2次/d，

连服 2d。第 2 天，患牛症状明显减轻。第 3 天效不更方，继服药 1 剂。5d 后患牛痊愈。（胡堂朝等，T143，P48）

## 肺　炎

### 一、肺炎

肺炎是指犊牛以咳嗽、发热、鼻流浆液性或黏液性鼻液为特征的一种病症。多见于春、秋气候多变季节或出生后不久，以 1 月龄以内的犊牛多发。

【病因】　由于受寒冷刺激，贼风侵袭，牛舍阴冷潮湿，通风不良；或受氨气等刺激性气体、吸入尘土煤烟等刺激呼吸道黏膜，使呼吸道的病原微生物大量繁殖而发病；妊娠母牛和产后母牛饲养管理不良，饲料中缺少蛋白质、维生素、矿物质，影响胎儿或犊牛的生长发育，抗病力降低易发病；继发于其他疾病，如胃肠炎、感冒、脐带炎等。

【主证】　患牛精神沉郁，吮乳减少，喜卧，体温 41℃ 以上，口渴贪饮，咳嗽，喉中有痰鸣音，鼻孔内流出浆液或黏液性鼻液，呼吸增快甚至促迫，胸壁听诊有干、湿性啰音，叩诊有时出现浊音，心脏机能亢进，结膜潮红或发绀，耳、鼻、四肢发凉；严重时排绿色混有黏液的恶臭稀粪。

【治则】　清热解毒，宣肺平喘。

【方药】　1. 熏蒸疗法。取川芎、荆芥各 50g，艾叶 40g，贝母 30g，槐条、桑白皮各 100g，麻屎（带皮麻秆经沤去皮后的黏渣）150g，蜂房 20g，全瓜蒌 3 个。加水煎至 3000mL，将药液趁热装入罐内，放进无孔塑料袋中，然后将患牛头部插入袋内熏蒸，熏至患牛打喷嚏、出汗为宜。熏蒸温度不超过 45℃，时间约 1h，熏蒸后要避风。药液可再用，1 次/d，连用 2d。对重症者在熏蒸的同时，需用西药对症治疗。共治疗 44 例，全部治愈。（杨富业等，T75，P9）

2. 麻杏石甘汤加味。麻黄 6g，生石膏 70g，杏仁、甘草、金银花、连翘、黄芩、桔梗、葶苈子各 10g，地龙 15g。先将生石膏打碎、水煎，后再加诸药，取汁，候温灌服。对脱水严重者可辅以补液，但 1 次输液量不能超过 250mL，且输液速度不可过快，否则易造成肺水肿或急性心脏衰弱导致死亡。共治疗 25 例，痊愈 24 例。

注：本方药治疗犊牛肺炎不须使用解热镇痛药，如安乃近、复方氨基比林注射液等，否则，不但不能降低体温，反而加重病情（如喘息更甚）。

3. 二阴煎。生地、茯苓各 16g，麦冬、玄参、木通各 10g，黄连、淡竹叶、甘草各 8g，枣仁、灯心草各 12g，水煎，取药液 200mL。候温灌服。

4. 白矾散。白矾 30g，黄芩、郁金各 15g，黄连 12g，贝母、白芷、大黄各 10g，葶苈子 20g，甘草 5g，蜂蜜 30g。前 9 味药水煎取汁，分 4 次加蜂蜜灌服。一般需服 2 剂。咳嗽重、鼻有脓涕者加炙枇杷叶、瓜蒌各 20g，桔梗、杏仁各 10g；气急者加枳壳、半夏各 10g；体温下降接近正常者减黄连、大黄；服 1 剂见效不大者，可在第 2 剂中加连翘、银花各 10～15g。取 5% 葡萄糖注射液 250～500mL，红霉素 30 万单位，毛花强心丙 0.4mg，细胞色素丙 15mg，1 次静脉注射。重症者隔日重复用药 1 次。心跳 120 次/min 以下者，不加毛花强心丙，轻症可不加细胞色素丙。用白矾散结合红霉素治疗 5 头病情较重的犊牛，全部治愈。（海长元，T23，P54）

5. 僵车黄消炎汤。僵蚕、鱼腥草、车前草、千里光各 15g，党参、竺黄、茯苓各 12g，沉香 4g，蜂蜜为引。热盛者加桂枝、葛根；寒热往来者加柴胡、葛根、白芍；口渴甚者加石膏、天花粉；喘气严重者加苏子、葶苈子；结膜发绀或舌边有瘀血点者加丹参；粪干燥者加大黄、厚朴；体虚者加黄芪、太子参或加大党参剂量。水煎取汁，候温分数次灌服，1 剂/d。共治疗水牛 9 例，黄牛 12 例；痊愈 13 例，有效 7 例，无效 1 例。（杜自忠，T55，P34）

6. 麻杏射干平喘汤。炙麻黄、杏仁、射干、紫菀、细辛、半夏、款冬花、五味子、生姜、生甘草。热盛者去五味子、细辛、半夏，加黄芩、鱼腥草、生石膏；干咳无痰者加麦冬、枇杷叶、百部；咳痰清稀者加苏子、川贝母、陈皮；咳黄痰黏稠者去细辛、生姜、贝母、桔梗、瓜蒌；喘急较重者加苏子、白芥子；脾肺气虚者加党参、黄芪、白术、茯苓等（药量根据体重、病情而定）。水煎取汁，候温灌服，1 剂/d，1 个疗程/3d。共治疗 44 例（其中牛 41 例），治愈 38 例，好转 5 例，1 例无效。

7. 小青龙汤合石膏汤。桂枝、白芍、半夏、麻黄、炙甘草各 10g，干姜、五味子各 6g，细辛 5g，石膏 15g。水煎取汁，候温灌服，1 剂/d。

8. 小柴胡汤加味。柴胡、黄芩各 20g，党参 15g，制半夏、炙甘草、生姜、熟地、山芋、山药各 10g，大枣 30g。水煎取汁，候温灌服。

【典型医案】　1. 1993 年 9 月 15 日，沈丘县刘庄店镇崔老庄村袁某一头 4 日龄犊牛来诊。主诉：该牛食欲废绝，呼吸急促，经他医用抗生素和解热镇痛药治疗，病情不但未见好转，反而越来越重。检查：患牛食欲废绝，精神沉郁，体温 42℃，气喘急粗，呼吸 40 次/min，心跳 100 次/min，伏卧于地，鼻流黏液性鼻液，粪干，口渴，舌红，苔黄，脉数，肺部听诊有湿性啰音，结膜发绀，出汗（被毛湿润）。诊为肺炎。治疗：麻杏石甘汤加味（见方药 2），水煎 2 次，分早、晚 2 次灌服，1 剂/d，连服 2 剂，痊愈。（卢天运，T80，P22）

2. 1987 年 8 月 9 日，微山县四新村种某一头 50 日龄犊牛来诊。主诉：该牛于 3d 前受凉，次日出现发热、咳嗽、口渴，继而气促，鼻翼翕动，粪秘结，尿黄少，当地曾诊为犊牛肺炎，用西药治疗 2d 未见好转。检查：患牛烦躁不安，体温 39.4℃，呼吸 42 次/min，心跳 117 次/min，气促喘粗，四肢厥冷，嘴唇青紫，舌尖红，舌苔干。属火旺伐金之证。治疗：二阴煎，用法见方药 3。服药后，患牛热退，喘息稍平顺，四肢转温，嘴唇转红。让患牛静卧 6h 再服药 1 次。连服 4 剂，痊愈。（李成斌，T30，P32）

3. 2001 年 3 月 14 日，蒲城县上王乡东芹 7 社张某一头 7 月龄牛来诊。主诉：该牛于 3d 前因天气突变，受寒感冒发热后咳嗽、喘急，他医用青霉素、链霉素、氨基比林治疗 3d 无效。检查：触诊患牛咽喉、气管敏感，干咳少痰，气喘，听诊喉部支气管间有喘鸣音，肺部听诊呼气延长，吸气时有喘鸣音和湿啰音、食欲减退、饮水少，四肢、耳、鼻发冷，舌淡红，苔薄白，脉浮滑。证属风寒束肺，痰阻气道，肃降失司。治疗：麻杏射干平喘汤。炙麻黄、杏仁、射干、生姜、半夏、五味子、苏子各 15g，紫菀 20g，细辛 12g，款冬花 18g，生甘草 10g。水煎取汁，候温灌服。服药 3 剂，患牛体温正常，咳嗽减轻。效不更方，继服药 2 剂，患牛咳喘停止，肺部湿啰音消失，饮食欲正常。1 月后随访，再无复发。（刘成生，T125，P35）

4. 1998 年 11 月 12 日，平度市郭庄镇前河头村柳某一头母犊牛，于产后第 2 天患喘嗽来诊。检查：患牛精神沉郁，卧地不动，喘气，咳嗽，鼻翼翕动，体温 39.5℃，心跳 86 次/min，叩诊胸部即可引起咳嗽，肺部听诊有捻发音及细支气管啰音。诊为异物性肺炎（是羊水呛肺）。治疗：小青龙汤合石膏汤，用法见方药 7。服药 1 剂，患牛喘嗽减轻；服药 2 剂，患牛自行吮乳，连服 3 剂，诸症悉除。（张汝华等，T98，P22）

5. 2004 年 7 月 15 日，隆德县陈靳乡柳某一头 45 日龄黄色母犊牛来诊。主诉：该牛因外感风寒，出现不食，流浆液性鼻液，耳、鼻时凉时热，舌红，苔黄白等，他医用青霉素、链霉素、氨基比林治疗 3d 不见好转。检查：患牛体温 40℃，两鼻翼开张，眼结膜树枝状充血，舌红，苔黄白相间，喜卧不食，精神不振，寒热往来，听诊心音亢进，心跳 80 次/min，左侧肺部部分区域干湿啰音明显。诊为小叶性肺炎。治疗：生理盐水、10% 葡萄糖注射液各 250mL，5% 小苏打注射液 50mL，维生素 C 注射液 30mL，10% 安钠咖注射液 10mL，头孢氨苄唑啉钠 2g，病毒唑 0.5g；混合，1 次静脉注射，1 次/d，连用 3d。用药后其他诸症大减，唯见耳、鼻时热时凉，舌苔黄白相间，精神不振，寒热往来，饥不欲食。治疗：小柴胡汤加味，用法同方药 8。服药 1 剂，患牛精神好转，能吮少量乳；继服药 1 剂，痊愈。　（周永才等，T138，P62）

## 二、融合性支气管肺炎

本病是犊牛支气管黏膜的炎症蔓延至肺泡，引起肺泡发炎，继而肺泡炎症病灶相互融合形成融合的一种病症，常并发呼吸衰竭、心力衰竭及化脓性肺炎、肺坏疽等疾病。

【病因】　主要由细菌感染引起，其中最常见的是肺炎球菌，其次为葡萄球菌、链球菌、绿脓杆菌、副伤寒杆菌、大肠杆菌等，一般经呼吸道侵入肺组织；犊牛营养不良、受寒、患其他传染病或分娩时吸入羊水为发病的诱因。

【主证】　患牛精神沉郁，食欲减退或废绝，体温 41℃ 以上、呈弛张热，黏膜发绀，舌色红，心跳、呼吸加快，流黏脓性鼻液，咳嗽，尤其在早晚及活动后咳嗽加重并伴有疼痛，听诊肺部有捻发音及湿啰音，呼吸音加强，叩诊有岛屿状浊音。

【治则】　清热解毒，宣肺解表，理气化痰，止咳平喘。

【方药】　自拟麻石汤。麻黄、黄芩、苏子、葶苈子、半夏各 10g，生石膏、金银花各 20g，连翘、陈皮各 15g，胆南星 6g，白前、莱菔子、杏仁、甘草各 5g。水煎取汁，候温灌服，1 剂/d，连服 5d。病情重者，2 剂/d。对病情严重或完全不食者，取 5% 葡萄糖注射液、生理盐水各 150mL，阿莫西林钠 1～2g，氢化可的松注射液 20mL，静脉注射，1 次/d，连用 3～5d；长效土霉素注射液 10～15mL，肌内注射，1 次/d，连用 3d。心脏衰弱者，取安钠咖注射液 10mL，肌内注射。共治疗 26 例，治愈 25 例。

【典型医案】　2008 年 3 月 22 日，门源县浩门镇北关村蒋某一头 8 月龄荷斯坦犊牛来诊。主诉：该牛患病已 5d，病初咳嗽，流鼻，精神沉郁，食欲减少，用青霉素、安乃近治疗有一定效果，但停药后不久病情愈加严重。检查：患牛精神沉郁，食欲废绝，黏膜发绀，舌色红，心跳、呼吸加快，湿性、疼痛性咳嗽，体温 41.5℃，听诊肺部有捻发音和湿啰音，叩诊有岛屿状浊音。诊为融合性支气管肺炎。治疗：自拟麻石汤，用法同上，1 剂，2 次/d；取 5% 葡萄糖注射液、生理盐水各 150mL，阿莫西林钠 1g，氢化可的松注射液 20mL，静脉注射。次日，患牛症状有所缓解，精神、食欲有所恢复。继用上方中药，用法同上，2 次/d；取长效土霉素 10mL，肌内注射，1 次/d。治疗 5d，患牛痊愈。（张海成等，T160，P59）

## 尿　血

尿血是指犊牛尿液中混有血液和夹杂有血凝块的一种病症。

【病因】　在气候炎热时长途运输，犊牛拥挤闷热，运回后遇雨季潮湿炎热天气，饲饮失调致使热邪侵入心经，传入小肠，下注膀胱，损伤脉络，血液外溢，随尿排出而发病；或在烈日下放牧，久渴失饮所致。

【主证】 患牛精神沉郁，食欲、反刍减少，鼻镜干燥，体温41℃，咳嗽气喘，腹下水肿，排尿淋漓不畅，或先尿后血，或先血后尿，尿色鲜红或暗红，或有血块，口干多饮，弓背拱腰，触诊肾区敏感、呻吟，独立一处或多卧少立，口色苍白，脉沉弱。

【治则】 清热利尿，凉血止血。

【方药】 1. 秦艽散加减。秦艽、瞿麦、车前子各150g，蒲黄炭、栀子、地榆、血余炭各100g，三七、竹叶、泽泻各80g，甘草50g。共研细末，开水冲调，候温灌服。

2. 鲜三春柳7条（长10cm），鲜白毛根7根（长10cm），鲜柏叶尖7小枝，鲜节节草7节，鲜土三七叶尖7个，鲜车前草7棵，鲜七七芽尖7个。加水500～1000mL，煎煮30～60min，取汁，加白糖30g为引，1次灌服，重者2～3剂，轻者1剂。若无鲜品，可用干品减半量代之。共治疗41例，均取得满意效果。

【典型医案】 1. 2002年7月24日，武清区南蔡村鹏程奶牛小区从江南购入90～120日龄母奶牛40余头，运回场后不久发病就诊。检查：患牛鼻镜发干，有鼻涕，体温41℃，咳嗽，呼吸粗迫，部分患牛有腹下水肿，口渴多饮，尿呈暗红色，失禁，淋漓不畅，弓背，结膜发染，卧多立少，采食量减少或食欲废绝。8月6日，有11头出现尿血症状，由于治疗不当造成4头犊牛死亡。从出现尿血到死亡24～70h不等，另外8头相继出现鼻镜发干，体温升高，弓背拱腰，尿血。治疗：秦艽散加减，用法见方药1，2剂/（头·d），连服3d。治愈。（刘林，T122，P34）

2. 鹿邑县高集乡刘集村孙某一头母黄牛，3年产3头小公牛，均在7～10d内发生尿血。治疗：取方药2，用法同上，痊愈。（秦连玉等，T58，P48）

## 膀胱破裂

膀胱破裂是指公犊牛出生后，由于脐带结扎不当或感染而引起膀胱炎、尿道炎，或尿结石等阻塞尿道，使膀胱尿液高度充盈导致膀胱破裂的一种病症。

【病因】 生产时，犊牛被母牛骨盆挤压，或尿道上皮脱落阻塞尿道，尿道结石、膀胱结石、脐带结扎线阻塞、尿道坏死等，引起公犊牛尿道阻塞，膀胱尿液高度充盈而导致膀胱破裂。

【主证】 患牛行动迟缓，排尿停止，腹围增大，冲击或晃动腹壁有波动感或拍水音，腹腔穿刺有大量液体流出、有尿味，直肠检查膀胱空虚、拳头大小、敏感，尿液被吸收并发腹膜炎时，患牛精神沉郁，昏睡，呼吸增加，腹壁紧张。

【治则】 膀胱造瘘。

【方药】 膀胱造瘘术。将患牛半仰卧保定，充分暴露术部，肌内注射静松灵注射液2mL（或按照0.2～0.6mg/kg给药），局部用1％普鲁卡因20mL作浸润麻醉，自耻骨前4cm处、腹中线旁开3cm作长15cm的切口，分离肌层，剪开腹膜，反复冲洗腹腔，然后拉出膀胱。从膀胱底一次切开，彻底清洗后，将膀胱切口与腹膜、肌肉及筋膜切口连续缝合，再将缝合口与皮肤切口缝合，使膀胱切口直接与外界相通，尿液由切口排出，术后腹腔注入青霉素240万～400万单位，肌内常规注射青霉素、链霉素1周，以预防感染。

术后膀胱瘘口逐渐缩小至一小指。由于切口位置靠后，当犊牛卧地时，瘘口一般不触地面，同时由于尿液的冲洗，瘘口不会被感染，也不会愈合。膀胱造瘘后不需再修补破裂处（因膀胱无积尿），没有后遗症。共治疗公犊牛膀胱破裂7例；尿道阻塞3例，全部治愈。（周传新等，T38，P43）

## 睾丸积水

睾丸积水是指公犊牛睾丸因发炎、肿胀导致积液的一种病症。

【病因】 犊牛睾丸、附睾炎症，结核、阴囊内丝虫病、睾丸肿瘤、阴囊手术、创伤均可引起本病。

【主证】 病初，患牛睾丸肿大，手按有压痕但无疼痛，用注射器可抽出积水液，排尿困难，精神疲倦，头低耳耷，不愿行走，食欲不振或减退，严重时可致全身水肿；体温一般正常。

【治则】 温暖肾阳，渗湿利水。

【方药】 二生汤。生地20g，升麻15g，盐知母、盐黄柏、炒小茴香各21g。加水500mL，水煎取汁，加黄酒30mL，候温灌服，1剂/d，将药渣加水1000～1500mL，煎汁洗浴患处，效果更佳。共治疗38例，全部治愈。

【典型医案】 柘城县安平乡杨楼村杨某一头21日龄小公黄牛来诊。主诉：该牛睾丸肿大已10余天，经他医治疗数次无效。检查：患牛体温正常，睾丸肿大，手按有压痕但无疼痛反应，用注射器抽则有积水。诊为睾丸积水。治疗：二生汤，用法同上，连服3剂，痊愈。（秦连玉等，T94，P45）

## 脐 炎

脐炎是指新生犊牛脐血管及周围组织感染发生炎症的一种病症。

【病因】 多因产房、产圈卫生不良，犊牛出生后脐带断端及周围组织消毒不严，导致细菌感染而发病；犊牛相互吸吮脐部亦可发病。

【主证】 病初，患牛脐孔周围发热、充血、肿胀、疼痛，脐孔处皮下由中央向上可触摸到有小指粗的硬索状物，有时可挤出有臭味的脓汁，有时脐部形成脓肿。发生脐带坏疽时，脐带残端呈污红色、有恶臭味；患牛经常弓腰，不愿行走。重症时，患牛精神沉郁，食欲减退，体温升高，呼吸与脉搏加快，脐带局部增温等。

【治则】　去腐生肌。

【方药】　将车前子洗净、晒干，焙（或炒至微黄色）后研成细粉末。用生理盐水清洗创面，再将车前子粉撒布于脐部（以药粉覆盖创面为宜），纱布包扎，1次/3d，一般7～9d即愈。本方药对犊牛脐部流水、经久不愈的脐炎均有满意效果。共治疗17例，全部治愈。（吴天靖，T93，P31）

## 脐部蓄脓

脐部蓄脓是指犊牛脐带脉管及周围组织发炎化脓，脓汁不能及时排除而蓄积的一种病症。

【病因】　多因接产时消毒不严、护理不善等使脐部感染化脓所致。

【主证】　患牛饮食欲减退，弓背，喜卧，粪较干，尿短赤，不时舐患部，体温38.7～39.8℃，呈稽留热，结膜发绀，皮温略高，脐部周围肿硬，穿刺时流出黏稠脓汁、混有粉渣状颗粒。

【治则】　排除蓄脓。

【方药】　将患牛倒卧保定，局部剪毛消毒，取2%盐酸普鲁卡因10～15mL，行局部菱形麻醉，必要时在百会穴麻醉。在脓肿中心作一长4cm的纵形切口，分离皮下组织，然后挤出脓汁，再用生理盐水反复冲洗脓腔，用棉球充分涂布5%碘酊，再撒布青霉素300万单位，结节缝合皮肤，外涂3%双氧水，局部肌内注射庆大霉素20万单位。术部加强护理，禁止多次穿刺。共治疗公犊牛12例、母犊牛2例，1次治愈。（田家帮，T37，P53）

## 桡神经麻痹

桡神经麻痹是指以犊牛前肢运步时提举困难、负重时肘关节等不能固定而呈过度屈曲状态的一种病症。

【病因】　不合理的倒卧保定、冲撞、挫伤、蹴踢、跌扑等外伤引发，特别是侧卧保定、手术台保定时，过紧的系缚臂骨外髁附近部位（此处桡神经比较浅在）以及在不平地面上侧卧保定时，前肢转位，使臂部、前臂部受地面或粗绳索的压迫，吊起保定时绳索从腋下通过压迫等导致本病。

【主证】　站立时，患牛肩关节过度伸展，肘关节下沉，腕关节形成钝角，掌部向后倾斜，球节呈掌屈状态，以蹄尖壁着地。运动时，患肢各关节伸展不充分，患肢不能充分提起，前伸困难，蹄尖曳地前进，前方短步，但后退运动比较容易。由于患肢伸展不灵活，不能跨越障碍，在不平地面快步运动容易跌倒，并在患肢的负重瞬间，除肩关节外，其他关节都屈

曲。患肢虽负重不全，如在站立时人为的固定患肢成垂直状态尚可负重，与炎症性疾患不同。如将患肢重心稍加移动，则又恢复原来状态。快步运动时，患肢机能障碍症状较重，负重异常，臂三头肌及臀部诸伸肌都陷于弛缓状态。皮肤对疼痛刺激反射减弱，肌肉逐渐萎缩。

【治则】　恢复神经机能。

【方药】　穴位注射法。抢风穴注射维丁胶性钙3mL，维生素$B_1$ 12mL；前三里、腨尖穴各注射维丁胶性钙1mL，维生素$B_1$ 4mL。上午注入维丁胶性钙，下午注入维生素$B_1$，隔日1次。

【典型医案】　1986年5月29日晚，乐山县一头西德进口的3月龄黑白花奶牛来诊。主诉：该牛于昨晚被钢管压倒，今天早晨上班时发现患牛呈左侧卧，右前肢极力伸向前方，右后肢则向后方伸展。检查：患牛体温38.8℃，倒数第1、第2、第3胸椎棘突部触诊敏感，但外观无明显损伤和形态变化，皮温略高。强力驱赶，两后肢可勉强站立，但由于前肢不能用力仍不能自行站立，当人工帮助站立后，可观察到肩关节明显向下伸展，肘关节下降，腕关节呈钝角形屈曲，球关节内屈，掌面向后，仅以蹄尖着地。与右前肢比较，左前肢明显增长。肘关节、腕关节、指关节伸肌呈松弛状态。人工纠正后无明显异常，但稍有移动，则恢复到肢直蹄屈状态。运动时各关节不能自由屈伸，病肢不能自由提举，蹄尖拖地而行，前方短步，后退运动较易，他动运动无痛感，用针刺肘关节以下各部肌肉无任何反应。诊为桡神经全麻痹。治疗：穴位注射法，用法同上。1个疗程/2d，间隔1d后再治疗1个疗程。经2个疗程治疗，痊愈。（徐得胜，T37，P50）

## 疥癣

疥癣是指犊牛皮肤由于疥癣螨虫寄生引起以发炎、脱毛为特征的一种病症。

【病因】　由于饲养管理不当，或犊牛久卧湿地，受风、雨淋等诱发本病。

【主证】　病期，患牛皮肤出现小结节，继之脱毛，表面被覆鳞屑，逐渐扩大隆起、呈圆斑形癣痂；后期，癣斑融合成片，有的患牛背侧与腹侧病变融合一起，形成烂斑；病变部有渗出，剧痒不安。一般全身症状不明显，个别病例有体温稍高、食欲减退、精神不振等现象；后期发展到四肢时，患牛行走困难，四肢、颈、腰硬直，抬头吮乳困难，患部有大量炎性渗出物，出血、溃烂、自然结痂，痂皮脱落后又渗出、出血、溃烂，反复不已。

【治则】　杀虫止痒。

【方药】　1. 胎衣散。将干牛胎衣切成小块，置瓦片上用文火焙成黄色，研为细粉，贮瓶备用。将药粉以适量香油（若无香油，棉油、菜子油均可）调成

稀糊状,涂敷于患部,1次/d,直到痊愈。共治疗38例,其中用药2次治愈24例,3次治愈14例,疗效确实。

2. 术者以左手给患牛擦痒的方法保定,右手用止血钳夹脱脂棉蘸5%碘酊反复涂擦病变部位,尽量使药液渗透皮肤表层,1次/d,连续4~5d。共治疗35例,一般擦4~5次即可治愈,且无副作用。

【典型医案】 1. 1986年9月29日,商水县化河乡小庄朱某2头45日龄犊牛来诊。主诉:该牛皮肤出现皮癣,在其他兽医站治疗无效,且病情加重。检查:患牛全身大部分皮肤被癣痂所覆盖,四肢有散在癣痂,颈、腰、四肢强硬,抬头、转倒、行走、卧地均困难,瘙痒不安,不时摩擦,擦后患部有少量渗出液或出血,痂块脱落,体温39.2℃,精神不振。治疗:胎衣散,用法见方药1。涂敷2次(1次/d)后,患牛全部癣痂及被毛脱落(涂敷牛胎衣散后的2~3d患部脱毛,经5~7d新毛长出),患部变软。又涂敷1次,3d痊愈。(李洪臣,T40,P44)

2. 1978年,云南省会泽铅锌矿奶牛场从昆明某奶牛场购回的一头公犊牛来诊。检查:患牛颈部两侧和后腿三处发生疥癣,皮肤增厚、形成皱褶,脱毛;患部瘙痒,频频在墙壁、栏杆上蹭擦,舌舔脱毛处。治疗:用5%碘酊涂擦,1次/d,连擦4次。共治疗15d后,患部皮屑脱落,长出新毛。(尚朝相,T75,P18)

## 脱 毛

脱毛是指犊牛被毛脱落的一种病症。多见于1~3月龄犊牛。

【病因】 由于饲养管理不善,牛体羸瘦,气血亏损,出汗过多,又突然遭受冷风或雨淋所致。

【主证】 病初,患牛精神不振,食欲减退,遍身瘙痒,被毛脱落,严重时局部流黄水,脉象沉细。

【治则】 理心肺,祛风湿,养血。

【方药】 蔓荆子、威灵仙、何首乌、玄参各30g,苦参20g。水煎取汁,候温灌服,1剂/d,连服3剂;苦参250g,白矾100g,蛇床子200g,花椒、苍术各50g,白芷、黄柏各30g。水煎取汁,候温,擦洗患部,2次/d。共治疗1~3月龄犊牛22例,收效显著。

【典型医案】 鹿邑县高集乡大宋村秦某一头2月龄红公犊牛来诊。主诉:该牛于近3d内被毛脱落80%,皮肤发红、流黄水,遍身瘙痒不安,不吮乳。治疗:取上方药,2剂,洗患部4d,症状消失;第14天追访,患牛已长出新毛。(秦连玉等,T53,P48)

## 破伤风

破伤风是指犊牛感染破伤风梭菌,出现以牙关紧闭、第三眼睑外露、强直性痉挛为特征的一种病症。常见于产后4~6d,故称四六风。

【病因】 犊牛出生时脐带消毒不严,破伤风梭菌经脐带感染而发病。

【主证】 患牛吮乳困难,牙关紧闭、不能开口,面肌痉挛,眼缝变小,口角向外牵引、呈痉挛样,全身痉挛时头向后仰,脊柱前突,角弓反张,严重时呼吸肌和膈肌都发生痉挛,最后因呼吸困难、窒息而死亡。

【治则】 活血化瘀,息风解痉。

【方药】 1. ①大七厘散(厦门中药厂生产,1.5g/瓶)。由三七、乳香、没药、硼砂、自然铜、地鳖虫、大黄、血竭、当归尾、冰片、骨碎补组成。②牛黄千金散(北京中药三厂生产,1.2g/瓶):由全蝎、僵蚕、人工牛黄、朱砂组成。

服药前,先用3%双氧水冲洗脐带口,并在脐带周围注射青霉素、链霉素各150万单位/次,1次/d;取大七厘散3g(2小瓶),牛黄千金散2.4g(2小瓶),加温开水、白酒各10mL,冲调,用汤匙慢慢灌服。若患牛惊恐,先肌内注射盐酸氯丙嗪50mg,再灌服上方药;症状减轻时,可减少大七厘散的用量(只服1瓶);灌服小米粥,以利胃肠道消化功能的恢复。共治疗11例(包括幼驹),治愈7例。

2. 僵虫祛风解痉散。僵虫、天麻、乌梢蛇各15g,羌活、防风各12g,蔓荆子、藁本、款冬花各10g,钩藤8g,贝母9g,细辛3g,白芷、甘草各6g。水煎取汁,滤液冲调黄酒3汤匙,候温灌服。重症1剂/d,轻症1剂/2d。用5%碘酊消毒脐部;厩舍应安静、避光、避声;供应充足、清洁饮水等。共治疗22例,治愈18例。

3. 乌虫祛风汤加减。乌梢蛇、全蝎、蝉蜕各3~12g,当归、天南星、苍耳子各3~9g,防风3~20g,竹叶3~15g。并发感染、体温升高者去天南星,加黄芩、黄柏、金银花、连翘各3~12g;瘤胃臌气者加厚朴、枳壳各6~15g。水煎取汁,候温灌服,1剂/(2~3)d。青霉素钠盐120万~320万单位,注射用水10~20mL,25%硫酸镁注射液10~20mL,分别肌内注射,1~3次/d,连用9~12d;0.5%甲硝唑注射液100~250mL,静脉注射,1~2次/d,连用5~7d。严重病例除用上述药物外,每隔1~2d肌内注射精制破伤风抗毒素5万~15万单位(首次量加大),连用3次。先用3%双氧水彻底清洗脐带,再5%碘酊消毒,最后烧烙脐带断端。共治疗40例(其中犊牛23例),治愈38例。

【典型医案】 1. 礼县燕河乡孟梁村孟张某一头犊牛,于产后5d发病来诊。检查:患牛呼吸喘促,鼻孔开张,阵发性痉挛,牙关稍紧、能伸进二指,口内流涎,用手拍打下颌,第三眼睑立即外翻,脐带红肿、流脓。治疗:取方药1,用法同上。治疗5d,痊愈。(赵王学等,T55,P36)

2. 1986年4月24日，唐河县大河屯乡郝楼村吉某一头小公牛来诊。主诉：该牛已患病4d，不吮乳，发抖。检查：患牛发吭，鼻咋，全身颤动，两耳不灵活，四肢发僵，粪干燥，口流黏液，脐部已结痂。诊为破伤风。治疗：僵虫祛风解痉散，用法见方药2，1剂/d，连服2剂，6d后痊愈。（魏明森等，T34，P59）

3. 1995年1月12日，砀山县赵屯乡杜阁村孙某一头6日龄犊牛来诊。主诉：该牛于6日出生，脐带未作任何消毒处理，亦未注射精制破伤风抗毒素，今晨发现吮乳时抬头困难，四肢运步不灵。检查：患牛体温38.3℃，牙关稍紧，口角能伸进2指，拍打下颌，瞬膜即外露，惊恐不安，出现强直性痉挛，气喘，脐带发炎。诊为破伤风。治疗：脐带按方药3处理；取乌虫祛风汤加减，用法同方药3，1剂/2d，连服3剂；青霉素钠盐400万单位，注射用水20mL，25%硫酸镁注射液20mL，分别肌内注射，1次/d，连用9d；0.5%甲硝唑注射液250mL，肌内注射，2次/d，连用5d。21日，患牛体温38℃，抬头吮乳自如，口紧恢复正常，腰背及四肢转动灵活，脐带部炎症及其他症状消失。停药观察5d，嘱畜主每日牵出病房适当运动，浴以阳光，26日痊愈。（胡远杰等，T88，P22）

# 临床典型医案集锦

【先天不足】　1998年4月23日，镇原县城关镇高庄村张某一头1日龄公犊牛来诊。检查：患牛发育不良，体型瘦小，多卧少立，起立困难，时发抽搐、哞叫，行走时后躯摇晃，两后肢屈曲后拖，闭目不睁，视力模糊、盲目乱撞，强行喂乳只吃少许，眼结膜轻度发紫，口腔黏滑，舌苔白腻，心率、呼吸较快，体温正常。诊为先天不足症。治疗：维丁胶性钙5mL，肌内注射，2次/d；维生素AD 5mL，肌内注射，1次/d。以上两组药物连用3d。10%葡萄糖注射液500mL，5%维生素$B_1$注射液6mL，10%葡萄糖酸钙注射液30mL，分组静脉注射；中药取羌活、黄芩、茯神、枣仁、柏子仁各15g，防风14g，当归、苦参、钩藤、龙胆草、麦冬、远志各20g，白芷12g，制半夏10g。水煎取汁，候温灌服，1剂/d，连服2剂。第3天，患牛开始站立、行走。继服上方中药2剂；母牛灌服多种钙糖片（50片/d）。1个月后，该犊牛发育正常。（马忠选，T104，P29）

【胃肠炎后持续高热】　1992年5月20日，高唐县城关镇吕寨郝某一头50日龄母犊牛来诊。主诉：该牛因误饮大牛的尿液和添食脏砖引起胃肠炎，他医曾用青霉素、链霉素等连续治疗6d未见好转。检查：患牛体温41.5℃，呼吸30次/min，心跳80次/min，结膜潮红，口燥咽干，舌尖赤红，肚腹胀满，不反刍，粪稀带血，并呈现严重脱水症状。治疗：林格氏液、5%葡萄糖生理盐水各500mL，小苏打注射液200mL，维生素C注射液20mL，静脉注射；氯霉素、卡那霉素各20mL，止血敏、安钠咖注射液各10mL，肌内注射，2次/d。连续用药3d，患牛体温39.8℃，但仍不吮奶、不反刍。改用知柏地黄汤加味：熟地、茯苓、泽泻、山药、知母、白头翁、当归各20g，山萸肉、黄柏、生地、黄芪各30g，黄芩60g，丹皮、金银花、杜仲各15g，甘草10g。1剂/d，水煎取汁，候温，分2次灌服。服药1剂，患牛体温恢复正常，精神好转，能食少量奶。服药2剂，患牛吃奶增加，开始反刍，痊愈。共治疗8例，全部治愈。（张庆广，T62，P33）

【脐旁疝】　2005年7月，肥东县杨塘乡黄山村某户一头雌性水犊牛，因脐旁有篮球状肿胀来诊。检查：患牛肿胀部位柔软，用手往上托可还纳腹腔，触摸腹壁有疝孔，疝孔位于脐右前方中心距脐15cm处，疝孔圆形，直径10cm；消化、呼吸系统功能皆正常。诊为脐旁疝。治疗：人工辅助仰卧保定患牛。选择过疝孔正中平行腹中线为切口。局部刮毛、洗净、消毒。取盐酸氯丙嗪注射液10mL，肌内注射。切口部位皮内注射0.05%普鲁卡因注射液80mL行浸润麻醉。切开皮肤，切口长22cm，钝性分离肌肉，剥离与腹壁粘连的小网膜，可见疝环坚硬如手镯。用10号丝线米字形绕节缝合5针成网状，托住小网膜堵住疝孔。再分层缝合肌层，撒布消炎药，用四股棉线结节缝合皮肤（棉线用碘酊浸后缝合皮肤不需折线），擦以碘酊消毒杀菌，涂以油膏防蝇。取5%葡萄糖生理盐水1000mL，维生素$B_1$、维生素C各2g，青霉素480万单位，链霉素200万单位，静脉注射。第2、3天，肌内注射青霉素、链霉素各1次。7d后随访，痊愈。（王志余等，T144，P19）

【乳腺纤维腺瘤】　新蔡县城关镇一头5月龄犊牛，出生后发现乳房异常，第1个月即稍有隆起，4个乳室同时出现4个互不相连且大小不等的肿块，且越来越明显，无痛无热，无根蒂，穿刺后出血，触诊较硬，乳头清晰可见。初诊为良性乳腺瘤。治疗：行手术治疗。术部选择两乳室中隔，切开皮下组织，钝性分离筋膜，暴露瘤体，肉眼观察有完整的包膜、表面呈结节状，与周围组织界限明显，分别在4个乳室中行钝性分离，并依次取出4个淡黄色腺体，其质地稍硬，总重1725g，最大的502g，最小的310g。术后切口一期愈合，其他一切正常。经组织切片检查，腺管与纤维组织显著增生，新生的纤维组织排列于腺管周围。根据临床症状和组织切片确诊为乳腺纤维腺

瘤。(李树清等，T41，P13)

**【传染性鼻气管炎与附红细胞体混合感染】** 2008年6月25日，射洪县官升镇某牛场从山东购回3月龄杂交肉牛62头。7月8日，部分牛出现腹泻，随后整个牛群发病。经治疗腹泻停止。7月中旬，部分犊牛出现发烧、流鼻、流泪、厌食，随后在整个牛群蔓延，先后有58头发病。用抗病毒和抗菌消炎药物治疗无效，至9月2日已死亡15头。检查：患牛体质虚弱，精神沉郁，体温40℃以上，采食量少，个别牛继发瘤胃臌气，有的流鼻液，鼻腔黏膜充血、有散在的小溃疡面，眼水肿，眼角有黄褐色分泌物；有的鼻镜炎性充血、潮红、咳嗽，个别牛有黏稠脓性鼻液，呼吸困难，张口喘气；有的突发瘤胃臌气，倒地抽搐死亡；有的卧地不起，食欲废绝，粪干结、呈算盘珠状、被覆黏膜，极度衰竭死亡。病检鼻腔、咽喉、气管黏膜充血、出血，表面有黏脓性分泌物；瘤胃及肠道黏膜坏死。采集病死犊牛淋巴结、肝脏、脾脏等病料，经革兰氏、美蓝、姬姆萨染色，镜检未见致病菌。取病犊牛耳尖血，滴于载玻片上加等量生理盐水混匀，盖上盖玻片，400倍显微镜下可见红细胞表面附着有椭圆形、圆形或星形绿色闪光体，红细胞边缘呈星芒状、齿轮状，血浆中有球形、逗点形、卵圆形的物体作摇摆、扭转、翻转运动；姬姆萨、瑞氏染色均可见天蓝色和蓝黑色的虫体。犊牛感染率为100%。治宜益气升阳，调补脾胃，行气导滞，攻积泻热。药用木香槟榔丸加减：槟榔、木香、莱菔子、莪术、大黄、香附、神曲、党参、白术各40g，黄柏、黄芪各60g，厚朴、桂皮各30g，甘草10g，青蒿80g。粉碎，150g/次·100kg，开水冲调，候温灌服，3次/d，连服3d。张口喘气、咳嗽者，单独服用加减定喘汤：白果、麻黄、款冬花、桑白皮、旋覆花各40g，苏子、杏仁、黄芩各30g，莱菔子60g。粉碎，150g/次·100kg，开水冲调，候温灌服，3次/d，连服2d。取血虫净5mg/kg、亚硒酸钠维生素E 0.2mL/kg、维生素C 0.2mL/kg，肌内注射，1次/d，连用3d；体温高者用双黄连0.15mL/kg，体温低者用樟脑磺酸钠0.1mL/kg，肌内注射。同时，取电解多维、病毒唑、碳酸氢钠、亚硒酸钠维生素E（按说明书剂量使用）拌料和饮水，连用10d。血虫净连用

3d后仍有较严重的呼吸系统病症者，注射头孢西林和磺胺间甲氧嘧啶钠，1次/d，连用3d，以控制继发感染。喂给易消化多汁的饲料，对体质虚弱者喂稀米粥。经5d连续治疗，患牛病情有所好转，食欲逐渐增加，20d后多数患牛食欲恢复正常。通过以上治疗，余下的43头患牛除5头衰竭死亡外，治愈38头。(张孝安，T156，P58)

**【焦虫和附红细胞体混合感染】** 2007年7月，汝阳县城关镇数户犊牛出现以高热和呼吸道症状为主的病症，按肺炎治疗效果不佳。检查：患牛精神萎靡，食欲减退，鼻镜干燥，流鼻涕，体温40～41.8℃，呼吸增数，90～110次/min，肺部听诊有啰音，尿赤黄，粪稀软、严重时带有黏液及血丝。采集新鲜血样，加生理盐水，在油镜下观察，或做血液涂片，瑞氏染色镜检均发现焦虫和附红细胞体。诊为焦虫和附红细胞体混合感染。治疗：黄色素4mg/kg，静脉注射，1次/d，连用2d（严重者间隔1d再注射1次）；氨茶碱0.25g/次，静脉注射，连用2～3d；磺胺间甲氧嘧啶钠、多西环素（按说明书剂量使用），肌内注射；取麻黄、杏仁各6g，桂枝12g，石膏80g，桑白皮60g，金银花20g，苏叶、黄芩各15g，甘草10g，生姜3片。水煎取汁，候温灌服，1剂/d，连服3剂。(范安良等，T153，P75)

**【皮肤过敏】** 1986年3月10日，亳州市后湾乡李庄李某一头5月龄母犊牛来诊。检查：患牛左右摇摆，前冲后撞，爬物蹴腹，不时弹跳，神态恍惚，撞靠物体，苦闷不安，不听主人和母牛呼唤，即使在吃奶时，后躯亦不停地摇摆和弹跳，口流少量白沫。初诊按有机磷农药中毒，施用阿托品等药物试治，4h后，患牛症状不见好转，又经10h余，其症状有加剧之势。11日，患牛不间断地贴靠他物、摩擦躯体。诊为外界刺激物刺激皮肤或误食霉变有毒草料而引起的皮肤过敏。治疗：反复按摩患牛躯体；取维生素B$_1$ 1000mg，肌内注射。2h后，患牛症状有所缓和。饮服温淡盐水约1000mL，4h后再注射上述药物并继续按摩。次日上午，患牛上述症状大有好转，继用上方药；下午基本恢复正常，并嘱畜主继续加强护理。随后追访，一切正常。(蒋昭文等，T42，P40)

# 第十章

# 其他疾病

## 发　热

发热是指由于致热原直接作用于牛体温调节中枢，导致体温中枢功能紊乱，引起体温升高超出正常范围的一种病症。

【病因】　因脾虚气弱，清阳下陷，阳气内郁导致气虚发热；阴液不足，虚火上浮导致阴虚发热；牛患时疫，邪入营血，血热灼胎而发生流产；气血双亏，或受暑湿邪侵袭、暑湿病误治迁延而发病；病毒和细菌感染，或体温调节中枢功能异常引起。

【辨证施治】　临床上分为气虚发热、阴虚发热、暑湿发热、午后潮热、产后发热和低热不退。

(1) 气虚发热　患牛呼吸气短，四肢乏力，役后发热，耳、鼻稍热，食欲减退，粪稀薄，舌质淡，脉虚大无力。

(2) 阴虚发热　患牛形体瘦弱，毛焦无光，低热不退，口鼻干燥，烦躁不安，易惊，粪干、呈球状，舌红无苔，脉细数。

(3) 暑湿发热　患牛体温 39～40℃，心率、呼吸基本正常，食欲、反刍减退，口渴不饮水，困倦多卧，尿清长，粪稀薄或正常，口色微黄，舌苔白腻。

(4) 午后潮热　患牛午后 2～4 时体温开始上升，至傍晚 8～10 时体温升到最高（41.8℃），午夜 11～12 时开始下降，至翌日凌晨 2 时许降至正常；午后眼红、流泪，被毛逆立，伴随体温上升，饮食欲、反刍废绝，弓腰，神情呆滞，呼吸急促，口干、色深红，尿短赤，舌苔黄白，结膜潮红，粪干燥。

(5) 产后发热　患牛产后持续高热或突然发热，精神不振、食欲减退。

(6) 低热不退　患牛高热，用抗生素治疗后体温下降，停药后体温复升，低热不退；或病初低热，用抗生素治疗无效，粪干结；或低热、腹泻。

【治则】　气虚发热宜健脾益气；阴虚发热宜养阴清热，滋阴生津；暑湿发热宜宣畅气机，清利湿热；午后潮热宜清热凉血；产后发热宜气血双补，扶正祛邪；低热不退宜清热解毒。

【方药】　（1、2 适用于气虚发热；3 适用于阴虚发热；4 适用于暑湿发热；5、6 适用于午后潮热；7 适用于产后发热；8 适用于低热不退）

1. 补中益气汤加味。黄芪、党参、白术、甘草、柴胡、陈皮、茯苓、白芍、黄芩。水煎取汁，候温灌服。

2. 黄芪 150g，党参、熟地各 120g，当归 100g，麦冬、白术各 80g，生地、陈皮、沙参、枳实、茯苓各 60g，桂枝、白芍、炙甘草各 40g，附子 10g。水煎取汁，候温灌服。

3. 金银花、连翘各 18～60g，荆芥、防风、柴胡各 15～45g，黄芩 12～45g，大青叶、板蓝根各 15～60g。发热、腹泻者加苦参；热证、粪干燥者加芒硝、大黄；有舌苔者加三仙、玉片；热退、食欲差者加调理脾胃的药物。外感风寒引起者（如感冒等）以防风、荆芥、柴胡、黄芩为主；脏腑炎症引起者（如肺炎、肠炎等）以金银花、连翘、黄芩为主；病毒感染引起者（如流感等）取板蓝根、大青叶、金银花、连翘、柴胡、黄芩、荆芥、防风。成年牛用散剂，开水冲调，候温灌服；犊牛用煎剂，水煎取汁，候温灌服，1～2 剂/d，连服 2d。外地或外站转来、发热时间较长、津液亏损者，应输液 1～2 次，收效更快，体温一般不再回升。依据病情，可适当加味或配合辅助疗法，但不能用其他解热药。本方药适用于治疗包括流感、上呼吸道感染、肺炎、肠炎以及其他一些病毒性感染和原因不明的发热疾病。共治疗外感风寒发热 88 例，有效 88 例；流感发热 11 例，有效

11例；肠炎发热86例，有效80例；肺炎发热21例，有效19例；其他（包括荨麻疹、去势后感染、外伤感染、腮腺炎、膀胱炎、尿道炎）发热9例，有效6例。

4. 三仁汤。杏仁、生薏苡仁、白蔻仁、滑石、通草、川厚朴、法半夏、竹叶。发热较甚且有夹湿症状者加黄芩、连翘；夹有秽浊者酌加藿香、石菖蒲、佩兰；恶寒者加香薷、青蒿。水煎取汁，候温灌服。共治疗38例（其中公牛21头、母牛17头），全部治愈。

5. 清营汤加味。犀角（用水牛角代替）50g，生地60～120g，元参50～80g，麦冬、金银花各30～60g，连翘30～50g，黄连25～50g，丹参、竹叶、丹皮各30g，青蒿、大青叶各50g。实者加大黄60～120g，石膏100～200g，知母30g；虚者加党参30～60g，黄芪60～120g，炙甘草30g，升麻25g。共研细末，开水冲调，候温灌服。青霉素400万单位，氨基比林40mL，混合，肌内注射，2次/d；清热解毒注射液50mL，肌内注射；5%葡萄糖氯化钠注射液2000mL，四环素2.5g，氢化可的松100～200mg，维生素C 1000～2000mg，混合，静脉注射。共治疗20余例，疗效颇佳。

6. 增液承气汤加味。大黄100g，芒硝250g，枳实、厚朴、生地、玄参、麦冬各30g。高热者加黄连、黄芩、竹叶、芦根、金银花、连翘、板蓝根，加大大黄用量；肚胀者加青皮、香附、木香、莱菔子；盗汗者加浮小麦、龙骨、牡蛎，粪球干小者加油炒当归、油炒肉苁蓉、番泻叶、槟榔、滑石；尿短赤者加猪苓、茯苓、泽泻、木通。共研细末，开水冲调，候温灌服。本方药适用于实热积滞，气机阻滞，尤其是高热缠绵难退导致热伤津液和老弱牛肠胀燥实、粪干结者。共治疗86例（含其他家畜），治愈率达89.5%。

7. 十全大补汤。党参120g，酒当归、白术各100g，茯苓、白芍各80g，炙甘草、酒川芎、肉桂各40g，熟地200g，生黄芪300g。水煎取汁，候温灌服。

8. 低热不退，粪稀者，药用小柴胡汤加减：柴胡100g，生大黄、生姜各50g，黄芩、党参、白芍各40g，法半夏、苦参各30g，炙甘草20g。水煎2次，合并药液，浓缩药液约含生药1g/mL，按5g/kg灌服；粪干结者，药用小柴胡汤加生大黄50g，用法同前，2次/d，1个疗程/3d。共治疗12例，全部治愈。

【典型医案】1. 1984年8月3日，公安县北闸村一头12岁、约400kg公水牛来诊。主诉：该牛耳、鼻发热，使役后2d尤为明显。检查：患牛体温39.5℃，呼吸27次/min，心跳82次/min，精神沉郁，耳、鼻稍热，乏力，不愿行走，泄泻，舌淡红。诊为气虚发热。治疗：补中益气汤加味。党参、黄芪各60g，白术40g，陈皮30g，建曲50g，当归、柴胡、麦芽各25g，麦冬、升麻、黄芩、甘草各20g。水煎取汁，候温灌服，1剂/d，连服3剂。患牛热退，泻止，精神显著好转。上方药去黄芩，用法同上，连服3剂，痊愈。（赵年彪，T29，P49）

2. 1983年12月14日，太康县高朗公社前营村刘某一头小母牛来诊。主诉：该牛长期吃八成草，轻役即出大汗，11月底因雨淋发热，带病劳役3d热势加剧，用中西药治疗数日仍高热不退，不吃草、不反刍。检查：患牛体温41.5℃，心搏弱而快，心跳89次/min，瘤胃不蠕动，耳根热，粪干，尿少，口淡红、稍干黏。诊为气虚发热。治疗：取方药2，用法同上，1剂。患牛体温降至38.4℃，出现食欲、反刍。服药2剂，痊愈。（史荣宪，T11，P35）

3. 1980年5月24日，永寿县监军公社封候4队严某一头红色公犊牛来诊。主诉：该牛前几天因过食两次酵面，约500g/次，现在不吃草，反刍减少，粪黑稀，喜饮水。检查：患牛可视黏膜红，苔黄，鼻镜无水珠，瘤胃蠕动音弱，肠音亢进，心跳快，体温39.5℃。诊为阴虚发热。治疗：磺胺脒60g，鞣酸蛋白50g，消食健胃散300g，混合，分2次灌服，于当天服完。25日，患牛吃草仍不好，反刍次数少，粪腥臭、呈黑稀水样，饮水多，尿黄，体温39.6℃，其他症状同前。取金银花、连翘、黄芩各40g，柴胡、荆芥、防风各20g，大青叶、板蓝根各18g，猪苓、泽泻各24g。共研末，开水冲调，候温灌服，当天连服2剂。26日，患牛吃草正常，饮水减少，粪稍稀，停药。27日，一切恢复正常。（习文东，T6，P38）

4. 1984年7月13日，华县大明乡吕楼村吕某一头4岁公牛来诊。主诉：该牛因粪稀薄，食欲不振，他医治疗7～8d收效甚微。检查：患牛体温39.6℃，呼吸28次/min，心跳72次/min，精神沉郁，喜卧懒动，舌有薄黄苔，可视黏膜明显黄染。诊为暑湿发热。治疗：三仁汤加味。杏仁、白蔻仁、法半夏、石菖蒲各30g，薏苡仁50g，滑石60g，川厚朴、藿香、茯苓各40g，通草20g，竹叶2把。共研末，开水冲调，候温灌服；取25%葡萄糖注射液1000mL，10%氯化钠注射液500mL，20%安钠咖注射液10mL，静脉注射。翌日，患牛食欲增加，诸症减轻，体温39℃。继服药1剂，痊愈。（杨全孝，T50，P28）

5. 1991年6月25日，宁县九岘乡畜牧兽医站从早胜乡引进的一头1.5岁早胜种公牛来诊。主诉：引进时该牛2d行走60km，到站当天即配牛2头，第2天又配牛3头，随后发现该牛多卧少立，跛行。由于饮食欲正常未引起重视。第3天又配牛3头，至傍晚食欲减退，体温39.8℃。当即注射青霉素480万单位，氨基比林40mL。第4天停止配种，午后2时体温升高，至傍晚9时体温40.8℃。遂按感冒治疗，药用青霉素500万单位，氨基比林40mL，柴胡注射液30mL，混合，肌内注射，2次/d；5%葡萄糖氯化钠注射液2000mL，四环素3.0g，氢化可的松200mg，静脉注射。第5天午后2时许，患牛眼红、流泪，被毛逆立，弓腰，呆滞，呼吸气粗，结膜潮红，粪干燥，尿短赤，口干，苔黄。至晚 10 时体温41.8℃。诊为潮热。继续补液 1 次；取氨基比林40mL，氯霉素 500 万单位，清热解毒液 50mL，肌内注射，2 次/d；清营汤加味，用法同方药 5，连服 2剂，痊愈。

6. 1994 年 7 月 5 日，宁县平子镇下源村杨某一头 7 日龄犊牛来诊。主诉：该牛因腹泻灌服痢特灵0.1g×15 片，药后病情加重，他医用中西药与补液疗法治疗未愈，患病 23d。患牛每天晨时至 12 时吮乳基本正常；12 时后病情骤然加重，体温 40℃左右，用解热消炎药、补液疗法治疗均无效。检查：患牛神疲乏力，卧地不起，呼吸气短，动则加剧，结膜深红，舌干、有白苔，体温 40.3℃（晚上升至 41℃）。诊为虚证潮热。治疗：氟哌酸 2 粒，复合维生素 B 20片，食母生 30 片，灌服，2 次/d；清营汤加味：水牛角、丹参、连翘、青蒿、大青叶各 10g，生地 20g，党参、元参、黄芪各 15g，麦冬、金银花、大黄各12g，黄连、升麻、炙甘草各 6g。水煎 2 次，合并药液，灌服，1 剂/d，连服 2d。为巩固疗效，上方药去水牛角、青蒿、大黄，加白术、茯苓、青皮、陈皮。用法同前，连服 2 剂；西药同前。用药后，患牛痊愈。（李平义，T82，P28）

7. 2005 年 10 月 16 日，呼图壁县五工台镇独山子 4 队李某一头成年奶牛来诊。主诉：该牛发病后，用抗生素、清热消炎药结合静脉注射疗法连续治疗 3d 效果不明显；体温升高，早晨接近正常，下午又升高，产奶量由 28kg/d 下降至 3～5kg/d。检查：患牛体温40.2℃，呼吸 42 次/min，心跳 76 次/min，眼结膜潮红、发绀，舌苔薄、干燥，口色赤红，脉细数，呼吸时腹部起伏明显，粪球干小，尿短赤。诊为午后潮热。治疗：增液承气汤加味加油炒当归、滑石各 100g，油炒肉苁蓉、番泻叶、槟榔各 30g。用法见方药 6，1 剂/d，连服3d，痊愈。（杨仰实等，ZJ2006，P209）

8. 1983 年 9 月 9 日，太康县城郊公社张某一头母牛来诊。主诉：该牛因患流行热，卧地不起，继发出血性肠炎。在当地治疗 4d 能站立，肠炎逐渐痊愈。11 日下午，该牛发生流产，13 日突发高热，体温40.5℃；连续静脉注射安乃近、卡那霉素，体温退而复升，发热持续 4d 不退。检查：患牛体温 39.9℃，反刍无力，每口团咀嚼 20 余次，食草 0.5～1kg/d，饮水不多，粪溏、无血无臭味，尿清长，夜晚畏寒战栗，口色淡白，口津滑利，舌质绵软，舌尖淡红，齿龈红嫩并轻度糜烂，耳、角初触灼手，久则不热，心音弱、几乎听不到，心搏缓慢，心跳 40 次/min，瘤胃蠕动音弱、1 次/2min，持续 10～15s/次。诊为产后发热。治疗：十全大补汤，用法同方药 7。服药 4h，患牛体温降至 38.5℃，食欲、反刍恢复正常。次日，再服药1 剂，痊愈。（史荣宪，T11，P35）

9. 1999 年 4 月 14 日，贵阳市乌当区赵家庄赵某一头 7 岁母水牛来诊。检查：患牛体温 41.5℃，心

跳 86 次/min；喘息，眼结膜潮红，鼻腔流出大量黏液，口温灼手，舌面、上下唇有小水泡，有的破裂形成溃疡，拒食，反刍废绝，瘤胃蠕动音弱，粪干结，左前蹄温度高，轻度跛行。取青霉素、链霉素、氨基比林、生理盐水（均按常规量使用），混合，静脉注射；0.1％高锰酸钾溶液清洗口腔，病灶处涂擦碘甘油；左前蹄叉注射普鲁卡因青霉素。服药 5h，患牛体温 38.2℃，口、鼻腔分泌减少，开始采食。继用青霉素、链霉素 1 次。18 日，患牛体温时高时低，卧地不起，夜间干咳。检查：患牛体温 39.5℃，精神沉郁，听诊肺部有干性啰音，反刍减少，瘤胃蠕动音弱，粪干结，口腔溃疡面暗红，其他未见异常。诊为低热不退。治疗：小柴胡汤加减：生大黄 80g，柴胡 100g，黄芩 40g，党参 60g，法半夏 30g，炙甘草20g，生姜 50g，大枣 15 枚。水煎取汁，候温灌服。服药 2 剂，患牛体温 38.5℃，除齿龈有两处溃疡未愈、干咳未除外，其余病症消除。原方药去大枣、生大黄，加野菊花、夏枯草各 40g，金银花 30g，枇杷叶 50g。用法同前。连服 3 剂，患牛体温 38℃，精神饱满，溃疡愈合，干咳消除。半个月后追访，未复发。（杨再昌，T108，P29）

## 低温症

低温症是指牛体温低于正常值的一种时令性疾病，又称衰竭症。多发生在严冬、早春和晚秋气候骤变、天气寒冷时节。以老龄、体弱牛多见。

### 一、黄牛低温

【病因】 由于秋季过度劳役，耗伤气血，或长期营养不良，体质瘦弱，加之冬季严寒，圈舍简陋，管理不善，草料单一，或饲养失调，久病失治，致使脾胃虚弱，中气下陷，清阳不升，浊阴不降，遭遇风寒侵袭，阴寒内生，阳气不固，导致机能衰退而发病。

【主证】 患牛被毛粗乱、无光，皮肤干燥、缺乏弹性，肋骨显露，体温 36℃以下，呼吸浅表，心音沉衰，食欲、反刍减退甚至废绝，眼球、肛门内陷，舌体绵软，结膜、口舌淡白。严重者精神高度沉郁，卧地不起，耳、鼻、四肢厥逆，粪干燥，有的下痢，尿量减少，口色青白，有的口流清涎，脉不应手。

【治则】 回阳救脱，补中益气。

【方药】 1. 四逆汤合补中益气汤加减。党参、附子、炒白术、陈皮、茯苓、当归、黄芪、干姜、甘草。寒重者加肉桂；气短者重用黄芪；粪溏者加苍术、防风、羌活。水煎取汁，候温灌服；或取生姜200g，白酒 500～1000mL。将生姜切片，水煎取汁，候温合白酒灌服。取 10％葡萄糖注射液 2000mL，50％葡萄糖注射液 200mL，维生素 C 注射液 40mL，10％樟脑磺酸钠注射液 30mL，葡萄糖酸钙注射液200mL，静脉注射。取猪大肠 1 段，胡萝卜、白萝卜

适量，切片，煎汤喂服，预防并发病和继发症；对患有寄生虫病者应驱除体内外寄生虫；对冬季慢性泄泻者应及早预防治疗。共治疗 42 例，治愈 40 例。

2. 回阳口服液。炮附子 120g，党参、生姜各50g，肉桂、炒白术、柴胡各 40g，陈皮、半夏、升麻、五味子、甘草各 30g。加开水 4000mL，浸泡 1h后，煎煮至约 1500mL，过滤取汁，装入 250mL 瓶中，高压 10min，备用。用时将药液加温，根据患牛体重，10mL/kg，加适当白酒，灌服，1 次/d；取25% 葡萄糖注射液、10% 安钠咖注射液、维生素注射液，混合，静脉注射。一般用药 2 次；病情较重者配合西药治疗 2～3 次即愈。共治疗 256 例（其中牛15 例，全部治愈），有效率达 95.7%。

【典型医案】 1. 1989 年 1 月 12 日，邓州市刘集乡孙某一头母黄牛来诊。主诉：该牛不食、不反刍，卧地难起。检查：患牛极度消瘦，卧地难起，听诊瘤胃蠕动音消失，心音沉衰，呼吸浅表，耳、角、四肢厥逆，体温 35.6℃，口色清白。诊为低温症。治疗：①党参 120g，附子、白术各 90g，干姜 100g，茯苓、当归、黄芪、肉桂各 60g，陈皮、防风、羌活、甘草各30g。水煎取汁，候温灌服。②生姜 200g，水煎取汁，加白酒 1000mL，灌服。③10% 葡萄糖注射液 1500mL，50% 葡萄糖注射液 200mL，维生素 C 注射液 40mL，10% 樟脑磺酸钠注射液 30mL，葡萄糖酸钙注射液200mL，混合，静脉注射。5d 后追访，患牛痊愈。（孙荣华等，T43，P30）

2. 1999 年 2 月 18 日，鹿邑县刘阁村李某一头 3月龄夏杂母牛，因雨淋发病来诊。检查：患牛畏寒战栗，四肢、耳、鼻厥冷，蜷卧于地，口色青白，舌质绵软，双目直视，心音微弱，呼吸缓慢，瘤胃蠕动音废绝，肛门松弛，体温 35℃。诊为低温症。治疗：立即生火取暖；取 5% 葡萄糖生理盐水、25% 葡萄糖注射液各 500mL，10% 安钠咖注射液 20mL，维生素 C注射液 40mL，混合，静脉注射；回阳口服液 750mL，加白酒 40mL，灌服，1 次/d，连服 2 次，痊愈。（阎超山，T113，P27）

## 二、水牛低温症

本症是水牛体温低于正常，出现以全身性衰竭、反应迟钝为特征的一种病症。多发生于冬春季节。

【病因】 由于饲养管理不善，使牛的营养供给与消耗呈现负平衡而发病。老水牛和患有齿病的牛，采食和消化功能减退，或妊娠后期和哺乳母牛的代谢处于负平衡状态，或寄生虫侵袭，夺取机体营养，甚至损伤肝脏、心脏机能而发病。

【主证】 患牛精神极度沉郁，消瘦，全身骨架显露，肋骨历历可数。大多数患牛突然卧地不起，皮肤枯干、多屑、无弹性，可视黏膜苍白，呼吸缓慢无力，有的患牛有一定食欲，但心力衰竭，脉搏无力；有时脉不感手，体温 36℃ 左右，皮温不均，躯体末梢冰凉。

【治则】 补中益气，回阳救逆。

【方药】 ①参附汤加味。党参 250g，附子 80g，肉桂、黄芪、白术、茯苓各 60g，干姜、炙甘草各30g。水煎取汁，候温灌服。②附子理中汤。党参、附子各 60g，白术 40g，茯苓 30g，干姜 20g。水煎取汁，候温灌服。③5% 葡萄糖氯化钠注射液 2500mL，50% 葡萄糖注射液 500mL，咖啡因、维生素 C 各 4g，5% 碳酸氢钠注射液 500mL，混合，静脉注射。共治疗 6 例，治愈 5 例。

【典型医案】 1984 年 12 月 16 日，金湖县前丰乡施港村联某一头 8 岁母牛来诊。主诉：该牛因患锥虫病于 1 个月前驱虫 1 次，今天中午饮水回家后即卧地不起。检查：患牛极度消瘦，精神沉郁，四肢厥冷，被毛逆立，腹痛，头颈前伸贴地，食欲废绝，瘤胃蠕动音弱，体温 35.8℃，心跳 31 次/min，呼吸20 次/min，脉沉迟、无力，口色淡白。治疗：取上方药①、②，加白酒 500mL，灌服；取上方药③，静脉注射；嘱畜主加强护理，畜舍温度保持 20℃ 以上，注意卫生，加厚垫草，牛体覆盖棉被。翌日，患牛体温 36.9℃，精神好转，心率、呼吸无明显变化，出现食欲，反刍增加，但仍不能站立。继用上方中药、西药治疗。第 3 天，经人工扶助牛可站起，但卧后不能自行起立，食欲、反刍增加。继用上方西药，1 次/d，至 23 日患牛能自行起立为止。取 2 条家犬，去内脏后剁成块，置大锅内加水煮至烂熟、去骨；大麦 30kg（分 2次用），粉碎。用煮好的犬肉和汤拌大麦面，捏成饼喂饲。15d 后复查，患牛痊愈。（李广兴，T75，P25）

## 三、奶牛低温症

本症是指奶牛体温低于正常，出现全身发凉、虚寒阴盛的一种病症。

【病因】 多因风寒湿邪侵袭牛体，或厩舍潮湿阴冷，体虚营养不良，偶遇风寒，内饮冰冷或误食冰冻草料等发病。

【主证】 患牛精神沉郁，体温 35℃ 以下，耳、鼻、四肢不温，出气冰凉，心搏缓慢，呼吸微弱，饮食欲废绝，粪稀薄、带水或失禁，尿清白，口色青白，口津滑利。

【治则】 活血理气，解表散寒，燥湿健脾。

【方药】 当归、羌活、生姜、藿香、紫苏各40g，川芎、桃仁、红花、独活、防风、荆芥、木香、白芷、砂仁、党参、麦冬各 30g，苍术、神曲各 80g，厚朴、陈皮、麦芽各 50g，细辛、五味子、花椒各20g，生甘草 15g，葱白 3 根（为 400kg 牛药量，犊牛用量酌减）。冷水浸泡，煎煮 2 次，药汁不少于5000mL，加白酒 100mL，灌服，或将药液分数次灌服，间隔 4h/次，2～3d 服完。10% 葡萄糖注射液、复方生理盐水各 500～1000mL，25% 葡萄糖注射液250～500mL，10% 安钠咖注射液 10～30mL，维生素

B$_1$ 注射液 20～40mL，维生素 C 注射液 20～50mL，混合，静脉注射。共治疗 8 例，全部治愈。

【典型医案】　2004 年元月 17 日，陇县奶牛园区一头 9 岁奶牛来诊。主诉：该牛产后已 3 个多月，空怀，产奶量 11.3kg/d。今早饲喂时，发现该牛精神沉郁，呆卧，不食。由于牛系在门口处，因门板破损，寒风直冲，牛圈潮湿，夜间寒冷。检查：患牛消瘦，口、鼻、耳、四肢不温，出气冷凉，口色青白，口腔滑利，呼吸平和微弱，心搏缓慢、有间歇，体温 35℃。诊为低温症。治疗：10％葡萄糖注射液、复方生理盐水各 1000mL，25％葡萄糖注射液 500mL，10％安钠咖注射液 30mL，维生素 B$_1$ 注射液 40mL，维生素 C 注射液 50mL，混合，静脉注射；取上方中药，1 剂，用法同上。服药 6h，患牛体温 36.5℃，出现食欲，饮少许温水。下午用上方西药，静脉注射。18 日、19 日，继服上方中药，1 剂/d。20 日痊愈。（冯文魁等，T156，P65）

## 湿温病

湿温病是指热湿外邪侵扰牛体，出现发热持续难退、病程缠绵的一种病症。常见于夏秋季节。

【病因】　夏秋暑热、雨湿季节，天暑下迫，地湿上蒸，热湿相合侵扰牛体所致。

【主证】　本症分为湿重于热和热重于湿两型。临床上以湿重于热多见，一般病程较长。患牛发热持续不退，朝轻暮重、稽留，身重肢倦，苔腻，脉缓。病初多偏湿，口渴不甚。湿重于热者发热轻，上午轻下午重，发热日久难退，或兼见恶寒，微汗，倦怠，肚腹微胀，不采食，耳耷头低，粪稀薄，舌苔白腻或略显黄腻，脉象快速。

【治则】　燥湿，清热。

【方药】　藿朴夏苓汤。藿香、半夏、茯苓、杏仁、薏苡仁、猪苓、白蔻仁、淡豆豉、泽泻、厚朴。有湿而汗少者加防风、生姜；躯体微显颤抖且恶寒者加苏叶、荆芥；精神极度不振、口腔黏腻者重用藿香，加佩兰及少量鲜荷叶；饮食欲不振、舌苔白腻者加砂仁、枳壳、陈曲，重用厚朴、半夏；尿频且涩痛或粪黏滞者重用茯苓、生薏苡仁，加竹叶、滑石；舌质红、体温较高者加大栀子、黄芩、黄连用量；粪干燥者加大黄、芒硝、玄参等。水煎取汁，候温灌服。本方药适用于湿重于热者。共治疗数例，均获满意效果。

【典型医案】　1980 年 8 月 15 日（气温 39℃），李某一头黄色犍牛，于购进的第 10 天发病来诊。检查：患牛烦躁不安，口渴欲饮，体温 39.8～40.2℃，用青霉素、链霉素、四环素、磺胺嘧啶、氨基比林等药物治疗热仍不见退。检查：患牛精神委顿，被毛逆立，略有咳嗽，鼻流少量黏涕，呼吸 20 次/min，粪正常，口渴少饮，舌苔白腻，脉稍缓；体温 39.8℃，下午 4 时左右升至 40℃；听诊胸部无明显啰音，胃肠音减弱。

该牛购进距畜主家 40km 处，1d 内赶回，饮喂失节，致使湿热郁内，进犯肺胃。诊为偏热型湿温病。治疗：藿香 50g，佩兰、白蔻仁、厚朴、滑石、桔梗、杏仁、陈曲各 30g，半夏、黄芩各 40g，枳壳 25g，竹叶 20g。水煎取汁，候温灌服。次日，患牛体温 38.9℃，再服药 1 剂。第 3 天，患牛咳嗽及微喘等症悉除，但饮食欲尚未恢复正常，舌苔仍现厚腻。取炒栀子、炒枳壳、陈皮、半夏、白术各 30g，淡豆豉 25g，杏仁、瓜蒌皮、郁金、桔梗各 20g。水煎取汁，候温灌服，连服 2 剂，痊愈。（石继峰，T6，P35）

## 寒极证

寒极证是指牛因遭受寒邪侵袭，使机体阳气受损，引起气血凝滞、身寒肢冷、周身疼痛的一种病症。

【病因】　牛劳役身热遭受阴雨苦淋，或空肠过饮冷水，过食冷草料太多，或夜宿露天，风寒侵袭，导致外感风寒，内伤阴冷，阴气太过，阳气不足所致。

【主证】　患牛精神沉郁，体温下降，心跳减慢，时起时卧，回头观腹，站立不稳，行走跟跄，耳、鼻、四肢寒冷，脐部至阴部冰冷，粪稀溏，脉沉迟无力。严重者口色青黑，昏迷呻吟。

【治则】　助阳抑阴，挽回元阳。

【方药】　参附汤加减。党参 40～70g，黄芪 40～80g，肉桂 40～60g，黑附子 60～90g，干姜 30～50g，童便 1 碗。水煎取汁，候温灌服。加减增液承气汤。当归 30～45g，黄芪 30～50g，厚朴、升麻、苍术各 40～50g，天花粉 30～60g，葛根 40～60g，芒硝 200～300g，大黄 50～60g，柴胡 35～45g，甘草 20～30g。水煎取汁，候温灌服。先服参附汤加减，后服加减增液承气汤。心力衰竭、危重者，取 0.1％盐酸肾上腺素注射液 10mL，心内注射；轻者，取 0.1％盐酸肾上腺素 10mL 或安钠咖注射液 20mL，皮下注射；50％葡萄糖注射液 500mL，5％葡萄糖氯化钠注射液 2000～3000mL，维生素 B$_1$ 注射液、维生素 C 注射液各 20mL，静脉注射。共治疗 8 例，治愈 6 例。

【典型医案】　1984 年 4 月 22 日，南昌市广福乡河山村一头 4 岁母水牛来诊。主诉：20 日上午，该牛犁田 2667m$^2$，突然起卧不安，回头观腹，粪稀溏，行走不稳，头向前伸，常倒地，一天内发作 10 余次，他医诊治无效。21 日，该牛卧地难起，不反刍、不采食，精神极度沉郁。检查：患牛昏睡，头向前贴地，精神极度沉郁，耳、鼻、四肢厥冷，脐部至阴部冰冷，体温 36℃，心跳 26 次/min，节律不齐，呼吸弱，病势危急。诊为极寒证。治疗：取上方西药行抢救性治疗。当晚 8 时，患牛心跳 30 次/min，体温、呼吸同前，精神稍好转。23 日，取 50％葡萄糖注射液 500mL，5％葡萄糖氯化钠注射液 2000～3000mL，维生素 B$_1$、维生素 C 注射液各 20mL，静脉注射。患牛心率、体温、呼吸仍然未见好转。下午，取参附汤加减：党参、黄芪各60g，黑附子80g，干姜、肉桂各50g。水煎取汁，加红糖1000g，烧酒500mL，灌服。24日，患牛体温37.5℃，心跳36次/min，呼吸18次/min，出现反刍、食欲，能勉强站立但不稳。上方药去附子、干姜，加升麻、柴胡各40g，苍术50g，茯苓30g，用法同前，1剂。25日，患牛体温38.2℃，心跳38次/min，呼吸正常，反刍、食欲增加，能行走，腹痛消失。取加减增液承气汤去大黄、芒硝，加牛膝80g，五加皮50g。用法同上，1剂，痊愈。（李汉民等，T27，P53）

## 劳　伤

劳伤是指牛脏腑阴阳、气血严重亏损，精气久虚不复，出现以食欲减退、渐进性消瘦和机能障碍为特征的一种慢性消耗性病症，又名虚损、劳伤。

### 一、虚劳

【病因】　多因劳役过度，饲养失调，时饱时饥或役多喂少，致使胃不能腐熟水谷精微、化为营血，或久病失于调理，身体虚弱，气血亏损，阴阳失调，或先天发育不足，寄生虫侵袭而发病；母牛过早生产或产后出血、尿血、便血、大失血，泄泻；公牛配种过早或配种过多；犊牛断奶过早，营养不良等；慢性消耗性疾病均可导致本病发生。

【主证】　临床上分为心气虚、肺气虚、脾气虚、肾气虚和虚劳。

（1）心气虚　患牛精神倦怠，目呆无神，头低耳耷，食欲减退，反刍减弱或废绝，心力衰竭，四肢软弱、乏力，眼球下陷，口舌苍白，卧蚕微紫，动则易出汗、气喘，脉沉细。

（2）肺气虚　患牛消瘦，精神倦怠，卧多立少，食欲减退，反刍、咳嗽无力，眼眶下陷，鼻流清涕，气喘，动则更甚，粪稀薄，肌肤水肿，有时出汗，脉迟细、无力。

（3）脾气虚　患牛精神沉郁，机体消瘦，被毛粗乱，食欲减退，腹胀，粪稀薄，尿不利，反刍紊乱，胃肠蠕动音减弱，四肢末梢、耳尖、角根、鼻冰冷，口色黄白，口津滑利。严重者肌肤水肿。

（4）肾气虚　患牛形体消瘦，精神倦怠，食欲不振，反刍减少，四肢无力，后躯发凉，步态蹒跚，动则气喘，尿频数、混浊，胸腹下、四肢、包皮水肿，粪稀薄，口色淡白，脉沉细。

（5）虚劳　患牛精神沉郁，运步无力，卧多立少，劳役无耐力，易汗，气喘，下唇不收，粪粗糙或散而带水；有的粪稀溏，腹鸣；有的咳嗽、声音低弱，四肢末端不温，可视黏膜苍白，脉象细小、无力，体温正常或偏低，舌体绵软、无力。严重者，尾巴弯曲呈"S"状，被毛粗乱、无光。公牛举阳滑精；

母牛不孕、低热或流产等。

【治则】　心气虚宜补血养心，健脾益气；肺气虚宜补肺止咳，健脾滋阴；脾气虚宜温阳健脾，益气补中；肾气虚宜益气补肾，温阳利水。

【方药】　（1、适用于心气虚；2适用于肺气虚；3适用于脾气虚；4适用于肾气虚；5～6适用于虚劳）

1. 归脾汤。白术、党参、炙黄芪各60g，龙眼肉、酸枣仁各50g，茯神45g，当归120g，远志30g，木香24g，炙甘草18g，生姜21g，大枣7枚。水煎取汁，候温灌服，1剂/d，1个疗程/6剂；25%葡萄糖注射液、10%苯甲酸咖啡因注射液、维生素C注射液适量，混合，静脉注射，1次/d，1个疗程/7d。

2. 蛤蚧散。蛤蚧1对，天冬、麦冬、百合各45g，苏子、瓜蒌、马兜铃各30g，天花粉、枇杷叶、知母、栀子、汉防己、秦艽各24g，升麻、贝母各21g，白药子、没药各18g。共研细末，开水冲调，候温，加蜂蜜150g，灌服，1剂/d，1个疗程/6剂；25%葡萄糖注射液、5%葡萄糖酸钙注射液或氯化钙注射液、维生素C注射液适量，混合，静脉缓慢滴注。

3. 归芪益母汤加味。炙黄芪、当归各90g，益母草、党参各60g，白芍、白术、苍术各45g，木香、砂仁、柴胡、草蔻、炙甘草各30g，炮姜、丁香、白扁豆各21g。共研细末，开水冲调，候温灌服，1剂/d，1个疗程/8d；10%葡萄糖注射液、0.9%氯化钠注射液、10%苯甲酸咖啡因注射液（适量），混合，静脉注射。

4. 巴戟散。巴戟天60g，补骨脂、葫芦巴各45g，肉苁蓉、小茴香、肉豆蔻、陈皮、青皮各30g，肉桂、川楝子各21g，玉片18g。共研细末，开水冲调，候温灌服，1剂/d，1个疗程/7d；10%苯甲酸咖啡因注射液、5%葡萄糖注射液、维生素B$_1$注射液适量，混合，静脉注射。共治疗198例（其中牛6例），除1例淘汰外，其余均治愈。（马正文，T112，P26）

5. 养营扶羸散。党参100g，当归50g，白术、白芍、熟地、黄芪、山药、陈皮、五味子、芦巴子、补骨脂、枳壳、山楂各30g，木香、茯苓、炙甘草、生姜、大枣各20g，生猪脂200g。心脏功能极弱、节律不齐者加远志、焦枣仁各20g；咳嗽者加杏仁、苏子各30g，天冬、麦冬各20g；有鼻脓者加百合、天花粉各30g。共研细末，大枣、糯米熬煮成汁后，用米枣带汤冲药，再加入切成细末的生猪脂，搅匀，候温灌服。取10%葡萄糖注射液1000mL，生理盐水500mL，20%安钠咖注射液20mL，50%维生素C注射液50mL，混合，静脉注射；维生素B$_{12}$注射液20mL，肌内注射；胎盘组织液20mL，肌内注射。共治疗45例（其中牛15例），服药3剂痊愈35例，服药5剂痊愈10例。

6. 气虚者，药用党参、太子参、白术、黄芪、炙甘草、大枣；血虚者，药用党参、白术、黄芪、龙眼肉、枣仁、远志、大枣、生姜；阴虚者，药用沙参、麦冬、茯神。肝阴虚者加当归、白术、龙骨、牡蛎、龟板；阳虚者（脾阳虚和肾阳虚）用理中汤和肾气丸加减。水煎取汁，候温灌服。5％或10％的葡萄糖注射液1000～2000mL，维生素C注射液50mL，10％葡萄糖酸钙注射液100mL，混合，静脉注射；0.9％生理盐水与2～3g KCl稀释成0.5％浓度溶液，缓慢静脉注射。肺部感染、瘤胃弛缓、褥疮者应配合抗生素治疗。共治疗37例，其中黄牛29例、水牛8例，治愈率达92.5％。

7. 生脉散加减。党参、当归各100g，麦冬、五味子、白术各80g，肉桂70g，生姜60g，陈皮、甘草各50g。水煎取汁，候温灌服，1剂/d，连服3剂。

【典型医案】 1. 1991年4月21日，积石山县居集乡劳动村赵某一头西门塔尔母牛，因产后不食、站立不稳来诊。主诉：该牛产后已42d，他医灌服生化汤3剂疗效甚微。检查：患牛精神萎靡不振，极度消瘦，角根、耳尖发凉，眼结膜苍白，眼眶下陷，鼻镜湿润，口色青白，舌苔薄白，皮肤弹性差，心音弱，心跳26次/min，呼吸16次/min，体温37.1℃，瘤胃蠕动音弱、1次/2min，触诊瘤胃轻微膨胀。诊为失血过多、久治不愈所致脾气虚。治疗：归芪益母汤加味。炙黄芪、当归各90g，益母草、党参各60g，白芍、白术、苍术各45g，木香、砂仁、柴胡、草蔻、白扁豆、丁香、炙甘草各30g，炮姜21g。水煎取汁，候温灌服，1剂/d，连服6剂；10％葡萄糖注射液2400mL，10％氯化钠注射液500mL，维生素B₁注射液30mL，混合，静脉注射，1次/d，连用2d，痊愈。（马正文，T112，P26）

2. 西吉县吉强镇酸刺村1组马某一头7岁黑色牛来诊。主诉：该牛因长期营养不良，管理不善，致使被毛粗乱、无光泽，眼神迟钝无光，使役中极易疲劳、出汗。检查：患牛精神、食欲不振，粪溏稀，呼吸喘粗，可视黏膜呈青灰色、无光泽，尾巴弯曲、呈"S"状。治疗：取方药5中药、西药，用法同上。治疗3次，患牛病情基本好转。（王世祥等，ZJ2006，P164）

3. 1999年月17日，宣汉县毛坝乡4村一头耕牛来诊。主诉：该牛入冬后一直圈养，饲喂稻草未加任何精料，最近食欲减退，昨天开始拒食，卧地不起。检查：患牛消瘦，畏寒，四肢冰冷，未见反刍，体温36℃，呼吸14次/min，心跳26次/min，粪稀薄，呼吸浅表，胸及下腹部均水肿，舌色淡，脉沉迟。诊为脾胃气虚。治疗：生脉散加减，用法同上。10％葡萄糖注射液1500mL，维生素C注射液50mL，10％葡萄糖酸钙注射液100mL，混合，静脉注射；咖啡因3g，皮下注射。痊愈。（罗怀平，T109，P29）

## 二、急性过劳

【病因】 突然使役过重，奔走过急、过远，于劳作中或劳作后突然发病。

【主证】 多在使役中或使役后不久突然发病。患牛全身肌肉震颤、出汗，继而精神沉郁，眼结膜、眼睑充血、肿胀，流泪，有的口、肛门肿胀，母牛阴户肿胀，鼻翼翕动，呼吸急促、气喘。由于过度使役引起过劳性肌炎，肌肉变硬，步态短缩，不敢负重，四肢强拘，头垂于前胸下；有的长期侧卧，不能起立，咽部麻痹，吞咽困难。

【治则】 清热解毒，凉血活血。

【方药】 金银花80g，蒲公英100g，连翘、石膏、大黄各50g，牛蒡子、栀子各40g，龙胆草、黄芩、陈皮、乳香、没药各30g，红花20g。高热不退者重用石膏；粪干者重用大黄，加硫酸钠150～200g。共研细末，开水冲调，候温灌服，1剂/d，连服2～3剂。10％葡萄糖注射液1000mL，5％碳酸氢钠注射液300mL，维生素C注射液20mL，混合，静脉注射；体温高、心跳过急者用赤霉素320万单位，链霉素200万单位，肌内注射；清理胃肠、促进食欲，取人工盐300～400g，酵母粉200～300g，灌服。共治疗8例，均治愈。

注：用药时最好用胃管投服；用硫酸钠等盐类泻剂一定要加足用水量，否则浓度过大难于发挥药效，且服后易患肠炎，加重病情；盐类泻剂浓度应保持在4％～6％为宜。

【典型医案】 1997年3月30日，民和县西沟乡陈某一头10岁母黄牛来诊。主诉：该牛在使役过程中突然发病。检查：患牛精神不振，全身出汗（前胸明显），肌肉震颤，体温40℃，呼吸50次/min，心跳86次/min，口腔干燥，口色赤红，眼睑肿胀，口、鼻孔、肛门、阴户肿胀，肠音减弱。诊为急性过劳。治疗：取上方药，用法同上，1剂即愈。（张长福等，T130，P49）

## 三、风劳

本症是牛感受风邪，迁延失治，日久成劳，耗伤气血，呈现虚损证候的一种病症，又称风劳病。

【病因】 多因牛役后汗出，邪风侵袭，内挟宿冷，外邪传里，消耗气血，致使阴阳不和而发病。

【主证】 患牛精神不振，头低耳耷，饮食欲减退，毛焦欣吊，被毛粗乱，机体消瘦，行走无力，四肢痿软，全身出汗，角、耳温高，鼻镜湿润，眼结膜发绀，口舌红燥，卧蚕发紫，脉细数。

【治则】 滋阴养血。

【方药】 秦艽鳖甲散。鳖甲、地骨皮、柴胡各60g，秦艽、当归、知母各40g。共研细末，加青蒿60g，乌梅10枚。水煎取汁，候温灌服。共治疗16例，全部治愈。

注：本病应与虚劳注意鉴别。虚劳不分品种、年龄；风劳均发生于役后，重力汗出受邪风侵袭所致。

【典型医案】　2001 年 4 月 28 日，余庆县敖溪镇美丽村杨某一头 9 岁黄牛，因消瘦、行走困难来诊。主诉：自 2000 年秋季以来该牛连续秋耕，致使行动迟缓，食欲不减，渐渐消瘦。检查：患牛明显消瘦，被毛粗乱，行走无力，全身出汗，四肢痿软，角、耳温高，鼻镜湿润，眼结膜发绀，口舌红燥，卧蚕发紫，脉细数。诊为风劳症。治疗：取上方药，加清水 2000mL，水煎取汁，浓缩至 1000mL，分 2 次灌服，1 剂/d，连服 4d。5 月 3 日，患牛病情好转。继服药 3 剂，痊愈。（刘丰杰等，T130，P32）

## 伤　力

伤力是指牛因元气亏损、气血不足引起的一种慢性病症。

【病因】　牛长期劳役未得休息，或使役过重，或草料不足，饲喂失时等而发病；某些慢性病、传染病、寄生虫病等继发。

【辨证施治】　临床上有劳伤心型、劳伤脾型、劳伤肺型和劳伤肾型。

（1）劳伤心型　患牛精神沉郁，卧地，心悸，毛焦欣吊，食欲不振，使役易出汗，粪球干小，尿黄，口色淡红，卧蚕青白、边缘红，脉沉无力、结代。

（2）劳伤脾型　患牛饮食欲初期正常，逐渐减退，排粪次数多、量少，体瘦，四肢无力，皮肤弹性降低，上唇黏膜粟状突起，口色黄白，舌软绵，脉迟细。

（3）劳伤肺型　患牛咳嗽不爽，稍动则气喘，呼吸加快，被毛焦燥，食欲减退，舌下两边有单行排列、小米状颗粒，口色淡红，口津黏，脉细数。

（4）劳伤肾型　患牛毛焦体瘦，欣吊腹细，腰背部皮紧毛硬，劳役、快步时气短鼻咋，行走步幅缩短，腿软无力，卧地难起；有的四肢或腹下水肿，咀嚼无力，难碎草节，舌软、胖大、充满口腔，舌根隆起，脉迟细。

【治则】　劳伤心型宜补气养血；劳伤脾型宜补气健脾；劳伤肺型宜滋阴润肺；劳伤肾型宜补肾纳气。

【方药】　（1 适用于劳伤心型；2 适用于劳伤脾型；3 适用于劳伤肺型；4 适用于劳伤肾型）

1. 归脾散。黄芪、党参、当归、元肉各 30g，白术、茯神、枣仁各 24g，远志、木香各 18g，炙甘草 15g。共研细末，开水冲调，候温灌服。

2. 健脾散。党参 30g，焦白术 24g，当归 21g，官桂、陈皮各 18g，青皮、砂仁、厚朴、茯苓、石菖蒲、泽泻、干姜、五味子、甘草各 15g，共研细末，开水冲调，候温灌服。

3. 百合固金散。百合、熟地、桔梗、生地各 30g，贝母、白芍、当归各 18g，元参、麦冬各 24g，甘草 15g。共研细末，开水冲调，加蜂蜜 120g，灌服。

4. 都气散。熟地 45g，山茱萸、山药各 30g，茯苓 21g，丹皮、泽泻各 18g，肉桂、五味子各 15g。共研细末，开水冲调，加黄酒 120mL，灌服。

共治疗大家畜伤力症 480 例，疗效达 95% 以上。

注：本病初期多伤脾、肺，尤其是脾；后期则心、肾亦虚，治疗要重补脾，兼他脏，效果才能满意。重役劳伤先调理脾胃，增进饮食，其他脏腑随之恢复正常。

【典型医案】　1983 年 1 月 25 日，西和县十里公社张集 2 队常某一头役用母犏牛来诊。主诉：去年 10 月份耕地后，该牛逐渐不食，以面糊饲喂两个多月效果差，流鼻，气喘，时而咳嗽发吭。检查：患牛体弱，被毛干燥，诱发干咳，呼吸稍粗，可视黏膜瘀血，口津呈丝状，口色淡红，舌下两边有红色小米状颗粒，脉细弱。治疗：百合固金散加减。黄芪、百合、麦冬、沙参、款冬花、生地、党参各 30g，白术、桔梗、知母、川贝母、陈皮、当归各 24g，桑白皮 18g，半夏、五味子各 15g，葶苈子 18g。共研细末，开水冲调，加蜜 120g，灌服。第 2 天，患牛精神好转，1 次能吃草 1kg。上方药加藜芦、茯苓，用法同上，灌服 2 剂。第 5 天，患牛开始反刍，吃草 3kg，咳止喘平，但仍发吭声。上方药去葶苈子、知母、桑白皮、百合，加红花、乳香、肉桂、远志、石菖蒲，用法同上，连服 3 剂，痊愈。（赵志伟，T7，P44）

## 肌无力

肌无力是指牛神经肌肉接头传递功能障碍的一种慢性病症。

【病因】　由于使用药物不当或病菌感染等引发。

【主证】　患牛横纹肌发生异常疲劳，病初经休息有不同程度的恢复；病重者横纹肌长期疲乏无力，不能随意运动；患部肌肉无疼痛、有感觉，长时间未见肌肉萎缩；体温、心率、呼吸等无明显变化。

眼肌无力者，眼睑下垂，以徒手检查眼结膜法可感觉眼肌松弛，眼睑容易拨开，眼球歪斜、转动障碍，但眼睑反射存在，这一症状先起于一侧，随后发展到两侧。

咀嚼肌、咽喉肌无力者，咀嚼、吞咽无力；患牛有食欲，开始吃时尚能缓慢咀嚼和勉强吞咽，稍后口中的饲料难以吞咽，口腔很容易打开，口腔内常有未嚼碎的饲料，喝水时发生呛咳或水从鼻孔中流出，甚至出现下颌下垂和无力闭合。

四肢骨骼肌无力者，先是两前肢无力，站立负重时可见两侧肩胛部肌肉震颤，肩关节偏向外方，两后肢前伸，头高抬，步态强拘，呈现明显的悬跛，继而发展到两后肢无力；患牛不愿站立，站立时四肢各关节稍屈曲，负重肌均出现震颤，行走艰难，强行驱赶可行走一段路程，随后走不动或倒地，休息一段时间后又可站立。

全身骨骼肌无力者，先从眼肌无力开始，发展到咀嚼肌、吞咽肌及全身骨骼肌无力，严重者卧地不起。一般病情发展缓慢，从眼肌无力发展至全身骨骼肌无力的患牛均在1周以上。

【治则】　对症治疗，消除病因。

【方药】　新斯的明2.2～2.5mg/100kg，或加3%盐酸麻黄碱注射液5～10mL，肌内或静脉缓慢注射；或将新斯的明10～15mg与5%葡萄糖注射液2000～3000mL，维生素C注射液20mL，维生素B₁注射液20mL，混合，缓慢静脉注射。同时，取强的松等糖皮质激素或以新斯的明、士的宁交替应用，肌内注射（用量根据患牛病情而定）；补中益气汤加味：炙黄芪90～120g，党参60～90g，白术、当归、陈皮、炙甘草各45～60g，升麻、柴胡、菟丝子、山茱萸各30～45g。肾阳虚者加附片、肉桂；血虚者加熟地、阿胶；夹湿者加茵陈、苍术。水煎取汁，候温灌服。共治疗眼外肌和咀嚼肌、咽喉肌无力1例，四肢肌无力2例，眼肌无力到咀嚼肌、吞咽肌及全身骨骼肌无力2例；过度劳役之后无力2例，感染继发2例。

注：新斯的明剂量过大或重复应用多引起腹痛、腹泻、流涎、呕吐、出汗等副作用，应用阿托品可缓解；感染继发者，在治疗原发病时不要应用氨基苷类抗生素，以免使病情加重。

【典型医案】　1987年4月14日，宁乡县贺石桥乡措树村一头8岁空怀母水牛来诊。主诉：该牛于3月下旬开始发病，先出现眼睑下垂，闭眼无力，眼睛不灵活，使役30min左右即气喘，行走艰难，他医用强心补液等药物治疗多次无效；12日，肌内注射硫酸链霉素后病情加剧，吃草缓慢，吞咽困难，不反刍，运步艰难，行走不远即卧地，休息后又站立。检查：患牛体温38.2℃，心跳32次/min，心跳强弱和节律无异常，呼吸平缓；不愿站立，站立时四肢肌肉战栗，拱背，四肢各关节稍屈曲，行步蹒跚；口微张、流少量涎液、口中含有未嚼细的青草，口色偏淡，舌有力；瘤胃蠕动音和肠音均弱，粪、尿正常。取甲基硫酸新斯的明10mg，肌内注射，约30min后，患牛眼睛能自由张合，口能闭合，肌肉震颤减轻。诊为全身性重症肌无力。治疗：新斯的明15mg，肌内注射，2次/d。用药后，患牛口内流涎增多，有腹痛表现。硫酸阿托品8mg，皮下注射。患牛流涎和腹痛症状消失。第2天，在肌内注射新斯的明的同时，在对侧皮下注射阿托品，取补中益气汤加味：党参、黄芪各90g，白术、当归、枸杞子、炙甘草各60g，升麻、柴胡、山茱萸、菟丝子、陈皮各30g。水煎取汁，候温灌服。17日，患牛行走、咀嚼、吞咽及眼睑基本恢复正常。继服中药2剂。21日，畜主视该

牛痊愈，牵出使役，当天使役量不大，时间短，未见异常。22日，患牛使役到中午病情复发，症状基本同前。取新斯的明15mg，麻黄素10mL，肌内注射。23日，取新斯的明15mg，5%葡萄糖注射液300mL，维生素C和维生素B₁注射液各20mL，混合，静脉注射；中药方黄芪量增至120g，加苍术45g，茵陈30g。用法同前，连服3剂。休息半个月，患牛痊愈。（易泽良，T32，P34）

## 衰竭症

衰竭症是指牛因后天失调，气血不足，元气亏损，引起慢性、高度营养不良、虚弱劳伤的一种病症，又称虚损、虚弱、劳伤。属中兽医学"虚痨"范畴。多见于产后高产奶牛、老龄和体弱牛；多见于农忙季节。

【病因】　长期使役过重，心血亏损，致牛五脏失调而成虚劳；饥不得食，饥饱不匀，饲料品质低下，营养匮乏，致牛脾胃损伤，不能化生精微，气血来源不足而造成虚损；久病不愈或病后失于调理，先天发育不足，慢性病和内寄生虫侵袭如牛结核病、吸虫病、绦虫病等，日久伤于脏腑，气血、阴阳亏损而发病。

【辨证施治】　临床上分为气虚型、血虚型、阳虚型、阴虚型和阴阳俱虚型衰竭症。

（1）气虚型　患牛毛焦欼吊，形体消瘦，精神倦怠，行走无力，咳嗽声低、无力，呼吸气短，动则喘甚，有时自汗，喜卧懒动，行动迟缓，食欲、反刍减少，粪稀软，矢气，肛门、阴户或阴茎松弛，心动疾速，易疲劳，口色淡白，舌体绵软，脉象沉细。

（2）血虚型　患牛心动过速，被毛焦燥，烦躁不安；母牛性周期紊乱、不孕；蹄匣、角无华，体弱，四肢无力，口色、眼结膜及可视黏膜苍白，脉象细弱。失血者出现芤脉，舌干苔少。

（3）阳虚型　患牛形寒怕冷，口、鼻、耳、四肢不温，体温低，倦怠无力，喜卧懒动，四肢水肿。脾阳虚者体瘦毛焦，腰脊疼痛，公牛阳痿、滑精，母牛不发情或不孕，久泻不止，多尿，口色淡白，脉象细弱。

（4）阴虚型　以肺阴虚及肾阴虚多见。患牛阴精受损或阴液不足，呈现虚弱、津枯、虚热等证候，干咳无痰，咳声低弱，鼻液黏稠或带血丝，听诊肺部有干性啰音，重则叫声嘶哑，或盗汗。肾阴虚者腰部疼痛，四肢无力；公牛举阳、滑精；母牛不孕，低热，咽喉肿痛；二者均表现脉象沉细，口色红绛。

（5）阴阳俱虚型　患牛消瘦，骨架显露，被毛粗乱或脱落，皮肤干裂、多屑、无弹性，体温37℃以下，心音减弱，心律不齐，各种反应迟钝，可视黏膜淡红或苍白，病久则卧地不起。遇寒潮侵袭则更易发病或症状加重。

【治则】 气虚型宜补中益气；血虚型宜补益气血、健脾；阳虚型宜温补肾阳，填精益髓；阴虚型宜滋阴生津；阴阳俱虚型宜回阳救逆。

【方药】 （1适用于气虚型、血虚型、阳虚型和阴虚型；2～4适用于阴阳俱虚型）

1. 气虚者，药用六味汤加减：黄芪、白术、茯苓、大枣、山药各50g，党参、太子参、炙甘草各45g。肺气虚加五味子60g；畏风自汗加牡蛎、浮小麦各50g；脾虚重者加扁豆、薏苡仁各50g，莲肉60g。水煎取汁，候温灌服。

血虚者，药用归脾汤加减：党参、白术、远志、大枣各50g，黄芪、甘草、生姜、龙眼肉各40g，枣仁、木香各45g。肝虚者加何首乌、阿胶、桑椹子适量。水煎取汁，候温灌服。

阳虚者，药用虚劳补阳散：党参、茯苓、陈皮、炙黄芪、肉桂、当归各50g，炒白术、甘草各45g，五味子40g。泄泻者加升麻、柴胡各50g，诃子肉40g。水煎取汁，候温灌服。

阴虚者，药用沙参麦冬汤加减：沙参、桑叶各50g，玉竹45g，麦冬、甘草各40g。湿热者加地骨皮、银柴胡、鳖甲各40g；虚汗多者加牡蛎、浮小麦各50g。水煎取汁，候温灌服。

增强机体能量代谢，提高肝脏、心脏功能，取5%或10%葡萄糖注射液1500～3000mL，10%维生素C注射液40～60mL，10%葡萄糖酸钙注射液150～300mL，静脉注射；安钠咖2g，皮下注射，1次/d。纠正低蛋白血症，调节体液、电解质代谢，取复方氨基酸注射液800mL或右旋糖苷2000～3000mL，静脉注射；KCl 2～3g，5%或10%葡萄糖或生理盐水，静脉注射；同时加喂生脉散。增强代谢过程，取苯丙酸诺龙80～120mg/d，肌内注射，1次/（3～5）d，连用3～4周；每天灌服甘油磷酸钙6～10g；取芡实、山药、茯苓、白术各50g，党参45g。水煎取汁，候温灌服，连服3～5剂。

共治疗43例，治愈39例。

2. 回阳救逆汤加减。附子、陈皮、炙甘草各30g，干姜、党参各50g，肉桂、白术、茯苓、五味子各40g。伤寒湿、呈急性瘫痪状、四肢僵硬、屈伸不利或有痛觉者加苍术、薏苡仁、木瓜、防己、牛膝；伤风寒、皮毛紧束、颤抖、鼻镜无汗者加防风、麻黄、细辛、紫苏、白芷；长期营养不良导致阴阳两虚者加生地、熟地、玉竹、沙参、麦冬、天花粉等；肾虚腰瘦、腰腿部肤冷无痛感者加杜仲、巴戟天、枸杞子、小茴香、山茱萸；消化不良、腹围增大、便秘者加三仙、枳实、大黄；粪溏者去大黄、枳实，加厚朴、白芍、泽泻、木通。水煎取汁，候温灌服。

热灸法。将砖在柴火中烧红，投进对入白酒的水盆，5～10s取出，用软鞋底裹砖热熨牛脊背部直至四肢末端（熨前先在皮肤上衬上麻袋或旧布片），至患牛皮肤转温时停熨。

3. 归脾汤。党参、白术各80g，黄芪、元肉、当归各70g，茯神、阿胶、酸枣仁各50g，木香、炙甘草、桑椹子各65g，远志、生姜、何首乌、大枣各60g，鸡血藤100g。水煎取汁，候温灌服，1剂/d，连服3～5剂；10%葡萄糖注射液1500mL，维生素C注射液45mL，三磷酸腺苷160mg，10%葡萄糖酸钙注射液200mL，混合，缓慢静脉注射；苯甲酸咖啡因2.2g，皮下注射。

4. 参附汤加减。党参、黄芪各100g，黑附子、肉桂各50g，干姜35g，当归、柴胡、白术各45g。水煎取浓汁，分上午、下午灌服。

【护理】 加强护理。①取红糖250g，食盐25g，加热水2500mL，候温饮服；大米1000g，大豆500g（磨浆），煮粥，候温灌服，2次/d，连用10～15d。②梳刷被毛2次/d；牵遛2次/d。天冷注意厩舍防风保暖，天晴多晒太阳。入冬前应储备充足优质青干草，抓好老弱牛入冬增膘；入冬后要适当增喂精料，做好牛舍的保温；饲料要洁净，防止慢性中毒；定期驱虫。

【典型医案】 1. 2003年12月20日，宣汉县毛坝镇弹子乡5组一头5岁西门塔尔奶牛就诊。主诉：该牛处在休产期。由于今春使役过度，入冬后饲养管理较差，日渐消瘦，卧多立少，现已无法站立。检查：患牛体温36.5℃，呼吸20次/min，心跳54次/min，形体消瘦，肋骨可见，被毛枯燥，皮肤弹性差，瘤胃蠕动音减弱、音波缩短，粪燥结，尿少色黄，可视黏膜苍白，脱水，眼窝内陷，四肢轻度水肿，口色苍白，脉象迟细。诊为血虚衰竭症。治疗：归脾汤加减。党参、白术各70g，黄芪、木香、当归、何首乌、桑椹子各60g，茯苓、甘草、远志、生姜、大枣、酸枣仁各50g。用法同方药1，1剂/d，连服4剂。10%葡萄糖注射液1500mL，维生素C注射液40mL，10%葡萄糖酸钙注射液100mL，缓慢静脉注射；咖啡因2g，皮下注射。嘱畜主改善饲养管理，增喂精料。25日，患牛能站立但不持久，体温36.8℃，呼吸19次/min，心跳32次/min，舌苔微黄，脉微细，不见反刍。继用上方中药，用法同上；取右旋糖苷1500mL，静脉注射，1次/3d；维生素B₁注射液100mL，皮下注射；复方氯化钾注射液2000mL，静脉注射。29日，患牛恢复正常。（罗怀平，T137，P53）

2. 1978年1月，通城县龙背大队一头13岁水牛来诊。检查：患牛形体消瘦，皮肤黏满粪、尿，体温36.5℃，心跳30次/min，心音弱，可视黏膜淡红，四肢屈伸不利、疼痛。诊为寒湿入肾诱发衰竭症。治疗：施以热灸；火针百会穴。针后牛当即站起。于臀腰部覆盖热麦麸袋；取回阳救逆汤加苍术、薏苡仁、防己、木瓜、牛膝各40g，用法同方药2，连服5剂；按方药2方法护理，1周痊愈。（张洛保，T33，P41）

3. 2004年4月，茶陵县下东乡条心村李某一头9岁母水牛来诊。主诉：该牛在耕田时发现四肢无力，起立困难，使役不久即倒地，不能起立。检查：患牛体温36.5℃，呼吸20次/min，心跳54次/min，肋骨显露，被毛枯燥，长满牛虱，皮肤弹性极差，瘤胃蠕动音弱，粪燥结，尿少、色黄，可视黏膜贫血，脱水，眼睑、四肢轻度水肿。治疗：取方药3中药、西药，用法同上。改善饲养管理，增喂精、青饲料。治疗5d，患牛痊愈。（肖金明，T145，P51）

4. 2006年7月26日，岷县茶埠乡半沟村一头6岁耕牛来诊。主诉：该牛由两家共养，23日犁田后于当晚发病，卧地不起，经他医治疗效果不佳。检查：患牛反刍、食欲废绝，卧地不起，耳鼻、四肢寒凉，体温36℃，心跳28次/min，呼吸12次/min，反应迟钝，口色淡白，粪稀溏。诊为劳役过度致急性心力衰竭症。治疗：上午用50%葡萄糖注射液500mL，5%葡萄糖氯化钠注射液2500mL，0.1%盐酸肾上腺素注射液10mL，维生素 $B_1$、维生素C注射液各20mL，混合，静脉注射。输液后，患牛精神好转，人工扶助可站立1～2min，体温36.0℃，心跳32次/min，呼吸较稳。但下午仍恢复原状。第2天，取方附汤加减，用法见方药4。第3天，患牛病情好转，心跳36次/min，体温37℃，呼吸18次/min，皮温增高，出现食欲和反刍，粪变稠，能勉强站立，但不久即卧下。效不更方，继服药1剂。第4天，患牛心跳38次/min，体温37.2℃，呼吸18次/min，食欲、反刍增强，能起立行走，但步态踉跄，粪干燥。取当归苁蓉汤：当归100g，肉苁蓉60g，番泻叶40g，广木香25g，厚朴、枳壳、升麻、柴胡各45g，公丁香50g。水煎取浓汁，分上午、下午灌服。第5天，患牛体温38.5℃，心跳45次/min，呼吸18次/min，食欲、反刍、粪、尿均正常，行动自如，精神恢复，痊愈。

5. 2006年9月21日，岷县秦许乡包家沟村一头8岁耕牛来诊。主诉：该牛连续使役，饲料以麦草秸秆为主，现发病已6d，不食，懒动，经输液4次、注射强心剂治疗效果不显著。检查：患牛精神沉郁，起立困难，四肢无力，行走缓慢，易疲乏，喜卧，体温37℃，心跳30次/min，呼吸15次/min，瘤胃蠕动音1次/min，稍有食欲，间或出现反刍，粪稀溏，口色青白。诊为劳役过度致慢性心力衰竭。治疗：取参附汤加减，黑附子、肉桂各加至60g，干姜加至40g，加川芎、藁本、秦艽各45g，生地、麦冬、玄参各35g，甘草15g。用法见方药4，连服2剂。第3天，患牛体温37.5℃，心跳38次/min，呼吸16次/min，精神好转，食欲、反刍增加，瘤胃蠕动音1.5次/min，能自行站立，粪、尿正常。继服药1剂。第4天，患牛体温39.2℃，心跳43次/min，呼吸18次/min，瘤胃蠕动音2次/min，一切正常。（梅绚，T150，P61）

## 自 汗

自汗是指牛汗液外泄失常的一种病症。

## 一、奶牛自汗

【病因】 多因牛病后体虚，耗伤肺气，或感受风邪，营卫不和，或邪热亡血耗阴，肝火湿热内盛，导致汗液外泄异常。

【辨证施治】 本病有体虚型和外感型自汗。

（1）体虚型 以老龄牛、犊牛和瘦弱、产后母牛多发。患牛精神不振，喜卧，行动迟缓，乏力，动则气喘，使役后胸背、颈侧多汗出，干后被毛因汗渍黏结成簇，体表、口鼻俱凉，恶风，畏寒，可视黏膜苍白。

（2）外感型 多发于早春与晚秋或气候多变季节。患牛发热，汗出，恶风，鼻流清涕，头低耳耷，行如酒醉，不喜饮水。

【治则】 体虚型宜补气健脾，固表止汗；外感型宜祛风散寒，解肌固表。

【方药】 （1、2适用于体虚型；3适用于外感型）

1. 玉屏风散加味。黄芪100g，白术80g，麻黄根60g，防风、甘草各50g。表虚感受风寒者加桂枝；自汗不止者加牡蛎、浮小麦、五味子；全身、口鼻厥冷者加熟附子、升麻；神倦者加酸枣仁、茯神；饮食欲不振者加党参。水煎取汁，候温灌服。共治疗16例，全部治愈。

2. 六味地黄汤合玉屏风散加味。熟地50g，山药、白术各35g，山茱萸、熟附子、炒小茴香、肉桂各40g，茯苓、泽泻、丹皮、防风各30g，黄芪60g。水煎取汁，候温灌服。1剂/2d，连服3剂。25%葡萄糖注射液、10%氯化钠注射液各500mL，0.9%氯化钠注射液2000mL，10%氯化钾、安溴注射液各100mL，维生素C注射液50mL，混合，静脉注射，1次/d。

3. 桂枝汤加味。桂枝、白芍、生姜各80g，大枣100g，黄芪60g，甘草50g，防风40g。咳喘者加厚朴、杏仁；发汗后项背、关节强硬者加葛根；汗出当风、寒邪入里、风湿痹痛者加威灵仙、续断、石南藤。水煎取汁，候温灌服。共治疗9例，治愈8例。

【典型医案】 1. 2004年3月12日，泰安市高新区北集坡镇赵庄村张某一头11岁奶牛（第7胎）来诊。主诉：该牛产后第3天发现胸前至颈部被毛有被汗水湿透的汗渍，近来活动过量即见被毛上有汗湿现象。检查：患牛体质消瘦，神情呆滞，乏力，被汗水浸渍的被毛黏结成簇，体温37.7℃，心跳90次/min，呼吸34次/min，呼吸浅表，心悸，节律不齐，尾根脉大、无力，体表凉，结膜苍白，舌质淡。诊为表虚自汗。治疗：玉屏风散加味加炒酸枣仁、五味子、桂枝各50g，熟附子12g。用法同方药1，1剂/d。连服2剂。患牛汗止。二诊，取黄芪80g，白术、党参各70g，茯神、酸枣仁、甘草、五味子、麻黄根各50g，升麻40g。用法同前，1剂/d。服药3剂，痊愈。

2. 2003年10月10日，泰安市高新区北集坡镇赵庄村丁某一头奶牛来诊。主诉：该牛头、颈部、肩后、胸前及臀部被毛顶部有如露珠状汗液，肌肉震颤，恶风，鼻流清涕，鼻塞、有喘鸣声。检查：患牛被毛湿度大，体表热，体温40.8℃，心跳66次/min，呼吸20次/min，尾根脉浮且缓，舌苔薄白。诊为外感风寒自汗。治疗：桂枝汤加味，用法见方药3；背覆以棉被；20min后趁热饮喂2000mL玉米面稀粥，令其出微汗。至夜晚未见汗出。翌日上午继服药1剂，中午再服1剂；约30min后，棉被下见有热气，全身潮湿，微汗出。晚间，牛体不再有热感，体温38.9℃，饮食正常，痊愈。（贠灿圣，T130，P33）

3. 1999年3月12日，包头市奶业公司张某一头奶牛来诊。主诉：该牛产后第2天即瘫痪，经他医治疗3d站起；产后6d开始出汗，被毛呈撮状、汗滴挂冰珠，心跳40次/min，肺部无异常，瘤胃蠕动音呈雷鸣声，右肷部流水音强，口色淡，口腔滑利，体温36.5℃，角不温，耳凉，粪呈稀水、内有未消化料粒，尿少，后蹄常踢腹，喜卧，喜饮水。诊为脾肾阳虚自汗。治疗：取方药2中药、西药，用法同上。患牛痊愈。（张连珠等，T112，P25）

## 二、黄牛、犏牛自汗

**【病因】** 多因营卫不和，热炽阳明，暑气伤阴，气虚阳虚而引发；外感六淫或内伤杂病所致，前者多为实证，后者多为虚证。

**【主证】** 患牛白昼出汗，或轻度使役则大汗不止，呼吸气短、喘促，耳、鼻、四肢末梢不温，口色淡白，脉无力。

**【治则】** 益气固表，收敛止汗。

**【方药】** 1. 炙黄芪100g，白芍、白术、煅牡蛎、煅龙骨、党参各50g，附子、五味子、生姜各30g，甘草15g。水煎2次，合并药液，候温灌服，1剂/d。共治疗5例，均取得了满意效果。

2. 玉屏风散加味。黄芪120g，白术、防风各45g，党参50g，麦冬、五味子、炙甘草各30g。共研细末，开水冲调，候温灌服，1剂/d，连服3剂。共治疗59例（含其他家畜），治愈56例。

**【典型医案】** 1. 2002年7月8日，西吉县沙沟乡东沟4组马某一头6岁、已产4胎母牛，于产后半个多月出现汗水淋漓来诊。主诉：近几年发现该牛多汗，耕作时乏力、慢草。检查：患牛膘情较好，精神不振，鼻镜多汗成片，气喘，舌质淡，苔白，脉沉无力，体温38℃，心率加快。治疗：取方药1，用法同上，1剂/d，痊愈。（李根明等，ZJ2006，P195）

2. 1987年8月28日，湟源县塔湾乡阿家图村刘某一头8岁黑犏牛来诊。主诉：该牛发病已6个多月，经常出汗，使役时更甚，喘息，卧地不起，粪干少，慢草，消瘦，反刍减少，易感冒，他医治疗未有好转。检查：患牛精神不振，瘦弱，毛焦肷吊，被毛粗乱，鼻镜干燥，心率、呼吸加快，体温微高，体表有大量汗液，行走无力，喜卧地，偶有咳嗽，口色淡白，舌质绵软，脉沉细无力。治疗：玉屏风散加味，用法同方药2。连服3d，患牛食欲增加，反刍正常，出汗减少。因久病后出汗过多，大伤元气，津液耗损，上方药加党参50g，麦冬、五味子、炙甘草各30g，用法同前，连服3剂。半个月后，患牛痊愈。（张宗武，T118，P44）

# 盗汗

盗汗是指牛夜间病理性出汗的一种病症。中兽医将夜间出汗称为盗汗。

## 一、黄牛盗汗

**【病因】** 多因牛使役过度，劳伤心血，或饲养失调，伤及脾肾，致使阴火过胜，阳虚不能敛汗所致。多为心、肾阴虚引起，阴虚则内热，内热蒸精则汗出。

**【主证】** 患牛精神不振，食欲减少，夜间出汗，清晨可见牛被毛覆有一层白霜，甚者湿透全身被毛，毛焦体瘦，食欲不振；有时使役后汗如水洗，口色、眼结膜红，舌红少苔，脉细数。个别患牛仅见一侧颜面及颈部多汗。

**【治则】** 敛汗固表，滋阴养血。

**【方药】** 1. 当归六黄汤加味。党参、当归、熟地、麻黄根、黄连、黄芩、黄柏、牡蛎、生龙骨各20g，浮小麦100g，大枣10枚。共研细末，开水冲调，候温灌服。共治疗10余例（含马属动物），全部治愈。

2. 牡蛎、黄芪、龙骨、茯神、当归各40g，浮小麦80g，麻黄根25g，五味子、党参各45g。水煎取汁，候温灌服，1剂/d，连服3d。共治疗14例，治愈12例。（谢洼，T41，P45）

3. 四神丸加味。补骨脂、肉豆蔻、五味子各45g，吴茱萸40g，麻黄根30g，浮小麦60g，肉桂24g。共研细末，开水冲调，候温灌服。共治疗2例，均获痊愈。

4. ① 当归六黄汤加味。当归、黄柏、黄连、生地各30g，黄芪90g，熟地50g。全身多汗者加生龙骨、牡蛎各90g，麻黄根20g，浮小麦120g；潮热甚者加秦艽、银柴胡、白薇。水煎取汁，候温灌服。

② 玉屏风散合桂枝汤加味。白术、白芍各40g，防风30g，桂枝、生姜、大枣各25g，龙骨、牡蛎各90g，甘草20g。水煎取汁，候温灌服。本方药适用于治疗单侧颜面及颈部多汗。

③ 白芍100g，附子20g，炙甘草30g。水煎取汁，候温灌服。本方药适用于治疗汗出不止。

④ 10%葡萄糖注射液500～1000mL，氯化钙10～20g，安溴注射液100mL，静脉注射；维丁胶性钙15mL，肌内注射；硫酸阿托品10～20mL，皮下

注射，1次/d，连用1～3次。

共治疗14例，全部治愈。(李海基等，T151，P68)

【典型医案】　1. 1983年3月18日，赤峰市左旗花加拉嘎乡郑家段村王某一头8岁牤牛来诊。主诉：该牛于春耕后每晚11时左右颈两侧开始出汗；2d后颈、背部对称出汗；6～7d后出汗经常湿透全身，均于天亮前停止。检查：患牛口色红，鼻镜汗不成珠，脉细数。诊为盗汗。治疗：当归六黄汤加味(加半倍量)，用法同方药1，1剂/d，连服4剂，痊愈。(姚忠民，T105，P39)

2. 1981年4月，榆中县三角城乡王家营村张某一头10岁红阄牛来诊。主诉：该牛使役时不出汗，晚上至次日晨满身大汗如露珠、热气蒸腾，他医治疗灌服中药3剂无效。检查：患牛营养中等，精神稍差，鼻镜湿润，口色、结膜淡红，耳、鼻凉，脉沉细，全身未见出汗，粪稀软。诊为五更汗。治疗：四神丸加味，用法同方药3，连服2剂。停止劳役。服药4d，患牛夜间出汗减轻，早上触摸牛身仅有潮湿感，其他如常。原方药减肉桂，加黄芪60g，用法同前，再服2剂。半个月后，患牛痊愈。(连奭，T40，P36)

## 二、奶牛盗汗

多见于产前、产后奶牛和高产奶牛。

【病因】　奶牛产前胎儿耗费气血、津液较多，产后气血、津液大伤导致出汗；饲养不善，营养供给不足，高产奶牛没有足够的水谷精微补充，日久则肾阴亏虚，命火偏亢所致；感受燥邪或风邪，导致喘咳发热，潮热盗汗。

【主证】　患牛体弱无力，行走迟缓，动则出汗，汗出不止，恶风怕寒，口津滑利，耳角不温，脉沉缓等。

【治则】　滋阴壮水，益气固表。

【方药】　1. 六味地黄汤。熟地50g，山药35g，山茱萸40g，茯苓、泽泻、丹皮各30g(为中等奶牛药量)。汗出不止兼有体温升高、喘咳、口温和角温高、粪干、尿黄者加沙参麦门冬汤(减味)和苏子、杏仁、木通；汗出不止兼有体温低、口温和角温低、耳梢凉、粪稀、尿少者加玉屏风散、熟附子、肉桂、炒小茴香；汗出不止兼有乳房肿硬、反刍差、吃草不吃料者加金银花、玄参、龙胆草、醋郁金、熟地、芒硝、山楂、神曲、麦芽。共研细末，开水冲调，候温灌服。大汗亡阳、反刍及饮食欲差者，为防止脱水，补以大量液体，给以糖类、钙、钾、钠等。共治疗24例，全部治愈。

2. 当归、生地、黄芩、生龙骨各40g，黄连、黄柏各30g，熟地、黄芪各60g，生牡蛎50g，浮小麦200g，大枣30枚。水煎2次，合并药液，候温灌服，1剂/d，连服4剂，痊愈。共治疗18例，用药2～4剂即愈。

【典型医案】　1. 1998年6月14日，包头市九原区哈林格尔乡北沙梁村焦某一头高产奶牛来诊。主诉：该牛距产期还有1个半月，现产奶20kg/d，未行干奶，每晚颈、背上出汗持续到午夜，食欲、反刍正常，饮欲增加，中午喘，时有咳嗽，粪呈油旋状、色黑、附有黏液，尿黄。检查：患牛胃肠蠕动基本正常，体温39.6℃，心跳76次/min，呼吸45次/min，膘情中上等，口色红津、少燥，齿龈红紫，口温、角温高，眼结膜潮红，脉细数。诊为肺肾阴虚出汗。治疗：六味地黄汤合沙参麦门冬汤。熟地50g，山茱萸、木通各40g，山药、茯苓、沙参、麦冬各35g，泽泻、丹皮、玉竹、桑叶、苏子、杏仁各30g。用法同上，1剂/2d，连服3剂，1周治愈。(张连珠等，T112，P25)

2. 2002年3月16日，中牟县城关镇北街刘某一头5岁黑白花奶牛来诊。主诉：该牛夜间出汗已10余天，天亮前出汗停止，食草料少，产奶量下降。检查：患牛精神不振，口色红，脉细数。诊为盗汗。治疗：取方药2，用法同上，1剂/d，连服4剂，痊愈。(张红超等，T121，P23)

## 血　汗

血汗是指血液或血液色素混在汗液内随汗液排出的一种病症，又称红汗病。多见于3～10岁青、壮年牛和膘情好的牛；多发生于夏初或秋季。

【病因】　现代兽医学认为，血汗症是指血液或血液色素混在汗液内随着汗液排出，呈淡红色或鲜红色，见于多种血液病或感染性疾病。

【主证】　患牛嗜睡，食欲、反刍减退，继而精神沉郁，反刍停止，食欲废绝；臀、背、颈、腹部两侧毛孔出血、呈弥漫性点状出血、色较淡或为血痂。出血时间多在早晚，白天较少。被毛逆立，鼻镜汗不匀或无汗，有时皮肤瘙痒，皮温稍高，瘤胃、肠蠕动音弱。

【治则】　清热解毒，凉血止血。

【方药】　金银花、连翘各60g，柴胡、栀子、仙鹤草各45g，黄连30g，鲜茅根100g。水煎取汁，候温灌服。5%葡萄糖生理盐水1500mL，10%安钠咖注射液30mL，青霉素G钾盐400万单位，硫酸双氢链霉素200万单位，静脉注射。一般给药1次，患牛精神好转，食欲出现或增加，有的恢复正常；有的需再服药1～2次。共治疗9例。(何有常，T1，P33)

## 痉挛症

## 一、痉挛症

痉挛症是指牛筋脉失养所出现的一种病症。

【病因】　由于劳役过度，寒、热诸邪内侵，或筋脉失养，肝阳偏亢，肝风内动，引起行动不能自主，出现痉挛、抽搐、震颤、左右摇摆等；种公牛配种过度或过早；母牛未成熟而生产等，耗伤气血，导致肝肾俱虚，肝气郁结，郁久化火，火盛生痰，痰迷心神而发病。

【辨证施治】　本症分为肝虚阳亢型、肝阳上亢型、肝郁化火型和肝阳偏亢型痉挛。

（1）阴虚阳亢型　突然发病。患牛呼吸加快，倒地昏睡，知觉消失，间歇性发作，间隔时间不等，舌淡苔白，脉细。

（2）肝阳上亢型　患牛突然左右摇摆、转圈、倒地时全身抽搐，四肢呈划船样，口颤动、吐白沫、眼结膜潮红，舌质绛红，对外界刺激反应敏感，两目直视，脉弦数。

（3）肝郁化火型　发作时患牛乱撞乱跳，撞人毁物，两眼怒视，无目的行走，大声吼叫，饮食欲废绝，只站立不卧地，尿失禁，舌红，苔黄而粗，脉滑。

（4）肝阳偏亢型　突然发病。患牛前后、左右摇摆，鼻镜湿润，瘤胃蠕动弛缓，眼结膜潮红，被毛粗乱、无光泽，精神沉郁，反应迟钝，舌质淡红而干，苔薄。

【治则】　阴虚阳亢型宜补血平肝，滋阴潜阳；肝阳上亢型宜清肝息风，镇痉安神；肝郁化火型宜平肝泻火，涤痰开窍，肝阳偏亢型宜活血化痰，养阳扶正，平肝息风。

【方药】　（1适用于阴虚阳亢型；2适用于肝阳上亢型；3适用于肝郁化火型；4适用于肝阳偏亢型）

1. 通关散。猪牙皂角、细辛各等份。共研极细末，取少许吹鼻；柴胡、生地、熟地、当归、车前子、天南星、丹参、天麻、乌梢蛇、钩藤、牡蛎、牛膝、龙胆草、茯苓、菊花、石菖蒲、肉桂。混合，共研细末，水煎取汁，候温灌服，1剂/d，1个疗程/6剂。

2. 镇肝息风汤。怀牛膝、生赭石、生龙骨、生牡蛎、生龟板、生杭芍、玄参、天门冬、川楝子、生麦芽、茵陈、甘草。混合，共研细末，水煎取汁，候温灌服，1剂/d，1个疗程/6剂。

3. 栀子、大黄、白药子、黄药子、茯苓、黄连、郁金、白芷、陈皮、石菖蒲、辛夷、山羊角、水牛角、川贝母、菊花、薄荷。水煎取汁，候温灌服，1剂/d，1个疗程/6剂。

4. 千金散。天麻、乌梢蛇、蔓荆子、羌活、独活、防风、升麻、阿胶、何首乌、沙参、天南星、僵蚕、蝉蜕、藿香、川芎、桑螵蛸、全蝎、旋覆花、细辛、生姜。除阿胶外，余药混合，共研细末，水煎取汁，放入阿胶溶化，候温，加黄酒，灌服，1剂/d，1个疗程/6剂。

用方药1～4，共治疗132例（含其他家畜），除3例被屠宰外，其余129例全部治愈。

【典型医案】　1. 1981年5月25日，积石山县中咀岭乡马家川村马某一头4岁西门塔尔母牛，因突然倒地、形似昏睡状邀诊。主诉：该牛以前已发作数次，最近发作1～2次/d，数分钟后恢复正常。检查：患牛精神不振，被毛粗乱，鼻镜湿润，舌淡苔白，眼结膜潮红，两眼怒视，体温38.6℃，心跳58次/min，呼吸30次/min，瘤胃蠕动1次/2.5min，针刺四肢末梢则知觉消失。治疗：柴胡、龙胆草、菊花各45g，生地、熟地、丹参、茯苓、肉桂、石菖蒲各30g，当归60g，天南星、牛膝各35g，车前子、天麻、乌梢蛇、钩藤、牡蛎各40g。水煎取汁，候温灌服，1剂/d，连服4剂，痊愈。

2. 1991年7月5日，积石山县别藏乡村杨某一头2岁种公牛来诊。主诉：该牛昨日突然出现撞人毁物，两眼直视，大声哞叫，约10min后恢复正常。检查：患牛精神沉郁，舌红苔黄，结膜潮红，心跳78次/min，呼吸26次/min，瘤胃蠕动1次/2min。诊为肝郁化火型痉挛。治疗：柴胡、栀子各50g，金银花45g，茯苓、黄连、黄芩各40g，郁金、白芷、石菖蒲各35g，辛夷25g，白药子、黄药子、山羊角、水牛角、川贝母、菊花、薄荷、陈皮各30g。水煎取汁，候温灌服，1剂/d，连服5剂。18日，应畜主要求，再取党参、黄芪各50g，陈皮、川贝母各30g，杜仲、益智仁、枸杞子各45g，炙甘草、菟丝子、何首乌、熟地各40g。水煎取汁，候温灌服，痊愈。

3. 1996年1月2日，积石山县中咀岭乡中咀村马某一头16岁犏牛，因行走摇摆、有时肌肉震颤、四肢痉挛来诊。检查：患牛被毛粗乱，鼻镜湿润，舌淡红而干，苔薄白，口流白沫，心跳68次/min，体温38.3℃，呼吸23次/min，瘤胃蠕动2次/6min。诊为肝阳上亢型痉挛。治疗：天麻50g，乌梢蛇、僵蚕、蝉蜕、川芎、蔓荆子各40g，羌活、独活、防风、桑螵蛸、升麻各30g，全蝎、旋覆花、细辛、生姜、阿胶、何首乌各45g，沙参、天南星各35g。水煎取汁，用酒精化阿胶后加黄酒100mL，灌服，1剂/d，连服4剂；10%葡萄糖注射液1500mL，0.9%生理盐水500mL，维生素C注射液30mL，混合，缓慢静脉注射，1次/d，连用3次；针刺天门、山根、百会穴。同年12月26日追访，未再复发。（马正文，T96，P22）

注：在患牛清醒后或间歇期治疗方可收到满意的效果。本病应与脑炎、脑膜炎，有机磷农药、鼠药、亚硝酸盐、乌头等中毒以及具有神经紊乱症状的疾病加以区别。

## 二、膈肌痉挛

膈肌痉挛是指由于膈神经受到某种刺激，导致膈肌节律性痉挛收缩，出现以肋弓、躯干呈现节律性跳动为特征的一种病症，亦称横膈膜痉挛或跳肷症。

【病因】 牛突然受到风寒侵袭，阴雨浇淋，寒邪侵入脏腑，导致脾胃受寒；内服大量苦寒药剂，或劳役过后，奔走太急，突然过饮大量冷水，冷热相搏，逆气上冲胸膈所致。

【主证】 患牛精神不安，两肷部有节律的跳动，肷部跳动时可听到"咚咚"的呃逆声，呼多吸少，卧多立少，口色青白。

【治则】 温中散寒，理气降逆。

【方药】 寒证呃逆汤。柿蒂80g，党参150g，干姜、丁香、吴茱萸、半夏、炙甘草各40g，橘红50g。共研细末，开水冲服，候温灌服。

【典型医案】 2000年3月4日，余庆县白泥镇白米村坳上组谢某一头4岁黄牯牛来诊。主诉：3日赶牛上坡放牧，发现牛站立不动，不食，他医输液、打针治疗无效。检查：患牛精神不振，食欲废绝，耳寒鼻冷，四肢厥冷，体温37℃，全身震颤，两肷频频跳动，颈静脉有节律的跳动，口色苍白，脉象沉细。诊为寒证跳肷。治疗：寒证呃逆汤，用法同上，1剂，痊愈。（杨元华，T107，P21）

## 猝死症

猝死症是指牛没有任何前驱症状，突然发病死亡的一种病症。临床上呈零星散发，2岁以上的壮年牛、妊娠牛和带犊母牛多发；无明显的季节性，以春秋和阴雨多变的天气较为多见。

【病因】 多因魏氏梭菌毒素中毒引发；或牛误食氟乙酰胺污染的饲草或饲料，或严重缺硒引发。

【主证】 患牛突然发病，骤然死亡，短则几分钟，长则2~4h，最长者也不超过24h。无论放牧或舍饲，患牛突然饮食欲废绝，使役或放牧时突然倒地，呻吟，步态蹒跚，后躯肌肉震颤，尿淋漓，粪失禁，磨牙，哞叫，抽搐，头向后仰，四肢呈游泳状划动，有的突然站起来向前冲撞而倒地死亡，有的死后口鼻流出血色泡沫样液体。

【治则】 强心补液，对症治疗。

【方药】 1. 大黄、栀子各30~40g，金银花、大青叶各30~50g，黄连、黄柏各30~35g。共研细末，开水冲调，候温灌服，1剂/d，连服4~6d；或用新鲜猫眼草1000~1500g，水煎取汁2000mL，候温灌服，1次/d，连服4d。耳静脉、尾尖、舌底静脉放血；冷水喷淋患牛头部；白酒150~200mL，灌服；氨苄青霉素3000~4000U/kg，地塞米松注射液0.1g/kg，樟脑磺酸钠注射液1mL/5kg，混合，肌内注射；磺胺嘧啶钠0.1~0.2mL/kg，肌内注射。一旦患牛病情好转，上方药继用1次即可。用3％福尔马林溶液或2％烧碱经常牛舍内外环境消毒。发病期间，对健康牛用复方新诺明0.02~0.04g/kg，土霉素0.2~0.3g/kg，混合，灌服，2次/d，连服3~6d；或

魏氏梭菌、巴氏杆菌二联苗，肌内注射，5mL/次，对预防猝死症有显著效果，但必须在1个月内注射2次，否则达不到预防效果。

2. 取脑俞穴（即透脑穴，位于眼眶后上方、下颌关节前上缘的凹陷中，即外眼角与耳根连线的中点），左右侧各1穴。患牛站立保定；局部常规消毒；医者左手按压穴位，右手持装有安定注射液（10mg/10kg）的注射器，待患牛呼吸均匀，垂直刺入穴位（最好用12号针头，全部刺入），缓缓注入药液；出针后按揉针孔。只要认症清楚，选穴准确，手法得当，本法对猝死症控制效果显著，且2~5min即可见效。控制性治疗牛87例，达到95％~97.3％。（米向东，T86，P38）

【典型医案】 1994年5月20日，邓州市裴营乡前郑村张某一头3.5岁母牛，因犁地时突然倒地、嚎叫、四肢划动、抽搐邀诊。检查：患牛体温37.8℃，呼吸困难，嚎叫，尿频，肛门外翻，频频作排粪姿势，头向后仰，倒地后强迫站立时步态不稳。诊为猝死症。治疗：氨苄青霉素1800万单位，樟脑磺酸钠50mL，地塞米松磷酸钠注射液60mL，病毒灵注射液40mL，5％葡萄糖氯化钠注射液1000mL，混合，静脉注射；磺胺嘧啶钠100mL，肌内注射。用药3h，患牛全身症状减轻。翌日，继用药1次。1个多月后追访，患牛痊愈。（王胜利，T85，P29）

## 脱毛症

脱毛症是指因风湿侵袭或气血亏损，致使牛皮肤失养，被毛焦燥、脱落的一种病症，又称秃毛症。多见于体质瘦弱的牛。属中兽医肺风毛躁范畴。

【病因】 由于气血亏损，皮肤失养，被毛焦燥、脱落，引起血虚脱毛；年轻肥壮的牛脱毛多是风湿侵入皮肤引起。

【主证】 患牛形体瘦弱，皮毛焦燥，全身瘙痒，揩擦舌舐，皮毛脱落，局部干裂，口舌如绵。

【治则】 清肺解毒，祛风除湿，活血生新。

【方药】 1. 五参散加减。党参、苦参、玄参、紫参、沙参、何首乌、秦艽、当归、黄芪各100g，蔓荆子、威灵仙、白藓皮各80g。水煎取汁，加酸浆水、炙皂角、蜂蜜，灌服。轻者1剂、病程较长且严重者2剂即愈。风湿引起的脱毛症，药用五参散加苍术、薏苡仁、川羌活。水煎取汁，候温灌服。

2. 六君子汤合当归补血汤加味。党参、黄芪各90g，白术、茯苓、白芍、熟地各60g，半夏40g，当归、荆芥各30g，陈皮、炙甘草、砂仁各20g。水煎取汁，候温灌服，1剂/d。

3. 黄芪、龙眼肉、何首乌各40g，白术、茯神、太子参、当归、枣仁、熟地、枸杞子、旱莲草、潼蒺藜、白蒺藜各30g，炙甘草20g。水煎取汁，候温，于早、晚灌服，1剂/2d。

4. 何首乌60g，熟地、枸杞子各45g，木瓜40g，菟丝子、牛膝、白蒺藜各35g，当归、白芍各36g，白芷、防风、川芎各20g，羌活、甘草各10g。水煎取汁，候温，于早、晚灌服，1剂/2d。

【典型医案】 1. 1982年3月，西峡县军马河乡倒天沟村同某一头母黄牛就诊。检查：患牛形体瘦弱，全身瘙痒，揩擦舌舐，被毛大片脱落，皮裂，食欲减退，口舌如绵。诊为血虚脱毛症。治疗：五参散加当归、黄芪各100g，蔓荆子、威灵仙、白薛皮各80g，用法同方药1。1个月后，患牛皮肤柔软，食欲增加，膘情恢复，瘙痒消失。（朱元会等，T17，P64）

2. 1985年4月25日，宁阳县东述镇王某一头11岁役用母黄牛就诊。主诉：由于该牛连续使役，冬春草料不佳，于半个月前胸部两侧被毛小片脱落，逐渐大片脱落，数天后蔓延至腹部。检查：患部时有瘙痒，轻度破裂，间隙呈红色，有少许痂膜，颈、臀部被毛轻扯即掉，舌舐揩擦；牛体消瘦，皮糙肷吊，精神倦怠，鼻镜偏凉，鼻汗分布不匀，中部汗少，粪稀溏、有粗大草渣，腹部虚软，胃肠蠕动音减弱，口色淡白，舌体薄、软绵，口津稍干，脉象濡细。诊为脱毛症。治疗：当归补血汤合四物汤。黄芪120g，白芍、熟地、元参、丹参各60g，党参90g，当归、荆芥、防风各30g，砂仁、炙甘草各20g，水煎取汁，候温灌服，1剂/d，连服3剂。28日，患牛食欲更差，反刍减退，其他症状同前。取六君子汤合当归补血汤加味，用法同方药2，1剂/d，连服3剂。嘱畜主加强饲养管理，喂以优质草料。5月2日，患牛食欲增加，反刍恢复正常，患部皮肤逐渐红润，诸症好转。继服药6剂。半个月后，患牛饮食正常，患部皮肤开始长出新毛。（黄一帆，T19，P28）

3. 1979年8月7日，铜仁县马岩乡一头9岁、约250kg公黄牛来诊。主诉：该牛半年前被毛脱落，病初只在头额部，逐渐蔓延至颈部，甚至胸、腹、股等部位大面积脱落。检查：患牛被毛无华，食欲减退，肢倦乏力，懒动，口色偏淡，脉细弱。诊为化源不足、气血两亏性脱毛症。治疗：取方药3，用法同上。服药15剂，患部被毛停止脱落，长出新毛，食欲增加；又服药15剂，患部被毛长齐，其他症状消失。

4. 1981年7月28日，铜仁县漾头乡一头11岁、约300kg白色母水牛来诊。主诉：1年前该牛身上发痒，常在树干、土墙等处摩擦，随后被毛脱落。初期位于颈部两侧，逐渐蔓延至全身，经多方医治疗效不明显，被毛随生随脱。检查：患牛精神沉郁，倦怠乏力，易汗，结膜苍白，唇、舌色淡，脉细弱。诊为风盛血燥脱毛症。治疗：取方药4，用法同上。服药10剂，患牛痒止，新毛长出。上方药去白芷、防风，加百合40g，沙参35g，用法同前，连服15剂。患牛被毛长齐，未再复发。（胡朝江等，T42，P23）

## 湿 疹

湿疹是指由多种因素引起，以皮肤剧烈瘙痒和出现红斑、丘疹、水泡、脓疱等为特征的一种病症。多见于胸部、腹部、股部及系凹部；一年四季、均可发生。

【病因】 常因皮肤不洁，被毛积蓄污垢，阴雨、潮湿、强阳光照射等刺激皮肤而发病；摄入发霉变质饲料引起过敏性湿疹；使用化学物质不当可直接刺激皮肤诱发。

【主证】 根据湿疹炎症的性质、程度，分为4种：皮肤表面局部充血、肿胀、湿润为红斑期；皮肤乳头层发炎，有硬结节且突出皮肤表面为丘疹性湿疹；表皮下出现透明渗出液并形成水泡为水泡性湿疹；水泡内有脓液为脓疱性湿疹。

整个病程中，患牛均表现奇痒，常摩擦、脚踢、啃咬患部，致使被毛脱落。

【治则】 清热解毒，祛风止痒。

【方药】 1. 木菠萝黄叶2份，大叶桉黄叶1份，芭蕉黄叶1份。洗净、晒干，放入锅中烧成灰，研末，筛去粗片，粉末重研，过筛成细粉，装瓶备用。先用0.1%高锰酸钾水溶液清洗患部，把皮肤污垢和坏死组织除去，再用3%明矾水溶液冲洗多次，使患部清洁干净、揩干，撒上药粉。轻症一般用药2~3次，重症4~6次。共治愈26例，有效率达98%以上。

2. 生肌散。明矾500g，鲜姜250g，当归末、川芎末、防风末、黄丹、冰片各50g，血竭末25g。将鲜姜洗净、切碎；明矾分为400g、100g两份。先将400g明矾放入铁锅内，用木柴火烘烤，待明矾全部熔化后将鲜姜撒布在明矾液上，继用武火烘烤至不冒气时，再将当归末、川芎末、防风末撒在上面，改用文火，直至锅内无蒸气冒出时再将血竭末、黄丹加入，停火，待凉透后，将锅内药物全部取出（注意：上述过程不能搅拌），同另100g明矾一起研成极细末，再加入冰片，混合均匀，装瓶备用。患部常规处理，撒布生肌散，1~2次/d。共治疗15例（含其他家畜），治愈13例。（万广训，T69，P28）

3. 急性者，取龙胆草、黄芩、苦参、柴胡、土茯苓、蝉蜕、丹皮各40g，茵陈、生地各60g，栀子、泽泻各30g。热重者重用龙胆草、黄芩；湿重者重用茵陈、苦参；痒甚加大蝉蜕用量。水煎取汁，候温灌服。

慢性者，取当归、白芍、茯苓、浮萍草、苦参各40g，生地60g，地肤子、白薛皮、甘草各30g。水煎取汁，候温灌服。患牛剧痒，不断啃咬患部及擦墙不安时，取10%葡萄糖酸钙注射液200~300mL或5%氯化钙注射液300~500mL，维生素$B_1$ 500~1000mg，10%维生素C 5~10g，地塞米松20~30mg，缓慢静脉注射。

注：钙制剂注射速度宜慢，调整维生素 C 与钙制剂的输液时间间隔，避免二者发生交叉反应。

共治疗 4 例，均取得了明显效果。（谭正锋，ZJ2006，P218）

4. 苦楝根皮（鲜者为佳）250g，苦参、地肤子（捣碎）各 200g，花椒 150g，辣椒 100g，皂刺 50g。加水煎煮 3～5 沸，取汁，趁热洗患处；药液干后用大蒜再反复擦几遍，1～2 次/d。1 次用不完的药液加温后还可再用。共治疗 3 例，均治愈。

5. 当归、川芎、生地、荆芥、防风、知母、黄柏、蝉蜕、苦参、牛蒡子、木通各 50g，地肤子 80g，川花椒 25g，甘草 30g。水煎取汁，候温灌服。

6. 当归、川芎、生地、知母、黄柏、苦参、茵陈、木通、地肤子、蛇床子各 50g，茯苓 100g，荆芥、防风各 60g，水煎取汁，候温灌服。花椒、白藓皮、明矾。水煎取汁，擦洗患处。

7. 蝉蜕 20g，僵蚕 35g，姜黄 30g，川芎 25g。共研细末，开水冲调，候温灌服。共治疗 16 例，治愈 15 例。

8. 蛇床子汤。蛇床子、地肤子、苦参各 50g，黄柏 25g，花椒 15g，甘草 20g。湿热重、舌苔黄腻者加生薏苡仁 30g。水煎 3 次，加水约 800mL/次，取药液 500mL。用第 1、第 3 次的药液加温水适量洗擦患部；第 2 次煎液分 2 次灌服。一般 2 剂可愈。共治疗 40 余例，疗效较好。

注：本病应与疥癣、风疹块、皮肤瘙痒症进行鉴别。取患处渗出液涂片镜检，疥癣可见大量疥癣虫，湿疹则无。取韭菜适量，在火上烤软，趁热涂擦患部，10min/次，间隔 20min，再擦 1 次，连擦 3 次，如是风疹，疹块逐渐消失，痒觉减轻；若是湿疹则无效。皮肤瘙痒症没有湿疹的潮红、充血、水泡、脓疱等症状，只有相似湿疹的瘙痒症状。同时，还应注意与创伤性皮炎、寄生虫病、饲料或异物过敏引起皮肤炎症进行区别。

【典型医案】 1. 凭祥县外贸牛仓屯积饲养黄牛 25 头，由于饲养管理不当，圈内牛粪堆积过厚，牛长期卧于粪、尿中，导致有的牛跛行，有的牛蹄被毛脱落来诊。检查：18 头患牛蹄冠毛脱落一半，蹄冠四周潮红、肿胀，其中有 12 头牛蹄叉内表皮糜烂、有腥臭渗出液；个别牛跛行，食欲、精神、体温和口腔组织均正常。诊为蹄部湿疹。治疗：清扫、冲洗牛舍，防止潮湿再刺激患蹄。取方药 1，用法同上，1 次/d，连服 4～6d，全部治愈。（黎德明，T133，P37）

2. 1986 年 8 月 12 日，郓城县王井乡全某一头 4 岁母黄牛，因上槽时瘙痒不安来诊。主诉：近 2d 来该牛全身多处成片被毛被擦掉，食欲减退，懒动无神。按皮肤过敏用盐酸苯海拉明、氢化可的松、过氯化钙溶液等药物治疗均未见效，且病情加重。检查：患牛体温 39.3℃，心跳 75 次/min，呼吸 46 次/min，精神沉郁，四肢无力，眼结膜潮红，口干，卧地闭目，阵发奇痒，拼命摩擦，颈、背、腰及胸腹部被毛脱光，皮肤粗糙、潮红，裂口处有黄红色渗出液、不黏手。诊为湿疹。治疗：取方药 4，药液外洗和大蒜涂擦，2 次/d。第 1 次擦洗前先用钝刀刮其患处，再用清水洗 1 次，然后用药液刷洗。1 个月后，患处长出新毛。（刘征，T23，P54）

3. 1984 年 9 月，临泉县乌庄村李某一头南阳母牛，因患皮肤病经多方医治无效来诊。主诉：由于春耕时牛遭受雨淋，出现食欲减退，脑部皮肤出现疹块，继而头、颈部也出现疹块，治疗无效。检查：患牛周身皮肤有黄豆大至镍币大皮疹，尤以胸背、头、颈部为多，界限清楚，破后流出淡黄色液体，有结痂，皮肤起鳞屑，骚动不安，不断啃咬皮肤，颈两侧被毛已脱落，苔黄腻，舌质红。诊为湿疹。治疗：取方药 5，用法同上。连服 2 剂，患牛疹块减少，痒感如前。上方药去木通、牛蒡子，加生薏苡仁 50g，白藓皮、蛇床子各 60g。用法同前。服药 1 剂，患牛疹块大多缩小或消失，头部疹块尚存；2 剂痊愈。1986 年春追访，再未复发，已产两犊牛。（曹灿民，T32，P59）

4. 1986 年 4 月，临泉县小刘庄韩某一头 3 岁母黄牛来诊。主诉：该牛阴部发痒，不断啃咬，靠墙摩擦，饮食、反刍如常，尿黄，半个月发情 1 次，屡配不孕。检查：患牛外阴部丘疹已破溃、流黄水或血、结痂，尾根部被毛脱落，腹下有黏性分泌物黏附，以木棒搔痒，患牛安静。诊为湿疹。治疗：取方药 6，用法同上。取花椒、白藓皮、明矾，水煎取汁，擦洗患处。服药 3 剂，并服调经养血药 1 剂，配合冲洗阴道，痊愈。（曹灿民，T32，P59）

5. 1989 年 4 月 3 日，旬邑县郑家乡马坡村马某一头 3 岁黄牛来诊。主诉：今晨突然发现该牛口唇、眼睑肿胀，吃草减少。检查：患牛心跳 107 次/min，全身出现风疹、如面团状，口唇、眼睑肿胀。诊为湿疹。治疗：取方药 7，用法同上。第 2 天，患牛食欲、反刍正常，湿疹消退。（武允定，T48，封三）

6. 1988 年 5 月，泾川县丰台镇西头王村尚某一头 3 岁黄犍牛来诊。检查：患牛全身瘙痒，尤颈部为甚，擦树蹭墙，皮破血溢，随破随收，颈、肩胛部有豆粒样和手掌大硬疖，不破溃，患处被毛擦落，全身皮肤有白色痂屑；患牛骚动不安，体瘦毛焦。他医投服消风散、五参散，外涂敌百虫膏，疗效均不佳。诊为湿疹。治疗：蛇床子汤加丹皮、生栀子各 20g，用法同方药 8，服药 2 剂。1 月后，患牛全身瘙痒消失，患部长出新毛。（周永民，T64，P35）

## 僵牛

僵牛是指牛因患慢性疾病或大剂量使用药物等，

导致生长发育缓慢的一种病症。

【病因】 在治疗牛肝病、肺病和消化道疾病，特别是醋酮血症或某些传染病过程中超剂量使用峻泻、大热、寒凉药物，或使用各种抗生素、强酸强碱等强刺激性药物，长期采食含超标化学残留、农药残留、重金属和放射性有害有毒饲料，导致牛顽固性胃肠弛缓、蠕动无力，各种有益菌落、纤毛虫、真菌被杀灭，腺体酶分泌紊乱或减少，或胃肠积垢干涸滞留，导致胃肠等功能衰败等而发病。

【主证】 患牛毛焦肷吊，体质羸瘦，饮水少，异食癖，遇热喘息，食欲、反刍废绝，粪干，尿少，耳角不温，口色清白，舌苔黄，脉沉细数；有的排特细粉末样稀粪，矢气喜卧，卧时四肢伸展。

【治则】 补中益气，解毒排毒。

【方药】 ① 排毒解毒，药用甘草绿豆解毒汤：甘草 500g，绿豆 1000g（1d 量）。将甘草、绿豆先在凉水中浸泡 2～4h，加水煎汁得药液 500mL，分早、中、晚让患牛自饮或灌服，连服 3d（用本药时不再用其他药物）。

② 补液补营，药用大枣牛奶小米汤：大枣 60 枚（去核），牛奶 5000mL，小米 1500g，加水适量，煎煮至稀粥 15000mL（1d 量），加小苏打 250g，于早、晚自饮（或灌服）1 次/d，视其食欲情况连服 3～5d。

③ 清积逐瘀、促反刍，药用启痹汤：党参、炒鸡内金、苍术、乌药、厚朴各 30g，焦山楂、木通各 40g，焦玉片、枳实、三棱、莪术、黄芩各 35g，熟大黄 100g，芒硝 200g。水煎取汁，候温灌服。

④ 补相火、温脾阳，药用启痹汤去熟大黄、芒硝，加熟附子、草乌各 40g，肉桂 50g。水煎取汁，候温灌服。

⑤ 有中毒症状者，先用方①排毒解毒；体质消瘦者用方②补液补营。

共治疗 21 头，有效 20 头；治愈 17 头，病情出现反复的 4 头，有效率达 95％。

注：消瘦患牛积滞重症，顽固积粪，需增加大黄、芒硝量方能显效；服大枣牛奶小米汤后，如患牛饮食猛增，断不可任其贪食草料，应少食限食，逐渐增加，否则，将前功尽弃。

【典型医案】 1. 2000 年 4 月 5 日，包头市奶业公司饲料 1 队李某一头奶牛，因产后不食 1 个多月，多次医治无效来诊。检查：患牛精神尚可，体瘦毛焦，反刍废绝，食少量水草，结膜充血、有眼眦，鼻镜干，耳、角温低，口色青紫，舌苔黄，体温 39.7℃，心跳 80 次/min，呼吸 48 次/min，呼吸粗厉，胃肠蠕动音微弱或废绝，粪呈球状且干黑硬、表面附有肠黏膜和血，尿赤黄而少，常伸腰呻吟，乳房干瘪，无乳。诊为僵牛。治疗：取甘草绿豆解毒汤，用法同上，连服 3d（3d 内不用他药）。患牛开始排出混有黑色粪球的稀粪，饮欲增加，有食欲，尿色浅、量增多。改用大枣牛奶小米汤，用法同上，1 剂/d，

连服 4 剂；同时，取启痹汤，2 剂，用法同上，第 1 剂加食用油 1500mL，1 剂/2d；取 25％葡萄糖注射液、5％碳酸氢钠注射液各 500mL，0.9％氯化钠注射液 1500mL，维生素 B₁、维生素 C、10％氯化钾注射液、10％氯化钠注射液各 50mL，混合，静脉注射，连用 3d。自饮大枣牛奶小米汤后，患牛肚腹有点胀满。嘱畜主每日添加少许胡萝卜，任其采食，多饮水，草料逐渐增加。患牛排黑稀粪次数增多且量多、色泽逐渐由黑变黄，尿清，体温 38.7℃，开始反刍，吃草增加，能食 2.0～2.5kg 麸皮。继用启痹汤，三棱、莪术、大黄减至 40g，芒硝 60g，加麦冬、生地各 35g。用法同上，2 剂，1 剂/2d。1 个月后，患牛膘肥毛亮，产奶量 32kg/d。

2. 1999 年 5 月 28 日，包头市九原区哈林格尔乡南沙梁村张某一头 4 岁奶牛来诊。主诉：该牛产后10 余天即发病，现已 3 个多月，曾按醋酮血症治疗无效。检查：患牛偶有反刍，咀嚼无力，食少量草，不吃料，体瘦如柴，毛焦肷吊，不产奶、不发情，耳、角温低，鼻镜干，眼结膜潮红，舌白苔黄，口温高，胃肠蠕动音微弱，体温 36.7℃，呼吸、心率基本正常；排特细粉末样稀水粪，矢气喜卧，卧时四肢伸展，尿少、色黄。诊为脾肾阳虚型僵牛。治疗：取甘草绿豆解毒汤，用法同上，连服 2d；大枣牛奶小米汤，用法同上，连服 3d；启痹汤去熟大黄、芒硝，加熟附子、草乌各 40g，肉桂 50g。用法同上，服药 2 剂，1 剂/2d。治疗 9d，患牛被毛光顺，饮食欲增加，乳房开始充盈，粪成堆，排尿顺畅，耳角温。上方药再加醋香附、醋元胡、醋郁金各 35g。用法同前，连服 2 剂。半个月后，患牛奶产量大增，开始发情。（张连珠等，T113，P30）

## 乳头状瘤

乳头状瘤是指由牛乳头状瘤病毒引起乳头层细胞异常增生，形成以皮肤、黏膜形成乳头状瘤为特征的一种散在、良性、传染性肿瘤，表面形如菜花，俗称菜花瘤、刺瘊，又称皮肤疣。一年四季都可发生，以秋末和冬季较为多发。多见于幼龄牛、黄牛和奶牛，水牛也时有发生。

【病因】 通过直接接触传染。乳房部患有肿瘤的母牛通过哺乳途径感染犊牛（肿瘤多分布在嘴部、面部、鼻唇镜）；患生殖器肿瘤的公牛，经交配传染母牛并引发阴道炎；或吸血昆虫叮咬、挤乳时黏膜损伤等感染；或经污染的用具如缰绳、鼻捻、饲料、饲槽等间接传播感染。

【主证】 患牛眼、耳、肩、肉垂、背、会阴、腹部等处皮肤初期呈灰色，随瘤体增大逐渐变为深灰色、黑色等，触之坚实。发病初期，患部肿瘤生长较快，瘤体凸起于体表，表面角化，呈分布不均匀的圆形、光滑突起的灰色小结节，高粱米粒大至豌豆大，

以后逐渐增大，色泽加深呈褐色或暗褐色，表面粗糙、角质化，形成大小不等、形状不规则的乳头状或花椰菜头状肿块，顶部裂开似菜花状。牛冲撞、爬跨极易擦伤引起出血，形成溃疡或感染化脓。发生在乳房皮肤上则影响挤奶。

【治则】 软坚散结。

【方药】 1. 千里光、铁马鞭。水煎取汁，候温灌服。共治疗21例，全部治愈。

2. ①10％生石灰乳，涂擦瘤体，2次/d；②5％氯化钙注射液150mL，静脉注射，1次/d；③乳香（去油）、没药（去油）、白信石（铜勺微炒变色）各等份。共研细末，加面粉少许、香油适量，调匀，外用或制成药锭直接置入瘤体。

3. 白降丹。朱砂、雄黄、月石各6g，水银30g，硼砂15g，火硝、食盐、白矾、皂矾各45g。根据《医宗金鉴》卷62的制法，即先将朱砂、雄黄、硼砂3味药研细，加入食盐、白矾、火硝、皂矾、水银，共研匀，以水银不见星为度。取阳城罐1个放微炭火上，徐徐将药粉倒入罐内化尽，微火使其令干取起。火大药太干则汞散走；不干则药粉无用。再取一阳城罐合盖上，把棉纸截成约1.7cm宽。将罐子泥、草鞋灰、光粉研细，用盐滴卤汁调成极湿泥状，一层泥一层纸糊两罐合口4～5层和药罐上2～3层。地下挖一小潭，用饭碗盛水放入潭底。将无药罐放于碗内，以瓦挨潭口，四边齐地，防止炭灰落入碗内。有药罐上盖以生炭火，不能有空处。火炼时罐上如有绿烟起立即用笔蘸罐子盐泥固定。约15min后去火，待冷却后打开，约得药粉30g。

患牛置四柱栏内站立保定；在瘤蒂部及手术部位剪毛、常规消毒。术者左手握住瘤体，右手持手术刀与瘤体呈25°角，在瘤体1/2处的左右两侧分别切破瘤体，以见红为度，不宜过深，避免流血过多；用镊子提起切开的真皮，将适量白降丹装入彩笔筒内，均匀地吹撒在创面上，闭合创口，用胶布紧紧围贴切口周围3圈。切忌内服。乳头状瘤枯缩脱落后，用碘酊涂擦局部，避免感染。共治疗50例，收效满意。

4. 手术摘除结合火烙疗法。患牛站立保定；瘤体生长在腹下且较大者可行侧卧保定。术者以手术刀在瘤体基部一侧的病、健皮肤结合部作一切口，用手将瘤体推向切口对侧，用力将多数瘤体剥离掉；如不能剥掉可用手术刀切除，用烧至微红的烙铁在创面进行烫烙，随即涂上桐油即可；瘤体切除面无出血或仅有少量渗血，摘除和烫烙可多个瘤体连续进行；若数量较多、面积较大则应分片分次进行，待第1次的创口结痂后进行第2次切除、烫烙。由于瘤体基底部多为平面，容易剥离，即使留有极少残留部分，通过火烙后使残留部分变性并结成硬痂，无增生；桐油能祛风消肿、杀菌并形成保护膜，保护创面以利愈合。共治疗35例，其中黄牛29例、水牛5例、奶牛1例，全部治愈。

5. 结扎法。取一根长约45cm可承受10kg拉力的细线绳（袋口线或钓鱼线），4.5cm木工铁钉2枚，铁钉系在线绳两端成"钉绳"，用消毒液浸泡备用。保定患牛，剪去瘤体周围被毛，消毒瘤体、系带及周边皮肤。两名术者消毒手臂，一人徒手将肿瘤稍提起，暴露系带，另一人手持钉绳，在瘤体系处系双扣，打死结用力结扎。瘤体结扎后略有肿大，数小时后颜色即由原来的粉肉色（裂缝处）变为浅紫色，手感微凉；1d后色泽为深紫色，手感凉；3～5d后呈暗灰色，溃破、部分脱落；1周后开始干缩，一般15～25d自行脱落，体表皮肤上结疤而愈。用本法治疗乳头状瘤奶牛11例，其中6例为单发，4例双发，1例为4处多发，均治愈。追踪观察1年，在原发病部位没有复发情况。

6. 先用5％高锰酸钾溶液冲洗患部，然后将苦参子研细末与凡士林软膏按2：8比例调匀，涂敷患部。隔2d敷药1次。用药5d后，瘤体局部开始坏死、结痂，10d后痂皮全部脱落、痊愈，不再复发。（黄正明等，T32，P24）

【护理】 术后将患牛单栏饲养并保持栏圈及牛体卫生；创面用桐油涂1次/d，连涂3d；防止雨淋，水牛应暂禁下水；夏天及有溃疡或瘤体较多者可适当给予抗菌消炎药，防止感染。

【典型医案】 1. 上杭县高梧村赖某一头2岁母黄牛来诊。检查：患牛面部、耳、阴户、腹下皮肤有多处孤立的块状、呈菜花状的乳头瘤，脐部的较大。诊为乳头状瘤。治疗：患牛站立保定；常规手术方法切除脐部150g瘤体；切口用浓高锰酸钾液处理；肌内注射青霉素、氨基比林等药。半个月后，患牛新瘤体又出现。取千里光、铁马鞭（均为鲜品）各500g，水煎取汁，候温灌服，2剂痊愈，至今未见复发。（林长天，T64，P42）

2. 1988年5月，邢台县某村刘某一头3岁南阳杂交牛来诊。检查：初期发现该牛左后蹄叉上长出一赘生物，呈乳头状，逐渐由枣大长至核桃大，其后四肢、头、颈、背、体侧相继长出无数瘤体，呈单个存在，有密有疏。头部的形似黄豆，体躯部的状如小枣，腕、附关节以下的瘤体如蘑菇丛生，大小相杂，大者如碗口（重约1kg），小的如黑枣。初期瘤体小而光滑，体、颈不分，约20d后瘤体逐渐增大，表面粗糙、龟裂、形如菜花，瘤体和瘤颈分明。患牛运步时瘤体相撞，行动极为困难；饮食欲如常，形体瘦弱。诊为乳头状瘤。治疗：取方药2①、②、③，用法同上。经①、②治疗15d，大部分瘤体开始萎缩、干枯，自行脱落或一触即落；腕、肘关节以下较大瘤体虽见干枯却不脱落。用③治疗，1周后瘤体脱落，痊愈。（逯天升等，T41，封三）

3. 1987年8月19日，柘城县孙楼村孙某一头牛来诊。主诉：3个月前，该牛背两侧有突起的如红枣大小的疙瘩，瘙痒不安，随之突起逐渐增大，他处治疗无效。检查：患牛营养不良，精神不振，食欲不振，不时欲擦痒；背左侧下方有4个乳头状瘤，右侧肩关节水平线以上有5个乳头状瘤，小者如核桃状，大者0.5kg、如菜花状。诊为乳头状瘤。治疗：取方药3，方法同上。1周后，瘤体逐渐脱落，再未复发。（刘万平等，T52，P19）

4. 2000年3月16日，黄冈市黄州区新建村8组金某一头5岁黄牛来诊。检查：患牛体质消瘦，精神、食欲、反刍及体温、呼吸、心率均正常；颈部两侧、胸侧壁、肩胛部、腹侧壁及腹底壁、背部等处皮肤上散发大小不等的皮肤乳头瘤97个，其中左胸侧下部一个最大，垂吊于一柄蒂上，重约380g；最小的有黄豆粒大，绝大多数为单个散发，只有23个瘤体分别丛集于5处的皮肤上；瘤体呈灰色，触之有坚实感，表面无毛、粗糙、呈颗粒状。诊为皮肤乳头状瘤。治疗：因瘤体数较多，第1次采用方药4治疗方法，将颈部两侧及背部、肩胛部的瘤体逐一摘除、火烙，涂上桐油。第6天，瘤体摘除创面均结成干痂，无感染迹象。行第2次手术，将左侧胸、腹部的瘤体1次摘除。因左胸侧下部的一个瘤体最大，手术前将患牛行右侧卧保定；瘤体柄蒂周围行常规消毒；瘤体边缘健康皮肤上做一棱形切口，将瘤体连同柄蒂基部一起摘除，对出血点进行火烙止血；渗血处进行压迫止血；创面撒布青霉素粉适量；将切口分三针行结节缝合，伤口涂上碘酊，用纱布覆盖进行固定。再将左侧其余瘤体按照首次方法进行处理。术后取青霉素300万单位/d，肌内注射。第2次手术后的第8天，检查缝合的伤口，愈合良好。又对右侧胸、腹部及其他剩余的瘤体仍依首次采用的方法进行摘除、火烙、涂桐油。以后3次追访，仅在胸侧原来的空白处发现有绿豆大的两个小结节，畜主自行用火钳烧烙治愈，再未复发。（胡池恩等，T117，P31）

5. 2000年11月12日，一头26月龄育成牛来诊。检查：患牛右后肢膝前皮肤上长有10cm×7cm×6cm乳头状瘤，瘤体表面粗糙分叶、质地微软、无被毛、游离、系带较细。治疗：取结扎法，方法见方药5。第2天，患牛瘤体颜色变暗、表面手感凉，牛无痛感，饮食、精神正常，体温38.5℃。14日瘤体色暗，表面凉；18日瘤体呈暗灰色，萎缩（8cm×6cm×6cm）；22日瘤体呈灰色，各叶间联系薄弱，部分脱落、萎缩（6cm×4cm×3cm）；26日瘤体自然脱落，皮肤表面光滑平整，周边皮肤正常，痊愈。

6. 2001年5月8日，一头16月龄育成牛来诊。检查：患牛乳房后下部皮肤上长有一乳头状瘤（5cm×4cm×4cm），瘤体距右后乳头2cm，表面粉色、粗糙、肉芽状、质地较硬、系带较短，周围皮肤平整柔软。治疗：取结扎法，方法见方药5。6h后，患牛瘤体轻度肿大、呈淡紫色，表面手感微凉，牛无痛感，饮食、精神正常，体温38.8℃。9日瘤体呈紫色、表面手感凉；10日瘤体呈暗紫色、表面凉；12日瘤体下部2/3断落，创面色暗有少许血水、呈半球状，体温38.7℃；14日瘤体的1/3萎缩、呈灰色、表面干燥，创面干涸，结扎线以上皮肤正常；18日瘤体的1/3萎缩、呈灰黑色，与上端皮组织尚连接紧密；6月2日瘤体自然脱落，皮肤表面平整，周边皮肤正常，痊愈。（王东才等，T152，P46）

## 纤维瘤

纤维瘤是指由牛乳头瘤病毒感染，引起体表或部分黏膜发生慢性增生的一种病症。纤维瘤属良性肿瘤，很少发生恶变。

**【病因】** 由牛乳头瘤病毒引起，体表或部分黏膜出现慢性增生瘤体。

**【主证】** 瘤体边缘清楚、表面光滑、质地较硬、能够移动，生长缓慢，发展至一定程度后一般不再增长。

**【治则】** 软坚散结。

**【方药】** 斑明散。斑蝥10g，明矾、硇砂各15～25g，猪毛炭10g，猪脂适量。将前4味药共研细末，用猪脂调成膏，涂于布上（药的面积大于肿瘤），包住肿瘤，用线绳扎紧根部。共治疗1例，用药1次治愈，且无复发、扩散与转移。

注：斑明散毒性大，务必将患牛缰绳拴短，严防其啃咬而中毒。

**【典型医案】** 衡水市侯马乡侯马村的一头7岁公牛来诊。检查：患牛肩胛部有一瘤体、如鹅蛋大、棕褐色、质地坚实、呈椰菜状，上有稀疏的被毛。诊为纤维瘤。治疗：斑明散：斑蝥、猪毛炭各5g，明矾9g，硇砂7g，猪油100g。制备、用法同上。敷药8d，瘤体萎缩、脱落，痊愈。（张立民，T69，P38）

## 直肠瘤

直肠瘤是指牛直肠内壁组织细胞发生恶变而形成瘤体的一种病症。

**【病因】** 多由直肠内壁慢性炎症等刺激引发。

**【主证】** 瘤体长在患牛直肠内壁、肛门入口3～5cm处，直检可触摸到如蚕豆大小不等的瘤体。当瘤体长到鸭蛋或拳头大小时，随排粪脱出肛门外不能缩回，常因裸露并与尾根摩擦而变色、破裂、出血。

**【治则】** 手术切除。

**【方药】** 患牛置六柱栏内站立保定；术部用0.1％高锰酸钾溶液清洗洁净；术者左手握住瘤体，右手持手术刀与直肠走向平行切口，切口大小视瘤体而定；用手轻缓地剥离瘤体，摘除后术部涂以碘酊，撒布消炎、止血粉，将脱出部分推入肛门、整复。手术后，用复方氨基比林稀释青霉素，肌内注射，连用

3d。共治疗 25 例，20 例 1 次治愈，5 例术后 1 年又长出新瘤体，用同法行第 2 次手术，再未复发。

【典型医案】　会泽县铅锌矿奶牛场 655 号奶牛来诊。主诉：在一次发情配种直检时，发现该牛直肠右侧壁长一蚕豆大瘤体，4 个月后大如拳头，随排粪脱出肛门，常常擦破流血。诊为直肠瘤。治疗：先消炎治疗 10d；用中草药煎汁洗浴 7 次无效；按上法手术摘除瘤体。2 年后复查，患部未发现新瘤体。（尚朝相，T80，P45）

### 下颌骨骨瘤

下颌骨骨瘤是指牛下颌骨成骨过程发生异常，引起组织过度增殖、形成肿瘤的一种病症。

【主证】　患牛下颌骨硬肿、如青皮核桃大，指压疼痛，坚硬如石，咀嚼时下颌活动缓慢无力。

【治则】　摘除肿瘤。

【方药】　患牛置六柱栏或二柱栏内站立保定；局部剪毛消毒；取火针 3～4 支，在炭火或木炭火上烧红，向硬肿根部平刺数针，相距 2cm/针，针深 2.5cm，刺后涂以碘酊。10 余日后，硬肿皮肤、肌肉坏死脱落，露出蛋皮厚的骨壳，用镊子清除掉，涂碘酊，逐渐痊愈。共治疗 6 例，均治愈。

【典型医案】　1969 年 4 月，阳泉市雨下沟大队 2 小队一头黄牛来诊。检查：患牛下颌骨左侧下缘长出一个比核桃大的硬肿，影响咀嚼，指压疼痛。诊为下颌骨骨瘤。治疗：先内服中药、外敷和冷针穿刺治疗无效；按上方药治疗 10 余日痊愈。6 个月后追访，患部未再复发。（仇培禄，T3，P19）

# 临床典型医案集锦

【低热证】　1. 1999 年 6 月 4 日，荆州市荆州区白龙村 2 组一头 5 岁公牛来诊。主诉：该牛于 3 周前突然高热，恶寒，他医按感冒治疗，高热退去但余热未尽，转为低热。检查：患牛时有干呕，耳、鼻微热，出汗多，口渴，口鼻干燥，舌苔少、质红，脉虚大。诊为低热证。治宜补气清热，降逆止呕。药用加减竹叶石膏汤：竹叶 45g，生石膏（先煎）、谷芽各 60g，半夏、党参、麦冬、炙甘草各 30g。水煎取汁，分早、晚灌服，1 剂/d，连服 3 剂。7 日，患牛低热已退，干呕停止，口不渴，舌质仍红，苔少、干，脉仍虚大但较前有力。上方药去半夏加茯苓，用法同前，再服 3 剂，痊愈。

2. 2002 年 5 月 2 日，荆州市荆州区梅村 3 组一头 7 岁公牛来诊。主诉：该牛平素体弱，易出汗，稍使役则大汗淋漓，半个月前经常喷鼻、鼻塞、慢草，肠鸣，粪溏泻，微寒微热，他医用西药治疗 3d，肠鸣、粪溏泻消失，但低热持续 12d 仍未消退，且上午稍高，食草料少。检查：患牛神倦乏力，耳鼻微热，四肢不温，舌质淡，舌体胖，苔白润，脉虚大、无力。诊为低热证。治宜甘温除热。药用补中益气汤合附子理中汤加减：炙黄芪、党参、白术、熟附子（先煎）各 40g，炙甘草、木香（后下）、干姜、当归、砂仁（后下）各 20g，陈皮 10g。水煎取汁，候温，分早、晚灌服，1 剂/d，连服 3 剂。5 日，患牛低热消退，自汗减轻，余症亦明显好转，但仍食草料少，舌质偏淡，苔白润，脉虚无力。原方药去木香、干姜，用法同前，连服 3 剂。患牛低热消退，未再复发，食欲增加，但倦怠乏力，舌质淡而胖、有齿痕，苔白，脉细缓。取炙黄芪、党参、茯苓、白术各 40g，生姜、炙甘草各 20g，大枣、熟附子（先煎）各 35g，桂心 25g。水煎取汁，候温，分早、晚灌服，

1 剂/d，连服 3 剂，患牛恢复正常。

3. 2001 年 2 月 25 日，荆州市荆州区新风村 2 组一头 6 岁母牛来诊。主诉：该牛近 3 个月来出现午后耳鼻稍热，口干、喜饮水，盗汗，易疲乏，躁动。检查：患牛形体消瘦，毛焦无光，舌红少苔，口鼻干燥，脉细数。诊为低热证。治宜滋阴降火。药用丹溪大补阴汤加减：龟板（先煎）、浮小麦、龙骨、牡蛎各 50g，熟地、山萸肉各 40g，黄柏、知母、麻黄根各 25g，黄连 10g。水煎取汁，候温，分早、晚灌服，1 剂/d。3 月 1 日，患牛低热减弱，出汗，口鼻干燥明显减轻，余症亦有好转，舌色、脉象如前。再服药 3 剂。4 日，患牛低热消退，舌苔薄白，口鼻湿润，脉细不数，仍轻度盗汗。取龙骨（先煎）、牡蛎（先煎）、鳖甲（先煎）、龟板（先煎）、浮小麦各 50g，熟地、山萸肉、糯稻根、泽泻各 40g，淮山药、麻黄根、丹皮各 30g。用法同上，连服 3 剂。患牛诸症悉平，痊愈。

4. 2004 年 3 月 11 日，荆州市沙市区同心村 5 组一头 6 岁母牛来诊。主诉：该牛于 2 周前患感冒，高热，倦卧，四肢无力，用中西药治疗 3d 高热转为低热，已持续 3 周，时见形体寒冷，耳鼻微热。检查：患牛倦怠乏力，间有轻微出汗，食欲不振，口渴、不欲饮水，舌质偏淡，苔薄白，脉濡缓。诊为低热证。治宜调和营卫。药用桂枝汤加味：麦芽 70g，大枣、白薇、黄芩、白芍、鸡内金各 40g，桂枝、炙甘草、生姜各 20g。水煎取汁，候温，分早、晚灌服，1 剂/d。连服 3 剂。13 日，患牛低热消退，形体寒冷、耳鼻微热症状减轻，食欲增加，舌苔薄白而润，脉细缓。再服药 3 剂。16 日，患牛低热消退，形体寒冷、耳鼻微热症状消失，精神好转，食欲增加，诸症悉平。

5. 2005 年 7 月 8 日，荆州市荆州区东升村 3 组一头 7 岁母黄牛来诊。主诉：该牛 1 个月前突遭暴雨苦淋，当晚发热、无汗，口渴欲饮水，粪溏稀、尿短黄。他医注射退热剂后汗出热退，随后又发热，体温 40℃，口渴更甚。改服中药 1 周，高热转为低热，昼轻夜重。检查：患牛口鼻干燥，无汗，耳鼻微热，食欲不振，舌红、苔少，脉细数。诊为低热证。治宜养阴退热。药用青蒿鳖甲汤加减：鳖甲（先煎）、生地、麦芽各 60g，白薇 40g，青蒿、知母、黄芩、鸡内金各 35g。水煎取汁，候温，分早、晚灌服，1 剂/d。11 日，患牛热退大半，口鼻湿润，食草量增加，但舌质仍红，苔少。上方药去黄芩、麦芽，加丹皮、竹茹、藿香。用法同前，连服 3 剂。14 日，患牛低热消退，诸症悉除，痊愈。（赵平彪，T151，P53）

【寒热夹杂证】　1987 年 3 月 10 日，泗洪县芦沟乡陈某一头 6 岁去势公水牛来诊。主诉：该牛于 8 日上午耕秧母田时逢间断小雨，停役后不愿吃草，喝了约 30kg 的冷水，出现气喘，拉稀，尿频，反刍减少。检查：患牛气促喘粗，两鼻流出稠涕，呼气灼热，有时咳嗽，尿清频，肠鸣，粪稀、混有未消化的饲料，食欲不振，反刍减退，脉数无力。属肺热、脾肾虚寒证。治宜清肺定喘、健脾温肾。药用清肺散合缩泉丸加味：板蓝根、葶苈子、贝母各 40g，桔梗、马兜铃、乌药、益智仁、山药各 35g，白术、大枣各 40g，甘草 25g。水煎 2 次，取汁混合，分 2 次灌服，1 次/d，2 剂痊愈。（葛怀玉等，T42，P39）

【少阳证】　1985 年 1 月 5 日，峨眉县胜利乡红星村邓某一头 10 岁、约 250kg 母水牛来诊。主诉：该牛食欲减退，喜卧懒动，不愿出厩舍，灌服中药 1 剂未见好转，3d 后吃草减少。检查：患牛精神不振，皮温、角温不均，腹部胀满，烦躁不安，瘤胃蠕动 2 次/2min，体温 38℃，心跳 50 次/min，呼吸 15 次/min，粪干燥，脉洪弦。属邪入少阳兼阳明证。治疗：小柴胡汤加味。柴胡、黄芩各 45g，厚朴 40g，党参 30g，芒硝、建曲、大枣各 60g，生姜 20g，甘草 15g。加水适量，浸泡 10~15min，先煎 10~20min，取汁，药渣再煎，合并药液，候温灌服，2 剂。8 日，患牛病症基本消失，唯食草较少。取平胃散 1 剂，用法同前。13 日痊愈。（耿道林等，T26，P45）

【胸壁瘤】　1981 年 6 月 30 日，宜宾县草坪大队黄泥生产队一头营养上等公水牛来诊。主诉：该牛于 5 年前胸壁长出一个核桃大瘤且逐年增大。检查：瘤体在患牛右肘后的胸壁肋软骨与胸骨上，边缘界限明显，色泽紫暗，疼痛拒按，瘤蒂周围还有 20 多个大小不等的小瘤，最大的瘤体为 26cm×15cm×12cm，瘤颈长 18cm，最细处 5cm，下垂距地 5cm，影响牛的步容和劳役。治疗：手术摘除。患牛左侧横卧保定；一助手烧烙铁，一助手双手将瘤蒂边缘皮肤上下用力捏拢，术者用针引 18 号缝线沿捏拢的皮肤上下穿透，每 1.5cm 作一束状结扎，共扎成 10 束，每两束结扎环相互拉紧，其形如链；然后用烧至杏黄色的尖头刀状烙铁，在结扎线外 1cm 处烧烙切割瘤蒂，边烧烙边涂抹桐油，直到摘下瘤体、创面烧烙呈黄褐色、无血液流出为止。摘下的瘤体重 4.9kg，烧烙面 12cm×2cm。瘤体表面覆盖角质鳞屑、光滑、坚硬，切开无脓血，切面有纺锤状或圆柱形结构，切破后流出墨样清液。术后常用桐油涂擦烙面、润皮肤、护烙痂，防止蝇虫叮化脓和邪毒内侵。7 月 15 日，患部创面愈合良好。9 月 26 日，该牛痊愈，投入使役。（魏永昆等，T3，P55）

【高山病】　1. 2004 年 7 月 20 日，互助县林川乡大河欠村 3 社吴某一头鲁西黄牛来诊。主诉：该牛引进后表现呆立，不愿行走，被毛粗乱，食欲逐渐减少，粪干，尿黄。检查：患牛不愿活动，呆立，体温 38.9℃，心跳 106 次/min，轻度运动后心跳 120 次/min，心律不齐、间歇期长，颈静脉跳动明显，被毛粗乱，粪稍干，口色淡红，口腔干燥，舌乳头粗大，眼结膜红紫。诊为心阴虚型高山病。治宜益心气，补心阴。药用 10% 葡萄糖注射液 500mL，50% 葡萄糖注射液 200mL，地塞米松 20mg，维生素 C 3g，生脉针 40mL，静脉注射；生脉饮合柏子养亲汤：太子参、生地、熟地各 30g，麦冬、当归各 20g，元参、枸杞子、五味子各 15g，甘草 12g。共研细末，开水冲调，候温灌服，1 剂/d，连服 3 剂。患牛精神好转，被毛光顺，食欲显著增加，心跳 80 次/min，心律齐（运动后稍有间歇期）。停用西药；上方中药加生黄芪 60g，用法同前，连服 3 剂。半年后，患牛除心跳 80 次/min 外，一切正常。

2. 2005 年 10 月 15 日，互助县林川乡大河欠村 3 社赵某一头鲁西黄牛来诊。主诉：该牛从山东运回后食欲等均正常，因患感冒出现食欲逐渐减少，被毛粗乱无光，粪稀软，稍运动即气喘，行动迟缓，有 1 年多的时间，曾静脉注射治疗效果不明显。检查：患牛呆立不动，极不愿意行走，毛粗欹吊，体温 37.8℃，心脏节律不齐，心跳 80 次/min，运动后气喘，肘部外展，肌肉震颤，颈静脉跳动非常明显，心跳 110 次/min，恢复间歇期长，口色青，舌质紫暗，眼结膜血管发青、胀大。诊为心阳虚型高山病。治宜益心气，补心阴。药用参附汤加桂枝合血府逐瘀汤：党参、炙甘草各 30g，桂枝、当归、生地各 20g，红花、附子、桔梗、赤芍各 15g，柴胡 12g。共研末，开水冲调，候温灌服，1 剂/d，连服 3 剂。服药后，患牛心率间歇期缩短，精神有所好转，口色转为红淡色、瘀血消失。改用参附汤合五味子汤：五味子、炙甘草、附子各 30g，麦冬 20g，黄芪 60g，党参 40g，肉桂、干姜各 15g，共研末，开水冲调，候温灌服，1 剂/d，连服 3 剂。服药后，患牛症状大为好转；继服药 4 剂。半年后随访，该牛一切正常。

3. 2004 年 9 月 8 日，互助县林川乡大河欠村 3 社赵某一头鲁西黄牛来诊。主诉：该牛从山东运回

1周后食欲开始减少，精神不振，呆立，逐渐消瘦，被毛粗乱。检查：患牛体瘦，被毛逆立、无光泽，呆立，吃少量精料不吃草，体温39.6℃，心跳100次/min、节律不齐，运动后心率达120次/min、无间歇，口色淡白，舌苔灰污，肷部肌肉震颤，粪干稀交替出现。诊为心脾两虚型高山病。治宜扶脾强心。药用30％安乃近注射液30mL，青霉素钾480万单位，肌内注射，2次/d，连用2d。患牛体温恢复正常，食欲增加。取生脉散合扶脾散加减：太子参、茯苓各30g，麦冬20g，五味子、土炒白术、黄芪、党参、泽泻、厚朴、炒苍术各15g，青皮、木香、甘草各12g，大枣为引。共研末，开水冲调，候温灌服，1剂/d，连服3剂。服药后，患牛食欲较病前增加，口色、眼结膜转淡红色，心跳90次/min。上方药加肉桂6g，用法同前，连服4剂。3个月后随访，该牛恢复正常。

4. 2006年4月12日，互助县南门峡镇七塔尔村1社陶某一头鲁西黄牛来诊。主诉：该牛患病治疗已半年余，初期患感冒，随后出现食欲不振，瘦弱，不愿行走，最近又胸腹部水肿，用中西药治疗效果不明显且反复发作。检查：患牛体温38℃，心跳110次/min，心音强而不清，颈静脉波动明显，心律齐，不愿行动，食欲废绝，口色、眼结膜苍白、发紫，被毛粗乱，腹部水肿且蔓延至颈部。诊为心肾两虚型高山病。治宜温肾助阳，强心健脾。西药用10％葡萄糖注射液1000mL，维生素C 4g，地塞米松2g，氯化钙5g，青霉素钠960万单位，50％葡萄糖注射液300mL，静脉注射；中药用真武汤合养心汤、五苓散：黑附片、茯苓、黄芪各30g，干姜、白术、当归、猪苓、泽泻、炙甘草各15g，白芍、川芎各12g，柏子仁、枣仁、桂枝各20g，肉桂10g。共研末，开水冲调，候温灌服，1剂/d，连服4剂。患牛病情好转，出现食欲，口色略显红色，水肿向颈部蔓延。停用西药；上方中药加太子参、丹参各30g，黄芪60g，用法同前，连服4剂。服药后，患牛精神大为好转，食欲增加，水肿消退，被毛光顺，痊愈。（祁鹤民等，T143，P60）

注：高山病是低海拔地区的黄牛到海拔3000m以上地区后发生的一种以心肺功能障碍为主，兼有消化、泌尿系统症状的一种疾病。

# 附 录

## 一、保定法

本法是借助人力、器械、药物等限制牛的活动，进行诊疗操作，保证人和牛安全的一种方法。

1. 柱栏内保定法

（1）五柱栏内保定法　五柱栏是由一个四柱栏和一个直立的单柱组成。单柱位于四柱栏的正前方，用于固定牛头部；四柱栏用于固定牛的躯体和肢体（附图1-1）。

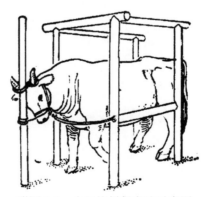

附图 1-1　牛五柱栏保定法示意图

① 前肢转位保定。取一条柔软的圆绳，在牛的前肢系部打一环结，然后绳子在前柱前面从外向内绕过下横梁，用绳子再兜住掌部前面，收紧绳子后掌部掌侧面即可拉至前柱，并与前柱紧相贴，此时，用绳子环绕掌部和前柱，使掌部和前柱紧靠在一起，固定越紧，安全性就越好（附图1-2）。

② 后肢转位保定。取一条柔软的圆绳，在后肢系部打一环结，然后绳子在后肢外面从外向内绕过下横梁，用绳索再兜住跗部，用力收紧绳子，跗部前面即靠近后柱，以绳索环绕跗部和后柱，使跗部和后柱紧贴在一起，再以绳子将胫部和后肢绕一周，牢牢固定（附图1-3）。

（2）六柱栏内保定法　六柱栏由两个门柱、两个前柱及两个后柱构成。门柱主要用于固定牛头颈部；前后柱用于固定牛躯体和四肢。在同侧前后柱上设有上横梁和下横梁，用于固定胸腹带（附图1-4）。

2. 两后肢保定法

（1）两后肢绳套固定法　取1条手指粗、柔软绳索，中间对折，在牛的跗关节上方将两后肢围住，然后将

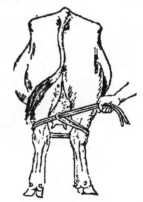

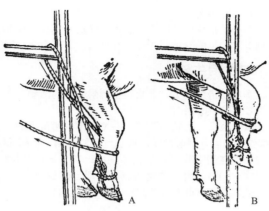

附图 1-2　牛前肢转位保定法示意图

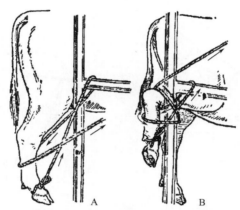

附图 1-3　牛后肢转位保定法示意图

附图 1-4　牛六柱栏保定法示意图

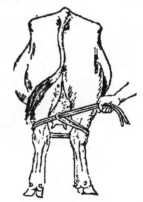

附图 1-5　牛两后肢绳套固定法示意图

绳端穿过对折处、拉紧，让助手拉住或将绳索和尾毛系在一起固定（附图 1-5）；或用绳索先系住一后肢的胫部，然后再在另一后肢胫部打结。

（2）两后肢"∞"形缠绕固定法　取 1 条手指粗、柔软绳，在两后肢跗关节上胫部作"∞"形缠绕，将两后肢胫部固定在一起，拉紧绳子后打一活结固定（附图 1-6）。

3. 牛鼻钳保定法

取铁制牛鼻钳 1 把。保定时将钳嘴从牛两侧鼻孔钳入，夹在鼻中隔上。鼻钳的把柄部如有环可带上绳，固定于牛角上（附图 1-7）。

附图1-6 牛两后肢"∞"
形缠绕固定法示意图

### 4. 化学保定法

本法是指使用某些具有肌松、安定、镇痛和麻醉的药物，使牛失去活动能力，达到保定的目的。常用的药物有静松灵、保定宁、846合剂等。

## 二、倒牛法

本法是借助人力、绳索，达到限制牛的活动，实现诊疗操作的一种方法。

### 1. 一条绳倒牛法

取1根长、柔软的圆绳，一端拴在牛两角根部，引绳向后，在胸部和腹部各绕1次作一绳套，绳套的结应放在倒卧的对侧，胸部的结应作在肩胛骨的后角处，腹部的结应在髋结节的下方。然后由2～3人向后牵拉绳子，2人固定牛头部并牵引，前后同时用力，由于绳套压迫，牛即自然倒下（附图1-8）。牛卧倒后注意保定头部，捆绑四肢（此时不要放松拉紧的绳子，否则牛将会自然站起来）。本法比较常用，且安全、简便。

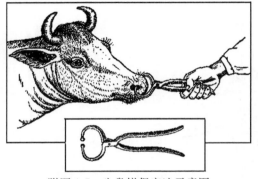

附图1-7 牛鼻钳保定法示意图

附图1-8 一条绳倒牛法示意图

### 2. 二龙戏珠倒牛法

取1条长、柔软的圆绳，对折成一长一短，在折转处做一套结，套在倒卧侧的前肢系部，将短绳从胸下由对侧向上绕过肩峰部，长绳由倒卧侧绕腹部1周，扭一结而向后拉。倒牛时，1人牵住牛缰绳并按住牛角，1人拉短绳，2人拉长绳，将牛向前牵拉，当系绳的倒卧侧的前肢抬起时，立即抽紧短绳并向下压，牵拉牛头者用力将牛头弯向倒卧侧，使牛的重心向倒卧侧对侧转移，拉长绳的2人一并用力向后牵引，并稍向倒卧侧对侧拉，此时牛即跪下，而后向右侧卧倒（附图1-9）。牛倒卧后注意保护头部，用力按住牛角，拉短绳者用力抽紧短绳并压住肩峰部，拉长绳的1人压住臀部，另1人将腰部的绳套放松并通过臀、尾部拉至跗部收紧，与前肢绑在一起。

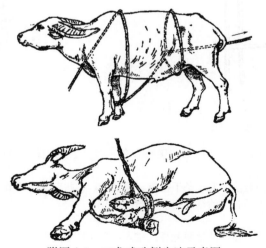

附图1-9 二龙戏珠倒牛法示意图

## 难产助产术

本术是因母牛分娩时，产道、产力或胎儿发生异常，胎儿正常娩出受阻，需要借助人工助产的一种技术。

1. 难产检查

首先要询问畜主难产牛的产期、胎次、开始分娩时间、胎膜是否破裂等。

（1）全身检查　检查分娩母牛的体温、脉搏、呼吸、精神状态、阵缩、努责、阴门及尾根两旁的荐坐韧带后缘是否松软等，方可决定助产方法。

（2）产道检查　检查产道黏膜有无损伤、水肿，产道的松软、润滑度，子宫颈的扩张程度，产道是否畸形等。

（3）胎儿检查　检查胎位的姿势、方向和位置是否正常，胎儿大小、进入产道的程度；检查胎儿是否存活。正生时，将手指伸入胎儿口腔内，若有吸吮动作，或牵拉胎儿舌体有伸缩反应，说明胎儿活着。倒生时，将手指伸入胎儿肛门，若有伸缩反应，或触诊脐动脉有搏动，说明胎儿存活。

如果胎儿存活，应挽救母子，兼顾双方；如果胎儿死亡，则全力挽救母牛。

2. 术前准备

采取站立保定，以便助产者施术。母牛取前低后高姿势，便于将胎儿送入腹腔、矫正胎位等。若分娩牛不能站立时，可采用侧卧位，臀部要高一些。

按照外科手术常规消毒助产者的手臂、器械、母牛外阴及其周围和胎儿露出部分。手臂消毒后，涂上石蜡油等润滑剂。若行剖腹产术，需要对施术牛镇静、镇痛、肌松。可行硬膜外麻醉及切口局部浸润麻醉，或二甲苯胺噻唑注射液，0.2mg/kg，肌内注射。

3. 注意事项

助产时，先将难产胎儿送入子宫内，再对胎儿姿势进行矫正；牵拉胎儿时，术者要告诉助手牵拉的时间和方向，牵拉时要与母牛努责同步进行，注意不要损伤产道；母牛产道狭窄或干燥，可灌注一定数量的消毒液体石蜡，以润滑产道，保护黏膜；若子宫颈狭窄、骨盆腔狭窄，或胎儿难以矫正，可行剖腹产术。

4. 常用助产器械

（1）牵引器械　主要有产科绳和产科钩。

① 产科绳粗8～10mm，长度视需要而定，一般长1.5～2.0m即可；绳的一端应有一圈套。使用产科绳时，可把绳套戴在中间3个手指上带入子宫，这样手伸到哪里，就可将其带到哪里。不可隔着胎膜缚住胎儿，以免牵拉时滑脱（附图2-1、附图2-2）。

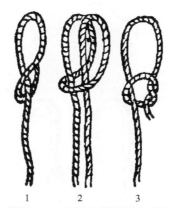

附图 2-1　牛用产科绳结示意图
1—产科绳；2—单滑结；3—活结

② 产科钩有长柄及短柄之分，有锐钩和钝钩（附图2-3）。

长柄钩。柄长约80cm，用于能够沿直线达到的胎儿部位，术者用手握住钩尖带入产道，借助手推动，钩住所需部位，并指导助手转向钩尖。术者用力压迫钩尖，同时助手拉动钩柄，钩尖就能钩住此处。长柄锐钩很适用于死亡胎儿，是矫正胎头及拉动胎儿非常得力的器械。

短柄钩。在子宫内施术可随意转动，能够用于不能沿直线达到的位置。钩柄的圆孔须拴上绳子，以便牵拉。使用时术者用手保护好钩尖带入子宫，并可转动钩尖方向。

肛门钩。钩柄呈弧形的小钩，长30cm。胎儿坐生且已死亡时，可将肛门钩伸入其直肠，钩住骨盆入口的

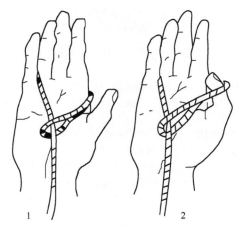

附图 2-2  使用产科绳的方法示意图

1—将绳套在中间三指上，带入子宫；2—撑开绳套

骨质部分向外拉。

复钩。在胎儿头部正常前置时，可以用来夹住眼眶。使用时先把钩尖闭合带入子宫，到达胎儿的某一部位时把钩尖压开，夹住该部位。

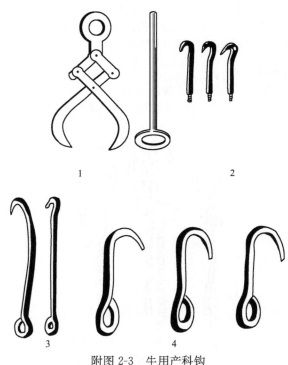

附图 2-3  牛用产科钩

1—复钩；2—长柄产科钩；3—肛门钩；4—短柄产科钩

（2）矫正器械  矫正胎儿器械主要有产科桋、推拉桋和扭正桋。

① 推拉桋。柄长约80cm，宽约7cm，深约3cm。桋叉两端各有一环。使用时，先把产科绳的一端系在推拉桋叉的一个环上，然后在绳的自由端系上绳导，带入子宫，绕过胎儿的需要推或拉的部分（多为头颈或四肢），拉出阴门之外。解除绳导，把绳的自由端穿过另一环，然后把桋叉带入子宫，由助手推动伸至该部。把绳的自由端抽紧，并在桋柄上缚牢，即可对这一部分进行推、拉或矫正（附图2-4）。

② 产科桋。柄长80cm，叉宽10～12cm。主要用于顶住胎儿的某部位，将胎儿送入腹腔子宫，便于胎位矫

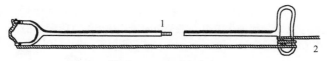

附图 2-4　牛用推拉梃
1—拆卸处；2—绳

正。使用产科梃以前，可先用绳子把胎儿露在阴门处的前置部分拴住。施术时，术者用拇指及小指握住叉的两端把梃带入子宫，对准要推的部位。指导助手慢慢推动。注意术者的手要将叉牢牢固定在胎儿身上，防止滑脱伤及阴道和子宫。在母牛努责停止时进行推进，努责时暂停推进，用力顶住，以免被退回。当胎儿死亡时，如果梃叉无法固定在要推进的部位，可将此处的皮肤或肌肉用作一切口，将梃叉直接顶在骨头上（附图 2-5）。

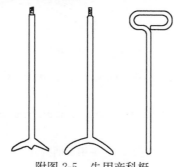

附图 2-5　牛用产科梃

③ 扭正梃。当胎儿头、颈部发生捻转时，用挺叉的直端插入胎儿口腔内，然后转动梃柄，矫正头、颈部（附图 2-6）。

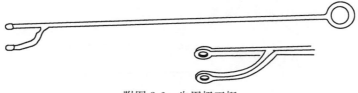

附图 2-6　牛用扭正梃

（3）截胎器械　胎儿死亡后，无法完整拉出时可行截胎术，截成不同部分，分别取出。截胎器械有隐刃刀、指刀、长柄指刀、产科刀、剥皮铲、钩刀、产科凿等。

隐刃刀。刀柄长 10cm，刀刃能退入刀柄之内，用于切割胎儿软组织。使用时，在其后端小圆孔系上绳子，拴在手腕上，以免滑掉。将其带入子宫或由子宫取出时应回缩刀刃，以免损伤产道。切割时可将刀身推出（附图 2-7）。

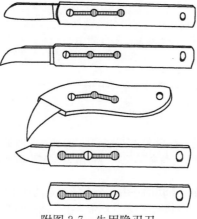

附图 2-7　牛用隐刃刀

① 指刀。刀身很短，有柄或无柄，刀背上有一环或两环，可套在食指或中指上使用；有的还有一指垫，便于用力切割。带入或取出子宫时，须护住刀刃。用于切割胎儿软组织（附图2-8）。

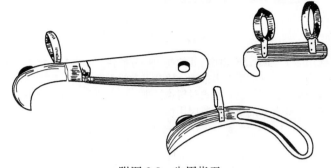

附图2-8　牛用指刀

② 长柄指刀。刀柄长60cm。使用时可用左手推拉刀柄以助操作（附图2-9）。

附图2-9　牛用长柄指刀

③ 产科刀。长约12cm，刀身很短，有弯状，也有钩状。使用时用食指加以保护，可自由带入带出产道（附图2-10）。

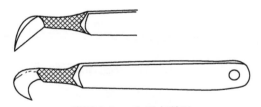

附图2-10　牛用产科刀

④ 剥皮铲。有一长柄；铲身呈槽形，其前缘为一不甚锐利的刃，用于剥离胎儿四肢皮肤，以便将四肢取出。操作时须将一手推铲，另一手隔着皮肤护住铲刃，将皮肤逐渐剥离（附图2-11）。

附图2-11　牛用剥皮刀

⑤ 钩刀。是一种长柄钩状刀，主要用于缩小胎儿胸腔体积。使用时将其从胎儿肩部皮下伸至最后肋骨处，将钩尖转向胎儿体内，用力猛拉，可把肋骨逐条拉断（附图2-12）。

附图2-12　牛用钩刀

⑥ 产科凿。长柄凿，凿刃有直的、弧形和"V"字形，而且有的凿刃两端有一钝的突出。主要用于凿断胎儿的骨骼或关节。使用时先用绳或钩固定待凿部位，再将凿刃固定于该部位，由助手敲击凿柄，将该部位凿断（附图2-13）。

⑦ 产科线锯。产科线锯种类较多，常用的是由一个卡子固定的两条锯管和一条钢丝锯条构成。卡子有一关节，可以调节两锯管之间的角度。同时尚有一条前端带一小孔或钩的通条，以便将锯条穿过锯管。线锯主要用于锯断胎儿骨骼、肌肉。使用时，先在待锯部位作一深长切口，再将锯条嵌入切口操作。将锯条带入产道

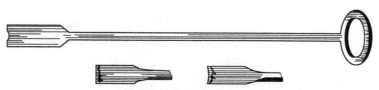

附图 2-13　牛用产科刀

时，应用纱布包裹，以免损伤产道（附图 2-14）。

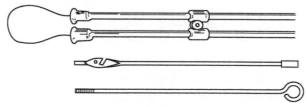

附图 2-14　牛用产科线锯图

5. 助产术的基本方法

（1）牵引术　用牵引器械或徒手拉出胎儿的助产方法称为牵引术。本术主要适用于产道狭窄、阵缩力量弱、胎儿过大等难产患牛。在牵引胎儿时不能强拉和猛拉，牵引方向应与母牛的骨盆结构特点相一致。主要分3个阶段，即若胎儿前置部分入骨盆时要向后向上用力拉；当胎儿通过骨盆时用力方向呈水平状并向后拉；当胎儿到达骨盆口时用力方向向上向后（附图 2-15、附图 2-16）。

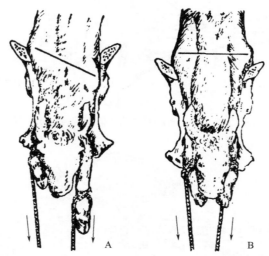

附图 2-15　牛正生胎儿的正确（A）及错误（B）拉出法示意图

（2）矫正术　母牛分娩时，若胎儿胎势、胎位、胎向异常，胎儿不能正常娩出，矫正为正常的方法称为矫正术。正常分娩正生时，胎儿背部向上、胎儿身体纵轴与母牛身体纵轴平行，两前肢和头颈呈伸直状态；若为倒生，两后肢先进入产道并呈伸直状态。若胎儿异常进入产道，必须进行矫正。产道内空间狭窄，矫正时应在子宫内进行。若胎儿已经进入产道，首先应将胎儿送入子宫，在进行矫正。

（3）截胎术　采用截胎器械将胎儿肢解，并分别取出的助产方法称为截胎术。主要适用于胎儿无法牵引和矫正，母牛又不能施以剖腹产手术。

① 头盖骨缩小术。主要是适用于脑积水、胎儿头过大、双头及双面畸形等。用直刀或隐刃刀沿胎儿头顶中线作一纵行切口，排除积水，或必要时由此切口剥离皮肤，用产科凿破坏头盖骨基部，并使其塌陷，再用皮肤覆盖头骨断面，后将胎儿拉出。

② 头骨截除术。主要适用于胎儿头过大，且以进入骨盆不能通过产道。先在胎儿耳后作一深长切口，把线锯（锯管伸入胎儿口中）放在切口内，将胎儿头锯成上下两半，先取出头骨再保护好断面，拉出胎儿。

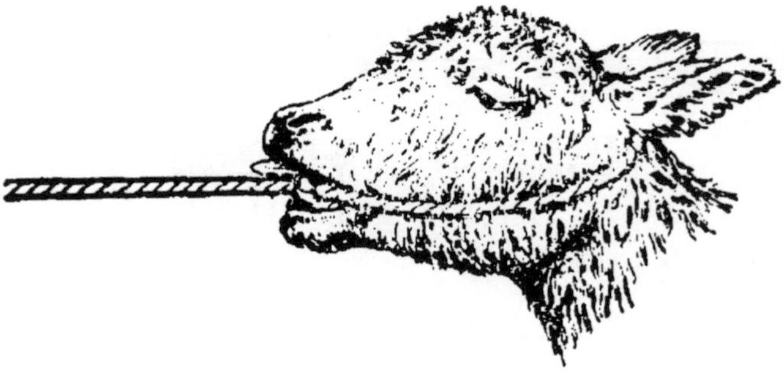

附图 2-16　牛胎儿产科绳拉头法示意图

③ 下颌骨截断术。主要适用于胎儿头以侧位进入骨盆腔无法矫正。先钩住胎儿下颌骨固定，再用产科钩从上下臼齿间和下颌骨体的中央门齿分别将下颌骨支垂直部和下颌骨体凿断，再用刀沿上臼齿咀嚼面由后向前分别将皮肤、肌肉等组织由后向前切断，并用力将两下颌骨支压合，头部变细。

④ 头颈截除术。主要适用于胎儿头颈侧弯、下弯以及正常胎位阻碍其他部位的矫正或截除。采用线锯从胎儿头颈基部截断，取出胎儿头，再拉出其余部分（附图 2-17、附图 2-18）。

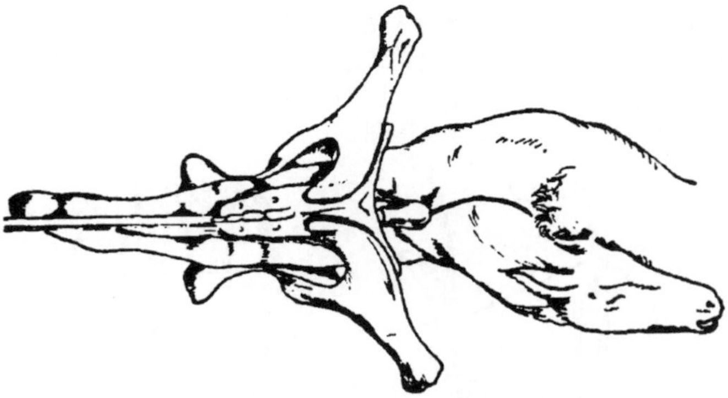

附图 2-17　用线锯截断牛胎儿侧弯的颈部示意图

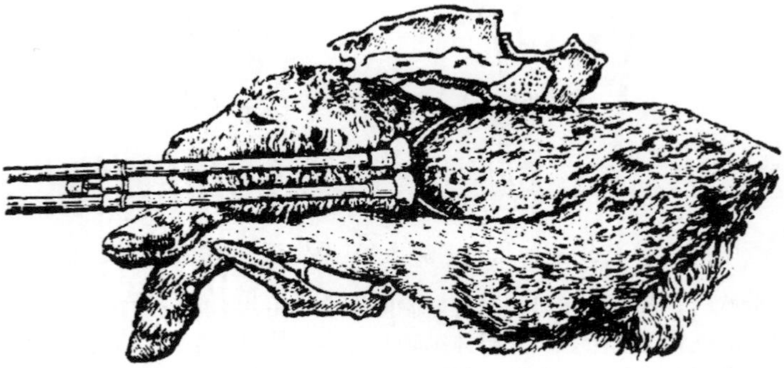

附图 2-18　用线锯截断牛胎儿正常的颈部示意图

⑤ 正常前置前肢截除术。主要适用于胎儿过大或前肢阻碍其他矫正。采用剥皮法，先在待截除的前肢掌部皮肤作一切口，由助手固定前肢，术者将剥皮铲从该切口插入前肢皮下，按照剥皮铲使用方法，将前肢肌肉与皮肤分离直到肩胛上端，并将胸廓的肌肉等组织铲断，再用指刀从肩胛将皮肤切开，直达掌部切口，并在掌部环形切断皮肤。最后用产科梃顶住胎儿，把前肢皮肤取出来。或用线锯从胎儿肩胛背缘处直接将前肢截断取出（附图 2-19）。

⑥ 异常前置的前肢截除术。主要适用于腕部前置、肩部前置而不能矫正造成的难产。若腕部前置，用导绳将锯条绕过腕关节，用线锯从腕关节处将前肢截断取出；若肩部前置，按正常前肢截除术操作（附图 2-20）。

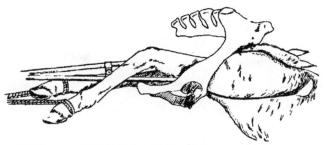

附图 2-19　用线锯截除牛胎儿正常前置的左前肢示意图

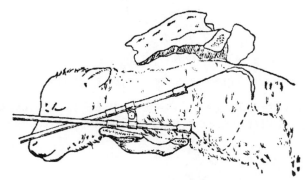

附图 2-20　用线锯截除牛胎儿肩部前置的前肢示意图

⑦ 正常前置后肢截除术。主要适用于胎儿倒生时，胎儿过大，不能正常产出。用线锯从胎儿的髋关节处将一后肢截除即可（附图 2-21）。

附图 2-21　用线锯截除牛胎儿正常前置的后肢示意图

⑧ 异常前置后肢截除术。主要适用于胎儿坐骨前置、跗关节前置而不能矫正。当坐骨前置时，其截除方法与正常胎儿后肢截除术相同。跗关节屈曲的截除方法与腕关节前置相同（附图 2-22）。

⑨ 胸部缩小术。主要适用于胎儿的胸围过大或气肿、产道狭窄，胎儿不能通过产道等。若为正生，先截除一前肢，后在胸壁上作一切口，将剥离铲通过切口送入皮下，分离肋骨上端皮肤，后用钩刀通过分离的皮下通道伸至最后肋骨，钩尖转向胎儿体内，用产科梃牢牢固定胎儿，用力猛拉钩刀，将肋骨逐根钩断，胸壁即可塌陷缩小。若为倒生，可按上法从前至后钩断肋骨，或钩断部分肋骨，摘除胸腹腔内脏器。

⑩ 前躯截除术。主要适用于胎儿腹部前置竖向，胎儿过大等不能矫正。因产道狭窄，先尽量将胎儿向外拉，再在胸廓皮肤作一切口，剥离皮肤至腰部，将皮肤外翻拉紧后将前躯截除，摘除内脏。

附图 2-22　用线锯截除牛胎儿坐骨前置的后肢示意图

　　⑪ 胎儿横断术。主要适用于胎儿背部前置的横向或竖向，无法矫正，将胎儿从腰部截为两部分，后取出。先用产科钩钩住胎儿并固定，再用线锯从胎儿的腹部将其截断（附图 2-23）。

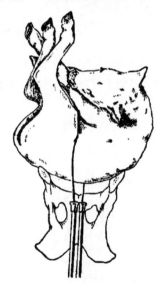

附图 2-23　牛胎儿横断术示意图

## 剖腹产术

本术适用于胎儿过大或水肿，胎儿的方向、位置、姿势有严重异常而无法矫正，或胎儿畸形行截胎有困难，产道狭窄、子宫捻转、子宫破裂等。

**1. 术前准备**

采取左侧或右侧卧位，分别捆绑母牛前后腿，将头压住，垫高肩部、臀部。手术部位按外科手术常规剃毛、消毒。切口周围铺上手术巾，腹下地面上铺上消毒过的塑料布等。取2%普鲁卡因腰旁神经传导麻醉及切口局部浸润麻醉，或盐酸二甲苯胺噻唑肌内注射及切口局部浸润麻醉。

**2. 施术**

手术部位应选择在侧腹壁，切口长度以30~35cm为宜。按一般腹腔手术打开腹腔，暴露子宫。术者双手伸入腹腔，隔着子宫壁握住胎儿某部分，将子宫从腹壁切口拉出腹腔外。沿子宫角大弯上避开子叶、血管，作一与腹壁切口等长的切口。切口不可过小，以免拉出胎儿时被扯裂，不易缝合。将子宫切口附近的胎膜剥离一部分，拉出于切口之外，切开，慢慢放去羊水。然后由助手提起子宫和胎膜，取出胎儿。取出胎儿后，尽可能把胎衣完全剥离拿出，将子宫内液体充分蘸干，均匀撒布抗生素，子宫全层连续缝合，再包埋缝合浆膜层，在创口上涂上油剂抗生素，还纳腹腔。最后按一般腹腔手术缝合腹壁（附图3-1）。

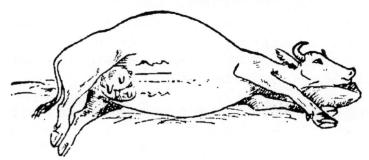

附图3-1　牛右腹下切开法切口部位示意图

术后肌内注射催产素或垂体后叶素，按一般外科手术护理。

## 阉割术

本术是采用某种方法摘除牛的睾丸或抑制、破坏其性腺组织，使其丧失性机能的一种技术。

1. 阉割季节

一年四季均可施术，以春末、夏初和晚秋最为适宜。

2. 场地选择

施术场地应选择宽敞、平坦的地面，避免倒卧、保定中因牛挣扎造成人牛伤害。在露天场地施术可选择在沙地或草地上进行；地面应清扫并喷洒清水或消毒液，以免手术时尘土飞扬，污染术部。

3. 保定

露天场地施术采用一般倒卧法倒牛。根据施术要求行左侧卧保定、站立保定或横卧保定，把左后肢与两前肢捆在一起，右后肢向前方转位，与颈部的倒绳固定在一起。对性情暴躁者可肌内注射静松灵（2%，最大剂量5mL）。

4. 术前检查

全身检查。牛的体温、脉搏、呼吸是否正常，有无全身变化，局部有无影响去势效果的病理变化。如有上述情况，应待恢复正常后再行去势术。传染病流行期间不宜去势。

阴囊局部检查。检查牛两侧睾丸是否均降入阴囊内，有无隐睾，是否为阴囊疝；两侧睾丸、精索与总鞘膜是否有粘连，鞘膜有无积水，两侧睾丸有无增温、疼痛、增生等病理变化。

腹股沟内环检查。通过直肠检查以确定腹股沟内环的大小。内环能插入3个手指指端者即为内环过大，去势时肠管有从腹股沟管脱出的危险。为预防肠管脱出，应行被睾去势术。

5. 术前准备

去势前约半个月应注射破伤风类毒素，或手术当日注射破伤风抗血清。施术前12h禁食，饮水不限，以免在倒卧保定时因腹压过大而发生胃肠和其他脏器的损伤。术前应对牛体进行充分刷拭。准备好保定绳、丝质缝合线、直三棱缝合针及附属用品如铁环、别棍等；手术器械和药品，碘酊及酒精棉球适量，静脉注射针头，缝合线等。

6. 术部清洁与消毒

牛保定好后，对阴囊及会阴部进行彻底清洗和常规消毒，并打以尾绷带，以防牛尾污染阴囊部切口。

7. 手术方法

（1）110无血去势法　取侧卧保定（以左侧卧为好），充分暴露睾丸。术者左手于阴囊颈部握住一侧精索，把睾丸挤向阴囊底部，使阴囊皮肤展平而无皱褶。左手手掌向上，拇指和食指贴住腹侧囊壁，将精索从前向后挤压，使之紧贴阴囊后缘。选择精索较细部分为施术点，局部用5%碘酊消毒，再用酒精脱碘，将事先用75%酒精浸泡消毒好的结扎线双回引入缝针孔，右手持针紧贴精索内边缘，1次刺透上下两层阴囊皮肤，从对侧拉出缝线，套上1个钥匙环，再从原出针点进针，将精索由后向前挤压，左手只捏住阴囊皮，从原进针孔将缝线引出，再套上另1个钥匙环，这时左手可以放开精索。用平结打结法扎紧，剪断余线，左手抓下环，右手抓上环，两手同时从相反方向绞拧两个钥匙环，以紧为度（注意不要将结扎线拧断）。左手握住并固定上下两个钥匙环，用右手背触试睾丸皮肤，温度明显降低时（可以和另一侧睾丸皮温比较）即可将上下两个钥匙环并在一起，打结固定。用同样的方法结扎另一侧睾丸。结扎24h后，解除结扎，抽出结扎线，手术即告完成。

如果第1次手术失败，可行第2次手术，同样能收到满意效果。术后第3天，睾丸有轻度肿胀，配过种的和老龄公牛肿胀比较严重，但不需治疗和牵遛，经过约10d可自行消肿，约1个月睾丸开始萎缩，性欲消失，一般约45d睾丸消退，最慢的3个月亦可全部吸收，阴囊萎缩上提，仅留小儿拳头大小的空囊皱皮。共去势679例（含其他家畜），成功676例，失败3例。

注：术前不用注射破伤风类毒素等药物，无切口，不出血，无损伤，无术后感染；除三伏酷暑季节外其他时间皆可施术；不适于患隐睾症的牛。（许志义等，T45，P25）

（2）输精管结扎去势法　去势刀和阴囊皮肤作常规消毒。术者左手握紧精索，使两个睾丸绷紧，右手持刀，根据睾丸大小从阴囊两侧（靠腿侧）纵行切口5~8cm，1次切透，睾丸全部突出，分离提睾韧带，从副睾处切断输精管，将睾丸向外拉，总鞘膜向上推，在睾丸上方10～15cm处精索较细的部位，用输精管缠绕精索1周，打单结扎紧，如法扎3～4周，即可结扎牢固。于结扎下方2cm处切掉睾丸及输精管剩余部分。同样方法结扎处理另侧睾丸。每侧阴囊内撒布青霉素粉剂40万单位，舒展阴囊，整复创口，手术即告完毕。本法感染少，较烧烙法或线扎法愈合快，无后遗症，术后未发现出血及肿胀现象。共去势黄牛392例，收效较好。（张廷玉，T28，P36）

（3）去势钳夹骟去势法　充分暴露阴囊及睾丸。术者将两个睾丸紧紧握住并挤于阴囊底部，把一侧精索推向阴囊颈部侧边，助手持无血去势钳将精索夹住（不要夹过多的皮肤）。两手用力使去势钳口合拢，此时可听到一声小而清脆的响声，停留3～5min，可见阴囊出汗，用手触摸阴囊感觉温度逐渐降低。同法钳夹另一侧精索。术后局部无毛处涂擦碘酊，解除保定。3d后阴囊有轻度肿胀，约1周肿胀消失。去势后睾丸比平时增大1～2倍。肿胀较重者，取苦参、桑皮各45g，茯苓40g，黄柏、龙胆草各35g，苍术、知母、泽泻各30g，丹皮25g，赤芍20g。水煎取汁，候温灌服。一般服药1剂肿胀即可消散。共去势11例。术后半个月睾丸开始吸收；1个月左右即可全部吸收；种公牛则需半年吸收或只留一极小硬节即失去性欲（附图4-1、附图4-2）。

注：本法操作简单、安全，不受季节限制，不影响使役；无大损伤，不出血，无破伤风感染。施术时应尽量把精索推向一侧，阴囊不要打褶。凡睾丸较大、精索粗者肿胀稍重，反之肿胀则较轻。（赵王学等，T42，P29）

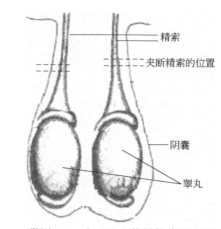

附图 4-1　牛无血去势钳操作示意图

附图 4-2　牛用去势钳

（4）阴囊内结扎精索去势法　公牛侧卧保定；常规法消毒器械和阴囊皮肤。手术时，术者左手食指和拇指捏紧阴囊，将精索挤向一侧（先挤到左手虎口内侧），右手持穿好缝线的去势针头（附图4-3），将针尾所带缝线放在掌心，在左手拇指按压处，从阴囊内侧壁进针，穿透两侧阴囊壁，将缝线由去势针头尖的针鼻孔向阴囊外侧壁抽出少许，然后松开捏紧的阴囊，只把去势针头退入阴囊内，再将精索挤到阴囊另一侧，使阴囊内的去势针头带着缝线绕过精索再从阴囊外侧壁第1次针线孔内穿出（若用双线结扎，可按原法，使去势针头带着缝线，再次绕过精索，第3次刺入阴囊外侧壁第1次针线孔即成），抽留缝线，拔出去势针头，打结扎紧精索，最后消毒两针孔。结扎好一侧精索后，用同法处理另一侧精索。结扎精索必须牢靠、确实；术后要注意观察排尿是否正常、是否误扎尿道。共去势62例，均获成功（附图4-4）。

注：本法与有血去势、夹骟、扎骟和药骟法相比，具有器械简单、操作容易、去势彻底、安全、痛苦少、恢复快等优点。（李梁材，T2，P53）

注：虚线为第一次针刺时精索、针头的位置；实线为第二次针刺时精索、针头的位置。

针鼻孔

去势针头

缝线

附图 4-3　牛用去势针头

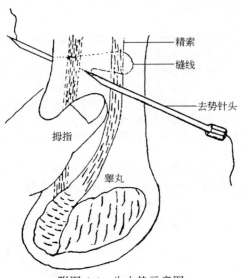

精索

缝线

去势针头

拇指

睾丸

附图 4-4　牛去势示意图

## 变形蹄矫正术

本术是借助削蹄工具对变形蹄进行综合肢势矫正的一种技术。

1. 削蹄时间

2次/年。第1次在4、5月份进行；第2次在10、11月份进行。

2. 削蹄保定

（1）四柱栏前躯半悬吊式保定法　用绳索将牛在柱栏内绑缚，使前躯提起呈半悬吊状态，但两前蹄仍能轻轻着地负重。

（2）削前蹄保定法（一前肢绳索提举法）　当牛前躯半悬吊式保定后，用一条短绳结系在掌部，绕在柱栏的横梁上，向前牵引提拉，轻轻提起前肢。

（3）削后蹄保定法（一后肢绳索提举法）　当牛前躯半悬吊式保定后，用一条短绳缚在后肢跟腱上方，将绳游离端向外向上后方牵拉，后肢即被轻轻提起，然后将此绳的游离端固定在柱栏上。

3. 变形蹄矫削法

大部分牛变形蹄都存在程度不同的外向肢势、X状肢势、外向兼X状肢势、广踏肢势等，因此对牛变形蹄的矫削一定要综合肢势矫正，否则会造成矫削不当，加剧变形。

（1）削蹄工具　目前国内仍沿用传统的手工削蹄工具，常用的有：刀锯（普通木工用的刀锯）、蹄铲（附有长柄把手）、蹄凿、蹄槌、蹄锉、削蹄凳、烙铁等。

（2）削蹄的顺序和方法　将牛站立保定；用力锯断蹄尖过长的部分或蹄尖卷曲部分，并作适当的锉削，做好蹄形的修正；然后用绳索提举法提起肢蹄，使蹄尖壁落在蹄凳面。切削时，从蹄踵削向蹄尖，注意要多削蹄尖部，多削蹄内侧负缘，少削蹄踵部和蹄外侧负缘，使蹄负缘形成向内侧倾斜面，这样，站立后趾间隙就易合拢。对蹄底的疏松枯角要切除掉；在锉削蹄底时应分数次薄削，切忌用力厚削，以免造成过削出血。在切削过程中，随时将蹄放下观察比较，看内外蹄踏着是否一致以及蹄形情况，最后锉削蹄外负缘，整理蹄形。

（3）临床常见以下几种蹄形的矫削法

① 正形蹄　奶牛正常前蹄的蹄前壁与蹄踵壁比例为2:1.5，后蹄为2:1。如蹄角质的生长超过此比例，应削蹄。削蹄时，仅切削蹄尖部延长的角质和蹄底枯角，对蹄踵部不削。正形蹄一般在成年牛为数不多，特别在后蹄，这与牛肢势及护蹄不良等有关。

② 变形蹄　a. 长蹄。这类蹄的特点是蹄前壁过度延长，蹄底薄，蹄尖易翘起，负重偏在蹄后部，指轴后方波折（附图5-1）。削蹄原则是：多切削蹄尖部，缩小蹄的纵径，提高蹄角度，少削或不削蹄踵部，多削蹄底内侧负缘，少削蹄底外侧负缘。要恢复良好的蹄形和蹄坐，必须多次矫削。b. 宽蹄。这类蹄形蹄壁薄而扁平，蹄形宽广，两侧蹄壁向外扩张，蹄的横径增大，蹄底下垂，指轴后方波折（附图5-1）。矫削原则是：保护蹄踵，多削蹄尖壁和蹄侧壁，缩小蹄横径，蹄间壁作适当切削。对蹄底隆起和枯角要削除，尽量保护蹄负面，使蹄负面向内倾斜。此类蹄形需多次矫削。c. 卷蹄（倾蹄）。多见一侧蹄壁卷向蹄底，亦叫倾蹄（附图5-1）。多发生在后蹄的外侧蹄，且蹄尖由内向上向外翻卷，以蹄外侧壁着地；前蹄常发生在内侧蹄，蹄尖由外向内向上翻卷，常以蹄内侧壁着地。本蹄形一般矫正较难。矫削时，应尽量削去蹄壁卷曲的部分，多削蹄踵高的部分和外侧蹄负面（后外蹄），对蹄负面在允许范围内尽量多削，对趾间隙后面的角质作必要的切削。最后对内外两蹄负面作均衡的切割，以保持负重均衡。本蹄形宜作多次矫削。d. 开蹄。踏着时，内外两蹄尖向两侧分开，趾间壁向两侧开张，趾间开大，蹄踵下沉（附图5-1）。切削时要注意保护蹄踵，充分切削蹄间壁下负缘，保护内外蹄两侧蹄负缘，造成两蹄向内倾斜，制止开张，对于蹄壁延长的部分作必要的切削修正；要多次逐渐地消除蹄间开张。

（4）过削的症状及其处置。

① 蹄底出血　一般于削蹄后立即出血，个别亦见于削蹄后在坚硬不平的地面运动而引起出血。对出血的患蹄，采用烧烙法或电凝器，烧烙出血局部即可止血，或用5%～10%碘酊棉球按压片刻亦可；对个别出血较多的患蹄，涂搽碘酊后包扎压迫蹄绷带。

② 跛行　由于过削，蹄底疼痛，牛行走时出现程度不同的跛行；在行走步幅中，出现后方短步即敢抬不敢踏；驻立时，患蹄轻轻颤动，站立时间短，频繁换动。对这种病例，只要使其站立在干净卫生松软的地面上，数日后跛行症状就可消除。

③ 异常肢势和异常步样　削蹄后，前肢出现严重的特殊跛行，行走时，两前肢分别向外侧划弧并交叉前进，点头运动明显；站立时，两前肢交叉向前挺出，患蹄抖动，腰背下蹲。蹄底检查，发现蹄底薄，检蹄器轻微压诊即表现痛感。诊为蹄底过削。对此，给予细微护理，蹄底涂搽碘酊，保持地面干燥、卫生，约经2周，

异常肢势和步样消除而自愈。

4. 注意事项

削蹄时间要避开雨季；厩舍和运动场要干燥，以适宜削蹄后的踏着；防止蹄部被泥泞浸渍和污染，有利于护蹄；对年老体弱及妊娠后期的母牛应进行维持削蹄，勿过分矫削。

共削蹄 153 例。（李春华等，T25，P39）

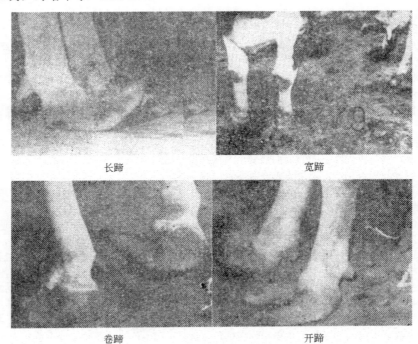

长蹄　　　　　　　　　　　　宽蹄

卷蹄　　　　　　　　　　　　开蹄

附图 5-1　变形牛蹄图片

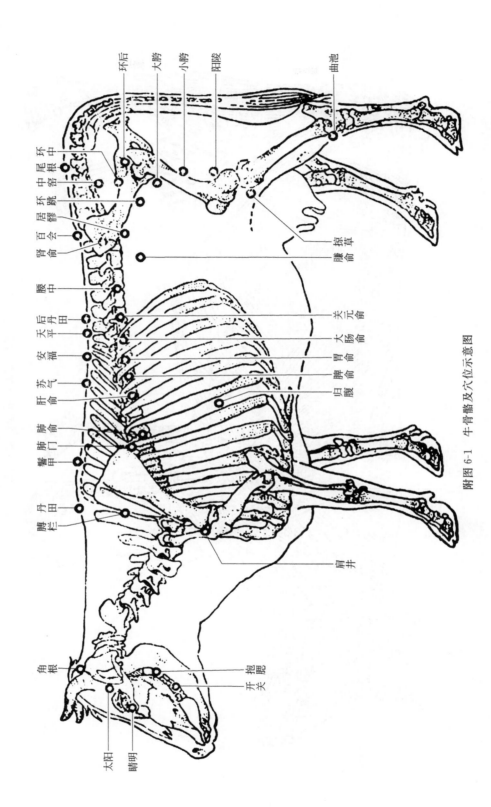

牛针灸常用穴位

环后 大胯 小胯 阳陵 曲池

环中
尾根
环中
中髎
环跳
居髎
百会
肾俞
腰中
后丹田
天平
安福
苏气
肝俞
肺俞
肺门
鬐甲
丹田
脾栏

琼草
膁俞

关元俞
大肠俞
胃俞
脾俞
归腹

肩井

角根
太阳
睛明
开关
抱腮

附图 6-1　牛骨骼及穴位示意图

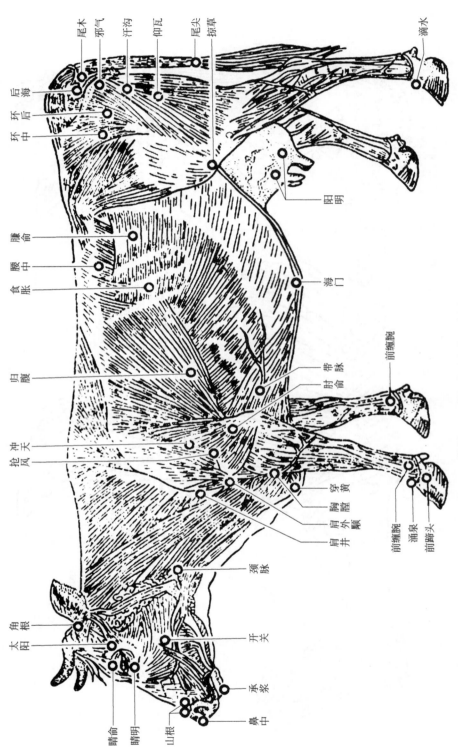

附图 6-2　牛肌肉及穴位示意图

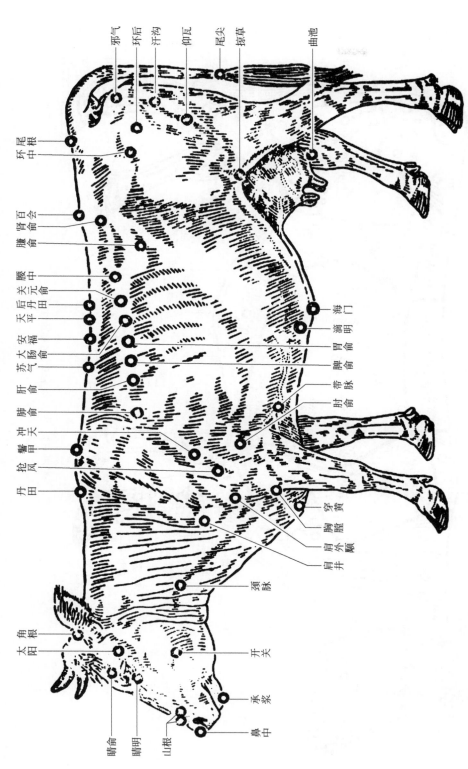

附图 6-3 牛体表穴位示意图

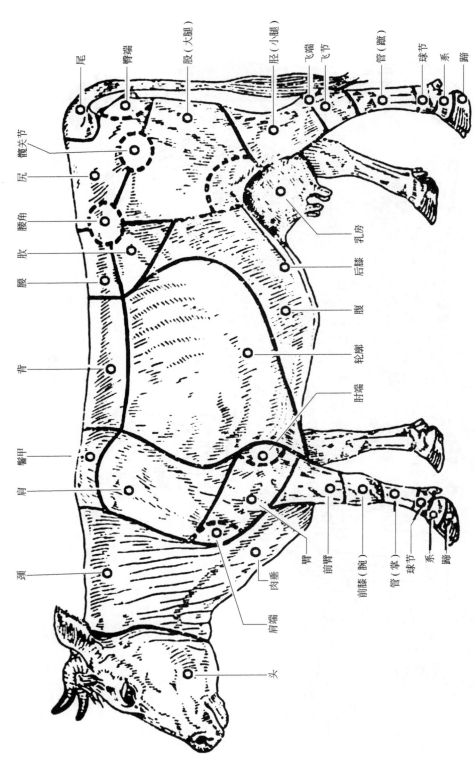

附图 6-4　牛体表各部位名称示意图

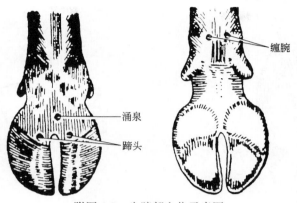

涌泉

蹄头

缠腕

附图 6-5　牛蹄部穴位示意图

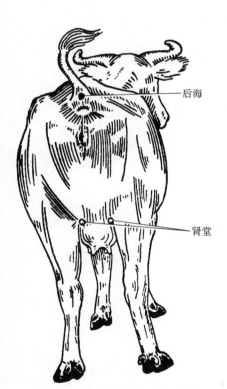

后海

肾堂

附图 6-6　牛后部穴位示意图

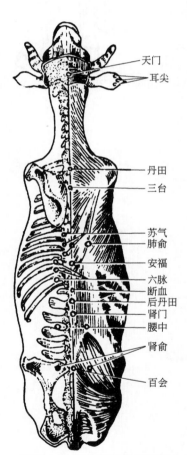

天门

耳尖

丹田

三台

苏气

肺俞

安福

六脉

断血

后丹田

肾门

腰中

肾俞

百会

附图 6-7　牛背部穴位示意图

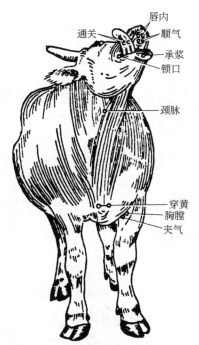

附图 6-8 牛头部及前部穴位示意图

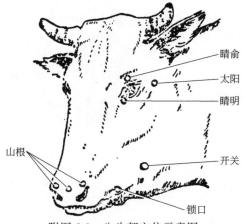

附图 6-9 牛头部穴位示意图